# Analytics, Data Science, & Artificial Intelligence
## Systems for Decision Support, 11th Edition

# 商业分析

## 基于数据科学及人工智能技术的决策支持系统

（原书第11版）

[美] 拉姆什·沙尔达 　 杜尔森·德伦 　 埃弗瑞姆·特班 　 著
（Ramesh Sharda）　（Dursun Delen）　（Efraim Turban）

蔡晓妍 杨黎斌 韩军伟 姚超 程塨 姚西文 张鼎文 　 译

机械工业出版社
CHINA MACHINE PRESS

## 图书在版编目（CIP）数据

商业分析：基于数据科学及人工智能技术的决策支持系统：原书第 11 版 /（美）拉姆什·沙尔达（Ramesh Sharda），（美）杜尔森·德伦（Dursun Delen），（美）埃弗瑞姆·特班（Efraim Turban）著，蔡晓妍等译 . -- 北京：机械工业出版社，2022.4（2024.1 重印）（数据分析与决策技术丛书）

书名原文：Analytics, Data Science, & Artificial Intelligence: Systems for Decision Support, 11th Edition

ISBN 978-7-111-70435-5

I.①商… II.①拉… ②杜… ③埃… ④蔡… III.①数据处理 - 关系 - 商业信息 - 分析
IV.①TP274 ②F713.51

中国版本图书馆 CIP 数据核字（2022）第 061587 号

# 商业分析
## 基于数据科学及人工智能技术的决策支持系统（原书第 11 版）

出版发行：机械工业出版社（北京市西城区百万庄大街 22 号　邮政编码：100037）

责任编辑：王春华　孙榕舒　　　　　　　　　　责任校对：殷　虹
印　　刷：北京捷迅佳彩印刷有限公司　　　　　版　　次：2024 年 1 月第 1 版第 2 次印刷
开　　本：186mm×240mm　1/16　　　　　　印　　张：48
书　　号：ISBN 978-7-111-70435-5　　　　　　定　　价：199.00 元

客服电话：（010）88361066　68326294

分析已经成为这十年的技术驱动力。IBM、Oracle、Microsoft 等公司正在创建专注于分析的新组织单元，这有助于企业提高效率。决策者正在利用数据和计算机工具做出更好的决策，甚至消费者也在直接或间接地使用分析工具，来对购物、医疗保健和娱乐等日常活动做出决策。商业分析（BA）/数据科学（DS）/决策支持系统（DSS）/商务智能（BI）领域发展迅速，更专注于创新的方法和应用程序，以利用甚至在之前的一段时间没有捕获到（更不用说以任何重要的方式进行分析）的数据流。客户关系管理、银行和金融业、医疗保健和医药、体育和娱乐、制造业和供应链管理、公用事业和能源，以及几乎所有可以想象的行业每天都会出现新的应用程序。

本书的主题是用于支持企业决策的分析、数据科学和人工智能技术。除了传统的决策支持应用程序外，此版本还通过介绍人工智能、机器学习、机器人技术、聊天机器人、物联网和与互联网相关的使能技术，并提供示例，带领读者深入了解各种类型的分析。我们强调这些技术是现代商业分析系统的新兴组成部分。人工智能技术通过实现自主决策和支持决策过程中的步骤，对决策产生重大影响。人工智能和分析相互支持，通过协同来协助决策。

本书的目的是向读者介绍通常称为分析或商业分析（众所周知的其他名称还有决策支持系统、执行信息系统和商务智能等）的技术，可以等价地使用这些术语。本书介绍用于设计和开发这些系统的基本方法及技术。此外，我们还介绍人工智能的基本原理以及独立的决策支持规程。

我们遵循 EEE（**接触、体验、探索**）方法来介绍这些主题。本书主要介绍各种分析技术以及它们的应用。我们的想法是，读者将从其他组织如何使用分析做出决策或获得竞争优势受到启发。我们相信，这种接触学习的方法以及如何实现它是学习分析的关键。在描述这些技术时，我们还介绍了可用于开发此类应用程序的特定软件工具。本书不局限于任何一个软件工具，因此读者可以使用任何数量的可用软件工具体验这些技术。每一章都有具体建议，但是读者可以使用许多不同的软件工具。最后，我们希望这种**接触**和**体验**能够激励读者**探索**这些技术在各自领域的潜力。

IV

第 11 版中所做的改进主要集中在三个方面：重组、内容更新（包括人工智能、机器学习、聊天机器人和机器人技术）和更清晰的焦点。尽管本书内容有了许多变化，但我们仍然保持了过去几十年使本书成为畅销书的全面性和用户友好性。我们还优化了本书的篇幅和内容：去除了旧的、多余的材料，添加和组合了与当前趋势相符的材料。最后，我们提供了没有在任何其他书中出现过的准确和更新的材料。接下来我们将详细描述第 11 版的变化。

# 第 11 版有什么新内容

为了改进内容并与不断发展的技术趋势保持同步，本版本进行了一次重大重组，以更好地反映当前对分析及其支持的技术的关注。本书的前三个版本从传统的 DSS 转换为 BI，然后从 BI 转换为 BA，并与 Teradata 大学网络（TUN）建立了紧密的联系。以下总结了对本版本所做的主要更改。

❑ **新组织**。本书现在主要围绕两个主题进行组织：不同类型的分析的动机、概念和方法（主要集中在预测性和规范性分析上）；驱动现代分析领域的新技术，如人工智能、机器学习、深度学习、机器人技术、物联网、智能 / 机器人协作辅助系统等。全书共五部分。第一部分（第 1~3 章）介绍分析与人工智能：第 1 章介绍决策支持和相关技术的历程，首先简要介绍经典的决策和决策支持系统，然后介绍商务智能，最后介绍分析、大数据和人工智能；第 2 章对人工智能进行更深入的介绍；第 3 章介绍数据问题以及描述性分析，包括统计概念和可视化。第二部分（第 4~7 章）介绍预测性分析和机器学习：第 4 章介绍数据挖掘的应用和数据挖掘过程；第 5 章介绍用于预测性分析的机器学习技术；第 6 章介绍深度学习和认知计算；第 7 章关注文本挖掘应用以及 Web 分析，包括社交分析、情感分析等。第三部分（第 8 和 9 章）介绍规范性分析和大数据：第 8 章讨论规范性分析，包括优化和仿真；第 9 章介绍大数据分析的更多细节，还介绍基于云的分析和位置分析。第四部分（第 10~13 章）介绍机器人、社交网络、人工智能和物联网：第 10 章介绍工业和消费者应用中的机器人，并研究这些设备对未来社会的影响；第 11 章着重于协作系统、众包；第 12 章回顾个人助理、聊天机器人，以及这个领域令人兴奋的发展；第 13 章研究物联网及其在决策支持和智能社会中的潜力。第五部分（第 14 章）简要讨论分析以及人工智能的安全、隐私和社会层面的内容。

❑ **新的章节**。我们应该注意到，本书包含的几章已在《商务智能：数据分析的管理视角（原书第 4 版）》[⊖]（Pearson，2018）（以下简称 BI4e）中提供。这些章节的结构和内容在编入本书之前已经有所更新，但下面各章的变化更为显著。当然，BI4e 的一些章节并没有包含在本书的前几个版本中。

⊖ 本书中文版已由机械工业出版社翻译出版，书号为 978-7-111-59864-0。——编辑注

**第2章** 该章介绍了人工智能的基本原理，概述了人工智能的优点，并将人工智能与人类智能进行了比较，描述了人工智能的应用领域。通过会计、金融服务、人力资源管理、市场营销和CRM以及生产运营管理中的示例应用说明了人工智能给业务带来的好处（全新）。

**第6章** 该章涵盖了深度学习以及日益流行的人工智能课题——认知计算。该章几乎是全新的（90%是新内容）。

**第10章** 该章介绍了许多机器人技术在工业和消费者中的应用，并总结了这些进步对就业的影响和一些法律后果（全新）。

**第12章** 该章集中讨论不同类型的知识系统，涵盖了新一代专家系统和推荐人、聊天机器人、企业聊天机器人、虚拟个人助理和机器人顾问（95%是新内容）。

**第13章** 该章介绍了物联网作为分析和人工智能应用的推动因素，详细介绍了以下技术：智能家居和家电、智慧城市（包括工厂）和自动驾驶（全新）。

**第14章** 该章主要介绍智能系统（包括分析）的实施问题，所涉及的主要问题是隐私保护、道德等。该章还讨论了这些技术对组织和人员的影响，特别是对工作的影响，特别关注了分析和人工智能（机器人）可能带来的潜在危险。然后，研究了相关的技术趋势并评估了分析和人工智能的未来（85%是新内容）。

❑ **流线型覆盖。**我们通过添加大量新材料来涵盖最新且尖端的分析和人工智能趋势及技术，同时去除了大多数较旧、使用较少的材料，从而优化了本书的篇幅和内容。我们使用专门的网站为本书提供一些旧的材料，以及更新的内容和链接。

❑ **修订和更新内容。**有几章有新的开篇小插曲，它们基于最近的故事和事件。此外，全书的应用案例都是新的，或者已经被更新，以包括特定技术/模型的应用的最新案例。这些应用案例现在包括鼓励课堂讨论的问题，以及对具体案例和相关材料的进一步探索。全书添加了新的网站链接，还删除了许多旧的产品链接和参考文献。对每一章的具体修改如下：第1章、第3~5章和第7~9章在很大程度上借鉴了BI4e的内容。

**第1章** 该章包括上一版第1章和第2章中的一些材料，还包括几个新的应用案例、关于人工智能的全新材料，当然还有本书的内容规划（约50%是新内容）。

**第3章**

❑ 75%的内容是新的。

❑ 大多数与数据性质和统计分析有关的内容是新的。

❑ 新的开篇案例。

❑ 大部分是新案例。

**第4章**

❑ 25%的内容是新的。

❑ 有些应用案例是新的。

**第 5 章**

❏ 40% 的内容是新的。

❏ 新的机器学习方法：朴素贝叶斯、贝叶斯网络和集成建模。

❏ 大多数案例是新的。

**第 7 章**

❏ 25% 的内容是新的。

❏ 有些案例是新的。

**第 8 章**

❏ 包括一个新的应用案例。

❏ 20% 的内容是新的。

**第 9 章**　该章的内容进行了大量更新，扩大了流分析的覆盖范围，还更新了 BI4e 的第 7 章和第 8 章的内容（50% 是新内容）。

**第 11 章**　该章进行了全面修订，重新组合了群体决策内容。新主题包括集体和合作智慧、众包、群体人工智能和所有相关活动的人工智能支持（80% 是新内容）。

# *Acknowledgements* 致 谢

自本书第 1 版出版以来，许多人提出了建议和评论。数十名学生参加了各个章节、软件和问题的课堂测试，并协助收集材料。虽然无法提及每个参与此项目的人的名字，但我们要感谢所有人。有些人做出了重大贡献，值得特别肯定。

首先，我们感谢那些对第 1 版到第 11 版进行正式审校的人（所属机构是其进行审校时所在机构）：

Robert Blanning, Vanderbilt University

Ranjit Bose, University of New Mexico

Warren Briggs, Suffolk University

Lee Roy Bronner, Morgan State University

Charles Butler, Colorado State University

Sohail S. Chaudry, University of Wisconsin-La Crosse

Kathy Chudoba, Florida State University

Wingyan Chung, University of Texas

Woo Young Chung, University of Memphis

Paul "Buddy" Clark, South Carolina State University

Pi'Sheng Deng, California State University-Stanislaus

Joyce Elam, Florida International University

Kurt Engemann, Iona College

Gary Farrar, Jacksonville University

George Federman, Santa Clara City College

Jerry Fjermestad, New Jersey Institute of Technology

Joey George, Florida State University

Paul Gray, Claremont Graduate School

Orv Greynholds, Capital College (Laurel, Maryland)

Martin Grossman, Bridgewater State College

Ray Jacobs, Ashland University

Leonard Jessup, Indiana University

Jeffrey Johnson, Utah State University

Jahangir Karimi, University of Colorado Denver

Saul Kassicieh, University of New Mexico

Anand S. Kunnathur, University of Toledo

Shao-ju Lee, California State University at Northridge

Yair Levy, Nova Southeastern University

Hank Lucas, New York University

Jane Mackay, Texas Christian University

George M. Marakas, University of Maryland

Dick Mason, Southern Methodist University

Nick McGaughey, San Jose State University

Ido Millet, Pennsylvania State University-Erie

Benjamin Mittman, Northwestern University

Larry Moore, Virginia Polytechnic Institute and State University

Simitra Mukherjee, Nova Southeastern University

Marianne Murphy, Northeastern University

Peter Mykytyn, Southern Illinois University

Natalie Nazarenko, SUNY College at Fredonia

David Olson, University of Nebraska

Souren Paul, Southern Illinois University

Joshua Pauli, Dakota State University

Roger Alan Pick, University of Missouri-St. Louis

Saeed Piri, University of Oregon

W. "RP" Raghupaphi, California State University-Chico

Loren Rees, Virginia Polytechnic Institute and State University

David Russell, Western New England College

Steve Ruth, George Mason University

Vartan Safarian, Winona State University

Glenn Shephard, San Jose State University

Jung P. Shim, Mississippi State University

Meenu Singh, Murray State University

Randy Smith, University of Virginia

James T. C. Teng, University of South Carolina

John VanGigch, California State University at Sacramento

David Van Over, University of Idaho

Paul J. A. van Vliet, University of Nebraska at Omaha

B. S. Vijayaraman, University of Akron

Howard Charles Walton, Gettysburg College

Diane B. Walz, University of Texas at San Antonio

Paul R. Watkins, University of Southern California

Randy S. Weinberg, Saint Cloud State University

Jennifer Williams, University of Southern Indiana

Selim Zaim, Sehir University

Steve Zanakis, Florida International University

Fan Zhao, Florida Gulf Coast University

Hamed Majidi Zolbanin, Ball State University

有几个人为本书或辅助材料提供了帮助。对于这个新版本，非常感谢以下同事和学生的帮助：Behrooz Davazdahemami、Bhavana Baheti、Varnika Gottipati 和 Chakradhar Pathi（均来自俄克拉荷马州立大学）。Rick Wilson 教授为第 8 章提供了一些例子和新的练习题。Pankush Kalgotra 教授（奥本大学）为第 9 章提供了新的流分析教程。其他应用故事的资料贡献者在对应资料来源中提及。Susan Baskin、Imad Birouty、Sri Raghavan 和 Teradata 的 Yenny Yang 在确定书中的新内容和组织方面提供了帮助。

许多其他同事和学生帮助我们开发了相关书籍的先前版本或最新版本，其中一些内容被改编用于本次修订，还有一些内容仍然包括在本书中。我们按时间顺序列出他们的贡献。Dave Schrader 博士提供了第 1 章中的体育活动的例子，它将为分析提供一个很好的介绍。感谢下列学者为编写本书上一版提供的帮助：Pankush Kalgotra、Prasoon Mathur、Rupesh Agarwal、Shubham Singh、Nan Liang、Jacob Pearson、Kinsey Clemmer 和 Evan Murlette（均来自俄克拉荷马州立大学）。感谢他们对 BI4e 的帮助。Teradata Aster 团队，特别是 Mark Ott 为第 9 章的开篇小插曲提供了材料。Humana 公司的 CIO Brian LeClaire 博士领导他的团队进行了一些实际医疗案例研究，并为本书做出了贡献。vCreaTek 的 Abhishek Rathi 贡献了他在零售行业的相关分析。此外，以下是以直接和间接的方式为本书提供内容、建议和支持的博士和前同事：马萨诸塞大学洛威尔分校的 Asil Oztekin、伊斯坦布尔城市大学的 Enes Eryarsoy、波尔州立大学的 Hamed Majidi Zolbanin、莱特州立大学的 Amir Hassan Zadeh、北达科他州立大学的 Supavich（Fone）Pengnate、博伊西州立大学的 Christie Fuller、莱特州立大学的 Daniel Asamoah、伊斯坦布尔科技大学的 Selim Zaim、萨班哲大学的 Nihat Kasap。*OR/MS Today* 的编辑 Peter Horner 允许我们总结来自 *OR/MS Today* 和 *Analytics Magazine* 报道的新应用。也感谢 INFORMS 允许我们使用 *Interfaces* 中的内容。非常感谢 Natraj Ponna、Daniel Asamoah、Amir Hassan-Zadeh、Kartik Dasika 和 Angie Jungermann（均来自俄克拉荷马州立大学）为第 10 版提供的相关帮助。我们也感谢 Jongswas Chongwatpol（NIDA，泰国）提供 SIMIO 软件的资料，以及 Kazim Topuz（图尔萨大学）对本书 5.8 节的贡献。对于之前的其他版本，我们感谢 Dave King（JDA 软件集团公司的技术顾问和前执行官）和 Jerry Wagner（内布拉斯加大学奥马哈分校）的贡献。早期版本的主要贡献者包括：Mike Goul（亚利桑那州立大学）和 Leila A. Halawi（白求恩－库克曼学院），为数据仓库章节提供材料；Christy Cheung（香港浸会大学），为知识管理章节提供帮助；Linda Lai（澳门理工学院）；Lou Frenzel，一位独立顾问，其著作 *Crash Course in Artificial Intelligence and Expert Systems* 和 *Understanding of Expert Systems*（均 由 Howard W. Sams 于 1987 年在纽约出版）为本书的早期版本提供了资料；Larry Medsker（美利坚大学），为神经网络部分提供了详细的材料；Richard V. McCarthy（昆尼皮亚克大学），第 7 版的主要修订者。

本书的先前版本还得益于许多人提供的建议和有趣的材料（例如问题）、对有关材料的反馈或对课堂测试的帮助。这些人包括 Warren Briggs（萨福克大学）、Frank DeBalough（南加利福尼亚大学）、Mei-Ting Cheung（香港大学）、Alan Dennis（印第安纳大学）、George Easton（圣地亚哥州立大学）、Janet Fisher（加利福尼亚州立大学洛杉矶分校）、David Friend（Pilot 软件公司）、已故的 Paul Gray（克莱蒙特研究生院）、Mike Henry（OSU）、Dustin Huntington（Exsys 公司）、Subramanian Rama Iyer（俄克拉荷马州立大学）、Elena Karahanna（佐治亚大学）、Mike McAulliffe（佐治亚大学）、Chad Peterson（佐治亚大学）、Neil Rabjohn（约克大学）、Jim Ragusa（中佛罗里达大学）、Alan Rowe（南加利福尼亚大学）、Steve Ruth（乔治－梅森大学）、Linus Schrage（芝加哥大学）、Antonie Stam（密苏里大学）、已故的 Ron Swift（NCR 公司）、Merril Warkentin（当时在东北大学）、Paul Watkins（南加利福尼亚大学）、Ben Mortagy（克莱蒙特管理研究生院）、Dan Walsh（Bellcore）、Richard Watson（佐治亚大学），以及其他许多提供反馈的教师和学生。

一些组织和个人通过提供开发或演示软件进行合作：Frontline Systems 的 Dan Fylstra、KDNuggets.com 的 Gregory Piatetsky-Shapiro、Logic Programming Associates（英国）、NeuroDimension 公司（佛罗里达州盖恩斯维尔）的 Gary Lynn、Palisade 软件公司（纽约纽菲尔德）、Planners Lab（内布拉斯加州奥马哈）的 Jerry Wagner、Promised Land 技术公司（康涅狄格州纽黑文）、Salford Systems（加利福尼亚州拉霍拉）、StatSoft 公司（俄克拉荷马州塔尔萨）的 Gary Miner、Ward Systems Group 公司（马里兰州弗雷德里克）、Idea Fisher Systems 公司（加利福尼亚州欧文）和 Wordtech Systems（加利福尼亚州奥林达）。

特别感谢 Teradata 大学网络，特别是 Hugh Watson、Michael Goul 和项目总监 Susan Baskin，感谢他们给予鼓励、授权使用 TUN 和为本书提供有用材料。

许多人帮助我们处理行政事务以及进行编辑、校对。这个项目始于 Jack Repcheck（曾为 Macmillan 编辑），他在 Hank Lucas（纽约大学）的支持下启动了这个项目。Jon Outland 协助进行了补充。

最后，Pearson 团队值得称赞：策划了这个项目的策划编辑 Samantha Lewis；文字编辑；制作团队——Pearson 的 Faraz Sharique Ali 以及 Integra Software Services 的 Gowthaman 等

人，他们将手稿变成了一本书。

我们要感谢上面提到的所有人和公司。没有这些帮助，这本书是不可能完成的。我们要特别感谢之前的合著者 Janine Aronson、David King 和 T. P. Liang，他们贡献的内容构成了本书的重要组成部分。

R. S.

D. D.

E. T.

# 作者简介 *About the Authors*

　　**拉姆什·沙尔达**（Ramesh Sharda），威斯康星大学麦迪逊分校工商管理硕士、博士。他是 Research and Graduate Programs 的副主任，沃森/康菲公司的主席，以及俄克拉荷马州立大学斯皮尔斯商学院管理科学和信息系统的杰出贡献教授。他的研究成果已发表在管理科学与信息系统领域的主要期刊上，包括 *Management Science*、*Operations Research*、*Information Systems Research*、*Decision Support Systems*、*Decision Sciences Journal*、*EJIS*、*JMIS*、*Interfaces*、*INFORMS Journal on Computing*、*ACM Database* 等。他是 *Decision Support Systems*、*Decision Sciences*、*ACM Database* 等期刊的编委会成员。他与政府和工业界合作开展过许多研究项目，还担任过许多组织的顾问。他还担任 Teradata 大学网络的学术主任。他获得了 2013 年 INFORMS 计算协会 HG 终身服务奖，2016 年入选俄克拉荷马州高等教育名人堂。他是 INFORMS 的会士。

　　**杜尔森·德伦**（Dursum Delen），俄克拉荷马州立大学博士。他是 Business Analytics 的 Spears 和 Patterson 主席，卫生系统创新中心研究主任，以及俄克拉荷马州立大学斯皮尔斯商学院管理科学和信息系统的杰出贡献教授。在开始学术生涯之前，他在一家私营研究咨询公司 Knowledge Based Systems 工作，还在得克萨斯州的 College Station 做了 5 年研究科学家。在此期间，他领导了许多决策支持和其他与信息系统相关的研究项目，这些项目均为美国国防部、美国国家航空航天局、美国国家标准与技术研究所和美国能源部等联邦机构资助的。Delen 博士的研究成果发表在主流期刊上，包括 *Decision Sciences*、*Decision Support Systems*、*Communications of the ACM*、*Computers and Operations Research*、*Computers in Industry*、*Journal of Production Operations Management*、*Journal of American Medical Informatics Association*、*Artificial Intelligence in Medicine*、*Expert Systems with Applications* 等。他出版了 8 本书（包括教材），发表了超过 100 篇同行评议的期刊文章。他经常应邀参加国际会议，就商业分析、大数据、数据/文本挖掘、商务智能、决策支持系统和知识管理相关主题发表演讲。他曾担任第四届网络计算和高级信息管理国际会议（2008年 9 月 2 日至 4 日，在韩国首尔举行）的联合主席，并在各种商业分析和信息系统会议上担任分会主席。他是 *Journal of Business Analytics* 的主编，*Journal of Business Research* 的大数据和商业分析领域编辑，还曾担任其他十几种期刊的主编、高级编辑、副编辑和编辑委员会成员。他的咨询、研究和教学领域包括商业分析、数据和文本挖掘、健康分析、决策支持系统、知识管理、系统分析和设计以及企业建模。

埃弗瑞姆·特班（Efraim Turban），加州大学伯克利分校工商管理硕士、博士。他是夏威夷大学太平洋信息系统管理研究所的访问学者。在此之前，他曾就职于香港城市大学、理海大学、佛罗里达国际大学、加州州立大学长滩分校、东伊利诺伊大学以及南加利福尼亚大学。Turban 博士在主流期刊（如 *Management Science*、*MIS Quarterly* 和 *Decision Support Systems*）上发表了 110 多篇论文。他也是 22 本书的作者，包括 *Electronic Commerce: A Managerial Perspective* 和 *Information Technology for Management*。他还是世界各地一些大型企业的顾问。Turban 博士目前感兴趣的研究领域是基于网络的决策支持系统、电子商务和应用人工智能。

# 目 录 *Contents*

第一部分 *Part 1*

# 分析和人工智能简介

# 用于决策支持的商务智能、分析、数据科学和人工智能系统概述

**学习目标**

❏ 了解管理决策的计算机化支持需求。

❏ 了解提供决策支持的系统的发展状况。

❏ 认识到分析/数据科学以及人工智能（AI）现状的计算机化支持的演变。

❏ 描述商务智能（BI）的方法和概念。

❏ 了解不同类型的分析，审查选定的应用。

❏ 了解人工智能的基本概念以及选择的相关应用。

❏ 了解分析生态系统以确定各种关键参与者和工作机会。

　　商业环境（气候）日新月异，且变得越来越深不可测。不论是个人组织还是公共组织，都在无形的压力之下被迫对不断变化的环境更快地做出反应并不断创新运营方式。这样的活动需要组织更加敏捷并且能频繁且迅速地做出具有战略意义的经营决策，尽管其中一些会很复杂。做出这些决策可能需要大量的相关数据、信息以及知识，在决策框架下处理这些问题必须迅速、及时，并且通常需要计算机化的支持。随着科技的不断进步，许多决策正在被自主控制，从而导致对知识工作以及工作者产生了多方面的重大影响。

　　本书是关于使用商务分析和人工智能作为管理决策的计算机化支持的组合。它主要集中于决策支持的理论和概念基础以及可实现的经济工具及技术。本书介绍这些技术以及这些系统的建设和使用方式的基础知识。我们遵循一种 EEE（接触、体验、探索）方法来介绍这些主题。本书主要介绍各种分析/人工智能技术及其应用，读者将从各种组织如何使用这些技术来做出决策或获得竞争优势中得到启发。我们相信，了解分析能实现的内容以及如何实现这些内容是学习分析的关键所在。在描述这些技术时，我们也会给出能够用来开发这些应用的具体软件工具的例子，这样读者就可以通过使用任意可用的软件工具来体验这些技术。我们希望这样的接触和体验可以鼓励读者在自己所属的领域不断探索这些技术的潜能。

本章将提供关于分析和人工智能的介绍以及本书的概述。

## 1.1　开篇小插曲：通力电梯和自动扶梯公司的智能系统是如何工作的

通力公司是一家全球工业公司（总部位于芬兰），主要生产电梯和自动扶梯，并在多个国家为 110 多万部电梯、自动扶梯和相关设备提供服务。这家公司现有 5 万多名员工。

### 现有问题

每天都有超过 10 亿的人使用通力公司生产的电梯和自动扶梯。如果设备不能正常工作，人们可能上班迟到、不能及时回家，甚至可能错过重要的会议或活动。因此，通力公司的目标就是将停机的时间以及客户的痛苦降到最小。

该公司现有 2 万多名技术人员被派遣去处理电梯随时出现的各类问题。随着建筑物的高度不断增加（许多地方的趋势），越来越多的人使用电梯，因而电梯承受着越来越多的流量压力。通力公司承担着稳定安全地服务客户的责任。

### 解决方案

通力公司决定使用 IBM Watson 物联网云平台。正如我们将在第 6 章看到的，IBM 在建筑物里增设了认知能力，使其能够识别人员和设备的状况和行为。正如我们将在第 13 章看到的，物联网（IoT）是一个可以将数以万计的"事物"连接在一起并且由一个中央命令操控的平台。此外，物联网还连接着安装在通力电梯和自动扶梯上的传感器。这些传感器实时地接收有关电梯和其他设备的信息和数据（如噪声水平）。然后，物联网通过收集的数据"云"迁移到信息中心。在那里，分析系统（IBM 高级分析引擎）和人工智能处理收集的数据，并预测潜在的故障。该系统还可以判断问题出现的可能原因，并提出相应的补救措施。请注意 IBM Watson 分析（使用机器学习，即第 4～6 章描述的一种人工智能技术）在问题发生之前的预测能力。

通力公司系统收集了大量为其他目的分析过的数据，用来改进设备的未来设计。这是因为 Watson 分析为数据的通信和协作提供一个便捷的环境。此外，此分析对如何优化建筑和设备运维提出了建议。最后，通力公司及其客户也可以了解在电梯管理维护中的财务状况。

通力公司还将 Watson 的功能与 Salesforce 的服务工具（服务云闪电和现场服务闪电）

集成在一起。这一组合有助于通力公司对紧急情况或即将发生的故障迅速做出反应，并尽快派遣技术人员前往故障现场。Salesforce 同时也提供一流的客户关系管理（CRM）。系统中的人－机通信、查询和协作使用自然语言（Watson 分析的人工智能能力之一，见第 6章）。请注意 IBM Watson 分析包括两种分析：一种是可以预测可能发生的故障的预测性分析，另一种是能够建议采取的措施（例如预防性维护）的规范性分析。

### 结果

通力公司已经最小化了停机时间，并且缩短了维修时间。显而易见的是，如果电梯／自动扶梯的用户没有因为设备停机而遇到麻烦，他们就会更加满意，因此他们希望享受无故障乘坐。对"即将发生什么"的预测可以为设备所有者省去许多麻烦。所有者也可以优化员工（例如清洁工和维修工）的工作时间安排。总而言之，通力公司和建筑的决策者可以做出更加明智的决定。将来的某一天，机器人可以对电梯和自动扶梯进行维护和修理。

注：本案例是 IBM Watson 利用其认知建筑能力取得成功的一个例子。要了解更多信息，我们建议你观看以下 YouTube 视频：youtube.com/watch?v=6UPJHyiJft0（1:31）（2017）；youtube.com/watch?v=EVbd3ejEXus（2:49）（2017）。

资料来源：J. Fernandez. (2017, April). "A Billion People a Day. Millions of Elevators. No Room for Downtime." IBM developer Works Blog. developer.ibm.com/dwblog/2017/kone-watson-video/ (accessed September 2018); H. Srikanthan. "KONE Improves 'People Flow' in 1.1 Million Elevators with IBM Watson IoT." Generis. https://generisgp.com/2018/01/08/ibm-case-study-kone-corp/ (accessed September 2018); L. Slowey. (2017, February 16). "Look Who's Talking: KONE Makes Elevator Services Truly Intelligent with Watson IoT." IBM Internet of Things Blog. ibm.com/blogs/internet-of-things/kone/ (accessed September 2018).

> ▶ **复习题**
>
> 1. 据说通力公司正在其供应链中嵌入智能设备，使智能建筑成为可能。请解释原因。
> 2. 请描述物联网在本案例中的作用。
> 3. 在本案例中，是什么导致了 IBM Watson 非常必要？
> 4. 查询 IBM 高级分析。哪些工具包含在内且与本案例有关？
> 5. 查询 IBM 的认知建筑。它是如何与本案例联系起来的？

### 我们可以从这个小插曲中学到什么

今天，当智能技术包括了人工智能和物联网的结合，便可以大规模地应用于复杂的项目。集成智能平台（如 IBM Watson）的能力使解决几年前在经济和技术上无法解决的问题成为可能。这个案例简要介绍了几项技术，包括本书涵盖的先进的分析、传感器、物联网和人工智能。本案例还指出了"云"的使用。云被应用于使用分析和人工智能算法集中处理大量信息，包括不同位置的"事物"。本节还向我们介绍了两类主要的分析类型：预测性分析（第 4～6 章）和规范性分析（第 8 章）。

我们也讨论了几种人工智能技术：机器学习、自然语言处理、计算机视觉和常规分析。

这是一个人与机器协同工作的增强智能的例子。该案例说明了对供应商、实施公司及其员工以及电梯和自动扶梯用户的益处。

# 1.2　不断变化的商业环境、决策支持与分析需求

决策是所有组织的经营活动中最重要的环节之一。决策决定着组织的成败以及表现。由于内部和外部的因素，做决策变得越来越困难。做出正确决策的回报可能非常高，而做出不正确决策的损失也可能很严重。

不幸的是，做决策并不容易。首先，决策的类型分为几种，每一种都需要不同的决策方法。例如，麦肯锡公司的管理咨询师 De Smet 等人于 2017 年将组织决策分为以下四类：

- ❏ 大赌注、高风险的决策。
- ❏ 重复但高风险、需要团队合作的横切决策（参见第 11 章）。
- ❏ 偶尔出现的临时决策。
- ❏ 将决策权委托给个人或小组。

因此，首先有必要了解决策的本质。有关的全面讨论请参见文献（De Smet 等，2017）。现代商业瞬息万变，充满了不确定性。为了应对这些情况，组织的决策者需要处理不断增长和变化的数据。本书就介绍了那些可以在工作中辅助决策者的相关技术。

## 1.2.1　决策过程

多年来，管理者认为做决策纯粹是一种艺术———一种需要长时间的经历（即在反复尝试中吸取经验）和依靠直觉的才能。管理被视作一门艺术是因为不同的个人风格可以被用来成功地解决相同类型的管理问题。这些风格往往基于创造力、判断力、直觉和经验，而不是以科学为基础的系统的定量方法。然而，研究表明，拥有更专注于连续工作的高层管理人员的公司，往往比那些主要优势是人际沟通技巧的公司有更加优秀的表现。更重要的是要强调有条理的、经过深思熟虑的、分析性的决策，而不是华而不实的和个性的沟通技巧。

管理者经常通过以下四个步骤来做决策（我们将在下一节学习更多）：

1. 定义问题（即可能遇到困难或机会的决策情况）。
2. 建立一个模型来描述现实问题。
3. 判断建模问题的可能解决方案并对其进行评估。
4. 比较、选择并推荐问题的备选解决方案。

Quain 于 2018 年提供了一个更详细的过程：

1. 了解你必须做出的决定。
2. 收集所有信息。
3. 判断方案。

4. 评估利弊。

5. 选择最佳方案。

6. 做出决策。

7. 评估你的决策带来的影响。

我们将在 1.3 节回顾这个过程。

## 1.2.2 外部环境和内部环境对决策过程的影响

为了遵循这些决策过程，必须确保充分考虑所有的备选方案（包括好的方案）、实施这些备选方案的结果要能够被合理预测、进行正确的比较。但是内部环境和外部环境的快速变化使得这种评估过程变得十分艰难，原因如下：

❑ 技术、信息系统、先进的搜索引擎和全球化趋势带来了越来越多的选择。

❑ 政府的规章制度和遵守的需要、政治的不稳定性和恐怖主义、竞争以及不断变化的消费者需求产生了更多的不确定性，使得预测决策的结果和未来变得更加困难。

❑ **政治因素**。重大决策可能受到外部和内部政治的影响。2018 年的关税贸易战就是一个例子。

❑ **经济因素**。经济因素的范围从竞争延伸至种类和经济状况。这些因素在短期和长期都需要加以考虑。

❑ **关于员工和客户的社会因素和心理因素**。在进行更改的时候要考虑这些问题。

❑ **环境因素**。必须在许多决策情况下评估对物理环境的影响。

其他因素包括：需要快速做出决策、高频率且不可预测的变化使得使用试错法进行学习变得困难，以及犯错误时产生的潜在成本升高。

这些环境每天都在变得越来越复杂。因此，今天做出决策确实是一项复杂的任务。有关更多讨论，请参见文献（Charles，2018）。有关如何在不确定性和压力下做出有效决策，请参见文献（Zane，2016）。

由于这些趋势和变化，几乎不可能依靠试错法进行管理。管理者必须更老练——必须使用其领域的新工具和新技术。本书将讨论大多数这些工具和技术，使用它们支持决策可能会非常有益于做出有效的决策。此外，许多正在演变的工具甚至影响了几个自动化决策任务的存在。这影响了对知识工作者的未来需求，并引发了许多法律和社会影响的问题。

## 1.2.3 决策中的数据及其分析

本书将多次提到，利用分析学反馈正在发生的事情，预测将会发生什么，然后做出决策以抓住眼前的机会。为了实现这几步，我们需要一个组织结构来收集和分析海量的数据。通常，数据的总量每两年都将翻一番。从传统的工资单和记账簿功能开始，计算机化系统现在已被用于复杂的管理领域：从自动化工厂的设计与管理，到应用分析法对拟定的合并与收购方案进行评估。几乎所有的高管都知道这类信息技术对他们的业务至关重要，并广泛使用它们。

　　计算机应用程序的使用领域已经从事务处理和监控转换到了问题分析和解决问题，而许多功能都是在云计算的基础上、在多种情况下通过移动设备访问而完成的。分析学和 BI（商务智能）工具，例如数据仓库、数据挖掘技术、联机分析处理（OLAP）和仪表板，以及使用基于云计算的系统支撑计算机做出决策，都是现代管理的基石。管理人员必须有高速、网络化的信息系统（有线或无线）来帮助他们完成最重要的决策任务。这种决策通常都是完全自动化的（见第 2 章），去除了对人工介入管理的需求。

## 1.2.4　数据分析与决策支持技术

　　除了硬件、软件、网络容量的显著增长外，一些开发项目显然也在多方面促进了决策支持和分析技术的发展：

- ❑ **团队沟通与协作**。如今，许多做决策的团队的成员都来自世界各地。团队成员可以通过协作工具和无处不在的智能手机轻松地进行协作和通信。在供应链中，协作是极为重要的，合作伙伴（从供应商到客户）必须共享信息。但是聚集一群决策者（尤其是专家）需要花很多钱。使用信息系统，成员就可以在不同地点协作，既节省了路费，又改善了团队协作的过程。更重要的是，制造商能够通过这种供应链协作实时了解需求的变化，更快地对市场变化做出回应。有关人工智能的全面介绍和影响，参见第 2、10 和 14 章。

- ❑ **改进数据管理**。许多决策涉及复杂的计算。用于这些计算的数据可以存储在组织内（甚至组织外）任何地方的数据库中。这些数据可能包含文本、声音、图形、视频，也可以是不同语言的。许多时候，需要快速传递远处的信息，而如今的信息系统能快速、经济、安全、透明地搜索、存储和传输所需的数据。详情请参见第 3、9 章和在线章节。

- ❑ **管理巨大的数据仓库和大数据**。大型数据仓库（DW）（如沃尔玛运营的数据仓库）存储着大量的数据。我们可以使用并行计算和 Hadoop/Spark 来组织、搜索、挖掘数据。与数据存储和挖掘有关的成本正在迅速下降。属于大数据类别的技术已使来自各种来源和多种形式的海量数据成为可能，这使得现在对组织绩效的看法与过去截然不同。相关详细信息请参见第 9 章。

- ❑ **分析支持**。有了更多的数据和分析技术，就可以评估更多的备选方案，改进预测，然后迅速进行风险分析，以更低的成本收集专家的意见（其中一些专家可能来自偏远地区）。从分析系统中，我们甚至可以获得一些专业知识。利用这些工具，决策者可以执行复杂的模拟，检查各种可能的场景，然后快速而经济地评估各种情况下的影响。当然，这也是本书某几章的重点。参见第 4～7 章。

- ❑ **克服处理和存储信息的认知限制**。由于人类大脑处理和存储信息的能力有限，人们有时很难准确无误地回忆并使用信息。"认知极限"指当一个人需要大量不同的信息和知识来解决问题时，他的能力是有限的。利用计算机化系统，人们能够快速获取和处理存储的大量信息，以此克服认知极限。因此，克服人类认知局限的一个方法就是利用人工智能。有关认知方面的内容，请参阅第 6 章。

❑ **知识管理**。通过各种利益相关者之间进行的非结构化和结构化沟通，组织已经收集了大量有关其自身运营、客户、内部程序、员工互动等方面的信息。知识管理系统（KMS）已成为为管理人员进行决策提供正式和非正式支持的来源，尽管有时甚至不称为 KMS。诸如文本分析和 IBM Watson 之类的技术使得从此类知识存储中创造价值成为可能。详情请参见第 6、12 章。

❑ **随时随地的支持**。使用无线技术，管理人员可以随时随地访问信息，对其进行分析和解释，并与使用这些信息的人进行通信。这也许是最近几年发生的最大变化。信息处理和转换为决策的速度确实改变了对消费者和企业的期望。自 20 世纪 60 年代后期，尤其是 20 世纪 90 年代中期以来，这些功能和其他功能一直在推动使用计算机化决策支持。移动技术、社交媒体平台和分析工具的发展使不同级别的信息系统（IS）可以为管理人员提供支持。在为任何决策提供数据驱动的支持方面，这种发展不仅适用于管理人员，而且适用于消费者。我们将首先研究被广泛称为 BI 的技术的概述。在此基础上，我们将拓宽视野，介绍各种类型的分析。

❑ **创新和人工智能**。由于前面讨论的决策过程和环境过于复杂，因此我们常常需要一种更加具有创新性的解决方法。促进创新的主要因素是人工智能。人工智能几乎影响到了决策过程中的每一步，它与分析学密切相关，在决策过程中具有协同作用（参见 1.8 节）。

➧ **复习题**

1. 为什么很难做出组织决策？
2. 描述决策过程的主要步骤。
3. 描述影响决策的主要外部环境。
4. 哪些面向系统的关键趋势促进信息系统支持下的决策制定提升到了新水平？
5. 列出一些有助于管理决策的信息技术功能。

# 1.3 决策过程和计算机化决策支持框架

在这一节，我们将重点讨论一些经典的决策基础，并介绍详细的决策过程。这两个概念将帮助我们为分析学、数据科学和人工智能的学习打下基础。

决策是为了实现一个或多个目标而在可选的行动方案中进行选择的过程。根据 Simon（1977）所说，管理决策与整个管理过程是一样的。考虑规划中重要的管理功能。规划包含一系列的决策：应该做什么？什么时候做？在哪里做？为什么要做？怎么做？谁来做？管理者设定目标或计划，因此计划意味着决策，并且其他的管理功能（例如组织和控制）也涉及决策。

## 1.3.1　Simon 过程：情报、设计与选择

建议遵循系统的决策过程。Simon（1977）认为，这涉及三个主要阶段：情报、设计和选择。他后来添加了第四阶段：实施。监视可以被看作第五阶段——一种反馈形式。但是，我们将监视视为应用于实施阶段的情报阶段。Simon 的模型是理性决策最简洁但最完整的表现。决策过程的概念图如图 1.1 所示。它还显示为使用建模的决策支持方法。

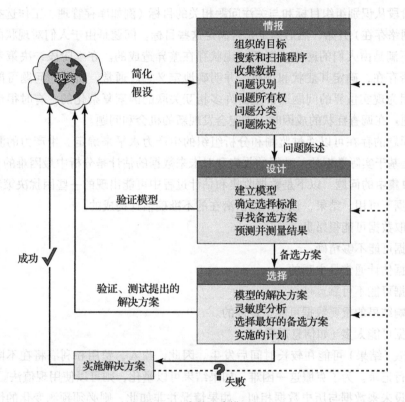

图 1.1　决策 / 建模过程

从情报到设计再到选择，都有持续不断的活动流（参见图 1.1 中的实线），但是在任何阶段，都可能返回上一个阶段（反馈）。建模是此过程的重要组成部分。这些反馈回路可以解释从问题发现到通过决策制定解决方案的杂乱无章路径的性质。

决策过程始于**情报阶段**。在这一阶段，决策者检查现实，确定并定义问题。问题所有权也被建立。在**设计阶段**，将构建代表系统的模型。这是通过做出简化现实的假设并写下所有变量之间的关系来完成的。然后验证模型，并根据选择原则确定标准，以评估已确定的替代措施。通常，模型开发过程会确定预备解决方案。

**选择阶段**包括选择模型的拟解决方案（不一定能解决模型所代表的问题）。测试此解决方案以确定其可行性。当提出的解决方案似乎合理时，我们就准备好进行最后一个阶段：决策的实施（不一定是系统的实施）。成功的实施可以解决实际问题，而失败将导致返回过程的早期阶段。实际上，在后三个阶段中的任何一个阶段，我们都可以返回到较早的阶段。1.1 节描述的决策情况遵循 Simon 的四阶段模型，即尝试几乎所有其他的决策情况。

## 1.3.2　情报阶段：问题或机会的识别

情报阶段从识别组织目标和与关注问题相关的目标（例如库存管理、工作选择、缺少或不正确的网络存在）开始，然后确定是否满足这些目标。问题是由于人们对现状的不满才产生的，而不满是由人们的愿望或期望与现状存在差异造成的。在本阶段，决策者要确定一个问题是否存在，确定其症状和规模，并明确地定义它。通常，所谓的问题可能只是问题的症状。因为现实世界的问题通常是由许多相互关联的因素复杂化的，有时很难区分症状和现实问题。在调查症状的成因时，肯定会发现新的机会和问题。

一个问题的存在可以通过监测和分析组织的生产力水平来确定。生产力的测量和模型的建立都是基于实际数据的。数据的收集和对未来数据的估计是分析中最困难的步骤。

**数据收集中的问题**　以下是数据收集和估计过程中可能出现的一些困扰决策者的问题：

- ❏ 数据不可用。结果，该模型是由潜在的不准确估计构成的。
- ❏ 获取数据可能很昂贵。
- ❏ 数据可能不够精确。
- ❏ 数据估计通常是主观的。
- ❏ 数据可能不可靠。
- ❏ 影响结果的重要数据可能是定性的。
- ❏ 数据可能太多（如信息过载）。
- ❏ 成效（结果）可能在较长时间后发生。因此，收入、费用和利润将在不同的时间点进行记录。为了克服这一困难，如果结果可以量化，则可以使用现值法。
- ❏ 假设未来数据与历史数据相似。如果情况并非如此，则必须预测变化的性质并将其纳入分析。

当初步调查完成后，就有可能确定一个问题是否真的存在、它位于何处，以及它有多重要。一个关键问题是，信息系统是报告问题还是只报告问题的症状。例如，如果报告显示销售额下降，就有问题，但这种情况无疑是问题的征兆。关键是要知道真正的问题是什么。有时这可能是感知、激励不匹配或组织过程的问题，而不代表这是一个糟糕的决策模型。

为了说明正确识别问题的重要性，我们在应用案例 1.1 中提供了一个经典示例。

**应用案例 1.1　让电梯走得更快**

　　这个故事在很多地方都有报道，几乎成了解释问题识别需求的经典例子。Ackoff（引自 Larson，1987）描述了一个管理高层酒店塔楼慢电梯投诉的问题。在尝试了许多减少投诉的解决方案（错开电梯到不同楼层、增加操作人员等）后，管理层确定了真正的问题不是关于实际等待时间，而是感知等待时间。因此，解决方案是在每层电梯门上安装全身镜。正如 Hesse 和 Woolsey 于 1975 年所说的："女人们会对着镜子整理仪容，而男人们会看着女人，而在他们意识到之前，电梯就到了。"通过减少感知等待时间，问题解决了。Baker 和 Cameron 于 1996 年给出了其他几个分散注意力的例子，包括用来减少感知等待时间的照明和显示器。如果真正的问题被确定为感知等待时间，那么会对提出的解决方案及其成本产生很大的影响。例如，买一面全身镜可能比增加一个电梯要便宜得多！

资料来源：J. Baker and M. Cameron. (1996, September). "The Effects of the Service Environment on Affect and Consumer Perception of Waiting Time: An Integrative Review and Research Propositions," *Journal of the Academy of Marketing Science*, 24, pp. 338–349; R. Hesse and G. Woolsey (1975). *Applied Management Science: A Quick and Dirty Approach*. Chicago, IL: SRA Inc; R. C. Larson. (1987, November/December). "Perspectives on Queues: Social Justice and the Psychology of Queuing." *Operations Research*, 35(6), pp. 895–905.

　　**针对应用案例 1.1 的问题**

　　1. 为什么这是一个与决策相关的例子？

　　2. 将这种情况与决策的情报阶段联系起来。

　　**问题分类**　问题分类是问题的概念化，试图把它放在一个可定义的类别中，可能导致一个标准的解决方法。一种重要的方法是根据问题中明显的结构程度对问题进行分类，这从完全结构化（即程序化）到完全非结构化（即非程序化）不等。

　　**问题分解**　许多复杂问题可以被分解为若干子问题。解决较简单的子问题可能有助于解决复杂的问题。此外，看似结构不良的问题有时也有高度结构化的子问题。当决策的某些阶段是结构化的而其他阶段是非结构化的，以及当决策问题的某些子问题是结构化的而其他子问题是非结构化的时，问题本身就是半结构化的。随着决策支持系统的开发以及决策者和开发人员对该问题的了解逐渐深入，问题就获得了结构。

　　**问题所有权**　在情报阶段，建立问题所有制是很重要的。只有当某个人或某个组织承担攻克这个问题的责任，以及该组织有能力解决这个问题时，它才存在于一个组织中。解决问题的权力分配称为问题所有权。例如，管理者可能会觉得自己有问题，因为利率太高。因为利率水平是在国家和国际层面上决定的，大多数管理者对此无能为力，所以高利率是政府要解决的问题，而不是具体某个公司要解决的问题。公司实际面临的问题是如何在高利率环境下经营。对于单个公司来说，利率水平应该作为一个不可控制的（环境）因素进行预测。

　　当问题所有权不确定时，要么某人没有履行其职责，要么手头的问题尚未被确定属于任何人。然后，对某人来说，要么自愿拥有它，要么将它分配给其他人，这是很重要的。

情报阶段以正式的问题陈述结束。

### 1.3.3 设计阶段

设计阶段包括寻找、开发和分析可能的行动方案，包括了解问题和测试解决方案的可行性。我们需要建立一个决策问题的模型，并进行测试和验证。首先定义一个模型。

**模型**　计算机化决策支持和许多 BI 工具（尤其是业务分析工具）的一个主要特点是至少包含一个模型。其基本思想是对现实的模型进行分析，而不是对现实系统进行分析。模型是对现实的简化表示或抽象。它通常被简化，因为现实太复杂而无法精确描述，也因为在解决一个特定问题时，许多复杂性实际上是无关的。

建模包括将问题概念化并抽象为定量或定性形式。对于一个数学模型，需要识别变量并建立它们之间的相互关系。必要时，还要通过假设进行简化。例如，可以假定两个变量之间的关系是线性的，即使现实中可能存在一些非线性效应。出于对成本 – 效益的权衡，必须在模型简化程度和现实表现之间取得适当的平衡。一个简单的模型可以降低开发成本、带来更容易操作的和更快的解决方案，但它不能很好地代表实际问题，并且可能产生不准确的结果。然而，一个更简单的模型通常需要更少的数据，或者数据被聚合且更容易获得。

### 1.3.4 选择阶段

选择是决策的关键行为。选择阶段是指做出实际决策并承诺遵循某一行动方针的阶段。设计阶段和选择阶段之间的边界常常是不清晰的，因为某些活动可以在两者之间执行，并且决策者可以频繁地从选择活动返回到设计活动（例如，在对现有的备选方案进行评估时生成新的备选方案）。选择阶段包括搜索、评估和推荐模型的适当备选解决方案。模型的解决方案是选定备选方案中决策变量的特定值集。可以评估选定方案的可行性和盈利能力。

必须对每个备选方案进行评估。如果一个备选方案有多个目标，那么必须相互检查和平衡。灵敏度分析用于确定任何给定方案的稳健性；理想情况下，参数的微小变化应导致所选方案的微小变化或无变化。假设分析被用于探索参数的主要变化。单变量求解帮助管理者确定决策变量的值以满足特定的目标。第 8 章将讨论这些主题。

### 1.3.5 实施阶段

马基亚维利在《君主论》（*The Prince*）中指出："大约 500 年前，没有什么比开创一个新的事物秩序更难实现、更怀疑是否能成功、更危险的了。"实施一个问题的解决方案，实际上就是开创一个新的事物秩序或引进改变。必须管理变革。用户期望必须作为变革管理的一部分进行管理。

实施的定义有点复杂，因为它是一个漫长、复杂、边界模糊的过程。简单地说，**实施**

**阶段**涉及将推荐的解决方案投入工作，而不一定要实现计算机系统。在处理信息系统支持的决策的过程中，许多常见的实施问题（如变革的阻力、最高管理层的支持程度和用户培训）都是非常重要的。事实上，以前许多与技术相关的浪潮（如业务流程重组（BPR）和知识管理）都面临着好坏参半的结果，主要是因为变革管理的挑战和问题。变革管理本身几乎是一门完整的学科，因此我们认识到了它的重要性，并鼓励读者独立地关注它。实施还包括对项目管理的透彻理解。项目管理的重要性远远超出了分析，因此过去几年见证了项目经理认证计划的重大发展。现在非常流行的认证是项目管理专业人员（PMP）认证。有关的更多详细信息请参见 pmi.org。

实施还必须包括收集和分析数据，以便从以前的决策中学习，并改进下一个决策。虽然进行数据分析通常是为了确定问题和解决方案，但在反馈过程中也应采用分析方法。这对于任何公共政策决策都是特别正确的。我们需要确保用于问题识别的数据是有效的。有时人们只有在实施阶段之后才能发现这一点。

决策过程虽然是由人来进行的，但是可以在计算机的支持下进行改进，下面将介绍这一点。

## 1.3.6　经典决策支持系统框架

早期的决策支持系统（DSS）被定义为在半结构化和非结构化决策环境中支持管理决策者的系统。决策支持系统原本是决策者的附属品，它可以扩展决策者的能力，但不能取代决策者的判断能力。决策支持系统的目标是对需要判断的决策或算法无法完全支持的决策做出决定。在早期的定义中没有特别说明但隐含的概念是，该系统将基于计算机、在线交互操作，并且最好具有图形输出功能，这一功能现在通过浏览器和移动设备得到了简化。

一个早期的计算机化决策支持框架包括几个主要的概念，这些概念将在本书接下来的章节中使用。Gorry 和 Scott-Morton 在 20 世纪 70 年代早期创建并使用了这个框架，然后这个框架演变成了一种称为 DSS 的新技术。

Gorry 和 Scott-Morton 于 1971 年提出了一个 3×3 矩阵的框架，如图 1.2 所示。这两个维度分别是结构化程度和控制类型。

**结构化程度**　图 1.2 的左边基于 Simon 于 1977 年提出的观点，即决策过程是沿着从高度结构化（有时称为程序化）到高度非结构化（即非程序化）决策的连续体。结构化的过程是常规的，通常是重复的问题，存在标准的解决方法。非结构化的过程是模糊、复杂的问题，没有现成的解决方法。

非结构化问题是指问题的清晰度或解决方法本身可能是非结构化的。在结构化问题中，获得最佳（或至少足够好的）解决方案的过程是已知的。无论是寻找合适的库存水平还是选择最优的投资策略，目标都是明确的。共同目标是成本最小化和利润最大化。

半结构化问题介于结构化和非结构化问题之间，包含一些结构化元素和一些非结构化元素。Keen 和 Scott-Morton 于 1978 年提到，交易债券、为消费品制定营销预算以及进行资本收购分析都是半结构化问题。

| 决策类型 | 控制类型 | | |
|---|---|---|---|
| | 经营控制 | 管理控制 | 战略规划 |
| 结构化 | 1<br>应收账款监控<br>应付账款监控<br>订单提交 | 2<br>预算分析<br>短期预测<br>人事汇报<br>制造或买进 | 3<br>财务管理<br>投资组合监控<br>仓库定位<br>分销系统监控 |
| 半结构化 | 4<br>生产规划<br>库存管理 | 5<br>信用评估<br>预算编制<br>厂房筹建<br>项目规划<br>激励制度设计<br>库存分类 | 6<br>新厂房筹建<br>并购规划<br>新产品规划<br>报酬规划<br>质保<br>人力资源政策制定<br>库存管理 |
| 非结构化 | 7<br>软件采购<br>贷款审批<br>咨询台运营<br>筛选杂志封面 | 8<br>协商<br>招聘经理<br>硬件采购<br>游说 | 9<br>研发规划<br>新技术开发<br>社会责任规划 |

图 1.2　决策支持框架

**控制类型**　Gorry 和 Scott-Morton（1971）的框架的下半部分（参见图 1.2）基于 Anthony（1965）的分类法，该分类法定义了包含所有管理活动的三大类别：战略规划，涉及定义资源分配的长期目标和政策；管理控制，是指在实现组织目标的过程中，对资源的获取和有效利用；经营控制，是指具体任务的有效执行。

**决策支持矩阵**　结合 Anthony（1965）和 Simon（1977）的分类标准，就形成了图 1.2 所示的决策支持矩阵。该矩阵起初旨在展示九宫格所需的不同类型的计算机支持。例如，Gorry 和 Scott-Morton 于 1971 年指出，对于半结构化决策和非结构化决策，传统的管理信息系统（MIS）和管理科学（MS）工具已经不能满足需求，需要引入人类智能和其他计算机技术。而辅助性信息系统 DDS 便是这样的工具。

注意，结构化的经营控制任务（如图 1.2 中的 1、2 和 4）一般由级别较低的经理负责，而 6、8 和 9 等任务则由级别较高或经过专业训练的人员负责。

**计算机支持结构化决策**　20 世纪 60 年代以来，计算机一直在结构化和半结构化决策（特别是涉及经营控制和管理控制的决策）中发挥着辅助作用。经营控制决策和管理控制决策涉及所有职能部门，特别是财务部门和生产（如运营）部门。

　　结构化问题的结构化水平和重复性较高，因此可以对这类问题进行特征提取、分析和分类。例如，自制或外购便属于一类决策。同样，资本预算、资源分配、分销、采购、规划以及库存控制决策也属于不同类别的决策。针对每个决策类别设计简单易用的指定模型和解决办法，一般以量化公式表达，从而实现管理决策流程中自动化部分的科学决策。很多结构化问题便可以得到全自动解决（见第 2 章和第 12 章）。

　　**计算机支持非结构化决策**　标准计算机量化方法只能解决部分非结构化问题。非结构化问题一般需要定制化解决方案。来自公司或外部的数据信息能够促进非结构化问题的解决。解决非结构化问题时，直觉、判断、计算机通信与协作技术、认知计算和深度学习（第 6 章）也很重要。

　　**计算机支持半结构化决策**　解决半结构化问题既需要标准问题解决流程，也需要人类判断。管理科学能够为决策过程中的结构化部分提供决策模型。对于非结构化部分，DSS 能够提供多个解决方案，并分析各个方案的潜在影响，从而提高决策支持信息的质量。这种能力能够帮助经理更好地理解问题的性质，从而更加科学地进行决策。

　　**决策支持系统：能力**　DSS 的初衷是辅助经理进行半结构化和非结构化决策，其角色是辅助决策而非代替经理进行决策，主要针对需要人类判断或无法完全通过算法完成的决策。因此，DSS 最初的设想是以计算机为依托、支持在线交互操作、具备图像输出能力的系统。如今有了浏览器和移动设备，DSS 也实现了简化。

## 1.3.7　一个 DSS 应用

　　DSS 一般用于支持某个特定问题的解决方案或评估一个机会而构建的，这也是 DSS 应用和 BI 应用的重要区别。严格意义上，**商务智能**（BI）系统主要监控场景，通过分析方法识别问题或机会。对于 BI 来说，汇报非常重要。用户一般必须判断特定场景是否需要特殊关注，然后采取合适的分析方法。BI 应用虽然具备模型和数据存取（一般通过数据仓库实现）功能，但 DSS 也具备自己的数据库，用于解决特定的问题或问题集，所以被称为 DSS 应用。

　　DSS 是一个决策支持方法，它通过灵活兼容的交互式计算机信息系统（CBIS）解决特定的非结构化管理问题。DSS 以数据为支撑，提供简单易用的用户界面，可以整合决策者自身的想法。此外，DSS 还包括模型，支持最终用户交互和迭代，适用于整个决策过程，配有知识组件，可以单机使用，也支持多人协作。

　　**DSS 的特征与能力**　由于目前人们尚未就 DSS 的定义达成共识，因此也无法定义 DSS 的标准特征和能力。图 1.3 中的能力是理想状态下 DSS 应该具备的所有能力，其中部分能力已经在 DSS 定义中体现出来，并通过用例得到解释。

　　DSS 的主要特征和能力（见图 1.3）如下：

　　1. 整合人类判断和计算机信息，辅助决策人员进行半结构化和非结构化决策。半结构化和非结构化问题无法（或无法便捷地）通过其他计算系统或标准量化工具解决。一般情况下，DSS 能将这类问题结构化。部分结构化问题已经通过 DSS 得到解决。

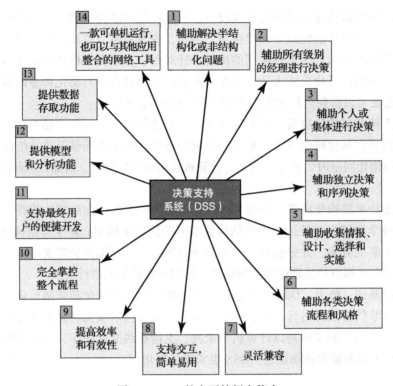

图 1.3 DSS 的主要特征和能力

2. 辅助各个级别的经理进行决策。

3. 辅助个人和集体进行决策。半结构化问题和非结构化问题往往需要多个职能部门协作解决。DSS 的网络协作工具能够辅助虚拟团队开展工作。DSS 能够辅助个体和集体工作，促进集体和个体在相对独立的情况下进行共同决策。

4. 辅助独立和序列决策。可以进行单次、多次或重复性决策。

5. 辅助决策的整个过程：收集情报、设计、选择、实施。

6. 辅助各类决策流程和风格。

7. 设计灵活，支持增、删、整、改或基本元素重组。决策人员应该能够随机应变，及时响应环境变化，并相应地调整 DSS 以适应变化。同时，DSS 支持自主调节，可用于解决其他类似问题。

8. 用户友好，图形展示效果极佳，具备自然语言交互人机界面，能够有效提高 DSS 的有效性。多数 DSS 应用采用 Web 界面或移动平台界面。

9. 能够提高决策的有效性（如准确性、及时性和质量）而非效率（如决策成本）。部署DSS 后，决策过程往往耗时更久，但决策结果往往更优。

10. 决策人员可完全掌握整个决策流程。DSS 的目标是辅助而非替代决策人员。

11. 最终用户可自主设计和修改简单系统。大型系统可在 IS 专家的协助下搭建。开发较为简单的系统时用到了电子表格软件。OLAP、数据挖掘软件以及数据仓库便于用户搭建复杂的大型 DSS 系统。

12. 提供决策分析模型，支持用户尝试不同配置下的不同策略。

13. 提供各类数据源、数据格式和数据类型，包括 GIS、多媒体和面向对象的数据。

14. 可单机部署，也支持跨部门、跨组织合作，可以与其他 DSS 或应用整合，通过联网和 Web 技术实现内部和外部部署。

借助上述特征和能力，决策人员可以更好、更及时地决策。

## 1.3.8　决策支持系统组件

决策支持系统应用一般包括数据管理子系统、模型管理子系统、用户界面子系统和知识管理子系统，详见图 1.4。

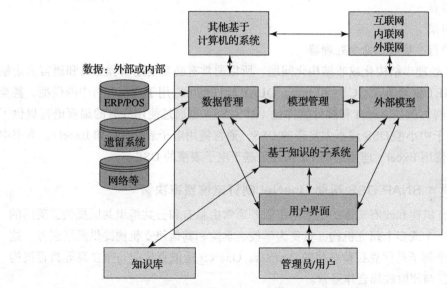

图 1.4　DSS 的示意图

## 1.3.9　数据管理子系统

数据管理子系统包括一个包含相关数据的数据库，由数据管理系统（DBMS）进行管理。DBMS 可指一个或多个系统。数据管理子系统与公司数据仓库（公司相关决策数据仓库）相连。

通常，数据是通过数据库 Web 服务器存储或访问的。数据管理子系统由以下元素组成：

❑ DSS 数据库

❑ 数据库管理系统

❑ 数据目录

❏ 查询工具

许多 BI 或描述性分析应用程序都从子系统的数据管理端获得其优势。

## 1.3.10　模型管理子系统

模型管理子系统是包括财务、统计、管理科学或其他定量模型的组件，这些模型提供系统的分析能力和适当的软件管理。该子系统还包括用于构建定制模型的建模语言。该组件通常被称为模型库管理系统（MBMS），可以连接到公司或外部的模型存储。模型解决方法和管理系统在 Web 开发系统（例如 Java）中实现，以在应用程序服务器上运行。DSS 的模型管理子系统由以下元素组成：

❏ 模型库
❏ 模型库管理系统
❏ 建模语言
❏ 模型目录
❏ 模型执行、集成和命令处理器

因为 DSS 处理半结构化或非结构化问题，所以通常有必要使用编程工具和语言来定制模型，包括 .NET 框架语言、C++ 和 Java。OLAP 软件也可以用于数据分析中的模型，甚至用于仿真的语言，例如 Arena 和统计软件包（如 SPSS）也通过使用专有的编程语言提供了建模工具。对于中小型 DSS 或不太复杂的 DSS，通常使用电子表格（例如 Excel）。本书中的几个示例都使用 Excel。应用案例 1.2 描述了基于电子表格的 DSS。

---

**应用案例 1.2**　SNAP DSS 帮助 OneNet 制订电信费率决策

面向教育机构和政府实体的电信网络服务通常由私有和公共组织共同提供。美国的许多州都有一个或多个州立机构，负责为学校、学院和其他州立机构提供网络服务。这种机构的一个例子是俄克拉荷马州的 OneNet。OneNet 是俄克拉荷马州立高等教育机构的一个部门，与州财政局合作运营。

通常，诸如 OneNet 之类的机构都是企业型基金，必须通过向客户开账单或直接从州立法机关证明拨款的合理性来收回成本。这种成本回收应通过有效、易于实施且公平的定价机制进行。采用这种定价模型通常需要认识到许多因素：同一基础架构上语音、数据和视频流量的融合；教育机构和州立机构的用户基础的多样性；各州客户使用的应用程序（从电子邮件到视频会议、IP 电话和远程学习）的多样性；收回当前成本以及计划升级和未来发展；利用共享基础架构来促进全州的进一步经济发展和协作，从而实现对 OneNet 的创新使用。

这些考虑导致人们开发了基于电子表格的模型。该系统——SNAP-DSS（基于服务网络应用程序和定价（SNAP）的 DSS）是在 Microsoft Excel 2007 中开发的，使用了VBA 编程语言。

　　SNAP-DSS 通过提供实时、用户友好的图形用户界面（GUI），使 OneNet 能够选择最适合首选定价策略的价目表选项。此外，SNAP-DSS 不仅说明了定价因素变化对每个价目表选项的影响，而且允许用户使用不同的参数在不同情况下分析各种价目表选项。OneNet 财务计划人员已使用此模型来深入了解其客户并分析不同利率计划选项的多种假设情况。

　　*资料来源*：J. Chongwatpol and R. Sharda. (2010, December). "SNAP: A DSS to Analyze Network Service Pricing for State Networks." *Decision Support Systems*, 50(1), pp. 347–359.

## 1.3.11　用户界面子系统

　　用户通过用户界面子系统与 DSS 通信并命令 DSS。用户被认为是系统的一部分。研究人员断言，DSS 的一些独特贡献来自计算机与决策者之间的密切互动。鉴于这些技术的可用性，难以使用的用户界面是管理者没有尽可能多地使用计算机和定量分析的主要原因之一。Web 浏览器为 21 世纪的许多 DSS 提供了熟悉且一致的 GUI 结构。对于本地使用的 DSS，电子表格还提供了人们熟悉的用户界面。Web 浏览器被认为是有效的 DSS GUI，因为它灵活、用户友好，并且是通往几乎所有必要信息和数据源的网关。本质上，Web 浏览器导致了许多 DSS 前端的门户和仪表板的开发。

　　便携式设备（包括智能手机和平板电脑）的爆炸性增长也改变了 DSS 用户界面。这些设备允许手写输入或来自内部或外部键盘的输入。一些 DSS 用户界面利用自然语言（即人类语言的文本）输入，以便用户可以轻松地以有意义的方式表达自己。通过短消息服务（SMS）或聊天机器人进行的手机输入对于至少某些消费者 DSS 类型的应用程序越来越普遍。例如，可以将搜索任何主题的 SMS 请求发送给 GOOGL（46645）。此类功能在查找附近的公司、地址或电话号码时最有用，但也可用于许多其他决策支持任务。例如，用户可以通过输入"define"后跟单词（例如"define extenuate"）来找到单词的定义。其他一些功能包括：

- ❏ 价格查询："64GB iPhoneX 的价格"。
- ❏ 货币换算："10 美元换算成欧元"。
- ❏ 体育比分和比赛时间：只需输入球队名称（如"纽约巨人队"），Google SMS 就会发送最近比赛的比分以及下一场比赛的日期和时间。

　　这种基于 SMS 的搜索功能也可用于其他搜索引擎，例如 Microsoft 的搜索引擎 Bing。

　　随着许多供应商推出智能手机（例如 Apple 的 iPhone 和 Android 智能手机），许多公司正在开发可提供购买决策支持的应用程序。例如，亚马逊的应用程序允许用户为商店（或任何地方）中的任何商品拍照，并将其发送到 Amazon.com。Amazon.com 的图形理解算法尝试将图像与数据库中的真实产品匹配，并向用户发送类似于 Amazon.com 产品信息页面的页面，从而允许用户实时进行价格比较。这些公司已经开发了数百万种其他应用程序，这些应用程序可为消费者提供支持，以根据位置、其他人（尤其是你自己的社交圈）的建议，

在寻找和选择商店 / 餐厅 / 服务提供商方面做出决策。上一段提到的搜索活动现在也基本上通过每个搜索提供商提供的应用程序来完成。

这些设备以及诸如 Amazon Echo（Alexa）和 Google Home 之类的新型智能扬声器的语音输入是常见且相当准确的（但并不完美）。在使用附带的语音识别软件（和现成的文本语音转换软件）进行语音输入时，可以调用带有相应动作和输出的口头指令。这些对于 DSS 来说很容易获得，并已合并到前面描述的便携式设备中。可以用于通用 DSS 的语音输入的一个示例是 Apple 的 Siri 应用程序和 Google 的 Google Now 服务。例如，用户可以提供自己的邮政编码并说"比萨外送"。这些设备将提供搜索结果，甚至可以给企业拨打电话。

### 1.3.12 基于知识的管理子系统

许多用户界面开发都与基于知识的系统中的重大新进展紧密相关。基于知识的管理子系统可以支持任何其他子系统，也可以充当独立的组件。它提供情报来增强决策者自己的情报或帮助理解用户的查询，从而提供一致的答案。它可以与组织的知识库（KMS 的一部分）互连，该知识库有时被称为组织知识库，或连接到数千个外部知识源。当前的学习系统已经实现了许多人工智能方法，并且易于集成到其他 DSS 组件中。IBM 的 Watson 是广为人知的基于知识的 DSS 之一，它在 1.1 节引入，后面将对其进行详细描述。

本节简要介绍了决策支持系统的历史和进展。在下一小节，我们将讨论这种对商务智能、分析和数据科学的支持的演变。

> ➤ **复习题**
> 1. 列出 Simon 的四个决策阶段并简要描述。
> 2. 问题和症状之间有什么区别？
> 3. 为什么对问题进行分类很重要？
> 4. 定义实施。
> 5. 什么是结构化、非结构化和半结构化决策？分别提供两个示例。
> 6. 定义经营控制、管理控制和战略规划。分别提供两个示例。
> 7. 决策框架的九个单元是什么？解释每个单元的目的。
> 8. 计算机如何为制订结构化决策提供支持？
> 9. 计算机如何为半结构化和非结构化决策提供支持？

## 1.4 计算机决策支持向商务智能 / 分析 / 数据科学的发展

图 1.5 中的时间轴显示了自 20 世纪 70 年代以来用于描述分析的术语。在 20 世纪 70 年代，信息系统对决策的支持主要集中于提供结构化的定期报告，经理可以将其用于决策（或忽略它们）。企业开始创建例行报告，以告知决策者（经理）上一时期（例如，日、周、月、

季度）的情况。尽管了解过去的情况很有用，但经理需要的不止这些：他们需要具有不同粒度级别的各种报告，以更好地理解和应对业务不断变化的需求与挑战。这些通常称为管理信息系统（MIS）。在 20 世纪 70 年代初期，Scott-Morton 首先阐明了 DSS 的主要概念。他将 DSS 定义为"基于交互的计算机系统，可以帮助决策者利用数据和模型来解决非结构化问题"（Gorry 和 Scott-Morton 于 1971 年提出）。以下是 Keen 和 Scott-Morton 于 1978 年提供的另一个经典的 DSS 定义：

决策支持系统将人的智力资源与计算机的功能相结合，以提高决策质量。它是管理决策者用于处理半结构化问题的基于计算机的支持系统。

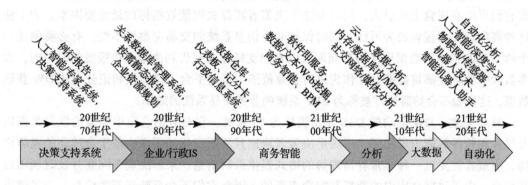

图 1.5　决策支持、商务智能、分析和人工智能的发展

请注意，术语决策支持系统（如管理信息系统和 IT 领域中的其他几个术语）是无内容的表达（即对于不同的人而言，意味着不同的事物）。因此，没有公认的 DSS 定义。

在分析的早期，研究人员通常使用手动过程（即访谈和调查）从领域专家那里获取数据，以建立数学模型或基于知识的模型来解决受限的优化问题。这个想法是在有限的资源下做到最好。这种决策支持模型通常称为运筹学（OR）。人们使用启发式方法（例如仿真模型）解决了过于复杂而无法最佳解决（使用线性或非线性数学编程技术）的问题（我们将在本章后面介绍这些作为说明性分析）。

在 20 世纪 70 年代末和 20 世纪 80 年代初，除了在许多行业和政府系统中使用的成熟 OR 模型之外，还出现了一系列令人振奋的新模型：基于规则的专家系统（ES）。这些系统承诺以计算机可以处理的格式（通过一系列 if-then-else 规则或启发法）捕获专家知识，从而可以像利用领域专家识别结构性问题并提出最可能的解决方案一样使用这些信息进行咨询。ES 允许使用"智能"DSS 在需要的地方和时间提供稀缺的专业知识。

20 世纪 80 年代，组织捕获业务相关数据的方式发生了重大变化。过去的惯例是拥有多个相互分离的信息系统，以量身定制来捕获不同组织单位或职能（例如会计、营销和销售、财务、制造）的交易数据。在 20 世纪 80 年代，这些系统被集成为企业级信息系统，我们现在通常将其称为企业资源计划（ERP）系统。关系数据库管理（RDBM）系统取代了以前的大多数顺序数据和非标准化数据表示模式。这些系统使改善数据的捕获和存储以及组织数据字段之间的关系成为可能，同时大大减少了信息的复制。当数据完整性和一致性成为一个问题时，就出现了对 RDBM 和 ERP 系统的需求，这严重阻碍了业务实践的有效性。借助 ERP，可以收集来自企业各个部门的所有数据并将其集成到一个一致的架构中，从而使组织的每个部门都可以在需要的时间和地点访问单个事实版本。由于这些系统的出现，业务报告已成为按需的业务实践。决策者可以决定何时需要或想要创建专门的报告来调查组织的问题和机会。

在 20 世纪 90 年代，由于需要更多功能的报告，人们开发了主管信息系统（EIS，一种专为主管及其决策需求而设计和开发的 DSS）。这些系统被设计为图形仪表板和记分卡，因此它们可以在视觉上吸引人，同时专注于决策者跟踪关键绩效指标的最重要因素。为了使这种高度通用的报告成为可能，同时保持商业信息系统的交易完整性不变，有必要创建一个称为 DW 的中间数据层作为存储库，以专门支持业务报告和决策。在很短的时间内，大多数大中型企业都将数据仓库作为进行企业范围决策的平台。仪表板和记分卡从 DW 获取数据，这样做不会妨碍通常被称为 ERP 系统的业务交易系统的效率。

21 世纪初，DW 驱动的 DSS 开始被称为 BI 系统。它在数据仓库中积累的纵向数据以及硬件和软件的能力增加了，以满足决策者快速且不断变化的需求。基于全球化的竞争市场，决策者需要以一种非常容易理解的格式提供最新信息，来解决业务问题并及时利用市场机会。由于数据仓库中的数据是定期更新的，因此它们不会反映最新的信息。为了解决信息延迟问题，数据仓库供应商开发了一个系统来更频繁地更新数据，这导致了术语实时数据仓库产生，更现实地说，它采用了与前者不同的基于所需数据项新鲜度的数据刷新策略（即并非所有数据项都需要实时刷新）。数据仓库规模庞大、功能丰富，因此有必要对企业数据进行“挖掘”，以“发现”新的、有用的知识块，从而改进业务流程和实践，因此出现了术语数据挖掘和文本挖掘。随着数据的量和种类的不断增加，对存储和处理能力的要求也越来越高。虽然大型公司有办法解决这个问题，但中小型公司需要更具财务管理能力的商业模式。这个需求导致了面向服务的体系结构、软件即服务和基础设施即服务分析商业模式。因此，较小型的公司可以根据需要获得分析能力，并只需要为自己使用的资源付费，而不是投资于价格高昂的硬件和软件资源。

2010 年以来，我们看到了数据获取和使用方式的又一次范式转变。这很大程度上缘于互联网的广泛使用和应运而生的新的数据生成媒介。在所有新的数据源（例如射频识别标签、数字电能表、点击流网络日志、智能家居设备、可穿戴健康监测设备）中，最有趣和最具挑战性的可能是社交网络 / 社交媒体。这些非结构化数据包含丰富的信息内容，因而从软件和硬件的角度分析这些数据源对计算系统提出了重大挑战。最近，大数据这个词被创造出来，来强调这些新的数据流给我们带来的挑战。为了应对大数据的挑战，研究人员在硬件（例如，具有非常大的计算内存的大规模并行处理和高度并行的多处理器计算系统）和软件 / 算法（例如，具有 MapReduce 和 NoSQL、Spark 的 Hadoop）方面取得了许多进展。

过去几年和将来十年，人们正在许多令人兴奋的方面带来巨大的提升。例如，流分析和传感器技术启用了物联网。人工智能正在改变 BI 的现状,它使通过深度学习分析图像的新方法成为可能,而不仅仅是传统的数据可视化。深度学习和人工智能也有助于发展语音识别和语音合成,从而在与技术的互动中产生新的界面。几乎一半的美国家庭已经拥有了智能扬声器,如 Amazon Echo 或 Google Home,并且已经开始使用语音接口与数据和系统进行交互。视频接口的增长最终将使基于手势的系统交互成为可能。所有这些都是由基于云的海量数据存储和惊人的快速处理能力产生的。还有更多的技术正在研究中。

很难预测未来十年将带来什么,以及新的分析相关术语将是什么。信息系统新范式转变的时间间隔(特别是分析领域)一直在缩短,这种趋势将在可预见的未来持续下去。尽管分析并不是什么新鲜事,但它的流行程度却是一个全新的概念。由于大数据、收集和存储这些数据的方法以及直观的软件工具的激增,数据驱动的洞察力比以往任何时候都更容易被业务专业人员获取。因此,在全球竞争中,可以通过使用数据分析增加收入,同时通过构建更好的产品来降低成本、改善客户体验、在欺诈发生之前控制它,以及通过目标定位和定制来提高客户参与度。这是一个做出更好管理决策的巨大机会,可以开发全新的业务线,而所有这些都有分析和数据的功劳。越来越多的公司正在为员工提供业务分析的专业知识,以提高他们日常决策的效率。

下一节重点介绍 BI 的框架。尽管大多数人都同意 BI 已经发展成为分析和数据科学,但许多供应商和研究人员仍然使用这个术语。因此,接下来将特别关注被称为 BI 的内容,以此向这段历史致敬。在下一节之后,我们将介绍分析,并将其用作对所有相关概念进行分类的标签。

## 1.4.1　商务智能框架

1.2 节和 1.3 节提出的决策支持概念是由许多为决策支持创建工具和方法的供应商以不同的名称逐步实现的。如 1.2 节所述,随着企业范围内系统的发展,管理人员能够访问用户友好的报告,使他们能够快速做出决策。这些系统通常被称为 EIS,然后开始提供额外的可视化、警报和性能度量功能。到 2006 年,主要的商业产品和服务出现在商务智能之下。

**BI 的定义**　商务智能(Business intelligence, BI)是一个综合术语,它结合了体系结构、工具、数据库、分析工具、应用程序和方法。它和决策支持系统(DSS)一样,是一种内容自由的表达方式,因此对不同的人来说,它意味着不同的东西。关于 BI 的部分困惑在于与之相关联的缩写词和流行语(例如,业务性能管理(Business Performance Management, BPM))。BI 的主要目标是实现对数据的交互访问(有时是实时访问),实现对数据的操作,并使业务经理和分析师能够进行适当的分析。通过分析历史和当前的数据、情况和性能,决策者可以获得有价值的见解,从而做出更明智和更好的决策。BI 的过程基于数据到信息,再到决策,最后到行动的转换。

**BI 简史**　高德纳集团(Gartner Group)在 20 世纪 90 年代中期创造了术语 BI。然而,正如前一节所指出的,BI 的概念要古老得多:它起源于 20 世纪 70 年代的 MIS 报告系统。

在此期间，报告系统是静态的、二维的，没有分析能力。在 20 世纪 80 年代早期，EIS 的概念应运而生。这一概念扩展了对高层管理人员和行政人员的计算机化支持。引入的一些功能包括动态多维（即席或按需）报告、预测和预报、趋势分析、深入到细节、状态访问和关键成功因素。这些特性在 20 世纪 90 年代中期出现在许多商业产品中，后来与一些新特性一同被称为 BI。如今，一个基于 BI 的优秀企业信息系统包含了管理人员所需的所有信息。因此，EIS 的原始概念被转化为 BI。到 2005 年，BI 系统开始涵盖人工智能能力和强大的分析能力。图 1.6 说明了可能包含在 BI 系统中的各种工具和技术，也说明了商务智能的演变。图 1.6 所示的工具提供了 BI 的功能。最复杂的 BI 产品包括这些功能中的大部分，而其他产品只专注于其中的一部分。

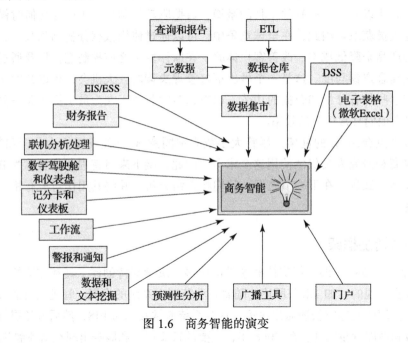

图 1.6　商务智能的演变

## 1.4.2　BI 的架构

　　BI 系统有四个主要组件：DW 及其源数据；业务分析，用于操作、挖掘和分析 DW 中数据的工具集合；用于监视和分析性能的 BPM；以及用户界面（例如**仪表板**）。这些组件之间的关系如图 1.7 所示。

## 1.4.3　商务智能的起源和驱动力

　　现代的 DW 和 BI 方法从何而来？它们的根源是什么？这些根源如何影响当今组织管理这些举措的方式？今天信息技术投资的底线影响和潜力正受到越来越多的审查。DW 和使这些计划成为可能的 BI 应用程序也是如此。

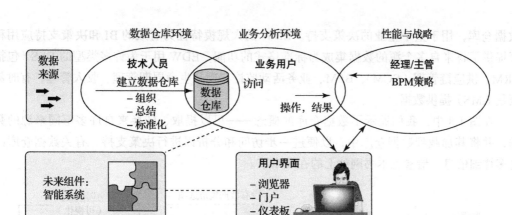

图 1.7　BI 的一个高层架构（图片来源：W. Eckerson. (2003). *Smart Companies in the 21st Century: The Secrets of Creating Successful Business Intelligent Solutions*. Seattle, WA: The Data Warehousing Institute, p. 32, Illustration 5.）

　　组织机构正被强制要求收集、理解和利用其数据来支持决策以改进业务运营。立法和条例（例如，2002 年的萨班斯 - 奥克斯利法案）现在要求企业领导者记录他们的业务流程，签署他们依赖的信息的合法性，并向利益相关者报告。此外，商业周期时间现在被极大地压缩了。因此，更快、更知情和更好的决策是竞争的当务之急。管理者需要在正确的时间和地点获得正确的信息。这是现代 BI 方法的口头禅。

　　组织必须聪明地工作。密切关注 BI 举措的管理是处理业务的一个必要方面。组织越来越支持 BI 并将其作为分析的新形式是毫不奇怪的。

## 1.4.4　数据仓库作为商务智能的基础

　　BI 系统依赖 DW 作为信息源来创建洞察力和支持管理决策。大量的组织内部和外部数据被收集、转换并存储在数据仓库中，以通过丰富的业务洞察力支持及时和准确的决策。简而言之，数据仓库是为支持决策而生成的数据池，它也是整个组织中管理者可能感兴趣的当前和历史数据的存储库。数据的结构通常是以便于分析处理活动（即 OLAP、数据挖掘、查询、报告和其他决策支持应用程序）的形式提供的。数据仓库是一个面向主题的、集成的、时变的、非易失性的数据集合，用于支持管理层的决策过程。

　　DW 是数据的存储库，而数据仓库实际上是整个存储过程。数据仓库是一门学科，它产生了提供决策支持功能、允许随时访问业务信息和创建业务洞察力的应用程序。数据仓库的三种主要类型是数据集市（DM）、操作数据存储（ODS）和企业数据仓库（EDW）。尽管数据仓库将整个企业的数据库组合在一起，但数据仓库通常较小，侧重于特定的主题或部门。数据挖掘是数据仓库的一个子集，通常由单个主题区域（如市场营销、运营）组成。操作数据存储提供了客户信息文件。这种类型的数据库通常被用作 DW 的暂存区域。与 DW 的静态内容不同，ODS 的内容在整个业务操作过程中都会更新。EDW 是一个大型数据仓库，用于整个企业的决策支持。EDW 的大规模特性为有效的 BI 和决策支持应用程序提供了将来自多个源的数据集成为标准格式的功能。EDW 用于为许多类型的 DSS（包括 CRM、供应链管理（SCM）、BPM、业务活动监控、产品生命周期管理、收入管理，有时甚至是 KMS）提供数据。

在图 1.8 中，我们展示了数据仓库的概念——可以提取、转换来自许多不同来源的数据，并将其加载到数据仓库中，以便进一步访问和分析以进行决策支持。有关数据仓库的更多详细信息，请参见本书网站上的在线章节。

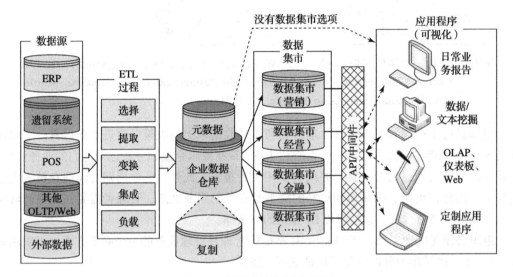

图 1.8　数据仓库框架和视图

## 1.4.5　事务处理与分析处理

为了说明 BI 的主要特性，首先我们将证明 BI 不是事务处理。我们都熟悉支持交易的信息系统，如 ATM 取款、银行存款和杂货店的收银机扫描。这些事务处理系统经常参与处理对操作数据库的更新。例如，在 ATM 取款交易中，我们需要相应地减少银行余额；在银行存款会增加一个账户；在商店的购买行为很可能会反映在商店当天的总销售额中，应该反映出商店商品库存的适当减少等。这些**联机事务处理**（OLTP）系统处理公司的日常业务。相反，DW 通常是一个不同的系统，它为将要用于分析的数据提供存储空间。该分析的目的是使管理层能够搜索数据以获得有关业务的信息，并可将其用于提供战略决策或经营决策支持，例如，运行人员可以更快地做出更明智的决策。DW 处理用于**联机分析处理**（OLAP）系统的信息数据。

ERP 系统中的大多数操作数据——以及它们的互补兄弟（如 SCM 或 CRM）——都存储在 OLTP 系统中，OLTP 系统是一种计算机处理方式，计算机可以立即响应应用用户的请求。每个请求都被认为是一个事务，事务是一个离散事件的计算机化记录，例如，库存或客户订单的接收。换句话说，一个事务需要一组两个或多个数据库更新，这些更新必须以全有或全无的方式完成。

使 OLTP 系统在事务处理方面高效的设计本身也使它在最终用户的特别报告、查询和分析方面效率低下。在 20 世纪 80 年代，许多业务用户将他们的大型主机称为"黑洞"，因为所有的信息都进入了大型主机，但是没有一个返回。所有对报告的请求都必须由 IT 人员编写程序，而只有"预先录制"的报告才能按预定时间生成，而且临时的实时查询实际上是不可能的。尽管 20 世纪 90 年代的基于客户端 / 服务器的 ERP 系统在某种程度上对报表更加友好，但在操作报告和交互分析等方面，它们仍然远远不能满足普通的非技术最终用户的需要。为了解决这些问题，人们创建了 DW 和 BI 的概念。

DW 包含各种各样的数据，这些数据表示某个时间点上业务条件的一致情况。其想法是创建一个始终在线的数据库基础设施，其中包含来自 OLTP 系统的所有信息（包括历史数据），但是进行了重新组织和结构化，以便能够快速且高效地查询、分析和决策支持。将 OLTP 与分析和决策支持分离可以实现前面描述的 BI 的好处。

## 1.4.6　商务智能的一个应用示例

假设你是一位客户服务中心专家。一架即将到来的航班晚点了，一些乘客可能会错过转机。而一架即将起飞的飞机上有座位可以容纳这四名乘客中的两名。哪两名乘客应该优先？在分析客户的资料和他们与航空公司的关系之后，你的决定可能会改变。

尽管有些人将 DSS 视为等同于 BI，但目前这些系统并不相同。值得注意的是，有些人认为 DSS 是 BI 的一部分——其分析工具之一。有些人认为 BI 是 DSS 的一个特例，它主要处理报告、通信和协作（一种面向数据的 DSS）。另一种解释（参见文献（Watson, 2005））是，BI 是一个不断变革的结果，因此，DSS 是 BI 的原始元素之一。此外，正如下一节所指出的，在许多圈子中，BI 已经被归入新的术语——分析或数据科学。

**适当的计划和与业务战略保持一致**　首先，投资 BI 的根本原因必须与公司的商业战略一致。BI 不能简单地作为信息系统部门的技术练习。它必须作为一种方法，通过改进业务流程和将决策过程转变为更多的数据驱动，来改变公司处理业务的方式。许多参与成功的 BI 举措的 BI 顾问和从业者认为，规划框架是一个必要的先决条件。Gartner 公司于 2004 年提出的一个框架将计划和执行分解为业务、组织、功能和基础设施组件。在业务和组织级别，必须定义战略和经营目标，同时考虑实现这些目标所需的组织技能。高层管理必须考虑围绕 BI 举措的组织文化问题，并为这些举措和程序建立热情，以便在组织内部共享 BI 最佳实践。该过程的第一个步骤是评估 IS 组织、潜在用户类别的技能集以及文化是否可以适应变化。根据这个评估，并假设有理由和需要前进，一个公司可以准备一个详细的行动计划。BI 实现成功的另一个关键问题是多个 BI 项目（大多数企业使用多个 BI 项目）之间的集成，以及与组织中的其他 IT 系统及其业务伙伴的集成。

Gartner 和许多其他分析咨询组织提出了 BI 能力中心的概念，该中心提供以下功能：

❏ 展示商务智能如何明确地与战略和战略执行相联系。

❏ 鼓励潜在业务用户社区和 IS 组织之间的交互。

❏ 作为不同业务部门之间最佳 BI 实践的存储库和传播者。

❏ BI 实践中的卓越标准可以在整个公司得到提倡和鼓励。

❏ 信息系统组织可以通过与用户社区的交互了解大量信息，例如关于所需的各种类型的分析工具的知识。

❏ 业务用户社区和 IS 组织可以更好地理解为什么 DW 平台必须足够灵活，以满足不断变化的业务需求。

❏ 帮助重要的利益相关者（如高层管理人员）了解 BI 如何发挥重要作用。

在过去的 10 年里，BI 能力中心的想法已经被抛弃了，因为本书涉及的许多先进技术已经减少了组织这些功能的中心组的需求。基本的 BI 现在已经发展到最终用户可以在“自助”模式下完成大部分工作。例如，许多数据可视化很容易由最终用户使用最新的可视化包来完成（第 3 章将介绍其中的一些）。正如 Duncan 于 2016 年所指出的，BI 团队现在将更关注生成可管理的数据集，以支持自助 BI。因为分析现在已经渗透到整个组织，所以 BI 能力中心可以发展成为一个卓越的分析社区，以促进最佳实践，并确保分析活动与组织战略的整体一致性。

BI 工具有时需要相互集成，从而产生协同作用。集成的需求促使软件供应商不断地向其产品添加功能。购买一体化软件包的客户只与一个供应商交易，不需要处理系统连接。但是，它们可能会失去创建由“最佳品种”组件组成的系统的优势。这导致了 BI 市场空间的严重混乱。许多借助商务智能浪潮的软件工具（如 Savvion、Vitria、Tibco、MicroStrategy、Hyperion）要么被其他公司收购，要么利用自商务智能的最初浪潮以来出现的 6 个关键趋势来扩展它们的产品：

❏ 大数据。

❏ 关注客户体验，而不是仅仅关注运营效率。

❏ 移动的甚至更新的用户界面——可视界面、语音界面、移动界面。

❏ 预测性分析和规范性分析、机器学习、人工智能。

❏ 迁移到云。

❏ 更加注重安全和隐私保护。

本书通过举例说明技术是如何发展和应用的，以及管理上的含义，涵盖了其中的许多主题。

➤ **复习题**

1. 列出分析的三个前身。

2. 管理信息系统（MIS）、决策支持系统（DSS）和执行信息系统（Executive Information System）之间的主要区别是什么？

3. 是 DSS 演变成 BI 还是 BI 演变成 DSS？

4. 定义 BI。

5. 列出 BI 的主要组件并描述。

6. 定义 OLTP。

7. 定义 OLAP。

8. 列出 Gartner 的报告中提到的一些实现主题。

9. 列举商务智能的一些成功因素。

## 1.5 分析概述

"分析"这个词已经在很大程度上取代了过去在各种标签下可用的计算机决策支持技术的各个组件。事实上，许多从业者和学者现在用分析这个词来代替 BI。尽管许多作者和顾问对它的定义略有不同，但可以将**分析**视为根据历史数据生成的见解为行动制订可操作的决策或建议的过程。根据运筹学和管理科学研究所（INFORMS）的说法，分析代表了计算机技术、管理科学技术和统计的结合，以解决实际问题。当然，许多其他组织已经提出了自己的分析的解释和动机。例如，SAS 研究所（SAS Institute Inc.）提出了从计算机系统的标准化报告开始的八个分析级别。这些报告基本上提供了一个组织正在发生什么的概述。额外的技术使我们能够创建更自定义化的报告，这些报告可以在特定的基础上生成。报告的下一个扩展将带我们进入 OLAP 类型的查询，允许用户更深入地挖掘并确定特定的关注源或机会。今天可用的技术还可以在性能需要时自动向决策者发出警报。在消费者层面，我们看到了天气或其他问题的警报。但是，当销售额在某段时间内高于或低于某一水平，或者某一产品的库存不足时，也可以在特定的设置中生成类似的警报。所有这些应用程序都是通过对组织收集的数据进行分析和查询实现的。下一个层次的分析可能需要统计分析来更好地理解模式。然后，可以进一步开发预测或模型，以预测客户可能如何响应特定的营销活动或正在进行的服务 / 产品供应。当组织对正在发生的事情和可能发生的事情有一个很好的了解时，还可以使用其他技术在这种情况下做出最佳决策。

INFORMS 也在其提出的分析的三个层次中封装了通过查看所有的数据来理解正在发生的事情、将要发生的事情和如何最好地利用它的想法。这三个层次被定义为描述性、预测性和规范性。图 1.9 展示了这三个层次的分析的图形化视图。该图表明这三个层次在某种程度上是独立的，一种分析应用程序将导致另一种分析应用程序。它也表明事实上这三种分析类型有一些重叠。不论是哪种情况，三种不同类型的分析应用程序的相互关联的本质是明显的。我们接下来介绍这三个分析层次。

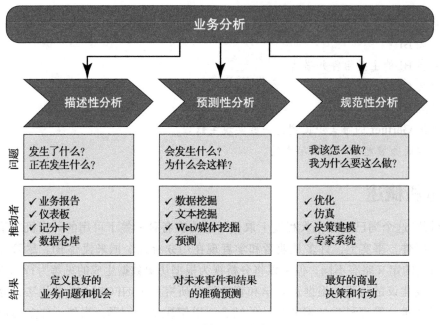

图 1.9 分析的三种类型

## 1.5.1 描述性分析

**描述性分析**指的是知道整个组织正在发生什么并且理解一些事件的基础趋势和原因。首先，这涉及以适当的报告和分析形式合并数据源与所有相关数据的可用性。通常，数据基础设施的开发是数据仓库系统的一部分。通过这种数据基础设施，我们可以使用各种报告工具和技术来开发适当的报告、查询、警报和趋势。可视化技术已成为该领域的一个关键角色。使用市场上最新的可视化工具，我们现在可以在组织的运营中获得强大的洞察。应用案例 1.3 和应用案例 1.4 重点强调了一些此类应用。

<hr>

**应用案例 1.3** Silvaris 通过可视化分析和实时报告功能增加业务

Silvaris 是一个由林业专家团队于 2000 创建的公司，目的是提供木材和建材领域的技术进步。Silvaris 是美国第一个专门针对森林产品的电子商务平台，总部位于华盛顿州西雅图。它是工业木材产品和过剩建筑材料的批发供应商领导者。

Silvaris 销售其产品并为 3500 多个客户提供国际物流服务。为了管理交易中的各种过程，该公司创建了专有的在线交易平台，以跟踪与交易者、会计、信贷和物流之间的交易相关的信息流。这让 Silvaris、顾客和合作商共享实时的信息。但是由于材料价格的快速变化，Silvaris 必须在不将实时数据转换为单独的报告格式的条件下获得实时数据视图。

　　Silvaris 开始使用 Tableau 是因为它具有连接和可视化实时数据的功能。通过借助 Tableau 创建的易于理解和解释的仪表板，Silvaris 开始将其用于报告。这有助于 Silvaris 快速从数据中提取信息并确定影响其业务的问题。Silvaris 在 Tableau 生成的报告的帮助下成功管理了在线和离线订单。现在，Silvaris 跟踪客户下达的在线订单，并知道何时向哪些客户发送续订推送以使他们保持在线购买。此外，Silvaris 的分析师可以通过生成仪表板来节省时间，而不必使用 Tableau 编写数百页的报告。

　　资料来源：Tableau.com. "Silvaris Augments Proprietary Technology Platform with Tableau's Real-Time Reporting Capabilities." http://www.tableau.com/sites/default/files/case-studies/silvaris-business-dashboards_0.pdf (accessed September 2018); Silvaris.com. http://www.silvaris.com (accessed September 2018).

**针对应用案例 1.3 的问题**

1. Silvaris 面对着什么样的挑战？

2. Silvaris 如何使用 Tableau 进行数据可视化来解决问题？

**我们从这个应用案例中学到了什么**

　　许多行业需要实时分析数据。实时分析使分析师认识到影响其业务的问题。可视化有时是开始分析实时数据流的最佳方法。Tableau 就是一种不用将实时数据转换为单独的报告格式就能分析实时数据的数据可视化工具。

## 应用案例 1.4　西门子通过数据可视化降低成本

　　西门子是一家德国公司，总部位于柏林。它是专注于电气化、自动化和数字化领域的全球最大的公司之一，年收入为 760 亿欧元。

　　西门子的视觉分析小组的任务是提供端到端解决方案，并为西门子的所有内部商务智能需求提供咨询。该小组正面临着在不同部门为整个西门子组织提供报告解决方案，同时又要在管理能力和自助服务能力之间保持平衡的挑战。西门子需要一个能够分析其客户满意度调查、物流流程和财务报告等多种情况的平台。该平台应易于员工使用，以便他们可以将这些数据用于分析和决策。此外，该平台应易于与现有的西门子系统集成，并为员工提供无缝的用户体验。

　　西门子开始使用全球领先的商务智能和数据可视化解决方案提供商 Dundas 开发的工具 Dundas BI。它使西门子能够创建高度交互式的仪表板，从而能够尽早发现问题，节省大量资金。Dundas BI 生成的仪表板帮助西门子全球物流组织回答诸如不同地点的不同供应率如何影响运营等问题，从而帮助公司将周期时间减少了 12%，并将废品成本减少了 25%。

　　资料来源：Dundas.com. "How Siemens Drastically Reduced Cost with Managed BI Applications." https://www.dundas.com/Content/pdf/siemens-case-study.pdf (accessed September 2018); Wikipedia.org. "SIEMENS." https://en.wikipedia.org/wiki/Siemens (ac-cessed September 2018); Siemens.com. "About Siemens." http://www.siemens.com/about/en/ (accessed September 2018).

**针对应用案例 1.4 的问题**

1.西门子的视觉分析小组面对着什么挑战？

2.数据可视化工具 Dundas BI 如何帮助西门子降低成本？

**我们从这个应用案例中学到了什么**

许多组织都需要可用于分析来自多个部门的数据的工具。这些工具可以帮助它们提高表现，并使数据对用户更透明，以便轻松地发现业务中的问题。

## 1.5.2 预测性分析

**预测性分析**旨在确定未来可能发生的事情。这种分析基于统计技术以及属于**数据挖掘**一般类别的其他新技术。这些技术的目标是预测客户是否可能切换到竞争对手（"客户流失"）、客户接下来可能会购买什么商品以及购买多少、客户会做出什么样的反应、客户是否有信誉风险等。人们在开发预测性分析应用程序的过程中使用了多种技术，包括各种分类算法。例如，如第 4 章和第 5 章所述，我们可以使用分类技术（例如逻辑回归，决策树模型和神经网络）来预测电影在票房上的表现。我们还可以使用聚类算法将客户划分为不同的类别，从而能够针对不同类别的客户进行特定的促销。最后，我们可以使用关联挖掘技术（第 4 章和第 5 章）来估计不同购买行为之间的关系。也就是说，如果客户购买了一种产品，那么该客户还可能购买什么？这种分析可以帮助零售商推荐或促销相关产品。例如，在 Amazon.com 上进行任何产品搜索时都会发现零售商也暗示了顾客可能会感兴趣的类似产品。我们将在第 3～6 章研究这些技术及其应用。应用案例 1.5 说明了一种在体育领域的应用。

**应用案例 1.5** **分析运动损伤**

任何体育活动都容易让人受伤。如果处理不当，就会对团队造成不利影响。使用分析方法了解受伤情况有助于获得有价值的见解，从而使教练和团队医生能够管理团队组成，了解队员资料，并最终做出明智的决定，即决定哪些队员可以在任何特定时间参加比赛。

在一项探索性研究中，俄克拉荷马州立大学使用报告和预测性分析方法分析了与美式橄榄球有关的运动损伤。该项目遵循跨行业数据挖掘标准流程（CRISP-DM）方法（将在第 4 章中进行介绍），旨在了解以下过程中存在的问题：提出有关管理伤害的建议、了解针对伤害收集的各种数据元素、清洗数据、开发可视化图表以得出各种推论、建立预测模型以分析损伤的治愈时间并绘制顺序规则以预测损伤与受伤的身体各个部位之间的关系。

伤害数据集包含 560 多个伤害记录，这些记录分为伤害特定的变量（身体部分 / 位置 / 偏重、所采取的动作、严重性、伤害类型、伤害开始日期和治愈日期）以及球员 /

运动特定的变量（ID、负责的位置、活动、攻击和赛场中的位置）。计算每条记录的治愈时间，将其分为不同的时间段：0～1 个月、1～2 个月、2～4 个月、4～6 个月和 6～24 个月。

研究人员建立了各种可视化图表以从伤害中得出推论——数据集信息描述了与球员位置相关的治愈时间段、受伤的严重程度和治愈时间段、提供的治疗方法以及相关的治愈时间段、受伤严重的身体部位等。

研究人员还建立了神经网络模型以使用 IBM SPSS 预测每种治愈类别。预测变量包括伤害的当前状态、严重程度、身体部分、具体部位、伤害类型、活动、事件位置、采取的动作和负责的位置。对治愈类别进行分类的准确率非常好：79.6%。研究人员根据分析提出了许多建议：从受伤开始时就聘请更多专家，而不是让训练室的工作人员监护受伤球员；训练防守队员以避免受伤；采取措施彻底检查安全机制。

资料来源："Sharda, R., Asamoah, D., & Ponna, N. (2013)." Research and Pedagogy in Business Analytics: Opportunities and Illustrative Examples." *Journal of Computing and Information Technology*, 21(3), pp. 171–182.

**针对应用案例 1.5 的问题**

1. 伤害分析应用了哪些类型的分析？

2. 可视化如何帮助理解数据并提供对数据的见解？

3. 什么是分类问题？

4. 进行序列分析可以得到什么？

**我们从这个应用案例中学到了什么**

对于任何分析项目，通过对唯一资源（历史数据）进行广泛的分析来了解业务领域和当前业务问题的状态始终很重要。可视化通常提供了一个很好的工具来获得对数据的初步洞察，可以根据专家的意见进一步完善这种洞察以识别与问题相关的数据元素的相对重要性。可视化还有助于产生一些关于难以理解的问题的想法，可以用于构建可帮助组织制定决策的 PM。

## 1.5.3　规范性分析

第三类分析称为**规范性分析**。规范性分析的目标是识别正在发生的事情以及可能的预测，并做出决策以实现最佳性能。历史上，这组技术是在 OR 或管理科学的保护下进行研究的，通常旨在优化系统的性能。此处的目标是为特定操作提供决策或建议。这些建议可以是针对问题的特定的是 / 否决定、特定数量（例如，特定商品或机票的价格）或完整的生产计划。决策可以从报告的形式呈现给决策者，或者可以直接用于自动决策规则系统（例如，航空公司定价系统）。因此，这些类型的分析也可以被称为**决策分析**。应用案例 1.6 给出了这种分析的应用示例。我们将在第 8 章中了解规范性分析的某些方面。

应用案例 1.6　一家特殊的钢筋公司使用分析来确定可承诺的日期

　　该应用案例基于一个涉及本书的一位合著者的项目。一家不愿透露名称（甚至是行业）的公司面临着一个重大问题，即决定使用哪种原材料库存来满足哪一个客户。该公司向客户提供定制配置的钢材。这些钢材可以切成特定的形状或尺寸，并可能具有独特的材料和修整要求。该公司从世界各地采购原材料并将其存储在仓库中。当潜在客户致电公司索要满足特殊材料要求（组成、金属原产地、质量、形状、尺寸等）的特种钢材的报价时，销售人员通常只有很短的时间来提交此类报价，包括产品可以交付的日期，当然还有价格等。必须做出可承诺的（ATP）决策，以实时确定销售人员在报价阶段可以承诺交付客户要求的产品的日期。以前，销售人员必须通过分析有关可用原材料库存的报告来做出此类决策。一些可用的原材料可能已经提交给另一个客户的订单。因此，实际上可能没有库存。另一方面，可能会有一些预期在不久的将来交付的原材料，这些原材料也可用于满足该潜在客户的订单。最终，甚至有机会通过重新利用先前提交的库存来满足新订单，同时延迟已经提交的订单，从而为新订单收取额外费用。当然，这样的决策应该基于延迟先前订单的成本效益分析。因此，系统应该能够提取有关库存、已承诺订单、入库的原材料、生产限制等的实时数据。

　　为了支持这些 ATP 决策，公司开发了实时 DSS，以找到可用库存的最佳分配方法并支持其他假设分析。DSS 使用一套混合整数编程模型，这些模型可以使用商业软件来解决。该公司已将 DSS 整合到其企业资源计划系统中，以实现无缝地使用业务分析。

资料来源：M. Pajouh Foad, D. Xing, S. Hariharan, Y. Zhou, B. Balasundaram, T. Liu, & R. Sharda, R. (2013). "Available-to-Promise in Practice: An Application of Analytics in the Specialty Steel Bar Products Industry." *Interfaces*, 43(6), pp. 503–517. http://dx.doi.org/10.1287/inte.2013.0693 (accessed September 2018).

**针对应用案例 1.6 的问题**

1. 为什么将库存从一个客户转移到另一个客户成为讨论的主要问题？

2. DSS 如何帮助做出这些决策？

　　**适用于不同领域的分析**　分析在各个行业中的应用催生了许多相关领域，或者至少是流行语。将分析这个词附加到任何特定行业或数据类型上几乎成为一种时尚。除了文本分析的一般类别（旨在从文本中获取价值（在第 7 章中进行研究））或 Web 分析（分析 Web 数据流）（也在第 7 章中）之外，许多行业或特定于问题的分析专业都已得到开发。这样的领域的例子有市场分析、零售分析、欺诈分析、运输分析、健康分析、体育分析、人才分析、行为分析等。例如，我们很快就会看到体育分析领域的一些应用。应用案例 1.5 也可以称为健康分析中的案例研究。下一节将广泛介绍健康分析和市场分析。从字面上看，特定部门中数据的任何系统分析都被标记为"（空白）"分析。尽管这可能会导致过度推销分析概念，但好处是特定行业中的更多人意识到了分析的力量和潜力。它还为专业人士在垂直行业中开发和应用分析的概念提供了重点。尽管开发分析应用程序的许多技术可能很常见，但每个垂直细分市场中都有独特的问题，这些问题会影响如何收集、处理、分析数据以及实现应用程序。因此，基于垂直重点的分析差异有利于该学科的整体发展。

**分析还是数据科学**　尽管分析的概念在行业和学术界越来越受到关注，但另一个术语*数据科学*也流行起来。因此，数据科学的从业者就是数据科学家。有时，LinkedIn 的 D. J. Patil 被认为创造了术语数据科学。人们已经进行了一些尝试来描述数据分析师和数据科学家之间的差异（例如，参考文献（Data Science Revealed，2018））。一种观点认为，对于以数据整理、清洗、报告以及某些可视化形式进行 BI 的专业人员而言，*数据分析师只是一个名词*。他们的技能包括 Excel 的使用、一些 SQL 知识和报告。你会将这些功能视为描述性分析或报告分析。相反，数据科学家负责预测性分析、统计分析以及使用更高级的分析工具和算法。他们可能对算法有更深的了解，并可能以各种标签（数据挖掘、知识发现或机器学习）识别它们。其中一些专业人员可能还需要更深入的编程知识，以便能够使用诸如 Java 或 Python 之类的当前面向 Web 的语言以及诸如 R 的统计语言来编写用于数据清洗 / 分析的代码。许多分析专业人员还需要构建大量的统计建模、实验和分析方面的专业知识。同样，读者应该认识到，这些都属于预测性和规范性分析的范畴。但是，规范性分析还包括 OR 方面的更多重要专业知识，包括优化、仿真和决策分析。涉及这些领域的人更有可能被称为*数据科学家*，而不是分析专业人员。

我们认为，分析专业人员和数据科学家之间的区别更多是某种程度上的技术知识和技能，而非功能。跨学科的区别可能更大。计算机科学、统计学和应用数学程序似乎更喜欢数据科学标签，而为更多面向业务的专业人员保留了分析标签。另一个例子是，应用物理学专业人士提出使用网络科学作为描述与人群（社会网络、供应链网络等）相关的分析的术语。有关该主题的不断发展的教科书，请参见 http://barabasi.com/networksciencebook/。

除了只需要进行描述性 / 报告分析的专业人员与从事全部三种类型的分析的专业人员在技能水平上的明显差异外，这两个标签之间的区别充其量是模糊的。我们观察到，我们的分析项目的毕业生倾向于负责与数据科学专业人员（由某些圈子定义）更相符的任务，而不仅仅是报告分析。本书显然旨在介绍所有分析（包括数据科学）的功能，而不仅仅是报告分析。从现在开始，我们将等价地使用这些术语。

**什么是大数据**　任何有关分析和数据科学的书都必须包括对**大数据分析**的大量介绍。我们将在第 9 章介绍它，但先在这里进行一个非常简短的介绍。我们的大脑非常快速且高效地工作，并且能够处理各种大规模的数据（图像、文本、声音、气味和视频）。我们能相当容易地处理所有不同形式的数据。然而，计算机仍然很难跟上数据生成的速度，更不用说快速分析它们了。这就是为什么我们有大数据的问题。那么，什么是大数据？简而言之，大数据是指无法存储在单个存储单元中的数据。大数据通常是指以多种不同形式出现的数据：结构化、非结构化、流式等。此类数据的主要来源是来自网站的点击流、社交媒体网站（如 Facebook）上的帖子以及来自路况、传感器或天气的数据。诸如 Google 之类的 Web 搜索引擎需要对数十亿个 Web 页面进行搜索和索引，以在不到一秒的时间内为用户提供相关的搜索结果。尽管这不是实时完成的，但要在互联网上生成所有网页的索引并不是一件容易的事。对于 Google 来说幸运的是，它能够解决此问题。除其他工具外，它还采用了大数据分析技术。

如此规模的数据管理包括两个方面：存储和处理。如果我们可以购买一种非常昂贵的存储解决方案，将所有这些数据存储在一个单元中的一个位置，那么使该单元能够容错将涉及大量费用。研究人员提出了一个巧妙的解决方案，其中涉及将这些数据存储在通过网络连接的不同机器上的块中，在逻辑和物理上将这些块的一个或两个副本放置在网络的不同位置。它最初用于 Google（后来称为 Google 文件系统），后来由 Apache 项目开发并发布为 Hadoop 分布式文件系统（HDFS）。

但是，存储这些数据仅是问题的一半。如果数据不提供业务价值，那么它们将毫无价值；而要提供业务价值，则必须对其进行分析。如何分析如此大量的数据？将所有计算传递到一台功能强大的计算机上是行不通的，这种规模的扩展将在如此强大的计算机上产生巨大的开销。因此，研究人员提出了另一个巧妙的解决方案：将计算推送到数据，而不是将数据推送到计算节点。这是一个新的范例，并产生了一种全新的数据处理方式。这就是如今的 MapReduce 编程范例，该范例使处理大数据成为现实。MapReduce 最初是由 Google 开发的，其后续版本由称为 Hadoop MapReduce 的 Apache 项目发布。

今天，当我们谈论存储、处理或分析大数据时，HDFS 和 MapReduce 在某种程度上参与其中。研究人员也提出了其他相关的标准和软件解决方案。尽管主要工具包可以作为开源软件获得，但人们成立了多家公司，以在这一领域提供培训或专门的分析硬件或软件服务，例如 HortonWorks、Cloudera 和 Teradata Aster。

在过去的几年中，随着大数据应用程序的出现，所谓的大数据变得越来越多。对处理快速涌入的数据的需求提高了这种转化的速度。快速数据处理的一个例子是算法交易。它使用基于算法的电子平台交易金融市场上的股票，该操作以毫秒为单位。处理不同类型数据的需要增加了转化的多样性。数据多样性的另一个例子是情感分析，它使用来自社交媒体平台和客户响应的各种形式的数据来衡量情感。如今，大数据几乎与具有容量、速度和多样性特征的任何种类的大规模数据相关联。如前所述，它们正在迅速发展，以涵盖流分析、物联网、云计算和支持深度学习的人工智能。我们将在本书的各个章节研究这些内容。

➠ 复习题

1. 定义分析。
2. 什么是描述性分析？在描述性分析中使用的各种工具是什么？

3. 描述性分析与传统报告有何不同？

4. 什么是 DW？ DW 技术如何帮助实现分析？

5. 什么是预测性分析？组织如何使用预测性分析？

6. 什么是规范性分析？规范性分析可以解决哪些问题？

7. 从分析的角度定义建模。

8. 在应用规范性分析之前，遵循描述性和预测性分析的层次结构是一个好主意吗？

9. 分析如何帮助做出客观的决策？

10. 什么是大数据分析？

11 大数据的来源是什么？

12. 大数据的特点是什么？

13. 如何处理大数据？

## 1.6　相关领域中的分析示例

　　你将在各个章节中看到分析应用的例子。这是本书的主要讲解方法之一。在本节中，我们将重点介绍三个应用领域——体育、医疗保健和零售。

### 1.6.1　体育分析——一个令人兴奋的学习和理解分析的应用的前沿

　　将分析应用于商业问题是一项关键技能，你将在本书中学习这一技能。许多这样的技术现在被应用于改善体育领域各个方面的决策，一个非常热门的领域被称为体育分析。它是收集运动员和团队数据的艺术和科学，从而创造出改进体育决策的洞察力，这些决策包括：决定招募哪些运动员、付给运动员多少钱、让谁上场、如何训练运动员、如何保持运动员的健康，以及运动员何时更替或退役。对于团队来说，它涉及商业决策（如门票价格、决定名单）、分析每个竞争对手的优势和弱势，以及许多比赛日决策。

　　事实上，体育分析正在成为分析学的一个专业。这是一个重要的领域，因为体育是一个大行业，每年能产生约 1450 亿美元的收入，加上 1000 亿美元的合法赌博和 3000 亿美元的非法赌博（参见普华永道的“Changing the Game: Outlook for the Global Sports Market to 2015”（2015））。2014 年，只有 1.25 亿美元被用于分析（不到收入的 0.1%）。到 2021 年，这一数字预计将健康增长至 47 亿美元（“Sports Analytics Market Worth \$4.7B by 2021”（2015））。

　　迈克尔·刘易斯（Michael Lewis）所著的 *Moneyball* 一书（2003 年）和 2011 年由布拉德·皮特（Brad Pitt）主演的同名电影都将分析技术运用于体育领域。它展示了奥克兰运动家棒球队的总经理比利·比恩（Billy Beane）以及他使用数据和分析技术将濒临失败的球队变成赢家的过程。特别是，他聘请了一位分析师，该分析师使用分析技术来挑选能够上垒的球员，而不是擅长传统手段（例如跑垒或盗垒）的球员。这些见解使球队能够以合理的起薪挑选被其他球队忽略的新秀。这招奏效了——球队在 2002 年和 2003 年进入了季后赛。

现在，分析已在运动领域的各个方面得到应用。可以将分析分为前台和后台。Tom Davenport 的调查文章中有 30 个示例的详细说明。前台业务分析包括分析球迷的行为，范围包括从季票更新和常规票销售的预测模型到球迷对球队、运动员、教练和所有者的推文评分。这与传统的 CRM 非常相似。财务分析也是一个关键领域，例如，工资上限（针对专业人士）或奖学金（针对大学）的限制是其中的一部分。

后台使用包括对单个运动员和团队比赛的分析。对于个人运动员，重点在于招聘模式和球探分析、针对力量和适应性以及发展的分析，以及用于避免过度训练和受伤的 PM。脑震荡研究是一个热门领域。团队分析包括策略和战术、竞争性评估以及在各种现场或赛场情况下的最佳阵容选择。

以下代表性示例说明了两个体育组织如何使用数据和分析来改善体育运营，就像分析改善传统行业决策一样。

### 示例 1：商务办公室

Dave Ward 是一家大型职业棒球队的业务分析师，主要关注收入。他分析了季票持有者和单票购买者的门票销售情况。在他的职责范围内，示例问题包括为何季票持有人会续签（或不续签）他们的票，以及是什么因素推动了在最后一刻购买个人座位票。另一个问题是如何为门票定价。

Dave 使用的一些分析技术包括有关球迷行为的简单统计数据，例如总体出席率以及有关再次购买可能性的调查问题的答案。但是，球迷说的话与他们所做的可能会有所不同。Dave 按门票座位位置（"层"）对球迷进行了调查，并询问了他们续签的可能性。但是，当他将球迷所说的与所做的进行比较时，他发现了巨大的差异（参见图 1.10）。他发现，在调查中表示"可能不会续签"的第 1 层座位的球迷中有 69% 确实这样做了。这是有助于采取行动的有用见解——左上单元格中的客户最有可能续签门票，因此与中间单元格中的客户相比，左上单元格中的客户需要更少的营销接触和转换费用。

| 层 | 极有可能续签 | 很有可能续签 | 可能续签 | 可能不会续签 | 完全不可能续签 |
|---|---|---|---|---|---|
| 1 | 92 | 88 | 75 | 69 | 45 |
| 2 | 88 | 81 | 70 | 65 | 38 |
| 3 | 80 | 76 | 68 | 55 | 36 |
| 4 | 77 | 72 | 65 | 45 | 25 |
| 5 | 75 | 70 | 60 | 35 | 25 |

图 1.10 季票续订——调查分数

　　但是，有很多因素会影响球迷的购买行为，尤其是价格，这会推动更复杂的统计和数据分析。对于这两个部分，尤其是单人比赛门票，Dave 都在推动动态定价的使用——将业务从按座位位置层的简单静态定价转变为单个座位的日常上下定价。对于许多运动团队来说，这是一个丰富的研究领域，并且在增加收入方面具有巨大的潜力。例如，他的定价方法考虑到了球队的战绩、比赛对手、比赛日期和时间、为每支球队效力的明星运动员、每位球迷的季票更新历史或购买单人门票的历史，以及其他因素，如座位位置、座位数量、历史实时信息（例如比赛时的交通拥堵情况，甚至天气等），参见图 1.11。

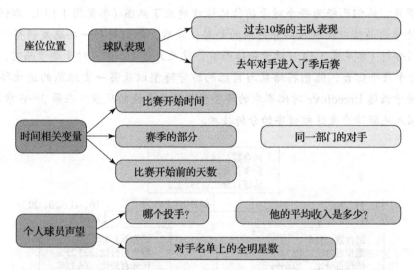

图 1.11　动态定价先前的工作——美国职业棒球大联盟（资料来源：C. Kemper and C. Breuer,
" How Efficient is Dynamic Pricing for Sports Events? Designing a Dynamic Pricing
Model for Bayern Munich", *Intl. Journal of Sports Finance*, 11, pp. 4–25, 2016.）

　　这些因素中的哪些是重要的？有多少重要？鉴于其广泛的统计背景，Dave 建立了回归模型以找出驱动这些历史行为的关键因素，并创建了 PM 以识别如何使用营销资源来增加收入。他为季票持有者建立了流失模型，从而创建了将会续签、不会续签或中立的客户群，从而推动了更精细的营销活动。

　　此外，Dave 对球迷评论（例如推文）进行情感评分，以帮助他将球迷划分为不同的忠诚度。其他有关研究单场比赛出席驱动因素的研究有助于市场部门了解诸如公仔或 T 恤之类的赠品的影响，或有关在哪里购买电视广告的建议。

　　除收入外，Dave 团队还致力于许多其他分析领域，包括商品销售、电视和广播收入、向总经理提供薪资谈判的意见、分析草案（特别是给定工资上限）、促销效果（包括广告渠道）和品牌知名度，以及合作伙伴分析。他是一个非常忙碌的人！

### 示例 2：教练

Bob Breedlove 是一个主要大学美式橄榄球队的教练。对他来说，一切都与赢得比赛有关。他的重点关注领域包括招募最好的高中生球员、发展球员的能力以适应他的进攻和防守系统，以及在比赛期间激发球员的最大努力。他的职责范围内的示例问题包括：我们招募谁？哪些练习可以帮助他们提高技能？我要多努力地激励球员？对手的优势和劣势在哪里，如何确定对手的比赛倾向？

幸运的是，他的团队聘请了一位新的团队运营专家 Dar Beranek，专门帮助教练制订战术决策。她正在与一个学生实习生团队合作，该团队正在创建对手分析。他们使用教练的带注释的比赛影片构建级联决策树模型（见图 1.12），以预测下一回合是跑步还是传球。对于防守协调员，他们已经为每个对手的传球进攻建立了热图（参见图 1.13），以说明他们向左或向右传球的趋势以及进入防守范围的趋势。最后，他们针对一些爆发性得分建立了一些时间序列分析（参见图 1.14）（对于传球而言，收益大于 16 码⊖；对于跑步而言，收益大于 12 码）。对于每个回合，他们将结果与自己的防守阵型以及另一支球队的进攻阵型进行比较，这有助于教练 Breedlove 对比赛中的阵型变化做出更快的反应。在第 3～6 章和第 9 章，我们将更深入地解释产生这些数字的分析技术。

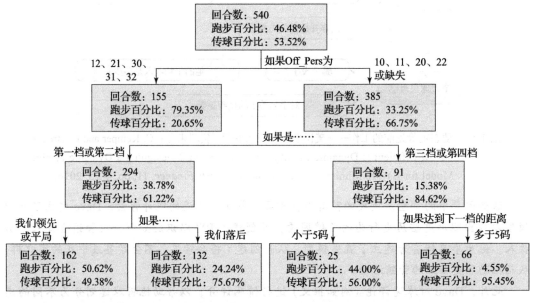

图 1.12 跑步或传球的级联决策树（资料来源：由 Dave Schrader 博士贡献，他在 Teradata 从事高级开发和市场营销 24 年后退休。他一直留在 Teradata 大学网络的顾问委员会中，在那里，他在退休期间帮助学生和教职员工更多地了解体育分析。本图由俄克拉荷马州立大学的研究生 Peter Liang 和 Jacob Pearson 制作，作为 2016 年春季在 Dave Schrader 博士的指导下 Ramesh Sharda 教授课堂上的学生项目的一部分）

⊖ 1 码＝0.9144 米。——编辑注

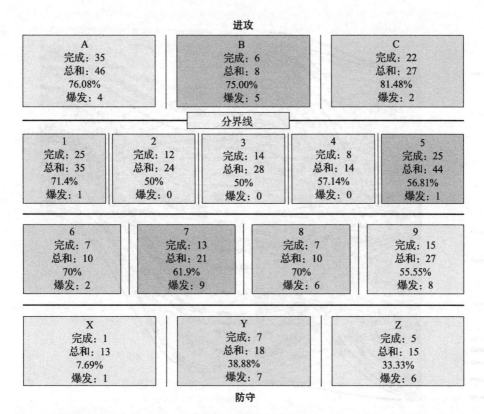

图 1.13　传球的热图区域分析（资料来源：由 Dave Schrader 博士贡献，他在 Teradata 从
　　　　事高级开发和市场营销 24 年后退休。他一直留在 Teradata 大学网络的顾问委员
　　　　会中，在那里，他在退休期间帮助学生和教职员工更多地了解体育分析。本图由
　　　　俄克拉荷马州立大学的研究生 Peter Liang 和 Jacob Pearson 制作，作为 2016 年
　　　　春季在 Dave Schrader 博士的指导下 Ramesh Sharda 教授课堂上的学生项目的一
　　　　部分）

　　Dar 正在培育的新工作涉及建立更好的高中运动员招募模式。例如，团队每年都会向
三名得到广泛招募的学生提供奖学金。对于 Dar 来说，挑选最佳球员不只需要简单的指标，
例如运动员的跑步速度、跳跃高度或手臂长度，还需要新的标准，例如他们可以多快地转
动头部以接过球、对多重刺激的反应时间如何，以及通过路线的准确性。她的一些说明这
些概念的想法可以在 TUN 网站上找到（参见 Business Scenario Investigation (2015) "The
Case of Precision Football"）。

　　**我们能从这些示例中学到什么**　除了前台业务分析师、教练、培训师和绩效专家之外，
还有许多其他体育领域的人员使用数据，从测量 PGA 比赛土壤和草皮条件的高尔夫球场裁
判到根据正确和错误的叫牌进行评分的棒球和篮球裁判。事实上，很难找到一个体育领域
不受更多可获取数据，特别是来自传感器的数据的影响。

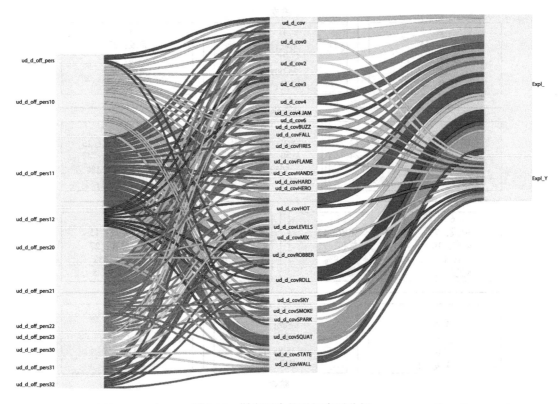

图 1.14 爆发回合的时间序列分析

## 1.6.2 医疗保健领域的分析应用——Humana 示例

尽管医疗分析涵盖了从预防、诊断到有效的操作和欺诈预防，但我们专注于美国的一家大型健康保险公司 Humana 开发的一些应用。根据它的网站所述："公司的战略是整合医疗服务、会员体验、临床和消费者洞察力，以鼓励参与、行为改变、积极的临床拓展和健康……"实现这些战略目标包括对信息技术的重大投资，尤其是分析。Brian LeClaire 是 Humana 的高级副总裁兼首席信息官，他拥有俄克拉荷马州立大学管理信息系统专业博士学位。他支持将分析作为 Humana 的竞争优势，包括共同赞助中心的创建以获得卓越的分析能力。他将以下项目描述为 Humana 的分析举措的示例，均由 Humana 首席临床分析官 Vipin Gopal 领导。

**Humana 示例 1：避免老年人摔倒——一个分析方法**

意外摔倒是 65 岁以上老年人的主要健康风险，其中三分之一的老年人每年都要经历一次摔倒。摔倒的经济成本给美国医疗系统带来了巨大的压力。仅 2013 年，摔倒的直接经济成本就达到约 340 亿美元。随着美国老年人口百分比的上升，摔倒和相关成本预计会增加。根据美国疾病预防控制中（CDC）所述："摔倒是一个基本上可以预防的公共卫生问题。"

（www.CDC.gov/homeandrecreationalsafety/falls/adultfalls.html）摔倒是导致老年人的致命和非致命伤害的主要因素，伤害性摔倒将残疾风险增加了 50%（Gill 等，2013）。Humana 是美国第二大联邦医疗保险优良计划提供商，大约有 320 万名会员，其中大多数是老年人。保持其老年会员的健康并帮助他们安全地生活在家中是一个关键的商业目标，其中防止摔倒是一个重要组成部分。然而，目前还没有一种严格的方法来确定可能摔倒的人，而对这些人来说预防摔倒的努力将是有益的。与糖尿病和癌症等慢性疾病不同，摔倒并不是一种定义明确的疾病。此外，由于医生通常倾向于治疗摔倒的后果，如骨折和脱位，因此在索赔数据中，摔倒通常被低估。虽然有许多临床管理评估以确定摔倒者存在，但它们的范围有限，而且缺乏足够的预测能力（Gates 等，2008）。因此，需要一种前瞻和准确的方法来识别最有可能摔倒的人，以便能够积极预防摔倒。在此背景下，Humana 分析团队承担了摔倒预测模型的开发。这是第一次全面的 PM 报告，利用行政医疗和药房索赔、临床数据、临时临床模式、消费者信息和其他数据识别在一定时间范围内可能摔倒的高危个体。

今天，摔倒 PM 是 Humana 识别从防摔倒干预措施中获益的老年人的能力核心。关于具有最高摔倒风险的 2% 的 Humana 客户的一项初步概念验证表明，客户对理疗服务的利用率有所提高，表明他们正在采取积极措施降低摔倒风险。第二个举措利用远程监控程序识别高风险个体。在使用 PM 的情况下，Humana 能够识别出 2 万名极有可能摔倒的客户，他们从这个项目中受益。识别出的客户会佩戴一个能够全天候检测摔倒并发出警报的装置，以提供即时援助服务。

由于在商业环境中创新性地采用了分析方法，这项工作在 2015 年得到了印第安纳大学凯利商学院的分析领导力奖的认可。

资料来源：Harpreet Singh，博士；Vipin Gopal，博士；Philip Painter，医学博士。

### Humana 示例 2：Humana 的大胆目标——通过分析而得到正确指标的应用

2014 年，Humana 公司宣布了其组织的大胆目标，即到 2020 年，将其服务的社区的健康水平提高 20%，使人们更容易实现最高的健康目标。Humana 服务的社区可以通过多种方式定义，包括地理位置（州、市、社区）、产品（医疗保险优势、以雇主为基础的计划、单独购买），或临床特征（优先条件包括糖尿病、高血压、充血性心力衰竭、冠心病、慢性阻塞性肺病（COPD）或抑郁症）。了解这些社区的健康状况以及如何随着时间的推移进行追踪，不仅是为了对目标的评估，还是为了制订策略以提高全体会员的整体健康水平。

分析组织面临的一个挑战是确定一个能够体现"大胆目标"本质的指标。客观衡量的传统健康保险指标（例如每千人中的住院人数或急诊室就诊人数）无法体现这项新使命的精神。其目的是确定一种指标，该指标可反映社区中的健康状况及其改善情况，并且将其作为 Humana 的一项业务。通过严格的分析评估，Humana 最终选择了"健康日"（Healthy Days），这是一个由 CDC 最初开发的四问生活质量调查表，用于跟踪和衡量 Humana 在实现"大胆目标"方面的总体进展。

确保所选指标与健康和业务指标高度相关至关重要，以便"健康日"的任何改善都可以改善健康状况和取得更好的业务成果。有关"健康日"如何与关注指标相关联的一些示例包括：

- 有更多不健康日（UHD）的个体表现出更高的利用率和成本模式。对于 5 天的不健康日增加，每月医疗和药物费用平均增加 82 美元，每 1000 名患者增加 52 个住院病人，平均住院时间增加 0.28 天（Havens, Peña, Slabaugh, Cordier, Renda, & Gopal, 2015）。
- 表现出健康行为并有良好慢性病管理的个人有较少的 UHD。例如，当我们观察糖尿病患者时，如果他们进行了低密度脂蛋白筛查（−4.3 UHD）或眼科检查（−2.3 UHD）。同样，或者控制了由 HbA1C（−1.8 UHD）或 LDL（−1.3 UHD）测量的血糖水平，UHD 会更低（Havens, Slabaugh, Peña, Haugh, & Gopal, 2015）。
- 有慢性病的人比没有慢性病的人有更多的 UHD：CHF（16.9 UHDs），冠心病（14.4 UHD），高血压（13.3 UHD），糖尿病（14.7 UHD），慢性阻塞性肺病（17.4 UHD），抑郁症（22.4 UHD）（Havens, Peña, Slabaugh et al., 2015; Chiguluri, Guthikonda, Slabaugh, Havens, Peña, & Cordier, 2015; Cordier et al., 2015）。

此后，Humana 便采用"健康日"作为衡量大胆目标实现进度的指标（Humana, http://populationhealth.humana.com/wpcontent/uploads/2016/05/BoldGoal2016ProgressReport-1.pdf）。

资料来源：Tristan Cordier, MPH; Gil Haugh, MS; Jonathan Peña, MS; Eriv Havens, MS; Vipin Gopal, 博士。

### Humana 示例 3：使用预测模型识别医疗保险公司的最高风险会员

80/20 规则通常适用于医疗保健领域。也就是说，由于健康状况恶化和慢性病大约 20% 的消费者占用了医疗保健资源的 80%。像 Humana 这样的医疗保险公司通常都会招募临床和疾病管理项目中风险最高的参保人员，以帮助管理会员的慢性病。

确定正确的会员对这项工作至关重要。多年来，PM 已经被开发用来识别未来高风险的参保人员，其中很多 PM 是在高度依赖医疗索赔数据的情况下开发的，这些数据来自参保人员使用的医疗服务。由于提交和处理索赔数据时存在滞后，对注册临床项目的高风险会员的识别也有相应的滞后。当新会员加入时，这个问题尤其重要，因为他们没有保险公司的索赔记录。新会员注册后，基于索赔的 PM 平均需要 9~12 个月来识别并将其转入临床项目。

在这十年的初期，Humana 的联邦医疗保险优良计划（MA）产品吸引了许多新会员，因此需要一种更好的方法来临床管理这种会员资格。因此，开发一种不同的分析方法以快速、准确地确定高风险新成员来进行临床管理，保持该群体的健康和降低成本变得非常重要。

Humana 的临床分析团队开发了新会员预测模型（NMPM），该模型将在新会员加入 Humana 后迅速识别高风险个体，而不必等待足够的索赔历史记录来汇编临床资料和预测未来的健康风险。NMPM 旨在解决与新会员相关的独特挑战，开发了一种新颖的方法，该方法利用并整合了医疗索赔数据之外的更广泛的数据集，例如自我报告的健康风险评估数据和药房数据的早期指标，采用了先进的数据挖掘技术进行模式发现并根据 Humana 迄今的最新数据对每个联邦医疗保险优良计划的客户进行每日评分。该模型与分析、IT 和运营的跨职能团队一起部署，以确保无缝运营和业务集成。

NMPM 自 2013 年 1 月实施以来，一直在迅速确定高风险的新成员以让其加入 Humana 的临床项目。通过这种模式取得的积极成果已在 Humana 的多个高级领导沟通会议中得到了强调。在 2013 年第一季度向投资者发布的收益报告中，Humana 首席执行官 Bruce Broussard 指出了"改善新会员的 PM 和临床评估流程"的重要性，这使得 31 000 名新会员加入了临床项目，与去年同期（新会员为 4000 名）相比，增长了 675%。除了增加的临床项目注册量之外，成效研究表明，NMPM 识别出的新注册客户也被更快地转入了临床项目，在新的 MA 项目注册后的前三个月内被识别的转入人数超过了 50%。所识别出的客户也以较高的参与率参加了该项目，并且参与期更长。

资料来源：Sandy Chiu, MS; Vipin Gopal, PhD。

这些示例说明了组织如何探索和实施分析应用以实现其战略目标。在本书的各个章节中，你还将看到医疗保健应用的其他几个示例。

**零售价值链中的分析**　在零售行业，你可能会看到最多的分析应用。这是容量很大但边界通常很窄的领域。客户的品味和喜好经常变化。实体商店和在线商店的成功功要面临许多挑战。一次占领市场并不能保证持续成功。因此，投资以了解供应商、客户、员工和所有利益相关者（使零售价值链成功）并利用这些信息做出更好的决策一直是分析行业的目标。即使是分析的业余读者也可能知道亚马逊为支持其价值链在分析方面投入的巨额投资。同样，沃尔玛、塔吉特和其他主要零售商也已为其供应链的分析投入了数百万美元。大多数分析技术和服务提供商在零售分析中占有重要地位。为了实现我们的曝光目标，即使是一小部分应用的范围也可以覆盖整本书。因此，本节仅重点介绍一些潜在的应用，其中大多数已由许多零售商提供，并且可以通过许多技术提供商获得。因此在本节中，我们将采取更一般的观点，而不是指出具体情况。vCreaTek.com 的首席执行官 Abhishek Rathi 提出了这种一般的观点。vCreaTek 是一家精品分析软件和服务公司，在印度、美国、阿拉伯联合酋长国（UAE）和比利时设有办事处。该公司为多个领域开发应用程序，但是零售分析是其主要关注领域之一。

图 1.15 突出显示了零售价值链的选定组成部分。它开始于供应商，以客户为终点，说明了许多中间战略和运营规划决策点，其中描述性、预测性或规范性分析可以在做出更好的数据驱动决策方面发挥作用。表 1.1 也说明了分析的一些重要应用领域、可以通过分析来回答的关键问题示例，以及可以通过部署这种分析来获得的潜在商业价值。其中一些示例将在稍后讨论。

图 1.15 零售价值链中的分析应用示例（资料来源：Abhishek Rathi，vCreaTek.com 的 CEO）

表 1.1 零售价值链分析应用示例

| 分析应用 | 商业问题 | 商业价值 |
|---|---|---|
| 库存优化 | 1. 哪些产品需求量大？<br>2. 哪些产品滞销或过时？ | 1. 预测畅销产品的消耗量，并为其订购足够的库存，以避免出现缺货情况；<br>2. 将滞销产品与高需求产品相结合，实现快速库存周转 |
| 弹性价格 | 1. 这个产品的净利润是多少？<br>2. 这个产品能打多少折扣？ | 1. 每种产品的降价都可以优化，以减少利润损失；<br>2. 确定产品组合的优化价格，以节省利润 |
| 市场篮子分析 | 1. 应该结合哪些产品来创建捆绑销售？<br>2. 应该根据滞销和畅销的特点来组合产品吗？<br>3. 应该从同一个类别还是不同的类别创建捆绑包？ | 1. 关联性分析确定了产品之间的隐藏关联，这有助于实现以下价值：<br>a. 基于对库存或利润的关注，制订产品捆绑销售策略；<br>b. 通过分别从不同类别或相同类别创建捆绑包来增加交叉销售或追加销售 |
| 购物者洞察 | 哪个客户在哪个地点购买什么产品？ | 通过客户细分，企业所有者可以创建个性化的产品，从而获得更好的客户体验和客户保留率 |
| 客户流失分析 | 1. 谁是不会再次光顾的客户？<br>2. 会失去多少生意？<br>3. 怎样才能留住客户？<br>4. 忠诚的客户是什么样的？ | 1. 企业可以识别出不起作用并显示出高流失率的客户和产品关系，因此可以更好地关注产品质量和客户流失的原因；<br>2. 基于顾客终身价值（LTV），企业可以进行有针对性的营销，从而留住客户 |

（续）

| 分析应用 | 商业问题 | 商业价值 |
|---|---|---|
| 渠道分析 | 1. 哪个渠道的客户获取成本更低？<br>2. 哪个渠道有更好的客户保留率？<br>3. 哪个渠道更赚钱？ | 营销预算可以根据洞察力进行优化，以获得更好的投资回报 |
| 新店分析 | 1. 应该在什么地方开店？<br>2. 应该保留多少初期存货？ | 1. 可以使用其他位置和渠道的最佳实践来启动；<br>2. 与竞争对手的数据进行比较，可以帮助创建差异化，以吸引新客户 |
| 店面布局 | 1. 应该如何更好地进行店面布局？<br>2. 如何提高店内客户体验？ | 1. 了解产品的关联性，以决定店面布局，并更好地与客户需求保持一致<br>2. 可以规划劳动力部署以提高客户互动性，从而满足客户体验 |
| 视频分析 | 1. 在销售高峰期，哪些人群进入商店？<br>2. 如何在商店入口处识别 LTV 较高的客户，以便为该客户提供更好的个性化体验？ | 1. 店内促销和活动可根据来客流量的人群特征进行规划；<br>2. 有针对性的客户参与和即时折扣能增强客户体验，从而提高客户保留率 |

　　在线零售网站通常在客户登录后就了解了该客户，因此，网站可以提供定制的页面或产品来增强体验。对于任何零售商店，在商店入口处就了解顾客仍然是一个巨大的挑战。通过将视频分析和通过其忠诚度计划发布的信息 / 徽章结合起来，商店可以在入口处识别顾客，由此进行交叉销售或追加销售的机会。此外，在顾客进店期间，还可以为其提供个性化的购物体验和更多定制服务。

　　零售商在吸引人的橱窗展示、促销活动、定制图形、商店装饰、印刷广告和横幅上投入大量资金。为了确认这些营销方法的有效性，团队可以观察闭路电视（CCTV）图像来使用购物者分析，找出不同人群的店内客流量。可以使用先进的算法分析闭路电视图像，以获得进店者的年龄、性别和情绪等细节。

　　此外，当与货架布局和平面图相结合时，顾客的店内移动数据可以让店长更深入地了解热销产品以及商店内的盈利区域。此外，店长还可以使用这些信息来计划这些区域在高峰期的劳动力分配。

　　市场篮子分析通常被品类经理用来推动滞销库存单位（SKU）的销售。通过对可用数据的高级分析，可以在 SKU 的最低级别识别产品关联性，从而提高捆绑销售的投资回报（ROI）。此外，通过使用价格弹性技术，还可以推导出捆绑销售的降价幅度或最优价格，从而减少利润率的任何损失。

　　因此，通过使用数据分析，零售商不仅可以获得有关其目前的业务的见解，也可以得到进一步的洞察，以增加收入和降低运营成本，提高利润。数据科学中心（Data Science Central）的一位博主列出了一个相当全面的当前和潜在的零售分析应用列表可供主要零售商如亚马逊使用，详见 www.datasciencecentral.com/profiles/blogs/20-data-science-systems-used-by-amazon-to-operate-its-business。如前所述，这里列出了太多这些机会的例子，但是你将在本书中看到许多此类应用的示例。

**图像分析** 如本节所述，图像分析技术正在应用于许多不同的行业和数据。一个高速增长的领域是视觉图像分析。高分辨率相机、存储能力和深度学习算法的进步，使得非常有趣的分析成为可能。卫星数据在许多不同的领域都证明了它的实用性。对于需要定期监测全球变化、土地使用和天气的科学家来说，卫星数据的优点是高分辨率和图像形式多样（包括多光谱图像）。事实上，通过将卫星图像和其他数据（包括社交媒体信息、政府文件等）结合起来，可以推测商业规划活动、交通模式、停车场或开放空间的变化。公司、政府机构和非政府组织（NGO）已经投资于卫星，试图将整个地球每天图像化一次，以便可以在任何位置跟踪每天的变化和可用于预测的信息。事实上，这项活动正由全球不同行业引领，并在大数据中增加了一个术语，叫作替代数据。以下是 Tartar 等人（2018）文章中的一些例子。我们将在第 9 章研究大数据的时候看到更多相关内容。

- ❑ 世界银行研究人员利用卫星数据为发展中国家的城市规划者和官员提出战略建议。该分析源于 2017 年发生在塞拉利昂弗里敦的造成至少 400 人死亡的自然灾害。研究人员清楚地指出弗里敦和其他一些发展中城市缺乏对基础设施的系统规划，导致生命损失。世界银行研究人员现在正在利用卫星图像，对易受风险影响的城市地区做出重要决策。

- ❑ EarthCast 为美国一家大型商业航空公司提供准确的天气预报。它根据从一个由 60 颗政府运营的卫星组成的星座中提取的数据再加上地面和飞机传感器，几乎可以跟踪闪电和湍流。它甚至开发了绘制飞行路线上各种天气情况的能力，为热气球和无人机等飞行器提供定制预报。

- ❑ Imazon 开始使用卫星数据来开发一张亚马逊森林砍伐的实时近景图片。它已使用先进的光学和红外图像查明了非法锯木厂。Imazon 现在更专注于通过其"绿色市政"计划向地方政府提供数据，以培训官员识别和遏制森林砍伐。

- ❑ 印尼政府与国际非营利组织"全球渔业观察"（Global Fishing Watch）合作，该组织处理卫星提取的有关船舶运动的信息以获取船只非法捕鱼的地点和时间（Emmert，2018）。这一举措立竿见影：与 2014 年相比，2017 年政府渔业收入增长 129%。预计到下一个十年，组织将能够跟踪占全球捕鱼量 75% 的船只。

这些例子只是说明了将卫星数据与分析相结合以产生新见解的一些方法。在对通过大量卫星观测地球的时代即将到来的预期中，科学家和社区必须投入一些思考，认识到改善社会的关键应用和关键科学问题。尽管这些担忧最终将由政策制定者解决，但有一点是明确的：将卫星数据和许多其他数据源结合起来的有趣的新方式正在催生一批新的分析公司。

这种图像分析不限于卫星图像。安装在无人机上的摄像机以及建筑物和街道上的每一个交通信号灯都提供了只有几英尺⊖高的图像。结合人脸识别技术对这些图像的分析使各种

---

⊖ 1 英尺＝0.3048 米。——编辑注

各样的新应用成为可能，从客户识别到政府跟踪所有感兴趣主题的能力，以 Yue（2017）为例。这种类型的应用导致了很多关于隐私问题的讨论。在应用案例 1.7 中，我们将了解一个更友善的图像分析应用程序，其中图像由手机捕获，由移动应用程序为用户提供即时价值。

---

**应用案例 1.7** **图像分析有助于估算植被覆盖率**

在分析森林甚至农场时，估算绿色植被覆盖的面积是很重要的。就森林而言，这样的分析可以帮助用户了解森林是如何演变的，以及它对周围地区甚至气候的影响。对于农场，类似的分析可以帮助人们了解可能的植物生长趋势并估计未来的作物产量。手工测量所有森林覆盖率显然是不可能的，这对农场来说也是一项挑战。通常的方法是记录森林 / 农场的图像，然后分析这些图像来估算植被覆盖率。这样的分析在视觉上执行起来开销很大，而且很容易出错。不同的专家可能会对植被覆盖率做出不同的估计。因此，人们正在开发分析这些图像和估算植被覆盖率的自动化方法。俄克拉何马州立大学植物与土壤科学系的研究人员与该校应用中心以及美国农业科学和自然资源部门的信息技术小组合作开发了这种方法与一款用来实现该方法的手机应用程序。

Canopeo 是一款免费的桌面或移动应用程序，可以根据智能手机或数码相机拍摄的图像近实时地估算绿色冠层覆盖率。在玉米、小麦、油菜和其他作物的试验中，Canopeo 计算了冠层覆盖率的速度比现有软件快几十到几千倍，并且不牺牲准确率。俄克拉荷马州立大学土壤物理学家 Tyson Ochsner 表示，与其他应用程序不同，该应用程序可以获取和分析视频图像，能够减少冠层覆盖估算中的采样误差。"我们知道植物的覆盖物，即植物冠层在空间上可以是非常多变的，"Ochsner（他和前博士研究生、现任堪萨斯州立大学教师的 Andres Patrignani 一起领导了这个应用程序的开发）说道，"有了 Canopeo，你只需打开你的（视频）设备，开始在一个区域中行走，就可以得到你正在录制的每一帧视频的结果。"使用智能手机或平板电脑的数码相机，该区域内的用户可以拍摄绿色植物（包括农作物、牧草和草坪）的照片或视频，将其输入应用程序，应用程序将分析每个图像像素，根据红绿蓝（RGB）色值对它们进行分类。Canopeo 根据像素的红绿比、蓝绿比以及多余的绿色指数来分析像素。最后得到的图像中，彩色像素被转换成黑色和白色，其中白色像素对应绿色植被，黑色像素代表背景。对比测试表明，Canopeo 分析图像的速度更快，而且与其他两个可用的软件包一样准确。

Canopeo 的开发人员希望这款应用程序能通过"双重用途"系统帮助生产商判断何时将放牧的牛从冬季小麦田中赶出。俄克拉荷马州立大学的其他研究人员发现，在仍然存在至少 60% 的绿色植被覆盖的情况下，把牛赶出农田可以确保粮食产量。Patrignani 表示："因此，Canopeo 将有助于做出这一决定。"他和 Ochsner 还认为这款应用可能会被用于草坪管理、评估因天气或除草剂飘散而造成的农作物损害、作为肥料推荐中归一化植被指数（NDVI）的代用指标，甚至用于基于无人机拍摄的森林或水生系统的照片。

图像分析是深度学习和许多其他人工智能技术的一个日益扩大的应用领域。第 9 章包含一些图像分析的例子，从这些例子产生了另一个术语——替代数据。替代数据的应用正在许多领域出现。第 6 章也强调了一些应用。通过接触他人的想法来想象一些创新的应用领域是本书的主要目标之一！

**讨论**

1. 了解农场上有多少土地被植被覆盖的目的是什么？对于森林呢？

2. 为什么通过应用程序对植被进行图像分析比视觉检查更好呢？

3. 阅读相关论文，了解图像分析的基本算法逻辑。你学到了什么？

4. 你能想到图像分析的其他应用吗？

资料来源：A. Patrignani and T. E. Ochsner. (2015). "Canopeo: A Powerful New Tool for Measuring Fractional Green Canopy Cover." *Agronomy Journal*, 107(6), pp. 2312–2320; R. Lollato, A. Patrignani, T. E. Ochsner, A. Rocatelli, P. Tomlinson, & J. T. Edwards. (2015). Improving Grazing Management Using a Smartphone App. www.bookstore.ksre.ksu.edu/pubs/MF3304.pdf (accessed October 2018); http://canopeoapp.com/ (accessed October 2018); Oklahoma State University press releases.

分析 / 数据科学项目正迅速融入人工智能的新发展甚至与其相融合。下一节将先概述人工智能，然后简要讨论两者的融合。

**▶ 复习题**

1. 哪三个因素可能是赛季门票续签的一部分？

2. 橄榄球队用来分析对手的两种技术是什么？

3. 你能预见分析方法在体育中还有什么其他用途？

4. 为什么医疗保险公司要投资于欺诈检测之外的分析？为什么预测患者摔倒的可能性是最有利的？

5. 你还能想到其他类似于预测摔倒的应用吗？

6. 如何说服一个医疗保险的新客户采用更健康的生活方式（Humana 示例 3）？

7. 除了本节介绍的机遇外，至少列出三个应用分析在零售价值链中的其他机遇。

8. 你知道哪些零售商店使用了本节介绍的分析应用？

9. 关于图像分析领域讨论的例子的共同点是什么？

10. 你能想到其他使用本节介绍的卫星数据的应用吗？

# 1.7　人工智能简介

2017 年 9 月 1 日，俄罗斯新学年开学第一天，俄罗斯总统普京就全国公开课日向 100 多万名学生发表演讲。这次电视演讲的标题是"俄罗斯聚焦未来"。在这次演讲中，观众看到了俄罗斯科学家在几个领域取得的成就。但是，这次演讲让所有人都记住了一句话："在计算机人工智能领域处于领先地位的国家将成为世界的统治者。"

普京不是唯一知道人工智能价值的人。为了成为人工智能领域的领导者，各国政府和企业投入了数十亿美元。例如，在 2017 年 7 月，中国公布了《新一代人工智能发展规划》，到 2030 年形成一个规模超过 1 万亿元人民币的人工智能核心产业（Metz，2018）。如今，中国的百度公司雇用了 5000 多名人工智能工程师。中国政府将促进人工智能研究和应用作为国家的首要任务。普华永道会计事务所（PricewaterhouseCoopers）估计，到 2030 年，人工智能将为全球经济贡献 15.7 万亿美元（约 14%，参见 Liberto，2017）。因此，毫无疑问，人工智能显然是 2018 年谈论最多的技术话题。

## 1.7.1　什么是人工智能

人工智能有多种定义（第 2 章），原因是人工智能是基于多个科学领域的理论，它包含了广泛的技术和应用。因此，研究人工智能的一些特征可能有助于我们理解什么是人工智能。人工智能的主要目标是创造智能机器，这些智能机器能够完成目前由人类完成的任务。理想情况下，这些任务包括推理、思考、学习和解决问题。人工智能通过模仿人类思维过程的能力来理解什么是智能，因此人工智能科学家可以在机器上复制这一过程。eMarketer（2017）提供了一份全面的报告，将人工智能描述为：

- 随着时间的推移，可以学习如何做得更好的技术。
- 能够理解人类语言的技术。
- 能够回答问题的技术。

## 1.7.2　人工智能的主要好处

由于人工智能以多种形式出现，因此它有很多好处（列在第 2 章）。主要好处如下：

- 显著降低工作成本。人工智能的工作成本会随着时间推移持续降低，而手工完成相同工作的成本则会随着时间的推移而增加。
- 可以更快地完成工作。
- 工作通常是连贯的，比人类的工作更连贯。
- 生产率和盈利能力的提高也是一项竞争优势，这些都是人工智能发展的主要驱动力。

## 1.7.3　人工智能的生态组成

人工智能的生态组成（或生态系统）包含很多部分。我们决定将它们分成五组，如图 1.16 所示。其中四组构成了第五组，即人工智能应用的基础。

**主要技术**　我们选择了机器学习（第 5 章）、深度学习（第 6 章）和智能代理（第 2 章）。

**知识型技术**　（全部在第 12 章中涉及）涉及的主题包括专家系统、推荐引擎、聊天机器人、虚拟个人助理和机器人顾问。

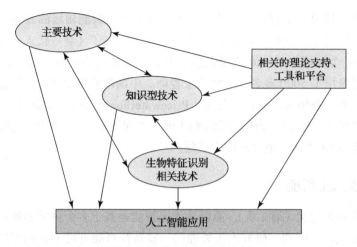

图 1.16 人工智能生态组成（生态系统）（来源：E. Turban）

**生物特征识别相关技术**　包括自然语言处理（理解与生成、机器视觉和场景图像识别以及语音和其他生物特征识别（第 6 章）。

**相关的理论支持、工具和平台**　学术学科包括计算机科学、认知科学、控制理论、语言学、数学、神经科学、哲学、心理学和统计学。

设备和方法包括传感器、增强现实、情景意识、逻辑、手势计算协同过滤、内容识别、神经网络、数据挖掘、类人理论、基于案例的推理、预测应用程序编程接口（API）、知识管理、模糊逻辑、遗传算法、二进制文件数据等。

工具和平台可以从 IBM、Microsoft、Nvidia 和数百个专注于人工智能各个方面的供应商那里获得。

**人工智能应用**　人工智能可能应用于成百上千个领域，这里只列举一部分：

智能城市、智能家居、自动驾驶汽车（第 13 章）、自动决策（第 2 章）、语言翻译、机器人技术（第 10 章）、欺诈检测、安全保护、内容筛选、预测、个性化服务等。也可应用于所有商业领域（第 2 章），以及从医疗保健到交通和教育的几乎任何其他领域。

注：所有这些都可以在 Faggela（2018）和 Jacquet（2017）的文章中找到。也可以看看维基百科中的"人工智能纲要"和"人工智能项目"列表（几百个项目）。

在应用案例 1.8 中，我们描述了如何将这些技术结合起来以提高机场安全性和加快机场内旅客的登机流程。

---

**应用案例 1.8**　**人工智能提升了旅客在机场和海关的舒适度和安全性**

我们可能不喜欢机场的安检通道，而又不希望恐怖分子登上我们的飞机或进入我们的国家。因此，人们设计了一些人工智能设备来最小化这些风险发生的可能性。

1. 机场的面部识别。捷蓝航空正在试验人脸识别技术（一种能将旅行者的脸与预先存储的照片（如护照、驾照）进行匹配的机器视觉）。这将淘汰登机牌，并提升安全性。

这是一种高质量的匹配。这项由英国航空公司率先采用的技术被达美航空、荷兰皇家航空和其他使用类似技术的航空公司用于行李自检。美国移民和海关执法局也使用了类似的技术，人们在抵达海关时拍摄的照片将与照片数据库和其他文件数据库相匹配。

2. 中国的系统。中国的主要机场正在使用一种类似捷蓝航空使用的系统，利用面部识别验证旅客的身份。这样做的目的是淘汰登机牌，加快登机流程。该系统还用于识别进入限制区域的机场员工。

3. 使用机器人。一些机场（如纽约、北京）提供对话机器人（第 12 章）为旅客提供机场引导服务。机器人还提供有关海关和移民服务的信息。

4. 在机场发现说谎者。这一应用正在帮助移民局审查机场和入境口岸的旅客。随着安全措施的加强，移民和航空公司都可能需要询问旅客。采用一个新兴的系统会是一个经济的解决方案，该系统可以用于高速询问所有旅客，缩短排队时间。这个新兴的系统被称为实时真实评估的自动化虚拟代理（AVATAR）。该系统的要点如下。

a）AVATAR 是一个需要你先扫描护照才能使用的机器人。

b）AVATAR 会问你几个问题。该项目使用了多种人工智能技术，如大数据分析、"云"、机器人技术、机器学习、机器视觉和机器人程序。

c）你回答这些问题。

d）AVATAR 的传感器和其他人工智能技术会收集你身体的各种数据，比如声音的变化、面部表情（比如肌肉运动）、眼睛的位置与动作、嘴的动作以及身体姿势。研究人员认为，讲实话比撒谎更省力，因此将你的答案与日常问题进行比较。

然后，该机器将标记可能说谎的人以供进一步调查。这种机器已经在几个国家的移民局得到使用。

资料来源：Thibodeaux, W. (2017, June 29). "This Artificial Intelligence Kiosk Is Designed to Spot Liars at Airports." Inc.com.; Silk, R. (2017, November). "Biometrics: Facial Recognition Tech Coming to an Airport Near You." *Travel Weekly*, 21.

**针对应用案例 1.8 的问题**

1. 列出人工智能设备对旅行者的好处。

2. 列出人工智能对政府和航空公司的好处。

3. 将这个案例与机器视觉和其他处理生物特征的人工智能工具联系起来。

**窄（弱）人工智能与一般（强）人工智能**　人工智能的应用可分为两大类：窄（弱）人工智能和一般（强）人工智能。

❑ 窄（弱）人工智能。最著名的例子是 SIRI 和 Alexa（第 12 章）。至少在初期，它们是在预先设定的有限区域内运行的。随着时间的流逝，它们变得更加一般化，获得了更多的知识。大多数专家系统（第 12 章）都在相当狭窄的领域内运行。如果你多加注意，那么当你与一个自动呼叫中心交谈时，会发现计算机（通常基于一些人工智能技术）并不太智能。但是，随着时间的推移，它正在变得"更智能"。语音识别允许计算机以高精度将声音转换为文本。类似地，计算机视觉正在改善：识别对象，对它们进行分类，甚至理解它们的运动。总之，有数百万窄人工智能应用，技术每天都在进步。然而，人工智能还不够强大，因为它没有展现人类智力的真正能力（第 2 章）。

❑ 一般（强）人工智能。为了表现真正的智能，机器需要表现出人类的全部认知能力。计算机可以具有一些认知能力（例如，一些推理和解决问题的能力），如第 6 章所示。

随着人工智能越来越聪明，这两类人工智能之间的差异越来越小。理想情况下，强大的人工智能将能够复制人类的行为。但真正的智能只发生在狭窄的领域，如游戏、医疗诊断和设备故障诊断。

有些人觉得我们永远无法建立一个真正强大的人工智能机器而有些人的想法不同，见 14.9 节的辩论。下面是一个狭窄领域中的一个强人工智能机器人的例子。

**示例 3：人工智能技术使可乐自动售货机更智能**

如果你住在澳大利亚或新西兰，而且正在可口可乐自动售货机附近，那么你可以用智能手机订购一罐或一瓶软饮料。这些机器是云连接的，这意味着你可以从世界上任何地方订购可乐。你不仅可以为自己，也可以为任何在澳大利亚或新西兰的自动售货机附近的朋友订购可乐。参见 Olshansky（2017）。

此外，该公司还可以远程调整价格，提供促销服务，并收集库存数据，以便进行库存补充。将一台现有的机器转换为启用人工智能的机器大约需要 1 小时。

等等，万一出了故障怎么办？没关系，你可以通过 Facebook Messenger 和可口可乐机器人聊天（第 12 章）。

### 1.7.4 人工智能决策的三种类型

Staff（2017）将人工智能系统的能力分为三个级别：辅助智能、自主智能和增强智能。

**辅助智能** 辅助智能主要相当于弱人工智能，它只在狭窄的领域工作。它需要明确界定的输入和输出，例如一些监控系统和低级虚拟个人助理（第 12 章）。我们的车里到处都是这样的监控系统，可以发出警报。同样，许多医疗保健应用程序（监测、诊断）也属于该级别。

**自主智能** 这种系统属于强人工智能，但范围非常狭窄，最终将由计算机接管。机器将扮演专家的角色，拥有绝对的决策权。纯粹的机器人顾问（第 12 章）就是这种机器的例子。能够自我修复的自动车辆和机器人也是很好的例子。

**增强智能** 现有的人工智能应用大多介于辅助智能和自主智能之间，被称为**增强智能**（或智能增强）。这种技术的重点是增强计算机的能力，以扩展人类的认知能力（参见第 6 章），从而实现高性能，如技术洞察 1.1 所述。

**技术洞察 1.1　增强智能**

把人和机器的性能结合起来的想法并不新鲜。在这里，我们结合（增强）人的能力和强大的机器智能。也就是说，不是用自主人工智能代替人，而是扩展人类的认知能力。其结果是有能力解决复杂的人类问题，正如 1.1 节所示。计算机使人们能够解决以前未解决的问题。Padmanabhan（2018）得出了传统人工智能和增强智能之间的以下区别：

1. 增强机器扩展而不是取代人类的决策能力，促进创造力。
2. 增强智能在解决特定领域的复杂人类和工业问题方面优于一般人工智能。
3. 与一些人工智能和分析的"黑匣子"模型不同，增强智能提供了见解和建议，包括解释。
4. 增强技术可以结合现有信息和发现的信息提供新的解决办法，而辅助智能则确定问题或症状，并提出预先确定的解决办法。

Padmanabhan（2018）和许多其他人认为，目前，增强智能是迈向人工智能世界转变的最佳选择。相对于描述了具有广泛认知能力的机器（例如，无人驾驶汽车）的自主智能，增强智能只有少数几种认知能力。

**增强智能示例**

Staff（2017）举例如下：

❑ **打击网络犯罪**。增强智能可以查明即将发生的攻击，并提出解决方法。
❑ **电子商务决策**。营销工具使测试速度提高了 100 倍，并使网站的布局和响应功能迎合用户。机器提出建议，营销人员可以接受或拒绝。
❑ **高频股票市场交易**。这要么是完全自主完成的，要么是在某些情况下由人类控制和校准的。

**问题**

1. 增强智能的基本前提是什么？
2. 列举增强智能与传统人工智能的主要区别。
3. 增强智能的好处是什么？
4. 技术与认知计算有什么关系？

## 1.7.5　社会影响

很多人都在谈论人工智能与生产力、速度以及成本降低的话题。在著名的 IT 咨询公司 Gartner 主持的会议上，3000 名美国首席信息官中接近半数报告了部署人工智能的计划（Weldon，2018）。业界不能忽视人工智能的潜在好处，尤其是提高了生产率、降低了成本、提高了质量和速度。与会者讨论了战略和执行情况（第 14 章）。似乎每一家公司都至少参与了人工智能的试用和试验。然而，在兴奋的同时，我们不应忽视对社会的影响，其中许多影响是积极的，有些是消极的，而大多数是未知的。第14章提供了一个全面的讨论，这里我们提供了三个人工智能影响的例子。

**对农业的影响** 人工智能将对农业产生重大影响。一个主要的预期结果是提供更多的粮食，特别是在第三世界国家。以下是几个例子：

- 根据Lopez（2017）的说法，到2050年，使用人工智能和机器人可以帮助农民多生产70%的食物。这一增长是由于物联网提高了农业设备的生产率（见13.1节），以及粮食生产成本的降低（如今，一个家庭的预算中只有10%用于食品，而1960年为17.5%）。
- 机器视觉有助于改善粮食种植和收获。此外，人工智能有助于挑选好的谷粒。
- 人工智能将有助于改善食品的营养状况。
- 人工智能将降低食品加工成本。
- 无人驾驶拖拉机已经接受试验。
- 机器人知道如何采摘水果和种植蔬菜可以解决农业工人短缺的问题。
- 印度等国家的作物产量不断增加。
- 害虫控制得到改善。例如，人工智能可以预测害虫的攻击，促进规划。
- 卫星可以监测天气情况。人工智能算法告诉农民什么时候播种和／或收割。

这份清单可以继续下去。对印度和孟加拉国等国家来说，这些活动将极大地改善农民的生活。总之，人工智能将帮助农民做出更好的决策。孟加拉国的一个案例见PE Report（2017），alsonews.microsoft.com/en-in/features/ai-agriculture-icrisat-upl-india/。

注：人工智能也能帮助饥饿的宠物。英国有一种名为Catspad的食物和水的自动分配器，售价约470美元，你需要在宠物身上贴上身份标签（仅限猫和小型犬）。分配器知道哪只宠物来吃食物，并分配合适的食物种类和量。此外，传感器（第13章）可以告诉你每只宠物吃了多少食物。如果需要加水，你也会收到通知。详见Deahl（2018）。

**智能系统对健康和医疗保健领域的贡献** 智能系统为我们的健康和医疗保健领域做出了重要的贡献。新的创新几乎每天都在世界的一些地方（政府、研究机构以及公司赞助的积极的医学人工智能研究出现。以下是一些有趣的创新：

- 人工智能在疾病预测方面的优势（例如，提前一周预测感染疾病的发生）。
- 人工智能可以检测大脑出血。
- 人工智能可以跟踪药物摄入、发送医疗警报、订购药物补充和提高处方合规性。
- 移动远程监控机器人可以远程连接医生和患者。
- NVIDIA的医学成像超级计算机可帮助医生诊断并促进疾病的治疗。
- 机器人和人工智能可以重新设计药品供应链。
- 人工智能可以通过视网膜图像预测心血管风险。
- 深度学习可以帮助进行癌症预测，机器学习可用于进行黑色素瘤诊断。
- 虚拟个人助理可以通过提供的线索（例如，说话姿势或音调变化）来评估患者的情绪和感觉。

- ❑ 许多门户网站向患者甚至外科医生提供医疗信息。Adoptive spine IT 就是一个例子。
- ❑ 基于老龄化的人工智能老年人研究中心在美国运作。日本也有类似的活动。
- ❑ 人工智能正在改善仿生手和腿的使用。
- ❑ "Health IT News"（2017）描述了人工智能是如何通过使用虚拟助理来解决医疗保健问题的（第 12 章）。

这份清单可以继续下去。Norman（2018）描述了用智能系统取代医生的情景。

注：医学领域的人工智能被认为是国家和国际年度会议的一个科学领域。关于这一主题的综合书籍，参见 Agah（2017）。

**其他社会应用**　在交通、公用事业、教育、社会服务等领域有许多人工智能应用，部分涉及智能城市的主题（第 13 章）。人工智能被社交媒体等用来控制假新闻等内容。最后，如何利用技术消除中东的童工现象？详见应用案例 1.9。

---

**应用案例 1.9**　**机器人为了社会利益而担任了骆驼比赛骑师的工作**

在一些中东国家，特别是约旦、阿布扎比和其他海湾国家，骆驼比赛是一项流行了几代人的活动。获胜骆驼的主人可以获得巨额奖金（第一名高达 100 万美元）。此外，这项比赛被视为文化和社会活动。

**待解决的问题**

长期以来，进行比赛的骆驼是在人类骑师的引导下奔跑的。骑师的体重越轻，获胜的概率就越高。因此，骆驼的主人训练孩子（7 岁左右）成为骑师。在苏丹、印度、孟加拉国和其他贫穷国家，贫困家庭的男童被购买（或绑架），并被训练为儿童骑师。实际上，这种做法是利用童工进行骆驼比赛。在 2005～2010 年，所有中东国家都禁止了这种做法，而禁止使用童工的主要原因是机器人的使用。

**机器人的解决方案**

骆驼赛跑是许多代人的传统，并成为一项利润丰厚的运动。因此，没有人想要停止它。根据 Opfer（2016）的文章，使用机器人来比赛骆驼有一个人性化的理由——拯救孩子们。今天，中东所有的骆驼比赛都只使用机器人。机器人被绑在骆驼的驼峰上，看起来像小骑师。在与骆驼同步驾驶的汽车里，骆驼主人可以通过声音远程指挥骆驼，也可以用机械鞭拍骆驼，这样它们就能跑得更快，就像人类骑师所做的一样。请注意，除非骆驼听到人的声音或者看到像人一样的东西，否则就不会跑了。

**技术**

有一台摄像机可以向骆驼旁驾车的人实时显示比赛情况。骆驼主人可以从车内向骆驼提供语音命令。可以遥控附在骆驼驼背上的机械鞭以驱赶骆驼。

**结果**

结果令人惊讶：不仅消除了童工的习俗，而且增加了骆驼的速度。毕竟，所使用的机器人的重量仅为6磅（约0.45千克），而且不会疲劳。要了解机器人如何工作，请观看 youtube.com/watch?v=GVeVhWXB7sk 上的视频。要观看完整的比赛，请访问 youtube.com/watch?v=xFCRhk4Gyds。你还可以看到皇家贵族。最后，你可以在 youtube.com/watch?v=C1uYAXJIbYg 中查看更多详细信息。

资料来源：C. Chung. (2016, April 4). "Dubai Camel Race Ride-Along." YouTube.com. youtube.com/watch?v=xFCRhk4 GYds (accessed September 2018); P. Boddington. (2017, January 3). "Case Study: Robot Camel Jockeys. Yes, really." *Ethics for Artificial Intelligence*; and L. Slade. (2017, December 21). "Meet the Jordanian Camel Races Using Robot Jockeys." Sbs. com.au.

**讨论**

1. 解释机器人如何消除了童工现象。
2. 为什么骆驼主人需要在正在比赛的骆驼旁驾驶汽车？
3. 为什么不在赛马领域使用这种技术？
4. 总结该案例的伦理方面（参见 Boddington，2017）。在阅读第14章的伦理部分之后再做这项练习。

➤ **复习题**

1. 人工智能的主要特点是什么？
2. 列出人工智能的主要好处。
3. 人工智能生态系统中的主要组成部分是什么？列出每一部分的主要内容。
4. 机器学习为什么如此重要？
5. 区分窄人工智能和一般人工智能。
6. 有人说，人工智能应用不强。为什么？
7. 定义辅助智能、增强智能和自主智能。
8. 传统人工智能与增强智能的区别是什么？
9. 说出人工智能的类型与认知计算的关系。
10. 列出五个用于增加粮食供应的主要人工智能应用。
11. 列出人工智能在医疗保健领域的五项贡献。

# 1.8 分析与人工智能的融合

到目前为止，我们都是把分析与人工智能作为两个独立的实体。但是，正如1.1节所述，可以将这些技术结合起来以解决复杂的问题。在本节中，我们将讨论这些技术的融合以及它们如何相互补充。我们还将描述可能添加的其他技术（特别是物联网），以解决非常复杂的问题。

## 1.8.1   分析和人工智能之间的主要区别

正如 1.4 节所述,分析和人工智能之间的主要区别在于,分析使用统计、管理科学和其他计算工具处理历史数据,以描述情况(描述性分析)、预测结果(包括预报(预测性分析)),并提出解决问题的建议(预测性分析)。重点是统计、管理科学和其他有助于分析历史数据的计算工具。而人工智能也使用不同的工具,但它的主要目的是模仿人们思考、学习、推理、决策和解决问题的方式。这里强调的是将知识和智能作为解决问题的主要工具,而不是依赖我们在分析中所做的计算。此外,人工智能还处理认知计算。在现实中,这种差异并不那么明显,因为在高级分析应用中存在使用机器学习(一种人工智能技术)、在预测和规范中支持分析的情况。在这一小节,我们将描述这些智能技术的融合。

## 1.8.2   为什么要结合智能系统

分析和人工智能以及它们的不同技术为许多组织做出了有益的贡献,但每一项技术都有局限性。根据 Gartner 的一项研究,业务分析举措无法实现企业目标的可能性为 70%~80%。也就是说,至少 70% 的企业需求没有得到满足。换言之,商务智能举措带来组织卓越的可能性很小。出现这种情况有几个原因:

- ❑ 预测模型有意料之外的效果(见第 14 章)。
- ❑ 模型必须在道德层面上负责任、有意识地使用(第 14 章)。
- ❑ 分析的结果可能对某些应用非常好,但对其他应用却不是。
- ❑ 模型与它们的输入数据和假设(垃圾输入、垃圾输出)一样好。
- ❑ 数据可能不完整。不断变化的环境会使数据很快过时。模型可能无法适应。
- ❑ 来自人们的数据可能不准确。
- ❑ 从不同来源收集的数据可在格式和质量上不同。

合并智能系统的其他原因对于 IT 项目是通用的,我们将在 14.2 节中讨论。

人工智能举措的失败率也很高。其中一些原因与分析率相似。然而,一个主要的原因是,一些人工智能技术需要大量的数据,有时是大数据。例如,每天都有数以百万计的数据项被馈送给 Alexa,以增加其知识。如果没有连续的数据流动,人工智能就无法很好地学习。问题是人工智能和分析(和其他智能系统)能否结合在一起,从而产生更好的效果。

## 1.8.3   融合有何帮助

根据 Nadav(2017),商务智能及其分析可以回答有关解决问题的充分性的大多数原因和问题。添加规范性分析会增加成本,但不一定会有更好的性能。因此,下一代商务智能平台将使用人工智能自动定位、可视化和讲述重要的事情。这也可用于创建自动警报和通知。此外,机器学习和深度学习可以通过模式识别和更精确的预测来支持分析。人工智能将帮助把实际性能与预测的性能进行比较(见 14.6 节)。机器学习和其他人工智能技术也提供了持续改进策略。Nadav 还建议通过集体智慧增加专家意见，见第 11 章。

接下来我们将介绍智能系统的融合方面。

## 1.8.4 大数据增强了人工智能技术的能力

大数据的特点是其体积、种类和速度超出了通常使用的硬件环境和 / 或软件工具处理数据的能力。然而，如今已有一些技术和方法可以实现捕获、清洗和分析大数据。这些技术和方法使公司能够做出实时决策。与人工智能和机器学习的融合是这一方向的主要动力。大数据分析的出现使人工智能技术有了新的能力。根据 Bean（2017），大数据可以增强人工智能的能力，原因是：

❑ 以大大降低成本的方式处理大数据的新能力。

❑ 在线提供大规模数据集。

❑ 算法（包括深度学习）规模的扩大正在增强人工智能的能力。

**MetLife 示例：人工智能和大数据的融合**

MetLife（大都会人寿）是一家总部位于加拿大的全球保险公司，它以使用 IT 促进平稳运作和提高客户满意度而闻名。为了最大限度地利用技术，该公司使用了通过大数据分析实现的人工智能，如下所示：

❑ 语音识别改善了跟踪事件及其结果。

❑ 机器学习能指出即将出现的故障。此外，医生对受伤或生病的人所做的手写报告以及保险公司支付的索赔，都会在几秒内由系统进行分析。

❑ 加速财产保险和意外伤害保险承保政策的执行是使用人工智能和分析方法完成的。

❑ 索赔处理的后台部门包括许多纳入索赔的非结构化数据。部分分析涉及患者的健康数据。机器学习被用于快速识别报表中的异常。

有关人工智能和保险业务的更多信息，请参见第 2 章。更多关于大数据与人工智能的一般融合和在 MetLife 上的融合的内容，见 Bean（2017）。

## 1.8.5 人工智能与物联网的融合

1.1 节向我们展示了人工智能技术与物联网相结合时如何为复杂的问题提供解决方案。物联网从传感器和其他"事物"收集大量数据，这些数据需要进行处理以获得决策支持。稍后，我们将看到微软的 Cortana 是如何做到这一点的。Butner（2018）描述了人工智能与物联网如何结合才能带来"更高层次的解决方案和经验"。这种结合的重点是更多地了解客户和他们的需求。这种整合还可以促进竞争分析和业务运营（见 1.1 节）。人工智能和物联网的组合，特别是与大数据相结合时，可以帮助发现新产品、业务流程和机会。可以利用人工智能技术充分发挥物联网的潜力。此外，要通过物联网理解从"事物"中流出来的数据并从中获得洞察力的唯一方法是进行人工智能分析。Faggela（2017）提供了以下三个将人工智能和物联网结合起来的例子：

1. Nest Labs 的智能恒温器（见第 13 章的智能家居）。

2. 自动真空吸尘器，如 iRobot Roomba（见第 2 章的智能真空吸尘器）。

3. 自动驾驶汽车（见第 13 章）。

如果与 IBM Watson Analytics（包括机器学习）相结合，物联网就会变得非常智能。1.1 节和 13.1 节给出了一些例子。

## 1.8.6　与区块链等技术的融合

一些专家提出了人工智能、分析和区块链融合的可能性（例如：Corea，2017；Kranz，2017）。其思想是，这种融合可能有助于设计或重新设计范例和技术。区块链技术可以为分布式网络中各方共享的数据增加安全性，而在该网络中可以记录事务数据。Kranz 认为，区块链的转换将为复杂问题的新解决方案提供动力。这种融合应包括物联网。Kranz 也看到了雾计算的作用（第 9 章）。这种结合在复杂的应用中非常有用，比如自动驾驶汽车和 Amazon Go（应用案例 1.10）。

---

**应用案例 1.10　Amazon Go 面向商业开放**

2018 年年初，Amazon.com 在美国西雅图市中心开设了第一家全自动便利店。2017 年，该公司在这类门店方面取得了成功（只对该公司的员工进行了实验）。

购物者进入商店，拿起商品，然后回家。他们的账户将在稍后付费。听上去不错！不用再排队等待商品的包装和付款——没有收银员，没有麻烦。

从某种意义上说，购物者正在经历一个类似于在线购物的过程——寻找所需的产品/服务，购买它们，等待每月的电子收费。

**购物过程**

你需要在你的智能手机上安装一个特别的免费应用程序，将它连接到你的普通 Amazon.com 账户。下面是你接下来要做的事情：

1. 打开你的应用程序。

2. 在商店门口挥动你的智能手机，以扫描二维码。

3. 进入商店。

4. 开始购物。所有商品都是预先准备好的。你把它们放在购物袋（你自己的或商店提供的）里。当你从货架上挑选商品时，它就会被记录在虚拟购物车里。这项活动是由传感器/摄像机完成的。你的账户将被记入一笔支出。如果你改变主意，并放回这个商品，系统将立即退回该笔支出。感应器也能跟踪你在商店里的动作（这是数字隐私问题，参见 14.3 节）。传感器是 RFID 型的（第 13 章）。

5. 如果购物完毕，就可以离开商店（确保你的应用程序是打开的，让大门允许你离开）。系统知道你已经离开并且知道你拿了什么商品，你的购物之旅就结束了。系统将汇总你的支出，你可以随时在智能手机中查看。

6. Amazon.com 记录你的购物习惯（同样是隐私问题），这将有助于你今后的购物体验，并将帮助 Amazon 为你提供建议（第 2 章）。Go 的目的是引导你吃健康的食物！（亚马逊在那里出售健康食品包。）

注：如今，只有少数人在商店工作！员工会整理货架，并为你提供其他方面的帮助。该公司计划在 2018 年再开设几家门店。

**使用的技术**

亚马逊透露了一些使用的技术（深度学习算法、计算机视觉和传感器融合），但没有披露其他技术。请参见 visualyoutube.com/watch?v=NrmMk1Myrxc。

资料来源：C. Jarrett. (2018). "Amazon Set to Open Doors on AI-Powered Grocery Store." Venturebeat. com. venturebeat.com/2018/01/21/amazon-set-to-open-doors-on-ai-powered-grocery-store/ (accessed September 2018); D. Reisinger. (2018, February 22). "Here Are the Next Cities to Get Amazon Go Cashier-Less Stores." *Fortune*.

**针对应用案例 1.10 的问题**

1. 观看录像。你喜欢其中的什么，又不喜欢什么？

2. 将这里描述的过程与如今许多超市和大卖场（家得宝等）的自助结账进行比较。

3. 这家商店是在西雅图市中心开的。为什么选中了市中心的位置？

4. 对客户有什么好处？对亚马逊呢？

5. 客户是否准备好为了方便而交易隐私信息？

有关智能技术融合的全面报告，请参阅 reportbuyer.com/product/5023639/。

除了区块链，还包括物联网和大数据，如前所述，以及更智能的技术（例如机器视觉、语音技术）。这些可能会产生富集效应。一般来说，使用的技术（必须是恰当的）越多，就可以解决越复杂的问题，融合系统的性能（例如速度、精度）就越高。有关该问题的讨论，请参见 i-scoop.eu/convergence-ai-iot-big-data-analytics/。

## 1.8.7 IBM 和微软对智能系统融合的支持

许多公司提供支持智能系统融合的工具或平台。下面是两个例子。

**IBM** IBM 正在合并其两个平台，以支持人工智能和分析的融合。Power AI 是人工智能和机器学习的分布式平台。这是一种支持 IBM 分析平台的方法，称为 Data Science Experience（支持云计算）。两者的结合使数据分析过程得以改进。它还使数据科学家能够促进复杂人工智能模型和神经网络的训练。研究人员可以将该组合系统用于深度学习项目。总之，这种组合为解决问题提供了更好的洞察力。详见 FinTech Futures（2017）。

正如 1.1 节所述，IBM Watson 正在将分析、人工智能和物联网结合到认知建筑项目中。

**微软的 Cortana 智能套件** 微软的 Azure 云（第 13 章）提供了先进分析、传统商务智能和大数据分析的结合。该套件使用户能够将数据转换为智能操作。

利用 Cortana，人们可以转换来自多个来源（包括物联网传感器）的数据，应用先进的分析技术（例如，数据挖掘）和人工智能技术（例如，机器学习），并提取提供给决策者、应用程序或完全自动化系统的洞察力和可采取行动的建议。有关该系统的详细信息和 Cortana 的架构，请参见 mssqltips.com/sqlservertip/4360/introduction-to-microsoft-cortana-intelligence-suite/。

▶ **复习题**

1. 智能系统融合的主要好处是什么？
2. 为什么过去分析举措的失败率如此高？
3. 将人工智能和分析相结合可以产生什么协同作用？
4. 为什么大数据的准备对于人工智能举措至关重要？
5. 在智能技术应用中增加物联网的好处是什么？
6. 为什么建议使用区块链来支持智能应用？

## 1.9　分析生态系统综述

现在，你对分析、数据科学和人工智能的潜力感到兴奋，并希望加入这个日益增长的行业。现在的从业者是谁？他们从事什么工作？你能融入哪里？本节的目的是确定分析行业的各个部分，对不同类型的行业参与者进行分类，并说明分析专业人员可能获得的机会类型。在**分析生态系统**中，共有 11 种不同类型的从业者。对生态系统的理解也能让读者更广泛地了解不同的从业者是如何聚集在一起的。专业人员理解分析生态系统的第二个目的是要了解组织与分析相关的部分的新产品以及机会。

尽管一些研究人员将专业商业分析人员与数据科学家区分开来（Davenport 和 Patil，2012），但正如之前所指出的，为了理解分析整个生态系统，我们将两者视为一个广泛的职业。显然，对于一个强大的数学家、程序员、建模者和沟通者来说，技能需求可能是不同的，我们相信这个问题是在更微观 / 个人层面而不是理解机会池的宏观层面上解决的。我们还采用最广泛的分析定义，包括前面所述的 INFORMS——描述性 / 报告 / 可视化、预测性和规定性定义的所有三种类型。我们也将人工智能包含在同一个池中。

图 1.17 展示了分析生态系统的一个视图。生态系统的组成部分由"分析花"的花瓣表示。我们在分析空间中确定了 11 个关键部分或集群。分析生态系统的组件分为三类，分别由花瓣的内瓣、外瓣和种子（中间部分）表示。外层的六瓣可以被广泛地称为技术提供者。他们的主要收入来自为分析用户组织提供技术、解决方案和培训，以便他们能够以最有效的方式使用这些技术。内瓣通常可以定义为分析加速者。加速者可以与技术提供者或用户一起工作。最后，生态系统的核心是分析用户组织。这是最重要的组件，因为每个分析行业集群都是由用户组织驱动的。

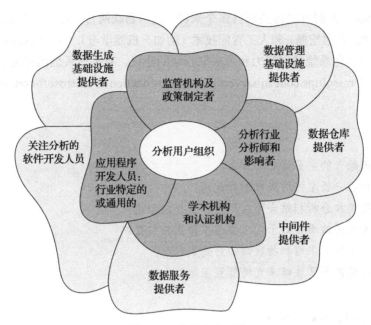

图 1.17 分析生态系统

关于分析生态系统的更多细节包含在我们的简版书（Sharda 等，2017）以及 Sharda 和 Kalgotra（2018）的文章中。FirstMark 的风险投资家 Matt Turck 也开发并更新了一个专注于大数据的分析生态系统。他的目标是跟踪大数据行业各个领域的新老从业者。关于他对生态系统的解释和公司的全面列表，可以通过他的网站 http://mattturck.com/2016/02/01/big-data-landscape/（于 2018 年 9 月访问）获得。

## 1.10 本书规划

在前面的小节中，你已经了解了决策、商务智能演进、分析、数据科学和人工智能对信息技术的需求。在前几节，我们已经看到了各种类型的分析及其应用的概述。现在，我们准备对这些主题进行更详细的管理探索，并探讨一些技术主题的深入实践经验。图 1.18 展示了本书其余部分的规划。

在本章，我们提供了 DSS、商务智能和分析（包括大数据分析和数据科学）的介绍、定义及概述，以及分析生态系统的概述，让你欣赏这个行业的广度和深度。本章还介绍了业务报告和可视化技术及应用。

我们将在第 2 章中对人工智能进行更深入的介绍。由于数据是任何分析的基础，因此第 3 章将介绍数据问题以及描述性分析，包括统计概念和可视化。第 4 章将介绍数据挖掘的应用和数据挖掘过程。第 5 章将介绍常见的数据挖掘技术：分类、聚类、关联挖掘等。第 6 章将介绍深度学习和认知计算。第 7 章将重点介绍文本挖掘应用程序和 Web 分析，包括社交媒体分析、情感分析和其他相关主题。第 8 章将介绍规范性分析。第 9 章涵盖大数据分析的更多细节，还将介绍基于云的分析和位置分析。第 10 章将介绍商业和消费者应用中的机器人，并讨论这些设备对未来社会的影响。第 11 章主要讨论协作系统、众筹和社交网络。第 12 章将回顾个人助理、聊天机器人和这一领域令人兴奋的发展。第 13 章将研究物联网及其在决策支持和智能社会中的潜力。第 14 章将讨论分析 / 人工智能的安全性、隐私和对社会的影响。

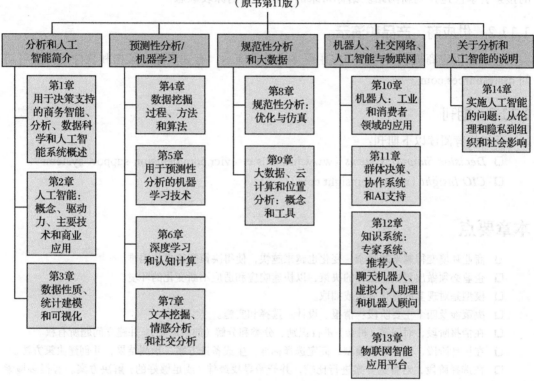

图 1.18　本书的规划

# 1.11　相关资源

下面介绍本书的辅助资源。

## 1.11.1　资源和链接

我们建议参考以下组织资源和链接：

❑ 数据仓库研究所（tdwi.org）。

❑ 数据科学中心（datasciencecentral.com）。

❑ DSS 资源（dssresources.com）。

❑ 微软企业联盟（enterprise .waltoncollege.uark.edu/mec.asp）。

当本书（英文版）出版时，我们已证实所有被引用的网站都是有效的。但是，这些统一资源定位器都是动态的。我们在文中提到的网站有时会因为公司更名、买卖、合并或倒闭而改变或无法访问。有时网站会因维护、修复或重新设计而关闭。许多组织已经放弃了网址前面的"www"，但仍有一些组织使用它。如果你在访问我们提到的网站时遇到问题，请耐心等待，或进行 Web 搜索来尝试寻找可能的新网站。大多数时候，你可以通过一个流行的搜索引擎快速找到新网站。给你带来的不便，我们深表歉意。

### 1.11.2 供应商、产品和演示

大多数供应商提供其产品和应用程序的软件演示，有关产品、架构和软件的信息可访问 dssresources.com。

### 1.11.3 期刊

我们推荐阅读以下期刊：

❑ *Decision Support Systems*（www.journals.elsevier.com/decision-support-systems）。
❑ *CIO Insight*（www.cioinsight.com）。

## 本章要点

❑ 商业环境变得越来越复杂，变化也越来越快，使得决策变得更加困难。
❑ 企业必须做出更快、更好的决策，以快速响应和适应不断变化的环境。
❑ 模型是对现实的简化表示或抽取。
❑ 决策涉及四个主要阶段：情报、设计、选择和实施。
❑ 在情报阶段，对问题（机会）进行识别、分类和分解（如果需要），并建立问题所有权。
❑ 在设计阶段，建立系统模型，商定选择标准，生成备选方案，预测结果，并创建决策方法。
❑ 在选择阶段，对备选方案进行比较，并开始寻找最佳（或足够好的）解决方案。有很多搜索技术是可用的。
❑ 在实施备选方案时，决策者应考虑多种多样的目标和敏感性分析问题。
❑ 决策的时间框架正在缩短，而决策的全球性正在扩大，这就需要开发和使用计算机化的决策支持系统。
❑ 早期的决策支持框架根据结构和管理活动的程度将决策情况分为九类。每个类别都有不同的支持。
❑ 结构化重复决策由标准的定量分析方法（如 MS、MIS 和基于规则的自动决策支持）支持。
❑ 决策支持系统（DSS）使用数据、模型，有时还使用知识管理来寻找半结构化问题和一些非结构化问题的解决方案。
❑ 决策支持系统的主要组件是数据库及其管理、模型库及其管理和易于使用的界面，还可以包括智能（基于知识）组件。用户也被认为是决策支持系统的一个组件。
❑ 商务智能方法利用称为 DW 的中央存储库，该存储库支持高效的数据挖掘、联机分析处理、业务性能管理和数据可视化。
❑ 商务智能架构包括 DW、最终用户使用的业务分析工具和用户界面（如仪表板）。
❑ 许多机构采用描述性分析，用交互报告取代传统的扁平报告。交互报告提供事务数据中的洞

察、趋势和模式。

- ❑ 预测性分析使机构能够建立预测规则，通过对客户现有行为的历史数据分析来驱动业务结果。
- ❑ 规范性分析有助于建立模型，包括基于 OR 和管理科学原理的预测和优化技术，以帮助机构做出更好的决策。
- ❑ 大数据分析侧重于非结构化的大数据集，这些数据集可能还包括各种类型的数据以供分析。
- ❑ 分析领域也因行业特定的应用程序名称而被人熟知，如体育分析。它也被称为数据科学或网络科学。
- ❑ 医疗保健和零售连锁是广泛应用分析的两个领域，还有很多未来的新领域。
- ❑ 图像分析是一个迅速发展的领域，促成了许多深度学习应用。
- ❑ 分析生态系统可以被看作提供者、用户和促进者的集合，可以被分成 11 个集群。

## 讨论

1. 调查过去 6 个月的文献，分别找出一个用于决策支持系统、商务智能和分析的应用。将应用及其来源汇总在一页纸上。
2. 你的公司正在考虑在国外开设分公司。列出决策的每个阶段（情报、设计、选择和实施）中有关是否开设分公司的典型活动。
3. 你就要买车了。使用 Simon（1977）的四阶段模型，描述你在做决定的每个步骤中的活动。
4. 通过一个例子，说明计算机在决策过程的每个阶段对决策者的支持。
5. 评论 Simon（1977）的哲学，即管理决策与整个管理过程是同义的。这有道理吗？用一个真实的例子解释一下。
6. 回顾决策支持系统的主要特点和能力。它们与决策支持系统的主要组件有什么关系？
7. 列出一些这些数据可以在大学招生办公室的决策支持系统中找到的内部数据和外部数据。
8. 区分商务智能和决策支持系统。
9. 举例将预测性分析与规定性分析及描述性分析进行比较。
10. 讨论实施商务智能的主要问题。

## 参考文献

http://canopeoapp.com/ (accessed October 2018).

http://imazon.org.br/en/imprensa/mapping-change-in-the-amazon-how-satellite-images-are-halting-deforestation/ (accessed October 2018).

http://www.earthcastdemo.com/2018/07/bloomberg-earthcast-customizing-weather/ (accessed October 2018)

https://www.worldbank.org/en/news/press-release/2018/02/22/world-bank-supports-sierra-leones-efforts-in-landslide-recovery (accessed October 2018)

Siemens.com. About Siemens. siemens.com/about/en/ (accessed September 2018).

Silvaris.com. Silvaris overview. silvaris.com (accessed September 2018).

Agah, A. (2017). *Medical Applications of Artificial Intelligence.* Boca Raton, FL: CRC Press.

Anthony, R. N. (1965). *Planning and Control Systems: A Framework for Analysis.* Cambridge, MA: Harvard University Graduate School of Business.

Baker, J., and M. Cameron. (1996, September). "The Effects of the Service Environment on Affect and Consumer Perception of Waiting Time: An Integrative Review and Research Propositions." *Journal of the Academy of Marketing Science, 24*, pp. 338–349.

Bean, R. (2017, May 8). "How Big Data Is Empowering AI and Machine Learning at Scale." *MIT Sloan Management Review.*

Boddington, P. (2017, January 3). "Case Study: Robot Camel Jockeys. Yes, really." *Ethics for Artificial Intelligence.*

Brainspace. (2016, June 13). "Augmenting Human Intelligence." *MIT Technology Review Insights.*

Butner, K. (2018, January 8). "Combining Artificial Intelligence with the Internet of Things Could Make Your Business Smarter." IBM Consulting Blog.

CDC.gov. (2015, September 21). "Important Facts about Falls." cdc.gov/homeandrecreationalsafety/falls/adultfalls.html (accessed September 2018).

Charles, T. (2018, May 21). "Influence of the External Environment on Strategic Decision." *Azcentral.* **yourbusiness.azcentral. com/influence-external-environment-strategic-decisions-17628.html/** (accessed October 2018).

Chiguluri, V., Guthikonda, K., Slabaugh, S., Havens, E., Peña, J., & Cordier, T. (2015, June). Relationship Between Diabetes Complications and Health Related Quality of Life Among an Elderly Population in the United States. Poster presentation at the American Diabetes Association Seventy-Fifth Annual Scientific Sessions. Boston, MA.

Chongwatpol, J., & R. Sharda. (2010, December). "SNAP: A DSS to Analyze Network Service Pricing for State Networks." *Decision Support Systems, 50*(1), pp. 347–359.

Chung, C. (2016). "Dubai Camel Race Ride-Along." **YouTube. com**. **youtube.com/watch?v=xFCRhk4GYds** (accessed September 2018).

Cordier, T., Slabaugh, L., Haugh, G., Gopal, V., Cusano, D., Andrews, G., & Renda, A. (2015, September). Quality of Life Changes with Progressing Congestive Heart Failure. Poster presentation at the Nineteenth Annual Scientific Meeting of the Heart Failure Society of America, Washington, DC.

Corea, F. (2017, December 1). "The Convergence of AI and Blockchain: What's the Deal?" **Medium.com**. **medium. com/@Francesco_AI/the-convergence-of-ai-and-blockchain-whats-the-deal-60c618e3accc** (accessed September 2018).

Davenport, T., & SAS Institute Inc. (2014, February). "Analytics in Sports: The New Science of Winning." **sas.com/content/dam/SAS/en_us/doc/whitepaper2/iia-analytics-in-sports-106993.pdf** (accessed September 2018).

Davenport, T. H., & Patil, D. J. (2012). "Data Scientist." *Harvard Business Review, 90*, 70–76.

Deahl, D. (2018, January 7). "This Automatic Feeder Can Tell the Difference Between Your Pets." *The Verge.*

De Smet, A., et al. (2017, June). "Untangling Your Organization's Decision Making." *McKinsey Quarterly.*

Duncan, A. (2016). "The BICC Is Dead." **https://blogs. gartner.com/alan-duncan/2016/03/11/the-bicc-is-dead/** (accessed October 2018).

**Dundas.com**. "How Siemens Drastically Reduced Cost with Managed BI Applications." **www.dundas.com/Content/pdf/siemens-case-study.pdf** (accessed September 2018).

Eckerson, W. (2003). *Smart Companies in the 21st Century: The Secrets of Creating Successful Business Intelligent Solutions*. Seattle, WA: The Data Warehousing Institute.

eMarketer. (2017, May). "Artificial Intelligence: What's Now, What's New and What's Next?" EMarketer Inc.

**Emc.com**. (n.d.). "Data Science Revealed: A Data-Driven Glimpse into the Burgeoning New Field." **emc.com/collateral/about/news/emc-data-science-study-wp.pdf** (accessed September 2018)

Emmert, Samantha. (2018, March 19). "Fighting Illegal Fishing." Global Fishing Watch. **globalfishingwatch.org/research/fighting-illegal-fishing/** (accessed October 2018).

Faggela, D. (2017, August 24). "Artificial Intelligence Plus the Internet of Things (IoT): 3 Examples Worth Learning From." *TechEmergence.*

Faggela, D. (2018, March 29). "Artificial Intelligence Industry: An Overview by Segment." *TechEmergence.*

Fernandez, J. (2017, April). "A Billion People a Day. Millions of Elevators. No Room for Downtime." IBM developer Works Blog. **developer.ibm.com/dwblog/2017/kone-watson-video/** (accessed September 2018).

FinTech Futures. (2017, October 11). "IBM Combining Data Science and AI for Analytics Advance." **BankingTech.com**.

Gartner, Inc. (2004). Using Business Intelligence to Gain a Competitive Edge. A special report.

Gates, S., Smith, L. A., Fisher, J. D., et al. (2008). Systematic Review of Accuracy of Screening Instruments for Predicting Fall Risk Among Independently Living Older Adults. *Journal of Rehabilitation Research and Development, 45*(8), pp. 1105–1116.

Gill, T. M., Murphy, T. E., Gahbauer, E. A., et al. (2013). "Association of Injurious Falls with Disability Outcomes and Nursing Home Admissions in Community Living Older Persons." *American Journal of Epidemiology, 178*(3), pp. 418–425.

Gorry, G. A., & Scott-Morton, M. S. (1971). "A Framework for Management Information Systems." *Sloan Management Review, 13*(1), pp. 55–70.

Havens, E., Peña, J., Slabaugh, S., Cordier, T., Renda, A., & Gopal, V. (2015, October). Exploring the Relationship Between Health-Related Quality of Life and Health Conditions, Costs, Resource Utilization, and Quality Measures. Podium presentation at the ISOQOL Twenty-Seventh Annual Conference, Vancouver, Canada.

Havens, E., Slabaugh, L., Peña, J., Haugh, G., & Gopal, V. (2015, February). Are There Differences in Healthy Days Based on Compliance to Preventive Health Screening Measures? Poster presentation at Preventive Medicine 2015, Atlanta, GA.

Healthcare IT News. (2017, November 9). "How AI Is Transforming Healthcare and Solving Problems in 2017." Slideshow. **healthcareitnews.com/slideshow/how-ai-transforming-healthcare-and-solving-problems-2017?page=4/** (accessed September 2018).

Hesse, R., & G. Woolsey. (1975). *Applied Management Science: A Quick and Dirty Approach*. Chicago, IL: SRA Inc.

Humana. 2016 Progress Report. **populationhealth.humana. com/wp-content/uploads/2016/05/BoldGoal 2016ProgressReport_1.pdf** (accessed September 2018).

INFORMS. Analytics Section Overview. **informs.org/Community/Analytics** (accessed September 2018).

Jacquet, F. (2017, July 4). "Exploring the Artificial Intelligence Ecosystem: AI, Machine Learning, and Deep Learning." DZone.

Jarrett, C. (2018, January 21). "Amazon Set to Open Doors on AI-Powered Grocery Store." **Venturebeat.com. venturebeat.com/2018/01/21/amazon-set-to-open-doors-on-ai-powered-grocery-store/** (accessed September 2018).

Keen, P. G. W., & M. S. Scott-Morton. (1978). Decision Support Systems: An Organizational Perspective. Reading, MA: Addison-Wesley.

Kemper, C., and C. Breuer. (2016). "How Efficient Is Dynamic Pricing for Sports Events? Designing a Dynamic Pricing Model for Bayern Munich." *International Journal of Sports Finance*, 11, pp. 4–25.

Kranz, M. (2017, December 27). "In 2018, Get Ready for the Convergence of IoT, AI, Fog, and Blockchain." *Insights.*

Liberto, D. (2017, June 29). "Artificial Intelligence Will Add Trillion to the Global Economy: PwC." *Investopedia.*

Lollato, R., Patrignani, A., Ochsner, T. E., Rocatelli, A., Tomlinson, P. & Edwards, J. T. (2015). "Improving Grazing Management Using a Smartphone App." **www.bookstore.ksre.ksu.edu/pubs/MF3304.pdf** (accessed October 2018).

Lopez, J. (2017, August 11). "Smart Farm Equipment Helps Feed the World." **IQintel.com.**

Metz, C. (2018, February 12). "As China Marches Forward on A.I., the White House Is Silent." *The New York Times.*

Nadav, S. (2017, August 9). "Business Intelligence Is Failing; Here Is What Is Coming Next." *Huffington Post.*

Norman, A. (2018, January 31). "Your Future Doctor May Not Be Human. This Is the Rise of AI in Medicine." **Futurism.com.**

Olshansky, C. (2017, August 24). "Coca-Cola Is Bringing Artificial Intelligence to Vending Machines." *Food & Wine.*

Opfer, C. (2016, June 22). "There's One Terrific Reason to Race Camels Using Robot Jockeys." **Howstuffworks.com.**

Padmanabhan, G. (2018, January 4). "Industry-Specific Augmented Intelligence: A Catalyst for AI in the Enterprise." *Forbes.*

Pajouh Foad, M., Xing, D., Hariharan, S., Zhou, Y., Balasundaram, B., Liu, T., & Sharda, R. (2013). Available-to-Promise in Practice: An Application of Analytics in the Specialty Steel Bar Products Industry. *Interfaces, 43*(6), pp. 503–517. **dx.doi.org/10.1287/inte.2013.0693** (accessed September 2018).

Patrignani, A., & Ochsner, T. E., (2015). Canopeo: A Powerful New Tool for Measuring Fractional Green Canopy Cover. *Agronomy Journal, 107*(6), pp. 2312–2320;

PE Report. (2017, July 29). "Satellite-Based Advance Can Help Raise Farm Output by 20 Percent Experts." *Financial Express.*

PricewaterhouseCoopers Report. (2011, December). "Changing the Game: Outlook for the Global Sports Market to 2015." **pwc.com/gx/en/hospitality-leisure/pdf/changing-the-game-outlook-for-the-global-sports-market-to-2015.pdf** (accessed September 2018).

Quain, S. (2018, June 29). "The Decision-Making Process in an Organization." *Small Business Chron.*

Reisinger, D. (2018, February 22). "Here Are the Next Cities to Get Amazon Go Cashier-Less Stores." *Fortune.*

Sharda, R., Asamoah, D., & Ponna, N. (2013). "Research and Pedagogy in Business Analytics: Opportunities and Illustrative Examples." *Journal of Computing and Information Technology, 21*(3), pp. 171–182.

Sharda, R., Delen, D., & Turban, E. (2016). *Business Intelligence, Analytics, and Data Science: A Managerial Perspective on Analytics.* 4th ed. NJ: Pearson.

Sharda, R., & P. Kalgotra. (2018). "The Blossoming Analytics Talent Pool: An Overview of the Analytics Ecosystem." In James J. Cochran (ed.) *INFORMS Analytics Body of Knowledge. John Wiley, Hoboken, NJ*

Silk, R. (2017, November). "Biometrics: Facial Recognition Tech Coming to an Airport Near You." *Travel Weekly, 21.*

Simon, H. (1977). *The New Science of Management Decision.*

Englewood Cliffs, NJ: Prentice Hall.

Slade, L. (2017, December 21). "Meet the Jordanian Camel Races Using Robot Jockeys." **Sbs.com**.au.

Slowey, L. (2017, February 16). "Look Who's Talking: KONE Makes Elevator Services Truly Intelligent with Watson IoT." IBM Internet of Things Blog. **ibm.com/blogs/internet-of-things/kone/** (accessed September 2018).

"Sports Analytics Market Worth by 2021." (2015, June 25). Wintergreen Research Press Release. Covered by PR Newswire at **http://www.prnewswire.com/news-releases/sports-analytics-market-worth-47-billion-by-2021-509869871.html**.

Srikanthan, H. . (2018, January 8). "KONE Improves 'People Flow' in 1.1 Million Elevators with IBM Watson IoT." Generis. **https://generisgp.com/2018/01/08/ibm-case-study-kone-corp/** (accessed September 2018).

Staff. "Assisted, Augmented and Autonomous: The 3 Flavours of AI Decisions." (2017, June 28). *Software and Technology.*

**Tableau.com.** Silvaris Augments Proprietary Technology Platform with Tableau's Real-Time Reporting Capabilities. **tableau.com/sites/default/files/case-studies/silvaris-business-dashboards_0.pdf** (accessed September 2018).

Tartar, Andre, et al. (2018, 26 July). "All the Things Satellites Can Now See from Space." **Bloomberg.com**. **www.bloomberg.com/news/features/2018-07-26/all-the-things-satellites-can-now-see-from-space** (accessed October 2018).

**TeradataUniversityNetwork.com.** (2015, Fall). "BSI: Sports Analytics—Precision Football" (video). teradatauniversity **network.com/About-Us/Whats-New/BSI-Sports-Analytics-Precision-Football/** (accessed September 2018).

Thibodeaux, W. (2017, June 29). "This Artificial Intelligence Kiosk Is Designed to Spot Liars at Airports." **Inc.com.**

Turck, Matt. "Is Big Data Still a Thing? (The 2016 Big Data Landscape)." **http://mattturck.com/2016/02/01/big-data-landscape/** (accessed September 2018).

Watson, H. (2005, Winter). Sorting Out What's New in Decision Support. *Business Intelligence Journal.*

Weldon, D. (2018, March 6). "Nearly Half of CIOs Now Plan to Deploy Artificial Intelligence." Information Management.

**Wikipedia.org.** On-base Percentage. **wikipedia.org/wiki/On_base_percentage.** (accessed September 2018).

**Wikipedia.org.** Sabermetrics. **wikipedia.org/wiki/Sabermetrics** (accessed September 2018).

**Wikipedia.org.** SIEMENS. **wikipedia.org/wiki/Siemens** (accessed September 2018).

**YouTube.com.** (2013, December 17). CenterPoint Energy Talks Real Time Big Data Analytics. **youtube.com/watch?v=s7CzeSllEfI** (accessed September 2018).

Yue, P. (2017, August 24). "Baidu, Beijing Airport Launch Facial Recognition for Passenger Check-In." China Money Network. **https://www.chinamoneynetwork.com/2017/08/24/baidu-capital-airport-launch-facial-recognition-system-airport** (accessed October 2018).

Zane, E. B. (2016). *Effective Decision-Making: How to Make Better Decisions Under Uncertainty And Pressure.* Kindle ed. Seattle, WA: Amazon Digital Services.

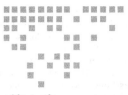

*Chapter 2* 第 2 章

# 人工智能：概念、驱动力、主要技术和商业应用

**学习目标**

❑ 理解人工智能（AI）的概念。

❑ 熟悉人工智能的驱动力、功能和优点。

❑ 描述人类智能和机器智能。

❑ 描述主要的人工智能技术和一些衍生产品。

❑ 讨论人工智能支持决策的方式。

❑ 描述人工智能在会计中的应用。

❑ 描述人工智能在银行和金融服务中的应用。

❑ 描述人工智能在人力资源管理中的应用。

❑ 描述人工智能在市场营销中的应用。

❑ 描述人工智能在生产经营管理中的应用。

人工智能，一个令多少代人好奇的事物，正迅速发展成为一项重要的应用技术，在各个领域都有广泛的应用。OpenAI（在第 14 章描述的一个人工智能研究机构）的使命表明，人工智能将是人类有史以来创造的最重要的技术。人工智能有若干形式，也有若干定义。粗略地说，人工智能的目标是让机器尽可能地展示人类所展示的智能，希望能造福人类。计算技术的最新发展推动人工智能达成新的水平和成就。例如，《IDC 支出指南》（2018 年 3 月 22 日）预测 2018 年全球人工智能支出将达到 191 亿美元，还预测到在不久的将来，将实现两位数的投入增长。根据 Sharma（2017），中国有望成为人工智能领域的世界领导者，到 2025 年，中国的人工智能支出将达到 600 亿美元。要了解人工智能的商业价值，请参见 Greig（2018）。

在本章，我们将提供人工智能的基本要素、主要技术、决策支持以及在主要业务功能领域中的应用示例。

# 2.1　开篇小插曲：INRIX 解决了交通问题

### 问题

在许多大城市，交通堵塞是一个日益严重的问题。人们每天可能要在路上花上几个小时。此外，空气污染正在加剧，更多的事故正在发生。

### 解决方案

INRIX 公司（inrix.com）使司机能够获得实时交通信息。他们可以下载适用于 iOS 和 Android 的 INRIX-XD 交通软件。所提供的信息是通过对从消费者和环境获得的大量数据（如道路建设、事故）进行预测性分析而产生的。信息来源包括：

❑ 由直升机、无人机等收集的交通数据，包括实时交通流量和事故信息。

❑ 参与的快递公司和超过 1 亿名拥有支持 GPS 的智能手机的匿名志愿司机提供的实时信息。

❑ 交通堵塞报告提供的信息（例如道路维修导致的延迟）。

INRIX 使用专有的分析工具和公式（其中一些是基于人工智能的处理收集到的信息）。处理后的信息用于生成交通流量预测。例如，它为许多地点创建了一幅未来 15 到 20 分钟、几个小时和几天的预期交通流量与延迟的图片。这些预测使司机能够规划最佳路线。截至 2018 年，INRIX 已经在 45 个国家和许多主要城市提供了全球覆盖，该公司分析了 100 多个来源的交通信息。这项服务与数字地图相结合。例如，在西雅图，交通信息通过智能手机和高速公路沿线广告牌上的颜色代码传播。智能手机还会显示道路畅通或拥堵的估计时间。截至 2018 年，该公司已经覆盖了全球超过 500 万英里<sup>⊖</sup>的高速公路，根据要求实时提供最佳推荐路线。

INRIX 系统为决策提供信息（或建议），例如：

❑ 送货车辆和其他旅客可选择的路线。

❑ 从一个特定的地点去上班或去其他地方的最佳时间。

❑ 为避免遇到刚刚发生的交通堵塞而改变路线的信息。

❑ 由于交通状况和时段而在公路上支付的费用。

用于收集数据的技术有：

---

❑ 监控交通状况的闭路电视摄像头和雷达。

❑ 公共安全报告和交通信息。

❑ 高速公路入口和出口的流量信息。

❑ 测量收费队列的技术。

❑ 埋在路面下的磁感应探测器（昂贵）。

❑ 为 INRIX 收集数据的智能手机和其他数据收集设备。

信息处理采用多种人工智能技术，如专家系统，参见第 12 章和不同的分析模型（如仿真）。

一些信息来源通过物联网与公司相连（第 13 章）。根据 INRIX 的网站所述，该公司与 Clear Channel Radio 合作，通过 Ln Carr 或便携式导航系统、广播媒体、无线和基于互联网的服务，向车辆直接广播实时交通数据。Clear Channel 的总交通网络覆盖四个国家超过 125 个大城市（inrix.com/press-releases/2654/）。2018 年，超过 2.75 亿台汽车和数据收集设备安装了该系统。该系统从这些设备收集实时交通信息。

### 结果

处理后的信息除了供司机使用外，还可以由组织和城市规划者共享，以便做出规划决策。此外，在参与调查的城市中，交通拥堵的情况也有所减少，这就减少了污染以及交通事故，人们在上下班路上花的时间也更少，从而提高了工作效率。

INRIX Traffic App（可从 inrix.com/mobile-apps 下载）适用于所有智能手机，支持 10 种语言，包括英语、法语和西班牙语。有关免费 INRIX 流量特性，请参见 inrixtraffic.com/features。有关有趣的案例研究，请参见 inrix.com/case-studies。

截至 2016 年，INRIX 已经发布了一款改进的交通应用，该应用同时使用了人工智能和众包（第 11 章）来支持司机选择最佳路线（Korosec，2016）。人工智能技术通过分析司机的历史活动来推断他们未来的活动。

注：流行的智能手机应用（如 Waze 和 Moovit）提供类似于 INRIX 的导航和数据收集功能。

资料来源：inrix.com、Gitlin（2016）、Korosec（2016）和 inrix.com/mobile-apps（均于 2018 年 6 月访问）。

### ➤ 复习题

1. 解释为什么在交通拥堵加剧的情况下，交通流量可能会下降（参见 inrix.com/uk-highways-agency/ 中的伦敦案例）。

2. 这个案例与决策支持有什么关系？

3. 识别系统中的人工智能元素。

4. 在 inrix.com/press-releases 上查看公司最近四个月发布的新闻稿，找出与人工智能相关的进展。写一份报告。

5. 根据 Gitlin（2016），INRIX 的新移动交通应用对 Waze 是一个威胁。解释为什么。

6. 访问 sitezeus.com/data/inrix，描述 INRIX 和 Zeus 之间的关系。观看 sitezeus.com/data/inrix 中的视频。为什么视频中的系统叫作决策助手（decision helper）？

**我们可以从这个小插曲中学到什么**

INRIX 的案例向我们展示了如何收集和分析大量的信息（大数据）来提高大城市中车辆的流动性。具体来说，通过从司机和其他来源而不仅仅是昂贵的传感器收集信息，INRIX 已经能够优化移动性。这是通过支持司机的决策和分析交通流量实现的。INRIX 还使用物联网的应用程序将车辆和设备与其计算系统连接起来。该应用程序是智能城市的构建模块之一（参见第 13 章）。收集到的数据通过强大的算法进行分析，其中一些算法是人工智能的应用。

## 2.2　人工智能概论

我们都希望看到计算机化决策更简单、更容易使用、更直观、更安全。事实上，随着时间的推移，人们已经在努力简化和自动化决策过程中的一些任务。想想有一天，冰箱将能够测量和评估其中的物品，并订购需要补充的食材。这样的一天会在不远的将来成为现实，任务将由人工智能来支持。

*CIO Insight* 预测，到 2035 年，智能计算机技术将带来 5 万亿~8.3 万亿美元的经济价值。被列为智能技术的物联网、先进机器人和自动驾驶汽车都会在本书中得到介绍。领先的技术咨询公司 Gartner 在其 2016 年和 2017 年的新兴技术炒作周期中列出了以下内容：专家顾问、自然语言问答、商用无人机、智能工作空间、物联网平台、智能数据发现、通用机器智能和虚拟个人助理。本书描述或引用了大部分内容（参见文献（Greengard，2016））。关于人工智能的历史，参见 Zarkadakis（2016）的著作和 en.wikipedia.org/wiki/History_of_artificial_intelligence。

### 2.2.1　定义

**人工智能**有几种定义（概述参见文献（Marr，2018））。然而，许多专家认为，人工智能涉及两个基本概念：研究人类思维过程（理解智能是什么）；这些思维过程在机器（如计算机、机器人）中的再现和复制。也就是说，这些机器应该有类似人类的思维过程。

人工智能的一个广为人知的定义是"机器模仿人类智能行为的能力"（根据《韦氏词典》）。人工智能的理论背景是基于逻辑的，这也被应用于一些计算机科学的创新中。因此，人工智能被认为是计算机科学的一个分支。有关人工智能和逻辑之间的关系，请参见 plato.stanford.edu/entries/logic-ai。

人工智能的一个著名的早期应用是由 IBM 超级计算机（深蓝）托管的国际象棋程序。这套系统击败了著名的世界冠军、特级大师加里·卡斯帕罗夫（Garry Kasparov）。

人工智能是许多具有相似能力和特征的技术的总称。关于包含 50 种独特的人工智能技术的列表，见 Steffi（2017）。有关 33 种人工智能的内容，请参见 simplicable.com/new/types-of-artificial-intelligence。

## 2.2.2 人工智能机器的主要特点

使计算机"更智能"是一个日益增长的趋势。Web 3.0 可以使计算机化的系统比 Web 2.0 系统显示出更多的智能。一些应用程序基于多种人工智能技术。例如，机器语言翻译领域正在帮助说不同语言的人进行合作，并帮助他们购买用他们不会说的语言做广告的在线产品。同样，机器翻译可以帮助只懂自己语言的人与说其他语言的人进行交流，并实时地共同做出决定。

## 2.2.3 人工智能的主要元素

正如第 1 章所述，人工智能的前景是巨大的，包括数百个或更多的组件。我们在图 2.1 中说明了基础和主要技术。请注意，我们将它们分为两组：基础以及技术和应用。主要的技术将在后面定义，并在本书中进行描述。

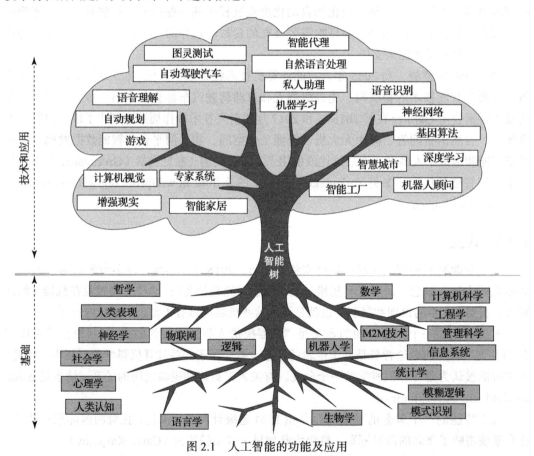

图 2.1 人工智能的功能及应用

## 2.2.4 人工智能应用

人工智能技术被用于创建大量的应用。在 2.6 节～2.10 节，我们将提供主要业务功能领域的应用实例。

**示例**

智慧或智能应用程序包括那些可以帮助机器用自然语言回答客户问题的应用程序。另一个领域是基于知识的系统，它可以提供建议，帮助人们做决定，甚至自己做决定。例如，这样的系统可以批准或拒绝购买者在线购买的请求（如果购买者没有预先批准或者没有开放的信用额度）。其他的例子包括在线购物订单的自动生成和在线订单的安排。谷歌和 Facebook 都在试验一些项目，试图教会机器如何学习和支持决策，甚至是自主决策。有关企业中的智能应用的内容，参见 Dodge（2016）、Finlay（2017）、McPherson（2017）、Reinharz（2017）。有关人工智能解决方案如何促进政府服务的内容，请参见 BrandStudio（2017）。

基于人工智能的系统对创新也很重要，并且与分析和大数据处理领域相关。这方面最先进的项目之一是 IBM Watson Analytics（参见第 6 章）。关于人工智能的全面报道，包括定义及其历史、前沿和未来，参见 Kaplan（2016）。

注：2016 年 1 月，Facebook 首席执行官马克·扎克伯格（Mark Zuckerberg）公开宣布，他 2016 年的目标是建立一个基于人工智能的助理，帮助他处理个人和商业活动及决策。当时，扎克伯格正在教一台机器理解他的声音、执行他的基本指令，以及识别他的朋友和商业伙伴的面孔。如今，数以百万计的人都在使用个人助理（参见第 12 章）。

**示例：Pitney Bowes 通过人工智能变得越来越聪明**

必能宝公司（Pitney Bowes Inc.）是一家位于美国的全球业务解决方案提供商，主要面向产品发货、位置智能、客户参与度和客户信息管理等领域。该公司每年在互联无边界的商业世界中推动数十亿次物理和数字交易。

如今，在 Pitney Bowes，运费是根据每个包裹的尺寸、重量和包装自动确定的。费用计算将创建用于输入人工智能算法的数据。处理的数据越多，计算就越准确（机器学习的特性）。该公司估计，其算法可将计算结果准确率提高 25%。这为该公司提供了准确的定价基础、更好的客户满意度和更高的竞争优势。

## 2.2.5　人工智能的主要目标

人工智能的总体目标是创建能够执行人们当前完成的各种任务的智能机器。理想情况下，人工智能机器应该能够推理、抽象思考、计划、解决问题和学习。

一些特定的目标是：

❑ 了解影响特定业务流程和运营的环境变化并做出适当的反应。
❑ 在业务流程和决策中引入创造力。

## 2.2.6　人工智能的驱动力

下列因素推动了人工智能的使用：

❑ 人们对智能机器和人工大脑的兴趣。

❑ 人工智能应用程序的低成本与体力劳动的高成本（做同样的工作），见图 2.2。

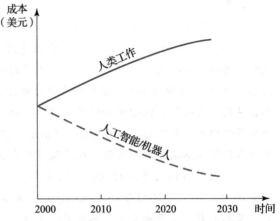

❑ 大型科技公司希望获得人工智能市场的竞争优势和市场份额的愿望，以及向人工智能投资数十亿美元的意愿。

❑ 提高生产效率和速度的管理压力。

❑ 高质量数据的可用性为人工智能的发展做出了贡献。

❑ 总体上计算机功能的增强和成本的降低。

图 2.2　人类工作成本与人工智能工作成本

❑ 新技术，尤其是云计算的开发。

## 2.2.7　人工智能的好处

人工智能的主要优点如下：

❑ 人工智能具有以比人类快得多的速度完成某些任务的能力。

❑ 人工智能完成的工作的一致性可以比人类更好。人工智能机器不会犯错误。

❑ 人工智能系统允许持续改进项目。

❑ 人工智能通过模式识别功能可用于预测性分析。

❑ 人工智能可以管理业务流程中的延迟和阻塞。

❑ 人工智能机器不会停止去休息或入睡。

❑ 人工智能机器可以自主工作，也可以作为人类的助手。

❑ 人工智能机器的功能不断增加。

❑ 人工智能机器可以学习并改善自己的性能。

❑ 人工智能机器可以在对人有危险的环境中工作。

❑ 人工智能机器可以促进人的创新（即支持研发（R&D））。

❑ 没有情感障碍会干扰人工智能的工作。

❑ 人工智能在欺诈检测和安全便利性方面表现出色。

❑ 人工智能可以改善工业运作。

❑ 人工智能可以优化知识工作。

❑ 人工智能可以提高速度并实现扩展。

❑ 人工智能有助于业务运营的集成和整合。

❑ 人工智能应用程序可以降低风险。

- ❏ 人工智能可以让员工腾出更多时间从事更复杂和生产力更高的工作。
- ❏ 人工智能改善了客户服务。
- ❏ 人工智能可以解决以前未得到解决的难题（Kharpal，2017）。
- ❏ 人工智能增强了协作并加快了学习速度。

Agrawal（2018）指出这些好处促进了竞争优势。

注：并非所有的人工智能系统都能提供所有这些好处。特定系统可能仅提供其中一些好处。

降低成本和提高生产力的能力可能会导致利润大幅增加（Violino，2017）。除了使公司受益之外，人工智能还可以极大地促进国家的经济增长，正如新加坡那样。

**人工智能优点示例**　以下是人工智能在各种应用领域中的典型优点：

1. 国际掉期与衍生工具协会（ISDA）使用人工智能技术消除了合同程序中的烦琐活动。例如，通过使用与人工智能集成的光学字符识别（OCR），ISDA 将合同数字化，然后进行定义、提取和存档。

2. 人工智能正在通过进行更有效、更公平的候选人甄选，使候选人与工作更好地匹配，以及帮助保护组织未来的人才流水线来革新企业招聘。详细信息参见 SMBWorld Asia Editors（2017）的文章和 2.8 节。

3. 人工智能正在重新定义管理。根据 Kolbjørnsrud 等人（2016）的说法，以下五个实践是使用人工智能的结果：

- ❏ 它可以执行日常管理任务。
- ❏ 经理可以专注于工作的判断部分。
- ❏ 智能机器被视为同事（即经理信任人工智能系统生成的建议）。此外，还有人机协作（参见第 11 章）。
- ❏ 经理专注于人工智能机器可以支持的创新能力。
- ❏ 经理正在发展社交技能，这是更好的协作、领导和教练所必需的。

4. 埃森哲公司开发了使用自然语言处理（NLP）和图像识别的人工智能驱动解决方案，以帮助改善印度的盲人体验周围世界的方式。这使他们能够过上更好的生活，有工作的人可以更好、更快地工作，并从事更具挑战性的工作。

5. 福特汽车信贷（Ford Motor Credit）使用机器学习技术发现被忽视的借款人。此外，它使用机器学习技术帮助承销商更好地了解贷款申请人。该计划有助于提高承保人和被忽视的申请人的生产力。最后，该系统可以预测潜在借款人的信誉，从而将公司的损失降至最低。

6. Alastair Cole 使用通过 IBM Watson 从多个来源收集的数据预测客户对公司的期望。生成的数据被用于支持更有效的业务决策。

7. 公司正在围绕人工智能建立业务。有许多初创公司或现有公司试图创建新业务的例子。

客户体验和享受是已经获得巨大收益的两个领域。CMO Innovation Editors（2017）的一项全球调查显示，91% 的最佳公司部署了人工智能解决方案来支持客户体验。

## 2.2.8 人工智能机器的局限

以下是人工智能机器的主要局限：

- ❑ 缺乏人情味和感觉。
- ❑ 缺乏对非任务环境的关注。
- ❑ 可能导致人们过度依赖人工智能机器（例如，人们可能会停止自己思考）。
- ❑ 可以被编程以造成破坏（请参阅第 14 章的讨论）。
- ❑ 可能导致许多人失业（请参阅第 14 章）。
- ❑ 可以开始独立思考，造成重大损失（请参阅第 14 章）。

随着时间的流逝，某些局限正在逐渐消失，但是依然存在风险。因此，有必要适当地管理人工智能的发展，并尽量降低风险。

**人工智能可以做什么和不能做什么** 前面确定的局限限制了商业人工智能的能力。例如，它可能成本太高而无法在商业上使用。Ng（2016）对人工智能到 2016 年为止的能力进行了评估。这一点很重要，原因有两个：高管需要知道人工智能在经济上可以做什么以及公司如何利用人工智能来使其业务受益；高管需要知道人工智能在经济上无法做到的事情。

人工智能正在改变 Web 搜索、零售和银行服务、物流、在线商务、娱乐等领域。数以亿计的人通过智能手机或其他方式使用人工智能。但是，根据 Ng（2016）的研究，这些领域的应用程序基于简单输入如何被转换为简单输出作为响应。例如，对于自动贷款批准，输入是申请人的个人资料，输出是批准或拒绝。

这些领域的应用程序通常是完全自动化的。自动化任务通常是重复的，并且经过人工的短期训练得到。人工智能机器依赖于可能难以获取（例如，属于其他人）或不准确的数据。另一个障碍是对人工智能专家的需求，因为很难找到他们或需要花费高昂的价格去雇用。对于其他障碍，请参阅第 14 章。

## 2.2.9 人工大脑

**人工大脑**是人为制造的机器，人们希望它像人类一样智能、具有创造力和自我意识。迄今为止，还没有人能够创造这样的机器，参见 artificialbrains.com。该领域的领导者之一是 IBM。IBM 和美国空军已经建立了相当于 6400 万个人工神经元的系统，旨在到 2020 年达到 100 亿个神经元。请注意，人脑包含大约 1000 亿个神经元。该系统试图模仿生物大脑并提高能源效率。IBM 的项目称为 TrueNorth 或 BlueBrain，它从人的大脑中学习。许多人认为，使人工智能机器像人一样具有创造力将是一个漫长的过程（Dormehl，2017）。

> ➥ **复习题**
>
> 1. 定义人工智能。
> 2. 人工智能的主要目的和目标是什么？

3. 列出人工智能的一些特征。

4. 列出人工智能的一些驱动力。

5. 列出人工智能应用的一些好处。

6. 列出人工智能的一些限制。

7. 描述人工大脑。

8. 列出人工智能的三种类型并描述增强智能。

# 2.3  人类智能与计算机智能

人工智能的使用由于其能力的增强而迅速增长。要了解人工智能，我们首先需要探索智能的含义。

## 2.3.1  什么是智能

智能可以被认为是一个笼统的术语，通常通过智商测试来衡量。但是，有人认为有几种类型的智能。例如，哈佛大学的 Howard Gardner 博士提出了以下几种类型的智能：

- ❏ 语言和言语
- ❏ 逻辑
- ❏ 空间
- ❏ 身体 / 运动
- ❏ 音乐性
- ❏ 人际交往
- ❏ 内心
- ❏ 自然主义的

**因此，智能不是一个简单的概念。**

**智能的内容**  智能由推理、学习、逻辑、解决问题的能力、感知力和语言能力组成。

显然，智能的概念并不简单。

**智能的能力**  要了解什么是人工智能，首先调查那些被认为是人类智能标志的能力是很有用的：

- ❏ 从经验中学习或理解。
- ❏ 从模棱两可、不完整甚至矛盾的消息和信息中理解。
- ❏ 快速、成功地应对新情况（即使用最正确的回应）。
- ❏ 理性地理解和推断、解决问题并有效地指导行为。
- ❏ 运用知识来操纵环境和状况。
- ❏ 认识和判断某种状况下不同因素的相对重要性。

人工智能试图提供其中的一些功能，但希望是全部，但总的来说，它仍然无法匹配人类的智能。

## 2.3.2　人工智能的智能程度如何

在玩国际象棋（击败世界冠军）*Jeopardy*！（击败最优秀的玩家）和围棋（使用 Google DeepMind 的计算机击败了顶级玩家）等复杂游戏方面，人工智能机器已显示出优于人类的优势（参见文献（Hughes，2016））。尽管有这些引人注目的例子（其成本非常高），但许多人工智能应用程序仍然显示出比人类明显更弱的智能。

**将人类智能与人工智能进行比较**　研究者已多次尝试将人类智能与人工智能进行比较。这样做是困难的，因为其包含多维的情况。表 2.1 给出了一种比较。

表 2.1　人工智能与人类智能

| 领域 | 人工智能 | 人类 |
| --- | --- | --- |
| 执行 | 非常快 | 慢 |
| 情感 | 不确定 | 积极或消极 |
| 计算速度 | 非常快 | 慢，可能有困难 |
| 想象力 | 仅限编程目的 | 能拓展已有知识 |
| 问答 | 仅限编程内容 | 可创新 |
| 灵活度 | 呆板 | 非常灵活 |
| 基础 | 二进制代码 | 五种感觉 |
| 一致性 | 高 | 可变但可能较低 |
| 处理 | 和建模的一样 | 感知 |
| 组成 | 数字 | 信号 |
| 记忆 | 内置或通过云端获得 | 使用潜在记忆或是模式记忆 |
| 大脑 | 独立 | 与身体连接 |
| 创造力 | 未启发 | 富有创造力 |
| 持久性 | 持久，但不能更新时会过时 | 易过时但可更新 |
| 复制、文档编制、传播 | 容易 | 困难 |
| 成本 | 通常低且不断下降 | 可能高并持续增长 |
| 稳定性 | 稳定 | 有时不稳定 |
| 推理过程 | 清晰、可视 | 有时难以追踪 |
| 知觉 | 通过规则和数据 | 通过模式 |
| 处理缺失值 | 通常不可以 | 经常可以 |

有关其他比较以及两者在哪些方面具有优势，请访问 www.dennisgorelik.com/ai/ComputerintelligenceVsHumanIntelligence.htm。

## 2.3.3　度量人工智能

图灵测试是度量人工智能机器智能水平的著名尝试。

**图灵测试：机器智能的经典度量方法**　Alan Turing 设计了**图灵测试**，以确定计算机是否表现出智能行为。根据此测试，只有当提问者无法辨别回答问题的是人还是计算机时，才认为计算机是智能的（见图 2.3）。请注意，此测试仅限于问答（Q&A）模式。

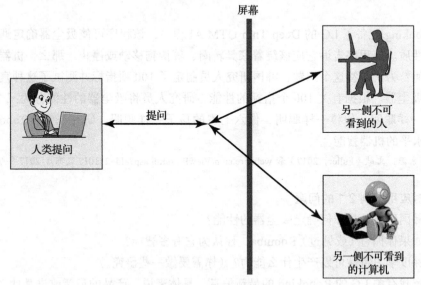

图 2.3　图灵测试的图形表示

要通过图灵测试，计算机需要能够理解人类语言（NLP），具有人类智能（例如，具有知识库），使用其存储的知识进行推理并能够从其经验中学习（机器学习）。

注：100 000 美元的 Leobner 奖金正在等待开发真正智能（即能通过图灵测试）的软件的人。

**其他测试**　多年来，还有其他一些有关如何度量机器智能水平的建议。例如，已有多种图灵测试的改进形式。美国的一些大学（例如，伊利诺伊大学、麻省理工学院、斯坦福大学）正在研究人工智能的智商。此外，还有其他几种度量测试。接下来我们研究应用案例 2.1 中的一项测试。

**应用案例 2.1　吸尘器的智能水平如何**

吸尘器也可以很智能。你可能用过 iRobot 的 Roomba。这种真空吸尘器可以独立清洁地板，并且具有一定的智能水平。

但是，在智能家居（第 13 章）中，我们希望看到更智能的吸尘器。其中之一是韩国 LG 的 Roboking Turbo Plus。韩国首尔国立大学机器人与智能系统实验室的研究人员对 Roboking 进行了研究，并验证了其深度学习算法使它像六七岁的孩子一样聪明。如果我们有自动驾驶汽车，那么为什么我们不能拥有比汽车简单得多的自动驾驶真空吸尘器？吸尘器只需要在整个房间中移动。为此，机器需要"看到"自己在房间中的位置并识别前面的障碍物。然后，吸尘器的知识库需要找到最合适的事情去做（根据过去的有效行为）。基本上，这就是许多人工智能机器的传感器、知识库和规则所要做的。此外，人工智能机器需要借鉴其过去的经验（例如，根据过去的无效行为决定不能做什么）。

Roboking 配备了 LG 的 Deep Thin QTM AI 程序，该程序可使吸尘器确定遇到的障碍物的性质。该程序告诉它应该绕着家具转圈、等待狗移动或停止。那么，机器的智能水平如何？为了回答这个问题，韩国研究人员制定了 100 项指标并测试了这种宣称"自主"的吸尘器。根据有关 100 个指标的性能，研究人员将吸尘器的性能分为三个级别：像海豚一样聪明、像猿一样聪明、像六七岁的孩子一样聪明。研究证实，Roboking 具有较高水平的机器智能。

资料来源：文献（Fuller，2017）和 webwire.com/ViewPressRel.asp?aId=211017 发布于 2017 年 7 月 18 日的新闻。

**针对应用案例 2.1 的问题**

1. 韩国研究人员如何确定吸尘器的性能？
2. 如果你拥有（或见过）Roomba，你认为它有多智能？
3. 深度学习特性可以产生什么能力？（你需要做一些研究。）
4. 查找有关 LG 的 Roboking 的最新信息。具体来说，产品的最新改进是什么？

总之，很难度量人类以及机器的智能水平。这取决于环境和所使用的指标。不管机器的智能程度如何，人工智能都有许多优点，如前所述。

重要的是要注意，人工智能的能力随着时间而增长。例如，斯坦福大学（Pham，2018）的一项试验发现，微软和阿里巴巴公司的人工智能程序在阅读理解测试中的得分高于数百个人（当然，这些都是非常昂贵的人工智能程序）。有关人工智能与人类智能的讨论，请参阅 Carney（2018）的文章。

**▶ 复习题**

1. 什么是智能？
2. 人类智能的主要能力是什么？哪些优于人工智能机器？
3. 人工智能的智能水平如何？
4. 我们如何度量人工智能的智能水平？
5. 什么是图灵测试？其局限性是什么？
6. 如何度量吸尘器的智能水平？

# 2.4 主要人工智能技术和衍生产品

人工智能领域非常广泛——我们可以在从医学到体育的数百个学科中找到人工智能技

术和应用。Press（2017）列出了与本书涵盖的内容类似的十大人工智能技术。Press 还提供了技术生命周期（生态系统阶段）的状态。本节我们将介绍一些与商务相关的主要人工智能技术及其衍生产品，如图 2.4 所示。

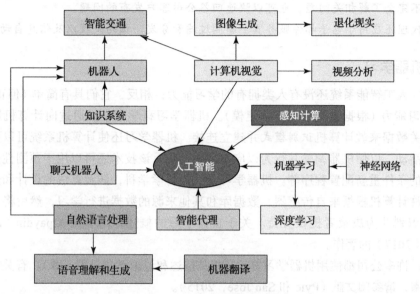

图 2.4　主要人工智能技术

## 2.4.1　智能代理

**智能代理**（IA）是一个自主的、相对较小的计算机软件程序，通过自主运行特定任务来观察环境并根据环境变化采取行动。智能代理指导智能体的活动以实现与周围环境变化相关的特定目标。智能代理可能具有通过使用和扩展嵌入其中的知识来学习的能力。智能代理是有效的工具，可克服 Internet 信息过载的最关键负担，并使计算机成为更可行的决策支持工具。20 世纪 90 年代中期，学术界开始对在商业和电子商务领域使用智能代理产生兴趣。但是，仅从 2014 年开始，当智能代理的能力显著增强时，我们才开始在商业、经济、政府和服务等许多领域看到强大的应用程序。

最初，智能代理主要用于支持例行活动，例如搜索产品、获取推荐、确定产品定价、规划营销、提高计算机安全性、管理拍卖、促进付款和改善库存管理。但是，这些应用程序非常简单，使用的智能水平较低。它们的主要好处是提高速度、降低成本、减少错误和改善客户服务。我们将在本章中看到，当今的应用程序更加复杂。

**示例 1：病毒检测程序**

智能软件代理的一个简单示例是病毒检测程序。它被安装在计算机中，扫描所有传入数据，并在学习检测新病毒类型和检测方法的同时自动删除找到的病毒。

## 示例 2

全州商业保险公司正在利用智能代理减少呼叫中心的流量，并在与企业客户进行报价的过程中为人身保险代理提供帮助。在这些情况下，费率报价可能相当复杂。使用该系统，即使代理不完全了解相关问题，也可以快速回答公司客户发布的问题。

智能代理还应用于电子邮件服务器、新闻过滤和分发、预约处理以及信息自动收集。

### 2.4.2 机器学习

目前，人工智能系统还没有人类拥有的学习能力；相反，它们具有简单（但正在改进）的**机器学习**能力（根据人类学习方法建模）。机器学习科学家尝试通过向计算机展示大量示例和相关数据来教计算机识别模式并建立连接。机器学习还使计算机系统可以监视和感知其环境活动，以便机器调整其行为以应对环境变化。该技术还可以用于预测性能，根据不断变化的条件重新配置程序等。机器学习是一门科学学科，涉及算法的设计和开发，这些算法允许计算机根据来自传感器、数据库和其他来源的数据进行学习，然后将其用于预测、模式识别并为决策者提供支持。关于机器学习的概述，请参见 Alpaydin（2016）和Theobald（2017）的著作。

如今，许多公司都使用机器学习算法（相关描述和讨论请参见第 5 章）。有关机器学习的使用指南，请参阅文献（Pyle 和 San Jose，2015）。

机器学习的过程涉及计算机程序。这种程序会在面对新情况时进行学习：收集数据并对其进行分析，然后对自己进行"训练"以得出结论。例如，向机器学习程序显示情况示例，该程序可以找到不易发现的元素。一个众所周知的例子是检测信用卡欺诈的计算机。

应用案例 2.2 说明了机器学习如何改善公司的业务流程。

---

**应用案例 2.2　机器学习如何改善业务工作**

Wellers 等人（2017）提供了以下使用机器学习的示例。他们指出："当今的领先企业正在使用基于机器学习的工具自动化决策流程……"

1. 提高客户忠诚度和保留率。公司通过挖掘客户的活动、交易、社交互动和情感信息预测客户的忠诚度和保留率。例如，公司可以使用机器学习预测人们换工作的愿望，然后雇主可以提供有吸引力的报价来保留现有员工或吸引在其他地方工作的潜在员工跳槽。

2. 雇用合适的人。基于平均 250 名应聘者在某些公司的出色工作，基于人工智能的程序可以分析应聘者的简历，并找到未提交应聘申请但将有在线简历的合格候选人。

3. 财务自动化。需要特别注意缺少某些数据（例如订单号）的不完整金融交易。机器学习系统可以快速、低成本地学习如何检测和纠正这种情况。人工智能程序可以自动采取必要的纠正措施。

4. 检测欺诈。机器学习算法使用模式识别实时检测欺诈行为。该程序寻找异常，然后就检测到的活动类型进行推断以寻找欺诈行为。金融机构是该程序的主要用户。

5. 提供预测性维护。机器学习可以在设备出现故障之前发现其运行中的异常。因此，可以在设备出现异常时立即采取纠正措施，从而避免设备故障的高昂维修费用。另外，可以进行最佳的预防性维护（参见 1.1 节）。

6. 提供零售货架分析。将机器学习与机器视觉相结合，可以分析实体商店中的货架展示，以检查商品是否在货架上的正确位置、货架是否有正常的库存以及产品标签（包括价格）是否正确显示。

7. 做出其他预测。机器学习已被用于做出从医学到投资领域的许多类型的预测。Google Flights 就是一个例子，它可以预测航空公司尚未标记的延误。

资料来源：文献（Wellers 等，2017）和（Theobald，2017）。

**针对应用案例 2.2 的问题**

1. 讨论将机器学习与其他人工智能技术相结合的好处。

2. 机器学习如何改善营销？

3. 讨论改善人力资源管理的机会。

4. 讨论机器学习对客户服务的好处。

根据 Taylor（2016）的说法，"增强的计算能力，加上其他改进（包括用于图像处理的更好的算法和深度神经网络），以及 SAP HANA 等超快内存数据库，是机器学习成为当今企业软件开发最热门的领域之一的原因。机器学习应用也由于大数据源（尤其是物联网提供的数据源）的可用性而不断扩展（第 13 章）。机器学习基本上是从数据中学习。

目前有几种机器学习方法，包括神经网络和基于案例的推理等。主要内容将在第 5 章中介绍。

**深度学习**　机器学习的一个子集或改进被称为**深度学习**（将在第 6 章讨论），这项技术试图模仿人脑的工作方式。深度学习使用人工神经技术，在处理常规机器学习和其他人工智能技术无法处理的复杂应用程序中发挥重要作用。深度学习支持的系统不仅能思考还能持续学习，并基于流入的新数据实现自我指导。深度学习可以使用其强大的学习算法解决以前无法解决的问题。

例如，深度学习是自动驾驶汽车中的关键技术，可以帮助解释道路标志和道路障碍物。深度学习在智能手机、机器人技术、平板电脑、智能家居和智能城市中也发挥着至关重要的作用（第 13 章）。有关这些应用和其他应用的讨论，请参见 Mittal（2017）的文章。深度学习在机器视觉、场景识别、机器人技术以及语音处理领域的实时交互式应用程序中最为有用。关键是持续学习。只要有新数据到达，学习就会发生。

**示例**

嘉吉公司（Cargill Corp.）提供常规分析，而基于深度学习的分析可帮助农民开展更多有收益的工作。例如，养殖者可以用较低的成本生产更好的虾。深度学习被广泛用于股票市场分析和预测。有关详细信息，请参见Smith（2017）的著作和第6章。

### 2.4.3 机器视觉和计算机视觉

**机器视觉**的定义不尽相同，因为不同的计算机视觉系统包含不同的硬件和软件以及其他组件。一般而言，经典的定义是，机器视觉包括"用于为机器人导航、过程控制、自动驾驶汽车和检查等应用提供基于图像的自动检查与分析的技术及方法"。机器视觉是用于优化生产和机器人流程的重要工具。机器视觉的主要组成部分是工业相机，它可以捕获、存储和存档视觉信息，然后将此信息提供给用户或计算机程序进行分析，并最终进行自动决策或支持人工决策。机器视觉可能与计算机视觉相混淆，因为有时两者被用作同义词，但是一些用户和研究人员将它们视为不同的实体。机器视觉被更多地被视为工程学的子领域，而计算机视觉属于计算机科学领域。

**计算机视觉** 根据Wikipedia，**计算机视觉**"是一个跨学科领域，涉及如何制造计算机以从数字图像或视频中获得高级理解。从工程学的角度来看，它寻求使人类视觉系统可以完成的任务自动化"。计算机视觉获取或处理、分析和解释数字图像，并产生有意义的信息以供决策。图像数据可以采用多种格式（例如照片或视频），并且可以来自多维来源（例如医疗扫描仪）。场景和物体识别是计算机视觉中的重要元素。计算机视觉领域在安全、安保、健康和娱乐等领域起着至关重要的作用。计算机视觉被认为是人工智能的技术，它使机器人和自动驾驶汽车能够"看到"（请参阅第6章中的描述）。计算机视觉和机器视觉都可以自动执行许多人工任务（例如检查）。这些任务可以处理一个图像或一系列图像。两种技术的主要优点是降低了执行任务的成本，尤其是那些使人的眼睛疲劳的重复性任务。两种技术还与图像处理相结合，可简化复杂的应用程序，例如视觉质量控制。此外，它们是相互关联的：都基于图像处理，并且共享各种贡献领域。

机器视觉的一个应用领域是**场景识别**，它是由计算机视觉执行的。场景识别可以识别和解释对象、风景与照片。

#### 应用示例

许多国家/地区存在着大量的非法采伐活动。为了合法使用木材，有必要进行现场检查，这需要专业知识。根据美国农业部的说法，"迫切需要这样的现场专业知识，因为培训和部署人员现场识别加工木材（例如，在港口、边境口岸、称重站、机场和其他商业入境点）的成本过高，并且后勤保障困难。机器视觉木材识别项目（MV）开发了用于木材识别的原型机器视觉系统。"同样，将人工智能计算机视觉与深度学习相结合，可以识别非法偷猎动物（参见USC（2018）的文章）。

此应用的另一个示例是一些安全应用程序中的**面部识别**，例如，中国警察使用智能眼镜识别（通过面部识别）潜在犯罪嫌疑人。2018年，中国警方从参加流行音乐会的60 000人中识别出了嫌疑人。该人在入口处被相机拍下，从而被认出（参见youtube.com/

watch?v=Fq1SEqNT-7c 上的视频）。2018 年，美国公民及移民服务局以同样的方式发现了使用假护照的人。

**视频分析**　将计算机视觉技术应用于视频可以识别模式（例如，检测欺诈）和事件。这是计算机视觉的衍生应用。另一个例子是，通过让计算机观看电视节目，可以训练计算机做出有关人机交互和广告成功的预测。

## 2.4.4　机器人系统

当与其他人工智能技术结合使用时，诸如用于场景识别和信号处理的感官系统定义了一类可能很复杂的集成系统，通常被称为机器人技术（第 10 章）。机器人有几种定义，并且会随着时间而变化。一个经典的定义是："**机器人**是一种机电设备，由计算机程序引导以执行手动任务和 / 或脑力劳动。"美国机器人学会正式将机器人定义为"一种通过可编程的运动来移动物料、零件、工具或专用设备的可编程多功能机械手，用于执行各种任务"。该定义忽略了当今机器人完成的许多脑力劳动。

"智能"机器人具有某种感觉设备（例如照相机），可以收集有关周围环境及其操作的信息。收集到的数据由机器人的"大脑"解释，使其能够响应环境的变化。

机器人可以是完全自主的（通过编程可以完全独立完成任务，甚至可以自行修复），也可以由人进行远程控制。一些被称为人形机器人的机器人类似于人类，但是大多数工业机器人都不属于这种类型。自主机器人配备智能代理。更加先进的智能机器人不仅具有自主性，还可以从环境中学习并构建其能力。如今，有些机器人可以通过观察人类的行为来学习完成复杂的任务，这将导致更好的人机协作。麻省理工学院的互动小组正在通过教授机器人做出复杂的决定来试验这种能力。有关详细信息，参见 Shah（2016）的文章。有关机器人革命的概述，参见 Waxer（2016）的文章。

### 示例：沃尔玛正在使用机器人正确整理货架

沃尔玛商店的效率取决于正确地整理货架。使用人工检查正在发生的事情很昂贵，而且可能不准确。截至 2017 年年底，机器人一直在支持公司的库存决策。

在沃尔玛，高 2 英尺（约 60 厘米）的机器人使用摄像头 / 传感器扫描货架，以查找放错位置、缺失或价格错误的商品。这些自动移动的机器人完成了信息收集和问题解释，会将结果发送给采取纠正措施的人员。机器人能比人类更快、更准确地执行任务。该公司于 2018 年在 50 家门店进行了试验。初步结果是积极的，并且有望提高客户满意度。机器人也不会导致员工失业。

机器人在电子商务仓库中得到了广泛使用（例如，Amazon.com 使用了数万个机器人）。它们还用于按订单生产以及大规模生产（例如汽车），也用于自动驾驶汽车。如第 12 章所述，新一代机器人被设计为可以充当顾问的角色。这些机器人可以就投资、旅行、医疗保健和法律问题等话题提供建议。机器人可以充当前台接待员，甚至可以被用作老师和培训员。

机器人可以通过收集购物信息、匹配购买者和产品以及进行价格和功能比较来帮助进行在线购物。这些被称为**购物机器人**（例如，请参阅 igi-global.com/dictionary/shopbot/26826）。机器人可以在露天市场为购物者运送货物。沃尔玛现在正在尝试使用机器人购物车（Knight，2016）。参见 businessinsider.com/personal-robots-for-shopping-and-e-commerce-2016-9?IR=T 上的视频。日本软银公司在东京开设了一家手机商店，完全由机器人组成，每个机器人都名为 Pepper，并且都是可移动的（带轮子）。最初，可以通过在 Pepper 附带的平板电脑中输入信息来完成沟通。机器人的主要问题是取代人工工作的趋势。有关此主题的讨论，请参见 14.6 节。

### 2.4.5 自然语言处理

自然语言处理（NLP）是一项使用户能够使用其母语与计算机进行交流的技术。交流方式可以是书面文本和 / 或语音。与使用由计算机专业术语、语法和命令组成的编程语言相比，该技术允许使用对话类型的界面。NLP 包含两个子领域：

❑ 自然语言理解，研究使计算机能够理解以人类语言提供的指令或查询的方法。

❑ 自然语言生成，旨在使计算机产生人类语言以便人们可以更轻松地理解计算机。有关 NLP 的详细信息和历史，请参见 en.wikipedia.org/wiki/Natural_language_processing 和第 6 章。

NLP 与语音生成的数据以及文本和其他交流形式有关。

**语音理解**  **语音理解**是计算机对口语的识别和理解。该技术的应用变得越来越流行。例如，许多公司已在其自动呼叫中心采用了该技术。有关有趣的应用程序，请访问 cs.cmu.edu/~./listen。

与 NLP 相关的是语言的机器翻译，它通过书面文本（例如，Web 内容）和语音对话来完成。

**语言的机器翻译**  机器翻译使用计算机程序将单词和句子从一种语言翻译成另一种语言。例如，babelfish.com 的 Babel Fish 翻译软件提供了超过 25 种不同的语言翻译组合。同样，Google 的翻译系统（translate.google.com）可以翻译数十种不同的语言。用户还可以使用多种语言在 Facebook 上发布状态。

**示例：搜狗的旅行翻译器**

这家中国公司于 2018 年推出了一款人工智能驱动的便携式旅行设备。该设备的目的是使中国游客能够规划旅行（以便他们可以阅读 Trip Advistor 之类的英文网站）。由人工智能驱动的便携式旅行设备使游客能够阅读菜单、路牌并与当地人进行交流。使用 NLP 和图像识别的设备已连接到搜狗搜索（搜索引擎）。与常规的汉英词典不同，该设备专门针对旅行者及其需求而设计。

### 2.4.6 知识系统、专家系统和推荐系统

第 12 章将介绍这些系统，它们是存储知识的计算机程序，其应用程序会使用这些知识

生成专家建议和/或执行问题解决方案。基于知识的专家系统还可以帮助人们验证信息并做出某些类型的自动化例行决策。

推荐系统（第 12 章）是基于知识的系统，旨在向人们进行购物推荐和其他推荐。聊天机器人是另一种知识系统（请参阅第 12 章）。

**智能系统的知识源和知识获取** 许多智能系统必须具备知识才能工作。获取这种知识的过程称为**知识获取**。这项活动可能很复杂，因为有必要确定需要什么知识。知识获取必须适合所需的系统。另外，需要确定知识的来源，以确保获取知识的可行性。需要确定获取知识的具体方法，并且如果专家是知识的来源，则必须确保他们的合作。另外，必须考虑知识表示和从收集到的知识中进行推理的方法，并且知识必须经过验证并保持一致。

有了这些信息，很容易看出知识获取的过程（见图 2.5）可能非常复杂，包括提取和构建知识。它有几种方法（例如观察、访谈、场景构建和讨论），因此可能需要经过专门培训的知识工程师才能进行知识获取和系统构建。在许多情况下，会创建具有不同技能的专家团队来获取知识。可以从数据中生成知识，然后由专家进行验证。需要在称为知识表示的活动中组织所获得的知识。

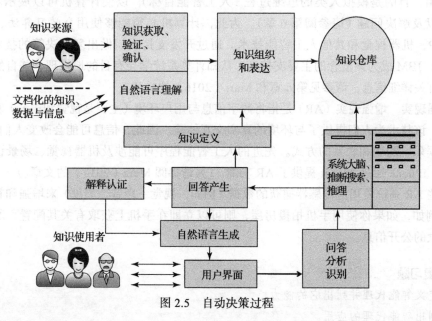

图 2.5 自动决策过程

**知识表示** 需要组织和存储获得的知识。有几种方法可以执行此操作，具体取决于知识的用途、如何进行该知识的推理、用户如何与该知识进行交互等。表示知识的简单方法是提问和匹配答案（Q&A）。

**根据知识进行推理** 也许智能系统中最重要的组件是其推理功能。此功能处理用户的请求，并向用户提供答案（例如，解决方案、建议）。各种类型的智能技术之间的主要区别在于它们使用的推理类型。

### 2.4.7 聊天机器人

机器人有不同的形状和类型。聊天机器人是近年来流行的一种类型。第 12 章将介绍一种聊天机器人，它是一种用于与人聊天的转换机器人。根据聊天（可以通过书面或语音完成）的目的，机器人可以采取检索信息的智能代理或提供建议的个人助手的形式。无论是哪种情况，聊天机器人通常都配备了 NLP，支持使用自然人类语言而不是编程的计算机语言进行对话。请注意，Google 的助手已内嵌了 6 种不同的声音。

### 2.4.8 新兴人工智能技术

几种新的人工智能技术正在涌现，以下是一些例子：

❑ 高效计算。这些技术可以检测人们的情绪状况，并建议如何处理发现的问题。
❑ 生物特征分析。这些技术可以根据与存储的生物特征相比较得到的独特生物特征来验证身份（例如，面部识别）。

**认知计算**　认知计算是指对认知科学（对人脑的研究）和计算机科学理论中衍生的知识的应用，目的是模拟人类的思维过程（人工智能目标），以便计算机可以展示和 / 或支持决策以及解决问题（请参阅第 6 章）。为此，计算机必须能够使用自学习算法、模式识别、NLP、机器视觉和其他人工智能技术。通过开发支持人们做出复杂决策的技术（例如 Watson），IBM 成为该概念的主要支持者。认知计算系统学会有目的地推理，并自然地与人互动。有关详细信息，请参见第 6 章和 Marr（2016）的文章。

**增强现实**　增强现实（AR）是指将数字信息与用户环境（主要是视觉和声音）实时集成在一起。该技术为人们提供了与环境的真实交互体验。因此，信息可能会改变人们的工作、学习、娱乐、购物和联系的方式。先进的人工智能程序可能涉及机器视觉、场景识别和手势识别。iPhone 通过 ARKit 提供了 AR 功能。（另请参阅 Metz（2017）的文章。）

这些 AR 系统使用由传感器捕获的数据（例如，视觉、声音、温度）来增强和补充现实环境。例如，如果你使用手机拍摄房屋，则可以立即在手机上获取有关其配置、所有权和应纳税额的公开信息。

#### ▶ 复习题

1. 定义智能代理并列出它的能力。
2. 列出智能代理的应用。
3. 什么是机器学习？如何在商业中使用机器学习？
4. 定义深度学习。
5. 定义机器人技术并解释其对制造和运输的重要性。
6. 什么是 NLP？它的两种主要形式是什么？
7. 描述语言的机器翻译。为什么它在商业中很重要？

8. 什么是知识系统？

9. 什么是认知计算？

10. 什么是增强现实？

## 2.5　人工智能对决策的支持

几乎自从人工智能诞生以来，研究人员就已经意识到将其用于支持决策过程和完全自动化决策的可能性。Amazon.com 首席执行官 Jeff Bezos 在 2017 年 5 月表示，人工智能正处于黄金时代，它正在解决曾经属于科幻小说领域的问题（Kharpal，2017）。Bezos 还表示，Amazon.com 实际上在数百个应用程序中使用了人工智能，而人工智能确实提供了惊人的帮助。例如，Amazon.com 一直在使用人工智能进行产品推荐，现已超过 20 年。该公司还使用人工智能进行产品定价，正如 Bezos 所说，人工智能可以解决许多难题。实际上，自开发以来，人工智能就一直与问题解决和决策制订相关。人工智能技术使人们可以做出更好的决策。实际上，人工智能可以：

❑ 解决人们无法解决的复杂问题。（注意，解决问题通常涉及决策。）

❑ 更快地做出决策。例如，亚马逊做出了数百万个定价和推荐决策，每个决策都在瞬间完成。

❑ 即使在大型数据源中，也能快速找到相关信息。

❑ 快速进行复杂的计算。

❑ 实时进行复杂的比较和评估。

简而言之，人工智能可以比人类更快、更一致地驱动某些类型的决策。有关详细信息，请观看 youtube.com/watch?v=Dr9jeRy9whQ/ 上的视频。如第 1 章所述，决策（尤其是非常规决策）的性质很复杂。在第 1 章，我们讨论了决策的几种类型和决策的管理水平，并考察了决策的典型过程。决策（其中许多用于解决问题）需要智能和专业知识。人工智能的目标是同时提供两者。因此，很明显，使用人工智能来促进决策会带来很多机会、收益和变化。例如，人工智能可以成功地支持某些类型的决策，并使其他类型的决策完全自动化。

本节我们将讨论人工智能决策支持的一些一般性问题，还将区分决策支持和全自动决策。

### 2.5.1　在决策中使用人工智能的一些决定因素

以下几个因素决定了使用人工智能的理由及其成功的机会：

❑ 决策的性质。例如，例行决策（尤其是简单的例行决策）更有可能是完全自动化的。

❑ 支持的方法、使用的技术。最初，自动决策支持是基于规则的。实际上，专家系统旨在针对定义明确的领域中的特定决策情况生成解决方案。前面提到的另一种流行技术是"推荐系统"，它在20世纪90年代随电子商务而出现。如今，人们越来越多地使用机器学习和深度学习。一种相关的技术是模式识别。如今，人们也开始关注生物识别类型。例如，研究人员正在开发一种人工智能机器，该机器将采访机场的人员，询问一两个问题，然后确定他们是否在说真话。类似的算法可用于审查难民和其他类型的移民。

❑ 成本效益和风险分析。这些因素对于大规模决策是必不可少的，但是由于难以衡量成本、风险和收益，因此使用人工智能模型计算这些值可能并不简单。例如，正如我们之前描述的，研究人员使用100个度量标准来测量吸尘器的智能水平。

❑ 使用业务规则。许多人工智能系统都基于业务规则或其他类型的规则。自动决策的质量取决于这些规则的质量。先进的人工智能系统可以学习和改善业务规则。

❑ 人工智能算法。作为自动决策和决策支持基础的人工智能算法的数量激增。决策的质量取决于算法的输入，而算法的输入可能会受到业务环境变化的影响。

❑ 速度。决策自动化还取决于做出决策的速度。有些决策无法自动执行，因为要花费太多时间才能获取所有相关的输入数据。另外，在某些情况下，手动决策可能太慢。

### 2.5.2 决策过程的人工智能支持

如今，许多人工智能支持都可以应用于决策过程的各个步骤。全自动决策在常规情况下很常见，将在下一小节进行讨论。在这里，我们遵循第1章描述的决策过程的步骤进行介绍。

**问题识别** 人工智能系统广泛用于问题识别，通常用于诊断设备故障和医疗问题、发现安全漏洞、评估财务状况等。问题识别使用了几种技术，例如，人工智能算法使用传感器收集的数据，将机器的性能水平与标准水平进行比较，而趋势分析可以指出机会或麻烦。

**生成或查找备选解决方案** 几种人工智能技术通过将问题特征与数据库中存储的最佳实践或经过验证的解决方案进行匹配来提供备选解决方案。专家系统和聊天机器人都采用这种方法。它们可以生成推荐的解决方案或提供几种选择，为此使用了基于案例的推理和神经计算等人工智能工具。

**选择解决方案** 人工智能模型被用于评估建议的解决方案，例如，通过预测解决方案的未来影响（预测性分析）评估其成功机会或预测公司对竞争对手采取的行动的回应。

**实现解决方案** 人工智能可用于支持复杂解决方案的实现。例如，它可以用来证明建议的优越性和评估对变更的抵制。

如应用案例2.3所示，将人工智能应用于一个或多个决策过程和步骤可帮助公司解决复杂的实际问题。

**应用案例 2.3** 公司如何使用 Google 的机器学习工具解决实际问题

以下示例摘自 Forrest（2017）的文章：

Google 的 Cloud Machine Learning Engine 和 Tensor Flow 提供对机器学习工具的独

特访问，而不需要数据科学家的帮助。

以下公司使用 Google 的工具解决列出的问题。

1. Axa 国际。这家全球保险公司使用机器学习预测哪些驾驶员更有可能造成重大事故，用于确定适当的保险费。该分析提供了 78% 的预测准确性。

2. Airbus Denfense & Space。数十年来，对卫星图像中云的检测都是由人工完成的。使用机器学习，该过程的速度加快了 40%，错误率从 11% 降低到了 3%。

3. 在全球范围内预防过度捕捞。一个政府机构以前仅在全球范围内监视小样本区域，以发现违规捕鱼者。现在，通过卫星 AIS 定位，该机构可以监视整个海洋。使用机器学习，该机构可以跟踪所有渔船以发现违规者。

4. 在日本检测信用卡欺诈。日本金融服务公司 SMFG 使用 Google 的机器学习（一个深度学习应用程序）监控与信用卡使用相关的欺诈行为，其检测准确率达到 80%～90%。该检测能生成警报以告知人们采取措施。

5. 日本的丘比食品公司。该公司过去使用缓慢而昂贵的手动过程检测有缺陷的马铃薯块。Google AI 工具可以自动监视视频，并提醒检查员清除有问题的土豆。

资料来源：文献（Forrest, 2017）。

**针对应用案例 2.3 的问题**

1. 为什么要使用机器学习进行预测？
2. 为什么要使用机器学习进行检测？
3. 机器学习在这五个案例中支持了哪些具体决策？

### 2.5.3　自动决策

随着人工智能技术能力的增强，其使越来越复杂的决策情况实现完全自动化的能力也不断增强。

**智能和自动决策支持**　早在 1970 年就出现了使决策自动化的尝试。这些尝试通常是使用基于规则的专家系统完成的，该专家系统为重复性管理问题提供了建议的解决方案。自动决策的示例包括：

❑ 小额贷款批准。
❑ 初步筛选求职者。
❑ 简单的补货。
❑ 产品和服务的价格（何时以及如何更改）。
❑ 产品推荐（例如 Amazon.com）。

自动决策的过程如图 2.5 所示。该过程从获取知识和创建知识仓库开始。用户向系统大脑提交问题，系统大脑生成响应并将其提交给用户。另外，系统对解决方案进行评估，以改进知识仓库以及根据知识进行的推理。复杂的情况会被发送给工作人员。此过程尤其被用于基于知识的系统。请注意，图 2.5 中用于知识获取的过程也说明了自动决策。公司的外部运营（例如销售）和内部运营（例如资源分配、库存管理）都使用自动决策。下面是一个示例。

### 示例：支持护士的诊断决定

在中国台湾一家医院进行的一项研究（Liao 等，2015）调查了使用人工智能生成护理诊断并将其与人类进行的诊断进行比较的情况。诊断需要全面的知识、临床经验和直觉。研究人员使用包括机器学习在内的几种人工智能工具进行数据挖掘和分析，以根据患者特征预测自动护理诊断正确的可能性。结果表明，人工智能诊断决策与人类诊断决策之间的一致性达到了 87%。

这项技术可以在没有人工护理人员的地方使用，也适用于想要验证自己的诊断预测准确性的护理人员。该系统还可以促进护理人员的培训。

自动决策可以采用多种形式，如技术洞察 2.1 所示。

---

**技术洞察 2.1** | **Schrage 使用人工智能进行决策的模型**

麻省理工学院斯隆管理学院的 Schrage（2017）为人工智能的自主业务决策提出了以下四种模型：

1. 自治顾问。这是一个数据驱动的管理模型，使用人工智能算法生成最佳策略和操作说明并提出具体建议。但是，只有人才能批准这些建议（例如，建议的解决方案）。

Schrage 提供了一个示例：一家美国零售公司用一台人工智能机器替换了整个销售部门，命令员工服从该机器的命令。显然，抵抗和怨恨随之而来。为了确保合规性，该公司必须安装监视和审核软件。

2. 自主外包。在这里，传统的业务流程外包模型被更改为业务流程算法。要使此活动自动化，必须创建清晰的规则和说明。这是一个复杂的场景，因为它涉及资源分配。正确的可预测性和可靠性至关重要。

3. 人机协作。假设算法可以在此模型中产生最佳决策，那么人类需要与出色但受限制的全自动机器进行协作。为了确保这种协作，有必要培训人员使用人工智能机器（请参阅第 14 章中的讨论）。Netflix、阿里巴巴和 Google 等科技巨头都使用这种模型。

4. 完成机器自治。在这种模型中，组织可以完全自动化整个流程。管理层需要完全信任人工智能模型，这一过程可能需要数年时间。Schrage 提供了一个对冲基金的例子，该对冲基金根据机器的建议进行非常频繁的交易。该公司使用机器学习来训练交易算法。

实施这四个模型需要合适的管理领导以及与数据科学家的合作。有关如何执行此操作的建议，请参考 Schrage（2017）撰写的几本相关书籍。Kiron（2017）讨论了为什么管理者应该考虑使用人工智能来提供决策支持。

有趣的是，公司之间的一些竞争实际上将在数据驱动的自主算法和相关商业模式之间发生。

**讨论**

1. 区分自主顾问和人机协作模型。
2. 讨论所有四个模型中的人机交互。
3. 为什么将模型 4 用于投资决策比营销策略更容易？
4. 为什么应用自主人工智能机器时数据科学家与高层管理人员的合作很重要？

### 2.5.4　结论

毫无疑问，人工智能可以改变企业的决策过程。有关示例，请参见 Sincavage（2017）的文章。更改的性质因情况而异。但是，总的来说，我们希望人工智能能对做出更好、更快和更有效的决策产生重大影响。请注意，在某些情况下，需要人工智能看门狗来规范流程（有关详细信息，请参见 Sample（2017）的文章）。

**▶ 复习题**

1. 区分全自动决策和受支持的决策。
2. 列出人工智能为决策支持带来的好处。
3. 哪些因素影响使用人工智能进行决策支持？
4. 将人工智能与经典决策过程中的步骤联系起来。
5. 人工智能能够使决策自动化的必要条件是什么？
6. 描述 Schrage 的四个模型

## 2.6　人工智能在会计中的应用

在本书中，我们提供了人工智能在商业、服务和政府领域的许多应用示例。从本节开始，我们将提供 AI 在传统业务领域中的其他应用，包括会计，金融服务，人力资源管理，营销、广告和客户关系管理（CRM），以及生产运营管理。

### 2.6.1　会计中的人工智能概述

针对小型企业的 SlickPie 会计软件的首席执行官 Chandi（2017）注意到了专业会计师的行为趋势：对人工智能的使用有所增加，包括在专业程序中使用机器人。Chandi 指出，实现这一目标的主要动力是节省时间和金钱，以及提高准确性和生产率。会计行业迅速采纳了这一举措，随后进行了重大改进。一个例子是合规程序的执行，例如，安永（EY）正在使用机器学习检测异常数据（例如，欺诈性发票）。

### 2.6.2　大型会计公司中的人工智能

如应用案例 2.4 所示，人工智能的主要用户包含大型税务和会计公司。

---

**应用案例 2.4**　**安永、德勤和普华永道如何使用人工智能**

大型会计公司使用人工智能替代或支持诸如税收准备、审计、战略咨询和会计服务等任务中的人类活动。它们大多使用 NLP、机器人过程自动化、文本挖掘和机器学习，但使用 Zhou（2017）描述的不同策略：

- ❏ 安永试图以小规模展示快速、积极的投资回报率（ROI）。该策略集中于业务价值。安永使用人工智能审查与租赁相关的法律文件（例如，以满足新的政府法规）。
- ❏ 普华永道（PwC）赞成小型项目，这些项目可以在四个星期内完全运转。其目的是向客户公司展示人工智能的价值。一旦向客户展示，项目将得到完善。普华永道每年演示 70～80 个此类项目。
- ❏ 德勤（Deloitte）构建案例，为客户和内部使用指导基于人工智能的项目，目的是促进创新。一个成功的领域是使用 NLP 审查可能包含成千上万个法律文件的大型合同。该公司将这种审查的时间从六个月减少到不到一个月，并且将执行审查的员工人数减少了 70% 以上。与竞争对手一样，德勤正在使用人工智能评估潜在的采购协同效应，以进行并购决策。这种评估是一项耗时的任务，因为必须检查大量数据（有时需要数百万条数据线）。结果，德勤可以在一周内完成此类评估，而之前需要四到五个月。德勤表示，借助人工智能，它能够以前所未有的方式看待数据（Ovaska-Few，2017）。

所有大型会计公司都使用人工智能协助生成报告并执行许多其他大批量例行任务。人工智能产生了高质量的工作，其准确性随着时间的推移越来越好。

资料来源：Chandi（2017）、Zhou（2017）和 Ovaska-Few（2017）的文章。

**针对应用案例 2.4 的问题**

1. 使用人工智能的任务的特征是什么？
2. 大型会计师事务所为何使用不同的实施策略？

## 2.6.3　小型企业会计应用

小型会计师事务所也使用人工智能。例如，美国芝加哥的 Crowe Horwath 正在使用人工智能解决医疗保健行业中的复杂账单问题。这有助于其客户处理索赔流程和报销。该公司现在可以解决以前无法解决的难题。在人工智能的支持下，小型企业还使用了许多其他应用程序，从房地产合同分析到风险分析。甚至更小的企业能够使用人工智能也只是时间的问题。

**人工智能在会计中的应用的综合研究**　ICAEW 信息技术（IT）教职员工提供了一项免费的综合研究"人工智能与会计的未来"。该报告（ICAEW，2017）对当今和未来人工智能在会计中的应用进行了评估。该报告阐明了人工智能在以下方面的优势：

❑ 提供更便宜、更好的数据，以支持决策制定和解决会计问题。

❑ 从数据分析中产生见解。

❑ 让会计师有时间专注于解决问题和进行决策。

该报告指出了以下技术及其用途：

❑ 机器学习，用于检测欺诈和预测欺诈活动。

❑ 机器学习和基于知识的系统，用于验证会计任务。

❑ 深度学习，用于分析非结构化数据，例如合同和电子邮件中的数据。

### 2.6.4　会计师的工作

人工智能和分析将使当今由会计师完成的许多例行任务自动化（请参阅第 14 章中的讨论），其中许多人可能会失业。另一方面，会计师将需要管理基于人工智能的会计系统。最后，会计师需要推动人工智能创新才能成功甚至生存（参见 Warawa（2017）的文章）。

> ➤ **复习题**
>
> 1. 在会计中使用人工智能的主要原因是什么？
> 2. 列出大型会计师事务所使用的一些应用程序。
> 3. 为什么大型会计师事务所会领导人工智能的使用？
> 4. ICAEW 报告中提到的使用人工智能的优势有哪些？
> 5. 人工智能会如何影响会计师的工作？

## 2.7　人工智能在金融服务中的应用

金融服务非常多样化，该领域的 AI 应用也是如此。一种组织人工智能活动的方法是按服务的主要场景进行分类。本节我们仅讨论两个场景：银行和保险。

### 2.7.1　金融服务中的人工智能活动

Singh（2017）观察到在各种类型的金融服务中可能发生以下活动：

❑ 极端的个性化设置（例如，使用聊天机器人、个人助手和机器人投资顾问）(第 12 章)。

❑ 在线和在实体分支机构改变客户行为。

❑ 促进对数字身份的信任。

❑ 革新付款方式。

❑ 分享经济活动（例如，个人贷款）。

❑ 提供全天候和全球（连接世界）金融服务。

### 2.7.2　银行业中的人工智能概述

Consultancy.uk（2017）概述了人工智能如何改变银行业。它发现人工智能主要应用于

IT、财务和会计、市场营销和销售、人力资源管理（HRM）、客户服务以及运营。2017 年一项对银行业中的人工智能进行的全面调查的报告参见文献（Tiwan，2017）。

该报告的主要发现如下：

- 银行业中的人工智能技术包括 2.7 节列出的所有技术以及其他几种分析工具（本书第 3～11 章）。
- 这些技术可帮助银行改善其前台和后台运营。
- 主要活动是使用聊天机器人改善客户服务并与客户沟通（请参阅第 12 章），一些金融机构使用机器人顾问（请参阅第 12 章）。
- 面部识别被用于创建更安全的网上银行服务。
- 高级分析可帮助客户做出投资决策。有关此帮助的示例，请参阅 Nordrum（2017）、E.V. Staff（2017）和 Agrawal（2018）的文章。
- 人工智能算法帮助银行识别和阻止欺诈活动，包括洗钱。
- 人工智能算法可以帮助评估贷款申请人的信用度。（有关人工智能在信贷审批中的应用的案例研究，参见 ai-toolkit.blogspot.com/2017/01/case-study-artificial-intelligence-in.html。）

### 2.7.3 银行业中人工智能应用的示例

以下是使用人工智能的银行机构：

- 银行正在使用人工智能机器（例如 IBM Watson）加强对员工的监视。这对于防止诸如在美国富国银行（金融服务公司）发生的非法活动非常重要。有关详细信息参见 information-management.com/articles/banks-using-algorithmsto-step-up-employee-surveillance。
- 银行使用应用程序进行税务准备。H&R Block 正在使用 IBM Watson 审查纳税申报表。该程序确保个人仅支付所欠款项。该机器通过互动对话尝试降低人们的税费。
- 实时回答大量查询。例如，Rainbird 公司（rainbird.ai/）是一家人工智能技术供应商，负责训练机器以回答客户的查询。数以百万计的客户问题使银行员工十分忙碌，而机器人可以帮助工作人员快速找到合适的答案。这在员工流失率很高的银行中尤其重要。此外，由于政策和法规的频繁更改，知识也会随着时间的推移而过时。

Rainbird 与 IBM Watson 进行了集成，后者使用人工智能的能力和认知推理来了解查询的性质并提供解决方案。程序与员工之间的对话是通过聊天机器人完成的，该聊天机器人已被部署到 Rainbird 服务的英国银行的所有分支机构。

- 在第一资本银行和其他几家银行，客户可以与亚马逊的 Alexa 交谈以支付信用卡账单并检查其账户。
- 多伦多道明银行等银行（请参见 Yurcan（2017）的文章）对 Alexa 进行了试验，后者提供了机器学习和增强现实功能来回答查询。

❑ Danamon 银行使用机器学习进行欺诈检测和反洗钱活动。它还可以改善客户体验。

❑ 在汇丰银行，客户可以与虚拟银行助理 Olivia 交谈，以查找有关其账户的信息，甚至了解安全保障。Olivia 可以从经验中学习并变得更加有用。

❑ 桑坦德银行聘请了一个虚拟助手（称为 Nina），该助手可以转账、支付账单等。Nina 还可以通过基于人工智能的语音识别系统对客户进行身份验证。RBS 的 Luvo 是一个客户服务和客户关系管理（CRM）机器人，可以回答客户的查询。

❑ 在埃森哲，Collette 是一个虚拟抵押贷款顾问，可以提供个性化建议。

❑ 一种名为 NaO 的机器人可以分析进入某些银行分支机构的客户的面部表情和行为，并确定其国籍。然后，机器选择匹配的语言（日语、中文或英语）与客户互动。

IBM Watson 可以为银行提供从打击犯罪到合规性的许多其他服务，如下所示。

**示例：Watson 如何帮助银行管理合规性并支持决策**

政府法规给银行和其他金融机构带来了负担。为了遵守法规，银行必须花费大量时间检查每天生成的大量数据。

IBM Watson（第 6 章）由 Promontory Financial Group（IBM 子公司）开发，它开发了一套用于解决合规性问题的工具，通过使用前监管者的知识并检查来自 200 多个不同来源的数据，对这套工具进行了训练。总而言之，该程序基于 60 000 多个法规引用。它包括三套与监管合规有关的认知工具：处理金融犯罪的工具，用于标记潜在的可疑交易和可能的欺诈行为；监视合规性的工具；处理海量数据的工具。Watson 担任这些业务和其他银行业务的银行财务顾问。

IBM 的工具旨在帮助金融机构证明重要决策的合理性。人工智能算法检查管理决策中的数据输入和输出。例如，当程序发现可疑活动时，它将通知相应的经理，然后经理将采取必要的措施。有关详细信息，请参见 Clozel（2017）的文章。

应用案例 2.5 说明了美国银行使用人工智能改善客户服务的情况。

**应用案例 2.5　美国银行客户认可和服务**

截至 2017 年 7 月，美国银行已经能够在客户打电话或进入其分行时自动识别现役军人和退伍军人。这不是一件容易的事。服务会员将被 Salesforce 公司基于人工智能的 CRM 服务 Einstein 识别出来（请参阅 2.9 节）。

美国银行试图做的是识别客户并了解他们的需求。Einstein 帮助该银行取得了竞争优势，所提供的知识不仅对于营销和提供有针对性的专业金融服务非常重要，而且对于在客户生日那天问候客户或感谢他们使用银行的服务也很重要。

现在，该银行可以实时获得有关代理人所需的大量客户信息。此类信息可以在线时或在实体银行为客户提供帮助。

人工智能应用程序将所有有关客户的信息告知销售代表，以便销售代表可以提供适当的服务。例如，如果客户需要保险，则人工智能将检测到这种需求，而销售代表将提供一个很好的选择。它还能向在线客户提供信息："您好，玛丽。我看到您正在检查抵押贷款付款。我有个好消息要告诉你……"

资料来源：Crosman（2017）和 Carey（2017）的文章。

**针对应用案例 2.5 的问题**

1. Einstein 对美国银行有何好处？
2. Einstein 对客户有什么好处？
3. 语音交流有什么好处？

## 2.7.4　保险服务

人工智能的进步正在改善保险业的几个领域，主要是签发保单和处理理赔方面。

Hauari（2017）表示，人工智能支持的主要目标是改善分析结果并增强客户体验。人工智能对传入的索赔进行分析，并根据其性质将其发送到适当的可用理算人员。其使用的技术是 NLP 和文本识别（第 6 章和第 7 章）。人工智能软件可以帮助进行数据收集和分析以及对旧索赔进行数据挖掘。

代理人以前花费了大量时间向提交保险索赔的人询问常规问题。根据 Beauchamp（2016）的说法，人工智能机器可以提高此过程的速度、准确性和效率。然后，人工智能可以促进承保过程。

同样，借助人工智能可以简化理赔流程。它减少了处理时间（最多减少了 90%）并提高了准确性。在多办公室配置（包括全局设置）中，可以在几秒内共享机器学习和其他人工智能程序的功能。

像其他采用人工智能的公司一样，保险公司将必须进行转型并适应变化。公司和个人代理商可以向早期采用者学习。有关如何在 MetLife 中完成此操作，请参阅文献（Blog，2017）。

**示例：Metromile 在索赔处理中使用人工智能**

Metromile 使用按里程付费模型，是车辆保险的创新者。它在美国七个州运营。在2017 年年中，它开始使用基于人工智能的程序自动化事故数据、处理事故索赔并支付客户赔偿。根据 Santana（2017）的说法，该自动化平台由一个名为 AVA 的智能索赔机器人提供支持。它处理客户转发的图像，提取相关的远程信息处理数据。该人工智能机器人可以模拟事故的重点，并根据决策规则进行验证；付款授权可确保成功进行验证。该过程需要几分钟。只有复杂的案件才会被发送给处理人员进行调查。客户很满意，因为他们可以快速获得解决方案。虽然目前 AVA 仅限于某些类型的索赔，但其适用范围将随着机器学习的学习能力和人工智能算法的进步而增大。

注：2015 年成立的 Lemonade（lemonade.com）提供了一个基于人工智能的保险平台，涉及机器人和机器学习。有关详细信息，请参见 Gagliordi（2017）的文章。

> ▶ **复习题**
>
> 1. 银行通过人工智能与客户互动的新方式是什么？
> 2. 据说，通过人工智能的支持，金融服务更加个性化。解释这一点。
> 3. 人工智能促进了银行的哪些后台活动？
> 4. 人工智能如何促进安全保障？
> 5. 聊天机器人和虚拟助手在金融服务中的作用是什么？
> 6. IBM Watson 如何帮助银行服务？
> 7. 将 Salesforce 的 Einstein 与金融服务中的 CRM 关联起来。
> 8. 人工智能如何帮助处理保险索赔？

## 2.8　人工智能在人力资源管理中的应用

与其他业务职能领域一样，人工智能技术的使用正在人力资源管理（HRM）领域迅速传播。与其他领域一样，人工智能服务可降低成本并提高生产率、一致性和执行速度。

### 2.8.1　人力资源管理中的人工智能概述

Savar（2017）指出了人工智能变革人力资源管理的以下原因，尤其是在招聘方面：减少人为偏见；提高效率、生产力和对候选人的评估见解；改善与现有员工的关系。

Wislow（2017）将人工智能的使用视为自动化的延续，该自动化支持人力资源管理并不断对其进行更改。Wislow 建议，这种自动化会改变人力资源管理员工的工作方式和参与度。这种变化也加强了团队合作。Wislow 将人工智能的影响分为以下几个方面：

**招聘（人才收购）**　人力资源管理中的烦琐任务之一（特别是在大型组织中）是招聘新员工。事实是，由于难以找到合适的员工，许多职位空缺。同时，许多有资格的人找不到合适的工作。

如应用案例 2.6 所示，人工智能改善了招聘流程。

**应用案例 2.6**　**Alexander Mann Solutions（AMS）如何使用人工智能支持招聘流程**

Alexander Mann 是一家总部位于美国芝加哥的公司，提供人工智能解决方案以支持员工招聘流程，主要目标是帮助公司解决人力资源管理的问题和挑战。其中，人工智能用于：

1. 通过机器学习帮助公司评估申请人及其简历，并决定邀请哪些申请人参加面试。
2. 帮助公司评估发布在网上的简历。人工智能软件可以使用关键字进行与员工背景相关的搜索（例如，培训、经验年限）。
3. 评估当前在公司工作的最佳员工的履历，并相应地创建所需的个人资料，以在职位空缺时使用。然后，将这些个人资料与应聘者的个人资料进行比较，然后根据其与每个职位的适合程度对排名靠前的个人资料进行排名。除了排名之外，人工智能程序还会显示与每个所需条件的符合程度。在这个阶段，招聘人员可以做出最终的选择决定。这样，选择过程更快，结果更准确。

流程的准确性解决了候选人数量的问题，确保不会错过有资格的人才，也不会选择不合适的申请人。

Alexander Mann 还在帮助其客户安装聊天机器人，该聊天机器人可以为求职者提供有关与就业公司的工作和工作条件有关的问题的答案（有关招聘聊天机器人的信息，请参阅 Dickson（2017）的文章）。

资料来源：Huang, 2017; Dickson, 2017; alexandermannsolutions.com（2018 年 6 月访问）。

**针对应用案例 2.6 的问题**

1. 人工智能支持哪些类型的决策？
2. 评论人机协作。
3. 人工智能对招聘者有什么好处？对申请人呢？
4. 招聘过程中的哪些任务是完全自动化的？
5. 这种自动化的好处是什么？

Meister（2017）也描述了使用聊天机器人促进招聘的过程。

帮助招聘者和求职者的公司（尤其是 LinkedIn）正在使用人工智能算法向招聘者和求职者提出匹配建议。Haines（2017）描述了该过程，并指出该过程的主要好处是消除了人类的无意识偏见和歧视。

**人工智能设施培训**　技术的快速发展使得有必要对员工进行培训和再培训。人工智能方法可以用来促进学习。例如，聊天机器人可以用作回答学习者查询的知识来源。在线课程在员工中很受欢迎。例如，人工智能可用于测试进度。此外，人工智能可用于个性化个人在线教学和设计小组讲座。

**人工智能支持绩效分析（评估）**　人工智能工具使人力资源管理人员能够通过将工作分解为许多小组件并衡量每个员工和团队在每个组件上的绩效来进行绩效分析。可以将绩效与目标进行比较，并将结果提供给员工和团队。通过将人工智能与分析工具结合使用，人工智能还可以跟踪变化和进度。

**人工智能在保留和吸引力检测中的使用**　为了防止员工离职，企业必须分析和预测如何使员工满意。机器学习可通过识别影响模式来检测员工离职的原因。

## 2.8.2　入职培训中的人工智能

雇用新员工后，人力资源部门需要帮助他们了解组织文化和运营流程。一些新员工需要很多关注。人工智能帮助人力资源管理准备最适合新员工的定制入职培训流程。结果表明，那些受到基于人工智能的计划的支持的员工往往在组织中待的时间更长（Wislow，2017）。

**使用聊天机器人支持人力资源管理**　在人力资源管理领域，对聊天机器人的使用正在迅速增长，主要原因是能够随时向员工提供最新信息。Dickson（2017）提到了以下聊天机器人：Mya（招聘助手）和 Job Bot（支持小时工的招聘）。该机器人还被用作 Craigslist 的插件。前面提到的另一个聊天机器人是 Olivia，参见 olivia.paradox.ai/。

## 2.8.3　将人工智能引入人力资源管理运营

在人力资源管理运营中引入人工智能类似于在其他职能领域中引入人工智能。

Meister（2017）提到了以下活动：

1. 试用各种聊天机器人。
2. 制订涉及其他职能领域的团队方法。
3. 适当地规划短期和长期技术路线图，包括与其他职能领域的共同愿景。
4. 识别新的工作角色以及在转换后的环境中对现有工作角色的修改。
5. 培训和教育人力资源管理团队以使其理解人工智能并获得有关人工智能的专业知识。

有关其他信息和讨论，请参见 Essex（2017）的文章。

> ▶ **复习题**
>
> 1. 列出招聘中的活动，并解释人工智能向每项活动提供的支持。
> 2. 人工智能给招聘者带来了哪些好处？
> 3. 人工智能对求职者有什么好处？
> 4. 人工智能如何促进培训？
> 5. 人工智能如何改善员工的绩效评估？
> 6. 公司如何利用人工智能增加保留率并减少损耗？
> 7. 描述聊天机器人在支持人力资源管理中的作用。

# 2.9　人工智能在营销、广告和客户关系管理中的应用

与其他业务领域相比，人工智能在营销和广告中的应用可能会更多。例如，基于人工智能的产品推荐已被 Amazon.com 和其他电子商务公司使用了 20 多年。由于应用数量众多，因此我们在此仅提供一些示例。

## 2.9.1　主要应用概述

Davis（2016）提供了 15 个人工智能营销实例，本书作者和 Martin（2017）给出了解释说明。另见 Pennington（2018）的文章。

1. 产品和个人推荐。从 Amazon.com 针对 Netflix 电影的书籍推荐开始，基于人工智能的技术被广泛用于个性化推荐（例如，请参阅（Martin，2017））。

2. 智能搜索引擎。Google 正在使用 RankBrain 的人工智能系统解释用户的查询。使用 NLP 有助于了解在线用户正在搜索的产品或服务，其中包括语音交流的使用。

3. 欺诈和数据泄露检测。这项应用已经涵盖了信用卡 / 借记卡的使用多年，从而保护了 Visa 和其他发卡行。类似的技术可以保护零售商（例如，Target 和 Neiman Marcus）免受黑客攻击。

4. 社会语义学。零售商可以使用基于人工智能的技术（例如，情感分析、图像和语音识别）了解客户的需求，并直接（例如，通过电子邮件）和通过社交媒体提供针对性的广告和产品推荐。

5. 网站设计。使用人工智能方法，营销人员能够设计富有吸引力的网站。

6. 生产者定价。人工智能算法可帮助零售商根据竞争、客户需求等以动态方式为产品和服务定价。例如，人工智能提供了预测性分析，以预测不同价格水平的影响。

7. 预测性客户服务。与预测定价的影响类似，人工智能可以帮助预测不同客户服务选项的影响。

8. 广告定位。与基于用户资料的产品推荐类似，营销人员可以针对单个客户量身定制广告。人工智能机器尝试将不同的广告与个人进行匹配。

9. 语音识别。随着在人机交互中使用语音的趋势逐渐增长，营销人员使用机器人提供产品信息和价格的趋势也在加速。客户更喜欢与机器人进行语音交流，而不是打字。

10. 语言翻译。人工智能可以帮助说不同语言的人们之间进行对话。此外，客户可以使用 GoogleTranslate 从国外网站购买商品。

11. 客户细分。营销人员将客户划分为多个组，然后针对每个组定制广告。虽然不如针对个人那么有效，但比大众广告更有效。人工智能可以使用数据和文本挖掘技术帮助营销人员识别特定组的特征（例如，通过挖掘历史文件）并为每个组量身定制最佳广告。

12. 销售预测。营销人员的策略和计划基于销售预测。对于某些产品，这样的预测可能非常困难。在许多情况下（例如，在客户需求评估中）可能存在不确定性。预测性分析和其他人工智能工具可以比传统统计工具提供更好的预测。

13. 图像识别。这在市场研究中可能很有用（例如，用于确定某公司产品的消费者偏好与竞争对手产品的消费者偏好）。它还可以用于检测生产和 / 或包装产品中的缺陷。

14. 内容生成。营销人员不断创建广告和产品信息。人工智能可以加快此任务的速度，并确保它是一致的并符合法规。而且，人工智能可以帮助为个人和消费者群体生成目标内容。

15. 使用机器人、助手和机器人顾问。第 12 章将描述机器人、个人助理和机器人顾问如何帮助产品和服务的消费者。而且，这些人工智能机器在促进客户体验和加强客户关系管理方面的表现也很出色。一些专家称机器人和虚拟个人助手为"营销面孔"。

en.wikipedia.org/wiki/Marketing_and_artificial_intelligence 提供了另一个列表。

## 2.9.2　实际应用中的人工智能营销助理

可以在市场营销中使用人工智能的方法很多。有关卡夫食品公司的应用案例 2.7 展示了一种方法。

**应用案例 2.7　卡夫食品公司使用人工智能进行营销和客户关系管理**

移动用户的数量和移动购物者的数量都在迅速增长。卡夫食品公司注意到了这一点。该公司正在根据这一趋势调整其广告和销售。移动客户正在寻找品牌，并与卡夫品牌互动。卡夫食品公司希望使客户能够随时随地轻松地与公司互动。为了实现此交互目标，卡夫食品公司创建了"食品助手"，也称为卡夫食品助手。

**卡夫食品助手**

卡夫食品助手是一款适用于智能手机的应用程序，可以让用户访问 700 多种食谱。用户进入虚拟商店并打开"每日食谱"后，该应用程序会告诉用户该食谱或任何食谱所需的所有食材。该助手还会在用户的智能手机上发布可用于配料的所有相关优惠券。用户只需要将智能手机带到超市、扫描优惠券即可节省开支。它还提供食谱的制作视频。该应用程序的独特之处在于它包含了一种人工智能算法，该算法可以从用户的订单中学习，并且可以推断出用户的家庭人数。人工智能对用户了解得越多，它提出的建议就越多。例如，它可以告诉用户如何处理剩余的食材，还可以提供有关食谱和烹饪的更多有用建议。它就像 Netflix 推荐系统一样。用户购买的卡夫产品（配料）越多，他们得到的建议就越多。美食助手还可以将用户引导到最近的一家拥有食谱所需食材的商店。用户可以获得有关如何在 20 分钟内准备食物以及许多与烹饪有关的主题的帮助。

人工智能正在追踪消费者的行为。信息存储在每个用户的会员卡上。该系统推断消费者的喜好并针对他们进行相关的促销。此过程称为行为模式识别，它基于人工智能技术（例如"协同过滤"）（请参阅第 12 章）。

人工智能助手还可以调整向用户发送的消息，它可以知道用户是否对其主题感兴趣。助手还知道客户是否反应积极，是否有动机去尝试新产品或购买更多以前购买的产品。实际上，卡夫人工智能美食助手试图影响甚至改变消费者的行为。像其他供应商一样，卡夫食品公司也使用人工智能助手收集的信息来制定和执行移动策略与常规商务策略。

利用收集到的信息，卡夫食品公司和类似的供应商可以扩展其在线和实体商店的移动营销计划。

注：用户可以使用 Nuance Communication 支持的语音与系统进行交互。该系统基于自然语言处理。

资料来源：Celentano，2016；nuance.com 发布的新闻；kraftrecipes.com/media/iphoneassistant.aspx/，于 2018 年 3 月访问。

**针对应用案例 2.7 的问题**

1. 确定美食助手中使用的所有人工智能技术。

2. 列出美食助手对客户的好处。

3. 列出美食助手对卡夫食品公司的好处。

4. 美食助手如何打广告？

5. "行为模式识别"扮演什么角色？

6. 将卡夫食品助手与 Amazon.com 和 Netflix 推荐系统进行比较。

### 2.9.3 客户体验和客户关系管理

如前所述，人工智能技术的主要影响是改变了客户体验。一个著名的例子是对话机器人的使用。机器人（例如 Alexa）可以提供有关产品和公司的信息，还可以提供建议和指导（例如，机器人投资顾问；请参见第 12 章）。Gangwani（2016）列出了以下改善客户体验的方法：

1. 使用 NLP 生成用户文档。此功能还改善了客户与机器之间的对话。

2. 使用视觉分类组织图像（例如，请参阅 IBM 的 Visual Recognition 和 Clarifai）

3. 通过分析客户数据提供个性化和细分的服务，包括改善购物体验和客户关系管理。

客户关系管理中著名的人工智能示例是 Salesforce 的产品 Einstein。

**示例：Salesforce 的人工智能产品 Einstein**

Salesforce 的 Einstein 是一套人工智能技术（例如用于图像识别的 Einstein Vision），可用于增强客户互动和支持销售。例如，系统将动态销售仪表板交付给销售代表。它还使用销售分析跟踪绩效并管理团队合作。人工智能产品还可以提供预测和建议。它支持 Salesforce 客户成功平台和其他 Salesforce 产品。

Einstein 的自动优先销售线索可以使销售代表在处理销售线索和潜在机会时更加高效。销售代表还可以洞悉客户的情绪、竞争对手的参与以及其他信息。

有关信息和演示，请参阅 salesforce.com/products/einstein/overview/。有关产品的功能和说明，请参见 zdnet.com/article/salesforces-einstein-ai-platform-what-you-need-to-know/。有关其他功能，请访问 salesforce.com/products/einstein/features/。

### 2.9.4 人工智能在营销中的其他用途

以下是人工智能技术在营销中的其他用途：

❑ 模仿店内销售人员的专业技能。许多实体商店缺乏现成的店员来为不愿等待很长时间的顾客提供帮助。因此，当机器人能提供店内引导时，购物将变得更容易。一家日本商店已经通过会说话的机器人在实体商店中提供了所有服务。

❑ 提供潜在客户。正如 Einstein 的案例所示，人工智能可以通过分析客户的数据来帮助产生销售线索。该程序可以生成预测。洞察力可以通过智能分析产生。

❑ 使用个性化提高客户忠诚度。例如，某些人工智能技术可以识别常规客户（例如，在银行中）。IBM Watson 可以从推文中了解人们。

❑ Salesforce.com 提供了免费的电子书 *Everything You Need to Know about AI for CRM*（salesforce.com/form/pdf/ai-for-crm.jsp）。

❑ 改善销售渠道。Narayan（2018）提供了公司如何使用人工智能和机器人做到这一点。具体来说，机器人将未知的访客转化为客户，该过程分为三个阶段：在数据库中准备目标客户的列表；将信息、广告、视频等发送给先前创建的列表中的潜在客户；向公司销售部门提供成功将潜在客户转化为买家的潜在客户列表。

### ➤ 复习题

1. 列出 Davis（2016）的 15 个应用中的 5 个。对每个应用进行评论。

2. 15 个应用中的哪些与销售有关？

3. 15 个应用中的哪些与广告有关？

4. 15 个应用中的哪些与客户服务及客户关系管理有关？

5. 人工智能的预测能力是什么？

6. Salesforce 的 Einstein 是什么？

7. 如何使用人工智能改善客户关系管理？

## 2.10　人工智能在生产运营管理中的应用

生产运营管理（POM）的领域非常多样化，如今在许多领域，它对人工智能的使用已显而易见。描述所有这些内容已超过本书的范畴。在其余章节中，我们将提供许多有关生产运营管理中人工智能应用的示例。在这里，我们仅提供有关两个相关应用领域的简短讨论：制造业和物流。

### 2.10.1　制造业中的人工智能

为了应对不断增长的人工成本、客户需求的变化、日益激烈的全球竞争以及政府法规（第 1 章），制造公司正在使用更高水平的自动化和数字化技术。根据 Bollard 等人（2017）的研究，公司需要更加敏捷，并做出更快、更有效的反应。它们还需要提高效率，并改善客户（组织和个人）的体验。公司承受着削减成本、提高质量和透明度的压力。为了实现这些目标，它们需要使流程自动化并利用人工智能和其他尖端技术。

**实现模型**

Bollard 等人（2017）为制造企业使用智能技术提出了一个五要素模型。该模型包括：

❑ 简化流程，包括最大限度地减少浪费、重新设计流程以及使用业务流程管理（BPM）。

❑ 外包某些业务流程，包括离岸业务。

❑ 通过部署人工智能和分析在决策中使用智能。

❑ 用智能自动化替代人工任务。

❑ 数字化客户体验。

公司已经使用此模型很长时间了，实际上，从 1960 年左右就开始使用机器人技术（例如，通用汽车公司的 Unimate）。但是，这些机器人很"笨拙"，每个机器人通常只完成一项简单的任务。如今，公司将智能机器人用于复杂任务，从而实现按订单生产产品和大规模定制。换句话说，许多脑力劳动和认知任务正在自动化。这些涉及人工智能和传感器的开发可以实时支持甚至自动化生产决策。

### 示例

当传感器检测到有缺陷的产品或故障时，将通过人工智能算法处理数据，然后立即自动执行一个动作（例如，可以去除或更换有缺陷的物品）。人工智能甚至可以在设备故障发生之前对其进行预测（请参阅 1.1 节）。这种实时操作为制造商节省了大量资金。（此过程可能涉及物联网，请参阅第 13 章。）

### 智能工厂

最终，公司将使用智能工厂（请参阅第 13 章）。这些工厂使用复杂的软件和传感器。潜在供应商的一个例子是通用电气，它提供诸如 OEE Performance Analyzer 和 Production Execution Supervisor 之类的软件。该软件在"云"中维护，并作为"软件即服务"提供。通用电气与思科（Cisco）和 FTC 合作，提供安全性、连接性和特殊分析。

除通用电气外，西门子和日立等知名公司还提供全面的解决方案。有关示例，请参阅"日立人工智能技术报告"（social-innovation.hitachi.ph/solutions/ai/pdf/ai_en_170310.pdf）。

许多小型供应商专注于人工智能在制造业的不同应用。例如，为小型公司提供服务的 BellHawk 系统公司专门从事实时操作跟踪（请参阅 Green gard（2016）的文章）。

宝洁和丰田等大型公司取得了早期的成功。但是，随着时间的流逝，中小型公司也可以负担得起人工智能服务。有关更多信息，请访问 bellhawk.com。

## 2.10.2 物流运输

人工智能和智能机器人被广泛用于企业物流、内部和外部运输以及供应链管理。例如，Amazon.com 使用超过 50 000 个机器人在其配送中心移动物品（其他电子商务公司也在这样做）。很快，我们将在世界各地看到无人驾驶卡车和其他自动驾驶汽车（请参阅第 13 章）。

### 示例：DHL 供应链

DHL 是一家全球快递公司（与 FedEx 和 UPS 竞争）。它有一个与许多业务合作伙伴合作的供应链部门。人工智能和物联网正在改变公司、合作伙伴乃至竞争对手的运营方式。DHL 正在开发创新的物流和运输商业模式，主要应用的是人工智能、物联网和机器学习。

这些模式还能帮助 DHL 的客户获得竞争优势（这就是该公司无法在其报告中提供详细信息的原因）。

一些物联网项目与机器学习相关，特别是在传感器、通信、设备管理、安全保障和分析领域。在这种情况下，机器学习有助于为特定需求量身定制解决方案。

总体而言，DHL 专注于供应链（例如，识别库存并控制整个供应链中的库存）和仓库管理领域。机器学习和其他人工智能算法可实现更准确的采购、生产规划和工作协调。使用射频识别（RFID）和快速响应（QR）码对物品进行标记和跟踪可以在整个供应链中跟踪物品。最后，人工智能促进了预测性分析、调度和资源规划。有关详细信息，请参阅 Coward（2017）的文章。

> ➦ **复习题**
> 1. 描述机器人在制造业中的作用。
> 2. 为什么在制造业中使用人工智能？
> 3. 描述 Bollard 等人提出的实现模型。
> 4. 什么是智能工厂？
> 5. 人工智能技术如何为公司的内部和外部物流提供支持？

# 本章要点

- ❑ 人工智能的目的是使机器能够像人一样智能地执行任务。
- ❑ 使用人工智能的主要原因是可以使工作和决策更容易执行。与其他决策支持应用相比，人工智能可以具有更强大的功能（启用新的应用程序和商业模式），更直观、威胁更少。
- ❑ 使用人工智能的主要原因是可以降低成本和 / 或提高生产率。
- ❑ 人工智能系统可以自主工作，节省时间和金钱，并且可以一致地执行工作。它还可以在缺乏人力资源的农村和偏远地区工作。
- ❑ 人工智能可用于改善所有决策步骤。
- ❑ 智能虚拟系统可以充当人类的助手。
- ❑ 人工智能系统是表现出低（但不断提高的）智能水平的计算机系统。
- ❑ 人工智能有几种定义和衍生产品，其重要性正在迅速增长。美国政府认为人工智能将成为"美国经济的关键驱动力"（Gaudin，2016）。
- ❑ 人工智能的主要技术是智能代理、机器学习、机器人系统、自然语言处理和语音识别、计算机视觉以及知识系统。
- ❑ 专家系统、推荐系统、聊天机器人和机器人顾问都基于迁移到机器上的知识。
- ❑ 人工智能的主要局限在于缺乏人情味和感觉，人们担心它将从自己手中夺走工作以及可能具有破坏性。
- ❑ 在许多认知任务中，人工智能无法胜过人类，但它可以更快、更低成本地执行许多手动任务。
- ❑ 智能的类型多种多样，因此很难衡量人工智能的能力。
- ❑ 一般而言，人类智能优于机器智能。但是，机器可以在复杂的游戏中击败人。

❑ 机器学习是当前最有用的人工智能技术之一。它尝试从经验中学习以改善操作。

❑ 深度学习使人工智能技术能够相互学习，从而在学习中产生协同作用。

❑ 智能代理擅长比人类更快、更一致地执行简单任务（例如，检测计算机中的病毒）。

❑ 机器学习的主要力量是机器从数据及其操作中学习的能力的结果。

❑ 深度学习可以解决许多难题。

❑ 计算机视觉可以提供对图像（包括视频）的理解。

❑ 机器人是可以执行体力和脑力工作的机电计算机系统。当配备感官设备时，它们可以变得智能。

❑ 计算机可以理解人类语言，并可以用人类语言生成文本或语音。

❑ 认知计算模拟解决问题和做出决策的人类思维过程。

❑ 使用人工智能可以在简单的手动和脑力工作中使计算机完全自动化。

❑ 使用人工智能可以完全自动化几种决策，并支持其他类型的决策。

❑ 人工智能在所有职能业务部门中得到广泛使用，从而降低成本并提高生产率、准确性和一致性。使用聊天机器人的趋势正在增长。聊天机器人能很好地支持决策。

❑ 人工智能被广泛用于会计、自动化简单交易、帮助处理大数据、发现欺诈性交易、提高安全性以及协助审计和合规。

❑ 人工智能在金融服务中得到广泛使用，以改善客户服务、提供投资建议、提高安全性并促进付款等任务。值得注意的是银行业和保险中的应用。

❑ 人力资源管理领域正在使用人工智能促进招聘、加强培训、帮助入职并简化运营。

❑ 人工智能广泛应用于营销、销售和广告领域，用于支持产品推荐，帮助搜索产品和服务，简化网站设计，支持定价决策，在全球贸易中提供语言翻译，协助进行预测和预测以及将聊天机器人用于许多营销和客户服务活动。

❑ 人工智能已经在制造业中使用了数十年。现在，它已用于支持计划、供应链协调、物流和运输以及智能工厂的运营。

# 讨论

1. 讨论度量机器智能中存在的困难。

2. 讨论产生人工智能力量的过程。

3. 讨论机器学习和深度学习之间的区别。

4. 描述机器视觉和计算机视觉之间的区别。

5. 吸尘器如何像一个六岁的孩子一样聪明？

6. 为什么自然语言处理和机器视觉的应用在行业中如此普遍？

7. 为什么聊天机器人变得非常流行？

8. 讨论图灵测试的优缺点。

9. 增强现实为什么与人工智能有关？

10. 讨论人工智能可以为决策者提供的支持。

11. 讨论自动决策和自主决策的好处。

12. 为什么一般（强）人工智能被认为是"人类创造的最重要的技术"？

13. 为什么人工成本在增加，而人工智能的成本却在下降？

**14.** 如果某天人造大脑包含的神经元数量与人脑一样多，它是否会像人脑一样聪明？（需要做额外的研究）。

**15.** 区分哑机器人和智能机器人。

**16.** 讨论为什么自然语言处理和计算机视觉应用很受欢迎并且有许多用途。

# 参考文献

Agrawal, V. "How Successful Investors Are Using AI to Stay Ahead of the Competition." *ValueWalk*, January 28, 2018.

Alpaydin, E. *Machine Learning: The New AI (The MIT Press Essential Knowledge Series)*. Boston, MA: MIT Press, 2016.

Beauchamp, P. "Artificial Intelligence and the Insurance Industry: What You Need to Know." *The Huffington Post*, October 27, 2016.

Blog. "Welcome to the Future: How AI Is Transforming Insurance." **Blog.metlife.com**, October 1, 2017.

Bollard, A., et al. "The next-generation operating model for the digital world." *McKinsey & Company*, March 2017.

BrandStudio. "Future-Proof: How Today's Artificial Intelligence Solutions Are Taking Government Services to the Next Frontier." *Washington Post*, August 22, 2017.

Carey, S. "US Bank Doubles Its Conversion Rate for Wealth Customers Using Salesforce Einstein." *Computerworld UK*, November 10, 2017.

Carney, P. "Pat Carney: Artificial Intelligence versus Human Intelligence." *Vancouver Sun*, April 7, 2018.

Celentano, D. "Kraft Foods iPhone Assistant Appeals to Time Starved Consumers." *The Balance*, September 18, 2016.

Chandi, N. "How AI is Reshaping the Accounting Industry." **Forbes.com**, July 20, 2017.

Clozel, L. "IBM Unveils New Watson tools to Help Banks Manage Compliance, AML." *American Banker*, June 14, 2017.

Consultancy.uk. "How Artificial Intelligence Is Transforming the Banking Industry." September 28, 2017. **consultancy. uk/news/14017/how-artificial-intelligence-is-transforming-the-banking-industry/** (accessed June 2018).

Coward, J. "Artificial Intelligence Is Unshackling DHL's Supply Chain Potential." *IoT Institute*, April 18, 2017. **ioti.com/ industrial-iot/artificial-intelligence-unshackling-dhls-supply-chain-potential** (accessed June 2018).

Crosman, P. "U.S. Bank Bets AI Can Finally Deliver 360-Degree View." *American Banker*, July 20, 2017.

Davis, B. "15 Examples of Artificial Intelligence in Marketing." *Econsultancy*, April 19, 2016.

Dickson, B. "How Artificial Intelligence Optimizes Recruitment." *The Next Web*, June 3, 2017.

Dodge, J. "Artificial Intelligence in the Enterprise: It's On." *Computerworld*, February 10, 2016.

Dormehl, L. *Thinking Machines: The Quest for Artificial Intelligence—and Where It's Taking Us Next*. New York, NY: Tarcher-Perigee, 2017.

Essex, D. "AI in HR: Artificial Intelligence to Bring Out the Best in People." *TechTargetEssential Guide*, April 2017.

E. V. Staff. "Artificial Intelligence Used to Predict Short-Term Share Price Movements." *The Economic Voice*, June 22, 2017.

Finlay, S. *Artificial Intelligence and Machine Learning for Business: A No-Nonsense Guide to Data Driven Technologies*. 2nd ed. Seattle, WA: Relativistic, 2017.

Forrest, C. "7 Companies That Used Machine Learning to Solve Real Business Problems." *Tech Republic*, March 8, 2017.

Fuller, D. "LG Claims Its Roboking Vacuum Is As Smart As a Child." *Androidheadlines.com*, July 18, 2017.

Gagliordi, N. "Softbank Leads $120M Investment in AI-Based Insurance Startup Lemonade." *ZDNET*, December 19, 2017.

Gangwani, T. "3 Ways to Improve Customer Experience Using A.I." *CIO Contributor Network*, October 12, 2016.

Gaudin, S. "White House: A.I. Will Be Critical Driver of U.S. Economy." *Computerworld*, October 12, 2016.

Gitlin, J. M. "Watch Out, Waze: INRIX's New Traffic App Is Coming for You." *Ars Technica*, March 30, 2016. **arstechnica. com/cars/2016/watch-out-waze-inrixs-new-traffic-app-is-coming-for-you/** (accessed June 2018).

Greengard, S. "Delving into Gartner's 2016 Hype Cycle." *Baseline*, September 7, 2016.

Greig, J. "Gartner: AI Business Value Up 70% in 2018, and These Industries Will Benefit the Most." *Tech Republic*, April 25, 2018.

Haines, D. "Is Artificial Intelligence Making It Easier and Quicker to Get a New Job?" *Huffington Post UK*, December 4, 2017.

Hauari, G. "InsurersLeverage AI to Unlock Legacy Claims Data." *Information Management*, July 3, 2017.

Huang, G. "Why AI Doesn't Mean Taking the 'Human' Out of Human Resources." **Forbes.com**, September 27, 2017.

Hughes, T. "Google DeepMind's Program Beat Human at Go." *USA Today*, January 27, 2016.

ICAEW. "Artificial Intelligence and the Future of Accountancy." **artificial-intelligence-report.ashx/**, 2017.

Kaplan, J. *Artificial Intelligence: What Everyone Needs to Know*. London, UK: Oxford University Press, 2016.

Kharpal, A. "A.I. Is in a 'Golden Age' and Solving Problems That Were Once in the Realm of Sci-Fi, Jeff Bezos Says." *CNBC News*, May 8, 2017.

Kiron, D. "What Managers Need to Know About Artificial Intelligence?" *MITSloan Management Review*, January 25, 2017.

Knight, W. "Walmart's Robotic Shopping Carts Are the Latest Sign That Automation Is Eating Commerce." *Technology Review*, June 15, 2016.

Kolbjørnsrud, V., R. Amico, and R. J. Thomas. "How Artificial Intelligence Will Redefine Management." *Harvard Business Review*, November 2, 2016.

Korosec, K. "Inrix Updates Traffic App to Learn Your Daily Habits." *Fortune Tech*, March 30, 2016.

Liao, P.-H., et al. "Applying Artificial Intelligence Technology to Support Decision-Making in Nursing: A Case Study in Taiwan, China." *Health Informatics Journal*, June 2015.

Marr, B., "The Key Definitions of Artificial Intelligence That Explain Its Importance." *Forbes*, February 14, 2018.

Marr, B. "What Everyone Should Know About Cognitive Computing." **Forbes.com**, March 23, 2016.

Martin, J. "10 Things Marketers Need to Know about AI." *CIO. com*, February 13, 2017.

McPherson, S.S. *Artificial Intelligence: Building Smarter Machines*. Breckenridge, CO: Twenty-First Century Books, 2017.

Meister, J. "The Future of Work: How Artificial Intelligence Will Transform the Employee Experience." **Forbes.com**, November 9, 2017.

Metz, C. "Facebook's Augmented Reality Engine Brings AI Right to Your Phone." *Wired*, April 19, 2017.

Mittal, V. "Top 15 Deep Learning Applications That Will Rule the World in 2018 and Beyond." **Medium.com**, October 3, 2017.

Narayan, K. "Leverage Artificial Intelligence to Build your Sales Pipeline." *LinkedIn*, February 14, 2018.

Ng, A. "What Artificial Intelligence Can and Can't Do Right Now." *Harvard Business Review*, November 9, 2016.

Nordrum, A. "Hedge Funds Look to Machine Learning, Crowdsourcing for Competitive Advantage." *IEEE Spectrum*, June 28, 2017.

Ovaska-Few, S. "How Artificial Intelligence Is Changing Accounting." *Journal of Accountancy*, October 9, 2017.

Padmanabhan, G. "Industry-Specific Augmented Intelligence: A Catalysts for AI in the Enterprise." *Forbes*, January 4, 2018.

Pennington, R. "Artificial Intelligence: The New Tool for Accomplishing an Old Goal in Marketing." *Huffington Post*, January 16, 2018.

Press, G. "Top 10 Hot Artificial Intelligence (AI) Technologies." *Forbes*, January 23, 2017.

Pyle, D., and C. San José. "An Executive's Guide to Machine Learning." McKinsey & Company, June 2015.

Reinharz, S. *An Introduction to Artificial Intelligence: Professional Edition: An Introductory Guide to the Evolution of Artificial Intelligence*. Kindle Edition. Seattle, WA: Simultaneous Device Usage (Amazon Digital Service), 2017.

Sample, I. "AI Watchdog Needed to Regulate Automated Decision-Making, Say Experts." *The Guardian*, January 27, 2017.

Santana, D. "Metromile Launches AI Claims Platform." *Digital Insurance*, July 25, 2017.

Savar, A. "3 Ways That A.I. Is Transforming HR and Recruiting." **INC.com**, June 26, 2017.

Schrage, M. "4 Models for Using AI to Make Decisions." *Harvard Business Review*, January 27, 2017.

Shah, J. "Robots Are Learning Complex Tasks Just by Watching Humans Do Them." *Harvard Business Review*, June 21, 2016.

Sharma, G. "China Unveils Multi-Billion Dollar Artificial Intelligence Plan." *International Business Times*, July 20, 2017. **ibtimes.co.uk/china-unveils-multi-billion-dollar-artificial-intelligence-plan-1631171/** (accessed January 2018).

Sincavage, D. "How Artificial Intelligence Will Change Decision-Making for Businesses." *Business 2 Community*, August 24, 2017.

Singh, H. "How Artificial Intelligence Will Transform Financial Services." *Information Management*, June 6, 2017.

SMBWorld Asia Editors. "Hays: Artificial Intelligence Set to Revolutionize Recruitment." *Enterprise Innovation*, August 30, 2017.

Smith, J. *Machine Learning: Machine Learning for Beginners. Can Machines Really Learn Like Humans? All About Artificial Intelligence (AI), Deep Learning and Digital Neural Networks*. Kindle Edition. Seattle, WA: Amazon Digital Service, 2017.

Staff. "Assisted, Augmented and Autonomous: The 3 Flavours of AI Decisions." *Software and Technology*, June 28, 2017. **tgdaily.com/technology/assisted-augmented-and-autonomous-the-3-flavours-of-ai-decisions**

Steffi, S. "List of 50 Unique AI Technologies." *Hacker* **Noon. com**, October 18, 2017.

Taylor, P. "Welcome to the Machine – Learning." *Forbes Brand-Voice*, June 3, 2016. **forbes.com/sites/sap/2016/06/03/welcome-to-the-machine-learning/#3175d50940fe** (accessed June 2017).

Theobald, O. *Machine Learning for Absolute Beginners: A Plain English Introduction*. Kindle Edition. Seattle, WA, 2017.

Tiwan, R. "Artificial Intelligence (AI) in Banking Case Study Report 2017." *iCrowd Newswire*, July 7, 2017.

USC. "AI Computer Vision Breakthrough IDs Poachers in Less Than Half a Second." *Press Release*, February 8, 2018.

Violino, B. "Most Firms Expect Rapid Returns on Artificial Intelligence Investments." *Information Management*, November 1, 2017.

Warawa, J. "Here's Why Accountants (Yes, YOU!) Should Be Driving AI Innovation." *CPA Practice Advisor*, November 1, 2017.

Waxer, C. "Get Ready for the BOT Revolution." *Computerworld*, October 17, 2016.

Wellers, D., et al. "8 Ways Machine Learning Is Improving Companies' Work Processes." *Harvard Business Review*, May 31, 2017.

Wislow, E. "5 Ways to Use Artificial Intelligence (AI) in Human Resources." *Big Data Made Simple*, October 24, 2017. **bigdata-madesimple.com/5-ways-to-use-artificial-intelligence-ai-in-human-resources/**.

Yurcan, B. "TD's Innovation Agenda: Experiments with Alexa, AI and Augmented Reality." *Information Management*, December 27, 2017.

Zarkadakis, G. *In Our Own Image: Savior or Destroyer? The History and Future of Artificial Intelligence*. New York, NY: Pegasus Books, 2016.

Zhou, A. "EY, Deloitte and PwC Embrace Artificial Intelligence for Tax and Accounting." *Forbes.com*, November 14, 2017.

第3章 *Chapter 3*

# 数据性质、统计建模和可视化

## 学习目标

❑ 理解与商务智能（BI）和分析相关的数据的性质。

❑ 学习用于实际数据分析的方法。

❑ 描述统计建模及其与业务分析的关系。

❑ 学习描述性统计和推论统计。

❑ 定义业务报告并了解其历史演变。

❑ 理解数据/信息可视化的重要性。

❑ 学习不同类型的可视化技术。

❑ 领会视觉分析给业务分析带来的价值。

❑ 了解仪表板的功能和局限。

在我们身处的大数据和业务分析时代，数据的重要性不可否认。诸如"数据就是石油""数据是新的货币"和"数据为王"之类新出现的说法进一步强调了数据的重要性。但是，我们所讨论的数据类型显然不是任何数据。"废进废出"（GIGO）的概念/原理比以往任何数据定义都更适用于当今的大数据现象。为了实现承诺、价值主张和洞察力，必须精心创建/识别、收集、集成、清洗、转换和适当地关联数据，以便准确、及时地进行决策。

数据是本章的主题。因此，本章将首先描述数据的性质：数据是什么、数据有哪些不同的类型和形式，以及如何对数据进行预处理并为分析做好准备。本章的前几节将致力于对数据进行深入而必要的理解和处理。接下来的几节将介绍用于准备数据作为输入以产生描述性和推断性度量的统计方法。之后是有关报告和可视化的小节。报告是一种通信工件，其目的是将数据转换为信息和知识，并以易于理解的格式传递该信息。如今，这些报告以视觉为导向，通常使用颜色和图形、图标组成仪表板，以增强信息内容。因此，本章最后将专门介绍有关信息可视化、讲故事和信息仪表板的设计、实现及最佳实践。

## 3.1 开篇小插曲：SiriusXM 通过数据驱动型营销吸引新一代的广播消费者

SiriusXM Radio 是一家卫星广播公司，年收入达 38 亿美元，拥有众多非常受欢迎的音乐、体育、新闻、谈话和娱乐频道。该公司于 2001 年开始广播，当年拥有 50 000 多个订阅者，2009 年拥有 1 880 万个订阅者，如今已有接近 2 900 万个订阅者。

迄今为止，SiriusXM 的大部分增长都源于与汽车制造商的创造性合作。如今，将近 70% 的新车都启用了 SiriusXM。但是，该公司的业务范围已远远超出了美国的汽车收音机，扩展到了互联网、智能手机以及 SONOS、JetBlue 和 Dish 等全球其他服务与发行渠道。

**业务挑战**

尽管取得了这些非凡的成功，但过去几年客户人口统计、技术和竞争格局的变化，为 SiriusXM 带来了一系列新的业务挑战和机遇。以下是一些值得注意的变化：

- ❑ 随着 SiriusXM 在新车市场中的渗透率的增加，其购买者的人口统计数据发生了变化，偏向可支配收入较少的年轻人。SiriusXM 如何吸引这种新受众？
- ❑ 随着新车成为旧车并易手，SiriusXM 如何识别、吸引二手车车主并将其转变为付费客户？
- ❑ SiriusXM 收购了美国汽车市场领先的远程信息处理提供商 Agero 的联网汽车业务，从而获得了通过卫星和无线网络提供服务的能力。它如何成功地利用这一收购来获取新的收入来源呢？

**提出的解决方案：将愿景转变为数据驱动型营销**

SiriusXM 意识到，要应对这些挑战，就必须成为一个高性能、数据驱动的营销组织。该公司通过确立三个基本原则开始进行这一转变：

1. 个性化互动——而非大规模营销——将成为主流。该公司很快意识到，要进行更具个性化的营销，就必须利用历史和互动以及对消费者在订阅生命周期中的位置的敏锐理解。

2. 为了获得这种理解，信息技术及其外部技术合作伙伴将需要具有交付集成数据、高级分析、集成营销平台和多渠道交付系统的能力。

3. 如果整个公司没有统一而一致的观点，公司就无法实现其业务目标。最重要的是，SiriusXM 的技术和业务部门必须成为真正的合作伙伴，以最好地应对成为高性能营销组织所涉及的挑战，这种组织可以利用数据驱动的见解以惊人的相关方式直接与消费者对话。

例如，这些数据驱动的见解将使公司能够区分消费者、所有者、驱动者、听众和账户持有人。这些见解将帮助 SiriusXM 了解每个家庭有哪些其他车辆和服务，并创造新的参与机会。此外，SiriusXM 通过为其所有消费者构建一个一致且可靠的 360 度视图，可以确保所有广告活动和互动中的所有消息在所有渠道上都是量身定制、相关且一致的。重要的好处是，一个更有针对性和更有效的营销通常是更划算的。

### 实现：创建并遵循高性能营销的路径

在决定成为一家高性能营销公司时，SiriusXM 正在与一个第三方营销平台合作，该平台没有能力支持 SiriusXM 的雄心壮志。然后，该公司做出了一项具有前瞻性的重要决策，以将其营销能力引入内部，然后仔细规划了成功转型所需的工作。

1. 通过改进主数据管理和治理提高数据清洁度。尽管该公司没有耐心将想法付诸实践，但数据卫生是创建可靠的消费者行为窗口必要的第一步。

2. 将营销分析内部化，并扩展数据仓库以实现规模化并完全支持整合市场分析。

3. 开发新的细分和评分模型来在数据库中运行，从而消除延迟和数据重复。

4. 扩展集成数据仓库，包括市场营销数据和评分，并利用数据库内分析功能。

5. 采用市场营销平台开展活动。

6. 整合所有功能，跨所有营销渠道（呼叫中心、移动电话、网络和应用程序内）提供实时报价管理。

完成这些步骤意味着找到合适的技术合作伙伴。SiriusXM 之所以选择 Teradata，是因为它的实力与该项目和公司非常匹配。

Teradata 提供了以下功能：

❑ 通过集成的数据仓库（IDW）、高级分析和强大的营销应用程序整合数据源。

❑ 解决数据延迟问题。

❑ 显著减少跨多个数据库和应用程序的数据移动。

❑ 与所有营销领域的应用程序和模块进行无缝交互。

❑ 在数据库中运行活动和分析时，可以以非常高的水平扩展和执行。

❑ 与客户进行实时沟通。

❑ 通过云或内部提供运营支持。

这种合作关系使 SiriusXM 能够顺畅而迅速地沿着其路线图前进，并且该公司现在正处于转型的五年过程中。在建立强大的数据治理流程后，SiriusXM 开始实施它的 IDW，这使公司能够在整个组织范围内快速、可靠地实施洞察。

接下来，该公司实施了客户交互管理器，它是 Teradata 集成营销云的一部分，可以在整个数字和传统沟通渠道中实现基于对话的实时客户交互。SiriusXM 还将合并 Teradata 数字消息中心。

这些功能使 SiriusXM 可以处理多个渠道之间的直接通信。这种变革将使基于先前行为的实时报价、营销消息和推荐成为可能。

除了简化执行和优化对外营销活动的方式之外，SiriusXM 还通过实施营销资源管理（也是 Teradata 集成营销云的一部分）来控制其内部营销业务。该解决方案将使 SiriusXM 简化工作流程、优化营销资源，并通过其营销预算中的每一分钱提高效率。

### 结果：获得收益

随着 SiriusXM 继续发展成为高性能营销组织，它已经从其精心执行的战略中受益。家庭级消费者洞察力以及与每个消费者的营销联系策略的完整视图，使 SiriusXM 可以在家庭、消费者和设备级别创建更具针对性的服务。通过将数据和营销分析功能引入内部，SiriusXM 实现了以下目标：

❑ 活动的结果几乎是实时的，而不是四天，从而大大减少了活动和支持活动的分析师的周期时间。

❑ 闭环可见性，使分析人员可以支持多阶段对话和活动内修改，以提高活动的效率。

❑ 实时建模和评分，以增强营销情报，并以其业务发展速度提高活动的报价和响应。

最后，SiriusXM 的经验强化了这样一种观念，即高性能营销是一个不断发展的概念。该公司已实施了流程和技术，并拥有了持续和灵活增长的能力。

### ➧ 复习题

1. SiriusXM 是做什么的？它在什么类型的市场中开展业务？

2. 它的挑战是什么？评论与技术和数据相关的挑战。

3. 提出的解决方案是什么？

4. 公司是如何实施提出的解决方案的？它面临实施方面的任何挑战吗？

5. 结果和收益是什么？它们值得付出努力/投资吗？

6. 你能想到其他面临类似挑战并可能从类似的数据驱动型营销解决方案中受益的公司吗？

### 我们可以从这个小插曲中学到什么

为了在瞬息万变的竞争行业中蓬勃发展，SiriusXM 意识到需要一种经过改进的新营销基础设施（依赖于数据和分析的基础设施），以便有效地将其价值主张传达给现有客户和潜在客户。正如任何行业的情况一样，娱乐业的成功或仅仅是生存取决于智能地感知变化的趋势（好恶），并结合正确的信息和政策来赢得新客户，同时保留现有客户。关键是要创建和管理能够与目标客户群产生共鸣的成功营销活动，并具有紧密的反馈回路来调整和修改消息，以优化结果。最后，这是 SiriusXM 开展业务的方式的全部精益所在：积极主动地应对客户不断变化的性质，并使用基于事实/数据驱动的整体营销策略，及时创建和传播正确的产品和服务。与任何精通分析的成功企业（无论哪个行业）一样，SiriusXM 成功地设计和实施营销分析策略离不开相关数据的源识别、源创建、访问和收集、集成、清理、转换、存储以及处理。

资料来源：C. Quinn, "Data-Driven Marketing at SiriusXM," Teradata Articles & News, 2016. http://bigdata.teradata.com/US/Articles-News/Data-Driven-Marketing-At-SiriusXM/ (accessed August 2016); "SiriusXM Attracts and Engages a New Generation of Radio Consumers." http://assets.teradata.com/resourceCenter/downloads/CaseStudies/EB8597.pdf?processed=1.

## 3.2　数据的性质

　　数据是任何商务智能、数据科学和业务分析计划的主要组成部分。实际上，数据可以被视为流行的决策技术的原材料——信息、洞察力和**知识**。没有数据，这些技术就不可能存在和普及——尽管传统上我们使用专家知识和经验，加之很少（或根本没有）数据来构建分析模型。但是，那是过去的做法，现在数据至关重要。数据曾经被认为很难收集、存储和管理，但如今，数据被广泛认为是组织中最有价值的资产之一，它有可能产生无价的洞察力，从而帮助组织更好地了解客户、竞争对手和业务流程。

　　数据可以很小也可以很大。它可以是结构化的（组织得很好，以便计算机处理），也可以是非结构化的（例如，为人类创建的文本，因此计算机不易理解 / 使用）。数据可以小批量连续输入，也可以一次大批量输入。这些特征定义了当今数据（通常将其称为大数据）的固有性质。尽管数据的这些特征使处理和使用数据更具挑战性，但它们也使数据更有价值，因为这些特征丰富了数据，使其超出了常规限制，从而可以从中发现新知识。传统的手动收集数据（通过调查或人工输入的业务交易）的方式几乎被使用基于互联网和 / 或传感器 / 射频识别（RFID）的计算机网络的现代数据收集机制所替代。这些自动化的数据收集系统不仅使我们能够收集更多的数据，而且提高了**数据质量**和完整性。图 3.1 说明了一个典型的分析连续体——从数据到分析再到可行信息。

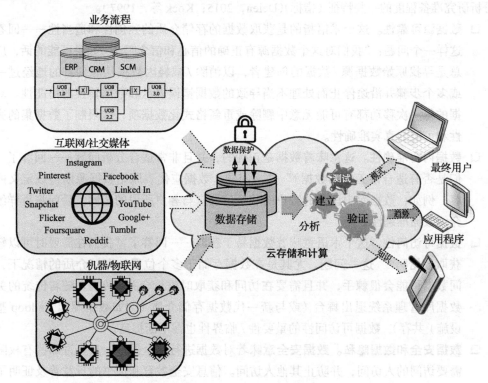

图 3.1　数据到知识的连续体

尽管他们的价值主张不可否认，但要兑现其诺言，数据必须符合一些基本的可用性和质量指标。显然，并非所有数据对所有任务都有用。也就是说，数据必须与任务相匹配（具有特定的范围）。即使对于特定任务，现有的相关数据也需要符合质量和数量要求。本质上，数据必须为分析做好准备。那么，这意味着什么？除了与当前问题和质量/数量要求相关之外，它还必须具有适当的结构，其中关键字段/变量具有正确的归一化值。此外，必须在组织范围内就通用变量和主题（有时也称为主数据管理）达成一致的定义，例如，如何定义客户（客户的哪些特征用于为分析提供足够全面的表示）以及在业务流程中的何处捕获、验证、存储和更新与客户相关的信息。

有时，数据的表示形式取决于所采用的分析类型。预测算法通常需要带有目标变量的平面文件，因此使数据为预测做好**分析准备**意味着必须将数据集转换为平面文件格式，并准备好馈入这些预测算法。还必须将数据与特定预测算法和/或软件工具的需求进行匹配。例如，神经网络算法要求所有输入变量都用数字表示（即使是标称变量也需要转换成伪二进制数值变量），而决策树算法不需要这样的数字转换——它可以很容易地处理标称变量和数值变量的混合。

忽视与数据相关的任务（一些最关键的步骤）的分析项目常常会以正确问题的错误答案告终，而这些无意中产生的看似正确的答案可能会导致不准确和不合时宜的决策。以下是定义数据分析研究准备程度的一些特征（指标）(Delen, 2015; Kock 等, 1997)。

❏ **数据源可靠性**。这个术语指的是获取数据的存储介质的独创性和适当性——回答了这样一个问题："我们对这个数据源有正确的信心和信念吗？"如果可能的话，应该总是寻找原始数据源/数据的创建者，以消除/减轻因数据从源到目的地经过一个或多个步骤并沿途停止而处理不当导致的数据错误表示和数据转换的可能性。对数据的每一次移动都有可能无意中删除或重新格式化数据项，这限制了数据集的完整性和可能的真实准确性。

❏ **数据内容准确性**。这意味着数据是正确的，并且非常适合分析问题——回答了"我们是否有适合该工作的数据？"这一问题。数据应代表原始数据源期望或定义的内容。例如，数据库中记录的客户的联系信息应与客户所说的相同。后面将更详细地介绍数据准确性。

❏ **数据可访问性**。这个术语意味着数据易于获取——回答了"我们在需要时可以轻松获取数据吗？"这一问题。尤其是在数据存储于多个位置和存储介质的情况下，访问数据可能会很棘手，并且需要在访问和获取时进行合并/转换。随着传统的关系数据库管理系统退出舞台（或与新一代数据存储介质（例如数据湖和 Hadoop 基础设施）共存），数据可访问性的重要性/临界性也在不断提高。

❏ **数据安全和数据隐私**。**数据安全**意味着对数据进行安全保护，只允许那些有权限和需要访问的人访问，并防止其他人访问。信息安全教育和证书的日益普及证明了此数据质量指标的重要性和紧迫性。任何维护患者健康记录的组织都必须拥有不仅可以保护数据免受未经授权的访问（这是美国联邦法律的强制性要求），而且可以准确地识别每个患者以允许授权用户正确且及时地访问记录的系统（Annas，2003）。

❑ **数据丰富性**。这意味着所有必需的数据元素都包含在数据集中。从本质上讲，丰富性（或全面性）意味着可用变量描述了足够丰富的基础主题的维度，可以用于准确而有价值的分析研究。这也意味着信息内容是完整的（或接近完整的），可以建立预测性和 / 或规范性分析模型。

❑ **数据一致性**。这意味着数据将被准确地收集和合并。一致的数据表示来自潜在不同来源但与同一主题有关的维度信息（感兴趣的变量）。如果数据整合 / 合并处理不当，则不同主题的某些变量可能会出现在同一记录中——即将两个不同的患者记录混合在一起。例如，这种情况可能会在合并人口统计和临床测试结果数据记录时发生。

❑ **数据通用性 / 数据时效性**。这意味着对于给定的分析模型，数据应该是最新的（或根据需要是最近的 / 新的）。这也意味着应在事件发生或观察时就记录数据，从而避免与时间延迟有关的数据错误表示（错误地记忆和编码）。由于准确的分析依赖于准确且及时收集的数据，因此可随时进行分析的数据的基本特征是创建和访问数据元素的时效性。

❑ **数据粒度**。这要求将变量和数据值定义为数据预期用途的最低（或需求的较低）详细程度。如果汇总了数据，则数据可能不具有分析算法学习如何区分不同记录 / 案例所需的详细程度。例如，在医疗场景中，应将实验室结果的数值记录保留适当的有效数字，以解释测试结果的意义并在分析算法中正确地使用这些值。同样，在人口统计数据的收集中，应在粒度级别上定义数据元素，以确定各个亚人群之间护理结果的差异。要记住的一件事是，无法分解汇总的数据（不能访问原始源），但是可以很容易地从其粒度表示中汇总数据。

❑ **数据有效性**。这个术语用于描述给定变量的实际数据值和预期数据值之间的匹配 / 不匹配程度。作为数据定义的一部分，必须定义每个数据元素的可接受值或值的范围。例如，与性别相关的有效数据定义应该包括三个值：男性、女性和未知。

❑ **数据相关性**。这意味着数据集中的变量都与正在进行的研究相关。相关性不是一个二分的度量（是否相关）；相反，它具有从最不相关到最相关的一系列相关性。基于所使用的分析算法，可以选择只包含最相关的信息（即变量），或者，如果算法有足够的能力对它们进行分类，那么可以选择包含所有相关的变量，而不考虑它们的级别。分析研究应该避免的一件事是将完全不相关的数据包含到模型构建中，因为这可能会污染算法的信息，导致不准确和具有误导性的结果。

上面列出的特征可能是最流行的度量指标。对于特定应用程序而言，真正的数据质量和出色的分析准备水平确实需要对这些度量维度进行不同程度的强调，并且可能在此集合中添加更具体的维度。3.3 节将从分类学角度深入研究数据的性质，以列出并定义与不同分析项目相关的不同数据类型。

---

📑 **复习题**

1. 你如何描述数据在分析中的重要性？我们能想象没有数据的分析吗？
2. 考虑到业务分析新的广义定义，分析连续体的主要输入和输出是什么？
3. 用于业务分析的数据从何而来？
4. 在你看来，为了更好地进行分析，与数据相关的三大挑战是什么？
5. 对于准备好进行分析的数据，最常见的度量指标是什么？

---

## 3.3　简单的数据分类法

**数据**是指通常通过实验、观察、交易或经验而获得的事实集合。数据可以由数字、字母、单词、图像、语音记录等组成，作为对一组变量（我们有兴趣研究的主题或事件的特征）的度量。数据通常被认为是获取信息和知识的最低抽象层次。

在最高的抽象层次上，可以将数据分类为结构化和非结构化（或半结构化）的。**非结构化数据** / 半结构化数据由文本、图像、语音和 Web 内容的任意组合构成。非结构化 / 半结构化数据将在第 7 章得到更详细的介绍。**结构化数据**是数据挖掘算法使用的数据，可以分为分类数据或数字数据。**分类数据**可以细分为标称数据或**有序数据**，而数字数据可以细分为间隔数据或比率数据。图 3.2 展示了一种简单的**数据分类法**。

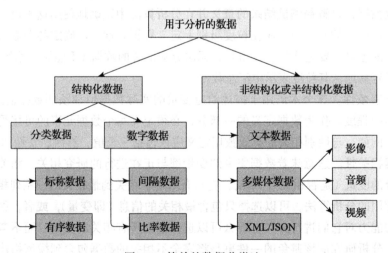

图 3.2　简单的数据分类法

❑ **分类数据**：表示用于将变量划分为特定组的多个类的标签。分类变量的例子包括种族、性别、年龄组和教育水平。虽然后两个变量也可以用数字表示，例如使用年龄和取得的最高学位的精确值，但将这些变量归类到相对较少的有序类中通常更能提供信息。分类数据也可以称为离散数据，这意味着它们表示有限数量的不连续值。即使用于分类（或离散）变量的值是数字，这些数字也只不过是符号，并不意味着可以计算分数值。

- **标称数据**，包含以标签的形式分配给对象的简单代码，而不是度量值。例如，婚姻状况变量一般可以分为单身、已婚和离婚。**标称数据**可表示为具有两个可能值的二项式值（例如，是 / 否、真 / 假、好 / 坏），也可以表示为具有三个或三个以上可能值的多项式值（例如，棕色 / 绿色 / 蓝色、单身 / 已婚 / 离婚）。

- **有序数据**，包含作为标签分配给对象或事件的代码，这些标签也表示它们之间的等级顺序。例如，信用积分变量一般可以分为低、中、高。类似的有序关系可以在以下变量中看到，如年龄组（即儿童、青年、中年、老年）及教育程度（即高中、大学、研究生）。一些预测性分析算法（如有序多元逻辑回归）考虑了这些额外的有序信息来建立更好的分类模型。

- **数字数据**，表示特定变量的数值。数值变量的例子包括年龄、子女数量、家庭总收入、旅行距离和温度。表示变量的数值可以是整数或实数。数字数据也可以称为连续数据，这意味着该变量包含特定范围内允许插入中间值的连续度量值。与表示可计数的有限数据的离散变量不同，连续变量表示可伸缩的度量值，并且可能包含无限多个小数值。

- **间隔数据**，即可以在间隔刻度上测量的变量。间隔刻度测量的一个常见示例是摄氏温度刻度。在此特定比例下，测量单位为大气压下水的熔点温度和沸点温度之差的 1/100；也就是说，没有绝对零值。

- **比率数据**，包括物理科学和工程学中常见的测量变量。质量、长度、时间、平面角度、能量和电荷是比率标度的物理度量的示例。标度类型的名称源于以下事实：测量是对连续量的大小与相同种类的单位大小之间的比率的估计。通俗地说，比率标度的显著特征是拥有一个非任意的零值。例如，开尔文（Kelvin）温度标度具有一个绝对零度的非任意零点，等于 −273.15 摄氏度。这个零点是非任意的，因为在此温度下构成物质的粒子动能为零。

其他数据类型，包括文本、空间、图像、视频和语音，需要转换成某种形式的分类或数字表示，然后才能通过分析方法进行处理（数据挖掘算法）（Delen，2015）。数据也可以分为静态数据和动态数据（即时间序列）。

一些预测性分析（即数据挖掘）方法和机器学习算法对可以处理的数据类型非常严格。向它们提供不兼容的数据类型可能会导致错误的模型，或者（更经常地）导致模型开发过程中断。例如，某些数据挖掘方法（例如，神经网络、支持向量机、逻辑回归）需要将所有变量（输入和输出）表示为数值变量。可以使用某种类型的 N 分之一伪变量将标称变量或有序变量转换为数字表示形式（例如，可以将具有 3 个唯一值的分类变量转换为具有二进制值（1 或 0）的 3 个伪变量）。由于此过程可能会增加变量的数量，因此应谨慎对待此类表示的影响，尤其是对于具有大量唯一值的分类变量。

类似地，一些预测性分析方法，如 ID3（一种经典的决策树算法）和粗糙集（一种相对较新的规则归纳算法），需要将所有变量表示为分类值变量。这些方法的早期版本要求用户将数值变量离散化为分类表示，然后由算法进行处理。好消息是，这些算法在广泛可用的软件工具中的大多数实现都接受数字变量和标称变量的混合，并在处理数据之前在内部进行必要的转换。

数据有许多不同的变量类型和表示模式。业务分析工具正在不断提高能力，以帮助数据科学家完成艰巨的数据转换和数据表示任务，以便正确执行特定预测模型和算法的数据要求。应用案例 3.1 说明了一种业务场景：最大的电信公司之一简化并使用了各种丰富的数据源来生成客户洞察力，以防止客户流失并创造新的收入来源。

---

**应用案例 3.1** Verizon 回应了创新的呼吁：美国最大的网络提供商使用高级分析为客户带来未来

**要解决的问题**

在竞争异常激烈的电信行业，在寻找新的收入来源的同时与消费者保持密切联系是至关重要的，特别是在当前收入来源正在减少的情况下。

对于财富 13 强企业 Verizon 而言，使公司跃升为美国最大、最可靠的网络提供商的秘密武器也正在引导企业迈向未来的成功（有关 Verizon 的一些数据，请参见图 3.3）。那么秘密武器是什么？是数据和分析。由于电信公司通常拥有丰富的数据，因此拥有合适的分析解决方案和人员可以发现对业务各个领域都有益的关键见解。

Verizon 的数据

它是美国排名第一的无线通信运营商，拥有：

131.6亿美元的收入

17.7万名员工

1700家零售店

11 210万个零售连接

10 650万名后付费客户

1300万名电视及互联网订阅者

图 3.3 Verizon 的数据

**公司的骨干**

自 2000 年成立以来，Verizon 一直与 Teradata 合作，以创建一个数据和分析架构，推动创新和基于科学的决策。目标是与客户保持密切联系，同时发现新的业务机会，并做出调整，以实现更具成本效益的运营。

Verizon 的财务业绩与分析及商务智能执行董事 Grace Hwang 说："通过商务智能，我们可以帮助企业识别新的商业机会，或者调整路线，从而以更具成本效益的方式运营企业。我们为决策者提供最相关的信息，以增加 Verizon 的竞争优势。"

利用数据和分析，Verizon 能够提供一个可靠的网络，确保客户满意度，并开发消费者想要购买的产品和服务。

"我们的新产品和服务的孵化器将有助于为客户带来未来，"Hwang 说，"我们正在利用我们的网络在互动娱乐、数字媒体、物联网和宽带服务方面取得突破。"

**跨三个业务单元的数据洞察**

Verizon 依赖于在 Teradata 统一数据架构上执行的高级分析来支持其业务单元。该分析使 Verizon 能够兑现其承诺，帮助客户创新他们的生活方式，并提供关键的见解，以支持这三个领域：

❑ 确定新的收入来源。研究和开发团队使用数据、分析和战略伙伴关系来测试和开发物联网。数据领域的新前沿是物联网，这将带来新的收入，进而为营收增长创造机会。智能汽车、智能农业和智能物联网都将成为这种新增长的一部分。

❑ 预测核心移动业务的用户流失率。Verizon 有多个案例来证明它先进的分析如何在移动空间实现激光精确的用户流失率预测——误差为 1%～2%。对于一家市值 1 310 亿美元的公司来说，如此精确地预测客户流失率是非常重要的。通过识别平板电脑数据使用的特定模式，Verizon 可以识别哪些客户最常访问他们的平板电脑，然后吸引那些不访问的客户。

❑ 预测手机计划。客户行为分析让财务部门可以在快速变化的市场条件下更好地预测收益。美国无线通信行业正在从手机和服务的月付费向手机的独立付费转变。这为 Verizon 提供了一个获取业务的新机会。这种分析环境有助于 Verizon 更好地预测新计划带来的用户流失，并预测定价计划变化的影响。

这些分析提供了 Verizon 所称的"真实数据"，这些数据会给各个业务部门带来信息。"我们的使命是对业务的成功或改进机会发出诚实的声音，并提供独立的第三方意见，"Hwang 解释道，"因此，我们的部门被视为信息的黄金来源，我们的声音是真诚的，很多商业决策都经过了不同阶段的修正。"

Hwang 补充道，迫使公司做出反应的往往是影响市场变化的竞争对手，而不是做出错误决定的公司。她表示："因此，我们努力引导企业通过最佳的调整过程，在任何情况下都要及时、适用，这样我们才能继续年复一年地创造创纪录的业绩。我毫不怀疑商务智能在过去曾取得过这样的成功。"

**颠覆与创新**

Verizon 利用先进的分析技术，通过向客户发送最相关的报价来优化营销。同时，该公司依靠分析确保它有足够的财务头脑来保持美国移动市场的第一名。通过继续用创新的产品和解决方案颠覆这个行业，Verizon 定位于保持行业的无线通信标准。

Hwang 说："我们需要营销远景和严格的销售方式来为客户提供最相关的报价，同时需要严格的财务条件以确保我们向客户提供的任何东西也能使企业获利，以便我们对股东负责。"

**总结：执行现代营销的 7 个 P**

电信巨头 Verizon 使用 7 个 P 来推动其现代营销工作。将 7 个 P 配合使用可帮助

Verizon 以其预期的方式渗透市场。

1. **人员（People）**：了解客户及其需求以创造产品。

2. **地点（Place）**：客户购物的地方。

3. **产品（Product）**：已生产并出售的产品。

4. **流程（Process）**：客户如何到达商店或其他地方购买产品。

5. **定价（Pricing）**：进行促销以引起客户的注意。

6. **促销（Promo）**：通过定价吸引客户的注意力。

7. **有形展示（Physical evidence）**：提供洞察力的商务智能。

"Aster 和 Hadoop 环境使我们能够探索我们怀疑可能导致 7 个 P 崩溃的因素，" Hwang 说，"这可以追溯到为我们的决策者提供商业价值。在实现 7 个 P 的每一步中，我们应该能够告诉他们在哪里有改进的机会。"

**针对应用案例 3.1 的问题**

1. Verizon 面临的挑战是什么？

2. 针对 Verizon 业务部门提出的数据驱动解决方案是什么？

3. 结果如何？

资料来源：Teradata Case Study "Verizon Answers the Call for Innovation" https://www.teradata.com/Resources/Case-Studies/ Verizon-answers-the-call-for-innovation (accessed July 2018).

---

➡ **复习题**

1. 数据是什么？数据与信息和知识有何不同？

2. 数据的主要类别是什么？我们可以将哪些类型的数据用于商务智能和分析？

3. 我们可以为所有的分析模型使用相同的数据表示吗？为什么？

4. 什么是 $N$ 分之一数据表示？为什么要在分析中使用它？在哪里使用它？

## 3.4 数据预处理的艺术和科学

原始形式的数据（即现实世界的数据）通常不能直接用于分析。它们通常是脏的、不对齐的、过于复杂的和不准确的。一个烦琐且耗时的过程（所谓的**数据预处理**）是将真实世界的原始数据转换为用于分析算法的适当形式所必需的（Kotsiantis 等，2006）。许多分析专家会证明，花费在数据预处理（这可能是整个过程中最不愉快的阶段）上的时间要比花在其他分析任务（分析模型构建和评估的乐趣）上的时间长得多。图 3.4 展示了数据预处理工作中的主要步骤。

第一步，从确定的来源中收集相关数据，选择必要的记录和变量（基于对数据的深入了解，过滤掉不必要的信息），集成/合并来自多个数据源的记录（同样，通过对数据的深入了解，可以正确处理同义词和同形同音异义词）。

第二步，对数据进行清洗（此步骤也称为数据清理）。原始/真实形式的数据通常很脏（Hernández & Stolfo，1998；Kim 等，2003）。此阶段将识别并处理数据集中的值。在某些情况下，缺失值是数据集中的一种异常，此时需要输入（用最可能的值填充）或将其忽略；在其他情况下，缺失值是数据集的自然组成部分（例如，家庭收入字段经常被最高收入阶层的人忽视）。在此步骤中，分析人员还应该确定数据中的噪声值（即异常值），然后将它们平滑掉。此外，应使用领域知识和/或专家意见来处理数据中的不一致（变量内的异常值）。

第三步，对数据进行转换以进行更好的处理。例如，在许多情况下，可以对所有变量的数据在一定的最小值和最大值之间进行归一化，以减轻具有较大数值的某个变量（例如家庭收入）占主导地位而掩盖了其他变量（例如家庭成员的数量或服务年限，这些可能更重要）的作用而导致的潜在偏差。发生的另一种转换是离散化和/或聚合。在某些情况下，数字变量会被转换为分类值（例如，低、中、高）；在其他情况下，使用概念层次结构将标称变量的唯一值范围缩小为较小的集合（例如，对于显示位置的变量，不是使用具有 50 个不同值的单个状态，而是使用多个区域表示）来创建一个更适合计算机处理的数据集。此外，仍然可以选择基于现有变量创建新变量，以放大在数据集的变量集合中找到的信息。例如，在器官移植数据集中，可以选择使用单个变量来显示血型匹配（1 表示匹配，0 表示不匹配），而不是分别使用捐献者和接受者的血型的多项式值。这种简化可以增加信息内容，同时降低数据中关系的复杂性。

第四步是数据缩减。即使数据科学家（即分析专业人士）喜欢拥有大型数据集，但过多的数据也可能是一个问题。从最简单的意义上讲，可以将预测性分析项目中常用的数据可视化为一个平面文件，该文件包含两个维度：变量（列数）和案例/记录（行数）。在某些情况下（例如，图像处理和具有复杂微阵列数据的基因组计划），变量的数量可能会很大，因此分析人员必须将数量减少到可管理的大小。由于变量被视为从不同角度描述现象的不同维度，因此在预测性分析和数据挖掘中，此过程通常称为**降维**（或**变量选择**）。即使没有唯一的最佳方法来完成此任务，也可以使用以前发表的文献中的发现，咨询领域专家，进行适当的统计检验（例如主成分分析或独立成

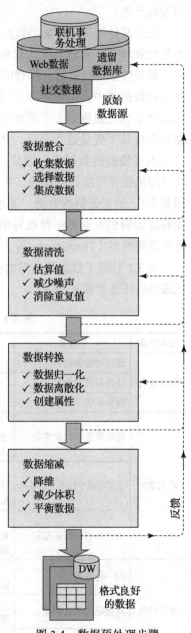

图 3.4　数据预处理步骤

分分析），并且更优选地使用这些技术的组合成功地将数据中的维度缩减为更易于管理和最相关的子集。

关于其他维度（即案例数），某些数据集可能包含数百万或数十亿条记录。即使计算能力呈指数增长，处理如此大量的记录也不可能是切实可行的。在这种情况下，可能需要采样一部分数据进行分析。抽样的基本假设是数据的子集将包含完整数据集的所有相关模式。在同构数据集中，这样的假设可能成立，但现实世界中的数据几乎不可能同构。分析人员在选择反映完整数据集本质的数据子集时应格外小心，以不特定于某个子组或子类别。数据通常按某个变量进行排序，从顶部或底部获取一部分数据可能会导致在索引变量的特定值上出现偏差的数据集；因此，请始终尝试随机选择样本集上的记录。对于偏斜的数据，直接随机抽样可能是不够的，并且可能需要分层抽样（数据中不同子组的比例表示在样本数据集中）。说到偏斜的数据，通过过度采样代表较少的类或对代表较多的类进行欠采样来平衡高度偏斜的数据是一种很好的做法。研究表明，平衡数据集往往比不平衡数据集产生更好的预测模型（Thammasiri 等，2014）。

表 3.1 总结了数据预处理的本质，该表将主要阶段（以及它们的问题描述）映射到具有代表性的任务和算法列表。

表 3.1　数据预处理任务和潜在方法的总结

| 主要任务 | 子任务 | 流行方法 |
|---|---|---|
| 数据整合 | 访问和收集数据 | SQL 查询、软件代理、Web 服务 |
| | 选择和过滤数据 | 领域专业知识、SQL 查询、统计测试 |
| | 整合和统一数据 | SQL 查询、领域专业知识、本体驱动的数据映射 |
| 数据清洗 | 处理数据中的缺失值 | 用最合适的值（平均值、中位数、最小/最大值、众数等）填写缺失值（估算值）；用诸如"ML"之类的常数重新编码缺失的值；删除缺失值的记录；什么也不做 |
| | 识别并减少数据中的噪声 | 使用简单的统计技术（例如平均值和标准差）或聚类分析识别数据中的异常值；一旦确定，则可以通过合并、回归或简单平均值来消除异常值或对其进行平滑处理 |
| | 查找并消除错误数据 | 识别数据中的错误值（异常值除外），例如奇数值、不一致的类别标签、奇数分布；一旦确定，则使用领域专业知识更正这些值或删除包含错误值的记录 |
| 数据转换 | 归一化数据 | 通过使用各种归一化或缩放技术，将每个数值变量的值范围减小到标准范围（例如 0~1 或 −1~1） |
| | 离散化或聚合数据 | 如果需要，可以使用基于范围或频率的合并技术将数字变量转换为离散表示形式；对于分类变量，可以应用适当的概念层次结构来减少值的数量 |
| | 构造新属性 | 使用广泛的数学函数（简单函数，如加法和乘法，复杂函数，如对数转换的混合组合），从现有变量中派生出新变量和更具信息量的变量 |
| 数据缩简 | 减少属性数量 | 使用主成分分析、独立成分分析、卡方检验、相关性分析和决策树归纳法 |
| | 减少记录数量 | 执行随机抽样、分层抽样、专家知识驱动的有目的抽样 |
| | 平衡偏斜数据 | 对表示较少的类进行过采样，对表示较多的类进行欠采样 |

几乎不可能低估数据预处理的价值主张。这是一种耗时的活动,时间和精力的投资将获得回报,而不会受到回报递减的明显限制。也就是说,在其中投资的资源越多,最终获得的回报越多。应用案例 3.2 展示了一项有趣的研究:利用教育机构内部的易于获得的原始学术数据开发预测模型,以更好地了解学生流失率并提高大型高等教育机构中新生的保留率。正如该应用案例明确指出的那样,表 3.1 中描述的每个数据预处理任务对于成功执行基础分析项目至关重要,尤其是与数据集平衡相关的任务。

**应用案例 3.2** **通过数据驱动的分析提高学生保留率**

学生流失已成为学术机构决策者面对的最具挑战性的问题之一。根据美国教育部教育统计中心 (nces.ed.gov) 的规定,尽管有各种帮助留住学生的项目和服务,但只有大约一半的接受高等教育的人实际获得了学士学位。入学管理和留住学生已成为美国和其他国家高校管理者的首要任务。在所有利益相关者眼中,高辍学率通常会导致整体经济损失、较低的毕业率和劣等的学校声誉。负责监督高等教育并分配资金的立法者和政策制定者,为子女的教育买单、为他们的未来做准备的家长,以及做出升学选择的学生,都在寻找证明制度质量和声誉的证据,以指导他们的决策过程。

**提出的解决方案**

为了提高学生的保留率,应该尝试了解学生流失背后的重要原因。为了获得成功,人们还应该能够准确地识别那些有辍学风险的学生。到目前为止,绝大多数学生流失研究都致力于理解这种复杂但至关重要的社会现象。尽管这些行为的、基于调查的定性研究通过开发和测试广泛的理论揭示了宝贵的见解,但它们并不能提供准确预测(和潜在改善)学生流失的急需工具。本案例研究中的项目提出了一种定量研究方法,可以使用来自学生数据库的历史机构数据开发模型,该模型能够预测和解释学生流失问题的特定于机构的性质。提出的分析方法如图 3.5 所示。

尽管该概念在高等教育中相对较新,但是十多年来,研究人员使用预测数据分析技术以“流失分析”的名义研究了营销管理领域的类似问题,目的是在当前客户中识别样本以回答以下问题:“当前客户中谁最有可能停止购买我们的产品或服务?”,以便可以执行某种调解或干预过程来保留这些客户。留住现有客户至关重要,因为众所周知,相关研究一次又一次地表明,获得新客户的成本要比努力保留现有客户的努力、时间和金钱多得多。

**数据至关重要**

此研究项目的数据来自单个机构(位于美国中西部地区的一所综合性公立大学),平均招收 23 000 名学生,其中大约 80% 是同一州的居民,大约 19% 的学生是少数族裔。男性和女性在注册人数上没有显著差异。该机构的新生平均保留率约为 80%,平均六年毕业率约为 60%。

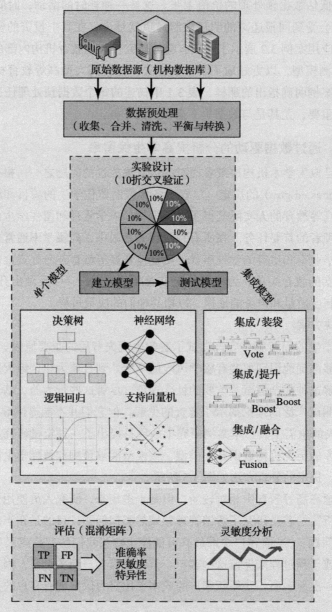

图 3.5　一种预测学生流失的分析方法

这项研究使用了五年的机构数据，涵盖了 16 000 多名大一新生，整合了来自不同高校学生数据库的数据。数据包含与学生的学业、财务和人口特征有关的变量。将多维学生数据合并并转换为单个平面文件（文件中的列代表变量，行代表学生记录的文件）之后，对所得文件进行评估和预处理，以识别和纠正异常值和无法使用的值。例如，该研究从数据集中删除了所有国际学生的记录，因为它们不包含有关某些最著名的预测变量的信息（例如高中 GPA、SAT 分数）。在数据转换阶段，汇总了一些变量（例如，将"主变量"和"集中变量"聚合为主要声明和指定集中的二元变量）以便更好地解释预测模型。此外，某些变量还用于导出新变量（例如，收入 / 注册比率和高中毕业后的年数）。

$$获取 / 注册 = 获取学时 / 注册学时$$
$$高中毕业后的年数 = 新生入学年份 - 高中毕业年份$$

创建"获取 / 注册比率"是为了更好地体现学生在大一学年第一学期的适应能力和决心。直观地说，人们希望此变量的值更大对保留 / 持久性有积极影响。创建"高中毕业后的年数"的目的是衡量从高中毕业到大学入学之间所花费时间的影响。凭直觉，人们会期望此变量有助于预测学生流失。这些聚合和派生的变量是基于针对一些逻辑假设进行的大量实验确定的。那些具有更多常识的变量和导致更好的预测准确率的变量将保留在最终变量集中。为了反映亚人群（即新生）的真实本质，因变量（即"第二学年秋季注册"）包含的"是"记录（约 80%）多于"否"记录（约 20%；见图 3.6）。

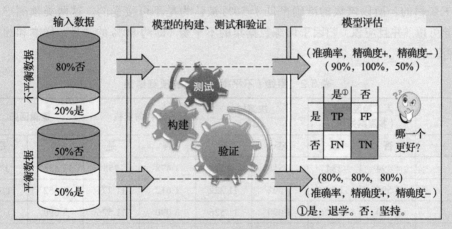

图 3.6　分类不平衡问题的图示

研究表明，这种不平衡的数据会对模型性能产生负面影响。因此，本研究尝试将同类型模型的结果与原始不平衡数据（偏向"是"记录）和经过良好平衡的数据进行使用和比较。

**建模与评估**

该研究采用了四种流行的分类方法（即人工神经网络、决策树、支持向量机和逻辑回归），以及三种模型集成技术（即装袋、提升和信息融合）。然后使用常规分类模型评估方法（例如，总体预测准确率、灵敏度、特异性）对保留样本进行评估，比较从所有模型类型获得的结果。

在机器学习算法（其中一些将在第 5 章介绍）中，灵敏度分析是一种用于识别给定预测模型的输入和输出之间的"因果关系"的方法。灵敏度分析的基本思想是，如果模型中未包含预测变量，则会根据建模性能的变化来衡量预测变量的重要性。这种建模和实验实践也称为留一法评估。因此，特定预测变量的灵敏度的度量是没有预测变量的训练后模型的误差与包括该预测变量的模型误差的比率。网络对特定变量越敏感，在没有该变量的情况下性能下降的幅度越大，因此重要性比率也越大。除了模型的预测能力外，该研究还进行了灵敏度分析，以确定输入变量的相对重要性。

**结果**

在第一组实验中，研究使用了原始的不平衡数据集。根据 10 折交叉验证评估结果，支持向量机产生了最高的总预测准确率 87.23%，决策树以总预测准确率 87.16% 位居第二，人工神经网络和逻辑回归的总体预测准确率分别为 86.45% 和 86.12%（参见表 3.2）。对这些结果的仔细检查表明，"是"类别的预测准确率明显高于"否"类别的预测准确率。实际上，所有四种模型预测第二年可能返回的学生的准确率都超过了 90%，但预测很可能在第一年之后就辍学的学生的准确率低于 50%。因为"否"类别的预测是本研究的主要目的，所以该级的准确率低于 50% 被认为是不可接受的。这两类预测准确率的差异可以（并且应该）归因于训练数据集的不平衡（即约 80% 的"是"样本和约 20% 的"否"样本）。

表 3.2 原始／不平衡数据集的预测结果

| | 人工神经网络（多层感知机） | | 决策树（C5） | | 支持向量机 | | 逻辑回归 | |
|---|---|---|---|---|---|---|---|---|
| | 否 | 是 | 否 | 是 | 否 | 是 | 否 | 是 |
| 否 | 1 494 | 384 | 1 518 | 304 | 1 478 | 255 | 1 438 | 376 |
| 是 | 1 596 | 11 142 | 1 572 | 11 222 | 1 612 | 11 271 | 1 652 | 11 150 |
| 总数 | 3 090 | 11 526 | 3 090 | 11 526 | 3 090 | 11 526 | 3 090 | 11 526 |
| 每类准确率 | 48.35% | 96.67% | 49.13% | 97.36% | 47.83% | 97.79% | 46.54% | 96.74% |
| 整体准确率 | 86.45% | | 87.16% | | 87.23% | | 86.12% | |

下一轮实验使用了一个平衡数据集，其中两个类别的样本计数几乎相等。在实现此方法时，从少数类别（即此处的"否"类别）中抽取了所有样本，从多数类别（即"是"类别）中随机选择了相等数量的样本，并重复了这一步骤处理 10 次以减少随机采样的潜在偏差。每个采样过程都产生了包含 7 000 多个记录的数据集，其中两个类别标签（"是"和"否"）被均等地表示。同样，使用 10 折交叉验证方法，针对所有四种模型开发并测试了预测模型。实验的结果如表 3.3 所示。根据保留样本的结果，支持向量机再次以 81.18% 的总预测准确率胜出，其次是决策树、人工神经网络和逻辑回归，其总预

测准确率分别为 80.65%、79.85% 和 74.26%。从每类准确率数据中可以看出，在使用平衡数据预测"否"类别时，预测模型的效果明显好于使用不平衡数据的预测模型。总体而言，这三种机器学习技术的性能明显优于其统计学对应的逻辑回归。

表 3.3　平衡数据集的预测结果

| 混淆矩阵 | 人工神经网络（多层感知机） | | 决策树（CS） | | 支持向量机 | | 逻辑回归 | |
|---|---|---|---|---|---|---|---|---|
| | 否 | 是 | 否 | 是 | 否 | 是 | 否 | 是 |
| 否 | 2 309 | 464 | 2 311 | 417 | 2 313 | 386 | 2 125 | 626 |
| 是 | 781 | 2 626 | 779 | 2 673 | 777 | 2 704 | 965 | 2 464 |
| 总数 | 3 090 | 3 090 | 3 090 | 3 090 | 3 090 | 3 090 | 3 090 | 3 090 |
| 每类准确率 | 74.72% | 84.98% | 74.79% | 86.50% | 74.85% | 87.51% | 68.77% | 79.74% |
| 整体准确率 | 79.85% | | 80.65% | | 81.18% | | 74.26% | |

第三组实验用于评估这三个集成模型的预测能力。基于 10 折交叉验证方法，信息融合型集成模型的预测结果最好，总体预测准确率为 82.10%，其次是装袋型集成和提升型集成，总体预测准确率分别为 81.80% 和 80.21%（见表 3.4）。尽管集成系统的预测结果比单个模型的预测结果稍好，但与单个最佳预测模型相比，集成系统可以产生更强大的预测系统（有关更多信息，请参见第 5 章）。

表 3.4　三种集成模型的预测结果

| | 提升（提升树） | | 装袋（随机森林） | | 信息融合（加权平均） | |
|---|---|---|---|---|---|---|
| | 否 | 是 | 否 | 是 | 否 | 是 |
| 否 | 2 242 | 375 | 2 327 | 362 | 2 335 | 351 |
| 是 | 848 | 2 715 | 763 | 2 728 | 755 | 2 739 |
| 总数 | 3 090 | 3 090 | 3 090 | 3 090 | 3 090 | 3 090 |
| 每类准确率 | 72.56% | 87.86% | 75.31% | 88.28% | 75.57% | 88.64% |
| 整体准确率 | 80.21% | | 81.80% | | 82.10% | |

除了评估每种模型的预测准确率外，还利用开发的预测模型进行了灵敏度分析，以识别独立变量（即预测变量）的相对重要性。在获得总体灵敏度分析结果时，四种模型都产生了自己的灵敏度度量，将所有独立变量排在了优先列表中。正如预期的那样，每种模型产生的自变量灵敏度排名略有不同。在收集完所有四组灵敏度编号后，对其进行归一化和聚合，并绘制在水平条形图中（请参见图 3.7）。

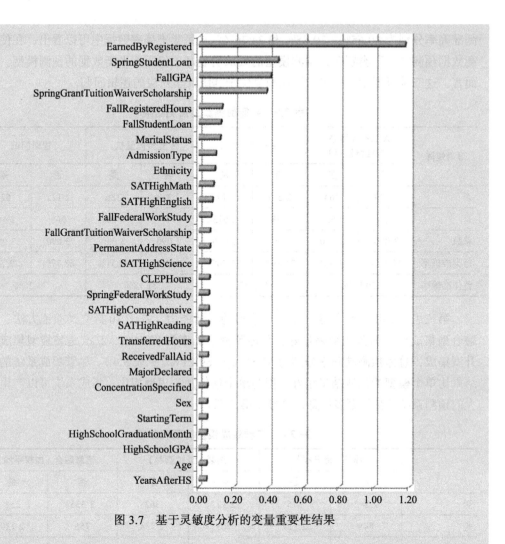

图 3.7 基于灵敏度分析的变量重要性结果

**结论**

研究表明，如果有足够的数据和适当的变量，那么数据挖掘方法能够以大约80%的准确率预测新生流失。结果还表明，无论采用何种预测模型，平衡数据集（与不平衡/原始数据集相比）都能产生更好的预测模型，以确定哪些学生很可能在大二之前辍学。在本研究使用的四个单独的预测模型中，支持向量机表现最好，其次是决策树、神经网络和逻辑回归。从可用性的角度来看，尽管支持向量机显示出更好的预测结果，但人们可能会选择使用决策树，因为与支持向量机和神经网络相比，决策树描绘了一个更透明的模型结构。决策树明确显示了不同预测的推理过程，为特定结果提供了依据，而支持向量机和人工神经网络是数学模型，没有提供关于"它们如何做自己的工作"的透明视图。

**针对应用案例 3.2 的问题**

1. 什么是学生流失，为什么它是高等教育中的重要问题？

2. 处理学生流失问题的传统方法是什么？

3. 在此案例研究的背景下，列出并讨论与数据相关的挑战。

4. 提出的解决方案是什么？结果如何？

资料来源：D. Thammasiri, D. Delen, P. Meesad, & N. Kasap, "A Critical Assessment of Imbalanced Class Distribution Problem: The Case of Predicting Freshmen Student Attrition," *Expert Systems with Applications*, 41(2), 2014, pp. 321–330; D. Delen, "A Comparative Analysis of Machine Learning Techniques for Student Retention Management," *Decision Support Systems*, 49(4), 2010, pp. 498–506, and "Predicting Student Attrition with Data Mining Methods," *Journal of College Student Retention* 13(1), 2011, pp. 17–35.

**➥ 复习题**

1. 为什么原始数据不易用于分析？

2. 数据预处理的主要步骤是什么？

3. 清洗数据是什么意思？在此阶段执行哪些活动？

4. 为什么需要进行数据转换？常用的数据转换任务是什么？

5. 数据缩减可以应用于行（采样）和 / 或列（变量选择）。哪个更具挑战性？

## 3.5　用于业务分析的统计建模

由于业务分析越来越受欢迎，因此传统的统计方法和基础技术也重新获得了吸引力，成为支持基于证据的管理决策的工具。这一次，它们不仅重新获得关注和赞赏，而且除了吸引统计学家和分析专业人士之外，还吸引了商业用户。

统计（统计方法和基本技术）通常被视为描述性分析的一部分（见图 3.8）。一些统计方法也可以被认为是预测性分析的一部分，如判别分析、多元回归、逻辑回归和 k 均值聚类。如图 3.8 所示，描述性分析有两个主要分支：统计和联机分析处理（OLAP）。OLAP 是一个术语，指使用多维数据集（即为提取数据值的子集以回答特定的业务问题而创建的多维数据结构）来分析、表征和汇总存储在组织数据库（通常存储在数据仓库或数据集市中）中的结构化数据。描述性分析的 OLAP 分支也称为商务智能。另外，统计信息可使用描述性或推论方法来帮助表征数据

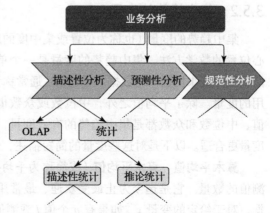

图 3.8　统计与描述性分析之间的关系

（一次一个变量或多变量）。

**统计**（表征和解释数据的数学技术的集合）已经存在了很长时间。研究人员已经开发出许多方法和技术来满足最终用户的需求以及所分析数据的独特特性。一般来说，在最高层次上，统计方法可以分为描述性统计和推论统计两种。描述性统计和推论统计之间的主要区别是使用的数据：**描述性统计**仅涉及描述现有样本数据，而**推论统计**则涉及对总体特征进行推断或得出结论。本节我们将简要描述描述性统计（因为它为描述性分析奠定了基础，特别是描述性分析的组成部分），在 3.6 节，我们将回归（线性回归和逻辑回归）作为推论统计的一部分进行介绍。

## 3.5.1　用于描述性分析的描述性统计

顾名思义，描述性统计描述了现有数据的基本特征，通常一次只包含一个变量。描述性统计使用公式和数值聚合来汇总数据，以使研究中经常出现有意义且易于理解的模式。尽管描述性统计在数据分析中非常有用并且在统计方法中非常受欢迎，但是它不允许在所分析数据的样本之外做出结论（或推断）。也就是说，这只是表征和描述现有数据的一种好方法，而无须就我们可能想到的相关假设的总体得出结论（推论或推断）。

在业务分析中，描述性统计起着至关重要的作用——它使我们能够使用聚合的数字，数据表或图表/图形以有意义的方式理解和解释/呈现数据。本质上，描述性统计帮助我们将数字和符号转换为有意义的表示形式，让任何人都可以理解和使用。这种理解不仅可以帮助业务用户进行决策，还可以帮助分析专家及数据科学家为其他更复杂的分析任务表征和验证数据。描述性统计数据使分析人员可以识别数据一致性、过大或过小的数值（即异常值）以及数字变量中异常分布的数据值。因此，描述性统计中的方法可以分为集中趋势的度量和分散性的度量。在后面的小节，我们将使用这些度量的简单描述和数学表述/表示形式。在数学表示中，我们将使用 $x_1, x_2, \cdots, x_n$ 表示我们想表征的变量（度量）的各个值（观测值）。

## 3.5.2　集中趋势的度量

集中趋势的度量（也称为位置或集中度的度量）是可以估算或描述给定感兴趣变量的中心位置的数学方法。集中趋势的度量是一个单一的数值，旨在通过简单地识别或估计数据的中心位置来描述一组数据。平均值（通常称为算术平均值或简单平均值）是集中趋势最常用的度量。除了平均值之外，中位数或众数也可以用于描述给定变量的集中度。尽管平均值、中位数和众数都是集中趋势的有效度量，但是在不同的情况下，某种度量可能比其他度量更合适。以下是对这些度量的简短描述，包括如何计算它们以及适用情况。

**算术平均值**　算术平均值（或简称为平均值）是所有值/观测值的总和除以数据集中观测值的数量。它是迄今为止最受欢迎、最常用的集中趋势度量，用于连续或离散的数字数据。对于给定的变量 $x$，如果有 $n$ 个值/观测值（$x_1, x_2, \cdots, x_n$）就可以计算出数据样本的算术平均值（$\bar{x}$，发音为 x-bar），如下所示：

$$\bar{x} = \frac{x_1 + x_2 + \cdots + x_n}{n} \quad 或 \quad x = \frac{\sum\limits_{i=1}^{n} x_i}{n}$$

平均值具有几个独有的特征。例如，平均值之上的绝对偏差（平均值与观测值之间的差）之和与平均值之下的绝对偏差之和相同，从而平衡了其任一侧的值。但是，这并不意味着观测值的一半高于平均值，另一半低于平均值（不了解基本统计学知识的人的普遍误解）。而且，平均值对于每个数据集都是唯一的，对于间隔类型和比率类型的数值数据都是有意义且可计算的。一个主要的不利方面是，平均值可能会受到离群值（观测值比其余数据点大得多或小得多）的影响。离群值可以将平均值拉向自己的方向，因此会使集中心度表示出现偏差。因此，如果存在异常值或者数据不规则地散布和偏斜，则应该避免使用平均值作为集中趋势的度量，或者使用其他度量（例如中位数和众数）来增强。

**中位数**　中位数是给定数据集的中心值的度量。它是已按大小顺序（升序或降序）排列 / 排序的一组给定数据的中间值。如果观察值的数量是奇数，则识别中位数非常容易——只需根据大小对观察值进行排序，然后选择中间值即可；如果观察数是偶数，则确定两个中间值，然后取这两个值的简单平均值即可。对于比率、间隔和有序类型的数据，中位数是有意义且可计算的。确定中位数后，数据中一半的数据点在中位数以上，另一半在中位数以下。与平均值相反，中位数不受异常值或偏斜数据的影响。

**众数**　众数是最频繁出现的观察值（在数据集中最频繁出现的值）。在直方图上，它表示条形图中的最高条形，因此可以将其视为最受欢迎的选项 / 值。众数对于包含相对少量唯一值的数据集最有用。也就是说，如果数据具有太多唯一值（例如，许多工程测量保留很多小数位以获得高精度的情况），则使每个值具有一个很小的数字表示其出现频率可能是无用的。尽管众数是一种有用的度量（特别是对于标称数据），但是它并不能很好地表示集中度。因此，它不应用作给定数据集的集中趋势的唯一度量。

综上所述，哪种集中趋势的度量是最好的？尽管这个问题没有明确的答案，但这里有一些提示：在数据不易出现异常值并且没有明显偏斜的情况下使用平均值；当数据具有异常值和 / 或是有序数据时使用中位数；当数据是标称数据时使用众数。也许最佳实践是将这三个度量结合使用，以便可以从三个角度捕获和表示数据集的集中趋势。通常，"平均"是每个人在日常活动中都非常熟悉和高度使用的概念，因此在应将其他统计信息与集中度一起考虑时，管理人员（以及一些科学家和新闻工作者）经常不恰当地使用集中度的度量（尤其是平均值）。较好的做法是将描述性统计数据作为一个整体（用集中度和离散度度量的组合）而不是用像平均值之类的单一度量来呈现。

### 3.5.3　离散度的度量

**离散度**的度量（也称为分布或分散性的度量）是用于估计或描述给定感兴趣变量中变化程度的数学方法。它们代表给定数据集的数值分布（紧凑或疏松）。为了描述离散度，研究人员开发了许多统计学度量。最值得注意的是极差、方差和标准差（以及四分位数和绝对偏差）。数据值离散度的度量之所以重要，是因为它们提供了一个框架，根据该框架可以判断集中趋势——为我们提供平均值（或其他集中度度量）代表样本数据的程度。如果值在数据集中的离散度较大，则平均值不能被视为数据的很好表示，这是因为较大的离散度表示了各个分数之间的较大差异。同样，在研究中通常会将每个数据样本中的微小变化看作一个积极的信号，因为这可能表明所收集数据的同质性、相似性和鲁棒性。

**极差** 极差可能是最简单的离散度度量。它是给定数据集（即变量）中最大值和最小值之间的差。因此，我们可以通过简单地确定数据集中的最小值和最大值并计算它们之间的差（极差＝最大值－最小值）来计算极差。

**方差** 方差是离散度的更全面、更复杂的度量。它是一种用于计算给定数据集中所有数据点与平均值的偏差的方法。方差越大，数据基于平均值就越分散，在数据样本中可以观察到的变异性也越大。为了防止负差和正差的抵消，方差考虑了与平均值的距离的平方。方差的计算公式可以写成

$$s^2 = \frac{\sum_{i=1}^{n}(x_i - \bar{x})^2}{n-1}$$

其中，$n$ 是样本数，$\bar{x}$ 是样本平均值，$x_i$ 是数据集中的第 $i$ 个值。方差值越大，表示数据越分散；方差值越小，表示整个数据集的压缩率越高。由于计算了差异的平方，因此与平均值之间的较大偏差会极大地影响方差值，此外，表示偏差／方差的数字也变得毫无意义了（与美元差异相反，这里给出的是美元差异平方）。因此，为了代替方差，我们在许多商业应用程序中使用了更有意义的离散度度量：*标准差*。

**标准差** 标准差也是对一组数据中值的分布的度量。标准差是通过简单地求方差的平方根来计算的。以下公式给出了根据给定的数据点样本计算的标准差：

$$s = \sqrt{\frac{\sum_{i=1}^{n}(x_i - \bar{x})^2}{n-1}}$$

**平均绝对偏差** 除了方差和标准差外，有时我们还使用**平均绝对偏差**来衡量数据集中数据点的离散度。这是一种根据平均值计算总体偏差的简单方法。具体而言，平均绝对偏差是通过求每个数据点与平均值之间的差的绝对值，然后将它们求和来计算的。该过程提供了分散性的度量，而无须具体说明数据点是低于平均值还是高于平均值。以下是平均绝对偏差的计算公式：

$$MAD = \frac{\sum_{i=1}^{n}|x_i - \bar{x}|}{n}$$

**四分位数和四分位数间距** 四分位数可帮助我们识别数据子集中的分布。**四分位数**是数据集中给定数据点数量的四分之一。通过首先对数据进行排序，然后将排序后的数据分为四个不相交的较小数据集来确定四分位数。四分位数是离散度的有效度量，因为四分位

数比整个数据集中的等效度量受数据离群值或偏斜的影响要小得多。当处理偏斜和 / 或具有异常值的数据时，通常将四分位数与中位数一起作为离散度和集中趋势度量的最佳选择。四分位数的一种常见表达方式是四分位数间距，它描述了第三四分位数（Q3）和第一四分位数（Q1）之间的差异，从而告诉我们分数分布中间一半的范围。四分位数驱动的描述性度量（集中度和离散度）最好用一种流行的图来解释，即箱形图（箱图）。

### 3.5.4　箱形图

　　**箱形图**（或简称**箱图**）是有关给定数据集的几种描述性统计的图形说明。箱形图既可以是水平的也可以是垂直的，但是垂直是最常见的表示形式，尤其是在现代分析软件产品中。箱形图由 John W. Tukey 于 1969 年首次提出，旨在以易于理解的图形符号说明给定数据集的集中度和离散度（即样本数据的分布）。图 3.9 并排显示了两个框图，它们共享相同的 $y$ 轴。如图所示，出于视觉比较的目的，单个图可以具有一个或多个箱形图。在这种情况下，$y$ 轴将是量级的常用量度（变量的数值），其中 $x$ 轴显示不同的等级 / 子集，如不同的时间维度（例如，2015 年与 2016 年年度医疗保险费用的描述性统计数据）或不同类别（例如，营销费用与总销售额的描述性统计数据）。

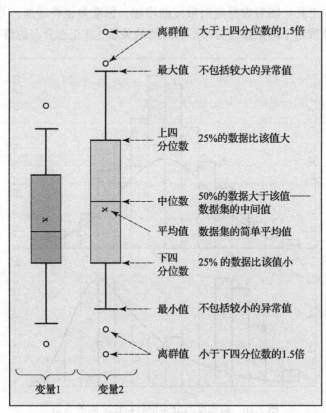

图 3.9　箱形图的细节

尽管从历史上讲，箱形图并未得到广泛和经常的使用（尤其是在统计以外的领域），但随着业务分析的普及，它在商业世界技术含量较低的领域中广受欢迎。它的丰富信息和易于理解的特点在很大程度上要归功于其最近的流行。

箱形图显示了**集中度**（中位数，有时也表示平均值）以及离散度（中间半部分的数据密度，在第一和第三四分位数之间绘制成方框）、最小值和最大值范围（如方框中所示，以延长线表示，其计算值是四分位数框的上限或下限值的 1.5 倍），以及超出范围限制的异常值。箱形图还显示了数据是相对于平均值对称分布还是某种方式摇摆。中位数与平均值的相对位置以及方框两侧的延长线长度很好地表明了数据中的潜在偏斜。

### 3.5.5 分布的形状

尽管不像集中度和离散度那样普遍，但是数据分布的形状也是描述性统计的有用度量。在研究分布的形状之前，我们首先需要定义分布本身。简而言之，分布是指在少数类别标签或数字范围（即容器）上计数和绘制的数据点的频率。在分布的图形说明中，$y$ 轴表示频率（计数或百分比），$x$ 轴表示按等级排列的各个类别或容器。一个非常著名的分布称为正态分布，它在均值的两边是完全对称的，并且具有许多公认的数学特性，这使其成为非常有用的研究和实践工具。随着数据集离散度的增加，标准差也将增加，并且分布的形状看起来更宽。图 3.10 展示了离散度与分布形状之间的关系（在正态分布的情况下）。

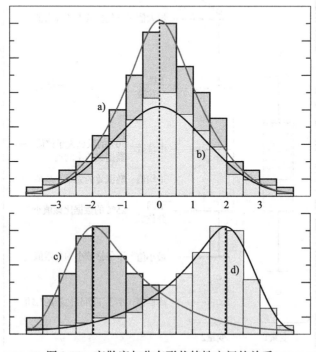

图 3.10　离散度与分布形状特性之间的关系

有两种常用的度量来计算分布的形状特征：偏度和峰度。直方图（频率图）通常用于在视觉上说明偏度和峰度。

**偏度**是对刻画单峰结构（数据分布中仅存在一个峰值）的数据的分布中不对称性（摆动）的度量。因为正态分布是完全对称的单峰分布，所以它不具有偏度。也就是说，其偏度度量（即偏度系数的值）等于零。偏度度量/值可以为正或负。如果分布向左摆动（即尾巴在右侧且均值小于中位数），则产生正偏度度量；如果分布向右摆动（即尾巴在左侧且均值大于中位数），则产生负偏度度量。在图 3.10 中，c 代表正偏分布，d 代表负偏分布，而 a 和 b 都完全对称，因此偏度为零。

$$偏度 = S = \frac{\sum_{i=1}^{n}(x_i - \bar{x})^3}{(n-1)s^3}$$

其中 $s$ 为标准差，$n$ 为样本数。

**峰度**是用于表征单峰分布形状的另一种度量。与形状摆动相反，峰度更着重于表征分布的尖/高/瘦的性质。具体而言，峰度度量的是分布比正态分布更尖或更平的程度。正峰度表示相对较尖/较高的分布，而负峰度表示相对较平/较矮的分布。作为参考点，正态分布的峰度为 3。峰度的计算公式可以写为

$$峰度 = K = \frac{\sum_{i=1}^{n}(x_i - \bar{x})^4}{ns^4} - 3$$

使用商业上可行的统计软件包（例如 SAS、SPSS、Minitab、JMP、Statistica）或免费/开源工具（例如 R），可以轻松地计算描述性统计（以及推论统计）信息。计算描述性统计信息和某些推论统计信息的最便捷工具可能是 Excel。技术洞察 3.1 详细描述了如何使用 Microsoft Excel 计算描述性统计信息。

---

**技术洞察 3.1　如何在 Microsoft Excel 中计算描述性统计信息**

Excel 可以说是世界上最受欢迎的数据分析工具之一，它可以轻松地用于描述性统计。虽然 Excel 的基本配置似乎没有可供最终用户使用的统计功能，但是在安装 Excel 时只需单击一些选项即可激活（打开）这些功能。图 3.11 展示了如何在 Microsoft Excel 2016 中激活统计功能（作为 Analysis ToolPak（分析工具库）的一部分）。

激活后，分析工具库将出现在"数据"选项卡下的"数据分析"中。单击 Excel 菜单栏的"数据"（Data）选项卡下"分析"（Analysis）组中的"数据分析"（Data Analysis）时，你将看到"描述统计"（Descriptive Statistics）作为分析工具（Analysis Tools）列表中的选项之一（参见图 3.12，步骤 1、2）；单击"确定"（OK），将出现"描述统计"对话框（参见图 3.12 的中间部分）。在此对话框中，需要输入数据范围（可以是一个或多个数字列）以及首选项复选框，然后单击"确定"（参见图 3.12，步骤 3、4）。如果所选

内容包含多个数字列，则该工具会将每一列视为一个单独的数据集，并分别为每一列提供描述性统计信息。

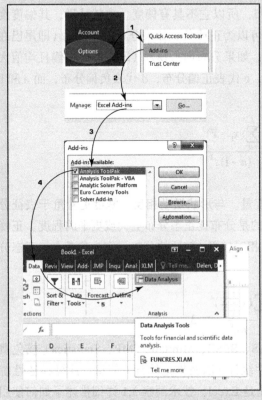

图 3.11 在 Excel 2016 中激活统计功能

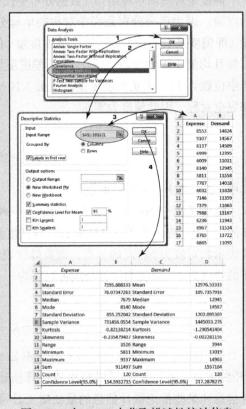

图 3.12 在 Excel 中获取描述性统计信息

例如，我们选择了两列（标记为 Expense 和 Demand）并执行了"描述统计"选项。图 3.12 的底部显示了 Excel 创建的输出。可以看出，Excel 生成了前面介绍的所有描述性统计信息，并在列表中添加了更多描述性统计信息。在 Excel 2016 中，创建箱形图也非常容易。图 3.13 显示了在 Excel 中创建箱形图的简单三步过程。

尽管分析工具库是 Excel 中非常有用的工具，但你应该意识到与生成的结果相关的关键点，因为其表现不同于其他普通的 Excel 函数：尽管 Excel 函数会随着电子表格中基础数据的更改而动态更改，但分析工具库生成的结果不会更改。例如，如果你更改了这两列中的值，则由分析工具库产生的描述性统计结果将保持不变。但是，普通的 Excel 函数却并非如此。如果要计算给定列的平均值（使用"=AVERAGE(A1:A121)"），然后在数据范围内更改值，则平均值将自动更改。总之，分析工具库生成的结果没有指向基础数据的动态链接，如果数据发生更改，则需要使用对话框重做分析。

数据分析的成功应用涵盖了广泛的业务和组织设置，可以解决曾经被认为无法解决的问题。应用案例 3.3 很好地说明了这些成功案例，其中一个镇政府采用了一种数据分析方法，通过不断分析需求和消费模式来智能地检测和解决问题。

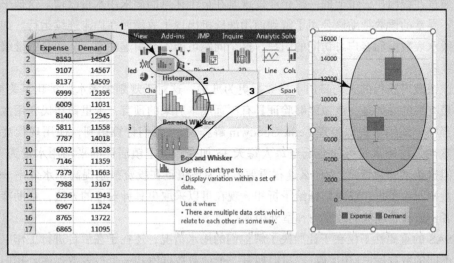

图 3.13　在 Excel 2016 中创建箱形图

**应用案例 3.3**　卡里镇使用分析技术分析来自传感器的数据、评估需求并检测问题

水龙头漏水、洗碗机故障、喷头破裂，这些不仅是令房主或企业头疼的问题，还可能是昂贵的、不可预测的，甚至很难精确定位。通过将无线水表和数据分析驱动的客户可访问的门户相结合，使美国北卡罗来纳州的卡里镇查找和解决节水问题变得更加容易。在此过程中，该镇获得了用水概况，这对于规划未来的水厂扩建和促进有针对性的保护工作至关重要。

当卡里镇政府在 2010 年为 60 000 位客户安装了无线电表时，它知道这项新技术不仅会代替手动月度读数从而节省资金，还能帮助获得更准确和及时的用水量信息。Aquastar 无线系统每小时读取一次仪表，即每个客户每年 8 760 个数据点，而不是仅有 12 个月的读数。如果可以轻松使用这些数据，它们就能发挥巨大的潜力。

"每月的读数就像是拥有 1 加仑⊖水的数据，而每小时的读数更像是奥运会规模的数据池，"卡里镇财务总监 Karen Mills 说，"SAS 帮助我们很好地管理了数据量。"实际上，该解决方案使卡里镇政府能够分析有关用水量的十亿个数据点，并使所有用户都可以方便地使用它们。

按小时可视化家庭或企业客户查看数据的功能已催生了一些非常实用的应用：

⊖　1 美加仑＝3.785 41 立方米。——编辑注

❑ 镇政府可以在几天内通知客户潜在的用水泄漏。

❑ 客户可以设置警报，以在用水量激增时在数小时内获得通知。

❑ 客户可以在线跟踪其用水情况，从而更加积极地节约用水。

通过在线门户，镇上的一家企业发现其在员工休息的周末用水量激增。这似乎很奇怪，不寻常的读数帮助该公司了解到商用洗碗机出现了故障而在周末连续运行。如果没有无线水表数据和客户可访问的门户，这个问题可能不会引起注意，从而导致继续浪费水和金钱。

该镇政府获得的人均日用水量数据更为准确，这对于规划未来水厂扩建至关重要。也许最有趣的好处是，该镇能够验证具有深远成本后果的预言：卡里镇居民在用水方面非常经济。该镇水资源经理 Leila Goodwin 解释说："我们计算得到，使用现代高效电器，室内人均用水量可能会低至每人每天 35 加仑。卡里镇居民的平均用水量为 45 加仑，但这仍然非常低。"为什么这很重要？因为该镇正在投资鼓励提高用水效率——对低流量厕所给予折扣或对雨桶给予折扣。现在可以采取更具针对性的方法，帮助特定的消费者了解和管理他们的室内和室外用水。

SAS 的重要性不仅在于让居民了解他们的用水情况，还在于在后台进行工作以链接两个不同的数据库。Mills 说："我们拥有一个计费数据库和一个抄表数据库。我们需要将它们整合在一起，使其具有代表性。"

该镇估计，仅通过取代手动读取数据，Aquastar 系统节省的资金将比该项目的成本高出 1000 万美元。分析组件还可以提供更大的节省空间。镇政府和市民都已经通过尽早发现漏水而节省了金钱。随着该镇继续规划其未来的基础设施需求，掌握准确的用水量信息将有助于其在适当的时间投资适当数量的基础设施。此外，如果城镇遭受干旱等不利因素的影响，了解用水量将有所帮助。

Goodwin 说："我们在 2007 年经历了干旱。为了应对下一次干旱，我们已经制订了计划，来使用 Aquastar 数据确切了解我们每天的用水量并与客户沟通。我们可以显示'我们正在经历干旱，因为我们的供应量低，所以你可以使用的水量如下'虽然我希望我们永远不必使用它，但我们已经做好了准备。"

**针对应用案例 3.3 的问题**

1. 卡里镇面临哪些挑战？

2. 提出的解决方案是什么？

3. 结果如何？

4. 针对像卡里镇这样的城镇提出其他问题和数据分析解决方案。

资料来源："Municipality Puts Wireless Water Meter-Reading Data To Work (SAS® Analytics)—The Town of Cary, North Carolina Uses SAS Analytics to Analyze Data from Wireless Water Meters, Assess Demand, Detect Problems and Engage Customers." Copyright © 2016 SAS Institute Inc., Cary, NC, USA. Reprinted with permission. All rights reserved.

> ➤ **复习题**
>
> 1. 统计分析与业务分析之间有什么关系?
> 2. 描述性统计和推论统计之间的主要区别是什么?
> 3. 列出描述性统计的集中趋势度量并简要定义。
> 4. 列出描述性统计的离散度度量并简要定义。
> 5. 什么是箱形图? 它代表什么类型的统计信息?
> 6. 描述数据分布的两个最常用的形状特征是什么?

## 3.6　用于推论统计的回归建模

**回归**,尤其是线性回归,可能是统计中最广泛使用的分析技术。从历史上讲,回归的根源可以追溯到 20 世纪 20 年代和 20 世纪 30 年代,首先是弗朗西斯·高尔顿爵士以及随后的卡尔·皮尔逊爵士关于甜豌豆遗传特性的早期研究。从那时起,回归已成为表征解释(输入)变量和响应(输出)变量之间关系的统计技术。

尽管回归很流行,但它本质上是一种相对简单的统计技术,用于对变量(响应或输出变量)对一个(或多个)解释(输入)变量的依赖性进行建模。一旦确定,变量之间的这种关系就可以被表示为线性 / 加法函数 / 方程。与许多其他建模技术一样,回归旨在捕获现实世界的特征之间的函数关系,并用数学模型描述这种关系,然后可以将其用于发现和理解现实世界的复杂性——探索并解释关系或预测未来将会发生的事情。

回归可用于以下两个目的:假设检验(研究不同变量之间的潜在关系)预测(根据一个或多个解释变量估计响应变量的值)。这两种用途不是互斥的。回归的解释力也是其预测能力的基础。在假设检验(理论构建)中,回归分析可以揭示许多解释变量(通常用 $x_i$ 表示)和响应变量(通常用 $y$ 表示)之间关系的存在 / 强度和方向。在预测中,回归确定一个或多个解释变量与响应变量之间的附加数学关系(以方程的形式)。一旦确定,此方程可用于预测给定解释变量值集的响应变量值。

**相关性与回归**　因为回归分析起源于相关性研究,并且两种方法都试图描述两个(或多个)变量之间的关联,所以这两个术语经常被专业人员甚至科学家混淆。**相关性**没有先验假设一个变量是否依赖于另一个变量,并且与变量之间的关系无关。相反,它给出了变量之间的关联程度的估计。另一方面,回归尝试描述响应变量对一个(或多个)解释变量的依赖关系,其中隐含地假设从解释变量到响应变量存在单向因果效应,而不考虑作用路径是直接的还是间接的。同样,相关性对两个变量之间的低级关系很感兴趣,而回归与所有解释变量和响应变量之间的关系有关。

**简单回归与多元回归**　如果将回归方程建立在一个响应变量和一个解释变量之间,则将其称为简单回归。建立用来预测 / 解释人的身高(解释变量)和人的体重(响应变量)之间关系的回归方程就是简单回归的一个很好的例子。当解释变量多于一个时,将其称为多元回归，它是简单回归的扩展。例如，在前面的例子中，如果我们不仅要包括人的身高，还要包括其他个人特征（例如 BMI、性别、种族）以预测人的体重，那么我们将进行多元回归分析。在这两种情况下，响应变量和解释变量之间的关系本质上都是线性和加和的。如果关系不是线性的，那么我们可能想使用其他非线性回归方法来更好地捕获输入变量和输出变量之间的关系。

### 3.6.1 如何开发线性回归模型

要了解两个变量之间的关系，最简单的方法是绘制一个散点图，其中 $y$ 轴表示响应变量的值，而 $x$ 轴表示说明变量的值（参见图 3.14）。散点图将显示响应变量的变化与解释变量的变化之间的关系。在图 3.14 所示的情况下，两者之间似乎存在正相关关系。随着解释变量值的增加，响应变量值也会增加。

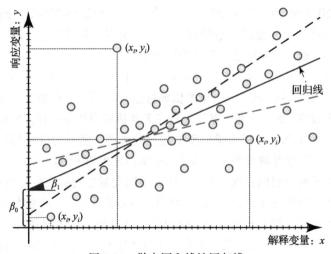

图 3.14 散点图和线性回归线

简单回归分析旨在找到这种关系的数学表示。实际上，它试图通过最小化点与线之间的距离（理论回归线上的预测值）的方式找到一条直线（代表观测数据 / 历史数据）的特征。研究人员提出了几种方法 / 算法来识别回归线，最常用的一种方法称为**普通最小二乘（OLS）法**。该方法旨在最小化残差平方和（观测值与回归点之间的垂直距离的平方），并得出回归线估计值的数学表达式（称为参数 $\beta$）。对于简单的线性回归，可以将响应变量 $y$ 和解释变量 $x$ 之间的上述关系显示为一个简单的方程，如下所示：

$$y = \beta_0 + \beta_1 x$$

在该式中，$\beta_0$ 称为截距，$\beta_1$ 称为斜率。一旦通过普通最小二乘法确定了这两个系数的值，对于给定的 $x$，就可以使用简单的方程预测 $y$ 的值。$\beta_1$ 的符号和值也揭示了两个变量之间关系的方向和强度。

如果模型属于多元线性回归，则将有更多的系数需要确定（每个附加的解释变量有一个系数）。如下式所示，附加的解释变量将与新的 $\beta_i$ 系数相乘并求和，以建立响应变量的线性累加表示。

$$y = \beta_0 + \beta_1 x_1 + \beta_2 x_2 + \beta_3 x_3 + \cdot \cdot + \beta_n x_n$$

## 3.6.2　如何知道模型是否足够好

由于各种原因，有时并不能证明模型能很好地表示现实世界。无论所包含解释变量的数量如何，模型总有可能表现不佳，因此需要评估线性回归模型的拟合度（模型表示响应变量的程度）。从最简单的意义上讲，一个拟合良好的回归模型会导致预测值接近观察到的数据值。对于数值评估，我们经常使用三种统计度量评估回归模型的拟合度：$R^2$、总体 F 检验和均方根误差（RMSE）。所有这三个度量均基于平方误差（数据与平均值之间的距离以及数据与模型的预测值之间的距离）的总和。这两个值的不同组合为回归模型与均值模型的比较提供了不同的信息。

在这三个度量中，$R^2$ 具有直观的规模，因此其具有最有用和最易理解的含义。$R^2$ 值的范围为 0～1（对应以百分比说明的可变性的量），其中 0 表示所提出的模型的关系和预测能力弱，1 表示所提出的模型非常适合产生精确的预测（几乎不会发生）。良好的 $R^2$ 值通常接近 1，并且接近程度取决于建模的现象：在社会科学中，线性回归模型的 $R^2$ 值为 0.3 可以认为足够好，而在工程学中，$R^2$ 值为 0.7 可能被认为不够合适。可以通过添加更多的解释变量或使用不同的数据转换技术来实现回归模型的改进，这将导致 $R^2$ 值的相对增加。图 3.15 展示了开发回归模型的流程。从流程中可以看出，紧随模型开发任务的是模型评估任务，其中不仅评估了模型的拟合度，而且由于线性模型必须遵守的限制性假设，因此也需要详细评估模型的有效性。

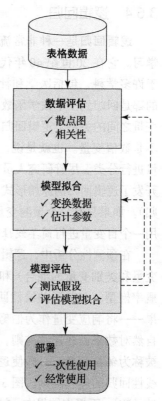

图 3.15　开发回归模型的流程

## 3.6.3　线性回归中最重要的假设

尽管线性回归模型仍然是数据分析的常用方法（用于解释性和预测性建模），但它仍具有一些高度限制性的假设，而建立的线性模型的有效性取决于其遵守这些假设的能力。以下是最常见的假设：

1. **线性度**。该假设表明响应变量与解释变量之间的关系是线性的，即响应变量的期望值是每个解释变量的直线函数，同时所有其他解释变量保持固定。同样，直线的斜率也不取决于其他变量的值。这也意味着不同的解释变量对响应变量的期望值的影响本质上是累加的。

2. **（误差的）独立性**。该假设表明响应变量的误差彼此不相关。误差的这种独立性比实际的统计独立性要弱，后者是一个更强的条件，通常是线性回归分析所不需要的。

3. **（误差的）正态性**。该假设表明，响应变量的误差是正态分布的。也就是说，它们应该是完全随机的，不应代表任何非随机模式。

4. **（误差的）常数方差**。这个假设（也称为同方差性）指出，无论解释变量的值如何，响应变量的误差均具有相同的方差。实际上，如果响应变量在足够大的范围内变化，则此假设无效。

5. **多重共线性**。该假设说明解释变量不是相关的（即不重复相同的内容，而是提供模型所需信息的不同视角）。如果有两个或更多个完全相关的解释变量出现在模型中，则会触发多重共线性（例如，同一个解释变量重复出现在模型中，或者一个变量可由另一个变量轻微转换得到）。基于相关性的数据评估通常会捕获此错误。

研究人员开发了统计技术来识别违反这些假设的方法以及缓和这些假设的技术。对于建模者来说，最重要的是要意识到它们的存在，并采用适当的方法来评估模型，以确保模型符合所建立的假设。

### 3.6.4 逻辑回归

**逻辑回归**是一种非常流行的、统计上可靠的、基于概率的分类算法，该算法采用**监督学习**。它在 20 世纪 40 年代诞生，是线性回归和线性判别分析方法的补充。它已被广泛用于许多学科，包括医学和社会科学领域。逻辑回归与线性回归的相似之处在于，它们的目的都是回归到一个数学函数，该函数使用过去的观测值（训练数据）来解释响应变量和解释变量之间的关系。逻辑回归与线性回归的主要区别在于：输出（响应变量）是一个类别，而不是数值变量。也就是说，线性回归用于估计连续的数值变量，而逻辑回归用于对类别变量进行分类。尽管研究人员为二元输出变量（例如，1/0、是 / 否、通过 / 失败、接受 / 拒绝）开发了逻辑回归的原始形式，但当今的修改版本仍能够预测多类输出变量（即多项式逻辑回归）。如果只有一个预测变量和一个被预测变量，则该方法称为简单逻辑回归（类似于仅使用一个自变量进行简单线性回归的线性回归模型）。

在预测性分析中，逻辑回归模型用于在一个或多个解释 / 预测变量（本质上可以是连续变量和类别变量的混合）和类 / 响应变量（可以是二项式 / 二元或多项式 / 多元）之间建立概率模型。与普通的线性回归不同，逻辑回归用于预测响应变量的分类（通常为二元）结果——将响应变量作为伯努利试验的结果进行处理。因此，逻辑回归采用响应变量概率的自然对数来创建连续准则，作为响应变量的变换形式。由此，逻辑对数转换在逻辑回归中被称为链接函数——即使逻辑回归中的响应变量是类别变量或二项式变量，对数也是进行线性回归的连续准则。图 3.16 展示了逻辑回归函数，其中概率在 $x$ 轴上表示（自变量的线性函数），而概率结果在 $y$ 轴上表示（即响应变量值在 0~1 的范围内变化）。

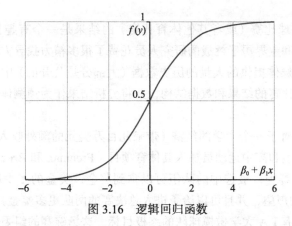

图 3.16　逻辑回归函数

图 3.16 中的逻辑函数 $f(y)$ 是逻辑回归的核心，它只能取 0～1 范围内的值。以下方程是该函数的简单数学表示：

$$f(y) = \frac{1}{1 + e^{-(\beta_0 + \beta_1 x)}}$$

通常使用最大似然估计方法估计逻辑回归系数（$\beta$）。与具有正态分布残差的线性回归不同，不可能找到最大化似然函数的系数值的闭式表达式，因此必须使用迭代过程。此过程从尝试性的初始解决方案开始，然后稍微修改参数以查看解决方案是否可以改进，然后重复此迭代修改，直到无法实现任何改进或将改进降到最低为止，此时该过程已完成 / 收敛。

体育分析（使用数据和统计 / 分析技术更好地管理体育团队 / 组织）已经得到了极大的普及。数据驱动的分析技术的使用不仅已成为专业团队的主流，而且已成为大学和业余运动的主流。应用案例 3.4 是一个示例，说明如何使用分类和回归类型的预测模型，将易于获得的现有公共数据源用于预测大学橄榄球碗赛的结果。

**应用案例 3.4**　**预测 NCAA 橄榄球碗赛结果**

预测大学橄榄球比赛（或者其他体育比赛）的结果是一个有趣且富有挑战性的问题。因此，学术界和业界勇于挑战的研究人员花费了很多精力找寻方法来预测体育比赛的结果。从不同的媒体提供的大量的历史数据（大部分是公开的）中，我们可以定性或定量分析这些体育比赛的结果和数据结构，并将分析结果作为预测体育比赛结果的重要因素。

赛季末的碗赛对于一个大学的经济（带来几百万美元的额外收入）和声望（可以招募更多有能力的学生和高中运动员加入其体育项目（Freeman 和 Brewer，2016）是十分重要的。在一场碗赛中，被选中的队伍可以拿到奖金，奖金的多少取决于具体的碗赛（一些碗赛有更高的声望，并且可以给予进入总决赛的两队更多奖金）。因此，保住一场碗赛的邀请函是所有 I-A 大学橄榄球队的终极目标。这场碗赛的组委会有权选择并邀请这些有资格参赛的（这些队伍应该在本赛季有 6 场胜利）并且实力很强（根据排名和排位）的队伍来参加这场激动人心的比赛。这场比赛会吸引两支队伍的球迷，并且通过媒体广告宣传留住这些球迷。

在数据挖掘研究中，Delen 等人（2012）运用三种主要数据挖掘技术（决策树、神经网络和支持向量机）分析 8 年的橄榄球碗赛数据，从而预测分类型比赛结果（胜和负）和回归型比赛结果（预测对决双方之间的得分点差）。下面介绍他们的主要研究过程。

### 方法

在此研究中，Delen 和他的同事运用了一种包含 6 个步骤的主流数据挖掘技术 CRISP-DM（跨行业数据挖掘标准化流程）。这种方法（将在第 4 章详细讲述）提供了结构化且系统化的方法，来进行基础数据的挖掘研究，因而提高了预测结果的准确性和可靠性。为了客观评估此方法对于其他模型的预测能力，他们使用了一种交叉验证方法——k 折交叉验证法。关于 k 折交叉验证法的具体内容可以在第 4 章中找到。图 3.17 用思维导图的形式描述了研究者使用的研究方法的具体流程。

### 数据采集与数据预处理

该研究的样本数据来自网络上的大量体育数据库，其中包括 jhowel.net、ESPN.com、Covers.com、ncaa.org 和 rauzulusstreet.com。数据集中包括 244 场碗赛，涵盖了 2002～2009 年共 8 个赛季的大学橄榄球碗赛。Delen 等人还加入了一个样本外数据集（2010～2011），用来进行额外的验证。他们运用流行的数据挖掘法则之一在模型中包含了尽可能多的相关信息。因此，经过深入的变量识别和收集过程，他们最终获得了一个包含 36 个变量的数据集，其中前 6 个为识别变量（即碗赛的名称和年份、主队和客队的名称以及这些队伍的联盟——详见表 3.5 中的变量 1～6），后面 28 个是输入变量（其中包括描述球队的进攻和防守、比赛结果、球队组成特点、联盟特点以及如何应对比赛胜率的变量——详见表 3.5 中的变量 7～34），最后两个是输出变量（ScoreDiff——主队与客队之间的分差，以整数表示；WinLoss——主队获胜或输掉比赛，以标称数据类型表示）。

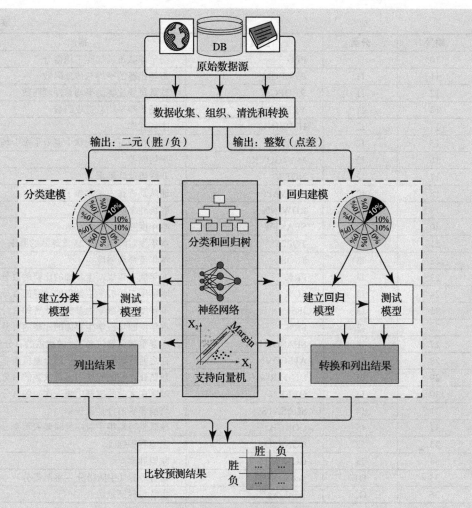

图 3.17　研究中所用方法的图解说明

表 3.5　研究中使用的变量说明

| 编号 | 分类 | 变量名 | 描述 |
|---|---|---|---|
| 1 | ID[①] | YEAR | 碗赛年份 |
| 2 | ID | BOWLGAME | 碗赛名称 |
| 3 | ID | HOMETEAM | 主队（由碗赛组织者列出） |
| 4 | ID | AWAYTEAM | 客队（由碗赛组织者列出） |
| 5 | ID | HOMECONFERENCE | 主队的联盟 |
| 6 | ID | AWAYCONFERENCE | 客队的联盟 |
| 7 | I1[②] | DEFPTPGM | 每场比赛防守得分 |
| 8 | I1 | DEFRYDPGM | 每场比赛防守冲刺码数 |
| 9 | I1 | DEFYDPGM | 每场比赛防守码数 |

（续）

| 编号 | 分类 | 变量名 | 描述 |
|---|---|---|---|
| 10 | I1 | PPG | 给定球队每场比赛平均得分 |
| 11 | I1 | PYDPGM | 每场比赛的平均总传球码数 |
| 12 | I1 | RYDPGM | 球队每场比赛的平均总冲刺码数 |
| 13 | I1 | YRDPGM | 每场比赛平均总进攻码数 |
| 14 | I2 | HMWIN% | 主场胜率 |
| 15 | I2 | LAST7 | 球队在最近 7 场比赛中赢得了多少场比赛 |
| 16 | I2 | MARGOVIC | 平均胜差 |
| 17 | I2 | NCTW | 非联盟球队胜率 |
| 18 | I2 | PREVAPP | 球队是否在去年参加了碗赛 |
| 19 | I2 | RDWIN% | 客场胜率 |
| 20 | I2 | SEASTW | 本年度胜率 |
| 21 | I2 | TOP25 | 本年度对阵 AP 前 25 支球队的胜率 |
| 22 | I3 | TSOS | 本年度赛程强度 |
| 23 | I3 | FR% | 本年度一年级新生参加的比赛的百分比 |
| 24 | I3 | SO% | 本年度二年级学生参加的比赛的百分比 |
| 25 | I3 | JR% | 本年度三年级学生参加的比赛的百分比 |
| 26 | I3 | SR% | 本年度四年级学生参加的比赛的百分比 |
| 27 | I4 | SEASOvUn% | 本赛季球队超过 O/U[2] 的次数的百分比 |
| 28 | I4 | ATSCOV% | 在之前的碗赛中，球队的分差覆盖率 |
| 29 | I4 | UNDER% | 球队在之前的碗赛中落后次数的百分比[3] |
| 30 | I4 | OVER% | 球队在之前的碗赛中领先次数的百分比[3] |
| 31 | I4 | SEASATS% | 当前赛季的分差覆盖率 |
| 32 | I5 | CONCH | 球队是否赢得了对应的联盟冠军赛 |
| 33 | I5 | CONFSOS | 联盟赛程强度 |
| 34 | I5 | CONFWIN% | 联盟胜率 |
| 35 | O1 | ScoreDiff[4] | 得分差异（主队得分 − 客队得分） |
| 36 | O2 | WinLoss[4] | 主队是胜还是负 |

[1] ID：标识符变量。O1：回归模型的输出变量。O2：分类模型的输出变量。I2：比赛结果。I3：球队配置。I4：球队状态。I5：联盟统计。
[2] 进攻 / 防守。
[3] 领先 / 落后——球队将超过或低于预期的得分差异。
[4] 输出变量——用于回归模型的 ScoreDiff 和用于二元分类模型的 WinLoss。

　　在数据集的表述中，每一行（也称为元组、案例、样本、示例等）代表一场碗赛，每一列代表一个变量（即标识符 / 输入或输出变量）。为了在输入变量中表示两对阵球队的比赛特征，Delen 等人计算并使用了主队和客队之间的差异。所有这些变量值都是以主队的视角计算得出的。例如，变量 PPG（球队每场比赛得分平均值）代表了主队与客队的 PPG 之间的差异。输出变量表示主队是赢得这场比赛还是输掉这场比赛。也就是说，如果 ScoreDiff 变量是正整数，则主队有望获胜；否则（如果 ScoreDiff 变量是负整数），则预测主队将输掉这场比赛。输出变量 WinLoss 的值为一个二元标签，即"Win"或"Loss"，表示主队的比赛结果。

**结果与评估**

在这项研究中，此团队使用了三种主流的预测技术来构建模型（并将它们互相比较）：人工神经网络（ANN）、决策树（DT）和支持向量机（SVM）。团队是基于这些预测技术对分类和回归预测问题的建模能力以及在最近发表的数据挖掘文献中的主流性进行选择的。有关这些方法的更多详细信息，请参见第 4 章。

为比较所有模型的预测准确性，研究人员使用了分层 $k$ 折交叉验证方法。在分层 $k$ 折交叉验证中，以如下方式叠加：它们包含与原始数据集的比例大致相同的预测变量标签（即类别）。在这项研究中，$k$ 的值设置为 10（即将 244 个样本的完整集合分为 10 个子集，每个子集包含约 25 个样本），这是预测数据挖掘应用中的一种常见做法。本章前面展示了 10 折交叉验证的图形描述。为了比较通过上述三种数据挖掘技术开发的预测模型，研究人员选择使用三种常见的标准：准确率、灵敏度和特异性。这些简单的度量公式也已在本章前面进行了说明。

表 3.6 和表 3.7 给出了这三种建模技术的预测结果。表 3.6 列出了分类方法的 10 次交叉验证结果，其中将三种数据挖掘技术的输出变量（即 WinLoss）表示为二元标称形式。表 3.7 给出了基于回归的分类方法的 10 次交叉验证结果，其中将三种数据挖掘技术的输出变量（即 ScoreDiff）表示为数值形式。在基于回归的分类预测中，将正 WinLoss 数值记为 "Win"，将负 WinLoss 数值记为 "Loss"，然后将其列入混淆矩阵中，可以将模型的数值输出转换为分类。使用混淆矩阵，可以计算每种模型的总体预测准确率、灵敏度和特异性，并在表 3.6 和表 3.7 中列出。结果表明，分类预测方法的性能要好于基于回归的分类预测方法的性能。在这三种数据挖掘技术中，分类树和回归树在两种预测方法中均产生了更好的预测准确率。总的来说，分类和回归树分类模型的 10 次交叉验证准确率最高，是 86.48%，其次是支持向量机（79.51%）和人工神经网络（75.00%）。研究人员使用 t 检验后发现，这些准确率值在 0.05 的 α 水平上存在明显差异；也就是说，在这个领域中，决策树明显是比神经网络和支持向量机更好的预测器，而与神经网络相比，支持向量机明显是更好的预测器。

**表 3.6　直接分类方法的预测结果**

| 预测方法<br>（分类[①]） | | 混淆矩阵 | | 准确率[②]<br>（%） | 灵敏度<br>（%） | 特异性<br>（%） |
|---|---|---|---|---|---|---|
| | | 胜 | 负 | | | |
| ANN（MLP） | 胜 | 92 | 42 | 75.00 | 68.66 | 82.73 |
| | 负 | 19 | 91 | | | |
| SVM（RBF） | 胜 | 105 | 29 | 79.51 | 78.36 | 80.91 |
| | 负 | 21 | 89 | | | |
| DT（C&RT） | 胜 | 113 | 21 | 86.48 | 84.33 | 89.09 |
| | 负 | 12 | 98 | | | |

①输出变量是二元分类变量（胜或负）。
②差异很大。

表 3.7　基于回归的分类方法的预测结果

| 预测方法 (基于回归[1]) | | 混淆矩阵 | | 准确率[2] (%) | 灵敏度 (%) | 特异性 (%) |
|---|---|---|---|---|---|---|
| | | 胜 | 负 | | | |
| ANN（MLP） | 胜 | 94 | 40 | 72.54 | 70.15 | 75.45 |
| | 负 | 27 | 83 | | | |
| SVM（RBF） | 胜 | 100 | 34 | 74.59 | 74.63 | 74.55 |
| | 负 | 28 | 82 | | | |
| DT(C&RT) | 胜 | 106 | 28 | 77.87 | 76.36 | 79.10 |
| | 负 | 26 | 84 | | | |

①输出变量是数值 / 整数变量（点差）。
②差异为 sig $p<0.01$。

研究结果表明，分类模型比基于回归的分类模型能更好地预测一场比赛的结果。即便这些结果仅限于本研究中的特定应用领域和使用的数据，因此无法适用于所有的领域，但这些成果也著实令人激动，因为决策树不仅是最佳的预测器，而且与本研究中使用的其他两种机器学习技术相比，它还是理解和部署方面的最佳选择。有关这项研究的更多详细信息，请参见 Delen 等人（2012）的论文。

**针对应用案例 3.4 的问题**

1. 预测体育赛事结果（例如大学生橄榄球碗赛）时可预见的挑战有哪些？

2. 研究人员是如何制定 / 设计预测问题（即输入和输出是什么、单个样本（数据行）的表示是什么）的？

3. 预测结果有多成功？还能做些什么来提高预测的准确性？

资料来源：D. Delen, D. Cogdell, and N. Kasap, "A Comparative Analysis of Data Mining Methods in Predicting NCAA Bowl Outcomes," *International Journal of Forecasting*, 28, 2012, pp. 543–552; K. M. Freeman, and R. M. Brewer, "The Politics of American College Football," *Journal of Applied Business and Economics*, 18(2), 2016, pp. 97–101.

### 3.6.5　时间序列预测

有时，我们感兴趣的变量（即响应变量）可能没有明显可识别的解释变量，或者它们之间的关系非常复杂。在这种情况下，如果可以获得所需格式的数据，则可以建立预测模型，即所谓的时间序列。时间序列是感兴趣变量的数据点序列，在连续的时间点上以均匀的时间间隔进行测量和表示，例如某个地理区域的每月降雨量、股票市场指数的每日收盘价以及杂货店的日销售总额。通常，使用折线图可以对时间序列进行可视化。图 3.18 展示了 2008～2012 年每个季度销售额的时间序列示例。

**时间序列预测**是使用数学建模基于先前观察到的感兴趣变量的值预测未来的值。时间序列图 / 图表的外观与简单线性回归非常相似，因为时间序列和简单线性回归都有两个变量：响应变量和散点图中显示的时间变量。除了这种外观相似性，两者之间几乎没有其他共同点。尽管测试理论中通常使用回归分析查看一个或多个解释变量的当前值是否解释（并因此预测）了响应变量，但时间序列模型的重点是推断其随时间变化的行为以估计未来值。

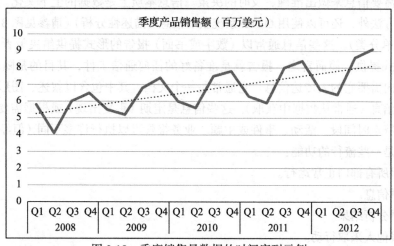

图 3.18　季度销售量数据的时间序列示例

　　时间序列预测假定所有解释变量都作为时变行为被汇总到响应变量中。因此，捕获时变行为是预测响应变量未来值的方法。为此，将分析模式并将其分解为主要组成部分：随机变化、时间趋势和季节性周期。图 3.18 所示的时间序列示例说明了所有这些不同的模式。

　　用于开发时间序列预测的技术从简单（表明今天的预测值与昨天的实际值相同的朴素预测）到复杂（例如 ARIMA，将数据中的自回归和移动平均模式相结合的方法）。流行的技术有平均方法，包括简单平均、移动平均、加权移动平均和指数平滑。这些技术中的许多也具有高级版本，可以考虑季节性和趋势以便更好、更准确地进行预测时。通常通过平均绝对误差（MAE）、均方误差（MSE）或平均绝对百分比误差（MAPE）计算其误差（过去观测值的实际值与预测值之间的计算偏差）来评估方法的准确性。尽管它们都使用相同的核心误差度量，但这三种评估方法强调了误差的不同方面，其中某些方法比其他方法更能惩罚较大的误差。

---

### ▶▶ 复习题

1. 什么是回归？它的统计目的是什么？
2. 回归和相关性之间的共性和区别是什么？
3. 什么是普通最小二乘？它如何确定线性回归线？
4. 列出开发线性回归模型要遵循的主要步骤并描述。
5. 线性回归的最常见假设是什么？
6. 什么是逻辑回归？它与线性回归有何不同？
7. 什么是时间序列？用于时间序列数据的主要预测技术是什么？

## 3.7 业务报告

决策者需要信息来做出准确、及时的决策。信息本质上是数据的上下文化。除了 3.6 节介绍的统计方法外，还可以使用 OLTP 系统获取信息（描述性分析）（请参见图 3.8 中的描述性分析的简单分类）。这些信息通常以（数字或书面）报告的形式提供给决策者，但也可以通过口头形式提供。简而言之，**报告**就是准备好的任何通信工件，其目的是随时随地以可理解的形式向需要它的人传达信息。它通常是一个文档，其中包含以叙述、图形和 / 或表格形式组织的信息（通常从数据中获取），这些信息是定期（重复出现）或根据需要（临时）准备的，涉及特定时间段、活动、事件或主题。业务报告可以执行许多不同（但经常相关）的功能。以下是一些流行的功能：

- ❑ 确保所有部门正常运行。
- ❑ 提供信息。
- ❑ 提供分析结果。
- ❑ 说服他人采取行动。
- ❑ 创建组织记忆（作为知识管理系统的一部分）。

业务报告（也称为 OLAP 或 BI）是朝着改进的基于证据的最佳管理决策做出更大努力的重要组成部分。这些**业务报告**的基础是来自组织内部和外部（OLTP 系统）的各种数据源。这些报告的创建涉及与数据仓库协作的提取、转换和加载（ETL）过程，然后使用一个或多个报告工具。

由于 IT 的迅速扩展以及对提高业务竞争力的需求，人们越来越多地使用计算能力生成统一的报告，这些报告将一个企业的不同观点结合在一起。通常，此过程涉及查询结构化数据源（其中大多数是使用不同的逻辑数据模型和数据字典创建的），以生成易于阅读和理解的报告。这些类型的业务报告使经理和同事可以随时了解和参与事务、查看选项和替代方案，并做出明智的决策。图 3.19 显示了数据采集→信息生成→决策→业务流程管理的连续循环。在此循环过程中，最关键的任务可能是报告（即信息生成）——将来自不同来源的数据转换为可操作的信息。

任何成功报告的关键是清晰、简洁、完整和正确。报告的性质和这些成功因素的重要性级别随着创建报告的人的不同而有很大的变化。有效报告中的大多数研究都是针对内部报告的，这些报告可为组织内的利益相关者和决策者提供信息。企业和政府之间也有外部报告（例如，出于税收目的或向美国证券交易委员会定期备案）。存在各种各样的业务报告，而通常用于管理目的的业务报告可以分为三大类（Hill，2016）。

**指标管理报告** 在许多组织中，业务绩效是通过面向结果的指标进行管理的。对于外部团队，这些是服务级别协议；对于内部管理，它们是**关键绩效指标**（KPI）。通常，会在一段时间内跟踪整个企业范围内的商定目标。它们可以用作其他管理策略的一部分，例如"六西格玛"或全面质量管理。

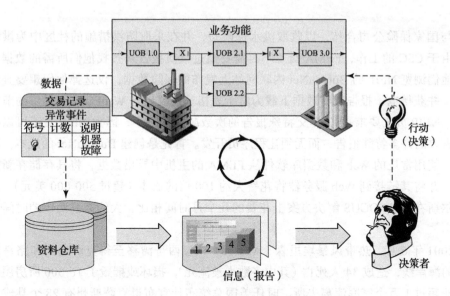

图 3.19　信息报告在管理决策中的作用

**仪表板类型的报告**　近年来，业务报告中的一个流行想法是在一页上显示一系列不同的性能指标，就像汽车的仪表板。通常，仪表板供应商将提供一组具有静态元素和固定结构的预定义报告，但也允许自定义仪表板小部件、视图以及为各种指标设置目标。为性能定义颜色编码的交通灯（红色、橙色、绿色）以引起管理层对特定区域的关注是很常见的。有关仪表盘的更详细说明，请参见本章后面的小节。

**平衡记分卡类型的报告**　这是 Kaplan 和 Norton 开发的一种方法，试图提供组织中成功的综合视图。除财务绩效外，平衡计分卡类型的报告还包括客户、业务流程以及学习和增长的观点。本章后面的小节将提供有关平衡计分卡的更多详细信息。

应用案例 3.5 将说明用于大型（在发生自然危机时会有些混乱）组织（如美国联邦紧急事务管理局）的自动报告生成的能力和实用性。

---

**应用案例 3.5**　**扼制 FEMA 的纸制文件泛滥**

美国联邦紧急事务管理局（FEMA）是在总统宣布一场全国性灾难时协调灾难响应的机构。它的工作人员总是会一次遭受两次洪灾：首先，水覆盖了土地；接下来，管理美国国家洪水保险计划（NFIP）所需的大量纸张覆盖了他们的办公桌——一叠又一叠绿色条纹的报告从大型打印机涌入办公室。一些报告的厚度甚至有 18 英寸（约 45.7 厘米），其中包含有关保险索赔、保费或付款的信息。

比尔·巴顿（Bill Barton）和迈克·迈尔斯（Mike Miles）（分别是计算机科学公司（CSC）的项目经理和计算机科学家）并不声称能够对天气做任何事情，但他们使用 Information Builders 的 WebFOCUS 软件来阻止 NFIP 大量生成纸张。该计划允许政府与国家保险公司合作，以收取洪水保险费，并在采取防洪措施的社区中为洪水理赔。由于 CSC 的工作，FEMA 员工不再需要通过纸质报告来查找他们所需的数据。相反，他们浏览 NFIP 的 BureauNet 内联网站上发布的保险数据，仅选择他们想要查看的信息，并获得电子报告或将数据下载为电子表格。这仅仅是 WebFOCUS 提供的节省的开始。NFIP 员工要求 CSC 提交特殊报告的次数减少了一半，因为 NFIP 员工可以生成他们需要的许多特殊报告，而无须让程序员开发。首先是创建 BureauNet 的成本。巴顿估计，使用常规的 Web 和数据库软件从 FEMA 的主机中导出数据，将其存储在新数据库中，并将其链接到 Web 服务器将花费大约 100 倍的成本（超过 500 000 美元），并且与迈尔斯在 WebFOCUS 解决方案上花费的几个月时间相比，大约需要两年的时间才能完成。

2001 年 6 月，热带风暴埃里森（Ausson）从墨西哥湾移至得克萨斯州和路易斯安那州的海岸线，造成 34 人死亡（其中多数人被淹死），损坏或摧毁了 16 000 所房屋和企业，使超过 1 万个家庭流离失所。时任美国总统布什宣布得克萨斯州有 28 个县成为灾区，美国联邦紧急事务管理局介入。这是对 BureauNet 的首次正式测试，它成功了。此次全面使用 BureauNet 使得 FEMA 现场工作人员可以在需要时随时访问他们所需的内容并获取许多新类型的报告。幸运的是，迈尔斯和 WebFOCUS 完成了任务。巴顿说，在某些情况下，"由于可以在 WebFOCUS 中快速创建新报告，因此当美国联邦紧急事务管理局提供一种新类型的报告时，迈尔斯第二天就会将其提交到 BureauNet 上。"

巴顿指出，对该系统提出的突然需求对其性能几乎没有影响。他说："它很好地满足了需求。我们对此完全没有质疑。这对 FEMA 及其工作产生了巨大的影响。工作人员以前从未具有这种访问权限，也无法仅单击桌面就能生成如此详细且具体的报告。"

**针对应用案例 3.5 的问题**

1. 什么是 FEMA？它有什么作用？

2. FEMA 面临的主要挑战是什么？

3. FEMA 如何改善其效率低下的报告流程？

资料来源：经 Information Builders 许可使用。参见 informationbuilders.com/applications/fema（2018 年 7 月访问）和 fema.gov。

---

▶ **复习题**

1. 什么是报告？报告有什么用？

2. 什么是业务报告？一份好的业务报告的主要特征是什么？

3. 描述管理的循环过程，并评价业务报告的作用。

4. 列出业务报告的三个主要类别并描述。

5. 业务报告系统的主要组成部分是什么？

## 3.8　数据可视化

**数据可视化**（或更恰当地说，信息可视化）被定义为"使用可视化表示探索、理解和交流数据"（Few，2007）。尽管经常使用的名称是*数据可视化*，但是它通常代表*信息可视化*。因为信息是数据（原始事实）的聚合、汇总和上下文化，所以可视化中描述的是信息，而不是数据。但是，由于数据可视化和信息可视化这两个术语可以互换使用并且是同义词，因此在本章中，我们将紧随其后。

数据可视化与信息图形、信息可视化、科学可视化和统计图形领域密切相关。直到最近，商务智能应用中可用的主要数据可视化形式包括图表和图形，以及用于创建记分卡和仪表板的其他类型的可视元素。

为了更好地理解数据可视化领域的当前和未来趋势，我们首先介绍一些历史背景。

### 数据可视化简史

尽管数据可视化的前身可以追溯到公元二世纪，但大多数发展都发生在过去的两个半世纪，主要是过去的 30 年（Few，2007）。尽管可视化直到最近才被广泛认为是一门学科，但是当今最流行的视觉形式可以追溯到几个世纪之前。早在 17 世纪，地理探索、数学和普及的历史刺激了早期的地图、图形和时间线的创建，但是威廉·普莱费尔（William Playfair）被广泛认为是现代图表的发明者，他在其 1786 年出版的 *Commercial and Political Atlas* 中创建了第一个广泛分布的折线图和条形图，并在 1801 年出版的 *Statistcal Breviary* 中创建了第一个时间序列折线图（见图 3.20）。

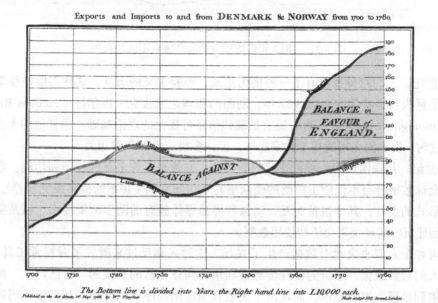

图 3.20　威廉·普莱费尔在 1801 年创建的第一个时间序列折线图

也许在此期间最著名的信息图形创新者是查尔斯·约瑟夫·米纳德（Charles Joseph Minard），他形象地描绘了拿破仑领导的军队在 1812 年俄法战争中遭受的损失（见图 3.21）。从波兰－俄罗斯边界开始，较粗的带显示了每个位置的军队规模。在寒冷的冬天，拿破仑及其军队从莫斯科撤退的路线由黑色的较低折线描绘，该折线与温度和时间尺度相关。知名的可视化专家、作家和评论家爱德华·塔夫特（Edward Tufte）说："这很可能是有史以来绘制的最好的统计图形。"在此图中，米纳德设法以艺术性和信息性的方式同时表示了多个数据维度（军队的规模、行进方向、地理位置、外界温度等）。人们在 19 世纪创建了许多更出色的可视化效果，其中大多数记录在 Tufte 的网站（edwardtufte.com）和他的可视化书籍中。

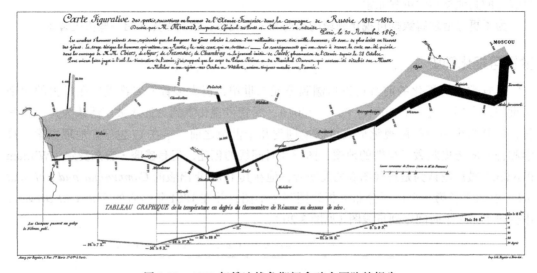

图 3.21　1812 年俄法战争期间拿破仑军队的损失

20 世纪，人们对可视化有了一种更为正式、经验主义的态度，这种态度往往集中在颜色、数值量表和标签等方面。1967 年，制图师和理论家雅克·贝尔汀（Jacques Bertin）出版了 *Semiologie Graphique*，有人说它是现代信息可视化的理论基础。尽管他的大多数模式要么已过时，要么完全不适用于数字媒体，但许多模式仍然非常相关。

21 世纪，互联网成为一种可视化的新媒体，并带来了许多新的技巧和功能。数据和可视化的全球数字分布不仅使更广泛的受众更易于访问它们（并不断提高视觉素养），而且刺激了新形式的设计，其中包括交互、动画和屏幕媒体独有的图形渲染技术，以及实时数据馈送可创建沉浸式环境来交流和使用数据。

公司和个人似乎突然对数据产生了兴趣。这种兴趣反过来激发了对视觉工具的需求，以帮助人们理解数据。廉价的硬件传感器和用于构建自己的系统的"自己动手"框架正在降低收集和处理数据的成本。涌现出了无数其他应用程序、软件工具和低级代码库，以帮助人们从几乎任何来源收集、组织、操纵、可视化和理解数据。互联网还充当了可视化的绝佳分发渠道；由设计师、程序员、制图师、发明爱好者和数据爱好者组成的多元化社区已经聚集在一起，以传播各种新的思想和工具，以可视和非可视形式处理数据。

Google Maps 使界面约定（单击以平移、双击以缩放）和技术（具有可预测文件名的 256 像素正方形地图图块）大众化，从而使大多数人都可以操作在线交互式地图。Flash 一直是一个跨浏览器平台，可以在其上设计和开发包含交互式数据可视化和地图的丰富、精美的互联网应用程序。现在，新兴的浏览器本机技术（例如 canvas 和 SVG（有时被统称为 HTML5））之类的浏览器本机技术正在涌现，以挑战 Flash 的地位，并将动态可视化界面扩展到移动设备。

数据 / 信息可视化的未来很难预测。我们只能从已经发明的东西中推断：更多的三维可视化、虚拟现实环境中多维数据的沉浸式体验以及信息的全息可视化。在 21 世纪末，我们很可能会看到信息可视化领域中从未出现的东西。应用案例 3.6 展示了诸如 Tableau 之类的可视化分析 / 报告工具如何通过信息 / 洞察的创建和共享来帮助促进有效的决策制订。

**应用案例 3.6　Macfarlan Smith 通过 Tableau Online 改进了运营绩效洞察力**

**背景**

Macfarlan Smith 在医学史上已赢得一席之地。该公司接受了一项皇家任命，为维多利亚女王提供药物，并为开创性的妇产科医生詹姆斯·辛普森（James Simpson）爵士提供了氯仿，用于他在分娩和分娩过程中缓解疼痛的实验。如今，Macfarlan Smith 是 Johnson Matthey 公司精细化工和催化剂部门的附属机构。这家制药公司是可待因和吗啡等阿片麻醉品的全球领先制造商。

每天，Macfarlan Smith 都会根据其数据进行决策。该公司收集并分析制造运营数据，使其达到持续改进等目标。销售、营销和财务部门依靠数据来识别新的制药业务机会，增加收入并满足客户需求。此外，该公司位于爱丁堡的制造工厂需要监视、趋势化和报告质量数据来确保其药物成分的鉴别、质量和纯度，以满足客户和监管机构（例如美国 FDA 等）的要求，作为当前良好生产规范（CGMP）的一部分。

**挑战：真实与缓慢的多种来源，烦琐的报告流程**

但是，收集数据、制订决策和报告的过程并不容易。数据散布在整个企业中，包括公司定制的企业资源计划（ERP）平台、旧部门数据库（例如 SQL、Access 数据库和独立电子表格）。当需要这些数据来进行决策时，会花费大量的时间和资源来提取、整合数据并将其显示在电子表格或其他演示载体中。

数据质量是另一个问题。由于团队依赖于自己的数据源，因此存在多个版本的事实和数据之间的冲突。有时很难分辨出哪个版本的数据正确，哪个版本不正确。除此之外，即使一旦收集并显示了数据，进行"实时"更改也是缓慢而困难的。实际上，只要Macfarlan Smith团队的成员想要进行趋势分析或其他分析，就需要批准对数据的更改。最终结果是，在用于决策时，数据经常已经过时。

Macfarlan Smith持续改进负责人利亚姆·米尔斯（Liam Mills）强调了一种典型的报告场景：

我们的主要报告流程之一是"纠正措施和预防措施"（CAPA），它是对Macfarlan Smith制造过程的分析，旨在消除导致不合格或其他不良情况的因素。每个月要花费数百小时收集CAPA的数据，并且每个报告需要花费几天的时间。趋势分析也很棘手，因为数据是静态的。在其他报告方案中，我们经常不得不等待电子表格数据透视表分析，然后将其显示在图表上，打印出来，固定在墙上，以供所有人查看。

缓慢而费力的报告流程、不同版本的真相和静态数据都是推动变化的催化剂。米尔斯说："许多人感到沮丧，因为他们认为他们没有完整的业务蓝图。我们本应该谈论商务智能报告，却就面临的问题进行了越来越多的讨论。"

**解决方案：交互式数据可视化**

Macfarlan Smith团队之一拥有使用Tableau的经验，并建议米尔斯进一步探索该解决方案。Tableau Online的免费试用版迅速使米尔斯确信，托管的交互式数据可视化解决方案可以帮助公司克服面临的数据战。

米尔斯说："我几乎立刻就被征服了。其易用性、功能和数据可视化的广度都给人留下了深刻的印象。当然，作为基于软件即服务（SaaS）的解决方案，它不需对技术基础设施的投资，几乎可以立即投入使用，并且我们可以根据需要灵活地添加用户。"

需要回答的关键问题之一是在线数据的安全性。"我们的母公司Johnson Matthey采取了云优先策略，但是必须确定任何托管解决方案都是完全安全的。Tableau Online功能（例如单点登录和仅允许授权用户与数据进行交互）可以提供无懈可击的安全性和信心。"

Macfarlan Smith和Johnson Matthey想要解答的另一个安全问题是：数据实际存储在哪里？米尔斯再次表示："我们对Tableau Online符合我们在数据安全性和隐私性方面的标准感到满意。数据和工作簿都托管在Tableau的新都柏林数据中心中，因此它永远不会离开欧洲。"

经过六周的试用，Tableau销售经理与米尔斯及其团队合作，为Tableau Online建立了一个业务案例。管理团队几乎立即批准了该案例，并开始了一项涉及10个用户的试点项目。该试点项目涉及一项制造质量改进计划：检查与规范的偏差，例如当药物制造过程中使用的加热装置超过温度阈值时。据此，其创建了一个"质量运营"仪表板来跟踪和衡量偏差，并采取措施改善运营质量和绩效。

米尔斯说："该仪表板会立即表明可能存在偏差。我们没有认真研究数据行，而是马上获得了答案。"

在整个初始试用和试点测试过程中，团队使用了 Tableau 培训辅助工具，例如免费培训视频、产品演练和实时在线培训。团队还参加了在伦敦举行的为期两天的"基础培训"活动。根据米尔斯的说法，"该培训是专家级的、精确的并且在正确的水平上进行。它向所有人展示了 Tableau Online 的直观性。我们只需单击几下即可看到 10 年的数据价值。"该公司现在有五个 Tableau Desktop 用户和多达 200 个 Tableau Online 许可用户。

米尔斯和他的团队特别喜欢 9.3 版中的 Tableau Union 功能，该功能使他们可以将已拆分为小文件的数据组合在一起。他说："有时很难将用于分析的数据汇总在一起。Union 功能使我们可以处理分布在多个选项卡或文件中的数据，从而减少了准备数据所需的时间。"

**结果：云分析转变了决策制订和报告的过程**

通过在 Tableau Online 上进行标准化，Macfarlan Smith 改变了决策制订和业务报告的速度和准确性。这包括：

❑ 一小时内就可以制作出新的交互式仪表板，而过去需要几天时间才能在静态电子表格中集成和显示数据。

❑ CAPA 制造过程报告过去每个月要花费数百个工时，现在可以在几分钟之内完成，并在云中共享见解。

❑ 不需要技术干预，即可快速、轻松地更改和查询报告。Macfarlan Smith 可以灵活地通过 Tableau Desktop 发布仪表板，并与同事、合作伙伴或客户共享仪表板。

❑ 该公司拥有一个单一的可信版本的事实。

❑ Macfarlan Smith 现在正在讨论其数据，而不是围绕数据集成和数据质量的问题。

❑ 新用户几乎可以立即上线——无须管理任何技术基础设施。

在取得了最初的成功之后，Macfarlan Smith 将 Tableau Online 扩展到了财务报告、供应链分析和销售预测。米尔斯总结道："我们的业务战略现在基于数据驱动的决策，而不是意见。交互式可视化使我们能够立即发现趋势、识别流程改进并将业务智能提升到新水平。我将通过 Tableau 定义我的职业。"

**针对应用案例 3.6 的问题**

1. Macfarlan Smith 面临哪些与数据和报告相关的挑战？

2. 解决方案和获得的结果 / 收益是什么？

资料来源：Tableau Customer Case Study, "Macfarlan Smith improves operational performance insight with Tableau Online," http://www.tableau.com/stories/customer/macfarlan-smith- improves-operational-performance-insight-tableau-online (accessed June 2018). Used with permission from Tableau Software, Inc.

> ➤ **复习题**
>
> 1. 什么是数据可视化? 为什么需要它?
> 2. 数据可视化的历史根源是什么?
> 3. 仔细分析查尔斯·约瑟夫·米纳德对拿破仑行军的图形化描绘。识别并评论在这张古老的图形中捕获的所有信息维度。
> 4. 爱德华·塔夫特是谁? 你认为我们为什么应该了解他的工作?
> 5. 你认为数据可视化中的 "下一件大事" 是什么?

## 3.9　不同类型的图表和图形

通常, 业务分析系统的最终用户不确定用于特定目的的图表类型。有些图表更适合回答某些类型的问题, 有些图表看起来比其他图表更好, 有些图表很简单, 有些图表非常复杂和拥挤。接下来是对大多数业务分析工具中常见的图表和 / 或图形类型以及它们更易于回答 / 分析的问题类型的简短描述。该内容是根据几篇已发表的文章和其他文献（Abela, 2008; Hardin 等, 2012; SAS, 2014）汇编而成的。

### 3.9.1　基本图表和图形

以下是通常用于信息可视化的基本图表和图形。

**折线图**　折线图也许是时间序列数据最常用的图形表示。折线图展示了两个变量之间的关系, 最常用于跟踪一段时间内的变化或趋势（$x$ 轴上的变量被设置为时间）。折线图顺序连接各个数据点, 以帮助推断一段时间内的变化趋势。折线图通常用于显示某些度量值随时间的变化, 例如五年内特定股票价格的变化或一个月内每日客户服务呼叫次数的变化。

**条形图**　条形图是最基本的数据表示形式之一。它可以有效地表示得到良好分类的标称数据或数字数据, 这样你就可以快速查看比较结果和数据中的趋势。条形图通常用于比较多个类别的数据, 例如按部门或按产品类别的广告支出百分比。条形图可以垂直或水平绘制, 也可以彼此堆叠以在单个图表中显示多个维度。

**饼图**　由于饼图在外观上很吸引人, 因此人们经常会错误地使用它。饼图仅用于说明特定度量的相对比例。例如, 它可以用来显示花费在不同产品系列上的广告预算的相对百分比, 或者大二学生填报的专业的相对比例。如果要显示的类别数量较多（例如超过四个）, 则应认真考虑使用条形图而不是饼图。

**散点图**　散点图通常用于探究两个或三个变量之间的关系（以 2D 或 3D 的视觉效果）。因为散点图是视觉探索工具, 所以不容易实现将三个以上的变量转换成三个以上的维度。散点图是探索趋势、集中度和异常值的有效方法。例如, 在两变量（两轴）图中,散点图可用于说明心脏病患者的年龄与体重之间的相互关系，或者可以表示客户服务代表人数与未结客户服务索赔的数量。通常，趋势线会叠加在二维散点图上以说明这种关系的性质。

**气泡图**　气泡图通常是散点图的增强版本。气泡图并不是一种新的可视化类型。相反，应该将它视为一种丰富散点图（甚至是地理地图）中所示数据的技术。通过更改圆圈的大小和 / 或颜色，可以添加其他数据维度，从而提供更丰富的数据含义。例如，气泡图可以用于按专业和一天中的时间显示大学班级出勤率的竞争性视图，以及按产品类型和地理区域显示利润率。

## 3.9.2　专门的图表和图形

我们在本节中介绍的图形或图表是由基本图表得出的特殊情况，或者是相对较新的并且特定于问题类型和 / 或应用领域。

**直方图**　从图形上讲，直方图看起来就像条形图。直方图与通用条形图之间的区别在于所描绘的信息。直方图用于显示一个或多个变量的频率分布。在直方图中，$x$ 轴通常用于表示类别或范围，$y$ 轴用于表示度量 / 值 / 频率。直方图展示数据的分布形状，由此可以直观地检查数据是正态分布还是指数分布。例如，可以使用直方图说明班级学生的考试表现，显示成绩的分布以及对个人成绩的比较分析，或者显示客户群的年龄分布。

**甘特图**　甘特图是水平条形图的一种特殊情况，用于描绘项目时间表、项目任务 / 活动持续时间以及任务 / 活动之间的重叠。通过显示任务 / 活动的开始和结束日期 / 时间以及重叠关系，甘特图为项目的管理和控制提供了宝贵的帮助。例如，甘特图通常用于显示项目时间表、任务重叠、相对任务完成情况（局部条形图，在表示实际任务持续时间的条形图内显示完成百分比）、分配给每个任务的资源、里程碑和可交付成果。

**PERT 图**　PERT 图（也称为网络图）主要是为了简化复杂的大型项目的计划和调度而开发的。PERT 图显示项目活动 / 任务之间的优先级关系，由节点（以圆形或矩形表示）和边（以有向箭头表示）组成。基于所选的 PERT 图约定，可以使用节点或边表示项目活动 / 任务（节点上的活动或箭头上的活动表示模式）。

**地图**　如果数据集包含任何类型的位置数据（例如，物理地址、邮政编码、州名称或缩写、国家 / 地区名称、纬度 / 经度或某种类型的自定义地理编码），则最好在地图上表示这些数据。地图通常与其他图表结合使用，而不是单独使用。例如，可以使用地图按地理位置显示不同类型的产品（以饼图形式显示）的客户服务请求分布。通常，可以在地图中描绘各种各样的信息（例如，年龄分布、收入分布、教育、经济增长、人口变化），以帮助决定在哪里开设新餐厅或新服务站。这些类型的系统通常称为地理信息系统（GIS）。

**标靶图**　标靶图（bullet graph）通常用于显示实现目标的进度。该图本质上是条形图的变体。通常，标靶图代替仪表板中的仪表、尺和温度计，以便在更小的空间内更直观地传达含义。标靶图将一项主要指标（例如，迄今为止的收入）与一项或多项其他指标（例如，年度收入目标）进行比较，并以已定义的绩效指标（例如，销售配额）为背景进行显示。标靶图可以直观地说明针对总体目标的主要指标的执行情况（例如，销售代表离实现其年度配额有多远）。

**热图**　热图是一个很好的可视化工具，可以使用颜色表示两个类别中连续值的比较，目的是帮助用户快速查看在所分析度量的数值方面类别的交点最强和最弱的地方。例如，可以使用热图显示目标市场的细分分析，其中度量标准（颜色渐变代表购买量）和维度是年龄与收入分配。

**突出显示表**　突出显示表是热图的加强。除了通过使用颜色显示数据如何相交外，突出显示表还会在顶部添加一个数字以提供更多详细信息。也就是说，它是二维表，其中的单元格内填充了数值和颜色渐变。例如，可以按产品类型和销量显示销售代表的业绩。

**树形图**　树形图将分层（树形结构）数据显示为一组嵌套矩形。树的每个分支上都有一个矩形，然后用代表子分支的较小矩形平铺。叶节点的矩形的面积与数据上的指定尺寸成比例。通常，叶节点被着色以显示数据的单独维度。当颜色和尺寸维度以某种方式与树结构相关时，通常可以轻松地发现以其他方式难以发现的模式，例如特别相关的某种颜色。树形图的第二个优点是，通过构造可以有效利用空间。因此，它可以清晰地在屏幕上同时显示数千个项目。

### 3.9.3　应该使用哪个图表或图形

我们在上一小节中介绍的哪个图表或图形是最好的？答案很简单：没有最好的图表或图形，因为如果有的话，我们将没有那么多图表或图形类型——它们都有一些不同的数据表示"技能"。因此，正确的问题应该是："哪个图表或图形最适合特定任务？"上一小节中提供的图表功能可以帮助你为特定任务选择和使用适当的图表/图形，但是这样做仍然不容易。几种不同类型的图表或图形可以用于同一可视化任务。经验法则是从备选方案中选择并使用最简单的一种，以使其易于目标受众理解和消化。

尽管目前还没有一种被广泛接受的、包罗万象的图表选择算法或图表/图形分类，但是图 3.22 展示了一种类似分类法结构的图表/图形类型的相当全面且高度逻辑化的组织（原始版本参见 Abela 的著作（2008））。分类结构围绕"你想在图表或图形中显示什么？"的问题进行组织，即图表或图形的目的是什么。在该级别上，分类法将目的划分为四种：关系、比较、分布和组成，并根据涉及的变量数量和可视化的时间依赖性将分支进一步划分为子类别。

尽管这些图表涵盖了信息可视化中常用的大部分内容，但它们绝不会涵盖全部内容。如今，人们可以找到许多其他用于特定目的的专用图形和图表。此外，当前的趋势是对这些图表进行合并/混合和动画处理，以更好地直观显示复杂而易变的数据源。例如，Gapminder 网站（gapminder.org）上的交互式动画气泡图提供了一种从多维角度探索世界健康、财富和人口数据的有趣方式。

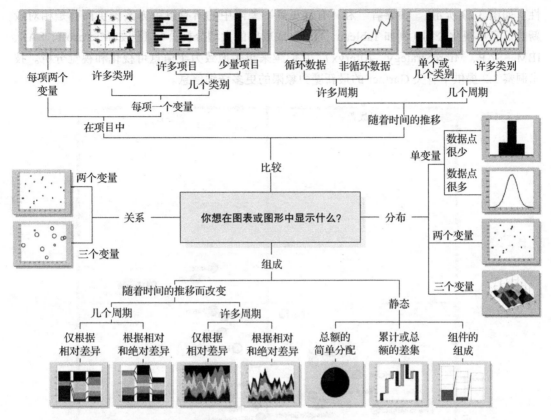

图 3.22　图表和图形分类（资料来源：Abela, A. (2008). *Advanced Presentations by Design: Creating Communication That Drives Action*. New York: Wiley.）

➡ **复习题**

1. 为什么有很多不同类型的图表和图形？
2. 折线图、条形图和饼图之间的主要区别是什么？应该分别在什么时候使用它们？
3. 为什么要使用地图？哪些其他类型的图表可以与之结合？
4. 查找并说明本节未介绍的两种图表的作用。

## 3.10　视觉分析的出现

正如 Seth Grimes（2009a，b）指出的那样，数据可视化技术和工具正在"不断发展"，使业务分析和商务智能系统的用户能够更好地"沟通关系、添加历史背景、发现隐藏的关联并讲述可以阐明并呼吁行动的具有说服力的故事"。Gartner 在 2016 年 2 月发布了当时的最新商务智能和分析平台魔力象限，进一步强调了数据可视化在商务智能和分析中的重要性。如图 3.23 所示,"领导者"和"有远见者"象限中的所有解决方案提供商都是相对较新的信息可视化公司(例如 Tableau、Qlik)或成熟的大型分析公司(例如 Microsoft、SAS、IBM、SAP、MicroStrategy、Alteryx),它们越来越多地致力于信息可视化和视觉分析。技术洞察 3.2 提供了有关 Gartner 的最新魔力象限的更多详细信息。

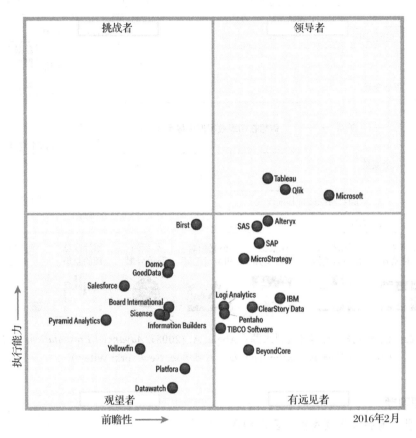

图 3.23　商务智能和分析平台的魔力象限(来源:经 Gartner 公司许可使用)

以强调分析功能对组织正在构建的信息系统的日益重要的意义。Gartner 将商务智能和分析平台市场定义为一种软件平台，可在三种类别（集成、信息交付和分析）中提供 15 种功能。这些功能使组织能够构建精确的分类和度量系统，以支持决策制订并提高绩效。

图 3.23 展示了用于商务智能和分析平台的最新魔力象限。魔力象限在两个维度上将提供商分为四组（观望者、挑战者、有远见者和领导者），这两个维度分别为前瞻性（ $x$ 轴）和执行能力（ $y$ 轴）。正如各象限显示的那样，大多数知名的商务智能 / 业务分析提供商属于"领导者"，而许多鲜为人知的新兴提供商则属于"观望者"。

商务智能和分析平台市场从 IT 主导的企业报告向业务主导的自助服务分析的多年转变似乎已经超过了临界点。多数新购买的产品是以企业用户为中心的现代可视化分析平台，这些平台迫使人们采用新的市场视角，从而对提供商格局进行了重新排序。商务智能和分析平台市场中的大多数活动都来自那些试图完善其可视化功能并从描述性、预测性和规范性分析梯队过渡的组织。市场上的提供商绝大多数都集中在满足这种用户需求上。如果在 2015 年只有一个市场主题，那么数据发现 / 可视化将成为主流架构。尽管 Tableau、Qlik 和 Microsoft 等数据发现 / 可视化提供商巩固了其在"领导者"象限中的地位，但其他提供商（新兴的和大型的行之有效的工具 / 解决方案提供商）都在试图从"有远见者"象限转移到"领导者"象限。

市场上的大多数领导者和有远见者都在强调数据发现 / 可视化，它们现在正在推广具有企业用户友好的数据集成、嵌入式存储和计算层以及不受限制的钻探功能的工具，从而继续加快了去中心化及用户对商务智能和分析的授权的趋势，并极大地提高了组织执行诊断分析的能力。

资料来源：Gartner Magic Quadrant, released on February 4, 2016, gartner.com (accessed August 2016). Used with permission from Gartner Inc.

在商务智能和分析中，可视化的主要挑战在于如何直观地表示具有多个维度和度量的大型复杂数据集。在大多数情况下，这些应用中使用的典型图表、图形和其他可视元素通常涉及两个维度（有时是三个维度）并且是数据集的相当小的子集。相反，这些系统中的数据驻留在数据仓库中。这些仓库至少涉及一系列范围（例如产品、位置、组织结构、时间）、一系列度量以及数百万个数据单元。为了应对这些挑战，研究人员开发了各种新的可视化技术。

## 3.10.1　可视化分析

可视化分析是一个最近创造的术语，通常用来泛指信息可视化。**可视化分析**的意思是可视化和预测性分析的结合。信息可视化旨在回答"发生了什么？"和"正在发生什么？"并且与商务分析（例行报告、记分卡和仪表板）密切相关，而可视化分析旨在回答"为什么会这样？"和"更有可能发生什么？"并且通常与业务分析（预测、细分、相关性分析）相关。许多信息可视化提供商都添加了使其自称可视化分析解决方案提供商的功能。顶级的长期分析解决方案提供商之一 SAS Institute 正在从另一个方向进行研究。它将分析功能嵌入称为可视化分析的高性能数据可视化环境中。

无论是可视化还是非可视化，自动还是手动，在线还是基于纸张，业务报告与讲故事都没有太大不同。技术洞察 3.3 在更好的业务报告方面提供了不同寻常的观点。

### 技术洞察 3.3　通过数据和可视化讲述精彩故事

拥有要分析的数据的每个人都有故事可以讲，无论是诊断制造缺陷的原因，以吸引目标受众的想象力的方式出售新创意，还是将特定的客户服务改进计划告知同事。而且，如果要讲述重大战略选择背后的故事，以便你和你的高级管理团队做出可靠的决定，那么提供基于事实的故事可能会特别具有挑战性。在所有情况下，这都是一项艰巨的任务。你想让故事变得有趣而令人难忘，也知道需要为忙碌的高管和同事提供简洁的描述。但是，你还知道必须以事实为导向，注重细节并且以数据为驱动力，尤其是在当今以度量为中心的世界中。

仅提供数据和事实很诱人，但是如果同事和高级管理人员在没有上下文的情况下被数据和事实所淹没，你就失败了。我们都有这样的经历：用大型幻灯片做演讲，观众却被数据淹没，以至于他们不知道该怎么想，或者完全不听，只带走了很少的关键点。

将您的任务整理成一个故事，以此开始与你的执行团队互动，并更有力地解释你的策略和结果。你需要故事的"内容"（事实和数据），也需要"角色""做法""原因"以及经常遗漏的"结果"。这些故事元素将使你的数据与听众相关且有形。创建一个好的故事可以帮助你和高级管理人员专注于重要的事情。

#### 为什么讲故事

故事使数据和事实栩栩如生，可以帮助你理解不同的事实集合并对其排序。它使人们更容易记住关键点，并且可以生动描绘未来的前景。故事还可以创造互动性——人们将自己置入故事中，以此与情景相关联。

长期以来，文化一直使用**讲故事**的方法传递知识和内容。在某些文化中，讲故事对其身份识别至关重要。例如，在新西兰，一些毛利人的脸上纹有 moku——一种面部文身，其中包含有关祖先（家族部落）的故事。男人的脸上可能有锤头形状的文身，以突出其血统的独特品质。他选择的设计标志着"真实的自我"和祖籍。

同样，当我们试图理解一个故事时，讲故事的人会带我们找到"真正的北方"。如果高级管理人员希望讨论他们将如何应对竞争变化，那么一个好的故事可能会很有意义，而且会在噪声中保持条理。例如，你可能有两项研究的事实和数据，一项包括广告研究的结果，一项包括产品满意度研究。为两项研究中所测量的内容建立一个故事，可以帮助人们了解各个部分的整体情况。为了召集分销商使用新产品，你可以运用故事展望未来。最重要的是，讲故事是交互式的——演示者通常使用文字和图片使观众沉浸其中。结果，观众变得更加投入并能更好地理解信息。

**什么是好故事**

大多数人可以轻松地说出他们最喜欢的电影或书，还能记得同事最近分享的一个有趣的故事。人们为什么还记得这些故事？因为它们包含某些特征。首先，一个好故事有出色的角色。在某些情况下，读者或观众在与角色互动时会产生代入感。角色必须面对困难但令人信服的挑战，还必须克服一些障碍。最后，故事的结尾要明确指出结果或预测。情况可能无法得到解决，但是故事有一个明确的终点。

**将你的分析视为一个故事——使用故事结构**

在创作包含丰富数据的故事时，首要目标是找到故事。角色是谁？冲突或挑战是什么？必须克服哪些障碍？在故事的结尾，你希望观众做些什么？

一旦了解了核心故事，就可以开始设计其他故事元素：定义角色，理解挑战，确定障碍并明确结果或决策问题。确保你清楚自己希望别人做什么。这将影响观众如何回忆你的故事。放置好故事元素之后，写出情节提要，以表示故事的结构和形式。尽管你可能很想跳过此步骤，但最好先了解你正在讲的故事，然后专注于演示结构和形式。一旦故事板就位，那么其他元素也将就位。故事板将帮助你思考最好的类比或隐喻，清楚地设置挑战或机会，并最终了解所需的流程和过渡。故事板还可以帮助你专注于需要高管回忆的关键视觉效果（图形、图表和图像）。

总而言之，不要害怕使用数据讲述精彩的故事。在当今以度量为中心的世界中，以事实为导向、注重细节并以数据为驱动力至关重要，但这并不一定意味着故事枯燥而冗长。实际上，通过在数据中找到真实的故事并遵循最佳实践，你可以使人们专注于你的信息，从而关注重要的信息。以下是最佳做法：

1. 将你的分析视为一个故事——使用故事结构。

2. 真实可信——你的故事将会流传。

3. 可视化——把自己当成电影导演。

4. 让你和你的观众感到轻松。

5. 邀请并直接讨论。

资料来源：Fink, E., & Moore, S. J. (2012). "Five Best Practices for Telling Great Stories with Data." White paper by Tableau Software, Inc., www.tableau.com/whitepapers/telling-data-stories (accessed May 2016).

## 3.10.2　强大的可视化分析环境

由于对可视化分析的需求不断增长，同时数据量快速增长，因此人们正朝着投资高效的可视化系统的方向发展。随着进入可视化分析领域，统计软件巨头 SAS Institute 现已跻身这一潮流的领导者之列。它的新产品 SAS Visual Analytics 是一种非常高性能的内存计算解决方案，可在很短的时间（几乎是瞬间）内浏览大量数据。它使用户能够发现模式、发现进一步分析的机会，并通过 Web 报告或平板电脑和智能手机等移动平台传达可视化结果。
图 3.24 展示了 SAS Visual Analytics 平台的高级体系结构。体系结构的一端是通用的数据构
建器和管理员功能，这些功能可通向浏览器、报表设计器和移动商务智能模块，共同提供
端到端的可视化分析解决方案。

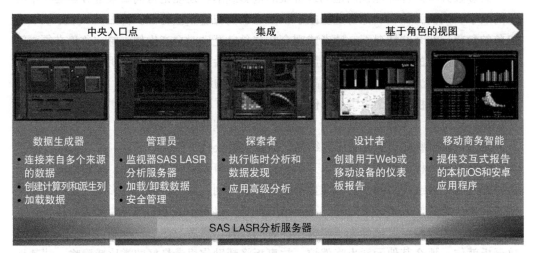

图 3.24　SAS Visual Analytics 体系结构概述（来源：Copyright © SAS Institute, Inc. 经许可使用）

SAS 分析平台的一些关键优势如下：

❑ 为所有用户提供数据探索技术和通俗易懂的分析能力，以推动决策制订的改进。
SAS Visual Analytics 使不同类型的用户可以对所有可用数据进行快速、彻底的探
索。减少数据量的采样不是必需的，也不是首选。

❑ 拥有易于使用的交互式 Web 界面，可以扩大观众的分析范围，使每个人都可以收集
新的见解。用户可以查看其他选项，制更精确的决策，并比以往更快地推动成功。

❑ 更快地回答复杂的问题，从而增强你的分析才能的贡献。SAS Visual Analytics 通
过提供极其快速的结果来实现更好、更集中的分析，从而扩展了数据发现和探索过
程。精通分析的用户可以从大量数据中识别机会或关注的领域，因此可以迅速进行
进一步的调查。

❑ 改善信息共享和协作。大量用户（包括分析能力有限的用户）可以通过 Web、
Adobe PDF 文件和 iPad 移动设备快速查看报告并与报告和图表进行交互，而 IT 部
门则可以控制基础数据和安全性。SAS Visual Analytics 在正确的时间向正确的人提
供正确的信息，以增强生产力和组织知识。

❑ 通过为用户提供一种访问所需信息的新方法来解放 IT。将 IT 部门从访问不同数
量的数据、不同的数据视图、即席报告和一次性信息请求的用户需求中解放出来。
SAS Visual Analytics 使 IT 部门可以轻松地为多个用户准备和加载数据。数据被加
载并可用后，用户可以自行动态浏览数据、创建报告并共享信息。

❑ 提供以自定速度增长的空间。SAS Visual Analytics 提供了使用 EMC Greenplum 和 Teradata 的商用硬件或数据库设备的选项。它是专为性能优化和可伸缩性而设计的，可满足任何规模的组织的需求。

图 3.25 展示了 SAS Analytics 平台的屏幕截图，其中描述了时间序列预测和预测前后的置信区间。

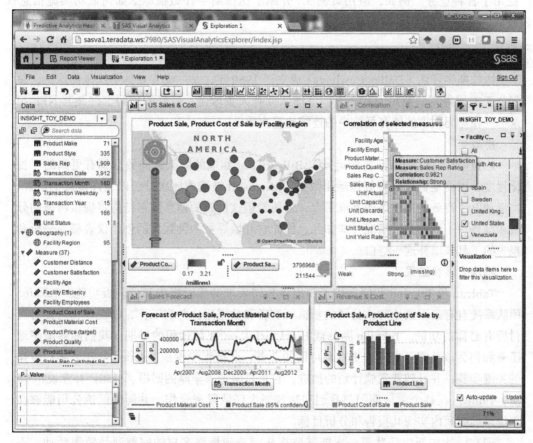

图 3.25 SAS Visual Analytics 的屏幕截图（来源：Copyright © SAS Institute，Inc. 经许可使用）

## ➡ 复习题

1. 可视化分析诞生的主要原因是什么？

2. 查看 Gartner 商务智能和分析平台魔力象限。你看到了什么？讨论并证明你的发现。

3. 信息可视化和可视化分析之间有什么区别？

4. 为什么故事应该成为你的报告和数据可视化的一部分？

5. 什么是强大的可视化分析环境？我们为什么需要它？

## 3.11 信息仪表板

信息仪表板是大多数商务智能或业务分析平台、业务绩效管理系统和绩效评估软件套件的通用组件。**仪表板**提供重要信息的可视化显示,将信息在单个屏幕上进行合并和排列,从而使信息一目了然,并且可以轻松地进行钻取和进一步浏览。仪表板由于各种原因而被广泛用于各种业务。例如,应用案例 3.7 介绍了达拉斯牛仔橄榄球队如何成功实施信息仪表板。

---

**应用案例 3.7** 达拉斯牛仔队凭借 Tableau 和 Teknion 大获成功

达拉斯牛仔队(Dallas Cowboys)成立于 1960 年,是一支专业的美式橄榄球队,总部位于美国得克萨斯州的欧文市。该球队拥有大量球迷,最好的证明也许是其 NFL 纪录——在座无虚席的体育场馆中的连续比赛次数。

**挑战**

达拉斯牛仔队销售部首席运营官 Bill Priakos 和他的团队希望数据具有更高的可视化程度,以便他们可以更好地运用数据。Microsoft 被选为此次升级以及许多其他销售、物流和电子商务应用程序的基准平台。公司希望这种新的信息体系结构将提供所需的分析和报告。不幸的是,情况并非如此,因此它开始寻找一种强大的创建仪表板、分析和报告的工具来填补这一空白。

**解决方案和结果**

Tableau 和 Teknion 共同提供了超出该公司要求的实时报告和仪表板功能。Teknion 团队系统且有条不紊地与该公司的数据所有者和数据用户并肩工作,以在预算内按时交付所有必需的功能。Teknion 副总裁 Bill Luisi 说:"在此过程的早期,我们能够清楚地了解如何为该公司开展一项更有利可图的业务。此流程步骤是 Teknion 与任何客户合作的关键步骤,并且随着实施计划的推进,它总是能带来丰厚的回报。"Luisi 补充说:"当然,Tableau 在整个项目期间与我们和达拉斯牛仔队紧密合作,共同确保该公司能够在创纪录的时间内实现其报告和分析目标。"

现在,达拉斯牛仔队第一次能够监视从制造到最终客户的完整商品销售活动,不仅可以看到整个生命周期中正在发生的事情,而且可以进一步深入了解发生这种情况的原因。

如今,此商务智能解决方案被用于报告和分析销售部门的业务活动,该部门负责达拉斯牛仔队的所有品牌销售。业界估计,达拉斯牛仔队在 NFL 的所有商品销售额中占 20%,这反映了它是全球最受认可的体育特许经营商这一事实。

根据 *ComputerWorld* 的记者 Eric Lai 的说法,Tony Romo 和其他达拉斯牛仔队球员在过去几年中可能只代表了球场上的平均水平,但在场外,尤其是在商品领域,他们是领先的。

## 3.11.1　仪表板的设计

仪表板不是一个新概念，它的根源至少可以追溯到 20 世纪 80 年代的行政信息系统。如今，仪表板无处不在。例如，几年前，Forrester Research 估计全球最大的 2 000 家公司中有 40% 以上使用了该技术（Ante 和 McGregor，2006）。从那以后，可以认为这个数字已经大幅增加。实际上，如今很难看到一家大型公司使用不包含某种性能仪表板的商务智能系统。Dashboard Spy 网站（dashboardspy.com/about）提供了仪表板无处不在的更多证据。该网站包含各种规模和行业的企业、非营利组织和政府机构使用的数千个商务智能仪表板、记分卡和商务智能系统界面的描述和屏幕截图。

根据 Eckerson（2006）（商务智能特别是仪表板领域的著名专家）所述，仪表板的最独特之处在于其信息的三个层次：

1. **监视**：图形化的抽象数据，用于监视关键性能指标。

2. **分析**：汇总维度数据，用于分析问题的根本原因。

3. **管理**：详细的运营数据，用于确定解决问题应采取的措施。

仪表板根据这些层次将大量信息打包到一个屏幕中。根据 Few（2005）的说法，"设计仪表板的根本挑战是，如何在一个屏幕上清晰、无干扰地显示所有必需的信息，并且可以快速地将其显示出来。"为了加快数字的同化速度，需要将它们放在上下文中——将关注的数字与其他基准数字或目标数字进行比较，指示数字的好坏来表示趋势的好坏，并使用专门的显示小部件或组件来设置比较和评价情境。商务智能系统中进行的一些常见比较包括与过去值、预测值、目标值、基准或平均值、同一度量的多个实例以及其他度量的值（例如，收入与成本）的比较。

即使采用比较性的度量，也必须特别指出特定数字的好坏，以及它是否朝着正确的方向发展。如果没有这些类型的评估标识，确定特定数字或结果的状态就可能会很耗时。通常，使用专门的可视化对象（例如，交通信号灯、表盘和仪表）或可视化属性（例如，颜色编码）来设置评估上下文。应用案例 3.8 介绍了能源公司构建的交互式仪表板驱动的报告数据浏览解决方案。

**应用案例 3.8**　**可视化分析帮助能源供应商建立更好的联系**

全世界的能源市场都在经历重大的变革和转型，这创造了巨大的机遇，也使能源公司面临重大挑战。就像任何行业一样，机遇正在吸引更多的市场参与者，这不仅增加了竞争，还降低了对业务决策不尽如人意的容忍度。成功需要在任何需要的时候创建并向任何人分发准确而及时的信息。例如，如果你需要轻松地跟踪营销预算、平衡员工工作量并使用量身定制的营销信息来定位客户，则需要三种不同的报告解决方案。Electrabel GDF SUEZ 借助 SAS® Analytics 可视化分析平台为其营销和销售业务部门完成所有这些工作。

对于身处正在发生巨大变化的行业中的市场营销专业人员而言，单解决方案可以节省大量时间。Electrabel 营销和销售业务部门报告架构与开发经理 Danny Noppe 指出："稳定我们在能源市场中的市场地位是一项巨大的挑战。这包括零售、企业客户的数量、价格和利润率。"该公司是比利时最大的电力供应商，也是比利时和荷兰最大的电力生产商。Noppe 说，Electrabel 在探索新的数字渠道和开发新的能源相关服务时，必须提高其客户通信效率。他说："我们对客户的了解越多，成功的可能性就越大。这就是为什么我们将各种来源的信息结合在一起——客户的电话流量、在线问题、短信和邮件活动。增强对客户和潜在客户的了解将是我们在竞争激烈的市场中的另一个优势。"

**事实的单个版本**

Electrabel 正在使用各种平台和工具来进行报告，而有时这导致所报告的数字含糊不清。该实用程序在处理大数据量时也存在性能问题。带有内存技术的 SAS Visual Analytics 消除了歧义和性能问题。Noppe 说："我们拥有自主权和灵活性，可以在内部响应客户对洞察力和数据可视化的需求。毕竟，对于诸如销售和市场营销部门等以行动为导向的部门而言，快速报告是必不可少的要求。"

**以更低的成本更高效地工作**

SAS Visual Analytics 可自动更新报告中的信息。与其生成过时的报告，不如每周更新一次所有报告的数据，并显示到仪表板上。在部署解决方案时，Electrabel 选择了一种分阶段的方法：从简单的报告开始，然后发展到更复杂的报告。第一份报告花了几个星期的时间完成，而其余的很快就完成了。成果包括：

❑ 准备数据所需的时间从两天减少到只有两个小时。

❑ 从企业对企业（B2B）客户的发票开具和发票组成获得了清晰的图形洞察力。

❑ 运营团队的工作负载管理报告。经理可以每周或长期评估团队的工作量，并可以做出相应的调整。

Noppe 说："我们已经大大提高了效率，可以更频繁地提供高质量的数据和报告，并且成本大大降低。"而且，如果公司需要合并来自多个来源的数据，则过程同样容易。"可以在几天甚至几小时内完成基于这些数据集市构建可视化报告。"

Noppe 说，该公司计划继续结合其 Web 分析、电子邮件和社交媒体中的数据与后端系统中的数据，进一步扩大对客户数字行为的洞察力。他说："最终，我们希望用 SAS Visual Analytics 代替所有劳动密集型报告。"他补充说，SAS Visual Analytics 的灵活性对他的部门至关重要。"这将使我们有更多的时间来应对其他挑战。我们还希望在移动设备上提供此工具。这将使我们的客户经理在拜访客户时可以使用有见地且适应性强的最新报告。我们拥有面向未来的报告平台，可以满足我们的所有需求。"

**针对应用案例 3.8 的问题**

1. 为什么能源供应公司是信息可视化工具的主要用户？

2. Electrabel 如何将信息可视化用于单个事实版本？

3. 能源公司面临的挑战、提出的解决方案和获得的结果分别是什么？

## 3.11.2　仪表板包含什么

尽管性能仪表板和其他信息可视化框架有所不同，但是它们都具有一些共同的设计特征。首先，它们都适用于较大的商务智能和 / 或性能评估系统。这意味着它们的基础体系结构是大型系统的商务智能或性能管理体系结构。其次，所有设计良好的仪表板和其他信息可视化框架都具有以下特征（Novell，2009）：

- ❑ 使用可视化组件（例如图表、性能条、迷你图、仪表、尺、信号灯）突出显示需要采取措施的数据和异常。
- ❑ 对用户是透明的，这意味着需要最少的训练并且非常易于使用。
- ❑ 将来自各种系统的数据组合到汇总且统一的单个业务视图中。
- ❑ 使用户可以向下钻取或追溯基础数据源或报表，从而提供有关基础比较和评估环境的更多详细信息。
- ❑ 提供动态、真实的视图，可以及时刷新数据，从而使最终用户可以随时了解业务中的最新变化。
- ❑ 只需很少的自定义代码即可实施、部署和维护。

## 3.11.3　仪表板设计的最佳做法

对于房屋，最重要的属性是它的位置；对于仪表板，最重要的属性是数据。数据经常被忽略，而它是设计仪表板时应重点关注的最重要的事情之一（Carotenuto，2007）。即使仪表板的外观看上去专业、美观并且包括根据公认的可视化设计标准创建的图形和表格，询问有关数据的问题也很重要：数据是否可靠？数据是否及时？是否缺少任何数据？数据是否在所有仪表板上一致？以下是从仪表板设计经验中总结的一些最佳做法（Radha，2008）。

**用行业标准对关键绩效指标进行基准测试**　许多客户想知道他们测量的指标是否是要监视的正确指标。有时，客户发现他们要跟踪的指标不是正确的指标。使用行业基准进行差距评估可以使你的产品符合行业最佳实践。

**用上下文元数据包装仪表板指标**  通常，当向企业用户提供报告或可视化仪表板/记分卡时，一些问题仍然没有得到解答。以下是一些示例：

- ❑ 这些数据是从哪里获得的？
- ❑ 在加载数据仓库时，拒绝访问/有质量问题的数据占百分之几？
- ❑ 仪表板显示的是"新"信息还是"旧"信息？
- ❑ 最近一次刷新数据仓库是什么时候？
- ❑ 下一次刷新是什么时候？
- ❑ 在加载过程中，是否有任何会扭转总体趋势的高价值事务无法访问？

**由可用性专家验证仪表板的设计**  在大多数仪表板环境中，仪表板是由工具专家设计的，而没有考虑可用性原则。尽管它是一个设计良好的数据仓库，可以很好地运行，但许多企业用户仍不使用仪表板，因为它被认为对用户不友好，从而导致基础设施的使用不佳和变更管理问题。可用性专家对仪表板的设计进行的前期验证可以减轻这种风险。

**对流入仪表板的警报/异常进行优先级排序**  由于存在大量原始数据，因此具有一种机制可以将重要的异常/行为主动推送给信息使用者十分重要。可以对业务规则进行编码，以检测感兴趣的警报模式。可以使用数据库存储的过程将其编码为程序，该过程可以检测事实表中需要立即注意的模式。这样，信息就会找到企业用户，而不是企业用户轮询事实表以查找关键模式。

**通过企业用户注释丰富仪表板**  当将相同的仪表板信息呈现给多个企业用户时，可以提供一个小文本框，该文本框可以从最终用户的角度捕获注释。通常可以将其标记到仪表板上以将信息置于上下文中，从而为呈现的结构化 KPI 添加透视图。

**在三个不同的级别上呈现信息**  根据颗粒度，信息可以分为三个级别：可视化仪表板级别、静态报表级别和自助多维数据集级别。当用户浏览仪表板时，可以显示一组（8～12个）简单的 KPI，这将使用户了解运行良好和不正常的情况。

**使用仪表板设计原则选择正确的视觉构造**  在仪表板上显示信息时，某些信息最好以条形图显示，某些信息最好以时间序列折线图显示，而在显示相关性时，散点图则很有用。有时仅将其呈现为简单的表是有效的。在明确记录了仪表板设计原则后，所有前端开发人员在呈现报告和仪表板时就都可以遵循相同的原则。

**提供指导性分析**  在典型的组织中，企业用户可以处于不同的分析成熟度级别。仪表板可用于指导"一般"企业用户访问精通分析的企业用户使用的导航路径。

### ➥ 复习题

1. 什么是信息仪表板？为什么它这么受欢迎？
2. 仪表板中通常使用哪些图形控件？为什么？
3. 列出仪表板上显示的三层信息并描述。
4. 仪表板和其他信息可视化框架的共同特征是什么？
5. 仪表板设计中的最佳做法是什么？

# 本章要点

- 数据已成为当今组织最有价值的资产之一。
- 数据是所有商务智能、数据科学和业务分析措施的主要组成部分。
- 数据是指通常通过实验，观察，交易或经验而获得的事实的集合。
- 在最高抽象级别，数据可以分为结构化数据和非结构化数据。
- 原始格式的数据通常无法用于分析任务。
- 数据预处理是业务分析中一项烦琐、耗时却至关重要的任务。
- 统计数据是表征和解释数据的数学技术的集合。
- 统计方法可以分为描述性统计和推论统计。
- 总体而言，统计数据尤其是描述性统计数据是商务智能和业务分析的关键部分。
- 描述性统计方法可用于测量集中性趋势、离散度或给定数据集的形状。
- 回归（尤其是线性回归）可能是统计学中最广泛使用的分析技术。
- 线性回归和逻辑回归是统计中的两种主要回归类型。
- 逻辑回归是一种基于概率的分类算法。
- 时间序列是变量的数据点序列，在连续的时间点上以均匀的时间间隔进行测量和记录。
- 尽管数据的价值主张不可否认，但要兑现其承诺，数据必须符合一些基本的可用性和质量指标。
- 报告是以可表示形式传达信息的任何通信工件。
- 业务报告是包含有关业务事项信息的书面文件。
- 任何成功的业务报告的关键都是清晰、简洁、完整和正确。
- 数据可视化是使用可视化表示探索、理解和交流数据。
- 过去最著名的信息图是查尔斯·约瑟夫·米纳德绘制的，他形象地描绘了拿破仑的军队在1812 年俄法战争中遭受的损失。
- 基本图表类型包括折线图、条形图和饼图。
- 特殊图表通常是从基本图表中派生出来的。
- 数据可视化技术和工具使业务分析和商务智能系统的用户成为更好的信息消费者。
- 可视化分析是可视化和预测性分析的结合。
- 不断增长的对可视化分析的需求，加上数据量的快速增长，导致高效的可视化系统投资呈指数级增长。
- 仪表板提供重要信息的可视化工具，将信息在单个屏幕上进行合并和排列，从而使信息一目了然，并且可以进行轻松钻取和进一步浏览。

# 讨论

1. 你如何描述数据在分析中的重要性？你能想象没有数据的分析吗？进行说明。
2. 考虑到业务分析的新的广义定义，分析连续体的主要输入和输出是什么？
3. 用于业务分析的数据从何而来？这些传入数据的来源和性质是什么？
4. 构成可分析数据的最常见指标是什么？
5. 数据有主要类型？我们可以将哪些类型的数据用于商务智能和分析？

6. 我们是否可以对所有分析模型使用相同的数据表示形式（即不同的分析模型是否需要不同的数据表示形式）？为什么？

7. 为什么原始数据不易用于分析任务？

8. 数据预处理的主要步骤是什么？列出并解释其在分析中的重要性。

9. 什么是清洗 / 清理数据？此阶段包含哪些活动？

10. 数据缩减可以应用于行（采样）和 / 或列（变量选择）。哪个更具挑战性？进行说明。

11. 统计与业务分析之间有什么关系（将统计信息放在业务分析分类中）？

12. 描述性统计和推论统计之间的主要区别是什么？

13. 什么是箱形图？它代表什么类型的统计信息？

14. 描述数据分布的两个最常用的形状特征是什么？

15. 列出描述性统计的集中性趋势度量并简要定义。

16. 回归和相关性之间的共同点和区别是什么？

17. 列出开发线性回归模型时应遵循的主要步骤并描述。

18. 线性回归的最常见假设是什么？对于回归模型来说，这些假设的关键是什么？

19. 线性回归和逻辑回归之间的共同点和区别是什么？

20. 什么是时间序列？时间序列数据的主要预测技术是什么？

21. 什么是业务报告？为什么需要它？

22. 业务报告中的最佳做法是什么？如何使报告脱颖而出？

23. 描述管理的循环过程，并讨论业务报告的作用。

24. 列出业务报告的三个主要类别并描述。

25. 为什么信息可视化成为商务智能和业务分析的核心？信息可视化和可视化分析之间有区别吗？

26. 图表 / 图形有哪些主要类型？为什么有这么多类型？

27. 你如何确定适用于某项工作的图表？请解释。

28. 信息可视化和可视化分析之间有什么区别？

29. 为什么说故事应该成为报告和数据可视化的一部分？

30. 什么是信息仪表板？它展示了什么？

31. 设计信息丰富的仪表板的最佳做法是什么？

32. 你认为信息 / 性能仪表板是将继续存在还是即将过时？在数据 / 信息可视化方面，商务智能和业务分析的下一波潮流是什么？

# 参考文献

Abela, A. (2008). *Advanced Presentations by Design: Creating Communication That Drives Action.* New York, NY: Wiley.

Annas, G. (2003). "HIPAA Regulations—A New Era of Medical-Record Privacy?" *New England Journal of Medicine, 348*(15), 1486–1490.

Ante, S., & J. McGregor. (2006). "Giving the Boss the Big Picture: A Dashboard Pulls Up Everything the CEO Needs to Run the Show." *Business Week*, 43–51.

Carotenuto, D. (2007). "Business Intelligence Best Practices for Dashboard Design." WebFOCUS. **www.datawarehouse.**

**inf.br/papers/information_builders_dashboard_best_practices.pdf** (accessed August 2016).

Dell Customer Case Study. "Medical Device Company Ensures Product Quality While Saving Hundreds of Thousands of Dollars." **https://software.dell.com/documents/instrumentation-laboratory-medical-device-companyensures-product-quality-while-saving-hundreds-ofthousands-of-dollars-case-study-80048.pdf** (accessed August 2016).

Delen, D. (2010). "A Comparative Analysis of Machine Learning Techniques for Student Retention Management." *Decision Support Systems, 49*(4), 498–506.

Delen, D. (2011). "Predicting Student Attrition with Data Mining Methods." *Journal of College Student Retention 13*(1), 17–35.

Delen, D. (2015). *Real-World Data Mining: Applied Business Analytics and Decision Making.* Upper Saddle River, NJ: Financial Times Press (A Pearson Company).

Delen, D., D. Cogdell, & N. Kasap. (2012). "A Comparative Analysis of Data Mining Methods in Predicting NCAA Bowl Outcomes." *International Journal of Forecasting, 28,* 543–552.

Eckerson, W. (2006). *Performance Dashboards.* New York: Wiley.

Few, S. (2005, Winter). "Dashboard Design: Beyond Meters, Gauges, and Traffic Lights." *Business Intelligence Journal, 10*(1).

Few, S. (2007). "Data Visualization: Past, Present and Future." **Perceptualedge.com/articles/Whitepapers/Data_Visualization.pdf** (accessed July 2016).

Fink, E., & S. J. Moore. (2012). "Five Best Practices for Telling Great Stories with Data." Tableau Software, Inc. **www.tableau.com/whitepapers/telling-data-stories** (accessed May 2016).

Freeman, K., & R. M. Brewer. (2016). "The Politics of American College Football." *Journal of Applied Business and Economics, 18*(2), 97–101.

Gartner Magic Quadrant. (2016, February 4). **gartner.com** (accessed August 2016).

Grimes, S. (2009a, May 2). "Seeing Connections: Visualizations Makes Sense of Data. *Intelligent Enterprise.*" **i.cmpnet.com/intelligententerprise/next-era-business-intelligence/Intelligent_Enterprise_Next_Era_BI_Visualization.pdf** (accessed January 2010).

Grimes, S. (2009b). Text "Analytics 2009: User Perspectives on Solutions and Providers." Alta Plana. **altaplana.com/TextAnalyticsPerspectives2009.pdf** (accessed July, 2016).

Hardin, M. Hom, R. Perez, & Williams L. (2012). "Which Chart or Graph Is Right for You?" Tableau Software. **http://www.tableau.com/sites/default/files/media/which_chart_v6_final_0.pdf** (accessed August 2016).

Hernández, M., & S. J. Stolfo. (1998, January). "Real-World Data Is Dirty: Data Cleansing and the Merge/Purge Problem." *Data Mining and Knowledge Discovery, 2*(1), 9–37.

Hill, G. (2016). "A Guide to Enterprise Reporting." **Ghill.customer.netspace.net.au/reporting/definition.html** (accessed July 2016).

Kim, W., B. J. Choi, E. K. Hong, S. K. Kim, & D. Lee. (2003). "A Taxonomy of Dirty Data." *Data Mining and Knowledge Discovery, 7*(1), 81–99.

Kock, N. F., R. J. McQueen, & J. L. Corner. (1997). "The Nature of Data, Information and Knowledge Exchanges in Business Processes: Implications for Process Improvement and Organizational Learning." *The Learning Organization, 4*(2), 70–80.

Kotsiantis, S., D. Kanellopoulos, & P. E. Pintelas. (2006). "Data Preprocessing for Supervised Leaning." *International Journal of Computer Science, 1*(2), 111–117.

Lai, E. (2009, October 8). "BI Visualization Tool Helps Dallas Cowboys Sell More Tony Romo Jerseys." *ComputerWorld.*

Quinn, C. (2016). "Data-Driven Marketing at SiriusXM," Teradata Articles & News. **http://bigdata.teradata.com/US/Articles-News/Data-Driven-Marketing-At-SiriusXM/** (accessed August 2016); "SiriusXM Attracts and Engages a New Generation of Radio Consumers." **http://assets.teradata.com/resourceCenter/downloads/CaseStudies/EB8597.pdf?processed=1** (accessed August 2018).

Novell. (2009, April). "Executive Dashboards Elements of Success." Novell white paper. **www.novell.com/docrep/documents/3rkw3etfc3/Executive%20Dashboards_Elements_of_Success_White_Paper_en.pdf** (accessed June 2016).

Radha, R. (2008). "Eight Best Practices in Dashboard Design." *Information Management.* **www.information-management.com/news/columns/-10001129-1.html** (accessed July 2016).

SAS. (2014). "Data Visualization Techniques: From Basics to Big Data." **http://www.sas.com/content/dam/SAS/en_us/doc/whitepaper1/data-visualization-techniques-106006.pdf** (accessed July 2016).

Thammasiri, D., D. Delen, P. Meesad, & N. Kasap. (2014). "A Critical Assessment of Imbalanced Class Distribution Problem: The Case of Predicting Freshmen Student Attrition." *Expert Systems with Applications, 41*(2), 321–330.

第二部分 *Part 2*

# 预测性分析/机器学习

Chapter 4 第 4 章

# 数据挖掘过程、方法和算法

**学习目标**

❑ 将**数据挖掘**定义为业务分析的支持技术。

❑ 理解数据挖掘的目标和好处。

❑ 熟悉数据挖掘的广泛应用。

❑ 了解标准化的数据挖掘过程。

❑ 了解数据挖掘的不同方法和算法。

❑ 增强对现有数据挖掘软件工具的认识。

❑ 了解数据挖掘的隐私问题、陷阱和误解。

一般来说，数据挖掘是一种从组织收集、组织和存储的数据中开发情报（即可操作的信息或知识）的方法。组织正在使用各种各样的数据挖掘技术来更好地了解其客户及其运营状况，并解决复杂的组织问题。在本章中，我们将数据挖掘作为一种用于业务分析和预测性分析的支持技术进行研究，了解进行数据挖掘项目的标准过程，理解和建立使用主要数据挖掘技术的专业知识，提高对现有软件工具的认识，并探索通常与数据挖掘相关的隐私问题、常见误解和陷阱。

## 4.1 开篇小插曲：美国迈阿密戴德警察局使用预测性分析来预测和打击犯罪

预测性分析和数据挖掘已经成为许多执法机构不可或缺的组成部分，其中包括美国迈阿密戴德警察局，其使命不仅是保护佛罗里达州最大县（拥有 250 万人口，在美国排名第七）的安全，还要为来自世界各地的数百万游客享受该县的自然美景、温暖的气候和迷人的海滩提供安全宜人的环境。这些游客每年共在此花费近 200 亿美元，并产生佛罗里达州近三分之一的销售税，因此旅游业对该地区经济的重要性不言而喻。因此，尽管该县很少有警察会在其职务说明中列出经济发展状况，但几乎所有人都掌握了安全的街道与该地区游客驱动的繁荣之间的重要联系。

对于阿诺德·帕尔默中尉而言，这种联系极为重要，他目前正在监督抢劫调查科，并且是该部门抢劫干预细节的前主管。这个专业的侦探团队致力于严密监控该县抢劫热点地区和最严重的屡犯者。他和他的团队在位于迈阿密西边缘一条棕榈树成荫的街道上的现代混凝土建筑的二楼拥有一个最合适的办公室。在警察局的 10 年以及在部队服役的 23 年中，帕尔默看到了许多变化——不仅在警务实践方面（他的团队曾经用彩色图钉在地图上标记街头犯罪热点位置）。

### 用更少的资源维持治安

帕尔默及其团队还看到了人口增长、人口统计变化以及经济变化对他们巡逻的街道的影响。像任何优秀的警察一样，他们不断调整自己的方法和做法，以应对范围和复杂性日益增长的警务挑战。但是，就像该县政府的几乎所有分支机构一样，预算压力的加剧使该部门陷入了需求上升和资源缩减之间的困境。

帕尔默认为侦探是抵抗街头犯罪浪潮和日益紧缩的资源供应问题的前线战士，他认为："我们的基本挑战是，在资源紧缩导致街上的警察人数减少时，如何减少街头犯罪。"多年来，该团队一直愿意尝试新的工具，其中最著名的是一个名为"分析驱动的执法"的程序，该程序使用犯罪历史数据作为侦探团队定位的基础。"自那时以来，我们通过使用分析技术和自己的集体经验来预测可能发生抢劫的地方，已经取得了很大的进展。"

### 对悬案的重新思考

对于帕尔默和他的调查团队来说，更加复杂的挑战是如何解决棘手的案件，这些案件缺乏线索、证据、监控录像，以及任何有助于破案的事实或证据。调查团队与所有主要城区的警方共享了这些信息。帕尔默解释说，这并不奇怪，因为"我们过去用来产生线索的标准做法，如与线人、社区或巡逻警官交谈，并没有太大变化。这种方法行之有效，但它在很大程度上取决于侦探的经验。当侦探退休或离开时，这种经验也就随之而去。"

帕尔默面临的难题在于，在手下许多有经验的侦探退休后，团队成员的流动率呈上升趋势。的确，他认为注入年轻血液是好事，尤其是考虑到这个群体对他的团队可以访问的新型信息会更适应，这些新型信息包括电子邮件、社交媒体、交通摄像头等。但正如帕尔默所述，当少数几个新来的警探转向高级警官寻求指导时，问题就出现了："他们无处可以寻求指导。我们知道，那时我们需要一种不同的方式来填补未来的经验缺口。"

他为想出一个解决方案做出的临时努力导致了不切实际的猜测：如果新来的警探能像对待老警探一样对计算机数据库提出同样的问题会怎么样？这种猜测在帕尔默的脑海中播

种了一颗不会消失的种子。

### 大局从小事开始

抢劫小组内部正在形成的东西证明了小事能产生多大的想法。但更重要的是，它表明，为了让这些想法得以实现，"正确的"条件需要在正确的时间保持一致。在领导层次上，这意味着组织中的一个重要人物——他知道如何培养自上而下的支持以及关键的自下而上的支持，同时使部门的信息技术人员达成共识。这个人就是帕尔默。在组织层面，抢劫小组是一个特别好的领导建模的起点，因为惯犯在犯罪者中普遍存在。最终，该部门释放领导建模更广泛变革潜力的能力将在很大程度上取决于团队小规模交付成果的能力。

早期的测试和演示结果是令人鼓舞的——当解决案例的细节被输入模型时，模型产生了准确的结果——此时团队开始获得关注。抢劫小组的少校和上尉表示支持这个项目的研究方向，并告诉帕尔默："如果你能做到这一点，那就去做吧。"帕尔默认为，比鼓励更重要的是，他们愿意在该部门的高层中倡导这个项目。帕尔默说："如果高层不接受，我就无法实施，因此他们的支持至关重要。"

### 成功带来信誉

帕尔默被任命为信息技术部门和抢劫部门之间的官方联络员后，着手通过建立一系列成功案例来加强对领导建模工具的支持力度，该工具现已被正式命名为 Blue PALMS（预测性分析领导建模软件）。他的支持者不仅有司法部的高级官员，还有侦探。他们的支持对于使该工具成功地成为一种解决抢劫案件的工具至关重要。在他尝试引入该工具的过程中，可以预见的是，在那些认为没有理由放弃长期做法的资深侦探中的阻力会更大。帕尔默知道，命令或胁迫不会赢得他们的认可。他需要树立信誉。

帕尔默在他最优秀、最有经验的侦探之一的身上找到了这个机会。在一次抢劫调查的早期，该侦探向帕尔默表示，关于谁是罪犯，他有强烈的直觉，并想测试 Blue PALMS 系统。应侦探的要求，部门分析师将犯罪的关键细节输入系统，包括作案手法。该系统的统计模型将这些细节与历史数据的数据库进行了比较，寻找犯罪特征中的重要关联和相似之处。这个过程中产生的报告包括一份包含 20 名嫌疑人的名单，按照匹配强度或可能性的顺序排列。当分析师把报告交给侦探时，他的"直觉"嫌疑人被列在前五名中。被捕后不久，该嫌疑人供认不讳，帕尔默由此获得了一个坚定的支持者。

尽管这是一次有用的练习，但帕尔默意识到真正的测试不是确认直觉，而是打破僵局。这就是劫车现场，用帕尔默的话说，"没有目击者，没有视频，也没有犯罪现场——没有什么可供分析的线索。"三个月后，当负责这个陷入僵局的案件的高级侦探休假时，被指派的初级侦探申请了一份 Blue PALMS 报告。在出示了嫌疑人名单上的头号人物的照片后，受害者确定了嫌疑人的身份，从而成功结案。那个嫌疑人就是名单上的第一名。

### 只是事实

Blue PALMS 继续取得的成功是帕尔默让他的侦探们加入的一个主要因素。但是，如果说他的信息中有一部分与他的侦探产生了更大的共鸣，那就是 Blue PALMS 的设计不是为了改变警务实践的基础，而是为了通过给他们第二次机会破案来加强这些基础。帕尔默说："警察工作的核心是人际关系——与证人、受害者、群众交谈——我们不会改变这一点。我们的目标是让调查人员从我们已经掌握的信息中获得事实上的见解，这可能会有所不同，因此即使只有 5% 的成功率，我们也会让更多罪犯离开街道。"

越来越多的悬案得到解决，这有助于加强人们 Blue PALMS 的重视。但是，帕尔默认为结案的侦探——而不是项目——最应该受到关注，而且这种方法也很成功。应长官的要求，帕尔默开始将他的联络员的角色作为一个平台，与迈阿密戴德警察局的其他部门联系。

### 为更智能的城市建设更安全的街道

当帕尔默谈到旅游业的影响时，他认为 Blue PALMS 是保护这个国家最大资产之一的重要工具，因为旅游业是贯穿迈阿密戴德智慧城市愿景的主线。帕尔默说："街头犯罪率上升对旅游业构成的威胁是该部门成立的一大原因。事实上，我们能够利用分析技术和情报帮助我们结案，让更多罪犯远离街道，这对我们的市民和旅游业来说是个好消息。

> ▶ **复习题**
>
> 1. 为什么像迈阿密戴德警察局这样的执法机构和部门会接受先进的分析和数据挖掘技术？
> 2. 像迈阿密戴德警察局这样的执法机构和部门面临的最大挑战是什么？你能想到其他可以从数据挖掘中获益的挑战吗？
> 3. 像迈阿密戴德警察局这样的执法机构和部门用于预测建模和数据挖掘项目的数据来源是什么？
> 4. 像迈阿密戴德警察局这样的执法机构和部门使用什么类型的分析技术来打击犯罪？
> 5. 在这种情况下，"大局从小事开始"是什么意思？解释一下。

### 我们可以从这个小插曲中学到什么

在资源有限的情况下，执法机构和部门履行保护人民的使命的压力巨大。他们履行职责的环境变得越来越具有挑战性，以至于其必须不断地采取行动，也许还会领先几步，以减少发生灾难的可能性。理解犯罪和罪犯不断变化的性质是一项持续的挑战。在这些挑战中，对这些机构有利的是数据和分析技术的可用性，使其可以更好地分析过去发生的事件和预测未来的事件。现在数据比过去更容易获得。将高级分析和数据挖掘工具（即知识发现技术）应用于这些庞大而丰富的数据源，提供了更好地准备和履行职责所需的洞察力。因此，执法机构正在成为分析技术的主要用户之一。数据挖掘是更好地理解和管理这些关键任务的主要候选方法，具有很高的准确性和及时性。这里描述的研究清楚地说明了分析和数据挖掘技术的力量，它可以创建犯罪和罪犯世界的整体视图，以便更好、更快地做出反应和进行管理。在本章中，你将看到各种各样的数据挖掘应用程序解决各种行业和组织环境中的复杂问题，在这些应用程序中，数据用于发现可操作的洞察力，以提高任务就绪性、运营效率和竞争优势。

资料来源："Miami-Dade Police Department: Predictive modeling pinpoints likely suspects based on common crime signatures of previous crimes," IBM Customer Case Studies. www-03.ibm.com/software/businesscasestudies/om/en/corp?synkey=C894638H25952N07; "Law Enforcement Analytics: Intelligence-Led and Predictive Policing by Information Builder." www.informationbuilders.com/solutions/gov-lea.

## 4.2 数据挖掘概念

数据挖掘是一项相对较新且令人兴奋的技术，已经在绝大多数组织中得到应用。在1999 年 1 月接受 *Computerworld* 杂志采访时，阿诺·彭齐亚斯博士（诺贝尔奖获得者和贝尔实验室前首席科学家）认为从组织数据库中挖掘数据将是企业未来的一项关键应用。在回答该杂志由来已久的问题"什么是公司中的杀手级应用"时，彭齐亚斯博士回答道："数据挖掘。"他接着补充道："数据挖掘将变得更加重要，公司不会丢弃任何关于其客户的东西，因为它们将非常有价值。如果不这么做，你就出局了。"同样，在《哈佛商业评论》的一篇文章中，托马斯·达文波特（2006）认为公司的最新战略武器是分析决策，并提供了一些公司的例子，如 Amazon.com、第一资本、万豪国际等，它们使用分析技术更好地了解客户、优化扩展的供应链，以最大化投资回报，同时提供最佳的客户服务。这种成功的程度高度依赖于公司对其客户、供应商、业务流程和扩展供应链的透彻理解。

"了解客户"的很大一部分可以来自对公司收集的大量数据的分析。最近，存储和处理数据的成本急剧下降，结果，以电子形式存储的数据量以爆炸式的速度增长。随着大型数据库的创建，分析存储在其中的数据成为可能。术语数据挖掘最初用于描述发现数据中以前未知的模式的过程。为了使销售额随着数据挖掘标签的流行而增加，一些软件供应商已经将这一定义扩展到包括大多数数据分析形式。在本章中，我们接受数据挖掘的原始定义。

尽管数据挖掘这个术语相对较新，但它背后的思想却不是。自 20 世纪 80 年代初以来，数据挖掘中使用的许多技术都源于传统的统计分析和人工智能的工作。那么，为什么它突然引起了商界的注意？以下是一些重要的原因：

- ❏ 在日益饱和的市场中，客户不断变化的需求推动了全球范围内更激烈的竞争。
- ❏ 对隐藏在大型数据源中的未开发价值的普遍认识。
- ❏ 数据库记录的整合和集成，支持单一视图客户、供应商、交易等。
- ❏ 以数据仓库的形式将数据库和其他数据存储库整合到同一位置。
- ❏ 数据处理和存储技术的指数级增长。
- ❏ 大幅降低数据存储和处理的硬件和软件成本。
- ❏ 商业实践的去分类化（将信息资源转换为非物理形式）。

互联网产生的数据的数量和复杂程度都在快速增长：世界各地正在产生和积累大量基因组数据；天文学和核物理等学科定期创造大量数据；医学和药学研究人员不断生成和存

储数据，这些数据可用于数据挖掘应用，以确定准确诊断和治疗疾病的更好的方法，并发现新的和改良的药物。

在商业方面，数据挖掘最常见的应用可能是在金融、零售和医疗保健领域：检测和减少欺诈活动，特别是在保险索赔和信用卡使用方面（参见文献（Chan 等，1999））；确定客户购买模式（参见文献（Hoffman，1999））；回收盈利客户（参见文献（Hoffman，1998））；从历史数据中识别交易规则；利用市场篮子分析帮助提高盈利能力。数据挖掘已经被广泛用于更好地锁定目标客户，而随着电子商务的广泛发展，这只会随着时间的推移变得更加重要。应用案例 4.1 介绍了 Visa 如何使用预测性分析和数据挖掘改善客户服务、打击欺诈行为和增加利润。

**应用案例 4.1** **Visa 通过预测性分析和数据挖掘改善客户体验和减少欺诈**

当发卡方第一次开始使用自动商业规则软件来对抗借记卡和信用卡欺诈时，这种技术的局限性很快就显现出来了：客户报告说，在假期或关键商务旅行中，他们遭遇了令人沮丧的付款被拒。Visa 与其客户合作，通过提供尖端的欺诈风险工具和咨询服务来提高客户体验，从而使其战略更加有效。通过这种方法，Visa 增强了客户体验，最大限度地减少了无效交易。

该公司的全球网络每天将数以千计的金融机构与数以百万计的商人和持卡人联系在一起。50 多年来，它一直是无现金支付的先锋。通过使用 SAS 分析，Visa 支持金融机构以减少欺诈，同时又不会因不必要的拒绝付款而惹恼客户。无论何时处理交易，Visa 都会实时分析多达 500 个唯一变量，以评估交易风险。使用包括全球欺诈热点和交易模式在内的大量数据集，该公司可以更准确地评估是你在巴黎购买了蜗牛，还是有人偷了你的信用卡。

"这意味着，如果我们知道你有可能在旅行，那么我们会告诉你的金融机构，这样你就不会在付款时被拒，"北亚 Visa 绩效解决方案主管内森·法尔肯博格说，"我们还将协助贵行制订正确的策略，使用 Visa 工具和评分系统。"Visa 估计大数据分析有效：最先进的模型和评分系统有可能防止每年增加 20 亿美元的欺诈性支付量。

Visa 是一个全球公认的机构，它通过其数以千计的金融机构合作伙伴发行的品牌产品为电子资金转账提供便利。该公司在 2014 年处理了 649 亿笔交易，同年，通过 Visa 卡进行的交易，其金额达 4.7 万亿美元。

Visa 具有每秒处理 56 000 条交易消息的计算能力，这是迄今为止实际最高交易速率的四倍多。Visa 不仅进行处理和计算，它还不断使用分析技术与合作的金融机构分享战略和运营见解，并帮助它们提高绩效。这一业务目标由强大的数据管理系统支持。Visa 还通过发展和提供深刻的分析洞察力来帮助客户提高绩效。

法尔肯博格说："我们通过在颗粒度级别上进行聚类和细分来理解行为模式，并将这一洞察力提供给我们的金融机构合作伙伴。这是帮助我们的合作伙伴更好地沟通和加深其对客户的理解的有效方式。"

作为营销支持的一个例子，Visa 帮助全球合作伙伴识别应该提供不同 Visa 产品的客户群体。法尔肯博格说："了解客户生命周期极其重要，Visa 为合作伙伴提供信息，帮助其采取行动，以在价值主张过时之前为正确的客户提供正确的产品。"

**使用内存分析能有何作为**

在最近的概念证明中，Visa 使用了来自 SAS 的高性能解决方案，该解决方案依赖内存计算来支持统计和机器学习算法，然后可视化地呈现信息。内存分析减少了移动数据和执行额外模型迭代的需求，使其更加快速和准确。

法尔肯博格把这个解决方案描述为类似于记住信息，而不是必须起身去档案柜取回信息。"内存分析只是让你的大脑变得更大。一切都可以立即获得。"

最终，可靠的分析不仅可以帮助公司处理付款。法尔肯博格说："凭借令人难以置信的大数据集和挖掘交易数据的专业知识，我们可以深化客户对话，更好地为客户服务。我们利用咨询和分析能力来帮助客户应对业务挑战，保护支付生态系统。这就是我们对高性能分析的看法。"

法尔肯博格阐述道：

与任何管理和使用海量数据集的公司一样，我们面临的挑战是如何使用所有必要的信息来解决业务挑战——无论是改进我们的欺诈模型，还是帮助合作伙伴更有效地与其客户沟通。内存分析使我们更加灵活，随着 100 倍的分析系统处理速度的提高，我们的数据和决策科学家可以迭代得更快。

快速而准确的预测性分析使 Visa 能够更好地为客户提供量身定制的咨询服务，帮助其在当今快速变化的支付行业中取得成功。

**针对应用案例 4.1 的问题**

1. Visa 和信用卡行业面临什么挑战？
2. Visa 如何在改善客户服务的同时减少欺诈行为？
3. 什么是内存分析？为什么需要内存分析？

## 4.2.1 定义、特征和优势

简单地说，**数据挖掘**是一个用来描述从大量数据中发现或"挖掘"知识的术语。当通过类比来考虑时，人们可以很容易地意识到数据挖掘这个术语用词不当；也就是说，从岩石或泥土中开采黄金被称为"黄金"开采，而不是"岩石"或"泥土"开采。因此，数据挖掘也许应该被命名为"知识挖掘"或"知识发现"。尽管该术语与其含义不匹配，但数据挖掘已经成为社区的选择。与数据挖掘相关的许多其他名称包括知识提取、模式分析、数据考古、信息收集、模式搜索和数据捕捞。

从技术上讲，数据挖掘是一个使用统计、数学和人工智能技术从大量数据中提取和识别有用信息和后续知识（或模式）的过程。这些模式可以是商业规则、关联性、相关性、趋势或预测模型的形式（参见文献（Nemati & Barko，2001））。大多数文献将数据挖掘定义为"在存储于结构化数据库中的数据中识别有效、新颖、潜在有用和最终可理解的模式的非平凡过程"，其中数据被组织在由分类变量、有序变量和连续变量构成的记录中（参考文献（Fayyad，Piatetsky-Shapiro，Smyth，1996）的第 40～41 页）。在该定义中，关键术语的含义如下：

- ❑ 过程意味着数据挖掘包含许多迭代步骤。
- ❑ 非平凡意味着涉及一些试验型的搜索或推理，也就是说，它不像预定义量的计算那样简单。
- ❑ 有效意味着发现的模式应该以足够的确定性在新数据上保持正确。
- ❑ 新颖意味着在被分析的系统的上下文中，用户先前不知道这些模式。
- ❑ 潜在有用意味着发现的模式应该给用户或任务带来一些好处。
- ❑ 最终可理解意味着这种模式应该有商业意义，即让用户说："嗯！这是有道理的。我之前怎么没有想到？"如果不是直接的话，那么也是至少经过一些后处理。

数据挖掘不是一门新学科，而是许多学科使用的新定义。数据挖掘位于许多学科的交叉点，包括统计学、人工智能、机器学习、管理科学、信息系统和数据库（参见图 4.1）。随着这些学科的进步，数据挖掘逐渐在从大型数据库中提取有用的信息和知识方面取得进展。这是一个新兴领域，在很短的时间内引起了人们的极大关注。

以下是数据挖掘的主要特征和目标：

- ❑ 数据通常被深埋在非常大的数据库中，这些数据库有时包含几年的数据。在许多情况下，数据被清洗并整合到数据仓库中。数据可以以多种格式呈现（关于数据的简要分类，请参见第 3 章）。
- ❑ 数据挖掘环境通常是客户端/服务器架构或基于网络的信息系统架构。
- ❑ 复杂的新工具，包括高级可视化工具，有助于清除隐藏在公司文件或公共档案记录中的信息。找到这些信息需要改动和同步数据

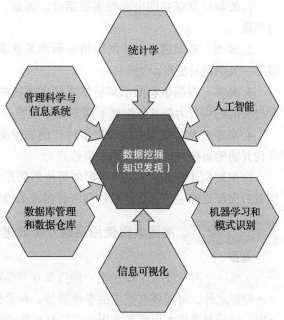

图 4.1 数据挖掘是多学科的融合

以获得正确的结果。尖端数据挖掘者也在探索软数据（即存储在 Lotus Notes 数据库、互联网上的文本文件或企业内部网等地方的非结构化文本）的有用性。

❑ 数据挖掘者通常是具备数据训练和其他强大的查询工具的最终用户，他们只需很少或根本不需要编程技能就能提出临时问题并快速获得答案。

❑ "致富"通常包括发现意想不到的结果，并要求最终用户在整个过程中创造性地思考，包括对发现的解释。

❑ 数据挖掘工具很容易与电子表格和其他软件开发工具相结合。因此，可以快速且方便地对挖掘出的数据进行分析和部署。

❑ 由于数据和搜索工作的量非常庞大，因此有时有必要使用并行处理技术进行数据挖掘。

有效利用数据挖掘工具和技术的公司可以获得并保持战略竞争优势。数据挖掘为组织提供了一个不可或缺的决策增强环境，帮助企业通过将数据转化为战略武器来利用新的机会。关于数据挖掘战略优势的更详细讨论，可参见 Nemati 和 Barko 于 2001 年发表的论文。

## 4.2.2 数据挖掘的工作原理

数据挖掘使用从组织内部和外部获得的现有相关数据，构建模型来发现数据集中呈现的属性之间的模式。模型是数学表示（简单的线性关系和亲缘关系、复杂和高度非线性的关系），用于识别数据集内描述的事物（例如，客户、事件）属性之间的模式。其中一些模式是解释性的（解释属性之间的相互关系和亲缘关系），而另一些模式是预测性的（预测某些属性的未来值）。一般来说，数据挖掘旨在识别四种主要模式：

1. 关联：发现共同出现的事物组合。例如，在市场篮子分析中，啤酒和尿布通常会同时出现。

2. 预测：基于过去发生的事情来预测某些事件未来的性质，例如预测超级碗的获胜者或某一天的绝对温度。

3. 聚类：根据事物的已知特征来识别事物的自然分组，例如根据顾客的人口统计数据和过去的购买行为将其分配到不同的细分市场。

4. 顺序关系：发现时间顺序事件，例如预测已经拥有支票账户的现有银行客户将在一年内开通储蓄账户，然后开通投资账户。

应用案例 4.2 展示了美国本田如何使用数据挖掘（高级分析工具的一个关键组件）来增强其对保修索赔、预测功能部件和资源需求的理解，并更好地理解客户需求和意见。

---

**应用案例 4.2** **美国本田使用高级分析改进保修索赔**

**背景**

当一个汽车或卡车车主把一辆汽车开到美国的讴歌或本田经销店时，除了维修或服务检查之外，可能还有更多的事情要做。每次到店期间，服务技术人员都会生成维修数据，包括对美国本田汽车有限公司的任何保修索赔，这些数据会直接输入其数据库，包括执行了什么类型的工作、客户支付了多少费用、服务顾问的意见以及许多其他数据点。

现在，将这个过程乘以美国 1200 多家经销商每天的数十次访问量，很明显——美国本田拥有大规模数据。美国本田高级分析集团的助理经理肯德里克·考尔（Kendrick Kau）这样的人有责任从这些数据中汲取见解，并将其转化为有用的资产。

**检查保修数据，提高维护效率**

像其他主要汽车经销商一样，美国本田与一个经销商网络合作，对其车辆进行保修。这对公司来说可能是一笔巨大的成本，因此美国本田使用分析技术来确保保修索赔在提交时是完整和准确的。

在保修索赔的情况下，考尔的团队通过在线报告向经销商提供有用的信息，帮助经销商了解适当的保修流程。为了支持降低不当保修成本的目标，考尔和他的团队必须筛选维修、零件、客户和其他细节信息。他们选择了一种可视化的商务智能和分析方法（由 SAS 提供支持），以识别降低成本的机会。

为了降低保修费用，高级分析团队使用 SAS Analytics 创建了一个专有流程，每天对可疑保修索赔进行审查，以确保它们符合现有准则。识别和审查索赔的工作曾经是相当手动、乏味和耗时的。

考尔说："在 SAS 之前，我们的一名员工每个月花一周时间在 Microsoft Excel 中汇总和报告保修数据。现在，借助 SAS，我们可以在一个易于访问的在线仪表板上自动填充这些相同的报告，并且可以将一周的人力投入其他项目中。"

通过将 SAS 分析应用于保修数据，高级分析团队使索赔团队和现场人员能够快速且准确地识别不完整、不准确或不合规的索赔。结果令人印象深刻。

考尔说："最初，我们的审查员平均要花三分钟来识别一个潜在的不符合要求的索赔，即使这样，他们也只有 35% 的时间能找到一个真正不合规的索赔。现在，使用 SAS，他们不到一分钟就能识别出可疑的索赔。"

提高保修合规性的努力为美国本田带来了回报。随着对保修索赔进行更全面的分析，以及经销商接受更多的教育，美国本田的劳动力成本降低了 52%。

**使用服务数据预测未来需求**

美国本田高级分析团队还利用服务和零件数据，通过确保经销商拥有可供客户维修的按需零件，与客户建立更牢固的联系。在合适的时间获得合适的零件是至关重要的，因此汽车维修数据被直接输入美国本田的营销和客户维系工作。

"对于营销团队，我们提供战略洞察力，帮助团队制订旨在将客户推向经销商的计划，并最终让客户忠于我们的品牌。"考尔说，"本田的目标是终生对车主忠诚。我们希望我们的客户拥有良好的体验，其中一个方法就是为他们提供卓越的服务。"

美国本田使用 SAS 预测服务器来协助业务规划，以确保有足够的资源来满足未来的服务需求。利用维修订单和认证的历史信息，公司利用以前数年维修的数据开发了一个时间序列。通过将时间序列信息与销售数据相结合，考尔的团队可以预测未来几年公司最大的机遇在哪里。

"我们的目标是预测运营中的车辆数量，以便预测纳入经销商的客户数量。"考尔说，"这预示着我们应该拥有多少零件，并帮助我们规划人员配置以满足客户需求。一年一年地回顾过去，我们已经超过预测的 99%。这对预测来说是非常好的，我认为这在很大程度上归功于 SAS 软件的能力。"

**客户反馈推动业务发展**

美国本田使用分析技术的另一种方式是快速评估客户调查数据。高级分析团队使用 SAS 挖掘调查数据，以深入了解车辆的使用情况，并确定最有可能提高客户满意度的设计变更。

分析团队每周都会检查客户调查数据。考尔的团队使用 SAS 来标记可能需要设计、制造、工程等团队关注的新兴趋势。借助 SAS 技术，用户可以从高层问题深入到更具体的响应，以了解潜在的根本原因。

"我们可以查看数据，看看客户在说什么。"考尔说，"这导致了许多我们可以解决的问题。组件是否以最佳方式设计？这是客户教育问题吗？这是我们应该在制造过程中解决的问题吗？有了 SAS，我们现在可以使用我们的数据来识别这些关键问题。"

**针对应用案例 4.2 的问题**

1. 美国本田如何使用分析技术来改进保修索赔？

2. 除了保修索赔之外，美国本田还将高级分析方法用于哪些其他目的？

3. 你能想到高级分析在汽车行业的其他用途吗？你可以在网上搜索这个问题的答案。

资料来源：SAS Case Study "American Honda Motor Co., Inc. uses SAS advanced analytics to improve warranty claims" https://www.sas.com/en_us/customers/american-honda.html (accessed June 2018).

几个世纪以来，这些类型的模式都是由人类从数据中手动提取的，但是现代数据量的不断增加已经产生了对更自动化方法的需求。随着数据集的规模和复杂性的增长，直接手动进行数据分析越来越多地被使用复杂方法、手段和算法的间接自动数据处理工具所增强。处理大型数据集的自动化和半自动化手段的这种演变的表现现在通常被称为数据挖掘。

一般来说，数据挖掘任务可以分为三大类：预测、关联和聚类。基于从历史数据中提取模式的方式，数据挖掘方法的学习算法可以分为有监督和无监督两种。对于监督学习算法，训练数据包括描述性属性（即独立变量或决策变量）和类属性（即输出变量或结果变量）。相比之下，在无监督学习中，训练只包括描述性属性。图 4.2 显示了数据挖掘任务的简单分类，以及每个数据挖掘任务的学习方法和流行算法。

图 4.2　数据挖掘任务、方法和算法的简单分类

**预测**　预测（prediction）通常指讲述未来的行为。它不同于简单的猜测，它考虑了经验、观点和其他相关信息来进行预测。一个通常与预测联系在一起的术语是预报（forecasting）。尽管许多人认为这两个术语是同义的，但这两个术语之间有微妙但至关重要的区别。预测主要是基于经验和观点，而预报是基于数据和模型。也就是说，按可靠性由

低到高排序，可以列出猜测、预测和预报。在数据挖掘术语中，预测和预报是同义的，术语预测被用作行为的共同表示。根据预测对象的性质，预测可以更具体地称为分类（其中预测的事物，例如明天的天气，是一个类别标签，例如"下雨"或"晴朗"）或回归（其中预测的事物，例如明天的温度，是一个实数，例如"23℃"）。

**分类**　分类，或称为监督归纳，也许是所有数据挖掘任务中最常见的。分类的目的是分析存储在数据库中的历史数据，并自动生成能够预测未来行为的模型。这个归纳模型由对训练数据集记录的概括组成，这有助于区分预定义的类。人们希望该模型可以用于预测其他未分类记录的类别，更重要的是，准确预测未来的实际事件。

常见的分类工具包括神经网络和决策树（来自机器学习）、逻辑回归和判别分析（来自传统统计学），以及新兴工具，如粗糙集、支持向量机（SVM）和遗传算法。基于统计的分类技术（如逻辑回归和判别分析）也受到了批评——它们对数据做出不切实际的假设，如独立性和正态性——这限制了它们在分类型数据挖掘项目中的使用。

神经网络涉及数学结构（在某种程度上类似于人脑中的生物神经网络）的发展，它能够从过去以结构良好的数据集形式出现的经验中学习。当涉及的变量的数量相当大并且它们之间的关系复杂且不精确时，神经网络往往更有效。神经网络有优点也有缺点。例如，为神经网络的预测提供一个好的理论基础通常是非常困难的。此外，训练神经网络通常需要相当长的时间。不幸的是，随着数据量的增加，训练所需的时间呈指数级增长，并且一般来说，神经网络不能在非常大的数据库上训练。这些和其他因素限制了神经网络在数据丰富领域的适用性。

决策树根据输入变量值将数据分类为有限数量的类。决策树本质上是 if-then 语句的层次结构，因此比神经网络快得多。它们最适合**分类数据**和**区间数据**。因此，将连续变量纳入决策树框架需要离散化，也就是说，将连续数值变量转换为范围和类别。

分类工具的一个相关类别是规则归纳。与决策树不同，通过规则归纳，if-then 语句直接从训练数据中归纳出来，它们本质上不需要分层。其他较新的技术，如 SVM、粗糙集和遗传算法，正在逐渐进入分类算法的宝库。

**聚类**　聚类将事物（例如，对象、事件，在结构化数据集中呈现的）的集合划分成成员具有相似特征的片段（或自然分组）。与分类不同，在聚类中，类别标签是未知的。当选定的算法遍历数据集，根据事物的特征识别它们的共性时，就建立了聚类。因为聚类是使用启发式算法来确定的，并且不同的算法可能最终得到相同数据集的不同聚类集，所以在聚类技术的结果投入实际使用之前，专家可能有必要解释并潜在地修改建议的聚类。在确定合理的聚类后，它们可以用于分类和解释新数据。

毫不奇怪，聚类技术包括优化。聚类的目标是创建组，以便每个组中的成员具有最大相似性，而组间的成员具有最小相似性。最常用的聚类技术包括 k 均值（来自统计学）和自组织映射（来自机器学习），这是 Kohonen 于 1982 年开发的一种独特的神经网络架构。

企业通常有效地使用自己的数据挖掘系统，通过聚类分析进行市场细分。聚类分析是一种识别项目类别的方法，使一个聚类中的项目彼此之间比与其他聚类中的项目有更多的共同点。聚类分析可用于细分客户，并在合适的时间以合适的格式和合适的价格将合适的营销产品导向细分市场。聚类分析还用于识别事件或对象的自然分组，以便可以识别这些分组的一组共同特征来描述它们。

**关联**　关联，或数据挖掘中的关联规则学习，是一种在大型数据库中发现变量之间有趣关系的流行且研究充分的技术。由于条形码扫描仪等自动数据收集技术，在超市销售点系统记录的大规模交易中，使用关联规则来发现产品之间的规律已成为零售业中常见的知识发现任务。在零售业的背景下，关联规则挖掘通常被称为市场篮子分析。

关联规则挖掘的两个常用衍生工具是**链接分析**和**序列挖掘**。通过链接分析，许多感兴趣的对象之间的链接被自动发现，例如网页之间的链接和学术出版物作者组之间的引用关系。使用序列挖掘，按照关系出现的顺序进行检查，以识别随时间推移的关联。关联规则挖掘中使用的算法包括流行的 Apriori（识别频繁项集）以及 FP-Growth、OneR、ZeroR 和 Eclat。

**可视化和时间序列预测**　通常与数据挖掘相关的两种技术是可视化和时间序列预测。可视化可以与其他数据挖掘技术结合使用，以便用户更清楚地理解潜在的关系。随着近年来可视化的重要性增加，一个新的术语可视化分析出现了。这个想法是将分析和可视化结合在一个单一的环境中，以便更容易和更快地创建知识。可视化分析在第 3 章中有详细介绍。在时间序列预测中，数据由同一变量的值组成，这些值在一定时间间隔内被捕获和存储。然后，这些数据被用于开发预测模型，以推断同一变量的未来值。

## 4.2.3　数据挖掘与统计

数据挖掘和统计有很多共同点。它们都在数据中寻找关系。大多数人把统计称为"数据挖掘的基础"。两者的主要区别在于，统计数据从定义明确的命题和假设开始，而数据挖掘从定义松散的发现语句开始。统计学收集样本数据（即主要数据）来检验假设，而数据挖掘和分析使用所有现有数据（即通常是观察性的次要数据）来发现新的模式和关系。另一个不同在于它们使用的数据量。数据挖掘寻找尽可能"大"的数据集，而统计寻找合适的数据大小（如果数据大于统计分析所需的数据，则使用其中的一个样本）。"大数据"的含义在统计学和数据挖掘之间有很大不同。对于统计学家来说，几百到一千个数据点就足够大了，但是对于数据挖掘研究来说，几百万到几十亿个数据点才被认为是很大的。

> ▶ **复习题**
>
> 1. 定义**数据挖掘**。为什么数据挖掘有许多不同的名称和定义？
> 2. 最近哪些因素加快了数据挖掘的普及？
> 3. 数据挖掘是一门新学科吗？解释一下。
> 4. 主要的数据挖掘方法和算法有哪些？
> 5. 主要数据挖掘任务之间的关键区别是什么？

## 4.3 数据挖掘应用

数据挖掘已经成为解决许多复杂业务问题和探索商业机会的流行工具。事实证明，它在许多领域都非常成功和有帮助，以下是一些具有代表性的例子。许多商业数据挖掘应用程序的目标是解决一个紧迫的问题，或者探索一个新的商业机会来创造可持续的竞争优势。

❑ **客户关系管理**。客户关系管理是传统营销的延伸，目标是通过深入了解客户的需求和愿望，与客户建立一对一的关系。随着时间的推移，企业通过各种交互（例如，产品查询、销售、服务请求、保修电话、产品评论、社交媒体连接）与客户建立关系，它们积累了大量数据。当与人口统计和社会经济属性相结合时，这些包含丰富信息的数据可用于：（1）识别新产品 / 服务最可能的响应者 / 购买者（即客户概况）；（2）了解客户流失的根本原因以提高客户保留率（即流失分析）；（3）发现产品和服务之间的时变关联以最大化销售和客户价值；（4）识别最有利可图的客户及其加强关系和最大化销售的优先需求。

❑ **银行业**。数据挖掘可以在以下方面帮助银行：（1）通过准确预测最有可能的违约者来自动化贷款申请流程；（2）检测欺诈性信用卡和网上银行交易；（3）通过向客户销售他们最有可能购买的产品和服务来确定最大化客户价值的方法；（4）通过准确预测银行实体（例如自动取款机、银行分支机构）的现金流来优化现金回报。

❑ **零售和物流**。在零售业中，数据挖掘可用于：（1）预测特定零售地点的准确销售量，以确定正确的库存水平；（2）识别不同产品之间的销售关系（通过市场篮子分析），以改善商店布局和优化促销；（3）预测不同产品类型的消费水平（基于季节和环境条件），以优化物流，从而实现销售最大化；（4）通过分析感官和射频识别（射频识别）数据，发现供应链中产品移动的有趣模式（特别是对于有保质期的产品，因为它们容易过期、腐烂和受到污染）。

❑ **制造和生产**。制造商可以使用数据挖掘来：（1）在机器故障发生之前通过使用感官数据进行预测（实现所谓的基于条件的维护）；（2）识别生产系统中的异常和共性以优化制造能力；（3）发现新的模式以识别和提高产品质量。

❑ **经纪和证券交易**。经纪人和交易者使用数据挖掘来：（1）预测某些债券价格何时发生变化以及变化幅度；（2）预测股票波动的范围和方向；（3）评估特定问题和事件对整体市场运动的影响；（4）识别和防止证券交易中的欺诈活动。

❑ **保险**。保险业使用数据挖掘技术来：（1）预测财产和医疗保险费用的索赔额，以便更好地进行业务规划；（2）基于索赔和客户数据的分析确定最佳费率计划；（3）预测哪些客户更有可能购买具有特殊特征的新保单；（4）识别和防止不正确的索赔付款和欺诈活动。

❑ **计算机硬件和软件**。数据挖掘可用于：（1）在磁盘驱动器故障实际发生之前就对其进行预测；（2）识别和过滤不需要的网络内容和电子邮件；（3）检测和防止计算机网络安全漏洞；（4）识别潜在的不安全软件产品。

❑ **政府和国防**。数据挖掘也有许多军事应用。它可用于：（1）预测军事人员和设备的移动成本；（2）预测对手的移动，从而为军事行动制定更成功的战略；（3）预测资源消耗，以便更好地进行规划和预算编制；（4）确定从军事行动中获得的独特经验、战略和教训的类别，以便在整个组织中更好地共享知识。

❑ **旅游业（航空公司、酒店 / 度假村、租车公司）**。数据挖掘在旅游业中有多种用途。它成功地用于：（1）预测不同服务的销售（飞机上的座位类型、酒店 / 度假村的房间类型、租车公司的汽车类型），以便根据随时间变化的交易（通常称为收益管理）对服务进行最优定价，从而使收入最大化；（2）预测不同地点的需求，以便更好地分配有限的组织资源；（3）识别最有利可图的客户，并为他们提供个性化服务，以维持他们的重复业务；（4）通过识别员工流失的根本原因并采取行动来留住有价值的员工。

❑ **医疗保健**。数据挖掘有许多医疗保健应用：（1）识别没有健康保险的人和这种不良现象的潜在因素；（2）识别不同治疗方法之间新的成本效益关系，以制定更有效的策略；（3）预测不同服务地点的需求水平和时间，以优化分配组织资源；（4）了解客户和员工流失的潜在原因。

❑ **医学**。数据挖掘在医学中的应用应被视为对传统医学研究的宝贵补充，传统医学研究主要是临床和生物学性质的。数据挖掘分析可以：（1）识别新模式以提高癌症患者的存活率；（2）预测器官移植的成功率以制定更好的器官供体匹配策略；（3）识别人类染色体中不同基因的功能（称为基因组学）；（4）揭示症状和疾病（以及疾病和成功治疗）之间的关系，以帮助医疗专业人员及时做出明智和正确的决策。

❑ **娱乐业**。娱乐业成功地使用数据挖掘来：（1）分析观众数据，以决定黄金时段播放什么节目，以及通过在合适的位置插入广告来获得最大回报；（2）在制作电影之前预测电影的票房，以做出投资决策并优化回报；（3）预测不同地点和不同时间的需求，以更好地安排娱乐活动并优化资源分配；（4）制定最佳定价策略以实现收益最大化。

❑ **国土安全和执法**。数据挖掘有许多国土安全和执法应用：（1）识别恐怖行为模式（有关使用数据挖掘跟踪恐怖活动资金的示例，参见应用案例 4.3）；（2）发现犯罪模式（例如，位置、时间、犯罪行为和其他相关属性），以帮助人们及时解决刑事案件；（3）通过分析特殊用途的传感数据预测和消除对国家关键基础设施的潜在生物和化学攻击；（4）识别和阻止对关键信息基础设施的恶意攻击（通常称为信息战）。

**应用案例 4.3**　**预测性分析和数据挖掘有助于阻止对恐怖分子的资助**

　　2001 年 9 月 11 日对美国纽约世界贸易中心的恐怖袭击凸显了开源情报的重要性。《美国爱国者法案》和美国国土安全部的成立预示着信息技术和数据挖掘技术在侦查洗钱和其他形式资助恐怖主义方面的潜在应用。执法机构一直在关注通过银行和其他金融服务组织进行正常交易的洗钱活动。

执法机构正在关注把国际贸易定价作为资助恐怖主义的工具的行动。洗钱者利用国际贸易悄悄地将资金转移出一个国家，而没有引起政府的注意。他们通过高估进口和低估出口来实现这种转移。例如，国内进口商和国外出口商可能结成伙伴关系，高估进口，从而从本国转移资金，导致与海关欺诈、所得税逃税和洗钱有关的犯罪。外国出口商可能是恐怖组织成员。

执法机构侧重于使用数据挖掘技术分析美国商务部和商业相关实体的进出口交易数据，跟踪超过进口价格上四分之一的进口价格和低于出口价格下四分之一的出口价格。重点是公司间的异常转移价格，这可能导致应税收入和税收转移出美国。观察到的价格偏差可能与所得税避税／逃税、洗钱或资助恐怖主义有关，也可能是由美国贸易数据库中的错误造成的。

数据挖掘将导致对数据的有效评估，这反过来将有助于打击恐怖主义。信息技术和数据挖掘技术在金融交易中的应用有助于获得更好的情报信息。

**针对应用案例 4.3 的问题**

1. 如何利用数据挖掘来打击恐怖主义？讨论除了这个简短的应用案例之外，还可以做些什么。

2. 你认为数据挖掘虽然对打击恐怖组织至关重要，但也危及个人隐私权吗？

资料来源：J. S. Zdanowic, "Detecting Money Laundering and Terrorist Financing via Data Mining," *Communications of the ACM*, 47(5), May 2004, p. 53; R. J. Bolton, "Statistical Fraud Detection: A Review," *Statistical Science*, 17(3), January 2002, p. 235.

❑ **运动**。数据挖掘被用来改善美国国家篮球协会（NBA）球队的表现。大联盟棒球队热衷于预测性分析和数据挖掘，以最佳方式利用有限的资源来在赛季中获胜。事实上，如今大多数职业体育都使用数据处理器，并使用数据挖掘来增加自己获胜的机会。数据挖掘应用不限于职业体育。Delen 等人（2012）在一篇文章中，开发了数据挖掘模型，利用两个对立球队之前的比赛统计数据的各种变量预测美国全国大学生体育协会（NCAA）杯赛结果（第 3 章提供了该案例研究的更多细节）。Wright 于 2012 年使用了多种预测因子来检验 NCAA 男子篮球锦标赛的等级。

➡ **复习题**

1. 数据挖掘的主要应用领域是什么？

2. 确定数据挖掘的至少五个具体应用，并列出这些应用的五个共同特征。

3. 你认为数据挖掘最突出的应用领域是什么？为什么？

4. 你能想到本节中没有讨论的其他数据挖掘应用领域吗？说明一下。

## 4.4　数据挖掘过程

为了系统地执行数据挖掘项目，通常需要遵循一个通用的过程。基于最佳实践，数据挖掘研究人员和实践者提出了几个过程（工作流或简单的逐步方法），以最大限度地提高数据挖掘项目成功的机会。这些努力导致了几个标准化的过程，本节将描述其中一些（一些最流行的）过程。

一个最受欢迎的过程是跨行业数据挖掘标准过程（CRISP-DM），它是在 20 世纪 90 年代中期由一个欧洲公司联盟提出的，作为数据挖掘的非专有标准方法（CRISP-DM，2013）。图 4.3 说明了这个过程，它是一个由六个步骤组成的序列，从对业务和数据挖掘项目（即应用领域）的需求的良好理解开始，到满足特定业务需求的解决方案的部署结束。尽管这些步骤本质上是连续的，但通常会有大量的回溯。因为数据挖掘是由经验和实验驱动的，这取决于问题情况和分析师的知识或经验，所以整个过程可能是迭代的（即人们应该期望在这些步骤中来回多次）和耗时的。因为后面的步骤建立在前一个步骤的结果之上，所以我们应该特别注意前面的步骤，以免从一开始就把整个研究放在错误的道路上。

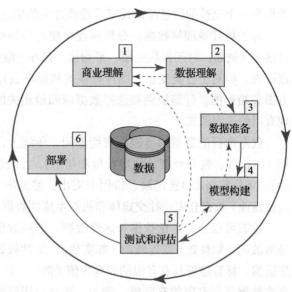

图 4.3　六步 CRISP-DM 数据挖掘过程

### 4.4.1　步骤 1：业务理解

数据挖掘研究的关键要素是知道研究的目的。要确定这一点，首先要彻底了解管理层对新知识的需求，并明确说明要开展的研究的业务目标。需要回答"我们最近输给竞争对手的客户有哪些共同特征？"等问题的具体目标或者"我们客户的典型特征是什么，每个特征能为我们提供多少价值？"。然后制定一个项目计划来寻找这些知识，指定负责收集数据、分析数据和报告结果的人员。在这一早期阶段，还应至少在高水平上制定支持研究的预算，并提供粗略的数字。

### 4.4.2　步骤 2：数据理解

数据挖掘研究专门针对明确定义的业务任务，不同的业务任务需要不同的数据集。在业务理解步骤之后，数据挖掘过程的主要活动是从许多可用的数据库中识别相关数据。在数据识别和选择阶段必须考虑一些关键点。首先，分析师应该清楚简洁地描述数据挖掘任务，以便能够识别最相关的数据。例如，零售数据挖掘项目可以根据女性顾客的人口统计信息、信用卡交易数据和社会经济属性来识别购买季节性服装的女性顾客的消费行为。此外，分析师应建立对数据源的深入了解（例如，相关数据存储在哪里以及以何种形式存储？收集数据的过程是什么——自动的还是手动的？谁是数据的收集者，数据多久更新一次？）和变量（例如，什么是最相关的变量？有同义或同音变量吗？变量是否相互独立——它们是否作为一个完整的信息源而没有重叠或冲突的信息？）。

为了更好地理解数据，分析师经常使用各种统计和图形技术，例如每个变量的简单统计摘要（例如，对于指数变量，平均值、最小 / 最大值、中间值和标准偏差都在计算的度量范围内，而对于分类变量，则计算模式和频率表），并且可以使用相关性分析、散点图、直方图和箱形图。仔细识别和选择数据源和最相关的变量可以使数据挖掘算法更容易快速发现有用的知识模式。

数据选择的数据源可能会有所不同。传统上，商业应用程序的数据源包括人口统计数据（如收入、教育程度、住房数量和年龄）、社会图形数据（如爱好、俱乐部成员和娱乐活动）、交易数据（销售记录、信用卡支出、签发的支票）等。如今，数据源还使用外部（开放或商业）数据仓库、社交媒体和机器生成的数据。

数据可以分为定量数据和定性数据。使用数值或**数字数据**来测量定量数据，它们可以是离散的（如整数）或连续的（如实数）。定性数据，也称为分类数据，包含标称数据和有序数据。**标称数据**具有有限的非有序值（例如，性别数据，其具有两个值——男性和女性）。**有序数据**具有有限的有序值。例如，客户信用评级被认为是有序数据，因为评级可以是优秀的、公平的和糟糕的。第 3 章提供了数据的简单分类（即数据的性质）。

定量数据很容易用某种概率分布来表示。概率分布描述了数据是如何分散和成形的。例如，正态分布的数据是对称的，通常被称为钟形曲线。定性数据可以编码成数字，然后用频率分布来描述。一旦根据数据挖掘业务目标选择了相关数据，就应该进行数据预处理。

### 4.4.3 步骤 3：数据准备

数据准备（也称为数据预处理）的目的是获取上一步中识别的数据，并通过数据挖掘方法对其进行分析。与 CRISP-DM 中的其他步骤相比，数据预处理消耗的时间和精力最多，大多数人认为这一步大约占数据挖掘项目总时间的 80%。在这一步上花费如此巨大努力的原因是，现实世界的数据通常是不完整的（缺少属性值、缺少某些感兴趣的属性或只包含聚合数据）、嘈杂的（包含错误或异常值）和不一致的（包含代码或名称的差异）。第 3 章详细解释了数据的性质以及与分析数据预处理相关的问题。

### 4.4.4 步骤 4：模型构建

在这个步骤中，选择各种建模技术，并将其应用于已经准备好的数据集，以满足特定的业务需求。模型构建步骤还包括对构建的各种模型进行评估和比较分析。因为对于数据挖掘任务，没有一个众所周知的最佳方法或算法，所以人们应该使用各种可行的模型类型以及定义明确的实验和评估策略来确定用于给定目的的"最佳"方法。即使对于单个方法或算法，也需要校准许多参数以获得最佳结果。有些方法在数据格式化的方式上可能有特定的要求，因此通常有必要返回数据准备步骤。应用案例 4.4 介绍了一项研究，其中开发了许多模型类型并对其进行了比较。

**应用案例 4.4 数据挖掘有助于癌症研究**

根据美国癌症协会的研究，美国一半的男性和三分之一的女性在有生之年都会患癌症，预计 2013 年将诊断出大约 150 万新的癌症病例。癌症是美国和世界上第二大常见死因，仅次于心血管疾病。

癌症是一组通常以异常细胞不受控制地生长和扩散为特征的疾病。如果异常细胞生长和扩散得不到控制，癌症会导致人类死亡。尽管确切原因尚不清楚，但癌症被认为是由外部因素（如烟草、传染性生物、化学物质和辐射）和内部因素（如遗传突变、激素、免疫状况和新陈代谢产生的突变）引起的。这些因果因素可以一起或依次作用，引发或促进致癌作用。癌症的治疗方式有手术、放疗、化疗、激素治疗、生物治疗和靶向治疗等。存活统计数据因癌症类型和诊断阶段不同而有很大差异。

所有癌症的五年相对存活率正在提高，2013 年癌症死亡率下降了 20%，这意味着自 1991 年以来避免了约 120 万人死于癌症。每天拯救了 400 多条生命！存活率的提高反映了早期诊断某些癌症的进展和治疗的改进。需要进一步的改进来预防和治疗癌症。

尽管癌症研究传统上具有临床和生物学性质，但近年来，数据驱动的分析研究已成为一种常见的补充。在数据和分析驱动的研究已经成功应用的医学领域，新的研究方向已经确定，以进一步推进临床和生物学研究。通过使用各种类型的数据，包括分子、临床、基于文献和临床试验数据，以及合适的数据挖掘工具和技术，研究人员已经能够识别新的模式，为实现无癌症社会铺平道路。

在一项研究中，Delen（2009）使用三种流行的数据挖掘技术（决策树、人工神经网络和 SVM）结合逻辑回归来开发前列腺癌存活性的预测模型。数据集包含大约 120 000 条记录和 77 个变量。在模型构建、评估和比较中使用了 $k$ 折交叉验证方法。结果表明，支持向量模型是该领域最准确的预测器（测试集准确率为 92.85%），其次是人工神经网络和决策树。此外，使用基于敏感性分析的评估方法，该研究还揭示了与前列腺癌预后因素相关的新模式。

在一项相关的研究中，Delen、Walker 和 Kadam（2005）使用两种数据挖掘算法（人工神经网络和决策树）和逻辑回归，利用一个大数据集（超过 200 000 例）开发乳腺癌存活性的预测模型。为了进行性能比较，研究人员使用 10 折交叉验证方法来测量预测模型的无偏估计，结果表明决策树（C5 算法）是保持样本的最佳预测器，准确率为 93.6%（这是文献中报道的最佳预测准确率），其次是人工神经网络（准确率为 91.2%）

和逻辑回归（准确率为89.2%）。对预测模型的进一步分析揭示了预后因素的优先重要性，这可作为进一步临床和生物学研究的基础。

在最近的研究中，Zolbanin等人（2015）研究了共病对癌症存活性的影响。尽管先前的研究表明，根据共病的严重程度，诊断和治疗建议可能会有所改变，但在大多数情况下，对慢性病的调查仍在相互独立地进行。为了说明治疗过程中并发性疾病的重要性，他们的研究使用了监测、流行病学和最终结果（SEER）计划的癌症数据创建了两个共病数据集：一个用于乳腺癌和女性生殖器癌，另一个用于前列腺癌和尿道癌。然后将几种流行的机器学习技术应用于结果数据集，以构建预测模型（见图4.4）。结果表明，有更多关于患者共病情况的信息可以提高模型的预测能力，这反过来又可以帮助实践者做出更好的诊断和治疗决策。因此，研究表明，正确识别、记录和使用患者的共病状态可以潜在地降低治疗成本，缓解医疗保健相关的经济挑战。

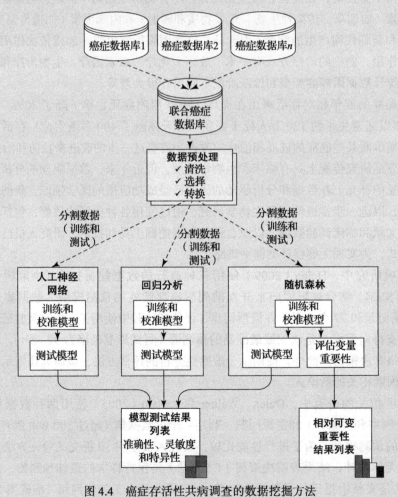

图4.4 癌症存活性共病调查的数据挖掘方法

这些例子（以及医学文献中的许多其他例子）表明，先进的数据挖掘技术可以用来开发具有高度预测和解释能力的模型。虽然数据挖掘方法能够提取隐藏在大型复杂医学数据库中的模式和关系，但是如果没有医学专家的合作和反馈，它们的结果就没有多大用处。通过数据挖掘方法发现的模式应该由在问题领域有多年经验的医学专业人员进行评估，以决定它们是否足够合理、可行和新颖，从而保证新的研究方向。简而言之，数据挖掘并不意味着取代医学专业人员和研究人员，而是对他们进行辅助，提供数据驱动的新研究方向，并最终拯救更多人的生命。

**针对应用案例 4.4 的问题**

1. 如何利用数据挖掘技术帮助最终治愈癌症等疾病？

2. 你认为数据挖掘者在促进医学和生物学研究方面的承诺和主要挑战是什么？

资料来源：H. M. Zolbanin, D. Delen, & A. H. Zadeh, "Predicting Overall Survivability in Comorbidity of Cancers: A Data Mining Approach," *Decision Support Systems*, 74, 2015, pp. 150–161; D. Delen, "Analysis of Cancer Data: A Data Mining Approach," *Expert Systems*, 26(1), 2009, pp. 100–112; J. Thongkam, G. Xu, Y. Zhang, & F. Huang, "Toward Breast Cancer Survivability Prediction Models Through Improving Training Space," *Expert Systems with Applications*, 36(10), 2009, pp. 12200–12209; D. Delen, G. Walker, & A. Kadam, "Predicting Breast Cancer Survivability: A Comparison of Three Data Mining Methods," *Artificial Intelligence in Medicine*, 34(2), 2005, pp. 113–127.

根据业务需求，数据挖掘任务可以是预测（分类或回归）、关联或聚类类型。这些数据挖掘任务都可以使用多种数据挖掘方法和算法。本章已经解释了其中一些数据挖掘方法，还将描述一些流行的算法，包括用于分类的决策树、用于聚类的 k 均值和用于关联规则挖掘的 Apriori 算法。

## 4.4.5 步骤 5：测试和评估

在该步骤中，评估开发的模型的准确性和通用性。这一步评估所选模型满足业务目标的程度（即是否需要开发和评估更多模型）。另一种选择是在时间和预算允许的情况下，在现实世界场景中测试开发的模型。即使所开发的模型的结果预期与原始业务目标相关，但也经常会发现与原始业务目标不一定相关但也可能揭示未来方向的附加信息或提示的其他发现。

测试和评估步骤是一项关键且具有挑战性的任务。数据挖掘任务不会增加任何价值，除非从发现的知识模式中获得的业务价值得到识别和认可。从发现的知识模式中确定商业价值有点类似于玩拼图游戏。提取的知识模式是需要在特定业务目的的背景下组合在一起的难题的一部分。这种识别操作的成功取决于数据分析师、业务分析师和决策者（如业务经理）之间的交互。因为数据分析师可能并不完全了解数据挖掘目标及其对业务和业务分析师的意义，决策者可能并不具备解释复杂数学解决方案结果的技术知识，所以他们之间的交互是必要的。为了正确解释知识模式，通常需要使用各种制表和可视化技术（例如，透视表、调查结果交叉制表、饼图、直方图、箱形图、散点图）。

### 4.4.6 步骤 6：部署

模型的开发和评估并不是数据挖掘项目的结束。即使模型的目的是对数据进行简单的探索，从这种探索中获得的知识也需要以最终用户能够理解和受益的方式组织和呈现。根据需求，部署阶段可以像生成报告一样简单，也可以像在整个企业中实现可重复的数据挖掘过程一样复杂。在许多情况下，执行部署步骤的是客户，而不是数据分析师。然而，即使分析师不执行部署工作，对于客户来说，提前了解需要执行哪些操作来实际利用创建的模型也是很重要的。

部署步骤还可以包括已部署模型的维护活动。因为业务的一切都在不断变化，反映业务活动的数据也在变化。随着时间的推移，基于旧数据构建的模型（以及嵌入其中的模式）可能会变得过时、不相关或产生误导。因此，如果数据挖掘结果要成为日常业务及其环境的一部分，模型的监控和维护是很重要的。精心准备维护策略有助于避免长时间错误地使用数据挖掘结果。为了监控数据挖掘结果的部署，项目需要一个关于监控过程的详细计划，对于复杂的数据挖掘模型来说，这可能不是一项微不足道的任务。

### 4.4.7 其他数据挖掘标准化流程和方法

要成功应用，数据挖掘研究必须被视为遵循标准化方法的过程，而不是一套自动化的软件工具和技术。除了 CRISP-DM，还有另一种由 SAS 研究所开发的著名方法，称为 SEMMA（Sample, Explore, Modify, Model, and Assess，抽样、探索、修正、建模和评估）（2009）。

从具有统计代表性的数据样本开始，SEMMA 使应用探索性统计和可视化技术、选择和转换最重要的预测变量、对变量建模以预测结果以及确认模型的准确性变得容易。图 4.5 给出了 SEMMA 的图示。

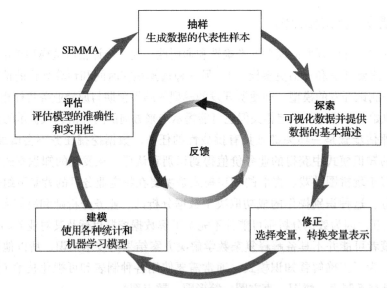

图 4.5　SEMMA 数据挖掘过程

通过评估 SEMMA 过程中每个阶段的结果，模型开发人员可以确定如何对以前的结果提出的新问题进行建模，从而返回到探索阶段，进一步完善数据。也就是说，与 CRISP-DM 一样，SEMMA 由高度迭代的实验循环驱动。CRISP-DM 和 SEMMA 的主要区别在于 CRISP-DM 对数据挖掘项目采取了更全面的方法，包括对业务和相关数据的理解，而 SEMMA 隐含地假设数据挖掘项目的目标和目的以及适当的数据源已经被识别和理解。

一些从业者通常将**数据库中的知识发现**（KDD）作为数据挖掘的同义词。Fayyad 等人于 1996 年将数据库中的知识发现定义为使用数据挖掘方法在数据中寻找有用信息和模式的过程，而不是使用算法来识别通过 KDD 过程得到的数据中的模式（见图 4.6）。KDD 是一个包含数据挖掘的综合过程。KDD 过程的输入由组织数据组成。企业数据仓库使 KDD 能够高效实施，因为它为要挖掘的数据提供了单一来源。Dunham 于 2003 年将 KDD 过程总结为由以下步骤组成：数据选择、数据预处理、数据转换、数据挖掘和解释 / 评估。

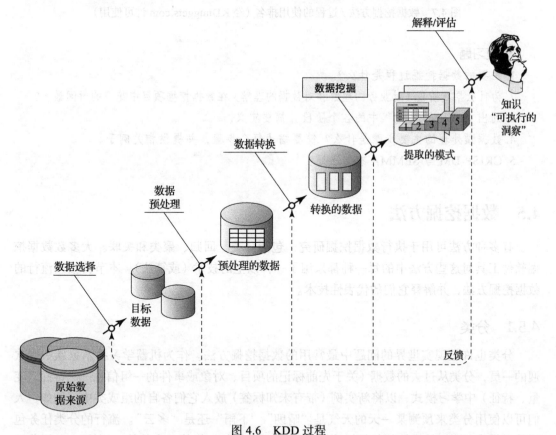

图 4.6　KDD 过程

图 4.7 显示了问题"你主要使用什么方法进行数据挖掘？"的轮询结果（2007 年 8 月由 KDnuggets.com 主持）。

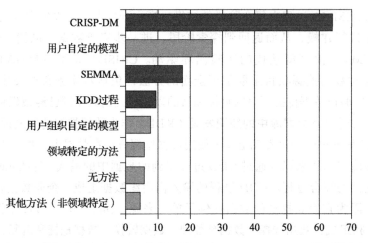

图 4.7 数据挖掘方法 / 过程的使用排名（经 KDnuggets.com 许可使用）

➤➤ 复习题

1. 主要的数据挖掘过程是什么？

2. 为什么早期阶段（对业务的理解和对数据的理解）在数据挖掘项目中花费的时间最长？

3. 列出 CRISP-DM 过程中的各个阶段并简要定义。

4. 数据预处理的主要步骤是什么？简要描述每个步骤，并提供相关例子。

5. CRISP-DM 与 SEMMA 有何不同？

## 4.5 数据挖掘方法

有多种方法可用于执行数据挖掘研究，包括分类、回归、聚类和关联。大多数数据挖掘软件工具对这些方法中的每一种都采用了一种以上的技术（或算法）。本节将描述流行的数据挖掘方法，并解释它们的代表性技术。

### 4.5.1 分类

分类也许是现实世界的问题中最常用的数据挖掘方法。作为机器学习技术家族中受欢迎的一员，分类从过去的数据（关于先前标记的项目、对象或事件的一组信息——特性、变量、特征）中学习模式，以将新实例（带有未知标签）放入它们各自的组或类中。例如，人们可以使用分类来预测某一天的天气是"晴朗""下雨"还是"多云"。流行的分类任务包括信用批准（即好的或坏的信用风险）、商店位置（例如，好的、中等的、坏的）、目标营销（例如，可能的客户，没有希望）、欺诈检测（即是 / 否）和电信（例如，可能转向另一家电话公司，是 / 否）。如果被预测的是类别标签（例如，"晴朗""下雨"或"多云"），则预测问题称为分类；如果预测的是一个数值（如温度），则预测问题称为回归。

　　尽管聚类（另一种流行的数据挖掘方法）也可以用来确定事物的组（或类成员），但两者之间有很大的区别。分类通过一个普遍的学习过程来学习事物特征（即自变量）和它们的隶属度（即输出变量）之间的函数，在该过程中变量的两种类型（输入和输出）都被提供给算法；在聚类中，通过无监督学习过程来学习对象的成员关系，通过该过程，只有输入变量被呈现给算法。与分类不同，聚类没有监督（或控制）机制来执行学习过程；相反，聚类算法使用一个或多个试探法（例如多维距离度量）来发现对象的自然分组。

　　分类类型预测最常见的两步方法包括模型开发 / 训练和模型测试 / 部署。在模型开发阶段，使用输入数据的集合，包括实际的类别标签。在对模型进行训练后，针对保持样本对模型进行测试，以进行准确度评估，并最终部署用于预测新数据实例的类别的实际使用（类别标签未知）。评估模型时考虑了几个因素，如下所示：

- ❑ **预测准确度**。该模型能够正确预测新数据或未知数据的类别标签。预测准确度是分类模型最常用的评估因素。为了计算这个度量，测试数据集的实际类别标签与模型预测的类别标签相匹配。然后，准确度可以被计算为准确率，即由模型正确分类的测试数据集样本的百分比（关于这个主题的更多内容将在本章后面提供）。

- ❑ **速度**。生成和使用快速的模型所涉及的计算成本。

- ❑ **鲁棒性**。给定噪声数据或有缺失和错误值的数据，模型做出合理准确预测的能力。

- ❑ **可扩展性**。在给出大量数据的情况下，有效构建预测模型的能力。

- ❑ **可解释性**。模型提供的理解和洞察力水平（例如，模型如何在某些预测上得出结论及得出什么结论）。

## 4.5.2　评估分类模型的真实准确度

　　在分类问题中，准确度估计的主要来源是混淆矩阵（也称为分类矩阵或列联表）。图 4.8 显示了两类分类问题的混淆矩阵。从左上方到右下方的对角线上的数字代表正确的决策，而该对角线之外的数字代表错误。

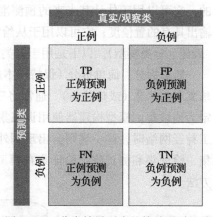

图 4.8　二分类结果列表的简单混淆矩阵

　　表 4.1 提供了分类模型通用准确度度量的公式。

表 4.1　分类模型的通用准确度度量

| 公式 | 描述 |
| --- | --- |
| 准确度 $= \dfrac{TP+TN}{TP+TN+FP+FN}$ | 正确分类的实例（正例和负例）数除以实例总数的比率 |
| 正例预测正确率 $= \dfrac{TP}{TP+FN}$ | （又名敏感度）正确分类的正例数除以总正例数的比率（即命中率或召回率） |

（续）

| 公式 | 描述 |
|------|------|
| 负例预测正确率 $= \dfrac{TN}{TN + FP}$ | （又名特异性）正确分类的负例数除以总负例数的比率（即虚警率） |
| 精度 $= \dfrac{TP}{TP + FP}$ | 正确分类的正例数除以正确分类的正例数和错误分类的正例数之和的比率 |
| 召回率 $= \dfrac{TP}{TP + FN}$ | 正确分类的正例数除以正确分类的正例数和错误分类的负例数之和的比率 |

当不是二分类问题时，混淆矩阵变得更大（一个具有唯一类别标签数量大小的方阵），并且准确度度量变得受限于每个类别的准确度和总体分类器准确度。

$$(\text{分类正确率})_i = \frac{(\text{正确分类数})_i}{\displaystyle\sum_{i=1}^{n}(\text{错误分类数})_i}$$

$$\text{总体分类器准确度} = \frac{\displaystyle\sum_{i=1}^{n}(\text{正确分类数})_i}{\text{实例总数}}$$

由于以下两个原因，估计由监督学习算法构建的分类模型（或分类器）的准确度是重要的：它可以用于估计其未来的预测准确度，这可能代表了模型应该对预测系统中分类器的输出具有的置信度；它可以用于从给定的集合中选择分类器（在许多训练过的分类器中识别"最佳"分类模型）。以下是用于分类型数据挖掘模型的最流行的估计方法。

**简单拆分** 简单拆分（保持样本或测试样本估计）将数据分成两个互斥的子集，称为训练集和测试集（或保持集）。通常将三分之二的数据指定为训练集，其余三分之一的数据指定为测试集。模型构建器使用训练集，然后在测试集上测试构建的分类器。当分类器是人工神经网络时，这一规则会出现例外。在这种情况下，数据被分成三个互斥的子集：训练集、验证集和测试集。验证集在模型构建期间用于防止过拟合。图 4.9 显示了简单的拆分方法。

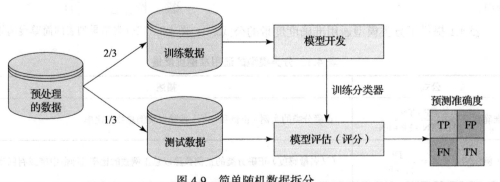

图 4.9　简单随机数据拆分

对这种方法的主要批评是，它假设两个子集中的数据是同类的（即具有完全相同的属性）。因为这是一个简单的随机划分，而在大多数实际的数据集中，数据在分类变量上是倾斜的，所以这样的假设可能不成立。为了改善这种情况，建议采用分层抽样，分层成为产出变量。尽管这比简单的分割有所改进，但它仍然存在与单一随机分割相关的偏差。

**k 折交叉验证** 为了在比较两种或更多种方法的预测准确度时最小化与训练和保持数据样本的随机采样相关的偏差，可以使用一种称为 k 折交叉验证的方法。在 k 折交叉验证（也称为旋转估计）中，整个数据集被随机分成大小近似相等的 k 个互斥子集。分类模型经过 k 次训练和测试。每次都在除一个折叠以外的所有折叠上进行训练，然后在剩余的单个折叠上进行测试。模型整体准确度的交叉验证估计值是通过简单地平均 k 个单独的准确度测量值来计算的，如下式所示：

$$CVA = \frac{1}{k}\sum_{i=1}^{k} A_i$$

其中 CVA 代表交叉验证的准确度，k 是使用的折叠数，A 是每个折叠的准确度度量（例如命中率、灵敏度、特异性）。图 4.10 显示了 k 折交叉验证的图示，其中 k 设置为 10。

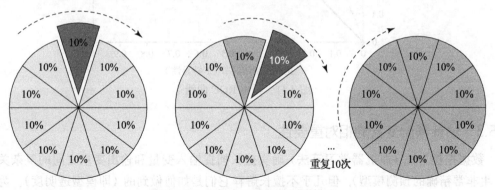

图 4.10 k 折交叉验证的图形描述

**附加分类评估方法** 其他流行的评估方法包括：

❑ **遗漏法**。遗漏法类似于 k 折交叉验证，其中 k 取值为 1。也就是说，一旦开发了与数据点一样多的模型，每个数据点就会都被用于测试。这是一种耗时的方法，但有时对于小数据集来说，这是一种可行的选择。

❑ **bootstrapping**。通过 bootstrapping，原始数据中固定数量的实例被采样（替换）用于训练，数据集的其余部分用于测试。这个过程根据需要重复多次。

❑ **刀切法**。刀切法与遗漏法类似，但在刀切法中，准确度是通过在估算过程的每次迭代中遗漏一个样本来计算的。

❑ **ROC 曲线下面积**。ROC 曲线下面积是一种图形评估技术，它在 y 轴上绘制了正例预测正确率，在 x 轴上绘制了正例预测错误率。ROC 曲线下面积决定了分类器的准确度度量：值 1 表示完美的分类器；0.5 表示不比随机机会好。实际上，这些值介于两种极端情况之间。例如，在图 4.11 中，A 比 B 具有更好的分类性能，而 C 不比掷硬币的随机机会好多少。

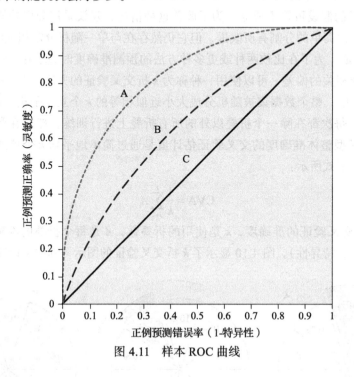

图 4.11 样本 ROC 曲线

### 4.5.3 估计预测变量的相对重要性

数据挖掘方法（即机器学习算法）确实擅长捕捉输入变量和输出变量之间的复杂关系（产生非常精确的预测模型），但几乎不擅长解释它们是如何做到的（即模型透明度）。为了缓解这一缺陷（也称为黑盒综合征），机器学习社区提出了几种方法，其中大多数方法的特点是灵敏度分析。在预测建模的背景下，**灵敏度分析**指的是一个专门的实验过程，旨在发现输入变量和输出变量之间的因果关系。一些变量重要性方法是算法特定的（即应用于决策树），一些是算法不可知的。以下是机器学习和预测建模中最常用的变量重要性方法：

1. 开发和观察一个训练良好的决策树模型，以查看输入变量的相对相关性——变量越接近用于拆分的树的根，它对预测模型的重要性／相对贡献就越大。

2. 开发和观察一个丰富的大型随机森林模型，并评估变量拆分统计。如果给定变量的选择与候选计数的比率（即，选择作为 0 级拆分器的变量除以随机选择作为拆分候选之一的变量的次数）较大，则其重要性／相对贡献也较大。

3. 基于输入值扰动的灵敏度分析，通过该分析，输入变量逐渐改变／一次扰动一个，并且观察输出的相对变化——输出的变化越大，扰动变量的重要性就越大。当所有变量都是数字的且经过了标准化／归一化时，这种方法通常用于前馈神经网络建模。因为这种方法在

第 6 章的深度学习和深度神经网络的上下文中有所涉及，所以这里不再解释。

4. 基于遗漏法的灵敏度分析。该方法可用于任何类型的预测性分析方法，因此将进一步解释如下。

灵敏度分析（基于遗漏法）依赖于从输入变量集中一次一个地系统移除输入变量、开发和测试模型以及观察缺少该变量对机器学习模型预测性能的影响的实验过程。该模型针对每个输入变量（即其在输入变量集合中不存在）进行训练和测试（通常使用 $k$ 折交叉验证），以测量其对模型的贡献 / 重要性。图 4.12 显示了该过程的图形描述。

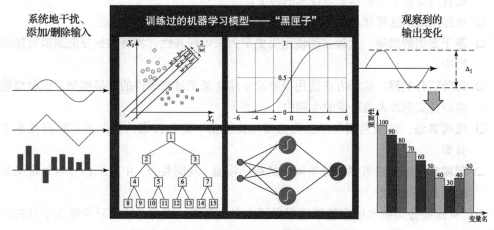

图 4.12　灵敏度分析过程的图形描述

这种方法通常用于支持向量机、决策树、逻辑回归和人工神经网络。Saltelli（2002）在他的灵敏度分析书中形式化了这种测量过程的代数表示：

$$S_i = \frac{V_i}{V(F_t)} = \frac{V(E(F_t \mid X_i))}{V(F_t)}$$

在等式的分母中，$V(F_t)$ 指的是输出变量的方差。在分子 $V(E(F_t \mid X_i))$ 中，$E$ 是要求参数 $X_i$ 积分的期望算子。也就是说，包括除 $X_i$ 以外的所有输入变量，方差算子 $V$ 在 $X_i$ 上应用了另一个积分。变量的贡献（即重要性）表示为第 $i$ 个变量的 $S_i$，计算为归一化灵敏度度量。在后来的一项研究中，Saltelli 等人（2004）证明，这个方程是模型灵敏度的最有可能的度量，它能够按照对包括输入变量之间非正交关系在内的任何交互组合的重要性顺序对输入变量（即预测值）进行排序。为了适当地组合几种预测方法的灵敏度分析结果，可以使用基于信息融合的方法，特别是通过修改前面的方程，使得基于从 $m$ 个预测模型组合（即融合）的信息获得的输入变量 $n$ 的灵敏度度量。下面的等式代表这个加权求和函数。

$$S_{n(\text{fused})} = \sum_{i=1}^{m} \omega_i S_{in} = \omega_1 S_{1n} + \omega_2 S_{2n} + \cdots + \omega_m S_{mn}$$

其中，$\omega_i$ 表示每个预测模型的归一化贡献 / 权重，其中模型的贡献 / 权重水平被计算为其相对预测能力的函数——预测能力（即准确度）越大，$\omega$ 的值越高。

**分类技术** 许多技术（或算法）可用于分类建模，包括：

❏ **决策树分析**。决策树分析（一种机器学习技术）可以说是数据挖掘领域最流行的分类技术。这种技术的详细描述将在后面给出。

❏ **统计分析**。在机器学习技术出现之前，统计技术一直是主要的分类算法。统计分类技术包括逻辑回归和判别分析，这两种技术都假设输入变量和输出变量之间的关系本质上是线性的，数据是正态分布的，变量之间不相关且相互独立。这些假设的可疑性质导致了向机器学习技术的转变。

❏ **神经网络**。这些都是最受欢迎的机器学习技术，可用于分类问题。

❏ **基于案例的推理**。这种方法使用历史案例来识别共性，将新案例分配到最可能的类别中。

❏ **贝叶斯分类器**。这种方法使用概率论来建立基于过去事件的分类模型，该模型能够将新的实例放入最可能的类别中。

❏ **遗传算法**。这是利用自然进化的类比建立基于定向搜索的机制来对数据样本进行分类。

❏ **粗糙集**。该方法考虑了分类问题的构建模型（规则集合）中类别标签对预定义类别的部分隶属关系。

对所有这些分类技术的完整描述超出了本书的范围；因此，这里只介绍几个最流行的技术。

**决策树** 在描述决策树的细节之前，我们需要讨论一些简单的术语。首先，决策树包含许多输入变量，这些变量可能会对不同模式的分类产生影响。这些输入变量通常称为属性。例如，如果我们要建立一个模型，根据两个特征（收入和信用评级）对贷款风险进行分类，这两个特征将是属性，结果输出将是类别标签（例如，低风险、中风险或高风险）。第二，树由分枝和节点组成。分支表示使用其中一个属性对模式进行分类的测试结果。末端的叶节点代表模式的最终类别选择（从根节点到叶节点的分支链，可以表示为复杂的 if-then 语句）。

决策树背后的基本思想是，它递归地划分训练集，直到每个划分完全或主要由一个类别的实例组成。树的每个非叶节点都包含一个拆分点，这是一个对一个或多个属性的测试，并确定如何进一步划分数据。通常，决策树算法从训练数据中建立一个初始树，使得每个叶节点都是纯的，然后它们修剪树以提高其泛化能力，从而提高测试数据的预测准确度。

用于对数据进行分区的拆分取决于拆分中使用的属性类型。对于连续属性 $A$，拆分的形式为 value($A$)$<x$，其中 $x$ 表示 $A$ 的"最佳"拆分值。例如，基于收入的拆分可以是"Income$<$50 000"。对于分类属性 $A$，拆分的形式是 value ($A$) 属于 $x$，其中 $x$ 是 $A$ 的子集。例如，拆分可以基于性别："男性与女性"。

构建决策树的一般算法如下：

1.创建根节点，并将所有培训数据分配给它。

2.选择最佳拆分属性。

3.为每个拆分值向根节点添加一个分支。沿着特定的拆分线将数据拆分成互斥（不重叠）的子集，并移动到分支。

4.对每个叶节点重复步骤 2 和 3，直到达到停止标准（例如，该节点由单个类别标签支配）。

已经提出了许多不同的算法来创建决策树。这些算法的主要区别在于它们确定拆分属性（及其拆分值）的方式、拆分属性的顺序（同一属性只能拆分一次或多次）、每个节点的拆分次数（二进制与三进制）、停止标准以及树的修剪（预修剪与后修剪）。一些著名的算法包括来自机器学习的 ID3（随后是 ID3 的改进版本 C4.5 和 C5），来自统计学的分类和回归树（CART），以及来自模式识别的卡方自动交互检测器（CHAID）。

当构建决策树时，每个节点的目标是确定属性和该属性的拆分点，该拆分点最好地分割训练记录，以净化该节点的类别表示。为了评价拆分的优劣，提出了一些拆分指标。最常见的两个是基尼系数和信息增益。基尼系数用于 CART 和可伸缩并行决策树归纳（SPRINT）算法。ID3（及 C4.5 和 C5）中使用了信息增益版本。

**基尼系数**在经济学中被用来衡量人口的多样性。同样的概念可以用来确定一个特定类别的纯度，作为决定沿着特定属性或变量分支的结果。最佳拆分是提高由建议拆分产生的集合纯度的拆分。让我们简单地看一下基尼系数的计算方法。

如果数据集 $S$ 包含来自 $n$ 个类别的实例，则基尼系数定义为：

$$\text{gini}(S) = 1 - \sum_{j=1}^{n} p_j^2$$

其中 $p_j$ 是 $S$ 中 $j$ 类的相对频率。如果数据集 $S$ 被分为两个子集 $S_1$ 和 $S_2$，大小分别为 $N_1$ 和 $N_2$，则拆分数据的基尼系数包含来自 $n$ 个类别的实例，基尼系数定义为：

$$\text{gini}_{\text{split}}(S) = \frac{N_1}{N} \text{gini}(S_1) + \frac{N_2}{N} \text{gini}(S_2)$$

选择提供最小基尼系数的属性 / 拆分组合来拆分节点，其中，应该列举每个属性的所有可能的拆分点。

**信息增益**是 ID3 中使用的拆分机制，这可能是最广为人知的决策树算法。它是由罗斯·昆兰（Ross Quinlan）在 1986 年开发的，后来，他把这个算法进化成了 C4.5 和 C5 算法。ID3（及其变体）背后的基本思想是用一个叫作熵的概念代替基尼系数。**熵**衡量数据集中不确定性或随机性的程度。如果一个子集中的所有数据只属于一个类别，那么该数据集中就没有不确定性或随机性，所以熵为零。这种方法的目标是构建子树，使得每个最终子集的熵为零（或接近零）。让我们也看看信息增益的计算方法。

假设有两个类别：$P$（正的）和 $N$（负的）。令实例集 $S$ 包含 $P$ 类的 $p$ 个实例和 $N$ 类的 $n$ 个实例。决定 $S$ 中任意实例属于 $P$ 还是 $N$ 所需的信息量定义为：

$$I(p, n) = -\frac{p}{p+n}\log_2\frac{p}{p+n} - \frac{n}{p+n}\log_2\frac{n}{p+n}$$

假设使用属性 $A$，集合 $S$ 将被划分成集合 $\{S_1, S_2, \cdots, g\}$。如果 $S_i$ 包含 $P$ 的 $p_i$ 个实例和 $N$ 的 $n_i$ 个实例，则熵或对所有子树中的对象进行分类所需的预期信息 $S_i$ 为：

$$E(A) = \sum_{i=1}^{n}\frac{p_i + n_i}{p+n}I(p_i, n_i)$$

那么通过在属性 $A$ 上分支获得的信息将是

$$\text{Gain}(A) = I(p, n) - E(A)$$

对每个属性重复这些计算，并选择具有最高信息增益的属性作为拆分属性。这些拆分指数背后的基本思想非常相似，但是具体的算法细节有所不同。ID3 算法及其拆分机制的详细定义可以在 Quinlan（1986）中找到。

应用案例 4.5 说明了如果将正确的数据挖掘技术用于定义明确的业务问题，收益会有多大。

---

**应用案例 4.5** **Influence Health 使用高级预测性分析来关注真正影响人们医疗保健决策的因素**

Influence Health 公司提供医疗保健行业唯一的集成数字消费者参与和激活平台。它使供应商、雇主和支付者能够通过个性化和互动的多渠道参与，积极影响消费者的决策和健康行为，远远超出了物理护理环境。自 1996 年以来，这家总部位于美国亚拉巴马州伯明翰的公司已经帮助 1100 多个供应商组织以改变财务和质量结果的方式影响消费者。

医疗保健是很个性化的。每个患者的需求是不同的，需要个性化的反应。另一方面，随着提供医疗保健服务的成本持续上升，医院和卫生系统越来越需要通过迎合越来越多的人口来利用规模经济。于是，挑战就变成了在大规模运营的同时提供个性化的方法。Influence Health 专门帮助其医疗保健部门的客户解决这一挑战，更好地了解它们现有和潜在的患者，并在适当的时间为每个人提供适当的医疗服务。IBM 的高级预测性分析技术允许 Influence Health 帮助其客户发现对患者医疗保健决策影响最大的因素。通过评估数亿潜在客户要求特定医疗保健服务的倾向，Influence Health 能够提高医疗保健活动的收入和回应率，改善客户及其患者的满意度。

**瞄准精明的消费者**

今天的医疗保健行业比以往任何时候都更具竞争力。如果一个组织的服务使用率下降，它的利润也会下降。消费者现在更有可能在医疗服务提供者中做出积极的选择，而不是简单地寻找最近的医院或诊所。与其他行业相同，医疗保健组织必须更加努力，向现有和潜在患者有效地推销自己，建立长期的参与和忠诚度。

成功的医疗保健营销的关键是及时性和相关性。如果你能预测一个潜在的个体可能需要什么样的健康服务，你就能更有效地参与和影响他的健康护理。

Influence Health 的首席分析官 Venky Ravirala 解释道，"如果医疗机构用不相干的信息轰炸人们，它们就有失去人们注意力的风险。我们帮助客户避免这种风险，通过使用分析方法，以更加个性化和相关的方式对它们现有和潜在的前景和市场进行细分。"

**更快、更灵活的分析**

随着其客户群的扩大，Influence Health 的分析系统中的数据总量已增长到超过 1.95 亿份患者记录，其中有数百万名患者的详细疾病史。Ravirala 评论道："有这么多数据需要分析，我们现有的数据评分方法变得太复杂和耗时了。我们希望能够以更快的速度和更高的准确性获取见解。"

通过利用 IBM 的预测性分析软件，Influence Health 现在能够开发模型来计算每个患者需要特定服务的可能性，并将这种可能性表示为百分比分数。通过微分段和许多特定疾病模型利用人口统计、社会经济、地理、行为、疾病史和人口普查数据，检查每个患者预测的医疗保健需求的不同方面。

"IBM 的解决方案允许我们使用集成技术来组合所有这些模型，这有助于克服单个模型的局限性，并提供更准确的结果，"影响力健康的首席分析官 Venky Ravirala 评论道，"它让我们能够灵活应用多种技术来解决问题，并找到最佳解决方案。它还自动化了许多分析过程，使我们能够比以前更快地响应客户的请求，并经常让它们对其患者群体有更深层次的了解。"

例如，Influence Health 决定找出普通人群中不同人群之间疾病患病率和风险的差异。通过使用非常复杂的聚类分析技术，该公司能够发现新的共病模式，将 100 多种常见疾病的风险可预测性提高了 800%。

这有助于可靠地区分高风险和非常高风险的患者，使得更容易针对最需要的患者和潜在客户。有了这些真知灼见，Influence Health 能够利用其医疗保健营销专业知识，就如何最好地分配营销资源向客户提供建议。

"我们的客户根据我们提供的指导做出重要的预算决策，"Ravirala 说，"我们帮助它们最大限度地发挥一次性活动的影响，如奥巴马医改开始时的医疗保险市场活动，以及它们的长期战略计划和持续的营销沟通。"

**接触正确的受众**

通过使其客户能够更有效地定位它们的营销活动，Influence Health 有助于增加收入和提高人口健康水平。"通过与我们合作，客户能够通过更好的目标市场营销获得高达 12:1 的投资回报，"Ravirala 详细阐述道，"这不仅仅是收入问题。通过确保重要的医疗保健信息被发送给需要的人，我们正在帮助我们的客户提高它们所服务社区的总体健康水平。"

Influence Health 继续改进其建模技术，对影响医疗保健决策的关键属性有了更深入的了解。凭借唾手可得的灵活分析工具集，该公司已做好充分准备来不断改善其对客户的服务。Ravirala 解释道："在未来，我们希望将对患者和前景数据的理解提升到一个新的水平，识别行为模式，并将分析与机器学习库结合起来。IBM SPSS 已经给了我们无须编写一行代码就可以应用和组合多个模型的能力。随着我们扩展医疗保健分析以支持临床结果和人群健康管理服务，我们渴望进一步利用这一 IBM 解决方案。"

"我们正在以前所未有的规模实现分析。今天，我们可以在不到两天的时间里分析1.95 亿条 35 种不同模型的记录——这在过去对我们来说根本不可能。"Ravirala 说。

**针对应用案例 4.5 的问题**

1. Influence Health 做了什么？

2. 公司面临哪些挑战，提出了哪些解决方案，取得了哪些成果？

3. 数据挖掘如何帮助医疗保健行业的公司（不同于本案例中提到的方式）？

资料来源：Reprint Courtesy of International Business Machines Corporation, © (2018) International Business Machines Corporation.

## 4.5.4 数据挖掘中的聚类分析

聚类分析是一种基本的数据挖掘方法，用于将项目、事件或概念分类到称为聚类的常见分组中。该方法通常用于生物学、医学、遗传学、社会网络分析、人类学、考古学、天文学、字符识别，甚至管理信息系统（MIS）开发。随着数据挖掘越来越受欢迎，它的基本技术已经被应用到商业中，尤其是市场营销。聚类分析已被广泛用于当代客户关系管理系统中的欺诈检测（信用卡和电子商务）和客户市场细分。随着聚类分析的优势得到认可和应用，越来越多的商业应用在不断发展。

聚类分析是解决分类问题的探索性数据分析工具，目标是将案例（例如，人、事物、事件）分类成组或聚类，使得同一聚类的成员之间的关联度强，而不同聚类的成员之间的关联度弱。每个聚类描述其成员所属的类。聚类分析的一个显而易见的一维例子是建立一个分数范围，在这个范围内为一个大学班级指定班级等级。这类似于美国财政部在 20 世纪 80年代建立新的税收等级时面临的聚类分析问题。J. K. 罗琳的《哈利·波特》中有一个虚构的聚类例子，即分院帽决定了将霍格沃茨学校的一年级学生分配到哪个房间（例如宿舍）。另一个例子涉及如何在婚礼上给客人安排座位。就数据挖掘而言，聚类分析的重要性在于它可以揭示数据中以前不明显但一旦发现就很有意义和用处的关联和结构。

聚类分析结果可用于：

❑ 确定分类方案（例如，客户类型）。

❑ 提出描述人口的统计模型。

❑ 指明为识别、定位和诊断目的将新病例分配到具体类别的规则。

❑ 提供定义、大小和以前广泛概念的变化的度量。

❑ 找到典型案例来标记和表示类。

- 为其他数据挖掘方法减少问题空间的大小和复杂性。
- 识别特定领域中的异常值（例如，罕见事件检测）。

**确定最佳聚类数**　聚类算法通常需要指定要查找的聚类数。如果事先不知道这个数字，应该以某种方式选择它。不幸的是，没有一个最佳的方法来计算这个数字应该是多少。因此，已经提出了几种不同的启发式方法。以下是最常使用的方法：

- 观察聚类数函数的方差百分比，也就是说，选择一定数量聚类，使得添加另一个聚类不会给出更好的数据建模。具体来说，如果用图表表示聚类所解释的方差百分比，就会有一个边际收益下降的点（在图表中给出一个角度），表明要选择的聚类数量。
- 将聚类数量设置为 $(n/2)^{1/2}$，其中 $n$ 是数据点的数量。
- 使用 Akaike 信息标准（AIC），它是拟合优度的度量（基于熵的概念）。
- 使用贝叶斯信息准则，它是一种模型选择准则（基于最大似然估计）。

**分析方法**　聚类分析可能基于以下一种或多种通用方法：

- 统计方法（包括层次方法和非层次方法），如 k 均值或 k 模式。
- 神经网络（架构称为自组织映射）。
- 模糊逻辑（例如，模糊 c 均值算法）。
- 遗传算法。

这些方法中的每一个通常与两个通用方法类中的一个一起使用：

- **分裂**。对于分裂类，起初所有项目属于同一个聚类，然后被分解。
- **聚集**。对于聚集类，起初每个项目分别属于一个聚类，然后被合并。

大多数聚类分析方法包括使用**距离度量**来计算项目对之间的接近度。常用的距离度量包括欧式距离（用尺子测量的两点之间的普通距离）和曼哈顿距离（也称为直线距离或出租车距离）。通常，它们是基于测量的真实距离，但这不是必需的，在信息系统开发中通常就是这样。加权平均值可以用来确定这些距离。例如，在信息系统开发项目中，系统的各个模块可以通过它们的输入、输出、过程和所使用的特定数据之间的相似性来关联。然后将这些因素按项目成对地汇总到一个距离度量中。

**k 均值聚类算法**　k 均值算法（其中 k 代表聚类的预定数量）可以说是使用最频繁的聚类算法。它源于传统的统计分析。顾名思义，该算法分配每个数据点（客户、事件、对象等）到与其中心（也称为质心）最近的聚类。中心计算为聚类中所有点的平均值，也就是说，它的坐标是聚类中所有点上每个维度的算术平均值。算法步骤如下（见图 4.13）：

**初始化步骤**：选择聚类的数量（即 k 的值）。

- 第 1 步：随机生成 k 个随机点作为初始聚类中心。
- 第 2 步：将每个点分配到最近的聚类中心。
- 第 3 步：重新计算新的聚类中心。

**重复步骤**：重复第 2 步和第 3 步，直到满足某种收敛标准（通常是将点分配给聚类变得稳定）。

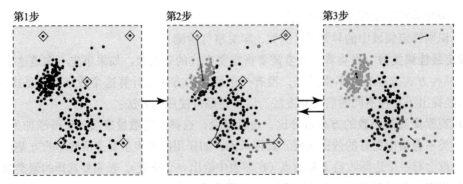

第1步　　　　　　　第2步　　　　　　　第3步

图4.13　k均值算法步骤的图示

### 4.5.5　关联规则挖掘

关联规则挖掘（也称为相似性分析或市场篮子分析）是一种流行的数据挖掘方法，通常被用作一个例子来解释什么是数据挖掘，以及它可以为缺乏技术知识的受众做些什么。大多数人可能听说过销售啤酒和尿布的著名的关系。正如故事所说，某大型连锁超市对顾客的购买习惯进行了分析，发现购买啤酒和购买尿布之间存在统计上的显著相关性。理论上来说，这是因为父亲（大概是年轻人）会在超市停下来给他们的孩子买尿布（尤其是在周四），而且因为他们不再经常去酒吧，所以也会买啤酒。这一发现的结果是，超市将尿布放在啤酒旁边，导致两者的销量都增加了。

本质上，关联规则挖掘旨在发现大型数据库中变量（项目）之间有趣的关系（相似性）。因为它成功地应用于零售商业问题，它通常被称为市场篮子分析。市场篮子分析的主要思想是确定通常一起购买的不同产品（或服务）之间的紧密关系（一起出现在同一个购物篮中，即杂货店的真实购物篮，或者电子商务网站的虚拟购物篮）。例如：65%购买综合汽车保险的人也购买健康保险；80%在网上买书的人也在网上购买音乐商品；60%的高血压和超重者胆固醇高；70%购买笔记本电脑和病毒防护软件的客户也购买扩展服务计划。

市场篮子分析的输入是简单的销售点交易数据，即在单个交易实例下，一起购买的许多产品和／或服务（就像购物收据的内容）被制成表格。分析的结果是无价的信息，可以用来更好地理解顾客的购买行为，从而从商业交易中获取最大利润。企业可以利用这种知识，方法包括：将商品放在一起，更方便顾客同时购买，并且能提醒顾客购买（增加销售量）；将商品作为一个包装进行促销；将它们彼此分开，以便顾客必须在过道中寻找它们，这样顾客有可能购买其他商品。

市场篮子分析的应用包括交叉营销、交叉销售、商店设计、目录设计、电子商务网站设计、在线广告优化、产品定价和销售／促销配置。本质上，市场篮子分析帮助企业从顾客的购买模式中推断出他们的需求和偏好。在商业领域之外，关联规则被成功地用于发现症状与疾病、诊断与患者特征和治疗（可用于医疗决策支持系统）、基因与其功能（可用于基因组学项目）等之间的关系。以下是关联规则挖掘的一些常见应用领域和用途：

- ❑ **销售交易**：一起购买的零售产品的组合可用于改善产品在销售层的放置和产品的促销定价（不包括通常一起购买的两种产品的促销）。
- ❑ **信用卡交易**：通过用信用卡购买的商品可以洞察客户可能购买的其他产品或信用卡号码的欺诈性使用。
- ❑ **银行服务**：客户使用的服务的顺序模式（支票账户后接储蓄账户）可以用来识别他们可能感兴趣的其他服务（投资账户）。
- ❑ **保险服务产品**：客户购买的保险产品包（汽车保险，然后是家庭保险）可用于推荐额外的保险产品（人寿保险）。不寻常的保险索赔组合可能是欺诈的标志。
- ❑ **电信服务**：通常购买的选项组（例如，呼叫等待、来电显示、三方通话）有助于更好地构建产品捆绑包，以实现收入最大化；这同样适用于提供电话、电视和互联网服务的多渠道电信提供商。
- ❑ **医疗记录**：某些情况的组合可能表明各种并发症的风险增加；或者，某些医疗机构的某些治疗程序可能与某些类型的感染有关。

关于关联规则挖掘可以发现的模式 / 关系，一个很好的问题是"所有的关联规则都有趣且有用吗？"为了回答这个问题，关联规则挖掘使用了两个常用的度量标准：**支持度**（Supp）、**置信度**（Conf）和**提升度**（Lift）。在定义这些术语之前，让我们展示关联规则的形式：

$$X \Rightarrow Y[\text{Supp}(\%), \text{Conf}(\%)]$$

$$\{笔记本电脑, 防病毒软件\} \Rightarrow \{扩展服务计划\}[30\%, 70\%]$$

这里，$X$（产品和 / 或服务，称为左侧（LHS）或前期）与 $Y$（产品和 / 或服务，称为右侧（RHS）或后续）相关联。$S$ 是支持度，$C$ 是对这个特殊规则的置信度。下面是关于 Supp、Conf 和 Lift 的简单公式。

$$支持度 = \text{Supp}(X \Rightarrow Y) = \frac{同时包含 X 和 Y 的市场篮子数}{总市场篮子数}$$

$$置信度 = \text{Conf}(X \Rightarrow Y) = \frac{\text{Supp}(X \Rightarrow Y)}{\text{Supp}(X)}$$

$$\text{Lift}(X \Rightarrow Y) = \frac{\text{Conf}(X \Rightarrow Y)}{预期\text{Conf}(X \Rightarrow Y)} = \frac{\dfrac{S(X \Rightarrow Y)}{S(X)}}{\dfrac{S(X) \times S(Y)}{S(X)}} = \frac{S(X \Rightarrow Y)}{S(X) \times S(Y)}$$

产品集合的支持度（$S$）是衡量这些产品和 / 或服务（即 LHS + RHS = 笔记本电脑、防病毒软件和扩展服务计划）在同一交易中出现的频率，也就是说，包含特定规则中提到的所有产品和 / 或服务的数据集中的交易比例。在本例中，假设商店数据库中 30% 的交易在一张销售单中包含所有三种产品。规则的置信度是衡量 RHS（后续）上的产品和 / 或服务与 LHS（前期）上的产品和 / 或服务结合的频率，即既包括 LHS 也包括 RHS 的交易比例。换句话说，它是在规则的 LHS 已经存在的交易中找到规则的 RHS 的条件概率。关联规则的提升值是规则的置信度与规则的预期置信度之比。规则的预期置信度被定义为 LHS 和 RHS

的支持度值的乘积除以 LHS 的支持度。

有几种算法可用于发现关联规则。一些著名的算法包括 Apriori、Eclat 和 FP-Growth。这些算法只做了一半的工作，即识别数据库中的频繁项集。一旦识别出频繁项目集，就需要将它们转换成具有前期部分和后续部分的规则。从频繁项集确定规则是一个简单的匹配过程，但是对于大型事务数据库来说，这个过程可能很耗时。尽管规则的每一部分都可能有许多条目，但实际上后续部分通常只包含一个条目。下面将解释识别频繁项集的最流行的算法之一。

**Apriori 算法**  Apriori 算法是发现关联规则最常用的算法。给定一组项目集（例如，零售交易集，每个集合列出购买的单个项目），该算法试图找到至少最小数量的项目集所共有的子集（即，符合最低支持度）。Apriori 算法使用自底向上的方法，通过该方法，频繁子集一次扩展一个项目（一种称为候选生成的方法，通过该方法，频繁子集的大小从单项目子集增加到双项目子集，然后是三项目子集，等等）。并且针对最低支持度的数据对每个级别的候选组进行测试。当没有找到进一步的成功扩展时，算法终止。

作为一个说明性的例子，考虑以下内容。杂货店跟踪 SKU（库存单位）的销售交易，从而知道哪些商品通常一起购买。事务数据库以及识别频繁项目集的后续步骤如图 4.14 所示。交易数据库中的每个 SKU 对应一种产品，例如"1 = 黄油""2 = 面包""3 = 水"等。Apriori 算法的第一步是计算每个项目（单项目项目集）的频率（即支持度）。对于这个过于简化的示例，让我们将最低支持度设置为 3（或 50，这意味着如果一个项目集出现在数据库中 6 个事务中的至少 3 个中，它就被认为是一个频繁项目集）。因为所有单项目项目集的支持度至少为 3，所以它们都被认为是频繁项目集。然而，如果任何一个单项目项目集不是频繁的，它们就不会被包括在可能的两个项目对中。这样，Apriori 算法就删除了所有可能项目集的树。如图 4.14 所示，使用单项目项目集，生成所有可能的双项目项目集，事务数据库被用来计算它们的支持度值。由于双项目项目集 {1, 3} 的支持度小于 3，因此不应将其包含在用于生成下一级项目集（三项目项目集）的频繁项目集中。这个算法看起来很简单，但只适用于小数据集。在大得多的数据集中，尤其是那些大量项目以低数量出现而少量项目以高数量出现的数据集中，搜索和计算将成为计算密集型过程。

| 原始交易数据 | | 单项目项目集 | | 双项目项目集 | | 三项目项目集 | |
|---|---|---|---|---|---|---|---|
| 交易号 | SKU（项目编号） | 项目集（SKU） | 支持度 | 项目集（SKU） | 支持度 | 项目集（SKU） | 支持度 |
| 1001234 | 1, 2, 3, 4 | 1 | 3 | 1, 2 | 3 | 1, 2, 4 | 3 |
| 1001235 | 2, 3, 4 | 2 | 6 | 1, 3 | 2 | 2, 3, 4 | 3 |
| 1001236 | 2, 3 | 3 | 4 | 1, 4 | 3 | | |
| 1001237 | 1, 2, 4 | 4 | 5 | 2, 3 | 4 | | |
| 1001238 | 1, 2, 3, 4 | | | 2, 4 | 5 | | |
| 1001239 | 2, 4 | | | 3, 4 | 3 | | |

图 4.14  Apriori 算法中频繁项目集的识别

## 复习题

1. 列出至少三种主要的数据挖掘方法。
2. 举例说明分类是一种合适的数据挖掘技术的情况。举例说明回归是一种合适的数据挖掘技术的情况。
3. 列出并简要定义至少两种分类技术。
4. 比较和选择最佳分类技术的标准是什么？
5. 简要描述决策树中使用的一般算法。
6. 定义基尼指数。它衡量什么？
7. 举例说明聚类分析是一种合适的数据挖掘技术的情况。
8. 聚类分析和分类的主要区别是什么？
9. 聚类分析有哪些方法？
10. 举例说明关联是一种合适的数据挖掘技术的情况。

## 4.6 数据挖掘软件工具

许多软件供应商提供强大的数据挖掘工具。这些供应商的例子包括 IBM（IBM SPSS 建模器，以前称为 SPSS PASW 建模器和 Clementine）、SAS（企业挖掘器）、戴尔（Statistica，以前称为 StatSoft Statistica 数据挖掘器）、SAP（InfiniteInsight，以前称为 KXEN InfiniteInsight）、萨尔福德系统（CART、MARS、TreeNet、RandomForest）、Angoss（KnowledgeSTUDIO、KnowledgeSEEKER）和 Megaputer（PolyAnalyst）。值得注意但并不令人惊讶的是，最流行的数据挖掘工具是由成熟的统计软件公司（SAS、SPSS 和 StatSoft）开发的——这主要是因为统计是数据挖掘的基础，而这些公司有办法经济高效地将它们开发成全面的数据挖掘系统。大多数商务智能工具供应商（例如，IBM Cognos、Oracle Hyperion、SAP Business Objects、Tableau、Tibco、Qlik、MicroStrategy、Teradata 和微软）也在其软件产品中集成了一定级别的数据挖掘功能。这些商务智能工具仍然主要关注多维建模和数据可视化，并且不被认为是数据挖掘工具供应商的直接竞争对手。

除了这些商业工具之外，网上还有一些开源和 / 或免费的数据挖掘软件工具。传统上，尤其是在教育界，最流行的免费开源数据挖掘工具是 Weka，它是由新西兰怀卡托大学的研究人员开发的（该工具可从 cs.waikato.ac.nz/ml/weka 下载）。Weka 包含大量用于不同数据挖掘任务的算法，并具有直观的用户界面。最近，出现了许多免费的开源、高性能的数据挖掘工具，领先的是 KNIME（knime.org）和 RapidMiner（rapidminer.com）。它们包含图形增强的用户界面、大量算法以及各种数据可视化功能的结合。这两个免费软件工具也是平台无关的（即可以本地运行在 Windows 和 Mac 操作系统上）。随着产品的变化，RapidMiner

在制作完整的商业产品的同时，免费创建了其分析工具的缩小版（即社区版）。因此，曾经被列在免费／开源工具类别下的 RapidMiner 现在经常被列在商业工具下。商业工具（如 SAS 企业挖掘器、IBM SPSS 建模器和 Statistica）与免费工具（如 Weka、RapidMiner（社区版）和 KNIME）之间的主要区别在于计算效率。同样的数据挖掘任务涉及一个相当大且功能丰富的数据集，使用自由软件工具可能需要更长的时间来完成，并且对于某些算法来说，该任务甚至可能没有完成（即，由于计算机内存的低效使用而崩溃）。表 4.2 列出了一些主要产品及其网站。

表 4.2　主要的数据挖掘软件

| 产品名称 | 网站（URL） |
| --- | --- |
| IBM SPSS 建模器 | www-01.ibm.com/software/analytics/spss/products/modeler/ |
| IBM Watson Analytics | ibm.com/analytics/watson-analytics/ |
| SAS 企业挖掘器 | sas.com/en_id/software/analytics/enterprise-miner.html |
| Dell Statistica | statsoft.com/products/statistica/product-index |
| PolyAnalyst | megaputer.com/site/polyanalyst.php |
| CART, RandomForest | salford-systems.com |
| Insightful Miner | solutionmetrics.com.au/products/iminer/default.html |
| XLMiner | solver.com/xlminer-data-mining |
| SAP InfiniteInsight (KXEN) | help.sap.com/ii |
| GhostMiner | qs.pl/ghostminer |
| SQL Server Data Mining | msdn.microsoft.com/en-us/library/bb510516.aspx |
| Knowledge Miner | knowledgeminer.com |
| Teradata Warehouse Miner | teradata.com/products-and-services/teradata-warehouse- miner/ |
| Oracle Data Mining (ODM) | oracle.com/technetwork/database/options/odm/ |
| FICO Decision Management | fico.com/en/analytics/decision-management-suite/ |
| Orange Data Mining Tool | orange.biolab.si/ |
| Zementis Predictive Analytics | zementis.com |

　　一套越来越受数据挖掘研究欢迎的商务智能和分析功能是微软的 SQL Server（从 SQL Server 2012 版本开始，它包括了越来越多的分析功能，如商务智能和预测建模模块），其中数据和模型存储在同一个关系数据库环境中，使模型管理成为一项相当容易的任务。微软企业联盟是为教学和研究等学术目的访问微软的 SQL Server 软件套件的全球来源。该联盟的建立是为了让世界各地的大学无须在校园内维护必要的硬件和软件就能访问企业技术。该联盟提供广泛的商务智能开发工具（例如，数据挖掘、立方体构建、商业报告）以及来自山姆俱乐部、迪拉德和泰森食品公司的大量真实的大型数据集。微软企业联盟是免费的，只能用于学术目的。阿肯色大学山姆·沃尔顿商学院托管企业系统，并允许联盟成员及其

学生使用简单的远程桌面连接访问这些资源。关于加入该联盟的细节以及易于遵循的教程和例子可以在 walton.uark.edu/enterprise/ 中找到。

2016 年 5 月，KDnuggets.com 就以下问题进行了第 13 次年度软件民意调查："在过去的 12 个月里，你在分析、数据挖掘、数据科学、机器学习项目中使用了哪些软件？"该调查获得了分析和数据科学社区及供应商的积极参与，吸引了 2895 名投票者，他们从创纪录的 102 种不同工具中进行了选择。以下是一些有趣的调查结果：

❑ R 仍然是领先的工具，拥有 49% 的份额（高于 2015 年的 46.9%），但 Python 的使用增长更快，几乎赶上了 R，拥有 45.8% 的份额（高于 30.3%）。

❑ RapidMiner 仍然是最受欢迎的数据挖掘 / 数据科学通用平台，约占 33% 的份额。最受欢迎的著名工具包括 g、Dataiku、MLlib、H2O、亚马逊机器学习、SciKit-Learn 和 IBM Watson。

❑ 工具选择的增加反映在更广泛的使用上。平均使用的工具数量为 6.0（2015 年 5 月为 4.8）。

❑ 在 Apache Spark、MLlib（Spark 机器学习库）和 H2O 的推动下，Hadoop/ 大数据工具的使用率从 2015 年的 29%（2014 年为 17%）上升至 39%。

❑ 按区域分列的参与情况是美国 / 加拿大（40%）、欧洲（39%）、亚洲（9.4%）、拉丁美洲（5.8%）、非洲 / 中东（2.9%）和澳大利亚 / 新西兰（2.2%）。

❑ 2016 年，86% 的选民使用商业软件，75% 的选民使用免费软件。大约 25% 的人只使用商业软件，13% 的人只使用开源 / 免费软件。61% 的人同时使用免费软件和商业软件，与 2015 年的 64% 相似。

❑ Hadoop/ 大数据工具的使用率从 2015 年的 29% 和 2014 年的 17% 上升到 39%，主要是受 Apache Spark、MLlib（Spark 机器学习库）和 H2O（我们将它们包括在大数据工具中）的大幅增长的推动。

❑ 第二年，KDnuggets.com 的民意调查包括深度学习工具。2016 年，18% 的选民使用深度学习工具，比 2015 年的 9% 翻了一番——谷歌 TensorFlow 跃升至第一位，取代了 2015 年的 Theano/Pylearn2 生态系统。

❑ 在编程语言类别中，Python、Java、UNIX 工具和 Scala 越来越受欢迎，而 C/C++、Perl、Julia、F#、Clojure 和 Lisp 则有所下降。

为了通过多重投票来减少偏见，在这次投票中，KDnuggets.com 使用了电子邮件验证，旨在使结果更能代表分析世界的现实情况。前 40 个软件工具的结果（根据收到的投票总数）如图 4.15 所示。水平条形图还使用颜色编码模式区分了免费 / 开源、商业和大数据 /Hadoop 工具。

应用案例 4.6 是关于一项研究，其中使用了许多软件工具和数据挖掘技术来构建数据挖掘模型，以（在电影投入制作之前）预测好莱坞电影的财务成功（票房收入）。

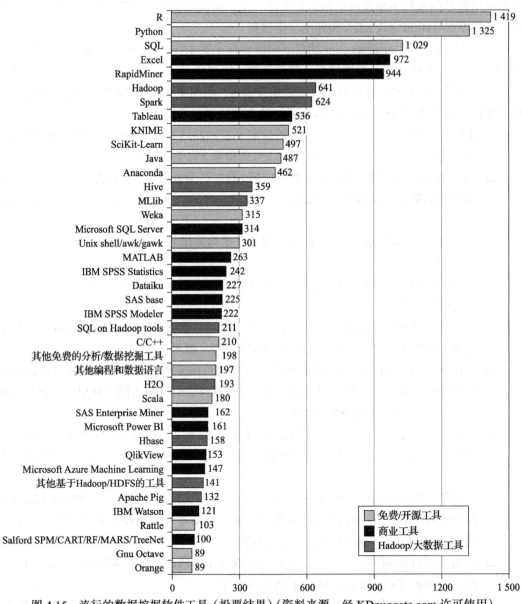

图 4.15　流行的数据挖掘软件工具（投票结果）（资料来源：经 KDnuggets.com 许可使用）

应用案例 4.6 　数据挖掘走进好莱坞：预测电影的财务成功

　　预测一部特定电影的票房收入（即财务成功）是一个有趣且具有挑战性的问题。根据一些领域专家的说法，由于很难预测产品需求，电影行业是一个"凭直觉和胡乱猜测的领域"，这使得好莱坞的电影行业充满了风险。Jack Valenti（美国电影协会的长期主席和首席执行官）曾经提到："没有人能告诉你一部电影在市场上会怎么样……直到电影在电影院上映，火花在屏幕和观众之间飞起。"娱乐业贸易期刊和杂志已经充满了支持这种说法的例子、声明和经验。

像许多试图阐明这个具有挑战性的现实世界问题的研究人员一样，Ramesh Sharda 和 Dursun Delen 一直在探索在进入制作阶段之前使用数据挖掘来预测电影的票房表现（而这部电影只不过是一个概念性的想法）。在他们广为宣传的预测模型中，他们将预测（或回归）问题转化为分类问题；也就是说，他们不是预测票房收入的点估计值，而是根据一部电影的票房收入将其分为 9 类，从"失败"到"轰动"，这使得这个问题成为一个多项分类问题。表 4.3 根据票房收入范围说明了 9 个类别的定义。

表 4.3 基于收据的电影分类

| 类别编号 | 1 | 2 | 3 | 4 | 5 | 6 | 7 | 8 | 9 |
|---|---|---|---|---|---|---|---|---|---|
| 范围 | ≤1 | >1 | >10 | >20 | >40 | >65 | >100 | >150 | >200 |
| （百万美元） | （失败） | ≤10 | ≤20 | ≤40 | ≤65 | ≤100 | ≤150 | ≤200 | （轰动） |

**数据**

数据是从各种电影相关的数据库（例如，ShowBiz、IMDb、IMSDb、AllMovie、BoxofficeMojo）中收集的，并整合到单个数据集中。最新开发的模型数据集包含了 1998～2006 年间发布的 2632 部电影。表 4.4 提供了自变量及其规格的汇总。更多的描述性细节和纳入这些独立变量的理由，可以参考 Sharda 和 Delen 的文献（2006）。

表 4.4 自变量汇总

| 自变量 | 值的数量 | 可能值 |
|---|---|---|
| MPAA 评级 | 5 | G、PG、PG-13、R、NR |
| 竞争力 | 3 | 高、中、低 |
| 星值 | 3 | 高、中、低 |
| 类型 | 10 | 科幻、历史史诗、现代、政治题材、惊悚、恐怖、喜剧、卡通、动作、纪录片 |
| 特效 | 3 | 高、中、低 |
| 续集 | 2 | 有、无 |
| 屏幕数量 | 1 | 1~3876 的实数 |

**方法**

使用多种数据挖掘方法，包括神经网络、决策树、支持向量机和三种类型的集成，Sharda 和 Delen（2006）开发了预测模型。以 1998～2005 年的数据作为训练数据建立预测模型，以 2006 年的数据作为测试数据来评估和比较模型的预测准确度。图 4.16 显示了 IBM SPSS 建模器用于预测问题的流程图。流程图的左上角显示了模型开发过程，右下角显示了模型评估（即测试或评分）过程（关于 IBM SPSS 建模器工具及其用法的更多细节可以在本书的网站上找到）。

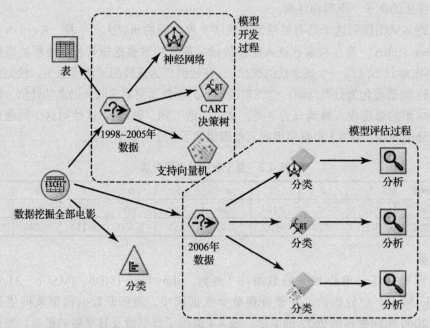

图 4.16 票房预测系统的流程

**结果**

表 4.5 提供了所有三种数据挖掘方法的预测结果以及三种不同集成的结果。第一个
性能指标是正确分类率的百分比（称为 Bingo）。表中还包括了 1-Away 正确分类率（即
在一个类别内）。结果表明，在单预测模型中，SVM 表现最好，其次是人工神经网络；
三种算法中最糟糕的是 CART 决策树算法。总体而言，集成模型的性能优于融合算法性
能最好的单预测模型。对于决策者来说，表中最重要和突出的结论是，与单模型相比，
从集成模型的标准偏差明显较低。

表 4.5  单模型和集成模型的预测结果

| 度量指标 | 预测模型 | | | | | |
|---|---|---|---|---|---|---|
| | 单模型 | | | 集成模型 | | |
| | SVM | ANN | CART | 随机森林 | 提升树 | 融合（平均） |
| 计数（Bingo） | 192 | 182 | 140 | 189 | 187 | 194 |
| 计数（1-Away） | 104 | 120 | 126 | 121 | 104 | 120 |
| 准确率（% Bingo） | 55.49% | 52.60% | 40.46% | 54.62% | 54.05% | 56.07% |
| 准确率（% 1-Away） | 85.55% | 87.28% | 76.88% | 89.60% | 84.10% | 90.75% |
| 标准偏差 | 0.93 | 0.87 | 1.05 | 0.76 | 0.84 | 0.63 |

**结论**

研究人员声称，这些预测结果优于已发表文献中关于这个问题领域的任何研究。除了票房收入预测结果的诱人准确度之外，这些模型还可用于进一步分析（并潜在地优化）决策变量，以实现财务回报最大化。具体地，可以使用已经训练好的预测模型来改变用于建模的参数，以更好地理解不同参数对最终结果的影响。在这个通常被称为敏感性分析的过程中，娱乐公司的决策者可以以相当高的准确度找出特定演员（或特定的发布日期、更多技术效果的增加等）对电影财务成功的价值，使得底层系统成为无价的决策辅助工具。

**针对应用案例 4.6 的问题**

1. 为什么对许多好莱坞专业人士来说，预测电影的财务成功很重要？

2. 在电影制作过程开始之前，数据挖掘如何用于预测电影的财务成功？

3. 如果没有数据挖掘工具和技术的帮助，你认为好莱坞目前是如何完成这项任务的？

资料来源：R. Sharda & D. Delen, "Predicting Box-Office Success of Motion Pictures with Neural Networks," *Expert Systems with Applications*, 30, 2006, pp. 243–254; D. Delen, R. Sharda, & P. Kumar, "Movie Forecast Guru: A Web-Based DSS for Hollywood Managers," *Decision Support Systems*, 43(4), 2007, pp. 1151–1170.

➤ **复习题**

1. 最流行的商业数据挖掘工具有哪些？

2. 为什么最流行的工具是由基于统计的公司开发的？

3. 最流行的免费数据挖掘工具有哪些？为什么它们越来越受欢迎（尤其是 R）？

4. 商业和免费数据挖掘软件工具的主要区别是什么？

5. 你选择数据挖掘工具的五大标准是什么？解释一下。

## 4.7　数据挖掘隐私问题、误解和失误

在数据挖掘中，收集、存储和分析的数据通常包含关于真实人物的信息。这些信息可以包括身份数据（姓名、地址、社会保险号、驾照号、员工号等）、人口统计数据（例如，年龄、性别、种族、婚姻状况、子女数量）、财务数据（例如，工资、家庭总收入、支票或储蓄账户余额、房屋所有权、抵押或贷款账户细节、信用卡限额和余额、投资账户细节）、购买历史（即，何时从哪里购买了什么东西——根据供应商的交易记录或信用卡交易细节），以及其他个人数据（例如，周年纪念、怀孕、疾病、家庭损失、破产申请）。大多数这些数据可以通过一些第三方数据提供商访问。这里的主要问题是数据所属的个人的隐私。为了维护隐私和保护个人权利，数据挖掘专业人员有道德（通常是法律）义务。实现这一点的一种方法是在应用数据挖掘应用程序之前取消对客户记录的识别，以便记录不能被追踪到个人。许多公开可用的数据源（如 CDC 数据、SEER 数据、UNOS 数据）已经被取消识别。

在处理这些数据源之前，用户通常需要提供许可，在任何情况下，他们都不会试图识别这些数据背后的个人。

在最近的几个例子中，公司在没有征得客户明确同意的情况下与其他人共享客户数据。例如，2003 年，捷蓝航空公司向美国政府承包商 Torch Concepts 公司提供了 100 多万份乘客记录。Torch Concepts 随后用额外的信息（如家庭规模和社会保险号）扩充了乘客数据，这些信息是从数据中介 Acxiom 购买的。综合个人数据库旨在用于数据挖掘项目，以开发潜在的恐怖分子资料。所有这些都是在没有乘客通知或同意的情况下完成的。然而，当这些活动的消息传出后，针对捷蓝航空、Torch Concepts 和 Acxiom 提起了数十起隐私诉讼，几名美国参议员呼吁对此事件进行调查（Wald，2004）。类似的，最近报道了一些隐私相关的新闻，据称一些流行的社交网络公司将客户特定的数据卖给其他公司进行个性化目标营销。

另一个关于隐私问题的故事在 2012 年成为头条新闻。Target 公司甚至没有使用任何隐私和个人数据，因此它没有违反任何法律。应用案例 4.7 总结了这个故事。

---

**应用案例 4.7** **预测客户购买模式——Target 公司的故事**

2012 年初，一个关于 Target 公司预测性分析实践的臭名昭著的故事发生了。一个十几岁的女孩被 Target 百货公司发放了只有准妈妈才会买的商品的广告传单和优惠券。起初，一个愤怒的男人走进明尼阿波利斯郊外的一个 Target 百货公司，要求和一个经理谈话。"我女儿在邮件里收到了这个！"他说，"她还在上高中，你给她寄婴儿服装和婴儿床的优惠券？你是在鼓励她怀孕吗？"经理不明所以。他看了看邮件，果然，这封邮件是写给这个男人的女儿的，里面有孕妇装、育儿家具和婴儿微笑照片的广告。经理当场道了歉，几天后又打电话道歉。不过，在电话里，这位父亲有点尴尬。"我和我女儿谈过了，"他说，"事实证明，有些事情我当时没有完全意识到。我女儿的孩子将于八月出生。我欠你一个道歉。"

事实证明，Target 比这位父亲更早发现一个十几岁的女孩怀孕了！Target 公司是这样做的：它为每位客户分配一个客户 ID 号（与他的信用卡、姓名或电子邮件地址相关联），该号码将成为一个占位符，用于保存该客户购买的所有商品的历史记录。Target 使用从客户处收集的或从其他信息源购买的任何人口统计信息来扩充这些数据。利用这些信息，Target 查看了所有过去注册过 Target 婴儿注册处的女性的历史购买数据。它从各个方面分析数据，很快，一些有用的模式出现了。例如，乳液和特殊维生素是具有有趣购买模式的产品。很多人购买乳液，但一位分析师注意到，婴儿注册处的女性在孕中期购买了大量无味乳液。另一位分析师指出，在怀孕 20 周的某个时候，孕妇会摄入大量的钙、镁和锌等补充剂。许多购物者购买肥皂和棉球，但当有人突然开始购买大量无气味肥皂和超大袋棉球，以及洗手液和毛巾时，这表明她们可能接近预产期。最终，分析师们识别出了大约 25 种产品，可以通过分析这些产品的购买数据来给每个购物者分配一个"怀孕预测"分数。更重要的是，他们还可以在一个小窗口内估计出女性的预产期，这样 Target 就可以根据她怀孕的特定阶段发送优惠券。

如果从法律的角度来看待这种做法，你会得出这样的结论：Target 没有使用任何侵犯客户隐私的信息；相反，它使用几乎所有其他零售连锁店都在收集和存储（或许是分析）的客户交易数据。在这种情况下，令人不安的也许是有针对性的概念：怀孕。某些事件或概念应该被禁止或极其谨慎地对待，如绝症、离婚和破产。

**针对应用案例 4.7 的问题**

1. 你如何看待数据挖掘及其对隐私的影响？发现知识和侵犯隐私之间的界限是什么？

2. Target 公司走得太远了吗？它做了什么违法的事吗？你认为 Target 应该做什么？Target 公司下一步应该做什么（退出这些类型的实践）？

资料来源：K. Hill, "How Target Figured Out a Teen Girl Was Pregnant Before Her Father Did," *Forbes*, February 16, 2012; R. Nolan, "Behind the Cover Story: How Much Does Target Know?", February 21, 2012. NYTimes.com.

## 数据挖掘的误解和失误

数据挖掘是一种强大的分析工具，它使企业高管能够从描述过去的本质发展到预测未来，从而更好地管理他们的业务运营（做出准确而及时的决策）。数据挖掘帮助营销人员找到解开顾客行为之谜的模式。数据挖掘的结果可以通过识别欺诈和发现商业机会来增加收入和降低成本，从而提供一个全新的竞争优势领域。作为一个不断发展和成熟的领域，数据挖掘经常与许多误解联系在一起，包括表 4.6 中列出的那些（Delen，2014；Zaima，2003）。

表 4.6　数据挖掘误解

| 误解 | 现实 |
| --- | --- |
| 数据挖掘提供了像水晶球一样的即时预测 | 数据挖掘是一个多步骤的过程，需要谨慎、主动地设计和使用 |
| 数据挖掘对于主流业务应用程序来说还不可行 | 几乎任何类型和规模的企业都可以使用当前的技术水平 |
| 数据挖掘需要一个单独的专用数据库 | 由于数据库技术的进步，不需要专门的数据库 |
| 只有那些有高级学位的人才能做数据挖掘 | 更新的基于网络的工具使所有教育水平的管理者都能够进行数据挖掘 |
| 数据挖掘只适用于拥有大量客户数据的大公司 | 如果数据准确地反映了企业或其客户，任何公司都可以使用数据挖掘 |

尽管价值主张及其必要性对任何人来说都是显而易见的，但那些执行数据挖掘项目的人（从新手到经验丰富的数据科学家）有时会犯错误，导致项目结果不尽人意。以下 16 个数据挖掘错误（也称为失误或陷阱）经常在实践中出现（Nisbet 等，2009；Shultz，2004；Skalak，2001），数据科学家应该意识到这些问题，并尽可能避免这些问题：

1. 为数据挖掘选择错误的问题。并非所有的业务问题都可以通过数据挖掘来解决（例如，魔术子弹综合征）。当没有具有代表性的数据（大数据和特征丰富的数据）时，就不可能有切实可行的数据挖掘项目。

2. 忽略你的赞助人认为数据挖掘是什么，它真正能做什么和不能做什么。期望管理是数据挖掘项目成功的关键。

3. 开始时心中没有结束。尽管数据挖掘是一个知识发现的过程，但要想成功，人们应该有一个目标。因为，正如俗话所说，"如果你不知道你要去哪里，那么你永远也不会到达那里。"

4. 围绕你的数据无法支持的基础定义项目。数据挖掘是关于数据的；也就是说，数据挖掘项目中最大的限制是数据的丰富性。了解数据的局限性有助于你制定可行的项目，交付结果并满足期望。

5. 没有足够的时间准备数据。这需要比通常理解得更多的努力。众所周知，项目总时间的三分之一花在数据采集、理解和准备任务上。为了成功，在数据被正确处理（聚集、清洗和转换）之前，不要进行建模。

6. 只查看汇总结果，不查看单个记录。当数据处于粒度表示时，数据挖掘处于最佳状态。尽量避免不必要地聚集和过度简化数据来帮助数据挖掘算法——它们并不真正需要你的帮助，它们完全有能力自己解决这个问题。

7. 在跟踪数据挖掘过程和结果方面粗心大意。因为数据挖掘是一个涉及许多迭代和实验的发现过程，所以它的用户很可能会忘记这些发现。成功需要对所有数据挖掘任务进行系统有序的规划、执行和跟踪/记录。

8. 使用来自未来的数据预测未来。由于缺乏对数据的描述和理解，分析师经常会在预测时加入未知的变量。通过这样做，他们的预测模型产生了难以置信的精确结果（这种现象通常被称为傻瓜的黄金）。如果你的预测结果好得令人难以置信，它们通常是假的。在这种情况下，你需要发现的第一件事就是未来变量的不正确使用。

9. 忽略可疑的发现，快速前进。意想不到的发现往往是数据挖掘项目中真正新奇事物的标志。对这种奇怪现象进行适当的研究可以带来令人惊讶的发现。

10. 从一个能让你成为超级明星的高调复杂项目开始。如果没有从头到尾仔细考虑，数据挖掘项目通常会失败。成功往往伴随着项目从小/简单到大/复杂的系统有序的进展。目标应该是显示增量和持续的增值，而不是承担一个消耗资源却没有产生任何有价值的结果的大型项目。

11. 重复盲目运行数据挖掘算法。虽然今天的数据挖掘工具能够消耗数据并设置算法参数以产生结果，但是人们应该知道如何转换数据并设置适当的参数值以获得最佳可能结果。每种算法都有自己独特的数据处理方式，知道这一点是充分利用每种模型类型的必要条件。

12. 忽略主题专家。理解问题领域和相关数据需要数据挖掘和领域专家之间的高度合作。一起工作有助于数据挖掘专家超越句法表示，获得数据的语义本质（即变量的真正含义）。

13. 相信你被告知的关于数据的一切。尽管为了更好地理解数据和业务问题，有必要与领域专家交谈，但是数据科学家不应该想当然。通过关键分析进行验证是深入理解和处理数据的关键。

14.假设数据的保管者会全力配合。许多数据挖掘项目失败是因为数据挖掘专家不知道/不理解组织政治。数据挖掘项目中最大的障碍之一可能是拥有和控制数据的人。理解和管理政治是识别、访问和正确理解数据以产生成功的数据挖掘项目的关键。

15.用不同于你的赞助商的方式来衡量你的结果。结果应该向将使用它们的最终用户（经理/决策者）传达。因此，以吸引最终用户的度量标准和格式生成结果极大地增加了真正理解和正确使用数据挖掘结果的可能性。

16.遵循一句名言中的建议，即"如果你构建它，它们会来的。"不要担心如何构建它。通常，数据挖掘专家认为，一旦他们构建的模型满足并有望超过最终用户（即客户）的需求/需求/期望，他们就已经完成了。如果没有适当的部署，数据挖掘结果的价值传递是相当有限的。因此，部署是数据挖掘过程中必不可少的最后一步，在这一过程中，模型被集成到组织决策支持基础架构中，以实现更好、更快的决策。

> ➣ **复习题**
> 1. 数据挖掘中的隐私问题是什么？
> 2. 你认为隐私和数据挖掘之间的讨论将如何进展？为什么？
> 3. 关于数据挖掘最常见的误区是什么？
> 4. 你认为出现这些关于数据挖掘的误解的原因是什么？
> 5. 最常见的数据挖掘错误/失误是什么？如何才能减轻或完全消除它们？

## 本章要点

- ❏ 数据挖掘是从数据库中发现新知识的过程。
- ❏ 数据挖掘可以使用简单的平面文件作为数据源，也可以对数据仓库中的数据执行。
- ❏ 数据挖掘有许多可选的名称和定义。
- ❏ 数据挖掘是许多学科的交叉，包括统计学、人工智能和数学建模。
- ❏ 公司使用数据挖掘来更好地了解客户并优化运营。
- ❏ 数据挖掘应用几乎可以在企业和政府的每个领域找到，包括医疗保健、金融、营销和国土安全。
- ❏ 三大类数据挖掘任务是预测（分类或回归）、聚类和关联。
- ❏ 与其他信息系统计划类似，数据挖掘项目必须遵循系统的项目管理流程才能成功。
- ❏ 已经提出了几个数据挖掘过程，例如 CRISP-DM、SEMMA、KDD。
- ❏ CRISP-DM 为进行数据挖掘项目提供了一种系统而有序的方法。
- ❏ 数据挖掘项目的早期步骤（即理解领域和相关数据）消耗了项目总时间的大部分（通常超过总时间的 80%）。
- ❏ 数据预处理对于任何成功的数据挖掘研究都是必不可少的。好的数据导致好的信息，好的信息导致好的决定。
- ❏ 数据预处理包括四个主要步骤：数据整合、数据清洗、数据转换和数据缩减。
- ❏ 分类方法从包含输入和结果类别标签的先前实例中学习，并且一旦进行了适当的训练，它们就能够分类未来的实例。

- 聚类将模式记录划分为自然段或簇。每个部分的成员都有相似的特征。
- 许多不同的算法通常用于分类。商业实现包括 ID3、C4.5、C5、CART、CHAID 和 SPRINT。
- 决策树通过沿着不同的属性进行分支来划分数据，使得每个叶节点都具有一个类的模式。
- 基尼指数和信息增益（熵）是决策树中确定分支选择的两种常用方法。
- 基尼指数衡量样本的纯度。如果一个样本中的所有东西都属于一个类别，那么基尼系数就为零。
- 有几种评估技术可以测量分类模型的预测准确度，包括简单分割、$k$ 折交叉验证、自举和 ROC 曲线下面积。
- 有许多方法可以评估数据挖掘模型的可变重要性。这些方法中有些是模型类型特定的，有些是模型类型不可知的。
- 当数据记录没有预定义的类别标识符（即不知道特定记录属于哪个类别）时，使用聚类算法。
- 聚类算法计算相似性度量，以便将相似的案例分组到聚类中。
- 聚类分析中最常用的相似性度量是距离度量。
- 最常用的聚类算法是 k 均值和自组织映射。
- 关联规则挖掘用于发现两个或多个一起出现的项目（或事件或概念）。
- 关联规则挖掘通常被称为市场篮子分析。
- 最常用的关联算法是 Apriori 算法，它通过自底向上的方法来识别频繁项集。
- 基于关联规则的支持度和置信度来评估关联规则。
- 有许多商业和免费的数据挖掘工具可用。
- 最流行的商业数据挖掘工具是 IBM SPSS 建模器和 SAS 企业挖掘器。
- 最流行的免费数据挖掘工具是 KNIME、RapidMiner 和 Weka。

# 讨论

1. 定义数据挖掘。为什么数据挖掘有许多名称和定义？
2. 数据挖掘最近流行的主要原因是什么？
3. 讨论组织在决定购买数据挖掘软件之前应该考虑什么。
4. 将数据挖掘与其他分析工具和技术区分开来。
5. 讨论主要的数据挖掘方法。它们之间的根本区别是什么？
6. 数据挖掘的主要应用领域是什么？讨论这些领域的共同之处，使它们成为数据挖掘研究的一个前景。
7. 为什么我们需要标准化的数据挖掘过程？最常用的数据挖掘过程是什么？
8. 讨论两种最常用的数据挖掘过程之间的差异。
9. 数据挖掘过程仅仅是一系列连续的活动吗？解释一下。
10. 为什么我们需要数据预处理？数据预处理的主要任务和相关技术是什么？
11. 讨论评估分类模型背后的推理。
12. 分类和聚类的主要区别是什么？用具体的例子解释。
13. 超越章节讨论，还能在哪里使用联想？
14. 数据挖掘的隐私问题是什么？你认为它们被证实了吗？
15. 关于数据挖掘最常见的误解和错误是什么？

# 参考文献

Chan, P., Phan, W., Prodromidis, A., & Stolfo, S. (1999). "Distributed Data Mining in Credit Card Fraud Detection." *IEEE Intelligent Systems, 14*(6), 67–74.

CRISP-DM. (2013). "Cross-Industry Standard Process for Data Mining (CRISP-DM)." **http://crisp-dm.orgwww.the-modeling-agency.com/crisp-dm.pdf** (accessed February 2, 2013).

Davenport, T. (2006, January). "Competing on Analytics." *Harvard Business Review*, 99–107.

Delen, D. (2009). "Analysis of Cancer Data: A Data Mining Approach." *Expert Systems, 26*(1), 100–112.

Delen, D. (2014). *Real-World Data Mining: Applied Business Analytics and Decision Making*. Upper Saddle River, NJ: Pearson.

Delen, D., Cogdell, D., & Kasap, N. (2012). "A Comparative Analysis of Data Mining Methods in Predicting NCAA Bowl Outcomes." *International Journal of Forecasting, 28*, 543–552.

Delen, D., Sharda, R., & Kumar, P. (2007). "Movie Forecast Guru: A Web-Based DSS for Hollywood Managers." *Decision Support Systems, 43*(4), 1151–1170.

Delen, D., Walker, G., & Kadam, A. (2005). "Predicting Breast Cancer Survivability: A Comparison of Three Data Mining Methods." *Artificial Intelligence in Medicine, 34*(2), 113–127.

Dunham, M. (2003). *Data Mining: Introductory and Advanced Topics*. Upper Saddle River, NJ: Prentice Hall.

Fayyad, U., Piatetsky-Shapiro, G., & Smyth, P. (1996). "From Knowledge Discovery in Databases." *AI Magazine, 17*(3), 37–54.

Hoffman, T. (1998, December 7). "Banks Turn to IT to Reclaim Most Profitable Customers." *Computerworld*.

Hoffman, T. (1999, April 19). "Insurers Mine for Age-Appropriate Offering." *Computerworld*.

Kohonen, T. (1982). "Self-Organized Formation of Topologically Correct Feature Maps." *Biological Cybernetics, 43*(1), 59–69.

Nemati, H., & Barko, C. (2001). "Issues in Organizational Data Mining: A Survey of Current Practices." *Journal of Data Warehousing, 6*(1), 25–36.

Nisbet, R., Miner, G., & Elder IV, J. (2009). "Top 10 Data Mining Mistakes." *Handbook of Statistical Analysis and Data Mining Applications*. Academic Press, pp. 733–754.

Quinlan, J. (1986). "Induction of Decision Trees." *Machine Learning, 1*, 81–106.

Saltelli, A. (2002). "Making Best Use of Model Evaluations to Compute Sensitivity Indices," *Computer Physics Communications, 145*, 280–297.

Saltelli, A., Tarantola, S., Campolongo, F., & Ratto, M. (2004). *Sensitivity Analysis in Practice – A Guide to Assessing Scientific Models*. Hoboken, NJ: John Wiley.

SEMMA. (2009). "SAS's Data Mining Process: Sample, Explore, Modify, Model, Assess." **sas.com/offices/europe/uk/technologies/analytics/datamining/miner/semma.html** (accessed August 2009).

Sharda, R., & Delen, D. (2006). "Predicting Box-Office Success of Motion Pictures with Neural Networks." *Expert Systems with Applications, 30*, 243–254.

Shultz, R. (2004, December 7). "Live from NCDM: Tales of Database Buffoonery." **directmag.com/news/ncdm-12-07-04/index.html** (accessed April 2009).

Skalak, D. (2001). "Data Mining Blunders Exposed!" *DB2 Magazine, 6*(2), 10–13.

Thongkam, J., Xu, G., Zhang, Y., & Huang, F. (2009). "Toward Breast Cancer Survivability Prediction Models Through Improving Training Space." *Expert Systems with Applications, 36*(10), 12200–12209.

Wald, M. (2004, February 21). "U.S. Calls Release of JetBlue Data Improper." *The New York Times*.

Wright, C. (2012). "Statistical Predictors of March Madness: An Examination of the NCAA Men's Basketball Championship." **http://economics-files.pomona.edu/GarySmith/Econ190/Wright%20March%20Madness%20Final%20Paper.pdf** (accessed February 2, 2013).

Zaima, A. (2003). "The Five Myths of Data Mining." *What Works: Best Practices in Business Intelligence and Data Warehousing*, Vol. 15. Chatsworth, CA: The Data Warehousing Institute, pp. 42–43.

Zolbanin, H., Delen, D., & Zadeh, A. (2015). "Predicting Overall Survivability in Comorbidity of Cancers: A Data Mining Approach." *Decision Support Systems, 74*, 150–161.

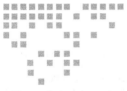

# 用于预测性分析的机器学习技术

**学习目标**

❑ 了解人工神经网络（ANN）的基本概念和定义。

❑ 学习不同类型的 ANN 架构。

❑ 了解支持向量机（SVM）的概念和结构。

❑ 学习 SVM 相比 ANN 的优缺点。

❑ 了解 k 最邻近算法（kNN）的概念和表述。

❑ 学习 kNN 相比 ANN 和 SVM 的优缺点。

❑ 了解贝叶斯的基本原理与朴素贝叶斯算法。

❑ 学习贝叶斯神经网络的基础知识以及如何在预测性分析中使用它们。

❑ 了解不同类型的集成模型及其在预测性分析中的利弊。

　　预测建模也许是数据科学及商业分析中最常用的分支。它允许决策者通过向过去学习（即历史数据）来估计未来。在本章中，我们研究流行的预测建模技术（如人工神经网络、支持向量机，k 最邻近、贝叶斯学习和集成模型）的内部结构、能力 / 限制和应用。这些技术中的大多数能够解决分类和回归类型的预测问题。通常，它们应用于传统技术不能产生令人满意的结果的复杂预测问题。除了本章介绍的方法外，其他值得注意的预测建模技术包括回归（线性或非线性）、逻辑回归（用于分类预测问题）和不同类型的决策树（见第 4 章）。

## 5.1 开篇小插曲：预测建模有助于更好地理解和管理复杂的医疗程序

　　医疗保健已成为直接影响全世界人民生活质量的最重要问题之一。在人口老龄化导致医疗服务需求不断增加的同时，供给侧也存在与服务水平和质量不匹配的问题。为了缩小这一差距，医疗系统应该显著提高运行有效性和效率。有效性（做正确的事情，如正确地诊断和治疗）和效率（使用正确的方式，如使用最少的资源和时间）是医疗体系得以复苏的两大基本支柱。提高医疗质量的一个很有希望的方法是利用预测建模技术和大量具有丰富特征的数据源（医疗经验的真实反映）来支持准确、及时的决策。

根据美国心脏协会的数据，在美国超过 20% 的死亡都是心血管疾病（CVD）导致的。自1900 年以来，除了流感大流行的 1918 年外，心血管疾病每年都是头号杀手。心血管疾病导致的死亡人数超过了癌症、慢性下呼吸道疾病、意外事故和糖尿病这四个主要死因的总和。在所有心血管疾病导致的死亡中，一半以上是由冠心病引起的。心血管疾病不仅对人们的个人健康和福祉造成了巨大的损害，而且对全世界的医疗资源造成了巨大的消耗。与心血管疾病相关的一年直接和间接费用估计超过 5000 亿美元。治疗心血管疾病的一种常见的外科手术称为冠状动脉旁路移植术（CABG）。尽管 CABG 的手术费用取决于患者和服务提供商的相关因素，但在美国，平均费用在 50 000～100 000 美元之间。Delen 等人（2012）利用各种预测建模方法进行了分析研究，以预测 CABG 的结果，并对训练后的模型进行基于信息融合的灵敏度分析，以更好地了解预测因素的重要性。他们的主要目的是说明，对具有丰富特征的大型数据集进行预测性和解释性分析，可以提供宝贵的信息，从而在医疗保健领域做出更有效的决策。

### 研究方法

图 5.1 显示了 Delen 等人（2012）使用的模型开发和测试过程。他们采用了四种不同类型的预测模型（人工神经网络、支持向量机和两种决策树（C5 和 CART）），并进行了大量的试验运行，以校准每种模型的建模参数。模型被开发之后，研究人员就开始处理文本数据集。最后，将训练后的模型输入测量变量贡献的灵敏度分析程序中。表 5.1 显示了四种不同预测模型的测试结果。

表 5.1　基于测试数据集的四种模型的预测结果

| 模型类型[1] | | 混淆矩阵[2] | | 准确度[3] | 灵敏度[3] | 特异性[3] |
|---|---|---|---|---|---|---|
| | | 实际值（1） | 预测值（0） | | | |
| ANN | 实际值（1） | 749 | 230 | 74.72% | 76.51% | 72.93% |
| | 预测值（0） | 265 | 714 | | | |
| SVM | 实际值（1） | 876 | 103 | 87.74% | 89.48% | 86.01% |
| | 预测值（0） | 137 | 842 | | | |
| C5 | 实际值（1） | 876 | 103 | 79.62% | 80.29% | 78.96% |
| | 预测值（0） | 137 | 842 | | | |
| CART | 实际值（1） | 660 | 319 | 71.15% | 67.42% | 74.87% |
| | 预测值（0） | 246 | 733 | | | |

① 模型类型的缩写：人工神经网络（ANN）、支持向量机（SVM）、流行的决策树算法（C5）、分类和回归树（CART）。
② 测试数据样本的预测结果显示在一个混淆矩阵中，其中行表示实际值，列表示预测值。
③ 准确性、灵敏度和特异性是比较四种预测模型时使用的三种性能指标。

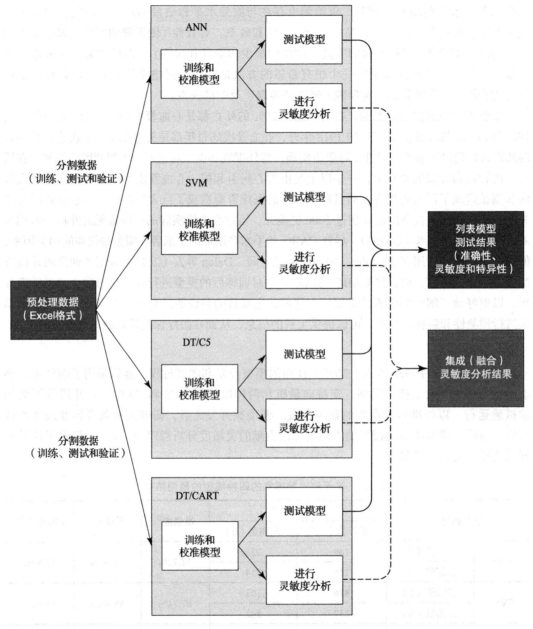

图 5.1 四种预测模型的训练和测试过程

### 结果

在这项研究中，Delen 等人（2012）展示了数据挖掘在预测结果和分析复杂医疗程序（如 CABG 手术）的预后因素方面的能力。研究人员表明，使用多种预测方法（相比使用一种方法）在竞争性的实验环境中有可能产生更好的预测和解释结果。在使用的四种方法中，支持向量机对测试数据样本的预测准确度达到 88%，取得了最好的结果。基于信息融合的灵敏度分析揭示了自变量的重要性排序。本分析中确定的一些重要变量需要与先前进行的临床和生物学研究中确定的重要变量重叠，以确认所提出的数据挖掘方法的有效性。

从管理的角度来看，使用数据挖掘研究结果的临床决策支持系统（如本案例研究中的结果）并不意味着要取代医疗管理人员和医疗专业人员。相反，该系统能支持他们做出准确和及时的决定，以最佳地分配资源，提高医疗服务的质量。我们还有很长的路要走，才能看到这些决策辅助工具在医疗实践中得到广泛应用。除此之外，还有行为、道德和政治方面的原因影响着对该系统的采用，这需要更好的医疗体系和政府激励措施。

### ➤ 复习题

1. 为什么研究医疗程序很重要？预测结果有什么价值？

2. 哪些因素对更好地理解和管理医疗保健最重要？请考虑医疗保健的管理和临床方面。

3. 预测模型对医疗保健和医学有什么影响？预测模型能代替医疗或管理人员吗？

4. 研究结果如何？谁可以使用这些结果？结果如何落实？

5. 搜索互联网找到另外两个使用预测建模来理解和管理复杂医疗程序的案例。

#### 我们可以从这个小插曲中学到什么

正如你将在本章中看到的，预测建模技术可以应用于广泛的问题领域，包括评估客户需求的标准业务问题、理解和提高生产流程的效率，以及改进医疗保健。本节说明了预测建模的一个创新应用，以更好地预测、理解和管理 CABG 过程。结果表明，这些复杂的分析技术能够预测和解释这些复杂的现象。循证医学是医疗领域的一个相对较新的术语，其主要思想是深入挖掘过去的经验，发现新的和有用的知识，以改进医疗和管理程序。与传统的临床和生物学研究相比，数据驱动的研究为医学和医疗系统的管理提供了一个全新的视角。

资料来源：D. Delen, A. Oztekin, and L. Tomak, "An Analytic Approach to Better Understanding and Management of Coronary Surgeries," *Decision Support Systems*, Vol. 52, No. 3, 2012, pp. 698-705; and American Heart Association, "Heart Disease and Stroke Statistics," heart.org (accessed May 2018).

## 5.2　神经网络的基本概念

神经网络模拟了大脑进行信息处理的过程。这些模型仅仅受到了生物学启发，并非精确复制了大脑实际功能。神经网络由于其从数据中"学习"的能力、非参数性质（即没有严格的假设）和泛化能力，在许多预测和商业分类应用中被证明是非常成功的系统。**神经计算**是一种用于机器学习的模式识别方法。神经计算产生的模型通常称为**人工神经网络（ANN）**

或**神经网络**。神经网络在许多商业应用中已经被用于**模式识别**、预报、预测和分类。神经网络计算是数据科学和商业分析工具包的关键组成部分。神经网络在金融、营销、制造、运营、信息系统等领域有着广泛的应用。

因为我们在第 6 章（阐述深度学习和认知计算）将介绍神经网络，特别是前馈、多层、感知类型预测建模等神经网络架构作为理解深度学习和深度神经网络的入门，所以在这一节中，我们只提供神经网络模型、方法和应用的简短介绍。

人脑在信息处理和解决问题方面具有令人困惑的能力，而现代计算机在许多方面都无法与之竞争。有人假设，一个受到大脑研究结果启发和支持的、具有类似于生物神经网络结构的模型或系统可以显示出类似的智能功能。基于这种自底向上的方法，ANN（也称为连接主义模型、并行分布式处理模型、神经形态系统或简单的神经网络）已经发展成为各种任务的生物学启发的可信模型。

生物神经网络是由大量相互连接的**神经元**组成的。每个神经元都有**轴突**和**树突**，它们是指状的投射物，通过传递和接收电信号与化学信号，使神经元能够与邻近的神经元进行通信。神经网络的结构类似于生物神经网络，它由相互连接的简单处理元件组成，这些元件称为人工神经元。在处理信息时，人工神经网络中的处理元件与生物神经元相似，作为一个整体协同工作。人工神经网络具有与生物神经网络相似的学习能力、自组织能力和容错能力。

经过一段曲折的旅程，研究人员对 ANN 进行了半个多世纪的研究。对 ANN 的正式研究始于 1943 年 McCulloch 和 Pitts 的开创性工作。受生物学实验和观察结果的启发，McCulloch 和 Pitts（1943）引入了一个简单的二元人工神经元模型，该模型捕捉了生物神经元的一些功能。利用信息处理机器对大脑进行建模，McCulloch 和 Pitts 使用大量相互连接的人工二元神经元建立了人工神经网络。从此，神经网络的研究在 20 世纪 50 年代末和 60 年代初变得相当流行，经过对早期神经网络模型（称为**感知器**，它没有使用隐藏层）的深入分析以及 1969 年 Minsky 和 Papert 对研究潜力的悲观评估，人们对神经网络的兴趣减弱了。

在过去的二十年里，由于新的网络拓扑、激活函数和学习算法的引入以及神经科学和认知科学的发展，人工神经网络的研究令人兴奋地复苏了。理论和方法的进步已经克服了几十年前阻碍神经网络研究的许多障碍。大量的研究结果表明，神经网络正在被接受和普及。此外，神经信息处理中所需要的特征使得神经网络对解决复杂问题具有吸引力。人工神经网络已应用于各种应用设置。神经网络的成功应用激发了工业界和商业界的新兴趣。随着深度神经网络的出现（作为最近深度学习现象的一部分），神经网络的普及（具有"更深入"的架构表示和更强大的分析能力）达到了前所未有的程度，由此产生了对这种新神经网络的高度期待。深层神经网络将在第 6 章详细介绍。

### 生物神经网络与人工神经网络

人类的大脑是由称为神经元的特殊细胞组成的。当一个人受伤时，这些细胞不会死亡和补充（所有其他细胞都会繁殖以取代自己，然后死亡）。这一现象或许可以解释为什么人类会长时间保留信息，而当他们年老时，随着脑细胞逐渐死亡，信息开始丢失。信息存储跨越了一系列神经元。大脑有 500 亿～1500 亿个神经元，共有 100 多种不同的神经元。神经元被分成若干组，称为网络。每个网络包含数千个高度互联的神经元。因此，大脑可以被看作神经网络的集合。

学习和应对环境变化的能力需要智力。大脑和中枢神经系统控制思维和智能行为。遭受脑损伤的人很难学习和应对不断变化的环境。即便如此，大脑中未受损的部分往往可以通过新的学习来弥补。

由两个细胞组成的网络的一部分如图 5.2 所示。细胞包含一个细胞核（神经元的中央处理部分）。在细胞 1 的左侧，树突向细胞提供输入信号。在右侧，轴突发出输出信号通过轴突终末到达细胞 2。这些轴突终末与细胞 2 的树突融合。信号可以不变地传递，也可以通过突触改变。突触能够增加或减少神经元之间的连接强度，并引起随后神经元的兴奋或抑制。这就是信息在神经网络中的存储方式。

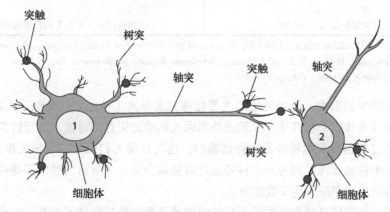

图 5.2　生物神经网络的一部分：两个相互连接的细胞 / 神经元

人工神经网络模拟生物神经网络。神经计算实际上使用了来自生物神经系统的一组非常有限的概念（见技术洞察 5.1）。这与其说是人脑的精确模型，不如说是人脑的类比。神经概念通常是作为处理网络架构中相互连接的元素（也称为人工神经元）所涉及的大规模并行过程的软件模拟来实现的。人工神经元接收的输入类似于生物神经元树突从其他神经元接收的电化学脉冲。人工神经元的输出与生物神经元从轴突发出的信号相对应。这些人工信号可以通过权重改变，其方式类似于突触中发生的物理变化（见图 5.3）。已经提出了几种神经网络模型用于各种问题领域。也许区分不同神经模型的最简单方法是根据它们在结构上模仿人脑处理信息并学习执行指定任务的方式。

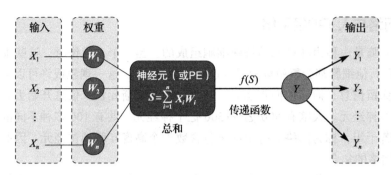

图 5.3　人工神经元的信息处理

---

**技术洞察 5.1**　**生物和人工神经网络之间的关系**

下表显示了生物网络和人工网络之间的一些关系。

| 生物网络 | 人工网络 |
|---|---|
| 细胞体 | 节点 |
| 树突 | 输入 |
| 轴突 | 输出 |
| 突触 | 权重 |
| 慢 | 快 |
| 大量神经元（$10^9$ 个） | 少量神经元（十几个到几十万个） |

资料来源：L. Medsker and J. Liebowitz, *Design and Development of Expert Systems and Neural Networks*, Macmillan, New York, 1994, p. 163; and F. Zahedi, *Intelligent Systems for Business: Expert Systems with Neural Networks*, Wadsworth, Belmont, CA, 1993.

受到生物学的启发，神经网络的主要处理元素是人工神经元，类似于大脑神经元。这些人工神经元接收来自其他神经元或外部输入刺激的信息，对输入进行转换，然后将转换后的信息传递给其他神经元或外部输出。这与目前人们认为的人脑工作方式类似。将信息从一个神经元传递到另一个神经元可以被认为是一种激活或触发某些神经元基于所接收到的信息或刺激产生反应的方法。

神经网络处理信息的方式本质上是其结构的函数。神经网络可以有一层或多层神经元。这些神经元可以高度或完全相互连接，或者只能连接某些层。神经元之间的连接具有相关的权重。本质上，网络所拥有的 "知识" 被封装在这些互连权重中。每个神经元计算传入神经元值的加权和，转换此输入，并将其神经值作为输入传递给后续神经元。通常，在单个神经元上的输入 / 输出转换过程是以非线性方式执行的。

应用案例 5.1 提供了一个有趣的例子，说明了神经网络作为预测工具在采矿行业的应用。

---

**应用案例 5.1**　**神经网络有助于在采矿行业挽救生命**

在采矿行业，大多数地下伤亡事故都是由岩石坠落（即上盘 / 顶板坠落）造成的。

矿山多年来在确定上盘完整性时所采用的方法是用测深杆敲击上盘，听发出的声音。有经验的矿工可以通过发出的声音区分完整 / 实心的上盘和分离 / 松动的上盘。这种方法很主观。南非科学和工业研究理事会（CSIR）开发了一种装置，帮助矿工在确定上盘完整性时做出客观的决定。首先将训练好的神经网络模型嵌入到设备中。然后，这个装置记录了敲击上盘时发出的声音。接下来对声音进行预处理，然后输入一个经过训练的神经网络模型，该模型将上盘分类为完整的或分离的。

Teboho Nyareli 拥有南非开普敦大学电子工程硕士学位，在 CSIR 担任研究工程师，他使用 NeuroDimensions, Inc. 开发的一种流行的人工神经网络建模软件 NeuroSolutions 来开发分类预测模型。他建立的多层感知器型人工神经网络架构在保留样本上的预测准确度达到 70% 以上。2018 年，该系统原型进行了最后一组测试，然后作为决策辅助工具部署，随后进入商业化阶段。下图显示了 NeuroSolutions 的模型构建工作区（称为 breadboard）的快照。

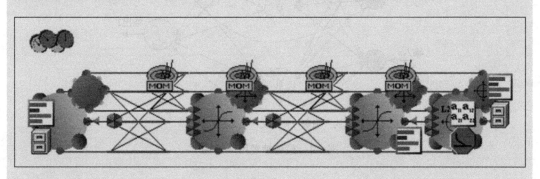

资料来源：NeuroSolutions, customer success story, neurosolutions.com/resources/nyareli.html（2018 年 5 月访问）。

**针对应用案例 5.1 的问题**

1. 神经网络如何在采矿行业帮助挽救生命？
2. 有哪些挑战？提出的解决方案和结果是什么？

---

▶ **复习题**

1. 什么是 ANN？
2. 生物神经网络和人工神经网络有什么共同点和区别？
3. 使用 ANN 可以解决哪些类型的商业问题？

---

# 5.3 神经网络架构

有不同的神经网络架构设计用于解决不同类型的问题（Haykin，2009）。最常见的架构包括前馈（带反向传播的多层感知器）、联想记忆、循环网络、Kohonen 自组织特征映射和

Hopfield 网络。前馈多层感知器型网络架构在一个方向（从输入层到输出层，经过一个或多个中间 / 隐藏层）激活神经元（并学习输入变量和输出变量之间的关系）。神经网络架构将在第 6 章详细介绍，因此本节将跳过细节。图 5.4 显示了循环神经网络架构，与前向神经网络架构相比，其各层之间的连接不是单向的，相反，各层与神经元之间在每个方向上都有许多连接，从而形成复杂的连接结构。许多专家认为这种多向连接更好地模仿了人脑中生物神经元的结构。

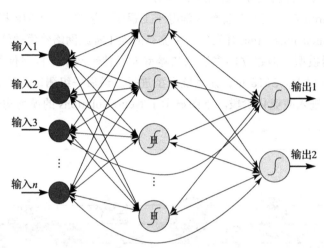

H：没有目标输出的"隐藏"神经元

图 5.4　循环神经网络架构

## 5.3.1　Kohonen 自组织特征映射

芬兰教授 Teuvo Kohonen 首次引入的 Kohonen 自组织特征映射（Kohonen 网络，简称 SOM）提供了一种在低维空间（通常是一维或二维）表示多维数据的方法。

SOM 最有趣的一个方面是，它们学习在无监督的情况下对数据进行分类（即，没有输出向量）。记住，在有监督的学习技术（例如反向传播）中，训练数据由向量对（输入向量和目标向量）组成。由于 SOM 的自组织能力，它通常用于将一组实例分配给任意数量的自然组的聚类任务。图 5.5a 展示了一个非常小的 Kohonen 网络，由 4×4 个连接到输入层（有 3 个输入）的节点组成，表示二维向量。

## 5.3.2　Hopfield 网络

Hopfield 网络是另一种有趣的神经网络架构，由 John Hopfield（1982）首次引入。Hopfield 在 20 世纪 80 年代早期的一系列研究文章中证明了高度互连的非线性神经元网络在解决复杂的计算问题时非常有效。这些网络被证明能提供一系列问题的新颖而快速的解决方案，这些问题是以一个受许多约束（即约束优化问题）的期望目标来表述的。Hopfield

神经网络的一个主要优点是其结构可以在电子电路板上实现，也可以在超大规模集成电路（VLSI）上实现，用作具有并行分布过程的在线求解器。从结构上讲，一般的 Hopfield 网络被表示为一个具有完全互连性的单层神经元；也就是说，每个神经元都与网络中的所有其他神经元相连（见图 5.5b）。

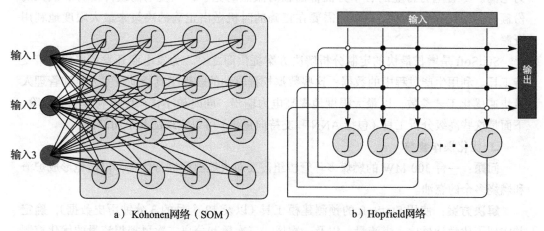

a）Kohonen网络（SOM）　　　　　　　　b）Hopfield网络

图 5.5　Kohonen 和 Hopfield 神经网络架构的图形描述

　　最终，神经网络模型的架构是由它要执行的任务驱动的。例如，神经网络模型被用作分类器、预测工具、客户细分机制和一般优化器。如本章后面所示，神经网络分类器通常是多层模型，其中信息从一层传递到下一层，其最终目标是将输入映射到由网络输出识别的特定类别。相反，用作优化器的神经模型可以是单层神经元，高度互连，并且迭代计算神经元值，直到模型收敛到稳定状态。这种稳定状态代表了所分析问题的最优解。

　　应用案例 5.2 总结了预测建模（例如神经网络）在解决电力行业新问题中的应用。

**应用案例 5.2　预测模型为发电机供电**

　　电力工业生产电能，并在居民和企业客户需要时随时提供电能。可以通过许多能源发电。大多数情况下，发电站使用机电发电机发电，这些发电机由化学燃烧（燃烧煤、石油或天然气）或核聚变（核反应堆）驱动的热机驱动。也可以通过其他能源发电，例如动能（通过下落/流动的水或风来启动涡轮机）、太阳能（通过太阳释放光或热能）或地热能（通过来自地球深层的蒸汽或热水）。一旦发电，电能就通过电网基础设施进行分配。

　　尽管有些发电方式比其他发电方式更受欢迎，但所有发电方式都有积极和消极的一面。有些是环保的，但在经济上是不合理的；还有一些在经济上有优势，但对环境不利。在市场经济中，总成本较低的选择通常优先于所有其他来源。目前尚不清楚哪种方式能在不永久破坏环境的情况下满足必要的用电需求。目前的趋势表明，增加可再生能源和混合能源分布式发电的份额有望减少／平衡环境和经济风险。

电力行业是一个高度规范、复杂的行业。公司选择参与的角色有四种：发电商、输送商、分销商和零售商。通过复杂的结构将所有生产商与所有客户联系起来的网络称为电网。尽管电力行业的各个方面都面临着激烈的竞争，但发电商或许占有了最大的份额。为了提高竞争力，发电商需要在正确的时机做出正确的决策来最大限度地利用资源。

StatSoft 是增长最快的定制分析解决方案提供商之一，为发电商开发了集成决策支持工具。利用生产过程中的数据，这些数据挖掘驱动的软件工具帮助技术人员和管理人员快速优化工艺参数，以最大限度地提高电力输出，同时最小化产生不利影响的风险。下面是这些高级分析工具（包括 ANN 和支持向量机）可以实现的几个功能：

❑ **优化操作参数**

**问题**：一台 300 MW 的燃煤多环管机组需要对火焰温度进行优化，以避免形成炉渣和燃烧多余的燃油。

**解决方案**：使用 StatSoft 的预测建模工具（以及 12 个月的 3 分钟历史数据），确定并实现了化学计量比、煤流量，以及一次风、三次风和分离二次风挡板流量的优化控制参数设置。

**结果**：优化控制参数后，火焰温度显示出强烈的反应，导致更高和更稳定的火焰温度和更清洁的燃烧。

❑ **在问题发生之前预测它们**

**问题**：一个 400 MW 燃煤 DRB-4Z 燃烧器需要优化，以实现一致和稳健的低氮氧化物运行，避免偏移和昂贵的停机时间。确定选择性非催化还原氮氧化物过程中氨滑移的根本原因。

**解决方案**：应用预测性分析方法（与历史过程数据一起）来预测和控制可变性，然后针对过程实现更好的性能，从而降低平均氮氧化物排放和可变性。

**结果**：控制参数组合的优化设置导致在低负荷下持续运行时，氮氧化物排放量持续降低，变化性（包括预测故障或意外维护问题）较小（且无偏移）。

❑ **减少排放（氮氧化物、一氧化碳）**

**问题**：虽然高负荷下的氮氧化物排放在可接受的范围内，但 400 MW 燃煤 DRB-4Z 燃烧器没有针对低负荷（50～175 MW）下的低氮氧化物运行进行优化。

**解决方案**：使用数据驱动的预测建模技术与历史数据，确定优化的参数设置以改变气流，导致一组特定的、可实现的输入参数范围，很容易实施到现有的数字控制系统。

**结果**：优化后，低负荷运行时的氮氧化物排放量与高负荷运行时的氮氧化物排放量相当。

正如这些具体的例子所说明的，高级分析有许多机会为电力行业做出重大贡献。使用数据和预测模型可以帮助决策者从生产系统中获得最佳效率，同时将对环境产生的影响最小化。

　　**针对应用案例 5.2 的问题**

　　1. 电力工业的主要环境问题是什么？

　　2. 预测建模在电力工业中的主要应用领域是什么？

　　3. 如何使用预测建模来解决电力工业中的各种问题？

　　*资料来源*：StatSoft, Success Stories, statsoft.com/Portals/0/Downloads/EPRI.pdf (accessed June 2018) and the statsoft.fr/pdf/QualityDigest_Dec2008.pdf (accessed February 2018).

➤ **复习题**

1. 流行的神经网络架构有哪些？

2. Kohonen SOM ANN 架构解决了哪些类型的问题？

3. Hopfield ANN 架构是如何工作的？它可以应用于哪些类型的问题？

# 5.4　支持向量机

　　支持向量机是目前流行的机器学习技术之一，主要是因为其优越的预测能力和理论基础。支持向量机是一种有监督的学习技术，它根据一组标记的训练数据创建输入和输出向量之间的函数，可以是分类（用于将实例分配到预定义的类）或回归（用于估计所需输出的连续数值）。对于分类，非线性核函数通常用于将输入数据（自然地表示高度复杂的非线性关系）转换为一个高维特征空间，其中输入数据变成线性可分的。然后，构造最大余量超平面，以在训练数据中最佳地分离输出类。

　　给定一个分类预测问题，一般来说，许多线性分类器（超平面）可以将数据分成多个子部分，每个子部分代表一个类（参见图 5.6a，其中两个类分别用圆圈"○"和正方形"■"表示。然而，只有一个超平面实现了类之间的最大分离（见图 5.6b，其中超平面和两个最大余量超平面分离两个类）。

　　支持向量机中使用的数据可以有两个以上的维度（即两个以上不同的类）。在这种情况下，我们使用 $n-1$ 维超平面分离数据，其中 $n$ 是维数（即类标签数量）。这可以看作线性分类器的典型形式，在这里我们感兴趣的是找到 $n-1$ 维超平面，使得从超平面到最近的数据点的距离最大化。假设这些平行超平面之间的边距或距离越大，分类器的泛化能力（即支持向量机模型的预测能力）越好。如果存在这样的超平面，那么它们可以用二次优化模型来表示。这些超平面被称为最大余量超平面，并且这种线性分类器被称为最大余量分类器。

　　除了统计学习理论中的坚实数学基础外，SVM 在许多真实世界的预测问题中也表现出了较强的竞争性能，如医学诊断、生物信息学、人脸 / 语音识别、需求预测、图像处理和文本挖掘，其中支持向量机是最流行的知识发现和数据挖掘分析工具之一。与人工神经网络相似，SVM 是任意多变量函数的通用逼近器。因此，支持向量机对高度非线性的复杂问题、系统和过程的建模特别有用。在应用案例 5.3 总结的研究中，支持向量机在预测和表征汽车碰撞事故的损伤严重程度风险因素方面优于其他机器学习方法。

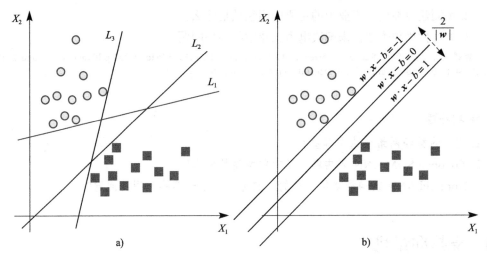

图 5.6　使用超平面分离两个类

应用案例 5.3　**用预测性分析法识别车辆碰撞中的损伤严重程度风险因素**

　　随着技术的不断进步，新的和改进的安全措施正在被不断开发，并被纳入车辆和道路中，以防止发生碰撞和减少此类事故对乘客造成伤害的影响。尽管做出了这些努力，但世界范围内的车辆碰撞和由此造成的伤害正在增加。例如，根据美国国家公路交通安全管理局（NHTSA）的统计，在美国，每年有超过 600 万起交通事故，共造成超过 30 000 人死亡，200 多万人受伤（NHTSA，2014）。美国国家公路交通安全管理局 2014 年 4 月提交美国国会的最新报告表示，2012 年美国公路死亡人数达到 33 561 人，比上一年增加 1082 人（Friedman，2014）。与 2011 年的 222 万人相比，2012 年估计有 236 万人在机动车交通事故中受伤。因此，2012 年美国公路上平均每小时就有近 4 人丧生，近 270 人受伤。除了伤亡人数惊人外，这些交通事故还使纳税人损失了 2300 多亿美元。因此，解决道路安全问题是美国的一个重大挑战。

　　交通事故的根本原因和损伤严重程度是公众和研究人员（学术界、政府和工业界）特别关注的，因为此类调查不仅旨在预防撞车事故，而且旨在减少其严重后果，可能挽救生命和避免财产损失。除了基于实验室和基于实验的工程研究方法外，解决这一问题的另一种方法是通过挖掘车辆碰撞的历史数据来确定影响损伤严重程度的最可能因素。全面了解驾驶员和乘客在车辆碰撞中更容易受重伤甚至死亡的复杂情况，可以在很大程度上减轻所涉及的风险，从而挽救生命。许多因素被发现对发生车辆事故时乘员所受伤害的严重程度有影响。这些因素包括乘员的行为或人口统计特征（例如，药物和 / 或酒精水平、安全带或其他约束系统的使用、驾驶员的性别和年龄）、与碰撞相关的情况特征（例如，道路表面 / 类型 / 情况、碰撞方向、涉及的汽车和 / 或其他物体的数量）、事故发生时的环境因素（天气条件、能见度和 / 或光照条件、一天中的时间等）以及车辆本身的技术特征（车龄、重量、车型等）。

这项分析性研究的主要目的是确定最常见的危险因素及其在影响车祸造成伤害的严重程度增加的可能性方面的相对重要性。在这项研究中分析的碰撞事故包括一组地理上具有良好代表性的样本。为了获得一致的样本，数据集仅包含特定类型的排序规则：单车辆或多车辆正面碰撞、单车辆或多车辆角度碰撞和单车辆固定对象碰撞。为了获得可靠和准确的结果，本研究采用了流行的机器学习技术，以确定碰撞相关因素的重要性（因为它们与车辆碰撞中损伤严重程度的变化有关），并比较了不同的机器学习技术。

**研究方法**

本研究采用的方法遵循一个非常著名的标准化分析过程，即跨行业数据挖掘标准过程（CRISP-DM）。与任何分析项目一样，项目的很大一部分时间用于数据的获取、集成和预处理。然后，使用预处理的、分析就绪的数据来构建几个不同的预测模型。研究人员使用一套标准的衡量指标来评估和比较模型。在最后阶段，灵敏度分析被用来确定与损伤严重程度相关的风险因素。

为了有效地执行所提出方法中的各项任务，使用了几种统计和数据挖掘软件工具。具体来说，使用 JMP（SAS Institute 开发的统计和数据挖掘软件工具）、Microsoft Excel 和 Tableau 对数据进行检查、解释和预处理；使用 IBM SPSS Modeler 和 KNIME 进行数据合并、建立预测模型，以及进行灵敏度分析。

研究使用了美国国家汽车抽样系统通用估算系统（NASS GES）数据集中 2011 年和 2012 年的事故。完整的数据集是以事故、车辆和人员三个单独的平面 / 文本文件的形式获得的。事故文件包含有关道路条件、环境条件和碰撞相关设置的特定特征。车辆文件中包含了大量关于车祸车辆具体特征的变量。人员文件提供了详细的人口统计、受伤情况和车祸中有关乘员（即驾驶员和乘客）的情况信息。

为了将数据合并到单个数据库中，将两年的数据合并到每个文件（即事故、车辆、人员文件）中，并使用唯一的事故、车辆和人员标识符将结果文件合并，以创建单个数据集。在数据合并 / 聚合之后，得到的数据集包括人员级别的记录——在报告的车祸中，每个人都有一条记录。在此过程中（在数据清洗、预处理和切片 / 切割之前），完整的数据集包括 279 470 条独特的记录（以及超过 150 个变量（事故、人员和车辆相关特征的组合））。图 5.7 以图形方式说明了数据处理中涉及的各个步骤。

在所有变量（包括从 GES 数据库中直接获得的变量和使用现有 GES 变量推导 / 重

新计算的变量）中，29 个变量在确定与车祸有关的损伤严重程度的不同级别中被选择为相关的和潜在的影响因素。预计这一范围的变量将为事故中的人员和车辆提供丰富的描述：车祸发生时环境条件的具体情况、车祸本身周围的环境以及车祸发生的时间和地点。表 5.2 列出并简要描述了为本研究创建和使用的变量。

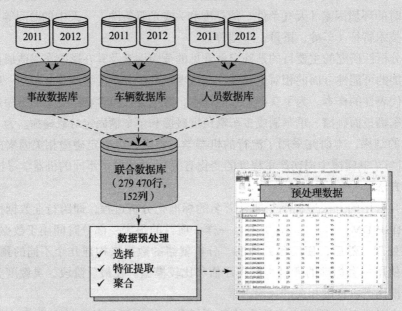

图 5.7 数据采集 / 合并 / 准备过程（来源：Microsoft Excel 2010, Microsoft Corporation）

表 5.2 研究中包含的变量列表

| 变　量 | 类　型 | 数据类型 | 描述性统计[①] | 缺失率（%） |
| --- | --- | --- | --- | --- |
| AIR_BAG | 安全气囊展开 | 二进制 | 是：52。不是：26 | 5.2 |
| ALC_RES | 酒精测试结果 | 数字 | 12.68（15.05） | 0.4 |
| BDYTYP_IMN | 车型 | 标称 | 轿车：34。Sm-SUV：13 | 3.2 |
| DEFORMED | 损伤程度 | 标称 | 较大：43。较小：22 | 3.7 |
| DRINKING | 酒精中毒 | 二进制 | 是：4。否：67 | 28.8 |
| AGE | 人的年龄 | 数字 | 36.45（18.49） | 6.9 |
| DRUGRES1 | 药物检测结果 | 二进制 | 是：2。否：72 | 25.5 |
| EJECT_IM | 弹射 | 二进制 | 是：2。否：93 | 4.9 |
| FIRE_EXP | 发生火灾 | 二进制 | 是：3。否：97 | 0.0 |
| GVWR | 车辆重量类别 | 标称 | 小：92。大：5 | 2.9 |
| HAZ_INV | 涉及危险品 | 二进制 | 是：1。否：99 | 0.0 |
| HOUR_IMN | 一天中的时间 | 标称 | 晚上：39。中午：32 | 1.2 |
| INT_HWY | 州际公路 | 二进制 | 是：13。不是：86 | 0.7 |
| J_KNIFE | 手提刀 | 二进制 | 是：4。不是：95 | 0.2 |

（续）

| 变　　量 | 类　　型 | 数据类型 | 描述性统计 | 缺失率（%） |
|---|---|---|---|---|
| LGTCON_IM | 光照条件 | 标称 | 日光：70。黑暗：25 | 0.3 |
| MANCOL_IM | 碰撞方式 | 标称 | 正面：34。倾斜：28 | 0.0 |
| MONTH | 一年中的月份 | 标称 | 10 月：10。12 月：9 | 0.0 |
| NUMINJ_IM | 受伤人数 | 数据 | 1.23（4.13） | 0.0 |
| PCRASH1_IMN | 碰撞前运动 | 标称 | 直行：52。停止：14 | 1.3 |
| REGION | 地理区域 | 标称 | 南部：42。中西部：24 | 0.0 |
| REL_ROAD | 与交通道路的关系 | 标称 | 道路：85。中间带：9 | 0.1 |
| RELJCT1_IM | 在交叉路口 | 二进制 | 是：4。否：96 | 0.0 |
| REST_USE_N | 使用约束系统 | 标称 | 是：76。不是：4 | 7.4 |
| SEX_IMN | 司机性别 | 二进制 | 男：54。女：43 | 3.1 |
| TOWED_N | 拖车 | 二进制 | 是：49。不是：51 | 0.0 |
| VEH_AGE | 车龄 | 数据 | 8.96（4.18） | 0.0 |
| WEATHR_IM | 天气状况 | 标称 | 晴天：73。多云：14 | 0.0 |
| WKDY_IM | 工作日 | 标称 | 星期五：17。星期四 15 | 0.0 |
| WRK_ZONE | 工作区 | 二进制 | 是：2。否：98 | 0.0 |
| INJ_SEV | 损伤严重程度（因变量） | 二进制 | 低：79。高：21 | 0.0 |

① 对于数值变量：平均值。对于二进制或标称变量：前两个类的频率。

　　表 5.3 显示了所有四种模型的预测准确性。它显示了使用 10 折交叉验证获得的接收器工作特性（ROC）曲线测量下的混淆矩阵、总体准确度、灵敏度、特异性和面积。结果表明，SVM 是最准确的分类技术，具有高于 90% 的总体准确度，相对高的灵敏度和特异性，曲线下面积（AUC）值为 0.928（最大值为 1）。其次是 C5 决策树算法，其准确度略高于 ANN。准确度排名最后的是 LR，其准确度也相当不错，但不如机器学习方法。

表 5.3　基于 10 折交叉验证的所有预测结果列表

| 模型类型 | | 混淆矩阵 | | 准确度（%） | 灵敏度（%） | 特异性（%） | AUC |
|---|---|---|---|---|---|---|---|
| | | 低 | 高 | | | | |
| 人工神经 | 低 | 12 864 | 1 464 | | | | |
| 网络（ANN） | 高 | 2 409 | 10 477 | 85.77 | 81.31 | 89.78 | 0.865 |
| 支持向量机 | 低 | 13 192 | 1 136 | | | | |
| （SVM） | 高 | 1 475 | 11 411 | 90.41 | 88.55 | 92.07 | 0.928 |
| 决策树 | 低 | 12 675 | 1 653 | | | | |
| （DT/C5） | 高 | 1 991 | 10 895 | 86.61 | 84.55 | 88.46 | 0.879 |
| 逻辑回归 | 低 | 8 961 | 2 742 | | | | |
| （LR） | 高 | 3 525 | 11 986 | 76.97 | 77.27 | 76.57 | 0.827 |

　　尽管从所有四种模型类型获得的准确度度量值足以验证所提出的方法，但本研究的

主要目标是确定影响驾驶员在车辆碰撞中受伤严重程度的重要风险因素并确定其优先级。为了实现这一目标，对所有已开发的预测模型进行了灵敏度分析。分别针对每种模型，采用留一法计算每个折叠的可变重要性度量，然后对每种模型的计算结果进行汇总。为了正确融合（即集成）所有四种模型的灵敏度分析结果，模型对融合 / 组合变量重要性值的贡献取决于它们的交叉验证准确度。也就是说，表现最好的模型具有最大的权重 / 贡献，而表现最差的模型具有最小的权重 / 贡献。将融合后的变量重要度值制成表格，进行归一化，然后在图 5.8 中以图形形式显示。

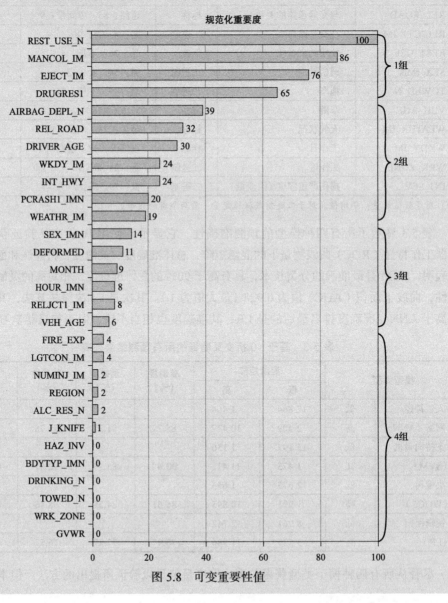

图 5.8　可变重要性值

对灵敏度分析结果的检查显示出四个不同的风险组，每个风险组包含 4～8 个变量。按重要性从高到低的顺序排列，第一组包括 REST_USE_N（是否使用了任何其他约束系统的安全带）、MANCOL_IM（碰撞方式）、EJECT_IM（是否将驾驶员从车中弹出）和 DRUGRES1（药物测试结果）。从所有预测模型的组合灵敏度分析结果来看，这四个风险因素似乎比其他风险因素更为重要。

**针对应用案例 5.3 的问题**

1. 分析调查车祸背后最重要的动机是什么？

2. 应用案例中的数据是如何获取、合并和重新处理的？

3. 这项研究的结果是什么？如何将这些发现用于实际目的？

资料来源：D. Delen, L. Tomak, K. Topuz, & E. Eryarsoy, "Investigating Injury Severity Risk Factors in Automobile Crashes with Predictive Analytics and Sensitivity Analysis Methods," *Journal of Transport & Health*, 4, 2017, pp. 118-131; D. Friedman, "Oral Testimony Before the House Committee on Energy and Commerce, by the Subcommittee on Oversight and Investigations," April 1, 2014, www.nhtsa.gov/Testimony (accessed October 2017); National Highway Traffic Safety Administration (NHTSA's) (2018) General Estimate System (GES), www.nhtsa.gov (accessed January 20, 2018).

## 5.4.1　支持向量机的数学公式

考虑以下形式的训练数据集中的数据点：

$$\{(x_1, c_1), (x_2, c_2), \cdots, (x_n, c_n)\}$$

其中 $c$ 是类标签，取值为 1（即"是"）或 0（即"否"），$x$ 是输入变量向量。也就是说，每个数据点是一个 $m$ 维实向量，通常为缩放到 [0, 1] 或 [-1, 1] 的值。归一化和 / 或缩放是防止变量 / 属性具有较大方差的重要步骤，否则将主导分类公式。我们可以将其视为训练数据，它可以通过以下数学形式的超平面进行正确的分类（我们希望支持向量机能够最终实现）：

$$w \cdot x - b = 0$$

向量 $w$ 垂直于超平面。添加偏移参数 $b$ 允许增加余量。在没有超平面的情况下，超平面被迫通过原点，从而限制解。因为我们感兴趣的是最大余量，所以我们也对支持向量和每个类中最接近这些支持向量的平行超平面（到最佳超平面）感兴趣。可以证明这些平行超平面可以用以下方程来描述：

$$w \cdot x - b = 1$$

$$w \cdot x - b = -1$$

如果训练数据是线性可分离的，我们可以选择这些超平面，使得它们之间没有点，然后尝试最大化它们的距离（见图 5.6b）。通过使用几何知识，我们发现超平面之间的距离是 $2/|w|$，因此我们希望最小化 $|w|$。为了排除数据点，我们需要确保所有的 $i$ 满足：

$$w \cdot x_i - b \geqslant 1$$

或者

$$w \cdot x_i - b \leqslant -1$$

这也可以写作：

$$c_i(\boldsymbol{w} \cdot \boldsymbol{x}_i - b) \geqslant 1, \quad 1 \leqslant i \leqslant n$$

## 5.4.2 原初形态

现在的问题是最小化满足 $c_i(\boldsymbol{w} \cdot \boldsymbol{x}_i - b) \geqslant 1 (1 \leqslant i \leqslant n)$ 的 $|\boldsymbol{w}|$。这是一个二次规划（QP）优化问题，即：

$$\text{最小化 } (1/2)\|\boldsymbol{w}\|^2$$
$$\text{满足 } c_i(\boldsymbol{w} \cdot \boldsymbol{x}_i - b) \geqslant 1, 1 \leqslant i \leqslant n$$

系数 1/2 是为了便于数学计算。

## 5.4.3 双重形式

将分类规则写成双重形式，说明分类只是支持向量的函数，即位于边缘的训练数据。SVM 的对偶可以表示为：

$$\max \sum_{i=1}^{n} \alpha_i - \sum_{i,j} \alpha_i \alpha_j c_i c_j \boldsymbol{x}_i^{\mathrm{T}} \boldsymbol{x}_j$$

其中 $\alpha$ 项构成训练集的权重向量的对偶表示：

$$\boldsymbol{w} = \sum_i \alpha_i c_i \boldsymbol{x}_i$$

## 5.4.4 软边距

1995 年，Cortes 和 Vapink 提出了一种修正的最大余量概念，允许错误标记的实例。如果不存在可以分割"是"和"否"的超平面，则软余量方法将选择一个超平面，尽可能地将实例拆分，同时仍然将距离最大化到最近的明确分割的实例。这项工作推广了支持向量机。该方法引入松弛变量 $\xi_i$ 来度量数据的错误分类程度。

$$c_i(\boldsymbol{w} \cdot \boldsymbol{x}_i - b) \geqslant 1 - \xi_i, \quad 1 \leqslant i \leqslant n$$

然后，目标函数增加一个惩罚非零 $\xi_i$ 的函数，优化就变成了一个在较大余量和较小错误惩罚之间的权衡。如果惩罚函数是线性的，则方程转换为：

$$\min \|\boldsymbol{w}\|^2 + C \sum_j \xi_i \text{ 使得 } c_i(\boldsymbol{w} \cdot \boldsymbol{x}_i - b) \geqslant 1 - \xi_i, 1 \leqslant i \leqslant n$$

这个约束以及最小化的目标 $|\boldsymbol{w}|$ 可以用拉格朗日乘子来求解。线性惩罚函数的主要优点是松弛变量从对偶问题中消失，常数 $C$ 仅作为 $\nu$ 附加约束出现在拉格朗日乘子上。非线性惩罚函数已经得到了应用，特别是为了减少异常值对分类器的影响。但是必须要小心，否则问题会变得非凸，使得很难找到全局解。

## 5.4.5 非线性分类

1963 年，Vladimir Vapnik 在莫斯科控制科学研究所攻读博士学位时提出的最初的最优超平面算法是一个线性分类器。1992 年，Boser、Guyon 和 Vapnik 提出了一种通过将核技巧（最初由 Aizerman 等人（1964）提出）应用于最大余量超平面来创建非线性分类器的方法。得到的算法在形式上是相似的，只是每个点积都被一个非线性核函数所代替。这使得算法能够适应变换特征空间中的最大余量超平面。变换可以是非线性的，变换后的空间是高维的。因此，虽然分类器是高维特征空间中的超平面，但在原始输入空间中可能是非线性的。

如果所使用的核是高斯径向基函数，则相应的特征空间是无穷维的 Hilbert 空间。最大余量分类器是正则化的，因此无限维不会破坏结果。一些常见的核函数包括：

多项式（齐次）：$k(x, x') = (x \cdot x')$

多项式（非齐次）：$k(x, x') = (x \cdot x' + 1)$

径向基函数：$k(x, x') = \exp(-\gamma \| x - x' \|^2), \gamma > 0$

高斯径向基函数：$k(x, x') = \exp\left(-\dfrac{\| x - x' \|^2}{2\sigma^2}\right)$

Sigmoid：$k(x, x') = \tanh(kx \cdot x' + c), k > 0, c < 0$

## 5.4.6　核技巧

在机器学习中，核技巧是利用非线性函数将原始观测值映射到高维空间，将线性分类器算法转化为非线性分类器算法的一种方法，这使得在新空间中的线性分类等价于在原始空间中的非线性分类。

这是利用 Mercer 定理来实现的，该定理指出任何连续、对称、半正定的核函数 $K(x, y)$ 都可以表示为高维空间中的点积。更具体地说，如果核的参数在可测空间 $X$ 中，并且核是半正定的，即

$$\sum_{i,j} K(x_i, x_j) c_i c_j \geqslant 0$$

对于 $x$ 的任意子集 $\{x_1, \cdots, x_n\}$ 和对象的子集 $\{c_1, \cdots, c_n\}$（通常是实数或偶数分子）成立，则存在函数 $\varphi(x)$，其范围在可能的高维的内积空间中，使得

$$K(x, y) = \varphi(x) \cdot \varphi(y)$$

核技巧转换任何只依赖于两个向量之间点积的算法。无论在何处使用点积，它都将被核函数替换。因此，线性算法可以很容易地转化为非线性算法。这种非线性算法相当于在 $\varphi$ 的值域空间中运行的线性算法，但由于使用了核函数，因此 $\varphi$ 函数从来没有显式计算过。这是可取的，因为高维空间可以是无限维的（就像高斯核的情况一样）。

尽管"核技巧"一词的由来尚不清楚，但它是由 Aizerman 等（1964）首次发表的。它已应用于多种机器学习和统计算法，包括：

❑ 感知器
❑ 支持向量机
❑ 主成分分析

❑ Fisher 线性判别分析
❑ 聚类

> ➹ **复习题**
>
> 1. 支持向量机是如何工作的？
> 2. 支持向量机的优点和缺点是什么？
> 3. "最大余量超平面"的含义是什么？为什么它们在支持向量机中很重要？
> 4. 什么是"核技巧"？如何在支持向量机中使用该技巧？

## 5.5 基于过程的支持向量机使用方法

由于支持向量机具有较好的分类效果，近年来它已成为解决分类问题的一种流行方法。尽管与人工神经网络相比支持向量机更容易使用，但不熟悉支持向量机复杂性的用户往往无法得到满意的结果。在这一节，我们提供了一种基于过程的方法来使用支持向量机，这更有可能产生满意的结果。图 5.9 给出了三步过程的图示。

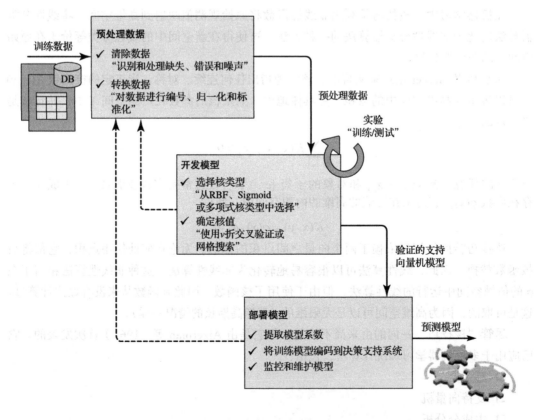

图 5.9 开发支持向量机模型的简单过程描述

**计算数据**　支持向量机要求将每个数据实例表示为实数向量。因此，如果存在分类属性，我们首先必须将它们转换为数字数据。一个常见的方法是使用 $m$ 个伪二进制变量来表示 $m$ 类属性（其中 $m \geq 3$）。实际上，只有 $m$ 个变量中的一个假定值为 1，其他变量基于实例的实际类假定值为 0（这也称为 $1/m$ 表示）。例如，{red，green，blue} 三类属性可以表示为（0,0,1）、（0,1,0）和（1,0,0）。

**归一化数据**　与人工神经网络一样，支持向量机也需要数值的归一化和 / 或缩放。归一化的主要优点是避免较大数值范围内的属性控制较小数值范围内的属性。另一个优点是它有助于在模型建立的迭代过程中进行数值计算。由于核值通常依赖于特征向量的内积（如线性核和多项式核），较大的属性值可能会减缓训练过程。建议将每个属性归一化至范围 [−1, +1] 或 [0, 1]。当然，在测试之前，我们必须使用相同的归一化方法来缩放测试数据。

**选择核类型和核参数**　尽管在上一节中只提到了四个常见的核函数，但必须决定使用哪一个（或者是否使用简单的实验设计方法一次一个地尝试所有的核函数）。

一旦选择了核类型，就需要选择惩罚参数 $C$ 和核参数的值。一般来说，径向基函数（RBF）是核类型的合理首选。RBF 核的目的是将数据非线性映射到一个更高维的空间；通过这样做（与线性核不同），它可以处理输入和输出向量高度非线性的情况。此外，线性核只是 RBF 核的一个特例。RBF 核函数有两个参数可供选择：$C$ 和 $\lambda$。对于给定的预测问题，事先不知道哪一个 $C$ 和 $\lambda$ 是最好的，因此需要使用某种参数搜索方法。搜索的目标是确定 $C$ 和 $\lambda$ 的最优值，以便分类器能够准确地预测未知数据（即测试数据）。最常用的两种搜索方法是交叉验证和网格搜索。

**部署模型**　一旦建立了"最优"支持向量机预测模型，下一步就是将其集成到决策支持系统中。为此，有两种选择：

1）将模型转换为计算对象（例如，Web 服务、Java Bean 或 COM 对象），该对象接受输入参数值并提供输出预测。

2）提取模型系数并将其直接集成到决策支持系统中。只有底层域的行为保持不变时，支持向量机模型才有用（即准确、可操作）。由于某种原因，如果它改变了，模型的准确度也会改变。因此，应该不断地评估模型的性能，并决定它们何时不再准确。因此，需要重新训练。

## 支持向量机与人工神经网络

尽管有人将支持向量机描述为人工神经网络的一种特例，但大多数人还是认为它们是两种具有不同性质的相互竞争的机器学习技术。支持向量机与人工神经网络相比的优势有以下几点。历史上，人工神经网络的发展遵循一条启发式的道路，其应用和广泛的实验先于理论。相比之下，支持向量机的发展首先涉及完善的统计学习理论，然后是实现和实验。支持向量机的一个显著优点是，当神经网络可能面对多个局部极小值时，支持向量机的解具有全局性和唯一性。支持向量机的另外两个优点是具有简单的几何解释和稀疏解。在实际应用中，支持向量机往往优于人工神经网络，其原因在于它成功地解决了人工神经网络的一大难题——"过拟合"问题。

尽管支持向量机具有这些优点（从实用的角度来看），但它们也有一些局限。一个尚未完全解决的重要问题是核类型和核函数参数的选择。第二个或许更重要的限制是支持向量机的速度和规模，包括训练和测试周期。支持向量机的建模涉及复杂且耗时的计算。从实际的角度来看，支持向量机最严重的问题可能是高算法复杂度和大规模任务所需二次规划的广泛内存需求。尽管有这些局限，但因为支持向量机是建立在良好的理论基础上的，它产生的解在性质上是全局的和独特的（而不是陷入一个次优的选择，例如局部极小），所以今天它是数据挖掘领域最流行的预测建模技术之一。随着流行的商业数据挖掘工具开始把它融入模型库，支持向量机将得到更多的应用。

> ➣ **复习题**
>
> 1. 开发支持向量机模型的主要步骤和决策点是什么？
> 2. 如何确定最佳的核类型和核参数？
> 3. 与人工神经网络相比，支持向量机有哪些优点？
> 4. 支持向量机常见的应用领域有哪些？在互联网上搜索，找出流行的应用领域和使用的支持向量机软件工具。

## 5.6 用于预测的最邻近法

数据挖掘算法往往是高度数学化和计算密集型的。前一节中介绍的两种流行方法（即ANN和支持向量机）涉及时间要求高、计算密集的迭代数学推导。相比之下，对于竞争预测方法来说，k最邻近（kNN）算法显得过于简单且容易理解。kNN是一种用于分类和回归型预测问题的预测方法。kNN是一种基于实例的学习（或懒惰学习），因为函数仅仅是局部的，并且所有的计算被推迟到实际的预测中。

kNN算法是最简单的机器学习算法之一：例如，在分类预测中，一个实例通过其邻居的多数投票进行分类，对象被分配到其$k$个最近邻居中最常见的类（其中$k$是正整数）。如果$k=1$，那么情况就是分配给最近邻居的类。为了用一个例子来说明这个概念，让我们看看图5.10，其中一个简单的二维空间表示两个变量$(x, y)$的值；星表示一个新的情况（或对象）；圆和正方形表示已知的情况（或实例）。任务是基于与其他实例的接近程度（相似性）将新实例分配给圆圈或正方形。如果将$k$的值设置为1（$k=1$），则应将赋值设为正方形，因为最接近星形的实例是正方形。如果将$k$的值设置为3（$k=3$），则应将赋值设为圆形，因为有两个圆形和一个正方形；因此，根据简单多数投票规则，圆形将获得新实例的赋值。类似地，如果将$k$的值设置为5（$k=5$），则应该将赋值设置为正方形。这个简单的例子是为了说明$k$值的重要性。

同样的方法也可用于回归型预测任务，只需平均其 $k$ 个最近邻的值，并将此结果分配给所预测的情况。衡量邻居的贡献是有用的，这样近邻比远邻对平均值的贡献更大。一种常见的加权方案是给每个邻居一个 $1/d$ 的权重，其中 $d$ 是到邻居的距离。该方法本质上是线性插值的推广。

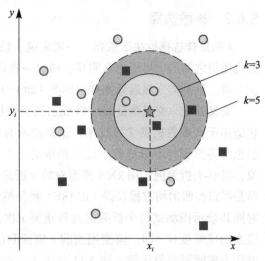

邻居取自一组已知正确分类（或在回归情况下，已知输出值）的情况。这可以看作算法的训练集，尽管没有明确的训练步骤。kNN 算法对数据的局部结构敏感。

图 5.10　kNN 算法中 $k$ 值的重要性

## 5.6.1　相似性度量：距离度量

分析人员在使用 kNN 时必须做出的两个关键决策之一是确定相似性度量（另一个是确定 $k$ 值，后面将对此进行解释）。在 kNN 算法中，相似性度量是一种数学上可计算的距离度量。给定一个新的实例，kNN 根据距离该点最近的 $k$ 个邻居的结果进行预测。因此，为了使用 kNN 进行预测，我们需要定义一个度量指标来测量新实例和已有实例之间的距离。测量这一距离的最流行的选择之一是欧式距离（见式（5.2）），它是一个维度空间中两点之间的线性距离。另一个流行的选择是直线距离（又称曼哈顿距离），见式（5.3）。这两种距离测度都是 Minkowski 距离（见式（5.1））的特例。

Minkowski 距离：

$$d(i, j) = \sqrt{|x_{i1} - x_{j1}|^q + |x_{i2} - x_{j2}|^q + \cdots + |x_{ip} - x_{jp}|^q} \tag{5.1}$$

其中 $i = (x_{i1}, x_{i2}, \cdots, x_{ip})$ 和 $j = (x_{j1}, x_{j2}, \cdots, x_{jp})$ 是两个 $p$ 维数据（例如，数据集中的一个新实例），$q$ 是正整数。

如果 $q=1$，则 $d$ 称为曼哈顿距离：

$$d(i, j) = \sqrt{|x_{i1} - x_{j1}| + |x_{i2} - x_{j2}| + \cdots + |x_{ip} - x_{jp}|} \tag{5.2}$$

如果 $q=2$，则 $d$ 称为欧氏距离：

$$d(i, j) = \sqrt{|x_{i1} - x_{j1}|^2 + |x_{i2} - x_{j2}|^2 + \cdots + |x_{ip} - x_{jp}|^2} \tag{5.3}$$

显然，这些度量指标只适用于数字表示的数据。对于非数值数据也有测量距离的方法。在最简单的情况下，对于多值标称变量，如果新实例的值与要比较的实例的值相同，则距离为 0，否则为 1。在文本分类等情况下，存在更复杂的度量指标，例如重叠度量（或 Hamming 距离）。通常，如果通过实验设计来确定距离度量，并对不同度量进行尝试和测试，以确定针对给定问题的最佳度量，则 kNN 的分类准确度可以显著提高。

## 5.6.2 参数选择

$k$ 的最佳选择取决于数据。一般来说，较大的 $k$ 值减少了噪声对分类（或回归）的影响，但也使类之间的边界不那么明显。通过一些启发式技术，例如交叉验证，可以找到 $k$ 的"最优"值。预测类为最近训练样本的类（即 $k=1$）的特殊情况称为最近邻算法。

**交叉验证**　交叉验证是一种成熟的实验技术，可用于确定一组未知模型参数的最佳值。它适用于大多数机器学习技术，这些技术有许多模型参数有待确定。这种实验方法的基本思想是将数据样本分成若干随机抽取的、不相连的子样本（即 $v$ 个折叠数）。对于每一个 $k$ 值，以 $v-1$ 折为例，用 kNN 模型对第 $v$ 折进行预测，并对误差进行评估。此误差的常见选择是回归预测的均方根误差（RMSE）和分类预测的正确分类实例百分比（即命中率）。这个对照其余示例测试每个折叠的过程重复 $v$ 次。在 $v$ 个循环结束时，累积计算的误差以得到模型的优度度量（即，模型用当前 $k$ 值预测的效果如何）。最后，选择产生最小总误差的 $k$ 值作为该问题的最优值。图 5.11 显示了一个简单的过程，该过程使用训练数据来确定 $k$ 和距离度量的最佳值，然后使用这些值来预测新的输入实例。

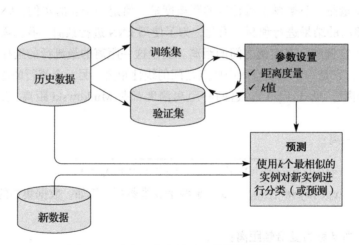

图 5.11　确定距离度量和 $k$ 的最佳值的过程

正如我们在前面给出的简单示例中观察到的，使用不同的 $k$ 值时，kNN 算法的准确度可能会有显著差异。此外，当存在噪声以及不准确或不相关特征时，kNN 算法的预测能力会降低。为了保证预测结果的可靠性，人们在特征选择、归一化 / 缩放等方面进行了大量的研究工作。一种特别流行的方法是使用进化算法（例如，遗传算法）来优化 kNN 预测系统中包含的特征集。在二进制（两类）分类问题中，选择 $k$ 为奇数是有帮助的，因为这样可以避免票数相等。

kNN 中基本多数投票分类的一个缺点是更频繁的实例往往主导新向量的预测，因为它们的数量庞大，导致它们往往出现在 $k$ 个最近邻居中。克服这一问题的一种方法是考虑测试点到其 $k$ 个最近邻的距离，对分类进行加权。克服这个缺点的另一种方法是在数据表示中使用一个抽象级别。

通过计算从测试样本到所有存储向量的距离，很容易实现该算法的原始版本，但计算量很大，尤其是当训练集的大小增大时。多年来，人们提出了许多最近邻搜索算法，这些算法通常是为了减少实际执行的距离评估。使用适当的最近邻搜索算法使得即使对于大型数据集也可以进行计算。参考应用案例 5.4 了解 kNN 在图像识别和分类方面的优越性能。

---

**应用案例 5.4　基于 kNN 的高效图像识别与分类**

图像识别是一个新兴的数据挖掘应用领域，涉及图像等视觉对象的处理、分析和分类。在识别（或分类）过程中，首先将图像转换到多维特征空间，然后利用机器学习技术，将图像分类为有限个类别。图像识别和分类的应用领域包括农业、国土安全、个性化营销和环境保护等。图像识别是人工智能领域计算机视觉的重要组成部分。作为一门技术学科，计算机视觉寻求开发能够"看见"并对环境做出反应的计算机系统。计算机视觉的应用实例包括过程自动化（工业机器人）、导航（自主车辆）、监视/检测（视觉监视）、搜索和分类视觉（图像和图像序列数据库索引）、参与（人机交互）和检查（制造过程）。

虽然视觉识别和类别识别领域发展迅速，但要达到人类的水平，还有很多工作要做。目前的方法只能处理数量有限的类别（大约 100 种）而且计算上也很昂贵。许多机器学习技术（包括 ANN、支持向量机和 kNN）被用来开发用于视觉识别和分类的计算机系统。虽然已经取得了值得称赞的成果，但总的来说，目前这些工具都无法开发能与人类竞争的系统。

加州大学伯克利分校电子工程与计算机科学学院计算机科学系的几位研究人员使用了一个创新的组合图像分类方法（Zhang 等，2006）。他们在测量相似性或知觉距离的框架内考虑视觉类别识别，以开发类别的实例。研究人员使用的识别和分类方法相当灵活，允许基于颜色、纹理和特定形状进行识别。虽然最近邻分类器（即 kNN）在这种情况下可以使用，但它在有限采样的情况下会遇到高方差（在偏差方差分解中）的问题。或者，可以选择使用支持向量机，但它涉及耗时的优化和计算。研究人员提出了这两种方法的混合，它可以处理多类设置，在训练和运行时都具有合理的计算复杂度，在实践中取得了良好的效果。基本思想是找到查询样本的近邻并训练一个局部支持向量机，以在邻居集合上保留距离函数。

该方法优于 kNN 和支持向量机，它可以应用于大型多类数据集，并且当问题变得难以解决时仍然有效。他们使用了各种各样的距离函数，在许多形状和纹理分类（MNIST、USPS、CUReT）和对象识别（Caltech-101）的基准数据集上取得了优异的效果。

另一组研究人员（Boiman & Irani, 2008）认为，在图像分类中常用的两种方法（即 SVM 和 ANN 型模型驱动方法和 kNN 型非参数方法）导致了低于预期的性能结果。他们还声称，混合方法可以提高图像识别和分类的性能。他们提出了一种基于朴素贝叶斯 kNN 的分类器，该分类器在局部图像描述符空间（而不是图像空间）使用 kNN 距离。研究人员声称，改进的 kNN 方法非常简单有效，不需要学习/训练阶段，其性能在基于学习的参数化图像分类器中处于领先地位。他们在几个具有挑战性的图像分类数据库（Caltech-101、Caltech-256 和 Graz-01）上对该方法进行了实证比较。

除了图像识别和分类之外，kNN 还成功地应用于复杂的分类问题，例如内容检索（手写检测、视频内容分析、身体和手语（使用身体或手势进行交流），基因表达（kNN 倾向于比其他最新技术表现更好的另一个领域。事实上，kNN-SVM 的组合是这里使用过的最流行的技术），以及蛋白质间相互作用和三维结构预测（基于图的 kNN 通常用于相互作用结构预测）。

**针对应用案例 5.4 的问题**

1. 为什么图像识别/分类是一个有价值但困难的问题？

2. 如何将 kNN 有效地用于图像识别/分类应用？

资料来源：H. Zhang, A. C. Berg, M. Maire, & J. Malik, "SVMKNN: Discriminative Nearest Neighbor Classification for Visual Category Recognition," *Proceedings of the 2006 IEEE Computer Society Conference on Computer Vision and Pattern Recognition (CVPR'06)*, Vol. 2, 2006, pp. 2126-2136; O. Boiman, E. Shechtman, & M. Irani, "In Defense of Nearest-Neighbor Based Image Classification," *IEEE Conference on Computer Vision and Pattern Recognition, 2008 (CVPR)*, 2008, pp. 1-8.

**➤ 复习题**

1. kNN 算法有什么特别之处？

2. 与神经网络和支持向量机相比，kNN 有哪些优点和缺点？

3. kNN 实现的关键成功因素是什么？

4. 什么是相似性（或距离）度量？如何将其应用于数值变量和标称变量？

5. kNN 的常见应用是什么？

# 5.7 朴素贝叶斯分类法

朴素贝叶斯是一种简单的基于概率的分类方法（一种应用于分类预测问题的机器学习技术），源自众所周知的贝叶斯定理。该方法要求输出变量具有标称值。尽管输入变量可以是数值和标称值的混合，但数值输出变量需要通过装箱法进行离散化才可以用于贝叶斯分类器。"朴素"这个词来源于输入变量之间强烈、有些不切实际的独立性假设。简单地说，一个朴素贝叶斯分类器假设输入变量不相互依赖，并且预测组合中某个特定变量存在与否与任何其他变量存在与否没有任何关系。

在有监督的机器学习环境中，朴素贝叶斯分类模型可以非常高效地（相当快速地、非常精确地）和有效地（相当精确地）开发。也就是说，通过使用一组训练数据（不一定非常大），可以通过最大似然法获得朴素贝叶斯分类模型的参数。换言之，由于独立性假设，我们可以在不严格遵守贝叶斯定理的所有规则和要求的情况下，建立朴素贝叶斯模型。首先让我们回顾一下贝叶斯定理。

## 5.7.1 贝叶斯定理

要理解朴素贝叶斯分类方法，需要理解贝叶斯定理的基本定义和精确贝叶斯分类方法（没有强烈的"朴素"独立性假设的方法）。贝叶斯定理（也称为贝叶斯规则）是以英国数学家 Thomas Bayes（1701—1761）的名字命名的，是一个确定条件概率的数学公式。在这个公式中，$Y$ 表示假设，$X$ 表示数据 / 证据。这个广受欢迎的定理 / 规则提供了一种利用额外证据修正 / 提高预测概率的方法。

下面的公式显示了两个事件 $Y$ 和 $X$ 的概率之间的关系。$P(Y)$ 是 $Y$ 的先验概率。"先验"是指不考虑关于 $X$ 的任何信息。$P(Y|X)$ 是给定 $X$，$Y$ 的条件概率。它也被称为后验概率，因为它是由 $X$ 的指定值导出的。$P(X/Y)$ 是给定 $Y$，$X$ 的条件概率。它也被称为似然。$P(X)$ 是 $X$ 的先验概率，也称为证据，作为归一化常数。

$$P(Y \mid X) = \frac{P(X \mid Y)P(Y)}{P(X)} \rightarrow 后验概率 = \frac{似然 \times 先验概率}{证据}$$

$P(Y|X)$：给定 $X$，$Y$ 的后验概率

$P(X|Y)$：给定 $Y$，$X$ 的条件概率（似然）

$P(Y)$：$Y$ 的先验概率

$P(X)$：$X$ 的先验概率（证据，或 $X$ 的无条件概率）

为了从数值上说明这些公式，让我们看一个简单的例子。根据天气预报，我们知道周六有 40% 的可能性下雨。从历史数据来看，我们也知道，如果周六下雨，周日下雨的可能性是 10%；如果周六不下雨，周日下雨的可能性是 80%。令"周日下雨"是事件 $Y$，"周六下雨"是事件 $X$。根据描述，我们可以写出：

$P(X)$ = "周六下雨"的概率 =0.40

$P(Y|X)$ = "如果周六下雨，周日下雨"的概率 =0.10

$P(Y)$ = "周日下雨"的概率 = "周六下雨，周日下雨"和"周六不下雨，周日下雨"的概率之和 =0.40×0.10+0.60×0.80=0.52

如果给定周日下雨，计算"周六下雨"的概率，我们将使用贝叶斯定理。给定一个后期事件的结果，它将允许我们计算一个早期事件的概率。

$$P(X \mid Y) = \frac{P(Y \mid X)P(X)}{P(Y)} = \frac{0.10 \times 0.40}{0.52} = 0.0769$$

因此，在本例中，如果周日下雨，那么周六下雨的可能性为 7.69%。

### 5.7.2 朴素贝叶斯分类器

贝叶斯分类器使用贝叶斯定理，不需要简化强独立性假设。在一个分类预测问题中，贝叶斯分类器的工作原理如下：给定一个新的样本进行分类，它会寻找与之完全相同的所有其他样本（即，所有预测变量的值都与被分类的样本相同），确定它们都属于的类标签，并将新样本分类为最具代表性的类。如果没有一个样本具有与新类完全匹配的值，则分类器将无法将新样本分配到类标签中（因为分类器找不到任何有力的证据）。这里有一个非常简单的例子。使用贝叶斯分类器，我们将决定在以下情况下是否打高尔夫球（是或否）（天气晴朗，炎热，湿度高，没有风）。表 5.4 显示了历史样本，将用于说明分类过程的细节。

表 5.4　分类预测方法的样本数据集

| 样本编号 | 输入变量（X） | | | | 输出变量（Y） |
|---|---|---|---|---|---|
| | 天气 | 温度 | 湿度 | 有风 | 打高尔夫球 |
| 1 | 晴朗 | 炎热 | 高 | 否 | 否 |
| 2 | 阴天 | 炎热 | 高 | 否 | 是 |
| 3 | 下雨 | 凉爽 | 正常 | 否 | 是 |
| 4 | 下雨 | 凉爽 | 正常 | 是 | 否 |
| 5 | 阴天 | 凉爽 | 正常 | 是 | 否 |
| 6 | 晴朗 | 炎热 | 高 | 否 | 否 |
| 7 | 晴朗 | 炎热 | 高 | 否 | 是 |
| 8 | 下雨 | 温和 | 正常 | 否 | 是 |
| 9 | 晴朗 | 温和 | 正常 | 是 | 是 |

根据历史数据，有三个样本似乎符合情况（表 5.4 中的样本 1、6 和 7）。这三个样本中，两个样本的类别标签为"否"，一个样本的类别标签为"是"。因为大多数匹配的样本显示"否"，所以新样本/情况将被归类为"否"。

现在让我们考虑这样一种情况：天气晴朗，炎热，湿度高，有风。由于没有与此值集匹配的样本，因此贝叶斯分类器将不会返回结果。要找到精确的匹配结果，需要一个非常大的数据集。即使对于大数据集，随着预测变量数量的增加，找不到精确匹配结果的可能性也显著增加。当数据集和预测变量的数量变大时，搜索精确匹配结果所需的时间也将变长。所有这些都是朴素贝叶斯分类器（贝叶斯分类器的衍生物）经常用于预测性分析和数据挖掘实践的原因。在朴素贝叶斯分类器中，不再有精确的匹配要求。朴素贝叶斯分类器将每个预测变量视为对输出变量预测的独立贡献者，因此显著提高了其作为分类预测工具的实用性。

### 5.7.3 朴素贝叶斯分类器的开发过程

与其他机器学习方法类似，朴素贝叶斯采用两阶段模型开发和评分/部署过程：（1）对

模型 / 参数进行估计的训练阶段和（2）对新样本进行分类 / 预测的测试阶段。

### 训练阶段

步骤 1　获取数据，清理数据，以平面文件格式保存（即，变量作为列，样本作为行）。

步骤 2　确保变量是标称变量，如果不是（即变量中的任何一个是数值 / 连续变量），则数值变量需要进行数据转换（即通过离散化（如装箱法）将数值变量转换为标称变量）。

步骤 3　计算因变量的所有类标签的先验概率。

步骤 4　计算所有预测变量的似然及其相对于因变量的可能值。在混合变量类型（分类和连续）的情况下，使用适用于特定变量类型的适当方法估计每个变量的似然（条件概率）。标称和数值预测变量的似然计算如下：

❑ 对于分类变量，似然（条件概率）估计为变量值相对于因变量的训练样本的简单分数。

❑ 对于数值变量，首先计算每个因变量值（即类）的每个预测变量的均值和方差，然后使用以下公式计算似然：

$$P(x = v \mid c) = \frac{1}{\sqrt{2\pi\sigma_c^2}} e^{-\frac{(v-\mu_c)^2}{2\sigma_c^2}}$$

通常，连续 / 数值独立 / 输入变量被离散化（使用适当的装箱法），然后使用分类变量估计方法计算条件概率（似然参数）。如果使用得当，这种方法往往会产生更好的朴素贝叶斯预测模型。

### 测试阶段

在训练阶段，利用步骤 3 和步骤 4 中生成的两组参数，可以使用以下公式将任何新样本放入类标签中：

$$后验概率 = \frac{先验概率 \times 似然}{证据}$$

$$P(C \mid F_1, \cdots, F_n) = \frac{P(C)P(F_1, \cdots, F_n \mid C)}{P(F_1, \cdots, F_n)}$$

因为分母是常数（对于所有类标签都是一样的），我们可以从公式中删除它，从而得到以下更简单的公式，它本质上就是联合概率。

$$分类(f_1, \cdots, f_n) = \arg\max_C \; p(C = c) \prod_{i=1}^{n} p(F_i = f_i \mid C = c)$$

下面通过一个简单的例子来说明这些计算过程。我们使用与表 5.4 中相同的数据。我们的目标是确定：在天气晴朗、炎热、湿度高、没有风的情况下，因变量（Play）的类是什么？

从数据中，我们可以观察到先验概率（是）=5/9 和先验概率（否）=4/9。

对于天气变量，似然是似然（否 / 晴朗 =2/3；似然（否 / 阴天）=1/2；似然（否 / 下雨）=1/3。其他变量（温度、湿度和有风）的似然值可以提前确定 / 计算。同样，我们试图分类的情况是：天气晴朗，炎热，湿度高，没有风，结果如表 5.5 所示。

表 5.5　朴素贝叶斯分类计算

|  |  |  | 比率 | | 分数 | |
|---|---|---|---|---|---|---|
|  |  |  | Play= 是 | Play= 否 | Play= 是 | Play= 否 |
| 似然 | 天气 = | 晴朗 | 1/3 | 2/3 | 0.33 | 0.67 |
|  | 温度 = | 炎热 | 2/4 | 2/4 | 0.50 | 0.50 |
|  | 湿度 = | 高 | 2/4 | 2/4 | 0.50 | 0.50 |
|  | 有风 = | 否 | 4/6 | 2/6 | 0.67 | 0.33 |
|  | 先验概率 |  | 5/9 | 4/9 | 0.56 | 0.44 |
|  | 乘积（全部）[①] |  |  |  | 0.031 | 0.025 |
|  | 除以证据[②] |  |  |  | 0.070 | 0.056 |

① 不包括用于计算的分母 / 证据；因此，它是部分计算结果。

② 包括分母 / 证据。因为所有类标签的证据都是相同的（即是和否），所以在分类结果中没有区别，这两个度量都将类别标签指示为是。

根据表 5.5 所示的结果，答案是 Play= 是，因为它根据联合概率（不包含分母的简化计算）产生了更大的值 0.031（相比之下，"否"为 0.025）。如果我们对两个类标签使用完全后验公式，这要求在计算中包含分母，则我们观察到"是"为 0.07，"否"为 0.056。因为分母对所有类标签都是相同的，所以它将更改数值输出，而不是类赋值。

尽管朴素贝叶斯在预测性分析项目中并不是很常用（因为它在各种应用领域的预测性能相对较差），但它的一个扩展，即贝叶斯网络（见下一节）在分析领域中正以惊人的速度流行。

应用案例 5.5 提供了一个有趣的例子，许多预测性分析技术被用来确定克罗恩病患者的病情变化，以便更好地管理这种慢性病患者。研究人员开发、测试和比较了几种统计和机器学习方法（包括朴素贝叶斯），然后使用表现最佳的模型来解释用于预测疾病进展的所有自变量的重要性（即相对贡献）排名。

---

**应用案例 5.5　克罗恩病患者疾病进展预测：分析方法的比较**

**介绍和动机**

根据克罗恩病和结肠炎基金会（crohnscolitisfoundation.org），炎症性肠病（IBD），包括克罗恩病和溃疡性结肠炎（UC），影响了 160 万美国人。克罗恩病会引起慢性炎症并损害胃肠道，它可以影响胃肠道的任何部位。该病病因尚不完全清楚，但一些研究表明，可能是由基因、免疫系统和环境等多种因素综合作用造成的。能够检测疾病进展或早期发病的系统有助于优化医疗资源的利用，并能产生更好的预后。本案例研究的目的是使用电子病历（EMR）来预测和解释克罗恩病患者的炎症。

**方法**

这项研究使用的数据来自美国最大的电子病历数据库之一，Cerner Health Facts

EMR。它包含与患者、医疗环境、成本、报销类型以及来自美国多家医疗保健提供商和医院的处方订购数据相关的丰富多样的信息。EMR 数据库中存储的数据由患者访问医院、紧急护理中心、专科诊所、综合诊所和疗养院时捕获的患者级数据组成，包含带时间戳的患者级别的无标识的纵向数据。数据库以数据表的形式组织，如表 5.6 所示。

表 5.6　从 EMR 数据库中提取的表的元数据

| 数据集（表） | 说　明 |
|---|---|
| 遭遇 | 包括人口统计、账单、医疗设置、付款人类型等 |
| 药物治疗 | 医疗保健提供者发送的医嘱 |
| 实验室 | 包括血液化学、血液学和尿液分析 |
| 临床事件 | 包括各种指标的信息，包括体重指数、吸烟状态、疼痛评分等 |
| 程序 | 对患者实施的临床程序 |

研究方法的高级流程如图 5.12 所示。虽然流程图没有提供每个步骤的详细信息，但它给出了当前使用 EMR 数据进行的预测建模研究中执行的步骤序列的高级视图。图中所示的三种模型类型是根据其相对其他机器学习方法（如朴素贝叶斯、最近邻和神经网络）的性能高低来选择的。Reddy、Delen 和 Agrawal（2018）在论文中解释了数据平衡和数据标准化的详细步骤。

**结果**

预测结果是使用测试集产生的，使用重复 10 次的 10 折交叉验证方法运行。每个模型的性能都是通过度量 AUC 来评估的，AUC 优于预测准确度，因为生成 AUC 的 ROC 曲线比较了整个类分布范围内的分类器性能和错误成本。因此，AUC 作为机器学习应用的性能指标被广泛接受。对于三种最终模型类型（逻辑回归、正则回归和梯度提升机（GBM）），生成了 10 折交叉验证的平均 AUC（如表 5.7 所示）。

表 5.7　三种模型每次重复运行的 AUC

| 重复运行 | 逻辑回归 | 正则回归 | 梯度提升（GBM） |
|---|---|---|---|
| 1 | 0.7929 | 0.8267 | 0.9393 |
| 2 | 0.7878 | 0.8078 | 0.9262 |
| 3 | 0.8080 | 0.8145 | 0.9369 |
| 4 | 0.8461 | 0.8487 | 0.9124 |
| 5 | 0.8243 | 0.8281 | 0.9414 |
| 6 | 0.7681 | 0.8543 | 0.8878 |
| 7 | 0.8167 | 0.8154 | 0.9356 |
| 8 | 0.8174 | 0.8176 | 0.9330 |
| 9 | 0.8452 | 0.8281 | 0.9467 |
| 10 | 0.8050 | 0.8294 | 0.9230 |
| 平均 AUC | 0.8131 | 0.8271 | 0.9282 |
| 中位 AUC | 0.8167 | 0.8274 | 0.9343 |

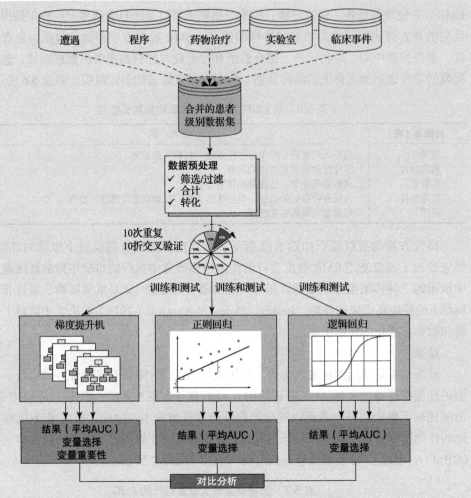

图 5.12 数据挖掘研究涉及的高级步骤的流程图

在为 100 个模型生成 AUC 后，研究人员进行了事后方差分析（ANOVA）测试，并对多个比较测试应用 Tukey 诚实显著性差异（HSD）测试，以比较基于 AUC 的分类器方法与其他方法的性能。结果表明，正则回归和逻辑回归的平均 AUC 没有显著差异。然而，正则回归和逻辑回归的 AUC 与 GBM 模型显著不同，如表 5.8 所示。

表 5.8　用图基检验进行多重比较的方差分析

| 图基分组 | 平均 AUC | 观察次数 | 模型类型 |
| --- | --- | --- | --- |
| A | 0.928 | 100 | GBM |
| B | 0.827 | 100 | 正则回归 |
| B | 0.812 | 100 | 逻辑回归 |

注：同一个字母的平均值没有显著差异。

在本研究中，自变量的相对重要性是通过将给定预测因子上的分裂加上基尼指数的总减少量来计算的，在 GBM 调整参数中指定的所有树（1000 棵）上平均。基尼指数的平均下降被标准化为一个 0～100 的量表，其中较高的数字表示更强的预测因子。可变重要性结果如图 5.13 所示。

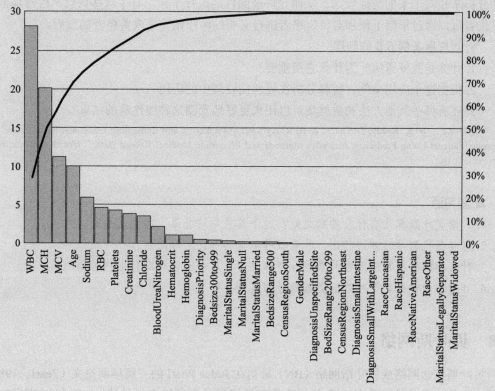

图 5.13　GBM 模型的相对变量重要性

在本研究中，通过将给定预测值上的平均值与 GBM 调整参数中指定的所有树（1000 棵）上的分裂相加，计算基尼指数的总减少量，从而计算出相对重要性。基尼的平均降幅被标准化为 0～100。数值越大，预测器越强。图 5.13 中的模型结果表明，驱动预测的不是一个单一的预测因子，而是预测因子的组合：克罗恩病的诊断部位，如小肠和大肠；基线检查时的实验室参数，如白细胞（WBC）计数；平均红细胞血红蛋白（MCH）；平均红细胞体积；钠；红细胞（RBC）；血小板计数分布；肌酐；红细胞比容；血红蛋白。这些是最强的预测因子。年龄是最能预测炎症严重程度加倍的人口统计学指标之一。其他健康照护环境变量以及遭遇相关的变量，如病床大小、诊断优先次序、地区、是否在美国南部、预测炎症程度是否翻倍等，也有一定的预测能力。大多数克罗恩病的研究者确定了疾病的位置、诊断年龄、吸烟状况、生物标记物和肿瘤坏死因子

（TNF）水平，以预测治疗的反应，这些变量也能预测炎症严重程度。逻辑回归和正则回归不能产生相似的相对变量重要度图。然而，比值比和标准化系数被用来确定炎症严重程度的更强的预测因子。

这项研究表明，疾病可以通过使用决策支持工具来实时管理，这些工具依赖于先进的分析来预测未来的炎症状态，从而允许前瞻性的医疗干预。有了这些信息，医疗保健提供者可以通过早期干预和对特定患者进行必要的治疗调整来改善患者的预后。

**针对应用案例 5.5 的问题**

1. 什么是克罗恩病？为什么它很重要？
2. 根据这个应用案例，解释分析在慢性病管理中的应用。
3. 还有哪些其他方法和数据集可以用来更好地预测这种慢性病的结果？

资料来源：B. K. Reddy, D. Delen, & R. K. Agrawal, "Predicting and Explaining Inflammation in Crohn's Disease Patients Using Predictive Analytics Methods and Electronic Medical Record Data," *Health Informatics Journal*, 2018.

---

▶ **复习题**

1. 朴素贝叶斯算法有什么特别之处？这个算法中"朴素"的意思是什么？
2. 与其他机器学习方法相比，朴素贝叶斯有哪些优点和缺点？
3. 什么样的数据可以用在朴素贝叶斯算法中？从中可以得到什么样的预测？
4. 开发和测试朴素贝叶斯分类器的过程是什么？

## 5.8　贝叶斯网络

贝叶斯信念网络或贝叶斯网络（BN）最初在 Judea Pearl 的一篇早期论文（Pearl，1985）中被定义为"支持快速收敛到全局一致均衡的证据的自激活多向传播"。后来，鉴于 Pearl 在这方面的持续工作，他赢得了著名的 ACM 的 A.M。他还因为在人工智能领域和 BN 发展方面的贡献获得了图灵奖。凭借这一成功，BN 获得了前所未有的公众认可，成为人工智能、预测性分析和数据科学领域的一个新范式。

贝叶斯网络是一个强大的工具，用于以图形化、显式和直观的方式表示依赖关系结构。它反映了多元模型的各种状态及其概率关系。理论上，任何系统都可以用贝叶斯网络建模。在一个给定的模型中，一些状态会在某些状态存在的情况下更频繁地出现。例如，如果一个新生没有在明年秋季注册（一个假定的新生辍学案例），那么该学生获得经济资助的机会就会更低，这表明了这两个变量之间的关系。这就是条件概率（贝叶斯网络的基础理论）用来分析和描述的情况。

贝叶斯网络之所以在概率图模型中流行，是因为它能够捕捉复杂、非线性和部分不确定的情况和相互作用并进行推理（Koller 和 Friedman，2009）。虽然基于概率的可靠理论特性使得贝叶斯网络对学术研究，特别是因果关系的研究具有吸引力，但它们在数据科学和业务分析领域的应用相对较新。例如，研究人员最近在这些领域开发了数据分析驱动的贝叶斯网络模型，包括预测和理解肾移植存活率（Topuz 等，2018）、预测铁路行业由天气问题导致的故障（Wang 等，2017）、预测食品欺诈类型（Bouzembrak 等，2016）以及疾病检测（Meyfroidt 等，2009）。

本质上，贝叶斯网络模型是一个有向无环图，其节点对应于变量，弧表示变量与其可能值之间的条件依赖关系（Pearl，2009）。下面是一个简单的示例（有关该示例的详细信息，请参见应用案例 3.2），目的是使用学生的一些数据 / 信息（如申报的大学类型和是否接受了经济资助，两者都可以使用历史数据进行概率化）来预测一个新生是否会留校或退学（以图表形式呈现）。人们可能会认为，在三个变量之间存在因果关系，大学类型和经济资助与学生是否在第二个秋季学期中返回有关，并且有理由认为一些大学历史上有更多的财政支持（假定的因果关系见图 5.14）。

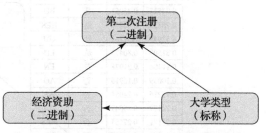

图 5.14　学生留校率部分因果关系的简单说明

贝叶斯网络图中的链接方向对应于任意两个变量之间的概率或条件依赖关系。使用历史数据计算实际条件概率将有助于使用两个变量"经济资助"和"大学类型"预测和理解学生留校率（第二次注册）。这样的网络可用于回答以下问题：

- ❏ 大学类型是"工程"吗？
- ❏ 学生明年秋天注册的机会有多大？
- ❏ 经济资助将如何影响结果？

## 5.8.1　贝叶斯网络是如何工作的

利用历史数据建立诸如复杂现实世界情况 / 问题的概率模型有助于预测当其他事情发生时可能发生的事情。本质上，贝叶斯网络通常使用一种称为联合分布的概率结构来表示变量（输入变量和输出变量）之间的相互关系。联合分布可以表示为由给定模型中所有可能的状态组合（变量值）组成的表。对于复杂模型，这样的表很容易变大，因为它为每个状态组合存储一个概率值。为了缓解这种情况，贝叶斯网络没有将模型中的所有节点相互连接；相反，它只连接可能通过某种条件或逻辑依赖关系相关的节点，从而显著节省了计算量。

自然复概率分布可以用贝叶斯网络的条件独立公式以相对紧凑的方式表示。令 $x_i$ 表示变量，$Pa_{x_i}$ 表示该变量的父项，贝叶斯网络链规则可以表示如下（Koller 和 Friedman，2009）：

$$P(x_1, \cdots, x_n) = \prod_{i=1}^{n} P(x_i \mid Pa_{x_i})$$

让我们来看一个例子，为学生保留率预测问题构建一个简单的网络。请记住，我们的问题是通过使用学生记录中的一些数据 / 信息（即申报的大学类型和是否获得了第一学期的经济资助）来预测一年级学生是否会在第二个秋季学期留校或退学。图 5.15 所示的贝叶斯网络图形模型显示了所有三个节点之间的关系和条件概率。

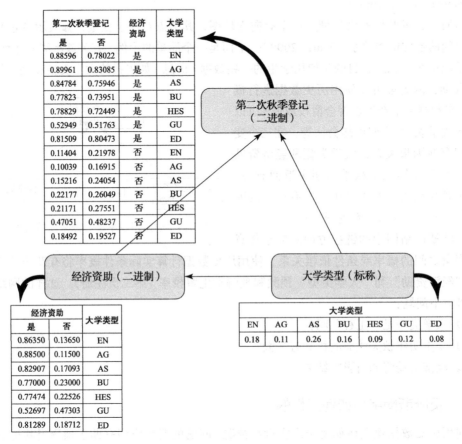

图 5.15 两个预测变量和一个目标变量的条件概率表

## 5.8.2 如何构建贝叶斯网络

有两种常用的网络构建方法：在领域专家的帮助下手动构建网络；使用先进的数学方法从历史数据中学习网络的结构，进行分析。（即使是一个中等规模的网络）手动构建网络也需要一个熟练的、知识渊博的工程师花几个小时与领域专家一起工作才能完成。随着网络规模的扩大，工程师和领域专家花费的时间呈指数级增长。在某些情况下，很难为特定领域找到知识渊博的专家。即使存在这样的领域专家，他也可能没有时间投入到模型构建工作中，并且可能对知识不够明确和清晰（即，解释隐性知识总是一项艰巨的任务），以至于无法作为知识的来源。因此，以往的研究大多开发并提供了各种技术，用来从数据中自动学习网络的结构。

从数据中自动学习网络结构的早期方法之一是朴素贝叶斯方法。朴素贝叶斯分类方法是一个简单的概率模型，它假设所有预测变量和给定的类/目标变量之间的条件独立性，以学习结构。该分类算法基于贝叶斯规则，即对每个给定的属性变量计算类/目标值的概率，然后为结构选择最高的预测值。

最近流行的一种学习网络结构的方法叫作树增强朴素（TAN）贝叶斯。TAN 方法是使用树形结构来近似预测变量和目标变量之间的相互作用的朴素贝叶斯分类器的更新版本（Friedman 等，1997）。在 TAN 模型结构中，类变量没有父变量，每个预测变量都将类变量作为其父变量，同时至多有一个其他预测变量（即属性），如图 5.16 所示。因此，两个变量之间的弧表示它们之间的方向和因果关系。变量 $x_i$ 的父变量可以表示为：

$$Pa_{x_i} = \{C, x_{\delta(i)}\}$$

其中树是关于 $\delta(i)$（$\delta(i)>0$）的函数，$Pa_{x_i}$ 是每个 $x_i$ 的父变量集。类变量（$C$）没有父级，即 $Pa_C=\emptyset$。从经验和理论上证明，TAN 比朴素贝叶斯性能更好，并且由于不需要搜索过程而保持了计算的简单性（Friedman 等，1997）。

构造 TAN 的过程使用了 Chow 和 Liu 的树贝叶斯概念。在图中找到最大加权生成树是一个优化问题，其目的是使 $\delta(i)$ 的对数似然最大化（Chow 和 Liu，1968）。TAN 的实施步骤可描述如下（Friedman 等，1997）：

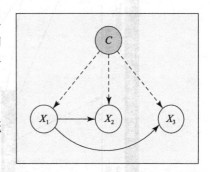

图 5.16　树增强朴素贝叶斯网络结构

**第一步**　计算每个 $(i,j)$ 对的条件互信息函数：

$$I_P(x_i : x_j \mid C) = \sum_{x_i, x_j, C} P(x_i, x_j, C) \log \frac{P(x_i, x_j \mid C)}{P(x_i \mid C)P(x_j \mid C)},\ i \neq j$$

此函数指示已知类变量时提供的信息量。

**第二步**　建立一个完整的无向图，并利用条件互信息函数来注释连接 $x_i$ 和 $x_j$ 的边的权重。

**第三步**　建立一个最大加权生成树。

**第四步**　通过选择根变量并将所有边的方向设置为从根变量向外，将无向图转换为有向图。

**第五步**　通过添加由 $C$ 标记的顶点和从 $C$ 到每个 $x_i$ 的弧来构造一个 TAN 模型。

BN 的一个突出特点是适应性强。在建立 BN 的同时，人们可以在有限的知识范围内，以最小的规模启动网络，然后随着新信息的出现而扩展网络。在这种情况下，数据集中缺少值可能不是一个主要问题，因为它可以使用数据/值/知识的可用部分来创建概率。图 5.17 显示了一个完全开发的、数据驱动的学生保留项目 BN 示例。

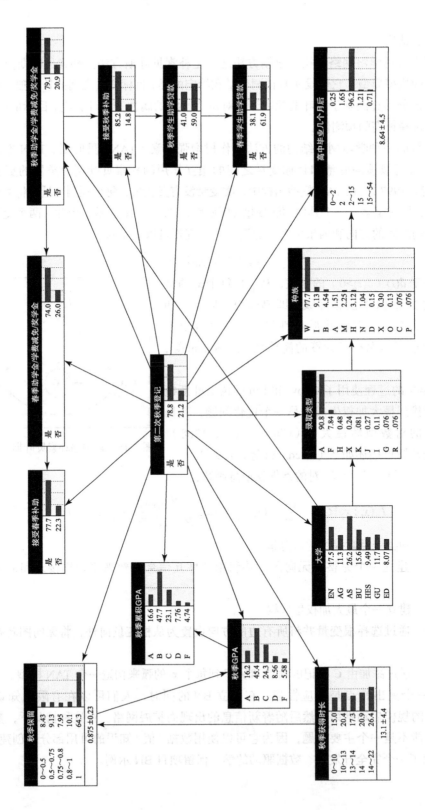

图 5.17 预测新生流失的贝叶斯信念网络

从适用性的角度来看，这样一个完全构建的 BN 对从业者（即教育机构的管理者）非常有用，因为它提供了所有关系的整体视图，并提供了使用各种"假设"分析探索详细信息的方法。事实上，利用这个网络模型，可以通过系统地选择和改变学生价值域内预测变量的值（评估学生辍学风险随给定预测变量（如秋季平均成绩）的值变化的程度）计算出学生特定的流失风险概率，也就是学生退学的可能性或后验概率。

在解释图 5.17 所示的 BN 模型时，应考虑弧、弧上箭头的方向、直接交互作用和间接关系。例如，秋季助学金 / 学费减免 / 奖学金类别和链接到秋季助学金 / 学费减免 / 奖学金的所有节点都与学生流失（即第二次秋季登记）相关。此外，虽然秋季助学金 / 学费减免 / 奖学金直接与大学和春季助学金 / 学费减免 / 奖学金交互，但它也通过学院间接与录取类型交互。根据 BN 模型，最具互动性的预测因素之一是学生的注册学时（即秋季保留），它有助于预测学生的秋季 GPA 和学生流失的影响。因此，如果学生的秋季保留小于 0.8，那么大学类型对学生流失有影响。但是，如果学生的秋季保留是 1.0，那么大学类型并不会显著地影响学生的流失。

作为假设情景的集合视图，图 5.18 总结了每个预测因子的最积极和最消极的水平及其后验概率。例如，秋季 GPA 获得 A 可以将学生流失的后验概率降低到 7.3%；反之，如果基线为 21.2%，则获得 F 可以将学生流失的概率增加到 87.8%。

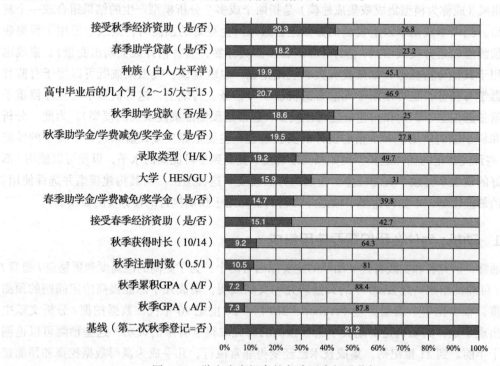

图 5.18　学生流失概率的危险因素假设分析

有些人对使用 BN 表示怀疑，因为他们认为，如果构造 BN 的概率不准确，BN 就不能很好地工作。然而，事实证明，在大多数情况下，由数据驱动的近似概率甚至由领域专家猜测的主观概率提供了相当好的结果。BN 对不完整和不准确和不完善的知识表现出相当强的鲁棒性。通常情况下，结合几条不完善的知识，BN 可以得出出人意料的好的预测和结论。研究表明，人们更善于"向前"估计概率。例如，管理者非常擅长提供"如果学生退学了，那么他的大学类型是艺术与科学的可能性有多大"而不是"如果学生进入艺术与科学学院，这个学生明年秋天不注册的可能性有多大"。

> ➤ **复习题**
>
> 1. 什么是贝叶斯网络？它们有什么特别之处？
> 2. 朴素贝叶斯网络与贝叶斯网络有什么关系？
> 3. 开发贝叶斯网络模型的过程是什么？
> 4. 与其他机器学习方法相比，贝叶斯网络有哪些优点和缺点？
> 5. 什么是树增强朴素（TAN）贝叶斯？它与贝叶斯网络有什么关系？

## 5.9 集成建模

集成（或称为模型集成或集成建模）是指两个或多个分析模型产生的结果组合成一个复合输出。当两个或两个以上模型的分数组合起来产生更好的预测时，集成主要用于预测建模。预测可以是分类或回归 / 估计（即前者预测类标签，后者估计数值输出变量）。集成也可以用于其他分析任务，如聚类和关联规则挖掘。也就是说，模型集成既可以用于有监督的机器学习任务，也可以用于无监督的机器学习任务。传统上，这些机器学习程序侧重于从大量备选模型中识别和构建最佳可能模型（通常是预测准确度最高的模型）。为此，分析人员和科学家们使用了一个精心设计的实验过程，主要依靠反复试验来将每个模型的性能（由一些预先确定的指标定义，例如预测准确度）提高到尽可能高的水平，以便可以使用 / 部署最好的模型来完成手头的任务。集成的方法改变了这种想法。与其构建模型并选择使用 / 部署的最佳模型，不如构建多个模型并将它们全部用于预期执行的任务（例如预测）。

### 5.9.1 动机：为什么我们需要使用集成

通常，研究者和实践者建立团队的主要原因有两个：为了更高的准确度和更稳定 / 稳健 / 一致 / 可靠的结果。过去 20 年的大量研究和文献表明，集成几乎总能提高给定问题的预测准确度，很少比单一模型更差（Abbott，2014）。20 世纪 90 年代，数据挖掘 / 分析文献中开始出现集成，其动机是早期关于组合预测的研究取得了有限的成功，这些预测可以追溯到几十年前。到 21 世纪初，集成技术已经变得非常流行，几乎成为赢得数据挖掘和预测建模竞赛的关键。集成竞赛最受欢迎的奖项之一也许是著名的 Netflix 奖，这是一个公开的竞赛，它邀请研究人员和从业人员根据历史收视率预测电影的用户收视率。竞赛奖金是 100

万美元，颁发给可以将现有的 Netflix 内部预测算法的 RMSE 最大限度地减少（但不低于
10% 的团队。获胜者、亚军以及几乎所有排名榜首的团队在提交的方法中都使用了模型集
成。因此，获奖方法是一个包含数百个预测模型的集成的结果。

当谈到合理使用集成时，Vorhies（2016）认为，如果你想赢得预测性分析竞赛（如
Kaggle）或至少在排行榜上获得一个受人尊敬的位置，你需要拥抱并明智地使用模型集成。
Kaggle 已经成为数据科学家展示才华的首要平台。据 Vorhies 说，Kaggle 竞赛就像数据科
学领域的一级方程式赛车。获胜者在小数点后四位击败了竞争对手，而且，像一级方程式
赛车一样，没有多少人会把他们误认为日常驾驶者。虽然大量的投入时间和极端技术的使
用并不总是适合一个普通的数据科学生产项目，但这些改进的先进功能可以进入日常生活
和分析专业人员的实践。除 Kaggle 竞赛外，国际计算机学会（ACM）的知识发现和数据挖
掘特别兴趣小组（SIGKDD）和亚太知识发现和数据挖掘会议（PAKDD）等组织定期组织竞
赛以供数据科学家证明他们的能力。一些受欢迎的分析公司（如 SAS Institute 和 Teradata
Corporation）为世界各地大学的研究生和本科生组织了类似的竞赛（并向他们提供各种奖
励），通常与大学的定期分析会议合作。

不仅仅是准确度使模型集成如此受欢迎，集成还可以提高模型的鲁棒性、稳定性，从
而提高可靠性。在集成模型中，通过（某种形式的平均）将多个模型组合成单个预测结果，
降低了得出偏离目标的预测的可能性。图 5.19 显示了分类预测问题的模型集成的图形说明，
大多数集成建模方法遵循这一通用过程。从左到右，图 5.19 说明了数据采集和数据准备的
一般任务，随后是交叉验证、模型构建和测试，最后是集成 / 组合单个模型结果和评估结果
预测。

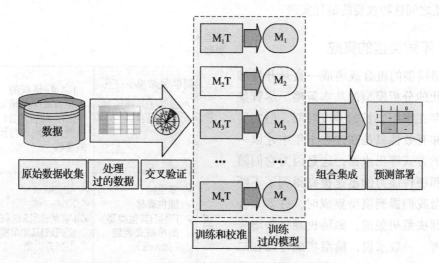

图 5.19　用于预测建模的模型集合的图形描述

另一种看待集成的方法是从"集体智慧"或"众包"的角度出发。在 *The Wisdom of*

*Crowds*（Surowiecki，2005）一书中，作者提出，如果不依赖单个专家，而是将（通过一个称为众包的过程获得的）许多（甚至事先不知道的）意见综合成一个优于最好专家的意见的决定，就可以做出更好的决策。Surowiecki 描述了四个必要的特征，使群体意见发挥良好的作用，而不是退化为"群体疯狂"所证明的糟糕决策：意见的多样性、独立性、分散性和聚集性。前三个特征与个人决策的方式有关，他们必须拥有不同于团队中其他人的信息，并且不受团队中其他人的影响。最后一个特征仅仅说明了决策必须结合起来。这四个原则 / 特征似乎为建立更好的模型集成奠定了基础。每个预测模型在最终决策中都有发言权。如果所有预测都高度相关，或者换言之，模型几乎一致，那么将它们结合起来就没有可预见的优势——可以通过预测值本身的相关性来衡量意见的多样性。分散性特征可以通过重新采样数据或案例权重来实现：每个模型使用来自公共数据集的不同记录，或者至少使用具有不同于其他模型的权重的记录（Abbott，2014）。

　　在统计学和预测建模中，与模型集成高度相关的一个流行概念是偏差 - 方差权衡。因此，在深入研究不同类型的模型集成之前，有必要回顾和理解双变量权衡原则（因为它适用于统计或机器学习领域）。在预测性分析中，偏差是指误差，方差是指应用于其他数据集的模型的预测准确度的一致性（或缺乏一致性）。最好的模型应该具有低偏差（低误差、高准确度）和低方差（从数据集到数据集的准确度一致性）。然而，在建立预测模型时，这两个指标之间总是存在一种权衡，改进一个会导致另一个恶化。你可以在训练数据上实现低偏差，但模型可能会在验证数据上出现高方差，因为模型可能已经过度训练 / 过拟合。例如，$k=1$ 的 kNN 算法是低偏差模型（在训练数据集上是完美的）的一个例子，但在测试 / 验证数据集上易受高方差的影响。在预测建模中，使用交叉验证和适当的模型集成似乎是处理偏差和方差之间这种权衡的最佳实践。

## 5.9.2　不同类型的集成

　　预测模型的组合或集成一直是开发准确和健壮的分析模型的基本策略。尽管集成已经存在了相当长的一段时间，但它们的流行和有效性只是在过去十年中才以一种显著的方式浮出水面，这是因为它们随着软件和硬件能力的迅速提高得到了不断改进。当我们提到模型集成时，许多人会立即想到决策树集成，如随机森林和增强树；然而，一般来说，模型集成可以在二维上分为四组，如图 5.20 所示。第一个维度是方法类型（图 5.20 中的 *x* 轴），其中集成可以被分组为装袋或提升类型。第二

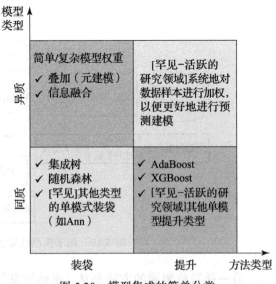

图 5.20　模型集成的简单分类

个维度是模型类型（图 5.20 中的 $y$ 轴），其中集合可以被分组为同质或异质类型（Abbott，2014）。

顾名思义，同质类型集成将两个或多个相同类型的模型（如决策树）的结果组合在一起。事实上，绝大多数同质模型集成都是使用决策树结构的组合开发的。使用决策树的两种最常见的同质类型集成是装袋和提升（关于这些集成的更多信息在后面的小节中给出）。异质模型集成结合了两种或多种不同模型的结果，如决策树、人工神经网络、逻辑回归、支持向量机等。正如在"群体智慧"一文中提到的，集成建模的一个关键成功因素是使用本质上不同的模型，即从不同的角度看待数据的模型。根据结合不同模型类型的结果的方式，异质模型集成也被称为信息融合模型（Delen & Sharda，2010）或堆叠（更多信息在后面给出）。

## 5.9.3　装袋

装袋（bagging）是最简单和最常见的集成方法。Leo Breiman 是统计和分析领域备受尊敬的学者，他于 1996 年在加州大学伯克利分校首次发表了一篇关于装袋（即引导聚集）（boostrap aggregating）算法的论文（Breiman，1996）。装袋背后的思想非常简单但很强大：从重新采样的数据构建多个决策树，并通过平均或投票来组合预测值。Breiman 使用的重采样方法是自举（bootstrap）采样（通过替换进行采样），它在训练数据中创建一些记录的副本。使用这种选择方法，约 37% 的记录根本不会包含在训练数据集中（Abbott，2014）。

尽管装袋法最初是为决策树开发的，但这种思想可以应用到任何预测建模算法中，该算法可以产生预测值变化足够大的结果。尽管在实践中很少见，但其他的预测建模算法可能是装袋类型模型集成的候选算法，包括神经网络、朴素贝叶斯、kNN（对于 $k$ 值较低的情况），甚至逻辑回归。如果 $k$ 的值已经很大，那么 kNN 不是一个很好的候选，因为算法已经投票或平均预测，并且 $k$ 的值更大，所以预测已经非常稳定，方差很低。

装袋可用于分类和回归 / 估计预测问题。在分类预测问题中，所有参与者模型的结果（分类任务）都使用简单或复杂 / 加权多数投票机制进行组合。获得最多 / 最高投票的类标签成为该样本 / 记录的聚合 / 集成预测。在回归 / 估计预测问题中，当输出 / 目标变量为一个数时，所有参与者模型的结果（数值估计）使用简单或复杂 / 加权平均机制组合。图 5.21 展示了决策树型装袋算法的图形描述。

装袋中的一个关键问题是"应该创建多少

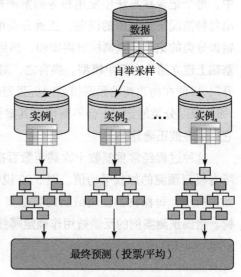

图 5.21　装袋型决策树集成

个自举实例（也称为复制）"。Brieman 说："我的感觉是，当 y[ 因变量 ] 是数值型时，需要的类更少，而随着类数的增加，需要的类更多（用于分类预测问题）。" 他通常使用 10～25 个自举复制，只有 10 个复制出现显著改进。对模型过拟合是构建良好的袋装组合的重要要求。通过对每个模型过拟合，虽然偏差很低，但决策树通常在保留数据上的准确度较差。但是装袋是一种方差减少技术，预测的平均化使预测在新数据上的表现更加稳定。

如前所述，模型预测的多样性是创建有效集成的关键因素。测量预测多样性的一种方法是检查预测值的相关性。如果模型预测之间的相关性总是非常高，超过 0.95，则每个模型都不会给集成带来额外的预测信息，因此在准确度上几乎没有提高。一般来说，相关性最好小于 0.9。相关性应根据模型倾向性或预测概率而不是 {0,1} 分类值本身来计算。装袋中的自举采样是引入模型多样性的关键。可以将自举采样方法视为为每个记录创建案例权重，有些记录多次包含在训练数据中（它们的权重为 1、2、3 或更多），而其他记录根本不包含（它们的权重等于 0）(Abbott，2014)。

### 5.9.4 提升

提升（boosting）可能是继装袋之后第二种最常见的集成方法。众所周知，Yoav Freund 和 Robert E.Schapire 在 20 世纪 90 年代初首次引入了提升算法，然后在 1996 年出版了一本著作（Freund & Schapire，1996）。他们引入了著名的提升算法，称为 AdaBoost。和装袋一样，提升背后的想法也相当直截了当。首先，建立一个相当简单的分类模型，它只需要比随机稍好一点（所以对于二元分类问题，它只需要比 50% 正确分类稍好一点）。在这第一步中，每个记录在算法中使用相等的案例权重，就像通常在构建预测模型时一样。接下来指出每种情况下预测值的误差。正确分类的记录 / 案例 / 样本的案例权重将保持不变或减少，错误分类的记录的案例权重将增加，然后在这些加权案例（即转换 / 加权 – 训练数据集）的基础上建立第二个简单模型。换言之，对于第二个模型，错误分类的记录通过案例权重"提升"，以便在构建新的预测模型时更强烈或更认真地考虑。在每次迭代中，错误预测的记录（那些难以分类的记录）会不断增加其案例权重，并与算法通信以更加关注这些记录，直到它们最终被正确分类。

这种过程经常重复数十次甚至数百次。经过几十次或几百次迭代，最终的预测是基于所有模型预测的加权平均值。图 5.22 说明了在构建决策树型集成模型时的简单提升过程。如图所示，每棵树都使用最新的数据集（大小相等，但案例权重最近增加）来构建另一棵树。错误预测案例的反馈被用作确定哪些案例以及在多大程度上（方向和大小）提升（更新权重）训练样本 / 案例的指标。

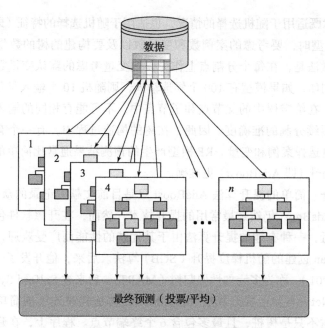

图 5.22　决策树的提升型集成

　　尽管在结构和目的上非常相似，装袋和提升使用稍微不同的策略来利用训练数据集并构建尽可能最佳的预测模型集成。装袋和提升之间的两个关键区别如下。装袋使用案例的自举样本来构建决策树，而自举使用完整的训练数据集。装袋创建独立的、简单的树来集成，而自举创建依赖树（每棵树"学习"前一棵树，以更关注错误预测的情况），这些树共同促成最终的集成。

　　提升方法设计用于弱学习器，即简单模型；提升集成中的组件模型是简单模型，尽管方差很低，但具有较高的偏差。与装袋一样，当使用不稳定预测的算法时，提升的改进效果更好。决策树最常用于提升的模型。提升也使用了朴素贝叶斯，但与单个模型相比改进较少。从经验上讲，提升通常比单个决策树甚至装袋类型的集成产生更好的模型准确度。

## 5.9.5　装袋和提升的变体

　　装袋和提升是预测性分析软件中出现的第一种集成方法，主要与决策树算法结合使用。自引入以来，已经开发并提供了许多构建集成的其他方法，特别是在开源软件中（作为开放分析平台（如 KNIME 和 Orange）的一部分，以及作为 R 和 Python 中的类库）。最流行和最成功的 [ 高级 ] 装袋和提升变体分别是随机森林和随机梯度提升。

　　**随机森林**　Breiman（2001）首次引入随机森林（RF）模型，作为对简单装袋算法的改进。与装袋一样，RF 算法从一个自举采样数据集开始，从每个自举样本构建一个决策树。然而，与简单的装袋相比，RF 算法有一个重要的转折点：在树中的每个分割处，从第一个分割开始，而不是将所有输入变量作为候选变量，只考虑变量的随机子集。因此，在 RF

中，自举采样技术既适用于随机选择的情况，也适用于随机选择的特征（即输入变量）。

在构建 RF 模型时，要考虑的案例数和变量数以及要构建的树的数量都是用来做决定的参数。通常的做法是，在每个分割点上作为候选变量考虑的默认变量数应该是候选输入总数的平方根。例如，如果模型有 100 个候选输入，则随机 10 个输入是每个分割的候选输入。这也意味着，在给定树中的父节点和子节点中，不可能有相同的输入，迫使树找到替代方法来最大化后续分割的准确度。因此，在树的构造过程中，有一个有意创建的双重多样性机制，即随机选择案例和变量。RF 模型产生的预测结果通常比简单的装袋更准确，并且通常比简单的提升（即 AdaBoost）更准确。

**随机梯度提升**　简单的提升算法 AdaBoost 只是目前文献中记录的众多提升算法之一。在商业软件中，AdaBoost 仍然是最常用的提升技术；然而，在开源软件包中可以找到几十种提升变体。最近，一种有趣的提升算法由于其优越的性能而广受欢迎，它是由斯坦福大学的 Jerry Friedman 创建的随机梯度提升（SGB）算法。后来，他开发了一个高级版本的算法（Friedman，2001），称为多元加性回归树（MART），后来被 Salford Systems 在其软件工具中命名为 TreeNet。与其他提升算法一样，MART 算法构建连续的简单树，并将它们相加。通常，简单树不只是树桩，且最多包含 6 个终端节点。程序上，在建立第一棵树之后计算误差（也称为残差）。然后，第二棵树和所有后续树使用残差作为目标变量。随后的树识别出将输入与大小错误关联起来的模式。对错误的预测不佳会导致下一棵树的预测误差较大，而对错误的预测较好会导致下一棵树的预测误差较小。通常，会建立数百棵树，而最终的预测是预测的加性组合，有趣的是，这些预测是分段常数模型，因为每棵树本身就是分段常数模型。然而，很少有人注意到单个树的复杂性，因为通常有数百棵树包含在集成中（Abbott，2014）。TreeNet 算法是随机梯度提升的一个例子，自从引入以来，它已经在多个数据挖掘建模比赛中获胜，并且已经被证明是一个精确的预测器，其优点是建模前树只需要很少的数据清理。

## 5.9.6　堆叠

堆叠（又称堆叠泛化或超级学习器）是异质集成方法的一部分。对一些分析专业人员来说，这可能是最佳的集成技术，但也是最不容易理解的（也是最难解释的）。由于它的两步模型训练过程，一些人认为它是一个过于复杂的集成建模。简单地说，堆叠创造了一个来自不同的强大学习器群的集成。在此过程中，它插入一个元数据步骤，称为超级学习器或元学习器。这些中间元分类器预测主分类器的准确度，并用作调整和更正的基础（Vorhies，2016）。堆叠过程如图 5.23 所示。

如图 5.23 所示，在构建堆叠型模型集成时，首先使用训练数据的自举样本训练多个不同的强分类器，从而创建第 1 层分类器（每个分类器都优化到其最大潜力，以获得最佳可能的预测结果）。然后，使用第 1 层分类器的输出来训练第 2 层分类器（即元分类器）（Wolpert，1992）。其基本思想是了解训练数据是否已得到了正确学习。例如，如果一个特定的分类器错误地学习了特征空间的某个区域，从而持续地错误分类来自该区域的实例，那么第 2 层分类器可能能够学习该行为，并且结合其他分类器的学习行为纠正这种不正确的训练。交叉验证选择通常用于训练第 1 层分类器——整个训练数据集被划分为 $k$ 个相互排斥的子集，每个第 1 层分类器首先在训练数据的（不同的）$k-1$ 子集上进行训练。然后在第 $k$ 个子集上对每个分类器进行评估，这在训练期间是看不到的。这些分类器在其伪训练块上的输出以及这些块的实际正确标签构成了第 2 层分类器的训练数据集。

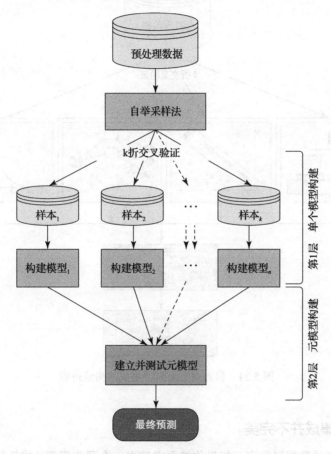

图 5.23　堆叠式模型组件

## 5.9.7　信息融合

作为异构模型集成的一部分，信息融合将决策树、人工神经网络、逻辑回归、支持向量机、朴素贝叶斯、kNN 等不同模型的输出（即预测）及其变体组合（融合）。堆叠和信息融合的区别在于信息融合没有"元建模"或"超级学习器"，它只使用简单或加权投票（用于分类）或者简单或加权平均（用于回归）来组合异质强分类器的结果。因此，它比堆叠更简单，计算量也更少。在组合多个模型的结果的过程中，可以使用简单投票（每个模型平均贡献一个投票）或加权投票组合（每个模型根据其预测准确度贡献——更精确的模型具有更高的权重值）。无论采用何种组合方法，这种异构集成已被证明是任何数据挖掘和预测建模项目的宝贵补充。图 5.24 以图形方式说明了构建信息融合型模型集成的过程。

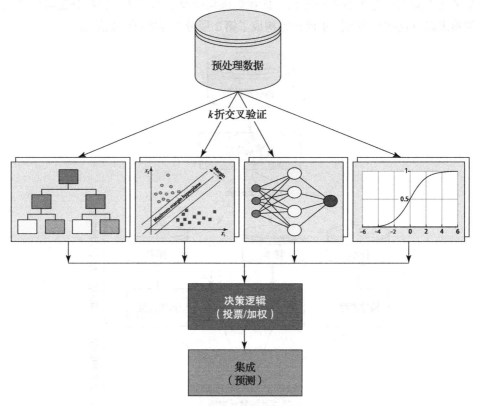

图 5.24　信息融合型模型集成的构建过程

### 5.9.8　总结：集成并不完美

作为一个未来的数据科学家，如果你被要求建立一个预测模型（或任何其他分析模型），你应该开发一些流行的模型组合以及标准的单个模型。如果做得好，你会意识到集成通常比单个模型更精确，而且几乎总是更鲁棒、更可靠。尽管它们看起来像是银弹，但模型集成也并非没有缺点。最常见的两个缺点如下所示。

**复杂性**　模型集成比单个模型更复杂。奥卡姆剃须刀（Occam's razor）是许多数据科学家使用的核心原理，其思想是更简单的模型更有可能更好地泛化，所以最好减少 / 规范复杂性，或者简化模型，以便包含每个项、系数，或者说模型中的分割是通过它在足够大的程度上减少误差的能力来证明的。量化准确度和复杂性之间的关系的一种方法是以信息论的形式，如 AKAIKE 信息准则（AIC）、贝叶斯信息准则（BIC）和最小描述长度（MDL）。传统上，最近的统计学家和数据科学家正在使用这些标准来选择预测模型中的变量。信息论标准需要减少模型误差，以证明额外的模型复杂性。所以问题是，"模特组合是否违反了奥卡姆的剃刀？"毕竟，集成比单个模型复杂得多。根据 Abbott 的文献（2014），如果集成的准确度比单个模型更好，那么答案是"否"，只要我们考虑模型的复杂性，不仅在计算复杂性上，而且在行为复杂性上也不同。因此，我们不应该担心增加计算复杂性（更多的项、分割或权重）必然会增加模型的复杂性，因为有时集成会显著地降低行为复杂性。

**透明性**　对集成的解释会变得相当困难。如果构建一个包含 200 棵树的 RF 集成，如何描述为什么预测具有特定值？你可以单独检查每棵树，尽管这显然不实用。因此，集成通常被认为是黑盒模型，这意味着它们所做的对建模者或领域专家来说是不透明的。尽管你可以查看分割统计信息（在这 200 棵树中，哪些变量更经常被挑选出来进行分割）来人工判断贡献水平（一个重要性度量的伪变量），但每个变量都会对训练的模型集成做出贡献。与单个决策树相比，对 200 棵树进行这样的调查太难了，而且这也不是一种直观的方式来解释模型是如何得出具体预测的。另一种确定哪个模型输入最重要的方法是进行灵敏度分析。

除了复杂性和透明性之外，模型集成也更困难，计算成本更高，更难以部署。表 5.9 显示了集成模型与单个模型相比的优缺点。

**表 5.9　与单个模型相比，模型集成的优点和缺点**

| 优　点 | 说　明 |
|---|---|
| √准确度 | 模型集成通常产生比单个模型更准确的模型 |
| √鲁棒性 | 与单个模型相比，模型集成对数据集中的异常值和噪声更为鲁棒 |
| √可靠性（稳定性） | 由于方差减少，模型集成往往比单个模型产生更稳定、可靠和可信的结果 |
| √覆盖率 | 与单个模型相比，模型集成倾向于更好地覆盖数据集中隐藏的复杂模式 |
| 缺　点 | 说　明 |
| √复杂性 | 模型集成比单个模型复杂得多 |
| √计算上复杂 | 与单个模型相比，集成需要更多的时间和计算能力来构建 |
| √缺乏透明性（可解释性） | 由于复杂性，理解模型集成的内部结构比理解单个模型困难得多 |
| √更难部署 | 在基于分析的管理决策支持系统中，模型集成比单个模型更难部署 |

总之，对于那些通过减少模型中的误差或模型行为不稳定的风险而对准确度感兴趣的预测建模者来说，模型集成是一个新的前沿领域。从集成在预测性分析和数据挖掘竞争中的主导地位可以清楚地看出这一点：集成总是获胜的一方。

对于预测建模者来说，好消息是许多构建集成的技术已经内置到软件中。最流行的集成算法（装袋、提升、堆叠及其变体）几乎在每个商业或开源软件工具中都有。在许多软件产品中，无论是基于单个算法还是通过异构集成，都支持构建定制的集成。

集成并不适用于所有解决方案，它们的适用性由业务理解和问题定义期间确定的建模目标决定，但它们应该是每个预测建模者和数据科学家建模工具库的一部分。

**应用案例 5.6** **监禁与否：基于预测性分析的毒品法庭判决支持系统**

**介绍和动机**

许多企业、组织和政府机构都使用分析来学习过去的经验，以便更有效地利用有限的资源来实现目标。然而，尽管分析有很多优势，但它的多维性和多学科性有时会破坏其适当、全面的应用。在一些社会科学学科中，预测性分析的使用尤其如此，因为这些领域传统上由描述性分析（因果解释性统计建模）主导，可能不容易获得构建预测性分析模型所需的技能集。对现有文献的回顾表明，毒品法庭就是这样的一个领域。虽然许多研究人员从描述性分析的角度研究了这一社会现象及其特征、要求和结果，但目前缺乏能够准确、恰当地预测谁将（或不会）完成干预和治疗项目的预测性分析模型。为了填补这一空白，帮助政府更好地管理资源，并改善结果，本研究试图开发和比较几种预测性分析模型（单一模型和集成模型），以确定谁将完成这些治疗项目。

在美国前总统理查德·尼克松第一次宣布"禁毒战争"十年后，前总统罗纳德·里根签署了一项行政命令，要求更严格的禁毒执法，他说："我们要摘下在这么多毒品活动中飘扬的投降旗，升起战旗。"在接下来的 20 年里，禁毒战争的加强导致因毒品犯罪而被监禁的公民数量空前地增加了 10 倍。毒品案件的激增淹没了法院的案卷，使刑事司法系统超载，监狱人满为患。与毒品有关的案件激增，加上这些案件比其他大多数重罪案件处理时间更长，给州和联邦司法部门带来了巨大的成本。为应对不断增加的需求，法院系统开始寻找创新的方法，加快对毒品相关案件的调查。也许分析驱动的决策支持系统是解决这个问题的方法。为了支持这一说法，本研究的目标是建立和比较几个预测模型，这些模型使用来自不同地点的毒品法庭的大量数据样本，预测谁更有可能成功完成治疗。研究人员认为，这一努力可能会降低刑事司法系统和当地社区的成本。

**方法**

在这项研究工作中使用的方法包括在社会科学背景下采用预测性分析方法的多步骤过程。这一过程的第一步的重点是了解问题领域和进行这项研究的必要性。在这一过程的各个步骤中，研究人员采用了一种结构化和系统化的方法，利用一个具有丰富特征的大型真实世界数据集来开发和评估一组预测模型。这些步骤包括数据理解、数据预处理、模型构建和模型评估。该方法还包括多次实验迭代和多次修改，以改进单个任务并优化建模参数，以获得最佳结果。图 5.25 给出了方法的图示。

**结果**

基于准确度、灵敏度、特异性和 AUC 的模型性能总结见表 5.10。结果表明，RF 模型分类准确度最高，AUC 最大。基于分类性能，异质集成（HE）模型紧跟 RF，支持向量机（SVM）、神经网络（ANN）和 LR 排名位列最后三名。RF 的特异性最高，灵敏度次之。在本研究的背景下，灵敏度是衡量模型在正确预测成功完成治疗的结果方面能力的一个指标，特异性决定了模型在预测未成功完成治疗的最终结果时的表现。因此，可以得出结论，在本研究中使用的毒品法庭数据集中，RF 优于其他模型。

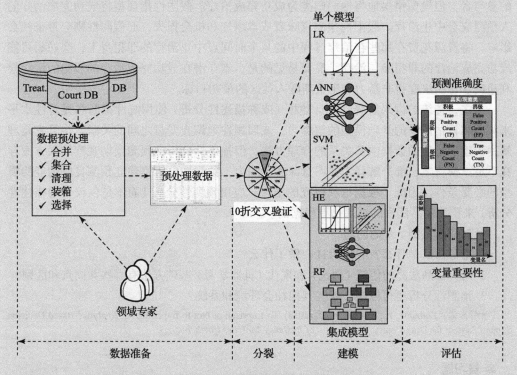

图 5.25　研究方法的工作流

表 5.10　在平衡数据集上使用 10 折交叉验证的预测模型的性能

| 模型类型 | | | 混淆矩阵 | | 准确度（%） | 灵敏度（%） | 特异性（%） | AUC |
|---|---|---|---|---|---|---|---|---|
| | | | G | T | | | | |
| 单个模型 | ANN | G | 6 831 | 1 072 | 86.63 | 86.76 | 86.49 | 0.909 |
| | | T | 1 042 | 6 861 | | | | |
| | SVM | G | 6 911 | 992 | 88.67 | 89.63 | 87.75 | 0.917 |
| | | T | 799 | 7 104 | | | | |
| | LR | G | 6 321 | 1 582 | 85.13 | 86.16 | 81.85 | 0.859 |
| | | T | 768 | 7 135 | | | | |
| 集成 | RF | G | 6 998 | 905 | 91.16 | 93.44 | 89.12 | 0.927 |
| | | T | 491 | 7 412 | | | | |
| | HE | G | 6 885 | 1 018 | 90.61 | 93.66 | 87.96 | 0.916 |
| | | T | 466 | 7 437 | | | | |

ANN：人工神经网络。DT：决策树。LR：逻辑回归。RF：随机森林。HE：异质集成。
AUC：曲线下面积。G：成功完成治疗。T：中止治疗。

尽管 RF 模型在总体上比其他模型表现更好，但它在假阴性预测的数量上仅次于 HE 模型。类似地，HE 模型在真阳性预测中有更好的表现。假阳性预测代表被终止治疗的参与者，但模型错误地将他们归类为成功完成治疗。假阴性指模型将成功完成治疗的人预测成会中止治疗。假阳性预测意味着成本增加和机会损失，而假阴性则会带来社会影响。将资源花费在那些在治疗过程中的某个时间点中止治疗的罪犯身上，会妨碍可能成功完成治疗的罪犯参与治疗。显而易见的是，剥夺潜在成功完成治疗的罪犯的治疗权利违反了毒品法庭将非暴力罪犯重新融入社区的最初目标。

总之，传统的因果解释性统计建模（或称描述性分析）使用统计推断和显著性水平来测试和评估假设的基础模型的解释力，或回顾性地调查变量之间的关联。尽管它是理解用于建立模型的数据内部关系的合理方法，但描述性分析在预测预期观察结果方面存在不足。换言之，部分解释力并不意味着预测力，预测性分析是建立预测良好的经验模型的必要条件。因此，根据这项研究的结果，应用预测性分析（而不是仅仅使用描述性分析）来预测毒品法庭的结果是有根据的。

**针对应用案例 5.6 的问题**

1. 毒品法庭是什么？它们为社会做了什么？
2. 研究毒品法庭的传统（理论）和现代（机器学习）基础方法有哪些共同点和区别？
3. 预测性分析还可以用于哪些其他社会环境和系统？

资料来源：Zolbanin, H., and Delen, D. (2018). To Imprison or Not to Imprison: An Analytics-Based Decision Support System for Drug Courts. *The Journal of Business Analytics* (*forthcoming*).

### ➤ 复习题

1. 什么是模型集成？它可以用于哪些分析领域？
2. 模型集成有哪些类型？
3. 为什么集成比其他机器学习趋势更受欢迎？
4. 装袋式和提升式集成模型有什么区别？
5. 集成模型的优缺点是什么？

## 本章要点

❑ 神经计算涉及一套模拟人脑工作方式的方法，基本的处理单元是神经元，多个神经元被分成几层并连接在一起。
❑ 生物神经网络和人工神经网络之间存在差异。
❑ 在人工神经网络中，知识存储在与两个神经元之间的每个连接相关联的权重中。
❑ 神经网络应用广泛存在于几乎所有的商业学科以及几乎所有其他功能领域。
❑ 神经网络的商业应用包括金融、破产预测、时间序列预测等。
❑ 对于不同类型的问题有不同的神经网络结构。
❑ 神经网络结构不仅可用于预测（分类或估计），还可用于聚类和优化问题。

- ❑ 支持向量机是流行的机器学习技术，主要是因为其优越的预测性能和理论基础。
- ❑ 尽管支持向量机可以使用径向基函数作为核函数，但它们与神经网络并不十分相似。
- ❑ 支持向量机可用于分类和估计 / 回归预测问题。
- ❑ 支持向量机只使用数值变量和有监督的机器学习方法。
- ❑ 已有大量的支持向量机应用，新的应用正在出现在各种领域，包括医疗保健、金融、安全和能源。
- ❑ 最邻近（或 k 最邻近）算法是一种简单的机器学习技术，用于分类和估计 / 回归预测问题。
- ❑ 最邻近算法是一种基于实例的学习（或延迟学习）算法，其中所有计算都推迟到实际预测。
- ❑ 参数 $k$ 表示在给定预测问题中要使用的邻居的数量。
- ❑ 确定 $k$ 的 "最佳" 值需要交叉验证实验。
- ❑ 最邻近算法使用距离度量来识别近邻 / 合适的邻居。
- ❑ 最邻近算法的输入变量必须采用数字格式，所有非数字 / 标称变量都需要转换为伪二进制数字变量。
- ❑ 贝叶斯分类器是建立在贝叶斯定理（即条件概率）的基础上的。
- ❑ 朴素贝叶斯是一种简单的基于概率的分类方法，适用于分类预测问题。
- ❑ 朴素贝叶斯方法要求输入和输出变量具有标称值，数值变量需要离散化。
- ❑ "朴素" 是指（预测 / 输入变量）独立性的不现实但实际的假设。
- ❑ 贝叶斯网络（或贝叶斯信念网络）是一种相对较新的机器学习技术，在数据科学家、学者和理论家中越来越流行。
- ❑ 贝叶斯网络是一个强大的工具，用于以明确和直观的图形方式表示依赖结构。
- ❑ 贝叶斯网络可用于预测和解释（或变量之间的相互关系）。
- ❑ 贝叶斯网络可以手动（基于领域专家的知识）或自动使用历史数据构建。
- ❑ 在自动构建贝叶斯网络时，可以使用常规朴素贝叶斯或树增强朴素贝叶斯。
- ❑ 贝叶斯网络为针对各种假设情景进行假设分析提供了一个极好的模型。
- ❑ 集成（模型集成或集成建模）是将两个或多个分析模型产生的结果组合成一个复合输出。
- ❑ 虽然集成主要用于预测建模，但当两个或多个模型的分数被组合以产生更好的预测时，它们也可用于聚类和关联。
- ❑ 集成可应用于分类（通过投票）和估计 / 回归（通过平均）预测问题。
- ❑ 使用组合主要有两个原因：获得更好的准确度和更稳定 / 可靠的结果。
- ❑ 数据科学的最新研究表明，集成赢得了竞争。
- ❑ 存在同质和异质集成；如果组合模型属于同一类型（例如决策树），则集成是同质的；如果不是，则集成是异质的。
- ❑ 集成建模有三种方法：装袋、提升和堆叠。
- ❑ 随机森林是一种基于决策树的装袋式同质集成方法。
- ❑ 随机梯度提升是一种基于决策树的同质集成方法。
- ❑ 信息融合和堆叠是不同类型模型组合在一起的异构集成。
- ❑ 集成的缺点包括复杂性和缺乏透明性。

# 讨论

**1.** 什么是人工神经网络？它可以用于哪些类型的问题？
**2.** 比较人工神经网络和生物神经网络。生物网络的哪些方面没有被人工网络模仿？哪些方面是相似的？

3. 最常见的 ANN 架构是什么？它们可以用于哪些类型的问题？

4. 人工神经网络可用于监督学习和无监督学习。解释它们如何在监督模式和非监督模式下学习。

5. 什么是支持向量机？它们是如何工作的？

6. 支持向量机可以解决哪些类型的问题？

7. "最大余量超平面"的含义是什么？为什么它们在支持向量机中很重要？

8. 核技巧是什么？它与支持向量机有什么关系？

9. 开发支持向量机模型的具体步骤是什么？

10. 如何确定最优核类型和核参数？

11. 支持向量机常用的应用领域有哪些？在网上进行搜索，以确定流行的应用领域和这些应用中使用的特定支持向量机软件工具。

12. 人工神经网络和支持向量机有哪些共同点和不同点？各自的优缺点是什么？

13. 解释神经网络和支持向量机中训练数据集和测试数据集之间的区别。为什么我们需要区分它们？一个数据集能同时用于这两个目的吗？为什么？

14. 每个人都想在股市上赚钱，但只有少数人能成功。为什么使用支持向量机或神经网络是一种有前途的方法？其他决策支持技术所不能做的事情是什么？支持向量机或人工神经网络为什么会失败？

15. kNN 算法有什么特别之处？

16. 与神经网络和支持向量机相比，kNN 有哪些优点和缺点？

17. kNN 实现的关键成功因素是什么？

18. 什么是相似性（或距离）度量？如何将其应用于数值和标称值变量？

19. kNN 的常见（商业和科学）应用是什么？在网上搜索，以找到三个使用 kNN 解决问题的真实应用程序。

20. 朴素贝叶斯算法有什么特别之处？这个算法中"朴素"的意思是什么？

21. 与其他机器学习方法相比，朴素贝叶斯有哪些优点和缺点？

22. 什么样的数据可以用于朴素贝叶斯算法？从中可以得到什么样的预测？

23. 开发和测试朴素贝叶斯分类器的过程是什么？

24. 什么是贝叶斯网络？它们有什么特别之处？

25. 朴素贝叶斯网络与贝叶斯网络的关系是什么？

26. 开发贝叶斯网络模型的过程是什么？

27. 与其他机器学习方法相比，贝叶斯网络有哪些优点和缺点？

28. 什么是树增强朴素（TAN）贝叶斯？它与贝叶斯网络有什么关系？

29. 什么是模型集成？在哪里可以使用？

30. 模型集成有哪些类型？

31. 为什么集成比其他机器学习趋势更受欢迎？

32. 装袋式和提升式集成模型有什么区别？

33. 集成模型的优缺点是什么？

# 参考文献

Abbott, D. (2014). *Applied Predictive Analytics: Principles and Techniques for the Professional Data Analyst*. Hoboken, NJ: John Wiley.

Aizerman, M., E. Braverman, & L. Rozonoer. (1964). "Theoretical Foundations of the Potential Function Method in Pattern Recognition Learning." *Automation and Remote*

*Control*, Vol. 25, pp. 821–837.

American Heart Association, "Heart Disease and Stroke Statistics," **heart.org** (accessed May 2018).

Boiman, E. S., & M. Irani. (2008). "In Defense of Nearest-Neighbor Based Image Classification," *IEEE Conference on Computer Vision and Pattern Recognition, 2008 (CVPR)*, 2008, pp. 1–8.

Bouzembrak, Y., & H. J. Marvin. (2016). "Prediction of Food Fraud Type Using Data from Rapid Alert System for Food and Feed (RASFF) and Bayesian Network Modelling." *Food Control, 61*, 180–187.

Breiman, L. (1996). Bagging Predictors. *Machine Learning, 24*(2), 123–140.

Breiman, L. (2001). "Random Forests." *Machine Learning, 45* (1), 5–32.

Chow, C., & C. Liu (1968). "Approximating Discrete Probability Distributions with Dependence Trees." *IEEE Transactions on Information Theory, 14*(3), 462–473.

Delen, D., & R. Sharda. (2010). "Predicting the Financial Success of Hollywood Movies Using an Information Fusion Approach." *Indus Eng J, 21* (1), 30–37.

Delen, D., L. Tomak, K. Topuz, & E. Eryarsoy (2017). Investigating Injury Severity Risk Factors in Automobile Crashes with Predictive Analytics and Sensitivity Analysis Methods. *Journal of Transport & Health, 4*, 118–131.

Delen, D., A. Oztekin, & L. Tomak. (2012). "An Analytic Approach to Better Understanding and Management of Coronary Surgeries." *Decision Support Systems, 52* (3), 698–705.

Friedman, J. (2001). Greedy Function Approximation: A Gradient Boosting Machine. *Annals of Statistics*, 1189–1232.

Freund, Y., & R. E. Schapire. (1996, July). "Experiments with a New Boosting Algorithm." In *Icml* (Vol. 96, pp. 148–156).

Friedman, D. (2014). "Oral Testimony before the House Committee on Energy and Commerce, by the Subcommittee on Oversight and Investigations," April 1, 2014, **www. nhtsa.gov/Testimony** (accessed October 2014).

Friedman, N., D. Geiger, & M. Goldszmidt. (1997). "Bayesian Network Classifiers." *Machine Learning*, Vol. 29, No. 2–3, 131–163.

Haykin, S. (2009). *Neural Networks and Learning Machines*, 3rd ed. Upper Saddle River, NJ: Prentice Hall.

Hopfield, J. (1982, April). "Neural Networks and Physical Systems with Emergent Collective Computational Abilities." *Proceedings of National Academy of Science*, Vol. 79, No. 8, 2554–2558.

Koller, D., & N. Friedman. (2009). *Probabilistic Graphical Models: Principles and Techniques*. Boston, MA: MIT Press.

McCulloch, W., & W. Pitts. (1943). "A Logical Calculus of the Ideas Imminent in Nervous Activity." *Bulletin of Mathematical Biophysics*, Vol. 5.

Medsker, L., & J. Liebowitz. (1994). *Design and Development of Expert Systems and Neural Networks*. New York, NY: Macmillan, p. 163.

Meyfroidt, G., F. Güiza, J. Ramon, & M. Bruynooghe. (2009). "Machine Learning Techniques to Examine Large Patient

Databases." *Best Practice & Research Clinical Anaesthesiology, 23*(1), 127–143.

Minsky, M., & S. Papert. (1969). *Perceptrons*. Cambridge, MA: MIT Press.

Neural Technologies. "Combating Fraud: How a Leading Telecom Company Solved a Growing Problem." **neuralt. com/iqs/dlsfa.list/dlcpti.7/downloads.html** (accessed March 2009).

NHTSA (2018) National Highway Traffic Safety Administration (NHTSA's) General Estimate System (GES), **www. nhtsa.gov** (accessed January 20, 2017).

Pearl, J. (1985). "Bayesian Networks: A Model of Self-Activated Memory for Evidential Reasoning." *Proceedings of the Seventh Conference of the Cognitive Science Society*, 1985, pp. 329–334.

Pearl, J. (2009). *Causality*. Cambridge University Press, Cambridge, England.

Principe, J., N. Euliano, & W. Lefebvre. (2000). *Neural and Adaptive Systems: Fundamentals Through Simulations*. New York, NY: Wiley.

Reddy, B. K., D. Delen, & R. K. Agrawal. (2018). "Predicting and Explaining Inflammation in Crohn's Disease Patients Using Predictive Analytics Methods and Electronic Medical Record Data." *Health Informatics Journal*, 1460458217751015.

Reagan, R. (1982). "Remarks on Signing Executive Order 12368, Concerning Federal Drug Abuse Policy Functions," June 24, 1982. Online by Gerhard Peters and John T. Woolley, The American Presidency Project. **http:// www.presidency.ucsb.edu/ws/?pid=42671**.

Surowiecki, J. (2006). *The Wisdom of Crowds*. New York, NY: Penguin Random House.

Topuz, K., F. Zengul, A. Dag, A. Almehmi, & M. Yildirim (2018). "Predicting Graft Survival Among Kidney Transplant Recipients: A Bayesian Decision Support Model." *Decision Support Systems, 106*, 97–109.

Vorhies, W. (2016). "Want to Win Competitions? Pay Attention to Your Ensembles." Data Science Central Web Portal, **www.datasciencecentral.com/profiles/blogs/want-to-win-at-kaggle-pay-attention-to-your-ensembles** (accessed July 2018).

Wang, G., T. Xu, T. Tang, T. Yuan, & H. Wang. (2017). A "Bayesian Network Model for Prediction of Weather-Related Failures in Railway Turnout Systems." *Expert Systems with Applications, 69*, 247–256.

Wolpert, D. (1992). "Stacked Generalization." *Neural Networks, 5(*2), 241–260.

Zahedi, F. (1993). *Intelligent Systems for Business: Expert Systems with Neural Networks*, Wadsworth, Belmont, CA.

Zhang, H., A. C. Berg, M. Maire, & J. Malik. (2006). "SVM-KNN: Discriminative Nearest Neighbor Classification for Visual Category Recognition." In *Computer Vision and Pattern Recognition, 2006 IEEE Computer Society Conference on* (Vol. 2, pp. 2126–2136). IEEE.

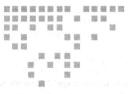

*Chapter 6* | 第 6 章

# 深度学习和认知计算

## 学习目标

- ❑ 学习什么是深度学习以及它正在如何改变计算的世界。
- ❑ 了解深度学习在人工智能（AI）学习方法中的地位。
- ❑ 理解传统"浅"人工神经网络（ANN）如何工作。
- ❑ 熟悉人工神经网络的发展和学习过程。
- ❑ 建立一种理解方法来阐明人工神经网络的黑箱原理。
- ❑ 了解深度神经网络蕴含的概念和方法。
- ❑ 熟悉不同深度学习方法。
- ❑ 理解卷积神经网络（CNN）如何工作。
- ❑ 学习循环神经网络（RNN）和长短时记忆网络（LSTM）如何工作。
- ❑ 熟悉实现深度学习的计算机框架。
- ❑ 了解认知计算的基础细节。
- ❑ 学习 IBM Waston 如何工作以及它适用于哪些应用。

人工智能正在重新进入计算的世界以及我们的生活，远比以往强烈而充满前景。这种前所未有的再度兴起和崭新预期很大程度上归功于深度学习和认知计算，而这两个新流行词汇现在定义了 AI 和机器学习的前沿。由传统人工神经网络演化而来的深度学习正在改变机器学习的根本运行方法。大规模的数据和计算资源的提升使得深度学习可以利用从数据中自主提取的特征（与数据科学家为学习算法提供特征向量的方式相反）对计算机发现复杂模式的方式产生深远的影响。认知计算最早由 IBM Waston 普及，并在竞赛游戏 Jeopardy！中战胜人类游戏玩家，这使得一类新问题的求解成为可能。这类问题充满模糊和不确定性，并曾被认为只能依靠人类的创造力解决。本章包含了这两个尖端 AI 科技潮流的概念、方法及应用。

# 6.1　开篇小插曲：利用深度学习和人工智能打击欺诈

### 商业问题

丹麦银行（Danske Bank）作为一家北欧通用银行，有着强大的本地根源并和世界各地相互联通。成立于 1871 年 10 月的丹麦银行在超过 145 年间帮助着北欧地区的人们和企业实现目标。它的总部位于丹麦，主要市场分布在丹麦、芬兰、挪威和瑞典。

减少商业欺诈是银行的当务之急。据注册欺诈检查师协会（Association of Certified Fraud Examiners）称，每年商业欺诈导致了业界超过 350 万亿美元的损失。这个问题正在金融业蔓延，每个月都在变得更加广泛和复杂。随着用户通过更多渠道和设备在线办理银行业务，发生欺诈的可能性也增加了。雪上加霜的是，欺诈者正在变得更有创造力和精通技术——他们也在使用高科技，比如机器学习。欺诈银行的新方法在快速进化。

识别欺诈的老方法（比如使用人工编写的规则引擎）只能捕获一小部分的欺诈行为，还会产生较多误报（False Positive）结果。缺报（False Negtive）最终使银行承受金钱损失，而大量的误报不仅会使银行损失金钱和时间，还会破坏客户信任和满意度。为了提高检测效率并减少假警报，银行需要新的分析方法，其中包括人工智能的使用。

丹麦银行也像其他全球银行一样看到客户互动正在发生极大变化。过去，绝大部分客户都在银行分行处理交易，而今天几乎所有交易都是通过手机、平板电脑、ATM 或者呼叫中心以数字方式进行的。这给欺诈提供了更多平台。银行需要对欺诈检测防御措施进行更新，因为欺诈检测率一度低至 40% 并且每天不得不处理多达 1200 次误报，导致银行调查的案件中 99.5% 都与欺诈无关。大量的假警报占用了大量的人力、时间和金钱。丹麦银行与 Teradata 旗下的 Think Big Analytics 公司进行了合作，决定应用创新的分析技术（包括 AI）来更好地识别欺诈行为并降低误报。

### 解决方案：深度学习增强欺诈检测

丹麦银行把深度学习和优化后的图形处理单元（GPU）设备集成在一起。新的软件系统帮助分析团队识别潜在欺诈案件，同时智能地避免误报。运营决策已从用户转移到 AI 系统，但是一些案件仍然需要人为干预。例如，模型可以识别异常，比如借记卡在全球范围内的消费，但分析师需要确定这是欺诈行为还是银行用户在线购物向中国付款后第二天又从一家伦敦的零售店购买了物品。

丹麦银行的分析方法采用了"冠军 / 挑战者"方法。深度学习系统通过这种方法实时比较模型来决定哪个更有效。每个挑战者实时地处理数据，学习哪些特征更可能表明存在欺诈行为。如果某个过程跌落到某个阈值以下，该模型将获得更多数据，比如客户地理位置或者近期 ATM 交易数据。当一个挑战者的表现胜过其他所有挑战者时，它会转变为冠军，并为其他模型提供成功检测欺诈的经验。

### 结果

丹麦银行实施了利用 AI 和深度学习的现代企业分析解决方案，得到了可观的收益：

❑ 实现了 60% 的误报率降低并有望达到 80%。

❑ 增加了 50% 的准报（True Positive）率。

❑ 将资源集中在实际的欺诈案件上。

图 6.1 显示了准报率是如何通过高级分析（包括深度学习）提高的。点代表旧的规则引擎，它只捕获了所有欺诈案件的 40%。深度学习极大地提升了机器学习的能力，使丹麦银行可以更好地检测欺诈并降低误报率。

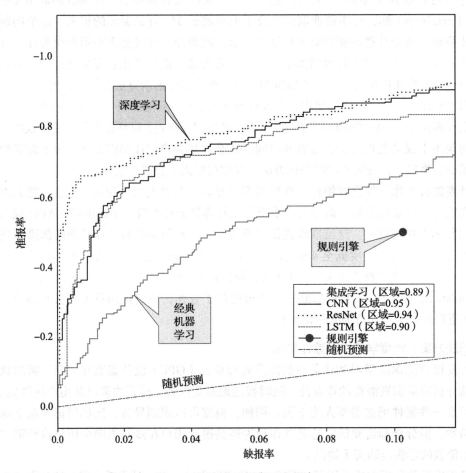

图 6.1 深度学习提高了准报率

企业分析正在迅速发展，并在进入由 AI 支持的新学习系统。同时，硬件和处理器正在变得更加强大和专业，算法也更易于获取。这为银行提供了识别和减少欺诈的强大解决方案。丹麦银行的例子表明,构建和部署满足特定需求并利用数据资源的企业级分析解决方案相比传统的现成工具提供了更多价值。借助 AI 和深度学习,丹麦银行现在拥有了更好的揭露欺诈行为的能力而不会受到大量误报的影响。该解决方案还使得丹麦银行的工程师、数据科学家、业务部门以及国际刑警组织调查官员、当地警察和其他机构合作破获欺诈以及连环欺诈案。随着这项能力的提高,企业分析解决方案已被银行其他业务领域应用以提供额外价值。

由于这些技术还在发展,实现深度学习和 AI 解决方案对一些公司而言比较困难。它们可以通过与拥有实现技术驱动方案能力并带来高价值结果的公司合作来受益。如同本案例所示,Teradata 旗下的 Think Big Analytics 公司具备配置专用硬件以及软件框架来启用新操作流程的专业技能。这个项目需要集成开源解决方案,部署生产模型,然后应用深度学习分析来扩展和改进模型。在生产系统中管理和跟踪模型的框架已经建立,用来确保模型可以信任。这些模型使得底层系统可以实时地做出符合银行程序、安全性和高可用性准则的自主决策。该解决方案可提供新层次的细节,比如时间序列和事件序列,以更好地辅助银行的欺诈调查。整个解决方案实施得非常快——从启动到使用仅五个月。图 6.2 显示了基于 AI 和深度学习的企业及分析方案的框架。

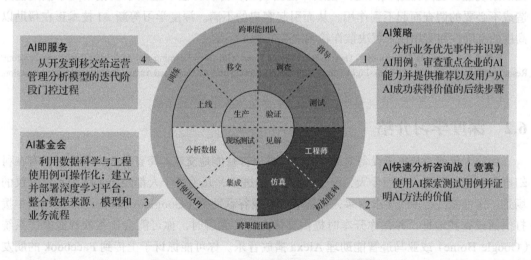

图 6.2 基于 AI 和深度学习的分析方案框架

总而言之,丹麦银行实行了一个多步骤项目,在使机器学习技术产品化的同时开发深度学习模型来测试这些技术。集成模型有助于识别日益严重的欺诈问题。更详细的总结见视频 https://www.teradata.com/Resources/Videos/Danske-Bank-Innovating-in-Artificial-Intelligence 和博客 http://blogs.teradata.com/customers/danske-bank-innovating-artificial-intelligence-deep-learning-detect-sophisticated-fraud/。

> **复习题**
>
> 1. 什么是银行欺诈？
> 2. 如今银行业面临的欺诈类型是什么？
> 3. 欺诈对银行及其客户有什么影响？
> 4. 比较识别和减少欺诈的新旧方法。
> 5. 为什么深度学习方法可以提供更高的预测准确性？
> 6. 在预测欺诈行为的语境中讨论误报和缺报（错误类型 1 和类型 2）的取舍。

### 我们可以从这个小插曲中学到什么

正如你在本章所看到的，AI 和特定的机器学习方法正在迅速发展和进步。使用组织内部和外部、结构化和非结构化的大型数字化数据源，以及先进计算系统（软件和硬件结合），为处理几年前无法解决的问题做好了准备。深度学习和认知计算（作为尖端 AI 系统的分支）正在通过利用快速扩展的大数据资源帮助企业做出准确及时的决策。这个新一代 AI 系统相比旧系统能够更好地解决问题。在欺诈检测领域，传统方法一直由于误报率高于预期值并造成不必要的调查而起不到作用，从而引起客户的不满。深度学习等新 AI 技术正在帮助以高度的准确性和实用性来解决欺诈检测之类的棘手问题。

资料来源：Teradata Case Study. "Danske Bank Fights Fraud with Deep Learning and AI." https://www.teradata.com/Resources/Case-Studies/Danske-Bank-Fight-Fraud-With-Deep-Learning-and-AI（accessed August 2018）used with permission.

## 6.2 深度学习介绍

大约十年前，与电子设备对话（通过人类语言智能地交流）简直是天方夜谭，只有在科幻电影中才能看到。然而今天，由于 AI 技术的进步，几乎每个人都经历了这种不可思议的场景。你可能已经多次要求苹果人工智能 Siri 或谷歌助手（Google Assistant）从通讯录中拨打电话或查找地址，并在你开车时提供具体方位。无聊时，你可能会让谷歌智能家居系统（Google Home）或亚马逊智能助理 Alexa 播放音乐。你可能惊讶于上传到 Facebook 的朋友的集体照中自动生成的姓名标记和朋友的脸完全匹配。翻译外语手稿时不需要花费数小时查字典，只需要打开谷歌翻译（Google Translate）移动应用，为该手稿拍照并等待几分之一秒的时间。这只是承诺使人们生活得更轻松的深度学习应用的一小部分。

深度学习作为 AI 和机器学习家族中最新的、也许是目前最受欢迎的成员，其目标与之前的机器学习方法类似：模仿人类的思维过程——使用数学算法从数据中学习，与人类的学习方法基本相同。那么，深度学习中真正不同（和高级）的是什么？下面是深度学习与传统机器学习最明显的区别。传统机器学习算法（例如决策树、支持向量机、逻辑回归和神经网络）的性能很大程度上依赖于数据的表示。也就是说，仅当我们（分析专业人员和数据科学家）用适当的格式为传统机器学习算法提供足够的相关信息（也称为特征）时，它们才能够学习模式并由此进行具有预期准确度的预测（分类或估计）、聚类或关联任务。换句话说，这些算法需要人工识别和推导在理论和 / 或逻辑上与当前问题的目标相关的特征，并将这些特征以适当的格式输入算法中。例如，为了使用决策树来预测一个客户是否会返回（或流失），客户经理需要向算法提供信息，比如客户的社会经济属性——收入、职业、教育程度等（以及人口统计和历史互动 / 与公司的交易信息）。但是算法本身无法定义这样的社会经济属性，也不能从客户填写的或从社交媒体获得的调查表来提取这种特征。

尽管这种结构化的、以人为媒介的机器学习方法已经可以很好地用于相当抽象和形式化的任务，然而要将该方法用于一些非形式化的但对于人类来说很容易的任务，例如人脸识别或语音识别，却极具挑战性，因为这些任务需要大量的有关世界的知识（Goodfellow 等，2016）。例如，仅通过提供大量语法和语义特征来训练机器学习算法准确识别人所说句子的真实含义的过程并不直观。完成这样的任务需要关于世界的"深刻"知识，而这并不容易以形式化的方式明确地呈现出来。实际上，深度学习相比传统机器学习方法增加的是自动获取此类非形式化任务所需知识的能力，并能以此提取有助于高级系统性能的一些高级特征。

要深入理解深度学习，应该了解它在 AI 方法家族中的位置。一个简单的层级关系图或类似分类法的表示可以提供这样的整体理解。Goodfellow 和同事（2016）将深度学习归类为表示学习方法家族中的一部分。表示学习技术包含一种机器学习（也是 AI 的一部分），其中除了发现特征到输出 / 目标的映射之外，重点在于使系统学习和发现特征。图 6.3 使用 Venn 图来说明深度学习在基于 AI 的学习方法家族中的位置。

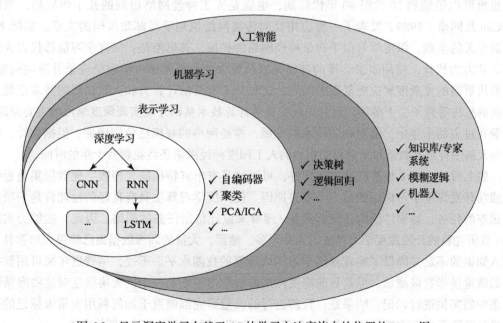

图 6.3　显示深度学习在基于 AI 的学习方法家族中的位置的 Venn 图

图 6.4 强调了构建典型深度学习模型时需要执行的步骤 / 任务和构建具有经典机器学习算法的模型时执行的步骤 / 任务的区别。如图中最上面两个工作流程图所示，知识库系统和经典机器学习方法需要数据科学家手动生成特征（即表示）来实现所需输出。最下面的工作流程图显示，深度学习可以使计算机从简单概念中提取一些难以凭借人工发现的复杂特征，然后将这些高级特征映射到所需输出上。

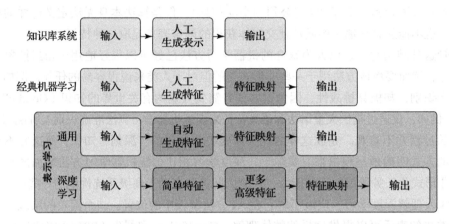

图 6.4 经典机器学习方法与表示学习 / 深度学习主要区别图示（阴影框中表示可直接从数据中学习的分支）

从方法论的角度来看，尽管通常认为深度学习是机器学习的一个新领域，但其最初的思想可以追溯到 20 世纪 80 年代后期，也就是人工神经网络出现的几十年以后，当时 LeCun 及同事（1989）发表了一篇应用反向传播网络识别手写邮政编码的文章。实际上，根据今天的实践，深度学习似乎只是神经网络的扩展，其思想是：深度学习能够仅以大量的计算力为代价，使用多层连接的神经元以及更大的数据集来自动表征变量并解决问题，从而用更高的复杂度解决更复杂的问题。这种对非常高的计算力和大数据集的需求正是使最初的想法等待了二十多年，直到出现先进的计算技术基础才能实现深度学习的主要原因。尽管在过去的十年中，随着相关技术的发展，神经网络的规模已急剧增加，但据估计，拥有与人脑中神经元数量和复杂程度相当的人工深度神经网络还将花费数十年的时间。

如上所述，除了计算机基础结构外，可用的具有丰富特征的大型数字化数据集是近年来成功开发深度学习应用的另一个重要原因。使深度学习算法具有良好的性能曾是一项非常困难的任务，需要广泛的技能和经验 / 理解来设计特定任务的网络。因此，能够为实践和 / 或研究目的开发深度学习算法的人并不多。然而，大量的训练数据集已经极大地弥补了深入知识的不足并降低了实现深度学习网络所需的技能水平。不过，尽管近年来可用数据集的数量呈指数级增加，但是目前深度网络监督学习面临的一个巨大挑战是对这些海量数据集中的实例进行标记。结果是，目前进行的大量研究都侧重于如何利用大量未标记的数据进行半监督或无监督学习，或者如何开发在合理时间内批量标记实例的方法。

本章将从深度学习的起源开始对神经网络进行介绍。在概述了这些"浅"神经网络后，本章将会介绍不同类型的深度学习架构及其工作方式，这些深度学习架构的常见应用，以及用于在实践中实现深度学习的一些流行计算机框架。如上所述，由于深度学习和人工神经网络的基础相同，因此我们将简要介绍神经网络架构（即多层感知器 [MLP] 型神经网络。由于在此进行了介绍，因此在第 5 章的神经网络部分被忽略）并重点关注它的数学原理，然后解释如何从中衍生出各种类型的深度学习架构 / 方法。应用案例 6.1 提供了一个有趣的示例，说明了深度学习和高级分析技术在足球领域的应用。

**应用案例 6.1**　**用人工智能寻找下一个足球明星**

　　足球这项世界上最受欢迎的体育运动正在被一家将 AI 带入足球场的荷兰初创公司改变着。SciSports 在 2012 年由两个自称足球迷和数据极客的人创立，它正在进行突破可能性边缘的创新。这家体育分析公司使用流数据并应用机器学习、深度学习和 AI 来捕获与分析这些数据，为从球员招募到球迷虚拟现实的一切创新提供了途径。

　　**用高科技选择球员**

　　在八位数合同的时代，球员招募是一项高风险的博弈。最好的球队并不是那些拥有最佳球员的球队，而是有着最佳球员组合的球队。球探和教练们数十年来一直依赖于观察、基本数据和直觉，但精明的俱乐部现在正在使用高级分析技术来识别明日之星和被低估的球员。SciSports 创始人和首席执行官 Giels Brouwer 表示："SciSkill 指数采用一种通用指数对世界上每个职业足球运动员进行评估。"该公司使用机器学习算法来计算超过 200 000 名球员的素质、才能和价值。这有助于俱乐部寻找有天赋以及符合特定条件的球员，并分析对手的球员。

　　每周，SciSkill 技术都会分析 210 个联赛中的 1500 场比赛。凭借这种洞察力，

SciSports 与欧洲等地区的精英足球俱乐部合作，帮助它们签约合适的球员。这导致了几次意外的（在有些情况下有利可图的）球员招募。例如，一个荷兰二级球员不想续约，因此他以自由球员的身份离开。一家新俱乐部查看了他的 SciSkill 指数并发现他的数据很耐人寻味。这家俱乐部起初不太确定，因为他在球探时表现笨拙，但数据说明了真相。俱乐部签下他作为第三前锋，他很快进入首发角色并成为俱乐部的头号射手。他的转会费在两年之内被高价出售，现在他是荷兰职业足球的顶级射手之一。

**实时 3D 比赛分析**

传统的足球数据公司只生成关于带球球员的数据，其他的一切都没有记录。这导致提供的球员质量信息不完整。SciSports 发现了一个捕捉带球球员之外海量数据的机会，开发了叫作 BallJames 的摄像系统。

BallJames 是一种自动从视频生成 3D 数据的实时跟踪技术。14 台摄像机被放置在体育场周围，记录场上的每一个动作。然后，BallJames 会生成诸如传球精度、方向、速度、冲刺强度和跳跃强度等数据。"这生成了比赛的完整画面，"Brouwer 说，"这些数据可以用于很多很酷的用途，比如允许球迷从任何角度使用虚拟现实技术来体验比赛，以及体育博彩和幻想体育。"他补充说，这些数据甚至可以帮助坐在板凳上的教练，"当他们想知道一个球员是否累了时，可以根据分析替换球员。"

**机器学习和深度学习**

SciSports 使用机器学习算法对场上运动建模，在球员获得更多经验的同时在本质上提升任务执行的性能。在球场上，BallJames 通过自动为每个动作（如角球）分配值来工作。随着时间的推移，这些值会根据它们的成功率而变化。例如，一个目标具有很高的价值，但当平台掌握比赛时，一个贡献性行动（以前可能价值较低）可能变得更有价值。SciSports 首席技术官 Wouter Roosenburg 表示，AI 和机器学习将在未来对 SciSports 和足球分析总体领域发挥重要的作用。"现有的数学模型模拟了足球中的知识和见解，而人工智能和机器学习使人们可以发现凭借自身无法建立的新联系。"

为了准确编译 3D 图像，BallJames 必须准确区分球员、裁判和球。SAS（Statistical Analysis System）事件流处理程序可以使用深度学习模型进行实时图像识别。Roosenburg 说："通过将我们的深度学习模型结合到 SAS Viya 中，可以在云、摄像机或任何资源所在之处训练模型。"将深度学习部署到摄像机然后实时进行推断的能力是尖端科学。他还表示："拥有一个统一的平台来管理整个 3D 生产链是无价之宝，没有 SAS Viya，这个项目是不可能成立的。"

**开源**

以前，SciSports 专门使用开源来构建模型。它现在受益于一个端到端平台，该平台允许分析团队使用其选择的语言工作，并在整个组织中共享单个托管分析资产清单。根据 Brouwer 的说法，这使得公司能够吸引具有不同开源技能的员工，但仍使用一个平台管理生产链。"我的 CTO 告诉我，他很欣喜我们的数据科学家可以在开源上做所有研究，而且他不必担心模型的生产，"Brouwer 说，"需要 100 行 Python 代码的功能在 SAS 中只需要 5 行代码就能实现，加快了我们进入市场的速度，这在体育分析中至关重要。"

成立之后，SciSports 迅速成为全球发展速度最快的体育分析公司之一。Brouwer 说 SAS 平台的多功能性也是一个主要因素。"借助 SAS，我们有能力根据需要扩展或降低处理能力，将模型实时投入生产，在一个平台中开发所有内容并与开源集成。我们的目标是为全球数十亿球迷带来实时的数据分析。通过与 SAS 合作，我们可以使其成为可能。"

**针对应用案例 6.1 的问题**

1. SciSports 是做什么的？详细信息请查看其网站。

2. 高级分析如何帮助球队？

3. 深度学习在 SciSports 提供的解决方法中起到什么作用？

资料来源：SAS Customer Stories. "Finding the Next Football Star with Artificial Intelligence." www.sas.com/en_us/customers/scisports.html (accessed August 2018).Copyright © 2018 SAS Institute Inc., Cary, NC, USA. All Rights Reserved. Used with permission.

**▶ 复习题**

1. 什么是深度学习？它可以做什么？

2. 与传统机器学习相比，深度学习最突出的区别是什么？

3. 列出 AI 中不同的学习方法并简要解释。

4. 什么是表示学习？它与深度学习有什么关系？

# 6.3　"浅"神经网络基础

人工神经网络本质上是人脑及其中复杂的生物神经元网络的简化抽象。人类大脑中有数十亿个相互连接的神经元来帮助我们思考、学习和理解周围的世界。从理论上讲，学习只不过是建立或适应新的或已有的神经间连接。但是，在人工神经网络中，神经元是处理单元（也称为处理元素 [PE]），它们对来自输入变量或其他神经元输出的数值执行一组预定义的数学运算，创建并输出自己的输出。图 6.5 显示了单输入和单输出神经元（更准确地说，是人工神经网络中的处理元素）的原理图。

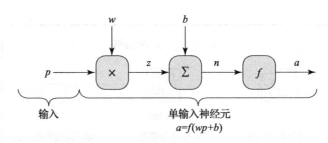

$$a=f(wp+b)$$

图 6.5　一般单输入人工神经元表示

在图 6.5 中，$p$ 代表数值输入。每个进入神经元的输入都有一个可调权重 $w$ 和一个偏差项 $b$。乘法权重函数将权重应用于输入，$\sum$ 表示的净输入函数将偏差项添加到加权输入 $z$。然后，净输入函数的输出 $n$（也称作净输入）通过另一个传递函数（也称为激活函数）$f$ 来转换和生成实际输出 $a$：

$$a=f(wp+b)$$

一个数值示例：如果 $w=2$，$p=3$，并且 $b=-1$，那么 $a=f(2\times3-1)=f(5)$。

有多种类型的传递函数可用于神经网络的设计。表 6.1 中展示了一些常见的传递函数及其对应的运算。要注意在实践中，为网络选择合适的传递函数需要对神经网络的广泛了解——数据的特征以及创建网络的目的。

表 6.1　神经网络常见传递（激活）函数

| 传递函数 | 形　式 | 运　算 |
|---|---|---|
| 硬限制 | $a$ 轴上 +1，$-1$；横轴 $n$；$a=$hardlim$(n)$ | $a=+1 \quad n>0$<br>$a=0 \quad n<0$ |
| 线性 | $a$ 轴上 +1，$-1$；横轴 $n$；$a=$purelin$(n)$ | $a=n$ |

（续）

| 传递函数 | 形 式 | 运 算 |
|---|---|---|
| Log-Sigmoid | $a$=logsig $(n)$ | $a=\dfrac{1}{1+\mathrm{e}^{-n}}$ |
| 正线性（也称为修正线性或 ReLU） | $a$=poslin$(n)$ | $a=n\quad n>0$ <br> $a=0\quad n<0$ |

在上面的示例中，如果有硬限制传递函数，实际输出 $a$ 将会变为 a=hardlim(5)=1。有一些准则专门为网络中的每组神经元选择合适的传递函数，对位于网络输出层的神经元来说这些准则特别可靠。例如，如果模型的输出性质是二进制的，我们建议在输出层使用 Sigmoid 传递函数来生成介于 0 和 1 之间的函数，从而表示已知 $x$ 时 $y$=1 的条件概率，即 $P(y=1|x)$。许多神经网络教材详细说明了神经网络不同层中的这些准则，但存在一些分歧，这表明最佳实践应该（通常确实）来自经验。

通常，一个神经元具有不止一个输入。在这种情况下，每个单独的输入 $p_i$ 都可表示为输入向量 $\boldsymbol{p}$ 的一个元素。每个单独的输入值都有权重向量 $w$ 中的可调权重 $w_i$。图 6.6 表示了具有 $R$ 个单独输入的多输入神经元。

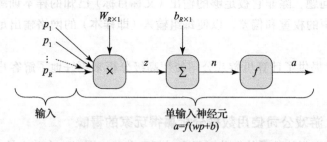

图 6.6　具有 $R$ 个单独输入的典型多输入神经元

对此神经元，净输入 $n$ 可表示为：

$$n = w_{1,1}p_1 + w_{1,2}p_2 + w_{1,3}p_3 + \cdots + w_{1,R}p_R + b$$

将输入向量 $\boldsymbol{p}$ 视为一个 $R\times 1$ 维向量，权重矩阵是 $1\times R$ 维向量，则可以用矩阵形式表示 $n$：

$$n = Wp + b$$

这里是 $Wp$ 一个标量（即 $1 \times 1$ 向量）。

此外，每个神经网络通常由相互连接的多个神经元组成并形成连续层级结构，因此一层的输出是下一层的输入。如图 6.7 所示为一个典型神经网络，其中四个神经元在输入层（即第一层），四个神经元在隐藏层（即中间层），一个神经元在输出层（即最后层）。每个神经元都有自己的权重、权重函数、偏差和传递函数，并如前所述处理自己的输入。

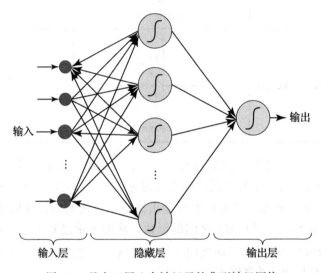

图 6.7　具有三层八个神经元的典型神经网络

虽然给定网络中的输入、权重函数和传递函数是固定的，但权重和偏差的值是可调整的。这个调整神经网络中权重和偏差的过程通常称为训练。事实上在实践中，神经网络不能有效用于预测问题，除非它被足够的输出（又称目标）已知的样本训练过。训练过程的目标是调整网络中的权重和偏差，以使每组输入（即样本）的网络输出足够接近其相应目标值。

应用案例 6.2 提供了计算机游戏公司使用高级分析来更好地了解客户并与客户互动的案例。

**应用案例 6.2　游戏公司使用数据分析赢得玩家的青睐**

　　电子游戏玩家很特殊，他们花了很多时间玩游戏，同时也在建立社交网络。与体育运动员一样，电子游戏玩家在竞赛中苗壮成长。他们在线上与其他玩家竞争，获得名次的人都有炫耀的资本。和投入大量时间训练的运动员一样，电子游戏玩家为他们花在玩电子游戏上的时间而自豪。此外，随着游戏复杂性的增加，玩家们以发展独特技能以提升同伴而自豪。

---

**游戏新水平**

电子游戏由 PAC-MAN 和街机演变而来。互联网通过个人计算机和移动设备等各种电子设备把电子游戏带到了人们家中,从而推动了电子游戏的普及。目前电子游戏产业是一项强大而有利可图的产业。

根据 2017 年 7 月 NewZoo 的全球游戏市场报告,2017 年全球游戏市场见证了:

- ❑ 1090 亿美元的收入。
- ❑ 比上一年增长 7.8%。
- ❑ 全球 22 亿玩家。
- ❑ 42% 的市场可移动。

---

电子游戏公司可以利用此环境,了解关于客户的宝贵信息,尤其是他们的行为和深层动机。这些客户数据使公司能够改善游戏体验,更好地吸引玩家。

传统上,游戏行业通过提供引人注目的图形和迷人的可视化效果来吸引其客户(游戏玩家)。随着科技的发展,这些图形变得更加生动和高清。电子游戏公司继续以极具创造性的方式使用技术来开发吸引客户兴趣的游戏,并获得了更多在线时间和更高的黏性。电子游戏公司还没有做到的是充分利用技术来了解推动品牌持续参与的情境因素。

**了解玩家**

在当今的游戏世界中,创造令人兴奋的产品已经远远不够了。在人们期待很酷的图形和尖端的声音效果的时代,游戏必须强烈地刺激视觉和听觉。也必须进行适当的销售活动,以覆盖目标明确的玩家群体。还可以以商品(例如,玩具店人物)或电影版权的形式将游戏角色货币化。使游戏成功需要程序员、设计师、编剧、音乐家和营销人员共同合作并共享信息。这就是玩家和游戏数据发挥作用的地方。

例如,玩家网络的大小(与玩家共同玩游戏或对抗的人的数量和类型)通常与玩家的时间投入和金钱投入相关。玩家之间的关系越多,他们就越有可能与更多的人玩更多的游戏,因为他们喜欢这种体验。网络效应可放大参与度。

这些数据还有助于公司更好地了解每个人喜欢玩的游戏类型。这些见解使公司能够推荐其他类型的游戏,这些游戏可能会对玩家的参与度和满意度产生积极影响。公司还可以在营销活动中使用这些数据来定位新玩家,或推动现有游戏玩家升级其会员资格,比如升至高级级别。

**玩家行为货币化**

协作筛选(cFilter)是一种高级分析函数,通过收集用户(协作)的首选项或品味信息来自动预测(筛选)用户的兴趣。cFilter 函数假定,如果用户 A 对于一个问题与用户 B 具有相同的意见,则对于另一个问题,与随机用户相比,用户 A 更有可能具有与用户 B 相同的意见。这表明,可根据许多其他玩家的数据对玩家进行预测。

在线零售商通常使用筛选系统来提出产品建议。分析方法可以根据购买过类似商品的其他客户购买、喜欢或评级很高的产品来确定某客户会喜欢的产品。其他行业（如医疗、金融、制造业和电信）也有许多例子。cFilter 分析函数为在线游戏公司提供了多种好处：

- **营销人员可以开展更有效的营销活动。**游戏玩家之间自然形成连接以创建群集。营销人员可以分析出常见的玩家特征，并将这些见解用于营销活动。他们还可以识别出不属于群集的玩家，并确定哪些独特特征导致了其不同的行为。
- **公司可以提高玩家的保留率。**玩家社区中的强势成员能减少玩家流失的机会。玩家加入一组活跃参与者的动机越强烈，他们就越渴望参加比赛。这增加了客户的"黏性"，并可能导致更多的游戏订阅。
- **数据洞察可帮助提高客户满意度。**群集表示了对特定类型的游戏的渴望，它对应于不同的玩家兴趣和行为。公司可以为每个玩家创建独特的游戏体验。促使更多的人玩游戏以及玩更长的时间可以提高玩家的满意度。

一旦了解了客户为什么想要玩游戏并发现了他们与其他游戏玩家的关系，公司就可以为玩家的不断返回创造正确的激励机制。这确保了持续的客户群和稳定的收入流。

**激发忠诚度和投入**

每个电子游戏都有寻求互相比赛的狂热玩家。征服的快感吸引着狂热的参与。随着时间的推移，游戏玩家的独特网络形成，每个参与者都会构建社交关系，这通常导致更频繁和激烈的游戏互动。

游戏行业正在利用数据分析和可视化来更好地识别客户行为并发现他们的动机。查看客户群已不再足够。公司现在正在研究超越传统统计数据（如年龄或地理位置）的细分，以了解客户偏好，如喜爱的游戏、首选的难度级别和游戏类型。

通过获得对玩家策略和行为的分析见解，公司可以创建适合这些行为的独特游戏体验。通过让玩家参与他们期望的游戏和功能，游戏公司获得了忠实的追随者，增加了利润，并通过销售企业创立了新的收入来源。

请观看一个简短的视频（https://www.teradata.com/Resources/Videos/Art-of-Analytics-The-Sword），看看公司如何使用分析方法来破译这些驱动用户行为并带来更好的游戏的玩家关系。

**针对应用案例 6.2 的问题**

1. 游戏公司面临哪些主要挑战？
2. 分析方法如何帮助游戏公司保持竞争力？
3. 游戏公司可以获取和使用哪些类型的分析数据？

资料来源：Teradata Case Study. https://www.teradata.com/Resources/Case-Studies/Gaming-Companies-Use-Data-Analytics（accessed August 2018）.

技术洞察 6.1 简要描述了典型人工神经网络（ANN）的常见组件（或元素）及其功能关系。

### 技术洞察 6.1　人工神经网络的元素

神经网络由处理元素组成，这些元素以不同的方式组织以形成网络的结构。神经网络的基本处理单元是神经元，然后一些神经元被组织起来形成了神经元网络。神经元可以以许多不同的方式组织，这些不同的网络模式称为拓扑或网络架构（一些常见的架构参见第 5 章）。最流行的方法之一是前馈多层感知器，它允许所有神经元将一层中的输出链接到下一层的输入，但它不允许任何反馈链接（Haykin, 2009）。

**处理元素（PE）**

ANN 的 PE 是一个人工神经元。每个神经元接收输入，处理它们，并提供单个输出，如图 6.5 所示。输入可以是原始输入数据或其他处理元素的输出。输出可以是最终结果（例如，1 表示是，0 表示否），也可以输入其他神经元。

**网络结构**

每个 ANN 都由一组神经元组成，这些神经元被分组到层中。图 6.8 显示了典型的结构。请注意三个层：输入层、中间层（称为隐藏层）和输出层。隐藏层是一个神经元层，它获取上一层的输入，并将这些输入转换为输出，以便进一步处理。在输入层和输出层之间可以放置多个隐藏层，但通常只使用一个隐藏层。在这种情况下，隐藏层只需将输入转换为非线性组合，并将转换后的输入传递到输出层。隐藏层最常见的解释是作为特征提取机制，即隐藏层将问题中的原始输入转换为此类输入的更高级别组合。

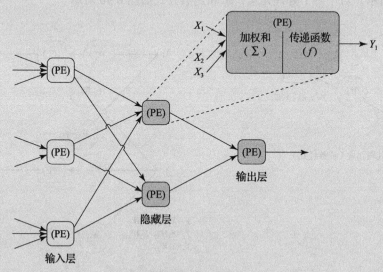

图 6.8　具有一个隐藏层的神经网络（PE 为处理元素（一个生物神经元的人工表示）；$X_i$ 为 PE 的输入；$Y$ 为 PE 的输出；$\sum$ 为求和函数；$f$ 为激活 / 传递函数）

在 ANN 中，处理信息时，许多处理元素同时执行其计算。这种并行处理类似于人脑的工作方式，而不同于传统计算的串行处理。

### 输入

每个输入对应于单个属性。例如，如果问题是决定批准或反对贷款，属性可能包括申请人的收入水平、年龄和房屋所有权状况。属性的数值或非数值表示是网络的输入。几种类型的数据（如文本、图片和语音）可用作输入。可能需要预处理来将符号 / 非数值数据或数值 / 缩放数据转换为有意义的输入。

### 输出

网络的输出包含问题的解决方案。例如，在贷款申请中，输出可以是"是"或"否"。ANN 将数值分配给输出，然后可能需要使用阈值来转换为分类输出，以便结果为 1 表示"是"，0 表示"否"。

### 连接权重

连接权重是 ANN 的关键元素，它们表示输入数据的相对强度（或数学值）或将数据从层传输到层的许多连接。换句话说，权重表示每个输入对处理元素的相对重要性，并最终表示对输出的相对重要性。权重至关重要，因为它们存储了从信息所学到的模式。网络通过反复调整权重来学习。

### 求和函数

求和函数计算进入每个处理元素的所有输入元素的加权总和。求和函数将每个输入值乘以其权重，并合计加权总和的值。一个有 $n$ 个输入的处理元素的公式（用 $X$ 表示）如图 6.9a 所示。对于多个处理元素，求和函数公式如图 6.9b 所示。

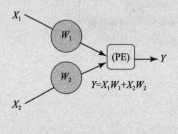

PE：处理元素（或神经元）

a）单个神经元

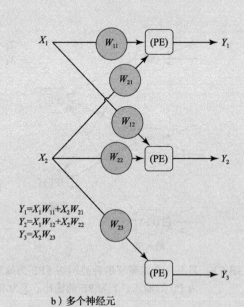

b）多个神经元

图 6.9　求和函数

**传递函数**

求和函数计算神经元的内部刺激或激活水平。基于此水平，神经元可能产生输出，也可能不产生输出。内部激活水平和输出之间的关系可以是线性的，也可以是非线性的。这个关系由几种转换（传递）函数之一表示（有关常用激活函数，请参阅表 6.1）。选择特定的激活函数会影响网络的运算。图 6.10 显示了简单 Sigmoid 激活函数的计算过程。

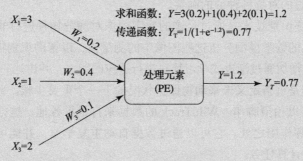

图 6.10 ANN 传递函数示例

这个转换修改输出水平以使其值在合理范围内（通常在 0 和 1 之间）。此转换在输出到达下一个级别之前执行。如果没有这样的转换，输出的值会变得非常大，特别是当有几层神经元时。有时使用阈值而不是转换函数。阈值是神经元输出触发下一级神经元的一个障碍值。如果输出值小于阈值，则其不会被传递到下一级神经元。例如，任何小于等于 0.5 的值都变为 0，任何高于 0.5 的值都变为 1。可以在每个处理元素的输出处执行转换，也可以仅在最终输出节点上执行转换。

应用程序案例 6.3 提供了一个有趣的用例，其中使用高级分析和深度学习帮助防止珍稀动物灭绝。

**应用案例 6.3** **人工智能帮助保护动物免于灭绝**

"有些人想杀死狮子和猎豹等动物。我们想惩戒他们，因为剩下的动物不多了。" WildTrack 的工作人员说。如果我们能研究动物的行为，就能帮助保护它们，并维持地球生物多样性。动物的踪迹讲述了一个对于动物保护来说有着巨大价值的群集故事。它们去哪里了？还剩下多少？还有许多东西需要通过监测像猎豹这样的濒危物种的足迹来学习。

WildTrack 是一个非营利组织，由 Zoe Jewell 和 Sky Alibhai 于 2004 年创立，他们分别是兽医和野生动物学家，在非洲工作多年，负责监测黑犀牛和白犀牛。在 20 世纪 90 年代初的津巴布韦，他们收集和提供了数据，表明用于黑犀牛的侵入性监测技术对雌性的生育能力产生了负面影响，并开始开发足迹识别技术。世界各地研究者对性价比高的非侵入性野生动物监测的需求促使了 WildTrack 的成立。

人工智能可以帮助人们重现土著追踪者使用的一些技能。WildTrack 的研究人员正在探索人工智能可以给动物保护带来的价值。他们认为 AI 解决方案旨在增强人类的努力，而不是取代它们。利用深度学习和足够的数据，计算机可以通过训练执行类似人类所执行的任务，例如识别足迹图像和用与土著追踪者类似的方式识别模式，但能够在更大规模上以更快的步伐应用这些概念。分析真正支撑了整个过程，并可能提供了 WildTrack 从未有过的对物种种群的洞察。

WildTrack 足迹识别技术是通过足迹的数字图像对濒危物种进行非侵入性监测的工具。它通过自定义的数学模型分析这些图像中的测量值，以帮助识别物种、个体、性别和年龄组。AI 可以增加通过渐进式学习算法进行适应的能力，并讲述一个更完整的故事。

获取众包数据是重新定义未来动物保护状况的下一个重要步骤。普通人不一定能目击犀牛，但他们可以拍摄脚印。WildTrack 的数据来自世界各地，这很难进行传统的管理。这就是 AI 发挥作用之处。它可以通过数据自动重复学习，并能可靠、无疲劳地执行频繁、大批量的计算任务。

"我们面临的挑战是如何利用人工智能来创造一个环境，让我们和世界上所有其他物种和平共存。"Alibhai 说。

**针对应用案例 6.3 的问题**

1. 什么是 WildTrack？它是做什么的？
2. 高级分析如何帮助 WildTrack？
3. 深度学习在此应用案例中扮演什么角色？

资料来源：SAS Customer Story. "Can Artificial Intelligence Help Protect These Animals from Extinction? The Answer May Lie in Their Footprints." https://www.sas.com/en_us/explore/analytics-in-action/impact/WildTrack.html (accessed August 2018); WildTrack.org.

### ➥ 复习题

1. 单个人工神经元如何工作？
2. 列举并简要描述 ANN 中常见的激活函数。
3. 什么是多层感知器？它如何工作？
4. 解释 ANN 中权重的作用。
5. 描述多层感知器类型 ANN 架构中的求和以及激活函数。

# 6.4 基于神经网络系统的开发流程

虽然 ANN 的开发过程与基于计算机的信息系统的传统结构化设计方法相似，但有些阶段是独特的，或者说有一些独特的方面。在此过程中，我们假设系统开发的初步步骤，如确定信息需求、进行可行性分析以及获得项目最高管理冠军等已成功完成。这些步骤对于任何信息系统都是通用的。

如图 6.11 所示，ANN 应用的开发过程包括 9 个步骤。在步骤 1 中，将收集用于训练和测试网络的数据。重要的考虑因素是，神经网络解决方案适用于特定问题，并存在且可获取足够的数据。在步骤 2 中，必须确定训练数据，并且必须制定计划来测试网络的性能。

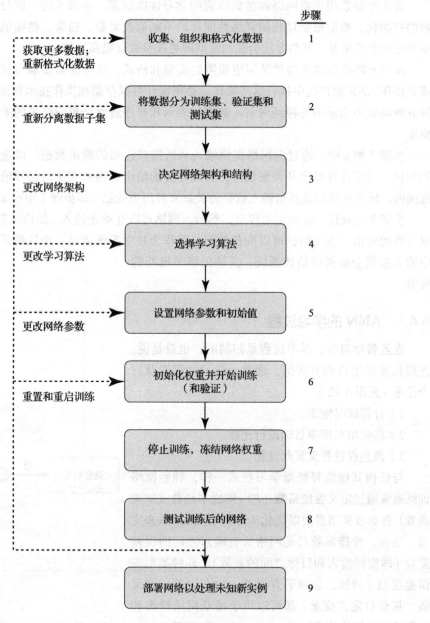

图 6.11  ANN 模型开发过程

步骤 3 和 4 选择了网络架构和学习方法。特定开发工具的可用性或开发人员的能力可以确定要构建的神经网络的类型。此外，对于某些问题类型，已证明某些配置具有高成功率（例如，多层前馈神经网络破产预测（Altman，1968；Wilson & Sharda，1994；Olson 等，2012））。重要的考虑因素包括确切的神经元数量和层数。某些软件包会使用遗传算法来选择网络设计。

有几个参数用于将网络调整到所需的学习性能级别。步骤 5 的一部分是网络权重和参数的初始化，然后根据接收的训练性能反馈不断修改参数。通常，初始值对于确定训练效率和时长非常重要。某些方法会在训练期间更改参数以提高性能。

步骤 6 将数据转换为神经网络所需的类型和格式。这可能需要编写软件来预处理数据或直接在 ANN 软件包中执行这些操作。必须设计数据存储和操作技术和流程，以便在需要时方便高效地重新训练神经网络。数据的表示和排序通常会影响结果的效率并可能影响准确度。

步骤 7 和 8 中，通过向网络提供输入和所需或已知的输出数据，以迭代方式执行训练和测试。网络计算输出并调整权重，直到计算的输出在输入实例的已知输出的可接受容错范围内。所需的输出及其与输入数据的关系来自历史数据（即步骤 1 中收集的部分数据）。

步骤 9 可获得一组稳定的权重。然后，网络可以在给定输入（如训练集中的输入）时重现所需的输出。该网络已可以准备使用，可作为独立系统或另一个软件系统的一部分，其中输入数据会被提供给该系统，其输出将是推荐的决策。

## 6.4.1 ANN 的学习过程

在**监督学习**中，学习过程是归纳的；也就是说，连接权重派生自现有实例。通常，学习过程涉及三个任务（见图 6.12）：

1）计算临时输出。

2）将输出与期望目标进行比较。

3）调整权重并重复此过程。

与任何其他监督机器学习技术一样，神经网络训练通常通过定义**性能函数**（$F$）（即成本函数或损失函数）和更改模型参数以优化（最小化）此函数来完成。通常，性能函数只是网络所有输入之间的误差度量（即实际输入和目标之间的差异）。几种类型的误差度量（例如，总和平方误差、均方误差、交叉熵，甚至自定义度量）都可以用于捕获网络输出和实际输出之间的差异。

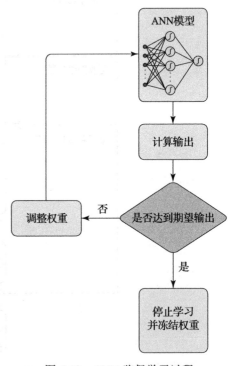

图 6.12 ANN 监督学习过程

训练过程首先使用一些随机权重和偏差计算一组给定输入的输出。一旦得到网络输出，就可以计算性能函数。给定输入集的实际输出（$Y$ 或 $Y_T$）和期望输出（$Z$）之间的差值为误差 $\Delta$（在微积分中代表"差值"）。

最小化误差（即，如果可能的话将其减少到 0）的目标是通过调整网络权重来实现的。这里关键是以正确的方向更改权重，从而减少误差。不同的 ANN 以不同的方式计算误差，具体取决于所使用的学习算法。有数以百计的学习算法可用于 ANN 的各种情况和配置。

## 6.4.2　ANN 训练的反向传播

神经网络中的性能优化（即误差最小化）通常由一种称为**随机梯度下降**（SGD）的算法完成，该算法是基于梯度的迭代优化器，用于寻找性能函数的最小值（即最低点）。SGD 算法背后的理念是，性能函数对于每个当前权重或偏差的导数表示该权重或偏差元素每个变化单位在误差度量中的变化量。这些导数称为网络梯度。计算神经网络中的网络梯度需要应用一种称为**反向传播**的算法，它是最流行的神经网络学习算法，它应用微积分的链式法则，从而计算由其他已知导数的函数组成的函数的导数（有关此算法的更多数学细节可参考 Rumelhart、Hinton 和 Williams（1986）的文章）。

反向传播（反向误差传播的简称）是神经计算中使用最广泛的监督学习算法（Principe 等，2000）。通过使用前面提到的 SGD 算法，反向传播算法的实现相对简单。具有反向传播学习的神经网络包括一个或多个隐藏层。这种类型的网络被视为前馈网络，因为处理元素的输出与同一层或前一层中的节点的输入之间没有互连。外部提供的正确模式与神经网络在（监督）训练期间的输出进行比较，反馈用于调整权重，直到网络尽可能正确地对所有训练模式进行分类（提前设置了误差容错）。

从输出层开始，网络生成的实际输出和期望输出之间的误差用于校正/调整神经元之间连接的权重（参见图 6.13）。对任意输出神经元 $j$，误差等于 $(Z_j - Y_j)(\mathrm{d}f/\mathrm{d}x)$，其中 $Z$ 和 $Y$ 分别是期望输出和实际输出。使用 Sigmoid 函数 $f = [1 + \exp(-x)]^{-1}$ 是在实践中计算神经元输出的有效方法，其中 $x$ 与神经元加权输入的总和成正比。利用此函数，Sigmoid 函数的导数 $\mathrm{d}f/\mathrm{d}x = f(1 - f)$ 以及误差的导数是关于期望输出和实际输出的简单函数。因子 $f(1 - f)$ 是一个逻辑函数，用来保持误差校正有界。第 $j$ 个神经元的输入权重与此计算误差成比例变化。这里可以派生出一种更复杂的表达式，以类似方式从输出神经元到隐藏层反向工作，以计算对内部神经元相关权重的修正。这种复杂的方法是解决非线性优化问题的一种迭代方法，其意义与描述多线性回归的特征非常相似。

在反向传播中，学习算法包括以下过程：

1）使用随机值初始化权重并设置其他参数。

2）读取输入向量和所需输出。

3）通过计算得到实际输出，在层间向前工作。

4）计算误差。

5）通过从输出层到隐藏层反向工作来更改权重。

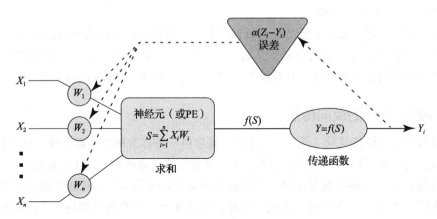

图 6.13 单个神经元的误差反向传播

对整个输入向量集重复执行此过程，直到期望输出和实际输出在预定容错范围内达成一致。给定一次迭代的计算要求，训练大型网络可能需要很长时间。因此，在一个变体中，一组实例向前运行，同时聚合误差向后馈送以加快学习速度。有时，取决于初始随机权重和网络参数，网络不会收敛到令人满意的性能水平。在这种情况下，必须生成新的随机权重，并且可能需要修改网络参数，甚至其结构，然后才能进行另一次尝试。目前的研究旨在开发算法和使用并行计算机来改进这一过程。例如，遗传算法（GA）可用于指导网络参数的选择，以最大限度地提高期望输出的性能。事实上，大多数商业 ANN 软件工具现在都使用 GA 来帮助用户以半自动化方式"优化"网络参数。

任何类型机器学习模型的训练中，一个核心问题是**过拟合**。当训练的模型高度适合训练数据集，但在外部数据集上表现不佳时，就会发生这种情况。过拟合会导致模型的通用性不佳。正则化策略旨在通过更改或定义模型参数或性能函数的约束来防止模型过拟合。

在小型的典型 ANN 模型中，避免过拟合的常见正则化策略是在每次迭代后评估一个独立验证数据集以及训练数据集的性能函数。每当验证数据的性能停止提升时，训练过程就会停止。图 6.14 表示了典型的按训练迭代次数衡量的误差图。如图所示，在开始时，通过运行越来越多的迭代，训练数据和验证数据中的误差都会减少；但从特定点（由虚线表示）开始，验证集中的误差增加，但训练集中的误差仍然减少。这意味着，在那个迭代次数之后，模型将过拟合训练数据集，并且当使用一些外部数据时不一定有好性能。该点实际上表示了训练给定神经网络的建议迭代次数。

技术洞察 6.2 讨论了一些流行的神经网络软件，并提供了一些更全面的 ANN 相关软件网站的网页链接。

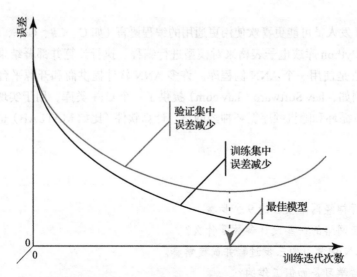

图 6.14　ANN 过拟合：随着迭代次数的增加，训练和验证数据集中的误差率逐渐变化

## 技术洞察 6.2　ANN 软件

有许多工具可用于开发神经网络（请参阅本书的网站以及 PC AI（pcai.com）的资源列表）。其中一些工具的功能类似于软件外壳。它们提供一组标准架构、学习算法和参数，以及操作数据的能力。某些开发工具可以支持多种网络范例和学习算法。

神经网络实现在大多数综合预测性分析和数据挖掘工具中也可用，例如 SAS Enterprise Miner、IBM SPSS Modeler（原 Clementine）和 Statistica Data Miner。Weka、RapidMiner、Orange 和 KNIME 是包含神经网络功能的开源免费数据挖掘软件工具。这些免费工具可以从其各自的网站下载，在互联网上简单搜索这些工具的名称会引导你到下载页面。此外，还有许多商业软件工具可供下载，并用于评估（通常它们在可用性和/或功能上受到限制）。

许多专门的神经网络工具使神经网络模型的构建和部署更加轻松。维基百科（en. wikipedia.org/wiki/Artificial_neural_network）、谷歌或雅虎的软件目录，以及 pcai. com 上的供应商列表等在线资源，是查找神经网络软件供应商最新信息的好地方。一些已经存在了一段时间并公布了其神经网络软件工业应用的供应商包括加州科学（BrainMaker）、NeuralWare、NeuroDimension 公司、沃德系统集团（Neuroshell）和 Megaputer。

某些 ANN 开发工具是电子表格加载项。大多数工具都能读取电子表格、数据库和文本文件。有些是免费软件或共享软件。某些 ANN 系统已用 Java 开发，可以直接在网页上运行，并且可通过网页浏览器访问。其他 ANN 产品则与专家系统连接，成为混合开发产品。

相反，开发人员可能更喜欢使用更通用的编程语言（如 C、C#、C++、Java 等），用现成的 R 和 Python 库或电子表格来对模型进行编程、执行计算并部署结果。这方面的一个常见做法是使用一个 ANN 例程库。许多 ANN 软件提供商和开源平台都提供此类可编程库。例如，hav.Software（hav.com）提供了一个 C++ 类库，用于实现独立或嵌入式前馈、简单循环和随机顺序循环神经网络。计算软件（比如 MATLAB）也包含神经网络的特定库。

---

### ▶ 复习题

1. 列出执行神经网络项目的 9 个步骤。

2. 开发神经网络的一些设计参数是什么？

3. 绘制 ANN 中学习的三步过程并简要解释。

4. 反向传播学习是如何工作的？

5. ANN 学习中的过拟合是什么？它是如何发生的？如何减缓过拟合？

6. 描述目前可用的不同类型的神经网络软件。

## 6.5 阐明 ANN 黑箱原理

神经网络已被用作解决各种应用领域高度复杂的实际问题的有效工具。尽管在很多问题场景中（与传统方案相比）ANN 已被证明是优良的预测器和 / 或集群识别器，但在某些应用中，还需要了解"模型是如何工作的"。ANN 通常被认为是黑箱，它可以解决复杂的问题，但缺少对这种能力的解释。这种缺乏透明度的情况通常称为"黑箱"综合征。

能够解释模型的"内在"很重要。这种解释可确保网络经过了适当的训练，在商业分析环境中部署后，将按预期运行。这种了解内部运行原理的需要可能归因于相对较小的训练集（由于数据采集的高成本）和系统错误时的损失。这种应用的一个示例是车辆中安全气囊的部署。在这方面，数据采集（撞车）的成本很高，赔偿责任问题（危及生命安全）也很重大。另一个例子是贷款申请处理。如果申请人被拒绝贷款，他有权知道原因。如果不能提供预测的理由，那么仅仅有一个可以很好地区分好坏申请的预测系统可能是不够的。

有许多技术可以用于分析和评价训练神经网络。这些技术对神经网络如何执行工作提供了清晰的解释，即具体说明单个输入因素如何（以及到何种程度）计入特定网络输出的生成。灵敏度分析是为阐明训练神经网络的黑箱特征而提出的技术中的先驱。

灵敏度分析是一种提取训练神经网络模型的输入和输出之间的因果关系的方法。在灵敏度分析过程中，已训练的神经网络的学习能力被禁用以使网络权重不受影响。灵敏度分析的基本过程是，对网络输入在允许值范围内进行系统性扰动，并且记录每个输入变量的输出的相应变化（Principe 等，2000）。图 6.15 为此过程的图示。第一个输入在均值加减用户定义的标准差（或分类变量，使用其所有可能值）的范围内变化，而所有其他输入变量都固定在各自的均值（或众数）上。网络输出则经过用户定义的高于或低于平均值的步骤数计算出来。对于每个输入重复这个过程，结果可生成一份报告，总结每个输出相对每个输入变化而产生的变化。生成的报告通常包含一个列图（以及 $x$ 轴上显示的数值），报告每个输入变量的相对灵敏度值。应用案例 6.4 提供了 ANN 模型灵敏度分析的一个示例。

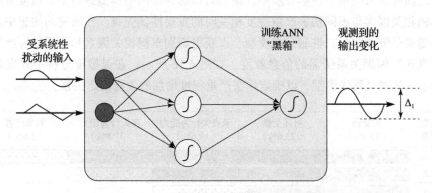

图 6.15 ANN 模型灵敏度分析的形象图示

**应用案例 6.4** **灵敏度分析揭示交通事故中伤害严重程度的因素**

根据美国国家公路交通安全管理局（NHTSA）的统计，美国每年发生超过 600 万起交通事故，共夺去 41 000 多人的生命。交通安全研究人员对于事故原因和相关伤害严重程度有着特别的兴趣。这种研究的目标不仅在于减少事故的数量，还在于减少伤害的严重程度。实现后者的一个方法是确定影响伤害严重程度的最深层因素。了解驾驶员和乘客更有可能在车辆事故中受重伤（或死亡）的情况，有助于改善整体驾驶安全状况。在发生事故时，可能提高车辆乘员受伤严重程度风险的因素包括人员的人口特征和行为特征（例如，年龄、性别、安全带的使用、驾驶时吸毒或饮酒）、事故发生时的环境因素和道路状况（例如，路面条件、天气或光线状况、撞击方向、碰撞中的车辆方向、翻车的发生）以及车辆本身的技术特性（例如，车龄、车型）。

在一项探索性数据挖掘研究中，Delen 等人（2006）使用了大量数据样本（即从NHTSA 一般估计系统获得的 30 358 份警方报告的事故记录）来确定在提升交通事故伤害严重程度的可能性上哪些因素越来越重要。本研究中检验的事故包括具有地理代表性的多车碰撞事故、单车固定物体碰撞和单车非碰撞（翻车）车祸。

这一领域之前的研究主要使用回归型广义线性模型，其中假定伤害严重程度和车祸相关因素之间的函数关系是线性的（对于大多数现实状况过于简化），与这些研究相反，Delen 和同事（2006）决定研究不同的方向。由于 ANN 在捕获预测变量（车祸因素）和目标变量（伤害的严重程度级别）之间的高度非线性复杂关系方面性能非常优越，因此他们决定使用一系列 ANN 模型来估计车祸因素对驾驶员受伤严重程度的重要性。

从方法论的角度来看，Delen 等人（2006）的实施过程为两步。在第一步中，他们开发了一系列预测模型（每个伤害严重程度一个），以捕获车祸相关的因素与特定伤害严重程度之间的深入关系。在第二步中，他们对训练神经网络模型进行了灵敏度分析，以确定车祸相关因素与不同伤害严重程度相关时的重要性优先级。在研究的构想中，五类预测问题被分解为多个二进制分类模型，以获得识别车祸相关因素和不同伤害严重程度之间"真正"因果关系所需的信息粒度。如图 6.16 所示，在灵敏度分析中开发和使用了 8 种不同的神经网络模型，以确定伤害严重程度增加的关键决定因素。

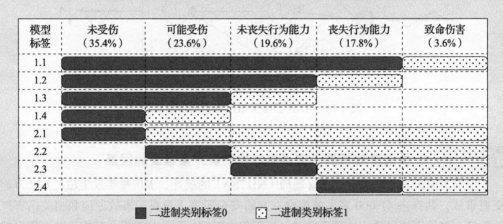

图 6.16　8 个二进制 ANN 模型配置的图形表示

结果显示，针对不同伤害严重程度的模型之间存在相当大的差异。这意味着预测模型中最具影响力的因素在很大程度上取决于伤害严重程度。例如，研究表明，不同的安全带使用情况是预测更高伤害严重程度（如丧失行为能力或死亡）的最重要决定因素，但它是较低伤害严重程度（如未丧失行为能力和轻微伤害）最不重要的预测变量之一。另一个有趣的发现涉及性别：驾驶员的性别是较低伤害严重程度的重要预测因素之一，但它不是较高伤害严重程度的重要预测因素之一，这表明更严重的伤害不取决于司机是男性还是女性。另一项有趣且直观的研究发现是，随着伤害严重程度的提高，年龄成为一个更加重要的因素，这意味着老年人在严重的车祸中比年轻人更有可能受重伤（和死亡）。

**针对应用案例 6.4 的问题**

1. 灵敏度分析是如何阐明黑箱（即神经网络）原理的？
2. 为什么有人会选择使用神经网络这种黑箱工具，而不是逻辑回归这种理论健全且绝大部分透明的统计工具？

3. 在本案例中，神经网络和灵敏度分析如何帮助识别交通事故中伤害严重程度的影响因素？

资料来源：Delen, D., R. Sharda, & M. Bessonov. (2006). "Identifying Significant Predictors of Injury Severity in Traffic Accidents Using a Series of Artificial Neural Networks." *Accident Analysis and Prevention*, 38(3), pp. 434-444; Delen, D., L. Tomak, K. Topuz, & E. Eryarsoy (2017). "Investigating Injury Severity Risk Factors in Automobile Crashes with Predictive Analytics and Sensitivity Analysis Methods." *Journal of Transport & Health*, 4, pp. 118-131.

➡ **复习题**

1. 黑箱综合征是什么？
2. 为什么能够解释 ANN 的模型结构很重要？
3. 灵敏度分析在 ANN 中是如何工作的？
4. 上网搜索其他方法来解释 ANN。

## 6.6 深度神经网络

直到最近（在深度学习现象出现之前），大多数神经网络应用涉及的网络架构都只有几个隐藏层，并且每层神经元的数量有限。即使是相对复杂的商业应用中的神经网络，其中的神经元数量也几乎不会超过数千个。事实上，当时计算机的处理能力是很大的限制因素，以至于中央处理单元（CPU）很难在合理的时间内运行包含多个层的网络。近年来，图形处理单元（GPU）以及相关的编程语言（例如 NVIDIA 的 CUDA）的开发使人们能够将其用于数据分析，并促进了神经网络的更高级应用。GPU 技术使我们能够成功运行具有 100 万个以上神经元的神经网络。这些更大的网络能够更深入地了解数据特征，并提取出更复杂的模式。

虽然深度网络可以处理数量大得多的输入变量，但它们也需要相对更大的数据集才能得到令人满意的训练结果；使用小型数据集训练深度网络通常会导致模型过拟合训练数据，并在应用于外部数据时结果不佳且不可靠。得益于基于互联网和物联网（IoT）的数据捕获工具与技术，许多应用领域现在都有更大的数据集可用于更深的神经网络训练。

常规 ANN 模型的输入通常是大小为 $R \times 1$ 的数组，其中 $R$ 是输入变量的数量。然而在深度网络中，我们能够使用张量（即 $N$ 维数组）作为输入。例如，在图像识别网络中，每个输入（即图像）都可以由代表图像像素颜色代码的矩阵表示；在视频处理中，每个视频可以由多个矩阵（即三维张量）表示，每个矩阵表示视频中涉及的图像。换句话说，张量为我们提供了在分析数据集时包含附加维度（例如时间、地点）的能力。

除了这些一般差异外，不同类型的深度网络涉及了对标准神经网络架构的不同修改，从而使其具备为高级目的处理特定数据类型的独特功能。在以下一节中，我们将讨论其中一些特殊的网络类型及其特征。

## 6.6.1 前馈多层感知器型深度网络

前馈多层感知器（MLP）深度网络（也称为深度前馈网络）是最通用的深度网络类型。这些网络是包含了许多层神经元并可以处理张量输入的大规模神经网络。网络元素（即权重函数、传递函数）的类型和特性与标准 ANN 模型中大致相同。这些模型被称为前馈是因为通过它们的信息流始终是向前的，并且不允许反馈连接（即模型输出反馈回自己的连接）。允许反馈连接的神经网络称为循环神经网络（RNN）。本章的后续部分将讨论一般 RNN 架构以及称为长短期记忆网络的 RNN 变体。

通常，MLP 型网络架构中的输入和输出之间的各层应是顺序结构的。这意味着输入向量必须按顺序通过所有层，并且不能跳过其中任何层，此外，它不能直接连接到除了第一层外的任何层。每层的输出是后层的输入。图 6.17 显示了典型 MLP 网络前三层的向量表示形式。如图所示，每层只有一个向量进入，即原始输入向量（第一层的 $p$）或网络架构中前一个隐藏层的输出向量（对于第 $i$ 层是 $a^{i-1}$）。但是，MLP 网络架构存在一些专为特殊目的设计的变体，它们可以违反这些规则。

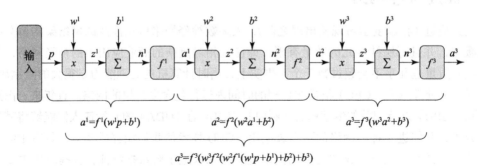

图 6.17　典型 MLP 网络中前三层的向量表示

## 6.6.2 深度 MLP 中随机权重的影响

在深度 MLP 的许多实际应用中性能（损失）函数的优化是一个具有挑战性的问题。问题是，大多数情况下将常见的具有随机权重及偏差初始值的基于梯度的训练算法用于寻找浅神经网络的最佳参数集是很有效的，但将其应用于深层 MLP 可能导致陷入局部最优解而不是找到参数的全局最优值。随着网络深度的增加，使用随机初始化和基于梯度的算法而达到全局最优的可能性降低了。在这种情况下，通常使用类似**深度信念网络（DBN）**的无监督深度学习方法来预训练网络参数可能很有帮助（Hinton 等，2006）。DBN 是称为生成模型的一类深度神经网络。2006 年引入的 DBN 被视为当前深度学习复兴的开端（Goodfellow 等，2016），因为在此之前，深度模型被认为难以优化。事实上，目前 DBN 的主要应用是通过预训练参数来改进分类模型。

　　使用这些无监督学习方法，我们可以训练 MLP：一次训练一层，从第一层开始，将每层的输出作为后层的输入，并使用无监督学习算法初始化该层。最后，我们将得到整个网络参数的一组初始值。然后，这些预训练的参数（而不是随机初始化的参数）可用作 MLP 监督学习中的初始值。这种预训练过程已经对深度分类应用有了显著的改善。图 6.18 说明了训练具有（圆圈）和不具有（三角形）参数预训练的深度 MLP 网络造成的分类误差（Bengio，2009）。在此示例中，圆圈表示（在 1000 个取出样本上）测试通过纯监督方法使用 1000 万个样本训练的分类模型所得的观测误差率，三角形表示同一测试数据集上的误差率，其中 250 万个样本最初用于网络参数的无监督训练（使用 DBN），其他 750 万个样本以及初始化参数用于训练监督分类模型。该图清楚地显示了使用 DBN 预训练模型的分类误差率有显著改善。

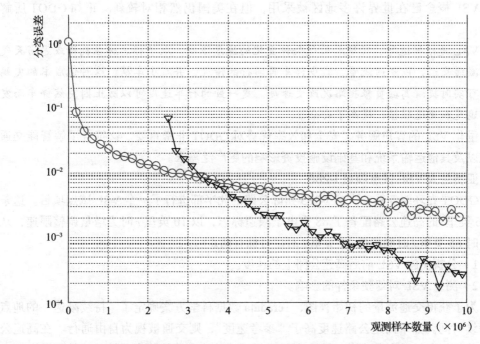

图 6.18　预训练网络参数对提高分类深度神经网络结果的作用

### 6.6.3　更多隐藏层与更多神经元

　　一个关于深度 MLP 模型的重要问题是：重组一个只有很少几层但每层有很多神经元的网络是否有意义（并产生更好的结果）？换句话说，当我们可以将相同数量的神经元包含在只有几层的网络（即宽网络而不是深度网络）中时，为什么还需要具有很多层的深度 MLP 网络？根据通用逼近定理（Cybenko，1989；Hornik，1991），一个足够大的单层 MLP 网络能够逼近任何函数。尽管这在理论上是成立的，但具有许多神经元的层可能过于庞大，导致无法正确学习深层的模式。更深的网络可以减少每一层所需的神经元数量，从而减少泛化误差。从理论上讲，它仍然是一个开放的研究问题，而实践中在网络里使用更多的层似乎比在几个层中使用许多神经元更有效，计算效率也更高。

与典型的人工神经网络一样，多层感知器网络也可用于各种预测、分类和聚类。特别是涉及大量输入变量或输入的性质必须是 $N$ 维数组时，需要采用深度多层网络设计。

应用案例 6.5 展示了使用高级分析更好地管理拥挤城市中的交通流量。

---

**应用案例 6.5    美国佐治亚州交通部通过变速限制分析帮助解决交通拥堵**

**背景**

美国佐治亚州交通部（GDOT）希望优化大数据和高级分析的使用以深入了解交通情况，它与 Teradata 合作开发了 GDOT 的变速限制（VSL）试点项目的概念评估验证。

VSL 概念已在世界许多地区被采用，但在美国仍然相对较新。正如 GDOT 所解释的：

VSL 是根据道路、交通和天气条件变化的速度限制。电子标志牌在拥堵或恶劣天气之前减缓交通，以疏通流量，减少停车再通行的情况，并减少车祸。这种低成本的尖端技术可实时提醒驾驶员根据路况改变速度。更一致的行车速度可以防止因突然停车而发生的追尾和变道碰撞，提高了安全性。

量化 VSL 的客户服务、安全和效率优势对 GDOT 非常重要。这符合了解智能交通系统以及其他运输系统和基础设施投资影响的更广泛需求。

**亚特兰大 VSL 试点项目 I-285**

GDOT 在环绕亚特兰大的 I-285 州际公路的北半部进行了一个 VSL 试点项目。这条长 36 英里⊖的高速公路配备了 88 个电子限速标志，以 10 英里 / 时为增量调整限速，从每小时 65 英里 / 时到最低 35 英里 / 时。目标有两点：

1）分析实施 VSL 前后高速公路上的速度。

2）测量 VSL 对驾驶条件的影响。

为了获得交通流量的初始视图，Teradata 数据科学方案确定了"持续减速"的地点和持续时间。如果高速公路速度高于"参考速度"，则交通被视为自由通行。在高速公路上的任何点低于参考速度都被认为是减速。当减速连续持续多分钟时，就可以定义有持续减速。

通过创建减速的分析定义，可以将大量且高度可变的速度数据转换为模式，以支持更详细的调查。对数据的早期分析表明，同一高速公路的顺时针方向和逆时针方向可能显示明显不同的减速的频率和持续时间。为了更好地理解减速如何影响高速公路交通，采用我们的新定义并放大特定情况非常有用。图 6.19 显示了一天下午，I-285 公路从西

---

⊖　1 英里 =1609.344 米。——编辑注

边 MM10 英里标记处到东边 MM46 英里标记处之间的一段高速公路上，交通由西向东顺时针移动的情况。

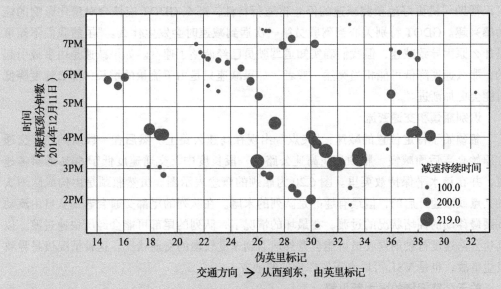

图 6.19　下午交通顺时针移动

　　第一次显著减速发生在下午 3 点，靠近 MM32 处。圆圈的大小表示持续时间（以分为单位）。MM32 处的减速时间将近 4 小时。随着减速的"持续"，其后交通速度也有所降低。MM32 上形成的减速成为瓶颈，导致其后面的交通也减慢。图 6.20 左上角的"彗星轨迹"说明了在 MM32 和更远的西部连续形成了减速，每次都在下午晚些时候开始，持续时间不长。

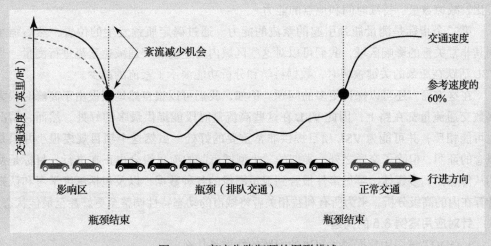

图 6.20　高速公路瓶颈的图形描述

### 测量高速公路速度变化

高速公路上的减速模式以及不同的减速时间和地点对驾驶员有什么影响？如果 VSL 可以帮助司机更好地预测减速的停止再通行特性，那么 GDOT 应该会对量化影响的能力感兴趣。GDOT 特别关心当驾驶员第一次遇到减速时会发生什么。"虽然我们不知道是什么原因导致减速，但我们确实知道驾驶员已经调整了速度。如果减速是由事故引起的，那么速度降低可能相当突然；或者，如果减速只是由于流量的增长，那么速度降低可能会更加渐进。"

### 识别瓶颈和交通紊流

瓶颈始于特定位置的减速："夹点"出现在高速公路上。然后在一段时间内，交通在原始夹点后面减慢。瓶颈是在高速公路的一段长度中，交通速度低于 60% 的参考速度，并在该水平保持数英里。图 6.20 为瓶颈的概念表示图。虽然瓶颈是由构成队列头的夹点或减速开启的，但最有趣的是队列的末尾。在队列的尾部交通会遇到从自由流动到缓慢移动的拥堵状况的过渡。在最坏的情况下，队列的尾部可能会经历快速过渡。以高速公路速度行驶的驾驶员可能会意外地遇到速度较慢的交通状况。这种情况极易导致发生事故，也是 VSL 可以真正发挥价值的地方。

### 关于公路拥堵的强大新见解

描述高速公路上交通状况"地面实况"的大数据源为开发和分析高速公路性能指标提供了丰富的新机会。仅使用详细高速公路速度的单一数据源，我们用 Teradata 高级数据科学功能生成了两个新的、与众不同的指标。

首先，通过定义和测量持续减速，我们帮助交通工程师了解高速公路上低速位置的产生频率和持续时间。测量持续减速与瞬间减速的区别具有独特的挑战性并需要数据科学。它以一种比高速公路速度中简单均值、方差和异常值更具信息和吸引人的方式提供了比较减速数量、持续时间和地点的能力。

第二个指标是测量瓶颈引起的紊流的能力。通过确定瓶颈发生的位置，然后缩小到其非常关键的影响区域，我们可以对这些区域内的速度和交通减速紊流进行测量。当 VSL 活跃在瓶颈的关键领域时，数据科学和分析功能演示了紊流的减少。

在这方面，还可以探讨更多的问题。例如，我们可以很自然地假设由于高峰时段大多数交通流量都在路上，因此 VSL 在这些高流量时段能提供最多的好处。然而，情况也可能相反，并可能为 VSL 项目提供非常重要的好处。虽然这个项目规模很小并只是概念的证明，但除了交通之外，类似的"小型城市"的项目组合也正在进行。目标是使用从传感器到多媒体、罕见事件报告到卫星图像的各种数据，以及包括深度学习和认知计算在内的高级分析，来为所有利益相关者将城市的动态特性调整至更好甚至最佳状态。

### 针对应用案例 6.5 的问题

1. GDOT 试图用数据科学解决的问题的性质是什么？

2. 该分析使用了哪种类型的数据？

3. 这个试点项目里开发的数据科学指标是什么？你可以想到其他适用的指标吗？

资料来源：Teradata Case Study. "Georgia DOT Variable Speed Limit Analytics Help Solve Traffic Congestion." https:// www.teradata. com/Resources/Case-Studies/Georgia-DOT-Variable-Speed-Limit-Analytics (accessed July 2018); "Georgia DOT Variable Speed Limits." www.dot.ga.gov/ DriveSmart/SafetyOperation/Pages/VSL.aspx (accessed August 2018).Used with permission from Teradata.

在下一节中，我们将讨论专门为计算机视觉应用（例如图像识别、手写文本处理）设计的一种非常流行的深度 MLP 架构的变体，称为**卷积神经网络（CNN）**。

➡ **复习题**

1. 深度神经网络中的"深度"是什么意思？将深度神经网络与浅神经网络进行比较。

2. 什么是 GPU ？它与深度神经网络有何关系？

3. 前馈多层感知器型深度网络如何工作？

4. 讨论随机权重在开发深度 MLP 中的影响。

5. 哪种策略更好：更多隐藏层还是更多神经元？

# 6.7 卷积神经网络

卷积神经网络（CNN）（LeCun 等，1989）是深度学习方法中最受欢迎的类型之一。CNN 本质上是深度 MLP 架构的变体，最初专为计算机视觉应用（例如图像处理、视频处理、文本识别）而设计，但也适用于非图像数据集。

卷积网络的主要特征是至少有一层涉及卷积权重函数，而不是一般矩阵乘法。图 6.21 展示了一个典型的卷积单元。

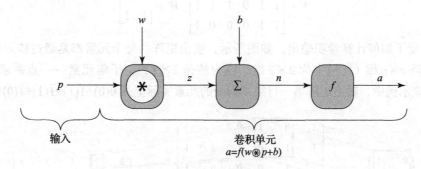

图 6.21　典型卷积网络单元

卷积通常由符号 ⊛ 表示，它是一种线性运算，基本目的是从复杂的数据模式中提取简单的模式。例如，在处理包含多个对象和颜色的图像时，卷积函数可以提取图像不同部分存在的水平或垂直的线或边这样的简单模式。我们会在下一节讨论更多卷积函数的细节。

　　CNN 中包含卷积函数的层称为卷积层。此层后通常跟随一个**池化**（也称为子采样）层。池化层负责将大张量合并成一个更小尺寸的张量，并在减少模型参数的同时保留它们的重要特征。下一节也讨论了不同种类的池化层。

### 6.7.1　卷积函数

　　在 MLP 网络的描述中，权重函数通常是一个矩阵操作函数，将权重向量乘以输入向量，以生成每一层中的输出向量。大多数深度学习应用中都有很大的输入向量/张量，所以我们需要大量权重参数，以便为每个神经元的每个输入向量都分配一个权重参数。例如，在一个图像处理任务中，对大小为 150×150 像素的图像使用神经网络，每个输入矩阵包含 22 500（即 150 乘以 150）个整数。在网络中，对应于每个整数进入的神经元，这些整数都应分配到自己的权重参数。因此，即使只有一层，也需要定义和训练数千个权重参数。正如我们所猜测的，这将大大增加训练网络所需的时间和处理能力，因为在每个训练迭代中，所有这些权重参数都必须通过 SGD 算法更新。这个问题的解决方案是卷积函数。

　　卷积函数可视为解决上一段中所定义问题的技巧。这个技巧称为参数共享，除了计算效率外，它还提供了额外的好处。具体而言，在卷积层中，不是每个输入都有权重，而是有一组称为卷积核或卷积滤波器的权重，这些权重在输入之间共享，并在输入矩阵中移动以生成输出。这个核通常表示为大小为 $W_{r \times c}$ 的小矩阵，然后对于给定的输入矩阵 $V$，卷积函数可表示为：

$$z_{i,j} = \sum_{k=1}^{r} \sum_{l=1}^{c} w_{k,l} v_{i+k-1,\, j+l-1}$$

假设某层的输入矩阵和卷积核分别是：

$$V = \begin{bmatrix} 1 & 0 & 1 & 0 & 1 & 1 \\ 1 & 1 & 0 & 1 & 1 & 1 \\ 1 & 1 & 0 & 0 & 0 & 1 \end{bmatrix} \quad W = \begin{bmatrix} 0 & 1 \\ 1 & 1 \end{bmatrix}$$

图 6.22 示意了如何计算卷积输出。如图所示，输出矩阵的每个元素都是通过核元素与对应的输入矩阵 $r \times c$ 维（此例中为 2×2 维，因为核是 2×2 维）子集元素一一点乘求和而得。因此，在该示例中，输出矩阵第一行第二列处的元素实际上是 0(0)+1(1)+1(1)+1(0)=2。

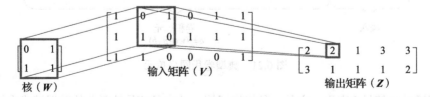

图 6.22　2×2 维核与 3×6 维输入矩阵的卷积

可以看出，输出矩阵中每个元素的幅值直接取决于匹配的核（2×2 维矩阵）和输入矩阵在计算该元素时是如何参与的。例如，输出矩阵第一行第四列的元素是输入矩阵的一部分对核进行卷积的结果，该部分与核完全相同（见图 6.23）。这表明，通过应用卷积运算，我们实际上正在将输入矩阵转换为一个输出，其中具有特定特征（由核反映）的部分被放置在方框中。

$$\begin{bmatrix} 1 & 0 & 1 & 0 & 1 & 1 \\ 1 & 1 & 0 & 1 & 1 & 1 \\ 1 & 1 & 0 & 0 & 0 & 1 \end{bmatrix}$$

图 6.23　当核与正在对它进行卷积的输入矩阵部分完全匹配时卷积运算的输出最大

卷积函数的这种特性在实际的图像处理应用中特别有用。例如，如果输入矩阵表示图像的像素，则表示特定形状的特定核（例如对角线）可能会被卷积到该图像中，以提取涉及该特定形状的图像的某些部分。例如，图 6.24 显示了将 3×3 水平线核应用于 15×15 正方形图像的结果。

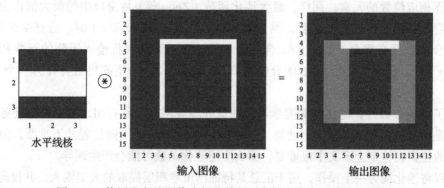

图 6.24　使用卷积从图像中提取特征（本例中为水平线）的示例

显然，水平线核生成了标识原始输入图像中水平线位置（作为特征）的一个输出。

使用大小为 $r×c$ 的核的卷积将分别使输出中的行和列数减少为 $r-1$ 和 $c-1$。例如，上述示例中，使用 2×2 的核进行卷积，输出矩阵比输入矩阵少了 1 行和 1 列。为了防止这种大小变化，我们可以在卷积前用零填充输入矩阵的外部，即给输入矩阵添加 $r-1$ 行和 $c-1$ 列。另外，如果我们希望输出矩阵更小，可以让核的步长更大，或者使核移动。通常，在执行卷积时，核一次移动一步（即步长为 1）。如果将此步长增加到 2，输出矩阵的大小将减为一半。

虽然在深度网络中采用卷积的主要好处是参数共享，通过减少权重参数的数量，有效地减少了训练网络所需的时间和处理能力，但它也涉及一些其他好处。用于翻译时，网络中的卷积层将具有一个称为等方差的属性（Goodfellow 等，2016）。它意味着输入中的任何变化都会导致输出以相同的方式变化。例如，将输入图像中的对象按特定方向移动 10 个像素将导致在它在输出图像中的表示沿同一方向移动 10 个像素。

应该指出的是，几乎在所有卷积网络的实际应用中，许多卷积运算都并行用于从数据中提取各种特征，因为单个特征完全不足以描述用于分类或识别目的输入。此外，如前所述，在大多数实际应用中，我们必须将输入表示为多维张量。例如，在处理彩色图像而不是灰度图像时，我们不使用表示像素颜色（即黑色或白色）的二维张量（即矩阵），而是使用三维张量，因为每个像素都由红色、蓝色和绿色的强度定义。

### 6.7.2　池化

大多数情况下，卷积层后会有池化（又称子采样）层。池化层的目的是合并输入矩阵中的元素以生成较小的输出矩阵，同时保持重要特征。通常，池化函数包含一个 $r\times c$ 维合并窗口（类似于卷积函数中的核），该窗口在输入矩阵中移动，并在每次移动中计算合并窗口中涉及元素的一些汇总统计信息，以便它可以放入输出图像中。例如，一种称为平均池化的特定类型的池化函数采用合并窗口中涉及的输入矩阵元素的平均值，并将该平均值作为输出矩阵相应位置的元素。同样，最大池化函数（**Zhou** 等）将窗口中的最大值作为输出元素。与卷积不同，对于池化函数，给定合并窗口的大小（即 $r$ 和 $c$）时，应仔细选择步长，以便在合并中没有重叠。使用 $r\times c$ 合并窗口的池化运算分别将输入矩阵的行数和列数除以一个 $r$ 和 $c$。例如，使用 $3\times3$ 的合并窗口，一个 $15\times15$ 的矩阵将被合并为一个 $5\times5$ 的矩阵。

除了减少参数外，池化在深度学习的图像处理应用中特别有用，其中关键任务是确定图像中是否存在某特征（如特定动物），而它在图像中的确切空间位置并不重要。但是，如果要素的位置在特定上下文中很重要，那么应用池化函数可能会产生误导。

可以将池化视为一个操作，用于汇总其特征已由卷积层提取的大型输入，并仅向我们显示输入空间中每个小邻域的重要部分（即特征）。例如，在图 6.24 所示的图像处理示例中，如果我们使用 $3\times3$ 合并窗口在卷积层之后放置最大池化层，其输出将类似于图 6.25 所示。其中，卷积过的 $15\times15$ 图像合并成为 $5\times5$ 图像，而主要特征（即水平线）则保留在图像中。

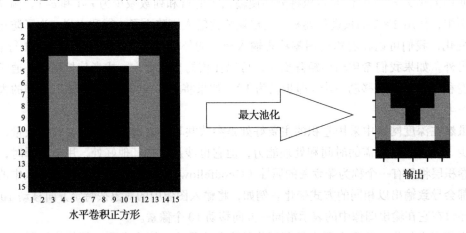

图 6.25　在输出图像上应用最大池化减小其尺寸的示例

有时，池化仅用于修改来自上一层的矩阵的大小，并将其转换为网络中后续层所需的指定大小。

有各种类型的池化运算，如最大池化、平均池化、矩形邻域的 $L^2$ 范数，以及加权平均池化。适当的池化运算选择以及在网络中包括池化层的决定在很大程度上取决于网络正在解决的问题的上下文和属性。文献中有一些准则可以帮助网络设计人员做出这样的决定（Boureau 等，2011；Boureau 等，2010；Scherer 等，2010）。

### 6.7.3　使用卷积网络进行图像处理

总体上，深度学习（尤其是 CNN）的真正应用在很大程度上取决于大型标注数据集的可用性。理论上 CNN 可应用于许多实际问题，现在有许多具有丰富特征的大型数据库可用于此类应用。尽管如此，最大的挑战是，在深度学习应用中，我们需要先用已标注（即有标签的）数据集训练模型，然后才能将其用于未知实例的预测 / 识别。虽然使用 CNN 层提取数据集的特征是一项无监督的任务，但如果没有用标记实例以监督学习方式建立分类网络，提取的特征将没有多大用处。这就是为什么在传统上图像分类网络涉及两个渠道：视觉特征提取和图像分类。

ImageNet（http://www.image-net.org）是一个正在进行的研究项目，它为研究人员提供了一个大型图像数据库，每个数据库都链接到 WordNet（单词层级数据库）中的一组同义词（称为同义词集）。每个同义词集都表示 WordNet 中的一个特定概念。目前，WordNet 包含超过 10 万个同义词集，每个平均由 ImageNet 中 1000 张图片表示。ImageNet 是一个用于开发图像处理类型深度网络的巨大数据库，它包含超过 1500 万个共 22 000 种类别的标记图像。由于其庞大的规模和适当的分类，ImageNet 是迄今为止用于评估深度网络的效率和准确性的使用最广泛的基准数据集。

使用 ImageNet 数据集为图像分类设计的第一批卷积网络之一是 AlexNet（Krizhevsky 等，2012）。它有 5 个卷积层，后跟 3 个全连接（即密集）层（AlexNet 的原理图参见图 6.26）。使这个相对简单的结构的训练速度显著提升且计算高效的方法之一是在卷积层使用修正线性单元（ReLU）传递函数取代传统 Sigmoid 函数。通过这样做，设计人员解决了 Sigmoid 函数在图像某些区域的非常小的导数引起的梯度消失问题。该网络在提高深度网络效率方面起到重大作用的另一个重要贡献是，将 dropout 层的概念引入 CNN，作为减少过拟合的正则化技术。dropout 层通常位于全连接层之后，并将随机概率应用于神经元以关闭其中的一些，从而使网络稀疏。

近年来，除了大量展示其深度学习能力的数据科学家外，微软、谷歌和 Facebook 等一些知名的领先企业也参加了年度 ImageNet 大规模视觉识别挑战（ILSVRC）。ILSVRC 分类任务的目标是设计和训练能够将 120 万个输入图像分类为 1000 个图像类别的网络。例如，GoogLeNet（又名 Inception）是一个由谷歌研究人员设计的深度卷积网络架构，它是 ILSVRC 2014 赢家。它具有 22 层网络，分类误差率为 6.66%，仅稍差（5.1%）于人工分类误差（Russakovskyet 等，2015）。GoogLeNet 架构的主要贡献是引入了一个称为 Inception 的模块。Inception 的想法是，因为我们不知道什么尺寸的卷积核会在特定数据集上效果最好，所以最好包括多个卷积，让网络决定使用哪个。因此，如图 6.27 所示，在每个卷积层中，来自前一层的数据通过多种类型的卷积，它们的输出会串联起来再进入下一层。这种架构允许模型通过较小的卷积考虑局部特征和通过较大的卷积考虑抽象特征。

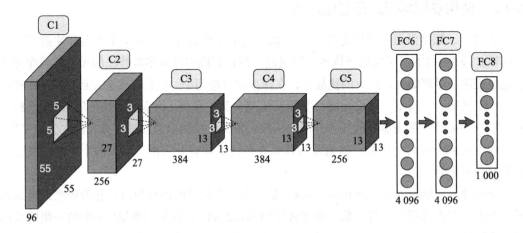

图 6.26　AlexNet 架构

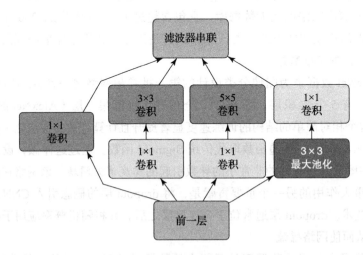

图 6.27　GoogLeNet 中 Inception 特征的概念表示

谷歌最近推出了一项新服务——Google Lens（谷歌镜头），它使用深度学习人工神经网络算法（以及其他 AI 技术）来提供有关用户拍摄的附近物体的图像的信息。这包括识别物体、产品、植物、动物和地点，并通过互联网上提供有关它们的信息。这项服务的其他功能包括根据手机中的名片图像保存联系信息，识别植物类型和动物品种，根据封面照片识别书籍和电影并提供相关信息（例如，商店、剧院、购物、预订）。图 6.28 显示了在安卓移动设备上使用 Google Lens 应用程序的两个示例。

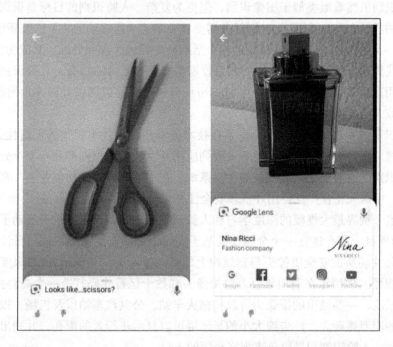

图 6.28　使用 Google Lens 的两个示例（资料来源：©2018 谷歌有限责任公司，经允许使用。谷歌和谷歌标志是谷歌有限责任公司的注册商标）

尽管后来开发了在效率和处理要求（即较小数量的层和参数）方面更精确的网络（He 等，2015），GoogLeNet 仍被认为是迄今为止最好的架构之一。除了 AlexNet 和 GoogLeNet 之外，还有剩余网络（ResNet）、VGGNet 和 Xception 等卷积网络架构已经被开发出来，对图像处理领域做出了贡献。所有这些架构都依赖于 ImageNet 数据库。

在 2018 年 5 月，为了解决大规模图像标记的劳动密集型任务，Facebook 发布了一个弱监督训练的图像识别深度学习项目（Mahajan 等，2018）。该项目使用用户发布在 Instagram 的图像上的 hashtag 标签作为标签，并在此基础上训练了深度学习图像识别模型。该模型使用并行工作的 336 个 GPU 在标有大约 17 000 个 hashtag 标签的 35 亿幅 Instagram 图像上进行训练，训练过程花了几周时间完成。然后，该模型的初始版本（仅使用 10 亿幅图像和 1500 个 hashtag 标签）在 ImageNet 基准数据集上进行了测试，其准确度据称比最先进的模型高 2% 以上。Facebook 的这一重大成就无疑将打开一个使用深度学习进行图像处理的新世界的大门，因为它可以大大增加为训练目的标记的可用图像数据集的规模。

使用深度学习和高级分析方法对图像进行分类已演进到了人脸识别,并已成为各种领域非常受欢迎的应用。应用案例6.6讨论了这一点。

---

**应用案例 6.6** **从图像识别到人脸识别**

人脸识别虽然看似类似于图像识别,但更为复杂。人脸识别的目标是识别个人而不是它所属的类(人类),并且此识别任务需要在非静态(即移动的人)三维环境中执行。数十年来,人脸识别一直是AI领域的一个活跃研究领域,直到最近,其成功性还有限。由于新一代算法(即深度学习)加上大型数据集和计算能力的功劳,人脸识别技术开始对实际应用产生重大影响。从安全领域到市场营销,人脸识别以及该技术的各种应用/用例正以惊人的速度增长。

人脸识别的一些主要例子(无论是在技术进步还是在技术视角的创造性运用方面)都来自中国。在今天的中国,从业务发展到应用开发,人脸识别都是一个十分热门的话题。人脸识别已成为一个富有成果的生态系统,在中国有数百家初创企业。在个人和商业环境中,中国人正在广泛使用并依赖安全性基于自动识别人脸的设备。

作为当今世界最大规模的深度学习和人脸识别应用案例,中国政府启动了一项名为"天眼"的项目,旨在建立一个全国性的基于人脸识别的监测系统。该项目计划集成已经安装在公共场所的安全摄像头与建筑物上的私人摄像头,并利用AI和深度学习来分析拍摄的视频。中国正在利用数百万台摄像头和数十亿行代码打造一个高科技的未来。有了这个系统,一些城市的摄像头可以扫描火车站、公共汽车站以及机场,以识别和抓获通缉犯的犯罪嫌疑人。广告牌大小的显示屏可以显示步行者的面孔,并列出失信人的姓名和照片。人脸识别扫描仪负责把守小区的入口。

这种监控系统的一个有趣例子是"文明游戏"(Mozur,2018)。在某市的一个十字路口,车速很快,行人横穿马路现象屡禁不止。然后,在2017年夏天,警方安装了与人脸识别技术相连的摄像头和一个很大的室外屏幕。违反道路交通规则者的照片连同他们的姓名和身份证号一起显示在屏幕上。起初,人们看到自己的脸出现在屏幕上时感到很兴奋,直到宣传渠道告诉他们,这是一种惩罚形式。利用这一点,公民不仅成为这个文明游戏的主体,而且还会被分配公民身份负积分。相反,积极的一面是,如果人们被摄像头拍到显示文明行为,如从路上捡起垃圾并放进垃圾桶或者帮助老人穿过十字路口,他们将获得公民身份正积分,并获得小奖励。

中国已经拥有了大约2亿台监控摄像头,主要用于跟踪嫌疑人、发现可疑行为和预测犯罪。例如,为了找到罪犯,嫌疑人的图像可以被上传到系统,与全国数百万活跃的安全摄像头拍摄的视频中识别的数百万张人脸相匹配。一些西方国家也开始计划仅仅为了安全和预防犯罪的目的,在有限范围内采用类似的技术。例如,FBI的下一代身份识别系统结合了人脸识别和深度学习技术,可以将犯罪现场的图像与全国的头像数据库进行比较,以识别潜在的嫌疑人。

## 6.7.4　使用卷积网络进行文本处理

除了图像处理（这实际上是卷积网络普及和发展的主要原因）之外，卷积网络在一些大型文本挖掘任务中也很有用。特别是自 2013 年谷歌发布其 word2vec 项目（Mikolov 等，2013；Mikolov、Sutskever、Chen、Corrado 和 Dean，2013）以来，深度学习在文本挖掘中的应用显著增加。

word2vec 是一个双层神经网络，它获取一个大型文本语料库作为输入，并将语料库中的每个单词转换为具有非常有趣的特征的任意给定大小（通常为 100～1000）的数字向量。虽然 word2vec 本身不是一个深度学习算法，但其输出（单词向量，也称为**词嵌入**）已经被许多深度学习研究和商业项目广泛用作输入。

word2vec 算法创建的单词向量最有趣的属性之一是其保持了单词的相对关联。例如，向量运算

向量 ('King') – 向量 ('Man') + 向量 ('Woman')

和

向量 ('London') – 向量 ('England') + 向量 ('France')

会分别得到十分接近向量 ('Queen') 和向量 ('Paris') 的向量。图 6.29 显示了第一个示例在二维向量空间中的简单向量表示形式。

此外，对向量的指定方式是，在 $n$ 维向量空间中，具有相似上下文的向量之间非常接近。例如，在使用了包括约 1000 亿个单词（取自 Google News）的语料库的谷歌预训练模型 word2vec 中，根据在余弦距离上最接近向量 ('Sweden') 的向量（如表 6.2 所示），能识别出靠近斯堪的纳维亚地区，即瑞典所在同一地区的欧洲国家名称。

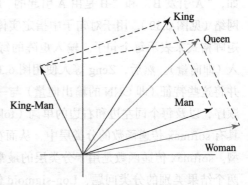

图 6.29　二维空间中词嵌入的典型向量表示

表 6.2　word2vec 项目实例：与"Sweden"最接近的单词向量

| 单　　词 | 余弦距离 |
| --- | --- |
| Norway | 0.760 124 |
| Denmark | 0.715 460 |
| Finland | 0.620 022 |
| Switzerland | 0.588 132 |
| Belgium | 0.585 635 |
| Netherlands | 0.574 631 |
| Iceland | 0.562 368 |
| Estonia | 0.547 621 |
| Slovenia | 0.531 408 |

此外，由于 word2vec 考虑了单词的上下文及其在每个上下文中的使用频率来猜测单词的含义，它使我们能够用每个词语的语义情境而不仅仅是句法／符号本身来表示这个词语。因此，word2vec 解决了在传统文本挖掘中难以解决的几个单词变体问题。也就是说，word2vec 能够处理并正确表示单词，包括拼写错误、缩写和非正式谈话。例如，Frnce、Franse 和 Frans 这几个词都会有和它们对应的原词 France 大致相同的词嵌入。词嵌入还可以确定其他有趣的关联类型，比如实体的区别（例如，向量 ['human']– 向量 ['animal']~ 向量 ['ethics']）或地缘政治关联（例如，向量 ['Iraq']– 向量 ['violence']~ 向量 ['Jordan']）。

通过提供这种有意义的文本数据表示，近年来 word2vec 推动了许多基于深度学习的广泛情境（如医疗、计算机科学、社交媒体、市场营销）下的文本挖掘项目，同时多种类型的深度网络也被应用到此算法创建的词嵌入中来完成不同的目标。特别地，有一类研究在开发适用于词嵌入的卷积网络，旨在提取文本数据集中的关系。关系提取是自然语言处理（NLP）的子任务之一，它侧重于确定文本中的两个或多个命名实体是否构成特定关系（例如，"A 引发 B"和"B 是由 A 引起的"）。例如，Zeng 等人（2014）开发了一个深度卷积网络（见图 6.30），用于对句子中指定实体之间的关系进行分类。为此，这些研究人员使用矩阵格式来表示每个句子。输入矩阵的每一列实际上是与句子中包含单词之一关联的词嵌入（即向量）。然后，Zeng 等人使用图 6.30 右框中所示的卷积网络来自动学习句子级特征，并将这些特征（即 CNN 的输出向量）与一些基本的词法特征（例如，句子中两个兴趣词的顺序，以及每个词左边和右边的单词（token））串联起来。这个串联特征向量接着会被输入具有 softmax 传递函数的分类层中，从而在多个预定义类型中确定这两个兴趣词间的关系类型。softmax 传递函数是用于分类层的最常见函数类型，尤其是在类数大于 2 时。对于只有两个结果类别的分类问题，Log-sigmoid 传递函数也很受欢迎。Zeng 等人提出的方法可以以 82.7% 的准确率对样本数据集的句子中标记词之间的关系进行正确分类。

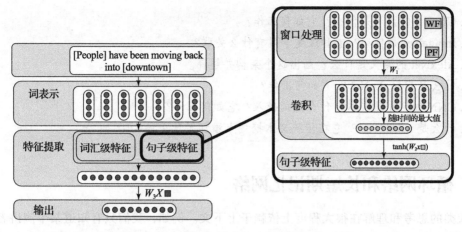

图 6.30 文本挖掘中关系提取任务的 CNN 架构

在一个类似的研究中，Nguyen 和 Grishman（2015）使用了每个卷积层中具有多个尺寸的核的一个四层卷积网络，其输入为句子中包含单词的实值向量，用来对每个句子中两标记单词之间的关系类型进行分类。在输入矩阵中，每行是和句子中与行数相同的序列中的单词关联的词嵌入。此外，他们在输入矩阵中增加了两列，以表示每个单词相对于每个标记词的相对位置（正或负）。然后，自动提取的特征通过具有 softmax 函数的分类层来确定关系类型。Nguyen 和 Grishman 使用 8000 个标记样本（具有 19 个预定义的关系类型）训练模型，并在一组 2717 个样本的验证数据集上测试了经过训练的模型，并实现了 61.32% 的分类准确率（即超过 11 次性能好于预想）。

这种使用卷积深度网络的文本挖掘方法可以扩展到各种实际情境中。与图像处理一样，这里最大的挑战是缺乏用于深度网络监督训练的足够大的标记数据集。Mintz 等人（2009）提出了一个远程监督训练方法来应对这个问题。实验表明，通过将知识库（KB）事实与文本对齐，可以生成大量训练数据。事实上，此方法基于这样的假设：如果 KB 中实体对之间存在一种特定类型的关系（例如，"A"是"B"的组成部分），则提及这对实体的每个文本文档都将表示这种关系。然而，由于这个假设不是很现实，Riedel、Yao 和 McCallum（2010）后来放宽了假设并将问题建模为多实例学习问题。他们将标签分配给一"袋"实例，而不是单个实例，以减少远程监督方法的噪声，并创建更具实际意义的标记训练数据集（Kumar，2017）。

📖 复习题

1. 什么是 CNN？
2. CNN 可用于什么类型的应用？
3. CNN 中的卷积函数是什么？它如何工作？

4. CNN 中的池化是什么？它如何工作？

5. ImageNet 是什么？它和深度学习有什么关联？

6. AlexNet 的意义是什么？画出这个架构并解释。

7. 什么是 GoogLeNet？它如何工作？

8. CNN 如何处理文本？什么是词嵌入？它如何工作？

9. 什么是 word2vec？它在传统文本挖掘上添加了什么？

# 6.8 循环网络和长短期记忆网络

人类的思考和理解在很大程度上依赖于上下文。例如，我们只有知道某个演讲者在使用非常讽刺的语言（根据他以前的演讲），才能充分理解他讲的所有笑话。或者，如果在不了解句子中其他词的意思的情况下去理解"It is a nice day of fall"中"fall"一词的真正含义，就仅仅是猜测而不一定真的理解。上下文知识通常是由观察过去发生的事件而形成的。事实上，人类的思想是持续的，我们会使用以前在分析事件过程中获得的每一条信息，而不是每次面对类似事件或情况时就扔掉过去的知识从头思考。因此，人类处理信息的方式似乎存在循环。

虽然深度 MLP 和卷积网络专门用于处理图像或词嵌入矩阵这种静态值网格，但有时输入值序列对于完成给定任务的网络运算也很重要，因此应纳入考虑。另一种流行的神经网络类型是**循环神经网络（RNN）**（Rumelhart 等，1986），它是专门设计用于处理顺序输入的。RNN 对动态系统建模，其中（至少其中一个隐藏神经元）系统在每个 $t$ 时刻的状态（即隐藏神经元的输出）既取决于这个时刻系统的输入，也取决于 $t{-}1$ 时刻系统的状态。换句话说，RNN 是一种具有记忆的神经网络，并根据该记忆来确定它的未来输出。例如，设计神经网络下国际象棋时，在训练网络时考虑之前几步非常重要，因为玩家的一步错误可能导致随后的 10～15 步后输掉游戏。同样，要理解一个句子在文章中的真正含义，有时需要依赖前几句或前几段中描述的信息。也就是说，为了真正理解内容，我们需要按顺序汇集一段时间的上下文。因此，必须考虑神经网络的记忆元素，它考虑了先前动作（国际象棋示例）以及先前句子和段落（文章示例）的影响，以确定最佳输出。这种记忆描绘和创造了学习与理解所需的上下文。

在静态网络（如 MLP 型 CNN）中，我们试图找到一些函数（即网络权重和偏差），它们可使输入映射到尽可能接近实际目标的一些输出上。另外，在如 RNN 这样的动态网络中，输入和输出都是序列（模式）。因此，动态网络是一个动态系统，而不是一个函数，因为它的输出不仅取决于输入，还取决于之前的输出。大多数 RNN 使用以下一般方程来定义其隐藏单元的值（Goodfellow 等，2016）：

$$a^{(t)} = f(a^{(t-1)}, p^{(t)}, \theta)$$

其中，$a^{(t)}$ 代表系统在时刻 $t$ 的状态，$p^{(t)}$ 和 $\theta$ 分别表示单元在 $t$ 时刻的输入以及参数，将该方程用来计算 $t-1$ 时刻系统的状态，我们得到：

$$a^{(t-1)} = f(a^{(t-2)}, p^{(t-1)}, \theta)$$

即为：

$$a^{(t)} = f(f(a^{(t-2)}, p^{(t-1)}, \theta), p^{(t)}, \theta)$$

　　对于任何给定的序列长度，这个方程都可以多次扩展。网络中的循环单元可以用图 6.31 所示的环形图描述。图中，D 表示抽头延迟线（网络的延迟元素），在每个时刻 $t$，都包含单元的前一个输出 $a^{(t)}$。有时，我们将多个以前的输出值存储在 D 中，而不是只存储一个值，以考虑所有这些值的影响。**iw** 和 **lw** 分别表示应用在输入和延迟上的权重向量。

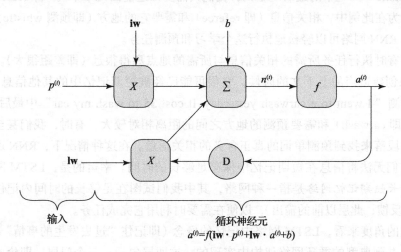

图 6.31　典型循环单元

　　从技术上讲，任何具有反馈的网络实际上都可以称为深度网络，因为即使是单个层，反馈创建的循环也可以被视为具有多个层的静态 MLP 型网络（此结构的图形表示参见图 6.32）。然而，在实践中，每个循环神经网络将包含几十个层，每个层都有对自己甚至以前层的反馈，这使得循环神经网络更深、更复杂。

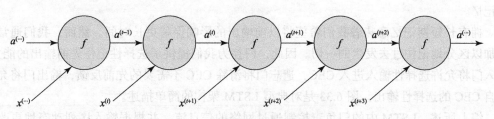

图 6.32　典型循环网络的展开图

　　由于反馈，循环神经网络中的梯度计算与静态 MLP 网络使用的一般反向传播算法略有不同。计算 RNN 中的梯度有两种替代方法，即实时循环学习（RTRL）和通过时间反向传播（BTT），解释这些方法不在本章范围内。尽管如此，总体目标保持不变，计算梯度后，相同的过程将被用来优化网络参数的学习。

LSTM 网络（Hochreiter & Schmidhuber，1997）是循环神经网络的变体，如今已成为最有效的序列建模技术以及许多实际应用的基础。在动态网络中，权重称为长期记忆，而反馈称为短期记忆。

本质上，只有短期记忆（即反馈；先前事件）提供上下文网络。在典型 RNN 中，当新信息随着时间的推移反馈到网络中时，短期记忆中的信息会不断被替换。这就是为什么当相关信息与所需的地点之间的差距很小时，RNN 表现良好。例如，为了预测"The referee blew his whistle"一句中的最后一个词，我们只需要知道前面几个单词（即 referee）就能正确预测。因为在此例中，相关信息（即 referee）和需要它的地方（即预测 whistle）之间距离很小，所以 RNN 网络可以轻松地执行这个学习和预测任务。

但是，有时执行任务所需的相关信息与所需的地点离得很远（即差距很大）。因此，等到需要它来创建适当的上下文的时候，它很可能已经被短期记忆中的其他信息所取代了。例如，当预测"I went to a carwash yesterday. It cost \$5 to wash my car"中最后一个词时，相关信息（即 carwash）和需要预测的地方之间的距离相对较大。有时，我们甚至可能需要参考前面的段落来找到预测单词的真正含义的相关信息。在这种情况下，RNN 通常表现不佳，因为它们无法将信息在短期记忆中保存足够长的时间。幸运的是，LSTM 网络没有这样的缺点。长短期记忆网络是指一种网络，其中我们试图在足够长的时间内记住过去发生的事情（即反馈；此层以前的输出），以便在需要时利用它完成任务。

从架构的角度来看，LSTM 网络中记忆的概念（即记住"过去发生的事情"）是通过将另外四层合并到典型的循环网络架构中实现的，这四层包括：三个门层，即输入门、遗忘门（也称为反馈门）和输出门，以及一个称为**恒定误差流**（CEC）的附加层，也称为集成这些门并将其与其他层交互的状态单元。每个门都是一个层，有两个输入，一个来自网络输入，另一个来自整个网络的最终输出的反馈。这些门使用 Log-sigmoid 传递函数。因此，它们的输出将在 0 和 1 之间，描述每个成分（输入、反馈或输出）应该有多少通过网络。此外，CEC 是一个层，它位于循环网络架构中的输入层和输出层之间，并应用门输出增长短期记忆。

拥有长短期记忆意味着我们希望将以前输出的影响保留更长时间。然而，我们通常希望加以区分地记住过去发生的一切。因此，门控为我们提供了选择性记住先前输出的能力。输入门将允许选择性输入进入 CEC，遗忘门将清除 CEC 不需要的先前反馈，输出门将允许来自 CEC 的选择性输出。图 6.33 是对典型 LSTM 架构的简单描述。

综上所述，LSTM 中的门负责控制通过网络的信息流，并根据输入序列动态地更改集成的时间尺度。因此，LSTM 网络能够比常规 RNN 更容易学习输入序列之间的长期依赖关系。

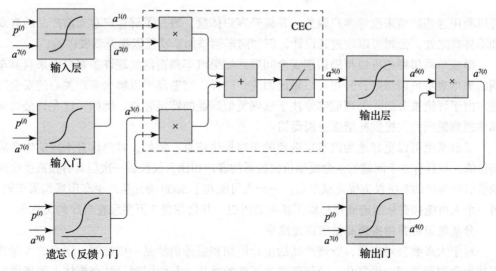

图 6.33　典型的长短期记忆网络架构

应用案例 6.7 阐述了文本处理在理解客户意见和情感的情境下的使用，以便创新地设计和开发新的和改进的产品和服务。

---

**应用案例 6.7　通过了解客户情感提供创新**

通过分析产品和客户行为能够深入了解消费者想要什么、他们如何与产品交互以及他们遇到可用性问题的地方。这些见解可以带来新功能甚至新产品的设计和开发。

了解客户情感，了解消费者对产品或品牌的真实看法是传统的痛点。客户旅程分析提供了对这些领域的洞察，但这些解决方案并非都旨在集成重要的非结构化数据来源，如呼叫中心记录或社交媒体反馈。在当今世界，非结构化记录是几乎所有行业核心通信的一部分，例如：

- ❑ 医疗专业人员记录患者观察结果。
- ❑ 汽车技术人员记录安全信息。
- ❑ 零售商跟踪社交媒体，了解消费者的评论。
- ❑ 呼叫中心监控客户反馈并做记录。

将格式自由的文本记录与其他分析数据汇集在一起是很困难的。这是因为每个行业都有独特的术语、俚语、速记用语和缩略词。寻找意义和业务见解的第一步就是将文本转换为结构化形式。这个手动过程成本高昂、耗时，并且容易出错，尤其是在数据量不断增加的情况下。一种使公司不用整理文本即可使用笔记的方法是文本聚类。这种分析技术可快速识别常用单词或短语，以得到快速见解。

**文本和笔记可带来新的和改进的产品**

利用在文本与情感分析中发现的见解和客户情感可以激发创新。例如，汽车制造商可以利用这些功能来改善客户服务，并提升客户体验。通过了解客户对当前产品的喜欢和不喜欢之处，公司可以改进其设计，例如向车辆添加新功能以提升驾驶体验。

形成单词集群还可以帮助识别安全问题。如果汽车制造商发现许多客户对来自其车辆的黑烟表示负面情绪，公司可以做出回应。同样，制造商可以解决客户关心的安全问题。由于评论被分组，公司能够专注于遇到类似问题的特定客户。例如，这允许公司向那些遇到黑烟的人提供补偿或特别促销。

了解情感可以更好地为汽车制造商的策略提供信息。例如，客户具有不同的生命周期价值。与具有多个问题的生命周期价值较低的客户相比，仅投诉一次但具有很高生命周期价值的客户的解决投诉优先级更高。一个人可能花了 5000 美元从二手车市场购买车辆。另一个人可能拥有从制造商那里购买新车的历史，并且花费 3 万美元在展厅购买汽车。

**分析笔记可帮助实现高价值商业成果**

对于大多数公司来说，管理产品的生命周期和服务仍然是一项难题。现有的大量数据使生命周期管理变得复杂，给创新带来了新的挑战。与此同时，社交媒体上消费者反馈迅速增多，使得企业无法消化、衡量或将信息纳入产品创新周期的战略，这意味着错过大量反映客户实际想法、感受和情感的情报。

文本和情感分析是这个问题的一个解决方案。从大量文本中解构主题，使公司能够了解客户对产品的普遍问题、投诉或正面 / 负面情绪。这些见解可以带来高价值的结果，例如改进产品或创建新产品，从而提供更好的用户体验，及时响应安全问题以及确定哪些产品线最受消费者欢迎。

**示例：使用"安全云"可视化汽车问题**

Teradata Art of Analytics 使用数据科学、Teradata Aster 分析和可视化技术将数据转换为一种独特的艺术作品。为了展示文本聚类提供的独特见解，数据科学家使用 Art of Analytics 创建了"安全云"。

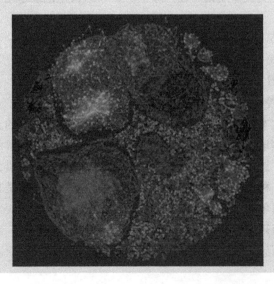

　　科学家在汽车制造商的安全检测和呼叫中心笔记上使用了先进的分析算法。该分析确定并系统地提取了嵌入数据卷中的常见单词和短语。在生成的集群图中，蓝色表示动力转向故障，粉色表示发动机停滞，黄色表示排气中的黑烟，橙色表示制动器故障。制造商可以使用此信息来测量问题有多大，以及问题是否与安全有关，如果是，则采取措施修复问题。

　　要获取可视化总结，可观看此视频：http://www.teradata.com/Resources/Videos/Art-of-Analytics-Safety-Cloud。

**针对应用案例 6.7 的问题**

1. 为什么情感分析越来越受欢迎？

2. 情感分析如何工作？它产生什么结果？

3. 除了本案例之外，你还能想到其他可以从情感分析中获益的企业和行业吗？这些企业和行业有什么共同点？

资料来源：Teradata Case Study. "Deliver Innovation by Understanding Customer Sentiments." http://assets.teradata.com/resourceCenter/downloads/CaseStudies/EB9859.pdf (accessed August 2018). Used with permission.

## LSTM 网络应用

　　LSTM 网络自 20 世纪 90 年代末出现（Hochreiter & Schmidhuber，1997）以来，已广泛应用于许多序列建模应用，包括图像字幕（即自动描述图像内容）（Vinyals 等，2017，2015；Xu 等，2015）、手写识别和生成（Graves，2013；Graves & Schmidhuber，2009；Keysers 等，2017）、文本分析（Liang 等，2016；Vinyals 等，2015）、语音识别（Graves & Jaitly，2014；Graves、Jaitly 和 Mohamed，2013；Graves、Mohamed 和 Hinton，2013）和机器翻译（Bahdanau 等，2014；Sutskever 等，2014）。

　　目前，我们生活中有许多基于语音识别的深度学习解决方案，如苹果的 Siri、Google Now、微软的 Cortana 和亚马逊的 Alexa，我们每天都在和它们交互（例如，查询天气、请求网络搜索、致电好友和在地图上查找路线）。记笔记不再是一项困难而令人沮丧的任务，因为我们可以轻松地录制演讲或讲座，在基于云的语音到文本服务平台上传数字录音，并在几秒内下载成绩单。例如，谷歌的基于云的语音到文本服务支持 120 种语言及其变体，并能够实时将语音转换为文本或使用录制的音频。谷歌服务会自动处理音频中的噪声，用逗号、问号和句点准确标记笔记。用户可以根据特定情境自定义一组术语和短语，这样谷歌服务可以适当地识别它们。

　　机器翻译是 AI 的一个子领域，它使用计算机程序将语音或文本从一种语言翻译成另一种语言。谷歌的神经机器翻译（GNMT）平台是最全面的机器翻译系统之一。GNMT 基本上是一个 LSTM 网络，它有 8 个编码器层和 8 个解码器层，由一组研究人员于 2016 年设计（Wu 等，2016）。GNMT 专门用于一次性翻译整个句子，而不是以前版本的基于短语翻译器的谷歌翻译平台。此网络通过将单词划分为一组常见的子词单元，能够自然地处理罕见单词的翻译（以前这在机器翻译中是一个挑战）。GNMT 目前支持 100 多种语言之间的自动句子翻译。图 6.34 显示了 GNMT 和翻译人员如何将一个样本句子从法语翻译成英语。它还表明，GNMT 和翻译人员对不同语言之间的翻译在人类评委的排名中非常相近。

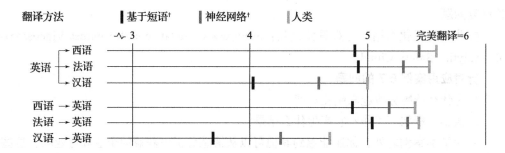

图 6.34　示例表明谷歌神经机器翻译接近人类性能

尽管机器翻译已经凭借 LSTM 进行了革命性变革，但它依然面临挑战，还远远不是完全自动化的高质量翻译。与图像处理应用一样，对于许多语言对还缺乏足够的训练数据（人工翻译）来训练网络。因此，罕见语言之间的翻译通常通过桥接语言（主要是英语）进行，这可能导致更高的错误率。

2014 年，微软推出了 Skype 翻译服务，这是一种免费语音翻译服务，包括语音识别和机器翻译，能够翻译 10 种语言的实时对话。使用这项服务，说不同语言的人可以通过 Skype 语音或视频通话相互交谈，系统会识别他们的声音，并通过翻译机器人近乎实时地为对方翻译每句话。为了提供更准确的翻译，该系统后端使用的深度网络利用会话语言（即翻译的网页、电影字幕和从社交网站用户对话中获取的随意短语）进行训练，而不是文档中常用的正式语言。然后，系统语音识别模块的输出会通过 TrueText，一种用于使文本规范化的微软技术，它能够识别人们通常在谈话中出现的错误和不流畅（例如，语音中的暂停或重复某部分的语音，或在说话时添加如"um"和"ah"的填充词），并解释它们以得到更好的翻译。图 6.35 显示了微软 Skype 翻译器中涉及的四步过程，其中每个过程都依赖于 LSTM 型深度神经网络。

第 6 章　深度学习和认知计算 ❖ 341

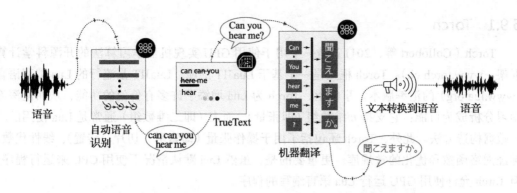

图 6.35　微软 Skype 翻译器中使用深度网络翻译语音的四步过程

> ➡ **复习题**
>
> 1. 什么是 RNN？它与 CNN 有何不同？
> 2. RNN 中的"上下文""序列"和"记忆"的意义是什么？
> 3. 绘制并解释典型循环神经网络单元的功能。
> 4. 什么是 LSTM 网络？它与 RNN 有何不同？
> 5. 列出三种不同类型的 LSTM 应用并简要描述。
> 6. 谷歌的神经机器翻译和微软 Skype 翻译器如何工作？

## 6.9　实现深度学习的计算机框架

深度学习的进步在很大程度上归功于所需的软件和硬件基础设施的进步。在过去的几十年中，GPU 革命性变革的发生使其能支持高分辨率视频以及高级视频游戏和虚拟现实应用的播放。然而，GPU 的巨大处理潜力直到几年前才有效地用于图形处理以外的用途。得益于用于通用处理 GPU（如 CPU）编程软件库如 Theano（Bergstra 等，2010）、Torch（Collobert 等，2011）、Caffe（Jia 等，2014）、PyLearn2（Goodfellow 等，2013）、Tensorflow（Abadi 等，2016）以及 MXNet（Chen 等，2015）的开发，尤其是用于深度学习和大数据分析的软件库的开发，GPU 已成为现代分析的关键推动因素。这些库的操作主要依靠 NVIDIA 开发的并行计算平台和应用编程接口（API），称为计算统一设备架构（CUDA），它使软件开发人员能够使用 NVIDIA 制造的 GPU 进行通用处理。事实上，每个深度学习框架都由高级脚本语言（例如 Python、R、Lua）和通常用 C（用于 CPU）或 CUDA（用于 GPU）编写的深度学习例程库组成。

接下来，我们将介绍一些供研究人员和从业者进行深度学习的流行软件库，包括 Torch、Caffe、TensorFlow、Theano 和 Keras，并讨论它们的特性。

### 6.9.1 Torch

Torch（Collobert 等，2011）是一个用于使用 GPU 实现机器学习算法的开源科学计算框架（www.torch.ch）。Torch 框架是一个基于 LuaJIT 的库，LuaJIT 是流行的 Lua 编程语言（www.lua.org）的汇编版本。事实上，Torch 为 Lua 增添了许多有价值的功能，从而使深度学习分析成为可能：它支持 $n$ 维数组（即张量），而表（即二维数组）通常是 Lua 使用的唯一数据构造方法。此外，Torch 还包括了用于操作张量（即索引、切片、转置）、线性代数、神经网络函数和优化的常规库。更重要的是，虽然 Lua 默认情况下使用 CPU 来运行程序，但 Torch 允许使用 GPU 运行 Lua 语言编写的程序。

LuaJIT 简单且极快的脚本特性及灵活性使 Torch 成为非常受欢迎的实用深度学习应用框架。因此，如今 Torch 的最新版本被众多深度学习领域的大型公司（包括 Facebook、谷歌和 IBM）在研究实验室以及商业应用中广泛使用。

### 6.9.2 Caffe

Caffe 是另一个开源深度学习框架（http://caffe.berkeleyvision.org），由加州大学伯克利分校博士贾扬清（2013）创建，由伯克利 AI 研究（BAIR）进一步发展。Caffe 有可用作高级脚本语言的多个选项，包括命令行、Python 和 MATLAB 接口。Caffe 中的深度学习库是用 C++ 编写的。

在 Caffe 中，一切都使用文本文件而不是代码来完成。也就是说，为了实现网络，通常需要准备两个具有 .prototxt 扩展名的文本文件，它们由 Caffe 引擎通过 JavaScript 对象表示法（JSON）格式进行通信。第一个文本文件称为架构（architecture）文件，它逐层定义网络架构，其中每个层由名称、类型（例如数据、卷积、输出）、上一层（底部）以及下一层（顶部）的名称和一些必需的参数（例如，卷积层的核大小和步长）定义。第二个文本文件称为解算器（solver）文件，它指定训练算法的属性，包括学习速率、最大迭代次数以及用于训练网络的处理单元（CPU 或 GPU）。

尽管 Caffe 支持多种深度网络架构（如 CNN 和 LSTM），但由于它处理图像文件的速度惊人，因此尤其成为图像处理的有效框架。据其开发人员称，使用单个 NVIDIA K40 GPU，它每天能够处理超过 6000 万张图像（即 1 ms/ 张）。2017 年，Facebook 发布了名为 Caffe2（www.caffe2.ai）的改进版本，旨在有效地用于 CNN 以外的深度学习架构，并特别强调了其可移植性，以便在保持可伸缩性和性能的同时执行云计算和移动计算。

### 6.9.3 TensorFlow

另一个流行的开源深度学习框架是 TensorFlow。它最初由谷歌大脑团队在 2011 年使用 Python 和 C++ 开发和编写完成并命名为 DistBelief，在 2015 年被进一步开发为 TensorFlow。TensorFlow 目前是唯一的深度学习框架，除了 CPU 和 GPU 之外，还支持张量处理单元（TPU），即谷歌在 2016 年为神经网络机器学习开发的一种处理器。事实上，

TPU 是谷歌专门为 TensorFlow 框架设计的。虽然谷歌尚未向市场提供 TPU，但据报道，它在谷歌搜索、街景、谷歌照片和谷歌翻译等许多商业服务中使用了 TPU，并有了显著的性能提升。谷歌进行的一项详细研究表明，TPU 的每瓦性能是当前 CPU 和 GPU 的 30～80 倍（Sato、Young 和 Patterson，2017）。例如，据报道（Ung，2016），在谷歌照片中，单个 TPU 每天可以处理超过 1 亿张图像（即 0.86ms/ 张）。一旦谷歌在商业应用上提供 TPU，可能会使 TensorFlow 在不远的将来远远领先于其他框架。

TensorFlow 的另一个有趣的功能是可视化模块 TensorBoard。实现深度神经网络是一项复杂的任务。TensorBoard 是一个网络应用程序，它涉及一些用于可视化网络图并绘制定量网络指标的可视化工具，旨在帮助用户更好地了解训练过程中发生的情况，并调试可能出现的问题。

## 6.9.4 Theano

2007 年，蒙特利尔大学的深度学习团队开发了 Python 库的初始版本——Theano（http:// deeplearning.net/software/theano），定义、优化和评估了涉及 CPU 或 GPU 平台上多维数组（即张量）的数学表达式。Theano 是第一批深度学习框架之一，后来成为 TensorFlow 开发人员的灵感来源。Theano 和 TensorFlow 执行了类似的过程，即在典型网络实现中都涉及两个部分：第一部分通过定义网络变量和要对它们执行的运算来构建计算图；第二部分运行该图形（在 Theano 中通过将图形编译为函数，在 TensorFlow 中通过创建会话）。事实上，在这些库中，用户通过提供一些编程初学者也可以理解的简单的和象征性的语法来定义网络结构，然后库会自动生成适当的 C（用于在 CPU 上处理）或 CUDA（用于在 GPU 上处理）代码，以实现定义的网络。因此，不了解 C 或 CUDA 编程且仅掌握 Python 基础知识的用户也能够在 GPU 平台上高效地设计和实现深度学习网络。

Theano 还包括一些内置功能，可用于可视化计算图形并绘制网络性能指标，不过其可视化功能无法与 TensorBoard 相媲美。

## 6.9.5 Keras：应用编程接口

虽然所有已描述的深度学习框架都要求用户熟悉自己的语法（通过阅读文档）才能成功训练网络，但幸运的是，还有一些更简单、更方便的方法。Keras（https://keras.io/）是一个用 Python 编写的开源神经网络库，它作为一个高级应用编程接口（API），能够在 Theano 和 TensorFlow 等各种深度学习框架上运行。本质上，Keras 就是通过极其简单的语法获取网络构建基块（即层类型、传递函数和优化器）的关键属性，即可在其中一个深度学习框架中自动生成语法并在后端运行该框架。虽然 Keras 的效率很高，可以在几分钟内构建和运行常规深度学习模型，但它不提供 TensorFlow 或 Theano 提供的几个高级运算。因此，在处理需要高级设置的特殊深度网络模型时，仍然需要直接使用这些框架，而不是使用 Keras（或其他 API，如 Lasagne）作为代理。

> **复习题**
>
> 1. 为什么尽管深度学习存在时间很短，但它有几个不同的计算框架？
> 2. 定义 CPU、NVIDIA、CUDA 和深度学习，并讨论它们之间的关系。
> 3. 列出并简要定义不同深度学习框架的特征。
> 4. 什么是 Keras？它与其他框架有何不同？

# 6.10　认知计算

我们正在见证技术进化方式的显著增长。曾经需要花费几十年时间的才能完成的工作现在只需要几个月就能实现，科幻电影中出现的技术正在一个接一个地变成现实。因此，可以肯定地说，在未来一二十年内，技术进步将以相当戏剧性的方式改变人们的生活、学习和工作。人类与技术之间的互动将变得直观、无缝衔接和透明。认知计算将在这个转变中发挥重要作用。一般来说，认知计算是指使用数学模型模拟（或部分模拟）人类认知过程的计算系统，以找到解决复杂问题和方法可能不准确的情况的解决方案。虽然认知计算一词经常与 AI 和智能搜索引擎互换使用，但该短语本身与 IBM 的认知计算机系统 Watson 及其在电视节目 *Jeopardy!* 上的成功（参见应用案例 6.8）密切相关。

根据认知计算联盟（2018），认知计算使得一类新的问题可计算化。它处理具有模糊和不确定特点的高度复杂的场景；换句话说，它处理那些被认为只有通过人类的聪明才智和创造力才能解决的问题。在当今的动态、信息丰富和不稳定的场景中，数据往往会频繁变化，并且经常发生冲突。用户的目标随着他们学到更多东西并重新定义其目标而不断发展。为了回应用户对其问题的理解的流动性，认知计算系统提供了包含信息源、影响、上下文和见解的综合体。为了达到如此高水平的性能，认知系统通常需要权衡相互冲突的证据，并提出一个"最佳"而非"正确"的答案。图 6.36 展示了认知计算的一般框架，其中数据和 AI 技术用于解决复杂的现实世界问题。

## 6.10.1　认知计算如何工作

顾名思义，认知计算的工作方式很像人类思维过程、推理机制和认知系统。这些尖端的计算系统可以查找和综合来自各种信息源的数据，并权衡数据中固有的上下文和冲突证据，从而为给定的问题提供最佳答案。为了实现这一目标，认知系统包括使用了数据挖掘、模式识别、深度学习和 NLP 的自学技术来模拟人脑的工作方式。

使用计算机系统来解决人类通常负责的问题类型，需要向机器学习算法输入大量的结构化和非结构化数据。随着时间的推移，认知系统能够改进学习和识别模式的方式，以及处理数据的方式，以便能够预测新问题、建模和提出可能的解决方案。

为了实现这些功能，认知计算系统必须具有认知计算联盟（2018）定义的以下关键属性：

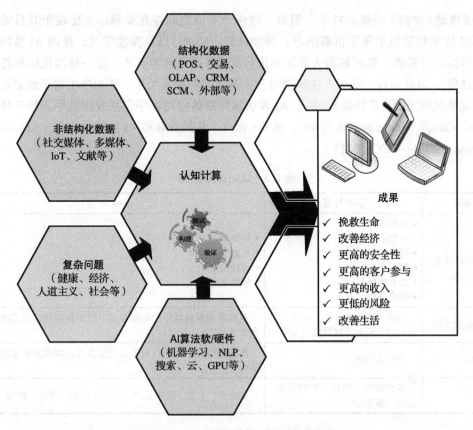

图 6.36　认知计算及其承诺的概念框架

- ❑ **适应性**：随着信息的变化和目标的发展，认知系统必须足够灵活地学习。系统必须能够实时消化动态数据，并随着数据和环境的变化做出调整。
- ❑ **交互**：人机交互（HCI）是认知系统中的一个关键组成部分。用户必须能够与认知机器交互，并随着需求的变化来定义他们的需求。这些技术还必须能够与其他处理器、设备和云平台进行交互。
- ❑ **迭代和有状态**：如果所述问题含糊不清或不完整，认知计算技术还可以通过提出问题或提取其他数据来识别问题。系统通过维护以前发生的类似情况的信息来执行此操作。
- ❑ **情境**：了解情境在思维过程中至关重要，因此认知系统必须了解、识别和挖掘情境数据，如语法、时间、地点、域、要求以及特定用户的配置文件、任务或目标。认知系统可能利用多种信息来源，包括结构化和非结构化数据以及视觉、听觉或传感器数据。

## 6.10.2　认知计算与 AI 有何不同

认知计算通常与 AI 互换使用，AI 是一个总称，代表依赖数据和科学方法 / 计算来做出（或帮助 / 支持）决策的技术。但是，这两个术语之间存在差异，主要在于其目的和应用。AI 技术包括但不限于机器学习、神经计算、NLP，以及深度学习。使用 AI 系统，特别是机器学习系统，数据被输入算法中进行处理（通常称为训练，是一种迭代的和耗费时间的过程），以便系统"学习"这些变量和变量之间的相互关系，从而产生对于给定的复杂问题或情况的预测（或特征）。基于 AI 和认知计算的应用程序包括智能助手，如亚马逊的 Alexa、Google Home 和苹果的 Siri。表 6.3 给出了认知计算和 AI 的简单比较（Reynolds 和 Feldman，2014；CCC，2018）。

表 6.3 认知计算与 AI

| 特征 | 认知计算 | AI |
| --- | --- | --- |
| 使用的技术 | • 机器学习<br>• 自然语言处理<br>• 神经网络<br>• 深度学习<br>• 文本挖掘<br>• 情感分析 | • 机器学习<br>• 自然语言处理<br>• 神经网络<br>• 深度学习 |
| 提供的功能 | 模拟人类思维过程，协助人类找到解决复杂问题的解决方案 | 查找各种数据源中的隐藏模式，以识别问题并提供潜在解决方案 |
| 目的 | 增强人的能力 | 在某些情况下，通过模拟人类的操作，实现复杂流程的自动化 |
| 行业 | 客户服务、营销、医疗保健、娱乐、服务行业 | 制造业、金融、医疗保健、银行、证券、零售、政府 |

如表 6.3 所示，AI 和认知计算之间的差异微乎其微。这是预料之中的，因为认知计算通常被描述为 AI 的子成分或为特定目的量身定制的 AI 技术应用。AI 和认知计算都采用类似的技术，并应用于类似的行业细分和垂直行业。两者的主要区别在于目的：认知计算旨在帮助人类解决复杂的问题，而 AI 则旨在自动化人类执行的过程。在极端情况下，AI 正努力用机器代替人类，并逐个执行需要"智能"的任务。

近年来，认知计算通常用于描述旨在模拟人类思维过程的 AI 系统。人类认知是从解决问题所需的许多变量中对环境、背景和意图进行实时分析。计算机系统需要多种 AI 技术来构建模拟人类思维过程的认知模型，包括机器学习、深度学习、神经网络、NLP、文本挖掘和情感分析。

一般来说，认知计算用于帮助人类进行决策。认知计算应用的一些示例包括支持医生治疗疾病。例如，IBM Waston 肿瘤学认知计算系统已在纪念斯隆凯特琳癌症中心（Memorial Sloan Kettering Cancer Center）被用于为肿瘤学家提供循证治疗方案以治疗癌症患者。当医务人员输入问题时，Watson 会生成一份假设列表，并提供治疗方案供医生考虑。AI 依靠算法来解决问题或识别隐藏在数据中的模式，而认知计算系统具有更高的目标，即创建模拟人脑推理过程的算法，以在数据和问题不断变化的情况下帮助人类解决一系列问题。

在处理复杂情况时，情境很重要，而认知计算系统使情境可计算。它们标识和提取情境特征，如时间、位置、任务、历史记录或配置文件，以显示适用于个人或在特定时间和地点参与特定流程的从属应用的特定信息集。根据认知计算联盟，它们通过大量搜索各种信息来查找模式，然后应用这些模式来响应用户在特定时刻的需求。在某种意义上，认知计算系统旨在重新定义人与日益普及的数字环境之间关系的性质。它们可以扮演助手或教练的角色，并且可以在有许多需解决问题的情况下几乎自主地行动。这些系统可能影响的过程和域的边界仍然是弹性的和突变的。其输出可能具有规定性、暗示性、启发性或仅仅是娱乐性。

认知计算在它存在的短暂时间内已被证明在许多领域和复杂情况下是有用的，并且正在演变为更多形式。认知计算的典型用例包括：

- ❏ 智能和自适应搜索引擎的开发
- ❏ 自然语言处理的有效利用
- ❏ 语音识别
- ❏ 语言翻译
- ❏ 基于情境的情感分析
- ❏ 人脸识别和面部情感检测
- ❏ 风险评估和缓解
- ❏ 欺诈检测和缓解
- ❏ 行为评估和建议

**认知分析**是一个术语，是指认知计算品牌技术平台（如 IBM Watson），它专门从事处理和分析大型非结构化数据集。通常，文字处理文档、电子邮件、视频、图像、音频文件、演示文稿、网页、社交媒体和许多其他数据格式都需要手动标记元数据，然后才能输入传统的分析引擎和大数据工具以用于计算分析和见解生成。与传统的大数据分析工具相比，利用认知分析的主要好处是，对于认知分析，不需要预先标记此类数据集。认知分析系统可以使用机器学习来适应不同的情境，而只需最少的人工监督。这些系统可以配备聊天机器人或搜索助手，用于理解查询、解释数据见解以及通过人类语言与人进行交互。

## 6.10.3　认知搜索

认知搜索是使用 AI（高级索引、NLP 和机器学习）来返回与用户更相关的结果的新一代搜索方法。Forrester 将认知搜索和知识发现解决方案定义为"采用自然语言处理和机器学习等 AI 技术来引入、理解、组织和查询来自多个数据源的数字内容的新一代企业搜索解决方案"（Gualtieri，2017）。认知搜索利用认知计算算法创建索引平台，从不可搜索的内容中创建可搜索的信息。

搜索信息是一项烦琐的任务。虽然目前的搜索引擎在及时查找相关信息方面做得非常好，但其来源仅限于互联网上的公开数据。认知搜索提出了为企业使用而量身定制的下一代搜索。它不同于传统的搜索，因为（Gualtieri，2017）：

❑ **可处理各种数据类型**。搜索不再只是文档和网页中包含的非结构化文本。认知搜索解决方案还可以容纳数据库中包含的结构化数据，甚至非传统企业数据，如来自 IoT 设备的图像、视频、音频和机器/传感器生成的日志。

❑ **可对搜索空间进行上下文化**。在信息检索中，上下文很重要。上下文由语义和含义定义，它将传统的语法/符号驱动的搜索提升到一个新的水平。

❑ **采用先进的 AI 技术**。认知搜索解决方案的显著特征是使用 NLP 和机器学习来理解和组织数据，预测搜索查询的意图，提高结果的相关性，并随着时间的推移自动调整结果的相关性。

❑ **使开发人员能够构建特定于企业的搜索应用**。搜索不仅限于企业门户中的文本框。企业构建搜索应用，并嵌入客户 360 应用、制药研究工具和许多其他商业流程应用中。如果没有强大的后台搜索，像亚马逊 Alexa、Google Now 和 Siri 这样的虚拟数字助手将毫无用处。希望为客户构建类似应用的企业也将从认知搜索解决方案中受益。认知搜索解决方案提供软件开发工具包（SDK）、API 和/或可视化设计工具，使开发人员能够将搜索引擎的强大功能嵌入其他应用中。

图 6.37 显示了搜索方法从经典关键字搜索到现代认知搜索在两个维度（即使用便捷和价值主张）的渐进式演变。

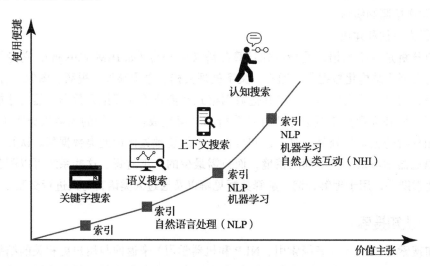

图 6.37　搜索方法的渐进式演变

## 6.10.4　IBM Watson：最佳分析

IBM Watson 也许是迄今为止构建的最智能的计算机系统。自 20 世纪 40 年代末发明计算机随后出现 AI 以来，科学家们将这些"智能"机器的性能与人类思维进行了比较。因此，在 20 世纪 90 年代中后期，IBM 的研究人员制造了一台智能机器，并利用国际象棋游戏（通常被认为是智能人类的游戏）来测试其对抗人类最佳玩家的能力。1997 年 5 月 11 日，IBM 计算机"深蓝"在六场比赛后击败了世界国际象棋特级大师："深蓝"胜两场，大师胜一场，三场平局。比赛持续了几天，得到了全世界媒体的大量报道。这是人类对决机器的经典事件。在国际象棋比赛之外，开发这种计算机智能的目的是使计算机能够处理许多情境中所需的复杂计算，如帮助发现新药，识别趋势和风险分析所需的广泛财务建模，处理大型数据库搜索，以及执行高级科学领域所需的大量计算。

几十年后，IBM 的研究人员想出了另一个可能更具挑战性的想法：一台不仅可以参与美国电视问答节目 *Jeopardy!* 还能击败最强玩家的机器。与国际象棋相比，*Jeopardy!* 更具挑战性。国际象棋是结构化的，有非常简单的规则，因此能很好地匹配计算机处理，相比之下 *Jeopardy!* 既不简单也不是结构化的。*Jeopardy!* 是一款旨在测试人类智力和创造力的游戏。因此，一台专为玩游戏而设计的计算机需要成为能够像人一样工作和思考的认知计算系统。理解人类语言固有的不精确性是成功的关键。

2010 年，IBM 的一个研究小组开发了 Watson，这是一个非凡的计算机系统——一种先进的硬件和软件的新组合，旨在回答通过自然人类语言提出的问题。Watson 是 DeepQA 项目的一部分，以 IBM 首任总裁 Thomas J. Watson 的名字命名。构建 Watson 的团队当时正在寻求解决一个重大的研究挑战：一个可以与"深蓝"的科学性和大众兴趣相媲美，并且与 IBM 的商业利益明显相关的系统。目标是通过探索计算机技术影响科学、商业和整个社会的新方法，从而推进计算科学。因此，IBM 研究进行了一项挑战，即把 Watson 打造为一个能在 *Jeopardy!* 中以人类冠军水平实时竞赛的计算机系统。该团队希望创建一个不仅能在实验室中，而且能在实际节目中收听、理解和响应的实时自动参赛者。应用案例 6.8 提供了一些 IBM Watson 参与游戏节目的详细信息。

---

**应用案例 6.8**　IBM Waston 在 *Jeopardy!* 中与最佳选手竞技

2011 年，为了测试认知能力，Watson 参加了问答节目 *Jeopardy!* 的首次人机对决赛。在两场综合点比赛中（在 2 月 14～16 日三集播出），Watson 击败了 *Jeopardy!* 史上最高总奖金得主 Brad Rutter，以及最长冠军连胜纪录（75 天）保持者 Ken Jennings。在这些竞赛中，Watson 在游戏的信号装置上始终胜过人类对手，但它很难对几个类别做出反应，尤其是那些只有几个单词的短线索。Watson 可以访问 2 亿页的结构化和非结构化内容，消耗了 4 TB 的磁盘存储。在游戏中，Watson 没有连接到互联网。

进行 *Jeopardy!* 挑战需要推进和整合各种文本挖掘与 NLP 技术，包括语法分析、问题分类、问题分解、自动来源采集和评估、实体和关系检测、逻辑形式生成以及知识表示和推理。赢得 *Jeopardy!* 需要准确计算答案的置信度。由于问题和内容模糊且有噪声，没有一种算法是完美的。因此，每个成分都必须对其输出产生置信度，并且必须组合单个成分置信度，以计算最终答案的总体置信度。最终的置信度将被用于确定计算机系统是否应该冒险选择答案。在 *Jeopardy!* 中这种置信度用于确定计算机是否"振铃"或"抢答"问题。置信度必须在阅读问题和在有机会抢答之前被计算出来，大约为 1～6 秒，平均大约 3 秒。

Watson 是计算技术及其能力快速进步的优秀范例。虽然其创造力／自然智能仍然不如人类，但像 Watson 这样的计算机系统正在不断进化，以向更好的方向改变我们生活的世界。

### 针对应用案例 6.8 的问题

1. 在你看来，Watson 最独特的特点是什么？

2. 你希望看到 Watson 在其他哪些具有挑战性的游戏中与人类竞争？为什么？

3. Watson 和人类智力的异同是什么？

资料来源：Ferrucci, D., E. Brown, J. Chu-Carroll, J. Fan, D. Gondek, D. Kalyanpur, A. Lally, J. Murdock, E. Nyberg, J. Prager, N. Schlaefer, and C. Welty. (2010). "Building Watson: An Overview of the DeepQA Project." *AI Magazine, 31*(3), pp. 59–79; IBM Corporation. (2011). "The DeepQA Project." https://researcher.watson.ibm.com/researcher/view_group.php?id=2099 (accessed May 2018).

## 6.10.5　Watson 是如何做到的

Watson 的引擎盖下有什么？它是如何工作的？Watson 背后的系统称为 DeepQA，是一种大规模并行、以文本挖掘为中心的基于证据的概率计算架构。为了 *Jeopardy!* 挑战，Watson 使用了超过 100 种不同的技术来分析自然语言，识别来源，发现和生成假设，发现证据和为证据评分，以及合并假设和给假设排名。比 IBM 团队使用的任何特定技术都重要得多的是将它们结合到 DeepQA 中的方式，因为这有助于使重叠的方法发挥它们的优势，还有助于提高准确性、置信度和速度。

DeepQA 是一种架构，其附带的方法并不特定于 *Jeopardy!* 挑战。以下是 DeepQA 中的总体原则：

❑ **大规模并行性**。Watson 需要考虑多种解释和假设，因此需要利用大量的并行性。

❑ **许多专家**。Watson 需要能够集成、应用和根据上下文评估各种松散耦合的概率问题和内容分析。

❑ **普适的置信度估计**。Watson 没有确定的答案，所有成分都产生了特征和相关的置信度，并为不同的问题和内容解释评分。底层的置信处理基板学习如何堆叠和组合分数。

❑ **深浅知识的整合**。Watson 需要平衡严格语义和浅语义的使用，利用许多松散形成的分类法。

图 6.38 阐明了 DeepQA 的高层次架构。更多有关各种架构成分及其角色和功能的技术详细信息可以在 Ferrucci 等人（2010）的文献中找到。

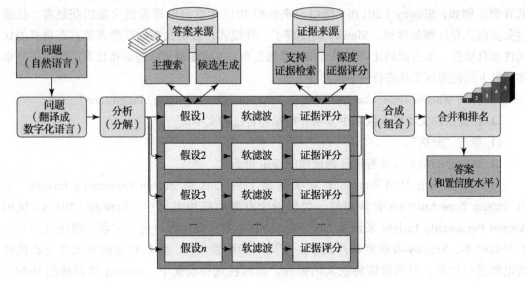

图 6.38　DeepQA 架构的高层次描述

## 6.10.6　Watson 的未来

*Jeopardy!* 挑战帮助 IBM 解决了实现 DeepQA 架构设计和 Watson 的需求。经过由约 20 名研究人员组成的核心团队三年的研发（当然还有大量的研发预算），Watson 在 *Jeopardy!* 问答节目上实现了在准确性、置信度和速度方面的人类专家水平。

节目结束后，最大的问题是"那现在怎么办"。开发 Watson 只是为了参加这个问答节目吗？绝对不是！向世界展示 Watson（及其背后的认知系统）能做什么成为下一代智能信息系统的灵感来源。对于 IBM 来说，它演示了尖端分析和计算科学的可能性。这里传达的信息是明确的：如果智能机器能在人类最擅长的事情上击败最厉害的人，那么它能为你的组织做得更多。

创新的未来技术使 Watson 成为本十年最受赞誉的技术进步之一，它成为几种工具（包括 Tone Analyzer 和 Personality Insights）的计算基础，用于为预测问题分析和描述非结构化数据。这些工具使用文本内容，展示了预测复杂社会事件和全球流行竞争结果的能力。

**Watson 预测 2017 年欧洲电视歌曲大赛的获胜者**　一种基于 IBM Watson 的工具是 Waston Tone Analyzer，它使用计算语言学来识别书面文本中的音调。其更大的目标是让业务经理了解目标客户群体的帖子、对话和通信，并及时响应他们的需求和想法。例如，可以使用此工具来分析社交媒体和其他基于网络的内容，包括帖文、推文、产品评论和讨论板以及较长的文档（如文章和博客）。或者，可以使用它来分析客户服务交互和支持相关对话。尽管似乎任何其他基于文本的检测系统都可以在情感分析的基础上进行分析，但 Tone Analyzer 可以分析和描述文本内容。它使用 Big-5（即五类个性特征：开放性、认同性、自觉性、外向性和神经质）来衡量社会倾向和观点，并用其他情感类别来检测给定文本内容的音调。例如，Slowey（2017b）使用它来预测 2017 年欧洲电视歌曲大赛的获胜者。仅通过分析前几年比赛的歌词，Slowey 就发现了一种模式，表明大多数获胜者都具有很高的认同性和自觉性。他预测的比赛结果（在比赛前公布）表明葡萄牙队将赢得比赛，而这正是事实。以下是使用该工具进行分析的步骤：

- ❑ 转到 Watson Tone Analyzer（https://tone-analyzer-demo.ng.bluemix.net）。
- ❑ 在提供的文本输入区域中复制并粘贴你自己的文本。
- ❑ 单击"分析"。
- ❑ 观察总结结果以及特定音调最强的特定句子。

另一个建立在 IBM Watson 语言学基础上的工具是 Waston Personality Insight，它与 Watson Tone Analyzer 非常相似。在另一个有趣的应用案例中，Slowey（2017a）使用 Watson Personality Insight 来预测 2017 年奥斯卡金像奖最佳影片的获奖者。使用过去几年电影的剧本，Slowey 为获奖者开发了一个通用的配置文件，然后将该配置文件与新提名的电影进行比较，以确定即将获奖的影片。虽然在这种情况下，Slowey 错误地把 Hidden Figures 预测为赢家，但她采用的方法是独一无二和创新的，因此值得赞扬。要亲自尝试该工具，只需转到 https://personality-insights-demo.ng.bluemix.net/，将你自己的文本内容复制并粘贴到"文本正文"部分，并观察结果。

Watson（或 Watson 式的大规模认知计算系统）最有价值的应用之一是帮助医生和其他医疗专业人员诊断疾病，并确定患者的最佳治疗方案。虽然 Watson 是新的，但这个非常新颖和有价值的任务对计算世界来说并不新鲜。20 世纪 70 年代初，斯坦福大学的几位研究人员开发了一个计算机系统 MYCIN，用于识别引起严重感染（如菌血症和脑膜炎）的细菌，并为患者推荐根据其特异性调整的抗生素剂量（Buchanan 和 Shortliffe，1984）。这六年的努力依赖于一个基于规则的专家系统，它是一种 AI 系统，其中诊断和治疗知识／规则从大量专家（即在特定医疗领域具有丰富经验的医生）那里获得。然后，对新患者进行了测试，并将其性能与用作知识来源／专家的有经验的医生的效果进行比较。这些结果有利于 MYCIN，提供了一个明确的信号，表明正确设计和实施的基于 AI 的计算机系统可以达到（甚至超过）最好的医学专家的有效性和效率。四十多年后，Watson 现在试图延续 MYCIN 的使命，即通过提供所需的上下文信息来帮助医生更好、更快速地诊断和治疗患者，从而实现使用智能计算机系统改善人类的健康和福祉。

首先利用 Watson 的行业是医疗保健，其次是安全、金融、零售、教育、公共服务和研究。下面简要说明 Watson 可以为这些行业所做的（在许多情况下，也包括正在做的）事情。

**医疗保健和医药** 医疗保健今天面临着相当大规模且多方面的挑战。随着美国人口老龄化（部分原因可能是生活条件改善和各种技术创新推动的医疗发现），对医疗保健服务的需求增长快于资源供应。众所周知，当供求失衡时，价格会上涨，质量就会受到影响。因此，我们需要像 Watson 这样的认知系统来帮助决策者优化其资源在临床和管理环境中的使用。

据医疗保健专家称，医生用于诊断和治疗患者的知识只有 20% 是基于证据的。考虑到现有的医疗信息量每五年翻一番，而且这些数据大部分是非结构化的，医生根本没有时间阅读所有可以帮助他们跟上最新研究进展的期刊。鉴于日益增长的对服务的需求以及医疗决策的复杂性，医疗保健提供商如何解决这些问题？答案可能是使用 Watson 或类似认知系统，这些系统能够通过分析大量数据（无论是来自电子医疗记录数据库的结构化数据，还是来自医生笔记和出版文献的非结构化数据文本）为更快更好的决策提供证据，来帮助医生诊断和治疗患者。首先，医生和患者可以通过自然语言向系统描述症状和其他相关因素。然后，Watson 可以识别关键信息，并挖掘患者数据，以查找有关家族史、当前药物和其他现有疾病的相关事实。然后，它可以将这些信息与当前测试结果相结合，然后通过检查各种数据源（治疗指南、电子病历数据、医生和护士的笔记，以及同行评审的研究和临床研究）来形成和测试潜在诊断的假设。接下来，Watson 可以为潜在的诊断和治疗选项提供建议，并对每个建议进行置信度评级。

　　Watson 还能智能合成在各种渠道上发表的零散研究成果，从而改变医疗保健。它可以极大地改变医学学生的学习方式，还可以帮助医疗保健经理积极主动地应对即将到来的需求模式，优化分配资源，并改进付款的处理。早期使用 Watson 式认知系统的主要医疗保健提供商有 MD Anderson、克利夫兰诊所和纪念斯隆凯特林癌症中心。

　　**安全**　随着互联网扩展到我们生活的方方面面（电子商业、电子商务、能源智能电网、用于远程控制住宅设备和应用的智能家居），事务变得更容易管理，而这也提高了居心不良的人侵入我们的生活的可能性。我们需要像 Watson 这样的智能系统，它能够持续监控异常行为，并在发现时防止人们侵入我们的生活并伤害我们。这既可能关系到企业甚至国家安全系统，也关系到个人。这样一个智能系统可以了解我们是谁，并成为一个数字守护者，可以推断与我们的生活有关的活动，并在发生异常时提醒我们。

　　**金融**　金融服务业面临着复杂的挑战。监管措施以及社会和政府要求金融机构更具包容性的压力已经加大。行业服务的客户比以往任何时候都更强势、高要求和成熟。由于每天产生如此多的财务信息，很难恰当地利用合适的信息来采取行动。也许解决方案是通过更好地了解风险配置文件和运营环境来创造更智能的客户参与。各大金融机构已经与 Watson 合作，为其业务流程注入智能。Watson 正在应对金融服务行业的数据密集型挑战，包括银行业务、财务规划和投资。

　　**零售**　零售业正在随着客户的需求迅速变化。由于移动设备和社交网络赋予人们前所未有的便捷访问更多信息的能力，客户对产品和服务寄予厚望。虽然零售商使用分析来回应这些期望，但更大的挑战是高效并有效地分析可为其提供竞争优势的不断增长的实时见解。Watson 与分析大量非结构化数据相关的认知计算功能可以帮助零售商围绕定价、采购、分销和人员配置重塑其决策过程。由于 Watson 能够理解和回答用自然语言提出的问题，因此 Watson 是一个能够基于社交互动、博客和客户评论获得的数据，分析和响应社交情绪的有效且可扩展的解决方案。

　　**教育**　随着学生特征的迅速变化——他们更注重视觉 / 刺激，经常接触社交媒体和社交网络，注意力持续时间越来越短，教育和课堂的未来应该是什么样子？下一代教育系统应该是定制的，以满足新一代的需求，包括定制的学习计划、个性化教科书（带有集成多媒体，包括音频、视频、动画图表等的数字教科书）、动态调整的课程以及智能数字导师和全天候个人顾问。Watson似乎拥有实现这些所需要的一切。凭借NLP功能，它可以像老师、顾问和朋友一样与学生交谈。这个聪明的助手可以回答学生的问题，满足他们的好奇心，帮助他们跟上教育之旅的脚步。

**政府**　对于政府来说，大数据的指数级增长带来了巨大的挑战。今天的公民比以往任何时候都更信息灵通和强势，这意味着他们对公共服务部门有很高的期望。政府组织现在可以收集大量的未经结构化、未经验证的数据，这些数据可以为其公民服务，但前提是能够高效且有效地分析这些数据。IBM Watson的认知计算可能有助于理解这些数据，加快政府的决策过程，并帮助政府员工专注于创新和发现。

**研究**　每年有数千亿美元用于研发，其中大部分成果记录在专利和出版物中，创造了大量的非结构化数据。为了帮助现有的研究，人们需要筛选这些数据源，以找到特定领域研究的外部边界。如果用传统手段完成，则会非常困难，但Watson可以充当研究助理，帮助收集和综合信息，让人们了解最近的发现和见解。例如，纽约基因组中心正在使用IBM Watson认知计算系统来分析被诊断为高度恶性脑癌的患者的基因组数据，并更快速地提供个性化的治疗方案（Royyuru，2014）。

### ➤ 复习题

1. 什么是认知计算？它与其他计算范式有何不同？
2. 绘制认知计算的概念框架并解释。请确保在框架中包括输入、推动因素和预期结果。
3. 列出并简要定义认知计算的关键属性。
4. 认知计算与普通AI技术有何不同？
5. 认知分析的典型用例是什么？
6. 解释认知分析和认知搜索的含义。
7. IBM Watson是什么？它对于计算世界的意义是什么？
8. Watson是如何工作的？
9. 列出并简要解释IBM Watson的五个用例。

## 本章要点

- ❑ 深度学习是AI的最新趋势之一，拥有极大的前景。
- ❑ 深度学习的目标与其他机器学习方法相似，即使用复杂的数学算法以类似于人类学习的方式从数据中学习。
- ❑ 深度学习为传统的机器学习方法增加了能够自动获取完成高度复杂的和非结构化的任务所需的功能。

- 深度学习属于 AI 学习体系中的表示学习。
- 深度学习的出现和普及在很大程度上归因于非常大的数据集和快速推进的计算基础架构。
- 人工神经网络模拟人脑的工作方式,其基本处理单元是神经元,多个神经元被分组到层中并连接在一起。
- 在神经网络中,知识存储在与神经元之间的连接相关的权重中。
- 反向传播是前馈神经网络最流行的学习范式。
- MLP 型神经网络由输入层、输出层和多个隐藏层组成。一层中的节点连接到下一层中的节点。
- 输入层中的每个节点通常表示可能影响预测的单个属性。
- 神经网络中学习过程通常包括三个步骤:根据输入和随机权重计算临时输出;使用期望目标计算输出;调整权重并重复该过程。
- 开发基于神经网络的系统需要分步处理,包括数据准备和预处理、训练和测试,以及将经过训练的模型转换为生产系统。
- 神经网络软件允许对许多模型进行简单的实验。尽管神经网络模块包含在所有主要的数据挖掘软件工具中,但也有特定的神经网络包可用。
- 神经网络应用在所有商务学科以及其他功能领域几乎无处不在。
- 当使用相对较小的数据集训练神经网络并进行大量迭代时,就会发生过拟合。为了防止过拟合,训练过程由使用单独验证数据集的评估过程控制。
- 神经网络被称为黑箱模型。灵敏度分析通常用于阐明黑箱原理,以评估输入特征的相对重要性。
- 深度神经网络打破了普遍接受的概念,即"制定复杂的预测问题不需要超过两个隐藏层"。它们包含任意数量的隐藏层,以便更好地表示数据集的复杂性。
- MLP 深度网络,也称为深度前馈网络,是最通用的深度网络类型。
- 随机权重对深度 MLP 学习过程的影响是一个重要问题。初始权重的非随机分配似乎显著改善了深度 MLP 中的学习过程。
- 尽管没有普遍接受的理论基础,但我们相信并有实证显示,在深层 MLP 网络中,多层比具有多个神经元的少数层表现更好,收敛速度更快。
- CNN 可以说是最流行、最成功的深度学习方法。
- CNN 最初专为计算机视觉应用(例如图像处理、视频处理、文本识别)而设计,但也已被证明适用于非图像或非文本数据集。
- 卷积网络的主要特征是至少有一层包含卷积权重函数,而不是一般矩阵乘法。
- 卷积函数是通过引入参数共享的概念来解决网络权重参数过多的问题的方法。
- 在 CNN 中,卷积层后面通常跟随着另一层,称为池化层(也称为子采样层)。池化层的目的是整合输入矩阵中的元素,以便在保持重要特征的同时生成较小的输出矩阵。
- ImageNet 是一个正在进行的研究项目,它为研究人员提供了一个大型图像数据库,每个图像都链接到 WordNet(单词层次结构数据库)中的一组同义词(称为同义词集)。
- AlexNet 是使用 ImageNet 数据集为图像分类而设计的首批卷积网络之一。它的成功迅速普及了 CNN 的使用和声誉。
- GoogLeNet(又名 Inception)是一个由谷歌研究人员设计的深层卷积网络架构,也是 ILSVRC 2014 的获奖架构。
- Google Lens 是一个应用,它使用深度学习人工神经网络算法来提供用户拍摄的图像的信息。
- 谷歌的 word2vec 项目显著地增加了 CNN 型深度学习在文本挖掘应用中的使用。
- RNN 是另一种用来处理顺序输入的深度学习架构。

- ❏ RNN 在确定上下文特定、与时间相关的结果时，具有记忆来记住以前的信息。
- ❏ LSTM 网络是 RNN 的变体，它被称为当今最有效的序列建模技术，是许多实际应用的基础。
- ❏ 两个新兴的 LSTM 应用程序是谷歌神经机器翻译和微软 Skype 翻译器。
- ❏ 深度学习实现框架包括 Torch、Caffe、TensorFlow、Theano 和 Keras。
- ❏ 认知计算通过处理以模糊性和不确定性为特征的高度复杂的情况，使一类新的问题具有可计算性；换句话说，它处理那些被认为只能通过人类的聪明才智和创造力解决的问题。
- ❏ 认知计算查找和综合来自各种信息源的数据，并权衡数据固有的上下文和冲突证据，以便为给定的疑问或问题提供最佳答案。
- ❏ 认知计算的关键属性包括适应性、交互性、迭代性、状态性和上下文性。
- ❏ 认知分析是一个术语，是指认知计算品牌技术平台（如 IBM Watson），它专门从事大型非结构化数据集的处理和分析。
- ❏ 认知搜索是使用 AI（高级索引、NLP 和机器学习）来返回与传统搜索方法相比与客户更相关的结果的新一代搜索方法。
- ❏ IBM Watson 也许是迄今为止构建的最智能的计算机系统。它创造了并推广了认知计算一词。
- ❏ IBM Watson 在问答游戏 *Jeopardy!* 上击败了人类（两个优胜者），展示了计算机完成为人类智能设计的任务的能力。
- ❏ Watson 和类似系统现已在包括医疗保健、金融、安全和零售的许多应用领域中得到应用。

# 讨论

**1.** 什么是深度学习？深度学习能做哪些传统的机器学习方法不能做的事？

**2.** 列出并简要解释 AI 中不同的学习模式 / 方法。

**3.** 什么是表示学习？它与机器学习和深度学习有何关系？

**4.** 列出并简要描述最常用的 ANN 激活函数。

**5.** 什么是 MLP？它是如何工作的？解释 MLP 型 ANN 中求和以及激活权重的功能。

**6.** 列出并简要描述执行神经网络项目的九个步骤。

**7.** 绘制并简要解释 ANN 中学习的三步过程。

**8.** 反向传播学习算法如何工作？

**9.** ANN 学习中的过拟合是什么？它是如何发生的？如何防止它发生？

**10.** 所谓的黑箱综合征是什么？为什么能够解释 ANN 的模型结构很重要？

**11.** 灵敏度分析在 ANN 中是如何工作的？搜索其他方法来解释 ANN 方法。

**12.** 深度神经网络中的“深度”是什么意思？将深度神经网络与浅神经网络进行比较。

**13.** 什么是 GPU？它与深度神经网络有何关系？

**14.** 前馈多层感知器型深度网络如何工作？

**15.** 评论随机权重在开发深度 MLP 中的影响。

**16.** 哪种策略更好：更多的隐藏层还是更多的神经元？

**17.** 什么是 CNN？

**18.** 哪些类型的应用可以使用 CNN？

**19.** CNN 的卷积函数是什么？它是如何工作的？

**20.** CNN 中的池化是什么？它是如何工作的？

**21.** 什么是 ImageNet？它与深度学习有何关系？

22. AlexNet 的意义是什么？绘制并描述其架构。

23. 什么是 GoogLeNet？它是如何工作的？

24. CNN 如何处理文字？什么是嵌入？它是如何工作的？

25. 什么是 word2vec？它在传统文本挖掘上增加了什么？

26. 什么是 RNN？它与 CNN 有何不同？

27. RNN 中的上下文、序列和记忆的意义是什么？

28. 绘制并解释典型循环神经网络单元的功能。

29. 什么是 LSTM 网络？它与 RNN 有何不同？

30. 列出并简要描述三种不同类型的 LSTM 应用。

31. 谷歌的神经机器翻译和微软 Skype 翻译器如何工作？

32. 为什么虽然深度学习实现时间较短，但有一些不同的计算框架？

33. 定义和评论 CPU、NVIDIA、CUDA 及深度学习之间的关系。

34. 列出并简要定义不同深度学习框架的特征。

35. 什么是 Keras？它与其他框架有何不同？

36. 什么是认知计算？它与其他计算范式有何不同？

37. 绘制图表并解释认知计算的概念框架。请确保在框架中包括输入、推动因素和预期结果。

38. 列出并简要定义认知计算的关键属性。

39. 认知计算与普通 AI 技术有何不同？

40. 认知分析的典型用例是什么？

41. 什么是认知分析？什么是认知搜索？

42. 什么是 IBM Watson？它对于计算世界的意义是什么？

43. IBM Watson 是如何工作的？

44. 列出并简要解释 IBM Watson 的五个用例。

# 参考文献

Abad, M., P. Barham, J. Chen, Z. Chen, A. Davis, J. Dean, . . . M. Isard. (2016). "TensorFlow: A System for Large-Scale Machine Learning." *OSDI, 16*, pp. 265–283.

Altman, E. I. (1968). "Financial Ratios, Discriminant Analysis and the Prediction of Corporate Bankruptcy." *The Journal of Finance, 23*(4), pp. 589–609.

Bahdanau, D., K. Cho, & Y. Bengio. (2014). "Neural Machine Translation by Jointly Learning to Align and Translate." ArXiv Preprint ArXiv:1409.0473.

Bengio, Y. (2009). "Learning Deep Architectures for AI." *Foundations and Trends® in Machine Learning, 2*(1), pp. 1–127.

Bergstra, J., O. Breuleux, F. Bastien, P. Lamblin, R. Pascanu, G. Desjardins, . . . Y. Bengio. (2010). "Theano: A CPU and GPU Math Compiler in Python." *Proceedings of the Ninth Python in Science Conference*, Vol. 1.

Bi, R. (2014). "When Watson Meets Machine Learning." **www.kdnuggets.com/2014/07/watson-meets-machine-learning.html** (accessed June 2018).

Boureau, Y.-L., N. Le Roux, F. Bach, J. Ponce, & Y. LeCun. (2011). "Ask the Locals: Multi-Way Local Pooling for Image Recognition." *Proceedings of the International Computer Vision (ICCV'11) IEEE International Conference*, pp. 2651–2658.

Boureau, Y.-L., J. Ponce, & Y. LeCun. (2010). "A Theoretical Analysis of Feature Pooling in Visual Recognition." *Proceedings of International Conference on Machine Learning (ICML'10)*, pp. 111–118.

Buchanan, B. G., & E. H. Shortliffe. (1984). *Rule Based Expert Systems: The MYCIN Experiments of the Stanford Heuristic Programming Project*. Reading, MA: Addison-Wesley.

Cognitive Computing Consortium. (2018). **https://cognitivecomputingconsortium.com/resources/cognitive-computing-defined/#1467829079735-c0934399-599a** (accessed July 2018).

Chen, T., M. Li, Y. Li, M. Lin, N. Wang, M. Wang, . . . Z. Zhang. (2015). "Mxnet: A Flexible and Efficient Machine Learning Library for Heterogeneous Distributed Systems." ArXiv Preprint ArXiv:1512.01274.

Collobert, R., K. Kavukcuoglu, & C. Farabet. (2011). "Torch7: A Matlab-like Environment for Machine Learning." BigLearn, NIPS workshop.

Cybenko, G. (1989). "Approximation by Superpositions of a Sigmoidal Function." *Mathematics of Control, Signals and Systems, 2*(4), 303–314.

DeepQA. (2011). "DeepQA Project: FAQ, IBM Corporation." **https://researcher.watson.ibm.com/researcher/view_group.php?id=2099** (accessed May 2018).

Delen, D., R. Sharda, & M. Bessonov, M. (2006). "Identifying Significant Predictors of Injury Severity in Traffic Accidents Using a Series of Artificial Neural Networks." *Accident Analysis & Prevention*, 38(3), 434–444.

Denyer, S. (2018, January). "Beijing Bets on Facial Recognition in a Big Drive for Total Surveillance." *The Washington Post*. **https://www.washingtonpost.com/news/world/wp/2018/01/07/feature/in-china-facial-recognition-is-sharp-end-of-a-drive-for-total-surveillance/?noredirect=on&utm_term=.e73091681b31**.

Feldman, S., J. Hanover, C. Burghard, & D. Schubmehl. (2012). "Unlocking the Power of Unstructured Data." IBM White Paper. **http://.www-01.ibm.com/software/ebusiness/jstart/downloads/unlockingUnstructuredData.pdf**. (accessed May 2018).

Ferrucci, D., E. Brown, J. Chu-Carroll, J. Fan, D. Gondek, Kalyanpur, A. A. Lally, J. W. Murdock, E. Nyberg, J. Prager, N. Schlaefer, & C. Welty. (2010). "Building Watson: An Overview of the DeepQA Project." *AI Magazine, 31*(3), pp. 59–79.

Goodfellow, I., Y. Bengio, & A. Courville. (2016). "Deep Learning." Cambridge, MA: MIT Press.

Goodfellow, I. J., D. Warde-Farley, P. Lamblin, V. Dumoulin, M. Mirza, R. Pascanu, . . . Y. Bengio. (2013). "Pylearn2: A Machine Learning Research Library." ArXiv Preprint ArXiv:1308.4214.

Graves, A. (2013). "Generating Sequences with Recurrent Neural Networks." ArXiv Preprint ArXiv:1308.0850.

Graves, A., & N. Jaitly. (2014). "Towards End-to-End Speech Recognition with Recurrent Neural Networks." *Proceedings on International Conference on Machine Learning*, pp. 1764–1772.

Graves, A., N. Jaitly, & A. Mohamed. (2013). "Hybrid Speech Recognition with Deep Bidirectional LSTM." IEEE Workshop on Automatic Speech Recognition and Understanding, pp. 273–278.

Graves, A., A. Mohamed, & G. Hinton. (2013). "Speech Recognition with Deep Recurrent Neural Networks." IEEE Acoustics, Speech and Signal Processing (ICASSP) International Conference, pp. 6645–6649.

Graves, A., & J. Schmidhuber. (2009). "Offline Handwriting Recognition with Multidimensional Recurrent Neural Networks." *Advances in Neural Information Processing Systems*. Cambridge, MA: MIT Press, pp. 545–552.

Gualtieri, M. (2017). "Cognitive Search Is the AI Version of Enterprise Search, Forrester." **go.forrester.com/blogs/17-06-12-cognitive_search_is_the_ai_version_of_enterprise_search/** (accessed July 2018).

Haykin, S. S. (2009). *Neural Networks and Learning Machines*, 3rd ed. Upper Saddle River, NJ: Prentice Hall.

He, K., X. Zhang, S. Ren, & J. Sun. (2015). "Delving Deep into Rectifiers: Surpassing Human-Level Performance on Imagenet Classification." *Proceedings of the IEEE International Conference on Computer Vision*, pp. 1026–1034.

Hinton, G. E., S. Osindero, & Y.-W. Teh. (2006). "A Fast Learning Algorithm for Deep Belief Nets." *Neural Computation, 18*(7), 1527–1554.

Hochreiter, S., & J. Schmidhuber (1997). "Long Short-Term Memory." *Neural Computation, 9*(8), 1735–1780.

Hornik, K. (1991). "Approximation Capabilities of Multilayer Feedforward Networks." *Neural Networks, 4*(2), 251–257.

IBM. (2011). "IBM Watson." **www.ibm.com/watson/** (accessed July 2017).

Jia, Y. (2013). "Caffe: An Open Source Convolutional Architecture for Fast Feature Embedding." **http://Goo.Gl/Fo9YO8** (accessed June 2018).

Jia, Y., E. Shelhamer, J. Donahue, S. Karayev, J. Long, R. Girshick, . . . T. Darrell, T. (2014). "Caffe: Convolutional Architecture for Fast Feature Embedding." *Proceedings of the ACM International Conference on Multimedia*, pp. 675–678.

Keysers, D., T. Deselaers, H. A. Rowley, L.-L. Wang, & V. Carbune. (2017). "Multi-Language Online Handwriting Recognition." *IEEE Transactions on Pattern Analysis and Machine Intelligence, 39*(6), pp. 1180–1194.

Krizhevsky, A., I. Sutskever, & G. Hinton. (2012). "Imagenet Classification with Deep Convolutional Neural Networks." *Advances in Neural Information Processing Systems*, pp. 1097–1105S.

Kumar, S. (2017). "A Survey of Deep Learning Methods for Relation Extraction." **http://arxiv.org/abs/1705.03645**. (accessed June 2018)

LeCun, Y., B. Boser, J. S. Denker, D. Henderson, R. E. Howard, W. Hubbard, & L. D. Jackel. (1989). "Backpropagation Applied to Handwritten ZIP Code Recognition." *Neural Computation, 1*(4), 541–551.

Liang, X., X. Shen, J. Feng, L. Lin, & S. Yan. (2016). "Semantic Object Parsing with Graph LSTM." *European Conference on Computer Vision*. New York, NY: Springer, pp. 125–143.

Mahajan, D., R. Girshick, V. Ramanathan, M. Paluri, & L. van der Maaten. (2018). "Advancing State-of-the-Art Image Recognition with Deep Learning on Hashtags." **https://code.facebook.com/posts/1700437286678763/advancing-state-of-the-art-image-recognition-with-deep-learning-on-hashtags/**. (accessed June 2018)

Mikolov, T., K. Chen, G. Corrado, & J. Dean. (2013). "Efficient Estimation of Word Representations in Vector Space." ArXiv Preprint ArXiv:1301.3781.

Mikolov, T., I. Sutskever, K. Chen, G. S. Corrado, & J. Dean. (2013). "Distributed Representations of Words and Phrases and Their Compositionality" *Advances in Neural Information Processing Systems*, pp. 3111–3119.

Mintz, M., S. Bills, R. Snow, & D. Jurafsky. (2009). "Distant Supervision for Relation Extraction Without Labeled Data." *Proceedings of the Joint Conference of the Forty-Seventh Annual Meeting of the Association for Computational Linguistics and the Fourth International Joint Conference on Natural Language Processing of the AFNLP*, Vol. 2, pp. 1003–1011.

Mozur, P. (2018, June 8). "Inside China's Dystopian Dreams: A.I., Shame and Lots of Cameras." *The New York Times*, issue June 8, 2018.

Nguyen, T. H., & R. Grishman. (2015). "Relation Extraction: Perspective from Convolutional Neural Networks." *Proceedings of the First Workshop on Vector Space Modeling for Natural Language Processing*, pp. 39–48.

Olson, D. L., D. Delen, and Y. Meng. (2012). "Comparative Analysis of Data Mining Models for Bankruptcy Prediction." *Decision Support Systems, 52*(2), pp. 464–473.

Principe, J. C., N. R. Euliano, and W. C. Lefebvre. (2000). *Neural and Adaptive Systems: Fundamentals Through Simulations.* New York: Wiley.

Reynolds, H., & S. Feldman. (2014, July/August). "Cognitive Computing: Beyond the Hype." *KM World, 23*(7), p. 21.

Riedel, S., L. Yao, & A. McCallum. (2010). "Modeling Relations and Their Mentions Without Labeled Text." *Joint European Conference on Machine Learning and Knowledge Discovery in Databases.*, New York, NY: Springer, pp. 148–163

Robinson, A., J. Levis, & G. Bennett. (2010, October). "Informs to Officially Join Analytics Movement." *ORMS Today*.

Royyuru, A. (2014). "IBM's Watson Takes on Brain Cancer: Analyzing Genomes to Accelerate and Help Clinicians Personalize Treatments." Thomas J. Watson Research Center, **www.research.ibm.com/articles/genomics.shtml** (accessed September 2014).

Rumelhart, D. E., G. E. Hinton, & R. J. Williams. (1986). "Learning Representations by Back-Propagating Errors." *Nature, 323*(6088), pp. 533.

Russakovsky, O., J. Deng, H. Su, J. Krause, S. Satheesh, S. Ma, . . . M. Bernstein. (2015). "Imagenet Large Scale Visual Recognition Challenge." *International Journal of Computer Vision, 115*(3), 211–252.

Sato, K., C. Young, & D. Patterson. (2017). "An In-Depth Look at Google's First Tensor Processing Unit (TPU)." **https://cloud.google.com/blog/big-data/2017/05/an-in-depth-look-at-googles-first-tensor-processing-unit-tpu.** (accessed June 2018)

Scherer, D., A. Müller, & S. Behnke. (2010). "Evaluation of Pooling Operations in Convolutional Architectures for Object Recognition." *International Conference on Artificial Neural Networks.*, New York, NY: Springer, 92–101.

Slowey, L. (2017a, January 25). "Winning the Best Picture Oscar: IBM Watson and Winning Predictions." **https://www.ibm.com/blogs/internet-of-things/best-picture-oscar-watson-predicts/**(accessed August 2018).

Slowey, L. (2017b, May 10). "Watson Predicts the Winners: Eurovision 2017." **https://www.ibm.com/blogs/internet-of-things/eurovision-watson-tone-predictions/**(accessed August 2018).

Sutskever, I., O. Vinyals, & Q. V. Le. (2014). "Sequence to Sequence Learning with Neural Networks. *Advances in Neural Information Processing Systems*, pp. 3104–3112.

Ung, G. M. (2016, May). "Google's Tensor Processing Unit Could Advance Moore's Law 7 Years into the Future." *PC-World.* **https://www.pcworld.com/article/3072256/google-io/googles-tensor-processing-unit-said-to-advance-moores-law-seven-years-into-the-future.html (accessed** July **2018)**.

Vinyals, O., L. Kaiser, T. Koo, S. Petrov, I. Sutskever, & G. Hinton, G. (2015). "Grammar As a Foreign Language." *Advances in Neural Information Processing Systems*, pp. 2773–2781.

Vinyals, O., A. Toshev, S. Bengio, & D. Erhan. (2015). "Show and Tell: A Neural Image Caption Generator." *Proceedings of the IEEE Conference on Computer Vision and Pattern Recognition (CVPR)*, pp. 3156–3164.

Vinyals, O., A. Toshev, S. Bengio, & D. Erhan. (2017). "Show and Tell: Lessons Learned from the 2015 MSCOCO Image Captioning Challenge." *Proceedings of the IEEE Transactions on Pattern Analysis and Machine Intelligence, 39*(4), 652–663.

Wilson, R. L., & R. Sharda. (1994). "Bankruptcy Prediction Using Neural Networks." *Decision Support Systems, 11*(5), 545–557.

Wu, Y., M. Schuster, Z. Chen, Q. V. Le, M. Norouzi, W. Macherey, & K. Macherey. (2016). "Google's Neural Machine Translation System: Bridging the Gap Between Human and Machine Translation." ArXiv Preprint ArXiv:1609.08144.

Xu, K., J. Ba, R. Kiros, K. Cho, A. Courville, R. Salakhudinov, & Y. Bengio. (2015). "Show, Attend and Tell: Neural Image Caption Generation with Visual Attention." *Proceedings of the Thirty-Second International Conference on Machine Learning*, pp. 2048–2057.

Zeng, D., K. Liu, S. Lai, G. Zhou, & J. Zhao (2014). "Relation Classification via Convolutional Deep Neural Network." **http://doi.org/http://aclweb.org/anthology/C/C14/C14-1220.pdf.** (accessed June 2018).

Zhou, Y.-T., R. Chellappa, A. Vaid, & B. K. Jenkins. (1988). "Image Restoration Using a Neural Network." *IEEE Transactions on Acoustics, Speech, and Signal Processing, 36*(7), pp. 1141–1151.

Chapter 7 第 7 章

# 文本挖掘、情感分析和社交分析

**学习目标**

- ❑ 描述文本分析并了解文本挖掘的需求。
- ❑ 区分文本分析、文本挖掘和数据挖掘。
- ❑ 了解文本挖掘的不同应用领域。
- ❑ 了解文本挖掘项目的执行过程。
- ❑ 了解将结构引入基于文本的数据的不同方法。
- ❑ 描述情感分析。
- ❑ 熟悉情感分析的流行应用。
- ❑ 了解情感分析的常用方法。
- ❑ 熟悉与情感分析相关的语音分析。
- ❑ 了解 Web 分析的三个方面：内容、结构和使用情况挖掘。
- ❑ 了解社交分析，包括社交媒体分析和社交网络分析。

本章全面概述文本分析 / 挖掘和 Web 分析 / 挖掘以及它们的流行应用领域，如搜索引擎、情感分析和社交网络 / 媒体分析。正如我们所见证的那样，近年来，通过物联网（Web、传感器网络、支持射频识别（RFID）的供应链系统、监视网络等）生成的非结构化数据呈指数级增长，并且没有迹象表明其速度放慢。数据这种不断变化的性质迫使组织将文本和 Web 分析作为其商务智能 / 分析基础结构的关键部分。

# 7.1　开篇小插曲：Amadori 集团将消费者情感转化为近实时销售

## 背景

Amadori 集团是意大利一家领先的制造公司，主要生产和销售食品。该公司总部位于意大利圣维托雷迪切塞纳（San Vittore di Cesena），拥有 7000 多名员工以及 16 个生产工厂。

Amadori 希望发展其营销活动，以动态适应 25～35 岁年轻人不断变化的生活方式和饮食需求。它试图通过开发在线营销和社交媒体的潜力，创造有趣的方式来吸引这一目标群体。该公司希望提高品牌知名度以及客户忠诚度，并评估消费者对产品和营销活动的反应。

### 通过富有创造力的数字营销推广吸引年轻人

Amadori 与 Tecla（一家数字业务公司）一起使用 IBM WebSphere Portal 和 IBM Web Content Manager 软件为四个微型网站创建和管理交互式内容，这些网站推广适合年轻人喜好和生活方式的即食和速食产品。例如，为了销售新的 Evviva 香肠产品，该公司创建了"Evviva Il Würstel Italiano"微型网站，并允许消费者上传自己参加 Amadori 组织的活动的图像和视频。为鼓励参与，该公司为获胜者提供了参加下一次全国广告活动的机会。

在这样的活动中，Amadori 的市场营销人员通过要求微型站点访问者共享数据以参加比赛，下载应用程序，接收定期新闻通讯并报名参加活动，从而建立了一个消费者档案数据库。此外，该公司使用 Facebook Insights 技术获取其 Facebook 页面上的指标，包括新粉丝数量和喜欢的内容。

### 监控市场对 Amadori 品牌的看法

该公司利用 IBM SPSS Data Collection 软件来帮助评估人们对其产品的看法，并得出有关 Amadori 品牌在消费者中受欢迎程度的波动情况的结论。例如，当它推出 Evviva 广告电视广告系列和海滩派对之旅时，它获得了大量的消费者评论。该公司使用 SPSS 软件的情感分析功能从其网站和社交媒体网络中获取了对该产品的评价，并成功地近乎实时地调整了其营销工作。该软件不仅仅依赖于关键字搜索，还能分析语言的语法、内涵甚至俚语，以揭示隐藏的语言模式，从而帮助评估有关公司或产品的评价是正面的、负面的还是中立的。图 7.1 显示了 Amadori 进行商务分析以提高消费者参与度的三个方面。

| | 感知 | 交互式数字平台支持从业务合作伙伴和客户那里快速、准确地收集数据 |
|---|---|---|
| | 互联 | 数字平台还提供了公司从生产计划到营销和销售的端到端流程的综合视图 |
| | 智能 | 内容管理、数据收集和预测性分析应用程序监视和分析与 Amadori 品牌相关的社交媒体，从而帮助公司预测问题并更好地使产品和营销推广与客户的需求和愿望保持一致 |

图 7.1　智慧商务：通过分析提高消费者参与度

### 保持产品线之间的品牌完整性和一致性

在成功营销小型网站的基础上，Amadori 推出了一个基于相同的 IBM 门户和内容管理技术的新的企业网站。该公司现在专注于将访问者引导到这个企业网站。与单个微型网站不同的是，企业网站划分成不同的部分，各个部分具有不同的模板和图形以及特定于营销或广告活动的用户界面。"例如，我们推出了一种由有机散养鸡制成的新产品。"法布里说，"作为营销计划的一部分，我们在企业网站的新部分提供了网络摄像头查看功能，以便访问者可以看到家禽如何生活和成长。我们创建了一个新图形，但是 URL、页眉和页脚始终相同，因此访问者知道他们一直在访问 Amadori 网站。"

访问者可以从一个部分切换到另一个部分，花费更长的时间浏览企业网站，并了解其他产品。随着每周新内容的增加，Amadori 网站的规模变得越来越大，并且在 Google 和其他搜索引擎上的搜索量越来越高。Fabbri 说："实施后的第一年，我们的网站访问量增长到大约 240 000 个唯一身份访问者，其中 30% 成为忠实用户。"

### 保持内容最新并吸引不同的受众

随着 Web 上内容和流量的增加，无论访问者如何访问 Amadori 网站，都必须能轻松地找到所需的内容，这一点很重要。为此，Amadori 项目团队创建了按角色和感兴趣的领域分类的内容分类法。例如，当人们访问 Amadori 网站时，他们将看到一条提示，邀请他们"重新组织内容"。他们可以将自己标识为消费者、购买者或新闻工作者 / 博客作者，并选择幻灯片来指示对公司、烹饪和娱乐信息的兴趣程度。根据这些选择，网站上显示的内容会实时变化。"如果访问者将自己标识为主要对公司信息感兴趣的专业购买者，那么他在屏幕顶部看到的图标将邀请他要么在线查看数字产品目录，要么下载 PDF。"Fabbri 说，"在屏幕的同一区域，对烹饪感兴趣的消费者会看到一个图标，点击该图标将进入包含使用 Amadori 产品准备菜肴的食谱的页面。"

Amadori 的高级分析项目一直在产生巨大的业务收益，这为该公司更具创新性地使用社交数据提供了充分的理由。以下是一些流行的方法：

- ❑ 通过情感分析，使公司动态监控和了解其品牌健康状况的能力提高 100%。
- ❑ 利用近乎实时的营销见解，将公司的社交媒体影响力提高 100%，在不到一年的时间内赢得了 45 000 名 Facebook 粉丝。
- ❑ 通过与社交媒体的 Web 集成与目标细分市场建立直接沟通。
- ❑ 通过促进及时促销（例如 eCoupons）来增加销售量。

正如本案例所说明的那样，在互联网和社交媒体时代，以客户为中心的公司正在努力与客户进行更好的沟通，以深入了解其需求、愿望、喜好和厌恶。建立在社交媒体上的社交分析（提供内容和与社交网络相关的数据）使这些公司能够获得比以往更深刻的见解。

➥ **复习题**

1. 根据该开篇小插曲以及你的观点，当今食品行业面临哪些挑战？
2. 如何帮助食品企业在这个竞争激烈的市场中生存和发展？
3. Amadori 从事分析的主要目标是什么？结果如何？
4. 你能想到食品行业中利用分析提高竞争力和更加以客户为中心的其他业务吗？如果没有，可以上网搜索相关信息来回答这个问题。

**我们可以从这个小插曲中学到什么**

可以肯定地说，在过去的 50 多年中，无论在硬件还是软件方面，计算机技术的发展都比其他任何事物都快。太庞大、太复杂而无法解决的事情现在已经可以通过信息技术解决。一种可以利用的技术是文本分析/文本挖掘及其派生工具，即情感分析。传统上，我们创建数据库来构造数据，以便计算机可以处理它们，而文本内容始终是由人类处理的。机器可以做对人类的创造力和智力有意义的事情吗？显然是的！该案例说明了收集和处理客户意见以开发新的和改进的产品和服务，管理公司的品牌名称以及吸引和激发客户基础以建立互惠互利和紧密关系的可行性和价值主张。Amadori 以"数字营销"展示了使用文本挖掘、情感分析和社交媒体分析，以通过提高客户满意度、增加销售量和增强品牌忠诚度来显著提高利润的案例。

资料来源：IBM Customer Case Study. "Amadori Group Converts Consumer Sentiments into Near-Real-Time Sales."经 IBM 许可使用。

# 7.2　文本分析和文本挖掘概述

我们所生活的信息时代的特点是，以电子格式收集、存储和提供的数据和信息量迅速增长。绝大多数业务数据实际上存储在非结构化的文本文档中。根据 Merrill Lynch 和 Gartner 的一项研究，所有公司数据中有 85% 是以某种非结构化形式捕获和存储的（McKnight，2005）。该研究还指出，这些非结构化数据的规模每 18 个月翻一番。因为知识在当今的商业世界中是力量，而知识是从数据和信息中获取的，所以能有效且高效地利用其文本数据源的企业将拥有必要的知识，可以做出更好的决策，从而取得竞争优势。因此，对文本分析和文本挖掘的需求正符合当今的商业全局。

尽管文本分析和文本挖掘的总体目标都是通过应用自然语言处理（NLP）和分析将非结构化文本数据转换为可操作的信息，但它们的定义有所不同（至少对于某些专家而言）。根据他们的说法，"文本分析"是一个更广泛的概念，包括信息检索（例如，针对给定的一组关键术语搜索和识别相关文档）以及信息提取、数据挖掘和 Web 挖掘，而"文本挖掘"主要致力于从文本数据源中发现新的有用的知识。图 7.2 说明了文本分析和文本挖掘以及其他相关应用领域之间的关系。图 7.2 的底部列出了主要学科（基础学科），这些学科在这些日益流行的应用领域的发展中起着至关重要的作用。根据文本分析和文本挖掘的定义，可以简单地将两者之间的区别表述如下：

文本分析 = 信息检索 + 信息提取 + 数据挖掘 + 网络挖掘

或简写为：

文本分析 = 信息检索 + 文本挖掘

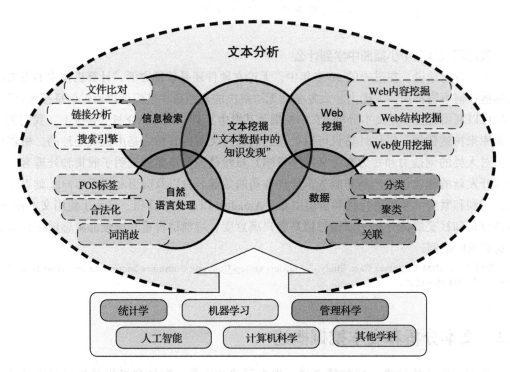

图 7.2 文本分析、相关应用领域和基础学科

与文本挖掘相比，文本分析是一个相对较新的术语。随着最近对分析的重视，就像许多其他相关技术应用领域（例如，消费者分析、竞争性分析、视觉分析、社交分析）一样，

文本领域也希望加入分析的"潮流"。术语"文本分析"在商业应用背景中更常用，而"文本挖掘"在学术界经常使用。尽管有时对两者的定义可能有所不同，但文本分析和文本挖掘通常是同义词。

**文本挖掘**（也称为文本数据挖掘或文本数据库中的知识发现）是从大量非结构化数据源中提取模式（有用信息和知识）的半自动化过程。请记住，数据挖掘是从存储于结构化数据库的数据中识别有效、新颖、潜在有用且最终易于理解的模式的过程，其中数据被组织在由类别变量、有序变量或连续变量构成的记录中。文本挖掘与数据挖掘具有相同的目的并且使用相同的过程，但是对于文本挖掘，该过程的输入是非结构化（或结构化程度较低的）数据文件（如 Word 文档、PDF 文件、文字摘录和 XML 文件）的集合。本质上，可以将文本挖掘视为一个包含两个主要步骤的过程：首先在基于文本的数据源上强加结构，然后使用数据挖掘技术和工具从这些结构化的基于文本的数据中提取相关的信息和知识。

文本挖掘的优势在产生大量文本数据的领域中是显而易见的，例如法律（法院命令）、学术研究（研究文章）、财务（季度报告）、医学（出院摘要）、生物学（分子相互作用）、技术（专利文件）和市场营销（客户评论）。例如，以投诉（或称赞）和保修索赔的形式与客户进行的基于文本的自由交互可以用于客观地识别被认为不完美的产品和服务特征，并且可以帮助进行更好的产品开发和服务分配。同样，市场推广计划和焦点小组会生成大量数据。由于不将产品或服务反馈限制为统一的形式，客户可以用自己的话语表达他们对公司产品和服务的看法。自动化处理非结构化文本另一个应用领域是电子通信和电子邮件。文本挖掘不仅可以用于分类和过滤垃圾邮件，还可以根据重要性级别自动对电子邮件进行优先级排序，并生成自动回复（Weng & Liu，2004）。以下是文本挖掘的较受欢迎的应用领域：

- **信息提取**。通过模式匹配在文本中查找预定义的对象和序列，从而识别文本中的关键短语和关系。
- **主题跟踪**。基于用户个人资料和用户查看的文档，预测用户感兴趣的其他文档。
- **摘要**。提取文档摘要可以节省读者的时间。
- **分类**。识别文档的主要主题，然后根据这些主题将文档放入一组预定义的类别中。
- **聚类**。在没有预定义类别集合的情况下对相似文档进行分组。
- **概念链接**。通过标识用户的共享概念来关联相关文档，从而帮助用户找到使用传统搜索方法可能找不到的信息。
- **问题回答**。通过知识驱动的模式匹配找到给定问题的最佳答案。

有关文本挖掘中使用的某些术语和概念的说明，请参见技术洞察 7.1。应用案例 7.1 描述了保险业中文本挖掘的使用，展示了文本挖掘和各种用户生成的数据源如何使 Netflix 在其业务实践中保持创新，产生更深的客户洞察力，并为观众带来非常成功的内容。

**技术洞察 7.1 文本挖掘术语**

下面列出一些常用的文本挖掘术语：

- **非结构化数据**（相对于结构化数据）。结构化数据具有预定格式，它们通常被组织成具有简单数据值（分类变量、有序变量和连续变量）的记录，并存储在数据库中。相反，非结构化数据不具有预定格式，而是以文本文档的形式存储。本质上，结构化数据由计算机处理，而非结构化数据由人处理和理解。
- **语料库**。在语言学中，语料库是为进行知识发现而准备的大量结构化的文本集（现在通常以电子方式存储和处理）。
- **词项**。词项（term）是通过 NLP 方法直接从特定领域的语料库中提取的单个单词或多单词短语。
- **概念**。概念是通过手动、统计、基于规则或混合分类方法从文档集合中生成的特征。与词项相比，概念是高级抽象的结果。
- **词干提取**。词干提取是将变形词还原为词干（或词根）形式的过程。
- **停用词**（或干扰词）是在处理自然语言数据（即文本）之前或之后过滤掉的词。尽管没有普遍接受的停用词列表，但大多数 NLP 工具使用的列表都包括冠词（a、an、the）、介词（of、on、for）、辅助动词（is、are、was、were），以及被认为没有区别价值的特定于上下文的单词。
- **同义词和多义词**。同义词是，具有相同或相似含义的不同单词（即，拼写不同）（例如，film、movie 和 motion picture）。相反，多义词也称为同音异义词，即单个单词具有不同的含义（例如，bow 可能意味着"向前弯曲""船头""射箭"或"一种绑带"）。
- **词法分析**。词条（token）是句子中文本的分类块。对与词条相对应的文本块根据其执行的功能进行分类。这种对文本块的含义分配称为词法分析。词条可以是任何形式，只要是结构化文本的有用部分就可以称为词条。
- **词项词典**。这是特定于狭窄领域的词项的集合，可用于限制语料库中提取的词项。
- **词频**。这是一个单词在特定文档中出现的次数。
- **词性标记**。这是根据单词的定义和使用上下文来将文本中的单词标记为与语言的特定部分（名词、动词、形容词、副词等）相对应的过程。
- **词法学**。这是语言学领域的分支，也是 NLP 的一部分，它研究单词的内部结构（一种语言或跨多种语言的单词形成模式）。
- **逐文档词项矩阵（发生矩阵）**。指词项和文档之间基于频率的关系的通用表示模式，采用表格格式，其中词项在列中列出，文档在行中列出，并且词项和文档之间的频率在单元格中以整数值列出。
- **奇异值分解（潜在语义索引）**。此降维方法通过使用类似于主成分分析的矩阵操作方法生成频率的中间表示，将逐文档词项矩阵转换成可管理的大小。

**应用案例 7.1**　**Netflix：使用大数据提高参与度：释放分析的能力以驱动内容和消费者洞察力**

**问题**

在当今高度连接的世界中，企业承受着巨大的压力：要与忠诚度高的消费者建立关系，而这样的消费者又会不断寻求回报。

从理论上讲，随着新数据源的出现、数据量的持续空前增长以及技术变得更加复杂，建立更紧密的消费者关系将变得更加容易。这些发展将使企业能够更好地个性化营销活动并生成精确的内容推荐，以驱动订户的参与、采用和价值。

然而，深入了解受众是不断测试和学习的过程。它要求能够快速收集并可靠地分析每天在各种数据源、格式和位置中发现的数千、数百万甚至数十亿个事件（也称为大数据）。旨在收集这些数据并进行分析的技术平台必须足够强大，以提供及时的见解，并具有足够的灵活性，以改变和发展以惊人的速度变化的业务和技术图景。

Netflix 是 OTT 内容领域无可争议的领导者和创新者，它比大多数人更了解这种情况。它已将其业务和品牌投入到为每个订户提供高度针对性的个性化体验上，甚至已经开始使用非常详细的见解来改变订户购买、授权和开发内容的方式，这引起了整个媒体和娱乐行业的注意。

为了支持这些工作，Netflix 将 Teradata 用作其数据和分析平台的重要组成部分。最近，两家公司合作将 Netflix 过渡到 Teradata Cloud，这为 Netflix 提供了所需的功能和灵活性，使其能够将精力集中在业务核心上。

**数据驱动的以消费者为中心的业务的模型**

Netflix 的故事为数据驱动型、直接面向消费者和基于订户的公司提供了一种典范，实际上，对于任何需要受众参与才能在瞬息万变的世界中蓬勃发展的企业而言，它都是一个典范。

Netflix 最初从事邮购 DVD 业务，后来成为第一家著名的 OTT 内容提供商，并改变了媒体世界。它见证了其他主要媒体公司开始提供 OTT 内容的过程。

Netflix 成功的一个主要因素是它不懈地调整其推荐引擎的方式，不断适应各种消费者偏好的风格。该公司的大多数流媒体活动都来自其推荐，这产生了巨大的消费者参与度和忠诚度。Netflix 订户与服务的每次交互均基于精心挑选和分析，每种体验都不相同。

此外，如上所述，Netflix 已将其对订户和潜在订户的理解（无论是作为个人还是作为团体）运用到战略购买、授权和内容开发决策中。它已经创建了两个非常成功的网络剧系列——《纸牌屋》和《女子监狱》，这在一定程度上得益于对订户的非凡理解。

尽管这些努力和推动发展的业务思维构成了公司业务的核心，但支持这些计划的技术必须比竞争对手的技术更加强大和可靠。数据和分析平台必须能够：

- 快速可靠地处理繁重的工作量。它必须支持每天数十亿笔交易事件（每次搜索、浏览、停止和开始）的洞察力分析，无论使用哪种记录事件的数据格式。
- 使用多种分析方法，包括神经网络、Python、Pig 以及各种商务智能工具（例如 MicroStrategy）。
- 根据需要轻松地缩放，并具有出色的弹性。
- 为公司的所有数据提供安全和冗余的存储库。
- 符合公司的成本结构和期望的利润率。

**将 Teradata Analytics 引入云**

考虑到这些因素，Netflix 和 Teradata 联手成立了一家成功的企业，将 Netflix 的 Teradata 数据仓库引入云中。

**力量和成熟度**：Teradata 在出色的性能方面的声誉对于像 Netflix 这样的公司尤为重要，该公司通过数百个并发查询对分析平台进行了完善。Netflix 还需要数据仓库和分析工具来支持复杂的工作负载管理，这对于为不同的用户创建不同的队列至关重要，因此可以对每个用户的需求进行持续而可靠的过滤。

**混合分析生态系统和统一数据架构**：Netflix 依赖的混合分析生态系统在适当的地方利用 Hadoop，但拒绝牺牲速度和敏捷性，因此非常适合 Teradata。Netflix 的云环境依赖于 Teradata-Hadoop 连接器，该连接器使 Netflix 能够将基于云的数据无缝地从另一个提供商迁移到 Teradata Cloud 中。结果是 Netflix 可以在 Teradata Cloud 中的世界一流数据仓库中进行大部分分析，该仓库提供了充足的冗余，能够响应不断变化的业务条件进行扩展和收缩的能力，并大大减少了对数据移动。而且，Netflix 的不拘一格的方法允许其分析师使用符合要求的任何分析工具，因此需要一个可容纳他们的独特分析平台。拥有一个能够与完整的分析应用程序高效配合的合作伙伴（包括自己的和其他领先的软件提供商）至关重要。

Teradata 的统一数据架构（UDA）通过意识到大多数公司需要安全、经济高效的服务、平台、应用程序和工具集合来实现更智能的数据管理、处理和分析，来帮助实现这一目标。反过来，组织可以从所有数据中获得最大收益。Teradata UDA 包括：

- 集成的数据仓库，使组织可以访问全面的共享数据环境，以快速可靠地操作整个组织的见解。
- 强大的发现平台为公司提供发现分析功能，可使用主流业务分析师可以使用的多种技术，快速从所有可用数据中获得见解。
- 数据平台（例如 Hadoop）提供了经济地收集、存储和完善公司所有数据并促进前所未有的发现类型的手段。

**通过关注证明**

在评估其个性化功能是否成功时，Netflix 会严格遵循一些简单而强大的指标：关注。

订户在看吗？他们在看更多的内容吗？他们在看更多感兴趣的内容吗？

始终将参与度放在首位毫不奇怪，Netflix 在个性化内容以成功吸引和留住消费者方面居于世界领先地位。它基于对以下方面的了解而达到了这一地位：在瞬息万变的业务和技术环境中，成功的关键是不断测试收集和分析数据的新方法，以提供最有效和针对性的推荐。与使此类测试成为可能的技术合作伙伴合作，使 Netflix 腾出了精力来专注于其核心业务。

展望未来，Netflix 相信，更多地使用基于云的技术将进一步增强其客户参与计划的能力。通过依靠了解如何定制解决方案并为 Netflix 数据冗余提供可靠的技术合作伙伴，该公司期望继续保持有机增长，并扩大其对技术变化和不可避免的业务起伏做出灵活反应的能力。

**针对应用案例 7.1 的问题**

1. Netflix 是做什么的？它如何演变为当前的商业模式？
2. 就 Netflix 而言，以数据为导向并以客户为中心意味着什么？
3. Netflix 如何在其分析工作中使用 Teradata 技术？

资料来源：Teradata Case Study "Netflix: Using Big Data to Drive Big Engagement" https://www.teradata.com/Resources/Case-Studies/Netflix-Using-Big-Data-to-Drive-Big-Engageme (accessed July 2018).

**▶ 复习题**

1. 什么是文本分析？它与文本挖掘有何不同？
2. 什么是文本挖掘？它与数据挖掘有何不同？
3. 为什么文本挖掘作为一种分析工具越来越受欢迎？
4. 文本挖掘流行的应用领域有哪些？

## 7.3 自然语言处理

一些早期的文本挖掘应用程序在将结构引入基于文本的文档的集合中以将其分为两个或多个预定类或将其聚类为自然分组时，使用了一种简化的表示方法，即词袋（bag-of-words）。在词袋模型中，诸如句子、段落或完整文档之类的文本表示为单词的集合，而无视语法或单词出现的顺序。词袋模型仍在某些简单的文档分类工具中使用。例如，在垃圾邮件过滤中，电子邮件消息可以建模为无序的单词集合（词袋），将其与两个不同的预定袋子进行比较。一个袋子装满了垃圾邮件中的单词，另一个袋子装满了合法电子邮件中的单词。尽管在这两个袋子中都可能会找到一些单词，但与合法袋子相比，"垃圾邮件"袋子中将包含更多与垃圾邮件相关的单词，而合法袋子中将包含更多与用户的朋友或工作场所相关的单词。特定电子邮件的词袋与包含描述符的两个袋之间的匹配程度决定了电子邮件是垃圾邮件还是合法邮件。

自然，我们（人类）不会使用没有某种顺序或结构的单词。我们在句子中使用具有语义以及句法结构的单词。因此，自动化技术（例如文本挖掘）需要寻找超越言辞的方法解释，并将越来越多的语义结构纳入其操作。文本挖掘的当前趋势是要包含许多可以使用 NLP 获得的高级特征。

已经显示，词袋方法可能无法为文本挖掘任务（例如，分类、聚类、关联）产生足够好的信息内容。一个很好的例子可以在循证医学中找到。循证医学的关键组成部分是将最佳的可用研究结果纳入临床决策过程，该过程涉及评估从书籍、期刊等收集的信息的有效性和相关性。马里兰大学的几位研究人员使用词袋法开发了证据评估模型（Lin & Demner-Fushman，2005）。他们采用了流行的机器学习方法，以及从医学文献分析和检索系统在线（MEDLINE）收集的超过 500 万篇研究文章。在他们的模型中，将每个摘要表示为一个词袋，其中每个词干词项都代表一个特征。尽管将流行的分类方法与经过验证的实验设计方法结合使用，但预测结果并不比简单的猜测好多少，这可能表明"词袋"在该领域的研究文章不能产生足够的代表性。因此，需要更高级的技术，例如 NLP。

**自然语言处理**（NLP）是文本挖掘的重要组成部分，是人工智能和计算语言学的一个子领域。它研究"理解"自然人类语言的问题，其任务是将人类语言的描述（例如文本文档）转换为形式化的表示形式（以数字和符号数据的形式），使计算机程序更易于操纵。NLP 的目标是从语法驱动的文本操作（通常称为单词计数）超越对考虑语法和语义约束以及上下文的自然语言的真正理解和处理。

理解一词的定义和范围是 NLP 中的主要讨论主题之一。考虑到人类的自然语言是模糊的，并且对含义的真正理解需要一个主题的广泛知识（除了单词、句子和段落之外），计算机将能够以相同的方式和方式理解自然语言。但它可能不会有和人类一样的准确性。NLP 与简单的单词计数相比已经有了长远的发展，但要真正理解自然的人类语言，它还有更长的路要走。以下仅是与 NLP 实施相关的一些挑战：

- ❑ **词性标记**。很难将文本中的词项标记为与词性的特定部分（例如名词、动词、形容词或副词）相对应，因为词性不仅取决于词项的定义，还取决于词项中的使用上下文。

- ❑ **文本分割**。某些书面语言（例如汉语、日语和泰语）没有单词边界。在这些情况下，文本分析任务需要识别单词边界，而这通常很困难。分析口语时，语音分割也面临类似的挑战，因为代表连续字母和单词的声音会相互融合。

- ❑ **词义消歧**。许多单词具有不止一种含义。只有考虑使用该单词的上下文，才能选择最有意义的含义。

- ❑ **句法歧义**。自然语言的语法是模棱两可的，也就是说，经常需要考虑多种可能的句子结构。选择最合适的结构通常需要语义和上下文信息的融合。

- ❑ **输入不正确或不规则**。语音中的外来或区域性口音和语音障碍以及文本中的印刷或语法错误使语言的处理变得更加困难。

❑ **言语行为**。说话者通常可以将句子视为动作。句子结构本身可能无法包含足够的信息来定义此行为。例如，"你可以通过（pass）课程吗"需要一个简单的"是"或"否"的答案，而"你可以把盐拿（pass）给我吗"是对要执行的物理动作的请求。

人工智能界的长期梦想是拥有能够自动读取文本并从文本中获取知识的算法。通过将学习算法应用于解析后的文本，斯坦福大学 NLP 实验室的研究人员开发了可以自动识别文本中的概念以及这些概念之间的关系的方法。通过对大量文本应用独特的过程，该实验室的算法可以自动获取数十万项世界知识，并使用它们为 WordNet 生成显著增强的存储库。WordNet 是手工编码数据库，包含英语单词以及其定义、同义词集以及同义词集之间的各种语义关系。它是 NLP 应用程序的主要资源，但是事实证明，手动构建和维护非常昂贵。自动将知识引入 WordNet，可以使它成为 NLP 的更大、更全面的资源，而成本却很低。客户关系管理（CRM）是受益于 NLP 和 WordNet 的一个突出领域。从广义上讲，CRM 的目标是通过更好地理解和有效响应客户的实际和感知需求来最大化客户价值。情感分析是 CRM 的一个重要领域，其中 NLP 产生了重大影响。情感分析可用于使用大量文本数据源（以 Web 发布形式的客户反馈）检测对特定产品和服务的正面和负面意见的技术。7.6 节将详细介绍情感分析和 WordNet。

广播行业可以使用常规分析，尤其是文本分析和文本挖掘。应用案例 7.2 提供了一个示例，展示使用广泛的分析功能来吸引新观众、预测收视率并为广播公司增加业务价值。

---

**应用案例 7.2** **AMC Networks 正在使用分析来吸引新观众、预测收视率并在多渠道世界中为广告商增加价值**

在过去的十年中，美国的有线电视部门经历了一段成长时期，在创造高质量内容方面实现了空前的创造力。AMC Networks 处于电视新黄金时代的最前沿，制作了一系列成功的、备受赞誉的节目，例如 *Breaking Bad*、*Mad Men* 和 *The Walking Dead*。

AMC Networks 致力于制作高质量的节目和电影内容已有 30 多年的历史，它拥有并经营几个受欢迎和屡获殊荣的有线电视品牌，制作并提供与众不同、引人入胜且具有文化相关性的内容，从而跨多个平台吸引观众。

**在行业中领先**

尽管取得了成功，但 AMC Networks 并没有止步不前，正如商务智能高级副总裁 Vitaly Tsivin 解释的那样：

我们对停滞不感兴趣。尽管我们的大部分业务仍然是有线电视，但是我们需要吸引以不同方式消费内容的新一代观众。

电视已经发展成为一种多渠道、多流业务，并且有线网络需要更加智能地了解如何在所有这些流中进行营销并与受众建立联系。依靠传统的收视率数据和第三方分析提供商将是一个失败的策略：你需要拥有数据的所有权，并使用它来更全面地了解观众是谁，他们想要什么以及如何在日益拥挤的娱乐市场上吸引他们的注意力。

**在查看器上进行分区**

面临的挑战是，可用的信息太多了：诸如 Nielsen 和 com-Score 之类的行业数据提供者通过 AMC 的 TV Everywhere 实时 Web 流和视频点播服务等渠道提供的数千亿行数据、来自 iTunes 和 Amazon 等零售合作伙伴的数据，以及 Netflix 和 Hulu 等第三方在线视频服务提供的数据。

"我们不能依靠高级摘要；我们需要能够按分钟和按观看者来分析结构化和非结构化数据。" Tsivin 说，"我们需要知道谁在观看以及为什么观看，我们需要迅速知道这些，以便可以决定，例如在明晚的 *Mad Men* 一集期间是在特定时段投放广告还是促销。"

AMC 决定需要内部开发行业领先的分析功能，并致力于尽快提供此功能。AMC 决定不使用漫长而昂贵的供应商和产品选择流程，而是利用与 IBM 作为信任的战略技术合作伙伴的现有关系。相反，传统上用于采购的时间和金钱被投入到实现解决方案上，从而使 AMC 在其分析路线图上的进度至少加快了六个月。

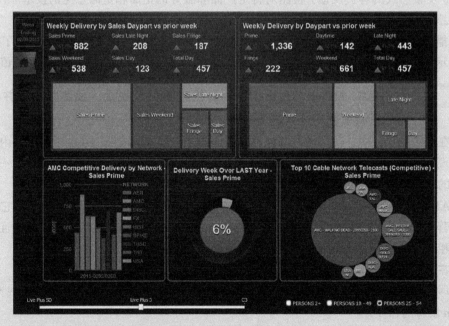

AMC Networks 使用的基于 Web 的仪表板（资料来源：经 AMC Networks 许可使用）

**赋予研究部门权力**

过去，AMC 的研究团队花费了大量时间来处理数据。如今，借助新的分析工具，它能够将其大部分精力集中在获得可行的见解上。

"通过投资 IBM 的大数据分析技术，我们能够将研究的步伐和细节提高一个数量级。"Tsivin 说，"过去耗时数天甚至数周的分析现在可以在几分钟甚至几秒内完成。"

从内部进行分析将持续为企业节省大量成本。当我们需要做一些分析时，我们可以自己做——更快、更准确、更经济高效，而不是向外部供应商支付数十万美元。我们期望看到快速的投资回报。

随着越来越多的潜在洞察力来源和分析业务的战略意义越来越大，对于任何真正想要从数据获得竞争优势的网络，内部方法实际上是唯一可行的方法。

**数据驱动决策**

这种新的分析功能所提供的许多结果证明了 AMC 运作方式的真正转变。例如，公司的商务智能部门已经能够创建复杂的统计模型，这些统计模型可以帮助公司完善其营销策略并就应多大程度上推广每个节目做出更明智的决策。

随着对收视率的深入了解，AMC 的直接营销活动也比以往更加成功。在最近的一个例子中，智能细分和相似的建模帮助该公司有效地定位了新观众和现有观众，以至于 AMC 视频点播交易比预期的要高。

这种根据新观众的个人需求和喜好接触新观众的能力，不仅对 AMC 有价值，它对公司的广告合作伙伴也具有巨大的潜在价值。AMC 目前正致力于为广告客户提供访问其丰富的数据集和分析工具的服务，以帮助它们微调广告系列，以吸引传统和数字渠道上越来越多的受众。

Tsivin 总结道："现在，我们可以真正利用大数据的价值，为消费者和广告客户建立更具吸引力的主张——创建更好的内容，更有效地营销，并通过充分利用我们多渠道功能的优势来帮助它覆盖更广泛的受众。"

| | 感知 | AMC 将收视率数据与来自广泛数字渠道的观看者信息相结合：其自身的视频点播和实时流媒体服务、零售商以及在线电视服务 |
|---|---|---|
| | 互联 | 一个强大而全面的大数据和分析引擎将数据集中起来，并使它们可用于一系列描述性和预测性分析工具，以加速建模、报告和分析 |
| | 智能 | AMC 可以预测哪些节目将会成功，应该如何安排它们，应该制作什么样的促销节目以及应该向谁销售这些节目，从而有助于在竞争日益激烈的市场中赢得新的观众份额 |

**针对应用案例 7.2 的问题**
1. 广播公司今天面临的共同挑战是什么？如何帮助缓解这些挑战？
2. AMC 如何利用分析来提高其业务绩效？

3. AMC 网络开发的文本分析和文本小型解决方案有哪些类型？你能想到广播业中
   文本挖掘应用的其他潜在用途吗？

   资料来源：IBM Customer Case Study. "Using Analytics to Capture New Viewers, Predict Ratings and Add Value for Advertisers in a Multichannel World." http://www-03.ibm.com/software/businesscasestudies/us/en/corp?synkey=A023603A76220M60 (accessed July 2016); www.ibm.com; www.amcnetworks.com.

NLP 已通过计算机程序成功地应用于各种领域的各种任务，以自动处理以前只能由人类处理的自然人类语言。以下是这些任务中最受欢迎的任务：

- **问答**。自动回答以自然语言提出的问题的任务；也就是说，在给出人类语言问题时产生人类语言答案。为了找到问题的答案，计算机程序可以使用预构建的数据库或自然语言文档的集合（文本语料库，例如 World Wide Web）。
- **自动摘要**。根据原始文档最重要的要点创建文本文档的简化版本。
- **自然语言生成**。将信息从计算机数据库转换为可读的人类语言。
- **自然语言理解**。将人类语言样本转换为形式化的表示形式，使其更易于被计算机程序操纵。
- **机器翻译**。自动将一种人类语言翻译成另一种人类语言。
- **外语阅读**。一种计算机程序，可帮助非母语用户在说外语时进行正确的发音。
- **外语写作**。一种帮助非母语用户用外语写作的计算机程序。
- **语音识别**。将语音转换为机器可读的输入。给定一个人说话的声音片段，该系统会产生相应的文本。
- **文字转语音**。也称为语音合成，可自动将正常语言的文本转换为人类语音。
- **文字打样**。一种计算机程序，可读取文本的校对副本以检测并更正错误。
- **光学字符识别**。将手写、打字或打印的文本（通常由扫描仪捕获）的图像自动转换为可机器编辑的文本文档。

文本挖掘的成功与普及很大程度上依赖于 NLP 在生成和理解人类语言方面的进步。NLP 能够从非结构化文本中提取特征，因此可以使用多种数据挖掘技术从中提取知识（新颖且有用的模式和关系）。简而言之，从这个意义上讲，文本挖掘是 NLP 和数据挖掘的结合。

➤ **复习题**

1. 什么是 NLP？
2. NLP 与文本挖掘有何关系？
3. NLP 有哪些好处和挑战？
4. NLP 解决的最常见任务是什么？

## 7.4 文本挖掘应用

随着组织收集的非结构化数据量的增加，文本挖掘工具的价值主张和普及程度也随之提高。现在，许多组织意识到使用文本挖掘工具从其基于文档的数据库中提取知识的重要性。以下列举了一些文本挖掘的示例应用。

### 7.4.1 营销应用

通过分析呼叫中心生成的非结构化数据，可以使用文本挖掘来增加交叉销售和向上销售。可以通过文本挖掘算法分析来自呼叫中心的文本记录以及与客户的语音对话记录，以提取有关客户对公司产品和服务的看法的新颖、可操作的信息。另外，博客、用户在独立网站上对产品的评论以及讨论板上的帖子都是挖掘客户情感的金矿。一旦进行了适当的分析，这些丰富的信息就可以用来提高客户满意度和客户的整个生命周期价值（Coussement & Van den Poel，2008）。

文本挖掘已成为 CRM 的无价之宝。公司可以使用文本挖掘来分析丰富的非结构化文本数据集，再结合从组织数据库中提取的相关结构化数据来预测客户的看法和随后的购买行为。Coussement 和 Van den Poel（2009）成功地应用了文本挖掘技术，显著提高了模型预测客户流失的能力，从而可以准确地识别出那些被确定为最有可能流失的客户以采取保留策略。

Ghani 等人（2006）使用文本挖掘来开发一种系统，该系统能够推断产品的隐式和显式属性，以增强零售商分析产品数据库的能力。将产品视为属性值对的集合而不是原子实体可以潜在地提高许多业务应用程序的效率，包括需求预测、分类优化、产品推荐、零售商和制造商之间的分类比较以及产品供应商的选择。所提出的系统允许企业不需要太多人工就可以根据属性和属性值来表示其产品。该系统通过将监督和半监督学习技术应用于零售商网站上的产品描述来学习这些属性。

### 7.4.2 安全应用

安全领域中最大和最杰出的文本挖掘应用程序之一可能是高度机密的 ECHELON 监视系统。据说，ECHELON 能够识别电话、传真、电子邮件和其他类型的数据的内容，拦截通过卫星、公共交换电话网络和微波链路发送的信息。

2007 年，欧盟执法合作局（EUROPOL）开发了一个集成系统，该系统能够访问、存储和分析大量结构化和非结构化数据源，以跟踪跨国有组织犯罪。它被称为情报支持整体分析系统（OASIS），旨在整合当今市场上最先进的数据和文本挖掘技术。该系统使 EUROPOL 在支持国际执法目标方面取得了重大进展（EUROPOL，2007）。

在美国国土安全部的指导下，美国联邦调查局（FBI）和中央情报局（CIA）正在联合开发超级计算机数据和文本挖掘系统。该系统有望创建一个巨大的数据仓库，以及各种数据和文本挖掘模块,以满足联邦、州和地方执法机构的知识发现需求。在执行此项目之前,FBI 和 CIA 各自拥有自己的独立数据库,几乎没有互连。

文本挖掘的另一个与安全相关的应用是**欺骗检测**。Fuller、Biros 和 Delen(2008)将文本挖掘应用于大量现实世界中的犯罪(利益相关者)陈述中,开发了预测模型,以区分欺骗性陈述和真实陈述。使用从文本陈述中提取的丰富线索集,该模型在保留样本上的预测准确率为 70%,考虑到仅从文本陈述中提取线索(不存在口头或视觉线索),这被认为是一个巨大的成功。此外,与其他欺骗检测技术(例如测谎仪)相比,该方法是非侵入性的,不仅可广泛应用于文本数据,而且还可以(潜在地)应用于录音的转录。应用案例 7.3 提供了基于文本的欺骗检测的更详细描述。

---

**应用案例 7.3　谎言挖掘**

在基于 Web 的信息技术的进步和日益全球化的推动下,计算机介导的通信继续渗透到日常生活中,从而为欺骗提供了新的空间。基于文本的聊天、即时消息、文本消息以及在线实践社区生成的文本的数量正在迅速增加。甚至电子邮件的使用也继续增加。随着基于文本的通信的迅猛发展,人们通过计算机介导的通信欺骗他人的可能性也在增长,这种欺骗可能会带来灾难性的后果。

不幸的是,总的来说,人类在欺骗检测任务中往往表现不佳。这种现象在基于文本的通信中更加严重。关于欺骗检测的研究(也称为可信度评估)的很大一部分涉及面对面的会议和访谈。然而,随着基于文本的通信的增长,基于文本的欺骗检测技术必不可少。

成功检测欺骗(即谎言)的技术具有广泛的适用性。执法部门可以使用决策支持工具和技术来调查犯罪,在机场进行安全检查以及监视可疑恐怖分子的通信。人力资源专业人员可能会使用欺骗检测工具来筛选申请人。这些工具和技术也有可能被用来筛选电子邮件以发现公司官员实施的欺诈或其他不法行为。尽管有些人认为他们可以轻易识别出那些不可信的人,但对欺骗研究的总结表明,平均而言,人们在进行诚实性判定时只有 54% 的准确率(Bond & DePaulo, 2006)。当人类尝试检测文本中的欺骗时,该数字实际上可能更糟。

结合文本挖掘和数据挖掘技术,Fuller 等人(2008)分析了涉及军事基地犯罪的人完成的利益相关者陈述。在这些陈述中,犯罪嫌疑人和证人必须用自己的话写下对事件的回忆。军事执法人员在档案数据中搜索了可以断定为真实或欺骗性陈述的陈述。这些判断是根据确凿的证据和案件解决方案做出的。一旦被标记为真实或具有欺骗性,执法人员就会删除识别信息,并将其陈述交给研究小组。总共收到了 371 条可用语句进行分析。Fuller 等人使用的基于文本的欺骗检测方法基于一个称为消息特征挖掘的过程,该过程依赖于数据元素和文本挖掘技术。图 7.3 提供了该过程的简化描述。

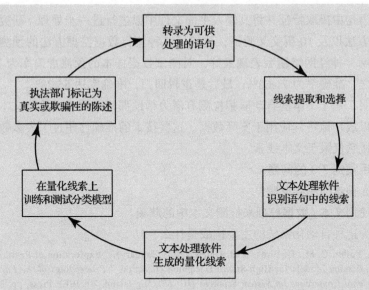

图 7.3　基于文本的欺骗检测过程（资料来源：Fuller, C. M., D. Biros, & D. Delen. (2008, January). Exploration of Feature Selection and Advanced Classification Models for High-Stakes Deception Detection. *Proceedings of the Forty-First Annual Hawaii International Conference on System Sciences (HICSS)*, Big Island, HI: IEEE Press, pp. 80-99.）

　　首先，研究人员准备了要处理的数据。原始的手写陈述必须转录为文字处理文件。其次，确定特征（即线索）。研究人员确定了 31 种代表语言类别或类型的特征，这些特征相对独立于文本内容，并且可以通过自动化方式轻松进行分析。例如，可以识别第一人称代词，例如"I"或"me"，而无须分析周围的文本。表 7.1 列出了本研究中使用的特征的类别和示例。

表 7.1　欺骗检测中使用的语言特征的类别和示例

| 序　号 | 构造（类别） | 线索示例 |
| --- | --- | --- |
| 1 | 数量 | 动词计数、名词短语计数等 |
| 2 | 复杂性 | 平均子句数、平均句子长度等 |
| 3 | 不确定性 | 修饰语、情态动词等 |
| 4 | 非直接性 | 被动语态、客观化等 |
| 5 | 表现力 | 情绪化 |
| 6 | 多元化 | 词汇多样性、冗余性等 |
| 7 | 非正式性 | 印刷错误率 |
| 8 | 特异性 | 时空信息、感性信息等 |
| 9 | 影　响 | 正面影响、负面影响等 |

从文本语句中提取特征并将其输入平面文件中以进行进一步处理。研究人员使用几种特征选择方法以及 10 折交叉验证，比较了三种流行数据挖掘方法的预测准确率。他们的结果表明，神经网络模型表现最好，对测试数据样本的预测准确率为 73.46%；决策树表现次之，准确率为 71.60%；最后是逻辑回归，准确率达 65.28%。

结果表明，基于文本的自动欺骗检测有潜力帮助那些必须尝试检测文本中的谎言的人，并且可以成功地将其应用于实际数据。这些技术的准确性超过了大多数其他欺骗检测技术，即使它仅限于文本线索。

**针对应用案例 7.3 的问题**

1. 为什么很难检测到欺骗？

2. 如何使用文本 / 数据挖掘来检测文本中的欺骗？

3. 你认为这种自动化系统的主要挑战是什么？

资料来源：Fuller, C. M., D. Biros, & D. Delen. (2008, January). "Exploration of Feature Selection and Advanced Classification Models for High-Stakes Deception Detection." *Proceedings of the Forty-First Annual Hawaii International Conference on System Sciences (HICSS)*, Big Island, HI: IEEE Press, pp. 80-99; Bond, C. F., & B. M. DePaulo. (2006). "Accuracy of Deception Judgments." *Personality and Social Psychology Reports*, *10*(3), pp. 214-234.

### 7.4.3 生物医学应用

文本挖掘在一般医学领域和生物医学领域具有巨大的潜力，尤其是出于以下几个原因。第一，该领域的已出版文献和出版物（特别是随着开放源期刊的出现）正以指数级的速度增长。第二，与大多数其他领域相比，医学文献更加规范和有序，使其成为更"易于获取"的信息来源。第三，在这些文献是相对恒定的，具有相当标准化的本体。以下是一些示例性研究，这些研究成功地使用了文本挖掘技术从生物医学文献中提取新颖的模式。

DNA 微阵列分析、基因表达系列分析（SAGE）和质谱蛋白质组学等实验技术正在产生大量与基因和蛋白质有关的数据。与任何其他实验方法一样，有必要在有关研究中的生物实体的先前已知信息的背景下分析大量数据。文献是用于实验验证和解释的特别有价值的信息来源。因此，开发自动文本挖掘工具来辅助这种解释是当前生物信息学研究的主要挑战之一。

知道蛋白质在细胞内的位置有助于阐明其在生物过程中的作用，并确定其作为药物靶标的潜力。文献中描述了许多位置预测系统。一些关注特定的生物，而另一些则尝试分析各种各样的生物。Shatkay 等人（2007）提出了一个综合系统，该系统使用几种基于序列和文本的特征来预测蛋白质的位置。该系统的主要新颖之处在于选择文本来源和特征并将其与基于序列的特征集成的方式。他们在以前使用过的数据上测试了该系统，并专门设计了新的数据集来测试其预测能力。结果表明，他们的系统始终优于以前报告的结果。

Chun 等人（2006）描述了一个系统，该系统从通过 MEDLINE 访问的文献中提取疾病与基因的关系。他们从六个公共数据库中构建了有关疾病和基因名称的字典，并通过字典匹配提取了候选关系。由于字典匹配会产生大量误报，因此他们开发了一种基于机器学习的系统方法，即实体识别（NER），以过滤出对疾病/基因名称的错误识别。他们发现，关系提取的成功在很大程度上取决于 NER 过滤的性能，并且过滤将关系提取的准确率提高了26.7%，但代价是召回率有所降低。

　　图 7.4 简化了多级文本分析过程的描述，该过程用于发现生物医学文献中的基因 – 蛋白质关系（或蛋白质 – 蛋白质相互作用）（Nakov 等，2005）。从使用生物医学文本中的一个简单句子的简化示例中可以看出，首先（在最下面的三个级别）使用词性（POS）标记和浅层解析对文本进行标记。然后将标记的词项（单词）与域本体的层次表示形式进行匹配（并解释），以得出基因与蛋白质的关系。这种方法（和其某些变体）在生物医学文献中的应用为解码人类基因组计划中的复杂性提供了巨大的潜力。

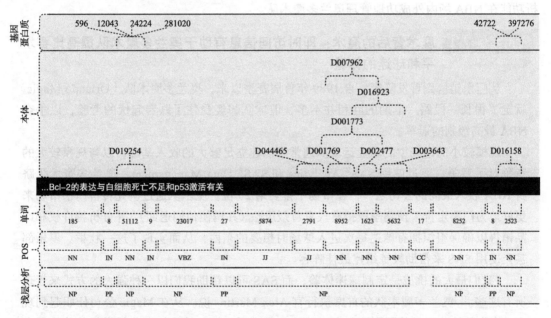

图 7.4　用于基因 – 蛋白质相互作用识别的多级文本分析（资料来源：Nakov, P., Schwartz, A., Wolf, B., & Hearst, M. A. (2005). Supporting annotation layers for natural language processing. *Proceedings of the Association for Computational Linguistics (ACL)*, Interactive Poster and Demonstration Sessions, Ann Arbor, MI. Association for Computational Linguistics, 65-68.）

### 7.4.4　学术申请

　　文本挖掘问题对于拥有大型信息数据库的发布者至关重要，这些信息数据库需要索引才能更好地检索。在科学学科中尤其如此，在这些学科中，通常将高度特定的信息包含在书面文本中。已经采取了一些举措，例如《自然》杂志关于开放文本挖掘接口的提议以及美国国立卫生研究院共同的期刊出版文档类型定义，这些提议将为机器提供语义提示，以回答文本中包含的特定查询，而不会消除出版者对公众访问的屏蔽。

学术机构还启动了文本挖掘计划。例如，曼彻斯特大学和利物浦大学合作成立的美国国家文本挖掘中心为学术界提供了定制的工具、研究设施以及有关文本挖掘的建议。它最初专注于生物和生物医学领域的文本挖掘，目前研究已扩展到社会科学领域。在美国，加州大学伯克利分校的信息学院正在开发一项名为 BioText 的计划，以帮助生物科学研究人员进行文本挖掘和分析。

如本节所述，文本挖掘在许多不同学科中具有广泛的应用。有关领先的计算产品制造商如何使用文本挖掘以更好地了解其当前和潜在客户的需求以及与产品质量和产品设计相关的需求的示例，请参见应用案例 7.4。同时使用结构化和非结构化数据的高级分析技术已在许多应用程序领域中成功使用。应用案例 7.4 提供了一个有趣的示例，展示使用广泛的分析功能在 NBA 场内外成功地管理奥兰多魔术队。

---

**应用案例 7.4** **魔术背后的魔术：即时访问信息有助于奥兰多魔术队提高比赛水平和球迷的体验**

从门票销售到首发阵容，自 1989 年首届赛季以来，奥兰多魔术队（Orlando Magic）就走了很长一段路。早期的胜利并不多，但球队却经受住了跌宕起伏的考验，以争夺 NBA 最高级别的冠军。

规模较小的市场中的职业运动队通常难以建立足够大的收入基础，以与规模较大的竞争对手竞争。通过使用 SAS® Analytics 和 SAS® Data Management，奥兰多魔术队跻身 NBA 收入最高的公司之一，在市场中排名第 20 位。魔术队通过研究转售门票市场来更好地为门票定价，预测季票持有人有背叛风险（并诱使他们退回），并分析特许权和产品销售以确保组织拥有球迷每次进入球场时想要的东西，从而实现了这一壮举。俱乐部甚至使用 SAS 来帮助教练组建最佳阵容。

"我们最大的挑战是定制球迷体验，而 SAS 可以帮助我们以一种强大的方式来管理所有这些。"奥兰多魔术队的首席执行官 Alex Martins 说。从在 Magic 公司任职起到现在（从公关总监到总裁再到 CEO），Martins 看到了一切，并且知道分析增加的价值。在 Martins 的领导下，季票基数已增长到 14 200，公司销售部门也取得了巨大的增长。

**挑战：填满每个座位**

但是，像所有专业运动队一样，魔术队一直在寻找新的策略，以确保在每年 41 场主场比赛中都达到满席。业务战略副总裁 Anthony Perez 表示："在球员工资和支出不断增长的今天，产生新的收入流非常重要。"但是随着功能强大的在线二手门票市场的出现，达到季票更新 90% 的行业基准变得更加困难。

"在第一年，我们看到票务收入增长了约 50%。在过去三年中，我们看到票房收入增长了约 75%。它产生了巨大的影响。"奥兰多魔术队业务策略副总裁 Anthony

Perez 说。

Perez 的团队采用整体方法，将所有收入流（特许权、商品和票务销售）的数据与外部数据（二手门票市场）相结合，以开发使整个企业受益的模型。"我们就像一个内部咨询小组。"Perez 解释说。

对于季票持有者，团队使用历史购买数据和续订模式来建立决策树模型，从而将订户分为三类：最可能续订、最少续订和观望派。到了续订时间，观望派就会引起客户服务部门的注意。

"SAS 帮助我们发展了业务。这可能是组织在过去的五年中所做的最大投资之一，因为我们可以指出，SAS 帮助我们通过可以定向到每个客户群的特定信息创造了营收增长。"

**他们如何预测季票续订？**

当分析显示团队收入的 80% 来自季票持有者时，它决定采取主动的方式来处理续订和风险账户。魔术队没有"水晶球"，但是它有 SAS® Enterprise Miner™，这使它可以更好地了解自己的数据并开发分析模型，该模型结合了三个要素来预测季票持有人的续订：

- ❏ 任期（客户是持票人多久了？）
- ❏ 门票使用（客户是否真的观看了比赛？）
- ❏ 二手市场活动（未使用的门票是否在二手网站上成功出售？）

数据挖掘工具使团队能够实现更准确的评分，从而在处理客户保留和市场营销的方式上产生显著差异（并显著改善）。

**易用性有助于传播分析消息**

SAS 的易用性是选择内部进行工作而不是外包工作的一个因素。Perez 的团队已建立重复流程并将其自动化。需要进行的数据处理极少，"这使我们有更多的时间来解释，而不仅仅是手动处理数字"。整个组织中的业务用户，包括高管，都可以通过 SAS® Visual Analytics 即时访问信息。Perez 说："不仅仅是每天都在使用这些工具；我们全天都在使用它们来制定决策。"

**数据驱动**

"几年前我们采用了一种分析方法，并且正在看到它改变了整个组织。"Martins 说，"分析可以帮助我们更好地了解客户，进行业务计划（规划门票价格等），并按比赛甚至座位提供以比赛或年为单位统计的数据。"

"分析有助于复盘比赛。总经理和分析团队会审视比赛的各个方面，包括球场上球员的动向，以转换数据以预测对某些团队的防守。我们现在可以问自己，什么是一场比赛中最高效的阵容？哪个球队可以产生更多的积分？哪个球队的防守阵容更好？"

"我们过去常常手动生成一系列报告，但是现在只需单击几下鼠标即可完成操作（而不是熬夜几小时预测明天的比赛）。我们可以在几分钟内为员工提供数十个报告。分析让我们变得更聪明。"Martins 说。

**下一步是什么？**

"获取实时数据是我们分析增长过程中的下一步。"Martins 说，"在比赛当天，获取实时数据以跟踪可用的门票以及如何最大限度地提高门票的收益至关重要。此外，你还将看到主要的技术变化和替补席上的技术被接受的情况，也许在下个赛季你会看到我们的 iPad 平板电脑助理教练获取实时数据，了解对手在做什么以及打什么比赛，这在将来很有必要。"

"我们正在为成功前进做好准备。在不久的将来，我们将再次有能力争夺邀请赛冠军和 NBA 冠军。"Martins 说，"今年和未来将要采取的所有措施都将完成，以在（场外）取得成功。"

**针对应用案例 7.4 的问题**

1. 根据应用案例，奥兰多魔术队面临的主要挑战是什么？
2. 分析如何帮助奥兰多魔术队在场内外克服一些最重大的挑战？
3. 你能想到分析在体育领域的其他用途（尤其是在奥兰多魔术队的情况下）吗？你可以在网上搜索以找到该问题的一些答案。

资料来源：SAS Customer Story, "The magic behind the Magic: Instant access to information helps the Orlando Magic up their game and the fan's experience" at https://www.sas.com/en_us/customers/orlando-magic.html and https://www.nba.com/magic/news/denton-25-years-magic-history (accessed November 2018).

> ➤ **复习题**
>
> 1. 列出营销中的一些文本挖掘应用并简要讨论。
> 2. 如何在安全和反恐领域使用文本挖掘？
> 3. 生物医学在文本挖掘中有哪些有希望的应用？

# 7.5 文本挖掘过程

为取得成功，文本挖掘研究应遵循基于最佳实践的合理方法。需要类似于数据挖掘跨行业标准过程（CRISP-DM）的标准化过程模型，该模型是数据挖掘项目的行业标准（请参见第 4 章）。尽管 CRISP-DM 的大多数部分也适用于文本挖掘项目，但用于文本挖掘的特定过程模型仍将包含更为复杂的数据预处理活动。图 7.5 描绘了典型的文本挖掘过程的高级上下文图（Delen & Crossland, 2008）。此上下文图介绍了过程的范围，强调了它与较大环境的接口。从本质上讲，它围绕特定过程划定了边界，以明确标识文本挖掘过程中包含（或排除在文本挖掘过程之外）的内容。

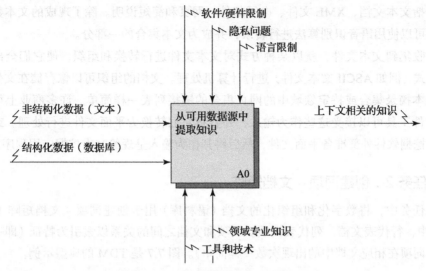

图 7.5　文本挖掘过程的上下文图

如上下文图所示，基于文本的知识发现过程的输入（到框左边缘的内部连接）是非结构化的以及收集、存储并可供该过程使用的结构化数据。过程的输出（从框的右边缘向外扩展）是可用于决策的特定于上下文的知识。过程的控件（也称为约束（到框顶部边缘的内部连接））包括软件和硬件限制、隐私问题以及与处理以自然语言形式呈现的文本有关的困难。该过程的机制（向内连接到框的底部边缘）包括适当的技术、软件工具和领域专业知识。文本挖掘（在知识发现的范围内）的主要目的是处理非结构化（文本）数据（以及与要解决和可用的问题相关的结构化数据），以提取有意义且可操作的模式，用来更好地进行决策。

在很高的层次上，文本挖掘过程可以分为三个连续的任务，每个任务都有特定的输入以生成特定的输出（见图 7.6）。如果由于某种原因，任务的输出不是预期的，则需要向后重定向到先前的任务执行。

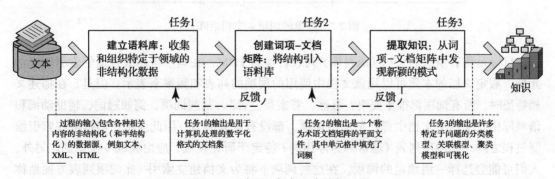

图 7.6　三步 / 三任务文本挖掘过程

## 7.5.1　任务 1：建立语料库

任务 1 的主要目的是收集与正在研究的上下文（感兴趣的领域）有关的所有文档。该集合可能包括文本文档、XML 文件、电子邮件、网页和简短说明。除了现成的文本数据，语音记录也可以使用语音识别算法进行转录，并成为文本集合的一部分。

一旦收集到文本文件，就以某种方式对文本文件进行转换和组织，使它们全部以相同的表示形式（例如 ASCII 文本文件）进行计算机处理。文档的组织可以像存储在文件夹中的数字化文本摘录集合或特定领域的网页集合的链接列表一样简单。许多商业上可用的文本挖掘软件工具可以接受这些作为输入，并且将它们转换为平面文件进行处理。或者，可以在文本挖掘软件外部准备平面文件，然后将其作为输入呈现给文本挖掘应用程序。

### 7.5.2 任务 2：创建词项 – 文档矩阵

在此任务中，将数字化和组织化的文档（语料库）用于创建词项 – 文档矩阵（TDM）。在 TDM 中，行代表文档，列代表词项。词项和文档之间的关系以索引为特征（即一种关系度量，与词项在相应文档中的出现次数一样简单）。图 7.7 是 TDM 的典型示例。

| 文档 \ 词项 | Investment Risk | Project Management | Software Engineering | Development | SAP | ... |
|---|---|---|---|---|---|---|
| 文档1 | 1 | | 1 | | | |
| 文档2 | | 1 | | | | |
| 文档3 | | | 3 | | 1 | |
| 文档4 | | 1 | | | | |
| 文档5 | | | 2 | 1 | | |
| 文档6 | 1 | | 1 | | | |
| ... | | | | | | |

图 7.7　简单的词项 – 文档矩阵

目标是将有组织的文档（语料库）列表转换为 TDM，在其中将用最合适的索引填充单元格。假定文档的本质可以用该文档中使用的词项的列表和频率来表示。但是，在描述文档特征时，所有词项都很重要吗？显然，答案是"否"。某些词项，例如冠词、辅助动词和语料库中几乎所有文档中都在使用的词项，都没有区分能力，因此应将它们排除在索引编制过程之外。此词项列表（通常称为停用词）特定于研究领域，应由领域专家识别。另外，人们可能会选择一组预定的词项，在这些词项下将为文档建立索引（此词项列表方便地称为词典）。还可以提供同义词（将被视为相同的词项对）和特定短语（例如"埃菲尔铁塔"），以使索引条目更准确。

为了准确地创建索引而应该进行的另一种过滤是词干提取，即将单词缩减为词根，以便将动词的不同语法形式或偏斜词识别为同一词并将其编入索引等。例如，词干提取将确保"modeling"和"modeled"被识别为单词"model"。

第一代 TDM 包括语料库中标识的所有唯一词项（不包括终止词列表中的唯一词项）（作为列）、所有文档（作为行），以及每个文档中每个词项的出现次数（作为单元格值）。如果通常情况下，语料库包含大量文档，则 TDM 非常有可能具有大量词项。处理如此大的矩阵可能会很耗时，而且更重要的是，可能会导致提取不准确的模式。在这一点上，必须决定以下内容：

1）索引的最佳含义是什么？

2）如何将这个矩阵的维数减小到可管理的大小？

**表示索引** 一旦为输入文档建立了索引并计算了初始词率（按文档），就可以执行许多其他转换以总结和汇总提取的信息。原始词频通常反映出每个文档中单词的显著性或重要性。具体地说，在文档中出现频率更高的单词是该文档内容的更好的描述符。但是，假设词频本身与它们作为文档描述符的重要性成正比是不合理的。例如，如果一个单词在文档 A 中出现一次，而在文档 B 中出现三次，则推断出该单词作为文档 B 的描述符的重要性是作为文档 A 的描述符的重要性的三倍是不合理的。对于 TDM 进行进一步分析，这些原始指标需要进行标准化。除了显示实际频率计数之外，可以使用多种替代方法（例如对数频率、二进制频率和反向文档频率）对词项和文档之间的数字表示形式进行标准化。

**降低矩阵的维数** 由于 TDM 通常非常大且稀疏（大多数单元中都填充了零），因此另一个重要的问题是：如何将这个矩阵的维数减小到可管理的大小？有几个选项可用于管理矩阵大小：

- ❑ 领域专家会仔细阅读所有词项，并删除那些对研究内容没有多大意义的词项（这是一个人工密集型过程）。
- ❑ 消除在文档中很少出现的词项。
- ❑ 使用 SVD 变换矩阵。

奇异值分解（SVD）与主成分分析密切相关，当每个连续维度达到最大维数（单词和文档之间）时，将输入矩阵的整体维度（输入文档数乘以提取的词项数）降低到较低维空间（Manning & Schutze，1999）。理想情况下，分析人员可以确定两个或三个最显著的维度，这些维度可以解释单词和文档之间的大部分差异，从而确定在分析中组织单词和文档的潜在语义空间。一旦确定了这些尺寸，就已经提取出了文档中包含（讨论或描述）的内容的基本"含义"。

### 7.5.3 任务 3：提取知识

使用结构良好的 TDM 并使用其他结构化数据元素进行扩充，可以在解决特定问题的背景下提取新颖的模式。知识提取方法的主要类别是分类、聚类、关联和趋势分析。以下是这些方法的简短说明。

**分类**　可以说，分析复杂数据源中最常见的知识发现主题是对某些对象进行分类。任务是将给定的数据实例分类为一组预定的类别。在文本挖掘领域，该任务是使用通过包括文档和实际文档类别的训练数据集开发的模型针对给定类别（主题或概念）和文本文档集合进行文本分类，旨在为每个文档找到正确的主题（或概念）。如今，自动文本分类已应用于各种环境中，包括文本的自动或半自动（交互式）索引、垃圾邮件过滤、分层目录下的 Web 页面分类、元数据的自动生成以及体裁检测。

文本分类的两种主要方法是知识工程和机器学习（Feldman & Sanger，2007）。通过知识工程方法，专家可以将有关类别的知识以声明方式或以过程分类规则的形式编码到系统中。使用机器学习方法，一般的归纳过程是通过从一组重新分类的实例中学习来构建分类器。随着文档数量成倍增加，并且知识专家越来越难找到，两者之间的流行趋势正在转向机器学习方法。

**聚类**　聚类是一个不受监督的过程，通过该过程，对象被分为称为簇的“自然”组。与使用预先分类的训练实例集合基于类的描述性特征开发模型以对新的未标记实例进行分类的分类相比，在聚类中，问题是在没有任何先验知识的情况下将未标记的对象集合（例如文档、客户评论、网页）分成有意义的簇。

从文档检索到实现更好的 Web 内容搜索，聚类在许多应用程序中都非常有用。实际上，聚类的主要应用之一是对非常大的文本集（例如 Web 页面）进行分析和导航。基本假设是，相关的文档往往比无关的文档彼此更相似。如果此假设成立，则根据文档内容的相似性对文档进行聚类可以提高搜索效率（Feldman & Sanger，2007）：

- ❑ **改善搜索召回率**。因为它是基于总体相似性而不是单个词项的存在，所以聚类可以通过以下方式改善对基于查询的搜索的调用：当查询与文档匹配时，将返回其整个簇。

- ❑ **提高搜索准确度**。聚类还可以提高搜索准确度。随着集合中文档数量的增加，浏览匹配的文档列表变得很困难。聚类可以通过将文档分为许多相关文档的较小组，按相关性对其进行排序以及仅返回最相关组（或多个组）中的文档来提供帮助。

- ❑ 两种最受欢迎的聚类方法是散布 / 聚集聚类和特定于查询的聚类。

- ❑ **分散 / 聚集**。当无法制定特定的搜索查询时，此文档浏览方法使用聚类来提高人工浏览文档的效率。从某种意义上说，该方法动态地为该集合生成一个目录表，并根据用户的选择对其进行修改。

- ❑ **特定于查询的聚类**。此方法采用分层聚类方法，其中与所提出的查询最相关的文档显示在较小的紧密簇中，这些紧密的簇嵌套在包含不太相似文档的较大簇中，从而在文档之间创建了一系列相关级别。此方法对于尺寸较大的文档集合始终表现良好。

**关联**　关联，或数据挖掘中的关联规则学习，是一种流行且得到充分研究的技术，用于发现大型数据库中变量之间的有趣关系。生成关联规则（或解决市场篮子问题）的主要思想是识别频繁同时出现的对象集合。

在文本挖掘中，关联指概念（词项）或概念集之间的直接关系。可以通过支持度和置信度这两个基本度量来量化与两个频繁概念集 A 和 C 相关的概念集关联规则 A+C。在这种情况下，置信度是包含 C 中所有概念的文档在包含 A 中所有概念的那些文档的同一子集中所占的百分比。支持度是包含 A 和 C 中所有概念的文档所占的百分比（或数量）。例如，在文档集合中，"软件实施失败"的概念最常与"企业资源计划"和"客户关系管理"相关联，并得到了极大的支持度（4%）和置信度（55%），这意味着这些文档中的 4% 同时包含这三个概念；在包含"软件实施失败"的文档中，有 55% 还包含"企业资源计划"和"客户关系管理"。

研究者使用具有关联规则的文本挖掘来分析已发表的文献（网络上发布的新闻和学术文章），并以图表说明禽流感的暴发和进展（Mahgoub 等，2008）。这个想法是自动识别地理区域、跨物种分布以及对策（处理方式）之间的关联。

**趋势分析**　文本挖掘中趋势分析的新方法是基于各种类型的概念分布都是文档集合的函数。也就是说，对于同一组概念，不同的集合会导致不同的概念分布。因此，可以比较在其他方面相同的两个分布，只是它们来自不同的子集合。这种分析的一个值得注意的方向是从同一来源（例如，从同一套学术期刊中）获得两个馆藏，但是它们来自不同的时间点。Delen 和 Crossland（2008）将趋势分析应用于大量学术文章（发表在三个具有最高评分的学术期刊上），以识别信息系统领域关键概念的演变。

如本节所述，有许多方法可用于文本挖掘。应用案例 7.5 描述了在分析大量文献时使用多种不同技术的情况。

**应用案例 7.5**　**文本挖掘的研究文献调查**

进行相关文献检索和审查的研究人员面临着越来越复杂和繁重的任务。在扩展相关知识的范围时，始终重要的是努力收集、组织、分析和吸收文献中的现有信息，特别是来自所从事领域的现有信息。随着相关领域甚至传统上被认为是非相关领域的潜在重要研究的报道越来越多，如果需要一份详尽调查，研究人员的任务将更加艰巨。

在新的研究流中，研究人员的任务可能更加烦琐而复杂。试图发掘别人报告的相关工作可能很困难，如果需要对已发表文献进行传统的人工审查，那么甚至是不可能完成的。即使有一大批敬业的研究生或乐于助人的同事，试图涵盖所有可能相关的已发表著作也很困难。

每年都会举行许多学术会议。除了扩大会议的重点知识范围之外，组织者还经常希望提供其他微型小组和研讨会。在许多情况下，这些额外的活动旨在向与会人员介绍相关研究领域的重要研究流，并尝试根据研究兴趣和关注点确定"下一件大事"。确定此类微型小组和研讨会的合理候选主题通常是主观的，而不是客观地从现有和新兴的研究中得出。

在一项研究中，Delen 和 Crossland（2008）提出了一种方法，该方法通过使用文本挖掘技术对大量已发表的文献进行半自动分析，从而极大地帮助了研究人员并增强了他们的工作。作者使用标准的数字图书馆和在线出版物搜索引擎，下载并收集了管理信息系统领域的 3 种主要期刊的所有可用文章：*MIS Quarterly*（MISQ）、*Information Systems Research*（ISR）和 *Journal of Management Information Systems*（JMIS）。对于所有三种期刊的时间间隔（用于潜在的纵向比较研究），以其数字出版物的最新发布日期作为最新研究的开始时间（即，JMIS 文章自 1994 年以来就已经以数字形式提供）。对于每篇文章，Delen 和 Crossland 提取标题、摘要、作者列表、发布的关键字、卷、发行号和出版年份。然后，他们将所有文章数据加载到一个简单的数据库文件中。合并数据集中还包括一个字段，该字段指定了每篇文章的期刊类型以进行可能性判别分析。集合中省略了编辑说明、研究说明和执行概述。表 7.2 显示了如何以表格形式显示数据。

表 7.2　组合数据集中包含的字段的表格表示形式

| | A | B | C | D | E | F | G | H | I | J |
|---|---|---|---|---|---|---|---|---|---|---|
| | A1 | ▼ | | *fx* | ID | | | | | |
| 1 | ID | YEAR | JOURNAL | ABSTRACT | | | | | | |
| 2 | PID001 | 2005 | MISQ | The need for continual value innovation is driving supply chains to evolve from | | | | | | |
| 3 | PID002 | 1999 | ISR | Although much contemporary thought considers advanced information techno | | | | | | |
| 4 | PID003 | 2001 | JMIS | When producers of goods (or services) are confronted by a situation in which | | | | | | |
| 5 | PID004 | 1995 | ISR | Preservation of organizational memory becomes increasingly important to org | | | | | | |
| 6 | PID005 | 1994 | ISR | The research reported here is an adaptation of a model developed to measure | | | | | | |
| 7 | PID006 | 1995 | MISQ | This study evaluates the extent to which the added value to customers from a | | | | | | |
| 8 | PID007 | 2003 | MISQ | This paper reports the results(-) of a field-study of six medical project teams t | | | | | | |
| 9 | PID008 | 1999 | JMIS | Researchers and managers are beginning to realize that the full advantages o | | | | | | |
| 10 | PID009 | 2000 | JMIS | The Internet commerce technologies have significantly reduced sellers' costs | | | | | | |
| 11 | PID010 | 1997 | ISR | Adaptive Structuration Theory (AST) is rapidly becoming an influential theoret | | | | | | |
| 12 | PID011 | 1995 | JMIS | Research shows that group support systems (GSS) have dramatically increa | | | | | | |
| 13 | PID012 | 2000 | MISQ | Increasingly, business leaders are demanding that IT play the role of a busine | | | | | | |
| 14 | PID013 | 2001 | ISR | Alignment between business strategy and IS strategy is widely believed to im | | | | | | |
| 15 | PID014 | 1999 | JMIS | A framework is outlined that includes the planning of and setting goals for IT, | | | | | | |
| 16 | PID015 | 1999 | JMIS | The continuously growing importance of information technology (IT) requires c | | | | | | |
| 17 | PID016 | 1994 | MISQ | Identifying the best way to organize the IS functions within an interprise has b | | | | | | |
| 18 | PID017 | 1996 | ISR | Reasons for the mixed reactions to todays electronic off-exchange trading sy | | | | | | |
| 19 | PID018 | 1996 | JMIS | The performance impacts of information technology investments in organizati | | | | | | |
| 20 | PID019 | 1997 | JMIS | Anonymity is a fundamental concept in group support systems (GSS) resear | | | | | | |
| 21 | PID020 | 2002 | ISR | Although electronic commerce (EC) has created new opportunities for busine | | | | | | |
| 22 | PID021 | 2005 | JMIS | Understanding the successful adoption of information technology is largely ba | | | | | | |
| 23 | PID022 | 2005 | MISQ | Enterprise resource planning (ERP) systems and other complex information s | | | | | | |
| 24 | PID023 | 1994 | JMIS | Model management systems support modelers in various phases of the mode | | | | | | |
| 25 | PID024 | 1995 | ISR | While computer training is widely recognized as an essential contributor to th | | | | | | |

　　在分析阶段，研究人员选择仅使用文章摘要作为信息提取的来源。他们选择不包括出版物中列出的关键字，主要有两个原因：在正常情况下，摘要已经包含列出的关键字，因此对关键字进行分析将意味着重复相同的信息；列出的关键字可能是作者希望与他们的文章相关联的术语（可能与文章中实际包含的内容不同），因此可能给内容分析带来无法量化的偏见。

　　最初的探索性研究是研究这三种期刊的纵向视角（即研究主题随时间的演变）。为了进行纵向研究，Delen 和 Crossland 将这三种期刊的 12 年期（从 1994 年到 2005 年）

分为 4 个 3 年期。这个框架导致了 12 个文本挖掘实验和 12 个互斥数据集。此时，对于 12 个数据集中的每一个，研究人员使用文本挖掘从这些摘要所代表的文章集合中提取最具描述性的词项。将结果制成表格并检查在这三种期刊中发表的词项随时间变化的情况。

在第二次探索中，Delen 和 Crossland 使用完整的数据集（包括所有 3 种期刊和所有 4 个期间）进行了聚类分析。在这项研究中，使用聚类来识别文章的自然分组（将它们分为单独的簇），然后列出表征这些簇的最具描述性的词项。他们使用 SVD 来减少逐项文档矩阵的维数，然后使用期望最大化算法来创建簇。他们进行了几次实验，以确定最佳的簇数，结果为 9。在构建了 9 个簇之后，他们从两个角度分析了这些簇的内容：期刊类型的表示形式（见图 7.8a）和时间的表示形式（见图 7.8b）。他们的目的是探索 3 种期刊之间的潜在差异和共性以及对这些簇的重视程度变化，即回答诸如"是否存在代表单个期刊的不同研究主题的簇"和"这些簇具有时变特征吗？"之类的问题。研究人员使用表格和图形表示发现的结果，发现并讨论了几种有趣的模式（更多信息，请参阅文献（Delen 和 Crossland，2008））。

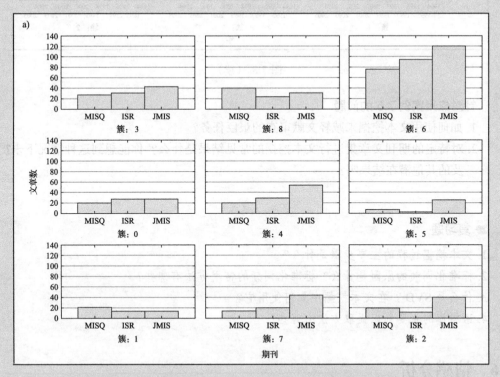

图 7.8　图 a 为 9 个簇中 3 种期刊的文章数分布，图 b 为 9 个簇的发展（资料来源：Delen，D., & M. Crossland（2008）. " Seeding the Survey and Analysis of Research Literature with Text Mining." *Expert Systems with Applications, 34*(3), pp. 1707-1720.）

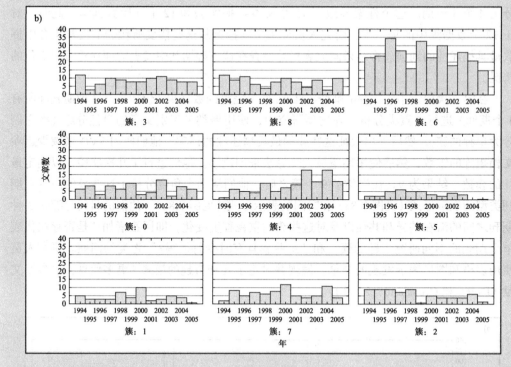

图 7.8 （续）

**针对应用案例 7.5 的问题**

1. 如何使用文本挖掘来减轻文献审查的艰巨任务？

2. 对特定的期刊文章集进行文本挖掘的常见结果是什么？你能想到这种情况下未提及的其他潜在结果吗？

➤ **复习题**

1. 文本挖掘过程的主要步骤是什么？

2. 标准化词频的原因是什么？标准化词频的常用方法有哪些？

3. 什么是 SVD？在文本挖掘中如何使用它？

4. 语料库的主要知识提取方法有哪些？

# 7.6 情感分析

人类是社会人，善于利用各种方式进行交流。在做出投资决定之前，我们经常会咨询金融论坛；我们会向朋友询问有关新开业的餐厅或新上映的电影的评价；我们会进行互联网搜索并阅读消费者的评论和专家报告，然后再进行大额购买（例如房屋、汽车或家电）。我们依靠他人的意见来做出更好的决策，尤其是在我们没有太多知识或经验的领域。由于诸如社交媒体（例如 Twitter、Facebook）、在线评论网站和个人博客之类的观点丰富的网络资源的可用性和普及性越来越高，现在比以往任何时候都更容易找到其他人对从最新产品到政治人物和公众人物的所有观点。尽管不是每个人都通过网络表达意见，但由于社交渠道的数量和功能迅速增加，网络上的观点正在呈指数级增长。

情感很难定义，它通常与信仰、观点、见解和信念等相关联或相混淆。情感暗示着一个定型的观点，反映了一个人的感受（Mejova，2009）。情感具有一些独特的属性，使其与我们可能想在文本中识别的其他概念区分开。通常，我们想按主题对文本进行分类，这可能涉及处理整个主题分类法。此外，情感分类通常涉及两类（积极与消极）、极性范围（例如电影的星级评分）或观点强度范围（Pang & Lee，2008）。这些类涵盖许多主题、用户和文档。尽管与标准文本分析相比，仅处理少数几个类似乎是一件容易的事，但事实上远非如此。

情感分析与计算语言学、自然语言处理和文本挖掘紧密相关。情感分析通常也被称为观点挖掘、主观分析和评价提取，与情感计算（计算机情感识别和情感表达）具有某些联系。情感分析领域涉及文本中观点、情感和主观性的自动提取的兴趣和活动的激增，正在为企业和个人创造机会并带来威胁。拥抱并利用它的人将从中受益匪浅。个人或公司在网络上发表的每一种意见都将被发表端（不论好或坏）认可，并会被其他人检索和挖掘（通常由计算机程序自动获取）。

情感分析试图通过使用各种自动化工具挖掘许多人的意见，回答"人们对某个主题有什么看法"的问题。情感分析将商业、计算机科学、计算语言学、数据挖掘、文本挖掘、心理学乃至社会学领域的研究人员和实践者召集在一起，旨在将传统的基于事实的文本分析扩展到新的领域，以实现观点导向的信息系统。在商业环境中，尤其是在市场营销和CRM 中，情感分析试图使用大量文本数据源（以 Web 发布、推文、博客等形式的客户反馈）来发现对特定产品和服务的正面和负面意见。

文本中出现的情感有两种形式：显性的，即直接表达观点的主观的句子（如"这是美好的一天"）；隐性的，即表达观点（如"手柄容易断裂"）。在情感分析中完成的大多数早期工作都集中在第一种情感上，因为它更易于分析。当前的趋势是实施分析方法以同时考虑隐性情感和显性情感。情感极性是情感分析主要关注的文本特征，通常将其分为积极和消极两种，但是极性也可以是一个范围。包含多个有观点的陈述的文档总体上将具有混合的极性，这与完全没有极性（客观）是不同的（Mejova，2009）。及时收集和分析来自客户呼叫中心记录和社交媒体发布等途径的文本数据，是当今以客户为中心的公司的关键工作。这些文本数据的实时分析通常在易于理解的仪表板上可视化。应用案例 7.6 提供了一个客户成功案例，其中使用了一系列分析解决方案来增强观众在温布尔登网球锦标赛中的体验。

---

**应用案例 7.6** 创造独特的数字体验来捕捉温布尔登网球锦标赛的重要时刻

温布尔登网球锦标赛是网球四大满贯赛事中历史最悠久的赛事，也是世界上知名度最高的体育赛事之一。它由全英格兰草地网球俱乐部（AELTC）主办，该俱乐部自 1877 年以来一直是全球体育文化机构。

显示在温布尔登锦标赛官方网站 wimbledon.com 的实时比分，AELTC 和 IBM 版权所有，经许可使用

**锦标赛冠军**

温布尔登网球锦标赛和 AELTC 的组织者都有一个简单的目标：每年他们都希望以各种方式和指标来举办世界上最好的网球锦标赛。

做出承诺的动机不只是骄傲，它也有商业基础。温布尔登的品牌建立在其全球地位上，这就是吸引粉丝和合作伙伴的原因。世界一流的媒体组织和最有名的公司（包括 IBM）都希望与温布尔登建立联系，正是因为它以卓越的声誉而闻名。

因此，保持锦标赛信誉是 AELTC 的头等大事，但该组织只能通过两种方式直接控制世界其他地区对锦标赛的看法。

首先，也是最重要的，为参观网球场并观看比赛的球员、记者和观众提供优质的体验。AELTC 在这一领域拥有丰富的经验。自 1877 年以来，它在田园诗般的环境中进行了两周令人难忘的激动人心的比赛：在英国乡村花园打网球。

其次是锦标赛通过 wimbledon.com 网站、移动应用程序和社交媒体渠道提供在线平

台。这些数字平台的不断发展是 AELTC 与 IBM 之间长达 26 年的合作关系的结果。

　　AELTC 商业和媒体总监 Mick Desmond 解释说："当你在电视上观看温布尔登网球赛时，你可以通过广播公司的镜头观看它。我们将尽一切努力帮助我们的媒体合作伙伴展示最好的节目，但在比赛当天，他们的播出的是对锦标赛的展示。"

　　他补充说："数字技术与众不同：这是我们的平台，我们可以在其中直接与粉丝交流。因此，给他们最好的体验至关重要。没有任何体育赛事或媒体渠道有权要求观众的注意，因此，我们想加强我们的品牌，我们需要人们将我们的数字体验视为在线观看锦标赛的第一名。"

　　为此，AELTC 设定了在 2015 年锦标赛的两周内吸引 7000 万的访问量、2000 万台独立设备和 800 万名社会关注者的目标。这取决于 IBM 和 AELTC 的实现方式。

**提供独特的数字体验**

　　IBM 和 AELTC 利用拥有的专业知识，着手对数字平台进行全面的重新设计，以开发量身定制的体验，以吸引和留住全球的网球迷。

　　AELTC 数字和内容负责人 Alexandra Willis 表示："我们认识到，尽管移动变得越来越重要，但 80% 的访问者正在使用台式计算机访问我们的网站。"

　　2015 年，我们面临的挑战是如何更新我们的数字财产，以适应移动世界，同时仍提供最佳的桌面体验。我们希望我们的新网站能够充分利用大屏幕尺寸，为台式机用户提供高清视觉和视频内容方面的尽可能丰富的体验，同时还可以无缝响应和适应较小的平板电脑或移动格式。

　　另外，我们主要强调将内容放在上下文中——将文章与相关的照片、视频、统计数据和信息摘要集成在一起，并简化导航，以便用户可以无缝地移动到他们最感兴趣的内容。

　　在移动方面，团队认识到高带宽 4G 连接的更广泛可用性意味着移动网站将比以往任何时候都更加受欢迎，并确保可以轻松访问所有富媒体内容。同时，锦标赛的移动应用程序通过比赛比分和赛事的实时通知得到了增强，甚至可以在观众通过车站前往球场时向他们致意。

　　该团队还为最重要的网球迷（球员本身）建立了一套特殊的网站。它使用 IBM Bluemix 技术构建了一个安全的 Web 应用程序，该应用程序可为球员提供球场预订、交通和场上时间的个性化视图，并帮助他们通过访问每项统计信息来查看自己的比赛表现。

**将数据转变为洞察力，并将洞察力变为叙述**

　　为了向其数字平台提供引人入胜的内容，该团队利用了一次独特的机会：在每场比赛期间均可以访问实时的逐点数据。在温布尔登锦标赛的两周过程中，有 48 名场外专家捕获了大约 340 万个数据点，跟踪了每个点的击球类型、策略和结果。

通过实时收集和分析这些数据，生成了电视评论员、新闻记者以及数字平台编辑团队的统计数据。

Willis 继续解释道：

今年，IBM 给了我们前所未有的优势——使用数据流技术为我们的编辑团队提供了对重要里程碑和重大新闻的实时洞察。

该系统自动监控来自所有 19 个球场的数据流，并且每当发生重大事件（例如 Sam Groth 打破锦标赛历史上第二快的发球纪录）时，我们都会立即知道。在几秒之内，我们就能将该新闻发送给我们的数字受众，并在社交媒体上分享，从而为我们的网站带来更多流量。

更快地捕捉重要时刻并在数据中发现引人入胜的叙述的能力是关键。如果你想体验锦标赛的现场气氛，那么最好紧跟 wimbledon.com 上的动态。

**利用自然语言的力量**

2015 年尝试的另一项新功能是使用 IBM 的 NLP 技术来帮助挖掘 AELTC 庞大的网球历史资料库，以获取有趣的上下文信息。该团队对 IBM Watson Engagement Advisor 进行了训练，以理解该丰富的非结构化数据集，并使用它来回答来自媒体服务台的查询。

相同的 NLP 前端还连接到比赛统计信息的综合结构化数据库（其历史可追溯至 1877 年的第一届冠军赛），为基本问题和更复杂的查询提供一站式服务。

"Watson 试验显示出巨大的潜力。明年，作为我们年度创新计划流程的一部分，我们将研究如何更广泛地使用它，目标是使球迷更多地获得这种令人难以置信的丰富网球知识资源。"Desmond 说。

**上云**

IBM 在其混合云中托管了整个数字环境。IBM 使用复杂的建模技术，根据时间表、每个球员的受欢迎程度、一天中的时间以及许多其他因素来预测需求高峰，从而使其能够动态地将云资源适当地分配给每个数字内容，并确保世界各地的数百万游客的无缝体验。

强大的私有云平台已支持冠军赛达数年之久，IBM 还使用了单独的 SoftLayer 云来托管温布尔登社交控制中心，并在需求高峰时提供额外的增量容量来补充主云环境。

云环境的弹性是关键，因为锦标赛的数字平台规模需要能够在短短几天内有效地扩展至超过 100 倍——观众在中心球场的第一场比赛之前就已经有了兴趣。

**保证锦标赛的安全**

如今，在线安全已成为所有组织关注的重点。尤其是在重大体育赛事中，品牌声誉就是一切。在受到全世界关注的同时，避免成为网络犯罪的受害者尤其重要。基于这些原因，安全性在 IBM 与 AELTC 的合作关系中是至关重要的。

与 2014 年同期相比，在 2015 年的前五个月中，IBM 安全系统在 wimbledon.com 基础结构上检测到安全事件增加了 94%。

随着安全威胁（尤其是分布式拒绝服务（DDoS）攻击）变得越来越普遍，IBM 不断加大对为 AELTC 整个数字平台提供行业领先的安全级别的关注。

包括 IBM QRadar SIEM 和 IBM Preventia Intrusion Prevention 在内的一整套 IBM 安全产品使 2015 年温布尔登网球锦标赛能够平稳、安全地运行，同时数字平台可以随时提供高质量的用户体验。

**吸引关注**

在 IBM 云、分析、移动、社交和安全技术的支持下，2015 年新的数字平台取得了圆满成功。总访问量和唯一身份访问者数量的目标不仅得到了实现，而且也超出了目标。通过 2110 万种独立设备实现了 7100 万次访问和 5.42 亿次页面浏览，证明了该平台在吸引比以往更多的观众数量方面取得了成功，并保持了对观众在整个锦标赛中的吸引力。

"总体而言，与 2014 年相比，我们的设备访问量增加了 23%，访问量增加了 13%，移动设备上对 wimbledon.com 的使用量的增长更加令人印象深刻，"Willis 说，"我们发现独立移动设备访问量增长了 125%，总访问量增长了 98%，页面浏览量增长了 79%。"

Desmond 总结说："结果表明，在 2015 年，我们赢得了球迷的关注。人们可能会喜欢报纸和体育节目，但在一年中有两个星期都在访问我们的网站。"

他继续说道："这证明了我们可以提供的体验质量——我们的独特优势使球迷获得的体验比其他任何媒体渠道都更真实。实时捕获和交流相关内容的能力帮助我们的球迷体验了比以往任何时候都更加生动的观赛过程。"

**针对应用案例 7.6 的问题**

1. 温布尔登网球锦标赛如何使用分析技术来增强观众的体验？

2. 挑战、解决方案和取得的结果是什么？

资料来源：IBM Case Study. "Creating a Unique Digital Experience to Capture the Moments That Matter." http://www-03.ibm.com/software/businesscasestudies/us/en/corp?synkey=D140192K15783Q68(accessed May 2016).

## 7.6.1　情感分析应用

传统的情感分析方法是以调查为基础或以焦点小组为中心，成本高昂且耗时（因此是由一小部分参与者推动的），基于文本分析的情感分析是一个新的突破口。当前的解决方案通过处理事实和主观信息的 NLP 和数据挖掘技术，实现了大规模数据收集、过滤、分类和聚类方法的自动化。情感分析可能是文本分析中最流行的应用，它可以利用诸如推文、Facebook 帖子、在线社区、讨论区、Web 日志、产品评论、呼叫中心日志和记录、产品评级网站、聊天室、价格比较网站、搜索引擎日志和新闻组等数据源。情感分析功能强大、覆盖范围广，主要有以下应用：

**客户的声音** 客户的声音（VOC）是分析型 CRM 和客户体验管理系统的组成部分。作为 VOC 的推动力，情感分析可以（连续或定期）访问公司的产品和服务评论，以更好地了解和管理客户的抱怨和赞美。例如，一家电影广告 / 营销公司可以检测有关即将上映的电影的负面情感（基于其预告片），并迅速更改预告片的组成和广告策略（在所有媒体上）以减轻负面影响。同样，软件公司可以尽早发现有关其新发行产品中的错误的负面评价，以便发布补丁程序和快速修复程序以缓解这种情况。

通常，VOC 的重点是个人客户，以及他们与服务和支持相关的需求和问题。VOC 从完整的客户联络点（包括电子邮件、调查、呼叫中心记录和社交媒体发布）中提取数据，并将客户声音与交易信息（查询、购买、退货）和从企业运营系统中捕获的个人客户资料进行匹配。VOC 主要由情感分析驱动，是客户体验管理计划的关键要素，该计划的目标是与客户建立亲密关系。

**市场的声音**（VOM） VOM 旨在了解总体观点和趋势，即利益相关者（客户、潜在客户、有影响力的人等）对你（以及你的竞争对手）的产品和服务说了什么。完善的 VOM 分析可以帮助公司获得竞争情报以及产品开发和定位信息。

**员工的声音**（VOE） 传统上，VOE 仅限于员工满意度调查。一般而言，文本分析（尤其是情感分析）是评估 VOE 的巨大推动力。使用丰富的、有针对性的文本数据可提供一种有效的方式来聆听员工的意见。众所周知，快乐的员工可以增强客户体验工作并提高客户满意度。

**品牌管理** 品牌管理专注于获取社交媒体的信息，而在社交媒体上任何人（过去 / 当前 / 潜在客户、行业专家、其他机构）都可以发表可能损害或提高公司声誉的意见。有许多初创公司为其他公司提供分析驱动的品牌管理服务。品牌管理是针对产品和公司（而不是客户）的。它试图塑造感知而不是使用情感分析技术来管理体验。

**金融市场** 预测单个（或一组）股票的未来价值一直是一个有趣且看似无法解决的问题。研究一只或多只股票涨跌的原因绝非一门精确的科学。许多人认为，股票市场主要是由情绪驱动的，因此是没有理性的（特别是对于短期股票走势而言）。因此，在金融市场中使用情感分析已获得广泛的普及。使用社交媒体、新闻、博客和讨论组对市场情绪进行自动分析似乎是计算市场动向的正确方法。如果做得正确，情感分析可以基于市场的情绪信息识别短期股票走势，从而可能影响流通性和交易。

**政治** 众所周知，在政治中，观点至关重要。由于政治讨论主要是对个人、组织和思想的复杂引用，因此政治是情感分析中最困难且可能富有成果的领域之一。通过分析选举论坛上的情绪，人们可以预测谁更有可能赢得选举或输掉选举。情感分析可以帮助理解选民的想法，并可以阐明候选人在问题上的立场。情感分析可以帮助政治组织、竞选活动和新闻分析人员更好地了解哪些问题和立场对选民最重要。情感分析技术已成功地应用于 2008 年和 2012 年美国总统大选。

**政府情报**　政府情报是情报机构使用的另一种应用。例如，有人建议，可以监测敌对或负面信息的来源。情感分析可以自动分析人们对未决政策或政府法规提案提出的意见。此外，监视通信中负面情绪的增加可能对国土安全部等机构有用。

**其他有趣的领域**　客户的情感可以用来更好地设计电子商务站点（产品建议、加价销售/交叉销售广告），更好地放置广告（例如，将考虑情感的产品和服务的动态广告放置在用户正在浏览的页面上），以及管理面向意见或评论的搜索引擎（即意见汇总网站，类似于 Epinions，用于汇总用户评论）。情感分析可以通过对传入的电子邮件进行分类和优先级排序来帮助过滤电子邮件（例如，它可以检测到包含强烈负面信息或可能引发论战的电子邮件并将其转发到适当的文件夹中），引文分析可以确定作者是否引用了已被驳斥的作品作为支持证据或用于研究。

## 7.6.2　情感分析过程

由于问题的复杂性（基本概念、文本中的表达、文本表达的上下文等），因此尚无现成的标准化过程可用于进行情感分析。但是，根据迄今为止在灵敏度分析领域（有关研究方法和应用范围）的已发表工作，如图 7.9 所示的多步骤的简单逻辑过程似乎是情感分析的一种适当方法。这些逻辑步骤是迭代的（即，反馈、更正和迭代是发现过程的一部分）并且本质上是实验性的，一旦完成并结合起来，便能够对文本集中的观点产生所需的见解。

**步骤 1：敏感度检测**　在检索并准备了文本文档之后，灵敏度分析的第一个主要任务是检测客观性。这里的目标是区分事实和观点，可以将其视为将文本分类为客观的还是主观的。这也可以表征为客观性 – 主观性的计算（O-S 极性，可以用从 0 到 1 的数值表示）。如果客观值接近于 1，则没有观点可寻（即，这是事实），因此该过程将返回并获取下一个文本数据进行分析。通常，观点检测基于对文本中形容词的检查。例如，通过分析形容词，可以相对容易地确定“真是一部出色的作品”的极性。

**步骤 2：N-P 极性分类**　第二个主要任务是极性分类。给定有观点的文本，目标是将观点归类为两个相反的情感极性之一，或将其立场定位在这两个极性之间的连续体上（Pang & Lee，2008）。当被视为二进制特征时，极性分类是将带标签的文档标记为表达总体积极或总体消极的观点（例如，竖起大拇指或拇指向下）的二进制分类任务。除了确定 N-P 极性（消极和积极）外，还应该对确定情感强度感兴趣（它可以表示为轻度、中度、强烈或非常强烈等程度）。大部分研究是针对产品或电影评论进行的，其中“积极”和“消极”的定义非常明确。其他任务，例如将新闻分类为“好”或“坏”，则存在一些困难。例如，一篇文章可能包含负面新闻，而没有明确使用任何主观词语。此外，当文档表达积极情感和消极情感时，这些类别通常显得混杂。接下来的任务是识别文档的主要（或主导）情感。但是，对于冗长的文本，分类任务可能需要在几个级别上完成：词项、短语、句子，甚至文档级别。对于这些级别，通常将一个级别的输出用作下一个更高级别的输入。7.6.3 节将说明几种用于识别极性和极性强度的方法。

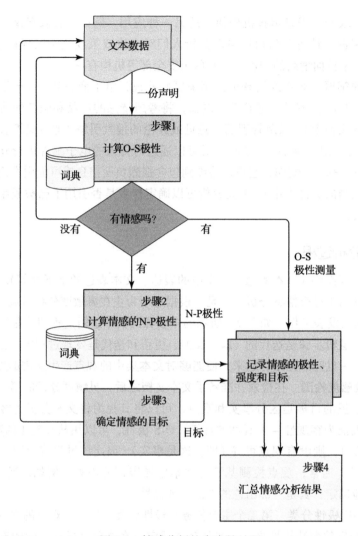

图 7.9 情感分析的多步骤过程

**步骤 3：目标识别** 此步骤的目标是准确识别所表达情感的目标（例如，人、产品、事件）。这项任务的难度在很大程度上取决于分析的领域。尽管通常很容易准确地确定产品或电影评论的目标，因为评论直接与目标相关联，但在其他领域还是很困难的。例如，冗长的通用文本（例如，网页、新闻文章和博客）并不总是分配有预定义的主题，而是经常提及许多对象，而任何对象都可以推论为目标。有时，一个句子中有多个目标，"比较"文本中就是这种情况。一个主观的比较语句按优先顺序对对象进行排序，例如"此便携式计算机比我的台式计算机更好"。这些句子可以使用比较形容词和副词（更多、更少、更好、更长）、最高级形容词（最多、最少、最好）和其他单词（例如，相同、不同、获胜、更喜欢）。一旦检索到句子，就可以按照文中描述的最能代表其优点的顺序放置对象。

步骤 4：收集和汇总　一旦确定并计算了文档中所有文本数据点的情感，就可以将它们汇总并转换为整个文档的单一情感度量。这种聚合既可以简单地总结所有文本的极性和优势，也可以使用 NLP 的语义聚合技术来识别最终的情感。

### 7.6.3　极性识别方法

如上一节所述，可以在单词、词项、句子或文档级别进行极性识别。极性识别的最小级别是单词级别。一旦在单词级别进行了极性标识，则可以将其聚合到下一个更高的级别，然后再聚合到下一个更高的级别，直到达到情感分析所需的聚合级别为止。目前使用的两种主要技术在单词 / 词项级别识别极性，每种技术都有其优点和缺点：

1）使用词典作为参考库（由个人手动或自动开发以完成特定任务，或由机构开发以用于一般用途）。

2）使用训练文档的集合作为有关特定领域内词项极性的知识的来源（即，从有观点的文本文档中得出预测模型）。

### 7.6.4　使用词典

词典本质上是包含某种语言的单词及其同义词和含义的目录。通常，通用词典用于创建用于情感分析项目的各种专用词典。广受欢迎的通用词典是普林斯顿大学创建的 WordNet，它已被许多研究人员和从业人员扩展并用于情感分析。如 WordNet 网站（wordnet.princeton.edu）所述，它是一个大型的英语词汇数据库，包含名词、动词、形容词和副词，这些词被分为认知同义集（即同义词集），每组表达不同的概念。同义词集通过概念 – 语义和词汇关系相互关联。

Esuli 和 Sebastiani（2006）创建了 WordNet 的一个有趣扩展，他们为词典中的每个词项添加了极性（P-N）和客观性（S-O）标签。为了标记每个词项，他们使用一组三元分类器（一种将三个标记精确地附加到每个对象的度量）对词项所属的同义词集（一组同义词）进行分类，以确定一个同义词集的极性和客观性。所得分数在 0.0～1.0 之间，对词项与观点相关的属性进行分级评估。这些可以以可视化形式进行总结，如图 7.10 所示。三角形的边缘代表三种分类（积极、消极和客观）之一。词项可以在此空间中表示为代表它所属的每个分类的程度的点。

研究者使用类似的扩展方法创建了 SentiWordNet，这是专门为观点挖掘（情感分析）而开发的可公开使用的词典。SentiWordNet 为 WordNet 的每个同义词集分配三个情感评分：积极性、消极性和客观性。有关 SentiWordNet 的更多信息，参见 sendiwordnet.isti.cnr.it。

WordNet 的另一个扩展是 Strapparava 和 Valitutti（2004）开发的 WordNet-Affect。他们使用代表不同情感类别（情感、认知状态、态度和感觉）的情感标签来标记 WordNet 同义词集。WordNet 也已直接用于情感分析。例如，Kim 和 Hovy（2004）以及 Liu、Hu 和 Cheng（2005）以一些已知极性（例如，爱、喜欢、好听）的"种子"词项开始，生成了 P-N

词项词典。然后使用词项的反义和同义属性将它们分为不同的极性类别之一。

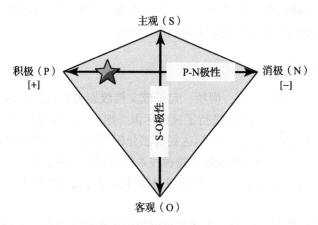

图 7.10 P-N 极性和 S-O 极性关系的图形表示

## 7.6.5 使用训练文件集

可以使用统计分析和机器学习工具执行情感分类，可以利用可用的带标签的大量资源进行训练。产品评论网站（例如 Amazon、C-NET、eBay、RottenTomatoes 和 IMDb）都已广泛用作已标注的数据源。star 系统为评论的总体极性提供了明确的标签，并且在算法评估中通常被视为黄金标准。

通过评估工作可以获得各种手动标记的文本数据，例如文本检索会议、用于 IR 系统的 NII 测试集和跨语言评估论坛。这些努力产生的数据集通常在文本挖掘社区（包括情感分析研究人员）中作为标准。不同的研究人员和研究小组还开发了许多有趣的数据集。技术洞察 7.2 列出了一些受欢迎的软件。一旦获得了已经标记的文本数据集，就可以使用多种预测模型和其他机器学习算法来训练情感分类器。用于此任务的一些最流行的算法包括人工神经网络、支持向量机、kNN、朴素贝叶斯、决策树和基于期望最大化的聚类。

### 技术洞察 7.2　用于预测文本挖掘和情感分析的大型文本数据集

以下是一些大型文本数据集的示例：

**国会现场辩论记录**：由 Thomas、Pang 和 Lee（2006）发表，包含标记了演讲者是支持还是反对所讨论立法的政治演讲。

**Economining**：由纽约大学斯特恩学院发表，包含 Amazon.com 上针对商家的反馈信息。

**康奈尔电影评论数据集**：由 Pang 和 Lee 引入（2008），包含自动导出的文档级别标签（1000 个积极标签和 1000 个消极标签）以及 5331 个积极句子 / 摘录和 5331 个消极句子 / 摘录。

斯坦福大型电影评论数据集：具有高度极性的电影评论集，其中 25 000 个用于训练，25 000 个用于测试。也有其他未标记的数据可供使用。提供了原始文本和已处理的词袋格式（参见 http://ai.stanford.edu/~amaas/data/sentiment）。

MPQA 语料库：语料库和意见识别系统语料库，包含来自各种新闻来源的 535 条人工标注的新闻文章，其中包含观点和个人陈述（信仰、情感、猜测等）的标签。

多方面餐厅评论：由 Snyder 和 Barzilay 引入（2007），包含 4488 条评论，对 5 个不同方面进行了明确的 1～5 评分：食物、氛围、服务、价值和整体体验。

## 7.6.6 识别句子和短语的语义方向

一旦确定了单个单词的语义方向，通常希望将其扩展到出现单词的短语或句子。完成这种聚合的最简单方法是对短语或句子中单词的极性使用某种类型的平均。尽管很少使用，但是这种聚合方式可能与使用一种或多种机器学习技术在单词（及其极性值）与短语或句子之间建立预测关系一样复杂。

## 7.6.7 识别文件的语义方向

尽管该领域的大部分工作是在确定单词和短语／句子的语义方向的基础上完成的，但诸如摘要和信息检索之类的任务仍可能需要对整个文档进行语义标记（Ramage 等，2009）。与将情感极性从单词级别聚合到短语或句子级别的情况类似，聚合到文档级别也可以通过某种类型的平均来完成。对于非常大的文档，文档的情感定位可能没有意义，因此它通常用于发布在网络上的中小型文档。

### ▶ 复习题

1. 什么是情感分析？它与文本挖掘有何关系？
2. 情感分析最受欢迎的应用领域是什么？为什么？
3. 政治中情感分析的预期收益和受益者是什么？
4. 执行情感分析项目的主要步骤是什么？
5. 极性识别的两种常用方法是什么？请说明。

# 7.7 Web 挖掘概述

互联网已经改变了开展业务的格局。由于高度联系、扁平化的世界和不断扩大的竞争领域，当今的公司正面临更多的机遇（能够接触到以前从未想到过的客户和市场）和更多的挑战（全球化和不断变化的竞争市场）。有远见和能力应对这种动荡环境的公司将从中受益，而其他拒绝适应的公司则难以生存。在互联网上进行互动已经不再是一种选择，而是一项业务要求。客户期望公司通过互联网提供产品和服务。客户不仅在购买产品和服务，而且还在谈论公司，并通过互联网与其他人分享他们的交易和使用经验。

　　互联网及其支持技术的发展使数据创建、数据收集以及数据/信息/意见交换变得更加容易。服务、制造、运输、交付和客户查询方面的延迟不再是私人事件，而被认为是必要的弊端。现在，借助互联网上的社交媒体工具和技术，所有人都知道了一切。成功的公司就是采用这些互联网技术并使用它们来改进业务流程以更好地与客户沟通、了解他们的需求并为他们提供全面而迅速的服务的公司。在当今的互联网和社交媒体时代，以客户为中心并让客户满意从来没有像现在这样重要。

　　万维网（简称 Web）是一个巨大的数据和信息存储库，几乎涵盖了人们可以想到的所有内容。Web 可能是世界上最大的数据和文本存储库，并且 Web 上的信息量正在迅速增长。在网上可以找到很多有趣的信息：其主页链接到其他哪些页面，有多少人链接到特定的网页以及如何组织特定的网站。此外，网站的每个访问者，搜索引擎上的每个搜索，链接上的每次单击以及电子商务网站上的每项交易都会创建新的数据。尽管以 HTML 或 XML 编码的 Web 形式的非结构化文本数据是 Web 的主要内容，但是 Web 基础结构还包含超链接信息（与其他 Web 页面的链接）和使用信息（访问者与 Web 站点交互的日志），所有这些都为知识发现提供了丰富的数据。对这些信息的分析可以帮助我们更好地利用网站，也可以帮助我们增强访问者对于网站的关系和价值。

　　由于其庞大的规模和复杂性，以任何方式进行 Web 挖掘都不容易。对于有效和高效的知识发现，Web 也带来了巨大的挑战（Han & Kamber，2006）：

❑ **Web 太大了，以致无法进行有效的数据挖掘**。Web 是如此之大，发展得如此之快，以至于很难量化其规模。由于 Web 规模庞大，因此设置数据仓库来复制、存储和集成 Web 上的所有数据是不可行的，这给数据收集和集成带来了挑战。

❑ **Web 太复杂了**。网页的复杂程度远远大于传统文本文档集中的页面。网页缺乏统一的结构。与任何书籍、文章或其他传统的基于文本的文档相比，网页包含的创作风格和内容变化要多得多。

❑ **Web 太动态了**。Web 是高度动态的信息源。Web 不仅发展迅速，而且其内容也在不断更新。博客、新闻报道、股市结果、天气报告、体育比分、价格、公司广告和许多其他类型的信息会定期在 Web 上更新。

❑ **Web 不特定于域**。Web 服务于各种各样的社区，并连接了数十亿个工作站。Web 用户的背景、兴趣和使用目的非常不同。大多数用户可能不了解信息网络的结构，并且可能不知道他们执行的特定搜索的巨大成本。

❑ **Web 拥有一切**。Web 上只有一小部分信息与某人（或某些任务）真正相关或有用。据说，Web 上 99% 的信息对 99% 的 Web 用户是无用的。尽管这看起来似乎并不明显，但是某个人通常确实只对 Web 的一小部分感兴趣，而 Web 的其余部分包含的信息对他来说并不有趣，并且可能淹没他期望的结果。在 Web 相关研究中，找到与某人真正相关的 Web 内容以及正在执行的任务是一个突出的问题。

　　这些挑战促使人们进行了许多研究工作，以提高在 Web 上发现和使用数据资产的有效性和效率。许多基于索引的 Web 搜索引擎不断在某些关键字下搜索 Web 和索引 Web 页面。通过使用这些搜索引擎，有经验的用户可能能够通过提供一组严格限制的关键字或短语来定位文档。但是，简单的基于关键字的搜索引擎存在几个缺陷。首先，任何广度的主题都可以轻松包含数百或数千个文档。这可能会导致搜索引擎返回大量文档条目，其中许多文档与主题无关。其次，许多与某个主题高度相关的文档可能没有包含定义它们的确切关键字。正如本章后面将要详细介绍的那样，与基于关键字的 Web 搜索相比，Web 挖掘是一种显著（也是更具挑战性）的方法，可以用来从实质上增强 Web 搜索引擎的性能，因为 Web 挖掘可以识别出权威的 Web 页面、对 Web 文档进行分类，并解决基于关键字的 Web 搜索引擎中引起的许多歧义和微妙之处。

　　**Web 挖掘**（也称 Web 数据挖掘）是从 Web 数据中发现内在关系（即有趣和有用的信息）的过程，这些内在关系以文本、链接或使用信息的形式表示。Web 挖掘一词最早是由 Etzioni（1996）使用的。如今，许多会议、期刊和书籍都专注于 Web 挖掘，它是技术和商业实践不断发展的领域。Web 挖掘本质上与使用 Web 上生成的数据的数据挖掘相同，目标是将大量的业务交易、客户交互和网站使用数据存储库转换为可操作的信息（即知识），以促进整个企业做出更好的决策。由于"分析"一词的日益普及，今天，许多人开始将 Web 挖掘称为 Web 分析。但是，这两个术语并不相同。Web 分析主要是针对网站使用情况的数据，而 Web 挖掘则包括通过网络生成的所有数据，包括交易、社交和使用情况数据。Web 分析旨在描述网站上发生的事情（采用预定义的、由指标驱动的描述性分析方法），Web 挖掘旨在发现以前未知的模式和关系（采用新颖的预测性或规范性分析方法）。从全局角度来看，Web 分析可以被视为 Web 挖掘的一部分。图 7.11 提供了一个简单的 Web 挖掘分类法，分为三个主要领域：Web 内容挖掘、Web 结构挖掘和 Web 用法挖掘。在图 7.11 中，还指定了这三个主要领域中使用的数据源。尽管这三个区域是分开显示的，但是正如你将在下一节中看到的那样，它们通常被同时协同地用于解决业务问题和机会。

　　如图 7.11 所示，Web 挖掘在很大程度上依赖于数据挖掘和文本挖掘及其支持工具和技术，我们在本章的前面和第 4 章详细介绍了这些内容。该图还表明，这三个通用领域进一步扩展到了几个非常著名的应用领域。在前面的章节中已经解释了其中一些领域，而在本章中将对其他领域进行详细介绍。

## Web 内容和 Web 结构挖掘

　　**Web 内容挖掘**是指从 Web 页面中提取有用的信息。可以以某种机器可读的格式提取文档，以便自动化技术可以从这些 Web 页面提取信息。Web 爬虫程序（也称为 spider）用于自动读取网站的内容。收集的信息可能包含类似于文本挖掘中使用的文档特征，但也可能包含其他概念，例如文档层次结构。这种收集和挖掘 Web 内容的自动化（或半自动化）过程可用于竞争情报（收集有关竞争对手产品、服务和客户的情报）。它也可以用于信息 / 新闻 / 观点的收集和汇总、情感分析以及用于预测建模的自动数据收集和结构化。下面是一个使用 Web 内容挖掘作为自动数据收集工具的示例。十多年来，本书三位作者中的两位（Sharda 博士和 Delen 博士）一直在开发用于在好莱坞电影上映前预测票房情况的模型。用于模型训练的数据来自几个网站，每个网站都有不同的分层页面结构。从这些网站上收集数千部电影的大量变量非常耗时且容易出错。因此，Sharda 和 Delen 将 Web 内容挖掘和爬虫程序作为一种基本技术来自动收集和验证（如果特定数据项在多个网站上可用，则可以相互验证这些值并捕获异常并记录）数据，并将这些值存储在关系数据库中。这样，既可以确保数据质量，又可以节省宝贵的时间（几天或几周）。

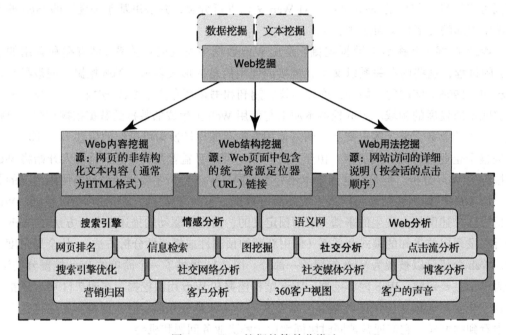

图 7.11　Web 挖掘的简单分类法

除文本外，网页还包含将一个页面指向另一页面的超链接。超链接包含大量隐藏的人工注释，这些注释可能有助于自动推断集中性或权威性的概念。当网页开发人员加入指向另一个网页的链接时，这可以被视为开发人员对另一个页面的认可。Web 上不同的开发人员对给定页面的集体认可可能表明该页面的重要性，并且自然可以导致发现权威的 Web 页面（Miller，2005）。因此，大量的 Web 链接信息提供了有关 Web 内容的相关性、质量和结构的丰富信息集合，因此是 Web 挖掘的丰富资源。

Web 内容挖掘还可以用于增强搜索引擎产生的结果。实际上，搜索可能是 Web 内容挖掘和 Web 结构挖掘中最流行的应用。在 Web 上进行搜索以获取有关特定主题的信息（表示为关键字或句子的集合）通常会返回一些相关的高质量 Web 页面和大量不可用的 Web 页面。基于关键字和权威页面（或衡量指标）的相关性索引的使用可改善搜索结果和相关页面的排名。权威（或权威页面）的思想源于早期的信息检索工作，该工作使用期刊文章中的引文来评估研究论文的影响（Miller，2005）。尽管这是该想法的起源，但研究文章的引用与网页上的超链接之间存在显著差异。首先，并非每个超链接都表示认可（某些链接是出于导航目的而创建的，而某些链接是针对付费广告的）。尽管这是事实，但如果大多数超链接属于认可类型，则集体意见仍将占上风。其次，出于商业和竞争利益，一个机构很少将其网页指向同一域中的竞争对手。例如，微软可能不希望在其网页上包含指向苹果公司网站的链接，因为这可能被视为对其竞争对手权威的认可。最后，权威页面很少特别具有描述性。例如，Yahoo! 的主页可能不包含其实际上是 Web 搜索引擎的明确自我描述。

Web 超链接的结构导致了另一类重要的 Web 页面，称为 hub，它是一个或多个 Web 页面，这些 Web 页面提供了指向权威页面的链接的集合。hub 页面可能并不突出，只有几个链接指向它们。但是，hub 提供指向特定感兴趣主题的著名站点的链接。hub 可以是个人主页上的推荐链接列表，课程网页上的推荐参考站点列表，或者特定主题的专业资源列表。hub 页面的作用是在狭窄的范围内隐式授予权限。本质上，良好的 hub 和权威页面之间存在密切的共生关系。一个良好的 hub 指向许多良好的权威页面。hub 和授权机构之间的这种关系使得从 Web 自动检索高质量内容成为可能。

用于计算 hub 和权威页面的最流行的公共已知和引用算法是超链接诱导主题搜索（HITS）。它最初由 Kleinberg（1999）开发，此后被许多研究人员改进。HITS 是一种链接分析算法，可使用其中包含的超链接信息对网页进行评分。在 Web 搜索的上下文中，HITS 算法收集用于特定查询的基础文档集。然后，它递归地计算每个文档的 hub 值和权威值。为了收集基本文档集，从搜索引擎中获取与查询匹配的根集。对于检索到的每个文档，将指向原始文档的一组文档和由原始文档指向的另一组文档添加到该文档集中，作为原始文档的邻域。文档标识和链接分析的递归过程将继续进行，直到 hub 值和权威值融合为止。然后，这些值将用于为特定查询生成的文档集合建立索引并确定其优先级。

**Web 结构挖掘**是从 Web 文档的嵌入链接中提取有用信息的过程。它用于标识权威页面和 hub——当代页面排名算法的基石，这些算法是流行搜索引擎（例如谷歌和 Yahoo!）的核心。正如进入网页的链接可以指示站点的受欢迎程度（或权威性）一样，网页（或完整的网站）中的链接可以指示特定主题的涵盖深度。链接分析对于理解大量 Web 页面之间的相互关系非常重要，有助于更好地了解特定的 Web 社区或集团。

---

### ➡ 复习题

1. Web 对知识发现构成哪些主要挑战？
2. 什么是 Web 挖掘？它与常规数据挖掘或文本挖掘有何不同？
3. Web 挖掘的三个主要领域是什么？
4. 什么是 Web 内容挖掘？如何将其用于提升竞争优势？
5. 什么是 Web 结构挖掘？它与 Web 内容挖掘有何不同？

## 7.8　搜索引擎

在当今时代，互联网搜索引擎的重要性不可否认。随着万维网的规模和复杂性的增加，找到想要的东西正变得复杂而费力。人们出于各种原因使用搜索引擎：在购买产品或服务之前了解有关产品或服务的信息（包括有哪些销售商、在不同地点 / 销售商处的价格、人们在讨论的常见问题、以前购买者的满意度如何以及还有哪些产品或服务可能会更好），以及寻找去处、人要做的事情。从某种意义上说，搜索引擎已经成为大多数基于互联网的交易和其他活动的核心。搜索引擎公司谷歌取得了令人难以置信的成功，很好地证明了这一主张。对于许多人来说，搜索引擎的工作原理是一个谜。用最简单的术语来说，搜索引擎是一种软件程序，可以根据用户提供的与查询主题有关的关键词（单个词、多个词或完整的句子）来搜索文档（互联网站点或文件）。搜索引擎是互联网的主力军，每天以数百种不同的语言响应数十亿条查询。

从技术上讲，"搜索引擎"是信息检索系统的流行术语。尽管 Web 搜索引擎是最流行的搜索引擎，但搜索引擎也广泛应用于 Web 之外的其他环境，例如桌面搜索引擎和文档搜索引擎。正如你将在本节中看到的那样，本章前面介绍的关于文本分析和文本挖掘的许多概念和技术也适用于此。搜索引擎的总体目标是返回最匹配用户查询的一个或多个文档 / 页面（如果应用多个文档 / 页面，则通常会提供排名顺序列表）。经常用于评估搜索引擎的两个指标是有效性（或质量——查找正确的文档 / 页面）和效率（或速度——快速返回响应）。这两个指标趋于相反，改善一个往往会使另一个恶化。通常，基于用户的期望，搜索引擎会以牺牲一个指标为代价提升另一个指标。更好的搜索引擎是同时兼具两者的优势。因为搜索引擎不仅可以搜索，而且可以查找并返回文档 / 页面，所以可能更适合将其称为查找引擎。

### 7.8.1　搜索引擎剖析

现在，让我们剖析一个搜索引擎的工作原理。在最高层次上，搜索引擎系统由两个主要周期组成：开发周期和响应周期（请参见图 7.12 中的典型网络搜索引擎的结构）。一个周期与互联网交互，另一个周期与用户交互。可以将开发周期视为生产过程（制造和存储文档 / 页面），而将响应周期视为零售过程（向客户 / 用户提供所需的东西）。下面将对这两个周期进行更详细的说明。

#### 开发周期

开发周期的两个主要组件是 Web 爬虫和文档索引器。此周期的目的是创建一个庞大的文档 / 页面数据库，根据文档 / 页面的内容和信息价值进行组织和索引。开发这样的文档 / 页面存储库的原因非常明显：由于 Web 十分庞大和复杂，在合理的时间范围内搜索整个 Web 来查找页面以响应用户查询是不切实际的。因此，搜索引擎将 Web 中的内容"缓存"到其数据库中，并使用缓存版本进行搜索和查找，以便快速而准确地响应用户查询。

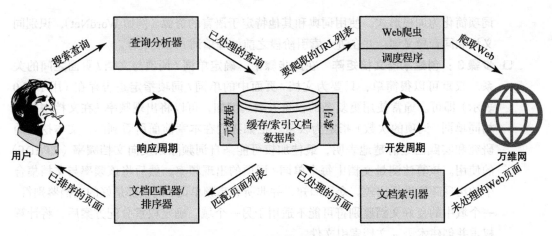

图 7.12　典型网络搜索引擎的结构

**Web 爬虫**　Web 爬虫是一种软件，可以系统地浏览（爬取）万维网，以查找和获取网页。Web 爬虫通常会复制其访问过的所有页面，以供搜索引擎的其他功能进行后续处理。

Web 爬虫以要访问的 URL 列表开始，这些 URL 在调度程序中列出，通常称为种子。这些 URL 可以由网站管理员提交，也可以来自先前爬取的文档 / 页面的内部超链接。爬虫在访问这些 URL 时，会识别页面中的所有超链接，并将它们添加到要访问的 URL 列表（即调度程序）中。根据特定搜索引擎确定的一组策略，递归地访问调度程序中的 URL。由于网页数量众多，所以爬虫在给定时间内只能下载有限数量的网页，因此它可能需要优先考虑其下载的网页。

**文档索引器**　当爬虫找到并获取文档后，文档会存储在暂存区中，以供文档索引器抓取和处理。文档索引器负责处理文档（网页或文档文件）并将其放入文档数据库中。要将文档 / 页面转换为所需的易于搜索的格式，文档索引器将执行以下任务。

❑ **步骤 1：预处理文档**　由于爬虫抓取的文档可能全部采用不同的格式，因此为了便于进一步处理它们，在此步骤中将它们全部转换为某种类型的标准表示形式。例如，不同类型（文本、超链接、图像等）的内容可以彼此分离、格式化（如有必要）并存储在某个地方以进行进一步处理。

❑ **步骤 2：解析文档**　该步骤实质上是将文本挖掘（即计算语言学、NLP）工具和技术应用于文档 / 页面的集合。在此步骤中，首先将标准化文档解析为组件，以识别值得索引的单词 / 词项。然后，使用一组规则，对单词 / 词项进行索引。更具体地说，使用标记化规则，从这些文档的句子中提取单词 / 词项 / 实体。使用合适的词典，可以纠正这些单词 / 词项的拼写错误和其他异常情况。并非所有词项都是区分词，应该将非区分单词 / 词项（也称为停用词）从值得索引的单词 / 词项列表中删除。由于相同的单词 / 词项可以采用许多不同的形式，因此应用词干提取将单词 /

词项简化为词根形式。使用词典和其他特定于语言的资源（例如 WordNet），识别同义词和同音异义词，并在进入索引阶段之前处理单词 / 词项集合。

❑ **步骤 3：创建术语文档矩阵** 在此步骤中，确定单词 / 词项与文档 / 页面之间的关系。权重可以很简单，只要为文档 / 页面中的单词 / 词项指定是否存在（用 1 和 0 表示）即可。通常使用更复杂的权重方案。例如，可以将出现频率（在文档中找到相同单词 / 词项的次数）指定为权重。正如我们在本章前面所看到的，文本挖掘的研究和实践已经清楚地表明，最佳加权可能来自词频除以反向文档频率（TF/IDF）的使用。该算法测量文档中每个单词 / 词项的出现频率，然后将该频率与文档集合中的出现频率进行比较。众所周知，并非所有高频单词 / 词项都是好的文档鉴别符，一个域中的良好文档鉴别符可能不适用于另一个域。确定权重分配方案后，将计算权重并创建术语 – 文档索引文件。

**响应周期**

响应周期的两个主要组件是查询分析器和文档匹配器 / 排序器。

**查询分析器** 查询分析器负责（通过搜索引擎的 Web 服务器界面）接收来自用户的搜索请求，并将其转换为标准化的数据结构，以便可以轻松地查询 / 匹配文档数据库中的条目。查询分析器的工作方式与文档索引器的工作方式非常相似（正如我们刚刚解释的那样）。查询分析器使用一系列任务将搜索字符串解析为单个单词 / 词项，这些任务包括标记化、去除停用词、词干提取和单词 / 词项歧义消除（识别拼写错误、同义词和同音异义词）。查询分析器和文档索引器之间的相似度并非巧合。实际上，这很合乎逻辑，因为两者都在处理文档数据库：一个是使用特定的索引结构放入文档 / 页面，另一个是将查询字符串转换为相同的结构，以便可以使用它快速定位最相关的文档 / 页面。

**文档匹配器 / 排序器** 这是结构化查询数据与文档数据库进行匹配的地方，以找到最相关的文档 / 页面，并按照相关性 / 重要性的顺序对其进行排名。当不同的搜索引擎相互比较时，这一步骤的熟练程度可能是最重要的考虑因素。每个搜索引擎都有自己的（通常是专有的）算法，可以用来执行这一重要步骤。

早期的搜索引擎对文档数据库使用简单的关键字匹配，并且当顺序的决定因素是使用查询和文档之间匹配的单词 / 词项数量以及权重的函数时，返回排序的文档 / 页面列表这些单词 / 词项中的一个。搜索结果的质量和实用性不是很好。然后，在 1997 年，谷歌的创造者提出了一种称为 PageRank 的新算法。顾名思义，PageRank 是一种基于已排序的文档 / 页面的相关性和价值 / 重要性的算法。尽管 PageRank 是一种对文档 / 页面进行排名的创新方法，但它依然是从数据库中检索相关文档并根据单词 / 词项的权重对其进行排名的过程的增强。一旦创建了文档 / 页面的有序列表，便以易于理解的格式将其推送给用户。此时，用户可能选择单击列表中的任何文档，而它可能不是顶部的文档。如果他们单击了不在列表顶部的文档 / 页面链接，那么我们可以认为搜索引擎对它们进行排名时做得不好吗？也许是的。领先的搜索引擎通过捕获、记录和分析返回查询结果后用户的操作和体验来监控其搜索结果的效果。这些分析通常会导致越来越多的规则来进一步完善文档 / 页面的排名，从而使顶部的链接更受最终用户的欢迎。

## 7.8.2　搜索引擎优化

搜索引擎优化（SEO）是在搜索引擎的自然搜索结果中影响网站可见性的有意活动。通常，一个网站在搜索结果页面上的排名越高，出现在搜索结果列表中的频率越高，它从搜索引擎的用户那里获得的访问者就越多。SEO 作为一种网络营销策略，考虑了搜索引擎的工作方式、人们搜索的内容、键入搜索引擎的实际搜索词或关键字以及目标受众首选的搜索引擎。优化网站可能涉及编辑其内容、HTML 和相关编码，以增加其与特定关键字的相关性并消除搜索引擎进行索引的障碍。推广某个网站以增加反向链接或入站链接的数量是另一种 SEO 策略。

在早期，为了被索引，网站管理员唯一要做的就是将页面的地址或 URL 提交给各个搜索引擎，然后搜索引擎会用爬虫爬取该页面，从中提取转到其他页面的链接，并将在页面上找到的信息返回给服务器以进行索引。如前所述，该过程涉及搜索引擎通过爬虫下载页面并将其存储在自己的服务器上，索引器从中提取有关该页面的各种信息，例如该页面包含的单词、单词的位置和特定单词的权重，以及页面包含的所有链接，然后将其放置在调度程序中，以便以后进行爬取。如今，搜索引擎不再依赖于网站管理员提交 URL（即使仍然可以这样做）。取而代之的是，搜索引擎正在积极不断地爬取 Web 并查找、获取和索引所有内容。

被谷歌、Bing 和 Yahoo! 等搜索引擎索引对于企业来说还不够好。在最广泛使用的搜索引擎上获得排名（有关最广泛使用的搜索引擎的列表，参见技术洞察 7.3）并获得高于竞争对手的排名，对客户和其他涉众来说很重要。有多种方法可以提高搜索结果中网页的排名。在同一网站的页面之间交叉链接以提供指向最重要页面的更多链接可以提高其可见性。编写包含频繁搜索的关键字短语以与各种各样的搜索查询相关的内容往往会增加流量。更新内容导致搜索引擎经常往回爬取，可能会给站点带来额外的负担。将相关的关键字添加到网页的元数据（包括标题标签和元描述）中，将倾向于提高站点搜索列表的相关性，从而增加流量。网页的 URL 规范化（以便可以通过多个更简单的 URL 进行访问）并使用规范的链接元素和重定向可以帮助确保指向不同版本的网页的链接及其 URL 均计入网站的链接流行度得分。

---

**技术洞察 7.3**　最受欢迎的 15 个搜索引擎（2016 年 8 月）

以下是从 eBizMBA Rank（ebizmba.com/article/search-engines）获取的 15 个最受欢迎的搜索引擎，该排名是来自 Compete 和 Quantcast 的 Alexa 全球访问量排名和美国访问量排名的平均值。

| 排名 | 名　称 | 估计的每月唯一身份访问者数量 |
|---|---|---|
| 1 | 谷歌 | 1 600 000 000 |
| 2 | Bing | 400 000 000 |
| 3 | Yahoo! Search | 300 000 000 |
| 4 | Ask | 245 000 000 |
| 5 | AOL Search | 125 000 000 |
| 6 | Wow | 100 000 000 |
| 7 | WebCrawler | 65 000 000 |
| 8 | MyWebSearch | 60 000 000 |
| 9 | Infospace | 24 000 000 |
| 10 | Info | 13 500 000 |
| 11 | DuckDuckGo | 11 000 000 |
| 12 | Contenko | 10 500 000 |
| 13 | Dogpile | 7 500 000 |
| 14 | Alhea | 4 000 000 |
| 15 | ixQuick | 1 000 000 |

### 7.8.3　搜索引擎优化的方法

通常，SEO 技术可分为两大类：搜索引擎建议将其作为良好网站设计的一部分的技术，以及搜索引擎不认可的技术。搜索引擎试图将后者的影响降到最低，这通常被称为垃圾索引（也称为搜索垃圾、搜索引擎垃圾或搜索引擎中毒）。行业评论员和使用 SEO 的从业人员已将这些方法分为白帽 SEO 或黑帽 SEO（Goodman，2005）。白帽 SEO 往往会产生持续的良好结果，而一旦搜索引擎发现网站在使用黑帽 SEO，网站最终可能会被暂时或永久封禁。

如果 SEO 符合搜索引擎的准则并且不涉及欺骗，则被视为白帽 SEO。由于搜索引擎指南不是按照一系列规则编写的，因此有一个需要注意的重要区别。白帽 SEO 不仅要遵循准则，还要确保搜索引擎索引并排名的内容与用户将会看到的内容相同。通常将白帽 SEO 概括为为用户（而非搜索引擎）创建内容，然后使爬虫轻松访问该内容，而不是尝试为其预期目的而欺骗算法。白帽 SEO 在许多方面都类似于 Web 开发，它促进了可访问性，尽管两者并不相同。

黑帽 SEO 尝试以未经搜索引擎认可或涉及欺骗的方式提高排名。一种黑帽 SEO 技术使用隐藏的文本（其颜色类似于背景，位于不可见的 div 标签（定义 HTML 文档中的分区或部分）中），或置于屏幕外。另一种方法根据访问者是在请求页面还是在搜索引擎请求页面来提供不同的页面，这种技术被称为"伪装"。搜索引擎可以通过降低排名或完全从数据库中删除列表来惩罚被发现使用黑帽方法的网站。此类惩罚可以通过搜索引擎的算法自动进行，也可以通过手动审核进行。一个例子是 2006 年 2 月德国宝马公司和德国理光公司因使用未经批准的做法而被谷歌撤除索引（Cutts，2006）。但是，两家公司都迅速道歉，修正了他们的做法，于是谷歌恢复了它们的索引。

对某些企业来说，SEO 可以产生可观的投资回报。但是，请记住，搜索引擎不为自然搜索流量收费，它们的算法会不断变化，并且不能保证持续推荐。由于缺乏确定性和稳定性，如果搜索引擎决定更改其算法并停止为其吸引访问者，那么严重依赖搜索引擎流量的企业可能会遭受重大损失。根据谷歌首席执行官 Eric Schmidt 的说法，2010 年，谷歌进行了 500 多次算法更改——几乎每天更改 1.5 次。由于难以适应不断变化的搜索引擎规则，因此依赖搜索流量的公司会实施以下一项或多项措施：聘请一家专门从事 SEO 的公司来不断提高网站对不断变化的搜索引擎算法的吸引力；向搜索引擎提供商付款，以使其列在付费赞助商的栏目中；考虑让自己摆脱对搜索引擎流量的依赖。

无论是源自搜索引擎、响应基于电子邮件的营销活动，还是来自社交媒体网站，对于电子商务网站而言，最重要的是最大化其潜在客户和后续客户的销售交易。应用案例 7.7 显示了一家有着百年历史的流行服装和配饰公司如何使用基于电子邮件的活动来为其电子商务业务获得大量新的潜在客户。

**应用案例 7.7** 提供个性化的内容并促进数字互动：Barbour 如何在一个月内通过 Teradata Interactive 获得了超过 49 000 个新潜在客户

**背景**

Barbour 成立于 1894 年，是一家英国传统和生活方式品牌，以防水外套（尤其是经典的蜡棉夹克）闻名。每年订购和手工制作的夹克超过 10 000 件，Barbour 在奢侈品行业中一直占据着举足轻重的地位，一个世纪以来，它与英国乡村注重时尚的顾客建立了牢固的关系。2000 年，Barbour 扩大了产品范围，涵盖各种生活方式的日常服装和配件。它的主要市场是英国、美国和德国。但是，Barbour 在全球 40 多个国家 / 地区拥有业务，包括奥地利、新西兰和日本。Barbour 利用 Teradata Interactive 的服务和数字营销功能获得的个性化见解，开展了为期一个月的活动，该活动产生了 49 700 个新潜在客户和 45 万次点击。

**挑战：获得客户关系的所有权**

Barbour 在其商业生涯中经历了持续的出色增长，并于 2013 年 8 月推出了首个电子商务网站，以期获得更强大的在线业务。但是，由于在电子商务世界中起步较晚，对于 Barbour 而言，要在饱和的数字领域中立足是一个挑战。以前，Barbour 仅通过批发商和独立零售经销商出售其产品，因此希望获得最终用户关系、整个客户旅程以及品牌认知度的所有权。尽管该品牌具有较高的全球知名度，但 Barbour 意识到了与目标受众建立直接关系的重要性，尤其是在鼓励用户使用其新的电子商务平台时。它还了解到，需要对塑造客户旅程进行更多控制。这样，Barbour 可以在用户体验中创造并维持与产品制造相同的卓越质量水平。为此,该公司需要加深对目标市场在线行为的理解。为了达到关联目标客户以建立有意义的客户关系的目标,Barbour 接触了 Teradata。Barbour 的营销部门需要 Teradata Interactive 提供解决方案,以增加其对个人客户的独特特征和需求的了解,并支持其新的英国电子商务网站的启动。

**解决方案:实施潜在客户培养计划**

向全球电子商务的日益转移和数字消费主义的增长要求品牌保持强大的在线形象。这也意味着零售商必须实施战略,以在线上和线下支持其客户不断发展的需求。Barbour 和 Teradata Interactive 开始了为期一个月的潜在客户培养计划的设计和建设。该计划的目标不仅是提高认识并为即时销售活动创造需求,还要建立一个长期的参与机制,从而带来持续更长时间的销售。从一开始就很明显的是,Barbour 与客户之间的牢固关系是使其与奢侈品零售竞争对手区分开来的关键因素。Teradata Interactive 渴望确保在潜在客户产生过程中尊重这种关系。

该活动的执行过程是 Barbour 独有的。典型的潜在客户产生活动通常是作为一次注册活动执行的,并且要考虑一次促销。数据通常仅限于电子邮件地址和基本个人资料字段,这些数据是在不考虑注册人的个人需求的情况下生成的,仅用于一般新闻通讯活动。在了解品牌前景时,此策略通常会错失品牌的巨大机会,从而常常导致不良的销售转化。Teradata Interactive 知道,潜在客户产生的真正价值是双重的。首先,通过使用注册事件来收集尽可能多的信息,可以了解未来的购买意图及其影响因素。其次,通过确保有效地使用整理后的数据来交付有价值的个性化内容,当客户在市场上选择下一个要购买的产品时,就会向他们提供相关的购买机会。为了确保该策略推动长期销售,Teradata Interactive 建立了一个客户生命周期程序,该程序通过电子邮件和在线显示来传递内容。

培养计划的内容与展示广告整合在一起,并鼓励社交媒体共享。借助 Teradata Interactive 的智能内容标记,Barbour 能够根据受众的产品偏好对他们进行细分,并发布显示重新定位的标志。Barbour 还邀请注册者在社交上共享内容,这使 Teradata Interactive 能够识别"社交倾向",并为未来的忠诚度计划和"告诉朋友"活动细分用户。除了着眼于增加 Barbour 新闻通讯的基础之外,Teradata 还进行了数据审计,以分析所有收集到的数据并更好地了解哪些因素会影响用户的参与行为。

**结果**

Teradata 与 Barbour 之间的紧密合作意味着在为期一个月的活动期间,Barbour 能够创建与客户进行沟通的创新方式。在英国和德语地区获得了超过 49 700 个潜在客户,开放率高达 60%,点击率在 4%~11% 之间。该活动还为 Barbour 网站带来了超过450 000 次点击,使其在时尚博主和国家新闻中受到极大欢迎,甚至在《每日镜报》中作为故事得到了报道。尽管活动只有一个月,但重点是帮助 Barbour 树立未来营销策略。它还在广告系列设计中实施了偏好中心调查，完成率达到了 65%。用户数据包括：

- ❑ 社交网络参与度
- ❑ 设备参与度
- ❑ 到最近商店的位置
- ❑ 重要考虑因素

深刻的客户洞察有效地赋予了 Barbour 为其用户群提供个性化内容和服务的强大能力。

**针对应用案例 7.7 的问题**

1. Barbour 是做什么的？它面临的挑战是什么？

2. 解决方案是什么？

3. 结果如何？

资料来源：Teradata Case Study, "How Barbour Collected More Than 49 000 New Leads in One Month with Teradata Interactive" http://assets.teradata.com/resourceCenter/downloads/CaseStudies/EB-8791_Interactive-Case-Study_Barbour.pdf (accessed November 2018).

**➡ 复习题**

1. 什么是搜索引擎？为什么搜索引擎对当今的企业至关重要？

2. 什么是 Web 爬虫？它有什么用途？它是如何工作的？

3. 什么是"搜索引擎优化"？谁能从中受益？

4. 哪些因素可以帮助网页在搜索引擎结果中排名更高？

# 7.9 Web 使用情况挖掘（Web 分析）

Web 使用情况挖掘（也称为 Web 分析）是从通过 Web 页面访问和事务生成的数据中提取有用信息。对 Web 服务器收集的信息进行分析可以帮助我们更好地了解用户行为。对这些数据的分析通常称为点击流分析。通过使用数据挖掘和文本挖掘技术，公司可能能够从点击流中识别出有趣的模式。例如，它可能会了解到，搜索"毛伊岛的酒店"的访问者中有 60% 在早些时候搜索了"到毛伊岛的机票"。此类信息可能有助于确定在哪里放置在线广告。点击流分析也可能有助于了解访问者何时访问网站。例如，如果一家公司知道从其网站下载软件的行为有 70% 是在晚上 7 点到 11 点之间发生的，那么它可以计划在这几个小时内提供更好的客户支持和网络带宽。图 7.13 显示了从点击流数据中提取知识的过程，以及如何使用所生成的知识来改进过程、改善网站，以及（最重要的是）提高客户价值。

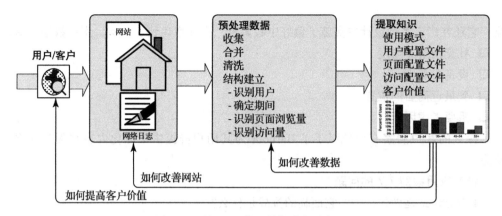

图 7.13　从 Web 使用数据中提取知识

## 7.9.1　Web 分析技术

市场上有许多用于 Web 分析的工具和技术。由于它们具有测量、收集和分析网络数据以更好地理解和优化 Web 使用的能力，因此 Web 分析工具正在迅速普及。Web 分析有望彻底改变网络上的业务方式。Web 分析不仅仅是测量 Web 流量的工具。它也可以用作电子商务和市场研究以及评估和提高电子商务网站有效性的工具。Web 分析应用程序还可以帮助公司衡量传统印刷或广播广告活动的结果。它可以帮助估计在启动新的广告活动之后网站的流量如何变化。Web 分析提供有关网站访问者数量和页面浏览量的信息。它有助于评估流量和受欢迎程度趋势，这些可用于市场研究。

Web 分析主要有两类：站点外 Web 分析和站点内 Web 分析。站点外 Web 分析是指在你的 Web 站点之外进行的有关你和你的产品的 Web 度量和分析。这些度量包括网站的潜在受众（前景或机会）、分享情况（可见性或口口相传）以及互联网上的评论或意见。

更加主流的是站点内 Web 分析。从历史上看，Web 分析一直被称为站点内访问者评估。但是，近年来，这种情况已变得模糊不清，主要是因为供应商正在生产同时涵盖这两种类别的工具。一旦访问者进入你的网站，站点内 Web 分析就会衡量他们的行为，包括行为的驱动因素和转化——例如，不同的目标网页与在线购买的相关程度。站点内 Web 分析在商业环境中衡量网站的性能。然后，将在网站上收集的数据与性能的关键绩效指标进行比较，用于改善受众对网站或市场营销活动的反应。不断涌现的更好的新型工具可以提供更多信息。

有两种通过站点内 Web 分析收集数据的方法。第一种也是更传统的方法是服务器日志文件分析，Web 服务器通过该日志记录浏览器发出的文件请求。第二种方法是页面标记，该标记使用嵌入站点页面代码中的 JavaScript，在 Web 浏览器呈现页面（或单击鼠标）时向第三方分析专用服务器发出图像请求。两者都收集可以通过处理产生 Web 流量报告的数据。除了这两个主要流之外，还可以添加其他数据源来增强网站行为数据，包括电子邮件、直接邮件活动数据、销售和潜在客户历史记录或社交媒体数据。

## 7.9.2　Web 分析指标

Web 分析程序使用各种数据源，提供对许多有价值的营销数据的访问，可以利用这些数据获取更深入的见解来发展你的业务并更好地记录你的投资回报（ROI）。从 Web 分析中获得的见解和智慧可用于有效管理组织及其各种产品或服务的营销工作。Web 分析程序提供近乎实时的数据，可以记录组织的成功营销活动或使其能够及时调整当前营销策略。

Web 分析提供了广泛的指标，其中四类指标通常是可操作的，并且可以直接影响你的业务目标（The Westover Group，2013）。这些类别包括：

- ❑ 网站的可用性：他们如何使用我的网站？
- ❑ 流量来源：他们来自哪里？
- ❑ 访客资料：访客有哪些特征？
- ❑ 转化统计信息：这对企业意味着什么？

## 7.9.3　网站可用性

让我们看一下网站与访问者的交互效果。在这里，你可以了解网站是否是"用户友好"的，以及你是否正在提供正确的内容。

1）**页面浏览量**。这是最基本的衡量标准，通常以"每位访问者的平均浏览量"表示。如果人们访问你的网站而没有查看许多页面，则你的网站可能在设计或结构上出现了问题。网页浏览量偏低的另一种解释是，使访客访问站点的营销信息与实际可用的内容不一致。

2）**站点内时间**。与页面浏览量相似，这是访问者与你的网站交互的基本度量。通常，一个人在你的网站上花费的时间越长，效果越好。这可能意味着他们正在仔细检查你的内容，利用现有的交互式组件，并准备购买、响应或进行所提供的下一步。相反，还需要对照查看的页面数来检查站点内时间，以确保访问者没有将自己的时间花费在寻找应该更容易访问的内容上。

3）**下载**。这包括 PDF、视频以及访问者可获取的其他资源。考虑这些项目的可获取性以及推广的程度。例如，如果你的网络统计数据表明观看演示视频的人的 60% 也进行了购买，那么你将需要制定战略以增加该视频的播放率。

4）**点击地图**。大多数分析程序可以向你显示网页上每个项目获得的点击次数百分比。其中包括可点击的照片、副本中的文本链接、下载内容，当然还有页面上的所有导航。他们在点击最重要的项目吗？

5）**点击路径**。尽管对点击路径的评估更为复杂，但它们可以快速揭示在特定过程中可能失去访问者的位置。经过良好设计的网站使用图形和信息架构的组合来鼓励访问者遵循网站的"预定义"路径。这些不是严格的途径，而是与你内置到网站中的各种过程一致的直观步骤。一种过程可能是"教育"对你的产品或服务了解较少的访问者，另一种过程可能是"激励"回访者考虑升级或回购，第三种流程可能围绕在线销售的商品而构建。与目标受众、产品和服务一样，Web 网站将拥有尽可能多的过程路径。可以通过 Web 分析来评估每种路径的有效性。

### 7.9.4 流量来源

Web 分析程序是一种令人难以置信的工具，可用于确定 Web 流量的来源。基本类别（例如搜索引擎、引荐网站和来自加标签页面的访问（即直接访问））在很少有市场营销人员参与的情况下进行了编制。但是，你只需花费很少的精力，就可以确定由各种离线或在线广告活动产生的 Web 流量。

1）**引荐网站**。包含你的网站链接的其他网站被视为引荐网站。分析程序将识别你的流量来自哪些引荐网站，更深入的分析将帮助你确定哪些引荐产生了最大的访问量、最高的转化次数、最多的新访问者等。

2）**搜索引擎**。搜索引擎类别中的数据分为付费搜索和自然搜索（自然搜索）。你可以查看产生网站流量的热门关键字，并查看它们是否代表你的产品和服务。根据你的业务，你可能希望拥有数百个（或数千个）吸引潜在客户的关键字。即使是最简单的产品搜索，也可能基于搜索查询中各个短语的排列方式而产生多种变化。

3）**直接**。直接搜索有两个来源。一个来源是用户在自己的收藏夹中标记你的网页并单击该链接，另一个来源是直接在浏览器中输入你的 URL。URL 可能来自名片、小册子、印刷广告、广播广告等，这就是使用编码 URL 是好策略的原因。

4）**离线广告系列**。如果你使用除基于 Web 的广告系列以外的广告选项，则 Web 分析程序可以捕获性能数据的前提是你提供了将其发送到网站的机制。通常，这是你包含在广告中的专用网址（例如 www.mycompany.com/offer50），将那些访问者引导到特定的登录页面。你现在可以获得通过访问你的网站响应该广告的人数的数据。

5）**在线广告系列**。如果你正在运行横幅广告活动、搜索引擎广告活动，甚至是电子邮件广告活动，则可以通过使用类似于离线广告活动策略的专用 URL 来衡量各个广告活动的效果。

### 7.9.5 访客资料

通过细分，可以将 Web 分析变成真正强大的营销工具。通过混合来自不同分析报告的数据，你将能够看到各种各样的用户配置文件。

1）**关键字**。在分析报告中，你可以查看访问者在搜索引擎中使用了哪些关键字来定位你的网站。如果按相似的属性汇总关键字，则将看到使用网站的不同访客组。例如，使用的特定搜索词组可以表明他们对你的产品或其益处的理解程度。如果他们使用与你自己的产品或服务说明相对应的词语，那么他们可能已经知道了有效的广告、手册等提供的产品。如果这些词语的性质更笼统，则你的访问者正在寻找解决你的网站上发生的问题的解决方案。如果第二批搜索者规模可观，那么你需要确保你的站点具有强大的教育体系，以让他们确信找到了答案，然后将其转移到你的销售渠道。

2）**内容分组**。根据对内容进行分组的方式，你可以分析网站中与特定产品、服务、活动和其他营销策略相对应的部分。如果你进行了一些贸易展览并吸引访客访问特定产品的网站，那么 Web 分析将在该部分突出显示该活动。

3）**地理**。通过分析程序，你可以查看流量的地理位置，包括国家、州和城市位置。如果你使用按地理位置定位的广告系列，或者想衡量在某个地区的曝光度，则此功能特别有用。

4）**一天中的时间**。Web 流量通常在工作日的早晨、午餐期间以及工作日结束时达到高峰。但是，直到傍晚才发现大量 Web 流量进入你的网站并不罕见。你可以分析这些数据，以确定人们何时浏览与购买，以及决定应在什么时间提供客户服务。

5）**登录页面配置文件**。如果适当地组织各种广告活动，则可以将每个目标组驱动到不同的登录页面，Web 分析将对其进行捕获和评估。通过将这些数字与广告系列媒体的受众特征相结合，你可以知道有多少访问者匹配各个受众特征。

## 7.9.6　转换统计

组织根据其特定的营销目标定义"转换"。一些 Web 分析程序使用"目标"一词来对某些网站目标进行基准测试，无论是页面的一定数量的访问者、完整的注册表格还是在线购买。

1）**新访客**。如果你正在努力提高曝光度，则需要研究新访客数据中的趋势。分析程序会将所有访客识别为新访客或回访者。

2）**回访者**。如果你参与忠诚度计划或提供购买周期长的产品，那么回访者数据将帮助你评估该领域的进展。

3）**潜在客户**。提交表单并生成"感谢"页面后，就已经创建了潜在客户。Web 分析将允许你通过将完成的表单数除以访问页面的 Web 访问者数来计算完成率（或放弃率）。较低的完成率代表了需要关注的页面。

4）**销售 / 转化**。根据网站的意图，你可以通过在线购买、完成的注册、在线提交或任何数量的其他 Web 活动来定义"销售"。监视这些数字将提醒你上游发生的任何更改（或成功）。

5）**放弃 / 退出率**。与那些浏览你的网站的人一样重要的是那些开始一个过程然后退出的人或者访问了你的网站并在浏览一两个页面之后离开的人。在第一种情况下，你将要分析访问者在哪里终止了该过程以及是否有大量访问者在同一地点退出。在后一种情况下，网站或特定页面上的高退出率通常表明存在与访问者预期相关的问题。访问者基于广告、演示文稿等包含的某些消息单击你的网站，并期望该消息具有一定的连续性。确保你会发布一条消息，表明你的网站可以加强和传递该消息。

这些项目中的每一项都是可以为你的组织建立的指标。你可以创建一个每周仪表板，其中包含特定数字或百分比，这些数字或百分比将指示你成功的地方或突出应解决的营销挑战。当对这些指标进行持续评估并与其他可用的营销数据结合使用时，它们可以带你进入高度量化的营销计划。图 7.14 显示了使用免费的 Google Analytics 工具创建的 Web 分析仪表板。

图 7.14　Web 分析仪表板示例

### 复习题

1. 通过网页访问生成的三种数据类型是什么？
2. 什么是点击流分析？它有什么用途？
3. Web 挖掘的主要应用是什么？
4. 常用的 Web 分析指标是什么？各指标的重要性如何？

## 7.10　社交分析

由于世界观和研究领域不同，社交分析对不同的人可能意味着不同的事情。例如，社交分析在字典中的定义是由丹麦历史学家和哲学家 Lars-Henrik Schmidt 在 20 世纪 80 年代提出的哲学观点。这种观点的理论对象是社会，这是一种"共同体"，既不是一个普遍的解释，也不是一个团体的每个成员共享的共性（Schmidt，1996）。因此，社交分析不同于传统的哲学和社会学。它可能被视为试图阐明哲学与社会学之间争论的观点。

我们对社交分析的定义有些不同：与关注"社交"部分（如其哲学定义那样）相反，我们对术语的"分析"部分更感兴趣。Gartner（一家非常著名的全球 IT 咨询公司）将社交分析定义为"监视、分析、测量和解释人、主题、思想和内容之间的数字交互和关系"（gartner.com/it-glossary/social-analytics/）。社交分析包括挖掘在社交媒体中创建的文本内容（例如，情感分析、NLP）和分析社交网络（例如，影响者识别、分析、预测），以获取有关现有客户及潜在客户当前和未来行为的见解，以及关于公司产品和服务的好恶。根据此定义和当前的实践，社交分析可以分为两个不同但不一定互斥的分支：社交网络分析（SNA）和社交媒体分析。

### 7.10.1　社交网络分析

社交网络是一种社会结构，由通过某种类型的联系 / 关系相互链接的个体 / 人（或者一组个体或组织）组成。社交网络观点提供了一种整体方法来分析社交实体的结构和动态。对这些结构的研究使用 SNA 来识别局部和全局模式，定位有影响力的实体以及检查网络动态。社交网络及其分析本质上是一个跨学科领域，源于社会心理学、社会学、统计学和图论。SNA 的数学方面的发展和形式化可以追溯到 20 世纪 50 年代。社交网络的基础理论和方法的发展可以追溯到 20 世纪 80 年代（Scott & Davis，2003）。SNA 现在是业务分析、消费者智能和当代社会学的主要范例之一，并被用于许多其他社会科学和形式科学中。

社交网络是一种在社会科学中有用的理论结构，可用于研究个体、群体、组织甚至整个社会（社会单位）之间的关系。该术语用于描述由此类互动确定的社会结构。任何给定的社会单位通过其建立的联系代表了该单位各种社会联系的融合。通常，社交网络是自组织的、涌现的和复杂的，因此从组成系统的元素（个体和个体集合）的本地交互中会出现全局一致的模式。

以下是与业务活动相关的一些典型社交网络类型。

**交流网络**　交流研究通常被认为是社会科学和人文科学的一部分，大量利用社会学、心理学、人类学、信息科学、生物学、政治学和经济学等领域。许多通信概念描述了信息从一个来源到另一个来源的转移，因此可以表示为社交网络。电信公司正在利用这一丰富的信息源来优化其业务实践并改善客户关系。

**社区网络** 传统上，社区是指特定的地理位置，对社区关系的研究必须与谁交谈、联系、交易和参加社交活动的人有关。但是，今天通过社交网络工具和电信设备建立了扩展的"在线"社区。此类工具和设备不断生成大量数据，公司可以使用这些数据来发现宝贵的、可操作的信息。

**犯罪网络** 在犯罪学和城市社会学中，犯罪分子之间的社交网络已引起广泛关注。例如，将帮派谋杀和其他非法活动作为帮派之间的一系列交流来研究，可以使人们更好地理解和预防此类犯罪活动。现在，我们生活在一个高度连接的世界中，安全机构正在使用最先进的网络工具和策略来监视许多犯罪网络的组成及其活动并对犯罪团伙进行抓捕。尽管互联网已经改变了犯罪网络和执法机构的形式，但传统的社会和哲学理论仍然在很大程度上适用。

**创新网络** 在网络环境中，关于思想和创新传播的商业研究着重于在社交网络成员之间传播和使用思想。这样做的目的是了解为什么某些网络更具创新性，以及为什么某些社区会较早采用思想和创新（即研究社交网络结构对影响创新和创新行为传播的影响）。

### 7.10.2 社交网络分析指标

SNA 是对社交网络的系统检查，它从由节点（代表网络中的个体或组织）和联系/连接（代表个体或组织之间的关系，例如友谊、亲戚关系或组织位置）。这些网络通常使用社交网络图表示，其中节点表示为点，关系表示为线。

应用案例 7.8 提供了一个有趣的多渠道社交分析示例。

**应用案例 7.8** **Tito 的伏特加酒建立了真实的社会策略来建立品牌忠诚度**

如果 Tito 的手工伏特加酒必须确定一个最能准确反映其使命的社交媒体指标，那就是参与度。Tito 非常重视以包容、真实的方式与伏特加爱好者建立联系，该品牌的社会战略反映了这一愿景。

Tito 成立于将近 20 年前，社交媒体的出现在吸引粉丝和提高品牌知名度方面发挥了不可或缺的作用。创始人 Bert Tito Beveridge 在接受 *Entrepreneur* 杂志采访时，赞扬社交媒体能够使 Tito 与更多成熟的酒类品牌竞争货架空间："社交媒体是一个口碑品牌的绝佳平台，因为口碑不仅仅是谁嗓门最大的问题。"随着 Tito 的成熟，社交团队一直忠于品牌的创立价值观，积极使用 Twitter 和 Instagram 进行一对一对话，并与品牌爱好者建立联系。网络与社交媒体协调员 Katy Gelhausen 说："我们从未将社交媒体视为广告的另一种方式。我们处于社交状态，因此我们的客户可以与我们交谈。"

为此，Tito 公司使用 Sprout Social 来了解行业氛围，建立一致的社交品牌并与观

众进行对话。结果，Tito 公司在四个月内将其 Twitter 和 Instagram 社区有机地增长了
43.5% 和 12.6%。

经 Sprout Social. Inc. 许可使用

**季度综合营销策略**

Tito 的季度鸡尾酒计划是该品牌整合营销策略的关键部分，每个季度都会通过 Tito
的在线和离线营销计划来开发和分发鸡尾酒配方。

对于 Tito 来说，确保配方与品牌重点以及更大的行业方向保持一致非常重要。因
此，Gelhausen 使用 Sprout 的品牌关键字可监控行业趋势和鸡尾酒风味。她说："Sprout
一直是用于社交监控的非常重要的工具。Inbox 是一种很好的方法，它可以使主题标签
保持最新状态，并一次查看一般趋势。"

所获信息将呈现给 Tito 内部混合物学团队，并用于确保将相同的季度配方传达给品
牌的销售团队以及跨营销渠道。Gelhausen 说："无论你是在酒吧里喝 Tito，还是从酒类
商店购买它，或者在社交媒体上关注我们，你都可以获得相同的季度鸡尾酒。"

该计划确保在每个消费者接触点上，每个人都能获得一致的品牌体验，并且一致性
至关重要。实际上，根据 Infosys 对全渠道购物体验的研究，有 34% 的消费者将跨渠道
一致性归因于他们在某个品牌上花费更多的原因。同时，有 39% 的人将不一致的情况
视为足以减少支出的理由。

在 Tito，收集行业见解始于通过 Sprout 在 Twitter 和 Instagram 上进行社交监视。但是
品牌的社会战略并不仅限于此。坚守根源，Tito 每天都使用该平台与客户进行真实的联系。

Sprout 的 Smart Inbox 在一个单一的聚合提要中显示 Tito 的 Twitter 和 Instagram 账

户。这有助于 Gelhausen 管理入站消息并快速识别需要响应的消息。

Gelhausen 说："Sprout 使我们能够紧跟与追随者的对话。我喜欢轻松地在一个地方与多个账户的内容进行交互。"

### 在 Twitter 上传播信息

Tito 的 Twitter 方法很简单：与粉丝进行一对一的私人对话。对话是该品牌的驱动力，在四个月的时间内，发送的推文中有 88% 都是对入站消息的答复。

使用 Twitter 作为 Tito 及其粉丝之间的公开交流渠道，使粉丝参与度提高了 162.2%，关注者增长了 43.5%。更加令人印象深刻的是，Tito 在当季度末的自然印象数为 538 306，增长了 81%。类似的策略也应用于 Instagram，Tito 通过发布有关新食谱创意、品牌活动和计划的照片及视频来加强与粉丝的关系。

### 在 Instagram 上捕捉派对

Tito 在 Instagram 上主要发布生活方式的内容，并鼓励追随者在日常活动中融入其品牌。Tito 还使用该平台通过营销来促进其事业发展并讲述其品牌故事。该团队在 Sprout 的《Instagram 个人资料报告》中发现了价值，该报告可帮助他们确定哪种媒体获得最多的参与度，分析受众人口统计信息和数量增长，更深入地研究发布模式以及量化出站主题标签的表现。Gelhausen 说："鉴于 Instagram 的新个性化订阅源，重要的是我们要注意真正引起共鸣的内容。"

使用《Instagram 个人资料报告》，Tito 能够衡量其 Instagram 营销策略的影响并相应地修改其方法。通过利用网络作为与粉丝互动的另一种方式，该品牌稳步发展了其有机受众群体。在四个月的时间里，@TitosVodka 的追随者人数增加了 12.6%，参与度增加了 37.1%。平均而言，每篇已发布的内容都获得了 534 次互动，并且提及该品牌的 #titoshandmadevodka 主题标签的人数增长了 33%。

### 未来将如何？

社交是对时间和注意力的持续投资。Tito 将通过为每个季度细分自己的广告系列来继续该品牌的发展势头。Gelhausen 说："我们总是在社交策略上变得越来越聪明，并确保我们发布的内容有意义并且能引起共鸣。"以持续、真诚和令人难忘的方式使用社交网络与粉丝联系将仍然是品牌数字营销工作的基石。使用 Sprout 的社交媒体管理工具套件，Tito 将继续建立忠诚追随者社区。

Tito 成功的一些亮点如下：

❏ Twitter 上的自然参与度增加了 162%。

❏ Twitter 的自然展示次数增加了 81%。

❏ Instagram 参与度增加了 37%。

**针对应用案例 7.8 的问题**

1. 如何在消费产品行业中使用社交媒体分析？
2. 将社交媒体分析应用于消费产品和服务公司的主要挑战、潜在解决方案和可能的结果是什么？

资料来源：SproutSocial Case Study, "Tito's Vodka Establishes Brand Loyalty with an Authentic Social Strategy." http://sproutsocial. com/insights/case-studies/titos/ (accessed July 2016). Used with permission.

多年来，已经开发出各种度量指标来从不同角度分析社交网络结构。这些指标通常分为三类：连接、分布和细分。

**连接**

连接指标包括以下内容：

**同质性**：个体与相似或不相似的人建立纽带的程度。可以通过性别、种族、年龄、职业、学历、地位、价值观或任何其他显著特征来定义相似性。

**多重性**：纽带中包含的内容形式的数量。例如，两个既是朋友而且一起工作的人的多重性为 2。多重性与关系强度有关。

**相互关系 / 互惠性**：两个个体之间的友谊或其他互动的程度。

**网络闭合**：衡量关系三角的完整性。网络闭合的一个单独假设（即，他们的朋友也是朋友）称为可传递性。及物性是需要认知封闭的个人或情境特征的结果。

**邻近关系**：个体寻求更多纽带的趋势。

**分布**

分布指标包括以下内容：

**桥梁**：一个个体的薄弱的纽带填补了结构上的空缺，提供了两个个体或集群之间的唯一联接。当由于消息失真或传递失败的高风险而无法使用更长的路径时，它还包括最短的路径。

**中心度**：一组旨在量化网络中特定节点（或组）的重要性或影响（从各种意义上来说）的指标。常用度量方法包括中间度中心度、紧密度中心度、特征向量中心度、α 中心度和度中心度。

**密度**：网络中直接纽带相对于总量的比例。

**距离**：连接两个特定个体所需的最小纽带数。

**结构孔**：网络的两个部分之间没有纽带。发现和利用结构孔可以为企业家提供竞争优势。这个概念是由社会学家 Ronald Burt 提出的，有时被称为社会资本的替代概念。

**纽带强度**：由时间、情感强度、亲密性和相互性的线性组合定义。牢固的纽带与同构性、邻近性和可传递性相关，而弱的纽带与桥梁相关。

### 细分

细分指标包括以下内容：

**团体和社交圈**：如果群体中的每个个体都直接与其他个体或社交圈建立纽带（不精确），则该群体被认为是团体；如果需要精确度，则被认为是结构上有凝聚力的群体。

**聚类系数**：节点的两个成员关联的可能性的度量。较高的聚类系数表示较高的凝聚力。

**凝聚力**：个体之间通过内聚力直接连接的程度。结构凝聚力是指从群体中离开后将断开联系的成员的最小数量。

## 7.10.3 社交媒体分析

社交媒体是指人们之间进行社交互动的技术，通过这些技术，人们可以在虚拟社区和网络中创建、共享和交换信息、思想和观点。社交媒体是一组基于互联网的软件应用程序，它们基于 Web 2.0 的思想和技术基础，可以创建和交换用户生成的内容（Kaplan & Haenlein，2010）。社交媒体依靠移动技术和其他基于 Web 的技术来创建高度互动的平台，供个人和社区共享、共同创建、讨论和修改用户生成的内容。它为组织、社区和个人之间的沟通带来了重大变化。

自从 20 世纪 90 年代初基于 Web 的社交媒体技术出现以来，它在质量和数量上都取得了重大进步。这些技术采用许多不同的形式，包括在线杂志、网络论坛、Web 日志、社交博客、微博、维基百科、社交网络、播客、图片、视频以及产品/服务评估/评级。通过在媒体研究（社会存在、媒体丰富度）和社会过程（自我展示、自我披露）领域应用一系列理论，Kaplan 和 Haenlein（2010）创建了一种分类方案，其中包含六种不同类型的社交媒体：协作项目（例如 Wikipedia）、博客和微博（例如 Twitter）、内容社区（例如 YouTube）、社交网站（例如 Facebook）、虚拟游戏世界（例如《魔兽世界》）和虚拟社交世界（例如《第二人生》）。

基于 Web 的社交媒体与传统 / 工业媒体（如报纸、电视和电影）不同，因为它们相对便宜并且可以访问，从而使任何人都可以发布或访问 / 消费信息。工业媒体通常需要大量资源来发布信息，因为在大多数情况下，文章（或书籍）在发布之前会经过多次修订（就像本书出版时一样）。以下是一些有助于区分社交媒体和工业媒体的最主要特征（Morgan 等，2010）：

**质量**：在由出版商进行中介的工业出版中，典型的质量范围比在利基、无中介的市场中要窄得多。社交媒体网站中内容所构成的主要挑战是，从非常高质量的项目到低质量（有时是滥用）的内容，质量的分布存在很大差异。

**覆盖范围**：工业和社交媒体技术均可提供规模，并能够吸引全球受众。但是，工业媒体通常使用集中式框架来组织、生产和传播，而社交媒体本质上更加分散，较少分层，并且具有多个生产和效用点。

**频率**：与工业媒体相比，在社交媒体平台上进行更新和重新发布更容易、更快、更便宜，因此可以更频繁地进行实践，从而获得更新的内容。

**无障碍获取**：工业媒体的生产资料通常是政府和 / 或公司（私有）的，价格昂贵，而社交媒体工具通常是向公众免费提供或几乎不收费的。

**可用性**：工业媒体制作通常需要专门的技能和培训。相反，大多数社交媒体制作只需要对现有技能进行适度的重新解释即可。从理论上讲，拥有访问权限的任何人都可以操作社交媒体的生产手段。

**即时性**：与社交媒体（实际上能够即时做出响应）相比，工业媒体产生的通信之间的时间间隔可能会更长（数周、数月甚至数年）。

**可更新性**：工业媒体一旦创建就无法更改（一旦印刷并发表杂志文章，就无法对该同一文章进行更改），而社交媒体几乎可以通过评论或编辑立即进行更改。

## 7.10.4 人们如何使用社交媒体

社交网站上的数字不仅在增加，而且与渠道互动的程度也在增加。Brogan 和 Bastone（2011）提出了根据用户使用社交媒体的积极程度对用户进行分层的研究结果，并跟踪了这些用户群体随时间的演变。他们列出了六个不同的参与度（见图 7.15）。根据研究结果，在线用户社区一直在这种参与层次上稳步向上迁移。最显著的变化是非活动状态。在 2008 年，在线人口中有 44% 属于这一类别。两年后，超过一半的不活跃者以某种形式进入社交媒体。Bastone 说（Brogan & Bastone，2011）："现在，大约有 82% 的在线成年人口属于上层人群之一。社交媒体真正达到了大众采用的状态。"

社交媒体分析是指通过系统和科学的方式来消费基于 Web 的社交媒体渠道、工具和技术创建的大量内容，以提高组织的竞争力。社交媒体分析迅速成为全球组织中的一支新力量，使它们能够前所未有地接触并了解消费者。在许多公司中，它正在成为集成营销和传播策略的工具。

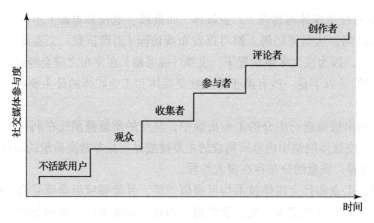

图 7.15 社交媒体用户参与度的演变

从博客、Facebook 和 Twitter 到 LinkedIn 和 YouTube，社交媒体渠道呈指数级增长，利用这些丰富数据源的分析工具为组织提供了每天与全球数百万客户进行对话的机会。这种能力就是为什么参加哈佛商业评论分析服务最近的一项调查的 2100 家公司中有近三分之二的人表示，他们目前正在使用社交媒体渠道或正在制定社交媒体计划（Harvard Business Review，2010）。但是许多人仍然认为社交媒体是一个实验，因为他们试图了解如何最好地利用不同渠道，衡量其有效性以及将社交媒体整合到他们的策略中。

### 7.10.5 衡量社交媒体影响

对于不同规模的组织，社交媒体网站上所有用户生成的内容中都隐藏着有价值的见解。但是，你如何从数十个评论网站、数千个博客、数百万个 Facebook 帖子和数十亿条推文中挖掘见解呢？完成此项工作后，如何衡量工作的影响？这些问题可以通过社交媒体技术的分析扩展来解决。一旦确定了社交媒体的目标，便可以使用多种工具来实现目标。这些分析工具通常分为三大类：

- ❑ **描述性分析工具**：使用简单的统计数据来识别活动特征和趋势，例如你拥有多少关注者，在 Facebook 上生成了多少评论以及使用频率最高的渠道。
- ❑ **社交网络分析工具**：跟踪朋友、粉丝和关注者之间的链接，以确定影响力的联系以及最大的影响力来源。
- ❑ **高级分析工具**：包括预测性分析和文本分析，这些分析检查在线对话中的内容，以识别偶然监视不会泄露的主题、情感和联系。

社交媒体分析的复杂工具和解决方案以某种渐进方式使用了所有三类分析方法（即描述性分析、预测性分析和规范性分析）。

### 7.10.6 社交媒体分析最佳实践

作为一种新兴工具，公司以某种偶然的方式来实践社交媒体分析。因为没有完善的方法，所以每个人都在尝试通过反复试验来创建自己的方法。以下是 Paine 和 Chaves（2012）提出的一些针对社交媒体分析的最佳实践测试方法。

**将测量作为指导系统而非评估系统的思想**　言语通常用于惩罚或奖励，但本不应该是这样。它们应该用来弄清楚什么是最有效的工具和实践，哪些因为不起作用而需要停止，什么又需要做得更多（因为它很有效）。一个好的分析系统应该告诉你需要关注的地方。也许所有对 Facebook 的重视并不重要，因为那不是你的受众所在。也许他们都在 Twitter 上，反之亦然。根据 Paine 和 Chaves（2012）的说法，渠道偏好不一定是直觉的："我们只是与一家酒店合作，该酒店实际上没有一个品牌在 Twitter 上进行任何活动，但有一个较高品牌的 Twitter 在进行大量活动。"没有精确的测量工具，你将不会知道这一点。

**跟踪难以捉摸的感情**　客户希望从在线对话中获取他们所听到和学习的内容并采取行动。关键是要通过衡量他们的情感来精确地提取和标记他们的意图。如本章前面所述，文本分析工具可以根据用户使用的词语对在线内容进行分类，发现链接的概念并在对话中将情感表达为"积极""消极"或"中性"。理想情况下，你希望能够将情感归因于特定的产品、服务和业务部门。你越能准确地理解人们表达的语气和感知，信息就越具有实用性，因为这可以减轻对混合极性的担忧。诸如"酒店位置优越，但浴室有臭味"之类的混合极性文本不应因积极和消极彼此抵消而被标记为"中性"。为了可供执行，这些类型的文本应分开处理——应该有人负责和改进"浴室很臭"的评论。你可以对这些情感进行分类，查看一段时间内的趋势，并注意到人们对你进行积极或消极评价的方式存在重大差异。此外，你可以将自己的品牌情感与竞争对手进行比较。

**不断提高文本分析的准确度**　一个行业特定的文本分析软件包将包含相关的业务词汇。该系统将内置语言规则，但随着时间的流逝，它会变得越来越好。当你拥有更多数据及更好的参数或采用新技术来提供更好的结果时，就像调整统计模型一样，使用情感分析中的 NLP 也会做同样的事情。你设置规则、分类法、分类和词义，观察结果，然后返回并再次执行。

**查看涟漪效应**　在一个备受瞩目的网站上取得巨大成功是一回事，但这仅仅是开始。只拥有一时热度的热门歌曲与有影响力的博客发布、转发的热门歌曲之间是有区别的。分析应该向你显示哪些社交媒体活动"病毒式"传播，哪些活动迅速消退，以及为什么会这样。

**超越品牌**　人们犯的最大错误之一就是只关注自己的品牌。为了成功地分析社交媒体并在社交媒体上采取行动，人们不仅需要理解关于其品牌的言论，还需要理解有关其产品或服务的各种问题的广泛讨论。客户通常不关心公司的信息或其品牌，他们在乎自己的体验。因此，你应该注意他们在说什么、他们在哪里说以及他们的兴趣点在哪里。

**确定最强大的影响力**　组织难以确定谁在塑造舆论方面最有权力。事实证明，最重要的影响者不一定是专门为其品牌辩护的人，而是影响整个话题讨论范围的人。组织需要了解影响者是在说些好话、表达支持还是只是进行观察或批评。他们谈话的本质是什么？组织的品牌相对于该领域竞争对手的定位如何？

**密切关注使用的分析工具的准确度** 直到最近，基于计算机的自动化工具还不能像人类一样准确地浏览在线内容。即使是现在，准确度也取决于方法。对于产品评论网站、酒店评论网站和 Twitter，由于上下文更多，其准确度可以达到 80%～90%。当组织开始查看对话范围更广的博客和论坛时，软件可以提供 60%～70% 的准确度（Paine & Chaves，2012）。这些数字将随着时间的推移而增加，因为分析工具会不断更新规则和改进算法，以反映现场体验、新产品、不断变化的市场状况和新兴的演讲模式。

**将社交媒体情报纳入计划中** 一旦组织有了全局视野和详细见解，便可以开始将这些信息纳入它的计划周期。但这说起来容易做起来难。一项快速的受众调查显示，目前很少有人将在线对话中的学习纳入他们的计划周期（Paine & Chaves，2012）。实现此目的的一种方法是找到社交媒体指标与其他业务活动或市场事件之间的时间关联。社交媒体通常是组织进行的有机调用或由组织进行的操作。因此，如果它在某个时间点发现活动高峰，那么它希望知道背后的原因。

---

**➠ 复习题**

1. 社交分析是什么意思？为什么这是一个重要的业务主题？
2. 什么是社交网络？SNA 需要什么？
3. 什么是社交媒体？它与 Web 2.0 有何关系？
4. 什么是社交媒体分析？它越来越受欢迎的原因是什么？
5. 如何衡量社交媒体分析的影响？

---

# 本章要点

❑ 文本挖掘是从非结构化（主要是基于文本的）数据源中发现知识。因为大量信息都是文本形式的，所以文本挖掘是商务智能领域中增长最快的分支之一。

❑ 文本挖掘应用程序几乎遍及企业和政府的每个领域，包括市场营销、金融、医疗保健、医学和国土安全。

❑ 文本挖掘使用 NLP 将结构引入文本集中，然后使用数据挖掘算法（例如分类、聚类、关联和序列发现）从中提取知识。

❑ 情感可以定义为反映一个人的感觉的固定观点。

❑ 情感分析用于区分积极情感和消极情感。

❑ 情感分析与计算语言学、自然语言处理和文本挖掘紧密相关。

❑ 情感分析试图回答"人们对某个主题有什么看法"的问题。通过使用各种自动化工具来挖掘许多人的意见。

❑ VOC 是分析型 CRM 和客户体验管理系统的组成部分，通常由情感分析提供支持。

❑ VOM 旨在了解市场层面的总体观点和趋势。

❑ 情感分析中的极性识别可以通过使用词典作为参考库或使用培训文档的集合来完成。

- WordNet 是普林斯顿大学创建的一种流行的通用词典。
- SentiWordNet 是 WordNet 的扩展，可用于情感识别。
- 语音分析是一个不断发展的科学领域，它允许用户从实时对话和录制的对话中分析和提取信息。
- Web 挖掘可以定义为发现和分析 Web 中有趣且有用的信息，并且通常使用基于 Web 的工具。
- Web 挖掘可以被视为由三个领域组成：内容挖掘、结构挖掘和使用挖掘。
- Web 内容挖掘是指从 Web 页面自动提取有用信息。它可以用来增强搜索引擎产生的搜索结果。
- Web 结构挖掘是指从 Web 页面上的链接生成有趣的信息。
- Web 结构挖掘还可以用于标识特定社区的成员，甚至可以标识社区中成员的角色。
- Web 使用挖掘是指通过分析 Web 服务器日志、用户配置文件和事务信息来开发有用的信息。
- 文本和 Web 挖掘正在成为下一代商务智能工具的重要组成部分，以使组织能够在竞争中取得成功。
- 搜索引擎是一种软件程序，可以根据用户提供的与其查询主题相关的关键字（单个单词、多个单词或完整的句子）搜索文档（网站或文件）。
- SEO 是影响网站在搜索引擎的自然搜索结果中可见性的有意活动。
- VOC 是一个通常用于描述捕获客户的期望、偏好和厌恶行为的分析过程的术语。
- 社交分析是监视、分析、测量和解释数字交互以及人、主题、想法和内容之间的关系。
- 社交网络是一种社会结构，由通过某种类型的联系 / 关系相互链接的个体 / 人（或者一组个体或组织）组成。
- 社交媒体分析是指通过系统和科学的方式来消费基于 Web 的社交媒体渠道、工具和技术创建的大量内容，以提高组织的竞争力。

# 讨论

1. 解释数据挖掘、文本挖掘和情感分析之间的关系。
2. 用自己的话定义文本挖掘，并讨论其最流行的应用程序。
3. 将结构引入基于文本的数据意味着什么？讨论将结构引入其中的替代方法。
4. NLP 在文本挖掘中的作用是什么？在文本挖掘的背景下讨论 NLP 的功能和局限性。
5. 列出并讨论文本挖掘的三个重要应用领域。你选择的三个应用领域的共同主题是什么？
6. 什么是情感分析？它与文本挖掘有何关系？
7. 情感分析面临哪些常见挑战？
8. 情感分析最受欢迎的应用领域是什么？为什么？
9. 执行情感分析项目的主要步骤是什么？
10. 极性识别的两种常用方法是什么？请说明。
11. 讨论文本挖掘和 Web 挖掘之间的区别和共性。
12. 用自己的话定义 Web 挖掘，并讨论其重要性。
13. Web 挖掘的三个主要领域是什么？讨论这三个领域之间的差异和共性。
14. 什么是搜索引擎？为什么它对企业很重要？
15. 什么是 SEO？谁从中受益？如何受益？

**16.** 什么是 Web 分析？Web 分析中使用了哪些指标？

**17.** 定义社交分析、社交网络和社交网络分析。它们之间有什么关系？

**18.** 什么是社交媒体分析？如何分析？谁会进行社交媒体分析？它产生了什么结果？

# 参考文献

Bond, C. F., & B. M. DePaulo. (2006). "Accuracy of Deception Judgments." *Personality and Social Psychology Reports, 10*(3), pp. 214–234.

Brogan, C., & J. Bastone. (2011). "Acting on Customer Intelligence from Social Media: The New Edge for Building Customer Loyalty and Your Brand." SAS white paper.

Chun, H. W., Y. Tsuruoka, J. D. Kim, R. Shiba, N. Nagata, & T. Hishiki. (2006). "Extraction of Gene-Disease Relations from MEDLINE Using Domain Dictionaries and Machine Learning." *Proceedings of the Eleventh Pacific Symposium on Biocomputing*, pp. 4–15.

Coussement, K., & D. Van Den Poel. (2008). "Improving Customer Complaint Management by Automatic Email Classification Using Linguistic Style Features as Predictors." *Decision Support Systems, 44*(4), pp. 870–882.

Coussement, K., & D. Van Den Poel. (2009). "Improving Customer Attrition Prediction by Integrating Emotions from Client/Company Interaction Emails and Evaluating Multiple Classifiers." *Expert Systems with Applications, 36*(3), pp. 6127–6134.

Cutts, M. (2006, February 4). "Ramping Up on International Webspam." **mattcutts.com/blog. mattcutts.com/blog/ramping-up-on-international-webspam** (accessed March 2013).

Delen, D., & M. Crossland. (2008). "Seeding the Survey and Analysis of Research Literature with Text Mining." *Expert Systems with Applications, 34*(3), pp. 1707–1720.

Esuli, A., & F. Sebastiani. (2006, May). SentiWordNet: A Publicly Available Lexical Resource for Opinion Mining. *Proceedings of LREC, 6*, pp. 417–422.

Etzioni, O. (1996). "The World Wide Web: Quagmire or Gold Mine?" *Communications of the ACM, 39*(11), pp. 65–68.

EUROPOL. (2007). EUROPOL Work Program 2005. **statewatch.org/news/2006/apr/europol-work-programme-2005.pdf** (accessed October 2008).

Feldman, R., & J. Sanger. (2007). *The Text Mining Handbook: Advanced Approaches in Analyzing Unstructured Data.* Boston, MA: ABS Ventures.

Fuller, C. M., D. Biros, and D. Delen. (2008). "Exploration of Feature Selection and Advanced Classification Models for High-Stakes Deception Detection." *Proceedings of the Forty-First Annual Hawaii International Conference on System Sciences (HICSS)*. Big Island, HI: IEEE Press, pp. 80–99.

Ghani, R., K. Probst, Y. Liu, M. Krema, and A. Fano. (2006). "Text Mining for Product Attribute Extraction." *SIGKDD Explorations, 8*(1), pp. 41–48.

Goodman, A. (2005). "Search Engine Showdown: Black Hats Versus White Hats at SES. SearchEngineWatch." **searchenginewatch.com/article/2066090/Search-Engine-Showdown-Black-Hats-vs.-White-Hats-at-SES** (accessed February 2013).

Han, J., & M. Kamber. (2006). *Data Mining: Concepts and Techniques*, 2nd ed. San Francisco, CA: Morgan Kaufmann.

*Harvard Business Review*. (2010). "The New Conversation: Taking Social Media from Talk to Action." A SAS–Sponsored Research Report by Harvard Business Review Analytic Services. **sas.com/resources/whitepaper/wp_23348.pdf** (accessed March 2013).

Kaplan, A. M., & M. Haenlein. (2010). "Users of the World, Unite! The Challenges and Opportunities of Social Media." *Business Horizons, 53*(1), pp. 59–68.

Kim, S. M., & E. Hovy. (2004, August). "Determining the Sentiment of Opinions." *Proceedings of the Twentieth International Conference on Computational Linguistics*, p. 1367.

Kleinberg, J. (1999). "Authoritative Sources in a Hyperlinked Environment." *Journal of the ACM, 46*(5), pp. 604–632.

Lin, J., & D. Demner-Fushman. (2005). "Bag of Words" Is Not Enough for Strength of Evidence Classification." *AMIA Annual Symposium Proceedings*, pp. 1031–1032. **pubmedcentral. nih.gov/articlerender.fcgi?artid=1560897**.

Liu, B., M. Hu, & J. Cheng. (2005, May). "Opinion Observer: Analyzing and Comparing Opinions on the Web." *Proceedings of the Fourth International Conference on World Wide Web*, pp. 342–351.

Mahgoub, H., D. Rösner, N. Ismail, and F. Torkey. (2008). "A Text Mining Technique Using Association Rules Extraction." *International Journal of Computational Intelligence, 4*(1), pp. 21–28.

Manning, C. D., & H. Schutze. (1999). *Foundations of Statistical Natural Language Processing*. Cambridge, MA: MIT Press.

McKnight, W. (2005, January 1). "Text Data Mining in Business Intelligence." *Information Management Magazine*. **information-management.com/issues/20050101/1016487-1.html** (accessed May 22, 2009).

Mejova, Y. (2009). "Sentiment Analysis: An Overview." Comprehensive exam paper. **http://www.cs.uiowa.edu/~ymejova/publications/CompsYelenaMejova.pdf** (accessed February 2013).

Miller, T. W. (2005). *Data and Text Mining: A Business: Applications Approach*. Upper Saddle River, NJ: Prentice Hall.

Morgan, N., G. Jones, & A. Hodges. (2010). "The Complete Guide to Social Media from the Social Media Guys." **thesocialmediaguys.co.uk/wp-content/uploads/downloads/2011/03/CompleteGuidetoSocialMedia.pdf** (accessed February 2013).

Nakov, P., A. Schwartz, B. Wolf, and M. A. Hearst. (2005). "Supporting Annotation Layers for Natural Language Processing." *Proceedings of the ACL*, Interactive Poster and Demonstration Sessions. Ann Arbor, MI: Association for Computational Linguistics, pp. 65–68.

Paine, K. D., & M. Chaves. (2012). "Social Media Metrics." SAS white paper. **sas.com/resources/whitepaper/wp_19861.pdf** (accessed February 2013).

Pang, B., & L. Lee. (2008). *OPINION Mining and Sentiment Analysis*. Hanover, MA: Now Publishers; available at **http://books.google.com**.

Ramage, D., D. Hall, R. Nallapati, & C. D. Manning. (2009, August). "Labeled LDA: A Supervised Topic Model for Credit Attribution in Multi-Labeled Corpora." *Proceedings of the 2009 Conference on Empirical Methods in Natural Language Processing: Volume 1*, pp. 248–256.

Schmidt, L.-H. (1996). "Commonness Across Cultures." In A. N. Balslev (ed.), *Cross-Cultural Conversation: Initiation* (pp. 119–132). New York: Oxford University Press.

Scott, W. R., & G. F. Davis. (2003). "Networks in and Around Organizations." *Organizations and Organizing*. Upper Saddle River: NJ: Pearson Prentice Hall.

Shatkay, H., A. Höglund, S. Brady, T. Blum, P. Dönnes, and O. Kohlbacher. (2007). "SherLoc: High-Accuracy Prediction of Protein Subcellular Localization by Integrating Text and Protein Sequence Data." *Bioinformatics, 23*(11), pp. 1410–1415.

Snyder, B., & R. Barzilay. (2007, April). "Multiple Aspect Ranking Using the Good Grief Algorithm." *HLT-NAACL*, pp. 300–307.

Strapparava, C., & A. Valitutti. (2004, May). "WordNet Affect: An Affective Extension of WordNet." *LREC, 4*, pp. 1083–1086.

The Westover Group. (2013). "20 Key Web Analytics Metrics and How to Use Them." **http://www.thewestovergroup. com** (accessed February 2013).

Thomas, M., B. Pang, & L. Lee. (2006, July). "Get Out the Vote: Determining Support or Opposition from Congressional Floor-Debate Transcripts." In *Proceedings of the 2006 Conference on Empirical Methods in Natural Language Processing*, pp. 327–335.

Weng, S. S., & C. K. Liu. (2004). "Using Text Classification and Multiple Concepts to Answer E-Mails." *Expert Systems with Applications, 26*(4), pp. 529–543.

第三部分 *Part 3*

# 规范性分析和大数据

- 第 8 章　规范性分析：优化与仿真
- 第 9 章　大数据、云计算和位置分析：概念和工具

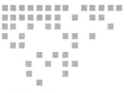

*Chapter 8* 第 8 章

# 规范性分析：优化与仿真

**学习目标**

❑ 了解规范性分析技术与报告和预测性分析相结合的应用。

❑ 了解分析决策建模的基本概念。

❑ 了解用于所选决策问题的分析模型的概念，包括用于决策支持的线性规划和模拟模型。

❑ 描述电子表格如何用于分析建模和解决方案。

❑ 解释优化的基本概念以及何时使用它们。

❑ 描述如何构造线性规划模型。

❑ 解释什么是灵敏度分析、假设分析和单变量求解。

❑ 了解不同类型的仿真的概念和应用。

❑ 了解离散事件仿真的潜在应用。

本章将分析应用扩展到报告和预测性分析之外，包括了可与预测模型结合使用以帮助支持决策的技术的覆盖范围。我们关注的技术可以相对容易地通过使用电子表格工具或独立的软件工具实现。当然，关于管理科学模型还有很多额外的细节需要学习，但是本章的目标是简单地说明什么可以实现，以及它是如何在实际环境中实现的。

注意，建模可能是一个困难的话题，既是一门艺术，也是一门科学。本章的目的不是让你掌握建模和分析的主题，而是让你熟悉重要的概念，因为它们与规范性分析及其在决策中的使用有关。重要的是，我们在这里讨论的模型只是粗略地与数据建模的概念相关。你不应该把两者混淆。我们将介绍决策建模的一些基本概念和定义。接下来将介绍直接在电子表格中建模的思想。然后讨论两种成功的时间证明模型和方法的结构和应用：线性规划和离散事件模拟。

## 8.1 开篇小插曲：费城学区使用规范性分析来寻找外包巴士路线的最佳解决方案

### 背景

对于企业和政府机构来说，选择最好的供应商是一项艰巨而重要的任务。在供应商通过招标流程提交特定任务的建议书后，公司或组织将对该建议书进行评估，并决定哪个供应商最适合其需求。通常，政府需要使用招标流程来选择一个或多个供应商。美国费城学区正在寻找私人巴士供应商，将部分巴士路线外包。该区拥有几辆校车，但需要更多的校车为学生服务。他们想在 30%～40% 的路线上使用自己的校车，并将其余路线外包给这些私人巴士供应商。查尔斯·洛维茨（Charles Lowitz）是运输办公室的财务协调员，负责确定如何最大限度地提高投资回报，并改进向不同供应商授予路线合同的方式。

从历史上看，考虑到预算和时间限制，决定授予哪个巴士供应商合同的过程是费力的，因为这是手动完成的。此外，必须考虑的不同变量和因素也增加了复杂性。供应商的评估基于五个变量：成本、能力、依赖性、财务稳定性和商业头脑。每个供应商都提交了一份不同路线的报价。一些供应商指定了一个最小的路线数，如果不达到这个最小值，它们的成本就会增加。洛维茨需要弄清楚如何将每个提案中的信息结合起来，以确定哪一条巴士线路将授予哪一家供应商，以满足所有的路线要求，从而使该地区的外包成本最低。

### 解决方案

洛维茨最初寻找了可以与他在 Excel 中的合同模型结合使用的软件。他使用了 Frontline Systems, Inc. 的 Premium Solver Platform，这使他能够从财务和运营的角度为该区找到最合适的供应商。他创建了一个优化模型，其中考虑了与每个供应商相关的变量。该模型包括二进制整数变量（是 / 否），用于标注每一条路线将授予哪个投标商。该模型还包括表明每条路线将授予一个供应商的约束条件，当然，每条路线都必须有供应商提供服务。其他约束条件规定了供应商接受的最小路线数和一些其他细节。所有这些约束都可以写成方程，并输入整数线性规划模型中。这些模型可以通过许多软件工具来制定和解决，但是使用 Microsoft Excel 可以更容易地理解模型。Frontline Systems 的 Solver 软件内置在 Microsoft Excel 中，可以免费解决较小的问题。可以购买更完整的软件版本来解决更大、更复杂的模型。

### 优点

除了确定应该授予多少供应商合同外，该模型还帮助确定了每个合同的规模：从一个供应商获得 4 条路线到另一个供应商获得 97 条路线。最终，费城学区利用 Excel 创建了一个计划，其中包含了数量得到优化的巴士供应商。该区利用 Premium Solver Platform 分析工具建立了包含不同变量的优化模型，节省了时间和金钱。

> **▶ 复习题**
>
> 1. 在这篇小插曲中，费城学区做了什么决定？
> 2. 在这种情况下，需要哪些数据（描述性和/或预测性数据）才能做出最佳分配？
> 3. 在授予此类路线合同时，还需要考虑哪些其他成本或限制因素？
> 4. 还有哪些情况可能适用于此类模型的应用？

**我们可以从这个小插曲中学到什么**

大多数组织都面临一个必须从多个选项中进行选择的决策问题，其中每个选项都有相关的成本和功能。这些模型的目标是选择满足所有需求并优化成本的选项组合。规范性分析特别适用于此类决策的问题。而诸如 Excel 的内置工具或 Premium Solver Platform 之类的工具使应用这些技术变得很容易。

资料来源："Optimizing Vendor Contract Awards Gets an A+," http://www.solver.com/news/optimizing-vendor-contract-awards-gets, 2016 (accessed Sept 2018).

## 8.2 基于模型的决策

正如上节所描述的那样，使用某种分析模型进行决策就是所谓的规范性分析。在前面几章中，我们了解了已经发生的事情的价值和过程，并使用这些信息来预测可能发生的事情。我们将通过该练习来确定下一步该做什么。这可能需要确定哪些客户可能从我们这里购买商品，提出邀约，或者给出一个价格点以最大限度地增加客户购买的可能性并优化利润。它可能涉及预测哪个客户可能会去其他地方，并提供促销优惠以留住客户并优化我们的价值。我们可能需要做出向供应商授予合同的决定，以确保满足我们的所有需求并将成本降至最低。我们可能面临决定哪些潜在客户应该收到什么样的促销活动材料的情形，以确保促销成本不会高得离谱，并且在预算之内管理的同时，还能最大限度地提高回复率，我们可能会决定为不同的付费搜索关键词支付多少，以使广告预算投资回报最大化。我们还可能需要研究客户到达模式的历史，并使用这些信息来预测未来的到达率，并将其应用于安排适当数量的商店员工，以最大限度地提高客户响应和优化劳动成本。我们可以根据对产品需求和供应链成本的分析和预测来决定仓库的位置。我们可以根据要在不同地点交付的产品数量、交付成本和车辆可用性来设置每日交付路线。可以找到数百个例子来证明基于数据的决策是有价值的。事实上，对于日益增长的分析行业来说，最大的机会是能够使用描述性和预测性洞察力来帮助决策者做出更好的决定。尽管在某些情形下，人们可以使用经验和直觉来做出决策，但是由模型支持的决策更有可能帮助决策者做出更好的决策。此外，它还为决策者的建议提供了正当的理由。因此，规范性分析已经成为分析的下一前沿。它本质上涉及使用分析模型来帮助指导决策者做出决策，或者使决策过程自动化，从而使模型能够做出建议或决策。因为规范性分析的重点是提出建议或做出决定，所以有些人把这类分析称为决策分析。

INFORMS 出版物，如 *Interfaces*、*ORMS Today* 和 *Analytics* 杂志都阐述了决策模型在真实情景中的成功应用。本章包括许多这样的规范性分析应用的例子。将模型应用于实际情况可以节省数百万美元或产生数百万美元的收入。Christiansen 等（2009）用 TurboRouter 描述了这些模型在船运公司运营中的应用，这是一种用于船舶规划路线和安排的决策支持系统（DSS）。他们声称在三周的时间里，一家公司利用这种模型更好地利用了它的船队，在如此短的时间内创造了额外的一百万到两百万美元的利润。我们提供了另一个模型应用实例，在应用案例 8.1 中说明了一个运动应用。

### 应用案例 8.1 加拿大足球联盟优化比赛安排

加拿大足球联盟（CFL）面临的挑战是，在 5 个月的最佳时间内为 9 支球队组织 81 场足球比赛，同时充分利用销售收入、电视收视率和球队休息日的比赛优先事项。其他考虑因素包括在不同的时区组织比赛和主要的对抗比赛在主要公众假期举行。对于联盟来说，良好的日程安排是各种商业合作的推动力量，比如与广播频道的协调以及组织地铁票的销售。如果安排没有经过优化，将会直接阻碍促销活动，从而导致巨大的收入损失和糟糕的频道收视率。CFL 过去常常人工创建比赛安排，因此必须找出更好的方法来改善他们的安排，同时考虑到所有的限制。他们已经尽力地与一名顾问合作，为日程安排建立一个综合的模型，但实施仍然是一个挑战。联盟决定使用微软 Excel 中的 Solver 来解决这个问题。在优化时间表时，一些要平衡的比赛优先事项如下：

1）销售收入：为那些能产生更多收入的俱乐部制定一个包含比赛和时间段的时间表。

2）频道收视率：制定比赛时间表，以提高广播公司的频道收视率。

3）球队休息日：制定一个时间表，让两支球队有足够的休息日。

联盟决定改善比赛安排，把给予球员休息日作为最高优先级，然后是销售收入和广播公司的频道收视率。这主要是因为销售收入和频道收视率是球队球员在场上表现的副产品，而场上表现与球队的休息日直接相关。

**方法 / 解决方案**

最初，通过内置的 Solver 特性在 Excel 中规划比赛安排是一项艰巨的任务。Frontline Systems 为 Solver 提供了一个允许模型大小从大约 200 个决策增加到 8000 个决策的高级版本。联盟甚至不得不增加更多行业特定的限制，例如跨越不同时区的电视转播、不能重叠两场头球比赛，以及将主要竞争对手的比赛安排在劳动节。附加的限制非常复杂，直到 Frontline Systems 的专家帮助 CFL 把这个非线性问题变成线性问题。线性规划"引擎"使模型运行。事实证明，Premium Solver 软件对改进日程安排有很大帮助。

**结果 / 收益**

使用优化的时间表将通过提高门票销售量和广播频道收视率来增加收入。它的实现归功于该工具能够非常轻松地支持供应商的限制。优化的时间表使联盟的大多数股东感到高兴。这是一个重复的过程，但那些赛程是 CFL 迄今为止最先进的赛季赛程。

**针对应用案例 8.1 的问题**

1. 列出基于 Solver 的比赛安排提高收益的三种方式。

2. CFL 可以利用 Solver 软件在其他什么方面扩展和增强其他商业操作？

3. 在安排比赛时，还有什么其他重要的考虑因素吗？

**我们可以从这个应用案例中学到什么**

通过使用 Excel 中的内置 Slover，CFL 将股东和行业限制因素考虑在内做出了更好的比赛安排，这带来了收入的增长和更好的频道收视率。因此，优化的时间表和规范性分析的范围，产生了重要的价值。虽然案例研究中的建模者 Trevor Hardy 是一个专业的 Excel 用户而不是建模的专家，但是 Excel 的易用性让他开发了规范性分析的实际应用。

资料来源："Canadian Football League Uses Frontline Solvers to Optimize Scheduling in 2016." Solver, September 7 2016, www.solver.com/news/canadian-football-league-uses-frontline-solvers-optimize-scheduling-2016 (accessed September 2018); Kostuk, Kent J., and Keith A. Willoughby. "A Decision Support System for Scheduling the Canadian Football League." *Interfaces*, vol. 42, no. 3, 2012, pp. 286–295; Dilkina, Bistra N., and William S. Havens. The U.S. National Football League Scheduling Problem. Intelligent Systems Lab, www.cs.cornell.edu/~bistra/papers/NFLsched1.pdf (accessed September 2018).

## 8.2.1 规范性分析模型示例

建模是规范性分析的关键要素。在前面提到的例子和应用案例中，人们不得不使用数学模型为实际问题提供决策建议。例如，决定哪些客户（在潜在的数百万人中）将收到什么报价来在预算之内最大化总体响应价值是很难通过人工完成的事情。以预算为约束建立一个基于可能性的响应最大化模型将给我们提供我们正在寻找的信息。根据我们要解决的问题，有许多类模型可以选择，并且通常有许多专门的技术来实现每类模型。在本章中，我们将学习两种不同的建模方法。大多数大学都有涵盖这些主题的课程，例如运筹学、管理科学、决策支持系统和仿真等，可以帮助你在这些主题上积累更多的专业知识。由于规范性分析通常涉及数学模型的应用，有时数据科学这个术语更常与这些数学模型的应用联系在一起。在学习规范性分析中的数学建模支持之前，让我们先了解一些建模问题。

## 8.2.2 问题识别和环境分析

没有一个决定是凭空做出的。重要的是分析该领域的范围以及环境的力量和动态。决策者需要确认管理文化和公司决策过程（例如，谁做决定、集权程度）。环境因素完全有可能造成了目前的问题。这称为**环境扫描和分析**，即监视、扫描和对收集到的信息进行解释。

商务智能 / 商业分析工具可以通过扫描来帮助识别问题。这个问题必须被理解，每个相关的人都应该共享相同的理解框架，因为这个问题最终会以某种形式被模型表示出来。否则，该模型将无助于决策者。

**变量标识**　模型变量（例如，决策、结果、不可控）的标识是至关重要的，就像变量之间的关系一样。影响图是数学模型的图形化模型，可以方便识别过程。一个更一般的影响图是认知图，可以帮助决策者更好地理解一个问题，特别是变量和它们之间的相互作用。

**预测（预测性分析）**　如前所述，规范性分析的一个重要前提是知道已经发生了什么以及可能发生什么。预测性分析的这种形式对于构建和操作模型非常重要，因为当一个决策被实现时，结果通常会在未来出现。对过去进行假设（灵敏度）分析是没有意义的，因为那时做出的决定对未来没有影响。在线商务和通信为预测创造了巨大的需求，并提供了丰富的能够得到的信息。这些活动发生得很快，但是收集了关于这种购买的信息，并且应该进行分析以便做出预测。分析的一部分只是简单地预测需求，然而预测模型可以使用产品生命周期的需求以及关于市场和消费者的信息来分析整个情况，理想情况下会带来产品和服务的额外销售。

我们在应用案例 8.2 中描述了这种预测的有效示例，并将其用于英迈公司（Ingram Micro）的决策中。

**应用案例 8.2　英迈公司使用商务智能应用来评估价格决策**

英迈公司是全球最大的双层技术产品分销商。在双层分销系统中，公司从制造商购买产品，然后将产品卖给零售商，零售商再将这些产品卖给最终用户。例如，用户可以从英迈公司购买 Microsoft Office 365 软件包，而不是直接从 Microsoft 购买。英迈公司与百思买、布法罗、谷歌、霍尼韦尔、Libratone 和 Sharper Image 有合作关系。该公司向全球 20 万家解决方案提供商提供产品，因此拥有大量的交易数据。英迈公司希望利用这些数据的洞察力来识别交叉销售机会，并决定向特定客户提供的捆绑产品价格。这需要建立一个商务智能中心（BIC）来编译和分析数据。在建立 BIC 的过程中，英迈公司面临着各种各样的问题。

- ❏ 在数据捕获过程中，容易丢失数据，难以确保终端用户信息的准确性，以及无法将报价与订单链接起来。
- ❏ 在实施足以处理其全球业务的客户关系管理（CRM）系统时面临技术问题。
- ❏ 对需求定价（根据产品的需求来决定价格）的想法遇到了阻力。

**方法 / 解决方案**

英迈公司探索了直接使用电子邮件与客户（经销商）沟通并为其提供购买与订购产品相关的支持技术的折扣。通过细分市场篮子分析确定了这些机会，并开发了以下商务智能应用程序，帮助确定优化的价格。英迈公司开发了一种新的价格优化工具 IMPRIME，它能够设定数据驱动的价格，并提供数据驱动的谈判指导。IMPRIME 为产品层次的每一级（即客户级、供应商－客户级、客户细分级和供应商－客户细分级）设置一个优化的价格。它是通过考虑需求信号和该水平上的定价之间的权衡来做到这一点的。

该公司还开发了一个名为 Intelligence INGRAM 的数字营销平台。该平台利用预测潜在客户评分（PLS），通过特定的营销方案选择目标终端用户。PLS 是为那些与终端用户没有直接关系的公司评分的系统。Intelligence INGRAM 被用来运行空白程序，通过提供折扣来鼓励经销商购买相关产品。例如，如果一个经销商从 INGRAM 购买服务器，那么 INGRAM 会在磁盘存储单元上提供折扣，因为这两种产品都需要协同工作。类似地，Intelligence INGRAM 被用于开展增长激励活动（如果经销商超过季度支出目标，就向其提供现金奖励）和交叉销售活动（通过电子邮件向终端用户介绍与他们最近购买的产品相关的产品）。

**结果 / 收益**

使用 IMPRIME 所产生的利润是用升力测量方法来测量的。这种方法比较了改变价格前后的时间段，并比较了实验组和对照组。电梯测量是根据平均日销售额、毛利率和机器利润率进行的。使用 IMPRIME 带来了 7.57 亿美元的收入增长和 1880 万美元的毛利润增长。

**针对应用案例 8.2 的问题**

1. 在开发 BIC 的过程中，英迈公司面临的主要挑战是什么？

2. 列出英迈公司开发的所有用来优化产品价格并进行客户画像的商务智能解决方案。

3. 在使用新开发的商务智能应用后，英迈公司得到了什么好处？

**我们可以从这个应用案例中学到什么**

通过首先建立 BIC，公司开始更好地了解其产品线、客户及其购买模式。这种洞察力来自我们所说的描述性分析和预测性分析。进一步的价值来自价格优化，这属于规范性分析。

资料来源：R. Mookherjee, J. Martineau, L. Xu, M. Gullo, K. Zhou, A. Hazlewood, X. Zhang, F. Griarte, & N. Li. (2016). "End-to-End Predictive Analytics and Optimization in Ingram Micro's Two-Tier Distribution Business." *Interfaces,* 46(1), 49-73; ingrammicrocommerce.com, "CUSTOMERS," https://www.ingrammicrocommerce.com/customers/ (accessed July 2016).

## 8.2.3　模型策略

表 8.1 将一些决策模型分成了七个类别并列出了每一个类别中具有代表性的技术。每一个技术能被在一个确定的、不确定的或者有风险的假设环境中所构建的静态模型或动态模型所应用。为了加快模型构建，我们可以使用特别的决策分析系统来把模型语言和功能植入其中，其中包含电子表格、数据挖掘系统、线上分析过程（OLAP）系统，以及能够帮助分析师构建模型的模型语言。我们将在后面的章节中介绍这样的系统。

表 8.1　模型策略

| 分　类 | 过程和目标 | 代表性技术 |
|---|---|---|
| 用很少的选择优化问题 | 从较少的备选方案中发现最好的解决方案 | 决策表、决策树、层次分析法 |
| 通过算法优化 | 使用逐步改进过程，从众多备选方案中找到最佳解决方案 | 线性和其他数学规划模型、网络模型 |
| 通过解析公式优化 | 使用公式一步找到最佳解决方案 | 一些库存模型 |
| 仿真 | 使用实验检查备选方案，在其中找到一个足够好的解决方案或最佳解决方案 | 几种类型的仿真 |
| 启发式方法 | 使用规则找到足够好的解决方案 | 启发式编程、专家系统 |
| 预测模型 | 预测给定场景的未来 | 预测模型、马尔可夫分析 |
| 其他模型 | 使用公式解决假设情况 | 财务建模、排队等候 |

**模型管理**　就像数据一样，模型必须被管理来维护完整度和可使用性。这种管理是在基于模型的管理系统（类似于数据库管理系统（DBMS））的帮助下完成的。

**基于知识的建模**　DSS 主要使用定量模型，而专家系统在其应用程序中使用基于知识的定性模型。一些知识对于构建可求解（因此可用）的模型是必需的。许多预测性分析技术，例如分类和聚类，可用于构建基于知识的模型。

**建模的当前趋势**　建模的一个新趋势涉及模型库和解决方案技术库的开发。其中一些代码可以直接在所有者的网络服务器上免费运行，其他代码可以下载并在本地计算机上运行。这些代码的可用性意味着强大的优化和仿真软件包可以提供给决策者，而他们可能只在课堂上接触过这些工具。例如，阿贡国家实验室的数学和计算机科学部在 https://neos-server.org/neos/index.html 上维护优化 NEOS 服务器。你可以通过点击 informs.org 上的资源链接找到其他网站的链接，informs.org 是运筹学和管理科学研究所（INFORMS）的网站。INFORMS 提供了丰富的建模和解决方案信息。INFORMS 出版物之一 OR/MS Today 的网站 http://www.orms-today.org/ormmain.shtml 包括许多类别的建模软件的链接。我们将简要介绍其中的一些。

开发和使用基于云的工具和软件来访问甚至运行软件以执行建模、优化、仿真等的趋势非常明显。在许多方面，这简化了将许多模型应用于实际问题的过程。但是，要有效地使用模型和解决方案技术，有必要通过开发和求解简单模型来真正地获得经验。这方面经常被忽略。拥有了解如何应用模型的关键分析师的组织确实非常有效地应用了它们。这种情况最明显地发生在收入管理领域，该领域已从航空、酒店和汽车租赁转移到零售、保险、娱乐和许多其他领域。CRM 也使用模型，但是它们通常对用户是透明的。对于管理模型，数据量和模型规模非常大，因此必须使用数据仓库来提供数据，并需要并行计算硬件才能在合理的时间内获得解决方案。

使分析模型对决策者完全透明的趋势一直存在。例如，**多维分析（建模）**涉及多个维度的数据分析。在多维分析（建模）中，数据通常以电子表格格式显示，大多数决策者都熟悉这种格式。现在，许多习惯于对数据多维数据集进行切片和切块的决策者都在使用访问数据仓库的 OLAP 系统。尽管这些方法可以使建模变得容易，但它们消除了许多重要且适用的模型类，并且消除了一些重要且微妙的解决方案解释要素。建模所涉及的不只是使用趋势线进行数据分析以及使用统计方法建立关系。

建立模型的模型以帮助其分析也是一种趋势。**影响图**是模型的图形表示，即模型的模型。一些影响图软件包能够生成和求解结果模型。

> ➥ **复习题**
>
> 1. 列出从建模中学到的三个内容。
> 2. 列出并描述建模中的主要问题。
> 3. DSS 中使用的主要模型类型是什么？
> 4. 为什么模型在行业中不应该或应该被频繁使用？
> 5. 当前的建模趋势是什么？

# 8.3 决策支持的数学模型的结构

在后面几节中，我们将介绍分析数学模型（例如数学、金融和工程学）的相关内容，包括模型的组成部分和结构。

## 8.3.1 组成部分

定量模型通常由四个基本组成部分（见图 8.1）组成：结果变量、决策变量、不可控变量或参数以及中间结果变量。数学关系将这些组件链接在一起。在非定量模型中，关系是象征性或定性的。决策的结果是根据做出的决策（即决策变量的值）、决策者无法控制的因素（在环境中）以及变量之间的关系确定的。建模过程涉及识别变量和变量之间的关系。求解模型将确定这些变量的值以及结果变量。

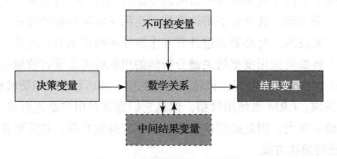

图 8.1　定量模型的一般结构

**结果变量**　结果变量反映了系统的有效性水平。也就是说，它们表示系统执行或达到其目标的程度。这些变量是输出。表 8.2 中显示了结果变量的示例。结果变量被视为因变量。中间结果变量有时在建模中用于标识中间结果。对于因变量，必须先发生另一个事件，然后该变量描述的事件才能发生。结果变量取决于决策变量和不可控变量的出现。

表 8.2　模型组成部分示例

| 领　域 | 决策变量 | 结果变量 | 不可控变量或参数 |
| --- | --- | --- | --- |
| 金融投资 | 投资选择和金额 | 利润总额、风险<br>投资回报率（ROI）<br>每股收益<br>流动性水平 | 通货膨胀率<br>最优惠利率<br>竞争 |
| 市场营销 | 广告预算<br>在哪里做广告 | 市场份额<br>顾客满意度 | 客户的收入<br>竞争对手的行为 |
| 制造业 | 生产什么和生产多少<br>库存水平<br>补偿方案 | 总花费<br>质量等级<br>员工满意度 | 机器容量<br>技术<br>材料价格 |
| 会计 | 使用计算机<br>审核时间表 | 数据处理费用<br>错误率 | 计算机技术<br>税率<br>法律要求 |
| 运输 | 发货时间表<br>使用智能卡 | 总运输费用<br>付款浮动时间 | 交货距离<br>规章制度 |
| 服务 | 人员配备水平 | 顾客满意度 | 服务需求 |

**决策变量**　决策变量描述了替代行动方案。决策者控制决策变量。例如，对于投资问题，投资债券的金额是一个决策变量。在计划问题中，决策变量是人员、时间和计划。其他示例在表 8.2 中列出。

**不可控变量或参数**　在任何决策情况下，都有一些因素会影响结果变量，但不受决策者的控制。这些因素可以是固定的，在这种情况下，它们称为不可控变量或参数；这些因素也可以变化，在这种情况下，它们称为变量。不可控变量包括主要利率、城市的建筑法规、税法和公用事业成本。这些因素中的大多数是不可控制的，因为它们在决策者工作所在的系统环境中并由其决定。其中一些变量限制了决策者，因此形成了所谓的问题约束。

**中间结果变量**　中间结果变量反映了数学模型中的中间结果。例如，在确定机器调度时，损坏是中间结果变量，而总利润是结果变量（即，损坏是总利润的一个决定因素）。另一个例子是员工工资。这构成了管理层的决策变量：它确定员工满意度（即中间结果），而后者又确定了生产率水平（即最终结果）。

## 8.3.2　结构

定量模型的组成部分通过数学（代数）表达式（方程或不等式）链接在一起。

一个非常简单的财务模型是

$$P = R - C$$

其中 $P=$ 利润，$R=$ 收入，$C=$ 成本。该方程式描述了变量之间的关系。另一个著名的财务模型是简单的现值现金流量模型，其中 $P=$ 现值，$F=$ 将来的单笔付款（美元），$i=$ 利率（百分比），$n=$ 年数。使用此模型，可以确定从今天起 5 年后以 10%（0.1）的利率支付的 100 000 美元的现值，如下所示：

$$P=100\ 000/(1+0.1)^5=62\ 092$$

在后面几节中，我们将介绍更有趣、更复杂的数学模型。

➤ 复习题

1. 什么是决策变量？

2. 列出并简要讨论定量模型的主要组成部分。

3. 解释中间结果变量的作用。

## 8.4 确定性、不确定性和风险⊖

决策过程涉及评估和比较备选方案。在此过程中，有必要预测每个备选方案的未来结果。决策情况通常根据决策者对预测结果的了解（或预计）进行分类。我们通常将此分为三类（见图 8.2），从完全了解到完全无知：

❑ 确定性

❑ 不确定性

❑ 风险

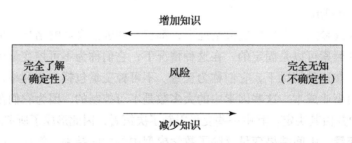

图 8.2 决策区域

当我们开发模型时，可能会发生这些情况中的任何一种，并且每种情况下都适用不同类型的模型。接下来，我们将讨论这些术语的基本定义以及每种条件的一些重要建模问题。

### 8.4.1 确定性决策

在确定性决策中，假定可以使用全部知识，以便决策者确切知道每个操作过程的结

---

⊖ 本节部分内容改编自 Turban 和 Meredith（1994）的文献。

果（如在确定性环境中）。决策者可能并非100%知道结果，也不一定要真正评估所有结果，但是通常这种假设简化了模型并使其易于处理。决策者被视为未来的理想预测者，因为假设每种选择都只有一个结果。例如，投资美国国库券的一种方法是，如果持有该国库券至到期日，则可以完全获得有关未来投资回报率的信息。涉及确定性决策的情况最常发生，具有结构性问题且时间间隔较短（长达1年）。确定性模型相对容易开发和求解，并且可以提供最佳解决方案。即使市场不是100%肯定的，许多金融模型也是在假定的确定性下构造的。

## 8.4.2　不确定性决策

在不确定性决策中，决策者考虑每一个行动方案都可能产生若干结果。与风险情况相反，在这种情况下，决策者不知道或不能估计可能发生的结果。不确定性决策比确定性决策困难，因为没有足够的信息。建模涉及对决策者（或组织）对风险态度的评估。

管理者试图尽可能避免不确定性，甚至假设它消失了。他们不处理不确定性，而是试图获得更多的信息，以便在确定性下处理问题（因为它可以"几乎"确定）或在计算中（即假定）的风险。如果没有更多信息，则必须在不确定的条件下处理问题，该条件比其他类别更加确定。

## 8.4.3　风险决策（风险分析）

风险⊖决策（也称为概率或随机决策）是决策者必须考虑每一种选择（每一种都有给定的发生概率）引起的几种结果。长期概率假设已知或可估计给定结果的发生。在这些假设下，决策者可以评估与每种选择相关的风险程度（称为计算风险）。大多数重大的商业决策都是根据假设的风险做出的。**风险分析**（即计算风险）是一种决策方法，它分析与不同备选方案相关的风险（基于假定的已知概率）。风险分析可以通过计算每个备选方案的预期值并选择期望值最高的方案来执行。应用案例8.3说明了一个减少不确定性的应用。

---

**应用案例 8.3**　**美国航空公司采用成本合理模型来评估运输路线投标的不确定性**

美国航空公司（AA）是世界上最大的航空公司之一。它的核心业务是客运，但它还有其他重要的辅助功能，包括维修设备的全车（FTL）装运和飞机装运旅客服务项目，可能随时都有超过10亿美元的存货。AA接收供应商报价，以应对库存报价请求（RFQ）。AA一年的RFQ可以超过500个。由于大量的投标以及由此产生的复杂投标过程，投标报价差异很大。有时，一份合同的报价可能会偏离约200%。由于这个复杂的过程，对供应商的服务支付过高或支付过低都很常见。为此，AA想要一个成本合理模型来简化和评估供应商的投标报价，以选择对双方都公平的报价。

---

⊖ "风险"和"不确定性"的定义是芝加哥大学的 F. H. Knight 于1933年提出的。其他定义也是有效的。

**方法/解决方案**

为确定供应商产品和服务的公平成本，采取了三个步骤：

1）通过初级（如采访）和中级（如互联网）调查获得了基础案例和范围数据，这些数据将代表影响 FTL 投标的成本变量。

2）选择成本变量，使其相互排斥、整体详尽。

3）使用 DPL 决策分析软件对不确定性建模。

此外，扩展的 Swanson-Megill 近似被用来模拟最敏感的成本变量的概率分布。这样做是为了解释初始模型中投标的高可变性。

**结果/收益**

在一份吸引了 6 家自由贸易区运营商投标的 RFQ 上进行了试点测试。在提交的 6 份投标书中，有 5 份在平均值的三个标准差范围内，而有一份被认为是离群值。随后，AA 在 20 多份 RFQ 上使用了成本合理 FTL 模型来确定商品和服务的公平的和准确的成本。预计这种模型将有助于降低向供应商支付过高或过低的风险。

**针对应用案例 8.3 的问题**

1. 除了降低向供应商多付或少付的风险外，AA 的"合理"模型还能带来哪些其他好处？
2. 除了航空运输之外还有哪些其他领域可以使用这种模型？
3. 讨论其他可能的方法，用以解决 AA 的投标多付和少付问题。

资料来源：Bailey, M. J., Snapp, J., Yetur, S., Stonebraker, J. S., Edwards, S. A., Davis, A., & Cox, R. (2011). Practice summaries: American Airlines uses should-cost modeling to assess the uncertainty of bids for its full-truckload shipment routes. *Interfaces,* 41(2), 194–196.

➥ **复习题**

1. 定义在确定性、风险和不确定性下执行决策的含义。
2. 如何处理确定性决策问题？
3. 如何处理不确定性决策问题？
4. 如何处理风险决策问题？

## 8.5 电子表格决策模型

模型可以用多种编程语言及系统开发和实现。我们主要关注电子表格（及其插件）、建模语言和透明的数据分析工具。凭借其强大和灵活性，电子表格包很快被认为是易于使用的开发软件，广泛应用于商业、工程、数学和科学领域。电子表格包括广泛的统计、预测和其他建模和数据库管理能力、功能和例行程序。随着电子表格软件包的发展，许多插件被开发用于构建和解决特定的模型。许多插件软件包是为 DSS 开发而开发的。这些 DSS 相关的插件包括 Solver（Frontline Systems Inc.，solver.com）和 What's*Best!*（Lindo 的一个版本，来自 Lindo Systems，Inc.，lindo.com），用于执行线性和非线性优化；Braincel（Jurik Research Software，Inc.，jurikres.com）和 NeuralTools（Palisade Corp.，palisade.com），用于人工神经网络；Evolver（Palisade Corp.，），用于遗传算法；@RISK（Palisade Corp.，），用于进行仿真研究。可比插件是免费的或成本非常低。

电子表格显然是最流行的最终用户建模工具，因为它包含许多强大的财务、统计、数学等功能。电子表格可以执行模型求解任务，如线性规划和重新定义分析。电子表格已经发展成为分析、计划和建模的重要工具（参见 Farasyn 等，2008；Hurley & Balez，2008；Ovchinnikov & Milner，2008）。应用案例 8.4 和应用案例 8.5 描述了基于电子表格的模型在非营利环境中的有趣应用。

**应用案例 8.4**　**宾夕法尼亚收养中心使用电子表格模型来更好地将儿童与家庭匹配起来**

宾夕法尼亚州收养中心（PAE）成立于 1979 年，由宾夕法尼亚州帮助县和非营利机构为因年龄或特殊需要而未被收养的孤儿寻找收养家庭。儿童保护协会详细记录了儿童和可能收养他们的家庭的偏好。该中心在宾夕法尼亚州所有 67 个县为孤儿寻找收养家庭。

宾夕法尼亚州收养和永久性网络负责为孤儿寻找收养家庭。如果在几次尝试之后，网络无法将孩子安置在一个家庭中，那么他们就会得到 PAE 的帮助。PAE 使用自动匹配评估工具将儿童与家庭进行匹配。此工具通过计算 78 对子对象的属性值和家庭首选项的 0%～100% 之间的分数来提供匹配建议。几年来，PAE 一直在努力向儿童个案工作者提供领养匹配建议。他们发现很难管理所有 67 个县长期收集的庞大儿童数据库。基本的搜索算法产生了匹配建议，证明对个案工作者没有效果。因此，未被领养的儿童数量大幅度增加，为这些孤儿寻找家庭的形势越来越紧迫。

**方法 / 解决方案**

PAE 开始通过在线调查收集有关孤儿和家庭的信息，其中包括一组新的问题。这些问题收集有关儿童爱好、儿童 - 个案工作者对家庭的偏好以及家庭对儿童年龄范围的偏好的信息。PAE 和顾问创建了一个电子表格匹配工具，其中包括以前使用的自动化工具没有的其他功能。在此模型中，个案工作者可以指定用于为儿童选择家庭的属性的权重。例如，如果一个家庭在性别、年龄和种族方面有一些狭隘的偏好，那么这些因素可能会得到更高的权重。此外，由于社区关系对于儿童来说是一个重要的因素，个案工作者可以优先考虑家庭的居住县。利用这个工具，匹配委员会可以在每个属性上比较儿童和家庭，从而做出更准确的家庭和儿童匹配决策。

**结果 / 收益**

自从 PAE 开始使用新的电子表格模型来匹配一个家庭和一个孩子，他们就能够做出更好的匹配决策。结果，得到永久住所的儿童的比例增加了。

这个简短的案例是使用电子表格作为决策支持工具的众多例子之一。通过为一个家庭的愿望和一个孩子的属性创建一个简单的评分系统，产生一个更好的匹配系统，这样双方报告的拒绝案例就减少了。

**针对应用案例 8.4 的问题**

1. 在制定收养匹配决策时，PAE 面临哪些挑战？

2. 新电子表格工具的哪些功能帮助 PAE 解决了家庭与儿童匹配的问题？

资料来源：Slaugh, V. W., Akan, M., Kesten, O., & Unver, M. U. (2016). The Pennsylvania Adoption Exchange improves its matching process. *Interfaces,* 46(2), 133–154.

---

**应用案例 8.5** Metro Meals on Wheels Treasure Valley 使用 Excel 查找最佳配送路线

美国送餐协会是一个非营利组织，它为全美各地有需要的老年人提供了大约 100 万份餐点。Metro Meals on Wheels Treasure Valley 是在爱达荷州运营的"美国送餐服务"（Meals on Wheels America）的当地分支。该分支有一个志愿者司机团队，每天开着自己的车，沿着 21 条路线为 800 名客户送餐，覆盖面积达 2745 平方公里。

Metro Meals on Wheels Treasure Valley 面临着许多问题。首先，他们希望尽量缩短交货时间，因为熟食对温度敏感，很容易变质。他们想在司机启程后 90 分钟内把熟食送到。其次，调度过程非常耗时。两名员工花了很多时间制定预定的送货路线。路线协调人根据一天的用餐人数来确定站点。在确定了站点后，协调者进行了站点排序，以尽量减少志愿者的行程时间。然后，该路线安排被输入一个在线工具中，为司机确定逐道转弯的驾驶指令。整个人工决定路线的过程要花费大量额外的时间。Metro Meals on Wheels 想要一种路由工具，可以改善他们的配送系统，并为单程和往返方向的送餐生成路由解决方案。那些经常开车的人可以在第二天送加热器或冷却器，其他偶尔开车的人则需要回到厨房放回加热器或冷却器。

**方法 / 解决方案**

为了解决路由问题，开发了一种基于电子表格的工具。这个工具有一个界面，可以方便地输入关于收件人的信息，比如名字、用餐要求和送餐地址。需要在电子表格中为路线中的每个站点填写这些信息。接下来，使用 Excel 的 Visual Basic for Applications 功能访问开发人员的网络地图应用程序编程接口（API）MapQuest。该 API 用于创建一个行程矩阵，计算送餐所需的时间和距离。该工具每天提供 5000 个地点对的时间和距离信息，没有任何成本。

当程序启动时，MapQuest API 首先验证输入的送餐地址。然后，该程序使用 API 来检索行驶距离、估计行驶时间和在路线中所有站点之间行驶的转弯指令。最后，该工具可以在可行的时间限制内找到最多 30 个站点的最佳路线。

**结果 / 收益**

由于使用了该工具，每年的总行驶距离减少了 10 000 英里（约 16 000 千米），旅行时间减少了 530 小时。根据每英里节约 0.58 美元（中型轿车）的估计，Treasure Valley 在 2015 年节省了 5800 美元。这个工具还减少了为送餐计划路线所花费的时间。其他好处还包括志愿者满意度的提高和志愿者留任率的提高。

**针对应用案例 8.5 的问题**

1. 在采用基于电子表格的工具之前，Metro Meals on Wheels Treasure Valley 在送餐方面面临哪些挑战？
2. 解释基于电子表格的模型的设计。
3. 将基于 Excel 的模型应用于 Metro Meals on Wheels 有什么无形的好处？

资料来源：Manikas, A. S., Kroes, J. R., & Gattiker, T. F. (2016). Metro Meals on Wheels Treasure Valley employs a lowcost routing tool to improve deliveries. *Interfaces,* 46(2), 154-167.

其他重要的电子表格功能包括假设分析、单变量求解、数据管理和可编程性（即宏）。使用电子表格，很容易更改一个单元格的值并立即看到结果。单变量求解通过指示目标单元格、其所需值以及正在更改的单元格来实现。广泛的数据库管理可以使用小数据集执行，或者可以导入部分数据库进行分析（本质上是 OLAP 如何处理多维数据集；实际上，大多数 OLAP 系统在数据加载后有高级电子表格软件的外观）。模板、宏和其他工具提高了构建 DSS 的效率。

大多数电子表格包提供了相当无缝的集成，因为它们可以读写通用的文件结构，方便与数据库和其他工具交互。Microsoft Excel 是最流行的电子表格包。在图 8.3 中，我们展示了一个简单的贷款计算模型，其中电子表格上的框描述包含公式的单元格。单元格 E7 中的利率变化会立即反映在单元格 E13 中的每月还款中。可以立刻观察和分析结果。如果我们需要一个特定的月付款，可以使用目标搜索来确定适当的利率或贷款额。

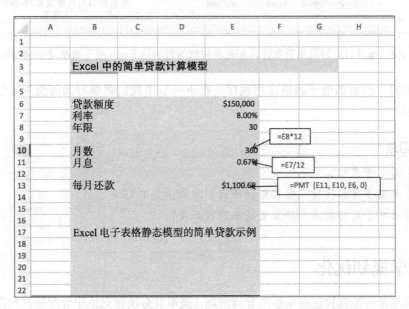

图 8.3 计算每月还款的简单贷款的 Excel 电子表格静态模型示例

电子表格中可以构建静态或动态模型。例如，图 8.3 所示的每月贷款计算电子表格是静态的。尽管随着时间的推移借款人会持续受到影响，但模型仅显示了一个月的表现，而这是可复制的。相反，动态模型表示随时间变化的行为。图 8.4 所示的电子表格说明了随着时间的推移提前还款对本金的影响。通过使用内置随机数生成器开发仿真模型，风险分析可以合并到电子表格中（见下一章）。

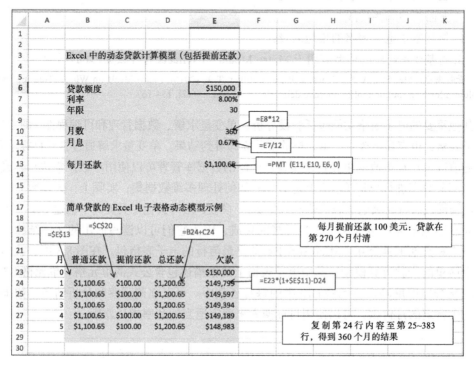

图 8.4　每月付款的简单贷款计算和提前付款的影响的 Excel 电子表格动态模型示例

会定期报告模型的电子表格应用程序。在下一节中我们将学习如何使用基于电子表格的优化模型。

> ➧复习题
>
> 1. 什么是电子表格？
> 2. 什么是电子表格插件？插件如何帮助创建和使用 DSS？
> 3. 为什么电子表格有助于决策支持系统的开发？

## 8.6　数学规划优化

数学规划是一系列旨在帮助解决管理问题（决策者必须在竞争中分配稀缺资源来优化可

测量目标）的工具。例如，机器时间（资源）在各种产品（活动）之间的分布是一个典型的分配问题。线性规划（LP）是一系列称为数学规划的优化工具中最著名的技术。在线性规划中，变量之间的所有关系都是线性的。它广泛应用于决策支持系统（见应用案例 8.6）。LP模型有许多重要的实际应用。其中包括供应链管理、产品组合决策、路由等。特殊形式的模型可用于特定应用。例如，应用案例 8.6 描述了用于创建医生的时间表的电子表格模型。LP 分配问题通常有以下特征：

- ❑ 可供分配的经济资源数量有限。
- ❑ 资源用于生产产品或服务。
- ❑ 有两种或两种以上的资源使用方式，称为解决方案或程序。
- ❑ 使用资源的每项活动（产品或服务）都会对既定目标产生回报。
- ❑ 分配通常受到几个限制条件和要求的限制，称为约束。

---

**应用案例 8.6　混合整数规划模型帮助田纳西大学医学中心安排医生时间表**

区域新生儿协会是田纳西州诺克斯维尔市田纳西大学医学中心新生儿重症监护病房（NICU）的一个由 9 名医生组成的小组。这个协会还为诺克斯维尔地区的两家当地医院提供紧急服务。多年来，这个协会的一名成员会手动安排医生的时间，然而，随着他退休的临近，需要一个更加自动化的系统来安排医生的时间。医生们希望这个系统能够平衡他们的工作量，因为之前的时间表不能很好地平衡他们的工作量。此外，时间表需要确保每天 24 小时，每周 7 天都有 NICU 的医生值班，并在可能的情况下，适应医生个人偏爱的轮班类型。为了解决这个问题，医生们联系了田纳西大学管理科学学院。

安排医生轮班的问题的特征是基于工作负荷和生活方式的约束。解决调度问题的第一步是根据轮班的类型（白天和晚上）将其分组。下一步是确定问题的约束条件。该模型需要制定一个 9 周的计划去分配 9 名医生，其中两名医生在工作日工作，一名医生在夜间和周末工作。此外，一名医生必须被指定专门为两家当地医院提供全天候服务，还需要考虑其他明显的限制。例如，一个白班不能被安排给一个刚完成夜班的医生。

**方法 / 解决方案**

该问题是通过建立一个二进制混合整数优化模型来解决的。第一个模型将工作量平均分配给 9 个医生。但不能在他们之间分配相同数量的白班和夜班。这就产生了一个公平分配问题。此外，医生对分配的工作量有不同的意见。6 位医生希望有一张时间表以保证在 9 周的计划中白班和夜班能够公平地分配给每一位医生，而其他医生希望根据个人喜好制定时间表。为满足两组医生的要求，建立了混合偏好调度模型（HPSM）。为了满足 6 名医生的平等要求，该模型首先计算出一周的工作量，并将其划分到 9 周。这样，工作就平均分给了 6 位医生。其余 3 名医生的工作量根据他们的喜好分配在为期 9 周的时间内。结果的时间表交由医生审查，他们认为时间表更加能够接受。

**结果 / 收益**

HPSM 方法兼顾了医生的平等和个人偏好需求。此外，与以前的手动时间表相比，该模型的时间表为医生提供了更好的休息时间，并且可以在时间表中安排休假请求。该模型能够较好地解决类似的调度问题。

混合整数规划模型这类技术可以建立最优调度并在操作中提供帮助。这些技术已经在大型组织中使用了很长时间。现在有可能在电子表格和其他可行的软件中实现这种规范性分析模型。

**针对应用案例 8.6 的问题**

1. 区域新生儿协会面临的问题是什么？

2. HPSM 模型是如何解决所有医生的要求的？

资料来源：Bowers, M. R., Noon, C. E., Wu, W., & Bass, J. K. (2016). Neonatal physician scheduling at the University of Tennessee Medical Center. *Interfaces,* 46(2), 168-182.

LP 配置模型基于以下理性的经济假设：

❏ 可以比较不同配置的收益，也就是说，可以用一个公共单位衡量。

❏ 任何分配的回报都是独立于其他分配的。

❏ 总收益是不同活动产生的收益的总和。

❏ 所有数据都是确切知道的。

❏ 这些资源将以最经济的方式加以利用。

分配问题通常有大量可能的解决方案。根据基本的假设，解决方案的数目可以是无限的，也可以是有限的。通常，不同的解决方案会产生不同的回报，在可用的解决方案中，至少有一个是最好的，因为与之相关的目标实现程度是最高的（比如总奖励最大化）。这叫作最优解，它可以用一种特殊的算法找到。

## 8.6.1 线性规划模型

每个 LP 模型都包含决策变量（其值是未知的）、一个目标函数（一个线性数学函数分析变量相关的目标，测量目标完成情况并进行优化）、目标函数系数（单位利润或成本系数表示的目标贡献决策变量）、约束（以限制资源或需求的线性不等式或等式表示，它们通过线性关系将变量联系起来）、容量（描述约束和变量的上限和下限）和输入 / 输出（技术）系数（表示决策变量的资源利用率）。

让我们看一个例子。生产专用计算机的 MBI 公司需要做一个决定：下个月在波士顿的工厂应该生产多少台计算机？MBI 正在考虑两种类型的计算机：CC-7，需要 300 天的劳动和 1 万美元的材料；CC-8，需要 500 天的劳动和 1.5 万美元的材料。每个 CC-7 的利润是 8000 美元，而每个 CC-8 的利润是 12 000 美元。工厂的生产能力为每月总计 20 万个劳动日，材料预算为每月 800 万美元。市场营销要求每月至少销售 100 台 CC-7 和 200 台 CC-8。

问题是通过确定每月生产多少套 CC-7 和 CC-8 来最大化公司的利润。请注意，在实际环境中，可能需要几个月时间来获取问题声明中的数据，并且在收集数据时，决策者无疑会发现关于如何构建要解决的模型的事实。用于收集数据的 Web 工具可以提供帮助。

**技术洞察 8.1　线性规划**

LP 可能是最著名的优化模型。它讨论了资源在竞争活动中的平均分配问题，给出了相应的分配模型。

问题是在技术、市场条件和其他不可控因素的线性约束下，求出使结果变量 $Z$ 的值最大的决策变量 $X_1$、$X_2$ 等的值。数学关系都是线性方程和不等式。理论上，任何这类分配问题都有无限个可能的解。使用独特的数学程序，LP 方法采用独特的计算机搜索程序，能在几秒内找到最优解。此外，该解决方案提供了自动灵敏度分析。

## 8.6.2　LP 建模：一个例子

对于所描述的 MBI 企业问题，可以建立标准的 LP 模型。正如前面所讨论的，LP 模型有三个组成部分：决策变量、结果变量和不可控变量（约束）。

决策变量如下：

$$X_1 = 生产 CC\text{-}7 的数量$$
$$X_2 = 生产 CC\text{-}8 的数量$$

结果变量如下：

$$利润总额 = Z$$

目标是使总利润最大化：

$$Z = 8000X_1 + 12\,000X_2$$

不可控变量（约束）如下：

$$劳动约束：300X_1 + 500X_2 \leqslant 200\,000（天）$$
$$预算约束：10\,000X_1 + 15\,000X_2 \leqslant 8\,000\,000（美元）$$
$$CC\text{-}7 市场需求：X_1 \geqslant 100（台）$$
$$CC\text{-}8 市场需求：X_2 \geqslant 200（台）$$

图 8.5 总结了这些信息。

该模型还有第四个隐藏组成部分。每个 LP 模型都有一些内部的中间变量没有明确表述。当左边严格小于右边时，劳动力和预算约束可能会有一些松弛。这个松弛在内部由松弛变量表示，松弛变量表示可用的超额资源。当左边严格大于右边时，营销需求约束可能会有一些盈余。盈余在内部由盈余变量表示，这些盈余变量表示有一定的空间来调整这些约束的右边。这些松弛和盈余变量是中间变量。它们对决策者有很大的价值，因为 LP 求解方法使用它们来建立用于经济假设分析的灵敏度参数。

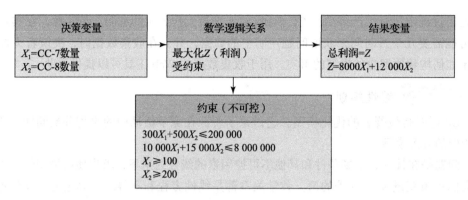

图 8.5 产品组合示例的数学模型

产品组合模型有无数可能的解决方案。假设生产计划不局限于整数——对于月生产计划来说是一个合理的假设，我们需要一个使总利润最大化的解决方案，即一个最优解决方案。幸运的是，Excel 附带了 Solver 插件，它可以很容易地获得这个问题的最佳解决方案。虽然 Solver 插件在 Excel 中的位置随着版本不同在不断变化，它仍然是一个免费的插件。我们可以在 Data 选项卡的 Analysis 区域找到它。如果它不在那里，你应该进入 Excel 的选项菜单并选择插件来启用它。

我们将这些数据直接输入 Excel 电子表格中，激活 Solver 并识别目标（通过设置目标单元格等于 Max）、决策变量（通过设置 By Changing Cells）和约束（通过确保 Total Consumed 小于或等于前两行的极限，大于或等于第三行和第四行的极限）。单元格 C7 和 D7 构成决策变量单元格。这些单元格的结果将在运行解决程序插件后填充。目标单元格是 E7，单元格 E7 也是结果变量，表示决策变量单元格及其单位利润系数（在单元格 C8 和 D8）的乘积。注意，所有的数字都除以 1000，这样更容易输入（决策变量除外）。第 9～12 行描述了问题的约束：劳动力能力、预算和两个产品 $X_1$ 和 $X_2$ 的期望最小产量的约束。列 C 和 D 定义了这些约束的系数。列 E 包括将决策变量（单元格 C7 和 D7）与每一行中各自的系数相乘的公式。列 F 定义了这些约束的右边值。Excel 的矩阵乘法功能（如 SUMPRODUCT 函数）可以用来方便地开发这样的行和列乘法。

在 Excel 中设置模型的计算之后，就可以调用 Solver 插件了。单击 Solver 插件（在 Data 选项卡下的 Analysis 中）打开一个对话框（窗口），可以指定定义的单元格或范围（包含目标函数单元格、决策 / 更改变量（单元格）和约束）。同时，在选项中，我们选择解的方法（通常是单纯形 LP），然后求解问题。接下来，我们选择全部三个报告——答案、灵敏度和限制来获得一个最优解 $X_1 = 333.33$，$X_2 = 200$，利润 =\$5 066 667，如图 8.6 所示。Solver 生成关于解决方案的三个有用报告。我们可以尝试一下。Solver 现在也具有通过使用其中可用的其他解决方案来解决非线性规划和整数规划问题的能力。

下面的例子由俄克拉荷马州立大学的里克·威尔逊教授给出，来进一步说明电子表格建模对决策支持的强大功能。

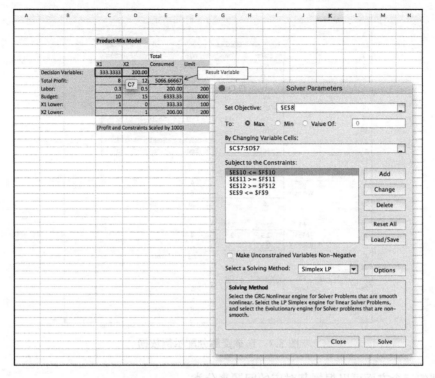

图 8.6　产品组合示例的 Excel Solver 解决方案

图 8.7 中的表格描述了 2016 年美国大选中的 9 个 "选票摇摆州" 的一些假设数据和属性。9 个州的属性包括选举人票数量、两个地区描述符（三个州都不属于这两种，既不是北部也不是南部），以及一个估计的 "影响函数"，该函数与该州每单位竞选资金投资增长的参选人员支持率有关。例如，影响函数 F1 表示对于该州的每个投资单位，总共会有 10 个单位的选民支持率增加（单位在这里保持不变），其中包含 3 个单位的年轻人支持率，1 个单位的老年人支持率，年轻及年长女性各占 3 个单位。

该活动在 9 个州投资 1050 个金融单位。在每个州至少投资总投资额的 5%，但最多不超过总投资的 25%。1050 个单位不必全部投资（你的模型必须正确处理这一点）。

同时，这项活动还有其他一些限制。在金融投资的立场上，西部各州（总共）的竞选投资至少应达到东部各州投资总数的 60%。在受影响的人方面，向各州分配金融投资的决定必须有至少导致 9200 人受影响。总的来说，受影响的女性总数必须大于或等于受影响的男性总数。另外，至少 46% 受影响的人应是 "老年人"。

我们的任务是创建一个合适的整数规划模型来确定金融单位的最优整数分配，使选举人票的乘积乘以投资单位的总和最大，同时达到上述限制。（因此，间接地说，这种模型偏向于拥有更多的选举人票的州。）注意，为便于活动人员实施，所有的分配决策都应该在模型中产生整数值。

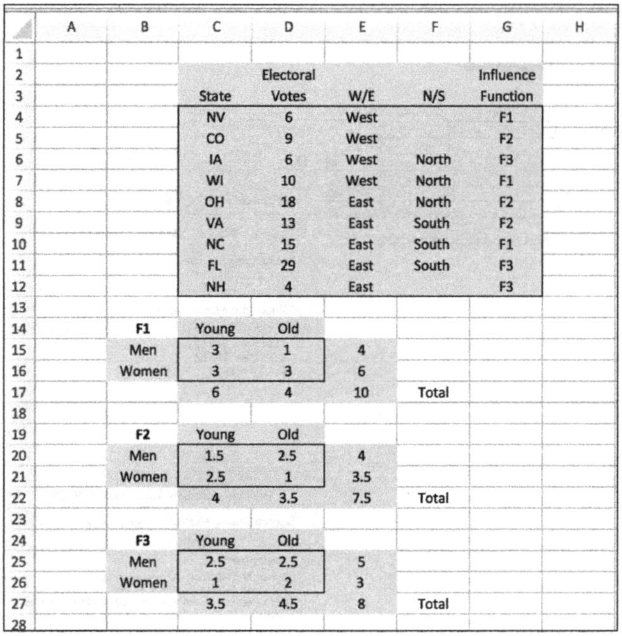

| | A | B | C | D | E | F | G | H |
|---|---|---|---|---|---|---|---|---|
| 1 | | | | | | | | |
| 2 | | | | Electoral | | | Influence | |
| 3 | | | State | Votes | W/E | N/S | Function | |
| 4 | | | NV | 6 | West | | F1 | |
| 5 | | | CO | 9 | West | | F2 | |
| 6 | | | IA | 6 | West | North | F3 | |
| 7 | | | WI | 10 | West | North | F1 | |
| 8 | | | OH | 18 | East | North | F2 | |
| 9 | | | VA | 13 | East | South | F2 | |
| 10 | | | NC | 15 | East | South | F1 | |
| 11 | | | FL | 29 | East | South | F3 | |
| 12 | | | NH | 4 | East | | F3 | |
| 13 | | | | | | | | |
| 14 | | F1 | Young | Old | | | | |
| 15 | | Men | 3 | 1 | 4 | | | |
| 16 | | Women | 3 | 3 | 6 | | | |
| 17 | | | 6 | 4 | 10 | Total | | |
| 18 | | | | | | | | |
| 19 | | F2 | Young | Old | | | | |
| 20 | | Men | 1.5 | 2.5 | 4 | | | |
| 21 | | Women | 2.5 | 1 | 3.5 | | | |
| 22 | | | 4 | 3.5 | 7.5 | Total | | |
| 23 | | | | | | | | |
| 24 | | F3 | Young | Old | | | | |
| 25 | | Men | 2.5 | 2.5 | 5 | | | |
| 26 | | Women | 1 | 2 | 3 | | | |
| 27 | | | 3.5 | 4.5 | 8 | Total | | |
| 28 | | | | | | | | |

图 8.7 选举资源分配示例数据

模型的三个方面可以根据其对应的问题来分类：

1）**我们控制什么？**在这 9 个州（内华达州、科罗拉多州、艾奥瓦州、威斯康星州、俄亥俄州、弗吉尼亚州、北卡罗来纳州、佛罗里达州和新州汉普郡）投入的广告资金由 9 个决策变量表示：NV、CO、IA、WI、OH、VA、NC、FL 和 NH。

2）**我们想要达到什么目标？**我们想要最大化选举收到的票数。我们知道每张选举票在对应选举州的权值（EV），因此可以表示为 9 个州的 EV 乘以选举票数，即：

$$\text{Max}\ (6NV + 9CO + 6IA + 10WI + 18OH + 13VA + 15NC + 29FL + 4NH)$$

3）**是什么限制了我们？**以下是问题描述中给出的约束条件：

a）投资不超过 1050 个金融单位，即：

$$NV + CO + IA + WI + OH + VA + NC + FL + NH \leqslant 1050$$

b）每个州至少投资总额的 5%，即：

$$NV \geqslant 0.05\ (NV + CO + IA + WI + OH + VA + NC + FL + NH)$$

$$CO \geqslant 0.05\ (NV + CO + IA + WI + OH + VA + NC + FL + NH)$$

$$IA \geqslant 0.05\ (NV + CO + IA + WI + OH + VA + NC + FL + NH)$$

$$WI \geqslant 0.05\ (NV + CO + IA + WI + OH + VA + NC + FL + NH)$$

$$OH \geqslant 0.05\ (NV + CO + IA + WI + OH + VA + NC + FL + NH)$$

$$VA \geqslant 0.05\ (NV + CO + IA + WI + OH + VA + NC + FL + NH)$$

$$NC \geqslant 0.05\ (NV + CO + IA + WI + OH + VA + NC + FL + NH)$$

$$FL \geqslant 0.05\,(NV + CO + IA + WI + OH + VA + NC + FL + NH)$$
$$NH \geqslant 0.05\,(NV + CO + IA + WI + OH + VA + NC + FL + NH)$$

我们可以使用 Excel 以多种方式实现这 9 个约束。

c）在每个州的投资不超过总投资的 25%。和 b 一样，我们需要 9 个单独的约束条件，因为我们不需要知道我们将投资 1050 美元中的多少。我们必须把约束条件写成一般形式。

$$NV \leqslant 0.25\,(NV + CO + IA + WI + OH + VA + NC + FL + NH)$$
$$CO \leqslant 0.25\,(NV + CO + IA + WI + OH + VA + NC + FL + NH)$$
$$IA \leqslant 0.25\,(NV + CO + IA + WI + OH + VA + NC + FL + NH)$$
$$WI \leqslant 0.25\,(NV + CO + IA + WI + OH + VA + NC + FL + NH)$$
$$OH \leqslant 0.25\,(NV + CO + IA + WI + OH + VA + NC + FL + NH)$$
$$VA \leqslant 0.25\,(NV + CO + IA + WI + OH + VA + NC + FL + NH)$$
$$NC \leqslant 0.25\,(NV + CO + IA + WI + OH + VA + NC + FL + NH)$$
$$FL \leqslant 0.25\,(NV + CO + IA + WI + OH + VA + NC + FL + NH)$$
$$NH \leqslant 0.25\,(NV + CO + IA + WI + OH + VA + NC + FL + NH)$$

d）西部各州的投资水平必须至少达到东部各州的 60%。

$$西部各州 = NV + CO + IA + WI$$
$$东部各州 = OH + VA + NC + FL + NH$$

因此，$(NV + CO + IA + WI) \geqslant 0.60\,(OH + VA + NC + FL + NH)$。同样，我们可以使用 Excel 以多种方式实现这个约束。

e）影响至少 9200 人，即：

$$(10NV + 7.5CO + 8IA + 10WI + 7.5OH + 7.5VA + 10NC + 8FL + 8\,NH) \geqslant 9200$$

f）对女性的影响至少与男性相同。这需要影响力职能的转变。

$$F1 = 6 名女性受影响，F2 = 3.5 名女性$$
$$F3 = 3 名女性受影响$$
$$F1 = 4 名男性受影响，F2 = 4 名男性$$
$$F3 = 5 名男性受影响$$

因此，受影响的女性 ≥ 受影响的男性，我们得到：

$$(6NV + 3.5CO + 3IA + 6WI + 3.5OH + 3.5VA + 6NC + 3FL + 3NH)$$
$$\geqslant (4NV + 4CO + 5IA + 4WI + 4OH + 4VA + 4NC + 5FL + 5NH)$$

和之前一样，我们可以用几种不同的方式在 Excel 中实现它。

g）受影响的人中至少有 46% 是老年人。

所有受影响的人都在约束 e 的左侧，因此受影响的老年人为：

$$(4NV + 3.5CO + 4.5IA + 4WI + 3.5OH + 3.5VA + 4NC + 4.5FL + 4.5NH)$$

这将设置成 ≥0.46× 约束 e 的左边（10NV + 7.5CO + 8IA + 10WI + 7.5OH + 7.5VA + 10NC + 8FL + 8NH），它的右边是 0.46NV + 3.45CO + 3.68IA + 4.6WI + 3.45OH + 3.45VA +

4.6NC + 3.68FL + 3.68NH。

这是除了强制所有变量为整数之外的最后一个约束。

用代数术语来说，这个整数规划模型将有 9 个决策变量和 24 个约束（一个约束用于整数需求）。

## 8.6.3 实现

一种方法是用严格的“标准形式”或行 – 列形式实现模型，其中所有约束都将决策变量写在左边，数字写在右边。图 8.8 显示了这样一个实现，并显示了所解决的模型。

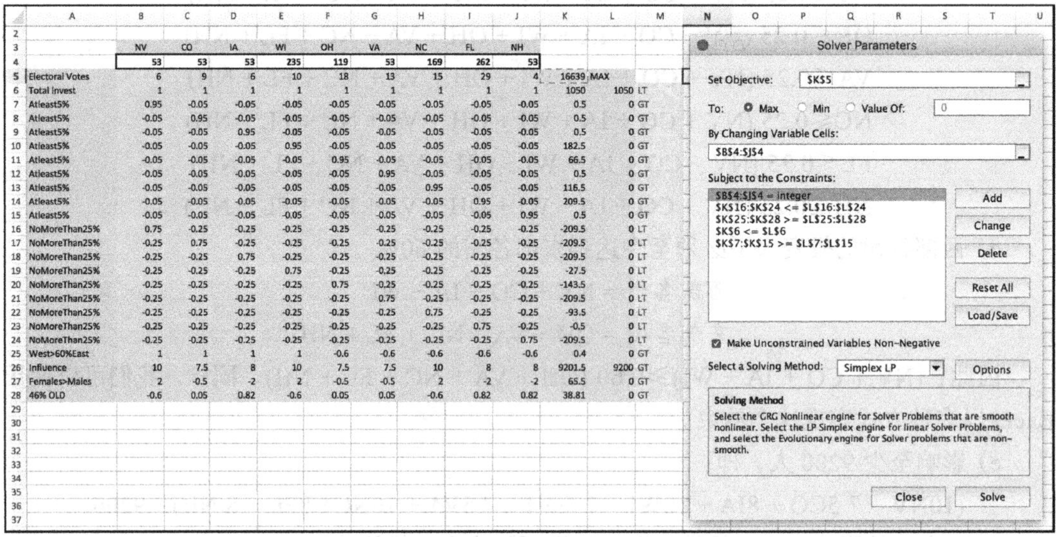

| | A | B | C | D | E | F | G | H | I | J | K | L | M |
|---|---|---|---|---|---|---|---|---|---|---|---|---|---|
| 2 | | | | | | | | | | | | | |
| 3 | | NV | CO | IA | WI | OH | VA | NC | FL | NH | | | |
| 4 | | 53 | 53 | 53 | 235 | 119 | 53 | 169 | 262 | 53 | | | |
| 5 | Electoral Votes | 6 | 9 | 6 | 10 | 18 | 13 | 15 | 29 | 4 | 16639 | MAX | |
| 6 | Total Invest | 1 | 1 | 1 | 1 | 1 | 1 | 1 | 1 | 1 | 1050 | 1050 | LT |
| 7 | Atleast5% | 0.95 | -0.05 | -0.05 | -0.05 | -0.05 | -0.05 | -0.05 | -0.05 | -0.05 | 0.5 | 0 | GT |
| 8 | Atleast5% | -0.05 | 0.95 | -0.05 | -0.05 | -0.05 | -0.05 | -0.05 | -0.05 | -0.05 | 0.5 | 0 | GT |
| 9 | Atleast5% | -0.05 | -0.05 | 0.95 | -0.05 | -0.05 | -0.05 | -0.05 | -0.05 | -0.05 | 0.5 | 0 | GT |
| 10 | Atleast5% | -0.05 | -0.05 | -0.05 | 0.95 | -0.05 | -0.05 | -0.05 | -0.05 | -0.05 | 182.5 | 0 | GT |
| 11 | Atleast5% | -0.05 | -0.05 | -0.05 | -0.05 | 0.95 | -0.05 | -0.05 | -0.05 | -0.05 | 66.5 | 0 | GT |
| 12 | Atleast5% | -0.05 | -0.05 | -0.05 | -0.05 | -0.05 | 0.95 | -0.05 | -0.05 | -0.05 | 0.5 | 0 | GT |
| 13 | Atleast5% | -0.05 | -0.05 | -0.05 | -0.05 | -0.05 | -0.05 | 0.95 | -0.05 | -0.05 | 116.5 | 0 | GT |
| 14 | Atleast5% | -0.05 | -0.05 | -0.05 | -0.05 | -0.05 | -0.05 | -0.05 | 0.95 | -0.05 | 209.5 | 0 | GT |
| 15 | Atleast5% | -0.05 | -0.05 | -0.05 | -0.05 | -0.05 | -0.05 | -0.05 | -0.05 | 0.95 | 0.5 | 0 | GT |
| 16 | NoMoreThan25% | 0.75 | -0.25 | -0.25 | -0.25 | -0.25 | -0.25 | -0.25 | -0.25 | -0.25 | -209.5 | 0 | LT |
| 17 | NoMoreThan25% | -0.25 | 0.75 | -0.25 | -0.25 | -0.25 | -0.25 | -0.25 | -0.25 | -0.25 | -209.5 | 0 | LT |
| 18 | NoMoreThan25% | -0.25 | -0.25 | 0.75 | -0.25 | -0.25 | -0.25 | -0.25 | -0.25 | -0.25 | -209.5 | 0 | LT |
| 19 | NoMoreThan25% | -0.25 | -0.25 | -0.25 | 0.75 | -0.25 | -0.25 | -0.25 | -0.25 | -0.25 | -27.5 | 0 | LT |
| 20 | NoMoreThan25% | -0.25 | -0.25 | -0.25 | -0.25 | 0.75 | -0.25 | -0.25 | -0.25 | -0.25 | -143.5 | 0 | LT |
| 21 | NoMoreThan25% | -0.25 | -0.25 | -0.25 | -0.25 | -0.25 | 0.75 | -0.25 | -0.25 | -0.25 | -209.5 | 0 | LT |
| 22 | NoMoreThan25% | -0.25 | -0.25 | -0.25 | -0.25 | -0.25 | -0.25 | 0.75 | -0.25 | -0.25 | -93.5 | 0 | LT |
| 23 | NoMoreThan25% | -0.25 | -0.25 | -0.25 | -0.25 | -0.25 | -0.25 | -0.25 | 0.75 | -0.25 | -0.5 | 0 | LT |
| 24 | NoMoreThan25% | -0.25 | -0.25 | -0.25 | -0.25 | -0.25 | -0.25 | -0.25 | -0.25 | 0.75 | -209.5 | 0 | LT |
| 25 | West>60%East | 1 | 1 | 1 | 1 | -0.6 | -0.6 | -0.6 | -0.6 | -0.6 | 0.4 | 0 | GT |
| 26 | Influence | 10 | 7.5 | 8 | 10 | 7.5 | 7.5 | 10 | 8 | 8 | 9201.5 | 9200 | GT |
| 27 | Females>Males | 2 | -0.5 | -2 | 2 | -0.5 | -0.5 | 2 | -2 | -2 | 65.5 | 0 | GT |
| 28 | 46% OLD | -0.6 | 0.05 | 0.82 | -0.6 | 0.05 | 0.05 | -0.6 | 0.82 | 0.82 | 38.81 | 0 | GT |



图 8.8 选举资源配置模型——标准版

或者，我们可以使用电子表格以一种不那么严格的方式来计算模型的不同部分，以及唯一地实现重复约束 b 和 c，并得到一个更简洁（但不那么透明）的电子表格。如图 8.9 所示。

LP 模型（及其专门化和一般化形式）也可以在许多其他用户友好的建模系统中直接指定。其中最著名的两个是 Lindo 和 Lingo（Lindo Systems, Inc.，lindo.com；有可用的演示）。Lindo 是一个整数规划系统。模型的定义基本上与代数定义的方式相同。基于 Lindo 的成功，该公司开发了 Lingo，这是一种建模语言，包括强大的 Lindo 优化器和用于解决非线性问题的扩展。还有许多其他建模语言，如 AMPL、AIMMS、MPL、XPRESS 等。

最常见的优化模型可以通过多种数学规划方法求解，包括以下几种：

- ❑ 赋值（对象的最佳匹配）
- ❑ 动态规划

❑ 目标规划
❑ 投资（回报率最大化）
❑ 线性规划和整数规划
❑ 规划和调度的网络模型
❑ 非线性规划
❑ 重置（资本预算）
❑ 简单的库存模型（如经济订货量）
❑ 运输（最小化运输成本）

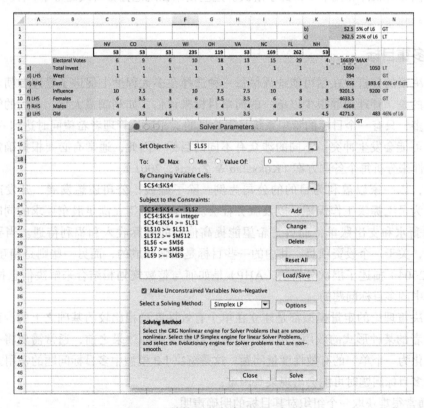

图 8.9　精简的选举资源分配方案

📚 **复习题**

1. 列举并解释 LP 中涉及的假设。

2. 列举并解释 LP 的特点。

3. 描述一个分配问题。

4. 定义产品组合问题。

5. 定义混合问题。

6. 列出几种常见的优化模型。

## 8.7 多重目标、灵敏度分析、假设分析和单变量求解

许多决策情况都涉及在相互竞争的目标和备选方案之间来回切换。此外，在建立规范性分析模型中所使用的假设和预判也存在很大的不确定性。下面将简单地指出，这些问题也在规范性分析软件和技术中得到了解决。这些技术在规范性分析或运筹学/管理科学课程中很常见。

### 8.7.1 多重目标

管理决策的分析旨在尽可能地评估每一种选择在多大程度上促进了管理者朝着目标前进。不幸的是，管理问题很少以单一的简单目标来评估，如利润最大化。今天的管理系统要复杂得多，只有一个目标的管理系统是很少见的。相反，管理者希望同时达到一些目标，其中一些可能会发生冲突。不同的涉众有不同的目标。因此，通常有必要根据确定每个目标的可能性来分析每个备选方案（Koksalan & Zionts，2001）。

比如，以一家以盈利为目的的公司为例。除了赚钱，公司还想发展、开发产品、培养员工、为员工提供工作保障，以及服务社会。管理者希望在满足股东要求的同时，还享受较高的薪水和支出账单，而员工希望能提高他们的实际收入和福利待遇。当要做决定时，比如，关于一个投资项目，其中的一些目标是相辅相成的，而另一些则是相互冲突的。Kearns（2004）描述了层次分析法（AHP）是如何与整数规划相结合来解决信息技术（IT）投资评估中的多目标问题的。

许多决策理论的定量模型都是建立在单个有效性度量相比较的基础之上的，而且通常是对决策者的某种形式的效用。因此，在比较各种方案的效果之前，通常需要将一个多目标问题转化为一个单一的有效性度量问题。这是解决 LP 模型中多目标问题的常用方法。

分析多目标问题时可能会出现某些困难：

❑ 通常很难获取一个组织对其目标的明确声明。

❑ 决策者可能在不同时间或不同的决策场景下改变赋予特定目标的重要性。

❑ 一个组织不同层次和不同部门的人对待目标和子目标的态度不一样。

❑ 目标会随着组织及其所处环境的改变而改变。

❑ 不同的选择和它们在确定目标时的作用之间的关系可能难以量化。

❑ 更复杂的问题可能需要由多个决策者共同解决，而他们每个人又有自己的议程。

❑ 每个参与者对各个目标的重要性（优先性）的看法都不同。

在处理这种情况时，可以使用几种处理多目标问题的方法。最常见的方法有：

❑ 效用函数理论。

❑ 目标规划。

❑ 使用 LP 将目标表示为约束条件。

❑ 积分系统。

## 8.7.2　灵敏度分析

模型构建者对输入数据进行预测和假设，其中许多数据解决了对不确定未来的评估问题。当模型求解时，结果就依赖于这些数据。**灵敏度分析**试图评估输入数据或参数的变化对最终方案（即，结果变量）的影响。

灵敏度分析在规范性分析中极其重要，因为它对于变化的条件和不同决策情境下的要求都具有灵活性和适应性，能够提供对于模型和它试图描述的决策情景的更加全面的理解，并允许管理者输入数据以增加模型的可信度。灵敏度分析测试以下几种关系：

❑ 外部（不可控）变量和参数的变化对于输出结果的影响。

❑ 决策变量的变化对于输出结果的影响。

❑ 外部变量估计中的不确定性的影响。

❑ 变量之间不同的依赖、作用关系的影响。

❑ 变化条件下决策的鲁棒性。

灵敏度分析被用来：

❑ 修正模型以消除过大的灵敏度。

❑ 添加有关灵敏变量或方案的细节。

❑ 获得对灵敏外部变量的更好估计。

❑ 改变现实世界的系统以降低实际灵敏度。

❑ 接受和使用敏感（因而脆弱）的现实世界，从而对实际结果进行持续和密切的监测。

灵敏度分析分为自动灵敏度分析和试错灵敏度分析。

**自动灵敏度分析**　在标准定量模型实现（如 LP）中执行自动灵敏度分析。例如，它会报告某个输入变量或参数值（例如单位成本）在不对最终的解决方案产生任何重大影响的前提下可以变化的范围。自动灵敏度分析通常一次仅限于一个变化，并且仅限于某些变量。但是，由于自动灵敏度分析能够很快地建立范围和限制（而且几乎不会增加额外的计算量），所以它也是非常强大的。灵敏度分析由 Solver 和几乎所有其他软件包（如 Lindo）提供。以前面介绍过的 MBI 公司为例。灵敏度分析可以用来确定，如果 CC-8 的市场约束的右侧可以减少一个单位，那么净利润将增加 1333.33 美元。在右侧减为零以前，这个结论都是正确的。沿着这条路线，还可以进行大量的额外分析。

**试错灵敏度分析**　任何变量或多个变量的变化的影响都可以通过简单的试错方法来确定。可以改变一些输入数据并再次解决问题。当这些改变多次重复时，就可能会发现越来越好的解决方案。当使用适当的建模软件（如 Excel）时，这种实验很容易进行，它有两种方法：假设分析和单变量求解。

### 8.7.3 假设分析

**假设分析**的结构是：如果输入变量、假设或参数值发生变化，最终的解决方案会如何变化？下面是几个例子：

- ❑ 如果搬运存货的成本增加 10%，存货的总成本会怎样变化？
- ❑ 如果广告预算增加 5%，市场份额会有多大？

有了合适的用户界面后，管理人员很容易向计算机模型提出这些类型的问题，并立即得到答案。此外，它们可以执行多个案例，从而根据需要更改百分比或问题中的任何其他数据。而决策者不需要计算机程序就可以直接完成这些任务。

图 8.10 显示了一个现金流向问题假设查询的电子表格示例。当用户更改包含初始销售量（从 100 到 120）和销售增长率（从每季度 3% 到 4%）的单元格时，程序立即重新计算出年度净利润单元格的数值（从 127 美元到 182 美元）。起初，最初的销售量是 100，每季度增长 3%，年度净利润为 127 美元。将最初的销售量改为 120，销售增长率改为 4%，则年度净利润会增加到 182 美元。假设分析在决策系统中很常见。用户有机会更改对于某些系统问题的答案，并找到一个更改后的建议。

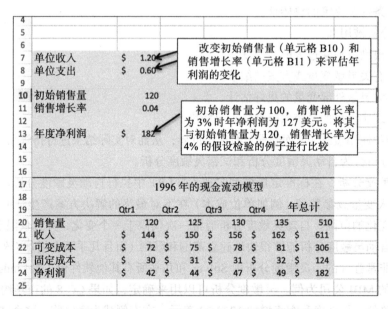

图 8.10　Excel 工作表中进行假设分析的例子

### 8.7.4 单变量求解

**单变量求解**计算实现期望输出（目标）水平所需的输入值。它代表了一种由后向前的问题解决方法。以下是一些单变量求解的例子：

- ❑ 到 2018 年达到 15% 的年增长率需要怎样的年度研发预算？
- ❑ 需要多少护士才能将病人在急诊室的平均等待时间减少到 10 分钟以内？

图 8.11 显示了一个单变量求解的例子。例如，在 Excel 的财务规划模型中，内部收益率（IRR）是产生净现值（NPV）为零的利率。在 E 列中给定一系列年收益，我们就能计算出规划投资的净现值。通过使用单变量求解，我们可以确定净现值为零时的内部收益率。要达到的目标是净现值等于零，这决定了包括投资在内的现金流的内部收益率。我们通过改变利率单元格将净现值单元格设置为 0。最终答案是 38.770 59%。

| | | | |
|---|---|---|---|
| 5 | | | |
| 6 | | | |
| 7 | 投资问题 | 初始投资： | $　1,000.00 |
| 8 | 单变量求解的例子 | 利率： | 10% |
| 9 | | | |
| 10 | 找到使现值为 | | 净现值 |
| 11 | 0 的利率（内部收 | 年　年收益 | 计算结果 |
| 12 | 益率） | 1　$ 120.00 | $109.09 |
| 13 | | 2　$ 130.00 | $118.18 |
| 14 | | 3　$ 140.00 | $127.27 |
| 15 | | 4　$ 150.00 | $136.36 |
| 16 | | 5　$ 160.00 | $145.45 |
| 17 | | 6　$ 152.00 | $138.18 |
| 18 | | 7　$ 144.40 | $131.27 |
| 19 | | 8　$ 137.18 | $124.71 |
| 20 | | 9　$ 130.32 | $118.47 |
| 21 | | 10　$ 123.80 | $112.55 |
| 22 | | | |
| 23 | | 净现值结果： | $261.55 |
| 24 | | | |

图 8.11　单变量求解分析

**利用单变量求解计算盈亏平衡点**　一些建模软件包可以直接计算盈亏平衡点，这是单变量求解的一个重要应用。这包括确定产生零利润的决策变量（例如，要生产的数量）的值。

在许多通用应用程序中，很难进行灵敏度分析，因为预先编写的例程通常只提供有限的机会来询问假设问题。在决策支持系统中，假设分析和单变量求解选项都必须易于执行。

---

➡ **复习题**

1. 列出一些在分析多重目标时可能会出现的问题。

2. 列出进行灵敏度分析的原因。

3. 解释经理为什么会进行假设分析。

4. 解释经理为什么会使用单变量求解。

## 8.8 基于决策表和决策树的决策分析

涉及有限且通常没有太多备选方案的决策情景可以通过一种称为**决策分析**的方法建模（见 Arsham，2006a，b；Decision Analysis Society，decision-analysis.society.informs.org）。使用这种方法，备选方案被列在一个表或一个图中，其中包括它们对目标的预测贡献和获得贡献的概率。可以对它们进行评估，以选出最佳方案。

单目标情况可以用决策表或决策树建模。多重目标（标准）的情况可以用其他一些技术建模，本章稍后将介绍这些技术。

### 8.8.1 决策表

**决策表**方便地以系统的、表格的方式组织信息和知识，以便为分析做好准备。例如，假设一家投资公司正在考虑投资三种选择之一：债券、股票或定期存款（CD）。公司期望的目标是：一年后投资收益最大化。如果它对其他目标感兴趣，比如安全性或流动性，这个问题将归类为多准则决策分析（Koksalan & Zionts，2001）。

收益取决于未来某个时候的经济状况（通常称为自然状态），经济状况可以是平稳增长、停滞或通货膨胀。专家估算了以下情况的年收益：

❑ 如果经济平稳增长，则债券的收益为 12%，股票的收益为 15%，定期存款的收益为 6.5%。

❑ 如果经济停滞，则债券的收益为 6%，股票的收益为 3%，定期存款的收益为 6.5%。

❑ 如果通货膨胀，则债券的收益为 3%，股票的损失率为 2%，定期存款的收益率为 6.5%。

这个问题是选择最佳的投资方案。这些选择被假设为离散的。例如投资 50% 的债券和 50% 的股票的组合被看作一种新的选择。

这样的投资决策问题被看作一种二人游戏（Kelly，2002）。投资者做出一个选择（即一个行为），随后一种自然因素就会出现（即做出一个行为）。表 8.3 表明了一个数学模型的结果。这个表包括决策变量（备选方案）、不可控变量（经济状况、如环境）、结果变量（预期收益率，如产出）。本节所有的模型都是在电子表格框架下构造的。

**表 8.3 投资问题决策表格模型**

| 备选方案 | 自然因素（不可控变量） | | |
|---|---|---|---|
| | 平稳增长（%） | 停滞（%） | 通货膨胀（%） |
| 债券 | 12.0 | 6.0 | 3.0 |
| 股票 | 15.0 | 3.0 | −2.0 |
| CD | 6.5 | 6.5 | 6.5 |

如果这是一个确定性决策问题，我们就会知道经济将是什么样子，并能够轻松地选择

最佳投资。但是并不是这样，所以我们必须考虑不确定性和风险两种情况。对于不确定性，我们不知道每一种自然因素的概率。对于风险，我们假设知道每种自然因素发生的概率。

**处理不确定性**　在处理不确定性时有几种方法可以使用。例如，乐观的方法假设每一种选择都有对应的最佳的可能收益，然后从这些最佳的结果中选出全体最优的结果（即股票）。悲观的方法假设每一种选择都有最坏的可能收益，然后从这些最坏的收益中选择最好的结果（即 CD）。还有一种方法简单地假设所有这些自然因素都是等概率的（详见 Clemen & Reilly，2002；Goodwin & Wright，2000；Kontoghiorghes，Rustem & Siokos，2002）。每一种处理不确定性的方法都有严重的问题。只要有可能，分析者就应该尝试收集足够多的信息以便能够在假定的确定性或风险下处理这些问题。

**处理风险**　解决风险分析问题的最常见方法是选择有最大期望值的备选方案。假设专家估计经济平稳增长的概率为 50%，停滞的概率为 30%，通货膨胀的概率为 20%。之后决策表格将会根据已知的可能性（详见表 8.3）被重新构建。期望值是通过每一项的结果乘以它们各自的概率然后相加计算得到的。例如，债权投资收益的期望值就是 $12\% \times 0.5 + 6\% \times 0.3 + 3\% \times 0.2 = 8.4\%$。

这种方法有时是一种危险的策略，因为每一种潜在结果导致的效用也许和它的期望值不一致。即使发生灾难性损失的可能性极其小且期望值似乎是合理的，投资者也似乎不愿意承担这些损失。例如，假设有一名财经顾问向你提出了一个 "几乎必然" 可以使你的钱在一天之内翻倍的 1000 美元的投资，随后这名顾问说："有 0.9999 的概率可以使你的钱翻倍，但是不幸的是，也有 0.0001 的概率将要承担 50 万美元的实际损失。" 这个投资的期望值如下：

$$0.9999 \times (\$2000 - \$1000) + 0.0001 \times (-\$500\,000 - \$1000) = \$999.90 - \$50.10 = \$949.80$$

这个潜在的损失对于任何不是亿万富翁的投资者来说都是灾难性的。依据投资者承担损失的能力，一个投资有不同的期望效用。记住，投资者只能做一次决定。

## 8.8.2　决策树

决策表格的另一种表现形式是决策树。一个**决策树**以图形化的方式表明了问题的关系，并能够以一个简洁的形式处理复杂的情况。然而，如果有很多的选择或者自然因素，决策树也会变得很麻烦。TreeAge Pro（TreeAge Software Inc.，treeage.com）和 PrecisionTree（Palisade Corp.，palisade.com）有着强大、直观、精致的决策树分析系统。这些供应商也提供了可以用于实践的优秀决策树实例。注意，"决策树"被用于描述两种不同种类的模型和算法。在现在的情况下，决策树被用于场景分析。另外，一些用于预测性分析的分类算法（详见第 4 章和第 5 章）也称为决策树算法。我们建议读者注意这两种决策树的不用应用情况的区别。

表 8.4 展示了一个简化的**多重目标**（用几个有时会发生冲突的目标来评估备选方案的决策情况）投资案例。三个目标（标准）分别是收益率、安全性和流动性。这些情况是在假设

的确定性下发生的，对每一个情况只预测一种可能的结果，更加复杂的风险情况和不确定性也被考虑在内。一些结果是定性的（例如，低、高）而不是定量的。

表 8.4 多重目标

| 备选方案 | 收益率（%） | 安全性 | 流动性 |
|---|---|---|---|
| 债券 | 8.4 | 高 | 高 |
| 股票 | 8.0 | 低 | 高 |
| CD | 6.5 | 非常高 | 高 |

关于决策分析的更多信息，请参见 Clemen 和 Reilly（2000）的文献、Goodwin 和 Wright（2000）的文献以及 Decision Analysis Society（informs.org/Community/DAS）。尽管这样做十分复杂，但是将数学规划直接应用到风险决策情景是可能的。我们还将讨论很多其他处理风险的方式，包括仿真、确定性因素和模糊逻辑。

### ➤ 复习题

1. 什么是决策表格？
2. 什么是决策树？
3. 决策树如何被应用到决策过程中？
4. 拥有多重目标意味着什么？

## 8.9 仿真简介

接下来介绍一种用于支持决策的技术。从广义上讲，这些方法属于仿真的范畴。仿真是现实的表征。在决策系统中，仿真是通过管理系统模型在计算机上进行实验（假设分析）的技术。严格地说，仿真是描述性的，而不是规范性的方式。它并不自动搜索最优解，而是描述或者预测一个给定系统在不同情况下的特性。当计算特征值时，它可以选择几种方案的最优解。仿真过程为了获得特定行为的整体效果的估计（和方差），通常多次重复进行一个实验。对于很多情况，计算机仿真都是合适的，但是也有一些常用的人工仿真。

一般来说，真正的决策情景包括一些随机性。因为很多决策情况涉及半结构化或非结构化情况，在现实中是很复杂的，它们也许不容易通过最优化或者其他模型来表示，但可以使用仿真的方法来处理。仿真是用于决策支持的最广泛的方法之一。有关示例，请参见应用案例 8.6。应用案例 8.7 举例说明了另一种情况下仿真的价值，这种情况是问题的复杂性不允许构建一个传统的优化模型。

**应用案例 8.7** 钢管厂采用基于仿真的生产调度系统

一家钢管厂为全国不同的行业生产轧制钢管。它基于客户的要求和规格制造钢管。保持高质量的规范和及时交付产品是这家钢管厂的两个最重要标准。该厂将其生产系统视为一系列操作，包含成形、焊接、筛选和检查等。最终的产品将会是一卷卷重达 20 吨的钢管。这些钢管随后被运送到客户手中。

对于管理者来说，一个重要的挑战是能够预测合适的订单交付日期以及对于目前已计划的生产进度的影响（参见应用案例 8.1）。考虑到生产过程的复杂性，在 Excel 中建立一个最优化模型或者使用其他软件去构建一个生产计划并不容易。问题在于这些工具没有抓住关键的计划问题，比如员工的时间表和资格、材料的可获得性、材料分配的复杂性，以及操作的随机方面。

**方法 / 解决方案**

当传统的建模方法无法捕捉到问题的细微之处或者复杂度时，一个仿真模型可以做到。预测性分析方法使用了一个通用的 Simio 仿真模型，该模型考虑了所有的操作复杂性、制造材料匹配算法和最后的生产期限。Simio 的服务（即基于风险的计划和调度（RPS））提供一些简单的用于生产管理的用户界面和报告。这让客户能在大约 10 分钟内弄清楚新的订单对他们的生产计划和时间表的影响。

**结果 / 收益**

这种模型为生产计划提供了重要的可视化结果。基于风险的计划和调度系统应该能够警告主调度程序某个特定订单有可能延迟交付。也可以迅速做出改变来修复一个订单的问题。这家钢管厂的成功与产品质量和交付及时性有直接的关系。通过利用 Simio 的预测性 RPS，这个钢管厂期望提高市场份额。

**针对应用案例 8.7 的问题**

1. 解释使用 Simio 仿真模型相比传统方法的优点。

2. 预测性分析方法在哪些方面帮助管理者实现了生产计划分析的目标？

3. 除了钢管厂，还有哪些行业可以使用这样的建模方式来帮助改善质量和服务？

**我们可以从这个应用案例中学到什么**

通过使用 Simio 的仿真模型，生产厂家在操作评估方面做出了更好的决策，将所有的问题情况考虑在内。因此，一个基于仿真的生产调度系统能够为钢管厂获得更高的收益和市场份额。仿真对于规范性分析来说是一个很重要的技术。

资料来源：Arthur, Molly. "Simulation-Based Production Scheduling System." www.simio.com, Simio LLC, 2014, www.simio.com/case-studies/A-Steel-Tubing-Manufacturer-Expects-More-Market-Share/A-Steel-Tubing-Manufacturer-Expects-More-Market-Share.pdf (accessed September 2018); "Risk-Based Planning and Scheduling (RPS) with Simio." www.simio.com, Simio LLC, www.simio.com/about-simio/why-simio/simio-RPS-risk-based-planning-and-scheduling.php (accessed September 2018).

## 8.9.1  仿真的主要特性

仿真通常涉及在一个实际范围内建立一个现实模型。相比其他规范性分析模型，仿真模型关于决策情况有更少的假设。除此之外，仿真是一种进行实验的技术。因此，它涉及测试模型中明确的决策值或者不可控变量并观测输出变量的影响。

最终，当一个问题非常复杂以至于无法使用数值优化技术去解决时，才使用仿真。在这种情况下的复杂性也意味着这个问题不能用于最优化（因为这个假设无法成立），公式过于庞大，变量之间有太多相互关系，或者问题本质上是随机的（即存在风险或不确定性）。

### 8.9.2　仿真的优点

在支持决策建模中使用了仿真有以下的几个原因：

- 仿真的理论直截了当。
- 可以大量压缩时间，能够让管理者快速地对很多政策的长期（1～10 年）影响有所了解。
- 仿真是描述性的而不是规范性的。这使得管理者能够提出假设问题。管理者可以使用重复实验的方法来解决问题，而且速度更快，花费更少，更加准确，风险更小。
- 管理者可以通过实验来确定哪些决策变量和环境的哪些部分是真正重要的，并使用不同的备选方案。
- 一个精确的仿真模型要求对问题有深入的了解，从而使模型构建者不断地与管理者进行沟通。这对于 DSS 开发是可取的，因为开发人员和管理者都能更好地理解问题和潜在的可用决策。
- 这个模型是从管理者的角度建立的。
- 这个仿真模型是针对某一特定的问题建立的，通常无法解决其他问题。因此，不需要管理者进行全面了解，模型中的每一个组件都对应于真实系统的一部分。
- 仿真可以用来解决各种类型的问题，例如库存和人员安排，还有更高级的管理模式，比如长期规划。
- 仿真可以模拟出问题的实际复杂程度，所以不必进行简化。举个例子，仿真过程可以使用实际概论分布，而不是似然分布。
- 仿真可以自动生成许多重要的性能指标。
- 仿真通常是唯一可以相对轻松地处理非结构化问题的 DSS 建模方法。
- 有一些相对容易使用的仿真程序包，包括一些附加电子表格的程序包，以及后面将简单介绍的可视化交互的仿真系统。

### 8.9.3　仿真的缺点

仿真的主要缺点如下：

- 无法找到最优解决方案，但是可以找到次优解决方案。
- 尽管新的模型比以往的更容易使用，但建模可能是一个缓慢而且花费较大的过程。
- 从一个模型上得到的解决方案和推论通常无法迁移到别的问题上，因为该模型吸收了该问题的特有因素。

❑ 有时在向管理者介绍模型时太容易以致分析方法往往被忽略。

❑ 由于形式化的解决方案的复杂性，模型有时需要具有特殊的功能。

## 8.9.4 仿真的方法

仿真涉及建立真实系统的模型并且对其做重复实验。具体方法如下（见图 8.12）：

1）**定义问题**。检索并分类现实世界的问题，并说明为什么仿真过程是可行的。在这一步处理系统边界、环境和其他方面的问题声明。

2）**构建仿真模型**。这一步涉及确定变量和变量之间的关系，以及获取数据。此步骤通常使用流程图来描述，然后编写计算机程序。

3）**测试和验证模型**。仿真模型必须可以适当地代表所研究的系统。测试和验证可以确保这一点。

4）**设计实验**。当已经证明了模型有效后，就需要设计一个实验。确定仿真将运行多长时间是这一步的一部分。有两个重要的相互矛盾的优化目标：准确率和代价函数。应谨慎选择特殊情况（比如均值、中值）、最优情况（最低成本、高回报）和最差情况（例如高成本、低回报）。这些情况有助于确定变量范围和环境范围，也有助于调试模型。

5）**实施实验**。这涉及随机数生成和结果表示等问题。

6）**评估结果**。必须阐述实验结果。除了使用标准的数值分析工具，还需要敏锐的洞察。

7）**实施结果**。仿真结果的实施涉及与其他类型的实施相同的问题。然而，实施成功的概率一定会更高，因为管理者通常会更多地参与此次仿真过程而不是其他模型。更高水平的管理者参与通常会导致更高的实施成功率。

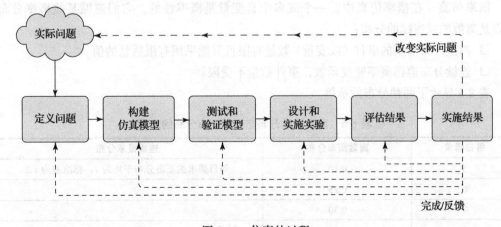

图 8.12 仿真的过程

Banks 和 Gibson（2009）提出了一些关于仿真实践的有用建议。例如，他们将以下七个问题列为建模者犯的常见错误。尽管该清单不全，但为从事建模工作的人员提供了一个大体参考。

❑ 更关注模型而不是问题本身。

❑ 提供观点估计。

❑ 不知道何时截止。

❑ 报告客户想听的内容而不是仿真结果的内容。

❑ 缺乏对数值统计方法的理解。

❑ 令人迷惑的逻辑关系。

❑ 无法复现。

他们在后续的文章中提供了其他指导原则，参见 analytics-magazine.org/spring-2009/205-software-solutions-the-abcs-of-simulation-practice.html。

### 8.9.5 仿真的类型

正如我们所见，当对真实系统的试验性研究和实验昂贵或者无法实现时，仿真和建模就会派上用场。仿真模型允许我们在做任何投入之前研究观察各种有趣的情况。实际上，在仿真中，现实世界中的操作被映射到仿真模型中，所以这个模型包括变换关系和代表了现实世界中的全部操作的方程。仿真的结果依赖于输入模型的参数集。

有各种各样的仿真方法，比如蒙特卡罗仿真、离散事件仿真、基于代理的仿真系统动力学仿真。决定仿真方法类型的因素之一是问题的抽象程度。离散事件仿真和基于代理的模型通常用于具有中低水平的抽象化的问题，通常在仿真模型中考虑诸如人、零件和产品之类的单个元素，而系统动力学方法更适合综合分析。

接下来将介绍主要的仿真方法：概率仿真、与时间无关和与时间有关的仿真和可视化仿真。

**概率仿真** 在概率仿真中，一个或多个自变量是概率性的。它们遵循某些概率分布，可以是离散的或连续的分布：

❑ 离散分布涉及的事件（或变量）数量有限且只能采用有限数量的值。

❑ 连续分布遵循概率密度函数，事件数量不受限制。

表 8.5 显示了两种分布的示例。

**表 8.5 离散概率分布与连续概率分布的示例**

| 每日需求 | 离散概率分布 | 连续概率分布 |
|---|---|---|
| 5 | 0.10 | 每日需求的正态分布平均为 7，标准差为 1.2 |
| 6 | 0.15 | |
| 7 | 0.30 | |
| 8 | 0.25 | |
| 9 | 0.20 | |

**与时间有关和与时间无关的仿真** 确切知道事件何时发生并不重要。例如，我们可能知道某种产品的需求是一天三件，但是我们不关心一天中何时需要该产品。在一些场景中，

时间可能根本不是仿真中考虑的一个因素，比如稳定的工厂控制设计。但是在适用于电子商务的排队问题中，重要的是知道准确的到达时间（知道客户是否必须等待）。这是一个与时间有关的情况。

### 8.9.6 蒙特卡罗仿真

在大多数业务决策问题中，我们通常采用以下两种概率仿真之一。用于业务决策问题的最常见的仿真方法是蒙特卡罗仿真。此方法通常构建一个决策问题的模型，而不必考虑一些变量的不确定性。然后我们认识到某些参数或变量是不确定的，或者遵循假定的或估计的概率分布，该估计基于对过去数据的分析。然后，我们开始运行抽样实验，包括生成不确定参数的随机值，然后计算受此类参数或变量影响的变量的值。这些抽样试验实质上相当于处理同一模型数百或数千次。然后，我们可以通过检查它们的统计分布来分析这些因变量或性能变量的行为。此方法已用于物理和业务决策系统的仿真。可以在 Palisade.com 上找到有关蒙特卡罗仿真方法的优秀教程（http://www.palisade.com/risk/monte_carlo_simulation.asp）。Palisade 销售一种名为 @RISK 的工具，这是一种流行的基于电子表格的蒙特卡罗仿真软件。该类别中另一种流行的软件是 Crystal Ball，它现在由 Oracle 销售，名为 Oracle Crystal Ball。当然也可以在 Excel 电子表格中构建和运行蒙特卡罗实验而无须使用任何插件，例如上面提到的两个。但是这些工具可以使在基于 Excel 的模型中运行此类实验更加方便。蒙特卡罗仿真模型已用于许多商业应用。例如，宝洁公司使用这些模型来确定套期保值外汇风险；礼来公司（Lilly）使用该模型来确定最佳工厂产能；阿布扎比水电公司使用 @Risk 预测阿布扎比的需水量；以及数以千计的其他实际案例研究。每个仿真软件公司的网站都包含许多这样的成功案例。

### 8.9.7 离散事件仿真

离散事件仿真是指建立一个系统模型，在该模型中研究不同实体之间的相互作用。最简单的示例是由服务器和客户组成的商店。通过对以各种速率到达的客户和以各种速率提供服务的服务器进行建模，我们可以估计系统的平均性能、等待时间、等待客户数量等。此类系统被视为客户、队列和服务器的集合。离散事件仿真模型在工程、业务等方面有成千上万的应用。用于构建离散事件仿真模型的工具已经存在很长时间了，这些工具已经得到发展，以利用图形功能来构建和理解此类仿真模型的结果。应用案例 8.8 给出了使用这种仿真来分析供应链复杂性的示例，该仿真将在下一节中进行介绍。

**应用案例 8.8 Cosan 通过仿真改善其可再生能源供应链**

**简介**

Cosan 是一家总部位于巴西的企业集团，业务遍及全球。它的主要经营活动之一是种植和加工甘蔗。甘蔗不仅是糖的主要来源，现在还是乙醇的主要来源，乙醇是可再生能源的主要成分。

由于对可再生能源的需求不断增长，乙醇生产已成为 Cosan 的一项主要活动，目前除 18 个生产工厂外，Cosan 还经营着两个炼油厂，当然还有数百万公顷的甘蔗农场。根据最近的数据，它加工了超过 4400 万吨的甘蔗，生产了超过 13 亿升的乙醇，生产了 330 万吨糖。可以想象，如此大规模的运营导致了复杂的供应链。因此，要求物流团队向高级管理层提出以下建议：

- ❏ 确定车队中用于将甘蔗运输至加工厂以保证储备的最佳车辆数量。
- ❏ 提出如何提高糖厂实际收糖能力。
- ❏ 找出生产瓶颈问题加以解决，以改善甘蔗的生产流程。

**方法 / 解决方案**

物流团队与 Simio 软件合作，建立了与这些问题相关的 Cosan 供应链的复杂仿真模型。根据 Simio 的一份简报，"在三个月的时间里，新聘的工程师收集了实地数据，并从 San Palo 的 Paragon 咨询公司获得了实践培训和建模帮助。"

为了模拟农业运营，分析甘蔗从收获到生产厂的过程，模型目标包括到 Unity Costa Pinto 的甘蔗作物公路运输车队的详细信息、甘蔗糖厂的实际接收能力、蔗糖厂 CCT（Cut-Load-Haul）流程改进的瓶颈和要点等。

模型参数如下：

输入变量：32

输出变量：39

辅助变量：92

可变实体：8

输入表：19

模拟天数：240 天（第一季度）

实体数量：12 个（甘蔗运输用 10 个收获机组合类型）

**结果 / 收益**

这些 Simio 模型产生的分析很好地反映了 240 天期间由于各种不确定性而产生的操作风险。通过分析各种瓶颈和缓解这些情况的方法，公司能够做出更好的决策，仅此建模工作就节省了 50 多万美元。

**针对应用案例 8.8 的问题**

1. 在将甘蔗从田间转移到生产工厂以制造糖和乙醇的过程中，可能会出现哪种类型的供应链中断？

2. 哪些类型的高级规划和预测可能有助于缓解此类干扰？

**我们可以从这个应用案例中学到什么**

这个简短的应用案例说明了将仿真应用于可能难以构建优化模型的问题的价值。通过将离散事件仿真模型和可视化交互仿真（VIS）相结合，可以直观地看到由机队故障、工厂意外停机等原因造成的供应链中断的影响，并提出有计划的纠正措施。

　　资料来源：Wikipedia contributors, Cosan, *Wikipedia, The Free Encyclopedia*, https://en.wikipedia.org/w/index.php?title=Cosan&oldid=713298536 (accessed July 10, 2016); Agricultural Operations Simulation Case Study: Cosan, http://www.simio.com/case-studies/Cosan-agricultural-logistics-simulation-software-case-study/agricultural-simulation-software-case-study-video-cosan.php (accessed July 2016); Cosan Case Study: Optimizing agricultural logistics operations, http://www.simio.com/case-studies/Cosan-agricultural-logistics-simulation-software-case-study/index.php (accessed July 2016).

➤ **复习题**

1. 列出仿真的特点。
2. 列出仿真的优缺点。
3. 列出并描述仿真方法中的步骤。
4. 列出并描述仿真的类型。

# 8.10　视觉交互仿真

　　接下来，我们将研究一些方法，用来向决策者展示在各种备选方案的场景中进行决策的情况。这些强大的方法克服了传统方法的一些不足，有助于建立对所获得解决方案的信任，因为它们可以直接可视化。

## 8.10.1　常规仿真的不足

　　仿真是一种公认的、有用的、描述性的、基于数学的方法，用于洞察复杂的决策情况。然而，模拟通常不允许决策者看到一个复杂问题的解决方案在（压缩）时间内是如何演变的，也不允许决策者与仿真交互（这对培训和教学很有用）。仿真通常在一组实验结束时报告统计结果。因此，决策者不是仿真开发和实验的一个组成部分，他们的经验和判断不能直接使用。如果仿真结果与决策者的直觉或判断不匹配，结果中可能会出现置信差距。

## 8.10.2　可视化交互仿真

　　可视化交互仿真（VIS）也称为可视化交互建模（VIM）和可视化交互问题求解，是一种让决策者看到模型在做什么以及在做决策时如何与决策交互的仿真方法。该技术在供应链、医疗保健等领域的应用取得了巨大成功。在与模型交互时，用户可以利用自己的知识来确定和尝试不同的决策策略。关于问题和测试的备选方案的影响的强化学习可以而且确实会发生。决策者也有助于模型验证。使用 VIS 的决策者通常支持并信任他们的结果。

　　VIS 使用动画计算机图形显示，以呈现不同管理决策的影响。它不同于常规图形，用户可以调整决策过程并查看干预的结果。视觉模型是决策或解决问题不可或缺的一部分，而不仅仅是交流设备。有些人对图形显示的反应比其他人好，这种类型的交互可以帮助管理者了解决策情况。

VIS 可以表示静态或动态系统。静态模型一次显示一个决策方案结果的可视图像。动态模型显示随着时间的推移而发展的系统，并且这种发展由动画表示。最新的视觉仿真技术与虚拟现实的概念相结合，在虚拟现实中，为了各种目的（从培训到娱乐，再到在人工景观中查看数据）创造了一个人工世界。例如，美国军方使用 VIS 系统帮助地面部队熟悉地形或城市，以便很快确定自己的方位。飞行员还使用 VIS 通过模拟攻击运行来熟悉目标。VIS 软件还可以包含 GIS 坐标。

## 8.10.3　可视化交互模型与决策支持系统

决策支持系统中的 VIM 已经被用于一些操作管理决策。该方法包括启动一个工厂（或公司）与其当前状态的可视化交互模型。然后，该模型在计算机上快速运行，使管理人员能够观察工厂在未来的运行情况。

排队管理是 VIM 的一个很好的例子。这样的决策支持系统通常为各种决策方案（例如，系统中的等待时间）计算若干性能度量。复杂的排队问题需要仿真。VIM 可以在仿真运行期间显示等待队列的大小，还可以图形化地显示关于输入变量变化的假设问题的答案。应用案例 8.9 给出了一个可视化仿真的例子，用于探索射频识别（RFID）技术在制造环境中开发新调度规则的应用。

---

**应用案例 8.9**　**通过 RFID 改进车间调度决策：基于仿真的评估**

复杂光学和机电元件的制造服务供应商希望在其车间调度决策中获得效率，因为目前的车间操作存在一些问题：

❑ 没有系统记录在制品（WIP）何时实际到达或离开操作工作站，以及这些在制品实际停留在每个工作站的时间。

❑ 当前系统无法实时监控或跟踪生产线上每个在制品的移动。

因此，公司在这条生产线上面临两大问题：高积压和用以满足需求的高加班费。此外，上游无法对需求变化或材料短缺等突发事件做出足够迅速的反应，也无法以符合成本效益的方式修改进度计划。该公司正在考虑在生产线上实施 RFID 技术。然而，该公司不知道是否要花费这么多的费用在生产盒上添加 RFID 芯片，在整个生产线安装 RFID 读取器，以及处理这些信息的系统会能否带来实际收益。因此，一个问题是探索投资 RFID 基础设施可能会导致的任何新的生产调度变化。

**方法**

由于探索在物理生产系统中引入任何新系统都可能极其昂贵，甚至具有破坏性，因此开发了离散事件仿真模型，以研究通过 RFID 进行跟踪和追溯如何有助于车间生产调度活动。提出了一种基于可见性的调度规则，该规则利用实时跟踪系统来跟踪车间作业中的在制品、零部件和原材料。

采用仿真的方法研究了 VBS 规则相对于经典调度规则（先进先出和最早到期日调度规则）的优越性。仿真模型是用 Simio 开发的。Simio 是一个 3D 仿真建模软件包，它采用面向对象的方法进行建模，最近在工厂、供应链、医疗保健、机场和服务系统等许多场景得到了应用。

图 8.13 显示了这条生产线的 Simio 接口面板的屏幕截图。仿真模型中用于初始状态的参数估计包括每周需求和预测、工艺流程、工作站数量、车间操作人员数量和每个工作站的操作时间。此外，一些输入数据的参数，如 RFID 标签时间、信息检索时间或系统更新时间，都是从试点研究和主题专家那里估算出来的。图 8.14 显示了仿真模型的过程视图，其中实现并编码了特定的仿真命令。图 8.15 和图 8.16 显示了仿真模型的标准报告视图和数据透视表报告。标准报告和数据透视表报告提供了一种非常快速的方法来查找特定的统计结果，例如分配和捕获为仿真模型输出的变量的平均值、百分比、总计、最大值或最小值。

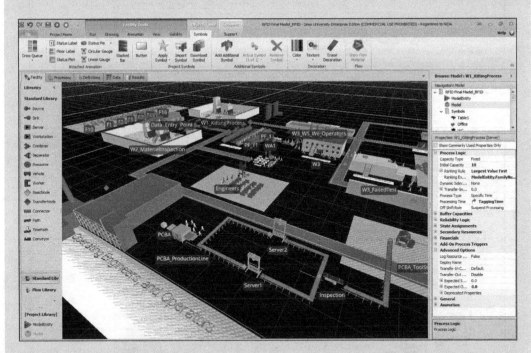

图 8.13　仿真系统的 Simio 接口视图（经 Simio LLC 许可使用）

**结果**

仿真结果表明，与传统的调度规则相比，基于 RFID 的调度规则在处理时间、生产时间、资源利用率、积压和生产率等方面具有更好的性能。公司可以在做出最终投资决策时，获取这些生产率收益并进行成本 / 收益分析。

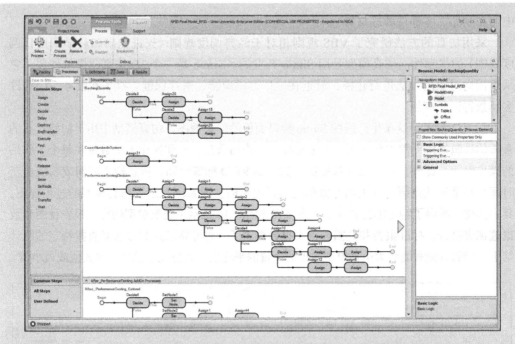

图 8.14　仿真模型的过程视图（经 Simio LLC 许可使用）

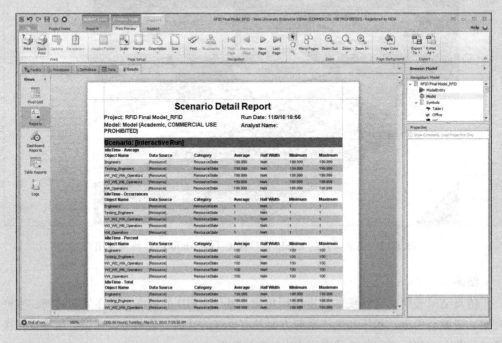

图 8.15　标准报告视图（经 Simio LLC 许可使用）

图 8.16 Simio 运行中的数据透视表报表（经 Simio LLC 许可使用）

**针对应用案例 8.9 的问题**

1. 在该案例的类似情况下，你可以采用什么其他方法去分析投资决策？

2. 如果一个 RFID 芯片能够准确地识别出一个正在生产的产品的位置，那么如何节省时间呢？

3. 研究 RFID 传感器在其他场景中的应用。你觉得哪个最有趣？

资料来源：Chongwatpol, J., & Sharda, R. (2013). RFID-enabled track and traceability in job-shop scheduling environment. *European Journal of Operational Research, 227*(3), 453-463, http://dx.doi.org/10.1016/j.ejor.2013.01.009.

有关仿真软件的信息，请参阅建模与仿真国际协会（scs.org）和 *ORMS Today* 上的年度软件调查（https://www.informs.org/ORMS-Today/）。

VIM 方法也可以与人工智能结合使用。这两种技术的集成增加了一些功能，范围从以图形方式构建系统到学习系统动力学。这些系统，特别是那些为军事和视频游戏行业开发的系统，具有"思维"特征，在与用户的交互中可以表现出相对较高的智能水平。

### 8.10.4 仿真软件

有数百个模拟软件包可用于各种决策情况，许多都是基于网络的系统。*ORMS Today*

发布了一个仿真软件的定期回顾。最近的一次审查（截至 2018 年 10 月）参见 https://www.
informs.org/ORMS-Today/Public-Articles/October-Volume-44-Number-5/Simulation-Software-
Survey-Simulation-new-and-improved-reality-show（2018 年 11 月 访 问）。PC 软 件 包 包
括 Analytica（Lumina Decision Systems，lumina.com）和 Excel 插 件 Crystal Ball（现 在 由
Oracle 以 Oracle Crystal Ball 的名称销售，oracle.com）和 @RISK（Palisade Corp.，palisade.
com）。用于离散事件仿真的主要商业软件是 Arena（由 Rockwell Intl.，arena simulation.com
出售）。Arena 的原开发人员又开发了 Simio（simio.com），一个用户友好的 VIS 软件。另一
个流行的离散事件 VIS 软件是 ExtendSim（extendsim.com）。SAS 有一个名为 JMP 的图形
分析软件包，其中还包括一个仿真组件。

---

### ➤ 复习题

1. 定义可视化仿真并将其与传统仿真进行比较。
2. 描述 VIS（即 VIM）对决策者有吸引力的特性。
3. VIS 如何应用于运营管理？
4. 与 VIS 应用相比，你认为动画电影是什么样的？

---

## 本章要点

❑ 模型在决策支持系统中发挥着重要作用，因为它们用于描述真实的决策情况。有几种典型的
   模型。
❑ 模型可以是静态的（即一个场景的单一快照）或动态的（即多周期）。
❑ 分析是在确定性（最理想）、风险或不确定性（最不理想）假设下进行的。
❑ 影响图以图形方式显示模型的相互关系。它可以用来增强电子表格技术的使用。
❑ 电子表格有许多功能，包括假设分析、单变量求解、规划、数据库管理、优化和仿真。
❑ 决策表和决策树可以建模和解决简单的决策问题。
❑ 数学规划是一种重要的优化方法。
❑ LP 是最常用的数学规划方法。它试图在组织约束下找到有限资源的最优配置。
❑ LP 模型的主要部分是目标函数、决策变量和约束。
❑ 多准则决策问题很难解决，但并非不可能解决。
❑ 假设分析和单变量求解是灵敏度分析的两种最常见方法。
❑ 许多决策支持系统开发工具包括内置的定量模型（如财务、统计），或者可以方便地与此类模
   型交互。
❑ 仿真是一种广泛使用的决策支持系统方法，涉及对代表实际决策情况的模型进行实验。
❑ 仿真可以处理比优化更复杂的情况，但不能保证得到最佳解决方案。
❑ 有许多不同的仿真方法。一些重要的决策仿真方法包括蒙特卡罗仿真和离散事件仿真。
❑ VIS/VIM 允许决策者直接与模型交互，并以易于理解的方式显示结果。

## 讨论

1. 规范性分析与描述性分析和预测性分析有何关系？
2. 解释静态模型和动态模型之间的差异。静态模型怎样转化成动态模型？
3. 在不确定性假设下，乐观的决策方法和悲观的决策方法有什么区别？
4. 为什么在不确定的情况下解决问题需要假设问题是在风险条件下解决的？
5. 为什么 Excel 可能是最流行的电子表格软件？应该如何利用该软件使我们的建模效果变得更有吸引力？
6. 解释决策树是如何工作的。如何使用决策树来解决复杂的问题？
7. 解释 LP 如何解决分配问题。
8. 使用电子表格包创建和解决 LP 模型有什么优缺点？
9. 使用 LP 包创建和解决 LP 模型有什么优缺点？
10. 单目标决策分析和多重目标（即标准）决策分析有什么区别？解释分析多重目标时可能出现的问题。
11. 解释如何在实践中产生多重目标。
12. 比较假设分析和单变量求解。
13. 描述仿真的一般过程。
14. 列出仿真相对于优化的一些主要优势，反之亦然。
15. 许多计算机游戏可以看作视觉模拟。解释原因。
16. 为什么 VIS 在实现由计算机导出的建议方面特别有用？

## 参考文献

"Canadian Football League Uses Frontline Solvers to Optimize Scheduling in 2016." **www.solver.com/news/canadian-football-league-uses-frontline-solvers-optimize-scheduling-2016** (accessed September 2018).

"Risk-Based Planning and Scheduling (RPS) with Simio." **Www.simio.com**, Simio LLC, **www.simio.com/about-simio/why-simio/simio-RPS-risk-based-planning-and-scheduling.php** (accessed September 2018).

Arsham, H. (2006a). "Modeling and Simulation Resources." **home.ubalt.edu/ntsbarsh/Business-stat/RefSim.htm** (accessed November 2018).

Arsham, H. (2006b). "Decision Science Resources." **home.ubalt.edu/ntsbarsh/Business-stat/Refop.htm** (accessed November 2018).

Arthur, Molly. "Simulation-Based Production Scheduling System." **www.simio.com**, Simio LLC, 2014, **www.simio.com/case-studies/A-Steel-Tubing-Manufacturer-Expects-More-Market-Share/A-Steel-Tubing-Manufacturer-Expects-More-Market-Share.pdf** (accessed September 2018).

Bailey, M. J., J. Snapp, S. Yetur, J. S. Stonebraker, S. A. Edwards, A. Davis, & R. Cox. (2011). "Practice Summaries: American Airlines Uses Should-Cost Modeling to Assess the Uncertainty of Bids for Its Full-Truckload Shipment Routes." *Interfaces, 41*(2), 194–196.

Banks, J., & Gibson, R. R. (2009). Seven Sins of Simulation

Practice." *INFORMS Analytics*, 24–27. **www.analytics-magazine.org/summer-2009/193-strategic-problems-modeling-the-market-space** (accessed September 2018).

Bowers, M. R., C. E. Noon, W. Wu, & J. K. Bass. (2016). "Neonatal Physician Scheduling at the University of Tennessee Medical Center." *Interfaces, 46*(2), 168–182.

Chongwatpol, J., & R. Sharda. (2013). "RFID-Enabled Track and Traceability in Job-Shop Scheduling Environment." *European Journal of Operational Research, 227*(3), 453–463, **http://dx.doi.org/10.1016/j.ejor.2013.01.009**.

Christiansen, M., K. Fagerholt, G. Hasle, A. Minsaas, & B. Nygreen. (2009, April). "Maritime Transport Optimization: An Ocean of Opportunities." *OR/MS Today, 36*(2), 26–31.

Clemen, R. T., & Reilly, T. (2000). *Making Hard Decisions with Decision Tools Suite*. Belmont, MA: Duxbury Press.

Dilkina, B. N., & W. S. Havens. "The U.S. National Football League Scheduling Problem. Intelligent Systems Lab," **www.cs.cornell.edu/~bistra/papers/NFLsched1.pdf** (accessed September 2018).

Farasyn, I., K. Perkoz, & W. Van de Velde. (2008, July/August). "Spreadsheet Models for Inventory Target Setting at Procter & Gamble." *Interfaces, 38*(4), 241–250.

Goodwin, P., & Wright, G. (2000). *Decision Analysis for Management Judgment*, 2nd ed. New York: Wiley.

Hurley, W. J., & M. Balez. (2008, July/August). "A Spreadsheet

Implementation of an Ammunition Requirements Planning Model for the Canadian Army." *Interfaces, 38*(4), 271–280.

**ingrammicrocommerce.com**, "CUSTOMERS," **https://www.ingrammicrocommerce.com/customers/** (accessed July 2016).

Kearns, G. S. (2004, January–March). "A Multi-Objective, Multicriteria Approach for Evaluating IT Investments: Results from Two Case Studies." *Information Resources Management Journal, 17*(1), 37–62.

Kelly, A. (2002). *Decision Making Using Game Theory: An Introduction for Managers*. Cambridge, UK: Cambridge University Press.

Knight, F. H. (1933). *Risk, Uncertainty and Profit: With an Additional Introductory Essay Hither to Unpublished*. London school of economics and political science.

Koksalan, M., & S. Zionts. (Eds.). (2001). *Multiple Criteria Decision Making in the New Millennium*. Berlin: Springer-Verlag.

Kontoghiorghes, E. J., B. Rustem, & S. Siokos. (2002). *Computational Methods in Decision Making, Economics, and Finance*. Boston: Kluwer.

Kostuk, Kent J., and K. A. Willoughby. (2012). "A Decision Support System for Scheduling the Canadian Football League." *Interfaces, 42*(3), 286–295.

Manikas, A. S., J. R. Kroes, & T. F. Gattiker. (2016). Metro Meals on Wheels Treasure Valley Employs a Low-Cost Routing Tool to Improve Deliveries. *Interfaces, 46*(2), 154–167.

Mookherjee, R., J. Martineau, L. Xu, M. Gullo, K. Zhou, A. Hazlewood, X. Zhang, F. Griarte, & N. Li. (2016). "End-to-End Predictive Analytics and Optimization in Ingram Micro's Two-Tier Distribution Business." *Interfaces, 46* (1),49–73.

Ovchinnikov, A., & J. Milner. (2008, July/August). "Spreadsheet Model Helps to Assign Medical Residents at the University of Vermont's College of Medicine." *Interfaces, 38*(4), 311–323.

**Simio.com**. "Cosan Case Study—Optimizing Agricultural LogisticsOperations." **http://www.simio.com/case-studies/Cosan-agricultural-logistics-simulation-software-case-study/index.php** (accessed September 2018).

Slaugh, V. W., M. Akan, O. Kesten, & M. U. Unver. (2016). "The Pennsylvania Adoption Exchange Improves Its Matching Process." *Interfaces, 462*, 133–154.

**Solver.com**. "Optimizing Vendor Contract Awards Gets an A+." **solver.com/news/optimizing-vendor-contract-awards-gets** (accessed September 2018).

Turban, E., & J. Meredith. (1994). *Fundamentals of Management Science*, 6th ed. Richard D. Irwin, Inc.

**Wikipedia.com**. Cosan. **https://en.wikipedia.org/wiki/Cosan** (accessed November 2018).

# 大数据、云计算和
# 位置分析：概念和工具

## 学习目标

❏ 了解什么是大数据，以及它如何改变分析界。

❏ 了解大数据分析的动机和业务驱动因素。

❏ 熟悉大数据分析所需的各种技术。

❏ 了解与大数据分析相关的 Hadoop、MapReduce 和 NoSQL。

❏ 比较数据仓库和大数据技术的互补作用。

❏ 熟悉内存分析和 Spark 应用程序。

❏ 熟悉大数据平台和服务。

❏ 理解流分析的需求和作用。

❏ 了解流分析的应用。

❏ 描述云计算在商业分析中的当前和未来应用。

❏ 描述地理空间分析和基于位置的分析如何帮助组织。

　　大数据已经成为一个具有深刻潜力的商业优先事项。当今全球一体化经济的竞争格局，除了提供创新的解决方案来应对持续的业务挑战，大数据和分析还催生了改变流程、组织、行业甚至社会的新方法。然而，媒体的广泛报道使得人们很难区分炒作与现实。本章旨在全面介绍大数据及其实现技术和相关的分析概念，以帮助理解这种新兴技术的能力和局限性。首先介绍大数据的定义和相关概念，然后介绍相关技术，包括 Hadoop、MapReduce 和 NoSQL，还对数据仓库和大数据分析进行了对比分析，最后介绍流分析，这是大数据分析最有前途的分支之一。

# 9.1 开篇小插曲：在电信公司中使用大数据方法分析客户流失情况

### 背景

一家电信公司（出于隐私原因下面简称 AT）想要阻止客户从其电信服务中流失。电信行业的客户流失很常见。然而，AT 正在以惊人的速度流失客户。公司的管理层意识到，许多订单的取消涉及客户服务部门和客户之间的沟通问题。为此，公司成立了一个由客户关系部门及信息技术（IT）部门人员组成的专责小组，进一步探讨这个问题。他们的任务是在分析客户的沟通模式的基础上探索如何减少客户流失的问题（Asamoah 等，2016）。

### 大数据的障碍

每当客户对账单、套餐和通话质量等问题有疑问时，他们会通过多种方式与公司联系，包括呼叫中心、公司网站和实体服务中心，然后可以取消账户。该公司想看看，分析这些客户的互动是否能对客户提出的问题或他们取消账户之前使用的联系渠道产生任何见解。这些交互产生的数据是文本和音频形式的，AT 必须将所有数据合并到一个位置。该公司探索了使用传统平台进行数据管理，但很快发现，在来自多个来源的多种格式数据的场景中，这些平台不够通用，无法处理高级数据分析任务。

在分析这些数据时，有两个主要的挑战，如下所示（Thusoo 等，2010）。

1. **来自多个来源的数据**：客户可以通过访问他们在公司网站上的账户与公司联系，允许 AT 生成关于客户活动的 Web 日志信息。Web 日志跟踪使公司能够确定客户是否以及何时查询了他的当前套餐、提交了投诉或在线查询了账单。在客户服务中心，客户还可以提出服务投诉、要求更改计划或取消服务。这些活动被记录到公司的事务系统中，然后记录到企业数据库中。最后，客户可以打电话给客户服务中心来办理业务，就像在客户服务中心一样。这类交易可能涉及余额查询或取消套餐。可以在系统中使用呼叫日志，其中记录了客户呼叫的原因。为了执行有意义的分析，必须将各个数据集转换成类似的结构化格式。

2. **数据量**：第二个挑战是必须从三个数据源提取、清洗、重构和分析的数据量。虽然以前的数据分析项目大多使用小样本数据集进行分析，但 AT 决定利用多种类型的数据来源以及大量的记录数据来产生尽可能多的见解。

可以利用所有的渠道和数据来源的分析方法虽然庞大，但有潜力从数据产生丰富和深入的见解，从而帮助抑制波动。

### 解决方案

Teradata Vantage 的统一大数据架构（以前作为 Teradata Aster 提供）用于管理和分析大型多结构数据。我们将在 9.8 节介绍 Teradata Vantage。数据合并后的示意图如图 9.1 所示。根据每个数据源，创建三个表，每个表包含以下变量：客户 ID、沟通渠道、日期 / 时间戳和采取的操作。在最终取消服务之前，采取的操作变量可以是以下 11 个选项中的一个或多个：提交账单争议、请求套餐升级、请求套餐降级、执行配置文件更新、查看账户摘要、访问客户支持、查看账单、查看合同、访问网站上的商店定位器功能、访问网站上的常见问题部分、浏览设备。分析的目标集中在找到导致最终取消服务的最常见路径。数据被会话化，以将涉及特定客户的一系列事件分组到一个定义的时间段（所有沟通渠道合计 5 天）作为一个会话。最后，使用 Vantage 的 nPath 时间序列函数（在 SQL-MapReduce 框架中操作）来分析导致取消服务的常见因素。

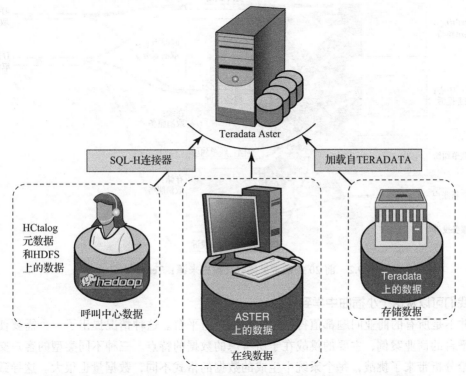

图 9.1　集成到 Teradata Vantage 中的多个数据源（数据来源：Teradata Corp）

### 结果

初步结果确定了可能导致取消服务请求的若干路径。该公司确定了数千条客户可能采取的取消服务的路径。接下来进行了后续分析，以确定最常见的取消请求的路径，被称为黄金路径，它确定了导致取消的前 20 条最常见的路径。示例如图 9.2 所示。

该分析帮助公司在客户取消服务之前识别客户，并提供奖励或解决问题。

### ➤ 复习题

1. 客服取消服务对 AT 的业务生存造成了什么问题？
2. 列出并解释 AT 数据的性质和特征所带来的技术障碍。
3. 会话是什么？为什么 AT 有必要对其数据进行会话化？

4.研究其他使用客户流失模型的研究，在这些研究中使用了什么类型的变量？这个小插曲有什么不同？

5.除了 Teradata Vantage 之外，还可以找到什么其他流行的大数据分析平台来处理前面描述的分析任务？

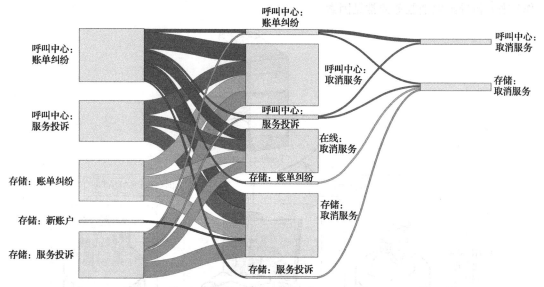

图 9.2　前 20 条最常见路径（数据来源：Teradata Corp）

### 我们可以从这个小插曲中学到什么

并不是所有的商业问题都值得使用大数据分析平台。这种情况提出了一个需要使用大数据平台的商业案例，主要的挑战在于所考虑的数据的特点。三种不同类型的客户交互数据集给分析带来了挑战，每个系统中生成的数据的格式不同，数据量也很大。这导致必须使用一个技术平台来允许对大量具有多种格式的数据进行分析。

最近，Teradata 停止将 Aster 作为一个单独的产品进行营销，并将所有的 Aster 功能合并到其新产品 Teradata Vantage 中。尽管这种变化在一定程度上影响了今天的应用程序开发方式，但它仍然是一个很好的示例，说明了如何将各种数据组合在一起以做出业务决策。

同样值得注意的是，AT 将数据中的问题与组织的业务策略保持一致。这些问题也说明了所进行的分析的类型。重要的是，要理解对于大数据架构的任何应用程序来说，组织的业务策略和相关问题的生成是识别要执行的分析类型的关键。

资料来源：D. Asamoah, R. Sharda, A. Zadeh, & P. Kalgotra. (2016). "Preparing a Big Data Analytics Professional: A Pedagogic Experience." In *DSI 2016 Conference*, Austin, TX. A. Thusoo, Z. Shao, & S. Anthony. (2010). "Data Warehousing and Analytics Infrastructure at Facebook." In *Proceedings of the 2010 ACM SIGMOD International Conference on Management of Data* (p. 1013). doi: 10.1145/1807167.1807278.

## 9.2　大数据定义

使用数据来了解客户和业务操作，以维持（并促进）增长和盈利，对当今的企业来说是一项越来越具有挑战性的任务。随着越来越多的数据以各种形式和方式出现，用传统方法及时处理数据变得不切实际。如今，这种现象被称为大数据，它受到了大量媒体的报道，并吸引了越来越多的商业用户和 IT 专业人士的兴趣。其结果是，"大数据"正成为一个被过度炒作和过度使用的营销流行语，导致一些行业专家主张完全放弃这一说法。

大数据对不同背景和兴趣的人意味着不同的东西。传统上，"大数据"这个术语被用来描述大型组织如谷歌或 NASA 的科学研究项目所分析的海量数据。但对大多数企业来说，这是一个相对的术语——"大"取决于组织的规模。重点是在传统数据源内外寻找新的价值。推动数据分析的边界会发现新的见解和机会，而"大"取决于你从哪里开始以及如何进行研究。考虑一下大数据的流行描述：大数据超出了常用硬件环境和软件工具的能力范围，无法在允许的时间内捕获、管理和处理用户数据。大数据已经成为一个流行的术语，用来描述信息的指数级增长、可用性和使用。已经有很多文章介绍了大数据趋势以及它如何作为创新、差异化和增长的基础。由于在管理来自多个来源的大量数据（有时速度很快）方面存在技术挑战，因此目前开发了更多的新技术来克服技术挑战。大数据这一术语的使用通常与此类技术相关。存储此类数据的主要用途是通过分析产生洞见，因此大数据这个术语有时被扩展为大数据分析。但这个词的含义正变得，因为它对不同的人有不同的含义。因为我们的目标是介绍大型数据集及其产生洞察力的潜力，所以我们将在本章中使用原始术语。

大数据从何而来？一个简单的答案是"无处不在"。因技术限制而被忽视大数据的来源，现在被视为金矿。大数据可能来自 Web 日志、射频识别（RFID）、全球定位系统（GPS）、传感器网络、社交网络、互联网文本文档、互联网搜索索引、详细通话记录、天文学、大气科学、生物学、基因组学、核物理、生化实验、医疗记录、科学研究、军事侦察、摄影档案、电子档案和大规模电子商务实践。

大数据并不新鲜。如今，大数据的定义和结构在不断变化。自 20 世纪 90 年代初数据仓库出现以来，企业一直在存储和分析大量数据。太字节曾经是大型数据仓库的代名词，现在则是艾字节。数据量的增长速度继续升级，因为组织正在寻求以更高层次的细节对网络和机器生成的数据进行存储和分析，以更好地了解客户行为和业务驱动因素。

许多学者和行业分析师 / 领导者认为"大数据"是一个误称，与它代表的意思并不完全相同。也就是说，大数据不仅仅是"大"。庞大的数据量只是大数据的众多特征（包括多样性、速度、准确性、可变性和价值主张等）之一。

### 定义大数据的"V"

大数据通常被定义为三个"V"：容量（Volume）、多样性（Variety）、速度（Velocity）。

除了这三个之外，我们还看到一些领先的大数据解决方案提供商加入了其他"V"，如准确性（Veracity）(IBM)、可变性（Variability）(SAS) 和价值主张（Value proposition）。

**容量** 容量显然是大数据最常见的特征。导致数据量呈指数级增长的因素有很多，比如多年来存储的基于交易的数据、不断从社交媒体涌入的文本数据、不断增加的传感器数据、自动生成的 RFID 和 GPS 数据等。在过去，过大的数据量造成了技术和财务上的存储问题。但随着当今先进技术的发展和存储成本的降低，这些问题已不再存在。现在出现了其他问题，包括如何在大量数据中确定相关性，以及如何从被认为相关的数据中创造价值。

如前所述，"大"是一个相对的术语。它会随着时间的推移而改变，不同的组织对它的看法也不同。随着数据量的惊人增长，下一个大数据梯队的命名甚至都是一个挑战。过去被称最大数据量的 PB 已经被 ZB 替代。技术洞察 9.1 概述了大数据量的大小和命名。

---

**技术洞察 9.1** **数据量正在变得越来越大**

数据大小的度量很难跟上新名称的出现。我们都知道千字节（KB，即 1000 字节）、兆字节（MB，即 1 000 000 字节）、千兆字节（GB，即 1 000 000 000 字节）和太字节（TB，即 1 000 000 000 000 字节），但其他数据大小的名称对我们大多数人来说都相对陌生，如下表所示。

| 名称 | 符号 | 量级 | 名称 | 符号 | 量级 |
| --- | --- | --- | --- | --- | --- |
| 千字节 | kB | $10^3$ | 艾字节 | EB | $10^{18}$ |
| 兆字节 | MB | $10^6$ | 泽字节 | ZB | $10^{21}$ |
| 吉字节 | GB | $10^9$ | 尧字节 | YB | $10^{24}$ |
| 太字节 | TB | $10^{12}$ | 波字节 * | BB | $10^{27}$ |
| 拍字节 | PB | $10^{15}$ | Gego 字节 * | GeB | $10^{30}$ |

*目前还不是官方的 SI（国际单位制）名称/符号。

假设每天在网上创建 1EB 的数据，相当于 2.5 亿张 DVD 的信息量。当谈到任何一年通过网络传输的信息量时，更大的数据量——1ZB 并不遥远。事实上，据行业专家估计，到 2016 年，互联网上每年的流量将达到 1.3ZB，到 2020 年可能会跃升至 2.3ZB。到 2020 年，互联网流量预计达到人均每年 300 GB。当提到尧比特时，一些大数据科学家经常想知道 NSA 或 FBI 总共有多少关于人的数据。1YB 是 250 万亿张 DVD 的容量。波字节可以用来描述未来十年我们将从互联网上获得的传感器数据量。

关于大数据的来源可以参考以下示例：

❑ CERN 大型强子对撞机每秒产生 1PB 的数据。
❑ 波音喷气发动机的传感器每小时产生 20TB 的数据。
❑ 每天，Facebook 数据库都要处理 600TB 的新数据。
❑ 在 YouTube 上，每分钟有 300 小时的视频被上传，数据量约 1TB。

❏  拟议中的平方公里阵列望远镜每天将产生 1EB 的数据。

资料来源：S. Higginbotham. (2012). "As Data Gets Bigger, What Comes after a Yottabyte?" gigaom.com/ 2012/ 10/30/as-data-gets-bigger-what-comes-after-a-yottabyte (accessed October 2018). Cisco. (2016). " The Zettabyte Era: Trends and Analysis. " cisco.com/c/en/us/solutions/collateral/service-provider/visual-networking-index-vni/vni-hyperconnectivity-wp.pdf (accessed October 2018).

**多样性**  今天，各种数据以各种格式出现——传统数据库，最终用户和 OLAP 系统创建的分层数据存储，文本文档、电子邮件、XML、仪表采集和传感器捕获的数据，视频、音频和股票行情数据。据估计，80%～85% 的组织数据采用某种非结构化或半结构化格式（一种不适合传统数据库模式的格式）。但是，不可否认它的价值，因此它必须包括在分析中，以支持决策。

**速度**  根据 Gartner 的研究，速度指的是满足需求的数据产生的速度和数据处理（即捕获、存储和分析）的速度。RFID 标签、自动传感器、GPS 设备和智能电表使得人们越来越需要处理近乎实时的海量数据。速度可能是大数据最容易被忽视的特征。对大多数组织来说，快速反应以应对速度是一个挑战。对于时间敏感的环境，数据的机会成本时钟从数据创建的那一刻开始滴答作响。随着时间的推移，数据的价值主张逐渐降低，最终变得毫无价值。不管主题是病人的健康、交通系统的健康还是投资组合的健康，访问数据并对环境做出更快的反应总是会产生更有利的结果。

在我们目前所目睹的大数据风暴中，几乎每个人都专注于静态分析，使用优化的软件和硬件系统来挖掘大量不同的数据源。尽管这一点非常重要，也非常有价值，但还有一种分析方法正在迅速发展，它从大数据的速度出发，称为"数据流分析"或"动态分析"。如果处理正确，数据流分析可以和静态分析一样有价值，并且在某些业务环境中比静态分析更有价值。在本章的后面，我们将更详细地讨论这个主题。

**准确性**  准确性是 IBM 创造的一个术语，被用作描述大数据的第四个"V"。它指的是与事实相符：数据的准确度、质量、真实性或可信性。工具和技术经常被用来处理大数据的准确性，将数据转化为高质量和值得信赖的见解。

**可变性**  除了不断增加的数据速度和种类之外，数据流可能与周期性峰值高度不一致。社交媒体上有什么大趋势吗？或许，一场备受瞩目的首次公开募股（IPO）即将到来。每日、季节性和事件触发的峰值数据负载可能变化很大，因此管理起来很有挑战性——尤其是涉及社交媒体的时候。

**价值主张**  大数据令人兴奋的地方在于它的价值主张。关于"大"数据的一个先入之见是，它包含（或更有可能包含）比"小"数据更多的模式和有趣的异常。因此，通过分析大型且功能丰富的数据，组织可以获得更大的业务价值，这是通过其他方式无法获得的。虽然用户可以使用简单的统计和机器学习方法或特殊的查询和报告工具来检测小数据集中的模式，但大数据意味着"大"分析。大分析意味着更好的洞察力和更好的决策，这是每个组织都需要的。

由于大数据的确切定义（或后续术语）仍是学术界和工业界正在讨论的问题，因此很可能会有更多特征（可能更多"V"）被添加到这个列表中。不管发生什么，大数据的重要性和价值主张都是存在的。图 9.3 显示了一个概念性架构，其中通过组合使用高级分析将大数据（图左侧）转换为业务洞察力，并提供给各种不同的用户 / 角色，以便更快 / 更好地做出决策。

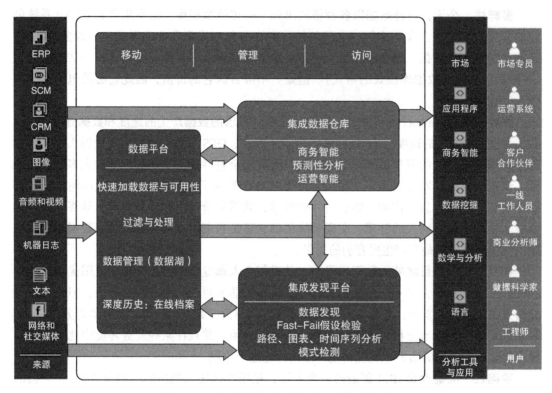

图 9.3　一个大数据解决方案的高级概念架构

另一个被添加到大数据流行语中的术语是替代数据。应用案例 9.1 展示了许多不同场景中的多种数据类型的示例。

**应用案例 9.1　市场分析或预测的替代数据**

　　对于任何情况，获得良好的预测和对形势的理解都是至关重要的，但对于投资行业的参与者来说尤为重要。在收益报告公布之前，提前得知某家零售商的销售情况，就能帮助投资者决定是否买进或卖出该零售商的股票。根据通常的零售数据之外的各种数据预测经济活动或微气候是最近才出现的问题，并催生了另一个词汇——"替代数据"。这种替代数据中主要是卫星图像，但也包括其他数据，比如社交媒体、政府文件、招聘信息、交通模式、卫星图像检测到的停车场和开放空间的变化、移动电话在任何给定的位置和时间的使用模式、搜索引擎上的搜索模式等。Facebook 等公司已经投资了卫星，试图每天拍摄全球图像，这样就可以在任何地点跟踪每天的变化。这些信息可以用于预测。许多更可靠和更先进的预测的有趣例子已经被报道。实际上，这种活动是由初创公司主导的。Tartar（2018）举了几个例子，我们在第 1 章中提到了一些，以下是 Tartar 和许多其他替代数据的支持者确定的一些例子：

- RS Metrics 监控美国各地不同的停车场来预测对冲基金。2015 年，根据对停车场的分析，RS Metrics 预测 JC Penney 将在 2015 年第二季度表现强劲。它的客户（主要是对冲基金）从这种先进的洞察力中获利。类似的情况也发生在沃尔玛，沃尔玛利用停车场的车辆数量来预测销售额。

- Telluslabs, Inc. 收集了来自 NASA 和欧洲卫星的数据，为各种农作物（如玉米、水稻、大豆、小麦等）建立预测模型。除了来自卫星的图像，研究人员还结合了热红外波段的测量，这有助于测量辐射热量，预测作物的健康状况。

- DigitalGlobe 的软件可以计算森林中的每一棵树，因此能够更准确地分析森林的大小。这样可以得到更准确的估计，因为不需要使用具有代表性的样本。

这些例子说明了如何结合数据来产生新的见解。当然，在某些情况下也存在隐私问题。例如，Envestnet 旗下的 Yodlee 向许多银行和个人提供理财工具。因此，它可以获取大量的个人信息。Facebook、Cambridge Analytics 和 Equifax 报告的重大数据泄露事件让人们对这些信息的隐私和安全感到担忧。尽管这些担忧最终将由政策制定者或市场来解决，但有一点是明确的，即将卫星数据和许多其他数据源结合起来的有趣的新方法，正在催生一批新的分析公司。所有这些组织都在处理满足三个"V"——多样性、容量和速度特征的数据。其中一些公司还与另一类数据传感器合作。但这类公司当然也属于创新和新兴应用的范畴。

资料来源：C. Dillow. (2016). "What Happens When You Combine Artificial Intelligence and Satellite Imagery." fortune.com/2016/03/30/facebook-ai-satellite-imagery/ (accessed October 2018). G. Ekster. (2015). "Driving Investment Performance with Alternative Data." integrity-research.com/wp-content/uploads/2015/11/Driving-Investment-Performance-With-Alternative-Data. pdf (accessed October 2018). B. Hope. (2015). "Provider of Personal Finance Tools Tracks Bank Cards, Sells Data to Investors." wsj.com/articles/provider-of-personal-finance-tools-tracks-bank-cards-sells-data-to-investors-1438914620 (accessed October 2018). C. Shaw. (2016). "Satellite Companies Moving Markets." quandl.com/blog/alternative-data-satellite-companies (accessed Octo-ber 2018). C. Steiner. (2009). "Sky High Tips for Crop Traders." www.forbes.com/forbes/2009/0907/technology-software-satellites-sky-high-tips-for-crop-traders.html (accessed October 2018). M. Turner. (2015). "This Is the Future of Investing, and You Probably Can't Afford It." businessinsider.com/hedge-funds-are-analysing-data-to-get-an-edge-2015-8 (accessed October 2018).

### 针对应用案例 9.1 的问题

1. 本应用案例中的思路是什么？
2. 你能想到其他可以帮助零售商提供销售额的早期指示的数据流吗？
3. 你能想出与此应用案例类似的其他应用吗？

📑 **复习题**

1. 为什么大数据如此重要? 是什么使它成为分析领域的中心?

2. 如何定义大数据? 为什么很难定义?

3. 在定义大数据的"V"中, 你认为哪一个最重要? 为什么?

4. 你认为大数据的未来会是什么样的? 是否会有其他技术比它更受欢迎? 如果是, 会是什么?

## 9.3 大数据分析基础

大数据本身(无论大小、类型或速度如何)是毫无价值的, 除非业务用户利用它为组织提供价值。这就是"大"分析的用武之地。尽管组织总是使用报告和指示板, 但是大多数组织并没有打开数据仓库进行深入的随需应变的探索。这是因为分析工具对于普通用户来说太复杂了, 而且数据仓库通常不包含高级用户所需的所有数据。由于新的大数据分析范式的出现, 这种情况将以一种引人注目的方式发生改变(对一些人来说, 这种改变一直在发生)。

大数据的价值主张也给组织带来了巨大的挑战。传统的数据获取、存储和分析手段无法有效地处理大数据。因此, 需要开发(或购买/雇用/外包)新的技术产品来应对大数据的挑战。在进行这种投资之前, 组织应该证明其方法的合理性。以下是一些可能有助于阐明这种情况的问题。如果以下任何一种说法是正确的, 那么你需要认真考虑开启一次大数据之旅。

❑ 由于当前平台或环境的限制, 你无法处理希望处理的数据量。

❑ 你希望将新的/当代的数据源(例如, 社交媒体、RFID、传感器、Web、GPS、文本)引入分析平台, 但是你不能这样做, 因为它不符合数据存储模式定义的行和列, 还会牺牲保真度或新数据的丰富性。

❑ 你需要(或希望)尽可能快地集成数据, 以使你的分析保持最新。

❑ 你想使用一个按需架构(而不是预先确定的模式中使用关系数据库管理系统(RDBMS))数据存储模式, 因为新数据的性质可能不是已知的, 或者可能没有足够的时间来确定它和发展模式。

❑ 数据如此快速地到达组织, 以至于传统的分析平台无法处理它。

与其他大型 IT 投资一样, 大数据分析的成功取决于许多因素。图 9.4 显示了最关键的成功因素的图形化描述(Watson, 2012)。

以下是大数据分析最关键的成功因素:

1. **清晰的业务需求**(与远景和战略保持一致)。企业投资应该是为了企业的利益, 而不仅仅是为了技术进步。因此, 大数据分析的主要驱动力应该是企业在任何层面上的需求——战略、战术和运营。

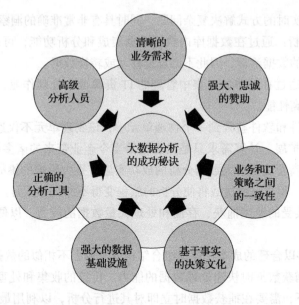

图 9.4　大数据分析的关键成功因素（资料来源：Watson, H. (2012). The requirements for being an analytics-based organization. Business Intelligence Journal, 17(2), 42–44）

2. **强大、忠诚的赞助**（执行冠军）。众所周知，如果没有强有力、坚定的高管支持，就很难成功。如果范围是单个或几个分析应用程序，则可以在部门级别进行支持。然而，如果目标是企业范围的组织变革，这通常是大数据计划的情况，需要最高级别和组织范围的支持。

3. **业务和 IT 策略之间的一致性**。必须确保分析工作始终支持业务策略，而不是相反。分析应该在成功地执行业务策略中扮演支持者的角色。

4. **基于事实的决策文化**。在基于事实的决策文化中，是数字而不是直觉或假设驱动决策。还有一种实验文化，看什么有效，什么无效。要创建基于事实的决策文化，高级管理层需要：

- ❑ 认识到有些人不能或不愿调整。
- ❑ 做一个直言不讳的支持者。
- ❑ 强调过时的方法必须停止使用。
- ❑ 询问在决策中加入了哪些分析。
- ❑ 将激励和补偿与期望的行为联系起来。

5. **强大的数据基础设施**。数据仓库为分析提供了数据基础设施。在新技术的大数据时代，这种基础设施正在改变并得到加强。要想成功，就需要将新旧设施结合起来，建立一个协同运作的整体基础设施。

随着规模和复杂性的增加，对更有效的分析系统的需求也在增加。为了满足大数据的计算需求，一些新的、创新性的计算技术和平台应运而生。这些技术统称为高性能计算，其中包括以下内容：

- ❑ **内存分析**：通过允许在内存中处理分析计算和大数据，并将其分布在一组专用节点上，以近乎实时的方式解决复杂问题，同时具有非常准确的洞察力。

- ❑ **数据库内分析**：通过在数据库内执行数据集成和分析功能，可以缩短洞察的时间，并实现更好的数据治理，因此不必反复移动或转换数据。
- ❑ **网格计算**：通过在共享的、集中管理的 IT 资源池中处理作业，可以提高效率、降低成本和提高性能。
- ❑ **设备**：将硬件和软件整合到一个物理单元中，该物理单元不仅速度快，而且可以根据需要进行扩展。计算需求只是大数据给当今企业带来的诸多挑战中的一小部分。以下是企业高管认为对大数据分析的成功实施有重大影响的挑战。在考虑大数据项目和架构时，留意这些挑战将使分析的旅程变得不那么有压力。

**数据量**：以可接受的速度捕获、存储和处理大量数据的能力，以便决策者在需要时能够获得最新的信息。

**数据集成**：能够以合理的成本快速地组合结构或来源上不相似的数据。

**处理能力**：在捕获数据时快速处理数据的能力。传统的收集和处理数据的方法可能行不通。在许多情况下，需要在捕获数据时立即对其进行分析，以利用最大的价值。（这叫作流分析，本章后面会介绍。）

**数据治理**：跟上大数据的安全、隐私、所有权和质量问题的能力。随着数据的数量、种类（格式和来源）和速度的变化，实践治理的能力也应该随之变化。

**技能可用性**：大数据正被新的工具利用，并被以不同的方式看待。缺乏有能力做这项工作的人（通常被称为数据科学家）。

**解决方案成本**：由于大数据已经为可能的业务改进打开了一个世界，公司正在进行大量的实验和研究，以确定重要的模式和转向价值的洞察力。因此，为了确保大数据项目的投资获得正回报，降低用于发现价值的解决方案的成本至关重要。

尽管挑战是真实的，但大数据分析的价值主张也是真实的。作为商业分析的领导者，你所能做的任何事情都将有助于证明新数据源对业务的价值，这将使你的组织从试验和探索大数据转向适应和接受大数据，并将其作为一种优势。探索没有错，但最终的价值来自将这些见解付诸行动。

## 通过大数据分析解决商业问题

总体而言，大数据解决的首要商业问题是流程效率和成本降低，以及增强客户体验，但当行业审视大数据时，会出现不同的优先级。流程效率和成本降低可能是制造业、政府、能源和公用事业、通信和媒体、交通和医疗领域的大数据分析可以解决的首要问题之一。增强客户体验可能是保险公司和零售商要解决的首要问题。风险管理通常是银行和教育企业的首要任务。以下是大数据分析可以解决的部分问题：

- ❑ 流程效率和成本降低。
- ❑ 品牌管理。

- ❏ 收入最大化、交叉销售和追加销售。
- ❏ 增强客户体验。
- ❏ 流失识别、客户招募。
- ❏ 改善客户服务。
- ❏ 识别新产品和市场机会，风险管理。
- ❏ 遵从法规。
- ❏ 增强安全功能。

应用案例 9.2 展示了零售行业的一个很好的例子：在零售行业中，不同的数据源被集成到一个大数据基础设施中，用来了解客户的旅程。

---

**应用案例 9.2　Overstock.com 结合了多个数据集来了解客户旅程**

像 Overstock.com 这样的大型零售机构投资了很多营销活动来增加收入，包括有针对性的在线和直接邮件活动，通过各种渠道做广告，通过提供不同的顾客激励来增加忠诚计划，等等。每一种方法都需要巨大的营销成本，但 ROI 水平却各不相同。对任何希望分析所有这些活动的公司来说，一个挑战是将这些数据统一到一个位置，并了解客户的旅程。哪些活动或互动组合（在何种程度上）最终导致消费者购买某些商品？这些数据源可能包括一些非结构化日志文件中的网站流量数据、电子邮件活动的业绩数据（可以通过电子邮件活动公司以半结构化的形式提供），以及社交媒体数据（比如 Facebook 上的帖子和回复）。将所有这些数据与公司内部产品数据连接起来，为客户的购买分配价值，从而计算活动组合的 ROI，这是另一个数据集成挑战。但在大数据框架下，将这些数据源组合起来更加实用。然后，通过使用在 9.1 节演示的路径分析功能，非技术用户也可以查看各种客户旅程，并确定哪些旅程能够为营销工作带来最有效的销售和高 ROI。其目标是通过了解客户的搜索模式、购买行为、网站响应等，与客户建立长期关系。Overstock.com 在大数据框架下结合了不同的数据源，成功地利用 Teradata Vantage 的路径分析功能实现了这一目标。

**针对应用案例 9.2 的问题**

1. 一个公司为了吸引顾客可能会采取哪些不同的营销活动？关于这些活动的数据可能采用什么格式？
2. 通过可视化最常见的客户销售路径，你将如何使用这些信息来决定未来的营销活动？
3. 你还能想到这种路径分析技术的其他应用吗？

资料来源："Overstock.com Uses Teradata Path Analysis to Boost Its Customer Journey Analytics," March 27, 2018, at www.retailitinsights.com/doc/overstock-com-uses-teradata- path-analysis-boost-customer-journey-analytics-0001 (accessed October 2018), and "Overstock.com: Revolutionizing Data and Analytics to Connect Soulfully with Their Customers," at www. teradata.com/Resources/Videos/Overstock-com-Revolutionizing-data-and-analy (accessed October 2018).

本节介绍了大数据的基础知识和一些潜在应用。在下一节中，我们将学习大数据空间中出现的一些术语和技术。

## 9.4 大数据技术

处理和分析大数据的技术有很多，但大多数都有一些共同的特点（Kelly，2012）——它们都利用商品硬件来实现向外扩展和并行处理技术，采用非关系型数据存储功能处理非结构化和半结构化数据，并将先进的分析和数据可视化技术应用于大数据，以向最终用户传达见解。人们普遍认为，MapReduce、Hadoop 和 NoSQL 这三种大数据技术将改变商业分析和数据管理市场。

### 9.4.1 MapReduce

MapReduce 是一项由谷歌推广的技术，它将非常大的多结构数据文件的处理分布在一个大的机器集群上。通过将处理过程拆分成小的工作单元来实现高性能，这些工作单元可以跨集群中的数百个（可能是数千个）节点并行运行。引用 MapReduce 的论文：

> MapReduce 是一种编程模型和用于处理和生成大型数据集的相关实现。用这种函数方式编写的程序被自动并行化，并在大量的普通计算机集群上执行。这使得没有任何并行和分布式系统经验的程序员可以很容易地利用大型分布式系统的资源。

这里需要注意的关键点是，MapReduce 是一种编程模型，而不是编程语言，也就是说，它是为程序员而不是商业用户设计的。描述 MapReduce 如何工作的最简单方法是使用一个示例（见图 9.5）。

图 9.5 中 MapReduce 流程的输入是一组不同形状的图形，目的是计算各形状图形的数量。本示例中的程序员负责对映射进行编码并简化程序，其余的处理由实现 MapReduce 编程模型的软件系统来完成。

MapReduce 系统首先读取输入文件并将其分成多个部分。在本示例中，有两组分割，但在现实场景中，分割的数量通常要多得多。然后，集群节点上并行运行的多个映射程序处理这些分割。在这种情况下，每个 map 程序的作用是将数据按形状分组。然后，MapReduce 系统从每个 map 程序获取输出，并将结果合并（洗牌 / 排序）输入 reduce 程序中，reduce 程序计算每种形状的总数。在本示例中，只使用了 reduce 程序的一个副本，但是在实践中可能会有更多副本。为了优化性能，程序员可以提供自己的洗牌 / 排序程序，还可以部署组合器来组合本地映射输出文件，从而减少必须通过洗牌／排序步骤跨集群远程访问的输出文件的数量。

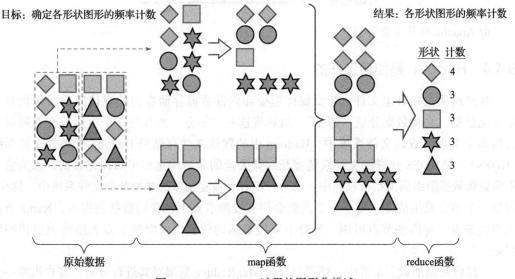

图 9.5   MapReduce 过程的图形化描述

## 9.4.2   为什么要使用 MapReduce

MapReduce 能帮助组织处理和分析大量的多结构数据。应用实例包括索引和搜索、图形分析、文本分析、机器学习、数据转换等。这些类型的应用程序通常很难使用关系 DBMS 使用的标准 SQL 实现。

MapReduce 的过程性质使熟练的程序员很容易理解它。它还有一个优点，就是开发人员不必关心并行计算的实现——这是由系统透明地处理的。虽然 MapReduce 是为程序员设计的，但非程序员可以利用预先构建的 MapReduce 应用程序和函数库。商业和开源的 MapReduce 库都提供了广泛的分析功能。例如，Apache Mahout 是一个开源的机器学习库，包含"用于集群、分类和基于批处理的协同过滤的算法"，使用 MapReduce 实现。

## 9.4.3   Hadoop

Hadoop 是一个处理、存储和分析大量分布式非结构化数据的开源框架。最初是由雅虎的道格·卡廷（Doug Cutting）创建的。在美国，Hadoop 的灵感来自 MapReduce，这是一个用户定义的函数，由谷歌在 21 世纪初开发，用于索引 Web。它被设计用来处理并行分布在多个节点上的 PB 级和 EB 级数据。Hadoop 集群运行在廉价的商品硬件上，因此项目可以向外扩展，而不会损失惨重。Hadoop 现在是 Apache 软件基金会的一个项目，数百名贡献者不断改进核心技术。基本概念：Hadoop 将大数据分解成多个部分，这样每个部分都可以同时处理和分析，而不是用一台机器处理一个巨大的数据块。

由 Apache 软件基金会提供

### 9.4.4 Hadoop 是如何工作的

客户端从包括日志文件、社交媒体提要和内部数据存储在内的源访问非结构化和半结构化数据。它将数据分成"部分",然后将这些"部分"加载到一个由运行在普通硬件上的多个节点组成的文件系统中。Hadoop 中的默认文件存储是 Hadoop 分布式文件系统(HDFS)。像 HDFS 这样的文件系统擅长存储大量的非结构化和半结构化数据,因为它们不需要将数据组织到关系行和列中。每个"部分"被复制多次并加载到文件系统中,这样,如果一个节点发生故障,另一个节点就会拥有故障节点上包含的数据的副本。Name 节点充当促进者,将哪些节点可用、集群中某些数据的位置以及哪些节点失败等信息传回客户端。

一旦将数据加载到集群中,就可以通过 MapReduce 框架对其进行分析。客户机将一个"Map"(通常是用 Java 编写的查询)提交给集群中的一个节点(称为作业跟踪器)。作业跟踪器引用 Name 节点来确定需要访问哪些数据来完成作业,以及数据在集群中的位置。一旦确定,作业跟踪器就将查询提交给相关节点。不是将所有数据带回一个中心位置进行处理,而是在每个节点上同时或并行地进行处理。这是 Hadoop 的一个基本特性。

当每个节点完成其给定的作业后,将会存储结果。客户端通过作业跟踪器启动一个"Reduce"作业,其中将本地存储在各个节点上的 map 阶段的结果聚合起来,以确定原始查询的"答案",然后将其加载到集群中的另一个节点。客户访问这些结果,然后可以将这些结果加载到许多分析环境中的一个进行分析。MapReduce 作业现在已经完成。

一旦 MapReduce 阶段完成,处理后的数据就可以由数据科学家和具有高级数据分析技能的其他人进行进一步分析。数据科学家可以使用任何一种工具来操作和分析数据,包括搜索隐藏的见解和模式,或者用作构建面向用户的分析应用程序的基础。还可以对数据进行建模,并将其从 Hadoop 集群传输到现有的关系数据库、数据仓库和其他传统 IT 系统中,以便进一步分析和支持事务处理。

### 9.4.5 Hadoop 技术组件

Hadoop "栈"由许多组件组成,其中包括:
- **Hadoop 分布式文件系统(HDFS)**:任何给定 Hadoop 集群中的默认存储层。
- **Name 节点**:Hadoop 集群中的节点,它提供关于集群中特定数据的存储位置以及是否有节点失败的客户端信息。

❑ **辅助节点**：对 Name 节点的备份，它定期复制和存储来自 Name 节点的数据，以防失败。

❑ **作业跟踪器**：Hadoop 集群中发起和协调 MapReduce 作业或数据处理的节点。

❑ **从节点**：任何 Hadoop 集群的普通节点，从节点存储数据并从作业跟踪器获取处理数据的方向。

除了这些组件之外，Hadoop 生态系统还由许多互补的子项目组成。像 Cassandra 和 HBase 这样的 NoSQL 数据存储也用于在 Hadoop 中存储 MapReduce 作业的结果。一些 MapReduce 作业和其他 Hadoop 函数是用 Pig 编写的，Pig 是专门为 Hadoop 设计的开放源码语言。Hive 是一个开源数据仓库，最初由 Facebook 开发，允许在 Hadoop 中进行分析建模。下面是 Hadoop 最常引用的子项目。

**Hive**　Hive 是一个基于 Hadoop 的数据仓库类框架，最初由 Facebook 开发。它允许用户用类似 SQL 的 HiveQL 语言编写查询，然后将其转换为 MapReduce。这允许没有 MapReduce 经验的 SQL 程序员使用仓库，并使其更容易与商务智能（BI）和可视化工具（如 Microstrategy、Tableau、Revolutions Analytics 等）集成。

**Pig**　Pig 是由 Yahoo! 开发的基于 Hadoop 的查询语言。它相对容易学习，并且擅长非常深入、非常长的数据管道（SQL 的一个限制）。

**HBase**　HBase 是一个非关系型数据库，允许在 Hadoop 中进行低延迟、快速查找。它向 Hadoop 添加了事务处理功能，允许用户执行更新、插入和删除操作。eBay 和 Facebook 大量使用了 HBase。

**Flume**　Flume 是一个用数据填充 Hadoop 的框架。通过代理一个人的 IT 基础设施（例如 Web 服务器、应用程序服务器和移动设备）来收集数据并将其集成到 Hadoop 中。

**Oozie**　Oozie 是一个工作流处理系统，它允许用户定义一系列用多种语言（比如 MapReduce、Pig 和 Hive）编写的作业，然后智能地将它们链接到一起。比如，Oozie 允许用户指定，一个特定的查询只在它所依赖的数据完成的指定的先前作业之后被启动。

**Ambari**　Ambari 是一组基于 Web 的工具，用于部署、管理和监视 Apache Hadoop 集群。它的开发由 Hortonworks 的工程师领导，Hortonworks 的数据平台包括 Ambari。

**Avro**　Avro 是一个数据序列化系统，允许对 Hadoop 文件的模式进行编码。它擅长解析数据和执行删除的过程调用。

**Mahout**　Mahout 是一个数据挖掘库。它采用最流行的数据挖掘算法来执行聚类、回归测试和统计建模，并使用 MapReduce 模型实现它们。

**Sqoop**　Sqoop 是一个连接工具，用于将数据从非 Hadoop 数据存储（如关系数据库和数据仓库）移动到 Hadoop 中。它允许用户在 Hadoop 内部指定目标位置，并指示 Sqoop 将数据从 Oracle、Teradata 或其他关系数据库移动到目标。

**HCatalog**　HCatalog 是一个针对 Apache Hadoop 的集中式元数据管理和共享服务。它支持 Hadoop 集群中所有数据的统一视图，并允许各种工具（包括 Pig 和 Hive）处理任何数据元素，而不需要知道数据在集群中的物理位置。

## 9.4.6 Hadoop 的利与弊

Hadoop 的主要好处是，它允许企业以一种成本和时间有效的方式处理和分析大量的非结构化和半结构化数据，在此之前，这些数据是企业无法访问的。由于 Hadoop 集群可以扩展到 PB 级甚至 EB 级的数据，因此企业不再必须依赖样本数据集，而是可以处理和分析所有相关数据。数据科学家可以应用迭代方法进行分析，不断地细化和测试查询，以发现以前未知的见解。使用 Hadoop 并不昂贵，开发人员可以免费下载 Apache Hadoop 发行版，并在不到一天的时间内开始试用 Hadoop。

Hadoop 及其众多组件的缺点是不成熟且仍在开发中。与任何年轻的原始技术一样，实现和管理 Hadoop 集群并对大量非结构化数据执行高级分析需要大量的专业知识、技能和培训。然而，目前缺少 Hadoop 开发人员和数据科学家，这使得许多企业无法维护和利用复杂的 Hadoop 集群。此外，随着社区对 Hadoop 的无数组件进行改进并创建新的组件，与任何不成熟的开源技术/方法一样，存在分叉的风险。最后，Hadoop 是一个面向批处理的框架，这意味着它不支持实时数据处理和分析。

好消息是，IT 界最聪明的一些人正在为 Apache Hadoop 项目做出贡献，新一代的 Hadoop 开发人员和数据科学家正在成长。因此，该技术正在迅速发展，变得更强大、更容易实现和管理。一个由供应商组成的生态系统，以 Hadoop 为核心的初创企业（如 Cloudera 和 Hortonworks）以及久经考验的 IT 巨头（如 IBM、Microsoft、Teradata 和 Oracle）都致力于提供商业的、企业级的 Hadoop 发行版、工具和服务，以使部署和管理技术成为传统企业的现实。其他处于前沿的初创企业正在努力完善 NoSQL（不仅仅是 SQL）数据存储，以便与 Hadoop 一起提供近乎实时的信息。技术洞察 9.2 提供了一些事实来澄清关于 Hadoop 的一些误解。

**技术洞察 9.2　关于 Hadoop 的一些并不神秘的事实**

虽然 Hadoop 和相关技术已经存在多年了，但是大多数人仍然对 Hadoop 和 MapReduce、Hive 等相关技术有一些误解。以下 10 个事实旨在阐明 Hadoop 是什么，相对于 BI 做了什么，以及在哪些业务和技术情况下基于 Hadoop 的 BI、数据仓库和分析是有用的。

1. Hadoop 由多个产品组成。我们将 Hadoop 看作一个独立的软件，而它实际上是由 Apache 软件基金会（ASF）监管的一系列开源产品和技术。（一些 Hadoop 产品也可以通过供应商发行版获得，稍后再详细介绍。）

Apache Hadoop 库包括（BI 优先级）HDFS、MapReduce、Hive、Hbase、Pig、Zookeeper、Flume、Sqoop、Oozie、Hue 等。你可以以各种方式组合它们，但是 HDFS 和 MapReduce（可能与 Hbase 和 Hive 一起使用）构成了 BI、数据仓库和分析的应用程序的一个有用技术堆栈。

2. Hadoop 是开源的，但也可以从供应商那里获得。Apache Hadoop 的开源软件库可以从 ASF（apache. org）获得。对于希望获得更适合企业使用的包的用户，一些供应商现在提供包含附加管理工具和技术支持的 Hadoop 发行版。

3. Hadoop 是一个生态系统，而不是单一产品。除了来自 Apache 的产品之外，扩展的 Hadoop 生态系统还包括与 Hadoop 技术集成或扩展的供应商产品。在网上搜索，你就会发现这些。

4. HDFS 是一个文件系统，而不是数据库管理系统（DBMS）。Hadoop 主要是一个分布式文件系统，缺乏与 DBMS 相关的功能，比如索引、对数据的随机访问和对 SQL 的支持。这没有关系，因为 HDFS 可以做 DBMS 不能做的事情。

5. Hive 类似于 SQL，但不是标准的 SQL。我们中的许多人都被 SQL 束缚住了，因为我们很了解它，而且我们的工具需要它。了解 SQL 的人可以很快学会编写 Hive 代码，但这并不能解决与基于 SQL 的工具的兼容性问题。TDWI 认为，随着时间的推移，Hadoop 产品将支持标准 SQL，因此这个问题将很快变得毫无意义。

6. Hadoop 和 MapReduce 是相关的，但彼此不依赖。谷歌的开发人员在 HDFS 存在之前就开发了 MapReduce，MapReduce 的一些变体使用各种存储技术，包括 HDFS、其他文件系统和一些 DBMS。

7. MapReduce 为分析提供控制，而不是分析本身。MapReduce 是一个通用的执行引擎，它可以处理网络通信、并行编程和任何类型的应用程序的容错，而不仅仅是分析。

8. Hadoop 关注的是数据多样性，而不仅仅是数据量。理论上，HDFS 可以管理任何数据类型的存储和访问，只要你可以将数据放入文件并将该文件复制到 HDFS 中。这听起来非常简单，但在很大程度上是正确的，这正是许多用户使用 Apache HDFS 的原因。

9. Hadoop 补充了 DW，它是少有的替代品。大多数组织都为结构化关系数据设计了他们的 DW，这使得从非结构化和半结构化数据中提取 BI 值变得非常困难。Hadoop 承诺通过处理大多数 DW 不能处理的多结构数据类型来补充 DW。

10. Hadoop 支持多种类型的分析，不仅仅是 Web 分析。Hadoop 获得了很多关于互联网公司如何使用它来分析 Web 日志和其他 Web 数据的报道，但也存在其他用例。例如，考虑来自感觉设备的大数据，比如制造业中的机器人、零售业中的 RFID 或公共事业中的网格监控。需要大数据样本的老式分析应用程序（如客户基础分割、欺诈检测和风险分析）可以从 Hadoop 管理的额外大数据中获益。同样，Hadoop 的附加数据可以扩展 360 度视图，以创建更完整、更细粒度的视图。

## 9.4.7 NoSQL

一种名为 NoSQL（不仅仅是 SQL）的相关数据库新风格已经出现，它与 Hadoop 一样处理大量的多结构数据。然而，Hadoop 擅长支持大规模、批处理理式的历史分析，而 NoSQL 数据库的主要目标是将存储在大量多结构数据中的离散数据提供给最终用户和自动化的大数据应用程序。关系数据库技术严重缺乏这种能力，无法在大数据范围内维护所需的应用程序性能级别。

在某些情况下,NoSQL 和 Hadoop 可以协同工作。例如,前面提到的 HBase 是一个模仿谷歌 BigTable 的流行 NoSQL 数据库,它通常部署在 Hadoop 分布式文件系统 HDFS 上,以便在 Hadoop 中提供低延迟、快速查找的性能。目前大多数 NoSQL 数据库的缺点是它们以遵从 ACID(原子性、一致性、隔离性、持久性)为代价来换取性能和可伸缩性。许多企业还缺乏成熟的管理和监控工具。开源 NoSQL 社区和一些试图将各种 NoSQL 数据库商业化的供应商都在尝试克服这两个缺点。目前可用的 NoSQL 数据库包括 HBase、Cassandra、MongoDB、Accumulo、Riak、CouchDB 和 DynamoDB 等。应用案例 9.3 展示了如何在 eBay 上使用 NoSQL 数据库。虽然这个案例已经有几年的历史了,但是我们将它包括进来是为了让你了解多个数据集是如何组合在一起的。应用案例 9.4 举例说明了一个社交媒体应用程序,其中使用 Hadoop 基础架构来编译 Twitter 上的消息库,以了解哪些类型的用户参与了哪些类型的支持,以帮助医疗保健患者查找关于慢性精神疾病的信息。

### 应用案例 9.3　eBay 大数据的解决方案

eBay 是世界上最大的在线市场之一,几乎可以买卖任何东西。eBay 取得非凡成功的关键之一是,它有能力将自己产生的海量数据转化为有用的洞见,让客户可以直接从他们经常访问的页面中获取这些洞见。为了适应 eBay 爆炸性的数据增长(它的数据中心每天执行数十亿项读写操作),并且由于以极高的速度处理数据的需求不断增长,eBay 需要一个没有常见关系数据库方法的典型瓶颈、可伸缩性问题和事务约束的解决方案。该公司还需要对其捕获的各种结构化和非结构化数据进行快速分析。

**解决方案:集成实时数据和分析**

它的大数据需求为 eBay 带来了 NoSQL 技术,尤其是 Apache Cassandra 和 DataStax Enterprise。除了 Cassandra 及其高速数据功能,eBay 还被 DataStax Enterprise 附带的集成 Apache Hadoop 分析所吸引。该解决方案合并了一个向外扩展的体系结构,使 eBay 能够使用普通硬件在几个不同的数据中心之间部署多个 DataStax 企业集群。最终的结果是 eBay 现在能够更有效地处理海量数据大量的数据以非常快的速度传输,所取得的效果远远超过了他们使用成本更高的专有系统所能取得的效果。目前,eBay 在 Apache Cassandra 和 DataStax 企业集群中管理其数据中心的相当一部分需求(超过 250TB 的存储)。

在 eBay 决定如此广泛地部署 DataStax Enterprise 的过程中,其他的技术因素还包括解决方案的线性可伸缩性、没有单点故障的高可用性和出色的写性能。

**处理不同的用例**

eBay 为许多不同的用例使用了 DataStax Enterprise。下面的用例展示了该解决方案提供的极其快速的数据处理和分析功能,从而满足大数据需求的一些方法。当然,eBay 经历了大量的写流量,而 DataStax Enterprise 中的 Cassandra 实现处理这些流量的效率比任何其他 RDBMS 或 NoSQL 解决方案都要高。eBay 目前每天在多个 Cassandra 集群中有 60 多亿次写操作，还有 50 多亿次读操作（大部分是离线操作）。

　　DataStax Enterprise 支持的一个用例涉及量化 eBay 在其产品页面上显示的社会数据。DataStax Enterprise 中的 Cassandra 发行版存储了所有为 eBay 产品页面上的"喜欢""拥有"和"想要"数据提供计数所需的信息。它还为 eBay "你的收藏"页面提供了相同的数据，其中包含用户喜欢的、拥有的或想要的所有物品，Cassandra 提供了整个"你的收藏"页面。eBay 通过 Cassandra 的可伸缩计数器特性提供这些数据。

　　负载平衡和应用程序可用性是这个特殊用例的重要方面。DataStax Enterprise 解决方案为 eBay 架构师提供了设计一个系统所需的灵活性，该系统允许任何用户请求访问任何数据中心，每个数据中心都有一个跨越这些中心的 DataStax Enterprise 集群。此设计特性有助于平衡输入的用户负载并消除对应用程序停机的任何可能威胁。除了为客户访问的 Web 页面提供业务数据之外，eBay 还能够执行高速分析，并能够维护运行相同 DataStax Enterprise 环的 Hadoop 节点的独立数据中心（参见图 9.6）。

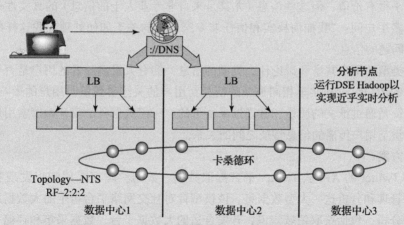

图 9.6　eBay 的多数据中心部署（资料来源：DataStax）

　　另一个用例涉及 Hunch（eBay 的兄弟公司）为 eBay 用户和物品提供的"味道图"，它根据用户的兴趣提供客户推荐。eBay 的网站基本上是所有用户和待售商品之间的一个图表。所有事件（出价、购买、出售和列表）都被 eBay 的系统捕获，并以图表的形式存储在 Cassandra 中。在应用程序中每天有超过 2000 万条评论超过 400 亿条数据被记录下来。

　　eBay 还在许多时间序列用例中使用 DataStax Enterprise，在这些用例中，处理大量实时数据是最重要的任务。其中包括移动通知日志记录和跟踪（每次 eBay 向移动电话或设备发送通知时，它都在 Cassandra 中被记录）、欺诈检测、SOA 请求 / 响应负载日志记录和 RedLaser（另一家 eBay 兄弟公司）服务器日志和分析。

　　贯穿所有这些用例的是正常运行时间的公共需求。eBay 敏锐地意识到需要保持业务的正常运行和对业务的开放，而 DataStax Enterprise 通过支持高可用性集群在这方面发挥了关键作用。"我们必须时刻为灾难恢复做好准备。Cassandra 允许多个活动数据中心，我们可以随时随地读写数据，这真是太棒了。"eBay 架构师 Jay Patel 说。

**针对应用案例 9.3 的问题**

1. 为什么 eBay 需要大数据解决方案？
2. 所面临的挑战、提出的解决方案和获得的结果是什么？

资料来源：DataStax. Customer case studies. datastax.com/ resources/casestudies/eBay (accessed October 2018).

---

应用案例 9.4 **了解 Twitter 上医疗支持信息的质量和可靠性**

在今天的互联网上，所有用户都有能力贡献和消费信息。这种能力有多种用途。在 Twitter 等社交网络平台上，用户可以发布自己的健康状况信息，也可以获得关于如何最好地管理这些健康状况的帮助。许多用户对社交网络平台上传播的信息质量表示怀疑。尽管在 Twitter 上撰写和传播健康信息的能力对许多利用 Twitter 寻求疾病支持的用户来说似乎很有价值，但这些信息（尤其是来自非专业人士的信息）的真实性一直受到质疑。许多用户问："我如何核实和信任非专家提供的关于如何处理像我这样的健康状况的重要问题的信息？"

什么类型的用户共享和讨论什么类型的信息？拥有大量追随者的用户是否与拥有较少追随者的用户讨论和共享相同类型的信息？用户的关注者数量与用户的影响力有关。信息的特征是通过推文的质量和客观性来衡量的。一组数据科学家开始探索用户拥有的关注者数量与用户传播的信息特征之间的关系。

**解决方案**

使用 Twitter 的 API 从 Twitter 平台提取数据。数据科学家采用知识发现和数据管理模型来管理和分析这一大型数据集。该模型针对社交网络平台衍生的大数据进行了优化管理和分析，包括获取领域知识、开发合适的大数据平台、数据采集和存储、数据清理、数据验证、数据分析、结果和部署等阶段。

**技术的使用**

使用 Cloudera 的 Apache Hadoop 发行版对推文进行提取、管理和分析。Apache Hadoop 框架有几个子项目，它们支持不同类型的数据管理活动。例如，Apache Hive 子项目支持读取、写入和管理大型推文数据。Gephi 等数据分析工具用于社交网络分析，R 用于预测建模。数据科学家进行了两个平行的分析：社交网络分析，用于了解社交网络对平台的影响；文本挖掘，用于了解用户发布的推文内容。

**发现了什么**

如前所述，数据科学家收集并分析了有影响力和无影响力用户的推文。结果表明，有影响力用户传播信息的质量和客观性高于无影响力用户传播信息的质量和客观性。他们还发现，有影响力的用户控制着网络中的信息流，其他用户更有可能追随他们对某个主题的看法。有影响力的用户提供的信息支持类型与其他用户提供的信息支持类型之间存在明显的差异。有影响力的用户讨论了关于疾病管理的更客观的信息，比如诊断、药物和正式治疗。无影响力的用户提供了更多关于情感支持和应对这类疾病的替代方法的信息。因此，有影响力的用户和其他人之间的区别是显而易见的。

从非专家的角度来看，数据科学家描述了如何通过帮助患者识别和使用 Web 上有价值的资源管理他们的疾病状况来扩展医疗保健支持。这项工作还有助于确定非专家如何定位和过滤可能对他们的健康状况管理未必有益的医疗保健信息。

**针对应用案例 9.4 的问题**

1. 对于在 Twitter 平台上传播的健康信息数据科学家的主要关注点是什么？
2. 数据科学家如何确保在社交媒体上传播的非专家信息确实包含有价值的健康信息？
3. 有影响力的用户会分享更多的客观信息，这有意义吗？有影响力的用户会更关注主观信息吗？为什么？

资料来源：D. Asamoah & R. Sharda. (2015). "Adapting CRISP-DM Process for Social Network Analytics: Application to Healthcare." In *AMCIS 2015 Proceedings*. aisel.aisnet.org/amcis2015/BizAnalytics/GeneralPresentations/33/ (accessed October 2018). Sarasohn-Kahn, J. (2008). *The Wisdom of Patients: Health Care Meets Online Social Media*. Oakland, CA: California HealthCare Foundation.

**▶ 复习题**

1. 新兴大数据技术的共同特征是什么？MapReduce 是什么？它是做什么的？它是怎么做到的？
2. Hadoop 是什么？它是如何工作的？
3. 主要的 Hadoop 组件是什么？它们执行什么功能？NoSQL 是什么？它是如何融入大数据分析的？

## 9.5 大数据与数据仓库

毫无疑问，大数据的出现已经并将继续以一种重要的方式改变数据仓库。直到最近，企业数据仓库（参见第 3 章和在线补充）一直是所有决策支持技术的核心。现在，新的问题是，大数据及其支持技术（如 Hadoop）是否会取代数据仓库及其核心技术 RDBMS。我们正在见证数据仓库与大数据的较量（或者从技术的角度来看是 Hadoop 与 RDBMS 的较量）吗？在这一节中，我们将解释为什么这些问题没有依据——至少证明这样一个非此即彼的选择不能反映现实情况。

在过去十年左右的时间里，我们已经看到了基于计算机的决策支持系统领域的显著进步，这在很大程度上归功于数据仓库和用于捕获、存储和分析数据的软件和硬件的技术进步。随着数据量的增加，数据仓库的功能也随之增加。这些数据仓库的进步包括大规模并行处理（从一个或几个并行处理器转移到多个并行处理器）、存储区域网络（易于扩展的存储解决方案）、固态存储、数据库内处理、内存内处理和柱状（面向列的）数据库等。这些改进有助于控制不断增长的数据量，同时有效地满足决策者的分析需求。近年来改变这一局面的是数据的多样性和复杂性，这使得数据仓库无法跟上时代的步伐。迫使 IT 界发展一种新范式的不是数据的数量，而是数据的多样性和速度，我们现在称之为"大数据"。"现在我们有了这两种范式——数据仓库和大数据，它们似乎在竞争同一份工作，即将数据转化为可操作的信息。哪一种会占上风？"问这个问题公平吗？还是我们忽略了大局？在这一节中，我们试图解释这个有趣的问题。

就像之前的许多技术创新一样，对大数据及其支持技术（如 Hadoop 和 MapReduce）的宣传也已泛滥。非实践者和实践者都被各种各样的观点所淹没。然而，其他人已经开始认识到，人们在宣称 Hadoop 将取代关系数据库并成为新的数据仓库时，忽略了一点。很容易看出这些声明的来源，因为 Hadoop 和数据仓库系统可以并行运行，扩展到巨大的数据量，并且具有不共享的架构。在概念层面，人们会认为它们是可以互换的。但事实并非如此，两者之间的差异压倒了相似之处。如果它们不能互换，那么我们如何决定何时部署 Hadoop，何时使用数据仓库呢？

### 9.5.1 Hadoop 的用例

如本章前面所述，Hadoop 是计算机和存储网格技术新发展的结果。Hadoop 使用普通硬件作为基础，提供了一个跨越整个网格的软件层，将其转换为单个系统。因此，一些主要的区别在这个架构中是显而易见的：

Hadoop 是原始数据的存储库和精炼厂。

Hadoop 是一个强大的、经济的活动存档。

因此，Hadoop 处于大规模数据生命周期的两端——原始数据的生成和清除。

1. Hadoop 作为存储库和精炼厂。随着大量的大数据从传感器、机器、社交媒体和点击流交互等来源而来，第一步是可靠且有效地获取所有数据。当数据量很大时，传统的单服务器策略不能长期工作。将数据注入 HDFS 为架构师提供了非常需要的灵活性。它们不仅可以在一天内捕获数百兆兆字节，而且还可以向上或向下调整 Hadoop 配置，以应对数据摄取方面的波动和停滞。这是利用开源经济和商品硬件在每千兆字节的最低成本下完成的。

由于数据存储在本地而不是存储区域网络中，Hadoop 数据访问通常要快得多，而且它不会因为 TB 级的数据移动而阻塞网络。捕获原始数据后，使用 Hadoop 对其进行细化。Hadoop 可以作为一个并行的"ETL 引擎"，利用手写或商业数据转换技术。许多这些原始数据转换需要将复杂的自由数据分解为结构化格式。对于点击流（或 Web 日志）和复杂的传感器数据格式尤其如此。因此，程序员需要识别出噪声中有价值的信号。

2. Hadoop 作为活动存档。在 2003 年 ACM 的一次采访中，Jim Gray 声称硬盘可以被当作磁带。虽然磁带存档可能需要许多年才能退役，但是今天磁带工作负载的一部分已经被重定向到 Hadoop 集群。这种转变有两个根本原因。首先，虽然将数据存储在磁带上看起来不贵，但真正的成本是检索的困难。不仅是离线存储的数据至少需要数小时才能恢复，而且磁带盒本身也容易随时间老化，使数据丢失，并迫使公司将这些成本考虑在内。更糟糕的是，磁带格式每隔几年就会改变，这要求组织要么将大量数据迁移到最新的磁带格式，要么冒着无法从过时的磁带恢复数据的风险。

另外，历史数据的在线和可访问性是有价值的。与点击流示例一样，将原始数据保存在一个旋转的磁盘上的时间更长，这使公司在需要应用上下文更改和新的约束时更容易重新访问数据。使用 Hadoop 搜索数千个磁盘要比旋转数百个磁带快得多，也容易得多。此外，由于磁盘密度每 18 个月就增加一倍，在 HDFS 中保存多年的原始数据或改进数据在经济上是可行的。因此，Hadoop 存储网格在原始数据的预处理和数据的长期存储方面都很有用。它是一个真正的"活动存档"，因为它不仅存储和保护数据，而且使用户能够快速、轻松、持久地从中获得价值。

### 9.5.2　数据仓库的用例

经过近 30 年的投资、改进和增长，数据仓库中可用功能的列表非常惊人。使用模式和集成 BI 工具构建在关系数据库技术上，这种架构的主要区别如下。

1. **数据仓库的性能**。在开源数据库（如 MySQL 或 Postgres）中发现的基本索引是一个标准特性，用于改进查询响应时间或加强数据约束。更高级的形式（如物化视图、聚合连接索引、多维数据集索引和稀疏连接索引）可以在数据仓库中获得大量性能收益。然而，迄今为止最重要的性能增强是基于成本的优化器。优化器检查传入的 SQL 并考虑尽可能快地执行每个查询的多个计划。它通过将 SQL 请求与数据库设计和广泛的数据统计进行比较来实现这一点，这些数据统计有助于识别执行步骤的最佳组合。从本质上讲，优化器就像让一个天才程序员检查每个查询并调优它以获得最佳性能。由于缺少优化器或数据统计数据，即使有许多索引，在几分钟内就可以运行的查询也可能需要数小时。因此，数据库供应商不断添加新的索引类型、分区、统计信息和优化器特性。在过去的 30 年里，每个软件版本都是一个性能版本。正如我们将指出的，Hadoop 在查询性能方面正在超越传统的数据仓库。

2. **集成提供业务价值的数据**。任何数据库的核心都是回答基本业务问题的承诺。集成数据是实现这一目标的独特基础。将来自多个主题领域和多个应用程序的数据提取到一个存储库中是数据仓库存在的理由。拥有元数据、数据清理工具和耐心的数据模型设计人员和提取、转换和加载（ETL）架构师必须对数据格式、源系统和语义进行合理化处理，使其可理解和可信。这在公司内部创建了一个通用的词汇表，以便对诸如"客户""月末"和"价格弹性"等关键概念进行统一的度量和理解。整个 IT 数据中心中没有其他地方像数据仓库一样收集、清理和集成数据。

3. **交互式 BI 工具**。诸如 MicroStrategy、Tableau、IBM Cognos 等 BI 工具为业务用户提供了对数据仓库的直接访问。首先，业务用户可以使用这些工具快速轻松地创建报告和复杂分析。因此，在许多数据仓库站点中出现了最终用户自助服务的趋势。业务用户可以很容易地要求比 IT 人员提供更多的报告。然而，比自助服务更重要的是，用户变得非常熟悉数据。他们可以运行一个报告，发现他们遗漏了一个度量或过滤器，做出调整，然后在几分钟内再次运行他们的报告。这个过程导致业务用户对业务及其决策过程的理解发生了重大变化。首先，用户不再问琐碎的问题，而是开始问更复杂的战略问题。通常，报表越复杂、越有战略意义，用户获得的收入和成本节约就越多。这导致一些用户成为公司的"高级用户"。这些人成为从数据中梳理业务价值并向执行人员提供有价值的战略信息的向导。每个数据仓库都有 2～20 个高级用户。如 9.8 节所述，所有这些 BI 工具都已经开始支持 Hadoop，以便能够将它们的产品扩展到更大的数据存储中。

### 9.5.3 灰色领域

有一些灰色领域无法清楚地区分数据仓库和 Hadoop。在这些领域，任何一种工具都可能是正确的解决方案——要么做得同样好，要么做得不那么好。选择其中之一取决于组织的需求和偏好。在许多情况下，Hadoop 和数据仓库在信息供应链中协同工作，并且通常一个工具更适合特定的工作负载（Awadallah & Graham，2012）。表 9.1 说明了在一些通常观察到的需求下的首选平台。

表 9.1　如何选择平台：Hadoop 还是数据仓库

| 要　　求 | 数据仓库 | Hadoop |
|---|:---:|:---:|
| 低延迟、交互式报告和 OLAP | ☑ | |
| 需要符合 ANSI 2003 SQL | ☑ | ☑ |
| 原始非结构化数据的预处理或探索 | | ☑ |
| 在线档案替代磁带 | | ☑ |
| 高质量的清理和一致的数据 | ☑ | ☑ |
| 100～1000 个并发用户 | ☑ | |
| 发现数据中的未知关系 | | ☑ |
| 并行复杂过程逻辑 | ☑ | ☑ |
| CPU 强分析 | ☑ | |
| 系统、用户和数据治理 | | ☑ |
| 许多灵活的编程语言并行运行 | | ☑ |
| 不受限制、不受控制的沙箱探索 | | ☑ |
| 临时数据分析 | ☑ | |
| 广泛的安全性和法规遵从性 | ☑ | ☑ |

### 9.5.4 Hadoop 和数据仓库的共存

在几个可能的场景中，结合使用 Hadoop 和基于关系型 DBMS 的数据仓库技术更有意义。以下是其中的一些场景（White，2012）：

**1. 使用 Hadoop 存储和归档多结构数据**。然后，可以使用到关系型 DBMS 的连接器从 Hadoop 中提取所需的数据，以便关系型 DBMS 进行分析。如果关系型 DBMS 支持 MapReduce 函数，则可以使用这些函数进行提取。例如，Vantage-Hadoop 适配器使用 SQL-MapReduce 函数在 HDFS 和 Vantage 数据库之间提供快速、双向的数据加载。然后可以使用 SQL 和 MapReduce 分析加载到 Vantage 数据库中的数据。

2. **使用 Hadoop 过滤、转换和合并多结构数据**。连接器（如 Vantage-Hadoop 适配器）可用于将 Hadoop 处理的结果提取到关系型 DBMS 中进行分析。

3. **使用 Hadoop 分析大量的多结构数据并发布分析结果**。在这个应用中，Hadoop 充当分析平台，但是结果可以返回到传统的数据仓库环境、共享工作组数据存储或公共用户界面。

4. **使用提供 MapReduce 功能的关系型 DBMS 作为调查计算平台**。数据科学家可以使用关系型 DBMS（例如 Vantage 数据库系统）来分析结构化数据和多结构化数据（从 Hadoop 加载）的组合，同时使用 SQL 处理和 MapReduce 分析函数。

5. **使用前端查询工具访问和分析数据**。在这里，数据同时存储在 Hadoop 和关系型 DBMS 中。

这些场景支持这样一种环境，其中 Hadoop 和关系型 DBMS 彼此独立，并使用连接软件在两个系统之间交换数据（参见图 9.7）。未来几年，该行业的发展方向很可能是更加紧密耦合的 Hadoop 和基于关系型 DBMS 的数据库技术——包括软件和硬件。这样的集成提供了许多好处，包括不需要安装和维护多个系统、减少数据移动、为应用程序开发提供单一元数据存储，以及为业务用户和分析工具提供单一接口。9.1 节提供了一个示例，展示了如何集成来自传统数据仓库的数据和存储在 Hadoop 上的两个不同的非结构化数据集，从而创建一个分析应用程序，以便在客户取消账户之前深入了解客户与公司的交互。作为经理，你关心的是从数据中获得的见解，而不是数据是否存储在结构化数据仓库或 Hadoop 集群中。

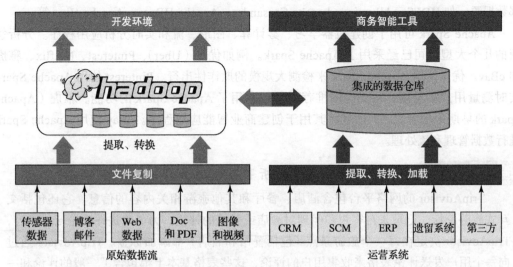

图 9.7 Hadoop 和数据仓库共存（资料来源："Hadoop and the Data Warehouse: When to Use Which, teradata, 2012"，经 Teradata 公司许可使用）

> ➤ **复习题**
>
> 1. 数据仓库和大数据面临的挑战是什么？我们正在见证数据仓库时代的终结吗？为什么？
> 2. 大数据和 Hadoop 的用例有哪些？
> 3. 数据仓库和 RDBMS 的用例有哪些？
> 4. 在什么情况下 Hadoop 和 RDBMS 可以共存？

## 9.6 内存分析和 Apache Spark

Hadoop 使用批处理框架，缺乏实时处理能力。在大数据计算的发展中，内存分析是一种新兴的处理技术，用于分析存储在内存数据库中的数据。由于访问存储在内存中的数据比访问硬盘中的数据快得多，因此内存中的处理比批处理效率更高。这还允许对流数据进行实时分析。

内存分析有几个需要低延迟执行的应用程序。它可以帮助构建实时仪表盘，以获得更好的洞察力和更快的决策速度。实时应用程序包括了解客户行为和参与度、预测股价、优化机票价格、预测欺诈等。

支持内存处理的最受欢迎的工具是 Apache Spark。它是一个统一的分析引擎，可以执行批处理和流数据处理。Apache Spark 最初是在 2009 年由加州大学伯克利分校开发的，它使用内存中的计算来实现大规模数据处理的高性能。通过采用内存处理方法，Apache Spark 比传统的 Apache Hadoop 运行速度更快。此外，它还可以在 Java、Scala、Python、R 和 SQL shell 中交互使用，以编写数据管理和机器学习应用程序。Apache Spark 可以在 Apache Hadoop、Apache Mesos、Kubernetes、单机版或云中运行。此外，它还可以连接到不同的外部数据源，如 HDFS、AlLuxio、Apache Cassandra、Apache HBase、Apache Hive 等。

Apache Spark 可用于创建机器学习、雾计算、图形、流和实时分析应用程序。分析领域的几个大型公司已经采用了 Apache Spark。例如优步（Uber）、Pinterest、Netflix、雅虎和 eBay。优步使用 Apache Spark 来检测大规模的欺诈性出行。Pinterest 使用 Apache Spark 实时测量用户参与度。Netflix 的推荐引擎还利用了 Apache Spark 的功能。雅虎（Apache Spark 的早期采用者之一）已经将其用于创建商业智能应用程序。eBay 使用 Apache Spark 进行数据管理和流处理。

**应用案例 9.5** 使用自然语言处理来分析 TripAdvisor 评论中的客户反馈

TripAdvisor 的网络平台包含酒店、餐厅和其他旅游相关内容的信息。它还包括交互式旅游论坛，记录来自客户和经理对酒店或餐馆的评论。为了改进评论论坛的内容，TripAdvisor 决定在每一个旅游景点（包括餐馆和酒店）都添加标签。TripAdvisor 通过向每个用户发送评论表格来收集用户的评论，这些表格基本上都包含了一般的评论和一些回答"是"或"否"的问题。来自客户的响应导致了不同的标记。利用过去的信息，公司决定建立一个逻辑回归模型来预测未来客户的响应并预测标签。这个问题很复杂，因为每个位置都有自己的特征。使用过去的客户评论，通过文本信息来训练模型。训练模型使用具有标签投票的位置的评论，以及未标记的评论。

为了在包含数百万评论和数百个标签的大数据上创建模型，该公司采用了 Apache Spark。利用 Spark 的并行处理和内存处理，对每个位置的每个标签进行模型训练。通过位置对数据进行分区，减少节点之间的通信。整个过程以高效的方式实现。

**针对应用案例 9.5 的问题**

1. 预测模型是如何帮助 TripAdvisor 的？

2. 为什么要使用 Spark ？

资料来源：Palmucci, J., "Using Apache Spark for Massively Parallel NLP," at http://engineering.tripadvisor.com/using- apache-spark-for-massively-parallel-nlp/ (accessed October 2018) and Dalininaa, R., " Using Natural Language Processing to Analyze Customer Feedback in Hotel Reviews, " at www.datascience .com/resources/notebooks/data-science-summarize-hotel-reviews (accessed October 2018).

## 9.6.1 Apache Spark 的架构

Apache Spark 在主从框架上工作。TM 有一个与主节点通信的驱动程序，也称为集群管理器，它管理工作节点。任务的执行发生在运行执行器的工作节点中。引擎的入口点称为 Spark 上下文。它充当应用程序和 Spark 执行环境之间的通信桥梁，如图 9.8 所示。如前所述，Spark 可以在不同的模式下运行。在独立模式下，它在由 Spark 本身管理的集群中的不同节点上运行应用程序。但是，在 Hadoop 模式下，Spark 使用 Hadoop 集群运行作业并利用 HDFS 和 MapReduce 框架。

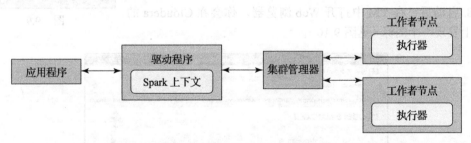

图 9.8 Apache Spark 的架构

Apache Spark 的一个非常重要的组件是弹性分布式数据集，通常称为 RDD。它跨集群中的所有节点处理沿袭、内存管理、容错和数据分区。RDD 提供了几个转换函数，如映射、过滤器和连接，这些函数在现有 RDD 上执行以创建新的 RDD。Spark 中的所有转换本质上都是惰性的，也就是说，在对数据执行任何操作函数之前，Spark 不会执行这些操作。动作函数（例如，计数、减少）在执行之后打印或返回值。这种方法被称为"懒惰评估"。在 Spark Streaming 中，使用一系列 RDD（也称为 Dstream）来处理流数据。

## 9.6.2 开始使用 Apache Spark

在本节中，我们将解释如何在 Cloudera Hadoop 的 Quick Start（QS）版本上使用 Apache Spark。首先下载最新版本的 Cloudera QS 虚拟机（VM），最后运行 Spark 查询。

硬件和软件的检查要求如下：

❑ 配备 64 位主机操作系统（Windows 或 Linux）、至少 12 GB RAM 的计算机，以获得良好性能。

❑ VMware Workstation Player：从 www.vmware.com/products/workstation-player/workstation-player-evaluation.html 下载并安装最新（免费）版本的 VMware Player。

❑ 虚拟机使用 8 GB 内存，磁盘空间 20 GB。

❑ 7-Zip：使用 7-Zip（可从 www.7-zip.org 上获得）解压 Cloudera Quick Start 软件包。

在 Cloudera QS VM 上开始使用 Spark 需要遵循的步骤如下：

1. 从 www.cloudera.com/downloads/quickstart_vms/5-13.html 下载 Cloudera QS VM。

2. 用 7-Zip 解压。下载的文件包含一个 VM。

3. 安装 VMware Workstation Player 并打开它。现在，通过 VMWare Player 打开 Cloudera VM 镜像（Player → File → Open → full_path_of_vmx file）。

4. 在打开 VM 之前，必须配置内存和处理器。VM 上的默认内存是 4GB RAM。单击"编辑虚拟机设置"来更改设置。确保 RAM 大于 8GB，处理器核数为 2。

5. 打开机器。Cloudera 已经在 CentOS Linux 上安装了 Hadoop 和组件。

6. 可以使用默认用户名"cloudera"和密码"cloudera"。

7. 在 VM 的桌面上，打开"Launch Cloudera Express"（见图 9.9）。启动引擎需要几分钟。

8. 启动后，在 VM 中打开 Web 浏览器。你会在 Cloudera 的界面上发现一个图标（见图 9.10）。

图 9.9

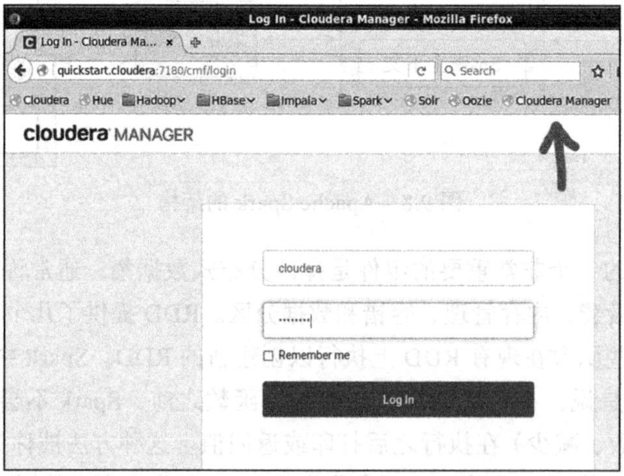

图 9.10

9. 使用用户名"cloudera"和密码"cloudera"登录 cloudera 管理器。

10. 要使用 HDFS 和 map-reduce，需要通过前面的下拉菜单启动 HDFS 和 YARN 这两个服务（见图 9.11）。

11. 要打开 Spark，请启动 Spark 服务。

12. 要在 Spark 上运行查询，可以使用 Python 或 Scala 编程。通过右键单击 VM 的桌面打开终端。

13. 输入 pyspark 进入 Python shell，如图 9.12 所示。要退出 Python shell，请键入 exit()。

图 9.11　（由 Mozilla Firefox 提供）　　　　　　　　　　图　9.12

14. 输入 spark-shell 进入 Scala Spark shell，如图 9.13 所示。要退出 Scala Spark shell，请键入 exit。

15. 从这里开始，我们描述运行 Spark 流单词计数应用程序的步骤，在该应用程序中，将交互地对单词计数。我们在 Scala Spark shell 中运行此应用程序。要以交互方式使用 Spark 流，我们需要使用至少两个线程运行 Scala Spark shell。要执行此操作，请键入 spark-shell--master local[2]，如图 9.14 所示。

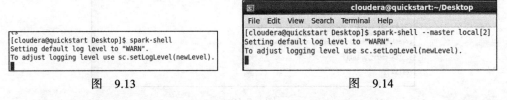

图　9.13　　　　　　　　　　　　　　　　　图　9.14

a）接下来，要运行流应用程序，我们需要逐个导入三个相关的类，如图 9.15 所示。

b）导入所需的类后，通过批处理（持续时间为 10 秒）创建 Spark 流上下文 sss，如图 9.16 所示。

c）创建离散化的流（DStream），这是 Spark 流中的基本抽象，以从端口 1111 读取文本，如图 9.17 所示。

```
scala> import org.apache.spark.streaming.StreamingContext
import org.apache.spark.streaming.StreamingContext

scala> import org.apache.spark.streaming.StreamingContext._
import org.apache.spark.streaming.StreamingContext._

scala> import org.apache.spark.streaming.Seconds
import org.apache.spark.streaming.Seconds

scala>
```

图　9.15

```
scala> val sss = new StreamingContext(sc,Seconds(10))
sss: org.apache.spark.streaming.StreamingContext = org.apache.spark.streaming.Streami
ngContext@40ea1fe
```

图　9.16

```
scala> val firststream = sss.socketTextStream("localhost",1111)
firststream: org.apache.spark.streaming.dstream.ReceiverInputDStream[String] = org.ap
ache.spark.streaming.dstream.SocketInputDStream@7fa649a
```

图　9.17

d）为了计算流中单词的出现次数，运行图 9.18 中显示的 MapReduce 代码。然后，使用 count.print() 命令以 10 秒为一批打印单词计数。

```
scala> val words = firststream.flatMap(_.split(" "))
words: org.apache.spark.streaming.dstream.DStream[String] = org.apache.spark.str
eaming.dstream.FlatMappedDStream@7d9f5f12

scala> val pairs = words.map(word => (word, 1))
pairs: org.apache.spark.streaming.dstream.DStream[(String, Int)] = org.apache.sp
ark.streaming.dstream.MappedDStream@61614d4e

scala> val count = pairs.reduceByKey(_+_)
count: org.apache.spark.streaming.dstream.DStream[(String, Int)] = org.apache.sp
ark.streaming.dstream.ShuffledDStream@60519731

scala> count.print()
```

图　9.18

e）此时，打开一个新的终端并运行命令 nc-lkv 1111，如图 9.19 右侧的终端所示。

图　9.19

f）要启动流上下文，请在 Spark shell 中运行 sss.start() 命令。这将导致 DStream SSS 与套接字（右侧端子）的连接，如图 9.20 所示。

g）在最后一步中，在 Spark shell 中运行 sss.awaitTermination()，并开始在右侧终端中键入一些单词，如图 9.21 所示。每隔 10 秒，将在 Spark shell 中计算单词计数对。

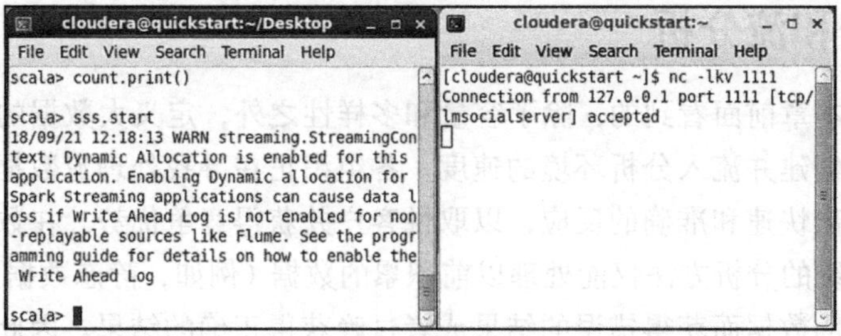

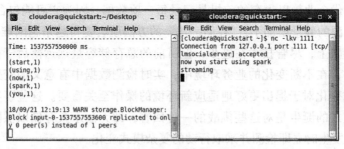

图　9.20

图　9.21

h）要停止该过程，请关闭右侧终端，然后在左侧终端中按 <CTRL+C>。

i）由于你可能希望再次运行该应用程序，因此此处列出了所有命令：

spark-shell –master local[2]

import org.apache.spark.streaming.StreamingContext

import org.apache.spark.streaming.StreamingContext._

import org.apache.spark.streaming.Seconds

val sss = new StreamingContext(sc,Seconds(10))

val firststream = sss.socketTextStream（"localhost"，1111)

val words = firststream.flatMap(_.split（" "))

val pairs = words.map(word => (word, 1))

val count = pairs.reduceByKey(_+_)

count.print()

sss.start()

sss.awaitTermination()

## ➡ 复习题

1. 与 Hadoop 相比，Spark 有哪些独特的特性？

2. 举例说明已经采用 Apache Spark 的公司，在网上寻找新的例子。

3. 运行本节中描述的练习。你从这个练习中学到了什么？

## 9.7 大数据和流分析

正如我们在本章前面看到的，除了容量和多样性之外，定义大数据的一个关键特征是速度，即数据被创建并流入分析环境的速度。各组织正在寻找处理流数据的新方法，以便对问题和机会做出快速和准确的反应，以取悦客户并获得竞争优势。在数据流快速连续生成的情况下，传统的分析方法仅能处理以前积累的数据（例如，静态数据），通常会因使用过多脱离上下文的数据而获得错误的结果或者过晚获得正确的结果。因此，对于许多业务情况来说，在数据创建和流入分析系统后立即分析数据是至关重要的。

绝大多数现代企业赖以生存的前提是记录每一项数据，因为它可能包含有价值的信息。不过，只要数据源的数量增加了，"存储一切"的方法就会变得越来越困难，在某些情况下甚至不可行。事实上，尽管技术在进步，但目前的总存储容量远远落后于世界上产生的数字信息量。此外，在不断变化的业务环境中，实时检测数据中有意义的变化以及给定短时间内的复杂模式变化对于提出更好地适应新环境的操作至关重要。这些事实催生了流分析范式。流分析范式的诞生是对这些挑战的一种回答，即无法永久存储以供随后分析的数据流，以及需要在发生时立即检测并采取行动的复杂模式变化。

流分析（也称为动态数据分析和实时数据分析等）通常指从连续流动的/流式数据中提取可操作信息的分析过程。流被定义为连续的数据元素序列（Zikopoulos 等，2013）。流中的数据元素通常称为元组。在关系数据库的意义上，元组类似于一行数据（一条记录、一个对象、一个实例）。然而，在半结构化或非结构化数据的上下文中，元组是表示数据包的抽象，可以将数据包描述为给定对象的一组属性。如果一个元组本身不能提供足够的信息用于分析或相关关系（或者需要元组之间的其他集体关系），那么将使用一个包含一组元组的数据窗口。一个数据窗口是一个有限数量/序列的元组，当新数据可用时，窗口将不断更新。窗口的大小是根据所分析的系统来确定的。流分析越来越受欢迎，原因有二。首先，行动时间已经成为一个不断减少的值；其次，我们有技术手段在数据创建时捕获和处理数据。

流分析的一些最具影响力的应用是在能源行业开发的，特别是针对智能电网（电力供应链）系统。新的智能电网不仅能够实时创建和处理多个数据流，以确定最优的电力分配，以满足客户的实际需求，而且能够生成准确的短期预测，旨在覆盖意外需求和可再生能源发电高峰。图 9.22 显示了能源行业（典型的智能电网应用程序）中流分析的通用用例。其目标是通过使用来自智能电表、生产系统传感器和气象模型的流数据，准确地实时预测电力需求和产量。预测在不久的将来，消费/生产趋势和实时检测异常可以用来优化供应决策（多少可供生产、生产使用的来源、优化调整生产能力）以及调整智能电表调节消费和有利的能源价格。

### 9.7.1 流分析与永久分析

对大多数人来说，"流"和"永久"这两个词可能很相似。然而，在智能系统的环境中，有一个区别（Jonas，2007）。流分析涉及实时观测的事务级逻辑。适用于这些观测的规则会考虑到以前的观测，只要它们发生在规定的窗口内，这些窗口具有任意大小（例如，最后 5 秒、最后 10 000 次观测）。另外，永久分析是根据所有之前的观测结果来评估每一个进入的观测结果，而之前的观测结果是没有窗口大小的。认识到新的观测与所有先前的观测之间的关系，有助于发现实时的洞察力。

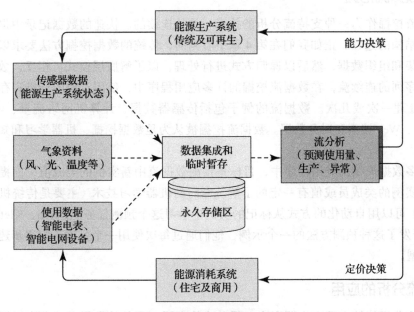

图 9.22　流分析在能源行业中的用例

流分析和永久分析各有利弊，在商业分析领域也各有其位置。例如，有时事务量大，决策时间太短，倾向于非持久性和较小的窗口大小，这时使用流分析。然而，当任务是关键的，交易量可以实时管理，那么永久分析是一个更好的选择。

## 9.7.2　关键事件处理

关键事件处理是一种捕获、跟踪和分析数据流的方法，以检测某些值得付出努力的事件（非正常事件）。复杂事件处理是流分析的一种应用，它将来自多个源的数据组合在一起，以在事件实际发生之前或发生时推断出感兴趣的事件或模式。目标是迅速采取行动来防止这些事件（例如，欺诈或网络入侵）的发生（或降低负面影响），或者在机会窗口很短的情况下，在允许的时间内充分利用形势（根据用户在电子商务网站上的行为，创建优惠使其更有可能回应）。

这些关键事件可能发生在组织的各个层次，如销售线索、订单或客户服务电话。或者，更广泛地说，它们可能是新闻条目、文本消息、社交媒体帖子、股票市场消息、交通报告、天气状况，或其他可能对组织的利益产生重大影响的异常情况。事件也可以被定义为"状态的改变"，它可以被检测为一个超过预先设定的时间、温度或其他值的测量值。尽管不能否认关键事件处理的价值主张，但是必须有选择性地度量什么、何时度量以及度量多久。关于事件的大量可用信息（有时称为事件云）有可能会被过度使用，在这种情况下可能会降低运营效率。

### 9.7.3 数据流挖掘

数据流挖掘作为一种支持流分析的技术，是从连续的、快速的数据记录中提取新的模式和知识结构的过程。正如我们在第 4 章中看到的，传统的数据挖掘方法要求以适当的文件格式收集和组织数据，然后以递归方式进行处理，以了解底层模式。相反，数据流是实例的有序序列的连续流，在数据流挖掘的许多应用程序中，使用有限的计算和存储能力只能读取 / 处理一次或几次。数据流的例子包括传感器数据、计算机网络流量、电话会话、ATM 交易、Web 搜索和财务数据。数据流挖掘被认为是数据挖掘、机器学习和知识发现的子领域。

在许多数据流挖掘应用程序中，目标是预测数据流中新实例的类或值，前提是对数据流中以前实例的类成员或值有一定的了解。专门的机器学习技术（主要是传统机器学习技术的派生）可以用自动化的方式从标记的实例中学习这个预测任务。Delen、Kletke 和 Kim（2005）开发了这种预测方法的一个示例，他们通过每次使用一个数据子集逐步建立和细化决策树模型。

### 9.7.4 流分析的应用

由于流分析能够立即产生洞察力，帮助决策者了解事件的发展，并允许组织在问题形成之前解决问题，因此流分析的使用呈指数级增长趋势。以下是一些已经从流分析中受益的应用领域。

#### 电子商务

亚马逊和 eBay 等公司都在努力最大限度地利用在客户访问其网站时所收集的数据。每一次访问页面、每一次查看产品、每一次搜索、每一次点击都被记录和分析，以最大化从用户访问中获得的价值。当我们访问电子商务网站时，只要点击几下商品，就能看到非常有趣的产品和捆绑价格优惠推送。在幕后，高级分析处理来自我们的点击和其他成千上万的点击的实时数据，"理解"我们对什么感兴趣，通过创造性的产品充分利用这些信息。

#### 电信

来自电信公司的通话详细记录（CDR）的数据量令人震惊。尽管这些信息已经被用于计费有相当长的一段时间了，但电信公司现在才意识到，在这些大数据中蕴含着丰富的知识。例如，可以对 CDR 数据进行分析，通过识别这些网络中的呼号者、影响者、领导者和追随者的网络，并根据这些信息采取主动行动，从而防止波动。我们都知道，影响者和领导者会改变他们的网络中的追随者对服务提供者的看法，无论是积极的还是消极的。利用社交网络分析技术，电信公司正在识别领导者和有影响力的人以及他们的网络参与者，以更好地管理客户群。除了流失分析，这些信息也可以用来招募新成员，以及最大化现有成员的价值。

来自 CDR 的连续数据流可以与社交媒体数据（情感分析）相结合，以评估营销活动的有效性。从这些数据流中获得的洞察力可以用于对这些活动中观察到的不利影响（可能导致客户流失）做出快速反应，或增强积极作用（可能导致现有客户最大限度地购买和招募新客户）的影响。此外，从 CDR 中获取信息的过程可以复制到使用互联网协议详细记录的数据网络中。由于大多数电信公司同时提供这两种服务，对所有服务和营销活动进行全面优化可能会带来非凡的市场收益。应用案例 9.6 是一个例子，说明 Salesforce.com 如何通过分析点击流更好地了解客户。

---

**应用案例 9.6　Salesforce 正在使用流数据来提升客户价值**

Salesforce 已经扩展了营销云服务，包括预测分数和被称为营销云预测之旅的预测受众功能。这个新功能使用实时流数据来提高在线客户参与度。首先，给客户一个独一无二的预测分数。这个分数是根据几个不同的因素计算出来的，包括浏览历史有多长、是否点击了一个电子邮件链接、是否购买了东西、花了多少钱、购买的时间有多长、是否曾经回复过电子邮件或广告活动。一旦客户有了分数，他们就会被分成不同的组。根据分配给这些组的预测行为，他们会被给予不同的营销目标和计划。分数和组每天都会更新，来为公司提供更好的路线图，以实现目标和预期的响应。这些营销解决方案更准确，并创造了更多个性化的方式使公司可以适应他们的客户保留方法。

**针对应用案例 9.6 的问题**

1. 在任何行业中，是否存在与流数据不相关的领域？
2. 除了客户保留，使用预测分析还有什么其他好处？

**我们能从这个应用案例中学到什么**

通过分析此时此地获得的数据，公司能够更快地对其客户做出预测和决策。这确保了企业瞄准、吸引和留住正确的客户，并使他们的价值最大化。上周获得的数据并不像今天的数据那样有益。利用相关数据使我们的预测分析更加准确和有效。

资料来源：M. Amodio. (2015). " Salesforce Adds Predictive Analytics to Marketing Cloud. Cloud Contact Center. " www.cloudcontactcenter zone.com/topics/cloud- contact-center/articles/413611- salesforce-adds-predictive-analytics-marketing-cloud.htm (ac-cessed October 2018). J. Davis. (2015). " Salesforce Adds New Predictive Analytics to Marketing Cloud. " *Information Week*. www.information week.com/big-data/big-data-analytics/salesforce-adds- new-predictive-analytics-to-marketing-cloud/d/d-id/1323201 (accessed October 2018). D. Henschen. (2016). " Salesforce Reboots Wave Analytics, Preps IoT Cloud. " *ZD Net*. www.zdnet.com/ article/ salesforce-reboots-wave-analytics-preps-iot-cloud/ (ac-cessed October 2018).

---

**执法及网络安全**

大数据流为改善犯罪预防、执法和加强安全提供了极好的机会。当涉及可以在空间中构建的安全应用程序时，它们提供了无与伦比的潜力，例如实时态势感知、多模式监视、网络安全检测、法律窃听、视频监视和人脸识别（Zikopoulos 等，2013）。作为信息保障，企业可以通过对网络日志和其他互联网活动监控资源的流分析来检测和防止网络入侵、网络攻击和恶意活动。

### 电力行业

由于智能电表的使用越来越多，电力公司收集的实时数据量呈指数级增长。从每月一次改为每 15 分钟一次（或更频繁），电表读数为电力公司积累了大量宝贵的数据。这些放置在电网周围的智能电表和其他传感器将信息发送回控制中心进行实时分析。这些分析有助于电力公司根据新消费者的使用和需求模式优化其供应链决策（例如，容量调整、分销网络选项、实时购买或销售）。此外，公用事业公司可以将天气和其他自然条件数据整合到分析中，以优化来自替代能源（如风能、太阳能）的发电，并更好地预测不同地理分布下的能源需求。类似的分析也适用于其他公用事业，如水和天然气。

### 金融服务

金融服务公司是大数据流分析能够提供更快更好的决策、竞争优势和监管监督的典型例子。在市场和国家之间以极低的延迟分析快节奏、高交易量的交易数据的能力，为在瞬间做出买入 / 卖出决定提供了巨大的优势，这种决定有可能转化为巨大的财务收益。除了最优的买入 / 卖出决策，流分析还可以帮助金融服务公司在实时交易监控中发现欺诈和其他非法活动。

### 健康科学

现代医疗设备（如心电图和测量血压、血氧水平、血糖水平和体温的设备）能够以非常快的速度产生宝贵的流诊断 / 感觉数据。利用这些数据并实时地进行分析可以带来好处——我们通常称之为"生与死"，这与其他领域不同。除了帮助医疗保健公司变得更有效和高效（从而提高竞争力和利润），流分析也在改善病人的健康状况和挽救生命。

世界各地的许多医疗系统正在开发未来的护理基础设施和卫生系统。这些系统的目的是充分利用技术所能提供的东西。使用能够以非常快的速度生成高分辨率数据的硬件设备，再加上能够协同分析多个数据流的超高速计算机，通过快速检测异常来提高患者治愈的概率。这些系统旨在帮助人类决策者做出更快、更好的决策，方法是在大量信息可用时尽快将问题暴露出来。

### 政府

世界各国的政府都在努力寻找提高效率（通过优化利用有限的资源提供人们需要的服务）的方法。随着电子政府的实践成为主流，再加上社交媒体的广泛使用和访问，大量数据由政府机构处理。正确和及时地使用这些大数据流在形势发展时做出反应，使主动和高效的机构有别于那些仍在使用传统方法的机构。政府机构可以利用实时分析能力的另一种方式是通过监视来自雷达、传感器和其他智能探测设备的数据流来管理自然灾害，如暴风雪、飓风、龙卷风和野火。还可以使用类似的方法来监测水质、空气质量和消费模式，并在异常发展成重大问题之前进行检测。政府机构使用流分析的另一个领域是拥挤城市的交通管理。通过使用来自交通流摄像机的数据、来自商用车辆的 GPS 数据，以及嵌入道路中的交通传感器，政府机构能够改变交通灯序列和交通流车道，以减轻交通拥堵问题。

> ➤ **复习题**
>
> 1. 什么是流（在大数据世界中）？
> 2. 流分析的动机是什么？
> 3. 什么是流分析？它与常规分析有何不同？
> 4. 什么是关键事件处理？它与流分析有什么关系？
> 5. 定义数据流挖掘。数据流挖掘还带来了哪些挑战？
> 6. 什么是流分析最有成效的行业？
> 7. 如何在电子商务中使用流分析？
> 8. 除了本节列出的内容外，你还能想到其他可以使用流分析的行业和应用领域吗？
> 9. 与常规分析相比，你认为流分析在大数据分析时代会有更多（或更少）的用例吗？为什么？

## 9.8　大数据提供商和平台

大数据提供商的发展非常迅速，正如许多新兴技术的情况一样，甚至术语也会改变。许多大数据技术或解决方案提供商已将自己重新命名为人工智能提供商。在本节中，我们将先概述大数据提供商的几个类别，然后简要描述一个提供商的平台。

研究大数据提供商和平台的一个方法是回到第 1 章的分析生态系统（见图 1.17）。如果我们专注于分析之花的一些最基本的方面，我们可以看到一些种类的大数据平台产品。更详细的大数据 / 人工智能提供商分类也包括在 Matt Turck 的大数据生态系统博客和 http://mattturck.com/wp-content/uploads/2018/07/Matt_Turck_FirstMark_Big_Data_Landscape_2018_Final_reduced-768x539.png（2018 年 10 月访问）上的相关图片中。读者应该经常访问这个网站，以获得大数据生态系统的最新版本。

就技术提供商而言，有一件事是肯定的：每个人都希望在技术支出这块蛋糕中分得更大的份额，因此愿意提供每一项技术，或者与另一个提供商合作，这样客户就不会考虑竞争对手的产品。因此，许多公司似乎通过添加合作伙伴提供的功能或与合作伙伴协作来相互竞争。此外，总是有重大的合并 / 收购活动。最后，随着平台的发展，大多数提供商不断更改其产品的名称。这使得这个特定的部分可能比人们想象得更早被废弃。可以通过一种高度聚合的方式对大数据提供商进行分类：

- ❑ 基础设施服务提供商。
- ❑ 分析解决方案提供商。
- ❑ 传统 BI 提供商转向大数据。

### 9.8.1 基础设施服务提供商

大数据基础设施最初是由来自雅虎和 Facebook 的两家公司开发的。许多提供商已经开发了自己的 Hadoop 发行版，大多数基于 Apache 开源发行版，但是带有不同级别的私有定制。两个市场领导者是 Cloudera（cloudera.com）和 Hortonworks（hortonworks.com）。Cloudera 是由大数据专家发起的，包括 Hadoop 的创造者 Doug Cutting 和前 Facebook 数据科学家 Jeff Hammerbacher。Hortonworks 是从雅虎剥离出来的。这两家公司在 2018 年 10 月宣布计划合并为一家公司，提供一整套大数据服务。合并后的公司将能够提供大数据服务，并能够与所有其他主要提供商竞争和合作。这使得它可能成为 Hadoop 发行版最大的独立提供商，提供内部的 Hadoop 基础设施、培训和支持。MapR（mapr.com）提供了自己的 Hadoop 发行版，它用自己的专有网络文件系统（NFS）来补充 HDFS，以提高性能。同样，戴尔收购 EMC 是为了提供自己的大数据内部发行版。还有许多其他提供商也提供类似的平台。

另一类为客户添加增值服务的 Hadoop 分销商是 Datastax、Nutanix、VMWare 等公司。这些公司提供各种类型的 NoSQL 的商业支持版本。例如，DataStax 提供了 Cassandra 的商业版本，其中包括企业支持和服务，以及与 Hadoop 和开源企业搜索的集成。许多其他公司提供了 Hadoop 连接器和补充工具，目的是让开发人员更容易地在 Hadoop 集群中移动数据。

下一类主要基础设施提供商是大型云提供商，如 Amazon Web Services、Microsoft Azure、Google Cloud 和 IBM Cloud。所有这些公司都提供存储和计算服务，但都投入巨资提供大数据和人工智能技术。例如，Amazon AWS 包括 Hadoop 和许多其他大数据/人工智能功能（例如 Amazon Neptune）。Azure 是许多分析提供商的流行云提供商，但 Azure 也提供自己的机器学习和其他功能。IBM 和谷歌也提供类似的云服务，但也提供主要的数据科学/人工智能服务，如 IBM Watson analytics 和 Google Tensor Flow、AutoML 等。

### 9.8.2 分析解决方案提供商

大数据栈的分析层也在经历重大的发展。毫不奇怪，所有主要的传统分析和数据服务提供商都将大数据分析功能纳入了它们的产品。例如，Dell EMC、IBM Big Insights（现在是 Watson 的一部分）、Microsoft Analytics、SAP 的 Hanna、Oracle Big Data 和 Teradata 都将 Hadoop、流媒体、物联网和 Spark 功能集成到了它们的平台中。IBM 的 BigInsights 平台基于 Apache Hadoop，但包含许多专有模块，包括 Netezza 数据库、InfoSphere Warehouse、Cognos 商务智能工具和 SPSS 数据挖掘功能。它还提供了 IBM 的 InfoSphere Streams，这是一个用于流式传输大数据分析的平台。随着"沃森分析"品牌的成功，IBM 已经把它的许多分析产品和大数据产品（尤其是在"沃森"品牌下）整合到了一起。类似地，Teradata Vantage 实现了大数据环境中许多常用的分析功能。

此外，如前所述，大多数这些平台也可以通过它们自己的以及公共云提供商访问。我们没有展示所有平台的软件细节（无论如何它们都非常相似），而是在技术洞察 9.3 中展示了 Teradata 的最新产品 Teradata Vantage 的使用。

---

**技术洞察 9.3** **一个大数据技术平台：Teradata Vantage**

**介绍**

这一描述改编自 Teradata（特别是 Sri Raghavan）提供的内容。Teradata Vantage 是一种先进的分析平台嵌入分析引擎和功能，可以实现与首选数据科学语言（如 SQL、Python、R）和工具（如 Teradata Studio、Teradata AppCenter、R Studio、Jupyter Notebook）在任何类型的数据量不同分析角色（例如，数据科学家、公民数据科学家、业务分析师）跨多个环境（本地、私有云、公共云市场）。理解 Vantage 有五个重要的概念部分：分析引擎和功能、数据存储和访问、分析语言和工具、部署和使用。图 9.23 说明了 Vantage 的总体架构以及它与其他工具之间的关系。

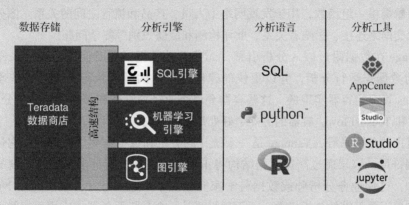

图 9.23 Teradata Vantage 的架构（资料来源：Teradata Corp）

**分析引擎与函数**

分析引擎是一个全面的框架，它包含了所有的软件组件，这些组件被很好地集成到一个容器中（例如，Docker），以交付高级的分析功能，这些功能可以通过一组定义良好的用户角色来实现。分析引擎的组成部分包括：

- ❑ 高级分析功能。
- ❑ 访问可以获取多种类型的数据存储的点。
- ❑ 集成到可视化和分析工作流工具中。
- ❑ 内置管理和监控工具。
- ❑ 具有高度可扩展性和性能的环境。

拥有一个分析引擎是有利的，因为它提供了一个可以从数据存储中分离出来的容器化计算环境。此外，可以为特定角色（例如，DS、业务分析师）的访问和使用定制分析引擎。

Vantage 第一版本中有三个分析引擎：NewSQL 引擎、机器学习引擎和图形引擎。

**NewSQL 引擎**包含嵌入式分析函数。Teradata 将继续为运行分析所需的高速分析处理添加更多的功能。NewSQL 引擎中的新功能包括：

- ❑ nPath
- ❑ 会话化
- ❑ 归因
- ❑ 时间序列
- ❑ 4D 分析
- ❑ 评分函数（如朴素贝叶斯、GLM、决策森林）

**机器学习引擎**提供了 120 多个预构建的分析功能，用于路径、模式、统计和文本分析，以解决一系列业务问题。功能范围包含理解情感和预测部分故障分析等。

**图引擎**提供一组函数，用于发现网络中人员、产品和流程之间的关系。图分析解决了诸如社交网络连接、影响者关系、欺诈检测和威胁识别等复杂问题。

Vantage 在数据附近嵌入分析引擎，无须移动数据，同时用户无须采样即可针对更大的数据集运行分析，并以更快的速度和更高的频率执行模型。这是通过使用 Kubernetes 管理的容器实现的，这些容器允许企业轻松管理和部署新的尖端分析引擎，如 Spark 和 TensorFlow。容器的另一个好处是能够横向扩展引擎。

从用户的角度来看，Vantage 是一个统一的分析和数据框架。在后台，它包含一个跨引擎编排层，该层通过高速数据结构将正确的数据和分析请求输送到正确的分析引擎。例如，这使业务分析师或数据科学家能够在单个应用程序（如 Jupyter Notebook）中调用来自不同引擎的分析函数，而无须忍受从一个分析服务器或应用程序跳到另一个分析服务器或应用程序带来的麻烦。结果是一个紧密集成的分析实现，不受功能或数据孤岛的限制。

- ❑ 数据存储和访问：Teradata Vantage 附带一个内置的 Teradata MPP 数据库。此外，高速数据结构（Teradata QueryGrid 和 Presto）将平台连接到外部数据源，这些数据源包括第三方企业数据仓库（如 Oracle）、开源数据平台（如 Hadoop）和非 SQL 数据库（如 Cassandra）等。数据支持的范围从关系、空间和时态到 XML、JSON、Avro 和时间序列格式。
- ❑ 分析语言和工具：Teradata Vantage 的建立是基于这样的认识，即数据科学家和业务分析师等分析专业人士需要一套不同的语言和工具来处理大量数据，以交付分析见解。Vantage 包括 SQL、R 和 Python 等语言，可以通过 Teradata Studio、R Studio 和 Jupyter Notebook 在这些语言上执行分析功能。
- ❑ 部署：Vantage 平台跨部署选项提供了相同的分析处理，包括 Teradata 云和公共云，以及在 Teradata 硬件或普通硬件上的本地安装。它也可以作为服务使用。

❑ 用途：Teradata Vantage 将用于多个分析角色。SQL 的易用性确保了公民数据科学家和业务分析师能够实现集成到分析引擎中的预构建分析功能。调用 Teradata支持的包（如 dplyr 和 teradataml）的能力确保了熟悉 R 和 Python 的数据科学家可以在平台上分别通过 R Studio 和 Jupyter Notebook 执行分析包。不擅长执行程序的用户可以调用编译成应用程序的分析函数，这些分析函数已被编入Teradata AppCenter 的应用程序中。Teradata AppCenter 是一种可用于 Vantage 的应用程序构建框架，可以提供引人注目的可视化效果，如 Sankey、Tree、Sigma图或词云。

❑ 用例：一家全球零售商的网站未能向潜在买家提供搜索结果。由于网上购物占总销售额的 25%，不准确的搜索结果对客户体验和底线产生了负面影响。该零售商实现了 Teradata 机器学习算法，可以在 Teradata Vantage 中找到，用于积累、解析和分类搜索项和短语。这些算法提供了识别与在线客户需求密切匹配的搜索结果所需的答案。这导致在两个月的假期期间，来自高价值客户的收入增加了 130 多万美元（以购买量衡量）。

## 9.8.3  整合大数据的 BI 提供商

我们注意到几个主要的 BI 软件提供商，它们将大数据技术整合到自己的产品中。在这个领域需要注意的主要名称包括 SAS、Microstrategy 和它们的同行。例如，SAS Viya 声称要对大量数据执行内存分析。数据可视化专家 Tableau 软件在其产品套件中加入了 Hadoop和下一代数据仓库连接。相对较新的公司（如 Qlik 和 Spotfire）也在调整它们的产品以包含大数据功能。

应用案例 9.7 展示了一个大数据项目的示例，其中除了从谷歌和 Twitter 提取数据外，还使用了 IBM 和 Teradata 分析软件功能。

**应用案例 9.7  利用社交媒体预测流感活动**

传染病给美国公共卫生系统带来了巨大的负担。20 世纪 70 年代末 HIV/AIDS 的流行、2009 年 H1N1 流感的流行、2012～2013 年冬季 H3N2 流感的流行、2015 年埃博拉病毒的暴发、2016 年寨卡病毒的恐慌，都证明了人类对这些传染病的易感性。事实上每年流感暴发都以各种形式发生，并造成带来各种影响的后果。据报告，季节性流感在美国每年造成的影响平均为 610 660 个生命损失、310 万住院天数、3140 万门诊人次和总计 871 亿美元的经济负担。由于这一增长趋势，近年来出现了新的数据分析技术和能够检测、跟踪、绘图和管理这类疾病的技术。特别是，数字监测系统在发现公共卫生服务模式和将这些发现转化为可采取的战略方面展示出了潜力。

该项目证明了社交媒体可以作为一种早期发现流感暴发的有效方法。我们使用一个大数据平台利用 Twitter 数据来监测美国的流感活动。我们的大数据分析方法包括时间、空间和文本挖掘。在时间分析中，我们检验了 Twitter 是否数据确实可以用于流感暴发的临近预报。在空间分析中我们将流感暴发映射到 Twitter 数据的地理空间属性，以识别流感热点。通过文本分析来识别推文中提到的流感流行症状和治疗方法。

IBM InfoSphere BigInsights 平台被用来分析两组流感活动数据：Twitter 数据被用来监测美国的流感疫情，CernerHealthFacts 数据库被用来跟踪真实世界的临床遭遇。使用 Twitter 流 API 从 Twitter 上抓取大量与流感相关的推文，然后将其放入 Hadoop 集群中。成功导入数据后，使用 JSON 查询语言（JAQL）工具操作和解析半结构化 JSON 数据。然后利用 Hive 对文本数据进行表格化，分离信息，在 R 中进行时空位置分析和可视化。整个数据挖掘过程使用 MapReduce 函数实现。我们使用 BigR 包在存储在 HDFS 中的数据上提交 R 脚本。BigR 包使我们能够从 HDFS 的并行计算和执行 MapReduce 操作中获益。谷歌的 Maps API 库被用作一个基本的映射工具来可视化推文位置。我们的研究结果表明，整合社交媒体和医疗记录可以对现有的监测系统提供有价值的补充。我们的研究结果证实，社交媒体上与流感相关的流量与流感的实际暴发密切相关。其他研究人员也证明了这一点（St Louis & Zorlu，2012；Broniatowski 等，2013）。

我们进行了时间序列分析，以获得这两个趋势之间的时空交叉相关性（91%），并观察到临床流感病例滞后于在线帖子。此外，我们的位置分析揭示了几个公共位置，大多数推文都来自这些位置。这些发现可以帮助卫生官员和政府在疫情期间开发更准确、更及时的预测模型，并告知个人在这段时间内应避免前往的地点。

**针对应用案例 9.7 的问题**

1. 为什么社交媒体能够作为流感暴发的早期预测者？
2. 还有哪些变量可能有助于预测此类疫情？
3. 为什么使用本章提到的大数据技术来解决这个问题是一个好方法？

资料来源：A. H. Zadeh, H. M. Zolbanin, R. Sharda, & D. Delen. (2015). "Social Media for Nowcasting the Flu Activity: Spatial-Temporal and Text Analysis." *Business Analytics Congress, Pre-ICIS Conference*, Fort Worth, TX. D. A. Broniatowski, M. J. Paul, & M. Dredze. (2013). "National and Local Influenza Surveillance through Twitter: An Analysis of the 2012–2013 Influenza Epidemic." *PloS One*, 8(12), e83672. P. A. Moran. (1950). "Notes on Continuous Stochastic Phenomena." *Biometrika*, 17–23.

应用案例 9.8 演示了 Teradata Vantage 的另一个应用，其中部署了先进的网络分析功能来分析来自大型电子病历数据仓库的数据。

**应用案例 9.8　从电子病历数据仓库分析疾病模式**

俄克拉荷马州立大学卫生系统创新中心获得了 Cerner 公司提供的一个大型数据仓库，以帮助开发分析应用程序。Cerner 公司是一家主要的电子病历（EMR）提供商。该数据仓库包含了 2000～2015 年美国医院 5000 多万名独立患者的电子病历。它是最大的也是业界唯一的关系型数据库，包括与药房、实验室、临床事件、入院和账单数据相关的综合记录。该数据库还包括超过 24 亿份实验室结果和超过 2.95 亿份按名称和品牌排列的近 4500 种药物订单。它是此类去标识的、真实世界的、符合 HIPAA 的数据的最大汇编之一。

EMR 可用于开发多个分析应用程序。一种应用是根据患者并发疾病的信息来了解疾病之间的关系。当一个病人患有多种疾病时，这种情况称为共病（comorbidity）。不同人群的共病可能不同。在一项应用（Kalgotra 等，2017）中，作者研究了不同性别人群共病的健康差异。

为了比较共病，作者采用了网络分析法。网络由一组定义好的节点组成，这些节点通过边相互链接，边表示节点之间的关系。一个非常常见的网络示例是一个友谊网络，在这个网络中，如果两个人是朋友，他们就会互相连接。其他常见的网络有计算机网络、网页网络、道路网络和机场网络。为了比较共病，建立了男性和女性的诊断网络。每个病人一生中所患疾病的信息被用来建立一个共病网络。分析中使用了 1200 万女性患者和 990 万男性患者的数据。为了管理如此庞大的数据集，使用了 Teradata Aster 大数据平台。为了提取和准备网络数据，使用了 Aster 支持的 SQL、SQL- MR 和 SQL-GR 框架。为了可视化网络，使用了 Aster AppCenter 和 Gephi。

图 9.24 为女性和男性共病网络。在这两个网络中，节点代表不同的疾病，分类依据为 ICD-9-CM，并在三位数级别聚合。根据 Salton 余弦指数计算出的相似度，将两种疾病联系起来。节点越大，该疾病的共病越严重。女性的共病网络比男性的更密集。女性共病网络的节点和边缘数量分别为 899 和 14 810，而男性共病网络的节点和边缘数量分别为 839 和 12 498。可视化图形显示了男性和女性患者疾病发展模式的差异。具体来说，女性比男性更容易患精神疾病。另外，对于某些疾病与脂质代谢和慢性心脏疾病之间的联系，男性比女性更强。这种健康差异为生物学、行为学、临床和政策研究提出了课题。

传统的数据库系统在高效处理如此庞大的数据集时将会不堪重负。Teradata Aster 使包含数百万条记录信息的数据分析变得相当快速和简单。网络分析常被认为是分析大数据集的一种方法。它有助于理解一张图片中的数据。在这个应用案例中，共病网络通过一个图形解释了疾病之间的关系。

**针对应用案例 9.8 的问题**

1. 性别间健康差异背后的原因可能是什么？
2. 网络的主要组成部分是什么？
3. 在这个应用案例中应用了什么类型的分析？

资料来源：Kalgotra, P., Sharda, R., & Croff, J. M. (2017). Examining health disparities by gender: A multimorbidity network analysis of electronic medical record. *International Journal of Medical Informatics,* 108, 22–28.

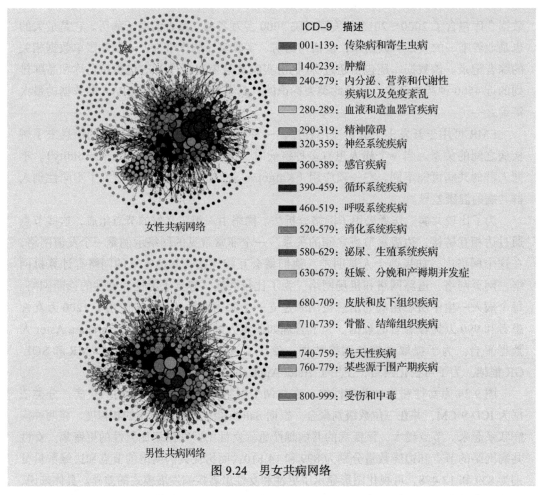

| ICD-9 | 描述 |
|---|---|
| 001-139: | 传染病和寄生虫病 |
| 140-239: | 肿瘤 |
| 240-279: | 内分泌、营养和代谢性疾病以及免疫紊乱 |
| 280-289: | 血液和造血器官疾病 |
| 290-319: | 精神障碍 |
| 320-359: | 神经系统疾病 |
| 360-389: | 感官疾病 |
| 390-459: | 循环系统疾病 |
| 460-519: | 呼吸系统疾病 |
| 520-579: | 消化系统疾病 |
| 580-629: | 泌尿、生殖系统疾病 |
| 630-679: | 妊娠、分娩和产褥期并发症 |
| 680-709: | 皮肤和皮下组织疾病 |
| 710-739: | 骨骼、结缔组织疾病 |
| 740-759: | 先天性疾病 |
| 760-779: | 某些源于围产期疾病 |
| 800-999: | 受伤和中毒 |

女性共病网络

男性共病网络

图 9.24 男女共病网络

如前所述，本节的目标是突出大数据技术领域的一些参与者。除了前面列出的提供商之外，还有数百个其他提供商，以及非常具体的行业应用程序。我们建议你访问 http://mattturck.com/bigdata2018/（2018 年 10 月访问），查看 Matt Turck 更新的生态系统图中展示的公司。

### ➠ 复习题

1. 列举一些关键的大数据技术提供商（它们的主要关注点是内部的 Hadoop 平台）。
2. 大数据提供商的前景有什么特别之处？谁是重要参与者？
3. 搜索并找到云提供商的分析产品和特定云平台上的分析提供商之间的关键相似处和差异。
4. 像 Teradata Vantage 这样的平台有哪些特征？

## 9.9 云计算和业务分析

业务分析用户应该注意的另一个新兴技术趋势是云计算。美国国家标准与技术研究院

（NIST）将云计算定义为"一种模型，它支持对可配置计算资源（例如网络、服务器、存储和服务）的共享池进行方便的、按需的网络访问，这些资源可以用最少的管理工作或服务提供者交互来快速供应和发布"。维基百科将云计算定义为"一种计算风格，在这种风格中，通过互联网提供可动态伸缩的、通常是虚拟的资源。用户不需要了解、体验或控制云中的技术基础设施"。这个定义是广泛和全面的。在某些方面，云计算是许多以前的相关趋势的新名称：效用计算、应用程序服务提供商网格计算、按需计算、软件即服务（SaaS），甚至是更老的、带有哑终端的集中式计算。但是，术语"云计算"源于将互联网指代为"云"，它代表了以前所有共享 / 集中计算趋势的演变。维基百科条目还指出云计算是作为服务的几个 IT 组件的组合。例如，基础设施即服务（IaaS）指提供计算平台即服务（PaaS），以及所有的基本平台供应，如管理、管理、安全等。它还包括 SaaS，其中包括通过 Web 浏览器交付的应用，其数据和程序位于其他服务器上。

尽管我们通常不会将基于 Web 的电子邮件视为云计算的一个示例，但它可以被视为一个基本的云应用程序。通常，电子邮件应用程序存储数据（电子邮件消息）和软件（让我们处理和管理电子邮件的电子邮件程序）。电子邮件提供者还提供硬件 / 软件和所有基本基础设施。只要互联网可用，人们就可以从云中的任何地方访问电子邮件应用程序。当电子邮件提供者更新应用程序时（例如，当 Gmail 更新其电子邮件应用程序时），所有用户都可以使用它。像 Facebook、Twitter 和 LinkedIn 这样的社交网站也是云计算的例子。因此，任何基于 Web 的通用应用程序在某种程度上都是云应用程序的一个示例。另一个通用云应用程序的例子是谷歌文档和电子表格。这个应用程序允许用户创建存储在谷歌服务器上的文本文档或电子表格，用户可以在任何地方访问互联网。同样，不需要安装任何程序，因为"应用程序在云中"。存储空间也"在云中"。即使是微软最受欢迎的 Office 应用程序也都可以在云中使用，用户不需要下载任何软件。

云计算的一个很好的通用业务示例是亚马逊的 Web 服务。亚马逊为电子商务、商务智能、客户关系管理和供应链管理开发了令人印象深刻的技术基础设施。它建立了大型数据中心来管理自己的业务。然而，通过亚马逊的云服务，许多其他公司可以利用这些相同的设施来获得这些技术的优势，而不必进行类似的投资。与其他云计算服务一样，用户可以按需付费订阅任何设施。这种允许其他人拥有硬件和软件，但按使用次数付费使用设施的模式是云计算的基石。许多公司提供云计算服务，包括 Salesforce.com、IBM Cloud、Microsoft Azure、谷歌、Adobe 等。

就像许多其他 IT 趋势一样，云计算在分析方面产生了新的产品。这些选项允许组织扩展其数据仓库，并且仅为其使用的内容付费。基于云的分析服务的最终用户可以将一个组织用于分析应用程序，然后再将另一个公司用于平台或基础设施。接下来的几段总结了云计算和 BI/ 业务分析接口的最新趋势。其中的一些陈述来自 Haluk Demirkan 和本书的合著者之一的一篇早期论文（Demirkan & Delen，2013）。

图 9.25 展示了一个面向服务的决策支持环境的概念架构，即一个基于云的分析系统。该图将基于云的服务叠加在前几章介绍的通用分析架构之上。

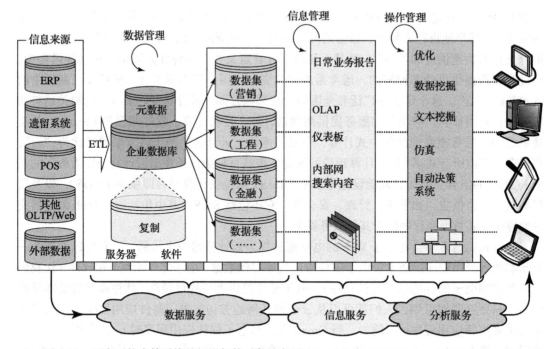

图 9.25 面向云的支持系统的概念架构（资料来源：Demirkan, H., & Delen, D. (2013, April). Leveraging the capabilities of service-oriented decision support systems: Putting analytics and Big Data in cloud. *Decision Support Systems*, 55(1), 412–421.）

在面向服务的决策支持解决方案中，操作系统、数据仓库、在线分析处理和最终用户组件可以单独或捆绑获得，并作为服务提供给用户。所有这些服务都可以通过云获得。由于云计算领域正在快速发展和快速增长，各种供应商和用户使用的术语非常混乱。这些标签不同于基础设施、平台、软件、数据、信息和分析服务。在下面，我们将定义这些服务，然后对现有的技术平台进行总结，并通过应用案例突出各自的应用。

### 9.9.1 数据即服务

数据即服务（DaaS）的概念基本上倡导这样的观点："数据所在的位置"——数据所在的实际平台——并不重要。数据可以驻留在本地计算机中，也可以驻留在云计算环境中的服务器场的服务器中。

使用 DaaS，任何业务流程都可以在其驻留的任何地方访问数据。"数据即服务"始于这样一个概念，即数据质量可以发生在一个集中的地方，清理和丰富数据，并将其提供给不同的系统、应用程序或用户，而不管它们在组织、计算机或网络中的什么位置。现在这已经被主数据管理和客户数据集成解决方案所取代，在主数据管理和客户数据集成解决方案中，客户（或产品、资产等）的记录可以驻留在任何地方，并且可以作为服务提供给具有访问权限的任何应用程序，通过将一组标准转换应用于各种数据源（例如，确保包含不同符号样式的

性别字段 [ 例如，先生 / 女士 ] 全部翻译成男 / 女)，然后使应用程序能够通过开放标准（如 SQL、XQuery 和 XML）访问数据，服务请求者可以访问数据，而不受供应商或系统的限制。

使用 DaaS，客户可以快速移动，这要归功于数据访问的简单性，以及他们不需要对底层数据有广泛的了解。如果客户需要稍微不同的数据结构或具有特定于位置的需求，则很容易实现，因为更改很少（敏捷性）。其次，提供者可以与数据专家一起建立基础，并将分析或表示层（这允许非常廉价的用户界面，并使表示层的更改请求更加可行）外包出去，并且通过数据服务来控制对数据的访问。它倾向于提高数据质量，因为只有一个更新点。

## 9.9.2 软件即服务

软件即服务（SaaS）允许消费者使用运行在云基础设施中的远程计算机上的应用程序和软件。消费者不必担心管理底层云基础设施，只需为软件的使用付费。我们需要的只是一个 Web 浏览器或移动设备上的一个应用程序来连接到云。Gmail 是 SaaS 的一个例子。

## 9.9.3 平台即服务

使用平台即服务（PaaS），公司可以将其软件和应用程序部署到云中，以便客户可以使用它们。公司不需要管理在类似云的网络、服务器、存储或操作系统中管理应用程序所需的资源。这减少了运行软件的基础架构的维护成本，也节省了建立这个基础架构的时间。现在，用户可以专注于他们的业务，而不是专注于管理运行他们的软件的基础设施。PaaS 的例子有 Microsoft Azure、Amazon EC2 和 Google App Engine。

## 9.9.4 基础设施即服务

在基础设施即服务（IaaS）中，网络、存储、服务器和其他计算资源等基础设施资源被提供给客户公司。客户可以运行他们的应用程序，并拥有使用这些资源的管理权限，但不管理底层基础设施。客户必须为基础设施的使用付费。这方面的一个很好的例子是 Amazon.com 的 Web 服务。亚马逊开发了令人印象深刻的技术基础设施，包括数据中心。其他公司可以按使用次数付费使用亚马逊的云服务，而无须进行类似的投资。所有主要的云提供商（如 IBM、微软、谷歌等）都提供类似的服务。

我们应该注意到，在云术语的使用中存在大量的混乱和重叠。例如，一些供应商还添加了信息即服务（IaaS），这是 DaaS 的扩展。显然，这个 IaaS 不同于前面描述的基础设施即服务。我们的目标是认识到为了管理分析应用程序，组织可以订阅的服务级别有所不同。图 9.26 突出显示了客户端在三种主要云产品中使用的服务订阅级别。SaaS 显然是客户端可以获得的最高级别云服务。例如，在使用 Office 365 时，组织使用软件即服务。客户端只负责输入数据。许多分析服务应用程序也属于这一类。此外，一些分析服务提供商可能会转而使用亚马逊的 AWS 或 Microsoft Azure 等云来为最终用户提供服务。我们将很快看到此类服务的示例。

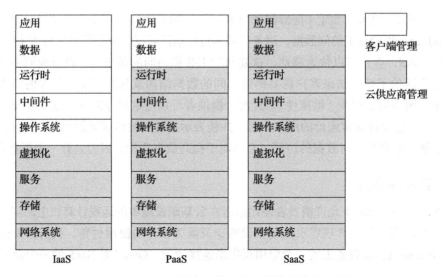

图 9.26 适用于不同类型的云产品的技术堆栈即服务

## 9.9.5 云计算的基本技术

**虚拟化** 虚拟化是操作系统或服务器等虚拟版本的创建。虚拟化的一个简单例子是对硬盘驱动器进行逻辑划分，在计算机中创建两个单独的硬盘驱动器。虚拟化可以应用于三个计算领域：

- ❏ **网络虚拟化**：将可用带宽划分为通道，通过将网络划分为可管理的部分来掩盖网络的复杂性。然后可以实时地将每个带宽分配给特定的服务器或设备。
- ❏ **存储虚拟化**：将物理存储从多个网络存储设备汇集到单个存储设备中，可以从中央控制台对其进行管理。
- ❏ **服务器虚拟化**：物理服务器对服务器用户的屏蔽。用户不必管理实际的服务器或了解服务器资源的复杂细节。

这种虚拟化水平上的差异与云服务的使用直接相关。

应用案例 9.9 演示了云技术的应用，它支持移动应用程序，并允许显著减少信息通信错误。

---

**应用案例 9.9** **西海岸的主要公用事业公司使用云移动技术提供实时事件报告**

历史上，公用事业公司和急救人员之间的通信一直是通过电话或双向无线电进行的。其中一些通信对象是现场的急救人员，另一些是派遣或急救组织的其他单位。当公众看到球场上发生的事故时，他们通常会拨打 911，这就是第一反应者。调度中心将离现场最近的急救人员送到现场，急救人员通过无线电或手机呼叫中心，让他们知道现场的实际情况。然后调度中心将事件调配到适当的公用事业公司，然后由公用事业公司将自己的团队发送到现场进行进一步处理。这还要求将准确的位置从现场传送到调度中心，以及从现场传送到公用事业公司——如果事故发生地点不在特定地址（例如，沿着高速公路，位于空旷地区，等等），这就特别具有挑战性。公用事业公司还需要让调度中心知道自己的员工的状态。这些信息也必须传达给现场的第一反应者。这一过程在很大程度上依赖于信息的口头交流，然后传达给一个或多个接收者，信息也沿着同一条链来回流动。所有这些都会导致交流混乱和信息不完整，在紧急情况下会浪费宝贵时间。

西海岸一家主要的公用事业公司在利用技术解决传统问题方面处于领先地位，该公司认为，许多这些挑战都可以通过使用云移动技术以更及时的方式更好地共享信息来解决。该公司覆盖的区域包括人口密集的城市和偏远的农村社区，其间还有绵延数英里的沙漠、国家公园等。

考虑到大多数人都有智能手机或平板电脑，该公司选择了 Connixt 的 iMarq 移动套件来提供一个简单易用的移动应用程序，允许第一反应者为现场发生的任何事故提供说明。该技术还可以让第一反应者知晓公用事业公司就该事件的响应状态。

由于在覆盖范围内有 2 万多名第一反应者，降低使用障碍是一个特别重要的因素。"从历史上看，改善与外部组织的沟通是困难的，"Connixt 公司联合创始人兼首席执行官 G. Satish 说，"对于这种部署来说，对简单性的关注是它成功的关键。"

第一反应者被邀请下载并自行注册该应用程序，一旦该应用程序授予访问权限，他们就可以使用自己的平板电脑或智能手机报告事故。第一反应者简单地使用一个下拉菜单从一个预先配置的事件列表中挑选，轻击一个选项来指示他们是否会在现场等待，并附上带有记号的照片——所有这些都通过点击几次设备来完成。该公司接收事件通知，查看时间和地理信息（不再混淆地址），并更新响应。这个响应被发送给第一反应者，并在应用程序中进行维护。

简单的解决方案使它容易上手。第一反应者使用自己的手机或平板电脑，用自己习惯的方式交流，简单而有效地提供所需的信息。他们可以看到该公司更新当前状态。这样可以最大限度地避免错过或混淆电话信息。还可以选择使用语音到文本转换等方式录制语音备忘录。

云技术在这种情况下特别有用——部署更快，没有与硬件采购、安装和适当备份相关的问题。Connixt 的基于云的移动扩展框架（MXF）是为快速配置和部署而设计的，配置在云中完成，一旦配置完成，应用程序就可以下载和部署了。更重要的是，MXF支持对表单和流程进行简单的修改——例如，如果实用程序需要向事件下拉列表添加额外的选项，只需在 MXF 中添加一次即可。在几分钟内，所有用户都可以使用该选项。图 9.27 说明了这种架构。

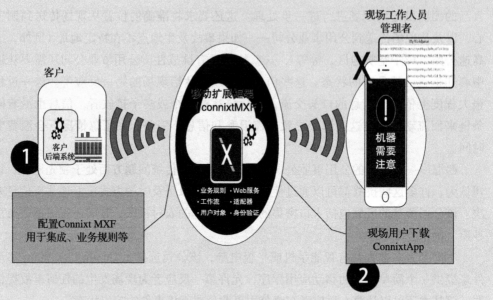

图 9.27 在云分析应用程序中，工作人员和技术之间的互连

利用无处不在的云计算和移动技术的系统还有更多的好处。因为所有的业务逻辑和配置都存储在云中，所以解决方案本身可以作为没有后端系统的客户的独立系统——对于中小型企业（SMB）非常重要。对于后端系统，连接是通过 Web 服务无缝实现的，后端系统充当系统的记录。这还帮助企业采用分阶段的方式采用技术——首先采用无侵入性的、独立的系统，在自动化现场操作时对内部 IT 的影响最小，然后转向后端系统集成。

另外，移动应用本身是系统不可知的——它们使用标准的 Web 服务进行通信，终端设备可以是 Android 或 iOS，也可以是智能手机或平板电脑。因此，不管使用什么设备，所有通信、业务逻辑和算法都是跨平台 / 设备标准化的。作为跨所有设备的本机应用程序，iMarq 利用了设备制造商和操作系统供应商提供的标准技术。例如，使用本地地图应用程序允许应用程序受益于平台供应商的改进。因此，随着地图变得越来越精确，移动应用程序的最终用户也从这些进步中受益。

最后，对于成功的部署，企业云移动技术必须以用户为中心。外观和感觉必须适应用户的舒适度，就像用户对他们使用的任何移动应用程序所期望的那样。将业务用户视为应用程序消费者，满足了他们对直观应用程序的标准期望，从而为他们节省了时间和精力。这种方法对于确保成功采用至关重要。

该公司现在可以从第一反应者获得更好的信息，因为信息是直接从现场共享的（不是通过调度员或其他第三方），可以获得带有地理位置和时间戳的图片。这避免了发送断章取义的电话信息，改进了公用事业公司与现场第一反应者之间的双向通信。这些事件的历史记录也能被保存下来。

公用事业公司和第一反应者现在更加统一且能快速和完整地对事件做出响应，提高了对公众的服务水平。通过加强与第一反应者（警察和消防部门人员）的联系，公众可以更好地协调和应对突发事件。

**针对应用案例 9.9 的问题**

1. 云技术如何影响中小型企业的企业软件？
2. 企业可以在哪些领域使用移动技术？
3. 在采用云移动技术方面，哪些类型的企业可能处于领先地位？
4. 基于云的企业软件代替传统的内部模型有什么优势？
5. 与传统的内部应用程序相比，云计算的潜在风险是什么？

资料来源：经 G Statish, Connixit, Inc 许可使用。

## 9.9.6　云部署模型

云服务可以通过多种方式获得，从构建完全私有的基础设施到与他人共享。以下三种模式是最常见的。

- **私有云**：这也可以称为内部云或公司云。它是一种比 Microsoft Azure 和 Amazon Web Services 等公共云服务更安全的云服务形式。它仅为具有关键任务工作量和安全考虑的单个组织而运行。它提供了与公共云类似的服务、可伸缩性、按需更改计算资源等相同的好处。拥有私有云的公司可以直接控制它们的数据和应用程序。拥有私有云的缺点是维护和管理云的成本，因为内部 IT 人员负责管理它。

- **公共云**：在这个模式中，用户使用互联网上服务提供商提供的资源。云基础设施由服务提供者管理。这种公共云模型的主要优点是节省了建立运行业务所需的硬件和软件要花费的时间和金钱。公共云的例子有 Microsoft Azure、谷歌云平台和亚马逊 AWS。

- **混合云**：通过在私有云和公共云之间移动工作负载，混合云为企业提供了极大的灵活性。例如，一家公司可以使用混合云存储来存储其销售和营销数据，然后使用像 Amazon Redshift 这样的公共云平台运行分析查询来分析其数据。主要需求是私有云和公共云之间的网络连接和 API 兼容性。

## 9.9.7　分析领域的主要云平台提供商

下面是一些关键的云参与者，它们提供了分析即服务的基础设施。

- **Amazon Elastic Beanstalk**：Amazon Elastic Beanstalk 是 Amazon Web Services 提供的一项服务。它可以部署、管理和扩展 Web 应用程序。它支持以下编程语言：在 Apache HTTP、Apache Tomcat 和 IIS 等服务器上使用 Java、Ruby、Python、PHP 和 .net。用户必须上传应用程序的代码，而 Elastic Beanstalk 处理应用程序的部署、负

载平衡和自动伸缩，并监视应用程序的运行状况。因此，用户可以专注于构建 Web 站点、移动应用程序、API 后端、内容管理系统、SaaS 等，而管理它们的应用程序和基础设施则由 Elastic Beanstalk 负责。用户可以使用 Amazon Web Services 或集成开发环境（如 Eclipse 或 Visual Studio）来上传他们的应用程序。用户必须为存储和运行应用程序所需的 AWS 资源付费。

❑ IBM Cloud：IBM Cloud 是一个云平台，允许用户使用许多开源计算机技术构建应用程序。用户还可以使用该软件部署和管理混合应用程序。IBM Watson 的服务可以在 IBM Cloud 上获得。有了它，用户现在可以创建新一代的认知应用程序，这些应用程序可以发现、创新并做出决策。IBM Watson 服务可用于情感分析和从文本合成听起来很自然的语音。Watson 使用认知计算的概念来分析文本、视频和图像。它支持 Java、Go、PHP、Ruby 和 Python 等编程语言。

❑ Microsoft Azure：Azure 是微软创建的一个云平台，通过微软的数据中心网络来构建、部署和管理应用程序和服务。它同时充当 PaaS 和 IaaS，并提供许多解决方案，如分析、数据仓库、远程监控和预测维护。

Google App Engine：Google App Engine 是谷歌的云计算平台，用于开发和托管应用程序。它由谷歌的数据中心管理，支持用 Python、Java、Ruby 和 PHP 编程语言开发应用程序。大查询环境通过云提供数据仓库服务。

Openshift：Openshift 是红帽公司基于 PaaS 模型的云应用平台。通过这个模型，应用程序开发人员可以将他们的应用程序部署到云上。Openshift 有两种不同的模式：一个作为公共 PaaS，另一个作为私有 PaaS。Openshift Online 是红帽公司的公共 PaaS，提供云中的应用程序开发、构建、托管和部署。私有 PaaS（Openshift Enterprise）允许在内部服务器或私有云平台上开发、构建和部署应用程序。

### 9.9.8 分析即服务

分析和基于数据的管理解决方案——用于查询数据以用于业务规划、问题解决和决策支持的应用程序——正在迅速发展，几乎每个组织都在使用它们。企业正被大量的信息淹没，从这些数据中获取信息对它们来说是一个巨大的挑战。除此之外，还有与数据安全性、数据质量和遵从性相关的挑战。分析即服务（AaaS）是一个可扩展的分析平台，使用基于云的交付模型，其中各种 BI 和数据分析工具可以帮助公司更好地决策，并从它们的海量数据中获得见解。该平台涵盖了从物理设备收集数据到数据可视化的所有功能。AaaS 为企业提供了一个报告和分析的敏捷模型，使其可以专注于自己最擅长的事情。客户既可以在云中运行自己的分析应用程序，也可以将数据放到云中并获得有用的见解。AaaS 将云计算的各个方面与大数据分析结合起来，并通过允许数据科学家和分析师访问集中管理的信息数据集来增强他们的能力。他们现在可以更交互地研究信息数据集，更快地发现更丰富的见解，从而消除他们在发现数据趋势时可能面临的许多延迟。例如，提供商可能会提供对远程分析平台的访问，并收取一定的费用。这允许客户在需要的时候使用分析软件。AaaS 是 SaaS、PaaS 和 IaaS 的一部分，因此有助于显著降低成本和遵从性风险，同时提高用户的生产力。

云中的 AaaS 通过提供许多具有更好的可伸缩性和更高的成本节约的虚拟分析应用程序，具有规模经济和范围经济。随着数据量的增长和大量虚拟分析应用程序的出现，更多的分析应用程序可能会利用不同时间、使用模式和频率的处理。

数据和文本挖掘是 AaaS 的另一个非常有前途的应用。面向服务（以及云计算、共享资源和并行处理）为分析领域带来的功能也可以用于大规模优化、高度复杂的多准则决策问题和分布式仿真模型。下面列出了一些基于云的分析产品。

- ❑ IBM Cloud：IBM 正在通过它的云计算提供所有的分析服务。IBM Cloud 提供了几个类别的分析和人工智能。例如，IBM Watson Analytics 集成了可以通过其云构建和部署的大部分分析特性和功能。此外，IBM Watson Cognitive 一直是主要的云计算平台，提供文本挖掘和深度学习的高水平应用。
- ❑ MineMyText.com：分析的一个主要增长领域是文本挖掘。文本挖掘识别文档的高级主题，从评论中推断观点，并可视化文档或术语/概念关系，如文本挖掘一章所述。一家名为 MineMyText.com 的初创公司通过其网站提供云计算的这些功能。
- ❑ SAS VIYA：SAS 研究所正在通过云计算提供分析软件。目前，SAS 可视化统计仅作为云服务提供，是 Tableau 的竞争对手。
- ❑ Tableau：Tableau 是在描述性分析环境中引入的一个主要的可视化软件，它也可以通过云计算获得。
- ❑ Snowflake：Snowflake 是一个基于云的数据仓库解决方案。用户可以将来自多个数据源的数据合并为一个数据源，并使用 Snowflake 进行分析。

## 9.9.9 使用云基础设施的分析应用程序

在本节中，我们将重点介绍几个云分析应用程序。

### 使用 Azure 物联网、流分析和机器学习来改进移动医疗服务

人们越来越多地使用移动应用程序来跟踪他们每天的运动量，并维护他们的健康历史。Zion China 是一个移动医疗服务提供商，它开发了一个创新的健康监测工具，收集关于健康问题（如血糖水平、血压、饮食、药物治疗）的数据，帮助用户改善生活质量，并提供有关如何管理健康和日常预防或治疗疾病的建议。

海量的实时数据带来了可扩展性和数据管理问题，因此该公司与微软合作，利用流分析、机器学习、物联网解决方案和 Power BI，也改善了数据安全和分析。该公司完全依赖传统的 BI，从各种设备或云收集数据。使用基于云的分析架构，该公司提升了功能、速度和安全性。它在前端增加了一个物联网中心，以便更好地将数据从设备传输到云。数据首

先通过蓝牙从设备传输到移动应用程序，然后通过 HTTPS 和 AMQP 传输到物联网中心。流分析有助于处理在物联网中心收集的实时数据，并生成见解和有用的信息，这些信息将进一步流到一个 SQL 数据库。它使用 Azure 机器学习来生成糖尿病患者数据的预测模型，并提高分析和预测水平。Power BI 为用户提供了从分析中获得的数据洞察力的可视化。

资料来源："Zion China Uses Azure IoT, Stream Analytics, and Machine Learning to Evolve Its Intelligent Diabetes Management Solution" at www.codeproject.com/Articles/1194824/Zion-China-uses-Azure-IoT-Stream-Analytics-and-M (accessed October 2018) and https://microsoft.github.io/techcasestudies/iot/2016/12/02/IoT-ZionChina.html (accessed October 2018).

### 海湾航空公司利用大数据来获得更深入的客户洞察

海湾航空公司是巴林的国有航空公司。它是一家主要的国际航空公司，拥有 3000 名员工，服务于三大洲 24 个国家的 45 个城市。海湾航空公司是为客户提供传统阿拉伯式服务的行业领导者。为了更多地了解客户对其接待服务的感受，该航空公司想知道它的客户在社交媒体上对其接待服务有什么看法。挑战是分析所有来自客户的成千上万的评论和帖子。手动监测将是一项费时和艰巨的任务，而且还容易出现人为错误。

海湾航空公司希望自动化这项任务，并分析数据，以了解新兴市场的趋势。与此同时，该公司希望有一个健壮的基础设施来承载这样一个社交媒体监控解决方案，它可以全天候、跨地域敏捷运行。海湾航空公司开发了一种情感分析解决方案——"阿拉伯语情感分析"，它可以分析英语和阿拉伯语社交媒体上的帖子。阿拉伯语情感分析工具是基于 Cloudera 的 Hadoop 大数据框架发布的。它运行在该公司的私有云环境中，并使用 Red Hat JBoss 企业应用平台。这个私有云存储了大约 50TB 的数据，而阿拉伯语情感分析工具可以分析社交媒体上的数千条帖子，在几分钟内提供分析结果。海湾航空公司将"阿拉伯情感分析"应用程序放在公司现有的私有云环境中，从而节省了大量成本，因为不需要投资建立部署该应用程序的基础设施。"阿拉伯语情感分析"工具帮助海湾航空公司及时决定为乘客提供的促销和优惠，并帮助它们领先于竞争对手。如果主服务器出现故障，航空公司会创建服务器的"幽灵映像"，可以快速部署，映像可以在其位置开始工作。大数据解决方案定期快速有效地捕获帖子，并将其转换为报告，为该公司提供所有情感变化或需求变化的最新视图，使其能够快速响应。来自大数据解决方案的见解对海湾航空公司员工的工作产生了积极的影响。

资料来源：RedHat.com. (2016). "Gulf Air Builds Private Cloud for Big Data Innovation with Red Hat Technologies." www.redhat.com/en/about/press-releases/gulf-air-builds-private-cloud-big-data-innovation-red- hat-technologies (accessed October 2018); RedHat.com. (2016). "Gulf Air's Big Data Innovation Delivers Deeper Customer Insight." www.redhat.com/en/success-stories (accessed October 2018); ComputerWeekly.com. (2016). "Big-Data and Open Source Cloud Technology Help Gulf Air Pin Down Customer Sentiment." www.computerweekly.com/news/450297404/Big-data-and-open-source-cloud-technology-help-Gulf-Air-pin-down-customer-sentiment (accessed October 2018).

### Chime 使用 Snowflake 增强客户体验

Chime 是一款银行服务，提供 Visa 借记卡、美国联邦存款保险公司（FDIC）担保的支出和储蓄账户，以及一款让人们更方便地办理银行业务的移动应用程序。Chime 想了解它的客户参与度，想要分析跨移动、Web 和后端平台的数据，以帮助增强用户体验。然而，从 Facebook 和谷歌的广告服务等多个来源获取和聚合数据，以及从 JSON 等第三方分析工具文档获取和聚合事件，是一项艰巨的任务。它想要一个能够聚合来自多个数据源的数据并分析数据集的解决方案。Chime 需要一个能够处理 JSON 数据源并使用标准 SQL 数据库表查询它们的解决方案。

Chime 开始使用 Snowflake 弹性数据仓库解决方案。Snowflake 从 Chime 的所有 14 个数据源中提取数据，包括来自应用程序的 JSON 文档等数据。Snowflake 帮助 Chime 快速分析 JSON 数据，增强会员服务，为客户提供更加个性化的银行体验。

资料来源：Snowflake.net. (n.d.). Chime delivers personalized customer experience using Chime. http://www.snowflake.net/product (accessed Oct 2018).

我们正在进入"拍字节时代"，传统的数据和分析方法开始显示出它们的局限性。云分析是一种新兴的大规模数据分析替代解决方案。面向数据的云系统包括分布式和虚拟化环境中的存储和计算。这些产品的一个主要优点是在用户中快速传播先进的分析工具，而不需要在技术获取方面进行大量投资。这些解决方案也带来了许多挑战，比如安全性、服务级别和数据治理。云计算引起了许多关注，包括失去控制和隐私、法律责任、跨境政治问题等。据云安全联盟称，云中的三大安全威胁是数据丢失和泄露、设备硬件故障和不安全的接口。云中的所有数据都可由服务提供商访问，因此服务提供商可以在不知情的情况下或故意更改数据，或出于法律的目的将数据传递给第三方，而无须询问公司。这方面的研究还很有限。因此，有足够的机会将分析、计算和概念建模引入到服务科学、面向服务和云智能的上下文中。尽管如此，由于云计算是一个快速增长的领域，因此对分析专业人士来说，云计算是一个值得关注的重要领域。

### ➧ 复习题

1. 定义云计算。它与 PaaS、SaaS 和 IaaS 有什么关系？
2. 举例说明提供云服务的公司。
3. 云计算如何影响 BI？
4. DaaS 如何改变处理数据的方式？
5. 云平台有哪些不同类型？
6. 为什么 AaaS 具有成本效益？
7. 列出至少三家主要的云服务提供商。
8. 请给出至少三个"分析即服务"提供者的例子。

## 9.10　基于位置的组织分析

到目前为止，我们已经看到了许多组织使用分析技术的例子，通过信息报告、预测分析、预测和优化技术来洞察它们的现有流程。在本节中，我们将了解一个重要的新兴趋势——将位置数据整合到分析中。图 9.28 给出了基于位置的分析应用程序的分类。我们首先回顾使用静态位置数据（通常称为地理空间数据）的应用程序。然后，我们将研究利用当今设备生成的所有位置数据的应用程序的爆炸式增长。本节首先关注组织正在开发的分析应用程序，以便在管理操作、目标客户、促销等方面做出更好的决策。然后，我们还将探讨分析应用，正在开发的消费者直接使用，其中一些也利用了位置数据。

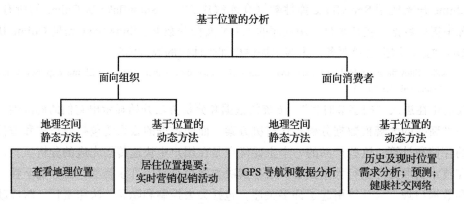

图 9.28　基于位置的分析应用程序的分类

## 9.10.1　地理空间分析

组织整体绩效的综合视图通常通过提供可操作信息的可视化工具来表示。这些信息可能包括各种业务因素的当前值和预测值关键绩效指标（KPI）。通过各种图形和图表将 KPI 视为总体数字可能会让人不知所措。很有可能会错过潜在的增长机会，或者没有发现有问题的领域。作为简单查看报告的替代方法，组织使用可视地图，这些地图基于传统的位置数据根据地理位置映射，通常按邮政编码分组。组织使用这些基于地图的可视化来查看聚合的数据并获得更有意义的基于位置的信息。传统的基于位置的分析技术使用组织位置和消费者的地理编码，阻碍了组织理解"真正的基于位置的"影响。基于邮政编码的位置提供了一个大型地理区域的聚合视图。由于目标客户的位置可能会迅速变化，这种糟糕的粒度可能无法帮助确定区域内的增长机会。因此，如果一个组织的促销活动基于邮政编码，那么它可能不会针对正确的客户。为了解决这些问题，组织正在采用位置和空间扩展来进行分析。将基于纬度和纵向属性的位置组件添加到传统的分析技术中，可以使组织在其传统业务分析中添加"何处"的新维度，这可以回答"谁""什么""何时"和"多少"等问题。

基于位置的数据现在很容易从地理信息系统（GIS）获得。它们被用于捕获、存储、分析和管理与位置相关的数据，这些数据使用集成传感器技术、安装在智能手机上的全球定位系统或零售和医疗行业的 RFID 部署。

通过将关于位置的信息与其他关键业务数据集成，组织现在正在创建位置智能。位置智能使组织能够通过优化重要的流程和应用程序来获得重要的见解并做出更好的决策。组织现在创建交互式地图，进一步深入到关于任何位置的细节，为分析人员提供了跨多个 KPI 调查新趋势和关联特定位置因素的能力。分析师现在可以精确地确定各个地理区域的收入、销售和盈利能力的趋势和模式。

通过将人口统计信息整合到地点中，零售商可以确定销售如何随着人口水平和与其他竞争对手的距离而变化，它们可以评估供应链运作的需求和效率。消费品公司可以识别客户的特定需求和客户投诉的位置，并很容易地将它们追溯到产品。销售代表可以通过分析他们的地理位置更好地定位他们的前景。

ESRI（esri.com）是一家在提供 GIS 数据方面处于市场领先地位的公司。ESRI 将其 ArcGIS 软件授权给成千上万的客户，包括商业客户、政府和军方。另一家公司 grindgis.com 确定了 60 多种 GIS 应用程序（http://grindgis.com/blog/gis-applications-uses（2018 年 10 月访问））。一些其他例子包括：

❑ **农业应用**：通过结合位置、天气、土壤和作物相关数据，可以规划非常精确的灌溉和施肥应用。例如 sstsoftware.com 和 sensefly.com（它们结合了 GIS 和通过无人机收集的最新信息）。

❑ **犯罪分析**：将犯罪数据（包括日期、时间和犯罪类型）叠加到 GIS 数据上，可以对犯罪模式和警察调配提供重要的见解。

❑ **疾病传播预测**：描述性分析的第一个已知的例子是 1854 年伦敦霍乱爆发的分析。约翰·斯诺医生在地图上标出了霍乱病例，从而反驳了"霍乱爆发由空气污染引起"的理论。这张地图帮助他确定了爆发点：一个糟糕水井（TheGuardian.com，2013）。我们已经从需要手工绘制地图发展了很长一段时间，但是利用 GIS 和其他数据跟踪并预测疾病（如流感）爆发已经成为一个主要研究领域。应用案例 9.7 给出了一个使用社交媒体数据和 GIS 数据来确定流感趋势的例子。

此外，通过位置信息，组织可以快速覆盖天气和环境影响，并预测对关键业务操作的影响程度。随着技术的进步，地理空间数据现在正直接集成到企业数据仓库中。基于位置的数据库分析使组织能够以更高的效率执行复杂的计算，并获得所有面向空间的数据的单一视图，从而揭示隐藏的趋势和新机会。例如，Teradata 的数据仓库支持基于 SQL/MM 标准的地理空间数据特性。地理空间特征被捕获为一个新的几何数据类型，称为 ST_GEOMETRY。它支持大量的形状，从简单的点、线和曲线到表示地理区域的复杂多边形。它通过合并纬度和经度坐标来转换业务位置的非空间数据。地理编码的过程很容易得到 NAVTEQ 和 Tele Atlas 等公司的支持服务，这些公司维护具有地理空间特征的全球地址数据库并利用地址清理工具（如 Informatica 和 Trillium，它们支持空间坐标映射到地址，帮助完成提取、转换和加载功能。

各种业务部门的组织都在使用地理空间分析。接下来我们将回顾一些例子。应用案例 9.10 提供了一个示例，说明如何使用基于位置的信息来做出店址选择决策，从而扩展公司的经营规模。应用案例 9.11 说明了另一个应用，它超越了位置决策。

## 应用案例 9.10 Great Clips 使用空间分析来节省位置决策的时间

Great Clips 是世界上最大、增长最快的发廊之一，在美国和加拿大拥有 3000 多家门店。Great Clips 特许经营的成功依赖于在正确的地点和市场迅速开设新店的增长战略。公司需要根据潜在客户群的需求、人口趋势和对目标地区现有特许经营销售影响来分析这些地点。选择一个好的店址是最重要的。当前的流程需要很长时间来分析单个店址，并且需要大量的人力和分析师资源来手动评估来自多个数据源的数据。

由于每年要分析成千上万个地点，这种延迟会带来优质地点被竞争对手抢走的风险，而且代价高昂。Great Clips 聘请了外部承包商来处理延迟。该公司利用 Alteryx 的地理空间分析能力，创建了一个选址工作流应用程序来评估新门店的位置。通过驾车时间和为该地区所有现有客户服务的便利性对门店位置进行了评估。基于 Alteryx 的解决方案还支持基于人口统计数据和消费者行为数据进行评估，与现有的客户资料和新门店收入对现有门店的潜在影响保持一致。使用基于位置的分析技术，Great Clips 能够将评估新门店位置的时间缩短近 95%。这种劳动密集型的分析得到了自动化，并被开发成数据收集分析、映射和报告应用程序，可以方便地由房地产经理使用。此外它使公司能够实现一个新的特许经营地点的前瞻性预测分析，因为整个过程现在只需要几分钟就能完成。

**针对应用案例 9.10 的问题**

1. Great Clips 如何应用地理空间分析？
2. 公司在评估未来选址时应考虑什么准则？
3. 地理空间数据还有哪些应用？

资料来源：Alteryx.com. Great Clips. alteryx.com/sites/default/files/resources/files/case-study-great-chips.pdf (accessed Sept 2018).

## 应用案例 9.11 星巴克利用地理信息系统和分析技术在全球发展

对于任何试图扩大其经营规模的组织来说，一个关键的挑战是确定下一个门店的位置。星巴克也面临着同样的问题。为了确定新店的位置，星巴克在 15 个国家的 700 多名员工（称为合作伙伴）使用基于 ArcGIS 的市场规划和 BI 解决方案 Atlas。Atlas 为合作伙伴提供了工作流程、分析和存储性能信息，以便该领域的本地合作伙伴在发现新的业务机会时能够做出决策。

据多方报道，Atlas 被当地决策者来了解人口趋势和需求。例如，在中国，有超过 1200 家星巴克门店，而且几乎每天都在开设一家新店。贸易区域、零售集群和生成器、交通和人口统计等信息对于确定下一个商店的位置非常重要。例如，在分析了一个新的市场和社区之后，经理可以通过放大城市中的一个区域来查看特定的位置，并确定在未来两个月内可能完成的三个新的办公大楼的位置。在查看地图上的这个区域之后，可以创建一个工作流窗口，该窗口将帮助经理通过审批、许可、构建和最终打开来移动新门店。

通过整合天气和其他本地数据，人们也可以更好地管理需求和供应链运作。星巴克正在将其企业业务系统与 GIS 解决方案集成在 Web 服务中，以新的方式看待世界和业务。例如，星巴克整合了 AccuWeather 的预测真实温度数据。这些预测的温度数据可以帮助本地化营销工作。如果孟菲斯市即将迎来一个非常炎热的星期，星巴克分析师可以选择一组咖啡店，获得过去和未来天气模式的详细信息，以及商店的特征。这些知识可以用来设计本地化的星冰乐促销活动，例如，帮助星巴克提前一周预测顾客的需求。

重大事件也会对咖啡店产生影响。当 15 万人涌向圣地亚哥参加游行时，当地的咖啡店招待了很多顾客。为了确保最佳的顾客体验，星巴克对游行现场附近的人员和库存进行了安排。

**针对应用案例 9.11 的问题**

1. 什么样的人口统计信息和地理信息与决定商店位置相关？

2. 有人提到，星巴克鼓励顾客使用其移动应用程序。该公司可能从该应用程序中收集什么类型的信息来帮助其更好地规划运营？

3. 星巴克门店提供的免费 Wi-Fi 是否为其提供了更好的分析信息？

资料来源：Digit.HBS.org. (2015). "Starbucks: Brewing up a Data Storm!" https://digit.hbs.org/submission/ starbucks-brewing- up-a-data-storm/ (accessed October 2018); Wheeler, C. (2014). "Going Big with GIS." www.esri.com/esri-news/arcwatch/ 0814/going-big-with-gis (accessed October 2018); Blogs.ESRI.com. "From Customers to CxOs, Starbucks Delivers World-Class Service." (2014). https://blogs.esri.com/esri/ucinsider/ 2014/07/29/starbucks/ (accessed October 2018).

除了这里突出显示的零售事务分析应用程序之外，还有许多其他应用程序将地理信息与组织生成的其他数据相结合。例如，网络运营和通信公司每天产生大量的数据。快速分析数据的能力和特定于位置的细粒度可以更好地识别客户流失，并帮助制定特定于位置的策略，以提高操作效率、服务质量和收入。

地理空间分析可以使通信公司捕获来自网络的日常事务，从而识别语音、数据、文本或互联网连接尝试大量失败的地理区域。分析可以帮助基于位置确定准确的原因，并深入到单个客户以提供更好的客户服务。

## 9.10.2　实时位置智能

消费者和专业人士使用的许多设备都在不断地发送位置信息。汽车、公共汽车、出租车、移动电话、照相机和个人导航设备都可以通过 GPS、Wi-Fi 和蜂窝基站三角定位等网络定位技术来传输位置信息。数以百万计的消费者和企业使用定位设备来寻找附近的服务、定位朋友和家人、导航、跟踪资产和宠物、调度，并从事体育、游戏和爱好。定位服务的激增催生了包含历史和实时位置信息的大型数据库。当然，它是分散的，本身并不是很有用。通过捕获手机和 Wi-Fi 热点接入点实现的自动化数据收集为非侵入性市场研究、数据收集，还有对如此庞大的数据集的微观分析提供了一个有趣的新维度。

通过分析和学习这些大规模的运动模式，有可能在特定的环境中识别出不同类别的行为。这种方法允许企业更好地了解其客户模式，并在促销、定价等方面做出更明智的决策。通过应用降低位置数据维数的算法，可以根据位置之间的活动和移动来描述位置。从大量的高维位置数据中，这些算法揭示了趋势、意义和关系，最终产生人类可理解的表示。然后就有可能利用这些数据自动做出智能预测，并找到地点和人之间的重要匹配和相似之处。

基于位置的分析在面向消费者的营销应用中得到了应用。许多公司现在都在提供平台，根据从 GPS 获得的地理空间数据，分析移动用户的位置轨迹，并在有技术头脑的客户路过零售商时，向他们提供智能手机上的优惠券。这说明了零售领域的一种新兴趋势，即公司正在寻求提高营销活动的效率——而不仅仅是根据实时位置定位每一个客户，通过对消费者行为进行更复杂的实时预测分析，可以找到适合广告宣传的消费者群体。

基于位置的分析的另一个扩展是使用增强现实。2016 年，《精灵宝可梦 GO》在市场上引起轰动。这是一款基于位置感知的增强现实游戏，鼓励用户从选定的地理位置获取虚拟物品。用户可以从城市的任何地方开始，并通过应用程序上的标记到达特定的位置。当用户将手机摄像头指向虚拟物品时，虚拟物品就会在应用程序中显示出来。然后用户可以获取此物品。这些技术的商业应用也正在出现。例如，一个名为 Candybar 的应用程序允许企业使用谷歌地图将这些虚拟物品放置在地图上。这个项目的位置可以使用谷歌的 Street View 进行微调。一旦所有的虚拟项目都配置了信息和位置，企业就可以提交项目，用户可以实时看到这些项目。Candybar 还为业务提供了使用分析更好地瞄准虚拟物品。这款应用的虚拟现实方面改善了用户的体验，为他们提供了一个现实生活中的"游戏"环境。同时，它也为企业接触客户提供了一个强大的营销平台。

从本节可以明显看出，基于位置的分析和应用程序可能是组织在不久的将来最重要的前沿发展方向。本节的一个主题是组织对运营或营销数据的使用。接下来，我们将探讨直接针对用户的分析应用程序（有时还会利用位置信息）。

### 9.10.3 面向消费者的分析应用程序

针对智能手机平台（iOS、Android、Windows 等）的应用程序行业的爆炸性增长和分析的使用为开发应用程序创造了巨大的机会，而消费者使用分析时却从未意识到这一点。这些应用程序与之前的类别不同，因为它们是供消费者直接使用的，而不是试图挖掘消费者的使用 / 购买数据来创建特定产品或服务营销档案。可以预见的是，这些应用程序旨在通过使用特定的分析，让消费者做出更好的决定。

❑ Waze 是一款社交网络应用程序，它根据其他用户的输入，帮助用户识别导航路径，并就事故、警察检查站、速度陷阱和建筑等潜在问题向用户发出警报。它已经成为一款非常受欢迎的导航应用程序。谷歌在几年前收购了这款应用，并对其进行了进一步增强。此应用程序是聚合用户生成的信息并将其提供给客户的一个示例。

❑ 许多应用程序允许用户提交对企业、产品等的评论和评级，然后以汇总的形式呈现给用户，帮助他们做出选择。这些应用也可以被识别为基于社交数据的应用，这些社交数据是由消费者生成的，针对的是消费者。这类应用中比较流行的一个是 Yelp。世界各地都有类似的应用程序。

❑ 另一款使用预测分析的交通相关应用 ParkPGH 自 2010 年左右开始在宾夕法尼亚州匹兹堡部署。与卡内基－梅隆大学合作开发的这个应用程序包括预测能力，以估计停车位可用性。ParkPGH 指导司机在有停车位的地方停车。它计算了匹兹堡文化艺术区几个车库中可用的停车位数量。可用空间每 30 秒更新一次。根据历史需求和当前事件，该应用程序能够预测停车场的可用性，并提供信息——在司机到达目的地时，哪些地段将有空闲空间。这款应用的底层算法利用该地区的时事数据——例如一场篮球赛——来预测当天晚些时候停车位需求的增长，从而为通勤者节省宝贵的时间。这款应用的成功使得在许多大城市都能使用的泊车应用大量涌现，用户可以预定停车位、充电，甚至竞标停车位等。iPhone 应用商店和谷歌 Play store 都有很多这样的应用。

基于分析的应用程序的出现不仅是为了娱乐和健康，也是为了提高一个人的生产力。例如，谷歌的电子邮件应用程序 Gmail 分析数十亿的电子邮件交易，并为电子邮件开发自动回复。当一个用户收到一封电子邮件并在 Gmail 应用程序中阅读它时，该应用程序会为用户提供简短的回复模板，用户可以选择并发送给发件人。

从这些以消费者为中心的应用程序的例子中可以明显看出，预测分析正开始使消费者直接使用的软件开发成为可能。我们相信，面向消费者的分析应用程序将继续增长，并为读者创造许多创业机会。

使用这些技术的一个关键问题是隐私的丧失。如果有人能够跟踪手机的移动，那么客户的隐私就是个大问题。一些应用程序开发人员声称，他们只需要收集聚合流信息，而不是单独的可识别信息。但是媒体上出现了许多违反这一普遍原则的报道。这类应用程序的用户和开发者都必须非常清楚，泄露私人信息和收集此类信息的有害影响。我们将在第 14 章进一步讨论这个问题。

> ▶ **复习题**
>
> 1. 传统的分析如何利用基于位置的数据？
> 2. 地理编码位置如何帮助更好地决策？
> 3. 地理空间分析的价值是什么？
> 4. 通过研究地理空间分析在不同领域的应用，进一步探索地理空间分析的应用，比如政府人口普查跟踪、消费者营销等。
> 5. 上网搜索其他面向消费者的分析应用程序。
> 6. 基于位置的分析如何帮助个人消费者？
> 7. 探索更多可能使用基于位置的分析的交通应用程序。
> 8. 如果你能访问手机定位，你还能想到什么其他应用程序？

# 本章要点

- ❏ 大数据对不同背景和兴趣的人有不同的意义。
- ❏ 大数据的计算超出了常用硬件环境和软件工具的能力，无法在可容忍的时间跨度内捕获、管理和处理大数据。
- ❏ 大数据通常被定义为三个"V"：容量、多样性、速度。
- ❏ MapReduce 是一种将非常大的多结构数据文件的处理分布到一个大的机器集群上的技术。
- ❏ Hadoop 是一个处理、存储和分析大量分布式非结构化数据的开源框架。
- ❏ Hive 是一个基于 Hadoop 的数据仓库，类似于 Facebook 最初开发的框架。
- ❏ Pig 是一种基于 Hadoop 的查询语言，由 Yahoo! 开发。
- ❏ NoSQL 不仅代表 SQL，还是存储和处理大量非结构化、半结构化和多结构化数据的新范式。
- ❏ 大数据和数据仓库是互补（而非竞争）的分析技术。
- ❏ 作为一个相对较新的领域，大数据供应商的发展非常迅速。
- ❏ 流分析是一个术语，通常用于从连续流动 / 流式数据源中提取可操作的信息。
- ❏ 永久分析在所有先前观察的基础上评估每一个传入的观察。
- ❏ 关键事件处理是一种捕获、跟踪和分析数据流的方法，以检测某些值得付出努力的事件（非正常事件）。
- ❏ 数据流挖掘是一种支持流分析的技术，它是从连续、快速的数据记录中提取新的模式和知识结构的过程。
- ❏ 云计算提供了在服务订阅的基础上使用软件、硬件、平台和基础设施的可能性。云计算使用户能够进行可伸缩的投资。
- ❏ 基于云计算的分析服务为组织提供最新的技术，不需要大量的前期投资。
- ❏ 地理空间数据可以通过整合位置信息来增强分析应用。
- ❏ 挖掘用户的实时位置信息，针对特定用户开展实时推广活动。
- ❏ 来自移动电话的位置信息可以用来创建用户行为和移动的配置文件。这样的位置信息可以让用户找到其他有类似兴趣的人，广告商可以定制促销活动。
- ❏ 基于位置的分析也可以直接让消费者受益，而不仅仅是商家。正在开发移动应用程序，以支持这种创新的分析应用。

# 讨论

1. 什么是大数据？为什么大数据很重要？大数据从何而来？
2. 你认为大数据的未来是什么？它会不会因为其他东西而失去人气？如果是的话，会是什么呢？
3. 什么是大数据分析？它与常规分析有何不同？
4. 大数据分析的关键成功因素是什么？
5. 在考虑实施大数据分析时应注意哪些重大挑战？
6. 大数据分析解决的常见业务问题有哪些？
7. 大数据时代，我们是否即将见证数据仓储时代的终结？为什么？
8. 大数据 /Hadoop 和数据仓库 /RDBMS 有哪些使用情景？
9. 云计算是不是"新瓶装旧酒"？它与其他新兴技术有何相似之处？有什么不同？

10. 什么是流分析？它与常规分析有何不同？

11. 流分析最有成效的行业是什么？这些行业有什么共同之处？

12. 与常规分析相比，你认为流分析在大数据分析时代会有更多（或更少）的使用案例吗？为什么？

13. 在分析中使用地理空间数据的潜在好处是什么？举例说明。

14. 实时了解用户位置可以产生哪些类型的新应用？例如，如果你知道他们的购物车里有什么，会怎么样？

15. 消费者如何从基于位置信息的分析中获益？

16. 对"基于位置跟踪的分析功能强大，但也会对隐私构成威胁"进行评论。

17. 讨论移动设备和社交网络之间的关系。

# 参考文献

Adapted from **Alteryx.com**. Great Clips. **alteryx.com/sites/ default/files/resources/files/case-study-great-chips. pdf** (accessed September 2018).

Adapted from **Snowflake.net**. (n.d.). "Chime Delivers Personalized Customer Experience Using Chime." **www. snowflake.net/product** (accessed September 2018).

Adshead, A. (2014). "Data Set to Grow 10-fold by 2020 as Internet of Things Takes Off." **www.computerweekly.com/ news/2240217788/Data-set-to-grow-10-fold-by-2020-as-internet-of-things-takes-off** (accessed September 2018).

Altaweel, Mark. "Accessing Real-Time Satellite Imagery and Data." GIS Lounge, 1 Aug. 2018, **www.gislounge.com/ accessing-real-time-satellite-imagery/**.

Amodio, M. (2015). Salesforce adds predictive analytics to Marketing Cloud. Cloud Contact **Center.cloudcontactcenterzone .com/topics/cloud-contact-center/articles/413611-salesforce-adds-predictive-analytics-marketing-cloud.htm** (accessed September 2018).

Asamoah, D., & R. Sharda. (2015). Adapting CRISP-DM process for social network analytics: Application to healthcare. *In AMCIS 2015 Proceedings*. **aisel.aisnet.org/amcis2015/ BizAnalytics/GeneralPresentations/33/** (accessed September 2018).

Asamoah, D., R. Sharda, A. Zadeh, & P. Kalgotra. (2016). "Preparing a Big Data Analytics Professional: A Pedagogic Experience." In *DSI 2016 Conference*, Austin, TX.

Awadallah, A., & D. Graham. (2012). "Hadoop and the Data Warehouse: When to Use Which." **teradata.com/white-papers/Hadoop-and-the-Data-Warehouse-When-to-Use-Which** (accessed September 2018).

**Blogs.ESRI.com**. "From Customers to CxOs, Starbucks Delivers World-Class Service." (2014). **https://blogs.esri. com/esri/ucinsider/2014/07/29/starbucks/** (accessed September 2018).

Broniatowski, D. A., M. J. Paul, & M. Dredze. (2013). "National and Local Influenza Surveillance through Twitter: An Analysis of the 2012–2013 Influenza Epidemic." *PloS One*, 8(12), e83672.

Cisco. (2016). "The Zettabyte Era: Trends and Analysis." **cisco. com/c/en/us/solutions/collateral/service-provider/ visual-networking-index-vni/vni-hyperconnectivity-wp.pdf** (accessed October 2018).

ComputerWeekly.com. (2016). "Big-Data and Open Source Cloud Technology Help Gulf Air Pin Down Customer Sentiment." **www.computerweekly.com/ news/450297404/Big-data-and-open-source-cloud-technology-help-Gulf-Air-pin-down-customer-sentiment** (accessed September 2018).

CxOtoday.com. (2014). "Cloud Platform to Help Pharma Co Accelerate Growth." **www.cxotoday.com/story/ mankind-pharma-to-drive-growth-with-softlayers-cloud-platform/** (accessed September 2018).

Dalininaa, R., "Using Natural Language Processing to Analyze Customer Feedback in Hotel Reviews," **awww. datascience.com/resources/notebooks/data-science-summarize-hotel-reviews** (Accessed October 2018).

DataStax. "Customer Case Studies." **datastax.com/resources/ casestudies/eBay** (accessed September 2018).

Davis, J. (2015). "Salesforce Adds New Predictive Analytics to Marketing Cloud. Information Week." **informationweek. com/big-data/big-data-analytics/salesforce-adds-new-predictive-analytics-to-marketing-cloud/d/d-id/1323201** (accessed September 2018).

Dean, J., & S. Ghemawat. (2004). "MapReduce: Simplified Data Processing on Large Clusters." **research.google.com/ archive/mapreduce.html** (accessed September 2018).

Delen, D., M. Kletke, & J. Kim. (2005). "A Scalable Classification Algorithm for Very Large Datasets." *Journal of Information and Knowledge Management*, 4(2), 83–94.

Demirkan, H., & D. Delen. (2013, April). "Leveraging the Capabilities of Service-Oriented Decision Support Systems: Putting Analytics and Big Data in Cloud." *Decision Support Systems*, 55(1), 412–421.

Digit.HBS.org. (2015). "Starbucks: Brewing up a Data Storm!" **https://digit.hbs.org/submission/starbucks-brewing-up-a-data-storm/** (accessed September 2018).

Dillow, C. (2016). "What Happens When You Combine Artificial Intelligence and Satellite Imagery." **fortune.com/ 2016/03/30/facebook-ai-satellite-imagery/** (accessed September 2018).

Ekster, G. (2015). "Driving Investment Performance with Alternative Data." **integrity-research.com/wp-content/ uploads/2015/11/Driving-Investment-Performance-With-Alternative-Data.pdf** (accessed September 2018).

Henschen, D. (2016). "Salesforce Reboots Wave Analytics, Preps IoT Cloud." *ZD Net.* **zdnet.com/article/salesforce-reboots-wave-analytics-preps-iot-cloud/** (accessed September 2018).

Higginbotham, S. (2012). "As Data Gets Bigger, What Comes after a Yottabyte?" **gigaom.com/2012/10/30/as-data-gets-bigger-what-comes-after-a-yottabyte** (accessed September 2018).

Hope, B. (2015). "Provider of Personal Finance Tools Tracks Bank Cards Sells Data to Investors." *Wall Street Journal.* **wsj.com/articles/provider-of-personal-finance-tools-tracks-bank-cards-sells-data-to-investors-1438914620** (accessed September 2018).

Jonas, J. (2007). "Streaming Analytics vs. Perpetual Analytics (Advantages of Windowless Thinking)." **jeffjonas.typepad.com/jeff_jonas/2007/04/streaming_analy.html** (accessed September 2018).

Kalgotra, P., & R. Sharda. (2016). "Rural Versus Urban Comorbidity Networks." Working Paper, Center for Health Systems and Innovation, Oklahoma State University.

Kalgotra, P., R. Sharda, & J. M. Croff. (2017). "Examining Health Disparities by Gender: A Multimorbidity Network Analysis of Electronic Medical Record." *International Journal of Medical Informatics, 108*, 22–28.

Kelly, L. (2012). "Big Data: Hadoop, Business Analytics, and Beyond." **wikibon.org/wiki/v/Big_Data:_Hadoop,_Business_Analytics_and_Beyond** (accessed September 2018).

Moran, P. A. (1950). "Notes on Continuous Stochastic Phenomena." *Biometrika*, 17–23.

"Overstock.com: Revolutionizing Data and Analytics to Connect Soulfully with their Customers," at **https://www.teradata.com/Resources/Videos/Overstock-com-Revolutionizing-data-and-analy** (accessed October 2018).

"Overstock.com Uses Teradata Path Analysis To Boost Its Customer Journey Analytics," March 27, 2018, at **https://www.retailitinsights.com/doc/overstock-com-uses-teradata-path-analysis-boost-customer-journey-analytics-0001** (accessed October 2018).

Palmucci, J., "Using Apache Spark for Massively Parallel NLP," at **http://engineering.tripadvisor.com/using-apache-spark-for-massively-parallel-nlp/** (accessed October 2018).

**RedHat.com.** (2016). "Gulf Air's Big Data Innovation Delivers Deeper Customer Insight." **https://www.redhat.com/en/success-stories** (accessed September 2018).

**RedHat.com.** (2016). "Gulf Air Builds Private Cloud for Big Data Innovation with Red Hat Technologies." **https://www.redhat.com/en/about/press-releases/gulf-air-builds-private-cloud-big-data-innovation-red-hat-technologies** (accessed September 2018).

Russom, P. (2013). "Busting 10 Myths about Hadoop: the Big Data Explosion." TDWI's *Best of Business Intelligence, 10*, 45–46.

Sarasohn-Kahn, J. (2008). *The Wisdom of Patients: Health Care Meets Online Social Media*. Oakland, CA: California HealthCare Foundation.

Shaw, C. (2016). "Satellite Companies Moving Markets." **quandl.com/blog/alternative-data-satellite-companies** (accessed September 2018).

Steiner, C. (2009). "Sky High Tips for Crop Traders" (accessed September 2018).

St Louis, C., & G. Zorlu. (2012). "Can Twitter Predict Disease Outbreaks?" *BMJ*, 344.

Tableau white paper. (2012). "7 Tips to Succeed with Big Data in 2013." **cdnlarge.tableausoftware.com/sites/default/files/whitepapers/7-tips-to-succeed-with-big-data-in-2013.pdf** (accessed September 2018).

Tartar, Andre, et al. "All the Things Satellites Can Now See From Space." **Bloomberg.com**, Bloomberg, 26 July 2018, **www.bloomberg.com/news/features/2018-07-26/all-the-things-satellites-can-now-see-from-space** (accessed October 2018).

Thusoo, A., Z. Shao, & S. Anthony. (2010). "Data Warehousing and Analytics Infrastructure at Facebook." In *Proceedings of the 2010 ACM SIGMOD International Conference on Management of Data* (p. 1013).

Turner, M. (2015). "This Is the Future of Investing, and You Probably Can't Afford It." **businessinsider.com/hedge-funds-are-analysing-data-to-get-an-edge-2015-8** (accessed September 2018).

Watson, H. (2012). "The Requirements for Being an Analytics-Based Organization." *Business Intelligence Journal, 17*(2), 42–44.

Watson, H., R. Sharda, & D. Schrader. (2012). "Big Data and How to Teach It." *Workshop at AMCIS*, Seattle, WA.

Wheeler, C. (2014). "Going Big with GIS." **www.esri.com/esri-news/arcwatch/0814/going-big-with-gis** (accessed October 2018).

White, C. (2012). "MapReduce and the Data Scientist." Teradata Vantage White Paper. **teradata.com/white-paper/MapReduce-and-the-Data-Scientist** (accessed September 2018).

**Wikipedia.com.** "Petabyte." en.wikipedia.org/wiki/Petabyte (accessed September 2018).

Zadeh, A. H., H. M. Zolbanin, R. Sharda, & D. Delen. (2015). "Social Media for Nowcasting the Flu Activity: Spatial-Temporal and Text Analysis." *Business Analytics Congress, Pre-ICIS Conference*, Fort Worth, TX.

Zikopoulos, P., D. DeRoos, K. Parasuraman, T. Deutsch, D. Corrigan, & J. Giles. (2013). *Harness the Power of Big Data*. New York: McGraw-Hill.

"Zion China uses Azure IoT, Stream Analytics, and Machine Learning to Evolve Its Intelligent Diabetes Management Solution," **www.codeproject.com/Articles/1194824/Zion-China-uses-Azure-IoT-Stream-Analytics-and-M** (accessed October 2018) and **https://microsoft.github.io/techcasestudies/iot/2016/12/02/IoT-ZionChina.html** (accessed October 2018).

第四部分 *Part 4*

# 机器人、社交网络、人工智能与物联网

- 第 10 章 机器人：工业和消费者领域的应用
- 第 11 章 群体决策、协作系统和 AI 支持
- 第 12 章 知识系统：专家系统、推荐人、聊天机器人、虚拟个人助理和机器人顾问
- 第 13 章 物联网智能应用平台

*Chapter 10* 第 10 章

# 机器人：工业和消费者领域的应用

**学习目标**

☐ 讨论自动化和机器人的通史。

☐ 讨论机器人在各个行业中的应用。

☐ 区分机器人的工业应用和消费者应用。

☐ 确定机器人的通用组件。

☐ 讨论机器人对未来工作的影响。

☐ 找出与机器人相关的法律问题。

第 2 章简要介绍了机器人技术，以及在早期的人工智能领域中形成的实践应用概念。在本章中，我们介绍了机器人在工业和个人环境中的许多应用。除了了解已经投入使用的和逐渐出现的应用程序外，我们还将了解机器人的常规组件。出于管理方面的考虑，我们还讨论了机器人技术对工作的影响以及相关的法律问题。其中一些内容涵盖面很广，涉及人工智能领域的其他各方面，因此它与第 14 章有部分重叠。但是本章的重点是实体机器人，而不仅仅是软件驱动的人工智能应用程序。

## 10.1　开篇小插曲：机器人为患者和儿童提供情感支持

正如本章所讨论的，机器人已经影响了工业制造和其他体力劳动。现在，随着人工智能的研究和发展，机器人技术可以进入社会领域。例如，医院努力为病人及其家庭提供社会和情感支持。在为儿童提供治疗时，这种支持尤其重要。医院里的孩子们处在一个陌生的环境中，他们身上带着各种医疗器械。在许多情况下，医生可能会建议限制他们的活动。

这种限制会导致儿童感到压力、焦虑和抑郁，从而致使他们的家庭成员也面临同样的问题。医院试图为儿童提供护理专家或宠物治疗，以减少他们心理上的创伤。这些疗法能使孩子和他们的父母为将来的治疗做好准备，并通过互动为他们提供短暂的情感支持。由于这类专家的数量很少，儿童护理专家的需求量和供应量之间存在差距。此外，由于担心过敏、灰尘和咬伤等可能会导致患者病情恶化的情况发生，因此许多医疗中心无法提供宠物治疗。为了填补这些空白，医院正在探索使用社交机器人来缓解儿童的抑郁和焦虑。一项研究（Jeong 等，2015）发现，与儿科医院中心的虚拟交互机器相比，机器人的真实存在在情感反馈方面更有效。

　　研究人员早就知道，超过 60% 的人类交流不是口头的，而是通过面部表情进行的（Goris 等，2010）。因此，社交机器人必须能够像儿童专家一样提供情感交流支持。一个比较流行的能够提供这种支持的机器人是 Huggable。在人工智能的帮助下，Huggable 能够理解人们的面部表情、气质、手势和思维。这种机器人就像一名工作人员加入了专家团队，为孩子们提供一些一般性的情感健康帮助。

　　Huggable 看起来像是一只环形的泰迪熊。毛茸茸、软绵绵的身体使它看起来很孩子气，因此被孩子们视为朋友。凭借机械手臂，Huggable 可以快速执行特定的动作。Huggable 不是运动型高科技设备，而是由一个 Android 设备（其麦克风、扬声器和摄像头位于其内部传感器中）和一个充当中枢神经系统的手机组成。Android 设备支持内部传感器和远程操作接口之间的通信。其分段手臂组件使得传感器的更换变得很容易，从而提高了其可重用性。这些基于人工智能的触觉传感器使它能够处理物理触摸，并用它表达信息。

　　嵌入在 Huggable 中的传感器通过 IOIO 板将物理触摸和压力数据传输到远程操作设备或外部设备。Android 设备接收来自外部传感器的数据，并将其传输到连接到机器人身体的电动机。这些电动机使机器人能够运动。电容器被放置在机器人的不同部位，称为压力点。这些压力点使机器人能够理解孩子们无法用语言表达的疼痛，他们能够通过触摸机器人来传递疼痛信息。Android 设备以一种有意义的方式解释物理触摸和压力传感器数据，并做出有效响应。Android 手机在保持简约设计的同时又允许其他设备之间进行通信。机器人和Android 设备的计算能力足够好，可以与孩子进行实时交流。图 10.1 展示了 Huggable 机器人的示意图。

图 10.1　Huggable 机器人示意图

波士顿儿童医院为正在接受治疗的儿童使用了 Huggable。据报道，10 岁的 Aurora 患有白血病，目前正在波士顿的 Dana-Farber 儿童癌症和血液病中心接受治疗。据 Aurora 的父母说："医院里有很多活动要做，但 Huggable 机器人的存在对孩子们来说是一件很棒的事情。"另一个孩子 Beatrice 因为慢性病需要经常去医院，她想念同学和朋友，但她不能做任何这个年龄的孩子该做的事情。她容易紧张，不喜欢治疗的过程，但在与 Huggable 的互动中，她愿意吃药了，好像这是最自然的活动一样。她建议机器人的回应速度能够再快一点，这样下次她就可以愉快地玩"偷看"游戏了。

在与 Huggable 的互动中，孩子们拥抱它，握住它的手，给它挠痒痒，与它击掌，并把它当作一个需要帮助的人来对待。孩子们很有礼貌，用了"不，谢谢"和"请稍等"等表达方式。最后，在跟它道别时，有孩子抱了抱它，还有孩子想和它再多玩一会儿。

这种情感支持机器人的另一个好处是预防感染。病人可能患有传染性疾病，但机器人每次使用后都要消毒，以防止感染扩散。因此，Huggable 机器人不仅可以为儿童提供支持，而且可以成为减少传染病传播的有用工具。

麻省理工学院媒体实验室的研究人员最近报告的一项研究强调了社交机器人（如 Huggable）与其他虚拟交互技术之间的差异。一个由 54 名住院儿童组成的小组被分配给三个不同的社会互动形象：一个可爱的普通泰迪熊、一个平板电脑上的 Huggable 虚拟人物、一个社交机器人。泰迪熊只是提供了一个身体模型，但不是一个社交对话平台。平板电脑上的虚拟版 Huggable 提供了语言交互，以同样的方式与人类对话，具有与机器人相同的功能，但却是一个三维虚拟版的 Huggable 机器人。虚拟角色和机器人都是由远程操作人员操作的，因此它们感知到交互后以相同的方式做出响应。研究人员根据年龄和性别分组，给孩子们提供三种互动方式中的一种。护理专家向孩子们提供必要的信息，而虚拟角色和机器人则由不同的专家在房间中单独操作。IBM Watson 的音调分析器试图识别五种人类情感和五种人格特征。研究人员对儿童与这三种虚拟代理人的互动进行了录像和分析。这个实验的结果很有趣。这些结果表明，与泰迪熊相比，孩子们更关注虚拟角色和机器人。儿童和虚拟代理之间的接触，次数最多的是 Huggable 机器人，其次是虚拟人物 Huggable 和泰迪熊。此外，孩子们还细心地照顾 Huggable 机器人，不推也不拉。有趣的是，有几个孩子对平板电脑上的虚拟角色做出了激烈的反应，即使它发出"哎哟"的声音。可怜的泰迪熊被人扔来踢去，孩子们玩得很开心。这些结果表明，与其他两种选择相比，孩子们更愿意与 Huggable 机器人相处。

### 老年人社交机器人：Paro

到 2050 年，世界主要国家和地区的 65 岁及以上人口比率将很快超过年轻人口比率。老年人所需要的情感支持是不容忽视的，因为地理上的分隔和技术上的鸿沟使他们难以与家人联系。Paro 是一款社交机器人，它的设计初衷是与人类进行互动，在市场上被定位为适合养老院的中老年人使用的机器人。Paro 主要扮演宠物治疗中宠物的角色。当宠物治疗因存在使人感染的风险而在医院变得不可取时，机器人 Paro 变得非常有用。

Paro 可以感知人类的触觉信息，它也可以捕捉有限的言语，发出一些声音，并移动它的头。Paro 不是一个移动机器人，它像海豹一样。测试者在两个疗养院（Broekens 等，2009）对 23 名患者进行了测试。结果表明，像 Paro 这样的社交机器人可以增加病人的社交互动。Paro 不仅给病人带来了微笑，也给居住者带来了一些生动、快乐的经历。尽管 Paro 并不能像人类那样提供完整的反应，但许多患者发现这些反应是有意义的，并且与情感相关。这些机器人有助于打破老年人单调的生活习惯，为他们的生活增添一些乐趣。它给人一种被渴望和受尊重的感觉，降低病人的压力和焦虑水平。

> ➤ **复习题**
>
> 1. 对于一个为病人提供情感支持的机器人，你希望它有什么特点？
> 2. 你能想到 Huggable 等机器人可以发挥有益作用的其他方面的应用吗？
> 3. 访问网站 https://www.universal-robots.com/case-stories/aurolab/ 了解协作机器人。这样的机器人在其他场合是如何发挥作用的呢？

### 我们可以从这个小插曲中学到什么

正如我们在本书的各个章节中所看到的一样，人工智能逐渐开启了许多有趣和独特的应用。机器人 Huggable 和 Paro 的故事向我们提供了将机器人用于困难工作中的一个想法——为患者（包括儿童和成人）提供情感支持。机器学习、语音合成、语音识别、自然语言处理、机器视觉、自动化、微机械等技术的结合，使得迎合不同的需求成为可能。这些应用程序可以完全以虚拟的形式出现，比如 IBM Watson，它赢得了 *Jeopardy*! 游戏的胜利，实现了工业自动化，生产出了自动驾驶汽车，甚至还能够提供情感支持，正如在开篇简介中介绍的一样。我们将在本章中看到许多类似的例子。

资料来源：J. Broekens, M. Heerink, & H. Rosendal. (2009). " Assistive Social Robots in Elderly Care: A Review." *Gerontechnology*, 8, pp. 94–103. doi: 10.4017/gt.2009.08.02.002.00; S. Fallon. (2015). " A Blue Robotic Bear to Make Sick Kids Feel Less Blue." https://www.wired.com/2015/03/blue-robotic-bear-make-sick-kids-feel-less-blue/ (accessed August 2018). Also see the YouTube video at https://youtu.be/UaRCCA2rRR0 (accessed August 2018); K. Goris et al. (2010, September). " Mechanical Design of the Huggable Robot Probo." Robotics & Multibody Mechanics Research Group. Brussels, Belgium: Vrije Universiteit Brussel; S. Jeong et al. (2015). " A Social Robot to Mitigate Stress, Anxiety, and Pain in Hospital Pediatric Care." *Proceedings of the Tenth Annual ACM/IEEE International Conference on Human-Robot Interaction Extended Abstracts*; S. Jeong & D. Logan. (2018, April 21–26). "Huggable: The Impact of Embodiment on Promoting Socio-emotional Interactions for Young Pediatric Surgeons." MIT Media Lab, Cambridge, MA, CHI 2018, Montréal, Quebec, Canada.

## 10.2 机器人技术概述

每个机器人科学家对机器人的定义都有自己的看法。但机器人的一个常见概念是一台机器、一个物理设备或软件，在人工智能的配合下可以自主完成一项任务。机器人能感知并影响环境。机器人技术在我们的日常生活中应用得越来越多。人工智能技术的发展和使用也被称为第四次工业革命。近十年来，机器人技术在制造业、医疗卫生和信息技术（IT）等领域的应用带来了改变工业未来的快速发展，机器人正在从仅执行预选的重复性任务（自动化）和无法对不可预见的情况做出反应（Ayres & Miller，1981）转变为执行医疗、制造、体育、金融服务等领域的专门任务，几乎涵盖每一个行业。这种适应新环境的能力导致了自主性，这与前几代机器人有着天壤之别。第 2 章介绍了机器人的定义，并给出了机器人在某些行业的应用。在本章中，我们将用各种应用程序来补充这一介绍，并深入探讨这个主题。

尽管我们对机器人的想象可能是基于《星球大战》电影中的 R2D2 或 C3-PO，但我们在许多其他方面都体验过机器人。工厂在制造业中使用机器人已经有很长一段时间了（见 10.3 节）。在消费者方面，Roomba 是一个早期应用程序，它是一个可以自己清洁地板的机器人。也许我们很快就会体验到的最好的机器人例子是一辆自主（自动驾驶）汽车。*Tech Republic* 称自动驾驶汽车为我们都将学会信任的第一个机器人。我们将在 10.7 节中对自动驾驶汽车进行更深入的研究。随着机器学习，特别是图像识别系统的发展，机器人在几乎所有行业的应用都在增加。机器人可以将香肠切成适合比萨的大小，并能自动确定在烘烤比萨前已放置了正确数量和类型的辣香肠块。由机器人进行或在机器人协助下进行的手术正在迅速发展。10.4 节提供了机器人的许多说明性应用，10.7 节讨论了自动驾驶汽车作为另一类机器人。

> ▶ 复习题
>
> 1. 定义机器人。
> 2. 自动化和自治有什么区别？
> 3. 举几个已经投入使用的机器人的例子。上网查找机器人的最新应用并与全班分享。

## 10.3　机器人技术的历史

维基百科介绍了机器人发展的有趣历史。长期以来，人们一直对机器为我们服务的想法着迷。机器人技术的第一个概念是在公元前 320 年由希腊哲学家亚里士多德（Aristotle）提出的，他说："如果每一种工具在接到命令后，甚至是按照自己的意愿，都能完成适合它的工作，那么主工就不需要学徒，领主也不需要奴隶。"1495 年，达·芬奇为一个看起来像人的机器人起草了策略和图像。在 1700 年到 1900 年间，各种各样的自动装置被创造出来，包括雅克·德·沃肯森（Jacques De Vaucanson）建造的一个出色的自动化结构，他制作了一只钟表鸭子，可以拍动翅膀，嘎嘎作响，看起来跟真的一样。

在整个工业革命中，机器人技术是由蒸汽动力和电力的进步所引发的。随着消费者需求的增加，工程师们努力设计新的方法，通过自动化来提高产量，并创造出能够执行对人类来说非常危险的任务的机器人。1893 年，加拿大的乔治·摩尔（George Moore）教授提出了仿人机器人的原型"蒸汽人"。它由钢制成，由蒸汽机提供动力。它可以以每小时近

9 英里[⊖]的速度自主行走，甚至可以拉动相对较轻的负载。1898 年，尼古拉·特斯拉（Nikola Tesla）展示了一艘潜艇的原型。这些事件导致了机器人技术在制造业、国防、航空航天、医学、教育和娱乐业的融合。

1913 年，世界上第一条移动式传送带装配线由亨利·福特（Henry Ford）创立。借助传送带，汽车可以在 93 分钟内组装好。1920 年晚些时候，卡雷尔·卡佩克（Karel Capek）在他的剧本《罗森的万能机器人》（*Rossum's Universal Robots*）中提出了机器人的概念。后来，日本制造了一种玩具机器人 Lilliput。

到了 20 世纪 50 年代，创新者们开始研发能够处理危险的、重复性的国防和工业制造任务的机器。由于这些机器人主要是为重型工业设计的，因此要求它们能像人类一样进行拉、提、移动和推动等动作。因此，许多机器人被设计得像人的手臂。例如 1938 年 W. L. V. Pollard 为位置控制设备设计的喷漆装置。DeVilbiss 公司收购了这个机器人，该公司后来成为美国机器人手臂的主要供应商。

20 世纪 50 年代中期，第一个商用机械臂 Planetbot 被开发出来，通用汽车后来在一家制造厂使用它生产散热器。这种机械臂总共售出了 8 个。据该公司称，它可以执行近 25 个动作，并可以在几分钟内重置，以执行另一组操作。然而，由于内部液压油的异常，Planetbot 并没有达到预期的效果。

乔治·德沃尔（George Devol）和乔·恩格伯格（Joe Engelberger）设计出的 Unimate 使电视显像管的制造自动化。它的重量接近 4000 磅[⊜]，由一个磁鼓上预先编程的指令控制。后来，通用汽车公司将其用于生产对热压铸金属部件进行排序和堆叠。这种经过特殊升级的机械臂成为流水线上的标配之一。Unimate 总共售出 8500 台，其中一半销往汽车工业。后来，Unimate 进行了改进，以执行点焊、压铸和机床堆叠等任务。

20 世纪 60 年代，拉尔夫·莫斯尔（Ralph Mosher）和他的团队发明了两种遥控机械臂，即 Handyman 和 Man-mate。Handyman 是一个双臂电液机器人，而 Man-mate 是根据人类的脊柱设计的。手臂给机器人提供了工件检查程序的灵活性。机器人的手指被设计成可以通过一个命令来抓取物体。

新的移动机器人出现了。第一个就是 Shakey，它是在 1963 年被开发出来的。它可以自由移动，避开道路上的障碍。它的头上有一根无线电天线。在它的中央处理器上有一个视觉传感器。Shakey 连接在两个轮子上，它的两个传感器可以感知障碍物。使用基于逻辑的问题解决方法，它可以识别物体的形状，移动它们，或者绕过它们。

太空竞赛由俄罗斯的人造卫星发起，并受到美国的欢迎，这促进了许多技术进步并带来机器人技术的发展。1976 年，在美国航天局的火星任务中，人们根据火星的大气条件创造了一个海盗（Viking）登陆舱。它的手臂张开，形成了一个可以从火星表面收集样本的容器。任务期间虽然存在一些技术问题，但科学家能够远程修复它们。

---

⊖　1 英里≈1.609 千米。——编辑注

⊜　1 磅≈0.454 千克。——编辑注

1986 年，本田推出了第一款基于乐高的教育产品。1994 年，由卡内基梅隆大学（Carnegie Mellon University）制造的八足步行机器人 Dante II 从斯普尔山（Mount Spur）收集到了火山气样本。

随着越来越多的研究和资金投入，机器人技术呈指数级增长。机器人的应用和研究扩展到日本、韩国和欧洲国家。据估计，到 2019 年，将有近 260 万个机器人。机器人在社会支持、国防、玩具和娱乐、医疗保健、食品以及救援等领域都有应用。许多机器人正进入下一个阶段——从深海到行星际和太阳系的研究。如前所述，自动驾驶汽车将机器人引入大众的视野。我们将在以下部分介绍几个机器人应用程序。

> ❥ 复习题
> 1. 找出制造业历史上导致人们对目前机器人技术产生兴趣的一些关键里程碑。
> 2. 与当今的机器人相比，Shakey 的能力如何？
> 3. 机器人是如何帮助人们完成太空任务的？

# 10.4　机器人技术的应用实例

本节重点介绍机器人在各个行业的应用实例。每一个都是作为一个小的应用案例提出的，讨论问题在本节的末尾。

## 10.4.1　精密技术公司

中国的一家精密技术公司 Changying Precision Technology 选择使用机械臂生产手机零件。该公司以前雇用了 650 名工人来经营工厂。现在，机器人执行其大部分操作，该公司将员工人数减少到 60 人，从而减少了 90% 的人力。将来，该公司计划将员工人数减少到 20 名左右。有了这些机器人，该公司不仅实现了 250% 的产量增长，而且将缺陷水平从 25% 降低到了 5%。

资料来源：C. Forrest. (2015). "Chinese Factory Replaces 90% of Humans with Robots, Production Soars." TechRepublic. https://www.techrepublic.com/article/chinese-factory-replaces-90-of-humans-with-robots-production-soars/ (accessed September 2018); J. Javelosa & K. Houser. (2017). "Production Soars for Chinese Factory Who Replaced 90% of Employees with Robots." Future Society. https://futurism.com/2-production-soars-for-chinese-factory-who-replaced-90-of-employees-with-robots/ (accessed September 2018).

## 10.4.2　阿迪达斯

作为一家知名运动服制造商，阿迪达斯紧跟潮流，追求创新和个性化，并且已经开始在德国安斯巴赫和美国佐治亚州亚特兰大的 Speedfactory 等工厂实施自动化生产。从原材料到最终产品的成型，传统供应链需要大约两个月的时间，但自动化只需要几天或几周的时间。由于阿迪达斯生产的鞋子所用的原材料是软纺织材料，因此机器人技术的实现与其他制造业有所不同。阿迪达斯正与 Oechsler 公司合作，在其供应链中应用机器人技术。此外，阿迪达斯还使用增材制造、机械臂和电脑编织等技术。在 Speedfactory，制作运动鞋的机器人会附加一个可扫描的二维码。在质量检查过程中，如果产品的任何部分出现故障，那么制造它的机器人就可以被追踪并修复。阿迪达斯优化了该流程，这使其可以选择在市场上推出数千种定制鞋，查看其性能并相应地优化流程。在接下来的几年里，该公司计划每年推出大约 100 万双定制款式的鞋。从长远来看，这一战略支持从制造大量库存转向按需生产产品。

资料来源："Adidas's High-Tech Factory Brings Production Back to Germany." (2017, January 14). *The Economist*. https://www.economist.com/business/2017/01/14/adidass-high-tech-factory-brings-production-back-to-germany (accessed September 2018); D. Green. (2018). "Adidas Just Opened a Futuristic New Factory – and It Will Dramatically Change How Shoes Are Sold." Business Insider. http://www.businessinsider.com/adidas-high-tech-speedfactory-begins-production-2018-4 (accessed September 2018).

## 10.4.3 宝马采用协作机器人

人工智能和自动化在工业中的应用越来越多，这促进了机器人的发展。然而，人类的认知能力是不可替代的。机器人和人类的结合是在宝马的一个制造部门中使用协作机器人实现的。通过这样做，该公司最大限度地提高了生产部门的效率，并改善了工作环境。

宝马公司位于南卡罗来纳州斯巴达堡的工厂中使用了 60 个协作机器人，这些机器人与员工一起工作。例如，这些机器人为宝马车门内部提供隔音和防潮功能。这种密封保护固定在车门和整个车辆上的电子设备上，以使它们免受湿气的影响。以前，工人通过使用手动辊来完成用黏合剂珠固定箔片的繁重任务。协作机器人的手臂可以精确地完成这项任务。协作机器人以低速运行，一旦传感器检测到任何障碍物，将立即停止，以维护装配线工人的安全。

在宝马位于德国的丁戈尔芬（Dingolfing）工厂，一个轻巧的机器人安装在天花板上的车桥传动装置区域，用于拾取锥齿轮。这些齿轮的重量可达 5.5 千克。协作机器人可以准确地安装锥齿轮，避免损坏齿轮。

资料来源：M. Allinson. (2017, March 4). "BMW Shows Off Its Smart Factory Technologies at Its Plants Worldwide." BMW Press Release. Robotics and Automation. https://roboticsandautomationnews.com/2017/03/04/bmw-shows-off-its-smart-factory-technologies-at-its-plants-worldwide/11696/ (accessed September 2018); "Innovative Human-Robot Cooperation in BMW Group Production." (2013, October 9). https://www.press.bmwgroup.com/global/article/detail/T0209722EN/innovative-human-robot-cooperation-in-bmw-group-production?language=en (accessed September 2018).

## 10.4.4 Tega

Tega 是一种社交机器人，旨在通过讲故事吸引学龄前儿童并提供词汇帮助，从而为学龄前儿童提供扩展的支持。与 Huggable 一样，Tega 是一个基于 Android 的机器人，类似于动画角色。它具有一个外部摄像头和内置扬声器，运行时间长达 6 个小时。Tega 使用 Android 的功能来表现眼睛效果、计算能力和身体动作。孩子们的反应将被作为强化学习算法的奖励信号反馈给 Tega。Tega 通过社交控制器、传感器处理和电动机的控制来移动它的身体，实现向左或向右倾斜和旋转。

Tega 的目的不仅是讲故事，而且还能进行关于故事的对话。在平板电脑应用程序的帮助下，Tega 与孩子的互动角色是同龄人或队友，而不是教育者。孩子们用平板电脑交流，Tega 通过观察孩子们的情绪状态来提供反馈。Tega 还提供词汇方面的帮助，了解孩子们的身体和情绪反应，这使其能够与孩子建立关系。测试表明，Tega 可以对孩子的教育、自由思考和心理发展产生积极影响。更多有关信息，请访问 https://www.youtube.com/watch?v=16in922JTsw。

资料来源：E. Ackerman. (2016). *IEEE Spectrum*. http://spectrum.ieee.org/automaton/robotics/home-robots/tega-mit-latest-friendly-squishable-social-robot (March 5, 2017); J. K. Westlund et al. (2016). "Tega: A Social Robot." Video Presentation. *Proceedings of the Eleventh ACM/IEEE International Conference on Human Robot Interaction*; H. W. Park et al. (2017). "Growing Growth Mindset with a Social Robot Peer." *Proceedings of the Twelfth ACM/IEEE International Conference on Human Robot Interaction*; Personal Robots Group. (2016). https://www.youtube.com/watch?v=sF0tRCqvyT0 (accessed September 2018); Personal Robots Group, MIT Media Lab. (2016). *AAAS*. https://www.eurekalert.org/pub_releases/2016-03/nsf-rlc031116.php (accessed September 2018).

## 10.4.5　旧金山汉堡餐厅

烤汉堡被认为是低收入、平凡的任务，许多人的薪资水平很低。随着时间的推移，此类工作可能会因为机器人而消失。在食品工业中，旧金山的一家汉堡餐厅就使用了这种机器人技术。汉堡机不是传统的机器人，其手臂和腿部可以四处移动并像人一样工作。相反，它是一个完整的汉堡准备设备，可以进行从准备汉堡、进行烹饪到完成整顿饭的烹制的整个操作。它借助机器人的力量，以及米其林星级厨师的食谱，可以为顾客带来正宗、口味地道并且价位更容易让消费者接受的食品。该餐厅安装了两台 14 英尺长的机器，每小时可制造约 120 个汉堡。每台机器具有 350 个传感器，20 台计算机和近 7000 个零件。

将小圆面包、洋葱、番茄、咸菜、调味料和调味料填充在传送带上的透明管中。用户通过移动设备下订单后，机器人大约需要五分钟的时间来准备。首先，通过气压将汉堡奶油蛋卷从传送带上的透明管中推出。机器人的不同组件接连工作以准备订单，例如将面包卷切成两半，在面包上涂黄油，切碎蔬菜，再撒上调味料。另外，在小馅饼上放置一个轻巧的专用把手，可以保持其完整并根据食谱烘烤。通过使用热传感器和算法控制，可以确定小馅饼的烹饪时间和温度，而且一旦烹饪完成，就可以通过机械臂将小馅饼放在面包上。当机器出现有关订单故障或需要补充耗材的问题时，工人会通过 Apple Watch 收到通知。

资料来源："A Robot Cooks Burgers at Startup Restaurant Creator." (2018). TechCrunch. https://techcrunch.com/video/a-robot-cooks-burgers-at-startup-restaurant-creator/ (accessed September 2018); L. Zimberoff. (2018, June 21). "A Burger Joint Where Robots Make Your Food." https://www.wsj.com/articles/a-burger-joint-where-robots-make-your-food-1529599213 (accessed September 2018).

## 10.4.6　斯派 (Spyce) 西餐厅

波士顿一家提供谷物餐和沙拉的快餐店演示了如何使用机器人制作价格合理的食物。Spyce 是一家由麻省理工学院工程专业的毕业生创办的经济型餐厅。Michael Farid 发明了会做饭的机器人。这家餐馆几乎没有高薪的员工，大部分快餐店的工作都由机器人来完成。

订单被放置在一个带有触摸屏的售货亭里。一旦订单得到确认，机械化系统就开始准备食物。原料被放置在冷藏箱中，通过透明管道运输，然后通过移动设备收集并将原料送到需要的锅中。机器人锅侧面的金属板可以加热食物。让温度保持在 450 华氏度左右，将食物翻滚近两分钟后出锅。这就像在洗衣机里洗衣服一样。一旦饭做好了，机器人锅倾斜并把食物转移到碗里。每次烹饪结束后，机器人锅会用高压热水清洗自己，然后回到最初的位置，准备烹饪下一顿饭。客人的名字也会附在碗边，当食物准备好之后，由人工进行上菜。Spyce 也在尝试安装一个能做煎饼的机器人。

资料来源：B. Coxworth. (2018, May 29). "Restaurant Keeps Its Prices Down – With a Robotic Kitchen." New Atlas. https://newatlas.com/spyce-restaurant-robotic-kitchen/54818/ (accessed September 2018); J. Engel. (2018, May 3). *Spyce, MIT-Born Robotic Kitchen Startup, Launches Restaurant: Video.* Xconomy. https://www.xconomy.com/boston/2018/05/03/spyce-mit-born-robotic-kitchen-startup-launches-restaurant-video/ (accessed September 2018).

## 10.4.7　马亨德拉有限公司

随着人口的增加，农业产业正在扩大以满足人们的需求。为了以合理的成本持续增加食品供应并保持质量，印度跨国公司马亨德拉（Mahindra&Mahindra Ltd.）正在寻求改进采摘葡萄的工艺。该公司正在弗吉尼亚理工学院暨州立大学（Virginia Polytechnic Institute and University）建立一个研发中心。它将与位于芬兰、印度和日本的其他马亨德拉中心合作。

葡萄既可以直接食用，也可用于制作果汁、葡萄酒等。不同需求对原材料的质量要求有很大的不同。供直接食用的葡萄的成熟度和外观与其他两种用途的葡萄的不同，因此，质量控制至关重要。决定哪些葡萄可以采摘是一项烦琐的工作，而且必须确保葡萄的成熟度、外观和质量。想用机器人来完成这项任务，需要专家的培训，而这是不容易扩展的。人们正在探索用机器人采摘来代替人类采摘。机器人可以使用传感器来实现这些目标，这些传感器可以在加快采摘过程的同时保证质量。

资料来源：L. Rosencrance. (2018, May 31)." Tabletop Grapes to Get Picked by Robots in India, with Help from Virginia Tech. "RoboticsBusinessReview. https://www.roboticsbusinessreview.com/agriculture/tabletop-grapes-picked-robots-india-virginia-tech/ (accessed September 2018); " Tabletop Grapes to Get Picked by Robots in India. " Agtechnews.com. http://agtechnews.com/Ag-Robotics-Technology/Tabletop-Grapes-to-Get-Picked-by-Robots-in-India. html (accessed September 2018).

## 10.4.8　国防工业中的机器人

众所周知，军方已经在机器人应用上投入了很长时间。在对人类生命威胁大的任务中，机器人可以取代人类。机器人也可以到达人类无法到达的条件极端的地方（如炎热之地、水域等）。除了最近无人机在军事应用中使用频率的增长，一些特定的机器人已经开发了很长时间。其中一些将在下一节中重点介绍。

**MAARS**　MAARS（模块化先进武装机器人系统）是美军在伊拉克战争期间使用的特殊武器观测侦察探测系统（SWORDS）的升级版，它被用于侦察、监视和目标捕获，拥有 360°

的视角。根据不同的情况，MAARS 可以在它的小框架中覆盖大量的火力。各种各样的弹药，如催泪瓦斯、非杀伤性激光和榴弹发射器可以置于其中。MAARS 是一种军用机器人，它可以自主战斗，从而降低士兵丧生的风险，同时又能保护自己。这个机器人有七种传感器，可以在白天和黑夜追踪敌人的热量信号。它使用夜视摄像机在夜间监视敌人的活动。MAARS 根据命令向敌人开火。它还有其他用途，比如把重物从一个地方搬到另一个地方。它提供了一系列非致命的力量的选择，如警告攻击，它还可以形成一个双边通信系统。MAARS 还可以使用一些不太致命的武器，如笑气、胡椒喷雾和烟雾来驱散人群。这个机器人可以对大约一公里内的范围进行控制，其设计目的是增加或减少行进速度、爬楼梯、在未铺设的道路上使用轮子而不是履带行进。

资料来源：T. Dupont. (2015, October 15). "The MAARS Military Robot." Prezi. https://prezi.com/fsrlswo0qklp/the-maars-military-robot/ (accessed September 2018); Modular Advanced Armed Robotic System. (n.d.). Wikipedia. https://en.wikipedia.org/wiki/Modular_Advanced_Armed_Robotic_System (accessed September 2018); "Shipboard Autonomous Firefighting Robot – SAFFiR." (2015, February 4). YouTube. https://www.youtube.com/watch?time_continue=252&v=K4OtS534oYU (accessed September 2018).

**SAFFIR（船用自主消防机器人）** 船舶起火是对船员生命的最大威胁之一。与船舶火灾相关的有一系列重要的问题。由于空间狭小，发生火灾时的烟雾、有害气体和人们有限的逃生能力都给船员们带来挑战。尽管消防演习、船上警报、灭火器和其他措施等提供了应对海上火灾的方法，但现代技术已经到位，人们可以更好地应对这一威胁。美国海军研究办公室的一个海军小组已经开发了 SAFFiR。它是一个 5 英尺○ 10 英寸○ 高的机器人，不是完全自主的。SAFFiR 有一个仿人机器人结构，这样它就可以穿过狭窄的过道和其他角落，爬上梯子。这种机器人可用来处理船上通道中的障碍物。SAFFiR 可以使用为人类设计的防火装备，如防火衣、灭火剂和传感器。轻量化、低摩擦的直线驱动器提高了效率和控制能力。它配备了几个传感器：普通摄像机、气体和红外摄像机，以用于黑暗和有烟雾的环境。它的身体不仅具有防火性能，还可以投掷灭火手榴弹。它可以工作大约半小时而不需要充电。SAFFiR 也可以在不平整的表面上保持平衡。

资料来源：K. Drummond. (2012, March 8). "Navy's Newest Robot Is a Mechanized Firefighter." wired.com. https://www.wired.com/2012/03/firefight-robot/ (accessed September 2018); P. Shadbolt. (2015, February 15). "U.S. Navy Unveils Robotic Firefighter." CNN. https://www.cnn.com/2015/02/12/tech/mci-saffir-robot/index.html (accessed September 2018); T. White. (2015, February 4). "Making Sailors 'SAFFiR' – Navy Unveils Firefighting Robot Prototype at Naval Tech EXPO." America's Navy. https://www.navy.mil/submit/display.asp?story_id=85459 (accessed September 2018).

## 10.4.9　Pepper

Pepper 是由 SoftBank Robotics 制造的半人形机器人，可以理解人类的情绪。屏幕位于其胸部。它可以识别皱眉、微笑等表情以及用户的语气和动作，例如人的头和手指交叉的

---

○　1 英尺≈0.305 米。——编辑注
○　1 英寸≈0.253 米。——编辑注

角度。Pepper 可以通过这种方式确定一个人的心情是好是坏。Pepper 可以自主行走，识别个体，甚至可以通过对话来改善他们的情绪。

Pepper 的高度为 120 厘米（约 4 英尺）。它带有三个方向盘，这使它可以向四周移动。它可以倾斜头部并移动手臂和手指，并配备了两个高清摄像头以了解周围环境。由于其防碰撞功能，Pepper 减少了意外碰撞，可以识别人以及附近的障碍物。它还可以记住人脸并接受使用智能手机和卡付款。Pepper 支持日文、英文和中文的命令。

Pepper 广泛应用于服务行业和家庭中。它具有与客户进行有效沟通的优势，但也因缺乏竞争力或存在安全性问题而受到批评。以下示例提供了有关其应用和缺点的信息：

❑ 购物时与机器人互动正在改变商业环境中 AI 的面貌。领先的咖啡制造商雀巢（日本公司）聘请 Pepper 销售雀巢咖啡机，以改善客户体验。Pepper 可以向用户推荐雀巢所提供的产品，并使用面部识别和声音识别来判断人的反应。机器人通过一系列的问题和回答来识别消费者的需求，并推荐合适的产品。

❑ 一些酒店，例如万怡酒店（Courtyard by Marriott）和文华东方酒店（Mandarin Oriental）使用 Pepper 来提高客户满意度和效率。这些酒店使用 Pepper 来提高客户参与度，引导客人参加活动，并推广他们的奖励计划。另一个目标是收集客户数据并根据客户喜好来进行沟通调整。Pepper 被部署在离迪士尼乐园主题公园酒店入口几步远的地方，它有效地增加了客户互动。酒店在客人入住或退房时使用 Pepper 与客人交谈，或将其引导至水疗中心、健身房和其他便利设施处。它还可以告知客人有关活动和促销的信息，并帮助工作人员避免执行将客人注册为会员这一烦琐的任务。客户的反应基本上是相当积极的。

❑ 位于俄克拉荷马州斯蒂尔沃特的配电合作社——中央电气合作社（CEC）安装了 Pepper 来监视停电情况。CEC 为俄克拉荷马州七个县的 20 000 多名客户提供服务。Pepper 已连接到运营中心，以读取有关停电的信息，并且通过将其连接到地理信息系统（GIS）地图，它还可以告知运营部门服务卡车的实时位置。在 CEC，Pepper 也用于会议，使与会者可以了解有关公司及其服务的更多信息。Pepper 回答了有关能耗的一系列问题。将来，该公司计划在机器人方面进行更多投资，以满足其需求。图 10.2 显示了 Pepper 作为一名团队成员参加了一次员工面试，为 CEC 的项目提供了意见等。

❑ 法比奥（Fabio）是一款 Pepper 机器人，在英格兰和苏格兰的一家高档食品和葡萄酒商店担任零售助理。实施后一周，该商店取消了这项服务，因为它使顾客感到困惑，他们更喜欢从员工那里而不是 Fabio 那里获得该服务。Fabio 提供了有关查询的常见答案，例如物品的货架位置等，但是由于有背景噪声，它无法完全理解客户的要求。将 Fabio 放置在仅吸引少数顾客的特定区域中更容易赢得客户的喜爱。客户还抱怨 Fabio 无法在超市内走动并将他们引领到特定的区域。令人惊讶的是，商店的员工已经习惯了 Fabio 的存在，而不是将其视为竞争对手。

图 10.2　Pepper 机器人作为小组会议的参与者（图片来源：中央电气合作社）

❑ 斯堪的纳维亚的研究人员指出了 Pepper 存在的几个安全问题。他们提出，对 Pepper 进行未经身份验证的根级别访问很容易。他们还发现 Pepper 容易受到暴力攻击。Pepper 的功能可以通过各种应用程序编程接口（API），使用 Python、Java 和 C ++ 等语言进行编程。此功能可能导致它提供对所有传感器的访问，进而使其不安全。攻击者可以建立连接，然后使用 Pepper 的麦克风、摄像头和其他功能监视用户及其对话。对于许多机器人和智能音箱而言，这是一个持续存在的问题。

资料来源："Pepper Humanoid robot helps out at hotels in two of the nation's most-visited destinations (2017)". Soft-Bank Robotics. https://usblog.softbankrobotics.com/pepper-heads-to-hospitality-humanoid-robot-helps-out-at-hotels-in-two-of-the-nations-most-visited-destinations (accessed November 2018); R. Chirgwin. (2018, May 29). "Softbank's 'Pepper' Robot Is a Security Joke." The Register. https://www.theregister.co.uk/2018/05/29/softbank_pepper_robot_multiple_basic_security_flaws/ (accessed September 2018); A. France. (2014, December 1). "Nestlé Employs Fleet of Robots to Sell Coffee Machines in Japan." *The Guardian*. https://www.theguardian.com/technology/2014/dec/01/nestle-robots-coffee-machines-japan-george-clooney-pepper-android-softbank (accessed September 2018); Jiji. (2017, November 21). "SoftBank Upgrades Humanoid Robot Pepper." *The Japan Times*. https://www.japantimes.co.jp/news/2017/11/21/business/tech/softbank-upgrades-humanoid-robot-pepper/#.W6B3qPZFzIV (accessed September 2018); C. Prasad. (2018, January 22). "Fabio, the Pepper Robot, Fired for 'Incompetence' at Edinburgh Store." *IBN Times*. https://www.ibtimes.com/fabio-pepper-robot-fired-incompetence-edinburgh-store-2643653 (accessed September 2018).

## 10.4.10　达·芬奇手术系统

在过去的十年里，机器人技术在外科手术中得到了应用。达·芬奇系统是外科手术中最著名的机器人系统之一，该系统已进行了数千次手术。据外科医生说，达·芬奇系统是世界上使用得最多的机器人，它被用于执行多种名义上具有侵入性的手术，并且可以执行简单的或复杂而精细的手术。达·芬奇系统的关键组件是外科医生控制台、患者侧推车、机械腕和视觉系统。

外科医生控制台是外科医生操作机器的地方。它提供了病人体内的高清 3D 图像。控制台具有主控件，外科医生可以用机器人的手指抓住主控件并对患者进行手术。这些动作是准确且实时的，并且由外科医生完全控制，可以防止机械手手指自行移动。患者侧推车是患者在手术过程中所躺的地方。它具有三个或四个臂，由外科医生使用主控件进行控制，并且每个臂都有一些固定的枢轴点，这些臂围绕这些枢轴点移动。腕关节内器械在进行手术时可以使用，它们共有七个自由度，每种自由度都是为特定目的而设计的。机械腕上的操纵杆可以快速释放以更换工具。视觉系统具有高清 3D 内窥镜和图像处理设备，可提供患者解剖结构的真实图像。在手术过程中，观察监视器还可以提供广阔的视野，从而帮助外科医生进行手术。

使用达·芬奇系统进行手术的患者的疮口比使用传统方法进行手术的患者的愈合得更快，因为机器人切出的切口非常小且精确。一名外科医生必须接受在线和实际操作培训，并且必须在获得达·芬奇系统认证的外科医生面前进行至少五次手术。这项技术确实增加了手术的成本，但它在提高精确度的同时减轻疼痛的能力引领了此类手术的未来发展方向。

资料来源："Da Vinci Robotic Prostatectomy – A Modern Surgery Choice!" (2018). Robotic Oncology. https://www.roboticoncology.com/da-vinci-robotic-prostatectomy/ (accessed September 2018); "The da Vinci® Surgical System." (2015, September). Da Vinci Surgery. http://www.davincisurgery.com/da-vinci-surgery/da-vinci-surgical-system/ (accessed September 2018).

## 10.4.11　机器人婴儿床

Snoo 是一种具有 Wi-Fi 功能的机器人婴儿床，由 Yves Behar、儿科医生 Harvey Karp 博士和受过 MIT 培训的工程师开发。根据其设计者的说法，Snoo 模仿了 Karp 博士著名的睡眠策略中的"五个 S"，即包裹的真实感受（SwaddLed）、侧卧或俯卧（Side or Stomach）、嘘嘘声（Shush）、轻轻摇晃宝宝（Swing）和让宝宝吮吸（Suck）奶嘴等。Snoo 是一种带电婴儿床，可让婴儿自动入睡。它重现了在母亲怀孕最后三个月孩子所感受到的。当婴儿听到白噪声、感受到运动和被包裹时，是最放松的——这也是 Snoo 所提供的效果的标准。将婴儿固定在摇篮上之后，Snoo 就会感觉到它是否晃动，跟踪它的动作，如果发现有动作，Snoo 就会摇晃婴儿床，直到婴儿平静下来。可以在 Snoo 配备的智能手机上安装一个应用程序，以控制其速度和白噪声。另外，Snoo 可以设定在八分钟后关闭，或者可以继续整夜摇晃。该公司在广告中称，它是有史以来最安全的床，内置了襁褓带，确保孩子不会意外坠床。Snoo 阻止父母晚上多次起床自己做这件事，他们能睡一个好觉。

资料来源：S. M. Kelly. (2017, August 10). "A Robotic Crib Rocked My Baby to Sleep for Months." CNN Tech. https://money.cnn.com/2017/08/10/technology/gadgets/snoo-review/index.html (accessed September 2018); L. Ro. (2016, October 18). "World's First Smart Crib SNOO Will Help Put Babies to Sleep." Curbed. https://www.curbed.com/2016/10/18/13322582/snoo-smart-crib-yves-behar-dr-harvey-karp-happiest-baby (accessed September 2018).

## 10.4.12　机械与工程设计智能

机器与工程设计智能（Machine and Engineering Designing Intelligence，MEDi）在加拿

大的六家医院和美国的一家医院都有应用。MEDi 有助于减轻痛苦的手术、测试和注射带给儿童的压力。它高两英尺，重约 11 磅<sup>⊖</sup>，看起来像个玩具。Tanya Beran 博士在医院工作后提议使用 MEDi，在那里她听到孩子们看到机器人时高兴地大叫。她建议，由于在这种情况下没有足够的疼痛管理专业知识，因此技术可以提供帮助。该机器人可以说 19 种语言，并且可以轻松地融入各种文化。阿尔德巴拉（Aldebaran）建造了这种机器人，称之为 NAO。它的价格可能在 8000 美元以上。Beran 通过添加可以在医院环境下与孩子一起操作的软件，赋予了 MEDi 新的生命活力。MEDi 通过各种程序促进与孩子的对话。它最初是为流感疫苗设计的，后来用于其他测试。MEDi 甚至可以为孩子讲故事。该机器人不仅帮助孩子，而且帮助护士减少孩子的压力，让他们放松。家长们都说，孩子出院时，他们并没有谈论针头和疼痛，而是留下了美好的回忆。

资料来源：A. Bereznak. (2015, January 7). "This Robot Can Comfort Children Through Chemotherapy." Yahoo Finance. https://finance.yahoo.com/news/this-robot-can-comfort-children-through-107365533404.html (accessed September 2018); R. McHugh & J. Rascon. (2015, May 23). "Meet MEDi, the Robot Taking Pain Out of Kids' Hospital Visits." NBC News. https://www.nbcnews.com/news/us-news/meet-medi-robot-taking-pain-out-kids-hospital-visits-n363191 (accessed September 2018).

## 10.4.13　Care-E 机器人

机场的规模越来越大，前往机场的人也越来越多，这就给空中交通、航班取消和登机门的开关等增加了负担，导致旅客需要频繁地到不同的登机门。荷兰皇家航空公司（KLM Royal Dutch Airlines）正在尝试一种新方法，利用"Care-E 机器人"来减轻与安全、登机门和繁忙旅行相关的问题。该服务计划在纽约和旧金山的国际机场启动。可以在安全检查站看到该机器人，它可以将旅行者和其随身行李带到他们想去的地方。通过非言语的声音和信号，Care-E 指导旅客扫描登机牌，扫描完成后，当他们忙于逛商店或使用洗手间时，Care-E 就可以为他们服务。Care-E 还使用 8 个带有"避免周边碰撞"的传感器来避免碰撞。其最佳功能之一是将登机口的变更与旅客相关联，并为他们提供到达新分配的登机门的交通工具。

Care-E 机器人可以搬运重达 80 磅的行李。它以每小时 3 英里的速度运行，对于一个迟到的人来说，这可能有点太慢了。但是，想要探索机场的旅行者可以免费使用 Care-E 两天。由于机场对于携带电池政策的频繁变化，此类机器人的应用未能获得预期的结果，但是这种机器人的市场前景相当乐观。

资料来源：M. Kelly. (2018, July 16). "This Adorable Robot Wants to Make Air Travel Less Stressful." The Verge. https://www.theverge.com/2018/7/16/17576334/klm-royal-dutch-airlines-robot-travel-airport (accessed September 2018); S. O'Kane. (2018, May 17). "Raden is the Second Startup to Bite the Dust After Airlines Ban Some Smart Luggage." Circuit Breaker. https://www.theverge.com/circuitbreaker/2018/5/17/17364922/raden-smart-luggage-airline-ban-bluesmart (accessed September 2018).

---

⊖　1 磅≈0.454 千克。——编辑注

## 10.4.14　农业机器人

甜味与多种健康方面的益处的结合，使草莓成为世界上最受欢迎和购买量最多的水果之一。每年收获近 500 万吨草莓——美国、土耳其和西班牙的最高收成呈上升趋势。从事农业机器人业务的 AGROBOT 公司开发了一种可以在各种环境条件下收获草莓的机器人。这款机器人使用 24 个建立在移动平台上的机器手来识别优质草莓。

草莓与其他水果相比要脆弱，因此需要高度注意。苹果、香蕉和芒果等水果可以在快成熟时采摘，而草莓则在完全成熟后才能采摘。因此，直到现在，采摘草莓一直是完全手动的过程。AGROBOT 是在西班牙开发的，该机器人执行一系列的自动处理功能，除了选择草莓并包装。为了防止草莓在采摘过程中被挤压，机器人用两个锋利的刀片将它们切开，然后装在内衬橡胶卷的篮子里。装满后，将篮子放在传送带上，然后送到包装站，操作员可以直接进行选择并包装。

AGROBOT 由一个人操作，最多可坐两个人。机械臂控制刀片和篮子之间的距离。该机器人具有四个主要组件：感应传感器、超声波传感器、碰撞控制系统和摄像头系统。基于摄像头的传感器可查看每个待采摘的水果，并根据其形状和颜色对其成熟度进行分析；浆果成熟后，机器人会以精确的动作将其从树枝上切下。每个臂的末端都装有两个感应式传感器。碰撞控制系统必须能够对灰尘、温度变化、振动和冲击做出回应，因此，机器人上安装了超声波传感器，以防止机械臂接触地面。每个轮子都装有超声波传感器，用于确定草莓和机器人当前位置之间的距离。这些传感器还有助于使机器人保持在正轨运动并防止损坏水果。从传感器接收到的信号会连续传输到自动转向系统，以调节车轮的位置。

资料来源："Berry Picking at Its Best with Sensor Technology." Pepperl+Fuchs. https://www.pepperl-fuchs.com/usa/en/27566.htm (accessed September 2018); R. Bogue. (2016). "Robots Poised to Revolutionise Agriculture." *Industrial Robot: An International Journal, 43*(5), pp. 45–456; "Robots in Agriculture." (2015, July 6). Intorobotics. https://www.intorobotics.com/35-robots-in-agriculture/ (accessed September 2018).

### ➽ 复习题

1. 找出机器人在农业中的应用。
2. 像 Pepper 或 MEDi 这样的社交支持机器人如何在医疗保健领域发挥作用？
3. 基于本节中对机器人的说明性应用构建一个矩阵，其中行表示机器人的能力，列表示运用行业。你在这些机器人身上观察到了哪些相似和不同之处？

## 10.5　机器人的组件

根据用途的差异，机器人由不同的部件组成。然而，所有的机器人都有一些共同的组件，其他组件可以根据机器人的用途进行调整。下面介绍机器人的常见组件，如图 10.3 所示。

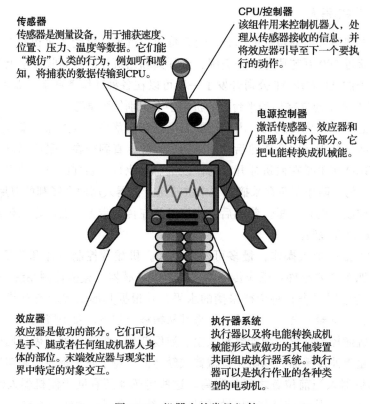

**传感器**
传感器是测量设备，用于捕获速度、位置、压力、温度等数据。它们能"模仿"人类的行为，例如听和感知，将捕获的数据传输到CPU。

**CPU/控制器**
该组件用来控制机器人，处理从传感器接收的信息，并将效应器引导至下一个要执行的动作。

**电源控制器**
激活传感器、效应器和机器人的每个部分。它把电能转换成机械能。

**效应器**
效应器是做功的部分。它们可以是手、腿或者任何组成机器人身体的部位。末端效应器与现实世界中特定的对象交互。

**执行器系统**
执行器以及将电能转换成机械能形式或做功的其他装置共同组成执行器系统。执行器可以是执行作业的各种类型的电动机。

图 10.3　机器人的常见组件

**电源控制器**　电源控制器为机器人提供驱动力。大多数机器人都依靠电池运行，但少数机器人由直流（DC）电源供电。在设计机器人时，必须考虑其他因素（即使用情况、功率足够驱动所有部件的正常运行等）。

**传感器**　传感器用于引导机器人融入周围环境。压力传感器、超声传感器、距离传感器、激光扫描仪等可以帮助机器人根据周围环境做出决策。传感器用于使机器人识别语音、图像、温度、位置、距离、触摸、压力、声音和时间。视觉传感器或摄像头用于构建环境图片，并让机器人了解它，区分选择哪些目标和忽略哪些目标。在协作机器人中，还使用传感器来防止它们撞到人或其他机器人。这样，人和机器人可以在同一空间工作，而不必担心机器人无意中伤到人类。传感器收集信息，然后以电子方式将其发送到中央处理器（CPU）。

**效应器/探测器/操纵器**　效应器就是机器人的身体，也是影响环境的设备，例如手、腿、手臂、身体和手指。CPU控制效应器发出动作。它们的基本功能是将机器人和其他物体从一个地方移动到另一个地方，效应器的特征取决于机器人所充当的角色。工业机器人具有末端执行器，可以手动完成工作。根据机器人的类型，末端执行器可以是磁铁、焊枪或真空吸尘器。

**执行器系统/导航**　执行器是定义机器人如何移动的装置。在执行器的帮助下，可以将电能转化为机械能，使机器人向后、向前、向左、向右移动，并能够升降和执行其工作。执行器可以是液压缸或电动机。执行器系统是将机器人的所有部件嵌合成一个系统来控制机器人运动的一种方式。

**CPU/ 控制器**　这是机器人的大脑，其中嵌入了人工智能应用程序。CPU 通过将所有系统连接到一个系统中来使机器人执行各项功能。它还提供一系列的命令，使机器人可以从周围的身体运动或其他动作中进行学习。

> ➥ **复习题**
>
> 1. 机器人的常见组件是什么？
> 2. 机器人中传感器的功能是什么？
> 3. 机器人中可能存在多少种不同类型的传感器？
> 4. 机械手的功能是什么？

## 10.6　各种各样的机器人

机器人能够执行各种各样的功能。根据执行功能的不同，可以将机器人分为以下几类。

**预设机器人**　预设机器人是预编程的。它们经过精心设计，可以长时间执行相同的任务，并且可以每周 7 天，每天 24 小时不间断地工作。预设机器人不会改变它们的行为，因此，这些机器人有令人难以置信的低误差率，适合进行烦琐重复的工作。它们经常用于制造业，如移动工业、汽车制造、材料处理和焊接，以节省时间和金钱。预设机器人可以在对人类有害的环境中工作，可以移动重物，执行组装任务，喷涂油漆，检查零件，处理化学品，还可以根据所执行的操作发出语音反馈。此外，它们可以在医学领域发挥重要作用，因为它执行任务的效率要与人类执行任务时一样高。

**协作机器人（Cobots）**　Cobots 是指能够与人类合作，帮助人类实现特定目标的机器人。协作机器人的使用在市场上有一定的发展趋势，其前景非常广阔。协作机器人有多种功能，人们可以根据具体情况有选择地使用协作机器人。协作机器人在制造业和医疗行业也有多种应用。

**自主机器人**　自主机器人是指拥有内置人工智能系统，在不受人类干扰的情况下独立工作的机器人。这些机器人根据环境执行任务并适应环境的变化。使用人工智能，一个独立的机器人能够学会改变自己的行为，并在执行任务时有出色的表现。自主机器人有家庭、军事、教育和医疗等方面的应用。它们可以像人一样走路，避开障碍，并提供社会情感支持。其中一些机器人被用于家庭用途，如独立的真空吸尘器，如 iRobot Roomba。独立的机器人也被用于在医院里送药，跟踪还没有收到药物的病人，并把这些信息发送给值班或轮班的护士，不会有任何差错。

**遥控机器人**　尽管机器人可以独立完成任务，但它们没有人类的大脑，因此，许多任务需要人的监督。这些机器人可以通过 Wi-Fi、互联网或卫星进行控制。人类指挥遥控机器人执行复杂或危险的任务。军方使用这些机器人引爆炸弹，或在战场上昼夜不停地充当士兵。在空间计划研究领域，它们的使用范围更加广泛。远程控制的合作机器人也被用来进行微创手术。

**辅助机器人** 辅助机器人可以增强或者替代人类失去或没有的能力。这种机器人可以直接附着在人体上。它连接到用户的身体，并与机器人的操作员直接交流，或在操作员抓住机器人的身体时进行交流。机器人可以被人体控制，在某些情况下，甚至可以通过思考而做出一个特定的动作。它的应用包括作为机器人义肢或为外科医生提供精确度数据。目前人们正在进行广泛的假肢制作研究。

> ➧ **复习题**
> 1. 认识几类主要的机器人。
> 2. 定义并说明协作机器人的功能。
> 3. 区分预设机器人和独立机器人，并举例说明。

# 10.7 无人驾驶汽车：运动中的机器人

一种与我们的生活密切相关的机器人应用是无人驾驶（自动驾驶）汽车。和其他许多技术一样，自动驾驶汽车最近也处于炒作的高峰期，但人们也认识到它们在技术、行为和监管方面面临的挑战。尽管如此，技术仍在不断发展，这使得自动驾驶汽车在未来成为现实，即使不是在全世界，至少在特定的环境中是这样。1925 年开发的无线电天线使早期的自动驾驶汽车成为可能。1989 年，卡内基梅隆大学的研究人员使用神经网络控制自动驾驶汽车。自那以后，许多技术共同加速了自动驾驶汽车的发展。其中包括：

- ❑ **手机**：借助低功率的处理器和其他配件（例如相机），手机已无处不在。为手机开发的许多技术，例如位置识别和计算机视觉，正在汽车中找到对应的应用。
- ❑ **无线互联网**：随着 5G 网络和 Wi-Fi 技术的兴起，连接变得更加方便。5G 的推广对于自动驾驶汽车来说非常重要，因为这将使得它们的处理器能够进行实时通信。
- ❑ **汽车中的计算机中心**：当今的汽车中提供了许多新技术，例如后视摄像头和前后传感器，它们可以帮助车辆检测环境中的物体并向驾驶员发出警报，甚至自动采取必要的措施。例如，自适应巡航控制系统根据前方车辆的速度自动调整汽车的速度。
- ❑ **地图**：手机上的导航地图或汽车上的导航系统使导航工作变得轻松。这些地图使自动驾驶汽车可以遵循特定的路径。
- ❑ **深度学习**：随着深度学习的发展，识别物体的能力是自动驾驶汽车的关键推动力。例如，对于在移动的车辆中采取行动而言，能够将人与诸如树之类的物体区分开，或者判断该物体是移动的还是静止的是至关重要的。

## 10.7.1 自动驾驶汽车的研发

自动驾驶汽车系统的心脏是激光测距仪（或光检测和测距激光雷达设备），其位于车顶上。激光雷达会生成汽车周围环境的 3D 图像，然后将其与高分辨率的世界地图结合起来，以生成不同的数据模型，以便避开障碍物并遵守交通规则。此外，还在车的其他位置安装了许多摄像机。例如，位于后视镜附近的摄像机可以检测到交通信号灯并拍摄视频。在做出任何导航决定之前，车辆会过滤从传感器和照相机收集的所有数据，并绘制其周围的地图，然后使用 GPS 精确地将自己定位在该地图中。此过程称为映射和本地化。

该车辆还包括其他类型的传感器，例如前后保险杠上的四个雷达设备。这些设备使车辆可以看到很远的距离，以使系统能够事先做出决定并应对快速变化的交通状况。车轮编码器能够确定车辆的位置并保存其运动记录。神经网络，基于规则的决策和混合方法等算法可用于确定车辆的速度、方向和位置，收集的数据可用于将车辆引导到正确的道路上以避开障碍物。

自动驾驶汽车必须依靠详细的道路地图。因此，工程师在将无人驾驶汽车送上道路之前，会在路线上先驾驶几次并收集其周围环境的有关数据。当无人驾驶车辆运行时，工程师会将其获取的数据与历史数据进行比较。

世界上已经有专门为测试自动驾驶汽车而建造的城镇，它位于密歇根州。这个城市没有居民，自动驾驶汽车在街道上漫游，没有现实世界中的风险。这个被称为 Mcity 的城市确实是机器人车辆之城。Mcity 建有路口、交通信号灯、建筑物、施工中的工程、移动障碍物（例如人和自行车，类似于真实城市中的障碍物）等。自动驾驶汽车不仅在这种封闭环境中进行测试，还在现实世界中使用。

谷歌的 Waymo 部门是自动驾驶汽车的先驱者之一。它们已经在加州的道路上进行了测试，但是在它们开始与人为驾驶的汽车相邻行驶之前，公司必须对它们进行彻底的测试，因为任何一个负面事件都可能会阻碍自动驾驶技术被人们所接受。例如，2018 年春天，优步（Uber）正在测试的一辆自动驾驶汽车在亚利桑那州坦佩撞死了一名行人。这导致优步暂停了所有自动驾驶汽车的公开测试。这项技术仍在发展中，但已经取得了足够的进展，在公共道路上进行有限的测试是安全的。我们可能会惊讶于这样一个事实：坐在驾驶座位上的人可能根本就没有在真正驾驶车辆。

2016 年，美国运输部（DOT）开始采用无人驾驶汽车以加快其发展速度。2016 年 9 月，DOT 宣布了首个自动驾驶指南。一个月后，美国国家公路交通安全管理局（NHTSA）做出了一项具有开创性的公告，该公司将控制谷歌自动驾驶车辆的 AI 系统视为驾驶员，以响应该公司在 2015 年 11 月向 NHTSA 提出的建议。

一些州目前有禁止自动驾驶的具体法律。例如，在撰写本文时，纽约州不允许任何免提驾驶。没有明确的法规，测试自动驾驶汽车是一个挑战。尽管目前有一些州（例如亚利桑那州、加利福尼亚州、内华达州、佛罗里达州和密歇根州）允许自动驾驶车辆上路，但加利福尼亚州目前是唯一拥有许可规定的州。

谷歌可能是最著名的自动驾驶汽车研发公司，但并非只有这一家。一些实力很强的公司，也参与了这场竞争。每家大型汽车公司都在与技术公司或自己的技术公司合作开发自动驾驶汽车，或至少参与这场技术变革。

## 10.7.2　无人驾驶汽车存在的问题

自动驾驶汽车存在着许多问题。

- **技术挑战**：自动驾驶汽车所使用的技术面临许多挑战。为了推出一款完全自动驾驶的汽车，需要克服几个软件和硬件方面的障碍。例如，谷歌仍在尝试几乎每天都对其自动驾驶汽车进行软件更新。其他几家公司也在尝试找出当驾驶员从自动驾驶汽车上获得控制权时要转让的权限数量。
- **环境挑战**：技术和机械能力尚无法解决对自动驾驶汽车造成影响的许多环境因素。例如，人们仍然担心它们在恶劣天气下的性能。而且，一些系统还没有在下大雪和冰雹等极端条件下进行测试。道路上有多种棘手的导航情况，例如当动物跳上道路时，都没有完成对应的测试。
- **监管方面的挑战**：计划参与自动驾驶汽车的所有公司都需要解决监管方面的障碍。关于自动驾驶的监管仍然存在许多未解决的问题。有关责任的几个问题包括：许可证涉及什么？即使新的驾驶者不是真正的司机，他们也会被要求领取传统驾照吗？年轻人或残障人士呢？操作这些新车需要什么？政府需要迅速开展工作，以匹配蓬勃发展的技术。考虑到公共安全迫在眉睫，汽车法规应该是现代世界中最严格的法规之一。
- **公众信任问题**：大多数人还不相信自动驾驶汽车可以确保他们的安全。信任和消费者的接受度是关键因素。例如，如果存在自动驾驶汽车被迫在乘客和行人的生命安全之间做出选择的情况，应该怎么做？消费者可能会拒绝无人驾驶汽车。没有哪一种技术是完美的，但是问题是哪家公司能够更好地说服其客户将他们的生命托付给自己。

对其他车型的自动驾驶探索也和自动驾驶汽车一样在同步发展。例如，几家公司已经启动了自动驾驶卡车的试验。无人驾驶卡车如果得到广泛应用，将对运输行业的工作产生巨大的破坏性影响。同样，自动驾驶拖拉机也正在接受测试。最后，无人机的研发也在进行之中。这些发展将对未来的工作产生巨大的影响，同时还会创造其他新的工作机会。

尽管存在相关的技术和法规障碍，但自动驾驶汽车已成为当今技术的一部分。自动驾驶汽车尚未达到人类驾驶员的水平，但是随着技术的进步，更加可靠的驾驶汽车将成为现实。像许多技术一样，短期影响可能不明确，长期影响尚待确定。

### ➤ 复习题

1. 有哪些关键技术进步推动了自动驾驶汽车的发展？
2. 举例说明自动驾驶汽车的监管问题。
3. 进行在线调查研究，以确定自动驾驶汽车部署的最新发展。举例说明自动驾驶汽车的积极和消极影响。
4. 哪种类型的自动驾驶汽车可能会对工作产生最大的破坏性影响，为什么？

## 10.8　机器人对当前和未来工作的影响

机器人技术一直是制造业的福音。除了机器人技术可以实现自动化之外，诸如图像识别系统之类的新技术也可以使那些过去需要人工进行检查和质量控制的工作岗位实现自动化。

各种行业专家报告称，到 2025 年，机器人和人工智能的应用将取代目前多达 25% 的工作岗位。Davenport 和 Kirby 的书《人类需要应用：智能机器时代的赢家和输家》(*Human Need Apply: Winners and Losers in the Age of Smart Machines*，2016) 关注的就是这个话题。当然，许多其他研究人员、记者、顾问和未来学家也给出了自己的预测。在本节中，我们将回顾一些相关的问题。这些问题通常与人工智能有关，尤其是机器人技术。因此，第 14 章也将涉及这些问题，但我们想在这一章的机器人背景下研究这些问题。

分小组活动，请观看以下视频：https://www.youtube.com/watch?v = GHc63Xgc0-8、https://www.youtube.com/watch?v=ggN8wCWSIx4。你从这些视频中收获了什么？你认为最可能的情况是什么？如果有一天人类不需要申请很多工作，你准备怎么做？

文献中已经记载了 IBM Watson 具有能够理解医学研究文献中的大量数据并向医生提供最新信息的能力。我们在其他许多领域也看到了类似的工作机会。考虑这样一个事情：可以采用能够结构化数据的人工智能技术（例如叙事科学和自动洞察力）和包括由 Tableau 等软件生成的可视化效果，生成故事的初稿以叙述要传达的内容。当然，这似乎威胁到新闻记者甚至数据科学家的工作。实际上，还可以通过提供故事的初稿来提高工作效率。然后，讲故事的人可以专注于与该数据和可视化相关的更高级的战略性问题。

机器人所能提供的一致性和全面性的信息也有助于完成这项工作。例如，正如 Meister 于 2017 年所述的那样，聊天机器人可能会向新员工提供很多初始人力资源（HR）信息。聊天机器人还有助于向远程员工提供此类信息。在所提供信息的完整性和一致性方面，聊天机器人比人类更胜一筹。当然，这意味着以后可能不需要主要工作是向每位新员工朗诵此类信息或充当第一信息来源的工人。

Hernandez 于 2018 年总结了七个类别的职位，认为机器人（尤其是人工智能）将有很大可能扩展到其中。她还引用了其他几项研究。麦肯锡公司（McKinsey & Co）的一项研究显示，人工智能可能在未来 10～15 年内带来 20 亿～50 亿个新工作岗位。麦肯锡公司还预测，机器人技术和人工智能的发展，可能需要 7500 万～3.75 亿人在同一时期内更换工作。Hernandez 认为，以下七个工作岗位可能会增加：

**1）人工智能开发。**这是一个明显的增长领域。随着越来越多的公司基于 AI 开发产品和服务，对此类开发人员的需求将继续增加。例如，生产机器人真空吸尘器的 iRobot 公司正在将其招聘条件从硬件工程师转移到软件工程师，因为该公司致力于开发更具适应性和基于 AI 的下一代产品。新型的机器人吸尘器将能够"看见"墙壁。它们还可以提醒主人清理工作已完成、工作花费的时间等信息。

2）人机交互。尽管越来越多的公司在自己的产品中部署了机器人，但员工和客户对这些机器人的接受程度是不同的。现在出现了一个新的工作类别，即研究机器人与其同事和客户之间的互动，并对机器人进行再培训，或在设计下一代机器人时考虑这些信息。显然，对这种相互作用的研究也可以促进对分析/数据科学的使用。

3）机器人管理者。尽管机器人能够在特定情况下完成大部分工作，但人类仍然需要观察它们以确保工作按预期进行。此外，一旦出现异常情况，必须提醒工人并根据情况做出响应，这在很多环境下都是这样设定的。文献（Hernandez, 2018）中举了一个 Cobalt 机器人的例子，该机器人可以充当安全卫士。每当发现入侵者或异常情况时，这些机器人都会向人类发出警报。当然，与真正的工人相比，人类机器人管理员通常能够监督更多的机器人，因为管理员的主要作用是监督机器人并对异常情况做出反应。

4）数据贴签员。机器人或 AI 算法通过示例进行训练和学习。给出的例子越多，它们的学习效果就会越好（有关此问题的详细说明，请参见第 5 章）。例如，几乎所有环境中的图像识别系统（请参阅第 5 章有关深度学习的示例）都需要尽可能多的示例，以提高这些系统的识别能力。这不仅对于面部识别至关重要，而且对于从 X 射线图像检测癌症、从雷达图像检测天气特征等图像应用程序也至关重要。它要求人们查看示例图像并将其标记为代表特定的人、要素或类。这项工作很烦琐，需要由人工操作。许多公司雇用数千人审查图像并对其进行适当标记。随着此类图像应用程序的增多，对数据贴签员的需求也将增加。通过记录误报或更新的示例，还需要这些工作人员持续改进机器人或 AI 算法的性能。

5）机器人飞行员和艺术家。机器人（无人机）常被用于借助高架摄像机来捕捉人类难以拍摄到的动作镜头。无人机也可以被装扮成鸟或鲜花，提供独特的景观以改善环境。同样，机器人也可以穿着独特的服装，以营造一种文化氛围。这类设计师/化妆师被许多公司雇佣，为诸如音乐会、婚礼等活动提供服务。此外，无人机驾驶已成为娱乐、商业和军事应用中的高度专业化技能。随着应用程序的发展，对这些岗位的需求量将逐渐增加。

6）测试驾驶员和质量检查员。自动驾驶汽车已经成为现实。至少在可预见的将来，随着每一种类型车辆的自动化，越来越需要安全驾驶员来监视每辆车的性能并在异常情况下采取适当的措施。他们不需要像无人机驾驶员那样使用遥控器，而是持续监视车辆的运行情况并对紧急情况做出反应。在那些需要对机器人进行培训和测试以使其可以在特定环境中工作的情况中，也存在类似的工作。

7）人工智能实验科学家。这把我们带到了我们发现的第一类新工作——人工智能程序员。虽然他们的工作是为机器人或人工智能程序开发算法，但类似的一些高度专业化的用户也正在出现——这些人受过培训，受雇使用这些硬件和软件系统进行特殊应用。例如，医生必须接受额外的培训，以获得在外科手术、心脏病学和泌尿学等领域使用机器人的资格认证，等等。另一类是为自己的领域定制机器人和人工智能算法的科学家。例如，已经有相当多的公司使用人工智能工具来识别新的药物分子，以开发和测试新的疾病治疗方案。

人工智能可以加速这种发展。这些科学家不仅拓宽了他们的领域专长，还拓宽了数据科学家的知识，或者至少提升了与数据科学家一起创建新应用程序的能力。

　　尽管上面列出了几类随着发展，需求量可能会增加的工作，但仍有数百万的工作可能会被淘汰。例如，自动化已经影响了物流行业的工作数量。当自动驾驶卡车成为现实的时候，至少一些运输行业的高薪工作将会消失。在大规模变革何时发生的问题上可能存在分歧，但对就业的长期影响肯定会出现。这一次的主要问题是，许多涉及知识经济的"白领"工作更有可能被自动化。这种变化是史无前例的。许多社会科学家、经济学家和重要的思想家都担心下一波机器人自动化将带来的剧变，他们正在考虑各种解决方案。例如，提出了全民基本收入的概念（UBI）。UBI 的支持者认为，给每个公民最低的基本收入将确保没有人挨饿，尽管这样可能会出现大量的失业人群。也有人认为，提供 UBI 可能无法满足人类对生活中有意义的成就和贡献的需求（Lee，2018）。Lee 提议设立社会投资津贴（SIS），用于表彰个人在提供支持和照顾、社区服务或教育方面对社会做出的贡献。津贴将根据个人在其中一个类别中所提供的服务而支付。Lee 的书聚焦于这个问题，也提供了关于如何应对即将到来的自动化所带来的干扰的想法。本节的目标就是提醒大家注意这些问题。

> **复习题**
> 1. 基于新的机器人革命，哪些工作消失的风险最大？
> 2. 找出至少三种可能具有大量需求的新的工作类别。
> 3. 数据贴签员承担的任务是一次性的还是持久的？
> 4. 研究 UBI 和 SIS 的概念。

## 10.9　机器人和人工智能的法律含义

　　正如我们在前一节中所提到的那样，人工智能，特别是机器人技术的影响是广泛而深远的，我们可以在机器人和更广泛的人工智能的背景下进行研究。本章和第 14 章将讨论机器人和人工智能的法律含义。在我们拥抱和使用人工智能技术、机器人和自动驾驶汽车时，许多法律问题仍有待解决。本节重点介绍与人工智能相关的一些关键法律影响。以下材料由俄克拉荷马州立大学斯皮尔斯商学院法律研究助理教授 Michael Schuster 提供。他是人工智能有关法律事务方面的著名专家。他还在这一领域发表了大量文章。

### 10.9.1　侵权责任

　　自动驾驶汽车和受 AI 控制的其他系统某种程度上代表了一系列类似潘多拉盒子的潜在的侵权责任（不法行为造成了向他人赔偿的责任和义务）。想象一下，一辆无人驾驶汽车驶入车道时与一辆摩托车发生碰撞并导致摩托车手受伤——这就是导致尼尔森控诉通用汽车公司的案件，这一案件有可能解决 AI 造成的侵权责任由谁承担这一难题。诉讼最后得以解决，但却没有阐明当有人受到 AI 控制系统的伤害时应该由谁支付赔偿。可能承担赔偿责任的候选人包括 AI 系统的程序员、AI 产品的制造商以及对他人造成损害时产品的所有者。医疗事故诉讼可能会因新技术而改变。由于医生将一些责任归咎于 AI 的决策，伤害性医疗的诉讼从专业责任（针对医生）转变为产品责任（针对 AI 系统的制造商）。一个早期例子是针对达·芬奇手术系统机器人进行的拙劣手术的诉讼。

### 10.9.2 专利权

独立或经由人工辅助发明的人工系统的引入，引发了关于这些发明专利的各种问题。有时，在相关领域的工作人员看来，某些专利并不会对一项已知技术有明显改进。因此，该标准传统上一直在考量一种新技术对人类的贡献是否显而易见，但是随着 AI 的普及，对新发明的认证会变得更加苛刻。如果一个行业的普通人能够使用会发明新事物的人工智能系统，那么对已知技术的许多改进就会变得显而易见。由于这些改进将是显而易见的，因此它们将不再具有专利性。因此，发明人工智能将使人类更难获得专利，因为这种技术变得越来越普遍。如果一个人没有对发明做出贡献（而只是确定了要实现的目标或提供了背景数据），那么他就不符合成为发明家的条件（因此无法获得专利所有权的资格）。关于这些，可以参考 Schuster 于 2018 年提出的观点。如果人工智能在没有人类发明者参与的情况下创造了一项发明，那么谁拥有专利，或者专利应该被授予吗？一些人断言，美国宪法规定，专利只能授予"发明者"，这必然需要一个人类行动者，因此，国会不能在宪法上允许人工智能创造的技术获得专利。另外一些学者提出了各种各样的政策立场，争论为什么像电脑所有者、人工智能的创造者或其他人应该拥有电脑创造发明的专利。这些问题仍有待解决。

### 10.9.3 财产

美国法律的一个基本原则是对财产权进行有力保护。这些价值延伸到可以同时拥有不动产和动产的公司实体，股东保留公司本身的部分分配。分析人士目前正在考虑，在何种程度上，产权应该延伸到自主人工智能。如果一个机器人要从事雇佣工作，它是否能够购买商品或不动产来增进自己的利益？一个古怪的八十多岁的百万富翁会把他的全部财产留给一个忠诚的机器人管家吗？这类问题将引发各种新的法律质疑，包括人工智能的财产在"死亡"时的无遗嘱转移和对非生物实体死亡的认定。

### 10.9.4 税收

机器人技术和人工智能将取代人类来完成目前人类从事的大量工作。对于新技术是否会创造出与自动化所取代的工作数量相等的新工作，人们的意见存在分歧。如果所提供的新工作的范围不能覆盖那些失去工作的人，就会导致税收问题。一个特别令人关注的问题是联邦薪给税，即工人和雇主根据雇员的工资缴纳税款。如果通过工作自动化减少了工人总数和净工资，那么工资税基数将减少。鉴于这些税收对于各种政府管理的安全网计划（例如，社会保障）的可持续性很重要，工资税缺口可能会对社会产生重大影响。2017 年，比尔·盖茨（微软联合创始人）提出了一项提案——对用于自动执行现有人类工作的机器人进行征税。从理论上讲，这项新税收将补充现有的工资税缺口，以确保继续为政府计划提供资金。专家对这种税收的可取性（或需求）存在分歧。一致的批评是对机器人征税不利于技术进步，这与鼓励这种努力的公认政策背道而驰。这场辩论尚未得出令人满意的解决方案。

## 10.9.5　法律实践

除了法律是什么或应该是什么之外，人工智能将在法律实践的不同部分产生实质性影响。这种影响力的一个主要例子是在文件审查方面，这是诉讼的一部分，在该部分中，诉讼人评估其反对者提供的与该案有关的文件。考虑到某些案件需要律师审阅数百万页的资料，而这些律师每小时要花费数百美元，因此与该过程相关的成本可能很高。希望降低成本的公司客户以及寻求竞争优势的律师事务所已采用（或打算采用）基于 AI 的文档审阅系统，以最大限度地减少计费时间。同样，一些公司采用了行业特定的技术来创造竞争优势。至少有一家大型律师事务所开始使用 AI 驱动的系统来分析其客户专利组合的优缺点。

## 10.9.6　宪法

AI 不断朝着"人类级"的智能发展。但随着它变得更加"人性化"，人们开始质疑是否应给予 AI 通常授予人类的权利。美国宪法的第一修正案规定了言论、集会和宗教信仰的自由。但是，这种性质的权利是否适用于人工智能？例如，有人可能会辩称，这些权利使政府无法决定机器人可以说什么（侵犯了其言论自由的权利）。乍一看，这个主张似乎牵强，但事实并非如此。在这个问题上，值得注意的是美国最高法院最近将一些言论自由和宗教自由扩展到公司实体。因此，有一些国内先例可以为非人类行为者提供宪法保护。此外，2017 年，沙特阿拉伯为 Sophia（由中国香港的 Hanson Robotics 在 2015 年创建的类人机器人）授予公民身份。这个问题（在国内和全球范围内）如何解决还有待观察。

## 10.9.7　专业许可

在开展很多活动之前，必须获得政府或专业组织颁发的许可（例如，法律或医学实践）。随着人工智能的发展，它将越来越有能力独立于人类的参与来执行这些国家规定的任务。鉴于此，必须制定标准，以确定人工智能技术是否能够在规定的专业领域提供令人满意的服务。如果一个自主机器人能够通过律师考试，那么它是否能够在没有人监督的情况下提供法律建议？如果许多专业团体需要进行年度培训来保持业务能力，那么这些政策将如何适用于人工智能技术？要求承担法律职能的计算机"参加"继续法律教育课程是否有价值？

这些问题将随着人工智能开始执行目前由医生和律师等人类专业人员完成的工作而得到解决。

## 10.9.8 执法

除了详细说明法律内容或法律内容的政策选择外，人工智能还可能影响法律的执行。技术的快速发展很快将使警方能够获得大量接近实时的数据和计算能力，以确定犯罪地点。公认的违法行为涉及范围广泛，比如从常见的公共违法行为（例如闯红灯）到更多私人行为，例如在纳税申报表上少报收入。大规模识别此类犯罪行为的能力引发了各种执法问题。长期以来，起诉违规行为一直是执法过程的一部分。是否应该将这种与基于刻板印象的起诉决定相关问题的选择权下放给人工智能系统？此外，以机器为基础的执法程序一直面临其合宪性的问题（例如，使用摄像机识别闯红灯的司机）。虽然到目前为止这些论据已被证明是不成功的，但随着实践的扩展，这些论据可能会被重新提起。除了执法问题外，一些人还提出了在司法部门实施人工智能的可能性。例如，有人提出，基于数据的判决可能比有争议的特殊法官更能成功地实现一些目标（例如，在监禁期间成功地进行教育或避免再犯）。当然，这样一个机制会引发潜在的透明度问题和与赋予人工智能系统太多权力有关的争论。

不管前两部分提出了什么问题，机器人技术和应用程序正在迅速发展。作为管理者，你必须继续思考如何管理这些技术，同时充分意识到在实现这些技术时所面临的行为和法律问题。

> ▶ 复习题
> 1. 找出关于机器人技术和 AI 的一些关键法律问题。
> 2. 对于任何技术，损害赔偿责任（侵权责任）是一个很主要的问题。确定此类责任的主体有哪些主要挑战？
> 3. 最近关于非法干预选举的消息引发了人们对该由谁来负责舆论控制的讨论。当聊天机器人和自动化的社交媒体系统具有传播"假新闻"的能力时，应该要求谁来监控它们并防止这种行为的发生？
> 4. 雇用人工智能机器人有哪些执法上的问题？

## 本章要点

❑ 工业自动化引发了第一次机器人浪潮，如今机器人变得越来越自动化，并在许多领域得到了应用。

❑ 机器人应用覆盖文化、医疗保健和客户服务等行业。

❑ 社交机器人也正在兴起，为儿童、病人和老年人提供护理和情感支持。

❑ 所有机器人都包含一些通用组件：动力单元，传感器，操纵器 / 执行器，逻辑单元 / CPU 和

位置传感器 / GPS。

❑ 协作机器人发展迅速，从而产生了一个新的分支——协作机器人。

❑ 自动驾驶汽车可能是大多数消费者接触的第一类机器人。

❑ 无人驾驶汽车正在挑战 AI 创新和法律原则的局限性。

❑ 由于使用机器人和人工智能，数以百万计的工作岗位有可能被撤销，但同时将会出现一些新的工作岗位。

❑ 机器人和人工智能带来了许多法律层面上的新挑战。

# 讨论

1. 基于机器人应用程序的当前水平，哪些行业最有可能采用机器人技术？为什么？

2. 观看以下两个视频：https : // www. youtube.com/watch?v=GHc63Xgc0-8 和 https:// www.youtube.com/watch?v=ggN8wCWSIx4，以获取关于 AI 对未来工作的影响的不同观点。你从这些视频中收获了什么？你认为最可能的情况是什么？你如何为人类以后不需要申请工作的日子做准备？

3. 已经有很多书和文章讨论过关于人工智能对工作的影响以及解决这些问题的对策和想法。在这一章中提到了两个想法：UBI 和 SIS。这些想法的利弊是什么？如何实施这些措施？

4. 通过关税和贸易谈判来保护就业一度成为人们关注的焦点。讨论该焦点能否或如何解决由于机器人技术和人工智能技术带来的工作变化。

5. 法律依靠激励机制来鼓励亲社会行为。例如，专利法通过给予发明者一段有限的独占期来激励新技术的创造，在此期间他们可以完全使用自己的发明。这类激励措施在多大程度上适用于人工智能？如何建立激励机制来鼓励人工智能设备以亲社会的方式运行？

6. 对于上述问题，法律之外的因素起多大作用？在决定人工智能是否应该被赋予类似于人的权利时，是否需要考虑道德（或宗教）方面的因素？人工智能协助的执法或法院行动会动摇人们对刑事和司法系统的信心吗？

7. 采用最大化人工智能价值的政策将鼓励这些技术的未来发展。然而，这样的过程并非没有缺点。例如，确定"机器人税"不是首选的政策，将激励企业采用机器人劳动力，并改善相关技术的使用情况。提高机器人技术水平是一个值得称赞的目标，但在这种情况下，将以减少预期的公共资金为代价。诸如此类的权衡应如何评估？鼓励技术进步（尤其是在人工智能方面）应该在政府的优先级中处于什么位置？

# 参考文献

"A Brief History of Robotics since 1950." **Encyclopedia.com**. http://www.encyclopedia.com/science/encyclopedias-almanacs-transcripts-and-maps/brief-history-robotics-**1950** (accessed September 2018).

Ackerman, E. (2016). *IEEE Spectrum*. **http://spectrum** .ieee.org/automaton/robotics/home-robots/tegamit-latest-friendly-squishable-social-robot (March 5, 2017).

"Adidas's High-Tech Factory Brings Production Back to Germany." (2017, January 14). *The Economist*. **https://www.** economist.com/business/2017/01/14/adidass-high-tech-factory-brings-production-back-to-germany (accessed September 2018).

Allinson, M. (2017, March 4). "BMW Shows Off Its Smart Factory Technologies at Its Plants Worldwide." Robotics and Automation. **https://roboticsandautomation** news.com/2017/03/04/bmw-shows-off-its-smart-factory-technologies-at-its-plants-worldwide/11696/ (accessed September 2018).

Aoki, S., et al. (1999). "Automatic Construction Method of

Tree-Structural Image Conversion Method ACTIT." *Journal of the Institute of Image Information and Television Engine, 53*(6), pp. 888–894 (in Japanese).

"A Robot Cooks Burgers at Startup Restaurant Creator." (2018). Techcrunch. **https://techcrunch.com/video/a-robot-cooks-burgers-at-startup-restaurant-creator/** (accessed September 2018).

Ayres, R., & S. Miller. (1981, November). "The Impacts of Industrial Robots." Report CMU-RI-TR-81-7. Pittsburgh, PA: The Robotics Institute at Carnegie Mellon University.

Bereznak, A. (2015, January 7). "This Robot Can Comfort Children Through Chemotherapy." Yahoo Finance. **https://finance.yahoo.com/news/this-robot-can-comfort-children-through-107365533404.html** (accessed September 2018).

"Berry Picking at Its Best with Sensor Technology." (2018). Pepperl+Fuchs. **https://www.pepperl-fuchs.com/usa/en/27566.htm** (accessed September 2018).

Bogue, R. (2016). "Robots Poised to Revolutionise Agriculture." *Industrial Robot: An International Journal, 43*(5), pp. 450–456

Broekens, J., M. Heerink, & H. Rosendal. (2009). "Assistive Social Robots in Elderly Care: A Review." *Gerontechnology, 8*, pp. 94–103 doi: 10.4017/gt.2009.08.02.002.00.

Carlsson, B. (1998) "The Evolution of Manufacturing Technology and Its impact on Industrial Structure: An International Study." IUI Working Paper 203. Internation Joseph A. Schumpeter Society Conference on Evolution of Technology and Market in an International Context. The Research Institute of Industrial Economics (IUI), Stockholm, May 24–28, 1988.

"Case Study Pepper, Courtyard Marriott." SoftBank Robotics. **https://www.softbankrobotics.com/us/solutions/pepper-marriott** (accessed September 2018).

Chirgwin, R. (2018, May 29). "Softbank's 'Pepper' Robot Is a Security Joke." The Register. **https://www.theregister.co.uk/2018/05/29/softbank_pepper_robot_multiple_basic_security_flaws/** (accessed September 2018).

Coxworth, B. (2018, May 29). "Restaurant Keeps Its Prices Down – With a Robotic Kitchen." New Atlas. **https://newatlas.com/spyce-restaurant-robotic-kitchen/54818/** (accessed September 2018).

"Da Vinci Robotic Prostatectomy – A Modern Surgery Choice!" Robotic Oncology. **https://www.roboticoncology.com/da-vinci-robotic-prostatectomy/** (accessed September 2018).

Drummond, K. (2012, March 8). "Navy's Newest Robot Is a Mechanized Firefighter." **wired.com**. **https://www.wired.com/2012/03/firefight-robot/** (accessed September 2018).

Dupont, T. (2015, October 15). "The MAARS Military Robot." Prezi. **https://prezi.com/fsrlswo0qklp/the-maars-military-robot/** (accessed September 2018).

Engel, J. (2018, May 3). "Spyce, MIT-Born Robotic Kitchen Startup, Launches Restaurant: Video." Xconomy. **https://www.xconomy.com/boston/2018/05/03/spyce-mit-born-robotic-kitchen-startup-launches-restaurant-video/** (accessed September 2018).

Fallon, S. (2015). "A Blue Robotic Bear to Make Sick Kids Feel Less Blue." **https://www.wired.com/2015/03/blue-robotic-bear-make-kids-feel-less-blue/** (accessed August 2018).

Forrest, C. (2015). "Chinese Factory Replaces 90% of Humans with Robots, Production Soars." TechRepublic. **https://www.techrepublic.com/article/chinese-factory-replaces-90-of-humans-with-robots-production-soars/** (accessed September 2018).

France, A. (2014, December 1). "Nestlé Employs Fleet of Robots to Sell Coffee Machines in Japan." *The Guardian.* **https://www.theguardian.com/technology/2014/dec/01/nestle-robots-coffee-machines-japan-george-clooney-pepper-android-softbank** (accessed September 2018).

Gandhi, A. (2013, February 23). "Basics of Robotics." Slideshare. **https://www.slideshare.net/AmeyaGandhi/basics-of-robotics** (accessed September 2018).

Goris, K., et al. (2010, September). "Mechanical Design of the Huggable Robot Probo." Robotics & Multibody Mechanics Research Group. Brussels, Belgium: Vrije Universiteit Brussels.

Green, D. (2018). "Adidas Just Opened a Futuristic New Factory – and It Will Dramatically Change How Shoes Are Sold." Business Insider. **http://www.businessinsider.com/adidas-high-tech-speedfactory-begins-production-2018-4** (accessed September 2018).

Hernandez, D. (2018). "Seven Jobs Robots Will Create – or Expand." *The Wall Street Journal.* **https://www.wsj.com/articles/seven-jobs-robots-will-createor-expand-1525054021** (accessed September 2018).

History of Robots. (n.d.). Wikipedia. **https://en.wikipedia.org/wiki/History_of_robots** (accessed September 2018).

"Huggable Robot Befriends Girl in Hospital." YouTube video. **https://youtu.be/UaRCCA2rRR0** (accessed August 2018).

"Innovative Human-Robot Cooperation in BMW Group Production." (2013, October 9). BMW Press Release. **https://www.press.bmwgroup.com/global/article/detail/T0209722EN/innovative-human-robot-cooperation-in-bmw-group-production?language=en** (accessed September 2018).

Javelosa, J., & K. Houser. (2017). "Production Soars for Chinese Factory Who Replaced 90% of Employees with Robots." Future Society. **https://futurism.com/2-production-soars-for-chinese-factory-who-replaced-90-of-employees-with-robots/** (accessed September 2018).

Jeong, S., et al. (2015). "A Social Robot to Mitigate Stress, Anxiety, and Pain in Hospital Pediatric Care." *Proceedings of the Tenth Annual ACM/IEEE International Conference on Human-Robot Interaction Extended Abstracts.*

Jeong, S., et al. (2015). "Designing a Socially Assistive Robot for Pediatric Care." *Proceedings of the Fourteenth International Conference on Interaction Design and Children. ACM.*

Jeong, S., & D. Logan. (2018, April 21–26). "Huggable: The Impact of Embodiment on Promoting Socio-emotional Interactions for Young Pediatric Surgeons." MIT Media Lab, Cambridge, MA, CHI 2018, Montréal, QC, Canada.

Jiji. (2017, November 21). "SoftBank Upgrades Humanoid Robot Pepper." *The Japan Times.* **https://www.japantimes.co.jp/news/2017/11/21/business/tech/softbank-upgrades-humanoid-robot-pepper/#.W6B3qPZFzIV** (accessed September 2018).

Joshua, J. (2013, February 24). "The 3 Types of Robots." Prezi. **https://prezi.com/iifjw387ebum/the-3-types-of-robots/** (accessed September 2018).

Kelly, M. (2018, July 16). "This Adorable Robot Wants to Make Air Travel Less Stressful." The Verge. **https://www.theverge.com/2018/7/16/17576334/klm-royal-dutch-airlines-robot-travel-airport** (accessed September 2018).

Kelly, S. M. (2017, August 10). "A Robotic Crib Rocked My Baby to Sleep for Months." CNN Tech. **https://money.cnn.com/2017/08/10/technology/gadgets/snoo-review/index.html** (accessed September 2018).

Lee, K. F. (2018). "The Human Promise of the AI Revolution." *The Wall Street Journal.* **https://www.wsj.com/articles/the-human-promise-of-the-ai-revolution-1536935115** (accessed September 2018).

Mayank. (2012, June 18). "Basic Parts of a Robot." **maxEmbedded.com**. **http://maxembedded.com/2012/06/basic-parts-of-a-robot/** (accessed September 2018).

McHugh, R., & J. Rascon. (2015, May 23). "Meet MEDi, the Robot Taking Pain Out of Kids' Hospital Visits." NBC News. **https://www.nbcnews.com/news/us-news/meet-medi-robot-taking-pain-out-kids-hospital-visits-n363191** (accessed September 2018).

Meister, J. (2017), "The Future Of Work: How Artificial Intelligence Will Transform The Employee Experience," **https://www.forbes.com/sites/jeannemeister/2017/11/09/the-future-of-work-how-artificial-intelligence-will-transform-the-employee-experience/** (accessed November 2018).

Modular Advanced Armed Robotic System. (n.d.). Wikipedia. **https://en.wikipedia.org/wiki/Modular_Advanced_Armed_Robotic_System** (accessed September 2018).

Nagato, T., H. Shibuya, H. Okamoto, & T. Koezuka. (2017, July). "Machine Learning Technology Applied to Production Lines: Image Recognition System." *Fujitsu Scientific & Technical Journal, 53*(4).

O'Kane, S. (2018, May 17). "Raden Is the Second Startup to Bite the Dust After Airlines Ban Some Smart Luggage." Circuit Breaker. **https://www.theverge.com/circuitbreaker/2018/5/17/17364922/raden-smart-luggage-airline-ban-bluesmart** (accessed September 2018).

Park, H. W., et al. (2017). "Growing Growth Mindset with a Social Robot Peer." *Proceedings of the Twelfth ACM/IEEE International Conference on Human Robot Interaction.*

Personal Robots Group. (2016). **https://www.youtube.com/watch?v=sF0tRCqvyT0** (accessed March 5, 2017).

Personal Robots Group, MIT Media Lab. (2017). "Growing Growth Mindset with a Social Robot Peer." *Proceedings of the Twelfth ACM/IEEE International Conference on Human Robot Interaction.*

Prasad, C. (2018, January 22). "Fabio, the Pepper Robot, Fired for 'Incompetence' at Edinburgh Store." *IBN Times.* **https://www.ibtimes.com/fabio-pepper-robot-fired-incompetence-edinburgh-store-2643653** (accessed September 2018).

Ro, L. (2016, October 18). "World's First Smart Crib SNOO Will Help Put Babies to Sleep." Curbed. **https://www.curbed.com/2016/10/18/13322582/snoo-smart-crib-yves-behar-dr-harvey-karp-happiest-baby** (accessed September 2018).

"Robotics Facts." Idaho Public Television. **http://idahoptv.org/sciencetrek/topics/robots/facts.cfm** (accessed September 2018).

"Robots in Agriculture." (2015, July 6). Intorobotics. **https://www.intorobotics.com/35-robots-in-agriculture/** (accessed September 2018).

"Robotics: Types of Robots." **ElectronicsTeacher.com**. **http://www.electronicsteacher.com/robotics/type-of-robots.php** (accessed September 2018).

Rosencrance, L. (2018 May 31). "Tabletop Grapes to Get Picked by Robots in India, with Help from Virginia Tech." Robotics Business Review. **https://www.roboticsbusinessreview.com/agriculture/tabletop-grapes-picked-robots-india-virginia-tech/** (accessed September 2018).

Schuster, W. M. (2018). "Artificial Intelligence and Patent Ownership." *Washington & Lee L. Rev., 75.*

Shadbolt, P. (2015, February 15). "U.S. Navy Unveils Robotic Firefighter." CNN. **https://www.cnn.com/2015/02/12/tech/mci-saffir-robot/index.html** (accessed September 2018).

"Shipboard Autonomous Firefighting Robot – SAFFiR." (2015, February 4). YouTube. **https://www.youtube.com/watch?time_continue=252&v=K4OtS534oYU** (accessed September 2018).

Simon, M. (2018, May 17). "The Wired Guide to Robots." Wired. **https://www.wired.com/story/wired-guide-to-robots/** (accessed September 2018).

"Tabletop Grapes to Get Picked by Robots in India." **Agtechnews.com**. **http://agtechnews.com/Ag-Robotics-Technology/Tabletop-Grapes-to-Get-Picked-by-Robots-in-India.html** (accessed September 2018).

"The da Vinci® Surgical System." (2015, September). Da Vinci Surgery. **http://www.davincisurgery.com/da-vinci-surgery/da-vinci-surgical-system/** (accessed September 2018).

"Types of Robots." (2018). RoverRanch. **https://prime.jsc.nasa.gov/ROV/types.html** (accessed September 2018).

Westlund, J. K., J. M. Lee, J. Plummer, L. Faridia, F. Gray, J. Berlin, M. Quintus-Bosz, H. Harmann, R. Hess, M. Dyer, S. dos Santos, K. Adalgeirsson, S. Gordon, G. Spaulding, S. Martinez, M. Das, M. Archie, M. Jeong, & C. Breazeal, C. (2016). "Tega: A Social Robot." Video Presentation. *Proceedings of the Eleventh ACM/IEEE International Conference on Human Robot Interaction.*

White, T. (2015, February 4). "Making Sailors 'SAFFiR' – Navy Unveils Firefighting Robot Prototype at Naval Tech EXPO." America's Navy. **https://www.navy.mil/submit/display.asp?story_id=85459** (accessed September 2018).

Zimberoff, L. (2018, June 21). "A Burger Joint Where Robots Make Your Food." **https://www.wsj.com/articles/a-burger-joint-where-robots-make-your-food-1529599213** (accessed September 2018).

*Chapter 11*  第 11 章

# 群体决策、协作系统和 AI 支持

**学习目标**

☐ 了解团队合作、沟通和协作的概念以及原理。

☐ 描述计算机系统如何在项目中促进团队的沟通和协作。

☐ 了解时间 / 地点框架的概念及其重要性。

☐ 了解群件（如 GSS）的基本原理和功能。

☐ 了解网络是如何实现集成运算和虚拟会议的群组支持的。

☐ 描述集体智慧及其在决策中的作用。

☐ 给出众包的定义并解释它是如何支持决策和解决问题的。

☐ 描述人工智能在支持协作、团队工作和决策方面的作用。

☐ 解释什么是人机协同。

☐ 解释一下机器人团队是如何工作的。

在本章中，我们将介绍与群体决策支持及协作相关的几个话题。人们在一起工作，团队能产生许多复杂的决策，随着组织决策复杂性的增加，更加需要会议商议和团队协作。支持团队工作的成员会在不同地点和不同时间强调沟通、计算机辅助协作和工作场所方法的重要意义。群体支持是决策支持系统（DSS）的一个重要方面。有计算机支撑的团队支持系统已经发展到能够在任务执行和基本流程中增加收益、减少损失。使用新的工具和方法来支持团队合作，其中包括集体智慧、众包以及不同类型的人工智能。人机协同和机器之间的合作提高了协作和解决问题的能力。

# 11.1 开篇小插曲：HMS 与团队合作表现出色

HMS（Hendrick Motorsports）是一家卓越的赛车公司（拥有超过五百名员工），曾经参加过超级能量杯 NASCAR 系列赛。HMS 的目标是每年赢得尽可能多的比赛。为此，该公司引进了四辆赛车，也包括其团队。HMS 自己也生产赛车，每年制造或修复 550 台赛车引擎。在此项业务中，团队协作是至关重要的，因为不同人有不同的知识和技能，由他们组成的几支专业团队为公司的成功做出了巨大的贡献。

## 运转

HMS 参加美国赛车季（一年 38 周）的全部比赛，每周还会辗转于不同的赛道，在休赛季（每年 14 周时间），公司分析所得数据，从新赛季学习经验教训，为下赛季比赛做准备。HMS 公司总部有 19 座大楼，占地 100 多英亩<sup>⊖</sup>。

## 比赛季中存在的问题

公司需要在比赛中快速决策，有时需在规定的时间内，有时必须在一瞬间。不同的群组成员在不同的位置需要共享信息，交流和协作至关重要。

比赛需要团队合作，赛车手、工程师、策划师、机械师等，缺一不可。成员之间必须相互沟通和协作，进而做出决策。

比赛的环境太嘈杂，甚至无法听到彼此的声音。然而，团队成员需要实时分享他们的数据、图像以及聊天记录，需要快速做出决策以赢得比赛（例如在比赛中，短短的几秒钟内需要为赛车加多少燃油）。团队成员必须交流分享数据，包括图像。在 Daytona 500 赛事中，一辆赛车跑完一圈长 2.5 英里的赛道需要花费大概 45～50 秒。在比赛中，高级工程师需要不断与加油人员沟通，最后一分钟的数据在比赛中是常见的。

从每一圈比赛获得的数据信息都可以用来提高下一圈的成绩。在比赛中，什么时候加油是至关重要的。在赛季中可以做出许多不同的决定，例如，每一次比赛后，公司需要将一大批工作人员和装备从一个地方转移到下一站（38 个不同的场地），而且行动需要快速、高效、经济。同样，这需要团队之间的协调。

## 休赛季的问题

每年有 14 周用来准备下一个赛季的比赛。此外，还有大量的数据需要分析、模拟、讨论和操作。为此，人们不仅需要沟通和交流工具，还需要进行不同类型的分析。

## 解决方法

HMS 决定用 Microsoft Office 365 中的 Microsoft Teams 工具作为团队的交流平台。此平台将用于比赛中或者组织中各个地方成员的通信中心。

Microsoft Teams 在其 Teams 工作区以不同的格式存储数据。因此，赛车机组人员、工

---

⊖ 1 英亩≈4046.856 平方米。——编辑注

程师、机械师可以在很短的时间内做出有助于赢得比赛的决定。这也支持在中心位置进行计算分析。

Microsoft Teams 包括许多子程序，可以轻松地连接到 Office 365 的其他软件。Office 365 提供多种插件以提高协同效能（比如 SharePoint）。举个例子，在 HMS 的解决方案中，有一个指向 Excel 和 SharePoint 的链接，同时 Teams 的 OneNote 用来分享会议记录。在 Teams 之前，公司使用的是 Slack（11.4 节），但是 Slack 不能提供足够的安全性和性能。

成员之间需要分享和谈论比赛季产生的大量数据，请注意，一些员工具备多种技能和任务，解决方案包括为并行项目创建一个协作平台。请注意，根据不同的类型，不同的项目需要不同的人才和数据，此外，该解决方案还涉及其他类型的信息技术工具。例如，HMS 使用 Power BI 仪表板可视化的交换数据，一些数据还可以用基于 Excel 的电子表格进行处理。

Microsoft Teams 也可以作为一个移动应用使用，你可以在家里甚至在车上得到每个团队的数据。因此，软件包可以立即对重要的情况做出响应。

### 结果

主要的成果是提高了工作效率，使沟通顺畅，交流方便，减少了花费在面对面沟通上的时间，人们可以在网上交流，而不用离开自己的工作场所。Microsoft 承认，如果没有 Teams，它们很难成功，如今，Teams 就是公司的一切。

---

**➡ 复习题**

1. Microsoft Teams 投入使用的主要驱动因素是什么？

2. 列举出比赛中存在的一些问题，以及这些问题是用什么技术手段解决的。

3. 列举出休赛季存在的一些问题，以及这些问题是用什么技术手段解决的。

4. 讨论为什么选择 Microsoft Teams，解释它是如何支持团队决策的。

5. 描述组内和组间的沟通和协作。

6. 详细说明 Microsoft Teams 工作区的功能。

7. 观看链接 youtube.com/watch?time_continue=108&v=xnFdM9IOaTE 中的视频并简要概括其内容。

---

### 我们可以从这个小插曲中学到什么

本节首先介绍了如今许多任务想要成功的话必须依靠团队协作来完成；其次，时间至关重要，因此，公司必须使用技术手段加速运转，促进成员之间的沟通协作；再次，可以使用现有的软件加以支持，但是最好选择大厂商的产品，它们有额外的产品可以补充协议或通信软件；然后，聊天可以促进交流，而且有可视技术的话，效果会更好；之后，群组成员属于不同的单位，有着不同的技术，这个软件把他们连在一起，成员要有明确的目标，并指导如何实现他；最后，无论是组内还是组间，都需要协作。

## 11.2　分组决策：特点、过程、好处和机能障碍

　　管理者和其他员工必须不断做出决策，包括设计产品、制定政策和战略、创建软件系统等，他们经常以小组的形式来做这些事。当员工分在小组里时，他们以小组或团队的形式工作。小组工作是指两人或两人以上共同完成的工作，其中很重要的一个方面就是小组决策。

　　群体决策是指人们共同做出决策的一种情况。下面我们先来看看小组工作的特点。

### 11.2.1　小组工作的特点

　　以下是小组工作的功能和特点：
- 小组成员可能分布在不同的位置。
- 小组成员可能在不同的时间段工作。
- 小组成员可能为同一组织或不同组织服务。
- 小组可能是永久的，也可能是临时的。
- 一个团队可能处于一个管理层，也可能跨越多个管理层。
- 一个团队可以产生协同效应或导致冲突。
- 一个团队可以促进生产力，也可能削减生产力。
- 一个团队的工作必须快速完成。
- 让同一个小组的成员在同一时间碰面几乎是不可能的，或者要付出昂贵的代价，特别是在紧急情况下。
- 某些小组所需的数据、信息或者知识可能位于多个源中，其中一些也可能位于组织外部。
- 小组成员要有专业的知识。
- 团队有很多任务，而且管理者和分析师应专注于做出决策和解决问题。
- 如果得到所有成员的支持，那么团队所做的决策更容易实施。
- 集体工作有很多好处，同样也有很多弊端。
- 集体行为受多种因素影响，可能影响群体决策。

### 11.2.2　群体决策类型

　　群体通常参与两种类型的决策：
- 一次做决定。
- 支持与决策流程相关的活动或任务。例如，小组可以选择评估替代解决方案的标准，对可能的解决方案进行优先级排序，并帮助设计和实施方案。

### 11.2.3　群体决策过程

　　群体决策过程与第 1 章所述的一般决策过程相似，但步骤较多，如图 11.1 所示。

第1步，准备会议的有关议程、时间、地点、参与者和日程安排。

第2步，确定会议主题。

第3步，选择会议参与者。

第4步，选择评估备选方案和选定解决方案的标准。

第5步，产生其他想法（头脑风暴）。

第6步，把相似的方案分门别类。

第7步，评估方案，进行讨论。

第8步，选出最终入围方案。

第9步，选择一个解决方案。

第10步，针对解决方案做出计划。

第11步，实施方案。

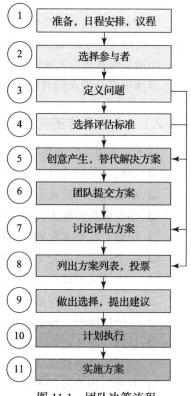

图11.1 团队决策流程

上面的流程是按顺序显示的，但是像图11.1中的循环也是有可能的，此外，如果找不到解决方案，该过程可能会再次启动。

事实上如果一个群体正在进行如图11.1所示的步骤，通常是这样的：

- ❑ 所做的决定需要被执行。
- ❑ 团队成员通常具有同等或几乎同等的地位。
- ❑ 会议的结果在一定程度上取决于与会者的知识、意见与判断，以及他们对会议结果的支持。
- ❑ 会议的结果取决于小组的组成及其所使用的决策过程。
- ❑ 团队成员通过出席会议的高级人员或通过谈判和仲裁来解决意见分歧。
- ❑ 一个小组的成员可以在一个地方面对面地开会，也可以组一个虚拟的小组，在不同的地点以电子会议的形式讨论，他们也可以在不同的时间见面。

## 11.2.4 团队工作的好处和局限性

有些人将会议（最常见的群体形式）视为必需品，另一些人则认为开会是在浪费时间，在会议中很多事可能变得更糟糕，与会者可能不清楚会议的目的，缺乏对它的关注，或者可能有隐藏的议程。许多与会者可能害怕发言，还有少部分人会主导会议节奏。由于对语言、手势或者表达方式有不同的理解，因此还可能出现误解。技术洞察11.1中提供了一个列表，列出了可能影响人为控制会议有效性的因素。除了具有挑战性外，团队合作的成本也很昂贵，有高级管理人员或行政主管参加的会议，可能要花费数千美元。

小组工作可能有潜在的好处（流程增益）或坏处（流程损耗）。流程增益是小组工作带来的好处。当人们在团队中工作时，可能遇到各种困难，这些困难被称为流程损失，每种情况的实例都列在技术洞察11.1中。

**技术洞察 11.1　小组工作可能带来的好处和坏处**

以下是小组工作可能带来的好处和坏处。

| 小组工作的好处（流程增益） | 小组工作的坏处（流程损耗） |
| --- | --- |
| □ 提供学习机会。在理解问题能力方面，团体优于个人，成员们可以互相学习借鉴。 | □ 从众的社会压力可能会导致群体思维（即人们开始思考相似的东西而不能容忍新的想法；他们屈服于顺从的压力）。 |
| □ 人们可以很快地了解问题和解决方案。 | □ 这是一个耗时、缓慢的过程，一些相关信息可能会丢失。 |
| □ 团队成员的想法被嵌入最终的决定中，所以他们拥护这个决定。 | □ 会议过程可能缺乏协调，议程不完善，或计划不周。 |
| □ 群体比个人更善于捕捉错误。 | □ 一次会议可能会被时间、主题、一个或几个人的意见所主导，或者由于可能发生冲突而害怕做出贡献。 |
| □ 相对于个人来说，小组有更加丰富的知识和更加全面的信息，团队成员可以群策群力，可以产生许多备选方案（例如通过头脑风暴）。 | □ 一些团队成员可能倾向于影响议程，而另一些则试图依靠其他人来做大部分工作（搭便车）。团队成员可能因为目标定义不明确或者有错误的参与者参与而忽略好的解决方案。 |
| □ 在解决问题时，团队可以产生协同效应。 | □ 一些成员不敢发言；团队可能无法达成共识；团队缺乏目标。 |
| □ 团队合作可以激发个人的创造性。 | ○ 产生低质量的妥协成为一种趋势。 |
| □ 团队合作有利于进行更加精确的沟通。 | ○ 通常是没有效率的时间（例如，社交、准备、等待迟到者）。 |
| □ 冒险倾向得到了平衡，群体温和地接受高风险的冒险者，并鼓励保守派。 | ○ 有一种倾向是重复已经说过的内容（因为记不住或处理不当） |
| | ○ 会议成本可能很高（例如，交通、参加会议的时间花费）。 |
| | ○ 信息的使用可能不完整或不恰当。 |
| | ○ 信息可能太多了（例如，信息超载）。 |
| | ○ 任务分析可能不完整或不正确。 |
| | ○ 在小组中可能有不适当的或不完整的表达。 |
| | ○ 可能会存在注意力不集中的情况。 |

**▶ 复习题**

1. 小组工作的定义。

2. 列出小组工作的五个特点。

3. 描述群体决策的步骤。

4. 列出小组工作中发生的主要活动。

5. 列出并讨论小组工作的五个益处。

6. 列出并讨论集体决策的五个功能障碍。

# 11.3 使用计算机系统支持团队工作和团队协作

当人们在团队中工作时，特别是当成员在不同的地点，可能在不同的时间工作时，他们需要沟通、协作，并访问多种格式的信息资源。这使得会议，尤其是虚拟会议，变得复杂，流程损失的概率增大了。因此，遵循一定的流程和步骤来进行多种形式的会议变得尤为重要。

小组工作可能需要不同程度的协调。有时，一个团队在个人工作层面上运作，只需要某个成员做出个人努力，而不需要协调。就像一个代表国家参加 100 米短跑的短跑队一样，团队的最好成绩取决于个人的最好成绩。有时团队成员需要互相协调，比如一个团队参加接力比赛，需要每个人之间有精妙的配合。有时团队需要协调一致，比如赛艇比赛，参加这一比赛的队伍必须不断地齐心协力才能取得成功。不同的机制支持不同协调级别的团队工作。

大多数组织，无论大小，都使用一些基于计算机的交流和协作方法和工具来支持团队或小组中的人员工作。从电子邮件到移动电话和短信服务（SMS），以及会议技术，这些工具是当今工作生活中不可缺少的一部分。接下来我们将重点介绍一些相关的技术和应用。

## 11.3.1 团队支持系统概述

为了使团队有效地协作，需要采用适当的沟通手段和技术。我们称这些技术为**群体支持系统（GSS）**。互联网及其衍生物（例如，内联网、物联网和外联网）是进行大量交流和协作的基础设施，Web 支持跨组织协同决策。

几十年来，计算机一直被用于促进集体工作和决策，最近，协作工具得到了更多的关注，因为它们更加节约、高效而且决策迅速。计算机化的工具可以按照时间和地点分类。

## 11.3.2 时间／地点框架

用于支持协作、小组和协作计算技术有效性的工具取决于小组成员的位置以及共享信息发送和接收的时间。DeSanctis 和 Gallupe 于 1987 年提出了一个 IT 通信支持技术分类框架。在这个框架中，通信被分为四个单元，如图 11.2 所示，它们使用了具有代表性的计算机支持技术，这四个核心是按照时间和地点这两个维度组织的。

当信息几乎同时发送和接收时，通信是**同步（实时）**模式。电话、即时通信和面对面的会议都是同步交流的例子。异步通信发生在接收方接收信息，如电子邮件时，接收时间与发送方发送的时间不一致。发送者和接收者可以在同一个地方或不同的地方。

如图 11.2 所示，时间和地点的组合可以看作一个四核心矩阵或框架。框架的四个单元如下：

**同一时间／同一地点**。与会者面对面地会谈，就像在传统会议中那样，或者在一个专门的决策室里做出决定。即使在使用基于 Web 的支持设备时，这仍然是一种重要的会议方式，因为参与者有时必须离开工作场所以消除干扰。

**同一时间 / 不同地点。**参与者在不同的地方，但是他们在同一时间进行交流（例如，通过视频会议或即时通信）。

**不同的时间 / 同一地点。**人们轮班工作。上一个班次给下一个班次留下信息。

**不同的时间 / 不同的地点。**参与者身处不同的地方，他们在不同的时间发送和接收信息。这种情况发生在团队成员出差、日程安排存在冲突或工作时区不同的时候。

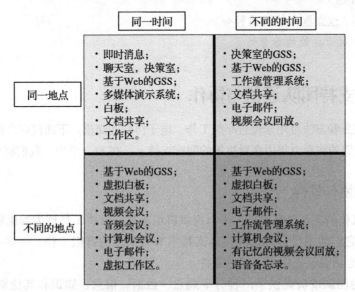

图 11.2　时间 / 地点框架

小组和组织中的小组工作正在激增，因此，群组软件继续发展以满足群组的工作，主要用于通信和协作（见 11.4 节）。

### 11.3.3　决策支持的群体协作

除了决策，团队还支持决策的子过程，如头脑风暴。众所周知，协作技术是提高生产力、促进人员和组织绩效的驱动力。团队合作可以通过几种方式做出决定。例如，小组可以为图 11.1 中显示的步骤提供助力。小组有助于识别问题，选择解决方案的标准，生成解决方案（例如，头脑风暴），评估替代方案，协助选择最佳解决方案并加以实施。该小组可以参与一个步骤或几个步骤。此外，它还可以收集必要的数据。

许多技术可以用于协作，其中一些是计算机化的，本章中也会对其进行描述。

研究表明，采用协作技术可以提高生产力：例如，视觉协作解决方案可以提高员工的满意度和生产力。

**计算机化工具和平台**　我们将计算机化支持分为两部分。在 11.4 节中，我们介绍了在交流和协作中通用活动的主要支持。需要注意的是，成百上千的商业产品可以用来支持交流和协作。我们在这里只讨论这个问题。

11.5 节涵盖了对决策的直接支持，包括整个过程和过程中的主要步骤。请注意，一些产品，例如在开篇处引用的 Microsoft Teams，既支持通用活动，也支持决策过程中的活动。

> ➤ **复习题**
> 1. 为什么公司使用计算机来支持团队工作？
> 2. 什么是 GSS？
> 3. 描述时间/地点框架的组成部分。
> 4. 描述合作对于决策的重要性。

# 11.4 软件支持团队通信与协作

有大量的工具和方法可用来促进小组工作、电子协作和交流。下面仅仅介绍了一些支持该过程的工具。我们的注意力集中在对决策的间接支持上。在 11.5 节中，我们将介绍直接支持。

## 11.4.1 群组协作软件

许多计算机化的工具已经开发出来以提供群组支持。这些工具称为**群组软件**（简称群件或组件），因为它们的主要目标是间接地支持本节所描述的群组工作。一些电子邮件程序、聊天室、IM 和电话会议提供了间接的支持。

群组软件为团队成员提供了一种分享观点、数据、信息、知识和其他资源的机制。不同的计算技术以不同的方式支持群组工作，这取决于任务和团队规模、所需的安全性以及其他因素。

**群件产品的种类和特点**在互联网或内联网上有许多群件产品，可以加强小部分人和一大群人之间的协作。一个典型的例子是 Microsoft Team（opening vignette）。支持交换、协作和协调的群件产品的特性见表 11.1。以下是其中一些特性的简要定义。

## 11.4.2 同步与异步产品

表 11.1 中描述的产品和特点可以是同步的或异步的。网络会议、IM 以及 IP 语音（VoIP）都与同步模式相关。与异步模式相关的方法包括电子邮件和在线工作区，参与者可以在不同时间进行协作。Google Drive（drive.google.com）和 Microsoft SharePoint（http://office.microsoft.com/en-us/SharePoint/collaboration-software-SharePoint-FX103479517.aspx）允许用户设置在线工作区，用于存储、共享和协作处理不同类型的文档。类似的产品有 Google Cloud Platform 和 Citrix Workspace Cloud。

像 Dropbox 这样的公司提供了一种简单的文档共享方式。类似的系统，如照片共享（如 Instagram、WhatsApp、Facebook），正在为消费者的家庭化用途做出改进。

表 11.1　群件产品及特点

| 通用特点（可以是同步的，也可以是异步的） | 同步 | 异步 |
|---|---|---|
| ❑ 内置电子邮件，信息系统<br>❑ 浏览器界面<br>❑ 联合网页创建<br>❑ 活动超链接共享<br>❑ 文件共享（图形、视频、音频和其他）<br>❑ 内置搜索功能（按主题或关键字）<br>❑ 工作流工具<br>❑ 企业门户网站的沟通、协作和搜索<br>❑ 共享屏幕<br>❑ 电子决策室<br>❑ 对等网络 | ❑ 即时通信<br>❑ 视频会议、多媒体会议<br>❑ 共享白板、智能白板<br>❑ 即时视频<br>❑ 头脑风暴<br>❑ 投票和其他决策支持（比如达成共识、安排日程）<br>❑ 与人聊天<br>❑ 与机器聊天 | ❑ 虚拟工作区<br>❑ 推特<br>❑ 接收发送邮件的能力<br>❑ 通过电子邮件或短信接收通知提醒的能力<br>❑ 折叠扩展讨论线程的能力<br>❑ 消息排序（按日期、作者、或已读未读）<br>❑ 自动回复<br>❑ 聊天会议日志<br>❑ 电子公告板、讨论小组<br>❑ 博客和维基<br>❑ 协作规划或设计工具 |

群件产品要么是独立的，支持一个任务（如视频会议），要么是集成的，包括几个工具。一般来说，群件技术产品相当便宜，并且可以很容易地集成到现有的信息系统中。

## 11.4.3　虚拟会议系统

基于网络的系统的发展为改进电子支持的虚拟会议打开了大门，虚拟会议成员来自不同的地点，甚至是不同的国家。在线会议和演示工具由 webex、GoToMeeting. com、Skype. com 等提供。这些系统具有网络研讨会、屏幕共享、有声会议、视频会议、投票、问答会议等功能。Microsoft Office 365 包括一个内置的虚拟会议功能。现在，即使是智能手机也有足够的交互能力，可以通过 FaceTime 等应用程序进行实时会议。

**协同工作流**　协同工作流是指面向项目和协同过程的软件产品。它们是集中管理的，能够被来自不同部门和不同物理位置的工作人员访问和使用。协同工作流工具的目标是增强知识工作者的能力。协同工作流的企业解决方案的重点是允许员工在一个集成环境中进行沟通、协商和协作。协同工作流应用程序的一些主要供应商有 FileNet 和 Action Technologies。协同工作流与协同工作空间相关但又不同。

**数字化协同工作区**　物理和虚拟的协同工作区是人们可以在同一时间或不同地点一起工作的地方。最初，它是团队用来开会的实体会议室。它被扩展成一个共享的工作空间，也称为"共同工作空间"。有些工作区是公司内部的，有些是出租的。不同的计算机技术可以支持物理环境中的团队工作。有关协同工作区的 12 个好处请参见文献（Pena，2017）。

虚拟协同工作区是一个配备了数字支持的环境，位于不同位置的小组成员可以共享信息并进行协作。一个简单的例子是 Google Drive，它支持分享电子表格。

协同工作区使精通技术的员工能够从他们需要的任何设备访问系统和工具。人们可以在任何地方以安全的方式一起工作。数字化工作区提高了团队生产力和创新能力。它赋予员工权力，开启创新之门。它允许员工与其他人进行协同工作。关于详细信息和其他协作技术，参见文献（de Lares Norris，2018）。

**示例**

普华永道（PwC）在其巴黎办事处建立了一个构思作战室，作为一个大型的、沉浸式的协作设施来支持客户会议。

**虚拟工作空间的主要供应商**　五大供应商的产品如下：

❑ 谷歌云平台部署在"云"上，因此它作为平台即服务（PaaS）提供。谷歌也因其灵活的工作空间产品而闻名。

❑ Citrix Workspace Cloud 也部署在"云"上，Citrix 以其 GoToMeeting 协作工具而闻名。Citrix Workspace Cloud 用户可以在 Google Cloud 上管理安全的数字工作场所。

❑ Microsoft Workspace 是 Office 365 的一部分。

❑ 思科（Cisco）的 Webex 是一个受欢迎的协同软件包，包括 Meeting。

❑ Slack 工作区是一个非常受欢迎的工作区。

**Slack 工作区的基本要素**　Slack 工作区是一个数字化的空间，在这个空间中团队成员可以共享、交流和协同工作。它可以在一个组织中，也可以在大型组织中有多个相互连接的 Slack 空间。每个工作区包括几个专题频道。这些信息可以被组织为公开的、私有的或者共享的。Slack 的其他组件包括消息、搜索和通知。与 Slack 有关的人有四类：工作区所有者、工作区管理员、成员和客户。有关 Slack Guide，请参见 get.slack.help/hc/en-us/articles/115004071768-What-is-Slack-。

Slack 有许多关键功能，可以向几乎任何设备提供安全的虚拟应用程序。

## 11.4.4　协作网络和中枢

传统上，合作是在供应链成员之间进行的，经常是那些彼此关系密切的成员（例如，制造商和它的分销商或分销商和零售商）。即使有更多的合作伙伴参与，重点仍然是优化传统供应链中现有节点之间的信息和产品流动。比较先进的方法，如协作计划、预测和补给（CPFR），并不改变这一基本结构。

传统的合作导致了垂直整合的供应链。然而，Web 技术可以从根本上改变供应链的形态、供应链中参与者的数量以及他们各自的角色。在协作网络中，网络中的任何一个节点上的合作伙伴都可以绕过传统的合作伙伴而相互交流。交互可能发生在几个制造商或分销商之间，也可能发生在新的参与者之间，比如作为聚合器的软件代理商。

## 11.4.5　协作中枢

协作中枢的目的是成为团队协作的中心点。

协作中枢平台需要使参与者的交互以各种形式在线展开。

**示例：微软的 Surface Hub**

无论个人身在何处，想在何时使用数字白板，并集成软件和应用程序，该产品都能将其连接起来，这有助于创建一个多个设备无线连接的协作工作场所，从而创建一个强大的工作环境。

## 11.4.6 社会协作

社会协作是指在社会化导向的群体内部和群体之间进行的协作。这是一个群体互动和信息/知识共享的过程，同时试图实现共同的目标。社会协作通常是在社交媒体网站上进行的，它是通过互联网、物联网和多样化的社交协作软件实现的。社会协作团体和计划可以采取许多不同的形式。对于图片，可以在谷歌上搜索"社会协作图片"。

**在社交网络中的合作** 在 Facebook 和 LinkedIn 上，商业相关的合作是最典型的。然而，Instagram、Pinterest 和 Twitter 也支持协作。

❑ Facebook Facebook 的工作空间 facebook.com/workspace 已经被成千上万的公司使用，它们利用它的特性（比如"群组"）来为团队成员提供支持。例如，80% 的星巴克门店经理使用这个软件。

❑ LinkedIn LinkedIn 为其成员提供了多种协作工具。例如，LinkedIn Lookup 提供了几个工具。另外，LinkedIn 是微软旗下的一家公司，它提供一些集成工具。创建感兴趣的子群是一个有用的辅助功能。

**面向团队的社交协作软件** 除了可以由两个人和团队使用的通用协作软件之外，还有专门用于组建团队和支持他们活动的软件平台。根据 collaboration-software.finance-sonline.com/c/social-collaboration-software/ 的数据，一些典型的例子包括 Wrike、Ryver、Azendoo、Zimbra 社交平台，Samepage、Zoho、Asana、Jive、Chatter 和 Social Tables。要查看按类别分列的最佳社交协作软件，请参阅 technologyadvice.com/social-collaboration-software/。

## 11.4.7 流行的协作软件示例

正如前面提到的，有成百上千的交流和协作软件产品。此外，它们的功能也在不断变化。考虑到我们主要研究的是决策支持，这里只提供这些工具的一小部分样本。我们使用 Time Doctor 的分类和例子，并使用 2018 年的列表（见文献（Digneo，2018））。

❑ 通信工具：Yammer（社会协作）、Slack、Skype、Google Hangouts、GoToMeeting。
❑ 设计工具：InVision、Mural、Red Pen、Logo Maker。
❑ 文档工具：Office Online、Google Docs、Zoho。
❑ 文件共享工具：Google Drive、Dropbox、Box。
❑ 项目管理工具：Asana、Podio、Trello、WorkflowMax、Kanban Tool。
❑ 软件工具：GitHub、Usersnap。
❑ Workflow 工具：Integrity、BP Logix。
**支持协作和沟通的其他工具**
Notejoy（为团队制作协作笔记）。

Kahootz（将利益相关者聚集在一起，形成利益共同体）。

Nowbridge（提供团队连通性，查看参与者的能力）。

Walkabout Workplace（是远程团队的 3D 虚拟办公室）。

Realtimeboard（是一个企业可视化协作）。

Quora（向人群发布问题的热门平台）。

Pinterest（提供一个电子商务工作区，允许收集选定主题的文本和图片）。

IBM 连接关闭（提供全面的通信和协作工具集）。

Skedda（为协同工作安排空间）。

Zinc（是一个社会协作工具）。

Scribblar（是一个虚拟头脑风暴的在线协作室）。

Collokia（是一个工作流程的机器学习平台）。

关于其他工具，参见文献（Steward，2017）。

> ➤ **复习题**
>
> 1. 群件的定义是什么？
> 2. 列出主要的群件工具，并将它们分为同步和异步两种类型。
> 3. 确定网络会议的具体工具及其功能。
> 4. 描述协作工作流程。
> 5. 什么是协作工作区？它有什么好处？
> 6. 描述社会协作。

# 11.5　计算机直接支持集体决策

决策经常是在会议上做出的，有些会议是为了做出一次性的具体决定而召开的。例如，董事会在股东大会上选举产生，组织在会议上分配预算，城市决定雇用哪些候选人担任最高职位，美国联邦政府定期开会设定短期利率。其中一些决策是复杂的，另一些决策可能会引起争议，比如市政府的资源分配。在这种情况下，过程失调可能会非常严重，因此，经常建议使用计算机支持来缓解这些争议。这些以计算机为基础的支援系统在文献中以不同的名称出现，包括群体决策支援系统（GDSS）、群体支援系统（GSS）、计算机支援协作工作（CSCW）及电子会议系统（EMS）。这些系统是本节的主题。除了支持整个过程，还有一些工具可以支持团队决策过程中的一个或多个活动（例如，头脑风暴）。

## 11.5.1　GDSS

20 世纪 80 年代，研究人员认识到，对管理决策的计算机支持需要扩大到群体，因为主要的组织决策是由执行委员会和特别工作队等群体做出的。研究结果建立了群体决策支持系统方法论。

GDSS 是一个基于计算机的交互式系统，它能够帮助决策者解决半结构化或非结构化的问题。GDSS 的目标是通过加快决策过程或提高最终决策的质量来提高决策会议的效率。

**群决策支持系统的主要特征和能力**

GDSS 的特征如下：

❑ 它主要通过提供子流程的自动化（例如，头脑风暴）和使用信息技术工具来支持群体决策者的流程。

❑ 它是一个专门设计的信息系统，而不仅仅是一个已经存在的系统组件的配置。它可以被设计用来解决一种类型的问题，或者做出各种各样的组织层面的决策。

❑ 它鼓励思想的产生、冲突的解决和言论自由。它包含阻碍消极群体行为发展的内在机制，如破坏性冲突、错误沟通和群体思维。

第一代 GDSS 旨在支持在决策室举行的面对面会议。如今，支持主要通过网络提供给虚拟团队。一个小组可以在同一时间或不同时间开会。当需要做出有争议的决策（例如，资源分配，决定哪些人退出）时，GDSS 尤其有用。GDSS 应用程序需要一个物理场所的协调人或在线虚拟会议的协调人或领导者。

GDSS 可以通过多种方式改善决策过程。首先，GDSS 通常为会议计划过程提供结构，这使得小组会议保持在正轨上，尽管一些应用允许小组使用非结构化的技术和方法来产生想法。此外，GDSS 提供了快速、方便的外部访问以及决策所需的存储信息。它还支持参与者并行处理信息和生成想法，并允许进行异步计算机讨论。GDSS 使得原本无法管理的更大的团队会议成为可能，拥有更大的团队意味着更完整的信息、知识和技能可以在会议中呈现。最后，投票可以是匿名的，结果是即时的，所有通过系统的信息都可以被记录下来，以便将来分析（产生组织记忆）。

随着时间的推移，支持团队需要比决策室支持的 GDSS 更广泛这一点变得很清楚。此外，很明显，真正需要的是对虚拟团队的支持，无论是在不同的地点、同一时间，还是在不同的地点、不同的时间的情况下。此外，很明显，在大多数决策案例中，团队需要的是间接支持（例如，帮助搜索信息或协作），而不是对决策过程的直接支持。虽然 GDSS 的功能扩展到了对虚拟团队的支持，但是它不能满足所有需求。此外，传统 GDSS 的目的是在可能会出现冲突时及时处理矛盾，因此，需要用到支持协作工作的新一代 GDSS。正如我们稍后将看到的，Stormboard 等产品提供了这些需求。

## 11.5.2 GDSS 的特点

部署 GDSS 技术有两种选择：1）在专用决策室部署；2）作为基于互联网的群件，在群组成员所在的地方运行客户端程序。

　　**决策室**　最早的 GDSS 安装在昂贵的、定制的、具有特殊用途的决策室（或电子会议室）中，每个房间的前面都有个人电脑和大型公共屏幕。最初的想法是，只有高管和高层管理人员才会使用这种昂贵的设施。电子会议室里的软件通常是通过局域网（LAN）运行的，而这些房间里的陈设相当豪华。电子会议室的形状和大小各不相同。一个常见的设计是一个房间配备 12～30 台联网的个人计算机，通常嵌入桌面（为了让参与者更好地观看）。一台作为服务器的个人计算机连接到一个巨大的屏幕投影系统，并连接到网络，以便在各个工作站显示工作成果，并汇总来自主持人工作站的信息。配备有连接到服务器的个人计算机的小组成员有时就在决策室附近，小组成员可以在其中进行咨询。子组的输出能够显示在大型公共屏幕上。有几家公司提供这样的房间，每天收取租金。现在只有少数几个升级的房间仍然可用，通常是高价出租。

　　**基于 Internet 的群件**　自 20 世纪 90 年代末以来，最常见的 GSS 和 GDSS 交付方式是使用基于 Internet 的群件，该群件允许小组成员在任何时间从任何地点工作（例如 Webex、GoToMeeting、Adobe Connect、IBM Connections、Microsoft Teams）。这种群件通常包括音频会议和视频会议。相对便宜的群件的可用性，如 11.4 节所描述的，再加上计算机的功率和低成本以及移动设备的可用性，使得这种类型的系统非常有吸引力。

## 11.5.3　支持整个决策过程

　　图 11.1 中所示的过程可以由各种软件产品支持。在本节中，我们提供了一个产品 Stormboard 的示例，该产品支持该流程的几个方面。

　　**示例：Stormboard**

　　Stormboard（stormboard.com）提供不同的头脑风暴和群体决策配置支持。以下是该产品的活动顺序：

　　1. 明确问题和用户的目标（他们希望达到的目标）。

　　2. 集思广益（稍后讨论）。

　　3. 组织把相同风格的想法分门别类，寻找模式，然后只选择可行的想法。

　　4. 合作，完善概念，评估（使用标准）会议的目标。

　　5. 该软件使用户能够通过关注选择标准，对提出的想法进行优先排序。它让所有的参与者表达他们的想法，并指导团队成员保持凝聚力。

　　6. 它提出了一个优秀想法的简短列表。

　　7. 该软件提出了最好的想法并推荐实施。

　　8. 提供项目的实施计划。

　　9. 管理项目。

　　10. 定期审查进展情况。

　　如果想看视频，请访问 youtube.com/watch?v=0buRzu4rhJs。

　　**包含 ThinkTank 的综合群件工具**　尽管许多支持群体决策的功能都嵌入在通用的办公

软件工具中，比如 Microsoft Office 365，但是了解一些说明群件独特功能的特定的软件是很有意义的。MeetingRoom 是第一个全面的、同时间 / 同地点的电子会议包。它的后续产品 GroupSystems OnLine 提供了类似的功能，并且在 Web 上以异步模式（任何时间 / 任何地点）运行（MeetingRoom 只在局域网上运行）。Groupsystem 的最新产品是 ThinkTank，它是一组工具，可以方便地进行各种群体决策活动。例如，它缩短了头脑风暴的周期。ThinkTank 通过针对团队目标的可定制流程，提高了面对面或虚拟团队的集成度，比以前的产品更快、更有效。ThinkTank 提供以下服务：

- ❑ 可以提供高效的参与、工作流程、优先级排序和决策分析。
- ❑ 其对创意和评论的匿名头脑风暴，是捕捉参与者的创造力和经验的理想方式。
- ❑ 该产品增强的 Web 2.0 用户界面确保参与者不需要特殊培训即可加入，因此他们可以 100% 地专注于解决问题和做出决策。
- ❑ 通过 ThinkTank，与会者共享的所有知识都被收集并保存在文档和电子表格中，自动转换为会议记录，并在会议结束时提供给所有与会者。

**示例：ThinkTank 的使用**（thinktank.net/case-study）

以下是两个关于 ThinkTank 的使用示例：

- ❑ 它使供应链合作伙伴之间能够进行转型协作。他们的会议得到了集体智慧工具和程序的支持。合作伙伴就如何削减成本、加快流程和提高效率达成一致。过去，在这些问题上没有取得任何进展。
- ❑ 内布拉斯加大学和美国心脏病学学院合作，使用 ThinkTank 的工具和程序，重新思考如何组织电子健康记录，以帮助医疗顾问节省时间。病人的预约时间缩短了 5～8 分钟。其他方面的改进也取得了进展。病人既看了病又省了钱。

**其他决策支持**　以下是智能系统提供的其他类型支持的清单：

- ❑ 利用知识系统和专家选择软件处理多准则群决策问题。
- ❑ 提出了一种基础设施资产管理的中介群决策方法（参考文献（Yoon 等，2017））。
- ❑ 有关物流和供应链管理中的群体决策支持系统（参见文献（Yazdani 等，2017））。

## 11.5.4　创意产生和问题解决

群体决策的一个主要活动就是产生想法。**头脑风暴**是产生创造性想法的过程。它包括随心所欲的小组讨论，以及为解决问题、制定战略和资源分配而自发贡献想法。贡献者的想法由成员讨论。人们试图产生尽可能多的想法，不管这些想法看起来多么奇怪。产生的想法由小组讨论和评估。有证据表明，群体不仅产生更多的想法，而且也产生更好的想法（McMahon 等，2016）。手动管理的头脑风暴具有小组工作的一些局限性，就像 11.2 节中描述的那样。因此，经常建议使用计算机辅助设备。

**计算机支持的头脑风暴**　计算机程序可以支持各种头脑风暴活动。这种支持通常用于在线头脑风暴、同步或异步。希望电子头脑风暴能够消除 11.2 节中提到的许多过程性障碍，并且有助于产生许多新的想法。头脑风暴软件可以是独立的，也可以是一个通用的团队支持包的一部分。软件包的主要功能包括：产生大量想法；大规模的团体参与；实时更新；信息颜色编码；协同编辑；设计头脑风暴会议；创意分享；人是参与；构思图；文字、视频、文件等发布；远程头脑风暴；创建电子档案；减少社会借贷。

电子软件支持的主要限制是增加认知负荷，害怕使用新技术，以及需要技术援助。

**提供在线头脑风暴服务和团队工作支持的公司**　一些公司及其提供的服务和支持如下：

❑ eZ Talks Meetings　基于云的头脑风暴和想法分享工具。

❑ Bubbl.us　视觉思维机器，提供图形化的概念表示，有助于产生想法，还能用颜色显示出想法间重叠的部分。

❑ Mindomo　提供集成聊天功能的实时协作工具。

❑ Mural　在富媒体文件中收集：和分类想法的工具。它被设计成一个可以邀请参与者的 Pinboard。

❑ iMindQ　基于云的服务，支持创建思维导图和基本图表。

对 28 个在线头脑风暴工具的评估，请参见 blog.lucidmeetings.com/blog/25-tools-for-online-brainstorming-and-decision-making-in-meetings/。

**人工智能支持的头脑风暴**　在第 12 章中，我们将介绍机器人的使用。有些软件允许用户创建和发布一个代表人的机器人（或化身），以便进行匿名交流。人工智能（AI）还可以用于模式识别和识别彼此相似的想法、也可用于众包（参见 11.7 节），这是广泛用于创意产生和投票。

## 11.5.5　GSS

前面已经讨论过 GSS，它是增强团队工作的硬件和软件的任意组合，这是一个通用术语，包括所有形式的通信和协作计算。在信息技术研究人员认识到技术可以支持许多通常在面对面会议上发生的虚拟会议活动（例如，创意产生、建立共识、匿名排名）之后，这一理念得到了发展。此外，重点是协作而不是最小化冲突。

一个完整的 GSS 被认为是一个专门设计的信息系统软件，但是今天，它的特殊功能已经嵌入标准的 IT 生产力工具中。例如，Microsoft Office 365 包括了 Microsoft Team，也包括网络会议的工具。此外，许多商业产品的开发仅仅是为了支持团队合作的一两个方面（例如，视频会议、创意生成、屏幕共享等）。

**GSS 如何改进团队工作**　GSS 的目标是通过精简、加快决策过程或提高成果的质量来向参与者提供支助，以提高会议的质量和效率。GSS 试图增加过程和任务的收益，减少过程和任务的损失。总的来说，GSS 已经成功地做到了这一点。通过支持团队成员生成和交换想法、意见和偏好来实现改进。特定的功能，如小组的参与者同时处理任务的能力和匿名性都会改进。以下是一些具体的 GSS 支持活动：

❑ 支持信息的并行处理和想法的产生（头脑风暴）。

❑ 使更大的团体能够以更完整的信息、知识和技能参与。

- ❑ 允许小组使用结构化或非结构化的技术和方法。
- ❑ 提供快速、方便的外部信息。
- ❑ 允许并行计算机讨论。
- ❑ 帮助参与者勾勒全局。
- ❑ 提供匿名性，让害羞的人可以为会议做出贡献（比如，站起来做需要做的事情）。
- ❑ 提供防止个别人员掌控会议的措施。
- ❑ 提供多种方式参与即时匿名投票。
- ❑ 为规划进程提供结构，使小组保持在正轨上。
- ❑ 使多个用户能够同时进行交互（即会议）。
- ❑ 记录在会议上提出的所有信息（即提供有组织的记忆）。

关于 GSS 的成功案例，可以在供应商的网站上找到样本案例。正如你将在许多案例中看到的那样，协作计算带来了显著的流程改进和成本节约。

请注意，在一个供应商的单个软件包中仅提供了其中的部分功能。

> ➤ **复习题**
>
> 1. 定义 GDSS 并列出初始 GSS 软件的局限性。
> 2. 列出 GDSS 的好处。
> 3. 列出 GDSS 取得的过程收益。
> 4. 给出决策室的定义。
> 5. 描述基于网络的 GSS。
> 6. 描述 GDSS 如何支持头脑风暴和创意生成。

# 11.6 集体智慧和合作智慧

小组或团队是为了几个目的而创建的。我们这本书集中在对决策的支持上。这一部分涉及集体智慧和团体合作智慧。

## 11.6.1 定义和好处

**集体智慧（CI）** 指的是一个群体的全部智慧，也指群众的智慧。一个团队中的人利用他们的技能和知识来解决问题，提供新的见解和想法。主要的好处是能够解决复杂的问题或设计由创新产生的新产品和服务。麻省理工学院集体智慧中心（CCI）是集体智慧的主要研究中心。CCI 的一个主要研究方向是如何让人和计算机一起工作，这样团队可以比任何个人、团队或计算机单独工作更具创新性。我们在此感兴趣的是 CI，因为它涉及计算机化的决策。本节和 11.7 节中介绍了 CI，此处介绍众包的主题。在 11.8 节中，介绍了群体智能，这也是 CI 的一个应用。关于 CI 的好处，请参见 50Minutes.com（2017）。

集体智慧分类的一种方法是把 CI 分为三个主要的应用领域：认知、合作和协调。每一个领域还可以进一步划分，如果想了解更多，可以维基百科上的内容。我们的兴趣在于群体协同作用在解决问题和决策中的应用。人们贡献他们的经验和知识，团队的互动和计算机化的支持帮助他们做出更好的决定。

麻省理工学院 CCI 创始人兼董事 Thomas W. Malone 认为 CI 是一个大保护伞。他认为集体智慧是"一群个体以看似聪明的方式集体行动"。CCI 的工作被称为 Edge，视频请参阅 edge.org/conversation/thomas_w__malone-collective-intelligence。

## 11.6.2 计算机支持集体智慧

集体智慧可以通过 11.4 节和 11.5 节中描述的许多工具和平台得到支持。此外，互联网、内部网和物联网（第 13 章）通过使人们能够分享知识和想法，在促进 CI 方面发挥了重要作用。

### 示例 1：卡内基梅隆大学基金会支持网络协作

卡内基基金会（荷兰）正在寻找让人们协同工作的方法，以加速改进，并在其人际网络中共享数据和学习。这个解决方案是一个名为卡内基中心的在线工作空间，它作为一个资源的接入点，允许参与团队工作和协作。

中心使用了几个软件产品，其中一些在 11.4 节中描述过，比如 Google Drive，它创建了一个协作工作区。收集情报项目的以下主要方面：

❑ 内容共享在同一个地方，让每个人都可以同时查看、编辑或发布。

❑ 所有的数据和知识都存储在网络上的一个位置，很容易发现。

❑ 使用讨论板进行异步对话很容易，所有笔记都是公开显示、记录和存储的。

❑ 这些方面促进了社会协作，致力于解决问题以及获得同伴的支持。卡内基–梅隆大学的教职工组成了一个实践社区，利用集体智慧共同计划、创造和解决问题。详情见 Thorn 和 Huang 于 2014 年提出的观点。

### 示例 2：政府如何利用物联网获取集体智慧

根据 Bridgwater 在 2018 年提出的说法，政府正在利用物联网来支持决策和政策制定。政府正试图从人们那里收集信息和知识，并且越来越多地通过物联网来做到这一点。Bridgwater 援引阿拉伯联合首长国政府利用物联网加强公众决策的做法。物联网系统收集市民的想法和愿望。集体智慧平台允许定义狭窄的群体为目标。房地产计划须以拟议发展项目附近居民的意见为依据。国家的智能城市项目与 CI 相结合（参见第 13 章）。除了物联网，CI 和网络中还有一些活动，如应用案例 11.1 所示。

---

**应用案例 11.1** 优化水资源管理的协同建模：俄勒冈州立大学项目

**简介**

水资源管理是许多社区面临的最重要挑战之一。一般来说，对水的需求正在增长，而供应可能会减少（例如，受到污染）。水资源管理需要消费者、供应商、地方政府和卫生专家等众多利益相关者参与，利益相关者必须一起工作，目的是担负起水利用和水保护的责任。PwC 会计办公室发布了 150CO47 号报告"Collaboration: Preserving Water Through Partnership That Works"，网址为 pwc.com/hu/hu/kiadvanyok/assets/pdf/pwc_water_collaboration.pdf。它描述了问题及其好处和风险。该报告分享了不同利益相关者的观点，确定了合作的成功因素，并权衡利弊，为水管理问题提供了替代解决方案。一个有趣的解决方案框架是俄勒冈州立大学与印第安纳大学合作开发的协作建模。

**挑战**

规划和管理节约用水活动并不是简单的工作，这个想法是开发一个用户方便的工具，使所有利益相关者都能参与这些活动，让他们科学制定水资源保护方案。下面是这个工具的一些要求：

❑ 这个工具是交互式的，需要人的引导和操作。

❑ 它得基于网络并且用户友好。

❑ 个人和团队都应该能够使用它。

❑ 应使用户能够根据定量和定性标准查看和评估解决方案。

**解决方法：WRESTORE**

基于时空优化的流域恢复是一种基于网络的工具，可以满足流域恢复的前期需求。它基于人工智能和解析优化算法，该算法处理动态模拟模型，允许用户对新的水源保护区位置进行空间优化。除了使用动态模拟模型，用户还可以在其中包括自己的主观看法和定性标准。WRESTORE 能生成用户可以讨论和评估的替代实践。

将人类偏好融入计算机解决方案可以使解决方案更容易被接受。该项目的人工智能部分包括机械学习和众包（参见 11.7 节），以从人群中获取信息。采取参与式合作的原因是水是一种重要的资源，不应该仅仅集中控制。人工智能技术使水管理"民主化"，同时利用人和计算机的力量来解决水管理的难题。

人工反馈有助于人工智能确定最佳解决方案和策略。因此，人类和机器结合起来，一起解决问题。

**结果**

WRESTORE 开发人员正在多个地方进行这项技术的实验，到目前为止已经实现了参与的利益相关者的全面协作。最初的结果表明，我们创造了开发水资源的创新思路和节约大量水的分配方法。

**针对应用案例 11.1 的问题**

1. 众包是用来从人群中寻找信息的，为什么在这种情况下需要它？（如果你不熟悉众包，请参阅 11.7 节。）

2. WRESTORE 是怎样作为 CI 工具使用的？

3. 讨论集中控制与参与式集体劳动，列举两者的优缺点。

4. 为什么管理水资源很困难？

5. 在这种情况下，优化 / 模拟 / 人工智能模型支持小组是如何工作的？
资料来源：Basco-Carrera et al. (2017), KTVZ.com (Channel 21, Oregon, March 21, 2018), and Babbar-Sebens et al. (2015).

## 11.6.3 集体智慧如何改变人们的工作和生活

几十年来，研究人员一直在研究 CI 和工作的关系。举个例子，CI 的先驱 Doug Engebert 描述了人们如何一起工作来应对共同的挑战，以及他们如何利用集体记忆、感知、计划、推理等形成强大的知识。自从 Engebert 进行这项开创性工作以来，技术产生的影响是增加组织的 CI 和建立协作的知识社区。总而言之，CI 试图通过增强人类智力来解决商业问题和社会问题。这基本上意味着 CI 允许更多的人参与组织决策。在麻省理工学院的 CCI 中，关于人和计算机如何协同工作来改善工作（参见 11.9 节）的研究已经开展。麻省理工学院的 CCI 专注于网络的作用，包括互联网、内联网和物联网。那里的研究人员发现，组织的结构趋于扁平化，更多的决策被委派给团队。所有这些都导致了分散的工作场所。关于麻省理工学院 CCI 的进一步讨论，请参见麻省理工学院于 2016 年 4 月 3 日发布的博客 executive.mit.edu/blog/will-collective-intelligence-change-the-way-we-work/。关于 CI 如何改变整个世界的综合观点，请参阅文献（Mulgan，2017）。CI 的一个重点是团队内的协作，下面我们会详细描述。

## 11.6.4 合作智慧

把成员分成小组，期望他们在技术的辅助下合作，这可能是一厢情愿的想法。管理学和行为学研究如何使人们在群体中合作的问题。

在一些合作智慧的呼吁下，Coleman（2011）规定团队合作有以下 10 个组成部分：（1）愿意分享；（2）知道如何分享；（3）愿意合作；（4）知道分享什么；（5）知道如何建立信任；（6）理解团队动态；（7）使用正确的网络枢纽；（8）正确的指导和辅导；（9）对新想法持开放态度；（10）使用计算机化的工具和技术。类似的清单请访问 thebalancecareers.com/collaboration-skills-with-examples-2059686。

计算机化的工具和技术是沟通、协作和人们相互理解的关键促进因素。

## 11.6.5 如何从协作中创造商业价值：IBM 的研究

小组和团队成员提供想法和见解。要想出类拔萃，组织必须利用人们的知识，其中一些知识是由集体智慧创造出来的。要做到这一点，一个方法是 IBM 商业价值研究所进行的集体智慧研究。有关研究可于 www-935.ibm.com/services/us/gbs/thoughtleadership/ibv-collective-intelligence.html 免费获取，此外还有免费的执行摘要。这项研究提出了三个主要观点：

1. CI 可以通过正确利用工作组（包括客户、合作伙伴和员工）的知识和经验来提高组织的成果。

2. 定位和激励合适的参与者是至关重要的。

3. CI 需要解决参与者抵制改变的问题。总而言之，IBM 的结论是：集体智慧是利用世界各地大量人们的经验和洞察力创造价值的强大资源。

CI 的一个分支是众包，这是 11.7 节的主题。

> ▶ **复习题**
>
> 1. 什么是集体智慧？
> 2. 列出 CI 的主要优点。
> 3. 计算机是如何支持 CI 的？
> 4. CI 是如何改变工作和生活的？
> 5. CI 如何影响组织结构和决策？
> 6. 卡内基 - 梅隆大学的案例描述了标准协作工具如何创建集体智慧基础设施，WRESTORE 案例描述了一个使利益相关者能够协作的建模分析框架，这两个案子有什么相似之处和不同之处？
> 7. 描述合作智慧。
> 8. 你如何从集体智慧中创造商业价值？

# 11.7　众包作为决策支持的一种方法

众包指的是将任务外包给一大群人。这样做的主要原因之一是群体的智慧有可能改善决策并协助解决困难问题。因此，众包可以被视为一种集体智慧的方法。本节分为三个部分：众包的基本要素，作为决策支持机制的众包，以及为解决问题而实施的众包。

## 11.7.1　众包的基本要素

众包有多种定义，因为它在许多领域都有多种用途。要获得关于众包和例子的教程，请观看视频 youtube.com/watch?v=lXhydxSSNOY。众包意味着一个组织外包或外包工作，原因有几个：必要的技能在内部可能无法获得，需要执行速度，问题过于复杂而无法解决，或者需要专门的创新。

一些例子如下：

❏ 自 2005 年以来，Doritos 公司为 Super Bowl 制作了一段 30 秒的视频，举办了一场"撞击 Super Bowl"的比赛。过去 10 年，公司提供了 700 万美元的奖金来为公众制作广告提供奖励。

❏ Airbnb 使用用户提交的视频（每个 15 秒）来描述旅游网站。

❑ Dell 的创意风暴（ideastom.com）使客户能够投票选出喜欢的特色产品，包括新产品。Dell 正在利用一个技术群体，比如 Linux（linux.org）社区。群众提出意见，有时社区成员会就这些意见进行投票表决。

❑ 宝洁公司的研究人员将他们的问题发布在 innocentive.com 和 ninesigma.com 上，为问题解决者提供现金奖励。它使用其他众包服务提供商，例如 yourencore. com。

❑ 乐高公司有一个名为"乐高创意"（LEGO Ideas）的平台，用户可以通过该平台提交新的乐高创意，并对大众提交的创意进行投票。如果这些想法被商业化，那些提出这些想法的人可以获得版税。

❑ 百事可乐（PepsiCo）公司就新薯片口味征求意见。多年来，公司收到了超过 1400 万条建议，预计对销售额增长的贡献率为 8%。

❑ 加拿大各城市正在创建实时电子城市地图，告知骑自行车者有关高风险地区的信息，使街道更加安全。当用户遇到碰撞、自行车被盗、道路危险等情况时，他们可以在地图上做标记，详情见文献（Keith，2018）。

❑ 美国情报机构一直在利用普通民众来预测从选举结果到价格走向等世界性事件。

❑ Hershey 为如何在温暖的气候中运送巧克力提供了众包式的潜在解决方案。如何做到这一点，请参见文献（Dignan，2016），奖金是 25 000 美元。

这些例子说明了众包的一些好处，比如广泛接触专业知识，提高性能和速度，以及提高解决问题和创新能力，这些例子也说明了应用的多样性。

**众包的主要类型**　2008 年，众包先驱者 Howe 将众包应用程序分为以下类型：

1. **集体智慧**。群体中的人们正在解决问题，提供新的见解和想法，从而产生产品、流程或服务上的创新。

2. **人群聚集**。人们创造各种类型的内容并与他人分享（付费或免费）。创建的内容可用于解决问题，做广告或实现知识积累。内容创建也可以通过将大任务分成小部分来完成（例如，贡献内容来创建维基百科）。

3. **群众投票**。人们对想法、产品或服务给出自己的意见和评级，同时评估和过滤提供给他们的信息，比如在美国偶像（American Idol）比赛中投票。

4. **群众支持和资金**。人们正在为社会或商业事业贡献和支持努力，如提供捐赠以及为新企业提供小额融资。

对众包进行分类的另一种方法是参考它的工作类型，以下是一些众包供应商的例子：

❑ 标志设计——Design Bill

❑ 解决问题——InnoCentive，NineSigma，，IdeaConnection

❑ 商业创新——Chardix

❑ 品牌名称——Name This

❑ 产品和设计制造——Pronto ERP

❑ 数据清理——Amazon Mechanical Turk

❑ 软件测试——uTest
❑ 潮流观察——TrendWatching
❑ 图像——Flickr Creative Commons

有关众包、集体智慧和相关公司的压缩列表，请参阅 boardofinnovation.com。

**众包流程**  众包流程因应用而异，取决于要解决的具体问题的性质和使用的方法。然而，大多数企业众包应用程序中都存在以下步骤，即使执行的细节可能有所不同。众包流程如图 11.3 所示。

1. 确定问题和外包任务。

2. 选择目标人群（如果不是开放呼叫）。

3. 向人群广播任务（或者通过公开电话向不明身份的人群广播）。

4. 让人群参与完成任务的过程（例如产生想法、解决问题）。

5. 收集用户生成的内容。

6. 由提出请求的管理层、专家或人群对提交材料的质量进行评估。

7. 选择最佳解决方案。

8. 补偿人群（例如获胜者的提议）。

9. 实施解决方案。

注意，我们将进程显示为顺序的，但可能会有返回前面步骤的循环。

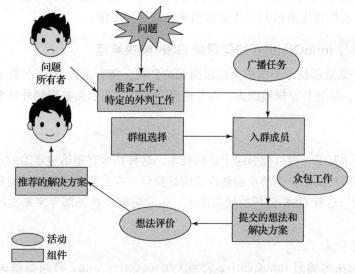

图 11.3　众包流程

## 11.7.2　用于解决问题和决策支持的众包

尽管关于众包有许多潜在的活动，但主要的活动是支持管理决策过程或提供一个问题的解决方案。对于一个复杂的问题，一个决策者或一个小团体难以解决，那么可以由一群人来解决，这可以产生大量的想法来解决一个问题。然而，不恰当地使用众包可能会产生负面结果（例如，参见文献（Grant，2015））。关于如何避免众包的潜在陷阱，请参阅文献（Bhandari 等，2018）。

**众包在决策中的作用** 群体可以提供一个合作或竞争模式的想法。然而，在决策过程的不同阶段，群体的角色可能会有所不同。我们可以利用一群人来决定如何回应竞争对手的行为，或者帮助我们决定一个提议的设计是否有用。文献（Chiu 等，2014）采用了 Herbert Simon 的决策过程模型来概述群体的潜在作用，Herbert Simon 的模型在实现之前包括三个主要阶段：情报（为解决问题或利用机会而进行的信息收集和共享、问题识别和确定问题的重要性）、设计（产生想法和备选解决方案）和选择（评估一般的备选方案，然后推荐或选择最佳行动方案）。众包可以为这种管理决策过程提供不同类型的支持。大多数应用程序处于设计阶段（例如，创意生成和共同创造）和选择阶段（投票）。在某些情况下，可以在整个过程的所有阶段提供支持。

### 11.7.3 实施众包来解决问题

尽管问题所有者可以相当容易地向公众公开征求意见，但需要解决难题的人通常喜欢向专家寻求解决问题的方法。如果一个公司想要寻找这样的专家，特别是在公司之外寻找，它可以使用第三方供应商。这样的供应商有成千上万，甚至上百万预先注册的求解者。然后，供应商可以按照应用案例 11.2 中的说明来完成这项工作。

---

**应用案例 11.2** **InnoCentive 如何帮助 GSK 解决难题**

GSK 是一家总部位于英国的全球医药保健公司，拥有超过 10 万名员工。公司致力于创新。然而，尽管公司规模庞大，业务遍及全球，它仍然需要用到外部专业技术来解决问题。

**问题**

这家公司研究了一种可能引起干扰的技术，这种技术有望治愈难治的疾病。这家公司希望发现用哪种疾病作为潜在创新疗法的试验台。有必要确保选择的疾病将涵盖新疗法的各个方面。尽管 GSK 公司的规模庞大，但它需要一些外部专家来支持和检查内部的研究工作。

**解决方案**

GSK 公司决定通过 InnoCentive 公司（Innocentive.com）将问题解决方案众包给专家。InnoCentive 是一家总部设在美国的全球众包公司，它接受来自像 GSK 这样的客户的挑战。这些挑战张贴在 InnoCentive 的挑战中心，让偿付方看到潜在的回报。想参与的人可以按照指示签署协议。对提交的解决方案进行评估，并向获奖者提供奖励。

**GSK 情况**

总共有 397 名偿付员参加了这次挑战，尽管奖励很少（5000 美元）。这些偿付员居住在好几个国家，他们提交了 66 个解决方案，整个过程持续了 75 天。

**结果**

获胜方案提出了一个 GSK 团队没有考虑到的新领域，提案人是保加利亚人，他的想法来源于一本墨西哥出版物，其他几个获奖建议提供了有用的想法。此外，这个过程使 GSK 团队和获胜研究人员之间的合作成为可能。

**针对应用案例 11.2 的问题**

1. GSK 为何决定众包？

2. 为什么公司要用 InnoCentive？

3. 对本案的全球性质做出评论。

4. 你从这个案例中学到了什么？

5. 为什么你认为 5000 美元的奖励足够了？

资料来源：InnoCentive Inc. Case Study GlaxoSmithKline. Waltham, MA., GSK Corporate Information (gsk. com) and InnoCentive.com/our-solvers/.

**众包营销** 超过 100 万用户在 Crowd Tap 注册，该公司提供一个名为 Suzy 的平台，让营销人员进行众包研究。

▶ **复习题**

1. 描述众包的定义。

2. 描述一下众包的过程。

3. 列出该技术的主要好处。

4. 列出一些适合众包的领域。

5. 为什么你可能需要一个供应商来解决问题？

# 11.8 人工智能和群体人工智能支持团队协作和群体决策

人工智能，如第 2 章所述，是一个多样化的领域，它的技术可以用来支持群体决策和团队协作。

## 11.8.1 群体决策的人工智能支持

人工智能的一个主要目标是使决策过程自动化或支持其过程。这个目标也适用于团体决策。但是，我们不能让一个群体的决策自动化，我们所能做的就是支持群体决策过程中的一些步骤。

从图 11.1 开始，我们可以研究这个过程的不同步骤，看看人工智能能用在哪里。

1.会议准备。人工智能被用来找到一个方便的时间开会。也可以协助安排会议，以便所有人都能参加。

2.问题识别。人工智能技术用于模式识别，可以识别需要注意的区域，也可以用于其他类型的分析，以识别潜在的或难以查明的问题。

3.创意生成。人工智能以追求创造力著称，团队成员在使用人工智能时可以提高他们的创造力。

4.思想组织。自然语言处理（NLP）可以用来对观点进行排序，并组织它们以改进评估。

5.群体互动和协作。人工智能可以促进小组成员之间的沟通和协作，这项活动在达成共识的过程中至关重要。此外，Swarm AI（见本节末尾）的设计目的是增加群体成员之间的互动，从而提升他们的综合智慧。

6.预测。人工智能支持评估想法对绩效和未来的影响所需的预测。机器学习、深度学习和 Swarm AI 都是这个领域有用的工具。

7.跨国集团。不同国家的人们之间的合作正在增加，人工智能可以实时地让讲不同语言的人进行群体互动。

8.机器人在支持会议方面很有用。小组成员可以咨询 Alexa 和其他机器人，聊天机器人可以实时提供查询答案。

9.其他顾问。IBM Watson 可以在会议期间提供有用的建议，补充与会者和 Alexa 提供的知识。

**示例**

2018 年，亚马逊正在为其第二个总部寻找网站，富国证券公司的一个名为 Aiera 的机器人利用深度学习预测获胜的网站将位于波士顿参见文献（Yurieff，2018a）。（撰写本章时，尚未做出决定。）

对于如何改进人工智能的群体决策的学术方法，请参见文献（Xia，2017）。

## 11.8.2 人工智能支持团队合作

如今，各组织正在寻找增加和改善与员工、业务伙伴和客户之间的协作的方法。为了深入了解人工智能如何影响协作，思科公司发起了一项关于人工智能（包括在工作区使用虚拟助手）的影响的全球调查：AI Meets Collaboration（Morar HPI，2017）。这项调查的主要结果是：

1.虚拟助理可以提高员工的生产力、创造力和工作满意度。机器人还可以让员工专注于高价值的任务。

2.机器人是工人团队的一部分。

3.机器人改善了电话会议效果，还可以做会议记录和日程安排。

4. 人工智能可以使用面部识别系统帮助符合条件的人登记参加会议。

5. 个人特征很可能会影响人们在工作场所对人工智能的看法。

6. 一般员工都希望自己的团队中有人工智能。

7. 当人工智能（比如虚拟助手）被用在团队中时，安全是一个主要的问题。

8. 最有用的人工智能工具是 NLP 和语音响应。人工智能还可以总结会议的主要议题，了解与会者的需求，了解组织的目标和员工的技能，并据此提出建议。

有关思科系统在其领先产品中如何支持人工智能的虚拟会议，请参见技术洞察 11.2。

---

**技术洞察 11.2  思科如何改进与人工智能的协作**

思科系统以其合作产品（如 Spark 和 Webex）而闻名。其推出的第一步是收购 MindMeld 的人工智能平台，用于思科的协作产品。该项目的目标是提高任何应用程序或设备的对话干扰，使用户能够更好地理解对话的内容，使用机器学习来提高语音和文字交流的准确性。为此，它使用了神经语言程序和机器学习的五个部分，思科还将 IBM Watson 集成到其企业协作解决方案中。你们可能还记得第 6 章中介绍的，Watson 是个很有权势的顾问，人工智能协作工具可以提高效率，加快创意的产生，提高团队决策的质量，改进后的思科技术将用于会议室和其他任何地方，其中一个主要的人工智能项目是 Spark 的助手。

**Monica——Spark 协作平台的数字助理**

Monica 通过机器学习来回答用户的问题。此外，用户可以通过 Monicait 来使用自然语言命令与 Spark 协作平台进行交互，它是一个企业助理，类似于 Alexa 和 Google Assistant（见第 12 章）。思科的 Monica 是世界上第一个专门为会议设计的企业级语音助手，机器人拥有深度领域的人工智能，为 Spark 平台增加了认知能力。

Monica 可以帮助用户完成图 11.1 所示的几个步骤，例如：

❏ 组织会议。

❏ 在会议前和会议中为与会者提供信息。

❏ 导航和控制 Spark 的设备。

❏ 帮助组织者找到并预定会议室。

❏ 帮助共享屏幕和显示白板。

❏ 记录会议纪要并整理。

在不久的将来，Monica 将了解与会者的内部和外部活动，并将利用这些信息安排会议，将来还会增加额外的功能，以支持图 11.1 中流程的更多步骤。

想了解更多，请点击 youtube.com/watch?v=8OcFSEbR_6k。

注：思科 Spark 将成为拥有更多 AI 功能的 Webex Teams。此外，Webex 会议将包括视频会议协作和其他对会议的支持。

资料来源：文献（Goecke，2017）、（Finnegan，2018）和（Goldstein，2017）。

### 11.8.3 群体智慧和 Swarm AI

群体智慧这个术语指的是分散的、自组织的系统的集体行为，无论是自然的还是人为的，这样的系统包括事物之间的相互作用和它们所处的环境。蜂群的行为不是集中控制的，但是这会导致智能行为，在自然界中有很多这样的例子，如蜂群、鱼群。

自然群体通过形成群体来增强它们的群组智力。社会生物，包括人类，在作为一个统一的系统一起工作时，可以提高其个体成员的表现。动物群体成员之间的互动是自然而然的，而人们需要用技术来展示群体智慧。这个概念用于人工智能和机器人的研究和实现，主要应用在预测领域。

**示例**

英国牛津大学的一项研究预测了五周内全部 50 场英超足球赛的结果，独立预测的准确率达到 55%，然而，当使用人工智能群体进行预测时，预测准确率增加到 72%，在其他几项研究中也发现了类似的改善。

除了提高预测的准确率之外，研究表明使用群体人工智能将比个体做出更多道德的决策（参见文献（Reese，2016））。

**Swarm AI 技术**  Swarm AI 提供了创造人类群体的人之间相互联系的算法，这些联系使知识、直觉、经验和智慧融合到单一的改善的群体智慧。群体智慧的结果可以在 TED 演讲中看到，网址为 youtube.com/watch?v=Eu-RyZt_Uas。Swarm AI 被几个第三方公司使用，例如 Unanimous.aI，参见应用案例 11.3。

---

**应用案例 11.3**  **XPRIZE 优化了 Visioneering**

XPRIZE 是一个非营利组织，通过竞赛来分配奖金，以促进有潜力让世界变得更好的创新行为。人们为解决人类最大挑战的行为设计奖品的主要渠道叫作 Visioneering，该组织的主要活动是一年一度的首脑会议，在这次会议上设计奖品并对提案进行评估。XPRIZE 的专家发展了这个概念，并将其转化为激励性的竞赛，奖金是由大公司提供的。

例如，2018 年的 IBM Watson 捐赠了 500 万美元作为"人工智能方法与合作"奖金，该公司有 142 个注册队伍，在 2018 年 6 月的第二轮比赛中还剩 62 个，这些团队受邀创建自己的目标和解决方案，迎接一场盛大的挑战。

**问题**

每年 250 名"远见者峰会构想"成员都会举办会议，讨论 XPRIZE agenda 的主题并确定其优先次序。

由于存在各种各样的问题，找到最大的全球性问题可能是一个非常复杂的挑战。在短短几天内，顶级专家需要运用他们的集体智慧，就明年的顶级挑战达成一致，支持群体决策的方法是一个关键的成功因素。

**解决方法**

在 2017 年举办的确定 2018 年挑战的年度会议上，该组织使用了 Swarm AI 平台，创建了几个由人工智能算法管理的小组来发现具有挑战性的话题。我们的任务是探讨各种想法，并就优先解决方案达成一致，目标是利用参与者的才能和智力。

换句话说，我们的目标是利用 Swarm AI 集思广益的特性，通过人工智能算法来产生每个群体的协同效应。通过这种方式，相较个体参与者群体能够做出更明智的决策，不同的小组研究了几个预先选定的主题：能源和基础设施，学习人类潜力，空间和新领域，植物和环境，健康和福祉。这些小组讨论了这些问题，然后，每个参与者创建一个定制的评估表。这些表格被组合起来，用算法进行分析。

Swarm AI 通过优化每个参与者的详细贡献，取代了传统的投票方法。

**结果**

人们使用 Swarm AI 做了以下事情：

❑ 支持优化答案的生成，并能从参与者那里快速购买。

❑ 使所有参与者都能做出贡献。

❑ 提供了比前几年更好的投票系统。

**针对应用案例 11.3 的问题**

1. 为什么这个案例中的小组讨论很复杂？

2. 为什么在顶级专家参与的情况下，达成共识比非专家参与的情况下更困难？

3. Swarm AI 的贡献是什么？

4. 比较简单投票和 Swarm AI 投票。

资料来源：Compiled from Unanimous AI (2018), xprize.org, and xprize.org/about.

**将 Swarm AI 用于预测**　Swarm AI 被一致用于在难以评估的情况下进行预测，例如：预测 Super Bowl # 52 的比分；预测 NFL 赛季的获胜者；预测 2017 年肯塔基德赛四强；预测 2018 年奥斯卡最佳获奖者。

**➧ 复习题**

1. 将人工智能的使用与图 11.1 中的活动联系起来。

2. 讨论人工智能促进团队协作的不同方式。

3. 人工智能如何支持群体对想法的评估？

4. 人工智能如何促进创意的产生？

5. 人工智能和成群的生物有什么相似之处？

6. Swarm AI 是如何用来改进小组工作和开始团队预测的？

# 11.9  人机协作和机器人团队

从工业革命开始，人类和机器就在一起工作，直到 20 世纪末，协作一直在制造业中进行。但从那时起，由于先进的技术和工作性质的改变，人机协作已扩展到许多其他领域，包括从事脑力和认知工作，以及在管理和执行工作方面的合作。根据文献（Nizri，2017），人机协作将塑造未来的工作（参见第 14 章）。

人和机器可以通过多种方式进行协作，这取决于它们所执行的任务。在制造场景中与机器人的合作是旧模型的延伸，在旧模型中，机器人与人类合作控制和监控生产，机器人来做需要速度、力量、精确度或不间断地保持注意力集中的体力工作，或者在危险的环境中工作，一般来说，机器人为人类的能力提供了补充。例如亚马逊的配送中心，超过 50 000 台移动机器人做各种各样的任务，主要是运送材料和帮助满足客户的订单需求，运用机器人技术，可以完全协同地解决问题。欲知详情，可以访问 kuka.com/en-us/technologies/human-robot-collaboration。Kuka 的系统允许执行复杂的工作，使这些任务可以经济高效地完成。

另一个可以实现协作的人类机器人系统叫作 YuMi，想了解这个系统的工作原理，可以观看 youtube.com/watch?v=2KfXY2SvlmQ，上的视频注意机器人的双臂。

## 11.9.1　认知工作中的人机协作

人工智能的发展使非人工活动自动化，虽然有些智能系统是完全自动化的（见第 2 章的自动决策和第 12 章的聊天机器人），但在认知工作（例如，市场营销和金融）中，人机协作的例子还有很多。投资决策就是一个例子，人类向计算机询问有关投资的建议，接受建议后，可以询问更多的问题，改变一些输入。与过去不同的是，今天的计算机（机器）可以通过机器学习和深度学习提供更准确的建议。另一个人机协作的例子是复杂情况下的医疗诊断，例如，IBM Watson 提供医疗建议，这使得医生和护士能够显著地改善他们的工作效率。事实上，为人类提供咨询的整个机器领域正在达到一个新的高度。欲了解更多关于人工智能协作能力的信息，请参见文献（Carter，2017）。

**高层管理工作**　决策是管理者的一项主要任务，已成为人机协作的一个领域。人工智能和数据分析的应用大大改善了决策过程，这一点在本书中得到了充分的阐述。有关概述，请参阅文献（Wladawsky-Berger，2017）。

McKinsey 公司和麻省理工学院是研究管理者和机器之间协作这一课题的两个主要参与者。例如，Dewhurst 和 Wilmott 于 2014 年报告了使用深度学习增加人机协作的应用。一家香港公司甚至为其董事会指定了一个决策算法，公司正在使用众包建议来对解决复杂的问题提供支持，详见 11.7 节。

## 11.9.2　机器人同事：机遇与挑战

在未来的某个时候，会走路和会说话的仿人机器人会在下班休息时间和人类交流。总有一天，机器人会成为认知协作者，帮助人们提高工作效率（只要人们不和机器人说太多话）。

根据 Tobe 于 2015 年提出的说法，宝马工厂的一项研究发现，人与机器人的协作可能比人或机器人自己工作的效率更高。此外，研究还发现，协作可以减少 85% 的空闲时间，这是因为人和机器充分利用各自的优势（参见文献（Marr，2017））。

必须考虑以下挑战：

- ❑ 利用每个合作伙伴的力量设计一个人机团队。
- ❑ 人类与机器人之间能交换信息。
- ❑ 让公司所有部门的员工做好协作准备（参见文献（Marr，2017））。
- ❑ 改变业务流程以适应人机协作（参见文献（Moran，2018））。
- ❑ 确保机器人和员工共同工作的安全性。

**支持机器人成为同事的技术**　文献（Yurieff，2018b）中列举了以下促进或考虑让机器人成为同事的例子：

1. 虚拟现实可以作为一个强大的训练工具（例如，为了安全）。

2. 一个机器人正与日本的一家广告公司合作，产生创意。

3. 机器人可以成为你的老板。

4. 机器人是可以从装配线的垃圾箱中提供零件的同事，也可以和人类一起检查产品质量。

5. 人工智能工具以秒为单位测量心脏肌肉的血流量和体积（完全由放射科医生测量时需要几分钟），这些信息有助于放射科医生做出决定。

**把人类和人工智能结合起来，为顾客提供最好的服务**　2017 年，Genesys 公司委托 Forrester 研究公司进行一项全球调查，以了解公司是如何利用人工智能改善客户服务的，这项名为"具有人类触觉的人工智能"的研究可以在 genesys.com/resources/artificial-intelligence-with-the-human-touch 的网站上免费获得，相关视频可在 youtube.com/watch?v=NP2qqwGTNPk 网站下载。

研究表明：

1. 人工智能已经在通过提高工人效率和生产力、提供更好的客户体验和发现新的收入来源来改变企业。

2. 人机协作的一个主要目标是提高客户和公司代理人的满意度，而不是降低成本。

3. 人类代理人为了提高自己和客户的满意度而与客户进行情感联系的能力，要优于 AI 提供的服务。

4. 通过结合人类智能和人工智能的优势，公司获得了更好的客户服务满意度（客户 71%，代理商 69%）。

请注意，如第 2 章所述，人工智能在支持市场营销和广告方面表现出色。关于使用人工智能支持客户关系管理和众包以及集体智慧支持营销的内容参见文献（Loten，2018）。

**协作机器人（CO-BOTS）**　协作机器人被设计用于与人合作，协助执行各种任务，这些机器人不是很聪明，但它们的低成本和高可用性使它们很受欢迎。

## 11.9.3　协作机器人团队

机器人技术的未来发展方向之一是创造能够完成复杂工作的机器人团队。机器人团队在制造业中很常见，它们互相为对方服务，或者加入机器人团队从事简单的组装工作。一个有趣的例子是准备使用一组机器人登陆火星。

**示例：探索火星的机器人团队**

在人类登陆火星之前，科学家需要对"红色星球"有更多了解，他们的想法是使用机器人团队。德国人工智能研究中心（DFKI）在犹他州的沙漠中进行了模拟实验，工作人员描述了模拟的细节（2016 年）。这个过程用了 4 分 54 秒来说明，视频参见 youtube.com/watch?v=pvKIzldni68/，想了解更多信息，请访问 robotik.dfki-bremen.de/en/research/projects/ft-utah.html。

DFKI 不是唯一计划探索火星表面的组织，美国国家航空航天局计划派出一群机器蜜蜂，它们的翅膀会拍动，这些机器蜜蜂将组成一个小组，探索这个红色星球上的陆地和空气。设计成带有可扇动的翅膀结构的原因是实现低能耗飞行（比如大黄蜂），每个机器人都有蜜蜂那么大。作为无线通信网络的一部分，Marsbees 将共同创建传感器网络。信息将被传送到一个移动基地（见图 11.4，其中显示了一个机器人），该移动基地将成为 Marsbees 的主要通信中心和充电站。更多信息，请参见文献（Kang，2018）。

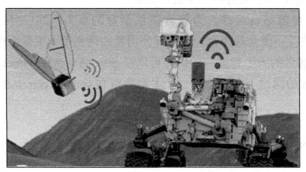

图 11.4　准备探索火星的机器人团队（资料来源：C.Kang）

麻省理工学院正在研究如何让机器人一起工作，它们用自己的感知系统感知周围的环境，然后互相交流所发现的，协调工作。例如，一个机器人可以为另一个机器人开门，你可以在 ft.com/video/ea2d4877-f3fb-403d-84a8-a4d2d4018c5e 观看视频，了解它们如何做到这一点。

**示例**

阿里巴巴网站在其智能仓库中使用机器人团队，让机器人完成平时人们所做的 70% 的工作，点击 youtube.com/watch?v=FBl4Y55V2Z4 观看详情。

通过观察成群蚂蚁和其他物种的行为，研究人员正在研究如何设计机器人以进行团队合作，可以点击 youtube.com/watch?v=ULKyXnQ9xWA 观看如何设计机器人协作。

让机器人协作涉及一些问题，比如确保它们不会相互碰撞，这是机器人安全问题的一部分。最后，你可以用乐高的思维风暴，建立自己的机器人团队，详情见文献（Hughes & Hughes，2013）。

> ➤ 复习题
>
> 1. 为什么人机合作增加了？
> 2. 列出这种合作的一些好处。
> 3. 描述如何在制造业中应用协作机器人。
> 4. 讨论机器人团队的作用。
> 5. 机器人会在火星上做什么？

## 本章要点

- ❏ 群件是指为群组提供协作支持的软件产品（包括组织会议）。
- ❏ 群件可以通过改善团队成员之间的沟通，直接或间接地支持决策和解决问题。
- ❏ 人们在工作中相互协作（称为小组工作）。群件（即协作计算软件）支持群组工作。
- ❏ 团体成员可能在同一组织中，也可能在不同组织同一地点或不同地点工作，还可能在同一时间或不同时间工作。
- ❏ 时间/地点框架是描述小组工作的沟通和协作模式及支援的方便方法，不同的技术可以支持不同的时间、地点设置。
- ❏ 分组工作可以带来许多好处，包括改善决策，提高生产力和速度，以及降低成本。
- ❏ 通信可以是同步或异步的。
- ❏ 互联网、内联网和物联网通过协作工具和数据分析、信息和知识的访问，支持虚拟会议和决策制定。
- ❏ 直接支持的群组软件通常包含头脑风暴、会议、安排小组会议、计划、解决冲突、视频会议、共享电子文档、投票、制定政策以及分析企业数据等功能。
- ❏ GDSS 是硬件和软件的任意组合，以促进决策会议，它在面对面的会议和虚拟会议中提供直接支持，试图增加流程收益，并减少团队工作的流程损失。
- ❏ 集体智慧是基于这样一个前提：几个合作的人的综合智慧比单独工作的个人的智慧更大。
- ❏ 集体智慧的几种配置中的每一种，都可以通过技术得到不同的支持。
- ❏ 一些协作平台，比如 Microsoft Team 和 Slack，可以促进集体智慧。
- ❏ 创意生成和集思广益是小组决策工作的主要活动，一些合作软件和人工智能程序都在支持这些活动。
- ❏ 众包是将工作外包给一群人的过程，这样做可以更好地解决问题，产生想法和其他创新活动。
- ❏ 众包可以用来预测成群的人，包括人群，结果显示了更好的预测，特别是当预测之间使用沟通和没使用沟通。
- ❏ 众包中的一种沟通方式是基于群体智能。一种叫作 Swarm AI 的技术已经取得了巨大的成功。
- ❏ 人工智能可以支持群体决策中的许多活动。
- ❏ 人机协作可能成为未来的主要工作方法。
- ❏ 曾经支持生产工作的机器现在也被用于支持认知工作，包括管理工作。
- ❏ 为了让人和机器能够合作，有必要做出特殊的准备。
- ❏ 机器人可以独立工作，随着它们变得越来越聪明，它们会在制造业和其他活动（例如探索火星）中这样做。

# 讨论

1. 解释为什么在时间 / 地点框架下描述小组工作是有用的。
2. 描述群件可以为决策者提供哪些支持。
3. 解释为什么现在大多数群件都是通过网络部署的。
4. 解释物理会议在哪些方面不科学，如何通过技术让会议更有效。
5. 解释 GDSS 是如何提高团队协作和决策的一些效益，消除或减少一些损失。
6. GSS 的最初术语是群体决策支持系统（GDSS），为什么这个决定被撤销了？这说得通吗？为什么？
7. 讨论为什么 SharePoint 被认为是工作空间，它支持哪些协作？
8. Reese 声称 Sware AI 可以替代市场调查的民意测验，讨论 Sware AI 的优势。每种方法的适用场景有哪些？（阅读 Unanimous AI 的"Polls vs. Swarms"。）
9. 什么是协作机器人？什么是不协作？
10. 讨论在数字化工作场所中社会协作如何改进工作。
11. 提供一个使用分析法改善运动决策的例子。

# 参考文献

Babbar-Sebens, M., et al. "A Web-Based Software Tool for Participatory Optimization of Conservation Practices in Watersheds." *Environmental Modelling & Software*, 69, 111–127, July 2015.

Basco-Carrera, L., et al. "Collaborative Modelling for Informed Decision Making and Inclusive Water Development." *Water Resources Management*, 31:9, July 2017.

Bhandari, R., et al. "How to Avoid the Pitfalls of IT Crowdsourcing to Boost Speed, Find Talent, and Reduce Costs." *McKinsey & Company*, June 2018.

Bridgwater, A. "Governments to Tap IoT for 'Collective Intelligence.'" *Internet of Business*, January 2, 2018.

Carter, R. "The Growing Power of Artificial Intelligence in Workplace Collaboration." *UC Today*, June 28, 2017.

Chiu, C-M., T. P. Liang, and E. Turban. "What Can Crowdsourcing Do for Decision Support?" *Decision Support Systems*, September 2014.

Coleman, D. "10 Components of Collaborative Intelligence." *CMS Wire*, November 21, 2011.

de Lares Norris, M. A. "Collaboration Technology Is the Driving Force for Productivity and Businesses Need to Embrace It . . . Now." *IT ProPortal*, January 4, 2018.

DeSanctis, G., and R. B. Gallupe. "A Foundation for the Study of Group Decision Support Systems." *Management Science*, 33:5, 1987.

Dewhurst, M., and P. Willmott. "Manager and Machine: The New Leadership Equation." *McKinsey & Company*, September 2014.

Dignan, L. "A Sweet Idea: Hershey Crowdsourcing for Summer Chocolate Shipping Concepts." *ZDNet*, January 14, 2016.

Digneo, C. "49 Online Collaboration Tools to Help Your Team Be More Productive." *Time Doctor*, 2018. biz30.timedoctor.com/online-collaboration-tools/ (accessed July 2018).

**50Minutes.com.** *The Benefits of Collective Intelligence: Make the Most of Your Team's Skills.* Brussels, Belgium: **50Minutes.com**

(Lemaitre Publishing), 2017.

Finnegan, M. "Cisco Shakes Up Collaboration Efforts; Morphs Spark into Webex." *Computer World*, May 2, 2018.

Goecke, J. "Meet Cisco Spark Assistant, Your Virtual Assistant for Meetings." *Cisco Blogs*, November 2, 2017.

Goldstein, P. "How Can AI Improve Collaboration Technology?" *Biztech Magazine*, June 5, 2017.

Grant, R. P. "Why Crowdsourcing Your Decision-Making Could Land You in Trouble." *The Guardian*, March 10, 2015.

Howe, J. *Crowdsourcing: Why the Power of the Crowd is Driving the Future of Business.* New York: Crown Business, 2008.

Hughes, C., et al. *Build Your Own Teams of Robots with LEGO® Mindstorms® NXT and Bluetooth®.* New York, NY: McGraw-Hill/Tab Electronic, 2013.

Kang, C-K. "Marsbee—Swarm of Flapping Wing Flyers for Enhanced Mars Exploration." *NASA.gov*, March 30, 2018.

Keith, E. "Here's How a New Crowd-Sourced Map Is Making Canadian Streets Safer for Cyclists." *Narcity.com*, June 2018.

Kurzer, R. "Meet Suzy: The New Crowd Intelligence Platform with the Cute Name." *MarTech Today*, March 27, 2018.

Loten, A. "The Morning Download: AI-Enabled Sales Tools Spotlight Data Needs." *The Wall Street Journal*, March 27, 2018.

Marr, B. "Are You Ready to Meet Your Intelligent Robotic Co-Worker?" *Forbes.com*, September 8, 2017.

McMahon, K., et al. "Beyond Idea Generation: The Power of Groups in Developing Ideas." *Creativity Research Journal*, 28, 2016.

Microsoft. "Hendrick Motorsports Uses Microsoft Teams to Win Productivity Race." *Customers.Microsoft.com*, April 27, 2017.

Moran, C. "How Should Your Company Prepare for Robot Coworkers?" *Fast Company*, February 13, 2018.

Morar HPI. "A Global Survey Reveals Employee Perception of Advanced Technologies and Virtual Assistants in the

Workplace." *Cisco.com*, October 2017.

Mulgan, G. *Big Mind: How Collective Intelligence Can Change Our World*. Princeton, NJ: Princeton University Press, 2017.

Nizri, G. "Shaping the Future of Work: A Collaboration of Humans and AI." *Forbes.com*, August 17, 2017.

Pena, S. "12 Benefits of a Collaborative Workspace." *Creator*, June 14, 2017. **wework.com/creator/start-your-business/12-benefits-of-a-collaborative-workspace/** (accessed July 2018).

Power, B. "Improve Decision-Making with Help from the Crowd." *Harvard Business Review*, April 8, 2014.

Reese, H. "New Research Shows That Swarm AI Makes More Ethical Decisions Than Individuals." *Tech Republic*, June 8, 2016.

Ruiz-Hopper, M. "Hendrick Motorsports Gains Competitive Advantage on the Race Track." *Microsoft.com*, September 26, 2016.

Staff Writers. "Scientists Simulate a Space Mission in Mars-Analogue Utah Desert." *Mars Daily*, October 19, 2016.

Stewart, C. "The 18 Best Tools for Online Collaboration." *Creative Blog*, March 7, 2017.

Thorn, C., and J. Huang. "How Carnegie Is Using Technology to Enable Collaboration in Networks." *Carnegie Foundation Blog*, September 9, 2014.

Tobe, F. "Why Co-Bots Will Be a Huge Innovation and Growth Driver for Robotics Industry." *IEEE Spectrum*, December 30, 2015.

Unanimous AI. "XPRIZE Uses Swarm AI Technology to Optimize Visioneers Summit Ideation." *Unanimous AI*, 2018. **UAI_case_study_xprize_0601_0601.pdf** (accessed July 2018).

Wladawsky-Berger, I. "Building an Effective Human-AI Decision System." *The Wall Street Journal*, December 1, 2017.

Xia, L. "Improving Group Decision-Making by Artificial Intelligence." In C. Sierra, Editor, *Proceedings of the Twenty-Sixth International Joint Conference on Artificial Intelligence, IJCAI*, 2017.

Yazdani, M., et al. "A Group Decision Making Support System in Logistics and Supply Chain Management." *Expert Systems with Applications*, 88, December 1, 2017.

Yoon, Y., et al. "Preference Clustering-Based Mediating Group Decision-Making (PCM-GDM) Method for Infrastructure Asset Management." *Expert Systems with Applications*, 83, October 15, 2017.

Yurieff, K. "Robot Predicts Boston Will Win Amazon HQ2." *CNN Tech*, March 13, 2018a.

Yurieff, K. "Robot Co-Workers? 7 Cool Technologies Changing the Way We Work." *CNN Tech*, May 4, 2018b.

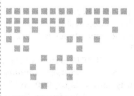

Chapter 12 第 12 章

# 知识系统：专家系统、推荐人、聊天机器人、虚拟个人助理和机器人顾问

**学习目标**

❏ 描述推荐系统。

❏ 描述专家系统。

❏ 描述聊天机器人。

❏ 了解聊天机器人的驱动程序、功能及其用法。

❏ 描述虚拟个人助理及其好处。

❏ 描述如何使用聊天机器人作为顾问。

❏ 讨论与实现聊天机器人相关的主要问题。

　　人工智能技术的进步，尤其是自然语言处理（NLP）、机器和深度学习与知识系统的发展，再加上其他智能系统、移动设备及其应用的质量和功能不断提高，推动了聊天机器人的发展（机器人），可以廉价、快速地执行与通信、协作和信息检索有关的许多任务。聊天机器人在企业中的使用正在迅速增加，部分原因是它们适合移动系统和设备。实际上，发送消息可能是移动世界中的主要活动。

　　在过去的两到三年中，组织（私人和公共）和个人已在全球范围内投放了数千种机器人。许多人将这些现象称为聊天机器人革命。今天的聊天机器人比过去复杂得多。它们被广泛用于各种领域，例如市场营销，客户、政府和金融服务，卫生保健，制造业。聊天机器人使通信更具个性，并且在数据收集方面表现出色。聊天机器人既可以独立运行，也可以成为其他知识系统的一部分。

在本章中，我们将应用程序分为四类：专家系统，用于通信和协作的聊天机器人，虚拟个人助理（本地产品，例如 Alexa）和用作专业顾问的聊天机器人。最后介绍了智能系统的一些实现主题。

## 12.1　开篇小插曲：丝芙兰与聊天机器人的出色表现

### 问题

丝芙兰（Sephora）是一家总部位于法国的化妆品/美容产品公司，在全球开展业务。它拥有自己的商店，也在化妆品店和百货商店中出售其商品。此外，丝芙兰也在线上销售，比如亚马逊和它自己的网店。该公司销售数百个品牌，包括许多自有品牌。它在竞争激烈的市场中运作，在这个市场中，客户服务和广告至关重要。丝芙兰也销售一些男性用品，但大多数美容产品都是针对女性的。

### 解决方案

丝芙兰首次使用聊天机器人是通过消息服务实现的。第一个机器人的目的是搜索有关公司资源的信息，例如视频、图像、提示等。该机器人以问答模式（Q & A）运行。它根据客户的兴趣推荐相关内容。该公司旨在吸引年轻的客户在 Kik 上发消息。

丝芙兰的研究人员发现，与 Kikbot 交谈的客户深入参与了对话。然后机器人鼓励他们开发新产品。丝芙兰的新机器人 Reservation Assistant 被放置在 Facebook Messenger 上。它使客户能够预订或重新安排化妆约会。

在 Kik 上交付的另一个丝芙兰机器人是 Shade-Matching。它将嘴唇的颜色与用户上传的照片（脸和嘴唇）相匹配，并向用户推荐最匹配的颜色。该机器人还允许用户使用在 Facebook Messenger 上运行的 Sephora Virtual Artist 尝试推荐颜色的照片。机器人被部署为移动应用程序。如果用户喜欢此推荐，他们将被定向到该公司的网上商店购买产品。用户可以上传用自拍的照片，以便程序进行匹配。在 Virtual Artist 运营的第一年，就有超过 400 万的访客尝试了 9000 万种色调。

知识库的问答集是通过与商店专家的联系建立起来的。为此，采用了知识获取技术（第 2 章）。该公司的机器人程序使用经过训练的 NLP 来理解用户的典型词汇。

### 结果

该公司的客户喜欢这些机器人。此外，丝芙兰学会了为那些愿意用合适的价格购买产品，并在此过程中感到快乐的用户提供帮助和指导的重要性。

丝芙兰的机器人会向用户提问题，以了解客户的喜好。然后，它表现得像一个提供产品的推荐系统（参见 12.2 节）。Kik 和 Messenger 用户可以在不离开消息传递服务的情况下购买商品。

最终，随着时间的推移，该公司升级了机器人的知识系统，并计划用新的机器人来执行其他任务。

资料来源：Arthur (2016), Rayome (2018), and Taylor (2016), theverge.com/2017/3/16/14946086/sephora-virtual-assistant-ios-app-update-ar-makeup/, and sephora.com/.

> ➣ **复习题**
>
> 1. 列出并讨论机器人为公司带来的好处。
> 2. 列出并讨论机器人为顾客带来的好处。
> 3. 为什么要通过 Messenger 和 Kik 部署这些机器人？
> 4. 如果竞争对手使用类似的方法，那么丝芙兰会采取什么措施？

**我们可以从这个小插曲中学到什么**

在竞争激烈的美容产品零售领域，客户服务和营销至关重要。仅使用在职员工成本可能会非常高。此外，顾客全天候购物，实体店在有限的时间和日期开放。此外，某些美容产品，比如彩妆，其组合方式很多。丝芙兰决定在 Facebook Messenger 和 Kik 上使用聊天机器人来吸引客户。聊天机器人是本章的主题，可以以较低的成本全天候通过移动设备提供服务。机器人始终如一地为客户提供信息，并迅速将客户引导至轻松的在线购物系统。丝芙兰将其聊天机器人置于消息传递服务上，其逻辑是人们喜欢在消息传递服务上与朋友聊天，他们也可能喜欢与企业聊天。

除了为客户提供多种服务之外，使用聊天机器人还可以帮助丝芙兰了解客户。这种类型的聊天机器人是客户服务和市场营销中最常见的类型。在本章中，我们将介绍其他几种类型的知识系统，包括开拓性的专家系统、推荐人、几家大型技术公司提供的虚拟个人助理以及机器人顾问。

# 12.2 专家系统和推荐人

在第 2 章中，我们向读者介绍了自主决策系统的概念。专家系统是一类自主决策系统，被认为是 AI 的最早应用。专家系统的使用始于 20 世纪 60 年代初期和中期的研究机构（例如，斯坦福大学、IBM），并在 20 世纪 80 年代投入商业化使用。

## 12.2.1 专家系统的基本概念

以下是与专家系统技术相关的主要概念。

**定义** 专家系统（Expert System，ES）有几种定义。我们的工作定义是，专家系统是一种基于计算机的系统，可以模拟人类专家做决策或问题解决。这些决策和问题属于复杂领域，需要运用专业知识来解决。基本目标是使非专家人群能够做出决策并解决通常需要用到专业知识的问题。这项活动通常在较小范围内进行（例如提供小额贷款，提供税收建议，分析机器出现故障的原因）。经典 ES 使用"假设分析"规则进行推理。

**专家**　专家是指具有特殊知识、判断力、经验和技能的人，可以在较小的区域内提供合理的建议并解决复杂的问题。提供如何执行任务的知识是专家的工作，以便非专家能够在 ES 的帮助下完成相同的任务。专家知道哪些事实很重要，并了解和解释这些事实之间的依存关系。例如，在诊断汽车电气系统的问题时，专业的汽车修理工知道风扇皮带断裂可能是电池放电导致的。

此处没有对 "专家" 的标准定义，但是决策绩效和知识水平是用于确定特定人员是否为与 ES 相关的专家的典型标准。通常，专家必须能够解决问题并达到明显优于平均水平的性能水准。某个时间或地区的专家可能不适合作为另一时间或地区的专家。例如，纽约的法律专家可能并不适合作为北京的法律专家。与普通公众相比，医学生可能是专家，但不能做出诊断或进行手术。请注意，专家的专业知识只能在特定领域内帮助解决问题并解释某些晦涩的现象。

通常，人类专家能够执行以下操作：

❑ 认识并提出问题。

❑ 快速正确地解决问题。

❑ 解释解决方案。

❑ 从经验中学习。

❑ 重组知识。

❑ 必要时违反规则（即超出一般规范）。

❑ 确定相关性和关联性。

机器能像专家一样帮助非专家工作吗？一台机器能做出自主的决定吗？让我们来看一看。但首先，我们需要探索什么是专业知识。

**专业知识**　专业知识是专家拥有的广泛的、针对特定任务的知识。专业知识的水平决定了专家决策的成功与否。专业知识通常通过培训、学习和实践经验获得，包括显性知识（例如从教科书或教室中学到的理论）以及从经验中获得的隐性知识。以下是 ES 应用程序中可能使用的知识类型的列表：

❑ 关于问题域的理论。

❑ 关于一般问题领域的规则和程序。

❑ 关于在给定问题情况下该做什么的启发式方法。

❑ 解决专家系统问题的全局战略。

❑ 元知识（即关于知识的知识）。

❑ 关于问题领域的事实。

这些类型的知识使专家比非专家能做出更好、更快的决策。

专业知识通常包括以下特征：

❑ 它通常与高智商联系在一起，但并不总是与最聪明的人联系在一起。

❑ 它通常与大量的知识联系在一起。

❑ 它建立在从过去的成功和错误中吸取教训的基础上。
❑ 它建立在知识的基础上，这些知识被很好地存储、组织起来，并且可以从一个对以前的经验模式有很好回忆的专家那里快速地检索到。

## 12.2.2　专家系统的特点和优点

1980～2010 年，全球几十家公司都在使用专家系统。然而，自 2011 年以来，它们的使用量迅速下降，主要是由于出现了更好的知识系统，本章介绍了某种类型的知识系统。然而，了解专家系统的主要特点和好处是很重要的，因为许多专家系统都是由经过证明的较新的知识系统发展而来的。

专家系统的主要目标是将专业知识转移到机器上。专业知识将由非专家使用。典型的例子是诊断。例如，我们中的许多人可以使用自我诊断来发现（和纠正）计算机中的问题。更重要的是，计算机可以自己发现和纠正问题。实践这种能力的是医学领域，如下例所述。

**示例：你疯了吗？**

韩国开发了基于 Web 的 ES，人们可以自我检查其心理健康状况。世界上任何人都可以访问它并获得免费评估。该系统的知识来自对 3235 名韩国移民的调查。对调查结果进行了分析，然后由专家通过焦点小组讨论进行了审查。更多相关信息请参阅文献（Bae, 2013）。

**ES 的优点**　根据 ES 的任务和结构，以下是 ES 的功能和潜在优势：
❑ 执行常规任务（如诊断、候选人筛选、信用分析），这些任务需要比人类更快的专业知识。
❑ 降低运营成本。
❑ 提高工作的一致性和质量（例如，减少人为错误）。
❑ 加快决策速度，做出一致的决策。
❑ 可以激励员工提高生产力。
❑ 保留退休员工的稀缺专业知识。
❑ 帮助转移和重用知识。
❑ 通过自我培训降低员工培训成本。
❑ 在没有专家的情况下解决复杂问题并更快地解决它们。
❑ 看一些连专家都会错过的东西。
❑ 结合几位专家的专业知识。
❑ 集中决策（例如，使用"云"）。
❑ 促进知识共享。

这些好处可以为使用 ES 的公司提供显著的竞争优势。事实上，一些公司已经用它们节省了相当多的成本。

尽管有这些好处，ES 的使用量仍在下降，其原因和相关限制将在本节后面讨论。

### 12.2.3　ES 应用的典型领域

ES 已经在许多领域得到商业应用，包括：

- **金融**　金融 ES 涉及对投资、信贷和财务报告的分析，对保险和业绩的评估，税务规划，防止欺诈，以及财务规划。
- **数据处理**　数据处理 ES 涉及系统规划、设备选择、设备维护、供应商评估和网络管理。
- **市场营销**　市场营销 ES 涉及客户关系管理、市场调查与分析、产品规划和市场规划。此外，还为潜在客户提供售前建议。
- **人力资源**　人力资源 ES 涉及规划、绩效评估、员工安排、养老金管理、监管咨询和问卷设计。
- **制造业**　制造业 ES 包括生产计划、复杂产品配置、质量管理、产品设计、厂址选择、设备维护和维修（包括诊断）。
- **国土安全**　其中包括恐怖威胁评估和恐怖金融侦查。
- **业务流程自动化**　ES 已开发，用于桌面自动化、呼叫中心管理和法规执行。
- **医疗保健管理**　ES 已开发，用于生物信息学和其他医疗管理问题。
- **法规和合规要求**　监管可能很复杂。ES 正在使用一个循序渐进的过程来确保合规性。
- **网站设计**　一个好的网站设计需要注意许多变量，并确保性能符合标准。ES 有助于实现正确的设计过程。

现在你已经熟悉了 ES 的基本概念，是时候看一看 ES 的内部结构以及它们的目标是如何实现的了。

### 12.2.4　ES 的结构与过程

你可能从 2.5 节和图 2.5 中回忆过，知识提取及其使用的过程分为两个不同的部分。在 ES 中，我们将其称为开发环境和咨询环境（参见图 12.1）。ES 构建器构建必要的 ES 组件，并在开发环境中加载具有适当专家知识表示的知识库。非专家使用咨询环境来获取建议，并使用系统中嵌入的专业知识来解决问题。这两个环境通常是分开的。

**ES 的主要组成部分**　典型专家系统中的主要组件包括：

- **知识获取**　大多来自人类专家，通常由知识工程师获得。这些知识可能来自多个来源，是经过集成和验证的。
- **知识库**　知识库中的知识分为领域知识和问题解决及解决过程知识。此外，用户提供的输入数据可以存储在知识库中。
- **知识表示**　这通常被组织为业务规则（也称为生产规则）。

❑ **推理机** 也称为控制结构或规则解释程序，这是 ES 的"大脑"。它提供了推理能力，即回答用户问题、提供解决方案建议、生成预测和执行其他相关任务的能力。引擎通过正向链接或反向链接操作规则。20 世纪 90 年代，专家系统开始使用其他推理方法。

❑ **用户界面** 此组件允许用户推理引擎交互。在经典的 ES 中，这是通过书写或菜单完成的。在当今的知识系统中，它是由自然语言和声音完成的。

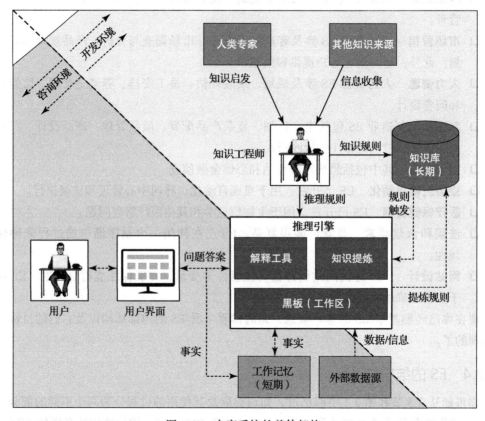

图 12.1　专家系统的总体架构

ES 的这些主要组成部分在许多领域提供了有用的解决方案。请记住，这些区域需要结构合理且范围相对狭窄。较不普遍的是一个证明人 / 解释子系统，该子系统向基于规则的系统的用户显示用于得出结论的规则链。而且，最不常见的是知识补充子系统，当添加新知识时，该子系统有助于改善知识（例如，规则）。

专家系统技术的主要提供者是 Exsys 公司。尽管该公司不再活跃于该业务领域，但其网站（Exsys.com）仍处于活动状态。它包含有关其主要软件产品 Exsys Corvid 的教程和大量案例。应用案例 12.1 是一个示例。

**应用案例 12.1** **ES 协助鉴定化学、生物和放射代理**

由于使用化学、生物或放射学（CBR）试剂进行的恐怖袭击有可能导致大量人员伤亡，因此备受关注。美国和其他国家已花费数十亿美元制订计划和协议，以防御可能涉及 CBR 的恐怖主义行为。但是，CBR 涵盖了许多输入代理，其中包含许多可以多种方式使用的特定生物。对此类攻击的及时响应要求快速识别所涉及的输入代理。这可能是一个困难的过程，涉及不同的方法和仪器。

美国环境保护署（EPA）与 Instant Reference Sources 公司总裁 Lawrence H. Keith 博士及其他顾问一起，将他们的知识、经验和专长以及信息使用 Exsys 公司的 Corvid 软件纳入公开的 EPA 文件中，以开发 CBR。

CBR Advisor 的最重要部分之一是按照逻辑性的循序渐进的程序提供建议，以在几乎没有信息的情况下确定毒物的种类，这在恐怖袭击开始时很典型。该系统即使在压力如此高的环境中，也可以帮助响应人员按照既定的行动计划进行。系统的双屏幕显示了三个信息级别：（1）具有简要答案的最高 / 执行级别；（2）具有深入信息的教育级别；（3）具有与其他文档、幻灯片、表格和网站的链接的研究级别。CBR Advisor 的内容包括：

- 如何对威胁警告进行分类。
- 如何进行初始威胁评估。
- 应立即采取什么应对措施。
- 如何进行网站特征描述。
- 如何评估初始场地和安全进入。
- 在哪里以及如何最好地收集样品。
- 如何包装和运送样品进行分析。

受限内容包括 CBR 代理及其分析方法。CBR Advisor 可用于事件响应或培训。它有两个不同的菜单，一个菜单用于紧急响应，另一个菜单更长，用于培训。它是受限制的软件程序，并且不公开可用。

**针对应用案例 12.1 的问题**

1. CBR 顾问如何协助快速决策？

2. CBR Advisor 的哪些特点使其成为专家系统？

3. 在哪些情况下可以使用类似的专家系统？

专家系统还用于高压情况下，在这种情况下，人类决策者通常需要在响应紧急情况时采取涉及主观和客观知识的瞬间行动。

资料来源：www.exsys.com " Identification of Chemical, Biological and Radiological Agents" http://www.exsyssoftware.com/CaseStudy Selector/casestudies.html. April 2018. (Publicly available informa-tion.) Used with permission.

## 12.2.5 为什么经典类型的 ES 正在消失

和许多其他技术一样，经典的 ES 已经被更好的系统所取代。让我们首先来看看导致

ES 使用率下降的一些局限性。

1. 由于缺少优秀的知识工程师，以及可能需要面试多位专家进行一项应用程序，事实证明，从人类专家那里获取知识非常昂贵。

2. 任何获得的知识都需要以高昂的代价进行频繁更新。

3. 基于规则的基础通常不够健壮、不太可靠或不太灵活，并且规则可能有太多例外。改进的知识系统使用数据驱动和统计方法来进行推理，从而获得更大的成功。此外，基于案例的推理只有在有足够数量的类似案例时才能更好地发挥作用。因此，通常它不支持 ES。

4. 需要补充基于规则的用户界面（例如，通过语音通信、图像映射）。这可能会使 ES 太麻烦。

5. 与使用更新的机制（例如机器学习中使用的机制）相比，基于规则的技术的推理能力受到限制。

**新一代专家系统**　代替使用旧的知识获取和表示系统，部署了基于机器学习算法和其他 AI 技术的更新版 ES，以创建更好的系统。应用案例 12.2 中提供了一个示例。

---

**应用案例 12.2　VisiRule**

VisiRule 是一家较老的 ES 公司，随着时间的推移，其业务进行了改组。VisiRule（英国）提供易于使用的图表绘制工具，以促进 ES 的构建。通过图表可以更轻松地提取和使用专家系统中的知识。

构建知识库的过程可以在图 12.2 的左侧看到，其中显示了混合创建。使用决策树，领域专家可以直接根据相关数据（例如历史数据）创建其他规则。另外，可以通过机器学习来创建规则（左下方）。

右侧（上角）展示了混合交付（咨询）。使用交互式问答，系统可以生成建议。此外，规则可用于远程处理数据和更新数据存储库。请注意，双重交付选项基于机器学习发现数据中隐藏模式的能力，该模式可用于形成预测性决策模型。

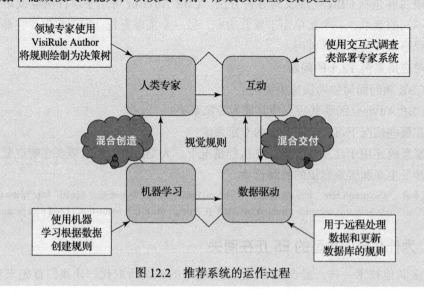

图 12.2　推荐系统的运作过程

VisiRule 还提供聊天机器人，以改进流程的交互式部分，并提供交互式地图。根据该公司的网站 visirule.co.uk/，该产品的主要优点有：

- ❏ 它是无代码的，不需要编程。
- ❏ 这些图表由人类专家绘制或由数据自动归纳而成。
- ❏ 它包含具有报告生成和文档生成功能的自我评估工具。
- ❏ 生成的知识可以很容易地作为 XML 代码执行。
- ❏ 它提供了解释和理由。
- ❏ 互动式专家建议吸引新客户。
- ❏ 它可以用于培训和为员工提供建议。
- ❏ 公司可以轻松地访问知识库。
- ❏ 使用 VisiRule 创作工具的图表是通过流程图和决策树轻松创建的。
- ❏ 图表允许创建可以立即执行和验证的模型。

总而言之，VisiRule 提供了全面的基于 AI 的专家系统。

资料来源：Courtesy of VisiRule Corp. UK. Used with permission.

**针对应用案例 12.2 的问题**

1. VisiRule 系统解除了早期 ES 的哪些限制？
2. 比较图 12.2 和图 12.1。创建子系统（图 12.2）和开发子系统（图 12.1）之间有什么区别？
3. 比较图 12.2 和图 12.1。交付子系统（图 12.2）和咨询子系统（图 12.1）之间有什么区别？
4. 识别所有人工智能技术并列出它们对 VisiRule 系统的贡献。
5. 列出此 ES 对用户的一些好处。

克服了先前讨论的 RS 局限性的三种主要 AI 应用程序是聊天机器人、虚拟个人助理和智能漫游顾问，本章后面的内容中将介绍它们。第 4～9 章介绍了执行类似活动的其他 AI 技术。最著名的是 IBM Watson（第 6 章）。它的某些建议功能与 ES 相似，但非常优越。

接下来介绍另一种类似的 AI 技术，即推荐系统。其更新版本使用机器学习和 IBM Watson Analytics。

## 12.2.6　推荐系统

用于推荐一对一目标产品或服务的大量使用的知识系统是推荐系统，也称为推荐引擎。这样的系统试图预测用户将附加到产品或服务的重要性（等级或偏好）。知道等级后，供应商就会知道用户的喜好，进而可以匹配产品并向用户推荐产品或服务。有关全面报道，请参见文献（Aggarwal，2016）。有关全面的教程和案例研究，请参阅 analyticsvidhya.com/

blood/2015/10/recommendation-engines /。

推荐系统非常普遍，并在许多领域中使用。热门应用包括电影、音乐和书籍，但是也有涉及旅行、餐馆、保险和网上约会的系统。推荐通常具有一定的顺序。与常规搜索相比，许多人更喜欢在线推荐，因为常规搜索缺乏个性化，速度较慢，有时还不够准确。

**推荐系统的优点** 使用这些系统可能会给买卖双方带来实质性的好处，参见文献（Makadia，2018）。

对顾客的好处是：

- ❑ **个性化** 顾客收到的建议非常有利于实现他们的目标，或者是他们所喜欢的。当然，这取决于所用方法的质量。
- ❑ **发现** 顾客可能会收到一些他们甚至不知道的产品的建议，但这些很可能是他们真正需要的。
- ❑ **顾客满意度** 反复的推荐往往会增加。
- ❑ **报告** 一些推荐者提供报告，另一些则提供有关所选产品的说明。
- ❑ **增加与卖家的对话** 由于建议可能会附带解释，顾客可能希望与卖家进行更多的互动。

对卖家的好处是：

- ❑ **更高的转化率** 有了个性化的产品推荐，顾客往往会购买更多商品。
- ❑ **增加交叉销售** 推荐系统可以推荐其他产品。例如，Amazon.com 显示了"人们与你订购的产品一起购买"的其他产品。
- ❑ **提高客户忠诚度** 随着顾客利益的增加，他们对卖家的忠诚度也会增加。
- ❑ **大规模定制的启用** 这提供了有关潜在定制订单的更多信息。

几种方法已（或曾经）用于构建推荐系统。两种经典的方法是协同过滤和基于内容的过滤。

**协同过滤** 这种方法建立了一个模型，该模型总结了购物者过去的行为，他们上网的方式，所寻找、购买的商品以及他们对商品的满意程度。此外，协作式过滤会考虑拥有相似购买爱好的购物者买了什么以及他们对商品的评价。由此，该方法使用 AI 算法来预测新老客户的喜好。然后，计算机程序提出建议。

**基于内容的过滤** 该技术使供应商可以根据客户已购买或打算购买的产品的属性来识别偏好。知道了这些首选项后，供应商会向客户推荐具有类似属性的产品。例如，该系统可以向对数据挖掘表现出兴趣的客户推荐一本文本与数据挖掘相关的书籍，或者在消费者观看了动作类电影之后向其推荐其他动作类电影。

这些类型中的每一种都有优点和局限性（请参见 en.wikipedia.org/wiki/Recommender_system 上的示例）。有时两者会合并为一个统一的方法。

存在其他几种过滤方法。示例包括基于规则的过滤和基于活动的过滤。如应用案例 12.3 所示，较新的方法包括机器学习和其他 AI 技术。

## 应用案例 12.3　Netflix 推荐人：成功的关键因素

根据 ir.netflix.com 的数据（截至 2018 年春季），Netflix 是全球领先的互联网电视网络，在 190 多个国家和地区拥有 1.18 亿名会员，每天能够提供总时长超过 1.5 亿小时的电视节目和电影，包括原创电视剧、纪录片和长片。会员每月付费即可无限观看不含广告的节目。

### 挑战

Netflix 拥有数百万种节目，现在正在制作自己的节目。对于那些难以确定想要观看哪些产品的客户，大型标题库通常会带来问题。另一个挑战是，Netflix 将其业务从美国和加拿大扩展到其他 190 个国家。Netflix 在竞争激烈的环境中运作，在这种环境中，苹果、Amazon.com 和 Google 等大型公司都在运作。Netflix 一直在寻找一种方法，通过向客户提出有用的建议来与竞争对手区分开。

### 原始推荐引擎

Netflix 最初仅开展了 DVD 的邮购业务。当时，由于难以确定客户要租借哪些 DVD，它遇到了库存问题。解决方案是开发一个推荐引擎（称为 Cinematch），该引擎可以告知客户他们可能喜欢哪些内容。Cinematch 使用数据挖掘工具对一个包含数十亿电影评级和客户租赁历史的数据库进行了筛选。它使用专有算法向客户推荐租赁服务——通过使用协作过滤的变体，将个人的喜好与具有相似品味的人的喜好进行比较，从而完成了推荐。Cinematch 就像一家小型电影商店里的服务到家的店员一样，准备好你可能感兴趣的影片，并在你到商店时向你推荐它们。

为了提高 Cinematch 的准确性，Netflix 在 2016 年 10 月举行了一场竞赛，以 100 万美元作为奖金，奖励第一个将 Cinematch 的预测准确性提高至少 10% 的个人或团队。该公司知道这将花费相当长的时间。因此，它每年提供 50 000 美元的进步奖，以进行比赛。经过两年多的角逐，Bellkor 的 Pragmatic Chaos 团队获得了冠军。

要了解电影推荐算法的工作原理，可以访问 quora.com/How-does-the-Netflix-movie-recommendation-algorithm-work/。

### 新时代

随着时间的流逝，Netflix 转向了流媒体业务，然后又转向了网络电视业务。此外，云技术的普及使推荐系统得到了改进。新系统不再根据人们过去的见解提出建议，而是使用亚马逊的云来模仿人的大脑，以便在人们喜欢的电影和节目中找到他们真正喜欢的东西。该系统基于 AI 及其深度学习技术。该公司现在可以将大数据可视化并对建议提出见解。该分析在创建公司的作品时也能起到作用。另一个重大变化涉及向全球舞台的转变。过去，所提供的建议是基于用户居住的国家（或地区）的相关信息给出的，这些建议中考量了同一国家中其他人的喜好。由于文化、政治和社会差异，这种方法在全球环境中效果不佳。修改后的系统考虑了居住在不同国家 / 地区的人们的看法以及他们的观看习惯和喜好。

实施新系统非常困难，尤其是在添加新国家或地区时。最初的建议是在对新客户不太了解的情况下提出的。修改推荐系统花费了 70 位工程师一年的时间。有关详细信息，请参见文献（Popper，2016）。

**结果**

由于实施了推荐系统，Netflix 的销售和会员数量迅速增长。推荐系统的好处包括：

❑ **提供有效的建议。**许多 Netflix 成员根据适合其个人口味的推荐来选择电影。

❑ **提升消费者满意度。**超过 90% 的 Netflix 会员表示对 Netflix 的服务非常满意，并向家人和朋友推荐该服务。

❑ **带来经济效益。**Netflix 会员的数量从 2008 年的 1000 万增加到 2018 年的 1.18 亿。其销售额和利润稳步攀升。在 2018 年春季，Netflix 股票的售价超过每股 400 美元，去年同期为每股 140 美元。

资料来源：文献（Popper，2016）、（Arora，2016）和（StartUp，2016）。

**针对应用案例 12.3 的问题**

1. 为什么推荐系统有用？（将其与一对一的目标市场营销联系起来。）
2. 解释如何生成建议。
3. 亚马逊向公众披露了它的推荐算法，但 Netflix 没有，为什么？
4. 研究那些试图"模仿人脑"的研究活动。
5. 解释公司全球化带来的变化。

---

▶ **复习题**

1. 给出 ES 的定义。
2. ES 的主要目标是什么？
3. 请描述一下专家。
4. 什么是专业知识？
5. 列出一些特别适合 ES 的区域。
6. 列出 ES 的主要组成部分，并对每个部分进行简要描述。
7. 为什么 ES 的使用率在下降？
8. 定义推荐系统并描述其操作和优点。
9. 推荐系统与人工智能有什么关系？

# 12.3　聊天机器人的概念、驱动程序和好处

现在，聊天机器人有很多。根据 2017 年的数据（参见文献（Knight，2017c）），60% 的千禧一代已经使用过聊天机器人，而 53% 的未使用聊天机器人的人对此有兴趣。千禧一代并不是唯一使用聊天机器人的一代，尽管他们可能比其他人更多地使用它们。什么是聊天机器人及其有哪些作用是本节的主题。

## 12.3.1　什么是聊天机器人

聊天机器人（chat robot，简称 chatbot、bot 或 robo），是一种计算机化的服务，可以使

人与类人的计算机化机器人或图像字符之间的对话变得容易，有时对话可以通过互联网进行。对话可以是书面的，越来越多的是通过声音和图像进行。对话通常涉及简短的问题和答案，并以自然语言进行。更智能的聊天机器人配备了 NLP，因此计算机可以理解非结构化的对话。也可以通过拍摄或上传图像来进行交互（例如，三星 Bixby 在三星 S8 和 8 上所做的）。一些公司尝试使用学习型聊天机器人，通过积累经验来获得更多知识。计算机与人交谈的能力是由知识系统（如基于规则的）和自然语言理解能力提供的。这项服务通常在 Facebook Messenger 或微信等信息服务以及 Twitter 上提供。

## 12.3.2　聊天机器人进化

聊天机器人起源于几十年前。它们是简单的 ES，使机器能够回答用户发布的问题。最早的此类机器是 Eliza（en.wikipedia.org/wiki/ELIZA）。人们开发了 Eliza 和类似机器，使它们能在问答模式下工作。机器会评估每个问题（通常可以在常见问题解答中找到），并生成与每个问题相匹配的答案。显然，如果问题不在 FAQ 集合中，则机器会提供不相关的答案。此外，由于自然语言理解的能力有限，因此一些问题被误解了，答案有时是很有趣的。因此，许多公司选择使用实时聊天，一些公司使用廉价的劳动力，并将其组织为全球的呼叫中心。有关 Eliza 的当前版本及其制造方法的更多信息，请访问 search.cpan.org/dist/Chatbot-Eliza/Chatbot/Eliza.pm/。在全球范围内，聊天机器人的使用量和声誉正在迅速提高。

**示例**

索菲亚是一个在中国香港被创建的聊天机器人，并于 2017 年 10 月获得沙特阿拉伯公民身份。因为她不是穆斯林，所以她没有戴头巾。她能回答许多问题。有关详细信息，请参见 newsweek.com/Saudi-arabia-robot-sophia-muslim-694152/。

**机器人的种类**　机器人程序可以按其功能分为三类：

1. **常规机器人**　这些基本上是会话智能代理（第 2 章）。它们可以为老板做一些简单的、重复性的工作，比如显示银行的借项，帮助他们在网上购买商品，以及在网上出售或购买股票。

2. **聊天机器人**　在这一类中，我们包括了功能更强的机器人，例如，那些能够刺激与人对话的机器人。本章主要讨论聊天机器人。

3. **智能机器人**　它们的知识基础随着经验的积累而不断提高。也就是说，这些机器人可以学习知识，例如，了解客户的偏好（比如 Alexa 和一些机器人顾问）。

较老类型的机器人程序中的一个主要限制是更新其知识库既慢又贵。它们是为特定的领域或特定用户开发的。改进配套技术用了很多年。NLP 越来越好了。知识库今天在一个中心位置的"云"中更新，知识被许多用户共享，因此降低了每个用户的成本。

存储的知识与用户提出的问题相匹配。机器给出的答案已经有了显著的改进。自 2000 年以来，我们已经看到越来越多的人工智能机器用于问答对话。2010 年左右，对话型人工智能机器被命名为聊天机器人，后来被开发成虚拟个人助理，受到亚马逊 Alexa 的支持。

**聊天机器人的驱动程序**　主要驱动因素是：

❑ 开发人员正在创建功能强大的工具，以快速、廉价地使用有用的功能构建聊天机器人。

- 聊天机器人的质量正在提高，因此对话对用户来说越来越有用。
- 由于聊天机器人潜在的成本降低，并且改善了客户服务和营销服务（全天候提供），因此对聊天机器人的需求正在增长。
- 使用聊天机器人可以实现快速增长，而无须雇用和培训许多客户服务人员。
- 通过聊天机器人，企业可以利用消费者（尤其是年轻消费者）喜爱的信息系统和相关的应用程序。

### 12.3.3　聊天机器人的组成及其使用过程

与聊天机器人聊天的过程中主要组成部分是：
- 客户。
- 计算机、替身或机器人（人工智能机器）。
- 一个知识库，可以嵌入机器中，也可以提供并连接到"云"。
- 为书写或语音模式提供对话的人机界面。
- 使机器能够理解自然语言的 NLP。

高级聊天机器人还可以理解人类的手势、提示和声音变化。

**人机交互过程**　以上列出的组件为人与机器对话提供了框架。图 12.3 显示了对话过程。
- 一个人（图 12.3 的左侧）需要找到一些信息，或者需要一些帮助。
- 此人通过语音、短信等方式向机器人询问相关问题。
- NLP 将问题翻译成机器语言。
- 聊天机器人将问题转移到云服务。
- 云包含一个知识库、业务逻辑和分析（如果合适的话）来设计对问题的响应。
- 回答被转移到一个自然语言生成程序，然后转移到以首选对话模式提出问题的人。

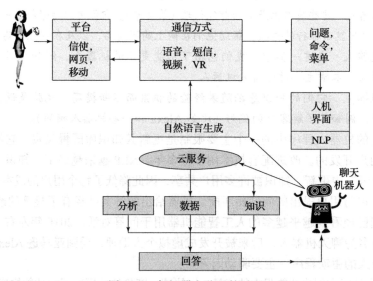

图 12.3　与机器人聊天的过程

### 12.3.4　驱动因素和好处

聊天机器人的使用受到以下动因和利益的驱动：

❑ 削减成本的必要性。

❑ 人工智能能力的增强，特别是 NLP 和语音技术。

❑ 用不同语言交谈的能力（通过机器翻译）。

❑ 获取知识的质量和能力的提高。

❑ 供应商对设备的推动（例如，亚马逊的 Alexa 和 Alphabet 的 Google 助手等虚拟个人助理）。

❑ 它的用途是提供卓越和经济的客户服务和进行市场调查。

❑ 它可用于文本和图像识别。

❑ 它的用途是方便购物。

❑ 它对决策提供支持。

随着时间的推移，聊天机器人和类似的 AI 机器得到了改进。聊天机器人对用户和组织都有利。例如，几家医院雇用机器人接待员将患者引导到他们的治疗地点。Zora Robotics 创建了一个名为 Nao 的机器人，可以作为病人或老人的聊天伙伴。这种机器人可以为痴呆症患者提供另一种治疗形式。

注意：关于聊天机器人的一些限制，可以参考 12.7 节。

### 12.3.5　来自世界各地的具有代表性的聊天机器人

chatbots.org/ 和 botlist.co/bots/ 中提供了截至 2018 年 4 月，来自 53 个国家的超过 1250 个聊天机器人的目录。这里提供了聊天机器人的示例以及它们可以从 chatbot.org/ 中执行的操作：

❑ **RoboCoke**　这是一个为可口可乐开发的派对和音乐推荐机器人。

❑ **Kip**　这个购物助手在 Slack（一个消息传递平台）上可用。告诉 Kip 你想买什么，Kip 会找到它，甚至帮你买。

❑ **Walnut**　这个聊天机器人可以发现与你相关的技能并帮助你学习它们。它分析了大量的数据点来发现技能。

❑ **使用出租车机器人（Taxi Bot）拼车**　如果你不确定 Uber、Lyft、Grab 或 Comfort DelGro 提供的服务是不是最便宜的，那么你可以问这个机器人。另外，你可以得到当前的促销码。

❑ **ShopiiBot**　当你发送一个产品的图片给这个机器人时，它会在几秒钟内找到类似的图片。或者告诉 ShopiiBot 你要什么样的产品，价格是多少，它会为你找到最好的。

❑ **关于期望的旅行**　这类机器人可以回答有关主要目的地的活动、餐厅和景点的问题。

❑ **BO.T**　这是第一个来自玻利维亚的聊天机器人，它会与你交谈（西班牙语），并回答你有关玻利维亚的文化、地理、社会等领域的问题。

❑ **Hazie** 她是你的数字助理，旨在缩小你和下一个职业发展目标间的差距。求职者可以直接与 Hazie 交谈，就像他们与求职中介或朋友交谈一样。

❑ **绿卡（Green Card）** 这个 Visabot 产品可以帮助用户在美国正确申请绿卡。

❑ **Zoom** Zoom.ai（botlist.co/bots/369 zoomai）是一个自动化的虚拟助理，适用于工作场所的所有人。

❑ **Akita** 这个聊天机器人（botlist.co/bots/1314 akita）可以把你和你所在地区的企业联系起来。

如你所见，聊天机器人可用于许多不同的任务。Morgan 在 2017 年将机器人应用的领域分为以下几类：教育、银行、保险、零售、旅行、医疗保健和客户体验。

**聊天机器人的主要应用类别** 聊天机器人现在在许多行业和国家被用于许多目的，我们将应用程序分为以下几类：

❑ 用于企业活动的聊天机器人，包括通信、协作、客户服务和销售（如在 12.1 节中提及的）。这些在 12.4 节中有描述。

❑ 充当个人助理的聊天机器人。这些在 12.5 节中有介绍。

❑ 充当顾问的聊天机器人，主要涉及与金融相关的话题，参见 12.6 节。

关于这些类别的讨论，参见文献（Ferron，2017）。

---

▶ **复习题**

1. 定义聊天机器人并描述它们的用途。
2. 列出聊天机器人的主要组件。
3. 聊天机器人技术的主要驱动力是什么？
4. 聊天机器人是如何工作的？
5. 为什么聊天机器人被认为是人工智能机器？

---

# 12.4 企业聊天机器人

聊天机器人在企业中扮演着重要角色，无论是在外部应用程序还是内部应用程序中。一些人认为聊天机器人可以从根本上改变商业运作方式。

## 12.4.1 企业对聊天机器人的兴趣

聊天机器人给企业带来的好处正在迅速增加，这使得对话成本降低，一致性提高。聊天机器人可以更有效地与客户和业务合作伙伴进行交互，可以随时使用，也可以从任何地方访问。企业显然正在关注聊天机器人革命。根据 Beaver 在 2016 年提出的观点，企业应基于以下原因考虑是否使用企业机器人：

❑ 人工智能已经到了一个阶段，聊天机器人可以越来越多地与人类对话，使企业能够利用廉价和广泛的技术与更多的消费者接触。

❑ 聊天机器人特别适合移动应用，也许比应用程序更适合。消息是移动体验的核心，正如聊天应用程序被迅速采用所表明的那样。

❑ 聊天机器人生态系统已经非常强大，包括许多不同的第三方聊天机器人、本地机器人、分销渠道和支持技术的公司。

❑ 聊天机器人对于消息应用程序和为这些平台构建机器人程序的开发人员来说可能是有利可图的，类似于应用商店如何发展成赚钱的生态系统。

2016 年进行的一项研究发现，到 2020 年，80% 的企业希望使用聊天机器人（busines-sinsider.com/80-of-business-want-chatbots-by-2020-2016-12）。更多营销机会，请参见文献（Knight，2017a）。

## 12.4.2　企业聊天机器人：营销和客户体验

正如我们在本章开头及后面的几个示例中看到的那样，聊天机器人在提供市场营销和客户服务（参见文献（Mah，2016））、获取销售线索、说服客户购买产品、向潜在买家提供重要信息、优化广告系列（例如，名为 Baroj 的机器人，参见文献（Radu，2016））等方面非常有用。客户希望使用他们已经在使用的应用程序开展业务。因此，许多聊天机器人都在 Facebook Messenger、Snapchat、WhatsApp、Kik 和微信上应用。使用语音和短信，可以提供个性化以及一流的客户体验。聊天机器人可以使供应商改善与客户的个人关系。

除了营销领域外，许多聊天机器人还涉及金融（例如银行）和 HRM 服务、生产经营管理沟通、协作以及其他外部和内部的企业业务流程等领域。通常，企业在消息传递平台上使用聊天机器人来进行市场营销活动并提供一流的客户体验。

**改善客户体验**　企业聊天机器人通过提供一个对话平台来让客户可以与企业进行快速和全天候的联系来创造更好的客户体验。当客户从该系统中受益时，他们更倾向于购买和推广特定品牌。聊天机器人还可以对人类员工的服务进行补充，以提供更好的客户体验。

**企业聊天机器人的例子**　Schlicht 于 2016 年提供了聊天机器人的入门指南。他提供了以下关于在 Nordstrom（大型百货商店）使用聊天机器人的假设示例。

如果你想在线从 Nordstrom 购买鞋子，则可以访问其网站，直到找到所需的鞋子，然后再购买。如果 Nordstrom 制造了一个聊天机器人，你只需在 Facebook 上向 Nordstrom 发送消息即可。它会问你需要寻找什么，你只需要回答它就可以。

你无须浏览网站，而是与 Nordstrom 机器人进行对话，这与进入零售商店时所获得的体验相同。

以下是另外三个示例：

**示例 1：LinkedIn**

LinkedIn 正在引入聊天机器人来执行任务，例如比较参加会议的人员的日历以及给出关于会议时间和地点的建议。有关详细信息，请参阅 CBS News（2016 年）。

### 示例 2：Mastercard

MasterCard 有两个基于按摩平台的机器人，一个是银行机器人，另一个是商店机器人。

### 示例 3：Coca-Cola

全球客户可以通过 Facebook Messenger 与 Coca-Cola 机器人聊天。这些机器人通过日益个性化的对话使用户体验更加良好。这些机器人会收集客户的数据，包括他们的兴趣、问题、当地方言和态度，然后可以针对每个客户量身定制广告。

在 cnbc.com/2016/04/13/ why-facebook-is-going-all-in-on-chatbots.html 中可以找到关于 Facebook 使用聊天机器人的视频，其中提供了与 David Marcus 进行的问答环节，描述了 Facebook 对聊天机器人日益增长的兴趣。

**为什么使用消息传递服务** 到目前为止，我们注意到企业正在使用消息传递服务，例如 Facebook Messenger、微信、Kik、Skype 和 WhatsApp。原因是在 2017 年，超过 26 亿人在使用消息传递服务聊天。消息正在成为最普遍的数字行为。微信率先通过提供"与企业聊天"的功能来实现其服务的商业化，如应用案例 12.4 所示。

---

**应用案例 12.4　微信的超级聊天机器人**

微信是一个非常庞大的综合性信息服务系统，2018 年初约有 10 亿会员。它率先在 2013 年使用机器人（见 mp.weixin.qq.com）。用户可以使用聊天机器人进行以下活动：

- ❑ 叫一辆出租车。
- ❑ 点外卖。
- ❑ 购买电影票和其他物品。
- ❑ 定购商品。
- ❑ 向离得最近的星巴克下订单。
- ❑ 跟踪你每天的健身进度。
- ❑ 选购所喜欢的品牌的最新系列。
- ❑ 预约医生。
- ❑ 付水费。
- ❑ 主持商务电话会议。
- ❑ 向朋友发送语音信息、表情包和截图。
- ❑ 发送语音信息与企业沟通。
- ❑ 与客户沟通和接触。
- ❑ 为团队合作提供框架。
- ❑ 进行市场调查。
- ❑ 获取有关产品和服务的信息和建议。
- ❑ 在微信上创建小程序（你可以为此在微信上创建自己的机器人）。

Griffiths 于 2016 年提供了有关中国在线时装速递销售公司 Meici 的信息。该公司使用其微信账户来收集与销售有关的信息。每次新用户关注 Meici 的账户时，都会有一条欢迎消息指示他们如何触发资源。在全球范围内，微信还支持以英语和其他语言提供服务。Facebook 在 2015 年安装了类似的功能。

**针对应用案例 12.4 的问题**

1. 查找微信最近的一些活动。

2. 是什么让这个聊天机器人如此独特？

3. 将微信的聊天机器人与 Facebook 提供的聊天机器人进行比较。

**Facebook 的聊天机器人**　继微信之后，Facebook 在 Messenger 上大规模启动了用户与企业聊天机器人的对话，这意味着用户可以像给朋友发送消息那样向企业发送消息。该服务允许企业与用户进行文本交换。此外，机器人具有学习能力，这使它们能够准确地分析人们的输入并提供正确的响应。总体而言，截至 2018 年年初，Facebook Messenger 上有超过 30 000 个公司机器人。一些公司使用 Messenger 机器人来识别图片中的面孔，为目标广告提供关于收件人的建议。根据 Guynn 于 2016 年提出的说法，Facebook 允许软件开发人员访问其工具，以构建名为"M"的个人助手，该助手将 AI 与人性化相结合来完成诸如点菜或送花的任务。使用 M 工具，开发人员可以为 Messenger 构建应用程序，从而可以更好地理解以自然语言发出的请求。这些机器人对 Facebook 的主要好处是可以收集数据并创建用户个人资料。

应用案例 12.5 中是使用聊天机器人促进客户服务和营销的另一个示例。

---

**应用案例 12.5**　**Vera Gold Mark 如何使用聊天机器人增加销售额**

Vera Gold Mark 是印度旁遮普的房地产开发商。

**问题**

维拉金标（Vera Gold Mark，VGM）在竞争激烈的市场中活跃。作为通常价格昂贵的豪华公寓的开发商，它必须设法吸引许多潜在买家，因此需要以合理的成本获得尽可能多的销售机会。与潜在客户进行实时聊天成本可能会非常高昂，因为这需要全天候有知识渊博且礼貌的代理。VGM 有大量公寓待售，必须尽快售出。

**解决方案**

VGM 决定使用聊天机器人来补充或替换昂贵的手动实时聊天。这些机器人以下列方式工作：买家可以点击公司 Facebook 页面上的"与机器人聊天"按钮，然后接收所需要的任何信息。聊天可帮助 VGM 推广其可用产品。当他们单击时，用户可以与机器人聊天并获取有关 VGM 项目的价格、交货日期、建筑工地等信息。聊天机器人还可以提供有关项目的答案。通过 Facebook，VGM 可以访问潜在买家的个人资料（需要用户许可），VGM 销售团队可以使用该资料来完善销售策略。该系统全天候可用。语音通信会推出。

**结果**

现在，客户认为 VGM 非常专业。VGM 的客户服务受到好评。建造者被认为更加诚实和公正，因为它为客户提供了书面答复和承诺。VGM 的销售人员获得了越来越多的销售机会，并且由于他们对潜在客户有更多了解，因此可以更好地与标准单元保持一致（最佳拟合）。该系统还能够在不增加成本的情况下吸引国际买家。由于该系统全天候可用，因此全球买家可以轻松地对 VGM 的可用公寓进行评估。

聊天机器人还被用作新员工的教学工具。在撰写此案例时，尚无财务数据。

该技术可供印度 Kenyt Technologies 公司（kenyt.com）的其他建筑商使用，该网站提供了智能房地产聊天机器人。

资料来源：文献（Garg, 2017）和 facebook.com/veragoldmark/（2018 年 4 月访问）。

**针对应用案例 12.5 的问题**

1. 列出 VGM 的好处。

2. 列出对买家的好处。

3. Kenyt Technologies 的作用是什么？

*Chatbots Magazine* 概述了将聊天机器人用于零售和电子商务的三部分内容。有关详细信息，请参阅 facebook.com/veragoldmark/ (accessed April 2018)。

### 12.4.3 企业聊天机器人：金融服务

企业聊天机器人活跃的第二个领域是金融服务领域。在这里，我们简要讨论它们在银行业中的应用。在 12.6 节中，我们介绍了用于投资的机器人财务顾问。

**银行业** Morgan 于 2017 年进行的一项调查发现，到 2019 年，美国大多数人会通过聊天机器人进行银行业务。聊天机器人可以使用预测分析和认知消息传递来执行付款等任务。他们可以通知客户有关个性化交易的信息。可以通过 Facebook Messenger 上的聊天机器人来推送银行信用卡的广告。似乎客户更喜欢与聊天机器人打交道，而不是与可能会咄咄逼人的销售人员打交道。

**示例**

新加坡 POSB 在 Facebook Messenger 上推出了 AI 驱动的机器人。该机器人是在美国 Kasisto 公司的帮助下创建的。通过实际的问答环节，IT 工作者花费了 11 000 个小时来创建机器人。它的知识库已经过测试和验证。该机器人可以通过学习来提高性能。该服务被称为 POSB 数字银行虚拟助手，可通过 Messenger 进行访问。这样可以让客户节省时间，而不是等待人工客户服务。将来，该服务将在其他消息传递平台上可用。有关详细信息，请参见文献（Nur, 2017）。

花旗银行在新加坡也使用了类似的应用程序。它可以用自然语言（英语）回答人们关于账户的常见问题。该银行正在逐渐为其机器人增加更多功能。

一个通用的银行机器人是 Verbal Access（来自 North Side 公司），它为银行服务提供建议（请参阅文献（Hunt，2017））。

## 12.4.4　企业聊天机器人：服务行业

聊天机器人广泛用于许多服务中，下面将提供一些示例。

**医疗保健**　聊天机器人在医疗保健领域非常活跃，为全球数百万人提供了帮助（参见文献（Larson，2016））。这里有一些例子：

- ❑ 机器人接待员引导病人到医院的科室，机场、酒店、大学、政府办公室、私人和其他公共组织也提供类似服务。
- ❑ 一些聊天机器人（如 Zora Robotics）是老人和病人的聊天伙伴。
- ❑ 聊天机器人用于远程医疗，患者可以与不同地点的医生和医疗专业人员交谈。例如，中国公司百度就为此开发了 Melody 聊天机器人。
- ❑ 聊天机器人可以快速、方便地将患者与他们需要的信息联系起来。
- ❑ 医疗保健领域的重要服务目前由 IBM Watson 提供（参见第 6 章）。

有关医疗机器人的更多信息，请参阅 12.6 节的末尾。

**教育**　聊天机器人导师在多个国家 / 地区被用来教授从英语（在韩国）到数学（在俄罗斯）的课程。可以肯定的是，聊天机器人平等地对待所有学生。学生也喜欢在线教育中的聊天机器人。语言的机器翻译将使学生能够使用非母语的语言在线上课。最后，聊天机器人可用作私人家教。

**政府**　根据文献（Lacheca，2017），聊天机器人作为一种新的对话工具在政府中传播，供公众使用。最受欢迎的用途是提供对政府信息的访问并回答与政府有关的问题。

**旅行和招待**　聊天机器人正在多个国家 / 地区（例如挪威）担任导游。它们不仅便宜（甚至免费），而且可能比某些人类导游知道得更多。聊天机器人在日本的数家酒店中担任引导者。在酒店中，它们充当礼宾服务者，提供信息和个性化推荐（例如，关于餐厅的信息）。聊天机器人可以安排酒店客房、餐点和活动的预订。在繁忙的酒店里，人们常常在排队等待，而聊天机器人始终可以在智能手机上使用。与其他计算机服务一样，聊天机器人速度快，价格便宜，易于访问且始终保持良好状态。它们提供了出色的客户体验。

应用案例 12.6 中提供了一个外部旅行服务的示例。

**应用案例 12.6**　Transavia Airlines 使用机器人进行沟通和提供客户服务

**背景**

航空旅行业务竞争非常激烈，尤其是在欧洲。年轻客户使用无线设备、社交媒体网站和聊天工具的趋势很明显。客户喜欢通过首选平台使用首选技术与旅游企业进行沟通。最受欢迎的是 Facebook Messenger，超过 12 亿人通过智能手机聊天多次。今天，这些用户不仅彼此之间有互动，还与商业世界互动。

Messenger、WhatsApp 和微信等消息传递平台已成为该客户群的标准。供应商正在为包括聊天机器人在内的消息传递平台构建智能应用程序。

### Transavia 的机器人

向其他公司学习后，Transavia 决定在 Facebook Messenger 上创建一个机器人。为此，它雇用了 IT 顾问 Cognizant 数字业务部门，称为 Mirabean，该部门专门研究对话界面，尤其是通过机器人进行对话。Transavia 的活动业务流程、营销和客户关怀活动与 Mirabean 的技术经验相结合，可在数周内快速部署该机器人。现在，它可以与客户进行实时对话。第一个应用程序是 Transavia Flight Search，它提供航班信息以及购买机票的功能。该系统现在已与业务流程集成在一起，该业务流程通过机器人促进了其他交易。通过为客户提供他们选择的数字工具，Transavia 可以增加市场份额并推动增长。

请注意，Transavia 的所有者 KLM 是 2016 年第一家在 Facebook Messenger 上实现类似聊天机器人的欧洲航空公司。

资料来源：文献（Cognizant, 2017）和 transavia.com。

**针对应用案例 12.6 的问题**

1. 是什么推动了消费者对移动设备和聊天的偏好？
2. 为什么这个机器人被放在 Facebook 的 Messenger 上？
3. 使用认知的好处是什么？
4. 从机器人而不是网上商店买票有什么好处？

## 12.4.5 聊天机器人平台

**企业内部的聊天室**　到目前为止，我们已经看到聊天机器人在企业外部工作，主要是在客户服务和市场营销中使用。但是，最近公司开始使用聊天机器人来自动化任务，以支持内部通信、协作和业务流程。根据 Hunt 的说法，企业和内部聊天机器人正在彻底改变公司开展业务的方式。企业中的聊天机器人可以完成许多任务并支持决策活动。有关示例，请参见文献（Newlands, 2017a）。聊天机器人可以降低成本，提高生产力，协助工作组并促进与业务合作伙伴的关系。聊天机器人任务的代表性示例是：

- ❏ 协助项目管理。
- ❏ 处理数据输入。
- ❏ 执行计划。
- ❏ 简化与合作伙伴的付款流程。
- ❏ 就资金授权提出建议。
- ❏ 监督工作和工人。
- ❏ 分析内部大数据。
- ❏ 找到打折和便宜的产品。
- ❏ 简化互动。

&#9633;　促进数据驱动策略。

&#9633;　使用机器学习。

&#9633;　促进和管理个人财务。

考虑到大量的机器人程序，许多开发人员开始提供工具和平台来帮助构建聊天机器人，这并不奇怪，如技术洞察 12.1 中所述。

---

**技术洞察 12.1　聊天机器人平台提供商**

多家公司提供了用于构建企业聊天机器人的平台。两家公司可以使用这些工具轻松地构建聊天机器人，以使其进入流行的消息平台或网站。一些工具具有机器学习功能，以确保机器人在每次交互时都能学习。根据 Hunt 的介绍，下面是一些受欢迎的供应商：

&#9633;　**ChattyPeople**　该聊天机器人构建器可帮助创建需要最少编程技能的机器人。它仅允许企业将其社交媒体页面链接到其 ChattyPeople 账户。创建的机器人可以：

&#9675;　安排向社交媒体联系人付款或从社交媒体联系人付款。

&#9675;　使用主要的支付提供商，例如 Apple Pay 和 PayPal。

&#9675;　识别关键字中的变体。

&#9675;　支持消息传递。

&#9633;　**Kudi**　该财务辅助程序使人们可以直接通过消息传递应用程序（特别是 Messenger、Skype 和 Telegram），并通过 Internet 浏览器向供应商付款。使用该机器人，用户可以：

&#9675;　支付账单。

&#9675;　设置账单支付提醒。

&#9675;　通过发送短信转移资金。

该机器人很安全，可以保护用户的隐私。供应商可以轻松地安装它以供使用。

&#9633;　**Twyla**　该聊天机器人构建平台用于改善现有客户服务并提供实时聊天。它为喜欢聊天的客户提供了一个消息传递平台，主要目标是使人力资源部门的工作人员从日常重复的工作中解脱出来。

最受欢迎的平台是：

&#9633;　**IBM Watson**　该软件包使用了 10 亿个单词的神经网络，可以很好地理解自然语言（例如英语、日语）。Watson 提供了免费的开发工具，例如 Java SDK、Node SDK、Python SDK 和 iOS SDK。

&#9633;　**微软的机器人框架**　与 IBM 类似，微软提供了多种可翻译 30 种语言的工具，而且它是开源的。该系统由机器人连接器、开发人员门户和机器人目录三部分组成，并与了解用户意图的 Microsoft LUIS（Language Writing Intelligent Service）互连。该系统还包括主动学习技术。AZURE 是一种简化的工具，与其相关的更多信息请参阅 12.7 节和文献（Afaq，2017）。有关 25 个聊天机器人平台的比较表，请参阅

> 文献（Davydova, 2017）。有关其他平台的列表，请参阅文献（Ismail, 2017）。
> 资料来源：文献（Hunt, 2017）和（Davydova, 2017）。
>
> **讨论**
> 1. 普通企业机器人和平台有什么区别？
> 2. 讨论 ChattyPeople 的好处。
> 3. 讨论人们对 Kudi 的需要。
> 4. 讨论消费者喜欢使用消息传递平台的原因。

有关用于构建企业聊天机器人平台的更多信息，请参阅 entrepreneur.com/article/289788。

**行业专用机器人**　如我们所见，机器人可以是专家（例如，用于投资建议、客户服务）或专门用于某一行业（例如，银行、航空）。Alto（来自 Bio Hi Tech Global）是废物处理行业中一个有趣的机器人，它使用户能够与工业设备进行智能通信。这可以帮助设备所有者制定决策以提高性能水平，简化维护程序并促进沟通。

### 12.4.6　企业聊天机器人的知识

聊天机器人所掌握的知识取决于它们的任务。大多数营销和客户服务机器人需要专有知识，这些知识通常是在内部生成和维护的。这些知识与 ES 相似，在许多情况下，企业聊天机器人的操作与 ES 非常相似，只是界面以自然语言展现并且经常通过语音交互。例如，丝芙兰的机器人所存储的知识是特定于该公司及其产品的，并且以问答形式进行组织。

另外，在企业内部使用的聊天机器人（例如，用于培训员工或提供有关安全性或遵守政府法规的建议）可能不是公司特有的。公司可以购买此知识并对其进行修改以适合当地情况及特定需求（如 ES 中所做的）。较新的聊天机器人使用机器学习从数据中提取知识。

**企业中的个人助理**　企业聊天机器人也可以是虚拟个人助理，如 12.5 节所述。例如，这些机器人可以回答与工作有关的查询，并有助于提高员工的决策能力和生产力。

> ➤ **复习题**
> 1. 描述一些营销机器人。
> 2. 机器人能为金融服务做些什么？
> 3. 机器人如何为购物者提供帮助？
> 4. 列出企业聊天机器人的一些好处。
> 5. 描述企业聊天机器人的知识来源。

## 12.5　虚拟个人助理

在 12.4 节中，我们介绍了可用于进行对话的企业聊天机器人。在市场营销和销售中，它们可以促进客户关系管理（CRM，执行对客户的搜索，提供信息以及为客户和员工执行组织中的许多特定任务。有关研究问题的全面报道，请参见文献（Costa 等，2018））。

一种新型的聊天机器人被设计为个人和组织的虚拟个人助理。该软件代理被称为虚拟个人助理（VPA），可帮助人们改进工作、协助决策并改善其生活方式。VPA 基本上是与人互动的智能软件代理的扩展，它是聊天机器人，其主要目标是帮助人们更好地执行某些任务。目前，数以百万计的人正在将 Siri 与他们的 Apple 产品、Google Assistant 和亚马逊的 Alexa 结合使用。助手的知识库通常是通用的，并且被集中存储在"云"中，这使它们对于大量用户而言非常经济。用户可以随时从其虚拟助手那里获得帮助和建议。在本节中，我们提供一些有趣的应用程序。第一组应用程序涉及虚拟个人助理，尤其是亚马逊的 Alexa 和苹果的 Siri 和 Google 助手。O'Brien 于 2016 年讨论了个人助理聊天机器人可以为企业做什么。第二组（在 12.6 节中介绍）是关于计算机程序的，这些程序主要充当特定主题的顾问（主要是投资）。

## 12.5.1　信息搜索助手

虚拟个人助理的主要任务是帮助用户通过语音进行信息搜索。如果没有虚拟助手，用户需要上网来查找信息，并且很多时候会放弃搜索。在业务场景下，用户可以致电实时客户服务代理以寻求帮助。对于供应商来说，这可能是一项昂贵的服务。将搜索任务委托给机器可以为卖方节省大量资金，并且客户无须等待，这会使客户感到满意。例如，联想在单点搜索服务中使用 noHold 助手来帮助客户找到问题的答案。

## 12.5.2　如果你是 Facebook 首席执行官

在 Siri 和 Alexa 开发期间，扎克伯格决定开发自己的个人助理，以帮助他经营自己的家以及分担 Facebook 首席执行官的工作。他视这位助手为《钢铁侠》中的贾维斯。扎克伯格训练机器人来识别他的声音并理解与家用电器有关的基本命令。这个助手可以识别访客的脸并注意扎克伯格的小女儿的动向。有关详细信息，请参见文献（Ulanoff，2016）。可以通过 youtube.com/watch?v=vvimBPJ3XGQ 上一个时长 2 分 13 秒的视频和 youtube.com/watch?v=vPoT2vdVkVc 上另一个由 Morgan Freeman 讲述的视频（时长 5 分 1 秒）来了解这位助手。如今，类似的助手可以以最低费用甚至免费获得。最著名的机器人助手是亚马逊的 Alexa。

## 12.5.3　亚马逊的 Alexa 和 Echo

在几位虚拟个人助理中，Alexa 被认为是 2018 年最好的虚拟助理。它是由亚马逊开发的，可与苹果的 Siri 竞争，是一款出色的产品（见图 12.4）。Alexa 可与智能扬声器配合使用，例如亚马逊的 Echo（这将在后面进行介绍）。

图 12.4 亚马逊的 Alexa 和 Echo（资料来源：McClatchy-Tribune/Tribune Content Agency LLC/Alamy Stock Photo）

亚马逊的 Alexa 是基于云的虚拟个人语音助手，可以完成许多事情，例如：

❑ 回答几个领域的问题。

❑ 使用语音命令控制智能手机操作。

❑ 提供实时天气和交通状态更新。

❑ 通过将自己用作家庭自动化中心来控制智能家电和其他设备。

❑ 列出待办事项。

❑ 在 Playbox 中安排音乐。

❑ 设置闹钟。

❑ 播放有声读物。

❑ 控制家庭自动化设备以及家用电器（如微波炉）。

❑ 分析购物清单。

❑ 控制汽车装置。

❑ 提供主动通知。

❑ 为用户购物。

❑ 打电话发短信。

Alexa 能够识别不同的声音，因此可以提供个性化的响应。此外，它还通过语音和触觉的方式来传递新闻、进行称赞和玩游戏。随着时间的流逝，它的能力不断提高，可参见文献（Johnson，2017）。有关 Alexa 可以听到和记住的内容以及如何学习的信息，请参见文献（Oremus，2018）。

youtube.com/watch?v = jCtfRdqPlbw 上有 Alexa 如何工作的视频。有关更多任务，请参阅 cnet.com/pictures/what-can-amazon-echo-and-alexa-do-pictures/、文献（Mangalindan，2017）和 tomsguide.com/us/pictures-story/1012-alexa-tricks-and-easter-eggs.html。

**Alexa 的技能**除了列出的标准（本机）功能之外，人们还可以使用 Alexa 应用程序（称为"技能"）将自定义功能通过智能手机下载到 Alexa。以下是 Alexa 技能（应用程序）的示例：

- 打电话给 Uber，了解一下乘车的费用。
- 订外卖。
- 获取财务建议。
- 从某人或其房屋内启动汽车（参见文献（Korosec, 2016））。

这些技能由第三方供应商提供，它们是激活调用命令所必需的，并且数以万计。

例如，有人可以说："Alexa，请下午 4:30 打电话给 Uber 告知它到我办公室接我。"有关 Amazon Alexa 的更多信息，请参见文献（Kelly, 2018），有关其好处，请参见文献（Rei-singer, 2016）。

Alexa 配备了 NLP 用户界面，因此可以通过提供语音命令来激活它。这是通过将 Alexa 软件与亚马逊的智能扬声器 Echo 结合在一起完成的。

**Alexa 的语音界面和扬声器**　亚马逊拥有三个扬声器（或用于 Alexa 的语音通信设备：Echo、Dot 和 Tag）。用户可以通过 Fire TV 线路和某些非亚马逊设备访问 Alexa。Alexa 和 Echo 之间的关系请参见文献（Gikas, 2016）。

**亚马逊的 Echo**　Echo 是一种由语音控制的免提智能（或智能）无线扬声器。它是 Alexa（软件产品）的硬件伴侣，因此两者可以并行运行。Echo 总是处于打开状态，总是在听。当 Echo 听到问题、命令或请求时，它将音频发送到 Alexa，然后从那里发送到云。亚马逊的服务器将对问题的响应进行匹配，并在一瞬间将其作为"对问题的响应"发送给 Alexa。亚马逊的 Alexa/Echo 现在可在某些福特汽车中使用。

**亚马逊的 Echo Dot**　亚马逊 Echo Dot 是 Echo 的"小兄弟"。它具有完整的 Alexa 功能，但只有一个很小的扬声器。它可以链接到任何现有的扬声器系统，以提供类似 Echo 的体验。

**亚马逊的 Echo Tap**　亚马逊 Echo Tap 是 Echo 的另一个"小兄弟"，可以随时随地使用。它是完全无线和便携式的，可以通过充电座充电。

Dot 和 Tap 都比 Echo 便宜，但是它们提供的功能较少且相对 Echo 来说品质较低。但是，已经有更好的家庭扬声器的人可以搭配使用 Dot。有关这三个扬声器的讨论，请参阅 trustedreviews.com/news/amazon-echo-show-vs-echo-2948302。

**注**：Alexa 的非亚马逊扬声器现已上市（例如，第三方供应商 Eufy Genie），有的比较便宜。

Alexa 足够聪明，早就承认自己不知道答案，但是今天，它将引用第三方资源以获取之前无法回答的答案。有关详细信息和示例，请参阅 uk.finance.yahoo.com/news/alexa-recommend-third-party-skills-192700876.html。

**Alexa 企业版**　虽然 Alexa 最初是为个人消费者设计的，但它在商业上的使用却有所增加。例如，WeWork Corp 开发了一个平台来帮助公司在会议室中整合 Alexa 技能。有关详细信息，请参阅文献（Crook，2017）和 yahoo.com/news/destiny-2-alexa-skills-let-140946575.html/。

## 12.5.4　Apple 的 Siri

Siri（语音解释和识别接口的缩写）是一种智能的虚拟个人助理和知识导航器。它是 Apple 几种操作系统的一部分。它可以通过将请求发送给"云"中的一组 Web 服务通过它来回答问题、提出建议并执行某些操作。该软件可以使其适应用户的特定语言，通过持续使用来搜索偏好，并返回个性化的结果。iPhone 和 iPad 用户可以免费使用 Siri。

Siri 可以集成到 Apple 的 Siri Remote 中。使用 CarPlay，Siri 在某些汽车品牌中可用，可以通过 iPhone（5 及更高版本）对其进行控制。

VIV　2016 年，Siri 的创建者达格·基特劳斯（Dag Kittlaus）推出了 Viv，"万物智能的界面"。Viv 有望成为下一代智能虚拟交互的下一代（有关详细信息，请参见文献（Matney，2016））。与其他助手相比，Viv 向所有开发人员（第三方生态系统产品）开放。Viv 现在是一家三星公司。2017 年，三星为 Galaxy S8 推出了自己的个人助手。

## 12.5.5　Google Assistant

随着 Google Assistant 功能的改进，有关虚拟个人助理的竞争越来越激烈。Google Assistant 是 Siri 的竞争对手，为 Android 智能手机而开发。有关它的有趣演示，请访问 youtube.com/watch?v=WTMbF0qYWVs；youtube.com/watch?v=17rY2ogJQQs 的视频中说明了一些高级功能。有关详细信息，请参见文献（Kelly，2016）。如 CES 2018 大会所示，该产品在 2018 年得到了显著改善。

## 12.5.6　其他个人助理

其他几家公司都有虚拟个人助理，例如众所周知的 Microsoft Cortana。2016 年 9 月，微软将 Cortana 和 Bing 合并（请参见文献（Hachman，2016））。Alexa 和 Cortana 现在一起工作。据估计，到 2022 年，在美国使用语音个人助理的比例将达到 55%。有关该研究和个人助理的未来发展，请参见文献（Perez，2017）。

## 12.5.7　大型科技公司之间的竞争

苹果和谷歌已向其数亿移动设备用户提供了个人助理服务。微软已经为其个人助理配备了超过 2.5 亿台 PC。亚马逊的 Alexa / Echo 销售的助手更多。比赛是在语音控制的聊天机器人上进行的。他们的竞争对手将它们视为"自 iPhone 问世以来最大的事情"。

## 12.5.8　虚拟个人助理知识

如前所述，虚拟个人助理的知识保存在"云"中。原因是这些助理是商品，可供数百万用户使用，并且需要提供动态的、实时更新的信息（例如，天气状况、新闻、库存、价格）。当知识库被集中化时，其维护在一个地方进行。这与许多企业机器人的知识形成了鲜明的对比，后者对它们的更新是分散的。因此，AAPL 始终会更新 iPhone 上 Siri 的常识。有关 Alexa 技能的知识必须在本地或由创建它们的第三方供应商处维护。

> ➣ **复习题**
>
> 1. 描述一个智能虚拟个人助理。
> 2. 描述一下亚马逊 Alexa 的功能。
> 3. 把亚马逊的 Alexa 和 Echo 联系起来。
> 4. 描述 Echo Dot 和 Tap。
> 5. 描述苹果的 Siri 和 Google Assistant。
> 6. 如何维护个人助理的知识？
> 7. 解释虚拟个人助理和聊天机器人之间的关系。

# 12.6　聊天机器人作为专业顾问（机器人顾问）

12.5 节中描述的个人助理可以提供许多信息和基本建议。虚拟个人助理的特殊类别旨在提供特定领域的个性化专业建议。它们活动的主要领域是机器人顾问在其中进行的投资和投资组合管理。

## 12.6.1　机器人财务顾问

众所周知，在主要交易所，尤其是金融机构，股票交易的绝大多数"购买"和"出售"决定都是由计算机做出的。但是，计算机也可以个性化方式管理个人账户。

根据 A. T. Kearney 的调查（2015 年由 Regan 报告），机器人顾问的定义是通常通过移动平台提供自动化、低成本、个性化投资咨询服务的在线提供商。这些机器人顾问使用分配、部署、重新平衡和交易投资产品的算法。一旦注册了机器人服务，个人就可以输入他们的投资目标和偏好。然后，机器人将使用先进的 AI 算法，为个人提供个性化投资建议，供个人从基金或交易所买卖基金（ETF）中进行选择。通过与机器人顾问进行对话，人工智能程序将优化投资组合。这些都可以通过数字方式完成，无须与现场人员交谈。有关详细信息，请参见文献（Keppel，2016）。

## 12.6.2　财务机器人顾问的演变

Betterment 公司在 2010 年成立，随后成立的还有其他几家公司（2010 年为 Future Advisor 和 Hedgeable，2011 年和 2012 年为 Personal Capital、Wealthfront 和 SigFig）。Schwab Intelligent Portfolios、Acorns、Vanguard RAS 和 Ally 于 2014 年和 2015 年成立。2016 年和

2017 年，E*Trade、TD Ameritrade、Fidelity 和 Merrill Edge 成立了。毫无疑问，机器人顾问的出现改变了财富管理业务的游戏规则，尽管到目前为止，它们的表现与传统的金融服务并没有太大不同。

Robo 建议公司尝试使用 ETF 来削减成本，而 ETF 的佣金费用明显低于共同基金。年费与所需资产的最低金额不同。高级服务更昂贵，因为它们提供了咨询人类专家（Advisors 2.0）的机会，这将在下面进行介绍。

### 12.6.3　Robo Advisors 2.0：增添人情味

机器人顾问有时无法独自完成有效的工作，因此，在 2016 年末，一些公司开始在它们的全自动顾问服务中开始添加人工选项（参见文献（Eule，2017；Huang，2017）），或与另一家公司成为合作伙伴。例如，瑞银财富管理美洲公司与纯机器人顾问 SigFig 合作。

具有人工支持的机器人顾问的专业知识各不相同。例如，Betterment（加号和许可权选项）、Schwab Intelligent Advisory 和 Vanguard Personal Advisor Service 使用经过认证的财务规划师（CFP），其他公司提供的专业知识较少。有关详细信息，请参见文献（Huang，2017）。

应用案例 12.7 中描述了 Betterment 如何增加人工支持。

---

**应用案例 12.7**　**Betterment，金融机器人顾问的先驱**

Betterment 是 2010 年金融机器人顾问的先驱，它创建了一个自动化的财富管理平台。从那时起，它在不断发展的行业中发挥了领导作用。2017 年，该公司控制着超过 90 亿美元的资产，其 200 000 名成员的回报率超过 11%。与其他机器人顾问一样，Betterment 也吸引了不想自己管理投资组合或不想支付人工顾问收取的 2%～3% 的年费的投资者。

在该公司的宣传中，展示了 Betterment 的以下好处：

- ❑ 能随时随地提供各类专业的专家建议。
- ❑ 提供包含人力投资顾问知识的机器人程序的建议。
- ❑ 协助投资者决定投资多少。
- ❑ 帮助投资者计算出要承担多少风险。
- ❑ 有助于降低投资相关税收。
- ❑ 为问题提供可操作的答案。
- ❑ 为大学储蓄提供建议。
- ❑ 帮助制订退休计划。
- ❑ 协助进行抵押管理（如再融资）。
- ❑ 利用投资者的目标分析提供个性化服务。

Betterment 没有账户最低限额（竞争对手要求的最低限额高达 10 万美元）。

每个投资者的投资组合都会根据市场情况自动调整，以实现其目标。所有投资组合都由人工智能算法构建和管理。

**优质服务——人性化**

Amazon.com 和 Expedia 最初是纯粹的在线公司，后来又增加了实体贸易，在 2017 年，Betterment 添加了人工服务，其 Plus 服务面向资产超过 100 000 美元且愿意为此服务支付 0.4% 年费的客户。使用该软件，客户不仅可以与自动机器人互动，还可以与人类顾问互动。该公司还提供更高级别的服务，该级别的服务需要 250 000 美元的资产来支撑，并会向用户收取 0.5% 的费用。

尽管增加知识（通过机器学习）可以使自动化服务的质量提高，但需要人工干预的复杂情况仍然存在。基于这一点，增值服务和优质服务进入了我们的视野。一些竞争对手也在其产品中加入了人性化的元素。

资料来源：文献（O'Shea，2017）和（Eule，2017），以及 betterment.com（2018 年 4 月访问）。

**针对应用案例 12.7 的问题**

1. Betterment 可以为投资者带来什么好处？

2. 把 Betterment 与主要竞争对手进行比较，参见文献（Eule，2017）。

3. 与纯自动化和纯人工服务相比，自动化服务中在机器增加人工服务有什么好处？

4. 找到一些关于 Betterment 的新信息，写一份报告。

**机器人顾问提供的咨询质量**　你可能想知道机器人顾问的建议有多好。这取决于它们所储备的知识、所涉及的投资类型、AI 机器的推理引擎等。但是请记住，机器人没有偏见且能保持意见一致。在投资建议的一个最重要的方面，它们可能比人类表现得还要好，比如知道如何在法律上最小化相关税收。这意味着机构级的税收损失征税现在已经在所有投资者的范围之内。与此相反的观点是，有些人认为很难用机器人代替投资经纪人。De Aenlle 认为人类仍在主导咨询服务（参见 Pohjanpalo 于 2017 年撰写的 Nordea Bank 示例）。

有关最佳机器人顾问的列表，请参阅文献（Eule，2017；O'Shea，2016）和 investor-junkie.com/35919/roboadvisors。有关金融和投资领域的机器人顾问的全面报道，包括咨询行业的主要公司，请参阅文献（McClellan，2016）。

康奈尔大学正在开发一种新型的商业机器人顾问，名为 Gsphere。此外，机器人顾问会出现在美国以外的其他国家（例如新加坡的 Marvelstone Capital）。

**金融机构及其竞争**　几家大型金融机构和银行建立了自己的机器人顾问系统或与它们合作。由于没有足够的长期数据，因此很难评估这场比赛的赢家和输家。到目前为止，客户似乎喜欢机器人顾问，基本上是因为它们的成本仅为全方位服务的人类顾问的 10%。有关讨论和数据，请参阅文献（Marino，2016）。请注意，一些观察者指出，由于使用 ETF，在下跌的股票市场中使用自动交易顾问比较危险。

## 12.6.4　使用 AI 管理共同基金

许多机构和一些个人投资者使用 AI 算法购买股票。有些人更喜欢购买可以通过 AI 持有的共同基金。EquBot 就是这样一种基金（其符号为 AIEQ）。其 2017 年的表现高于平均水平。

EquBot 使用的 AI 算法每天可以处理 100 万条数据。它们关注 6000 家公司。有关详细信息，请参见文献（Ell，2018）。

### 12.6.5　其他专业顾问

除投资顾问外，还有其他几种机器人顾问，涉及的领域包括旅行、医药、法律。以下是非投资顾问的示例：

❑ **计算机操作**　为了降低成本，主要的计算机供应商（硬件和软件）试图为用户提供自我指导，以解决遇到的问题。如果用户无法从指南中获取帮助，那么可以联系实时客户服务代理。此服务可能无法实时使用，这可能会使客户感到不适。现场经纪人的收费很昂贵，尤其是提供全天候时。因此，公司正在使用交互式虚拟顾问。

例如，联想计算机使用名为 noHold 的 AI 通用机器人为客户提供帮助。

❑ **旅行**　多家公司为未来的国内和国际旅行提供建议。例如，Utrip（utrip.com）帮助计划欧洲旅行。根据既定目标，旅行者会向你推荐在某些目的地的旅游景点。该服务与其他服务的不同之处在于它可以自定义旅行。

❑ **医疗和健康顾问**　许多国家或地区都有大量的健康和医疗顾问，例如德国的健康局（Ad a Health of Germany）。它成立于 2017 年年末，是一个聊天机器人，可帮助人们进行诸如解密疾病之类的活动，并可将患者与现场医生联系起来。添加基于机器人的患者 – 医生间的协作，这可能是一种发展趋势。

TalKing 于 2017 年提供了当年最有用的聊天机器人列表，其中包括：

○ Health Tap 为患者提供常见症状的解决方案，它可以像医生一样工作。

○ YourMd 类似于 Health Tap。

○ Florence 是 Facebook Messenger 上的私人护士。

其他机器人包括 OneStopHealth、HealthBot、GYANT、Buoy、Bouylon 和 Mewhat。

○ 机器人可以扮演陪伴者的角色（例如，对痴呆患者具有耐心）。在日本，看上去和感觉起来像狗的机器人在老年人中非常受欢迎。设计了几种机器人来提高患者参与度。例如，Lovett 于 2018 年报告说，一种能与患者互动的机器人可以将患者对流感预防运动的反应率提高 30%。最终，经典的开拓性机器人 ELIZA 成了一位"心理学家"。

❑ **购物顾问（购物机器人）**　购物机器人可以充当购物顾问。一个例子是 Shop Advisor（请参阅 shopadvisor.com/our-platform）。它是一个包含三个组件的综合平台，可以帮助公司吸引客户。该平台是一个自学习系统，可以随着时间的推移改善其操作。其组件包括：

○ 产品智能，可处理复杂多样的产品数据，包括竞争分析。

　　○ 情境智能，收集并分类有关不同位置的营销设施和库存的情境数据点。

　　○ 购物者智能，研究消费者在不同杂志、移动应用程序和网站上的行为。

　　还有成千上万的其他购物顾问，比如丝芙兰的购物顾问。还有用于梅赛德斯汽车和顶级百货商店（例如 Nordstrom、Saks 和 DFS）的聊天机器人。由于在社交网络上使用了移动购物和移动聊天功能，因此购物聊天机器人的使用正在迅速增加。如前面所述，营销人员可以收集客户数据，并向特定客户提供有针对性的广告和客户服务。

　　在机器人的协助下促进在线购物的另一个趋势是虚拟个人购物助手的数量增加。例如，用户只需通过语音告诉 Alexa 想要买什么就可以。更好的是，他们可以在任何地方使用智能手机告诉 Alexa 去购物。直接从供应商那里通过语音订购（例如，递送比萨饼）变得流行。除了由卖方操作的聊天机器人之外，还有一些机器人可以提供有关购买什么和在哪里购买的建议。

### 示例：智能助手购物机器人

　　购物机器人会提出一些问题，以了解客户的需求和偏好。然后，它们为客户推荐最佳搭配。这使客户感到他们正在接受个性化服务。这种智能助手简化了客户的决策过程。它还会通过问答方式为客户提供其所关心问题的建议。对于指导性测试，请访问 smartassistant.com/advicebots 上的演示。请注意，这些机器人实质上是推荐系统，在用户需要建议的情况下提供帮助，而其他推荐系统（例如 Amazon.com 的建议系统）即使在用户不要求的情况下也可以提供建议。

　　阿里巴巴的 Fashion AI 是时尚领域著名的全球购物助手，它可以为在商店购物的顾客提供帮助。当顾客进入试衣间时，Fashion AI 开始行动。有关此操作如何完成的详细信息，请参见文献（Sun，2017）。

　　另一种类型的购物顾问可以充当购物者的虚拟个人顾问。此类型是从传统的电子商务智能代理（例如 bizrate.com 和 pricegrabber.com）发展而来的。

## 12.6.6　IBM Watson

　　知识最渊博的虚拟顾问可能是 IBM Watson(参见第 6 章)。关于其用途的一些示例如下：

❑ 梅西百货公司开发了一项服务，即梅西百货公司的通话服务，以帮助客户在购物时浏览其实体店。使用基于位置的软件，该应用程序可以知道它们在商店中的位置。通过使用智能手机，客户可以在商店中询问有关产品和服务的问题，然后从聊天机器人处接收自定义的响应。

❑ IBM Watson 可以帮助医生快速做出诊断（或验证诊断）并提出最佳治疗方案。Watson 的医学顾问可以非常快速地分析图像，并查找医生可能会错过的东西。

❑ Deep Thunder 可以提供准确的天气预报服务。

❑ 希尔顿酒店的前台使用基于 Watson 的"康妮机器人"。康妮在实验中做得非常出色，其服务水平也在不断提高。

有关 IBM Watson 的更多信息，请参见文献（Noyes，2016）。

> **复习题**
> 1. 定义机器人顾问。
> 2. 解释机器人顾问如何为投资工作。
> 3. 讨论机器人投资顾问的一些缺点。
> 4. 解释机器人咨询中的人机协作。
> 5. 请描述 IBM Watson。

# 12.7 实施问题

聊天机器人和个人助手存在一些独特的实现问题。接下来将介绍几个代表性系统的示例。

## 12.7.1 技术问题

许多聊天机器人，包括虚拟个人助理，都具有不完善的语音识别功能（但仍在改善）。语音识别系统还没有一个好的反馈系统来实时告诉用户它对用户的需求理解了多少。另外，语音识别系统可能不知道何时执行当前任务，并且需要人为干预。

组织内部的组件需要连接到 NLP 系统。这可能是一个问题，但是由于安全性和连接困难，当聊天机器人连接到 Internet 时，可能存在更大的问题。

一些聊天机器人需要使用多种语言。因此，它们需要连接到机器语言翻译器。

## 12.7.2 机器人的缺点和局限性

以下是有关机器人的劣势和局限性的观点（在撰写本书时分别于 2017 年和 2018 年观察到）。一些会随着时间消失：

- ❑ 一些机器人提供了较差的性能，至少在启动时是如此，这让用户感到沮丧。
- ❑ 有些机器人不能很好地代表自己的品牌。不好的设计可能导致不好的表现。
- ❑ 基于人工智能的机器人程序的质量取决于复杂算法的使用，而复杂算法的构建和使用成本高昂。
- ❑ 有些机器人使用起来并不方便。
- ❑ 有些机器人的操作方式不一致。
- ❑ 企业聊天机器人带来了巨大的安全和集成方面的挑战。

有关消除某些缺点和限制的方法，请参见文献（Kaya，2017）。

**攻击下的虚拟助理** Cortana、Siri、Alexa 和 Google Assistant 经常受到对机器感到愤怒或只是喜欢取笑它们的人的攻击。在某些情况下，机器人的管理员会尝试编写程序让机器人对攻击做出反应，在其他情况下，某些计算机会对攻击做出无意义的响应。

## 12.7.3　聊天机器人的质量

尽管大多数系统的质量并不完美，但随着时间的推移，它的质量正在提升。但是，那些为用户检索信息并经过适当编程的软件的质量可以很好。一般而言，公司在收购或租赁聊天机器人方面投入的资金越多，其准确性就越高。此外，服务于众多人的机器人（例如 Alexa 和 Google Assistant）显示出更高的准确性。

**机器人顾问的素质**　由于金融服务领域的自动机器人问世的时间并不长，因此很难评估其建议的质量。后端基准测试发布有关机器人顾问公司的季度报告（theroboreport.com），其中一些报告是免费的。根据这项服务，Schwab 的智能投资组合机器人在 2017 年的表现最佳。但是请注意，投资组合的绩效需要长期（例如 5~10 年）进行衡量。

与机器人互动时的一个主要问题是可能会失去人与人之间的联系。机器人需要与客户建立信任并能回答复杂的问题，以便客户可以理解机器人的答案。此外，机器人不能带来同理心或友情。根据文献（Knight，2017b），有一个解决方案。首先，机器人应仅执行适合自己的任务。其次，它们应该为客户提供可见的收益。最后，由于机器人面对客户，因此交互必须经过充分规划，以确保客户满意。

此外请注意，机器人顾问会提供个性化的建议。有关基于目标的最佳机器人的信息，请参见文献（Eule，2017），后者还为该领域的领先公司提供了计分卡。最后，Gilani 于 2016 年为机器人顾问及其潜在危险提供了指南。

**微软的 Tay**　Tay 是一个基于 Twitter 的聊天机器人，但这个项目失败了，并被微软终止。它从 Internet 上收集了信息，但是微软并未向该机器人提供如何处理 Internet 上使用不当的材料（例如，不当评论、虚假新闻）的知识。因此，Tay 的输出毫无用处，并且经常冒犯到用户。最终，微软停止了 Tay 的服务。

## 12.7.4　设置 Alexa 的智能家居系统

Alexa 在控制智能家居方面很有用。Crist 于 2017 年提出了在智能家居中使用 Alexa 的六步过程：

1. 找一个扬声器（如 Echo）。
2. 考虑说话者的位置。
3. 设置智能家庭设备。
4. 与 Alexa 同步相关的小工具。
5. 设置组和场景。
6. 在此过程中进行微调。

这些步骤在 cnet.com/uk/how-to/how-to-get-started-with- an-alexa-smart-home/ 上有演示。

## 12.7.5　构建机器人

之前我们介绍了一些为聊天机器人提供开发平台的公司。此外，多家公司可以为用户构建机器人，因此它们也可以自己构建一个简单的机器人。文献（Ignat，2017）中提供了使用工具的分步指南。该机器人是在 Facebook Messenger 上构建的。文献（Newlands，2017b）中提供了另一个创建 Facebook Messenger 机器人的指南，其中建议了以下步骤：

1. 为机器人设置唯一的名字。
2. 为客户提供如何构建机器人以及如何与之交流的指南。
3. 尝试让谈话自然进行。
4. 让机器人听起来更智能，但是使用简单的术语。
5. 不要同时部署所有功能。
6. 优化和维护机器人以不断提高其性能。

有一些免费的构建聊天机器人的资源，其中大多数都包含"操作方法"说明。几种即时通信服务（例如 Facebook Messenger、Telegraph）既提供聊天机器人平台，又提供自己的聊天机器人。有关 2017 年企业聊天机器人平台及其功能的列表，请参阅 entrepreneur.com/article/296504。

**使用微软的 Azure Bot 服务** Azure 是一个全面但不复杂的机器人生成器。它的 Bot 服务提供了五个模板，可用于快速轻松地创建机器人。根据 docs.microsoft.com/en-us/bot-framework/azure-bot-service-overview/，可以使用表 12.1 中显示的任何模板。

有关创建机器人的详细教程，请参见 docs.microsoft.com/en-us/bot-framework/azure-bot-service-overview/ 上的"使用 Azure Bot 服务创建 Bot"（Create a Bot with Azure Bot Service）。

表 12.1 Azure 的模板

| 模 板 | 描 述 |
| --- | --- |
| 基本 | 创建使用对话响应用户输入的机器人 |
| 形式 | 创建一个机器人，通过使用 Form Flow 创建的引导对话收集用户的输入 |
| 语言理解 | 创建一个使用自然语言模型（LUIS）来理解用户意图的机器人 |
| 积极主动 | 创建一个机器人，使其使用 Azure 函数向用户发出事件警报 |
| 问题与答案 | 创建使用知识库回答用户问题的机器人 |

注：微软还提供了一个机器人框架，在这个框架上可以构建机器人（类似于 Facebook Messenger）。有关微软的机器人和教程，请参见文献（Afaq，2017）。

# 本章要点

❑ 聊天机器人可以为组织节省资金，提供与客户和业务合作伙伴的全天候链接，并在其所谈及的内容上保持一致。
❑ 专家系统是第一个用于商业应用的人工智能产品。
❑ 专家系统将知识从专家转移到机器上，这样机器就可以拥有解决问题所需的专业知识。
❑ 经典的专家系统使用业务规则来表示知识，并从中生成用户问题的答案。
❑ 专家系统的主要组成部分是知识获取、知识表示、知识库、用户界面和界面引擎。附加组件可以包括解释子系统和知识提炼系统。

- ❏ 专家系统有助于在组织中保留稀缺的知识。
- ❏ 新型知识系统优于传统的专家系统，进而代替了它。
- ❏ 我们区分了三种主要类型的聊天机器人：企业型聊天机器人、虚拟个人助理和机器人顾问。
- ❏ 虚拟个人助理是知识系统中一个较新的应用。亚马逊的 Alexa、苹果的 Siri 和 Google Assistant 就是此类助理的主要例子。
- ❏ 虚拟个人助理的知识在"云"中集中维护，通常通过问答对话进行传播。
- ❏ 个人助理可以接收它们能够执行的语音命令。
- ❏ 个人助理可以为它们的主人提供个性化的建议。
- ❏ 特殊类型的助理是个人顾问，如机器人顾问，可以为投资者提供个性化建议。
- ❏ 如今，推荐者使用几种人工智能技术来提供关于产品和服务的个性化建议。
- ❏ 人们可以通过文字信息、语音和图像与聊天机器人进行交流。
- ❏ 聊天机器人包含一个知识库和一个自然语言界面。
- ❏ 聊天机器人主要用于信息搜索、通信和协作，以及在特定领域提供建议。
- ❏ 聊天机器人可以通过提供信息和客户服务来促进网上购物。
- ❏ 聊天机器人与信息系统（如 Facebook Messenger、微信）配合得非常好。
- ❏ 企业聊天机器人服务于所有类型的客户，可以与商业伙伴合作。它们也可以为组织员工服务。
- ❏ 虚拟个人助理（VPA）是专为个人设计的，可以定制。
- ❏ VPA 被创建为面向大众的"本地"产品。
- ❏ 一个著名的 VPA 是亚马逊的 Alexa，它通过一个叫作 Echo（或其他智能扬声器）的智能扬声器访问。
- ❏ VPA 可从多个供应商处获得。众所周知的是亚马逊的 Alexa、苹果的 Siri 和 Google Assistant。
- ❏ VPA 可以专攻特定领域，并担任投资顾问。
- ❏ 机器人顾问以比人类顾问低得多的成本提供个性化的在线投资建议。到目前为止，质量似乎是可以比较的。
- ❏ 机器人顾问可以与人类顾问结合处理特殊情况。

# 讨论

1. 有人说聊天机器人并不善于聊天，也有人不同意这个观点。讨论一下。
2. 讨论聊天机器人的经济效益。
3. 讨论 IBM Watson 如何为 10 亿人提供帮助，以及这会带来什么样的影响。
4. 讨论聊天机器人的局限性以及如何改善。
5. 讨论是什么让专家系统流行了近 30 年。
6. 总结从专家那里获取知识的困难（可参考第 2 章）。
7. 比较专家系统中的知识精炼系统与机器学习中的知识改进。
8. 探讨在企业内部和外部使用聊天机器人的差异。
9. 有人说，没有虚拟的个人助理，一个家庭就称不上智能，为什么？
10. 将 Facebook Messenger 虚拟助手项目 M 与竞争对手的项目进行比较。
11. 检查 Alexa 从星巴克点饮料的技巧。
12. 讨论机器人顾问相对于人类顾问的优势，以及缺点是什么。
13. 解释营销人员如何使用机器人来接触更多的客户。

14. 机器人顾问是金融领域的未来吗？探讨一下，可以从文献（Demmissie，2017）开始。
15. 研究聊天机器人对工作的潜在影响并写一篇总结。

# 参考文献

Afaq, O. "Developing a Chatbot Using Microsoft's Bot Framework, LUIS and Node.js (Part 1)." *Smashing Magazine*, May 30, 2017. **smashingmagazine.com/2017/05/chatbot-microsoft-bot-framework-luis-nodejs-part1/** (accessed April 2018).

Aggarwal, C. *Recommended Systems: The Textbook.* [eTextbook]. New York, NY: Springer, 2016.

Arora, S. "Recommendation Engines: How Amazon and Netflix Are Winning the Personalization Battle." *Martech Advisor*, June 28, 2016.

Arthur, R. "Sephora Launches Chatbot on Messaging App Kik." *Forbes*, March 30, 2016.

Bae, J. "Development and Application of a Web-Based Expert System Using Artificial Intelligence for Management of Mental Health by Korean Emigrants." *Journal of Korean Academy of Nursing*, April 2013.

Beaver, L. "Chatbots Explained: Why Businesses Should Be Paying Attention to the Chatbot Revolution." *Business Insider*, March 4, 2016.

CBS News. "LinkedIn Adding New Training Features, News Feeds and 'Bots.'" *CBS News*, September 22, 2016. **cbsnews.com/news/linkedin-adding-new-training-features-news-feeds-and-bots** (accessed April 2018).

Clark, D. "IBM: A Billion People to Use Watson by 2018." *The Wall Street Journal*, October 26, 2016.

Cognizant. "Bot Brings Transavia Airlines Closer to Customers." *Cognizant Services*, 2017. **https://www.cognizant.com/content/dam/Cognizant_Dotcom/landing-page-resources/transavia-case-study.pdf** (accessed April 2018).

Costa, A., et al. (eds.) *Personal Assistants: Emerging Computational Technologies (Intelligent Systems Reference Library).* New York, NY: Springer, 2018.

Crist, R. "How to Get Started with an Alexa Smart Home." *CNET*, July 5, 2017. **cnet.com/how-to/how-to-get-started-with-an-alexa-smart-home/** (accessed April 2018).

Crook, J. "WeWork Has Big Plans for Alexa for Business." *TechCrunch*, November 30, 2017.

Davydova, O. "25 Chatbot Platforms: A Comparative Table." *Chatbots Journal*, May 11, 2017.

De Aenlle, C. "A.I. Has Arrived in Investing. Humans Are Still Dominating." *The New York Times*, January 12, 2018.

Demmissie, L. "Robo Advisors: The Future of Finance." *The Ticker Tape*, March 13, 2017.

Ell, K. "ETFs Powered by Artificial Intelligence Are Getting Smarter, Says Fund Co-Founder." *CNBC News*, January 23, 2018.

Eule, A. "Rating the Robo-Advisors." *Barron's*, July 29, 2017.

Ferron, E. "Mobile 101: What Are Bots, Chatbots and Virtual Assistants?" *New Atlas*, February 16, 2017. **newatlas.com/what-is-bot-chatbot-guide/47965/** (accessed April 2018).

Garg, N. "Case Study: How Kenyt Real Estate Chatbot Is Generating Leads." *Medium*, June 22, 2017.

Gikas, M. "What the Amazon Echo and Alexa Do Best." *Consumer Reports*, July 29, 2016. **consumerreports.org/wireless-speakers/what-amazon-echo-and-alexa-do-best** (accessed April 2018).

Gilani, S. "Your Perfectly Diversified Portfolio Could Be in Danger—Here's Why." *Money Morning @ Wall Street*, December 6, 2016.

Griffiths, T. "Using Chatbots to Improve CRM Data: A WeChat Case Study." *Half a World*, November 16, 2016.

Guynn, J. "Zuckerberg's Facebook Messenger Launches 'Chat Bots' Platform." *USA Today*, April 12, 2016.

Hachman, M. "Microsoft Combines Cortana and Bing with Microsoft Research to Accelerate New Features." *PCWorld*, September 29, 2016.

Huang, N. "Robo Advisers Get the Human Touch." *Kiplinger's Personal Finance*, September 2017.

Hunt, M. "Enterprise Chatbots and the Conversational Commerce Revolutionizing Business." *Entrepreneur*, July 3, 2017.

Ignat, A. "Iggy—A Chatbot UX Case Study." *Chatbot's Life*, August 9, 2017. **chatbotslife.com/iggy-a-chatbot-ux-case-study-b5ac0379029c/** (accessed April 2018).

Ismail, K. "Top 14 Chatbot Building Platforms of 2014." *CMS Wire*, December 19, 2017.

Johnson, K. "Everything Amazon's Alexa Learned to Do in 2017." *Venturebeat.com*, December 29, 2017.

Kaya, E. *Bot Business 101: How to Start, Run & Grow Bot/AI Business.* Kindle Edition. Seattle, WA: Amazon Digital Services, 2017.

Kelly, H. "Amazon wants Alexa everywhere." *CNN Tech*, September 22, 2018.

Kelly, H. "Battle of the Smart Speakers: Google Home vs. Amazon Echo." *CNN Tech*, May 20, 2016. **money.cnn.com/2016/05/20/technology/google-home-amazon-echo/index.html?iid=EL** (accessed April 2018).

Keppel, D. *Best Robo-Advisor: Ultimate Automatic Wealth Management.* North Charleston, SC: Create Space Pub., 2016.

Knight, K. "Expert: Bots May Be a Marketers New Best Friend." *BizReport*, December 7, 2017a.

Knight, K. "Expert: How to Engage Chatbots Without Losing the Human Touch." *BizReport*, February 13, 2017b.

Knight, K. "Report: Over Half of Millennials Have or Will Use Bots." *Biz Report*, February 24, 2017c.

Korosec, K. "Start Your Car from Inside Your Home Using Amazon's Alexa." *Fortune.com*, August 18, 2016.

Lacheca, D. "Conversational AI Creates New Dialogues for Government." *eGovInnovation*, October 24, 2017.

Larson, S. "Baidu Is Bringing AI Chatbots to Healthcare." *CNNTech*, October 11, 2016.

Lovett, L. "Chatbot Campaign for Flu Shots Bolsters Patient Response Rate by 30%." *Healthcareitnews.com*, January 24, 2018.

Mah, P. "The State of Chatbots in Marketing." *CMOInnovation*, November 4, 2016.

Makadia, M. "Benefits for Recommendation Engines to the Ecommerce Sector." *Business 2 Community*, January 7, 2018.

Mangalindan, J. P. "RBC: Amazon Has a Potential Mega-Hit on Its Hand." *Yahoo! Finance*, April 25, 2017.

Marino, J. "Big Banks Are Fighting Robo-Advisors Head On." *CNBC News*, June 26, 2016.

Matney, L. "Siri-Creator Shows Off First Public Demo of Viv, 'The Intelligent Interface for Everything.'" *Tech Crunch*, May 9, 2016. **techcrunch.com/2016/05/09/siri-creator-shows-off-first-public-demo-of-viv-the-intelligent-interface-for-everything** (accessed April 2018).

McClellan, J. "What the Evolving Robo Advisory Industry Offers." *AAII Journal*, October 2016.

Morgan, B. "How Chatbots Improve Customer Experience in Every Industry: An Infograph." *Forbes*, June 8, 2017.

Newlands, M. "How to Create a Facebook Messenger Chatbot for Free Without Coding," *Entrepreneur*, March 14, 2017a.

Newlands, M. "10 Ways Enterprise Chatbots Empower CEOs." *MSN.com*, August 9, 2017b. **msn.com/en-us/money/smallbusiness/10-ways-enterprise-chatbots-empower-ceos/ar-AApMgU8** (accessed April 2018).

Noyes, K. "Watson's the Name, Data's the Game." *PCWorld*, October 7, 2016.

Nur, N. "Singapore's POSB Launches AI-Driven Chatbot on Facebook Messenger." *MIS Asia*, January 19, 2017.

O'Brien, M. "What Can Chatbots Do for Ecommerce?" *ClickZ.com*, April 11, 2016.

Oremus, W. "When Will Alexa Know Everything?" *Slate.com*, April 6, 2018.

O'Shea, A. "Best Robo-Advisors: 2016 Top Picks." *NerdWallet*, March 14, 2016.

O'Shea, A. "Betterment Review 2017." *NerdWallet*, January 31, 2017.

Perez, S. "Voice-Enabled Smart Speakers to Reach 55% of U.S. Households by 2022, Says Report." *Tech Crunch*, November 8, 2017.

Pohjanpalo, K. "Investment Bankers Are Hard to Replace with Robots, Nordea Says." *Bloomberg*, November 27, 2017.

Popper, B. "How Netflix Completely Revamped Recommendations for Its New Global Audience." *The Verge*, February 17, 2016. **theverge.com/2016/2/17/11030200/netflix-new-recommendation-system-global-regional** (accessed April 2018).

Quoc, M. "10 Ecommerce Brands Succeeding with Chatbots." *A Better Lemonade Stand*, October 23, 2017.

Radu, M. "How to Pay Less for Advertising? Use Baro—An Ad Robot for Campaigns Optimization." *150sec.com*, August 18, 2016.

Rayome, A. "How Sephora Is Leveraging AR and AI to Transform Retail and Help Customers Buy Cosmetics." *TechRepublic*, February, 2018, "If This Model Is Right." *Bloomberg Business*, June 18, 2015.

Reisinger, D. "10 Reasons to Buy the Amazon Echo Virtual Personal Assistant." Slide Show. *eWeek*, February 9, 2016.

Schlicht, M. "The Complete Beginner's Guide to Chatbots." *Chatbots Magazine*, April 20, 2016. **chatbotsmagazine.com/the-complete-beginner-s-guide-to-chatbots-8280b7b906ca** (accessed April 2018).

StartUp. "How Netflix Uses Big Data." *Medium.com*, January 12, 2018. **medium.com/swlh/how-netflix-uses-big-data-20b5419c1edf** (accessed April 2018).

Sun, Y. "Alibaba's AI Fashion Consultant Helps Achieve Record-Setting Sales." *MITTechnology Review*, November 13, 2017.

TalKing. "Top Useful Chatbots for Health." *Chatbots Magazine*, February 7, 2017.

Taylor, S. "Very Human Lessons from Three Brands That Use Chatbots to Talk to Customers." *Fast Company*, October 21, 2016. **fastcompany.com/3064845/human-lessons-from-brands-using-chatbots** (accessed April 2018).

Ulanoff, L. "Mark Zuckerberg's AI Is Already Making Him Toast." *Mashable*, July 22, 2016.

Chapter 13 第 13 章

# 物联网智能应用平台

**学习目标**

❑ 描述物联网及其特点。

❑ 讨论物联网的优势和驱动因素。

❑ 了解物联网的工作原理。

❑ 描述传感器并解释其在物联网应用中的作用。

❑ 描述不同领域的典型物联网应用。

❑ 描述智能家电和智能家居。

❑ 了解智能城市的概念、内容和优点。

❑ 描述自动驾驶交通工具的景观。

❑ 讨论物联网实施的主要问题。

物联网（IoT）自 2014 年以来一直是科技界关注的焦点。它的应用正在工业、服务业、政府和军事等许多领域迅速涌现（Manyika 等，2015）。据估计，2020～2025 年将有 200亿～500 亿个 "物" 连接到互联网。物联网将大量智能事物连接起来，并收集分析系统和其他智能系统处理过的数据。这项技术经常与人工智能（AI）工具结合，用于创建智能应用程序，特别是自动驾驶汽车、智能家居和智能城市。

## 13.1　开篇小插曲：CNH Industrial 利用物联网异军突起

CNH Industrial N.V.（CNH）是一家总部位于荷兰的全球农业、建筑业和商业市场机械制造商。该公司生产和服务超过 300 种机械，在 190 个国家开展业务，雇员超过 65 000

人。公司的业务在竞争激烈的环境中不断增长。

### 问题

为了在伦敦的公司办公室管理和协调如此复杂的业务，该公司需要优秀的通信系统、有效的分析能力和一个客户服务网络。例如，维修零件的可用性是至关重要的。客户的设备只有在更换损坏的部件后才能工作。竞争压力非常大，特别是在农业部门，那里的天气条件、季节性和收割压力可能使作业复杂化。合理的监测和控制设备是一个重要的竞争因素。最好能够预测设备的故障。与客户及其从 CNH 购买的设备的快速连接以及高效的数据监控和数据收集都至关重要。CNH 及其客户都需要持续做出决策，信息和通信的实时流动是必不可少的。

### 解决方案

CNH 以 PTC Transformational Inc. 作为物联网供应商，组建了一个基于物联网的系统，并进行了内部结构改造，以解决其问题并重塑其连接的工业机械。该解决方案最初是在农业部门实施的。实施细节由 PTC 公司于 2015 年提供。接下来将总结该物联网系统的亮点。

- ❑ 将全球数百个地点的所有机械（配备传感器并连接到系统的机械）连接到 CNH 的指挥和控制中心。此连接可监测性能。
- ❑ 通过传感器监测产品的状态、操作及其周围环境。它还能收集外部数据，如天气状况。
- ❑ 可在客户现场定制产品性能。
- ❑ 提供优化设备运行所需的数据。
- ❑ 分析驾驶 CNH 制造机械的人员的工作情况，并建议可以提高机械效率的更改。
- ❑ 预测机械的燃油供应范围。
- ❑ 提醒业主预防性维护的需求和时间安排（例如，通过监测使用情况或预测故障），并订购此类服务所需的部件。这使主动预防性维护成为可能。
- ❑ 发现卡车超载（重量过大），违反 CNH 的协议。
- ❑ 提供产品故障的快速诊断。
- ❑ 通过将卡车与计划者、交货来源和目的地联系起来，使卡车能够按时交货。
- ❑ 帮助农民优化规划从准备土壤到收获的整个农业周期（通过分析天气条件）。
- ❑ 分析收集的数据并将其与标准进行比较。

所有这些都是通过无线方式完成的。

### 结果

根据文献（Marcus，2015），CNH 通过使用物联网将其参与设备在客户场所的停机时间减少了一半。收到订单的零件可以很快发货。物联网的使用还能帮助农民监测他们的田地和设备，以提高效率。该公司现在正在向客户展示低效率的操作实例和优越的操作实践。此外，对收集到的数据的分析也有益于产品研发。

资料来源：PTC, Inc.（2015）、Marcus（2015）和 cnindustrial.com/en-us/pages/homepage.aspx。

📌 **复习题**

1. 为什么物联网是解决 CNH 问题的唯一可行方案？
2. 列出并讨论物联网的主要好处。
3. CNH 的产品开发如何从收集的使用数据中获益？
4. 解释物联网使远程信息处理和连接机械成为可能的原理。
5. 为什么物联网被认为是"未来商业战略的核心"？
6. 详细说明物联网将为 CNH 提供的新服务（例如，销售和与合作伙伴的合作）。
7. 查看图 13.1（物联网过程），并将其与 CNH 的物联网使用联系起来。
8. 确定决策支持的可能性。
9. 物联网支持公司及其客户做出的哪些决策？

### 我们可以从这个小插曲中学到什么

首先，我们了解了物联网如何为新类型的应用程序提供基础设施，这些应用程序将数千个项目连接到决策中心。其次，我们了解了传感器从机械及其周围环境收集的数据流及其传输以进行分析处理。此外，机械制造商及其所有者和用户可以通过使用该系统获得巨大的利益。最后，物联网为决策者、制造商组织和购买设备的用户提供了一个有效的沟通和协作框架。

在本章中，我们将详细介绍物联网所涉及的技术和操作过程，还将描述它在企业、家庭、智能城市和自动驾驶（智能）汽车中的主要应用。

## 13.2　物联网要素

物联网是一个不断发展的术语，有多种定义。一般来说，物联网是指一个计算机网络，它将许多物体（人、动物、设备、传感器、建筑物、物品）与一个嵌入式微处理器连接起来。这些物体主要通过无线方式连接到构成物联网的互联网。物联网可以交换数据，并允许进行对象之间及对象与环境之间的通信。也就是说，物联网允许人与物在任何时间、任何地点相互连接。采集和交换数据的嵌入式传感器构成了对象和物联网的主要部分。也就是说，物联网使用无处不在的信息处理技术。分析人士预测，到 2025 年，将有超过 500 亿台设备（对象）接入互联网，形成物联网应用的支柱。在采访 Oracle 的 Java 产品管理副总裁 Peter Utzschneider（见文献（Kvitka，2014））时，我们讨论了这种颠覆性技术的挑战和机遇（例如，在削减成本、创建新的商业模式、提高质量方面）。此外，你还可以加入 iotcommunity.com 上的讨论。英特尔对全连接世界的愿景请参见文献（Murray，2016）。

将计算机和其他设备嵌入任何活动物品中，并将所有设备连接到互联网，允许用户和物品之间进行广泛的通信和协作。通过连接许多可以相互通信的设备，可以创建具有新功能的应用程序，提高现有系统的生产率，并推动后面讨论的好处。这种交互打开了许多应用程序的大门。关于物联网的商业应用，参见文献（Jamthe，2016）。此外，查看"物联网联盟"（iofthings.org）及其年度会议。有关信息图表和指南，请参阅 intel.com/content/www/us/en/internet-of-things/infographics/guide-to-iot.html。

## 13.2.1 定义和特征

物联网有几种定义。"物联网"一词的创造者 Kevin Ashton 给出了如下定义："物联网是指连接到互联网上的传感器，通过开放的、临时的连接，自由共享数据和允许意外的应用程序，以类似互联网的方式运行，因此，计算机可以了解周围的世界，成为人类的神经系统"（1999 年的报告中第一次提到这个词（Ashton，2015））。我们采用的定义是：

物联网是一个由包括不同类型对象（如数字机器）的运算设备连接组成的网络。网络中的每个对象都有一个唯一的标识符（UID），它能够通过网络自动收集和传输数据。

所收集的数据在分析之前没有价值，如 13.1 节所示。请注意，物联网允许人们和事物在任何时间、任何地点就任何业务主题或服务进行互动和交流。根据文献（Miller，2015），物联网是一种连接网络，其中：

- 可以连接大量的对象（事物）。
- 所有事物都有一个唯一的定义（IP 地址）。
- 所有事物都能自动接收、发送和存储数据。
- 所有事物主要通过无线互联网交付。
- 所有事物都建立在机器对机器（M2M）通信的基础上。

请注意，与使用计算技术将人与人连接起来的普通互联网不同，物联网将"事物"（物理设备和人）彼此连接起来，并与收集数据的传感器连接起来。在 13.4 节中，我们将解释物联网的过程。

### 简单的例子

物联网的一个常见例子是自动驾驶汽车（见 13.9 节）。要实现自动驾驶，汽车需要有足够的传感器，能够自动监测周围的情况，并在必要时采取适当的行动来调整设置，包括速度、方向等。另一个说明物联网现象的例子是 Smartbin 公司的项目。它已经研发了包含检测填充水平的传感器的垃圾箱。当传感器检测到垃圾箱已装满时，会自动通知垃圾收集公司清空垃圾箱。

人们说明物联网的一个常见例子是，当冰箱检测到食物用完时，它可以自动订购食物（如牛奶）。Clorox 推出了一种新的过滤器，支持 Wi-Fi 的机器可以在检测到需要更换水过滤器时自行订购水过滤器。在这些例子中，一个人不必与另一个人沟通，甚至不必与机器沟通。

### 物联网正在改变一切

根据文献（McCafferty，2015），物联网正在改变一切。Burt 于 2016 年发布的调查报告证实了这一点。关于物联网对制造业的革命性影响，参见文献（Greengard，2016），以下是其中几个例子：

- 实时系统可以随时知道任何人在哪里，这有助于确保军事基地的安全，以及寻找推送对象。

❑ 车队跟踪系统允许物流和运输公司优化路线，跟踪车辆的速度和位置，并分析驾驶员和路线的效率。

❑ 喷气发动机、火车、工厂设备、桥梁、隧道等的所有者和经营者可以通过监测机器进行预防性维修。

❑ 食品、药品和其他产品的制造商监测温度、湿度和其他变量，以管理质量控制，在出现问题时接收即时警报。

人工智能系统增强了分析能力，使决策自动化或支持决策，从而促进了这些变化。

## 13.2.2 物联网生态系统

当数以十亿计的事物通过所有的支持服务和连接的 IT 基础设施连接到互联网时，我们可以看到一个巨大的综合体，它可以被视为一个巨大的生态系统。物联网生态系统是指所有能让用户创建物联网应用的组件。这些组件包括网关、分析、人工智能算法、服务器、数据存储、安全和连接设备。图 13.1 提供了一个图形视图，其中应用程序显示在左侧，构建块和平台显示在右侧。13.1 节提供了一个 IoT 应用程序的示例。它说明了一个由传感器组成的网络，这些传感器收集的信息被传输到一个中心位置进行处理，并最终用于决策支持。因此，物联网应用是物联网生态系统的子集。Meola 于 2018 年提供了基本讨论、术语、主要公司和平台。

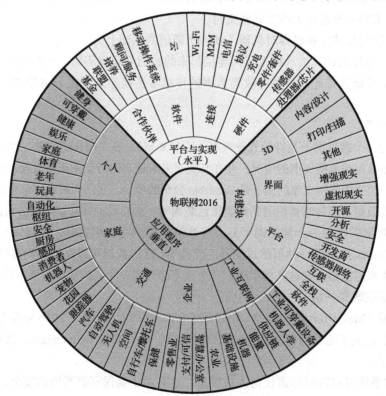

图 13.1 2016 年的物联网（生态系统）

### 13.2.3  物联网系统结构

物联网中的事物是指汽车、家用电器、医疗设备、计算机、健身跟踪器、硬件、软件、数据、传感器等各种各样的物体和设备。连接事物并允许它们进行通信是物联网应用程序的必要功能，但对于更复杂的应用程序，我们需要额外的组件：控制系统和商业模型。物联网使事物能够通过网络无线地感知或被感知。一个非互联网的例子是一个房间的温度控制系统。另一个非互联网的例子是十字路口的交通信号灯，摄像头传感器识别来自各个方向的车辆，控制系统根据编程规则调整换灯时间。稍后，我们将介绍许多基于互联网的应用程序。

**物联网技术基础设施**

从鸟瞰的角度来看，物联网技术可以分成四个主要的块。图 13.2 对它们进行了说明。

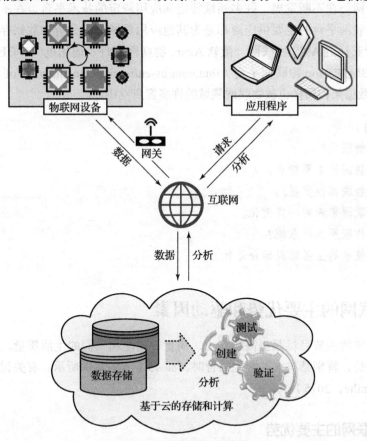

图 13.2  物联网的构建块

1. **硬件**：产生和记录数据，包括物理设备、传感器和执行器，是需要控制、监视或跟踪的设备。物联网传感器设备可以包含处理器或任何解析传入数据的计算设备。

2. **连接**：应该有一个基站或集线器，从传感器负载对象收集数据，并将这些数据发送到"云"进行分析。设备连接到网络以与其他网络或其他应用程序通信。它们可以直接连接到互联网。网关使未直接连接到互联网的设备能够访问云平台。

3. **软件后端**：在这一层管理收集的数据。软件后端管理连接的网络和设备，并提供数据集成。这很可能是在云端。

4. **应用程序**：在这一部分，数据被转化为有意义的信息。许多应用程序可以在智能手机、平板电脑和个人电脑上运行，并对数据做一些有用的事情。其他应用程序可以在服务器上运行，并通过仪表板或消息向涉众提供结果或警报。

为了协助进行物联网系统的建设，人们可以使用物联网平台。有关信息请参见文献（Meola，2018）。

**物联网平台**

由于物联网仍在不断发展，许多领域特定和应用特定的技术平台也在不断发展。毫不奇怪，许多物联网平台的主要供应商都是为其他应用领域提供分析和数据存储服务的供应商，其中包括亚马逊 AWS 物联网、微软 Azure 物联网套件、通用电气（GE）的 Predix 物联网平台和 IBM Watson 物联网平台（ibm.com/us-en/marketplace/internet-of-things-cloud）。Teradata 统一数据架构同样也被物联网领域的许多客户应用。

> ▶ **复习题**
>
> 1. 什么是物联网？
> 2. 列出物联网的主要特点。
> 3. 为什么物联网很重要？
> 4. 列出物联网带来的一些变化。
> 5. 什么是物联网生态系统？
> 6. 物联网技术的主要组成部分是什么？

# 13.3  物联网的主要优势和驱动因素

物联网系统的主要目标是提高生产力、质量、速度和人们的生活质量。物联网有几个潜在的主要好处，特别是与人工智能结合时，如 13.1 节的案例所示。有关讨论和示例，请参见文献（Jamthe，2015）。

## 13.3.1  物联网的主要优势

物联网的主要优势如下：
- 通过自动化流程降低成本。
- 提高工人的生产力。
- 创造新的收入来源。

- 优化资产利用率（例如，见 13.1 节）。
- 提高可持续性。
- 改变和改善所有事物。
- 可以预测我们的需求。
- 能够洞察广阔的环境（传感器收集数据）。
- 实现更明智的决策 / 购买。
- 提高预测的准确性。
- 快速识别问题（甚至在问题发生之前识别）。
- 提供即时信息的生成和传播。
- 提供快速、廉价的活动跟踪。
- 提高业务流程的效率。
- 促进消费者和金融机构之间的沟通。
- 促进增长战略。
- 从根本上改进分析的使用（见 13.1 节）。
- 能够根据实时信息做出更好的决策。
- 加快问题解决和故障恢复的速度。
- 支持设施集成。
- 为客户提供更好的个性化服务和销售活动。

### 13.3.2　物联网的主要驱动因素

以下是物联网的主要驱动因素：

- 2020～2025 年，将有 200 亿～500 亿个"事物"接入互联网。
- 互联的自主"事物"/ 系统（如机器人、汽车）创造了新的物联网应用。
- 随着时间的推移，宽带互联网越来越普及。
- 设备和传感器的成本不断下降。
- 连接设备的成本正在降低。
- 额外的设备被创造出来（通过创新），并且很容易相互连接（例如，参见文献（Fenwick，2016））。
- 更多传感器内置在设备中。
- 智能手机的普及率正在飙升。
- 可穿戴设备的可用性正在增加。
- 移动数据的速度增加到 60THz。
- 正在为物联网开发协议（如 WiGig）。
- 客户期望正在上升，创新的客户服务正在成为必需。
- 物联网工具和平台的可用性正在增加。

❑　与物联网一起使用的强大分析功能的可用性正在增加。

### 13.3.3　机会

在许多行业和不同环境中，物联网的优势和驱动因素为企业在经济领域（Sinclair，2017）脱颖而出创造了许多机会。麦肯锡全球研究所（Manyika 等，2015）提供了一份全面的列表，其中包含物联网在各环境中的应用示例。2017 年的一项研究（Staff，2017）显示物联网的能力和效益显著提高。

**物联网能有多大？** 虽然很快就会有数十亿的事物连接到互联网上，但并不是所有的事物都能连接到一个物联网中。然而，物联网网络可以非常大，如下所示。

**示例：世界上最大的物联网正在印度建设（2017 年）**

该网络由印度塔塔通信公司和美国惠普企业（HPE）通过 HPE 通用物联网平台构建。要连接的事物存在于 2000 个社区中，包括计算设备、应用程序和物联网解决方案，它们通过 Lo Ra 网络（一种用于广域网的无线通信协议）连接。其中包含智能建筑、公共设施、大学校园、安全系统、车辆和舰队以及医疗设施。

该项目将分阶段实施，首先测试概念验证应用程序。该网络将为 4 亿人提供服务。详情参见文献（Shah，2017）。

> ▶ **复习题**
> 1. 列出物联网对企业的优势。
> 2. 列出物联网对消费者的优势。
> 3. 列出物联网对决策的优势。
> 4. 列出物联网的主要驱动因素。

## 13.4　物联网的工作原理

物联网不是应用程序，而是用于支持应用程序的基础结构、平台或框架。以下是物联网应用的综合流程。在许多情况下，物联网只遵循这一流程的一部分。

该流程如图 13.3 所示。互联网生态系统（右上图）包含大量内容。传感器和其他设备从生态系统中收集信息。所收集的信息可以被显示、存储和分析处理（例如，通过数据挖掘）。此分析将信息转换为知识或智能。专家系统或机器学习可能有助于将知识转化为决策支持（由人或机器做出），改进的行动和结果证明了这一点。

生成的决策可以帮助创建创新的应用程序、新的商业模式和业务流程改进。这些都会导致"行动"，会影响最初的场景或其他事物。13.1 节说明了这个过程。

请注意，大多数现有的应用程序都位于图 13.3 的上部，称为"传感器到洞察"，这意味着知识的创建或新信息的传递。然而，现在焦点转移到整个循环（即传感器到行动）。

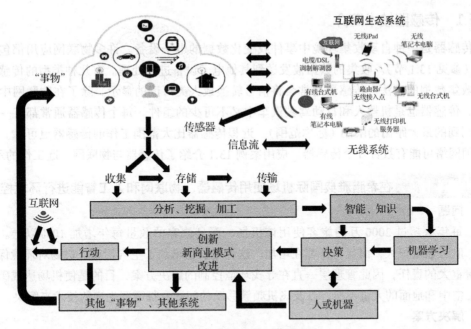

图 13.3　物联网的工作流程

物联网可能产生大量数据（大数据），需要通过各种商务智能方法进行分析，包括深度学习或高级人工智能方法。

### 物联网与决策支持

如前所述，物联网创建知识和智能，这些知识和智能作为支持提交给决策者或输入自动化决策支持实体。从数据收集到决策支持的转变可能并不简单，因为数据量很大，所以其中一些数据是不相关的。大规模物联网通常需要对收集到的数据进行过滤和"清洗"，然后才能用于决策支持，特别是当它们被用作自动决策的基础时。

> ▶ **复习题**
>
> 1. 描述物联网的主要组成部分。
> 2. 解释物联网如何按照图 13.3 所示的流程工作。
> 3. 物联网如何支持决策？

## 13.5　传感器及其在物联网中的作用

如 13.1 节所示，传感器在物联网中发挥着重要作用，它收集和与互联网连接的事物的性能相关的数据，并监测周围环境（必要时也收集数据）。传感器可以传输数据，有时甚至会在传输之前对其进行处理。

## 13.5.1　传感器技术简介

传感器是一种自动收集环境中事件或变化数据的电子设备。许多物联网应用都包含传感器（参见 13.1 节）。收集的数据被发送到其他电子设备进行处理。有几种类型的传感器和几种收集数据的方法。传感器通常会将信号转换成人类可读的显示。除了在物联网中的应用外，传感器也是机器人和自动驾驶汽车中必不可少的组件。每个传感器通常都有一个所能检测到的最大距离的限制（标称范围）。近程传感器比大范围工作的传感器更可靠。一个物联网网络可能有数百万个传感器。应用案例 13.1 介绍了传感器与物联网一起工作的示例。

**应用案例 13.1**　**在希腊雅典国际机场使用传感器、物联网和人工智能进行环境控制**

**问题**

每年有超过 2000 万的旅客使用该机场，而且旅客的数量每年增加 10% 以上。显然，航班数量很大，而且每年都在增加。这种增长也增加了空气污染。机场对环境保护有着重大的责任，因此管理层一直在寻找环境控制的解决方案，目的是使机场达成碳中和。空中和地面的大量飞机，以及飞机频繁移动的问题，都需要先进的技术来解决。

**解决方案**

处理移动飞机的一个合理方法是使用物联网技术，这项技术与基于人工智能的传感器相结合，能够实现环境监测、分析和报告，所有这些都为有关减少空气污染的决策提供了背景信息。

两个公司结合了它们在这个项目上的专业知识：希腊的 EXM 公司，专门研究物联网预测分析和创新物联网解决方案；美国的 Libelium 公司，专门研究与人工智能相关的传感器，包括用于环境的传感器。该项目的目标是适当监测机场内外的空气质量，实时确定飞机在地面的位置，并在需要时采取纠正措施。

**实时空气质量监测和分析**

机场现在有一个空气质量监测网络。该解决方案包括以经济高效的方式连接 Libelium 的传感器平台。不同的传感器测量温度、湿度、大气压力、臭氧层和颗粒物。传感器的读数被传送到物联网进行报告和分析。人们利用人工智能特性对传感器进行了改进。因此，它们的精确度提高了。此外，安全影响和能源消耗也得到了控制。

**飞机在机场中的位置**

为了确定飞机在起飞和降落过程中的准确位置，该项目使用声学测量机制。这是通过使用放置在不同位置的噪声传感器来实现的。传感器测量实时噪声水平，并通过分析进行评估。总的来说，该系统提供了一个非入侵物联网解决方案。

出于安全、安保和监管方面的考虑，传感器的位置很难选择。因此，声音监测子系统必须是自我管理（自主）的，带有提供电力的太阳能电池板和电池。此外，该系统采用了双无线通信系统（称为 GPPS）。

收集的噪声数据与物联网后端的飞机和航班类型相关。所有数据均由机场环境部门分析，并用于改善污染控制的决策。

**技术支持**

该解决方案将物联网系统与基于人工智能的分析、可视化和报告相结合，并在云中执行。此外，该系统还有现场传感器和通信基础设施。低功率无线传感器监测室内的水和气体消耗以及停车场的空气质量。供应商的产品（如 Microsoft Azure 和 IBM Bluemix）支持这个项目并提供必要的灵活性。

资料来源：文献（Hedge，2017）和（Twentyman，2017）。

**针对应用案例 13.1 的问题**

1. 物联网在项目中的作用是什么？
2. 传感器的作用是什么？
3. 这个项目有什么好处？

## 13.5.2　传感器如何与物联网协同工作

在大规模应用中，传感器收集传输到"云"中处理的数据。如应用案例 13.2 所述，有几个平台用于此过程。

> 应用案例 13.2　**罗克韦尔自动化监控昂贵的油气勘探资产，以预测故障**
>
> 罗克韦尔自动化（Rockwell Automation）是世界上最大的工业自动化和信息解决方案提供商之一。它的客户遍布全球 80 多个国家，员工约 22 500 人。其重点业务领域之一是协助油气公司勘探。一个例子是 Hilcorp Energy，这是一家在阿拉斯加开采石油的客户公司。钻井、采油和精炼石油所用的设备非常昂贵。设备发生一次故障可能导致公司每天损失 10 万～30 万美元的生产成本。为了解决这个问题，它需要技术来远程监控这类设备的状态，并预测未来可能发生的故障。
>
> 罗克韦尔自动化认为有机会通过从勘探现场收集数据并对其进行分析，以改进关键设备的预防性维护决策，从而最大限度地减少停机时间并提高性能，从而扩大其在石油和天然气行业的业务。该公司利用其与微软软件相连接的企业愿景来监控和支持放置在偏远地区的油气设备。罗克韦尔目前正在提供解决方案，以预测整个石油供应链上设备的故障，实时监测设备的状况和性能，并防止未来发生故障。解决方案涉及以下方面。
>
> ❑ **钻井**：Hilcorp Energy 在阿拉斯加部署了泵送设备，每天 24 小时在那里钻取石油。一次设备故障就可能使 Hilcorp 损失一大笔钱。罗克韦尔公司将抽油设备的电气变量驱动装置连接在"云"中进行处理，在数千英里外的俄亥俄州控制室控制其机器。传感器捕捉数据，并通过罗克韦尔的控制网关，这些数据被传递到微软的 Azure 云。这些解决方案通过数字仪表板传递给 Hilcorp 的工程师，这些仪表板提供有关压力、温度、流量和其他数十个参数的实时信息，帮

助工程师监控设备的状况和性能。这些仪表板还显示有关任何可能问题的警报。Hilcorp 的一台泵送设备出现故障时，不到一小时就被识别、跟踪和修复，节省了 6 小时的故障追踪时间和巨大的生产损失成本。

❑ **建造更智能的天然气泵**：如今，一些运输卡车使用液化天然气（LNG）作为燃料。石油公司正在更新它们的加油站，以纳入液化天然气泵。罗克韦尔自动化公司在这些泵上安装了传感器和变频驱动器，以收集有关设备运行、燃料库存和消耗率的实时数据。这些数据被传输到罗克韦尔的云平台进行处理。然后，罗克韦尔使用 Microsoft Azure（一个物联网平台）生成交互式仪表盘和报告。结果会转发给适当的利益相关者，让他们对资产的状况有一个很好的了解。

罗克韦尔的互联企业解决方案通过将运营数据上传到云平台并帮助减少停机时间和维护次数，帮助 Hilcorp Energy 等许多石油和天然气公司加快了增长。它为像罗克韦尔自动化这样的工业时代的坚定支持者带来了新的商机。

资料来源：customers.microsoft.com (2015); Rockwell Automation: *Fueling the Oil and Gas Industry with IoT*; https://customers.microsoft.com/Pages/CustomerStory.aspx?recid=19922; Microsoft.com. (n.d.). "Customer Stories | Rockwell Automation," https://www.microsoft.com/en-us/cloud-platform/ customer-stories-rockwell-automation (accessed April 2018).

**针对应用案例 13.2 的问题**

1. 石油和天然气钻井平台可能收集哪些类型的信息？
2. 这个应用程序适合大数据的三个 V（容量、多样性、速度）吗？为什么？
3. 其他哪些行业（列出 5 个）可以使用类似的操作度量和仪表盘？

### 13.5.3 传感器应用与射频识别传感器

传感器有许多类型。许多传感器不仅收集信息，还传送信息。下面的链接罗列了 50 个传感器应用程序和大量相关文章：libelium.com/resources/top_50_iot_sensor_applications_ranking/。

在物联网中起重要作用的一种比较出名的传感器是射频识别传感器。

**射频识别传感器**　射频识别（RFID）是更广泛的数据捕获技术生态系统的一部分。在物联网应用中，多种形式的 RFID 与其他传感器一起发挥着重要作用。如技术洞察 13.1 所述，让我们先看看什么是 RFID。

**技术洞察 13.1**　RFID 传感器

RFID 是一种通用技术，指利用射频波识别物体。从根本上说，RFID 是一系列自动识别技术的一个例子，这些技术还涉及无处不在的条形码和磁条。自 20 世纪 70 年代中期以来，零售供应链（以及许多其他领域）一直将条形码作为自动识别的主要形式。RFID 技术可以存储比条形码多得多的数据。此外，还可以从更远的距离无线访问它们。

RFID 的这些潜在优势促使许多公司（以沃尔玛 Walmart 和 Target 等大型零售商为主）积极追求 RFID，以此改善其供应链，从而降低成本和增加销售额。有关详细信息，请参见文献（Sharda 等，2018）的第 8 章。

RFID 是如何工作的？在最简单的形式中，RFID 系统由标签（附在待识别的产品上）、询问器（即 RFID 读取器）、附在读取器上的一个或多个天线以及计算机程序（用于控制读取器和捕获数据）组成。目前，零售供应链主要对使用被动 RFID 标签感兴趣。被动标签仅在请求时才接收来自询问器（例如，读取器）产生的电磁场的能量和反向散射信息。被动标签只有在询问器磁场范围内时才保持通电。

主动标签有一个电池来给自己充电。因为主动标签有自己的电源，所以它们不需要读卡器给它们通电，而是可以自己启动数据传输过程。与被动标签相比，主动标签具有更长的读取范围、更好的准确性、更复杂的可重写信息存储和更丰富的处理能力。然而，电池会导致主动标签的使用寿命有限，并且比被动标签尺寸更大、成本更高。目前，大多数零售应用程序都是用被动标签设计和操作的，每个标签的成本只有几美分。主动标签最常见于国防和军事系统中，但也出现在诸如 EZ-Pass 这样的技术中，其标签（称为转发器）链接到预付费账户，例如，该账户使驾驶员能够通过读卡器支付通行费，而不是停在收费站支付。

注意：也有具有有限主动标签功能的半被动标签。

RFID 技术最常用的数据表示形式是电子产品代码（EPC），许多业内人士将其视为下一代通用产品代码（UPC），最常用条形码表示。与 UPC 一样，EPC 由一系列数字组成，这些数字标识了整个供应链中的产品类型和制造商。EPC 还包括一组额外的数字，用于唯一标识项目。

**RFID 和智能传感器在物联网中的应用**

基本的 RFID 标签，不管是主动的还是被动的，都不是传感器。标签的目的是识别物体并确定其位置（例如，为了计数物体）。为了使它们对大多数物联网应用有用，需要对标签进行升级（例如，通过添加车载传感器）。这些 RFID 传感器比 RFID 标签或基本传感器具有更多的功能。有关 RFID 在物联网中作用的详细讨论，请参见文献（Donaldson，2017）。

RFID 传感器是通过 mash 网络或传统 RFID 读取器进行通信的无线传感器，其中包括可识别的 ID。RFID 读取器将令牌信息发送到网关，如 AWS 物联网服务。可以处理此确认信息，从而执行某些操作。

**智能传感器和物联网** 当集成到物联网中时，有几种具有不同能力级别的智能传感器。智能传感器是一种能够感知环境并利用其内置计算能力（例如微处理器）处理所收集的输入的传感器。加工是预先编程的。处理结果被传递。根据内部计算质量的不同，智能传感器可以比其他传感器更自动化、更精确，并且可以在发送数据之前过滤掉不需要的噪声并补偿错误。

智能传感器是物联网的关键部分。它们可以包括特殊组件，如放大器、模拟滤波器和传感器，以支持物联网。此外，用于物联网的智能传感器可以包括用于数据转换、数字处理和与外部设备通信的特殊软件。

根据一项研究（Burkacky 等，2018），传感器越来越智能。车辆上的传感器就是一个例子。车辆可以从硬件驱动的机器过渡到软件驱动的电子设备。软件成本可能超过车辆生产成本的 35%。

有关更多信息，请参见文献（Scannell，2017）、（Gemelli，2017）和（Technavio，2017）。

> ❧ **复习题**
>
> 1. 定义传感器。
> 2. 描述传感器在物联网中的作用。
> 3. 什么是 RFID？什么是 RFID 传感器？
> 4. RFID 在物联网中扮演什么角色？
> 5. 定义智能传感器并描述其在物联网中的作用。

## 13.6 物联网应用示例

我们从一个众所周知的例子开始：假设你的冰箱可以感知其中的食物量，并在库存不足时向你发送一条短信（图 13.3 中的传感器到洞察）。冰箱也可以订购需要补货的物品，付款，并安排送货（传感器到行动）。让我们看看其他一些企业应用程序。

### 13.6.1 一个大规模的物联网正在运作

物联网的现有贡献集中在大型组织上。

**示例：法国国家铁路系统使用物联网**

法国国家铁路系统（SNCF）利用物联网为其近 1400 万乘客提供高质量、可用性和安全性。sncf.com 公司利用物联网改进了运营（Estopace，2017a）。管理 15 000 列火车和 30 000 公里的铁轨并不简单，但 IBM Watson 利用物联网和分析技术帮助人们做到了这一点。安装在火车、轨道和火车站上的数千个传感器收集 Watson 处理的数据。此外，所有的业务流程操作都被数字化以适应系统。有关可能的网络攻击的信息也被编入系统。所有收集到的大数据都为决策支持做好了准备。IBM Watson 的平台是可扩展的，可以处理未来的扩展。

要了解物联网网络的规模，需要考虑到仅巴黎的公共交通线路每月就需要 2000 个传感器转发来自 7000 多个数据点的信息。这些系统使工程师能够同时远程监控 200 列列车在运行过程中的任何机械和电气操作以及故障。此外，通过使用预测分析模型，公司可以安排预防性维修，以尽量减少故障。因此，如果你是一个火车旅客，你可以放松地享受你的旅行。

## 13.6.2  其他现有应用示例

以下物联网应用的示例基于 Koufopoulos 于 2015 年提供的信息：

❑ **希尔顿酒店**。客人可以使用智能手机直接入住房间（无须在大厅办理手续，无须使用钥匙）。其他连锁酒店也纷纷效仿。

❑ **福特汽车**。用户可以通过语音连接到应用程序。直接在福特汽车内购买汽油和饮料的自动支付系统正在开发中。

❑ **特斯拉**。特斯拉的软件会自动安排一名贴身服务人员在汽车需要修理或安排服务时取车并将其开到特斯拉的维修地。由物联网管理的特斯拉卡车在未来将实现无人驾驶。

❑ **尊尼获加威士忌**。这家威士忌公司将 10 万瓶威士忌连接到互联网上，庆祝巴西的父亲节。使用智能标签，买家可以创建个性化视频，在社交网络上与父亲分享。如果父亲喜欢喝威士忌，他们也会得到促销信息来购买更多的威士忌。

❑ **苹果公司**。苹果公司让 iPhone、苹果手表和家庭用品的用户可以使用苹果支付来简化购物流程。

❑ **星巴克云端三叶草网**。这个系统把咖啡酿造者和顾客的喜好联系起来。它还能监视员工的表现、改进配方、跟踪消费模式等。

Jamthe 和 Miller 分别于 2016 和 2015 年报告了大量物联网的消费者应用。有关 IBM Watson 的物联网应用程序列表，请参阅 ibm.com/internet-of-things/。

许多公司正在试验将物联网产品用于零售（企业对消费者（B2C）和企业对企业（B2B）领域，如运营、运输、物流和工厂仓储。有关苹果公司和亚马逊的方法，请参阅 appadvice.com/post/apple-amazons-smart-home-race/736365/。

注意：有关物联网的许多案例研究和示例，请参见 ptc.com/en/product-lifecycle-report/services-and-customer-success-collide-in-the-iot、divante.co/blog/internet-e-commerce 和文献（Greengard，2016）。物联网还用于企业内部的许多应用（见文献（McLellan，2017a））和军事用途（见文献（Bordo，2016））。

**物联网如何推动营销**  根据文献（Durrios，2017），物联网可以通过以下四种方式推动营销机会：

1. 颠覆性数据收集。物联网可以从更多的数据源收集更多关于客户的数据。这包括来自可穿戴设备、智能家居和消费者行动的数据。此外，物联网还提供有关消费者偏好和行为变化的数据。

2. 实时个性化。例如，物联网可以提供有关特定客户购买决策的更准确信息。物联网可以识别客户期望并将客户导向特定品牌。

3. 环境归因。物联网可以监控特定地点、客户、方法和活动的广告投放环境。物联网可以促进商业环境的研究；遵守竞争、定价、天气条件和新的政府法规等因素。

4. 完成对话路径。物联网计划扩展和丰富了客户和供应商之间的数字对话渠道，特别是那些使用无线数字接入的客户和供应商。物联网还提供了对消费者购买途径的洞察。此外，营销人员还将收到改进的定制化市场调查数据（例如，通过跟踪客户参与的方式以及客户对促销的反应）。

在所有与消费者相关的物联网计划中，有三类最为知名：智能家居和家电（13.7 节）、智能城市（13.8 节）和自动驾驶汽车（13.9 节）。有关物联网和客户的更多信息，请参见文献（Miller，2018）。

> ▶ 复习题
> 1. 描述几个企业应用程序。
> 2. 描述几个市场和销售应用程序。
> 3. 描述几个客户服务应用程序。

# 13.7 智能家居和家电

在物联网概念流行之前，智能家居的概念就已经成为人们关注的焦点了。

**智能家居**是指一个家中的自动化组件，这些组件相互连接（通常是无线的），例如电器、安全系统、灯光和娱乐设备，并且是集中控制的，能够相互通信。有关说明，请参阅 techterms.com/definition/smart_home。

智能家居旨在为居住者提供舒适、安全、低能耗和便利的居住环境。它们可以通过智能手机或互联网进行通信。控制可以是实时的，也可以在任何需要的时间进行。大多数现有的家庭还不够智能，但可以轻松地装备部分智能设备，成本并不高。有几种协议支持连接，众所周知的是 XIO、UPB、Z-Wave 和 EnOcean。这些产品提供可扩展性，因此随着时间的推移，可以将更多设备连接到智能家居。

有关概述，请参见 techterms.com/definition/smart_home、smarthomeenergy.co.uk/what-smart-home 和文献（Pitsker，2017）。

在美国等国家，成千上万的家庭已经安装了这种系统。

## 13.7.1 智能家居的典型组件

以下是智能家居中的典型组件：

- **照明**。用户可以从任何地方管理他们的家庭照明。
- **电视**。这是最流行的组件。
- **能源管理**。家庭供暖和制冷系统可以完全自动化，并通过智能恒温器进行控制（例如，可参见 Nestnest.com/works-with-nest，了解其产品 Nest 智能恒温器）。
- **水控制**。WaterCop（watercop.com）是一种通过传感器监测水泄漏来减少水渍的系统。系统向阀门发送信号，使其关闭。

- ❑ **智能扬声器和聊天机器人**（见第 12 章）。最受欢迎的是 Echo 和 Alexa，还有谷歌助手。
- ❑ **家庭娱乐**。音频和视频设备可以编程以响应远程控制设备。例如，位于家庭客房内的立体声系统的基于 Wi-Fi 的遥控器可以命令该系统在安装在室内其他任何地方的扬声器上播放。所有家庭自动化设备都可以从一个远程站点通过一个按钮控制。
- ❑ **闹钟**。提醒孩子们上床睡觉或者起来。
- ❑ **真空吸尘器**。例如 iRobot Roomba 和 LG Roboking 真空吸尘器，见第 2 章。
- ❑ **摄像头**。这使得居民可以随时随地看到自己家里发生的事情。Nest Cam Indoor 是一款很受欢迎的产品。一些智能摄像头甚至可以了解居民的感受。请参阅 tomsguide.com/us/hubble-hugo-smart-home-camera，news-24240.html。
- ❑ **冰箱**。其中一个例子就是由 Alexa 提供支持的 LG 公司的 Instaview。
- ❑ **家庭安全和保障**。这样的系统可以编程来提醒业主其财产的安全相关事件。如前所述，一些安全保障可以通过摄像头来支持，以便远程实时查看财产。传感器可以用来检测入侵者，监视工作设备，并执行一些额外的活动。

智能家居的主要组成部分如图 13.4 所示。请注意，只有少数家庭拥有所有这些组件。最常见的是家庭安全、娱乐和能源管理。

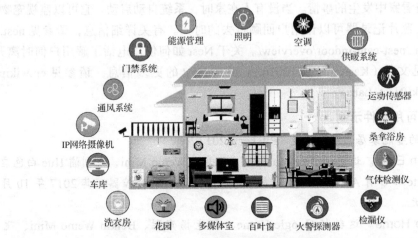

图 13.4　智能家居的组成部分

### 示例：iHealthHome

安全措施在老年社区和独立生活的老年人的辅助生活设施中很常见。例如，iHealth-Home 触摸屏系统使用公司的软件收集数据并与护理人员通信。该系统提供医务人员和医生对个人健康数据的远程访问。利用这项技术，iHealthHome 项目还会在老年人每天的预约和服药时间发送提醒。该系统还提醒人们何时测量血压，以及如何与护理人员保持联系。

### 13.7.2 智能家电

**智能家电**包括可以根据用户偏好远程控制设备操作的功能。智能家电可以利用家庭网络或互联网与智能家庭中的其他设备通信。

McGrath 于 2016 年对智能家电进行了概述，包括海尔（一家大型中国制造商）的所有家电。它的目标是让家里的一切都能在其他设备制造商之间进行通信。例如智能冰箱、空调和洗衣机。海尔为所有的电器提供了一个控制板。苹果正在为一个家庭中的所有智能设备开发一个单一的控制器。

#### 谷歌的 NEST

谷歌的 Nest 是物联网智能家居应用的领先制造商。该公司是可编程自学、传感器驱动、Wi-Fi 功能产品的生产商。2018 年春季，该公司发布了三大产品：

- ❑ **智能恒温器**。该设备了解人们喜欢的温度和湿度水平，并相应地控制空调 / 供暖系统。谷歌声称，它的产品平均节能 13%，两年内就能抵销这款设备的成本；参见 nest.com/thermostats/ nest-learning-thermostat/overview/?alt=3。
- ❑ **烟雾探测器和报警器**。这台由智能手机控制的设备可以自动进行测试，持续大约 10 年。有关详细信息，请参见 nest.com/smoke-co-alarm/overview/。
- ❑ **Nest.com**。这个基于网络摄像头的系统允许用户通过智能手机或台式电脑从任何位置查看家中发生的事情。当没有人在家时，系统自动启动。它可以监视宠物、婴儿等。照片记录器可以让用户回顾过去的时光。有关详细信息，请参见 nest.com/cameras/nest-cam-indoor/overview/。关于 Nest 如何使用电话了解用户何时离开家，请参见文献（Kastrenakes，2016）。有关 Nest 的更多信息，请参见 en.wikipedia.org/wiki/Nest_Labs。

#### 智能家居可用套件示例

两种流行的智能家居启动套件是（Pitsker，2017）：

1. Amazon Echo。这包括 Amazon Echo、Belkin Wemo Mini、飞利浦 Hue 白色启动套件、Ecobee Lite 和带有 Alexa 语音遥控的 Amazon Fire 电视遥控器。其 2017 年 10 月的总成本为 495 美元。

2. Google Home。这包括 Google Home、智能扬声器、Belkin Wemo Mini、飞利浦 Hue 白色启动套件、Nest 智能恒温器、Google Chromecast（用于娱乐）。在 2017 年 10 月，购买这些要花费 520 美元。

#### 2016～2018 年消费电子展（CES）中的家用电器

2016 年 1 月（Morris 2016）、2017 年和 2018 年在拉斯维加斯举行的消费电子展上展出了以下智能家电：

- ❑ **三星智能冰箱**。摄像头检查内容，传感器检查温度和湿度。
- ❑ **Gourmet 机器人炊具**。它做菜很有趣。
- ❑ **厨房十合一设备**。它可以搅拌炒蛋等食物，有 10 种烹饪方式（如烘焙、制作酱汁）。

- **LG HUM-BOT Turbo+**。它可以关注家里需要特别注意的地方。当主人不在的时候，一个摄像头可以远程监控家中的情况（类似于谷歌 Nest）。
- **海尔 R3D2 冰箱**。根据 Morris（2016）的说法，这种制冷方式并不是最实用的，但它具有很大的娱乐价值。它看起来像是星球大战中的 R3D2。它可以为你提供饮料，也可以提供灯光和音效。
- **LG 提供的 Instaview 冰箱**。该冰箱由 Alexa（语音唤醒）提供支持，具有 29 英寸的液晶触摸屏。它提供了确定食品有效期和通知用户等功能。详情见文献（Diaz，2017）。
- **Whirlpool 智能顶置洗衣机**。这台全自动机器可以智能控制。它节省能源，甚至支持慈善事业，每次安装都会捐赠一小笔钱到 Habitat for Humanity 组织。
- **LG LDT8786ST 洗碗机**。这台机器有一个摄像头，它的传感器可以跟踪已经清洗过的衣物，以节约用水。此外，它还提供了操作上的灵活性。

以下是智能家居的发展趋势：

- 可以用作家用电器智能集线器的电视。
- Dolby Atmos 产品包括扬声器、接收器和其他娱乐项目。
- DIY 家庭智能安全摄像头确保确实是因为有人侵者而报警，而不仅仅是因为闯入了一只猫。
- 提供水龙头、洒水器和洪水探测器的水控制。此外，机器人还可以教用户如何在室内节水（hydrao.com/us/en/）。

有关家居自动化的更多信息，请参阅 smarthome.com/sh-learning-center-what-can-i-control.html。可在 smarthome.com/android_apps.html 上找到用于家庭控制的各种应用程序。

家庭智能组件可在家装店（如 Lowes）购买，也可直接从制造商（如 Nest）处购买。

为了促进家庭智能组件的创建，亚马逊和英特尔于 2017 年合作，为开发商提供平台，以推进搭建智能家庭生态系统。有关详细信息，请参阅 pcmag.com/news/350055/amazon-intel-partner-to-advance-smart-home-tech/。

关于 2018 年 CES 中的智能家电，请参见 youtube.com/watch?v=NX-9LivJh0/ 上的视频。

### 13.7.3　智能家居意味着有机器人存在

我们在第 12 章中介绍的虚拟个人助理使人们能够通过语音与聊天机器人（如 Alexa、Echo 和谷歌助手）进行对话。这样的助手可以用来管理智能家居中的电器。

在一个综合性的智能家居中，设备不仅可以满足家庭需求，而且能够预测需求。据预测，在不久的将来，一个基于人工智能的智能家居将以智能和协调的机器人生态系统为特色，这些机器人将管理和执行家庭任务，甚至可能与人有情感上的联系。有关未来机器人的预测，请参见文献（Coumau 等，2017）。亚马逊和英特尔联手开发了包含 NLP 功能的智能家居生态系统。

智能家居还将配备智能机器人，可以为人们提供零食，帮助照顾残疾人，甚至可以教孩子们不同的技能。

### 13.7.4 采用智能家居的障碍

智能家居的潜力是诱人的，但距离智能家居广泛应用还需要一段时间。以下是（Vankatakrishnan，2017）中提出的一些障碍。

- ❑ **兼容性**。有太多的产品和供应商可供选择，使潜在的买家感到困惑。这些产品中有许多彼此之间不"说话"，因此需要更多的行业标准。此外，产品很难与消费者的需求相匹配。
- ❑ **沟通**。不同的消费者对智能家居应该是什么有不同的想法。因此，智能家居的功能和好处需要明确地传达给用户。
- ❑ **专注**。品牌需要专注于对智能家居最感兴趣的群体。

此外还有成本合理性、隐私保护、安全性和易用性等问题。关于智能家居的未来，包括亚马逊和沃尔玛的角色，以及智能家居将如何为自己购物，可参见文献（Weinreich，2018）。

智能家居、家电和建筑可以在智能城市中出现，这是下一节的主题。

> ➤ **复习题**
>
> 1. 描述一个智能家居。
> 2. 智能家居有什么好处？
> 3. 列出主要的智能设备。
> 4. 描述 Nest 的工作原理。
> 5. 描述机器人在智能家居中的作用。

## 13.8 智慧城市和工厂

智慧城市的概念始于 2007 年，当时 IBM 启动了智慧星球项目，思科开始了智慧城市和社区计划。其理念是，在**智慧城市**中，数字技术（主要是基于移动的）有助于更好地为市民提供公共服务，更好地利用资源，减少对环境的负面影响。有关资源，请参阅 ec.europa.eu/digital-agenda/en/about-smart-cities。文献（Townsend，2013）中提供了相关技术的描述。在他的书的概述中，提供了以下例子："在西班牙的萨拉戈萨，一张'公民卡'可以让你接入免费的全城 Wi-Fi 网络，解锁共享自行车，从图书馆借出一本书，并支付你回家的巴士费用。在纽约，一个由公民科学家组成的游击队在当地下水道安装了传感器，以在暴雨径流淹没系统、将垃圾倾倒到当地水道时向你发出警报。"根据文献（Editors，2015）中的预测，智慧城市在 2016 年将使用 16 亿个互联设备。智慧城市可以有多个智能实体，如大学和工厂（Lacey，2016）。有关智慧城市的更多信息，请参见文献（Schwartz，2015）。此外，可

观看视频 "Cisco Bets Big on 'Smart Cities'"（money.cnn. com/video/technology/2016/03/21/cisco-ceo-smart-cities.cnnmoney）。另一个需要观看的视频是 "Smart Cities of the Future"（youtube.com/ watch?v=mQR8hxMP6SY）。在 youtube.com/watch?v=LAjznAJe5uQ 上有一段关于圣地亚哥的更详细的视频。

　　城市不可能一夜之间变得智能。如应用案例 13.3 所示，该案例展示了阿姆斯特丹向智慧城市的演变。在许多国家，政府和其他机构（如谷歌）正在开发智慧城市应用程序。例如，印度已经开始开发 100 个智慧城市（见 enterpriseinnovation.net/article/india-eyes-development-100-smart-cities-1301232910）。

---

**应用案例 13.3　阿姆斯特丹迈向智慧城市**

　　在七年多的时间里，荷兰阿姆斯特丹市利用信息技术改造成了一个智慧城市。本案例描述了麻省理工学院斯隆管理学院（MIT Sloan School of Management）报告的该市从 2009 年到 2016 年为成为智慧城市所采取的步骤。城市倡议包括以下类别的项目：流动性、生活质量、交通、安全、卫生和经济，以及基础设施、大型开放源代码数据和实验性生活实验室。

　　麻省理工学院团队关于阿姆斯特丹转型的主要发现是：

- ❑ **私营部门的数据对改变政策至关重要**。该项目的主要类别涉及非政府实体（例如，使用全球定位系统供应商管理流量）。例如，私营部门参与了一个改变交通状况的项目（五年内汽车数量减少 25%，摩托车数量增加 100%）。
- ❑ **必须在智慧城市设立首席技术官**。智慧城市需要使用多种工具和算法收集大量数据。成本和安全性等问题至关重要。
- ❑ **需要对物联网、大数据和人工智能的贡献进行管理**。市民期待从停车场到交通等各个领域的快速变化和改善。数据收集缓慢，更改难以实现。
- ❑ **智慧城市计划必须从数据清单开始**。阿姆斯特丹的问题是，数据存储在 32 个部门的 12 000 个数据库中。它们在不同的硬件上有不同的组织，因此需要数据清单。最初的活动枯燥乏味，没有直接可见的回报。
- ❑ **试点项目是一项极好的战略**。试点项目为今后的项目提供了经验教训。该市有 80 多个试点项目，例如，收集不同类型的垃圾，并将它们放在不同颜色的袋子里。成功的项目规模不断扩大。
- ❑ **公民参与是成功的关键因素**。有几种方法可以鼓励公民提供投入。大学和研究机构的参与也至关重要。此外，还可以利用社交媒体网络促进公民的参与。

　　智慧城市计划或许才刚刚开始，但它已经在提高居民的生活质量，增加城市的经济增长。这项举措的一个关键成功因素是市政府官员愿意与科技公司分享他们的数据。

　　物联网是项目的主要组成部分。首先，它使来自传感器和数据库的数据流能够进行分析处理。其次，物联网使各种各样的自动驾驶汽车成为可能，这有助于减少污染、车辆事故和交通堵塞。最后，物联网提供实时数据，帮助决策者制定和改进政策。2016年4月，该市获得欧洲"创新之都"奖（奖金为95万欧元）。

资料来源：文献（Brokaw, 2016）和（Fitzgerald, 2016），amsterdamsmartcity.com，以及 facebook.com/amsterdamsmartcity。

**针对应用案例 13.3 的问题**

1. 在 youtube.com/watch?v= FinLi65Xtik/ 上看视频，并评论所使用的技术。

2. 在 sloanreview. mit.edu/case-study/data-driven-city-management/ 上获取麻省理工学院案例研究的副本。列出流程中的步骤和可能在物联网中使用的应用程序。

3. 确定此项目中使用的智能组件。

### 13.8.1　智能建筑：从自动化建筑到认知建筑

**IBM 的认知建筑**　在一份白皮书（IBM, 2016）中，IBM 讨论了使用物联网来建造认知建筑，这些认知建筑能够学习建筑系统的行为，以便优化它。认知建筑通过将物联网设备与物联网操作自主集成来实现这一目的。这种集成可以创建新的业务流程，并提高现有系统的生产率。基于认知计算的概念（见第 6 章），IBM 将该技术的成熟描述为从自动化建筑（1980～2000 年）、智能建筑（2000～2015 年）到认知建筑（2015 年开始）的阶段的延续。该过程如图 13.5 所示。该图还显示了随着时间的推移，建筑物的能力有所增强。

自动化建筑
（1980~2000年）

智能建筑
（2000~2015年）

认知建筑
（2015年以后）

可视化KPI
+ 有利于评级
+ 允许识别一般问题
− 不利于识别能源浪费

分析能源消耗
+ 了解房间和中心资产的消耗
− 只分析主要数据点

学习行为
+ 桌面级别的预测控制
+ 了解能量流动和建筑占用
+ 考虑用户的舒适偏好
+ 收集天气和会议等环境
− 数据点太多

图 13.5　IBM 的认知建筑成熟框架（资料来源：IBM. "Embracing the Internet of Things in the new era of cognitive buildings." IBM Global Business Services, White Paper, 2016. Courtesy of International Business Machines Corporation, © International Business Machines Corporation. 经许可使用）

认知建筑的亮点是：

❑ 通过应用高级分析，建筑物可以提供近实时的洞察。

❑ 它从数据中学习和推理，并与人类互动。该系统能够对异常情况进行检测和诊断，并提出补救措施。

- ❑ 它能够根据人类的喜好改变建筑物的温度。
- ❑ 它知道自己和用户的地位。
- ❑ 它了解自己的能源状况，并对其进行调整，以使居民感到舒适。
- ❑ 用户可以通过短信和语音聊天与大楼互动。
- ❑ 机器人和无人机开始在大楼内外运行，无须人工干预。

**IBM** 的主要合作伙伴是西门子（德国）。这类公司专注于与使用物联网提高建筑性能相关的全球问题。

## 13.8.2　智慧城市和智能工厂中的智能组件

智慧城市的主要目标是尽可能多地实现公共服务的自动化，如交通、公用事业、社会服务、安全、医疗、教育和经济。因此，在智慧城市总体项目中，可以发现几个子项目，其中一些独立于主项目。

### 示例

香港有一个名为"智能出行"的项目，用于改善道路安全。一个由私人和公共组织组成的联合体引入了智能交通服务，包括碰撞警告机制和寻找停车场的控制辅助。该系统还管理速度和车道违规以及交通拥堵。所有这些都提高了安全性和效率。有关详细信息，请参见文献（Estopace，2017b）。

交通是分析和人工智能可以使城市更智能的一个主要领域。其他领域包括经济发展、打击犯罪和医疗保健。详见文献（SAS，2017）。

智慧城市组件的其他示例可以在智能大学、智能医疗中心、智能电网以及机场、工厂、港口、运动场和智能工厂中找到。每一个组成部分都可以被视为一个独立的物联网项目，作为智慧城市整体项目的一部分。

**智能（数字）工厂**　制造业自动化已经伴随我们好几代了。机器人正在制造从汽车到手机的成千上万种产品。数以万计的机器人可以在亚马逊的配送中心找到。因此，工厂使用人工智能技术和物联网应用程序变得更加智能也就不足为奇了。它们可能被视为智能城市的一个组成部分，并可能与其他组成部分（如清洁空气和交通）相互关联。

德勤大学出版社（Deloitte University Press）称，**智能工厂**是"一个灵活的系统，可以在更广泛的网络中自我优化性能，实时或近实时地自我适应和学习新的条件，并自主运行整个生产过程"。有关详细信息，请参阅 DUP_the-smart-factory.pdf 上的免费德勤电子书。有关入门内容，请参见 https://www2.deloitte.com/insights/us/en/focus/internet-of-things/technical-primer.html。

Tomás 于 2016 年提供了未来工业生产的前景展望。它将基本上完全实现数字化和连接，并且快速、灵活。主要的想法是，在一个装备了人工智能技术的工厂里，将有一个指挥中心。人工智能与物联网传感器和信息流相结合，将实现业务流程的最佳组织和排序。从原材料供应商、物流、制造到销售的整个生产链将连接到物联网系统，以进行规划、协调和控制。规划将以需求分析预测为基础。

生产过程将尽可能实现自动化和无线控制。物流将按需快速提供，质量控制将实现自动化。物联网结合传感器将用于预测性和预防性维护。其中一些元素存在于先进的工厂中，未来会有更多的工厂变得更智能。

有关智能工厂的更多信息，请参见文献（Libelium，2015）和（Pujari，2017）。对于未来的智能工厂，请阅读 belden.com/blog/industrial-ethernet/topic/smart-factory-of-the-future/page/0。

youtube.com/watch?v=EUnnKAFcpuE 上的视频"Smart Factory Towards a Factory of Things"说明了物联网在工厂中的应用。

智能工厂将有不同的业务流程、新的技术解决方案、不同的人 – 机交互和一种改进的文化。关于向智能工厂转型的过程，见文献（Bhapkar & Dias，2017）。德勤会计师事务所（dupress.deloitte.com/smart-factory）提供了一个图表，说明了智能工厂的主要特征（见图 13.6）。

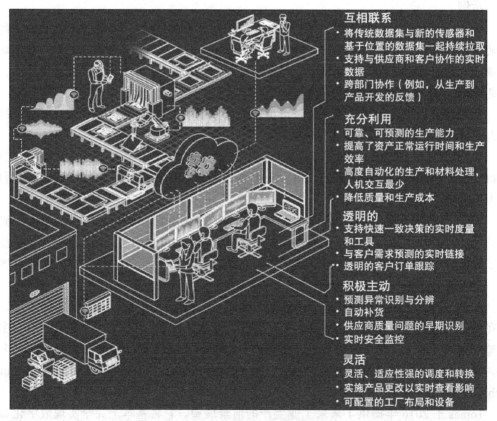

图 13.6 智能工厂（德勤）的五个关键特征（资料来源：Burke, Hartigan, Laaper, Martin, Mussomeli, Sniderman, "The smart factory: Responsive, adaptive, connected manufacturing," Deloitte Insights (2017), https://www.deloitte.com/insights/us/en/focus/industry-4-0/smart-factory-connected-manufacturing.html. 经许可使用）

**示例：智能工厂中的智能自行车生产**

世界对智能自行车的需求正在迅速增长，特别是在智慧城市。摩拜是世界上第一家也是最大的共享自行车公司。为了满足需求，富士康与富士康科技集团合作，使自行车生产更加智能化。智能制造涉及建立一个从原材料到生产再到销售的全球供应链。富士康以其在成本效益生产中提供高效制造工艺的高科技专业知识而闻名。它优化了互联网驱动的智能制造。预计产量在不久的将来会翻番。有关详细信息，请参见文献（Hamblen，2016）和 enterpriseinnovation.net/article/ foxconn-drives-mobike-smart-bike-production-1513651539。

**智慧城市方案实例**　如前所述，智慧城市的方案是多样化的。例如，参见应用案例 13.4。

---

**应用案例 13.4**　**IBM 如何使智慧城市遍及全世界**

IBM 多年来一直支持智慧城市计划。以下示例是从 Taft 的幻灯片（eweek.com/cloud/how-ibm-is-making-cities-smarter-worldwide）中摘录的。

❑ **明尼阿波利斯（美国）**。该倡议支持该市更有效的资源分配决策。此外，它还将处理同一项目的多个部门的操作对齐。IBM 正在提供基于人工智能的模式识别算法，用于解决问题和提高性能。

❑ **蒙彼利埃（法国）**。IBM 的软件正在帮助该市在水资源管理、交通运输和风险管理（决策）方面采取主动行动。快速发展的城市必须满足日益增长的服务需求。为了有效地做到这一点，IBM 提供了该地区活动、研究机构和其他合作伙伴的数据分析和解释。

❑ **斯德哥尔摩（瑞典）**。为了减少交通拥堵问题，IBM 技术正在以最佳方式匹配需求和供应。该计划使用传感器和物联网来缓解拥堵问题。

❑ **杜布克（美国）**。为了有效利用资源（如公用事业）和管理运输问题采取了若干举措。

❑ **剑桥（加拿大）**。该市正在使用 IBM 的"智能基础设施规划"进行商业分析和决策支持技术。使用基于人工智能的算法，城市可以做出更好的决策（例如，修复或更换资产）。此外，IBM 智能技术有助于改善项目协调。

❑ **里昂（法国）**。交通管理是任何大型城市的一项重大工程，也是大多数智慧城市计划的目标。智能技术为交通工作人员提供有效的实时决策支持工具。这有助于减少交通拥堵。使用预测分析，可以预测未来的问题，因此，如果发生问题，可以迅速解决。

❑ **里约热内卢（巴西）**。管理和协调 30 个城市部门的运作是一项复杂的工作。IBM 技术支持一个城市的中央指挥中心，该中心负责规划所有地区的运营和处理紧急情况。

❑ **马德里（西班牙）**。为了管理所有紧急情况（消防、公共安全、急救），该市建立了一个中央应急中心。数据由传感器、GPS、监控摄像头等收集。该中心是在马德里 2004 年遭受恐怖袭击后创建的，并在 IBM 智能技术的支持下进行管理。
- ❑ **罗切斯特（美国）**。该市警察局正在使用物联网和预测分析来预测何时何地可能发生犯罪。这个基于人工智能的系统已经在其他几个城市被证明是准确的。

这些示例说明了智慧城市计划在多个领域中对 IBM 的智能城市框架的利用。请注意，IBM Watson 正在为自己的许多项目使用物联网。

**针对应用案例 13.4 的问题**

1. 列出智慧城市中物联网改善的各种服务。
2. 这些技术如何支持决策？
3. 评论这些例子的全球性。

智慧城市的一个主要改进领域是交通。

### 13.8.3　智慧城市的交通改进

许多城市面临的一个主要问题是车辆数量增加，无法有效容纳所有车辆。修建更多的道路会增加更多的污染并导致交通堵塞。公共交通可以帮助缓解这一问题，但可能需要数年才能完成。但这个问题需要快速解决。在第 2 章的开头，我们介绍了 Inrix。Inrix 公司使用人工智能和其他工具来解决运输问题。它从道路沿线的固定传感器和其他来源收集数据。在一些智慧城市，创新者已经在自行车和汽车上安装了空气质量传感器。传感器还从公路上的汽车上获取数据，帮助生成数据，进行分析并将结果传输给驾驶员。下面提供了其他创新项目的示例。

**示例 1**

以色列的一家新兴企业 Valerann 开发了智能饰钉，以取代当今技术的反光饰钉。智能饰钉可以传输有关道路上发生的情况的信息。最终饰钉将与自动驾驶汽车结合在一起。智能饰钉比反光饰钉更贵，但使用寿命更长。详情见文献（Solomon，2017）。

**示例 2**

智能移动联盟（中国香港）致力于香港智慧城市的机动性。那里每天有 1000 多万人使用公共和私人交通系统。这个交通项目包括几个智能子系统，用于停车、碰撞警告以及对超速者和违反车道变换者的警报。有关详细信息，请参见文献（Estopace，2017b）。

### 13.8.4　在智慧城市计划中结合分析和物联网

与许多物联网计划一样，有必要将分析和物联网结合起来，例如 IBM Watson 和 SAS 平台。

**示例：智慧城市的 SAS 分析模型**

城市物联网网络收集的数据量可能是巨大的。数据从许多传感器、计算机文件、人员、数据库等收集。为了理解这些数据，有必要使用分析，包括人工智能算法。SAS 采用七步流程，分为三个主要阶段：感知、理解和行为（SAS，2017）。

❑ 感知。使用传感器，感知任何重要的东西。SAS 分析收集的数据。数据通过智能过滤器进行清洗，因此只有相关数据进入下一阶段。物联网从传感器收集和传输数据。

❑ 理解数据中的信号。利用数据挖掘算法，对整个相关生态系统进行模式识别分析。由于物联网传感器收集的数据与来自其他来源的数据相结合，这一过程可能很复杂。

❑ 行为。当所有相关数据都到位后，就可以迅速做出决定。SAS 决策管理工具可以支持这个过程。决策范围从警报到自动化操作。

SAS 过程如图 13.7 所示。有关分析和物联网组合的更多信息，请参见 https://www.sas.com/en_us/insights/big-data/internet-of-things.html 上的用于物联网的 SAS 分析。更多信息，请参见文献（Henderson，2017）。

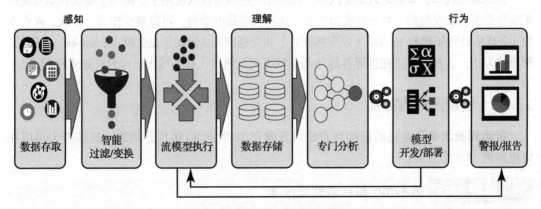

图 13.7　SAS 支持智慧城市的完整物联网分析生命周期（资料来源：SAS Institute Inc. 提供，经许可使用）

## 13.8.5　比尔·盖茨的未来智慧城市

2017 年 11 月，比尔·盖茨在亚利桑那州菲尼克斯以西购买了 6 万英亩（约 242.8 平方公里）土地，他计划在那里建设一座未来城市。这座城市将成为一个研究的模型和地点。

## 13.8.6　智慧城市的技术支持

许多供应商、研究机构和政府正在为智慧城市提供技术支持。这里有几个例子。

**博世公司等提供的技术支持**　博世公司（德国）是汽车零部件的主要供应商，在 2018 年 CES 上展示了几项与智慧城市相关的创新。

根据文献（Editors，2018），到 2026 年，拥有物联网技术的全球智慧城市的收入将超过 600 亿美元。

最后，在智慧城市，联网和自动驾驶汽车将无处不在（Hamblen，2016）。

> **复习题**
>
> 1. 描述智慧城市。
> 2. 列出智慧城市给居民带来的好处。
> 3. 物联网在智慧城市计划中的作用是什么？
> 4. 分析如何与物联网结合，为什么？
> 5. 描述智能和认知建筑。
> 6. 什么是智能工厂？
> 7. 描述对智慧城市的技术支持。

# 13.9 自动驾驶汽车

**自动驾驶汽车**，又称**无人驾驶汽车**，已经在一些地方投入使用了。第一个商业自动驾驶汽车项目是由谷歌发起的，并正在成为现实。这些汽车是电动的，可以减少排放、事故、死亡人数（全球估计每年约有 30 000 人因车祸死亡）和交通堵塞（例如，见文献（Tokuoka，2016））。到目前为止，这些汽车正在世界各地的几个城市进行测试，有些城市已经允许正式使用了。

## 13.9.1 智能汽车的发展

自动驾驶汽车商业化的最初努力是由谷歌在 20 世纪 90 年代开始的，这些努力可以在应用案例 13.5 中看到。

**应用案例 13.5** Waymo 和自动驾驶汽车

Waymo 是 Alphabet 的一个部门，它完全致力于谷歌自动驾驶汽车项目。近 20 年前，谷歌在斯坦福大学的帮助下，开始着手这个项目。2005 年，DARPA 向该项目颁发了挑战大奖，使这一想法得到了推动。之后，美国国防部授予它 200 万美元的奖金。谷歌在进行了数年的计算机仿真之后，在 2009 年率先进行了物理实验，当时它运行了 25 亿虚拟英里的自动驾驶汽车。下一步是立法允许自动驾驶汽车上路。到 2018 年，美国已有 10 个州通过了此类法律。有些州只允许在某些区域使用机器人驱动的汽车。2018 年初，Waymo 在亚利桑那州菲尼克斯地区对仅配备机器人司机的自动驾驶汽车（见图 13.8 中的 Waymo 汽车）进行了测试。最开始，公司工程部门人

图 13.8 Waymo（谷歌）自动驾驶汽车（资料来源：SiliconvalleyStock/ Alamy Stock Photo）

员会坐在驾驶座上，但在 2018 年 11 月左右，这些汽车完全实现无人驾驶。该公司已准备好在 2018 年开始在五个州运营商用小型货车。到 2018 年底，Waymo 货车有望搭载自愿接受这项服务（称为"早乘计划"）的普通乘客，尽管大多数旅客对此仍持怀疑态度。

它的工作方式如下。公司技术人员通过移动应用程序订购服务。人工智能机制计算出车辆将如何到达请求的呼叫者那里，以及它将如何自驾到请求的目的地。

自动驾驶汽车的先驱 Waymo 与克莱斯勒合作（使用克莱斯勒 Pacifica 微型车）。计算能力由英特尔（其 Mobileye 部门）提供。这些汽车的高成本将限制其最初的商业用途。然而，Waymo 已经同意管理 Avis 的自动驾驶小型货车车队。此外，认识到共享服务的力量，Waymo 正在与 Lyft 合作开发新的自动驾驶汽车。最后，Waymo 正与 AutoNation 合作，为 Waymo 汽车提供维护和道路服务。

注：关于优步（Uber）的法律纠纷，请参见 14.1 节。

资料来源：文献（Hawkins, 2017）、（Ohnsman, 2017）和（Khoury, 2018）。

**针对应用案例 13.5 的问题**

1. 为什么 Waymo 起初使用了仿真？
2. 为什么需要立法？
3. 什么是早乘计划？
4. 为什么普通车主要花上好几年才能享受到坐在自动驾驶汽车后座上的乐趣？
5. 为什么 Lyft、Uber 和 Avis 对自动驾驶汽车感兴趣？

英伟达与丰田公司合作的例子见技术洞察 13.2。

**技术洞察 13.2 丰田和英伟达公司计划将自动驾驶推向大众**

丰田对智能车感兴趣并不奇怪。事实上，该公司的汽车在 2020 年上市。丰田计划生产几种类型的自动驾驶汽车。一种类型面向老年人和残疾人，另一种类型将有能力完全自动驾驶或作为司机的助理。例如，当驾驶员睡着或感觉到事故即将发生时，它将能够完全控制车辆。疲劳的司机将能够使用 Alexa（或类似的设备）告诉助手接管车辆。

自动驾驶汽车需要一个智能控制系统，这是英伟达发挥作用的地方。自动驾驶汽车需要实时处理传感器和摄像头采集的大量数据。英伟达首创了一种基于人工智能的专用超级计算机（称为 Drive PX2）。该计算机包括一个特殊的处理器（称为 Xavier），可以驱动汽车的自动驾驶装置。与丰田的合作使英伟达能够利用其处理器的能力将人工智能应用于自动驾驶汽车。

英伟达的超级计算机有一个基于人工智能算法的特殊操作系统，包括一个基于云的高清晰度三维地图。有了这些能力，汽车的"大脑"就能理解它的驾驶环境。由于汽车也能准确地识别自己的位置，因此它会知道任何潜在的危险（例如，道路作业或向其驶来的车辆）。操作系统不断更新，使汽车更智能（人工智能学习能力）。

Xavier 系统在一个特殊的芯片（称为 Volta）上提供汽车的"大脑"，每秒可以提供 30 万亿次的深度学习操作。因此，它可以处理涉及机器学习的复杂人工智能算法。英伟达有望利用 Volta 开启一个新的、强大的人工智能计算时代。

资料来源：文献（Korosec，2017）和 blogs.nvidia.com/blog/2016/09/28/Xavier/。

**讨论**

1. 一辆汽车需要具备什么才能实现自动驾驶？
2. 英伟达对自动驾驶汽车有什么贡献？
3. Xavier 的角色是什么？
4. 为什么这个过程需要使用超级计算机？

尽管需要复杂的技术，但一些汽车制造商已经准备好销售或运营此类汽车（例如宝马、梅赛德斯、福特、通用、特斯拉，当然还有谷歌）。

无人驾驶汽车的发展情况如下：

❑ Uber 和其他共享汽车公司计划推出自动驾驶汽车。
❑ 邮件将通过自动驾驶汽车送到家中，见 uspsoig.gov/blog/no-driver-needed。
❑ 无人驾驶巴士正在法国和芬兰进行测试。观看 money.cnn.com/ video/technology/ 2016/08/18/self-driving-buses-hit-the-road-in-helsinki.cnnmoney 上关于 Helsinki 的自动驾驶巴士的视频。
❑ 自驾出租车已经在新加坡运营。

《自动驾驶法》是美国第一部关于自动驾驶汽车的国家法律，其目的是规范自动驾驶汽车乘客的安全。它为 2021 年年产 10 万辆自动驾驶汽车打开了大门。

## 13.9.2　飞行汽车

道路上的自动驾驶汽车可能会遇到很多障碍，所以有人对飞行汽车进行了研究。事实上，可以载人的无人机已经存在。只要空中交通不多，就不会有交通问题。然而，大量飞行汽车的导航可能是个问题。空客在 2016 年创建了一个飞行出租车演示，Uber 开发了这个概念，并在 2016 年 10 月发布的一份 98 页的报告中对其进行了总结。丰田也在研发一款飞行汽车。2018 年 1 月，在拉斯维加斯 CES 上，英特尔展示了一种名为 Volocopter 的自动驾驶载人无人机。这台机器有一天可以研制成空中出租车。关于新西兰的飞行出租车，见文献（Sorkin，2018）。

## 13.9.3　自动驾驶汽车的实施问题

自动驾驶汽车、自动驾驶卡车和自动驾驶公共汽车等已经在世界各地的几个城市投入使用。然而，在其大量投入使用之前，必须处理好几个实施问题。以下是其完全商业化需要时间的原因：

- 需要降低实时三维地图技术的成本，提高其质量。
- 人工智能软件必须灵活，能力也必须提高。例如，人工智能需要处理许多意外情况，包括其他汽车驾驶员的行为。
- Bray 于 2016 年提出了一个有趣的问题：客户、汽车制造商和保险公司真的准备好迎接自动驾驶汽车了吗？一些客户拒绝乘坐无人驾驶汽车。然而，一些胆大的人期望这些车在驾驶方面比人类做得更好。
- 针对这项技术需要更多的研究，这是非常昂贵的。一个原因是，汽车和道路上的许多传感器需要改进，其成本需要降低。
- 物联网正在支持自动驾驶汽车连接许多事物，包括云中的事物。物联网系统本身需要改进。例如，必须消除数据传输延迟。有关更多 IT/AI 通用实现问题，请参阅第 14 章。

### ➤ 复习题

1. 什么是自动驾驶汽车？它们与物联网有什么关系？
2. 自动驾驶汽车对司机、社会和公司有什么好处？
3. 为什么 Uber 和类似的公司对自动驾驶汽车感兴趣？
4. 需要哪些人工智能技术来支持自动驾驶汽车？
5. 什么是飞行汽车？
6. 列出自动驾驶汽车的一些实施问题。

## 13.10　实施物联网和管理的考虑因素

在本章中，我们介绍了一些成功的基于物联网的应用。到目前为止的结果非常令人鼓舞，特别是在监测设备性能以改进其运行和维护方面（例如，第 1 章中的 CNH 和 IBM Watson 电梯案例）。然而，这只是冰山一角。如前所述，物联网可以改变一切。在本节中，我们将介绍一些与成功实施物联网相关的主要问题。尽管人们对物联网的发展和潜力感到相当兴奋，但管理者应该意识到这些问题。

### 13.10.1　主要实施问题

麦肯锡全球研究所（Bughin 等，2015）编制了一份全面的《物联网高管指南》。本指南确定了以下问题：

- **组织协调**。对于物联网，运营改进和创造新业务机会意味着 IT 和运营人员必须作为一个团队而不是单独的职能部门工作。正如本指南作者所指出的，"物联网将挑战组织责任的其他概念。首席财务、营销和运营官，以及业务部门的领导，必须能够接受将他们的系统连接起来。"
- **互操作性挑战**。互操作性是迄今为止物联网应用增长中的一大不利因素。很少有物联网设备彼此无缝连接。此外，在连接方面存在许多技术问题。许多远程区域尚未建立正确的 Wi-Fi 连接。与大数据处理相关的问题也是物联网进展缓慢的原因。公司正试图减少传感器级别的数据，以便只有最小数量的数据进入云中。目前的基础设施很难支持物联网收集的大量数据。一个相关的问题是对设备上的传感器进行改造，以便能够收集和传输数据进行分析。此外，消费者用新的物联网数字智能产品取代模拟对象还需要时间。例如，相比汽车、厨房用具和其他可以从传感器和物联网中受益的东西，人们更容易更换手机。

❑ **安全**。数据安全是一个普遍的问题，但在物联网的背景下，这是一个更大的问题。连接到物联网的每个设备都成为恶意黑客进入大型系统或至少操作或损坏特定设备的另一个入口点。黑客能够破解和控制汽车的自动功能或远程控制车库门开启器。此类问题要求，任何大规模采用物联网的系统都必须从一开始就考虑到安全问题。

鉴于互联网的安全性不高，应用物联网需要特别的安全措施，特别是在网络的无线部分。2016 年，Perkins 将情况总结如下："物联网创造了一种无处不在的数字存在，将组织和整个社会联系起来。新的参与者包括数据科学家、外部集成者和暴露的端点。安全决策者必须接受风险和弹性的基本原则，以推动变革。"有关物联网的免费电子书，请参阅文献（McLellan，2017b）。

接下来还有其他问题：

❑ **隐私**。为了保护隐私，我们需要一个良好的安全系统加上隐私保护系统和政策（见第 14 章）。物联网网络规模庞大，且使用的互联网受保护程度较低，这两者都可使物联网网络难以构建。有关顶级安全专家的建议，请参见文献（Hu，2016）。

❑ **数据仓库的连接**。互联网上有数以百万计的数据仓库，其中许多需要在特定的物联网应用中互连。这个问题被称为对"结构"和连接性的需求。对于涉及属于不同组织的许多不同竖井的应用程序来说，这可能是一个复杂的问题。机器之间、人与人之间、人与机器之间以及人与服务和传感器之间都需要连接。有关讨论，请参见文献（Rainie & Anderson，2017）和 machineshop.io/blog/the-fabric-of-the-internet-of-things。有关如何在 IBM Watson 上进行连接的信息，请参阅 ibm.com/ Internet-of-things/iot-solutions/。

❑ **在许多组织中，为物联网准备现有的 IT 架构和操作模型可能是一个复杂的问题**。有关此主题的完整分析和指南，请参见文献（Deichmann 等，2015）。将物联网集成到 IT 中对于物联网所需的数据流和物联网处理的数据流返回到操作至关重要。

❑ **管理**。在引进新技术的过程中，高层管理者的支持是必要的。Bui 于 2016 年建议雇用首席数据官，以便在物联网领域取得成功，因为需要处理数据仓库。使用这样的高层管理者可以促进所有业务功能、角色和级别之间的信息共享。最后，它解决了部门在拥有和控制物联网方面的困难。

❑ **关联客户**。有证据表明，物联网在营销和客户关系中的使用有所增加。此外，物联网推动了客户参与度的提高。Park（2017）认为，为客户成功部署物联网需要"连接客户"。连接需要用于数据、决策、结果以及与物联网和营销相关的任何联系人相关的员工。蓝山研究组织就这个问题提供免费报告（见 Park 的文章）。物联网能够更好地与关键客户建立联系，并改善客户服务。特别需要考虑的是酒店、医疗和交通组织。Chui 等人于 2018 年的一项关于如何成功实施物联网的研究中提出了建议。

## 13.10.2　工业物联网转化为竞争优势的策略

物联网收集大量数据，可用于改善外部业务活动（如营销）以及内部运营。SAS 于 2017 年提出了一个战略周期，主要包括以下步骤：

1. 明确业务目标。它们应该被设定为可感知的收益和成本，这样这些举措就可以被证明是合理的。这一步骤涉及对资源的高度规划和审查。初始投资回报率（ROI）分析是可取的。

2. 制定分析策略。为了支持投资回报率和准备一个商业案例，有必要计划如何分析大数据。这包括选择一个分析平台，这是一个关键的成功因素。可能会对新兴的人工智能技术（如深度学习）进行检查。适当的选择将确保一个强大的物联网解决方案可行。

3. 评估边缘分析的需求。边缘分析是一些应用程序所需要的技术。它旨在向应用程序引入实时功能。它还过滤数据以实现自动决策（经常是实时的），因为只有相关的数据需要过滤出来。

4. 选择合适的分析解决方案。市场上有许多供应商提供的分析解决方案。在使用一个或多个物联网时，有必要考虑几个标准，如物联网的适用性、部署的方便性、最小化项目风险的能力、工具的先进性以及与现有 IT 系统的连接（如物联网网关的质量）。有时，最好考虑提供组合产品（如 SAS 和英特尔）的一组供应商。最后，需要检查适当的基础设施，如高性能云服务器和存储系统。它们必须作为一个可扩展、有效和高效的平台协同工作。

5. 持续改进。与任何战略周期一样，应对绩效进行监控，并且需要考虑流程各个步骤的改进，尤其是物联网正在快速发展和变化。目标实现的程度是一个重要的标准，应该考虑提升目标。

流程摘要如图 13.9 所示。

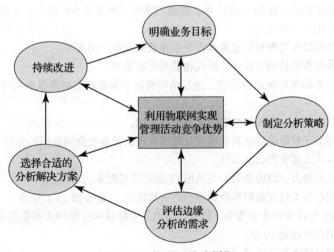

图 13.9　物联网战略周期

Weldon 于 2015 年提出了成功实施物联网所需的步骤:

- ❏ 开发一个商业案例来证明物联网项目的合理性,包括成本效益分析和与其他项目的比较。
- ❏ 开发工作原型。进行试验。学习并改进它。
- ❏ 将物联网安装在一个组织单元中,进行试验,吸取教训。
- ❏ 如果试点成功,则规划整个组织的部署。特别注意数据处理和传播。

### 13.10.3 物联网的未来

随着时间的推移,我们看到了越来越多的物联网应用。因为所有的物联网都连接到互联网,所以可能会有一些网络相互连接,从而产生更大的物联网。这将为许多组织创造增长和扩展的机会。

**人工智能增强物联网** 有几个潜在的发展领域。人工智能将在物联网的生态系统领域赋能。许多物联网应用是复杂的,可以通过机器学习来改进,机器学习可以提供关于数据的见解。此外,人工智能可以帮助创建设备,自我诊断问题,甚至修复它们。有关进一步讨论,请参见文献(Martin,2017)。人工智能与物联网结合的另一个好处是"形成一个共生的配对"(Hupfer,2016)。这种配对可以创造认知系统,能够处理和理解传统分析无法处理的数据。人工智能和物联网的结合可以创造一种具体的认知,将人工智能能力注入对象(如机器人和制造机器)中,使对象能够理解其环境,然后自我学习并改进其操作。详见文献(Hupfer,2017)。最后,人工智能可以帮助实现物联网与其他 IT 系统的集成。

## 本章要点

- ❏ 物联网是一项革命性的技术,可以改变一切事物。
- ❏ 物联网指的是一个生态系统,在这个生态系统中,大量的事物(如人、传感器和计算机)通过互联网相互连接。2020~2025 年,连接的事物可能多达 500 亿个。这种相互联系的事物的子系统可以用于许多目的。
- ❏ 使用物联网可以改进现有的业务流程并创建新的业务应用程序。
- ❏ 数十亿的设备将连接到互联网,形成物联网生态系统。
- ❏ 物联网上的事物将能够进行通信,并且结构将使中央控制能够操纵事物并支持物联网应用中的决策。
- ❏ 物联网可以在工业、服务和政府中实现许多应用。
- ❏ 物联网应用基于对传感器或其他通过互联网处理的设备收集的数据的分析。
- ❏ 传感器可以从大量事物收集数据。
- ❏ 需要做出重大努力,以将物联网与其他 IT 系统连接起来。
- ❏ 物联网应用可以支持设备制造商和用户的决策设备。(请参阅 13.1 节。)
- ❏ IBM Watson 是许多行业和服务(如医学研究)中物联网应用的主要提供商。预计到 2018 年底,它的用户将超过 10 亿。
- ❏ 智能家电和家庭由物联网实现。

❑ 物联网支持全球智能城市项目，提高城市居民的生活质量，支持城市规划者和技术提供商的决策。

❑ 自动驾驶汽车可减少事故、污染、交通堵塞和运输成本。自动驾驶汽车尚未完全实施，但有些是在 2018 年推出的。

❑ 智能家居和家电很受欢迎。花费很少，业主可以使用几个应用程序，从家庭安全到控制家用电器。

❑ 智慧城市的概念正在全球范围内发展。智慧城市的目标是为居民提供更好的生活。涉及的主要领域包括交通、医疗、节能、教育和政府服务。

# 讨论

1. 将物联网与普通互联网进行比较。

2. 讨论自动驾驶汽车对我们生活的潜在影响。

3. 为什么一个真正的智能家居必须有机器人？

4. 为什么物联网被认为是一种颠覆性技术？

5. 研究苹果 Home Pod。它如何与智能家庭设备交互？

6. Alexa 现在连接到智能家庭设备，如恒温器和微波炉。找到连接到 Alexa 的其他设备的示例并撰写报告。

7. 讨论智慧城市保护地球有限资源的目标。

8. 物联网的主要用途是什么？

9. 无人驾驶汽车事故减缓了这项技术的实施。然而，这项技术可以拯救数十万人的生命。实施的放缓（通常由政治家推动）有道理吗？讨论一下。

# 参考文献

Ashton, K. *How to Fly a Horse: The Secret History of Creation, Invention and Discovery*. New York City, NY: Doubleday, January 2015.

Bhapkar, R., and J. Dias "How a Digital Factory Can Transform Company Culture." *McKinsey & Company*, September 2017.

Bordo, M. "Israeli Air Force Works on Battlefield IoT Technology." *ReadWrite.com*, June 21, 2016.

Bray, E. "Are Consumers, Automakers and Insurers Really for Self-Driving Cars?" *Tech Crunch*, August 10, 2016.

Brokaw, L. "Six Lessons from Amsterdam's Smart City Initiative." *MIT Sloan Management Review*, May 25, 2016.

Bughin, J., M. Chui, and J. Manyika. "An Executive's Guide to the Internet of Things." *McKinsey Quarterly*, August 2015.

Bui, T. "To Succeed in IoT, Hire a Chief Data Officer." *Tech Crunch*, July 11, 2016.

Burkacky, O., et al. "Rethinking Car Software and Electronics Architecture." *McKinsey & Company*, February 2018.

Burt, J. "IoT to Have Growing Impact on Businesses, Industries, Survey Finds." *eWeek*, May 4, 2016.

Chui, M., et al. "What It Takes to Get an Edge in the Internet of Things?" *McKinsey Quarterly*, September 2018.

Coumau, J., et al. "A Smart Home Is Where the Bot Is." *McKinsey Quarterly*, January 2017.

Deichmann, J., M. Roggendorf, and D. Wee. "Preparing IT Systems and Organizations for the Internet of Things." *McKin-sey & Company*, November 2015.

Diaz, J. "CES 2017: LG's New Smart Fridge Is Powered by Alexa." *Android Headlines*, January 4, 2017. **androidheadlines. com/2017/01/ces-2017-lgs-new-smart-fridge-powered-alexa.html/** (accessed August 2018).

Donaldson, J. "Is the Role of RFID in the Internet of Things Being Underestimated?" *Mojix*, May 2, 2017.

Durrios, J. "Four Ways IoT Is Driving Marketing Attribution." *Enterprise Innovation*, April 8, 2017.

Editors. "Smart Cities Will Use 1.6B Connected Things in 2016." *eGov Innovation*, December 22, 2015.

Editors. "Global Smart Cities IoT Technology Revenues to Exceed US$60 Billion by 2026." *Enterprise Innovation*, January 23, 2018.

Estopace, E. "French National Railway Operator Taps IoT for Rail Safety." *eGov Innovation*, February 21, 2017a.

Estopace, E. "Consortium to Build a Smart Mobility System for Hong Kong Chian." *Enterprise Innovation*, March 26, 2017b.

Fenwick, N. "IoT Devices Are Exploding on the Market." *Information Management*, January 19, 2016.

Fitzgerald, M. "Data-Driven City Management: A Close Look at Amsterdam's Smart City Initiative." *MIT Sloan Management Review*, May 19, 2016.

Freeman, M. "Connected Cars: The Long Road to Autonomous Vehicles." *San Diego Union Tribune*, April 3, 2017.

Gemelli, M. "Smart Sensors Fulfilling the Promise of the IoT."

*Sensors Magazine*, October 13, 2017.

Greengard, S. "How AI Will Impact the Global Economy." *CIO Insight*, October 7, 2016.

Hamblen, M. "Smart City Tech Connects Cars and Bikes with Big Data at MCW: Innovators Can Put Air Quality Sensors on Bicycles, While Wireless Connections Help Pave the Way for Driverless Cars." *Computerworld*, February 22, 2016.

Hawkins, A. "Intel Is Working with Waymo to Build Fully Self-Driving Cars." *The Verge*, September 18, 2017.

Hedge, Z. "Case Study: Athens International Airport Uses EXM and Libelium's IoT Platform to Enhance Environmental Monitoring." *IoT Now*, September 1, 2017.

Henderson, P. "10 Ways Analytics Can Make Your City Smarter." *InfoWorld* and *SAS Report AST* = 0182248, June 6, 2017.

Hu, F. *Security and Privacy in Internet of Things (IoTs): Models, Algorithms, and Implementations*. Boca Raton, FL: CRC Press, 2016.

Hupfer, S. "AI Is the Future of IoT." *IBM Blog*, December 15, 2016. **ibm.com/blogs/internet-of-things/ai-future-iot/** (accessed July 2018).

IBM. "Embracing the Internet of Things in the New Era of Cognitive Buildings." White Paper. *IBM Global Business Services*, 2016.

Jamthe, S. *The Internet of Things Business Primer*. Stanford, CA: Sudha Jamthe, 2015.

Jamthe, S. *IoT Disruptions 2020: Getting to the Connected World of 2020 with Deep Learning IoT*. Seattle, WA: Create Space Independent Publishing Platform, 2016.

Kastrenakes, J. "Nest Can Now Use Your Phone to Tell When You've Left the House." *The Verge*, March 10, 2016. **theverge.com/2016/3/10/11188888/nest-now-uses-location-for-home-away-states-launches-family-accounts** (accessed April 2018).

Khoury, A. "You Can Now Hail a Ride in a Fully Autonomous Vehicle, Courtesy of Waymo." *Digital Trends*, February 17, 2018.

Korosec, K. "Toyota Is Using Nvidia's Supercomputer to Bring Autonomous Driving to the Masses." *The Verge*, May 10, 2017.

Koufopoulos, J. "9 Examples of the Internet of Things That Aren't Nest." *Percolate*, January 23, 2015.

Kvitka, C. "Navigate the Internet of Things." January/February 2014. **oracle.com/technetwork/issue-archive/2014/14-jan/o14interview-utzschneider-2074127.html** (accessed April 2018).

Lacey, K. "Higher Ed Prepares for the Internet of Things." *University Business*, July 27, 2016. **universitybusiness.com/article/higher-prepares-internet-things** (accessed April 2018).

Libelium. "Smart Factory: Reducing Maintenance Costs and Ensuring Quality in the Manufacturing Process." *Libelium World*, March 2, 2015. **technology.ihs.com/531114/the-internet-of-everything-needs-a-fabric** (accessed April 2018).

Manyika, J., M. Chui, P. Bisson, J. Woetzel, R. Dobbs, J. Bughin, and D. Aharon. "Unlocking the Potential of the Internet of Things." *McKinsey Global Institute*, June 2015.

Marcus, J. "CNH Industrial Halves Product Downtime with IoT." *Product Lifecycle Report*, May 6, 2015.

Martin, E. "AI May Have Your Health and Finances on Record Before the Year Is Out." *FutureFive*, July 20, 2017. **futurefive.co.nz/story/five-ways-ai-machine-will-affect-your-life-and-business-year/** (accessed April 2018).

McCafferty, D. "How the Internet of Things Is Changing Everything." *Baseline*, June 16, 2015.

McGrath, J. "Haier Wants You to Live Smaller and Smarter with Its New Appliances." *Digital Trends*, January 5, 2016. **digitaltrends.com/home/haier-shows-off-u-smart-appliances-at-ces-2016** (accessed April 2018).

McLellan, C. "Internet of Things in the Enterprise: The State of Play." *ZDNet.com*, February 1, 2017a. **zdnet.com/article/enterprise-iot-in-2017-the-state-of-play/** (accessed April 2018).

McLellan, C. "Cybersecurity in an IoT and Mobile World." Special Report. *ZDNet*, June 1, 2017b.

Meola, A. "What Is the Internet of Things (IoT)? Meaning & Definition." *Business Insider*, May 10, 2018.

Miller, M. *The Internet of Things: How Smart TVs, Smart Cars, Smart Homes, and Smart Cities Are Changing the World*. Indianapolis, IN: Que Publishing, 2015.

Miller, R. "IoT Devices Could Be Next Customer Data Frontier." *TechCrunch*, March 30, 2018.

Morris, C. "Ordinary Home Appliances Are About to Get Really Sexy." *Fortune.com*, January 6, 2016. **fortune.com/2016/01/06/home-appliances-ces-2016** (accessed April 2018).

Morris, S., D. Griffin, and P. Gower. "Barclays Puts in Sensors to See Which Bankers Are Their Desks." *Bloomberg*, August 18, 2017.

Murray, M. "Intel Lays Out Its Vision for a Fully Connected World." *PC Magazine*, August 16, 2016.

Ohnsman, A. "Our Driverless Future Begins as Waymo Transitions to Robot-Only Chauffeurs." *Forbes*, November 7, 2017.

Park, H. "The Connected Customer: The Why Behind the Internet of Things." *Blue Hill Research*. White Paper. January 2017.

Perkins, E. "Securing the Internet of Things." Report G00300281. *Gartner Inc.*, May 12, 2016.

Pitsker, K. "Put Smart Home Technologies to Work for You." *Kiplinger's Personal Finance*, October 2017.

PTC, Inc. "Internal Transformation for IoT Business Model Reshapes Connected Industrial Vehicles." *PTC Transformational Case Study*, November 12, 2015. **ptc.com/~/media/Files/PDFs/IoT/J6081_CNH_Industrial_Case_Study_Final_11-12-15.pdf?la=e** (accessed April 2018).

Pujari, A. "Becoming a Smarter Manufacturer: How IoT Revolutionizes the Factory." *Enterprise Innovation*, June 5, 2017.

Rainie, L., and J. Anderson. "The Internet of Things Connectivity Binge: What Are the Implications?" *PewInternet.com*, June 6, 2017.

SAS. "SAS Analytics for IoT: Smart Cities." *SAS White Paper 108482_G14942*, September 2016.

SAS. "5 Steps for Turning Industrial IoT Data into a Competitive Advantage." *SAS White Paper 108670_G456z 0117.pdf*, January 2017.

Scannell, B. "High Performance Inertial Sensors Propelling the Internet of Moving Things." Technical Article. *Analog Devices*, 2017.

Schwartz, S. *Street Smart: The Rise of Cities and the Fall of Cars*. Kindle Edition. New York, NY: Public Affairs, 2015.

Shah, S. "HPE, Tata to Build 'World's Largest' IoT Network in India." *Internet of Business*, February 27, 2017. **internetof business.com/hpe-tata-largest-iot-network-india/** (accessed April 2018).

Sharda, R., et al. *Business Intelligence, Analytics, and Data Science: A Managerial Perspective.* 4th ed. New York, NY: Pearson, 2018.

Sinclair, B. *IoT Inc.: How Your Company Can Use the Internet of Things to Win in the Outcome Economy.* Kindle Edition, New York, NY: McGraw-Hill Education, 2017.

Solomon, S. "Israel Smart-Roads Startup Nabs Prestigious EY Journey Prize." *The Times of Israel*, October 26, 2017.

Sorkin, A. "Larry Page's Flying Taxis Now Exiting Stealth Mode." *The New York Times*, March 12, 2018.

Staff. "Study Reveals Dramatic Increase in Capabilities for IoT Services." *Information Management*, May 5, 2017.

Technavio. "Smart Sensors for the Fourth Industrial Revolution: Molding the Future of Smart Industry with Advanced Technology." *Technavio.com*, September 12, 2017.

Tokuoka, D. *Emerging Technologies: Autonomous Cars.* Raleigh, NC: Lulu.com, 2016.

Tomás, J. "Smart Factory Tech Defining the Future of Production Processes." *RCR Wireless News*, March 28, 2016.

Townsend, A. *Smart Cities: Big Data, Civic, Hackers and the Quest for a New Utopia.* New York, NY: W. W. Norton, 2013.

Twentyman, J. "Athens International Airport Turns to IoT for Environmental Monitoring." *Internet of Business*, September 4, 2017.

Venkatakrishnan, K. "Are Connected Consumers Driving Smart Homes?" *Enterprise Innovation*, May 31, 2017.

Violino, B. "19 Top Paying Internet-of-Things Jobs." *Information Management*, October 25, 2017.

Weinreich, A. "The Future of the Smart Home: Amazon, Walmart, & the Home That Shops for Itself." *Forbes*, February 1, 2018.

Weldon, D. "Steps for Getting an IoT Implementation Right." *Information Management*, October 30, 2015.

# 关于分析和人工智能
# 的说明

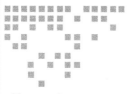

Chapter 14 第 14 章

# 实施人工智能的问题：从伦理和隐私到组织和社会影响

**学习目标**

❑ 描述智能技术的主要实施问题。

❑ 讨论法律、隐私和道德问题。

❑ 了解智能系统的部署问题。

❑ 描述对组织和社会的主要影响。

❑ 讨论和辩论对就业和工作的影响。

❑ 讨论关于机器人和人工智能的未来的争论中的乌托邦和反乌托邦。

❑ 讨论分析中数学模型的潜在危险。

❑ 描述主要的影响技术趋势。

❑ 描述智能系统未来的亮点。

在本章中，我们将讨论与智能系统的实施和未来发展相关的各种问题。我们首先关注安全与网络连接等技术问题。然后，我们讨论涉及合法性、隐私和伦理的管理问题。接下来，我们探讨它对组织、社会、工作和就业的影响。然后，我们展望未来的技术趋势。

## 14.1 开篇小插曲：为什么优步向 Waymo 支付 2.45 亿美元

2018 年初，优步科技公司向 Waymo 自动驾驶汽车公司（Alphabet 的子公司）支付了价值 2.45 亿美元的股份。这笔钱是为了了结 Waymo 提起的诉讼：Waymo 指控优步使用了其专有技术。

### 背景

该诉讼涉及 Waymo 拥有的知识产权（商业秘密）的保护。你可能还记得在 13.9 节提及 Waymo 是自动驾驶汽车的先驱。Waymo 的一名前工程师（名为莱万多夫斯基）涉嫌非法下载了 1.4 万份 Waymo 自动驾驶相关的机密文件。更糟糕的是，莱万多夫斯基可能已经说服了 Waymo 的几名顶级工程师离开 Waymo，加入他的团队，创建了一家初创公司（奥托公司，Otto Company），开发自动驾驶汽车。优步收购了奥托公司。对于优步来说，当优步在叫车系统中使用自动驾驶汽车时，自动驾驶汽车对于实现盈利增长至关重要。优步是一家以打车为主要业务的公司，该公司计划从个人拥有的共享汽车转向打车业务，在该业务中，自动驾驶汽车将由优步和汽车制造商拥有。通过这种方式，优步的利润可能会高得多。此外，优步计划运营无人驾驶出租车车队。

### 法律纠纷

这起法律纠纷非常复杂，它涉及知识产权和高科技员工离职后为竞争对手工作的问题。

Waymo 的律师称，如果竞争对手使用 Waymo 的商业机密，可能会对 Waymo 造成巨大损失。Waymo 的法律团队基于一项数字取证调查，证明莱万多夫斯基蓄意复制机密文件，然后试图掩盖这些下载记录。请注意，优步没有窃取商业机密，而是雇用了掌握这些机密的莱万多夫斯基。

从法律角度来看，这起案件是独一无二的，因为它是第一起与自动驾驶汽车有关的案件，所以之前没有任何案件可以参考。这两家公司都是硅谷的大型科技公司。

离开公司的员工会接受面谈，并被提醒他们已签署了一份协议，内容涉及他们在离开公司时获得的商业机密。莱万多夫斯基在 Waymo 的离职面谈中说，他未来的计划不包括可能与 Waymo 的自动驾驶汽车竞争的活动。然而，他已经与优步签约，并将自己的新公司奥托卡车运输公司（Otto Trucking）出售给优步。很明显，优步和莱万多夫斯基都没有说实话。

### 他们为什么和解

双方在法庭上僵持了四天就和解了。这个案子摆在陪审团面前，这给这个案子带来了不确定因素。

Waymo 同意和解，因为要打赢这场官司，它必须证明实际的损害，而这是它无法做到的。未来的损失是很难计算的。此外，没有任何证据证明优步使用了 Waymo 的任何商业机密，而且优步已经解雇了莱万多夫斯基。

优步同意向 Waymo 支付费用，是因为这起法律案件可能会推迟优步自动驾驶汽车的开发，而这对优步的未来至关重要。此外，法律费用也在增加（优步还涉及其他几项主要与其司机有关的法律问题）。考虑到谷歌雄厚的财力，与 Waymo 打官司也不能确保成功。实际上，Waymo 发出了一个明确的信息，即它将不惜一切代价保护其在自动驾驶汽车领域的领先地位。

## 结论

☐ 优步支付了约三分之一的百分之一公司股份（优步的估值为 700 亿美元（2018 年 1 月）），相当于 2.45 亿美元。优步正计划上市，这可能会提高其估值。

☐ 优步同意不将 Waymo 的机密信息纳入其现有或未来的技术。这是 Waymo 的一个主要条件。

☐ 这场争论对两家公司都很重要的原因是，到 2050 年，自动驾驶汽车市场可能价值 7 万亿美元（per Marshall 和 Davies，2018）。

☐ 自 2018 年 7 月法律纠纷解决以来，2018 年自动驾驶汽车行业的竞争性质发生了重大变化。

> ▶ **复习题**
>
> 1. 确定本案例涉及的法律问题。
> 2. 你认为 Waymo 为什么同意接受优步的股份而不是钱？
> 3. 在这种情况下，知识产权意味着什么？
> 4. 联邦审判长在结束时说："这个案子现在已经是历史了。"他想表达什么？
> 5. 总结如果双方继续进行法律纠纷，可能造成的损失。
> 6. 总结和解对双方的好处。

### 我们可以从这个开篇小插曲中学到什么

自动驾驶汽车是智能系统和人工智能的主要产品，对参与者有巨大的潜在好处。同时，行业内竞争激烈，因此保护商业秘密也很重要。法律纠纷在竞争环境中很常见，知识产权保护至关重要。知识产权保护是本章的主题之一。在本章中讨论的与智能系统的实现相关的其他问题包括伦理、安全、隐私、连接、集成、策略和最高管理角色。

我们还了解了自动驾驶汽车技术在未来的重要性。这种技术可能会对组织及其结构和运作产生巨大的影响。我们将在本章讨论智能系统的社会影响，特别是它们对工作和职位的影响。我们还将探讨智能系统的一些潜在的意外后果。最后，我们将探讨智能系统的未来，并介绍关于智能系统（特别是机器人和人工智能）的危险与可能带来的好处的讨论。

资料来源：A. Marshall & A. Davies. (2018, February 9). "The End of Waymo v. Uber Marks a New Era for Self-Driving Cars: Reality." *Wired*; A. Sage, et al. (2018, February 9). "Waymo Accepts $245 Million and Uber's 'Regret' to Settle Self-Driving Car Dispute." Reuters (*Business News*); K. Kokalitcheva. (2017, May 9). "The Full History of the Uber-Waymo Legal Fight." *Axios*.

# 14.2 实施智能系统概述

既然已经学习了分析学、数据科学、人工智能和决策支持活动的基本知识，你可能会想问：在我的组织中，我该如何处理这些内容？你了解了智能系统的巨大好处，还了解了许多使用智能系统的公司，那么接下来应该做什么呢？首先，阅读本书中推荐的一些参考资料，以便更好地理解这些技术。接下来，请阅读这一章，它将讨论组织中实施智能系统所涉及的主要问题。

实施业务分析/人工智能系统可能是一项复杂的工作。除了在智能系统中发现的特定问题外，许多其他基于计算机的信息系统也存在相同的问题。在本节中，我们将描述一些主要的问题。在对 3000 名高管的调查中，发现了成功实施人工智能的几个因素，参见文献（Bughin 等，2017）。

## 14.2.1　智能系统的实施过程

本章分为三个部分。在第一部分中，我们描述了一些与管理相关的实现问题。在第二部分中，我们描述了智能技术对组织、管理和工作的影响。最后一部分论述了智能技术的发展趋势和未来。

智能系统的实施过程类似于其他信息系统的实现过程。因此，我们只简单介绍一下。该过程如图 14.1 所示。

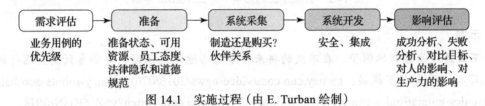

图 14.1　实施过程（由 E. Turban 绘制）

**实施的主要步骤如下：**

**步骤 1 需求评估**。需求评估需要为智能系统提供业务用例，包括其主要部分。（这是一个通用的 IT 步骤，这里不再讨论。）

**步骤 2 准备**。在这个步骤中，有必要检查组织对分析和 AI 的准备情况。有必要检查可用的资源、员工对变化的态度、项目的优先级等。这里不讨论这种通用 IT 活动。但是，考虑法律、隐私和伦理问题是有用的，因为它们与 14.3 节中描述的智能技术相关。

**步骤 3 系统采集**。组织需要决定内部或外包方法（制造或购买），或者两者的结合，也可能与供应商或其他公司合作。顾问可以在这一步提供帮助。这是一个通用的 IT 步骤，这里不讨论。

**步骤 4 系统开发**。无论谁将开发系统，都需要完成某些活动。这些包括安全性、与其他系统的集成、项目管理准备和其他活动。其中很多都是通用的，这里就不介绍了。14.4 节中只描述了选定的部分。

**步骤 5 影响评估**。有必要对照计划检查系统的性能。同样，这是一个通用的问题，在这里不会讨论。

## 14.2.2　智能系统的影响

智能系统正在影响普通人、企业和组织。发现什么没有受到影响要比发现什么受到影响容易得多。在本节中，我们将这些影响分为三类，如图 14.2 所示。我们排除了对个人和生活质量的影响，这是一个非常大的领域（卫生、教育、娱乐、打击犯罪、社会服务等）。

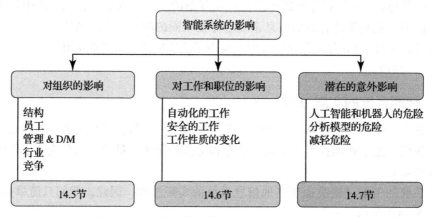

图 14.2 智能系统的影响（由 E. Turban 绘制）

**示例**

下面是娱乐领域的例子。在不久的将来，当你去迪斯尼乐园，你会看到高空飞行的杂技机器人。观看以下视频：money.cnn.com/video/news/2018/07/04/disney-robots-acrobatics-stuntronics-animatronics.cnnmoney/index.html 和 youtube.com/watch?v=Z_QGsNpI0J8。

> ➤ **复习题**
> 1. 列出实施过程中的主要步骤。
> 2. 为什么实施是一个重要的主题？
> 3. 描述智能系统的主要影响领域。

## 14.3 法律、隐私和伦理问题

随着数据科学、分析学、认知计算和人工智能的普及，每个人都可能受到这些应用程序的影响。仅仅因为某件事在技术上是可行的，并不意味着它是适当的、合法的或合乎道德的。数据科学、人工智能专业人士和管理者必须非常清楚这些问题。一些重要的法律、隐私和伦理问题都与智能技术相关，而且它们是相互关联的。例如，一些隐私问题是道德或法律方面的。在这里，我们只提供代表性的示例。我们的目标只是让读者了解这些问题。关于我们为什么要关心人工智能的法律、伦理和隐私问题，参见 Krigsman（2017）的文章。

### 14.3.1 法律问题

智能技术的引入可能会使许多与计算机系统相关的法律问题复杂化。例如，关于智能机器所提供的咨询行动的责任的问题正开始得到考虑。在本节中，我们将提供一些代表性问题的示例。

　　除了解决关于一些智能系统的意外和可能的破坏性结果的争议（见 14.1 节和 14.7 节），其他复杂的问题也可能浮出水面。例如，如果企业发现自己由于采纳基于 AI 的应用程序的建议而破产，谁来承担责任？在将敏感或不稳定的问题委托给系统之前，企业本身是否要对没有对系统进行充分的测试负责？审计机构和会计师事务所是否要为未能实施足够的审计测试承担责任？智能系统的软件开发人员是否要承担连带责任？随着自动驾驶汽车越来越普遍，当汽车的传感器、网络或人工智能系统无法正常工作时，谁来承担损失？最近发生的一起涉及特斯拉汽车事故的案例将这一问题推上了报纸和法律行业的头条。在这起事故中，一辆据称处于自动驾驶模式的汽车的驾驶员在车祸中丧生。

**人工智能的潜在法律问题**

- 当专家意见被编码到计算机中时，它在法庭上的价值是什么？
- 智能应用程序提供的错误建议（或信息）由谁负责？例如，如果一名医生接受了计算机做出的错误诊断，并进行了导致病人死亡的手术，会发生什么情况？
- 如果经理向智能应用程序输入了错误的判断值，结果导致破坏或灾难，会发生什么情况？
- 谁拥有知识库中的知识（例如，聊天机器人的知识）？
- 管理能够迫使专家向智能系统贡献他们的专业知识吗？他们将如何得到补偿？
- 拥有车内备用驾驶员的自动驾驶汽车可以在公共道路上行驶吗？
- 谁应该监管无人驾驶汽车？
- 美国联邦监管机构正在为自动驾驶汽车（为了安全驾驶）制定国家法律。
- 应该允许送货机器人在人行道上通行吗？
- 优步和类似公司的司机是个体经营者吗？
- 机器人应该有人权吗？如果它们获得了权利，是否也应该承担法律责任？
- 我们应该让机器人出租车合法化吗？这会使旅行更便宜吗？

资料来源：Turban, Introduction to Information Technology, 2nd edition, John Wiley & Sons, 2006.

**示例：知识产权保护**

　　14.1 节将我们的注意力引向了一个对技术相关公司非常重要的法律问题：知识产权的所有权和保护。

　　**智能技术的法律问题**　后面描述的几个伦理问题需要与法律问题结合起来。以机器人的合法权利为例。我们需要这些权利吗？为什么（道德问题）？然后，有必要发展法律权利。例如，Facebook 在人脸识别方面就存在法律问题。机器人的安全规则是很久以前制定的。目前，关于智能技术的法律很少，大多数法律与安全有关。

　　**人工智能和法律**　除了与机器人和人工智能相关的法律之外，人工智能还有一个子领域，涉及人工智能在法律行业的应用以及一些法律问题的解决。根据文献（Donahue，2018），以下是一些主要的主题：

- ❏ 分析法律相关数据（如法规冲突），以检测模式。
- ❏ 为消费者提供法律建议（例如，参见 DoNotPay.com）。
- ❏ 文档评审。
- ❏ 分析合同。
- ❏ 支持法律研究。
- ❏ 预测结果（例如，获胜的可能性）。
- ❏ 人工智能对法律职业的影响。

人工智能可以执行日常法律相关的任务，比如管理文件和起草合同。详见文献（Kahn，2017）。35 个法律和法律实践的应用参见文献（Rayo，2018）。法律问题可能与下一个话题——隐私密切相关。

## 14.3.2 隐私问题

隐私对不同的人有不同的含义。一般来说，隐私是不受打扰的权利，是免受不合理的侵犯的权利。在许多国家，隐私一直与法律、伦理和社会问题相关。隐私权今天在美国的每个州都得到承认，并由联邦政府通过法令或普通法予以确认。隐私的定义可以解释得很广。然而，以下两条规则在过去的法院判决中被相当严格地遵循着：（1）隐私权不是绝对的，隐私必须与社会需求相平衡；（2）公众的知情权高于个人的隐私权。这两条规则说明了为什么在某些情况下很难确定和执行隐私规定。网络隐私问题有其特定的特点和政策。接下来讨论可能危及隐私的一个方面。随着互联网上生成的数据量呈指数级增长，隐私问题变得越来越重要，在许多情况下，这些数据的安全性很低。有关人工智能的隐私概述，请参见文献（Provazza，2017）。

**收集个人信息**　智能技术旨在通过收集客户的信息来为客户提供有针对性的服务和营销。在过去，在许多情况下，从众多政府机构和其他公共数据库手动收集、分类、归档和访问信息的复杂性，是防止滥用私人信息的内置保护。互联网与大型数据库的结合为数据的访问和使用创造了一个全新的维度。智能系统可以访问大量数据并对其进行解释，其固有的能力可以用于造福社会。例如，通过借助商业分析分析记录，有可能消除或减少欺诈、犯罪、政府管理不善、逃税、福利欺诈、家庭盗窃、雇用非法工人等。然而，为了让政府能够更好地逮捕罪犯，个人必须付出怎样的隐私损失代价呢？在企业层面也是如此。员工的个人信息可能有助于公司做出更好的决策，但员工的隐私可能会受到损害。

在法律法规的管理和执行中使用人工智能技术可能会增加公众对信息隐私的关注。这些由人工智能感知能力造成的恐惧，几乎在任何人工智能开发工作的开始都必须得到解决。

**虚拟个人助理**　亚马逊的 Echo/Alexa 和类似的设备可以监听正在发生的事情。它们也可以拍照。换句话说，你的语音助手正在监视你。

最先进的是 Echo/Alexa。你可以让 Alexa 购买亚马逊的产品。亚马逊和谷歌申请了一项专利，可以让你家里的虚拟助手为你做广告并向你出售产品。隐私倡导者不太高兴，但客户可能会高兴。例如，Elgen（2017）描述了 Alexa 如何作为一个时尚顾问使用 style check。该系统结合了时尚专家的知识和人工智能知识。一个推荐会一次提供两张照片，告诉你该买哪一件（根据颜色、当前趋势等）。为了使它有用，亚马逊正在改善隐私方面的问题。这可能并不容易，因为你的记录存储在亚马逊的云中。

Huff（2017）对虚拟个人助理的风险和亚马逊提供的保护进行了论证。

**移动用户的隐私**  许多用户并不知道他们的私人信息正通过智能手机泄露。许多应用程序收集用户的数据，这些数据可以跟踪每一个手机从一个发射塔到另一个发射塔的移动，从带有 GPS 功能的设备传输用户的位置，从 Wi-Fi 热点传输手机的信息。主要的应用程序开发商声称会非常小心地保护用户的隐私，但有趣的是，有大量信息是通过使用移动设备获得的，尤其是在智能手机包含越来越多的人工智能组件的情况下。

**物联网的隐私保护**  关于物联网的隐私和安全，参见文献（Hu，2016）。更多的数据通过物联网流动。请注意，人工智能数据隐私问题正在上升，尤其是当人工智能处理消费者数据时。例如，机器学习和聊天机器人收集的数据越来越多。此外，在企业中，雇主收集和分析更多关于员工的数据。我们如何保护数据，防止数据被滥用？

**隐私和分析的最新技术问题**  随着互联网用户的普遍增长，特别是移动设备用户的增长，许多公司已经开始使用智能技术，根据用户的设备使用情况、浏览情况和联系人来建立用户档案。《华尔街日报》收集了大量题为"What They Know"的文章（WallStreetJournal.com，2016）。这些文章不断更新，以突出最新的技术和隐私/伦理问题。其中提到的公司之一是 Rapleaf（现在属于 Towerdata）。Rapleaf 的技术声称，只要知道用户的电子邮件地址，就可以提供用户的个人资料。显然，Rapleaf 的技术使它能够收集重要的相关信息。另一家致力于根据设备使用情况识别设备的公司是 BlueCava，它最近已与 Qualia（Qualia.com）合并。Qualia 的 BlueCava 技术附加了一个个人资料，能够识别用户是个体还是家庭，即使用户可能使用多个移动设备和笔记本电脑。所有这些公司都使用诸如聚类和关联挖掘之类的分析来开发用户配置文件。当然，这一领域的许多分析初创企业都声称尊重用户隐私，但违规行为经常被报道。例如，Rapleaf 从 Facebook 用户那里收集未经授权的信息，随后被 Facebook 禁止。一位用户报告说，他把自己的电子邮件地址给了一家专门从事用户信息监控的公司（reputation.com）一个小时后，该公司就能够发现他的社保号。因此，侵犯隐私会造成对信息的犯罪行为的恐惧。这是一个大问题，需要仔细研究。这些例子不仅说明了分析的力量——能够了解更多关于目标客户的信息，也为人工智能和分析专业人士提供了一个关于敏感的隐私和道德问题的警告。

隐私关注的另一个相关应用领域是根据员工佩戴的徽章传感器收集的数据分析员工行为。一家名为 Humanyze 的公司已经报告了它的传感器嵌入的徽章的几个这样的应用。这些传感器能跟踪员工的所有动作。

### 示例：使用传感器和物联网来观察巴克莱银行（Barclays Bank）的工作人员

巴克莱银行利用热传感器和运动传感器，追踪其工作人员在办公桌前工作的时间。该系统安装在英国伦敦分公司。正式的解释是找出银行中空间的占用情况，以便最佳地分配办公空间。物联网提供了显示哪些空间未得到充分利用以及使用趋势的仪表板。该银行通知员工和工会，该项目不衡量生产率，只衡量空间利用率，结果可用于更好地管理空间中的能源消耗，并灵活安排工作环境。因此，巴克莱得以节省办公空间，并以每年4500万美元的价格将其出租。

该银行使用类似的跟踪系统来找出不同类型的员工与客户相处的时间。工会正在密切关注这一物联网应用，以确保它不会被用来监视员工。英国的其他银行也在使用类似的系统。详见《彭博新闻》（2017）。

最后，还有一种可能是勒索软件，即黑客对机器人的攻击，这些攻击可能被用来针对雇员使用这类机器人的企业。Smith（2018）报告了一项研究，发现了机器人的50个弱点。勒索软件攻击可能中断业务，迫使组织支付大量的赎金。

**其他可能侵犯隐私的问题**　以下是一些在智能技术世界中潜在的隐私侵犯的例子：

- ❑ 特拉华州警方正在使用 AI dashcom 寻找过往车辆中的逃犯。拍摄的照片和视频被发送到云端，然后用人工智能算法进行分析。
- ❑ Facebook 的人脸识别系统引发了人们对隐私保护的担忧。
- ❑ Epicenter 为员工提供微芯片植入。它就像一个磁卡，可以用来开门禁、在公司商店买食物等。但是管理层也可以跟踪你的行动。

### 14.3.3　谁拥有我们的私人数据

随着我们对技术的使用以及公司获取和挖掘数据的能力所带来的数据的增长，关于隐私的争论也导致了一个明显的问题：用户的数据属于谁的财产（请参见 Welch（2016）在《彭博商业周刊》的专栏中对此问题的重点报道）。以一辆相对较新的汽车为例。这辆车装备了很多传感器（例如轮胎压力传感器和 GPS 跟踪器），可以跟踪你去了哪里、开得多快、什么时候换车道，等等。汽车甚至可以知道乘客增加到前座的重量。Welch 指出，联网的汽车对车主来说可能是一场隐私噩梦，但对任何能够拥有或分析这些数据的人来说却可能是一座数据"金矿"。一场"战争"正在汽车制造商和技术供应商（比如苹果（CarPlay）和谷歌（Android Auto））之间酝酿：谁拥有这些数据，谁可以访问它们。这一点变得越来越重要，因为随着汽车变得更智能，直到最终实现自动驾驶，汽车上的驾驶员/乘客可能成为营销人员服务的高度针对对象。例如，谷歌的 Waze 应用程序收集数百万用户的 GPS 数据，以跟踪交通信息，帮助用户找到最佳路线，但它也会在用户的屏幕上显示弹出式广告。Yelp、Spotify 和其他在汽车上普遍使用的应用程序也有类似的功能。

底线是，智能系统专业人员和用户必须意识到在收集信息时涉及的法律和伦理问题，这些信息可能有特权或受保护。隐私问题在很多情况下被认为是道德的重要组成部分。

### 14.3.4　伦理问题

一些伦理问题与智能系统有关。个人价值观是伦理决策问题中的一个重要因素。由于伦理问题的多维性，它的研究是复杂的。一段时间前，Facebook 向用户提供不同的新闻源，并通过回复、点赞、情感分析等手段来监测用户的情绪反应，这一做法让很多用户感到不安（尽管这并不违法）。包括科技公司在内的大多数公司都会进行用户测试，以确定用户最喜欢或最不喜欢的功能，并相应地调整自己的产品。因为 Facebook 的规模太大了，在未经用户知情同意的情况下进行这项实验被认为是不道德的。事实上，Facebook 承认了自己的错误，并通过内部审查委员会和其他合规机制对未来的测试进行了更正式的审查。

Morgan（2017）说，有必要在人工智能为供应商和客户所做的事情的基础上进行考虑，以保持道德和透明度。通过这种方式，人们可以保持诚实，坚持将人工智能应用到生活、工作中的初衷，让它可以在我们的生活和工作中发挥重要的作用。有关道德问题如何影响 Alphabet 的（谷歌）举措，请参见文献（Kahn，2017）。

## 14.3.5　智能系统的伦理问题

许多人提出了有关人工智能、机器人和其他智能系统的伦理问题。例如，Bossmann（2016）提出了以下问题：

1. 它们对就业有何影响（见 14.5 节）？
2. 机器如何影响我们的行为和互动？
3. 智能机器创造的财富是如何分配的（如文献（Kaplan，2016））？
4. 如何防范智能应用程序的错误？例如，机器学习的训练程序应该持续多长时间？
5. 智能系统能做到公平公正吗？如何消除人工智能系统创建和运行中的偏见？
6. 如何保护智能应用程序不受对手攻击？
7. 如何保护系统不受意外后果（例如，机器人操作中的事故）的影响？例如，Facebook 的研究人员不得不关闭一个人工智能系统，因为它创造了糟糕的自己的语言。
8. 我们如何控制一个复杂的智能系统？
9. 我们应该发展机器人的合法权利吗？我们如何定义和计划人类对智能机器的处理？
10. 我们应该允许一个自治的机器人社会与我们的社会共存吗？
11. 我们应该在多大程度上影响无意识机器人的行为？
12. 我们如何解决智能机器所有权的问题？

其他问题包括：
- 电子监控。
- 商务智能和人工智能系统设计中的伦理。
- 软件盗版。
- 侵犯个人隐私。
- 使用专有数据库和知识库。
- 利用个人知识产权（如专业知识）为公司谋取利益，并向贡献者支付报酬。
- 数据、信息和知识的准确性。

- 保护用户的权利。
- AI 用户对信息的可访问性。
- 分配给智能机器的决策量。
- 人工智能如何会因为不恰当的道德规范而失败。
- 法律分析的伦理（Goldman，2018）。

### 14.3.6 智能系统伦理的其他主题

- 机器伦理是人工智能伦理的一部分，与人工智能的道德行为有关（参见维基百科）。
- 机器人技术关注的是机器人的设计者、建造者和使用者的道德行为。
- 微软的 Tay 聊天机器人因无法理解许多无关和冒犯性的评论而被关闭。
- 一些人担心基于算法的技术（包括人工智能）可能会变成种族主义者。我们将在 14.8 节中讨论这个主题。此外，参见文献（Clozel，2017）。
- 根据 Spangler（2017）的研究，自动驾驶汽车可能有一天会面临关乎生命的决定。
- 语音技术可以识别人工智能机器的呼叫者。这可能在一方面很好，但在另一方面却产生了隐私问题。
- 在医疗领域存在大量的伦理问题（经常与法律问题结合在一起）。有关讨论，请参见《彭博新闻》（2017）。

关于大数据和数据共享中的伦理问题的全面报道见文献（Anon，2017）。大数据分析的原理见文献（Kassner，2017）。

**常见的计算机伦理问题** 计算机伦理关注的是人们对信息系统和计算机的行为。智能系统中的伦理研究通常与计算机和信息系统的伦理问题密切相关。以下是一些参考资料。

**计算机伦理的十诫** 这个著名的文件是由 cybercitizenship 发布的（cybercitizenship.org/ethics/commandments.html）：

1. 不应该使用计算机去伤害别人。
2. 不得干扰他人的计算机工作。
3. 不可在别人的档案里窥探。
4. 不可使用计算机进行偷窃。
5. 不可使用计算机作伪证。
6. 不应该使用或拷贝你没有付费的软件。
7. 不得擅自使用他人的计算机资源。
8. 不可盗用他人的智力成果。
9. 不应该考虑你写的程序的社会后果。
10. 你使用计算机时，不应表现出考虑和尊重。

即将出现的一个主要问题是自动驾驶汽车的伦理问题。例如，谁将开发它们，它们将如何编入车辆的程序，它们将如何执行。参见文献（Sharma，2017）。

有关信息研究文献中的伦理问题考虑的综述，请参阅 nowpublishers.com/article/Details/ ISY-012/。

麻省理工学院媒体实验室和哈佛大学互联网与社会中心发起了一项研究人工智能伦理和治理主题的活动。SAS（一个主要的分析和人工智能供应商）在 sas.com/en_us/ insights/ articles/analytics/artificial-intelligence-ethics.html/ 上提出了人工智能伦理的三个基本步骤。

> 🔖 **复习题**
>
> 1. 列举一些智能系统的法律问题。
> 2. 描述智能系统中的隐私问题。
> 3. 在你看来，谁应该拥有你使用汽车的数据？为什么？
> 4. 列举智能系统中的伦理问题。
> 5. 计算机 / 信息系统的十大戒律是什么？

# 14.4　成功部署智能系统

许多专家、顾问和研究人员为智能系统的成功部署提供了建议。鉴于这个话题的重要性，很明显，企业需要为人工智能和其他智能技术的大量到来做好准备。以下是一些与部署策略相关的主题：

- ❑ 何时着手进行智能项目，以及如何对它们进行优先排序。
- ❑ 如何决定是自己做，还是找合作伙伴做，还是外包。
- ❑ 如何证明在智能项目上的投资是合理的。
- ❑ 如何克服员工的抗拒心理（例如，对失业的恐惧）。
- ❑ 如何安排合适的人 – 机器人团队。
- ❑ 如何决定哪些决策由人工智能完全自动化。
- ❑ 如何保护智能系统（安全）和如何保护隐私。
- ❑ 如何处理可能的失业和员工再培训（14.5 节）。
- ❑ 如何确定你是否拥有必要的最新技术。
- ❑ 如何决定最高管理层应该提供什么样的支持。
- ❑ 如何将系统与业务流程集成。
- ❑ 如何为建造和使用智能系统寻找合格的人员。

更多的战略问题参见文献（Kiron，2017）。本节只讨论几个主题，并提供更多的参考资料。大多数有关实施的主题在本质上是通用的，这里将不进行介绍。

## 14.4.1　最高管理层与实施

麦肯锡公司（McKinsey & Company）的 Chui 等人（2017）认为，"高级管理人员需要理解（人工智能的）战术和战略机遇，重新设计他们的组织，并致力于帮助塑造和讨论工作的未来。"具体来说，管理人员需要计划将智能系统集成到他们的工作场所，承诺为变化提供一个参与的环境，并提供足够的资源。Snyder（2017）声称，许多高管知道智能系统将改变他们的业务，但他们没有为此做太多。

大型管理服务咨询公司毕马威（KPMG）就数字化劳动提供了以下步骤：

毕马威的整体方法——从战略到执行——将在实施的每一步帮助企业。步骤是：

❏ 建立技术创新的优先领域。

❏ 为员工制定战略和计划。

❏ 确定计划执行的供应商和合作伙伴。

❏ 制定战略和计划，实现数字化劳动带来的好处。

资料来源：KPMG Internal Audit: Top 10 in 2018, Considerations for impactful internal audit departments, © 2018 KPMG LLP.

毕马威的完整指南由 Kiron（2017）提供。它包括机器人过程自动化、增强过程自动化和认知自动化。关于领导力在实施中的问题，参见文献（Ainsworth，2017）。

## 14.4.2 系统开发实施问题

由于人工智能和商业分析涵盖了几种成熟度不同的技术，因此实施问题可能会有很大的不同。Shchutskaya（2017）列举了以下三个主要问题：

1. 开发方法。商业分析和人工智能系统需要一种不同于其他 IT/ 计算机系统的方法。具体来说，有必要识别和处理不同的、经常出现的大型数据源（参见 1.1 节和 2.1 节），有必要清洗和管理这些数据。此外，如果涉及学习，就需要使用机器训练。因此，需要特殊的方法。

2. 从数据中学习。许多人工智能和商业分析都涉及学习。输入数据的质量决定了应用程序的质量。学习机制也很重要。因此，数据的准确性至关重要。在学习中，系统必须能够应对不断变化的环境条件。数据应该组织在数据库中，而不是文件中。

3. 关于洞察力是如何产生的，没有清晰的观点。人工智能、物联网和商业分析系统基于收集的数据分析，产生见解、结论和建议。考虑到传感器经常收集数据，并且数据有不同的类型，我们可能无法清楚地看到所产生的见解。

相关的重要领域包括大数据问题、无效的信息访问和有限的集成能力。

## 14.4.3 连接和集成

作为开发过程的一部分，有必要将人工智能和分析应用程序连接到现有的 IT 系统，包括互联网和其他智能系统。

### 示例

澳大利亚政府于 2017 年 8 月委托微软建造超大规模的云区域，以释放智能技术的力量。预计该系统将极大地改进政府处理数据和向公民提供服务的方式。该系统可以处理非机密和受保护的数据。基础设施建在政府数据中心内部或附近。该系统将使政府能够使用基于机器学习、机器人和语言翻译的创新应用程序，并将改善医疗、教育、社会服务和其他政府业务。最后，该系统将提高安全性和隐私保护水平。

几乎所有受到人工智能或商业分析影响的系统都需要进行集成。例如，有必要将智能应用程序集成到数字营销策略和营销实施中。有关讨论，请参阅 searchenginejournal.com/artificial-intelligence-marketing/200852/。

为了克服集成的困难，华为（手机制造商）正在其产品的芯片中安装一个人工智能系统。其他手机制造商依赖于连接到"云"上，与人工智能知识进行交互。对物联网连接的影响，参见文献（Rainie & Anderson，2017）。关于物联网连接提供商的考虑，请参见文献（Baroudy 等，2018）。

## 14.4.4 安全保护

许多智能应用程序是在"云"中管理和更新的，并且连接到普通的互联网。然而，增加互联网连接可能会产生新的漏洞。黑客使用智能技术来识别这些漏洞。有关罪犯如何使用人工智能和相关问题，请参见文献（Crosman，2017）。在 14.7 节中，我们将讨论机器人的潜在危险。自动驾驶汽车上的乘客以及其他可能与自动驾驶汽车发生碰撞的人的安全也是一个重要的问题。此外，人们在机器人附近工作的安全性已经研究了几十年。此外，黑客机器人、聊天机器人和其他智能系统是需要注意的领域。最后，机器人在街上工作时自身的安全也是一个问题，参见文献（McFarland，2017a）和视频。

## 14.4.5 在业务中利用智能系统

根据应用程序的性质，有许多方法可以利用智能系统。Catliff（2017）提出了以下方法，利用智能技术能力来提高效率和提供更多的客户服务：

1. 定制客户体验（例如，与客户的交互）。
2. 提高客户参与度（例如，通过聊天机器人）。
3. 使用智能技术检测数据中的问题和异常

Singh（2017a）推荐以下关键的成功因素：发现、预测、证明和从经验中学习。Ross（2017）提出了一个问题，即需要提升员工的技能，建立一个强大的、精通人工智能的劳动力队伍。最重要的问题之一是如何处理员工对失业的恐惧。这将在 14.6 节中讨论。

## 14.4.6 采用智能系统

与采用智能系统有关的大多数问题与任何信息系统的问题相同或相似。例如，员工可能抗拒改变，管理层可能没有提供足够的资源，可能缺乏计划和协调，等等。为了解决这些问题，Morgan Stanley 从与专家的数百次对话中汲取了灵感（见文献（DiCamillo，2018））。

一个重要的问题是要有一个适当的部署和采用策略，该策略应该与实施的技术和相关人员协调工作。一般来说，信息系统的通用采用方法也应该适用。

> ▶ 复习题
> 1. 描述系统部署过程。
> 2. 讨论高层管理人员在部署智能系统中的作用。
> 3. 为什么连接如此重要？
> 4. 描述系统开发问题。
> 5. 讨论安全的重要性，以及如何保证安全性。
> 6. 描述智能系统采用中的一些问题。

# 14.5 智能系统对组织的影响

智能系统是信息和知识革命的重要组成部分。与过去那些发展较慢的革命（如工业革命）不同的是，这场革命发生得非常迅速，影响着我们工作和生活的方方面面。这种转换所固有的是对组织、行业和管理人员的影响，本节将对此进行描述。

将智能系统的影响与其他计算机化系统的影响区分开来是一项艰巨的任务，尤其是考虑到智能系统与其他基于计算机的信息系统集成甚至嵌入的趋势。智能系统既有微观含义，也有宏观含义。这种制度会影响特定的个人和工作，以及组织内各部门和单位的工作和结构。它们还可以对整个组织结构、整个行业、社区和整个社会（即企业）产生重大的长期影响。有关宏观影响，请参阅 14.6 节及 14.7 节。

分析、人工智能和认知计算的爆炸性增长将对组织的未来产生重大影响。计算机和智能系统的影响可以分为三类：组织的、个人的和社会的。在每一种情况下，计算机都有许多可能的影响。我们不可能在本书中考虑所有这些问题，因此在下一小节中，我们将讨论与智能系统和组织最相关的主题。

## 14.5.1 新的组织单元及其管理

组织结构的一个变化是创建一个分析部门、BI 部门、数据科学部门和 / 或一个分析在其中扮演主要角色的 AI 部门的可能性。这种特殊的单元可以与定量分析单元合并或替换，也可以是一个全新的实体。一些大型公司有独立的决策支持单元或部门。例如，许多大型银行的金融服务部门都有这样的分支。许多公司都有小型的数据科学或 BI/ 数据仓库单元。这些类型的部门除了咨询和应用程序开发活动外，通常还涉及培训。其他人则授权首席技术官负责 BI、智能系统和电子商务应用。Target 和沃尔玛等公司对这些部门有大量投资，这些部门不断分析自己的数据，通过了解客户和供应商之间的相互作用，来确定营销和供应链管理的效率。另外，许多公司将分析 / 数据科学专业嵌入市场营销、财务和运营等功能领域。一般来说，这是目前存在大量就业机会的一个领域。关于首席数据官需求的讨论，见文献（Weldon，2018）。此外，Lawson（2017）讨论了对首席 AI 官的需求。

BI 和分析的增长也导致了 IT 公司内部新单元的形成。例如，几年前，IBM 成立了一个专注于分析的新业务单元。该组织包括 BI、优化模型、数据挖掘和业务性能的单元。更重要的是，该组织不仅关注软件，而且更关注服务 / 咨询。

## 14.5.2　转变业务和增加竞争优势

智能系统的主要影响之一是企业向数字系统的转变。尽管其他信息技术多年来一直在进行这种转型，但随着智能技术（主要是人工智能）的发展，这种转型加速了。

在很多情况下，人工智能只是人类的辅助工具。然而，随着人工智能能力的提高，机器能够自己或与人一起完成更多的任务。事实上，人工智能已经在改变一些行业。正如在第 2 章中所看到的，人工智能已经改变了所有的业务功能领域，尤其是营销和财务。影响范围从许多任务的完全自动化，包括管理任务，到增加人机协作（第 11 章）。Daugherty 和 Wilson（2018）对人工智能如何推动数字化转型进行了全面的描述，他们得出的结论是，那些将错过人工智能驱动转型的企业将处于竞争劣势。Batra 等人（2018）指出了类似的现象，并敦促企业使用人工智能，并利用它掀起一波创新浪潮。关于这个主题的更多信息，请参见文献（Uzialko，2017）。

**利用智能系统获得竞争优势**　智能技术（尤其是人工智能）的用处，在很多情况下都得到了证明。例如，通过使用机器人，亚马逊降低了成本并控制了在线商务。总的来说，通过降低成本、增加客户体验、提高质量和加快交付速度，公司将获得竞争优势。Rikert（2017）描述了与 CEO 关于人工智能和机器学习如何击败竞争对手的对话。Andronic（2017）指出了竞争优势。好处包括产生更多的需求（第 2 章）、自动化销售（第 2 章），以及识别销售机会。

最近一个重要的因素是，新公司和模糊的行业边界正在影响许多行业的竞争格局。例如，自动驾驶汽车将影响汽车行业的竞争。

根据 Weldon（2017c）的说法，明智地使用分析技术提供了最大的竞争优势。作者就组织如何从分析中获得全部好处提供了建议。应用案例 14.1 提供了 1-800-Flowers.com 如何使用分析、人工智能和其他智能技术来获得竞争优势的示例。

---

**应用案例 14.1**　1-800-Flowers.com 如何利用智能系统获得竞争优势

1-800-Flowers.com 是一家领先的鲜花和礼品在线零售商。该公司在 20 世纪 90 年代中期从电话订购转变为在线订购，从那时起，尽管竞争激烈，但公司的收入已超过 10 亿美元，员工超过 4000 人。在一个由亚马逊和沃尔玛等网络巨头以及其他数百家在线销售鲜花和礼品的公司主导的世界里生存并不容易。

该公司采用了以下三项关键战略：

❑ 增强客户体验。

❑ 更有效地推动需求。

❑ 建立支持产品和技术创新（创新文化）的劳动力。

该公司一直在广泛使用智能技术，以建立一个卓越的供应链，促进合作。最近，它开始使用智能系统来增强其竞争战略。以下是该公司使用的几种技术。

1. 最佳客户体验。零售商使用 SAS 营销自动化和数据管理产品，收集有关客户需求的信息并进行分析。这些信息使送花和礼物的人能够在任何场合找到完美的礼物。发件人希望让收件人满意，因此适当的建议至关重要。该公司利用 SAS 的先进分析和数据挖掘来预测客户的需求。1-800-Flowers.com 营销人员可以更有效地与客户沟通。利用最新的工具，公司数据科学家和市场分析人员可以更有效地挖掘数据。如今，客户的期望值比以往任何时候都高，因为客户更容易在网上比较供应商的产品。分析和人工智能使公司能够理解客户的情绪。现在，公司能够理解购买决策和客户忠诚度的情感推理行为。此更改将导致后面描述的产品建议。

2. 聊天机器人。1-800-Flowers.com 有一个基于 Facebook Messenger 的机器人。如第 12 章所述，这种机器人可以用作信息源和对话工具。该公司还在其网站上提供在线聊天和语音聊天。此外，移动端购物者可以使用谷歌助手进行语音订购。该公司还提供支持语音的 Alexa，目的是加快订购速度。

3. 客户服务。该公司提供一个门户网站和一站式购物服务，与 Amazon.com 类似，并提供自助支付服务。在 Facebook Messenger 上使用该公司的机器人进行购物时，也可以使用同样的功能。客户不必离开 Facebook 完成订单。

4. 基于人工智能的推荐。在第 12 章中介绍了电子商务零售商（如亚马逊、Netflix）通过提供产品推荐而脱颖而出。1-800-Flowers.com 也在做同样的事情，从品牌网站提供礼品推荐和建议。这些建议是由 IBM 的 Watson 提出的，并作为"认知礼宾"提供，让网上购物有店内体验的感觉。这项基于人工智能的服务被称为 GWYN（Gifts When You Need）。Watson 的自然语言处理（NLP）使购物者能够轻松地与机器对话。

5. 个性化。SAS 高级分析使公司的营销部门能够将客户分成具有相似特征的组。然后公司可以发送针对每个细分市场的促销信息。除了电子邮件，还安排了特别活动。根据反馈，公司可以计划和修改营销策略。情景应用程序还帮助公司分析客户的喜好。总之，智能系统帮助公司和客户做出明智的决定。

**针对应用案例 14.1 的问题**

1. 为什么有必要在今天提供更好的客户体验？

2. 为什么数据需要复杂的分析工具？

3. 阅读"SAS 营销自动化的主要优势"。你认为 1-800-Flowers.com 使用了哪些优势？为什么？

4. 将 IBM Watson 与"个性化"联系起来。

5. 将"SAS 高级分析"功能与其在本例中的使用联系起来。

6. SAS Enterprise Miner 用于进行数据挖掘。解释它做了什么以及是如何做的。

7. SAS 有一个名为"企业指南"的产品，1-800-Flowers.com 使用了它。根据工具的功能了解如何使用它。

资料来源：J. Keenan. (2018, February 13). "1-800-Flowers.com Using Technology to Win Customers' Hearts This Valentine's Day." *Total Retail*; S. Gaudin. (2016, October 26). "1-800-Flowers Wants to Transform Its Business with A.I." *Computer World*; SAS. (n.d.). "Customer Loyalty Blossoms with Analytics." *SAS Publication*, sas.com/en_us/customers/1-800-flowers.html/ (accessed July 2018).

## 14.5.3　通过使用分析重新设计组织

　　一个新兴的研究和实践领域是利用数据科学技术来研究组织动力学、人员行为，并重新设计组织以更好地实现其目标。实际上，这种分析应用程序被称为人员分析。例如，人力资源部门使用分析法从向组织提交简历的人才库中（甚至从 LinkedIn 等更广泛的人才库中）识别出理想的候选人。注意，有了人工智能和分析，管理者将能够拥有更大的控制范围，例如，可以控制管理者和员工从虚拟助理那里得到的建议。控制范围的扩大会导致组织结构的扁平化。此外，管理者的职位描述可能必须改变。

　　一个更有趣的新应用领域涉及通过监视员工在组织内的活动从而理解员工的行为并使用这些信息来重新设计布局或团队以获得更好的性能。一家名为 Humanyze（以前名为 Sociometric Solutions）的公司拥有植入了 GPS 和传感器的徽章。当员工佩戴这些徽章时，他们的一举一动都会被记录下来。据报道，Humanyze 能够帮助公司根据员工与其他员工的互动来预测哪些类型的员工可能会留在公司或离开。例如，那些待在自己的小隔间里的员工升职的可能性比那些四处走动并与其他员工广泛交流的员工要小。类似的数据收集和分析已经帮助其他公司确定了所需会议室的大小，甚至办公室的布局，以最大限度地提高效率。根据 Humanyze 的网站，有一家公司希望更好地了解其领导者的特点。通过分析这些徽章的数据，该公司认识到，成功的领导者确实拥有更大的社交网络，他们与他人互动的时间更多，而且身体运行也更活跃。团队领导者收集的信息被用来重新设计工作空间，并帮助改善其他领导者的表现。显然，这可能会引起隐私问题，但在组织内部，这样的研究可能是可以接受的。Humanyze 的网站上还有其他几个有趣的案例研究，提供了如何利用大数据技术来开发更高效的团队结构和组织设计的例子。

## 14.5.4　智能系统对管理者的活动、绩效和工作满意度的影响

　　尽管智能技术可能会大大丰富许多工作，但其他工作可能会变得更加日常化和不甚如人意。一些人声称，基于计算机的信息系统通常会减少决策者的管理自由裁量权，并导致管理者不满意。但是，对自动决策系统的研究发现，使用此类系统的员工，特别是那些受

系统授权的员工，对其工作更满意。如果使用 AI 系统可以完成日常工作，那么它应该使管理者和知识工作者有时间做更多的有挑战性的工作。

管理者最重要的任务是制定决策。智能技术可以改变许多决策的方式，从而改变管理者的工作职责。例如，一些研究人员发现，决策支持系统可以改善现有和新任管理者以及其他员工的绩效。它帮助管理者获得了更多的知识、经验和专业知识，从而提高了决策质量。许多管理者报告说，智能系统终于给了他们时间离开办公室进入现场。他们还发现，他们可以花更多的时间来计划活动，而不是解决问题，因为借助智能系统技术，他们可以提前就潜在的问题发出警报（请参阅 1.1 节）。

管理挑战的另一个方面是智能技术支持一般决策过程的能力，特别是战略规划和控制决策的能力。智能系统可以改变决策过程甚至决策风格。例如，当使用算法时，用于决策的信息收集会更快地完成。研究表明，大多数管理者倾向于同时处理大量的问题，在等待有关当前问题的更多信息时，他们会从一个问题转到另一个问题。智能技术通过提供知识和信息来减少决策过程中完成任务所需的时间，并消除一些非生产性的等待时间。

以下是智能系统对管理者工作的一些潜在影响：

❑ 做很多决定而不需要太多的专业知识（经验）。

❑ 更快的决策制定是可能的，因为信息的可用性和决策过程中某些阶段的自动化（见第 2 章和第 11 章）。

❑ 减少对专家和分析师的依赖，为高管提供支持。如今，在智能系统的帮助下，他们可以自己做决定。

❑ 权力正在管理者之间重新分配。（他们掌握的信息越多，分析能力越强。）

❑ 对复杂决策的支持使解决方案开发更快，质量更好。

❑ 高层决策所需的信息被加速，甚至是自动生成的。

❑ 决策过程中的日常决策或阶段的自动化（例如，前线决策制定和使用自动化决策制定）可能会导致一些管理者的流失。

资料来源：*Decision Support And Business Intelligence Systems*, Pearson Education India, 2008.

一般来说，中层管理者的工作是最有可能被自动化的。中层管理者做出相当常规的决策，这些决策可以完全自动化。较低级别的管理者在决策上花的时间不多。相反，他们监督、培训和激励非管理人员。他们的一些日常决策，如日程安排，可以自动化，其他涉及认知方面的决策可能不能自动化。然而，即使管理者的决策角色是完全自动化的，他们的许多其他活动也不能自动化，或者只能部分自动化。

## 14.5.5　对决策的影响

在本书中，我们阐述了智能技术如何改进或自动化决策制定。当然，这些技术将影响管理者的工作。一方面是"云"支持的智能技术的影响。图 9.25 给出了一个示例。它说明了通过信息服务从数据源和服务到分析服务的数据流，这些分析服务支持不同类型的决策制定。

　　Uzialko（2017）描述了人类如何使用人工智能来预测和分析不同潜在解决方案的后果，从而简化决策过程。此外，通过使用机器学习和深度学习，更多的决策可以被自动化。

　　智能系统的一个影响是支持实时决策。一个流行的工具是 SAS Decision Manager，参见技术洞察 14.1。

## 技术洞察 14.1　SAS Decision Manager

　　SAS Real-Time Decision Manager（RTDM）是一个基于分析的集成产品，旨在支持实时决策，这对于帮助公司应对快速变化的市场、客户需求、技术和其他业务环境是必要的。

　　SAS 回答了以下问题：

　　**1. SAS RTDM 做什么？** 它将 SAS 分析与业务逻辑和联系策略相结合，为交互式客户渠道（如 Web 站点、呼叫中心、销售点（POS）位置和自动柜员机（atm））提供增强的实时建议和决策。

　　**2. SAS RTDM 为什么重要？** 它通过在实时客户交互过程中自动化和应用分析来帮助你做出更明智的决策。通过在正确的时间、地点和环境中成功地满足每个客户的特定需求，你的业务可以变得更有效益。

　　**3. SAS RTDM 是为谁设计的？** 它为定义传播策略的营销人员、需要市场有效性报告的执行人员、建模和预测客户行为的业务分析人员和创建目标客户细分的活动经理提供了独特的功能。

　　以下是 RTDM 的主要优点：

- ❑ 每时每刻都做出正确的决定。
- ❑ 在正确的时间，通过正确的渠道，提供正确的服务，满足客户的需求。
- ❑ 更好地分配有价值的 IT 资源。

　　主要特点是：

- ❑ 实时分析。
- ❑ 快速决策流程构建。
- ❑ 企业数据。
- ❑ 运动测试。
- ❑ 自动化的自我学习分析过程。
- ❑ 连接。

　　详情请访问"SAS Real-Time Decision Manager"并阅读其中的文本。你也可以从那里下载关于 RTDM 的白皮书。

　　**讨论**

　　1. SAS RTDM 对决策过程做了哪些改进？

　　2. 哪些 SAS 产品被嵌入或连接到 RTDM？（你需要阅读网站的详细信息。）

3.将产品与产品推荐能力联系起来。

### 14.5.6　产业结构调整

　　一些作者已经开始思考人工智能、分析和认知计算对工业未来的影响。一些有趣的参考资料包括文献（Autor，2016）和（Ransbotham，2016）、《经济学人》（Standage，2016）的特别报告，以及 Brynjolfsson 和 McAfee 于 2016 年出版的一本书。《经济学人》的报告相当全面，考虑了当前发展对工业和社会的多方面影响。主要的论点是，现在的技术使越来越多的任务由人类使用计算机来完成。当然，自工业革命以来，自动化工作的变革已经发生过。这一次的变化之所以意义深远，是因为这项技术使得许多认知任务可以由机器来完成。变化的速度是如此之快，对组织和社会可能产生的影响将是非常重大的，有时是不可预测的。当然，这些作者的预测并不一致。让我们首先关注组织的影响。Ransbotham（2016）认为认知计算将会把许多由人类完成的工作转化为由计算机完成的工作，从而降低组织的成本。在认知工作中，产出的质量可能也会提高，几项比较人类和机器表现的研究已经证明了这一点。众所周知，IBM Watson 在《危险边缘》（Jeopardy!）中获胜了。谷歌的系统在围棋比赛中赢了人类的冠军。在语音识别和医学图像解释等特定领域的许多其他研究也显示，自动化系统在高度专门化、常规化或重复性的任务中也具有类似的优越性。此外，由于机器往往在任何时间、任何地点都可用，组织的范围可能会扩大，从而更容易扩展，从而在组织之间形成更大的竞争。这些组织的影响意味着昔日的顶级组织可能不会永远保持在顶级位置，因为认知计算和自动化可以挑战现有的参与者。汽车工业就是这样。尽管传统汽车公司正试图迅速赶上，但谷歌、特斯拉和其他科技公司正挑战汽车时代的领导者，重塑行业结构。分析和人工智能正赋予许多这些变化以力量。

> ➤ **复习题**
>
> 1.列出智能系统对管理任务的影响。
> 2.描述由于智能系统而创建的新的组织单元。
> 3.识别用于重新设计工作空间或团队行为的分析和 AI 应用程序的例子。
> 4.认知计算如何影响产业结构和竞争？
> 5.描述智能系统对竞争的影响。
> 6.讨论智能系统对决策的影响。

## 14.6　智能系统对职业和工作的影响

　　在考虑智能系统的影响时，讨论和争论最多的话题之一是职业和工作。人们普遍同意：

❑ 智能系统将像自动化一样创造许多新的工作岗位。

❑ 将需要对许多人进行再培训。

❑ 工作的性质将会改变。

许多研究人员忙于讨论、争辩关于何时、以何种程度以及如何处理这些现象，这也是本节的主题。

## 14.6.1　概述

根据 Ransbotham（2016）的研究，财务咨询通常被认为是一项知识密集型的工作。由于机器人顾问为个人提供个性化的支持，这类服务的成本降低了。这导致更多的人需要这样的服务，最终解放更多的人来解决高级金融问题。机器人顾问也可能导致一些人失业。

一些作者认为，与认知计算和人工智能相关的自动化领域，将加速未来劳动力市场的两极分化。这将导致劳动力市场顶层和底层的就业机会显著增加，而中层的就业机会却减少了。对低技能但专业的工作（如个人护理）的需要仍在增长。同样，对高技能工作（如图形设计等）的需求也在增加。但是，那些需要中等技能的工作，比如需要反复运用专业知识和一些适应技能的工作，面临着最大的消失风险。有时候，技术会让自己脱媒。例如，IBM Watson Analytics 现在包含了查询功能，可以询问智能系统专业人员以前询问的问题，并提供答案。其他分析即服务产品可能会导致需要精通分析软件的人更少。

《经济学人》的一份报告指出，即使人工智能不会直接取代工人，它也肯定会要求员工掌握新技能来保住工作。市场变化总是令人不安的。未来几年将为智能技术专业人士提供塑造未来发展的绝佳机会。

## 14.6.2　智能系统会取代我的工作吗

特斯拉的埃隆·马斯克（Elon Musk）设想，未来 10 年内，以人工智能为基础的自动驾驶卡车将遍布全球。将有这样的卡车车队，每个车队将跟随一辆领头的卡车。卡车将是电动的、经济的、无污染的。另外，事故会少一些。但是，成千上万的司机会失去工作吗？成千上万的在卡车停车站工作的员工也会失去工作吗？同样的情况也可能发生在许多其他行业。亚马逊开设了第一家 Go，这是一家没有收银员的实体店。他们计划在几年内再建3000 座。一些国家的邮局已经使用自动驾驶汽车来分发邮件。简而言之，存在大规模失业的可能性。

### 示例：联邦快递的飞行员

联邦快递拥有一支近 1000 架飞机的全球飞行舰队。《机器人报告》的编辑和出版人弗兰克·托德（Frank Tode）表示，联邦快递希望在 2020 年左右拥有一个全球飞行员中心，由三到四名飞行员操作整个联邦快递飞行舰队。

iPhone 制造商 Foxcom 曾计划用机器人取代其几乎所有员工（6 万人）（Botton，2016）。该公司已经为此生产了 1 万个机器人。

**智能系统可能造成巨大的工作损失**

自工业革命开始以来，有关技术就业的争论就一直在进行。关于智能系统的问题现在引起了激烈的争论，原因如下：

- 它们行动很快。
- 它们可能从事多种工作，包括许多白领和非体力工作。
- 与体力劳动相比，它们的优势非常大，而且增长迅速（见图2.2）。
- 它们已经从财务顾问、律师助理和医疗专家那里获得了一些专业职位。
- 人工智能的能力正在迅速增长。
- 在俄罗斯，机器人已经在学校里教授数学了（有些机器人比人类教得更好）。想想教师职业会发生什么。

## 14.6.3 人工智能让很多工作面临风险

关于人工智能对工作的潜在影响，见文献（Dormehl，2017），其中探索了创造性智能机器的可能性。例如，麦肯锡的研究估计，在不久的将来，人工智能将占据所有银行工作岗位的30%以上。该研究还预测，到2030年，机器人将在全球范围内创造8亿个工作岗位（Information Management News，2017）。

为了研究失业的潜在危险，麦肯锡公司把工作分成了2000个不同的工作活动，比如接待顾客和回答有关产品的问题，而这些都是零售销售人员做的。其研究人员（参见文献（Chui等，2015））发现，所有2000项活动中有45%可以在经济和物理上实现自动化。这些活动类型包括身体的、认知的和社会的。

虽然无人驾驶汽车没有抢走工作，但它们会抢走出租车司机、优步和类似公司司机的工作。此外，巴士司机可能会失去工作。其他可能被智能系统取代的工作列在应用案例14.2中。

---

**应用案例 14.2** **机器人已经从事的白领工作**

虽然距离联邦快递有无人驾驶飞机，学校没有人类教师可能还需要一段时间，但是根据Sherman（2015）的研究，一些工作已经可以由机器人从事了。它们包括：

- **在线营销人员。** 使用NLP，公司可以自动开发营销广告和电子邮件，以影响人们购买（机器人营销者）。这些都是基于与潜在买家的对话和自动搜索历史案例的数据库。"谁会需要一个可能拥有劣质、有偏见或不完整知识的在线营销人员？"
- **金融分析师和顾问。** 正如在第12章中所描述的，机器人顾问无处不在。这些程序具备实时处理大数据和在几秒内进行预测分析的能力，因此受到投资者的喜爱，他们只需支付人类顾问费用的十分之一左右。此外，机器人顾问可以提供个性化推荐。

❑ **麻醉师、诊断医生和外科医生。** 医学领域似乎对人工智能免疫。事实并非如此。专家诊断系统已经存在了大约 40 年。FDA 已经批准强生公司的 Sedasys 系统在外科手术（如结肠镜检查）中提供低水平麻醉操作。IBM 的 Watson 在肺部疾病的诊断上比人类要精确得多（高达 90%）。最后，外科医生已经在一些侵入性手术中使用了自动化机器。

❑ **财经和体育记者。** 这些工作包括收集信息、采访、回答问题、分析材料和撰写报告。自 2014 年以来，美联社（AP）一直在试验人工智能机器。到目前为止，结果几乎没有错误和偏见（没有假新闻）。

Palmer（2017）报告了另外 5 个处于危险中的职业，包括中层管理人员、商品销售人员、报告撰写者、会计师和簿记员，以及一些类型的医生。

McFarland（2017b）列出的高风险职业为收银员、收费站操作员、快餐店员工和司机。低风险职业包括护士、医生、牙医、青年体育教练和社会工作者。

**针对应用案例 14.2 的问题**

1. 在 linkedin.com/pulse/5-jobs-robots-take-first-shelly-palmer/ 上观看关于采访 Palmer 的视频。讨论一些关于医生的断言。

2. 讨论由机器人诊断师检查的可能性。你感觉如何？

3. 随着虚假新闻及其有偏见的创作者的炮轰，用智能机器取代所有的虚假新闻或许是明智的。讨论这种可能性。

4. 你因莫须有的罪名而成了被告。你希望传统的律师还是配备人工智能电子发现机的律师为你辩护？为什么？

资料来源：E. Sherman. (2015, February 25). "5 White-Collar Jobs Robots Already Have Taken." Fortune. com. fortune.com/2015/02/25/5-jobs-that-robots-already-are-taking (accessed April 2018); S. Palmer. (2017, February 26). "The 5 Jobs Robots Will Take First." *Shelly Palmer*.

让我们看看其他的研究。2016 年在英国进行的一项研究预测，到 2026 年，机器人将占据所有工作岗位的 50%。Egan（2015）报告称机器人已经威胁到了以下工作：市场营销人员、收费站操作员和收银员、客户服务、金融经纪人、记者、律师和电话工作人员。请注意，自动化可能会或多或少地影响几乎所有工作。专家估计，大约 80% 的 IT 工作可能会被人工智能淘汰。

根据 Manyika 等人（2017）的研究，自动化正在蔓延，因为"机器人越来越有能力完成一些活动，包括曾经被认为很难成功自动化的认知能力，比如做出默契判断、感知情绪，甚至开车"。

考虑到这一切，你可能想知道你的工作是否有被替代的风险。

## 14.6.4　哪些工作最危险／最安全

如果你想了解你的工作是否有危险，很明显，这取决于你所从事的工作类型。英国牛津大学研究了 700 个工作岗位，并将它们从 0（没有自动化风险）到 1（非常高的自动化风险）进行排名。Straus（2014）提供了风险最高的 100 个工作岗位（均在 0.95 以上）和风险最低的 100 个工作岗位（均在 0.02 以下）。表 14.1 列出了前 10 位"安全"和前 10 位"危险"的工作。

**表 14.1　十大最安全、最危险的职业**

| 自动化风险 | 低风险的工作 |
| --- | --- |
| 0.0036 | 消防、预防一线监督员 |
| 0.0036 | 口腔颌面外科医生 |
| 0.0035 | 医疗社会工作者 |
| 0.0035 | 矫形师和义肢修复师 |
| 0.0033 | 听力学家 |
| 0.0031 | 精神卫生和药品滥用社会工作者 |
| 0.0030 | 应急管理负责人 |
| 0.0030 | 机械、安装、维修一线主管 |
| 0.0028 | 休闲理疗师 |

| 自动化风险 | 高风险的工作 |
| --- | --- |
| 0.99 | 电话销售 |
| 0.99 | 标题审查员、摘要和搜索者 |
| 0.99 | 裁缝 |
| 0.99 | 数学技术人员 |
| 0.99 | 保险承销商 |
| 0.99 | 手表修理者 |
| 0.99 | 货运代理 |
| 0.99 | 税务代理人 |
| 0.99 | 摄影工艺工人和加工机操作员 |
| 0.99 | 新入账员 |

资料来源：Straus (2014) Straus, R.R. "Will You Be Replaced by a Robot? We Reveal the 100 Occupations Judged Most and Least at Risk of Automation." ThisisMoney.com, May 31, 2014. thisismoney.co.uk/money/news/article-2642880/Table-700-jobs-reveals-professions-likely-replaced-robots.html.

英国央行（Bank of England）在 2017 年进行的一项研究发现，英国近一半的工作（3370 万个工作岗位中的 1500 万个）将在 20 年内面临自动化。创造性机器人是最大的威胁，因为它们可以学习并提高自己的能力。虽然在过去，自动化可能不会减少总就业人数，但这一次的情况可能有所不同。这种情况的一个副作用是，工人的收入会减少，而机器人所有者的收入会增加。（这就是为什么比尔·盖茨建议对机器人及其所有者征税。）

**更多的失业观测**

❑ Kelly（2018）预测，机器人可能会淘汰拉斯维加斯的很多工作岗位。事实上，在世界各地的许多赌场，你都可以在机器上玩几种传统游戏。

❑ 拥有博士学位的人有 13% 的可能被机器人和人工智能取代，而只有高中学历的人有 74% 的可能被机器人和人工智能取代（Kelly，2018）。

❑ 由于自动化，女性将比男性失去更多工作（Krauth，2018）。

## 14.6.5　智能系统实际上可以增加工作机会

尽管失业会带来恐惧、不确定性和恐慌，但许多报告都与此相悖。以下是一些例子：de Vos（2018）报告称，人工智能将在 2020 年创造 230 万个工作岗位，同时减少 180 万个工作岗位。此外，人们需要考虑人工智能的巨大好处，以及人类和机器智能在许多工作中将相互补充的事实。此外，人工智能将加强国际贸易，增加更多的就业机会。de Vos 还引用了一些研究，这些研究表明，由于设备维护和服务无法自动化，因此创造了就业机会。以下是对该问题的预测：

- 普华永道（PwC）的一项研究预测，机器人将促进英国的经济增长。因此，尽管机器人可能会在英国减少约 700 万个工作岗位，但它们将至少创造 700 万个新工作岗位，在未来 20 年可能更多（Burden，2018）。
- IBM 的新深度学习服务可能有助于挽救 IT 工作。
- 数以百万计的熟练工人短缺（例如，美国大约有 5 万名卡车司机），因此自动化将减少数以百万计的职位空缺。
- Korolov（2016）声称存在大量的工作岗位，尤其是对于那些紧跟技术发展和拓展技能的人。
- Gartner 公司预测，到 2020 年，人工智能创造的就业岗位将超过它淘汰的岗位（Singh，2017b）。
- Wilson 等人（2017）报告了人工智能创造的新类别人类工作。
- 一些人认为，由于人工智能引发的创新，就业岗位总数将会增加。
- 据估计，2018 年将有超过 49 万个数据科学家的工作岗位，但只有 20 万个数据科学家可供选择。然而，从长远来看，人工智能和机器学习可能会取代大多数数据科学家（Perez，2017）。
- Violino（2018）反驳了一些人的观点，这些人认为员工非常害怕失去工作，他们认为大多数员工都把机器人视为工作的辅助工具。参见文献（Leggatt，2017）。

注意：当这本书出版时，IT 人员短缺（美国有几百万）。自动化可以缓解这种短缺。注意，Weldon（2017b）的一项研究表明，大多数工人实际上期待人工智能和自动化对工作的影响。最后，Guha（2017）将工作和人工智能视为"绝望、希望和解放"的愿景。他得出结论，人工智能可以解放工作——这是一个历史性的机遇。

## 14.6.6　工作岗位和工作性质将会改变

虽然你可能不会丢掉工作，但智能应用程序可能会改变它。这种变化的一个方面是，低技能的工作将被机器取代，但高技能的工作可能不会。因此，可以将工作重新设计为低技能以实现自动化，也可以重新设计为高技能以便完全由人来执行。此外，还会有许多人与机器作为一个团队一起工作的工作。

工作和业务流程的变化将影响培训、创新、工资和工作性质。麦肯锡公司的 Manyika（2017）和 Manyika 等人（2017）分析了一些根本性转变，并得出以下结论：

❑ 许多由人类完成的活动有可能被自动化。

❑ 机器人、人工智能和机器学习的生产率增长将是 2015 年前的三倍。

❑ 人工智能将创造许多高薪的新工作。

❑ 由于全球一半以上的地区仍处于离线状态，因此变化不会太快。

**示例：数据科学家的技能将会改变**

麦肯锡全球研究院研究小组的 Thusoo（2017）认为，到 2024 年，数据科学家将短缺 25 万人。需要对科学家进行再培训，使他们能够应对智能技术和数据科学的变化，并解决相关的现实问题。因此，必须发展适当的教育体系。数据科学家的工作要求已经在改变，他们需要知道如何应用机器学习和智能技术来构建物联网和其他有用的系统。新的算法改善了操作和安全性，数据平台也在改变以适应新的工作。

Snyder（2017）发现，85% 的高管知道智能技术将在五年内影响他们的员工，79% 的高管预计当前的技能将被重组。他们还预计生产率将提高 79%。员工担心智能系统会接管他们的一些活动，但他们希望智能系统也能帮助他们完成工作。

**成功秘诀**　麦肯锡对 3000 名高管的研究（Bughin 等，2017）报告了以下高管提供的实施人工智能的成功秘诀：

❑ 数字能力需要先于人工智能。

❑ 机器学习是强大的，但它不是所有问题的解决方案。

❑ 不要让技术团队单独负责智能技术。

❑ 添加业务合作伙伴可能有助于基于人工智能的项目。

❑ 优先考虑人工智能计划的投资组合方法。

❑ 最大的挑战将是人员和业务流程。

❑ 并非所有企业都在使用智能系统，但几乎所有使用智能系统的企业都能增加收入和利润。

❑ 高层领导的支持对于向人工智能的转变是必要的。

**应对工作变化和工作性质**　Manyika（2017）针对就业和工作性质的变化，对政策制定者提出了以下建议：

1. 利用学习和教育来促进改变。

2. 让私营机构参与加强培训和再培训。

3. 让政府为私营部门提供激励，使雇员能够投资于改善的人力资本。

4. 鼓励私人和公共部门建立适当的数字基础设施。

5. 需要制定创新的收入和工资计划。

6. 仔细计划向新工作的过渡。妥善处理离职员工。

7. 妥善处理与科技有关的新科技。

8. 专注于创造新的就业岗位，尤其是数字岗位。

9. 适当地抓住提高生产力的机会。

麦肯锡公司的 Baird 等人（2017）对行业专家进行了视频采访，讨论如何应对工作性质的变化。Crespo（2017）对智能系统时代的工作本质进行了探索。Chui 等人（2015）研究了自动化对重新定义工作和业务流程的影响，包括对工资的影响，以及创造力的未来。West（2018）全面研究了机器人和人工智能驱动的自动化对未来工作的影响。

## 14.6.7  结论：让我们乐观一点！

假设灾难不会发生，那么，就像过去一样，人们对科技取代许多人类工作和降低工资的担忧可能被夸大了。相反，智能技术将明显缩短人类的工作时间。

> ▶ 复习题
> 1. 总结一下为什么智能系统会淘汰很多工作。
> 2. 讨论为什么失业可能不是灾难性的。
> 3. 你的工作有多安全？具体说明。
> 4. 智能系统如何改变工作？
> 5. 在哪些方面可以改变工作？
> 6. 讨论一些应对智能系统带来的变化的措施。
> 7. 自动驾驶汽车是潜在的失业领域之一。讨论其中的逻辑。

# 14.7  机器人、人工智能和分析建模的潜在危险

在 2016～2018 年，我们见证了一场关于人工智能，尤其是机器人的未来的激烈辩论。Dickson（2017）将乐观的方法称为乌托邦（Utopia），将悲观的方法称为反乌托邦（Dystopia）。这场争论始于关于自动化的工业革命，并且由于人工智能的快速技术创新而加速。在 14.5 节中，我们介绍了这场辩论的一个方面，即对就业的影响。争论的中心是预测何时人工智能的推理和决策能力将变得与人类相似，甚至更高。此外，这样的发展对社会是有益的还是有害的？

## 14.7.1  人工智能反乌托邦的定位

支持这一预测的阵营包括著名的科技高管。以下是其中的三个：

❏ 埃隆·马斯克（Elon Musk）："我们需要格外小心人工智能，它可能比核武器更危险。"（访问 youtube.com/watch?v=SYqCbJ0AqR4 观看视频。）马斯克预测第三次世界大战将因人工智能而爆发。"机器人总有一天会把我们所有人都消灭。"他在几次演讲中说。

❏ 比尔·盖茨（Bill Gates）："我所在的阵营关注的是超级智能。马斯克和其他一些人都在关注这个问题，我不明白为什么有些人不关心这个问题。"（在电视和采访中多

次发表评论。）他还建议对机器人和其他人工智能机器的制造商和用户征税。

- ❑ 斯蒂芬·霍金（Stephen Hawking）：这位已故科学家曾表示，"全面人工智能的发展可能意味着人类的终结。"

许多人害怕人工智能，因为他们相信计算机会变得比我们更聪明。在 youtube.com/watch?v=MnT1xgZgkpk 上观看 Bostrom 的 TED 演讲视频。参见 Maguire（2017）关于学习机器人和反抗机器人的风险的讨论。要了解机器人如何通过反复试验来学习运动技能，请访问 youtube.com/watch?v=JeVppkoloXs/ 观看视频。更多信息，请参见文献（Pham，2018）。

### 14.7.2　人工智能乌托邦的定位

想了解这个定位的信息，可以访问 youtube.com/watch?v=UzT3Tkwx17A 观看关于人工智能未来的纪录片。本视频集中讲述人工智能对生活质量的贡献。一个例子是在加州的圣克鲁斯，人工智能能够预测犯罪发生的地点和时间。根据预测，警察局一直在计划其工作策略。其结果是犯罪率降低了 20%。

第二个例子是预测某首歌成为热门歌曲的概率。该预测有助于艺术家和管理者计划他们的活动。它取得了巨大的成功。在未来，人工智能将创作热门歌曲。

最后，还有一个关于约会的故事。人工智能的能力使科学家能够在 3 万名潜在候选人中找到完美的配对。

乌托邦支持者在采访、电视演讲等场合表达的一个基本观点是，人工智能将支持人类，并使创新成为可能。人工智能也将与人类合作。乌托邦支持者相信，随着人工智能的发展，人类将变得更有生产力，并有时间做更多创新的任务。同时，更多的任务将完全自动化。产品和服务的价格将下降，生活质量将提高。

在某一时刻，我们可能会实现一个完全自动化和自给自足的经济环境。最终，人们将完全不必通过工作来谋生。

人工智能福利的主要支持者是 Facebook 的马克·扎克伯格（Mark Zuckerberg）。他正在与埃隆·马斯克（特斯拉公司 CEO）进行激烈的辩论，后者是反乌托邦阵营的非正式领袖。扎克伯格批评了那些认为人工智能将导致"世界末日场景"的人。马斯克称扎克伯格对人工智能"了解有限"，扎克伯格的回答是他关于人工智能的论文，该论文在顶级计算机视觉大会上获得了一个奖项。详见文献（Vanian，2017）。

**关于乌托邦的一些问题**　有几个问题与乌托邦支持者的立场有关。这里有三个例子：

1. 人工智能将如此功能强大，以至于会出现一个人们如何利用空闲时间的问题。如果你还没看过迪斯尼的《机器人总动员》，那就去看看吧。它展示了机器人如何为人类服务。来自人工智能公司 Deep Mind 的丹尼斯·哈萨比斯（Dennis Hassabis）是乌托邦的坚定支持者，他相信通过了解是什么让人类独一无二、大脑的奥秘是什么以及如何享受创造力，人工智能总有一天会帮助人们过上更好的生活。

2. 通往人工智能乌托邦的道路可能是坎坷的，例如这将对就业和工作产生影响。与机器人、聊天机器人和其他人工智能应用程序一起调整工作和生活需要时间。

3. 有一天，我们将不再开车，可能不会有人类财务顾问。一切都将不同，变化可能是迅速和剧烈的，我们甚至可能面临灾难，正如反乌托邦阵营所预测的那样。

### 14.7.3　Open AI 项目和友好的 AI

为了应对机器人和人工智能的意外行动，埃隆·马斯克等人创建了非营利组织 Open AI。考虑到这种意外的潜在危险，马斯克和其他人创建了一家非营利的人工智能研究公司，并获得了 10 亿美元的资助。主要目标是制定安全人工一般智能（AGI）的路径。

Open AI 的计划是建立安全的 AGI，并确保它的好处将被平均分配。研究结果发表在顶级期刊上。此外，Open AI 创建了开源软件工具。该组织有一个博客，传播重要的人工智能新闻。详情请见 openai.com。

**友好的 AI**　Eliezer Yudkowsky 是机器智能研究所的联合创始人之一，他提出了友好的 AI 的概念，根据这个概念，人工智能机器应该被设计成有益于人类而不是伤害人类（例如，在设计人工智能能力时使用制衡系统）。详情请见文献（Sherman，2018），以及 youtube.com/ watch?v=EUjc1WuyPT8 上的视频（Yudkowsky，2016）。

**结论**　很难知道将来会发生什么事。但是已经采取了一些措施来防止灾难的发生。例如，一些大型公司已经宣布它们将不会生产或支持杀手机器人。

### 14.7.4　O'neil 声称的潜在分析的危险

管理人员和数据科学专业人员应该意识到数学模型和算法的社会性和长期影响。曾在金融和数据科学行业工作的哈佛数学博士 Cathy O'neil 在畅销书 *Weapons of Math Destruction: How Big Data Increases Inequality and Threatens Democracy* 中表达了她的经验和观察。我们建议你阅读本书，或者访问该作者的博客 mathbabe.org/。该博客突出了与分析相关的社会问题。在 knowledge.wharton.upenn.edu/article/rogue-algorithms-dark-side-big-data/ 可以找到这本书的一个很好的总结和评论。

在这本书中，O'Neil（2016）认为模型必须满足三个条件。首先，它们必须透明。也就是说，如果模型是不可理解的，那么它的应用可能会导致意想不到的结果。

其次，模型必须有明确的量化目标。例如，书和电影《点球成金》（Moneyball）中的著名分析应用包括一个旨在增加财务收益的模型。提出的投入措施是可以理解的。《点球成金》的分析师没有使用更常见的报告度量"运行基数"（RBI），而是提出并使用基于基数的百分比和其他度量（很容易计算和理解，任何具有基本数学知识的人都可以使用）。另外，当没有人完全理解担保证券的基本假设，但金融交易员仍在交易的情况下，为评估抵押贷款支持证券风险而建立的模型，被认为是导致 2008 年金融危机的罪魁祸首。

第三个要求是，模型必须有一个自我纠正机制和一个适当的过程，以便对它们进行定期审计，并不断考虑新的输入和输出。这个问题对于在社会环境中应用模型尤其重要。否则，模型将使初始建模阶段固有的错误假设永久化。O'Neil 讨论了几种相关情况。例如，她描述了美国建立的识别表现不佳的教师和奖励优秀教师的模型。其中一些模型利用学生的考试分数来评估教师。O'Neil 举了几个例子，这些模型被用来解雇"表现不佳"的老师，尽管这些老师深受学生和家长的喜爱。类似地，在许多组织中使用模型来优化工作者的调度。这些时间表可能是为了满足季节性和每日需求的变化而制定的，但是没有考虑到这种变化对通常收入较低的工人家庭的有害影响。其他此类例子包括基于历史概况的信用评分评估模型。如果没有审计这些模型及其意外影响的机制，从长期来看，这些模型弊大于利。因此，模型构建者需要考虑这些问题。

注：2018 年 5 月，《一般数据保护条例》（GDPR）在欧盟生效。它包括解释数据的需求。Civin（2018）认为，一个可解释的人工智能可以减少偏置算法的影响。

注释：有证据表明，在某些情况下，O'Neil 的声明是有效的，因此模型构建者和实现者必须注意这些问题。然而，总的来说，分析是合理设计的，并为社会带来了可观的利益。此外，模型分析提高了公司和国家的竞争力，创造了许多高薪工作。在很多情况下，公司都有社会责任政策来减少偏见和不平等。最后，正如 Weldon（2017a）观察到的，算法和人工智能可以被视为强大的均衡器。

> ▶▶ **复习题**
>
> 1. 总结乌托邦阵营的主要论点。
> 2. 总结反乌托邦阵营的主要论点。
> 3. 什么是友好的 AI？
> 4. 什么是 Open AI？把它和反乌托邦的观点联系起来。
> 5. 使用建模和分析的潜在风险是什么？

# 14.8 相关技术趋势

在讨论智能系统的未来时，有必要描述一些将塑造未来的技术趋势。然而，与本书内容相关的技术趋势有数百种——有数百种不同的分析、大数据工具、人工智能、机器学习、物联网机器人和其他智能系统。因此，我们在这里只提供几个技术趋势。

## 14.8.1 Gartner 2018～2019 年的顶级战略技术趋势

Gartner Inc. 是一家顶尖的技术研究机构和咨询公司，也是一个有 23 000 多人参加的年度技术研讨会（Gartner Symposium IT expo）的组织者。它提供了它认为将影响大多数组织的技术的年度预测。2018 年和 2019 年的趋势清单各有 10 个条目，其中大部分与本书内容直接相关。2018 年清单摘要见图 14.3。这篇文章摘自 Gartner 公司 2017 年 10 月 4 日发布的新闻稿，该新闻稿可以在 gartner.com/newsroom/id/3812063 上找到。youtube.com/watch?v= TPbKv

D2bAR4 上的视频中提供了基本信息。

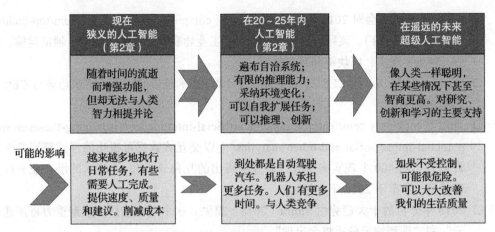

图 14.3　预测人工智能的未来（由 E. Turban 绘制）

### GARTNER 的 2018 年和 2019 年清单

以下摘录自 gartner.com/newsroom/id/3812063（针对 2018 年清单）和 Weldon（2018）（针对 2019 年清单）。

1. **AI 基础与开发**。支持决策的高级 AI 系统（其中一些是自主的），其他 AI 系统是与分析和数据科学联合开发的。

2. **智能应用程序和分析**。在接下来的几年中，几乎所有的 IT 系统都将包括 AI。参见 gartner.com/smarterwithgartner/the-cios-journey-to-artificial-intelligence/。

3. **智能和自主的事物**。利用物联网功能，自动驾驶汽车将大量增加，其他智能事物（例如智能家居和由机器人组装机器人的工厂）也会大量增加。

4. **数字孪生**。参见 gartner.com/smarterwithgartner/prepare-for-the-impact-of-digital-twins/ 的数字孪生，指的是真实世界对象和系统的数字表示。这主要包括两到三年内具有 200 亿个互联事物的物联网系统。

5. **增强型云（云到边缘）**。在边缘计算中，信息的收集、处理和传递是在靠近信息源的地方进行的。

6. **会话式人 - 机平台**。这些平台已经促进了自然语言的交互，从而改善了协作。这些包括智能协作空间。

7. **沉浸式体验**。这些系统改变了人们观看和感知世界的方式（例如增强现实）。请参阅 gartner.com/smarterwithgartner/transform-business-outcomes-with-immersive-technology/。

8. **区块链**。区块链技术（gartner.com/smarterwithgartner/are-you-ready-for-blockchain-infographic/）提供了一个根本的平台来提高安全性和信任度，从而显著改善了业务交易。

9. **增强分析**。使用机器学习可使该技术专注于分析的转换，因此将更好地共享和使用它。这将有助于数据准备管理和分析，以改善决策支持。

10. **其他**。其中包括智能协作空间、量子计算、数字和道德隐私，以及承担风险和信任。

## 14.8.2 关于技术趋势的其他预测

❑ IEEE 计算机协会对 2018 年也有十大预测（computer.org/web/pressroom/top-techno-logy-trends-2018）。该列表包括深度学习、工业物联网、机器人技术、辅助运输、增强（辅助）现实、区块链和数字货币。

❑ Newman（2018）在 CES 2018 上提供了 18 种技术趋势的列表。这些趋势与 CES 上的展示有关。

❑ 可以在 mckinsey.com/featured-insights/artificial-intelligence/visualizing-the-uses-and-potential-impact-of-ai-and-other-analytics/ 上以交互式数据可视化的形式获得基于麦肯锡公司对 400 个现实案例进行研究而得出的几种分析和 AI 技术的潜在业务应用和价值（发布于 2018 年 4 月）。

❑ 2018 年分析的十大趋势由 Smith（2018）提供。这个列表包括"数据重力将加速到云"和"端到端云分析将会出现"。

❑ Rao 等人（2017）设想的 2018 年人工智能技术的十大趋势包括"深度强化学习：与环境交互来解决业务问题"和"可解释人工智能：理解黑匣子"。

❑ 有关七个数据和分析趋势，请参见 datameer.com/blog/seven-data-analytics-trends-2018/。

❑ 计算机将学习思考，思考学习。

❑ 机器人将在更多的非物理和认知角色上取代人类。

❑ 智能增强是狭义 AI 的一部分（第 1 章），并将继续控制新的 AI 应用程序。

❑ 边缘计算被 Gartner 引用，但是它有更多的价值，可能与"云"无关。这项技术将对数据中心的未来产生重大影响。详见文献（Sykes，2018a）。请注意，"云"的大多数新功能都存在于"边缘"的使用中。更多信息，请访问维基百科。边缘 AI 增强将在支持机器学习和增强现实方面表现出色。

Sommer（2017）列出以下内容：

❑ 数据素养将在组织和社会中传播。

❑ 信息点将通过混合多云系统连接。

❑ 深度学习理论将揭露农村网络的奥秘。

❑ 自助服务系统将使用数据目录作为其边界。

❑ 需要专注于应用程序编程接口（API）。

❑ 分析可以进行对话（例如通过聊天机器人）。

❑ 分析将包括沉浸式功能。

❑ 使用增强智能的用户将转向相关企业。

❑ 有关在 2018 年推动商务智能的 11 大趋势，请参见文献（Sommer，2017）。

❑ 有关 2018 年的六种数据分析趋势，请参阅文献（Olavsrud，2018）。

❑ 有关 2018 年机器人技术的趋势，请参阅文献（Chapman，2018）。

❑ 有关智能系统的 10 种预测，请参见文献（Press，2017）。

### 14.8.3　概要：对 AI 和分析的影响

既然你已经看到了未来的许多技术趋势，你可能还希望了解它们何时会影响 AI。图 14.3 说明了 AI 的长期预测趋势。未来分为三个部分：现在、约 20 年内和遥远的未来。BI 和分析的未来如图 14.4 所示。其他一些预测包括智能分析、洞察即服务和数据分类。

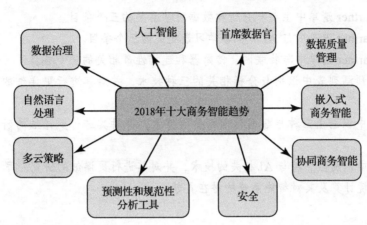

图 14.4　分析的未来（资料来源："Analytics and BI Trends"，Datapine, in Top 10 Analytics and Business Intelligence Trends for 2018, Business Intelligence, Dec 13th 2017, © 2017, Used with permission.）

### 14.8.4　环境计算（智能）

与物联网密切相关的聊天机器人、智能家居、分析、传感器和"事物"已包含在环境计算（或范式计算）的概念中。它有几个定义，但从本质上讲，它是指对人及其环境敏感并做出响应的电子环境（例如，传感器等网络设备）。因此，环境设备可以为人们执行的任何任务提供支持。感应到周围环境后，设备会根据情况的配置提供不同的输入 / 输出方法（例如，特定时间人们在做什么）。总而言之，我们生活中的一切都将被计算机化和智能化。该概念基于先前在普适计算、人机交互、情境感知、概要分析、个性化和交互设计领域的研究。有关详细信息，请参见 en.wikipedia.org/wiki/Ambient_intelligence 和 Charara（2018）的指南。

**智能环境的潜在好处**　尽管该概念主要是未来派的，但已经预见了它的特性和优点。联网设备可以：

❏ 在任何给定的时间和地点识别个人和其他"事物"及其背景。

❏ 集成到环境和现有系统中。

❏ 无须询问即可预测人们的需求（例如，情境感知）。

❏ 根据人们的需求提供有针对性的服务。

❏ 保持灵活（即可以根据人们的需求或活动改变他们的行动）。

❏ 隐藏。

本书中描述的许多设备和服务已经展示了环境计算的一些功能。亚马逊的 Alexa 可能是目前最接近的环境概念。详见文献（Kovach，2018）。有关环境计算的更多信息。以及它与物联网和智慧城市的关系，参见文献（Konomi & Roussos，2016）。

> ▶ **复习题**
>
> 1. 确定 Gartner 清单中主要与分析和数据科学有关的三个条目。
> 2. 确定 Gartner 清单中与 AI 和机器学习最相关的三个条目。
> 3. 确定 Gartner 清单中与物联网、传感器和连接性最相关的三个条目。
> 4. 从其他预测列表中识别与分析相关的三种技术，并对其进行更详细的研究。写一份报告。
> 5. 从清单中识别出三种与数据科学相关的技术，并对其进行更详细的研究。写一份报告。
> 6. 从清单中识别出三种与 AI 相关的技术，并对其进行更详细的研究。写一份报告。
> 7. 描述环境计算及其对智能系统的潜在贡献。

## 14.9　智能系统的未来

人工智能专家之间普遍达成共识，那就是人工智能将使我们的世界变得更好（例如，请参见文献（Lev-Ram，2017）和（Violino，2017））。但是，对于何时将发生此类变化以及其影响将如何存在分歧。由于不同相关计算机技术（例如，芯片、物联网）、智能方法和工具的改进，以及努力在某些智能系统领域争取领先地位的高科技公司越来越活跃，人工智能研究正在加速发展。

### 14.9.1　美国的主要高科技公司

预测 AI 未来的一种方法是查看主要公司目前正在做什么。

**谷歌**

谷歌在其翻译和搜索过程中使用 NLP。它在沉浸式数据库中使用神经网络（用于模式识别）并对其做出决策。此外，谷歌使用其他机器学习算法来进行个性化广告决策。Google Assistant 和 Google Home 是两个应用项目，在 CES 2018 中引起了相当大的关注。Google Assistant 正在试图取代 Alexa。此外，谷歌在自动驾驶领域最为活跃。谷歌收购了多家 AI 公司，并正在该领域进行广泛的研究。谷歌有一个特殊的团队，试图提供具有个性的谷歌 AI 语音对话（请参阅文献（Eadicicco，2017））。Google DeepMind 的 AlphaGo 打败了世界围棋冠军。谷歌正在使用机器学习来管理其庞大的数据库和搜索策略。最后，谷歌正在通过向人们展示影片剪辑来教其 AI 机器人们的行为方式（参见文献（Gershgorn，2017））。

**苹果**

众所周知，苹果在从事多个 AI 项目。最著名的是 Siri 聊天机器人，它已嵌入其若干产品（例如 iPhone）中。2016 年，苹果收购了一家机器学习公司 Turi。在落后于谷歌、亚马逊和微软的同时，苹果通过收购和广泛的研发工作迅速缩小了差距。苹果收购了从事语音识别（Vocal！）、图像识别（Perception）和面部表情识别（Emotion）的公司。因此，苹果正在成为 AI 的领导者。苹果拥有数以亿计的 Siri 用户和多个 AI 相关的新收购项目，它正在迅速向前发展。

### Facebook

Facebook 首席执行官马克·扎克伯格（Mark Zuckerberg）坚信 AI 的未来。除了在 AI 方面的个人投资外，他还聘请了深度学习先驱 Yann LeCun 来领导公司的 AI 研究。LeCun 创建了一个特殊的部门，以识别重要的 AI 开发并将其纳入 Facebook 产品。Facebook 在 AI 上投资了数十亿美元。随着 Facebook 的发展，人工智能已成为主流。Facebook 拥有超过 20 亿用户，其 AI 应用程序正在全球范围内传播。

### 微软

微软在所有 AI 技术研究中都非常活跃。2017 年，它收购了专门从事深度学习和 NLP 的初创公司 Maluuba。有人认为，此次收购将帮助微软在语音和图像识别方面超越 Facebook 和谷歌。Maluuba 的虚拟个人助理 Cortana 在阅读和理解文本方面表现出色，具有近乎人类的能力。该助手可以帮助人们处理电子邮件和消息传递方面的困难。AI 将检查消息的内容以及所有存储的文档，并建议采取何种措施。为了全面了解 AI 的当前和未来发展，可以观看斯坦福大学的报告：youtube.com/watch?v=wJqf17bZQsY。

### IBM

IBM 早在 1973 年就进入了机器人技术领域。1980 年，它开发了 QS-1；1977 年，它开发了 Deep Blue；2014 年，成熟的 IBM Watson 进入了市场。IBM 还因其人工大脑项目和 Deep QA 项目而闻名。（有关 Blue Brain 的信息，请参见 artificialbrains.com/blue-brain-project。）

IBM 在 AI 研究方面非常活跃，特别是在认知计算领域。请参阅第 6 章和 research.ibm.com/ai/。IBM Watson 是 IBM 与 MIT AI 实验室合作开发的。

当前其他一些项目的重点是分布式深度学习软件、机器创建音乐和电影预告片、手势识别、将 AI 和物联网相结合（例如，体验认知）以及 Watson 支持的医疗应用（认知保健，例如癌症检测、医疗保健和视障人士辅助）。IBM Watson 已经被认为是 AI 应用最强的品牌。预计 2018 年将有 10 亿用户使用它，并从其应用程序中受益。

## 14.9.2 中国的 AI 研究活动

在从事人工智能的众多公司中，有三家正在投资数十亿美元，聘用数千名 AI 专家和机器人工程师，并吸引全球 AI 人才。这三家公司分别是腾讯、百度和阿里巴巴。

### 腾讯

这家大型电子商务公司创建了一个庞大的 AI 实验室来管理其 AI 活动。目标是在以下领域提高 AI 能力并支持决策：计算机视觉、NLP、语音识别、机器学习和聊天机器人。

人工智能已经嵌入 100 多种腾讯产品中,包括微信和 QQ。腾讯支持机器人公司 UBTech Alpha。腾讯是全球最大的互联网公司之一,人工智能可以改善其运营。该公司在美国华盛顿州贝尔维尤设有实验室。医疗保健是那里的主要研究重点。有关腾讯的 AI 的更多信息,请参阅文献(Marr,2018)。

**百度**

百度在谷歌提升搜索引擎功能之前五年就开始了 NLP 研究。百度有多种产品,其中之一是 Duer OS,这是一种语音助手,已嵌入多个国家的 100 多个品牌的设备中。该产品现已针对智能手机进行了优化。百度也在研发自动驾驶汽车。该公司还在企业中推广面部识别(替换 ID 徽章)。

**阿里巴巴**

作为全球最大的电子商务公司之一以及云计算和物联网平台的提供者,阿里巴巴活跃于 AI 项目,并且是面部识别巨头 SenseTime 等 AI 公司的投资者。阿里巴巴开发了一种开展 AI 项目的方法,如应用案例 14.3 所述。

---

**应用案例 14.3  阿里巴巴如何开展 AI 项目**

阿里巴巴已经开发了一种基于云的模型,称为 ET Brain(alibabacloud.com/et)。其逻辑是,在现在和不久的将来,我们将在并将继续在云计算环境中开展业务。内容、知识和数据都在云中,而阿里巴巴既是 iCloud 的用户又是其提供商。ET Brain 模型如图 14.5 所示。

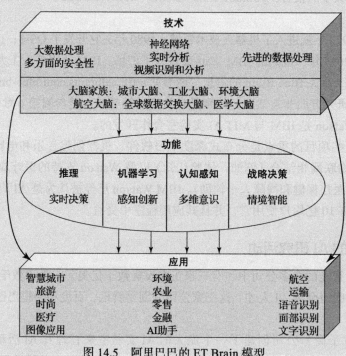

图 14.5  阿里巴巴的 ET Brain 模型

ET Brain 由三个部分组成：技术、功能和应用。技术包括大数据处理、神经网络、视频识别分析等。这些技术提供了四种主要功能：认知感知、推理、战略决策和机器学习（请参见图 14.5 中的中间层）。这些功能可驱动大量应用，例如医疗、智慧城市、农业、旅游、金融和航空。总而言之。这是一个超级智能 AI 平台。关于 ET Brain 的视频见 youtube.com/watch?v=QmkPDtQTarY。

阿里巴巴的使命是覆盖 20 亿消费者，并帮助全球 1000 万企业。为了实现这一使命，该公司投资了七个研究实验室，专注于 AI、机器学习、NLP、人脸（图像）识别和网络安全。阿里巴巴正在使用 AI 优化其供应链和个性化推荐并提供虚拟个人助理。阿里巴巴专注于多个行业以及 AI 支持的实体购物。例如，该公司与 Guess Inc. 在香港的 AI 办事处开设了"Fashion AI"，以帮助购物者在实体店中时创建在线集合。参见 engadget.com/2018/07/04/guess-alibaba-ai-fashion-store/。该公司计划使用 AI 重新连接世界（请参阅文献（Knight，2018））。

**针对应用案例 14.3 的问题**

1. 讨论阿里巴巴与云计算及 AI 的关联。

2. 解释 ET Brain 模型的逻辑。

3. 在网上搜索最近阿里巴巴的 AI 相关活动。

4. 阅读文献（Lashinsky，2018）。阿里巴巴为何与腾讯展开如此激烈的竞争？

资料来源：W. Knight. (2018, March 7). "Inside the Chinese Lab That Plans to Rewire the World with AI." *MIT Technology Review*; Marr, B. (2018, June 4). "Artificial Intelligence (AI) in China: The Amazing Ways Tencent Is Driving Its Adoption." *Forbes*; A. Lashinsky. (2018, June 21). "Alibaba v. Tencent: The Battle for Supremacy in China." *Fortune*. alibabacloud.com/et.

## 14.9.3　巨大的商机

McCracken（2017）认为，自移动计算以来，智能技术为科技公司提供了最大的机会。这就是科技巨头和初创企业探索使用人工智能的原因。Desjardins（2017）提供了一个关于人工智能未来影响的信息图表，其中包括到 2030 年 15.7 万亿美元的生产力增长和增加的消费者支出。到 2018 年，科技巨头和其他公司将在研发上投资 300 亿美元，在初创企业上投资 132 亿美元。有望在图像和语音识别产品上获得突破。

Facebook、亚马逊、谷歌、IBM 和微软这些公司在竞争的同时也保持着合作关系，它们共同研究人工智能，追求进步和最佳实践。

## 14.9.4　结论

既然你已经读完了这本书，你可能会问："未来的智能技术会发生什么？"商业模式和生活质量未来会有重大的改变，而且意义非凡。随着数亿美元投资于人工智能，这项技术将会有巨大进步。机器正变得越来越聪明。例如，阿里巴巴的文案机器基于深度学习和 NLP 技术，可以在 1 秒内生成 20 000 行文本。这台机器通过了图灵测试（第 2 章），这意味着它像人类一样聪明，但可以工作得更快。现在我们来看人工智能在两个方面的影响。

**对商业的影响**

根据 Kurzer（2017）的研究，人工智能可能会面临挑战，但预计到 2018 年，人工智能将蓬勃发展。毫无疑问，我们将看到人工智能越来越商业化，尤其是在营销、金融服务、制造和 IT 支持方面。例如，客户体验的质量和性质可以通过人工智能应用和物联网来提高。Kurzer 还预测将会有更多的主动过程而不是被动过程。未来将会有更多的人机协作，许多工作将会自动化，但也会创造出更多新的工作。随着聊天机器人和个人助理（如 Alexa、Siri 和 Google Assistant）的能力不断增强，人工智能的对话功能将会越来越多。Gartner 预测，到 21 世纪末，人们与机器的对话将超过与家人的对话（gartner.com/smarterwithgartner/gartner-predicts-a-virtual-world-of-exponential-change/）。图像识别是另一个很有应用前景的领域。谷歌是研究会话和图像识别 AI 的主要力量。

**对生活质量的影响**

未来，我们开车、吃饭、娱乐、获得服务、学习和工作的方式可能都会发生改变。

在医疗保健领域，人工智能系统已经迈出了一大步。Kaiser Permanente 的首席执行官 Bernard Tyson 声称："我认为任何医生都不应该在没有人工智能辅助的情况下执业，因为这样是不可能真正了解疾病的模式、趋势，以及做到真正监测护理的。"Editors（2018）报告称，智能解决方案可以将生活质量指标提高 10%～30%。（我们等待的时间越长，百分比就会越高。）他们提到的内容包括：未来人们将拥有更长的寿命，可以减少导致温室效应的气体排放，未来 10 年在全球利用无人驾驶技术将拯救 200 000 条生命，减少人们的上下班时间（更少的交通问题），增加就业机会（例如，通过新技术和更有效率的业务环境），提供更好、更廉价的住房。

无人驾驶汽车，包括无人机，将明显地改善我们的生活，机器人将能够服务我们（特别是老年人和病人）、提供娱乐，如果管理得当，它也将成为我们的伙伴。想了解人工智能未来对社会的影响，请访问 youtube.com/watch?v=KZz6f-nCCN8/ 观看视频。

人工智能技术会带来什么意想不到的后果？机器人会不会把我们都消灭呢？这些可能永远不会发生。聪明的人们会确保只会让智能系统造福人类。

**▶ 复习题**

1. 描述美国主要科技公司的人工智能成果。
2. 描述一下中国巨头公司的成果。
3. 描述一下阿里巴巴的人工智能成果（ET Brain 模型）。

# 本章要点

- ❑ 智能系统可以在许多方面影响组织，如独立系统、相互集成或与其他基于计算机的信息系统。
- ❑ 分析技术对个人的影响可以是积极的、中性的，也可以是消极的。
- ❑ 随着智能系统的引入，可能会出现严重的法律问题。责任和隐私是主要的问题。
- ❑ 智能系统可以带来许多积极的社会影响，包括给人们提供更多机会、领导反恐斗争等。这些技术将提高工作和家庭的生活质量。当然，也有一些潜在的负面问题需要关注。
- ❑ 智能系统的发展将导致行业结构和未来就业形势的重大变化。
- ❑ 一场关于谁拥有使用智能手机、汽车等产生的用户数据的"战争"正在酝酿之中。
- ❑ 在部署智能系统时，有必要考虑法律、隐私和伦理问题。
- ❑ 将机器人作为工作伙伴会引发法律和伦理问题。
- ❑ 智能技术可能会影响业务流程、组织结构和管理实践。
- ❑ 可能有必要创建独立的组织单位来部署和管理智能代理系统。
- ❑ 智能系统可以为用户提供相当大的竞争优势。
- ❑ 智能系统可能会导致大量人失业，主要是关于日常和中层管理工作。
- ❑ 智能系统可能会导致失业，即使是技术性工作。因此，可能需要对员工再培训。
- ❑ 智能系统会导致许多工作重构，特别是人机协作的工作。
- ❑ 智能系统将创造许多需要专门培训员工的新工作。
- ❑ 智能系统自动化的使用可能会缩短每周的工作时间，并需要补偿那些将失去工作的人。
- ❑ 有些人害怕人工智能和机器人的意外后果。机器会学习进步，并可能会伤害人类。

# 讨论

1. 一些人说，分析通常会使管理活动失去人性，而另一些人说它们不会。讨论这两种观点。
2. 诊断疾病感染和开药方是许多执业医师的弱点。因此，如果更多的医生使用基于分析的诊断系统，社会似乎会得到更好的服务。回答以下问题：
   - a）你认为医生为什么很少使用这样的系统？
   - b）假设你是一名医院管理人员，你会做什么来说服医生使用智能系统？
   - c）如果智能系统对社会的潜在好处非常大，那么社会能做些什么来增加医生对这种智能系统的使用？
3. 在使用移动数据智能系统时，主要的隐私问题有哪些？
4. 从现有文献中找出一些侵犯用户隐私的案例，以及它们对数据科学的影响。
5. 有些人担心机器人和人工智能将会消灭我们所有人。对这个问题进行讨论。
6. 一些人认为人工智能被过度炒作了。对这个问题进行讨论。在 Quora 上提出问题，然后分析五个回应。
7. 一些人声称人工智能可能会产生人权问题（搜索 Safiya Noble）。进行讨论。
8. 讨论 GDPR 对隐私、安全和歧视的潜在影响。
9. 阅读文献（Pakzad，2018），讨论机器学习中的道德和公平问题。
10. 机器人应该像工人一样纳税吗？阅读文献（Morris，2017），写一下这个问题的利弊。

# 参考文献

Ainsworth, M. B. (2017, October). "Artificial Intelligence for Executives." *SAS White Paper, ai20for20executives.pdf*, October 2018.

Andronic, S. (2017, September 18). "5 Ways to Use Artificial Intelligence as a Competitive Advantage." **Moonoia.com**.

Anon. (2017, February 20). "Big Data and Data Sharing: Ethical Issues." *UK Data Service*. **ukdataservice.ac.uk/media/604711/big-data-and-data-sharing_ethical-issues.pdf** (accessed July 2018).

Autor, D. H. (2016, August 15). "The Shifts—Great and Small—in Workplace Automation." *MIT Sloan Review*. **sloanreview.mit.edu/article/the-shifts-great-and-small-in-workplace-automation/** (accessed July 2018).

Baird, Z. et al. (2017, August). "The Evolution of Employment and Skills in the Age of AI." McKinsey Global Institute.

Baroudy, K., et al. (2018, March). "Unlocking Value from IoT Connectivity: Six Considerations for Choosing a Provider." *McKinsey & Company*.

Batra, G., A. Queirolo, & N. Santhanam. (2018, January). "Artificial Intelligence: The Time to Act Is Now." *McKinsey & Company*.

Bloomberg News. (2017, November 29). "Ethical Worries Are Marring Alphabet's AI Healthcare Initiative." *Information Management*.

Bossmann, J. (2016). "Top 9 Ethical Issues in Artificial Intelligence." *World Economic Forum*.

Botton, J. (2016, May 28). "Apple Supplier Foxconn Replaces 60,000 Humans with Robots in China." *Market Watch*.

Brynjolfsson, E., & A. McAfee. (2016). *The Second Machine Age: Work, Progress, and Prosperity in a Time of Brilliant Technologies*. Boston, MA: W.W. Norton.

Bughin, J., B. McCarthy, & M. Chui. (2017, August 28). "A Survey of 3,000 Executives Reveals How Businesses Succeed with AI." *Harvard Business Review*.

Burden, E. (2018, July 16). "Robots Will Bolster U.K. Growth and Create New Jobs, PwC says." *Bloomberg News*.

Catliff, C. (2017, August 15). "Three Ways Your Business Can Leverage Artificial Intelligence." *The Globe and Mail*.

Chapman, S. (2018, January 16). "The Robotics Trends of 2018, According to Tharsus." *Global Manufacturing*.

Charara, S. (2018, January 4). "A Quick and Dirty Guide to Ambient Computing (and Who Is Winning So Far)." **Theambient.com**.

Chui, M., K. George, & M. Miremadi. (2017, July). "A CEO Action Plan for Workplace Automation." *McKinsey Quarterly*.

Chui, M., J. Manyika, & M. Miremadi. (2015, November). "Four Fundamentals of Workplace Automation." *McKinsey Quarterly*.

Chui, M., J. Manyika, & M. Miremadi. (2016, July). "Where Machines Could Replace Humans—and Where They Can't (Yet)." *McKinsey Quarterly*.

Civin, D. (2018, May 21). "Explainable AI Could Reduce the Impact of Biased Algorithms." *Ventura Beat*.

Clozel, L. (2017, June 30). "Is Your AI Racist? This Lawmaker Wants to Know." *American Banker*.

Cokins, G. (2017, March 22). "Opinion Could IBM's New Deep Learning Service Tool Help Save IT Jobs?" *Information Management*.

Collins, T. (2017, December 18). "Google and Amazon Really DO Want to Spy on You: Patent Reveals Future Version of Their Voice Assistants Will Record Your Conversations to Sell You Products." *Daily Mail*.

Crespo, M. (2017, July 31). "The Future of Work in the Era of Artificial Intelligence." *Equal Times*.

Crosman, P. (2017, August 17). "Why Cybercriminals Like AI As Much As Cyberdefenders Do." *American Banker*.

Daugherty, P. R., & J. Wilson. (2018). *Human + Machine: Reimagining Work in the Age of AI*. Boston, MA: Business Review Press.

Desjardins, J. (2017, August 21). "Visualizing the Massive $15.7 Trillion Impact of AI." *Visual Capitalist*.

de Vos, B. (2018, July 11). "Opinion: These 3 Business Functions Will Be the First to Benefit from Artificial Intelligence." *Information Management*.

DiCamillo, N. (2018, July 12). "Morgan Stanley Draws from 'Hundreds of Conversations' with Experts to Build Its AI." *American Banker*.

Dickson, B. (2017, July 28). "What Is the Future of Artificial Intelligence?" *Tech Talk*.

Donahue, L. "A Primer on Using Artificial Intelligence in the Legal Profession." *Jolt Digest*, January 3, 2018.

Dormehl, L. (2017). *Thinking Machines: The Quest for Artificial Intelligence—and Where It's Taking Us Next*. New York, NY: TarcherPerigee.

Eadicicco, L. (2017, October 13). "Google Searches for Its Voice." *Time for Kids*.

Editors. (2018, July 12). "Smart Solutions Can Help ASEAN Cities Improve Quality-of-Life Indicators by 10−30%." *eGov Innovation*.

Egan, M. (2015, May 13). "Robots Threaten These 8 Jobs." **CNNMoney.com**.

Ekster, G. (2015). Driving Investment Performance with Alternative Data. **integrity-research.com/wp-content/uploads/2015/11/Driving-Investment-Performance-With-Alternative-Data.pdf** (accessed July 2018).

Elgan, M. (2017, April 29). "How the Amazon Echo Look Improves Privacy?" *Computer World*.

Elson, R. J., & LeClerc, R. (2005). Security and Privacy Concerns in the Data Warehouse Environment. *Business Intelligence Journal, 10*(3), 51.

Gaudin, S. (2016, October 26). "1-800-Flowers Wants to Transform Its Business with A.I." *Computer World*.

Gershgorn, D. (2017, October 22). "Google Is Teaching Its AI How Humans Hug, Cook and Fight." *Quartz*. **qz.com/1108090/google-is-teaching-its-ai-how-humans-hug-cook-and-fight/** (accessed April 2018).

Product after 'Hearing' Audio in Private Homes." *Natural News*.

Kahn, J. (2017, November 29). "Legal AI Gains Traction as U.K. Startup Targets U.S." *Bloomberg Technology*.

Kaplan, J. (2017). Startup Targets. *Artificial Intelligence: What Everyone Needs to Know*. London, United Kingdom: Oxford University Press.

Kassner, M. (2017, January 2). "5 Ethics Principles Big Data Analysts Must Follow." *Tech Republic*.

Keenan, J. (2018, February 13). "1-800-Flowers.com Using

Technology to Win Customers' Hearts This Valentine's Day." *Total Retail*.

Kelly, H. (2018, January 29). "Robots Could Kill Many Las Vegas Jobs." **Money.CNN.com**.

Kiron, D. (2017, January 25). "What Managers Need to Know About Artificial Intelligence." *MIT Sloan Management Review*.

Knight, W. (2018, March 7). "Inside the Chinese Lab That Plans to Rewire the World with AI." *MIT Technology Review*.

Kokalitcheva, K. (2017, May 9). "The Full History of the Uber-Waymo Legal Fight." *Axio*.

Konomi, S., & G. Roussos (ed.). (2016). *Enriching Urban Spaces with Ambient Computing, the Internet of Things, and Smart City Design (Advances in Human and Social Aspects of Technology)*. Hershey, PA: GI Global.

Korolov, M. (2016, December 2). "There Will Still Be Plenty of Work to Go Around So Job Prospects Should Remain Good." *IT World*.

Kottasova, I. (2018, April 12). "Experts Warn Europe: Don't Grant Rights." **Money.CNN.com**.

Kovach, S. (2018, January). "Amazon Has Created a New Computing Platform That Will Future-Proof Your Home." *Business Insider*. **businessinsider.com/amazon-alexa-best-way-future-proof-smart-home-2018-1/** (Accessed July 2018).

Krauth, O. (2018, January 23). "Robot Gender Gap: Women Will Lose More Jobs Due to Automation Than Men, WEF Finds." *Tech Republic*.

Krigsman, M. (2017, January 30). "Artificial Intelligence: Legal, Ethical, and Policy Issues." *ZDNet*.

Kurzer, R. (2017, December 21). "What Is the Future of Artificial Intelligence?" *Martechnology Today*.

Lashinsky, A. (2018, June 21). "Alibaba v. Tencent: The Battle for Supremacy in China." *Fortune*.

Lawson, K. (2017, May 2). "Do You Need a Chief Artificial Intelligence Officer?" *Information Management*.

Leggatt, H. (2017, June 7). "Biggest Stressor in U.S. Workplace Is Fear of Losing Jobs to AI, New Tech." *Biz Report*.

Lev-Ram, M. (2017, September 26). "Tech's Magic 8 Ball Says Embrace the Future." *Fortune*.

Maguire, J. (2017, February 3). "Artificial Intelligence: When Will the Robots Rebel?" *Datamation*. **datamation.com/data-center/artificial-intelligence-when-will-the-robots-rebel.html** (accessed April 2018).

Manyika, J. (2017, May). "Technology, Jobs, and the Future of Work." *McKinsey Global Institute*.

Manyika, J., M. Chi, M. Miremadi, J. Bughin, K. George, P. Willmott, & M. Dewhurst. (2017, January). "Harnessing Automation for a Future That Works." *Report from the McKinsey Global Institute*. **mckinsey.com/global-themes/digital-disruption/harnessing-automation-for-a-future-that-works/** (accessed April 2018).

Marr, B. (2018, June 4). "Artificial Intelligence (AI) in China: The Amazing Ways Tencent Is Driving Its Adoption." *Forbes*.

Marshall, A., & A. Davies. (2018, February 9). "The End of Waymo v. Uber Marks a New Era for Self-Driving Cars: Reality." *Wired*.

Mason, R., F. Mason, & M. Culnan. (1995). *Ethics of Information Management*. Thousand Oaks, CA: Sage.

McCracken, H. (2017, October 10). "How to Stop Worrying and Love the Great AI War of 2018." *Fast Company*.

McFarland, M. (2017a, April 28). "Robots Hit the Streets—and the Streets Hit Back." *CNN Tech*.

McFarland, M. (2017b, September 15). "Robots: Is Your Job At Risk?" CNN News.

Morgan, B. (2017, June 13). "Ethics and Artificial Intelligence with IBM Watson's Rob High." *Forbes*.

Morris, D. (2017, February 18). "Bill Gates Says Robots Should Be Taxed Like Workers." **Fortune.com**.

Newman, D. (2018, January 16). "Top 18 Tech Trends at CES 2018." **Forbes.com**.

Olavsrud, T. (2018, March 15). "6 Data Analytics Trends That Will Dominate 2018." *CIO*.

O'Neil, C. (2016). *Weapons of Math Destruction: How Big Data Increases Inequality and Threatens Democracy* (Crown Publishing).

Pakzad, R. (2018, January 21). "Ethics in Machine Learning." **Medium.com**.

Palmer, S. (2017, February 26). "The 5 Jobs Robots Will Take First." *Shelly Palmer*.

Perez, A. (2017, May 31). "Opinion Will AI and Machine Learning Replace the Data Scientist?" *Information Management*.

Pham, S. (2018, February 21). "Control AI Now or Brace for Nightmare Future, Experts Warn." **Money.cnn.com** *(News)*.

Press, G. (2017, November 9). "10 Predictions for AI, Big Data, and Analytics in 2018." **Forbes.com**.

Provazza, A. (2017, May 26). "Artificial Intelligence Data Privacy Issues on the Rise." *Tech Target (News)*.

Rainie, L., & J. Anderson. (2017, June 6). "The Internet of Things Connectivity Binge: What Are the Implications?" *Pew Research Center*.

Ransbotham, S. (2016). "How Will Cognitive Technologies Affect Your Organization?" **sloanreview.mit.edu/article/how-will-cognitive-technologies-affect-your-organization/** (accessed July 2018).

Rao, A., J. Voyles, & P. Ramchandani. (2017, December 5). "Top 10 Artificial Intelligence (AI) Technology Trends for 2018." *USBlogs PwC*.

Rayo, E. A. "AI in Law and Legal Practice – A Comprehensive View of 35 Current Applications." *Techemergence*, September 19, 2018.

Rikert, T. (2017, September 25). "Using AI and Machine Learning to Beat the Competition." *NextWorld*. **insights.nextworldcap.com/ai-machine-learning-b01946a089b2** (accessed July 2018).

Ross, J. (2017, July 14). "The Fundamental Flaw in AI Implementation." *MIT Sloan Management Review*. **sloanreview.mit.edu/article/the-fundamental-flaw-in-ai-implementation/** (accessed July 2018).

Sage, A. et al. (2018, February 9). "Waymo Accepts $245 Million and Uber's 'Regret' to Settle Self-Driving Car Dispute." *Reuters (Business News)*.

SAS. (n.d.). "Customer Loyalty Blossoms with Analytics." *SAS Publication*, **sas.com/en_us/customers/1-800-flowers.html/** (accessed July 2018).

SAS. (2018). "Artificial Intelligence for Executives." *White Paper*.

Sharma, K. (2017, June 28). "5 Principles to Make Sure Businesses Design Responsible AI." *Fast Company*.

Shchutskaya, V. (2017, March 20). "3 Major Problems of Artificial Intelligence Implementation into Commercial Projects." *InData Labs*. **https://indatalabs.com/blog/**

data-science/problems-of-artificial-intelligence-
**implementation/** (accessed April 2018).

Sherman, E. (2015, February 25). "5 White-Collar Jobs
Robots Already Have Taken." **Fortune.com fortune.
com/2015/02/25/5-jobs-that-robots-already-are-
taking** (accessed April 2018).

Sherman, J. (2018, October 16). "Human-Centered Design for
Empathy Values and AI." *AIMed.*

Singh, G. (2017a, September 20). "Opinion: 5 Components
That Artificial Intelligence Must Have to Succeed." *Health
DataManagement.*

Singh, S. (2017b, December 13). "By 2020, Artificial Intelli-
gence Will Create More Jobs Than It Eliminates: Gartner."
*The Economic Times (India).*

Smith, Ms. (2018, March 12). "Ransomware: Coming to a
Robot Near You Soon?" *CSO,* News.

Smith, N. (2018, January 3). "Top 10 Trends for Analytics in
2018." *CIO Knowledge.*

Snyder, A. (2017, September 6). "Executives Say AI Will
Change Business, But Aren't Doing Much About It."
**Axios.com.**

Sommer, D. (2017, December 20). "Opinion Predictions 2018:
11 Top Trends Driving Business Intelligence." *Information
Management.*

Spangler, T. (2017, November 24). "Self-Driving Cars Pro-
grammed to Decide Who Dies in a Crash." *USA Today.*

Standage, T. (2016) "The Return of the Machinery Question."
Special Report. *The Economist.* **economist.com/sites/
default/files/ai_mailout.pdf** (accessed July 2018).

Steinberg, J. (2017, April 26). "Echo Lock: Amazon's New Al-
exa Device Provide Fashion Advice." *INC.*

Straus, R. (2014, May 31). "Will You Be Replaced by a Robot?
We Reveal the 100 Occupations Judged Most and Least
at Risk of Automation." **ThisisMoney.com. thisismoney.
co.uk/money/news/article-2642880/Table-700-jobs-
reveals-professions-likely-replaced-robots.html** (ac-
cessed April 2018).

Sykes, N. (2018a, March 27). "Opinion: Edge Computing and

the Future of the Data Center." *Information Management.*

Sykes, N. (2018b, January 17). "Opinion: 9 Top Trends Impact-
ing the Data Center in 2018." *Information Management.*

Thusoo, A. (2017, September 27). "Opinion: AI Is Changing
the Skills Needed of Tomorrow's Data." *Information Man-
agement.*

Uzialko, A. (2017, October 13). "AI Comes to Work: How Arti-
ficial Intelligence Will Transform Business." *Business News
Daily.*

Vanian, J. (2017, July 26). "Mark Zuckerberg Argues Against Elon
Musk's View of Artificial Intelligence. . . Again." *Fortune.*

Violino, B. (2017, June 27). "Artificial Intelligence Has Poten-
tial to Drive Large Profits." *Information Management.*

Violino, B. (2018, February 21). "Most Workers See Smart Robots
As Aid to Their Jobs, Not Threat." *Information Management.*

**WallStreetJournal.com.** (2016). "What They Know." **wsj.
com/public/page/what-they-know-digital-privacy.
html** (accessed April 2018).

Welch, D. (2016, July 12). The Battle for Smart Car Data.
*Bloomberg Technology.* **bloomberg.com/news/articles/
2016-07-12/your-car-s-been-studying-you-closely-
and-everyone-wants-the-data** (accessed April 2018).

Weldon, D. (2017a, May 5). "AI Seen as Great 'Equalizer' in
Bringing Services to the Masses." *Information Management.*

Weldon, D. (2017a, August 11). "Majority of Workers Welcome
Job Impacts of AI, Automation." *Information Management.*

Weldon, D. (2017c, July 21). "Smarter Use of Analytics Offers
Top Competitive Advantage." *Information Management.*

Weldon, D. (2018, February 28). "Knowing When It's Time to
Appoint a Chief Data Officer." *Information Management.*

Weldon, D. (2018, October 18) "Gartner's top 10 strategic
technology trends for 2019." *Information Management.*

West, D. (2018). *The Future of Work: Robots, AI, and Automa-
tion.* Washington, DC: Brooking Institute Press.

Wilson, H. et al. (2017, March 23). "The Jobs That Artificial
Intelligence Will Create." *MIT Sloan Management Review.*

Yudkowsky (2016, May 5) **youtube.com/watch?v=EUjc1
WuyPT8.**

# 术 语 表

## A

**Alexa**：Amazon.com 的虚拟个人助理。

**Apriori 算法**：最常用的通过递归识别频繁项集来发现关联规则的算法。

## B

**boosting**：一种集成方法，它逐步建立一系列预测模型，以提高先前预测错误的实例 / 样本的预测性能。

**bot**：智能软件代理。bot 是 robot 的缩写，通常用作另一个术语的一部分，如 knowbot、softbot 或 shopbot。

**半结构化问题**：一类决策问题，其中决策过程具有某种结构，但仍需要主观分析和迭代方法。

**报告**：任何为了以体面的形式传达信息而准备的通信工具。

**贝叶斯定理（也称为贝叶斯规则）**：以英国数学家托马斯·贝叶斯（1701—1761）的名字命名，这是一个确定条件概率的数学公式。

**贝叶斯网络模型**：这是一个有向无环图，其中的节点对应于变量，而活动弧表示变量与其可能值之间的条件依赖关系。

**贝叶斯信念网络（或贝叶斯网络）**：这些是以图形化、显式和直观的方式表示变量之间依赖结构的强大工具。

**比率数据**：可以解释差异和比率的连续数据。比率标度的显著特征是具有非随机零值。

**标称数据**：一种数据类型，它包含作为标签分配给对象的简单代码的测量值，而不是测量值。例如，婚姻状况变量通常可分为（1）单身、（2）已婚和（3）离婚。

**标记化**：根据文本块（标记）执行的功能对其进行分类。

## C

**表征学习**：一种机器学习，其重点是系统学习和发现特征 / 变量，以及将这些特征映射到输出 / 目标变量。

**并行处理**：一种先进的计算机处理技术，允许计算机同时并行执行多个处理过程。

**并行性**：在群体支持系统中，一个群体中的每个人都能同时工作的过程增益（如头脑风暴、投票、排名）。

**不可控变量（参数）**：影响决策结果但不受决策者控制的因素。这些变量可以是内部变量（例如，与技术或政策相关）或外部变量（例如，与法律问题或气候相关）。

**不确定性**：完全缺乏关于参数值是什么或未来自然状态的信息的决策情况。

**Caffe**：一个开源的深度学习框架，由加州大学伯克利分校和伯克利人工智能研究所开发。

**CRISP-DM**：进行数据挖掘项目的跨行业标准化过程，这是一个六个步骤的序列，从对业务和数据挖掘项目（即应用程序域）的需求的良好理解，到满足特定业务需求的解决方案的部署。

**参数**：用于数学建模的数值常量。

**操作数据存储（ODS）**：一种数据库，通常用作数据仓库的过渡区域，特别是用于客户信息文件。

**层次分析法（AHP）**：一种建模结构，用于表示通常在业务环境中发现的多标准（多目标、多对象）问题（具有一组标准和备选方案）。

**查询工具**：一种（数据库）机制，它接受对数据的请求，包括访问、操作它们和查询。

**产生式规则**：专家系统中最流行的知识表示形式，其中使用简单的 if-then 结构表示原子知识片段。

**场景**：关于特定时间特定系统的操作环境的假设和配置的声明。

**场景识别**：由计算机视觉执行的活动，它能识别物体、景物和照片。

**长短期记忆（LSTM）网络**：一种被称为最有效的序列建模技术的循环神经网络的变体，是许多实际应用的基础。

**超链接诱导主题搜索（HITS）**：Web挖掘中最流行的公开和引用算法，用于发现hub和权限。

**超平面**：一个几何概念，通常用来描述多维空间中不同类别事物之间的分离面。

**池化**：在CNN中，它是指在保持重要特性的同时，将输入矩阵中的元素合并以产生更小的输出矩阵的过程。

**处理元件（PE）**：神经网络中的神经元。

**传感器**：自动收集环境中事件或变化数据的电子设备。

**创意产生**：人们产生创意的过程，通常由软件支持（例如，开发问题的替代解决方案）。也称为头脑风暴。

**词干分析**：为了在文本挖掘项目中更好地表示单词，将单词还原为各自的根形式的过程。

**词项–文档矩阵（TDM）**：从数字化和有组织的文档（语料库）创建的频率矩阵，其中列表示词项，行表示单个文档。

**词性标注**：根据一个词的定义和使用的上下文，将文本中的词标记为与特定词性（如名词、动词、形容词、副词等）相对应的过程。

**促进者（在GSS中）**：在协作计算环境中计划、组织和通过电子方式控制一个团队的人。

### D

**DMAIC**：一个闭环的业务改进模型，包括以下步骤：定义、测量、分析、改进和控制流程。

**DSS应用**：为特定目的而建立的DSS程序（例如，为特定公司建立的调度系统）。

**大数据**：以超出常用硬件环境和/或软件工具处理能力的体积、种类和速度为特征的数据。

**大数据分析**：分析方法和工具在大数据中的应用。

**代理**：软件服务的自治程度。

**单变量求解**：一种规范性分析方法，首先设定一个目标（对象/期望值），然后确定一组令人满意的输入变量值。

**地理信息系统（GIS）**：能够集成、编辑、分析、共享和显示地理参考信息的信息系统。

**点击流分析**：对Web环境中发生的数据的分析。

**点击流数据**：提供用户活动轨迹并显示用户浏览模式的数据（例如，访问了哪些站点、访问了哪些页面、访问了多长时间）。

**电话会议**：使用电子通信技术，使两个或两个以上的人在不同的地点同时举行会议。

**电子会议系统（EMS）**：一种基于信息技术的环境，支持分组会议（群件），可以在地理和时间上分布。

**电子头脑风暴**：一种计算机支持的由联想产生想法的方法。这个团队过程使用类比和协同作用。

**迭代设计**：用于管理支持系统（MSS）的系统开发的系统过程。迭代设计包括生成MSS的第一个版本、修改它、生成第二个设计版本等。

**叠加（亦称叠加泛化或超级学习者）**：一种异构集成方法，采用两步建模过程，首先建立不同类型的个体预测模型，然后建立元模型（个体模型）。

**定量模型**：依赖于数值/可量化度量的数学模型。

**定量软件包**：预先编程的（有时称为现成的）模型或优化系统。这些软件包有时可以作为其他定量模型的基础。

**动量**：反向传播神经网络中的一个学习参数。

**动态模型**：一种捕捉/研究随时间演化的系统的建模技术。

**动态数据仓库**：见实时数据仓库。

**对象**：收集、处理或存储信息的人、地方或事物。

**多代理系统**：具有多个协同软件代理的系统。

**多目标**：在优化问题中有不止一个目标需要考虑。

**多维OLAP（MOLAP）**：通过专门的多维数据库（或数据存储）实现的OLAP，该数据库提前将事务汇总到多维视图中。

**多维分析（建模）**：一种涉及多维数据分析的建模方法。

**多维数据集**：高度相关数据的一个子集，组织起来允许用户将多维数据集中的任何属性（如商店、产品、客户、供应商）与多维数据集中的任何度量（如销售额、利润、单位、年龄）结合起来，以创建各种二维视图或切片，这些视图或切片可以显示在计算机屏幕上。

**多维数据库**：一种数据库，其中的数据是专门组织的，以支持方便快捷的多维分析。

**多维性**：按几个维度（如地区、产品、销售人员和时间）组织、呈现和分析数据的能力。

**多义词**：也叫同音词，即拼写完全相同但有不同的含义。

**E**

**Echo**：和 Alexa 一起工作的扬声器。

**F**

**反向传播**：神经计算中最著名的学习算法，通过比较计算输出和训练案例的期望输出来完成学习。

**反向链接**：在生产系统中使用的一种搜索技术（基于 if-then 规则），从规则的动作子句开始，通过规则链反向工作，试图找到一组可验证的条件子句。

**范例案例**：一个独特的案例，可以被维护以获得未来的新知识。

**仿真**：计算机对现实的模拟。

**非结构化数据**：没有预定格式并以文本文档形式存储的数据。

**非结构化问题**：一种决策设置，其中的步骤不是完全固定或结构化的，但可能需要主观考虑。

**分布式人工智能（DAI）**：解决问题的多智能体系统。DAI 将一个问题分解为多个协作系统以得到一个解决方案。

**分类**：监督归纳法，用于分析数据库中存储的历史数据，并自动生成可预测未来行为的模型。

**分类数据**：表示多个类的标签的数据，用于将变量分成特定的组。

**分析技术**：用数学公式直接导出最优解或预测某一结果的方法，主要用于解决结构化问题。

**分析模型**：将数据加载到其中进行分析的数学模型。

**分析生态系统**：对行业、技术/解决方案提供商和行业参与者进行分析的分类。

**分析学**：分析的科学。

**风险**：一种概率或随机的决策情况。

**风险分析**：使用数学建模来评估决策情况下风险（可变性）的性质。

**复杂性**：根据问题的优化公式、所需的优化工作或其随机性来衡量问题的难度。

**G**

**感知器**：早期的神经网络结构，不使用隐藏层。

**个人代理**：代表个人用户执行任务的代理。

**公共代理**：为任何用户服务的代理。

**功能集成**：通过单一、一致的接口，将不同的支持功能作为单一系统提供。

**供应商管理库存（VMI）**：零售商让供应商负责决定何时订购和订购多少的做法。

**谷歌助理**：一个虚拟个人助理，嵌入谷歌的一些产品中。

**故事**：一个信息丰富、情节丰富的案例。在案例库中，可以从此类案例中汲取经验教训。

**关键成功因素（CSF）**：描述组织在其市场空间中取得成功必须擅长的领域的关键因素。

**关键绩效指标（KPI）**：根据战略目标衡量绩效。

**关键事件处理**：一种捕获、跟踪和分析数据流以检测某些值得努力的事件（非正常事件）的方法。

**关联**：一种数据挖掘算法，用于建立给定记录中同时出现的项之间的关系。

**关系 OLAP（ROLAP）**：OLAP 数据库在现有关系数据库之上的实现。

**关系模型库管理系统（RMBMS）**：设计和开发模型库管理系统的关系方法（如在关系数据库中）。

**关系数据库**：一种数据库，其记录被组织成表，可由关系代数或关系演算处理。

**管理科学（MS）**：运用科学方法和数学模型来分析和解决管理决策情况（如问题、机遇）。也称为运筹学（OR）。

**管理支持系统（MSS）**：将任何类型的决策支持工具或技术应用于管理决策的系统。

**规范模型**：规定系统应如何运行的模型。

**规范性分析**：业务分析的一个分支，处理为给定问题寻找最佳解决方案的替代方案。

**过程方法**：试图通过形式化的控制、过程和技术将组织知识编码的知识管理方法。

**过程损失**：在团队支持系统中，会议活动的有效性降低。

**过程增益**：在团队支持系统中，提高会议活动的有效性。

**H**

**Hadoop**：一个用于处理、存储和分析大量分布式非结构化数据的开源框架。

**Hadoop 分布式文件系统（HDFS）**：一种能够很好

地处理大量非结构化数据（即大数据）的分布式文件管理系统。

**Hive**：最初由 Facebook 开发的基于 Hadoop 的数据仓库框架。

**hub**：提供指向权威页面的链接集合的一个或多个网页。

**核技巧**：在机器学习中，一种使用线性分类器算法来解决非线性问题的方法，它将原始的非线性观测值映射到一个高维空间，然后使用线性分类器；这使得新空间中的线性分类等价于原始空间中的非线性分类。

**核类型**：在核技巧中，一种用于表示欧几里得空间中数据项的转换算法。最常用的核类型是径向基函数。

**互联网电话**：请参阅 IP 语音（VoIP）。

**环境计算**：对人敏感和反应灵敏的电子环境。该技术为环境服务，并支持相关人员执行任务。

**环境扫描和分析**：智能建筑通过获取和分析数据。

**回归**：一种用于实际预测问题的数据挖掘方法，其中预测值（即输出变量或因变量）是数值。

**混合（综合）计算机系统**：在一种决策情况下一起使用的不同但综合的计算机支持系统。

I

**IBM SPSS Modeler**：由 SPSS（以前的 Clementine）开发的全面的数据、文本和 Web 挖掘软件套件。

**IBM Watson**：这是一个非凡的计算机系统，它结合了先进的硬件、软件和机器学习算法，旨在回答用自然人类语言提出的问题。

**ImageNet**：这是一个正在进行的研究项目，它为研究人员提供了一个庞大的图像数据库，每个图像都链接到 WordNet（一个词层次数据库）中的一组同义词（称为 synset）。

**IP 语音（VoIP）**：通过基于互联网协议（IP）的网络传输语音呼叫的通信系统。也称为互联网电话。

J

**机动性**：代理通过计算机网络的程度。

**机器人**：由计算机程序引导进行身体和心理活动的机电装置。

**机器人顾问**：包含专业知识的虚拟个人助理，可以在金融和投资等多个领域为人们提供建议。

**机器视觉**：为机器人导航、过程控制、自动驾驶汽车和检查等应用提供基于图像的自动检查和分析的技术和方法。

**机器学习**：教计算机从实例和大量数据中学习。

**基尼指数**：经济学中用来衡量人口多样性的指标。同样的概念也可以用来确定特定类的纯度，因为决定沿着特定属性 / 变量分支。

**基于案例的推理**：一种从历史案例中获得知识或推论的方法。

**基于规则的系统**：知识完全用规则表示的系统（例如，基于生产规则的系统）。

**基于内容的筛选**：一种筛选类型，根据以前评估的项目的描述和内容中可用的信息（例如关键字）为用户推荐项目。

**基于知识的系统（KBS）**：通常是用于提供专业知识的基于规则的系统。知识库系统与专家系统是相同的，只是专业知识的来源可能包括文档化的知识。

**即时查询**：在发出查询之前无法确定的查询。

**集成（或更恰当地称为模型集合或集合建模）**：由两个或多个分析模型产生的结果组合成一个复合输出。集成主要用于预测建模，其中两个或多个模型的分数被组合在一起以产生更好的预测。

**集体智慧**：一个群体的全部智慧。它也被称为群众的智慧。

**计算机伦理**：人们对信息系统和一般计算机的伦理行为。

**计算机视觉**：帮助识别图像（照片、视频）的计算机程序。

**记分卡**：一种可视的显示，用于对照战略和战术目标和指标绘制进度表。

**绩效衡量系统**：通过将实际结果与战略目标进行比较，帮助管理者跟踪业务战略实施情况的系统。

**假设分析**：这是一个实验过程，有助于确定在输入变量、假设或参数值发生变化时，解决方案 / 输出会发生什么。

**假设驱动的数据挖掘**：数据挖掘的一种形式，从用户提出的命题开始，然后用户试图验证命题的真实性。

**监督学习**：一种训练人工神经网络的方法，在这种方法中，样本以网络为输入，调整权值以使输出误差最小化。

**简单分割**：数据被分割成两个相互排斥的子集，称为训练集和测试集（或保留集）。通常指定三分之二的数据作为训练集，其余三分之一作为测试集。

**僵化案例**：一个已经分析过但没有进一步价值的案例。

**交互性**：软件代理的一个特性，允许它们相互交互（交流和协作），而不必依赖人工干预。

**结构化查询语言（SQL）**：关系数据库的数据定义和管理语言。SQL前端是大多数关系数据库管理系统。

**结构化问题**：一种决策情况，在这种情况下，可以遵循一组特定的步骤来直接做出决策。

**结果变量**：表示决策结果的变量，通常是决策问题的目标之一。

**解模糊**：从模糊逻辑解中产生清晰解的过程。

**解释子系统**：专家系统的一个组成部分，可以解释系统的推理并证明其结论。

**进化算法**：一类模仿生物进化自然过程的启发式优化算法，如遗传算法和遗传规划。

**静态模型**：捕获系统快照的模型，忽略其动态特性。

**距离度量**：在大多数聚类分析方法中，用来计算项目对之间的近似度的方法。常用的距离测量方法包括欧几里得距离（用尺子测量两点之间的普通距离）和曼哈顿距离（也称为两点之间的直线距离或出租车距离）。

**聚类**：将数据库划分成若干段，其中一个段的成员具有相似的特性。

**卷积**：在卷积神经网络中，这是一种线性操作，旨在从复杂的数据模式中提取简单的模式。

**卷积层**：CNN中包含卷积函数的层。

**卷积函数**：一种参数共享方法，用于解决定义和训练CNN中存在的大量权重参数的计算效率问题。

**卷积神经网络（CNN）**：最流行的深度学习方法之一。CNN本质上是深度MLP型神经网络结构的一种变体，最初设计用于计算机视觉应用（如图像处理、视频处理、文本识别），但也适用于非图像数据集。

**决策**：在备选方案中进行选择的行为。

**决策变量**：利益变量。

**决策表**：可能的条件组合和结果的表格表示。

**决策分析**：一种建模方法，用于处理涉及有限且通常不太多备选方案的决策情况。

**决策或规范性分析**：也称为规定性分析，这是一种分析建模，旨在从大量备选方案中确定最佳决策。

**决策室**：昂贵的、定制化的、具有特殊用途的设施，有一个小组支持系统，其中个人计算机可供部分或所有参与者使用。目的是加强小组合作。

**决策树**：在假定风险下，一系列相关决策的图形表示。这项技术根据实体的特征将特定的实体分类为特定的类；根之后是内部节点，每个节点（包括根）都有一个问题标签，与每个节点关联的弧覆盖所有可能的响应。

**决策支持系统（DSS）**：支持管理决策过程的概念框架，通常通过建模问题和采用定量模型进行解决方案分析。

**K**

**Keras**：一个用Python编写的开源神经网络库，作为高级应用程序编程接口（API）运行，能够运行在各种深度学习框架之上，包括Theano和TensorFlow。

**KNIME**：一个开源的、免费的、平台无关的分析软件工具（可在www.knime.org上获得）。

**Kohonen自组织特征映射（SOM）**：一种用于机器学习的神经网络模型。

**k折交叉验证**：一种流行的预测模型准确度评估技术，其中完整的数据集被随机分割成大小大致相等的$k$个互斥子集。对分类模型进行$k$次训练和检验。每一次都在除了一个折以外的所有折上训练，然后在剩下的一个折上测试。模型总体准确度的交叉验证估计是通过简单地平均$k$个单独的准确度度量来计算的。

**k最邻近（kNN）**：一种用于分类和回归型预测问题的预测方法，该方法基于与k近邻的相似性进行预测。

**开发环境**：构建者使用的专家系统的一部分。它包括知识库和推理机，涉及知识的获取和推理能力的提高。知识工程师和专家被认为是环境的一部分。

**颗粒**：数据仓库中支持的最高详细级别的定义。

**可视化分析**：可视化和预测性分析的结合。

**可视化交互仿真（VIS）**：允许最终用户在模式运行

时与模型参数交互的可视化 / 动画仿真环境。

**可视化交互建模（VIM）**：允许用户和其他系统交互的可视化模型表示技术。

**客户体验管理（CEM）**：通过检测 Web 应用程序的问题、跟踪和解决业务流程和可用性障碍、报告站点性能和可用性、启用实时警报和监视以及支持深入诊断来报告总体用户体验的应用程序观察到的访客行为。

**客户之声（VOC）**：通过收集和报告来自站点访问者的直接反馈，通过与其他站点和离线渠道进行基准测试，以及通过支持对未来访问者行为的预测建模，关注"谁和如何"问题的应用程序。

**快速应用程序开发（RAD）**：一种调整系统开发生命周期的开发方法，以便快速开发系统的某些部分，从而使用户能够尽快获得某些功能。RAD 包括分阶段开发、原型制作和一次性原型制作的方法。

## L

**离散事件仿真**：一种基于系统不同部分（实体 / 资源）之间事件 / 交互的发生来研究系统的仿真建模。

**连接权重**：神经网络模型中与每个环节相关的权重。神经网络学习算法评估连接权重。

**联机（电子）工作区**：允许人们在同一联机位置共享文档、文件、项目计划、日历等的联机屏幕，但不一定同时共享。

**联机分析处理（OLAP）**：一种信息系统，使用户在 PC 上查询系统、进行分析等。结果以秒为单位生成。

**联机事务处理（OLTP）**：主要负责捕获和存储与日常业务功能相关的数据的事务系统。

**链接分析**：自动发现许多感兴趣的对象之间的链接，例如网页之间的链接和学术出版物作者组之间的引用关系。

**聊天机器人**：可以用自然语言（文本或语音）与人聊天并提供信息和建议的机器人。

**灵敏度分析**：研究一个或多个输入变量的变化对提出的解决方案的影响。

**灵敏度分析仿真**：研究在一组指定值上改变固定输入或模拟输入的分布参数的影响的过程。

**流分析**：通常用于从连续流数据源中提取可操作信息的术语。

**六西格玛**：一种绩效管理方法，旨在将业务流程中的缺陷数量减少到尽可能接近每百万个机会零缺陷（DPMO）。

## M

**MapReduce**：一种在大型计算机集群中分布处理非常大的多结构数据文件的技术。

**满足**：寻求满足一系列约束的解决方案的过程。与寻求最佳可能解决方案的优化相比，满足只需寻求一个工作良好的解决方案。

**门户**：网站的门户。门户可以是公共的（例如，Yahoo！）或私有（如公司门户）。

**蒙特卡罗仿真**：一种依赖于变化 / 概率分布来表示决策问题建模中不确定性的仿真技术。

**面向对象模型库管理系统（OOMBMS）**：在面向对象环境中构造的一种 MBMS。

**描述性（或报告）分析**：分析的早期阶段，处理描述数据，回答发生了什么和为什么会发生的问题。

**名义小组技术（NGT）**：一个简单的非电子会议头脑风暴过程。

**模糊化**：把精确的数字转换成模糊描述的过程，例如从精确的年龄转换成年轻人和老年人等类别。

**模糊集**：集合论的一种方法，其中集合的隶属度不如对象严格地在集合内或集合外精确。

**模糊逻辑**：能处理不确定或部分信息的逻辑一致的推理方法。模糊逻辑是人类思维和专家系统的特征。

**模式识别**：将外部模式与存储在计算机存储器中的模式相匹配的技术（即，将数据分类为预定类别的过程）。模式识别用于推理机、图像处理、神经计算和语音识别。

**模型仓库**：通过对过去的决策实例使用知识发现技术创建的大型（通常是企业范围）的知识库。模型仓库类似于数据仓库。见模型集市。

**模型集市**：一个小型（通常是部门范围）的知识库，通过对过去的决策实例使用知识发现技术创建。模型集市类似于数据集市。见模型仓库。

**模型库**：一组预先编程的定量模型（如统计、财务、优化），作为一个单元组织起来。

**模型库管理系统（MBMS）**：用于建立、更新、组合（以及管理）DSS 模型库的软件。

**目录**：数据库中所有数据或模型库中所有模型的目录。

**N**

**NoSQL（又称 SQL）**：一种存储和处理大量非结构化、半结构化和多结构数据的新范式。

**内容管理系统（CMS）**：一种电子文档管理系统，它生成文档的动态版本，并自动维护当前集以供企业级使用。

**逆文档频率**：一种常见的、非常有用的索引转换，在逐项文档矩阵中，它既反映单词的特殊性（文档频率），又反映单词出现的总频率（词项频率）。

**P**

**PageRank**：一种链接分析算法，以 1996 年斯坦福大学研究项目 Google 的两位创始人之一拉里·佩奇（Larry Page）的名字命名，并被 Google Web 搜索引擎使用。

**Pig**：Yahoo！开发的基于 Hadoop 的查询语言。

**平衡计分卡（BSC）**：一种绩效衡量和管理方法，有助于将组织的财务、客户、内部流程、学习和成长目标与指标转化为一套可操作的计划。

**屏幕共享**：使小组成员（即使在不同的位置）能够处理同一文档的软件，该文档显示在每个参与者的 PC 屏幕上。

**朴素贝叶斯**：从著名的贝叶斯定理导出的一种简单的基于概率的分类方法。它是适用于分类型预测问题的机器学习技术之一。

**普遍基本收入（UBI）**：一项提议，给每个公民最低的收入，以确保没有人挨饿，尽管可能会出现大量失业。

**Q**

**欺骗检测**：根据人类的声音、文字和 / 或身体语言中识别欺骗（故意传播不真实的信息）的一种方法。

**奇异值分解（SVD）**：与主成分分析密切相关，它将输入矩阵的总体维数（输入文档的数量除以提取的项的数量）降低到一个较低的维空间，其中每个连续的维表示最大程度的变化（单词和文档之间）。

**企业 2.0**：将员工从传统通信和生产工具（如电子邮件）的约束中解放出来的技术和业务实践。通过相互连接的应用程序、服务和设备

的网络，为业务经理提供在正确时间访问正确信息的权限。

**企业门户**：进入企业网站的门户。公司门户可以进行通信、协作和访问公司信息。

**企业数据仓库（EDW）**：为分析而开发的组织级数据仓库。

**企业应用集成（EAI）**：一种提供将数据从源系统推送到数据仓库的工具的技术。

**启发式**：对一个应用领域的非正式的、判断性的知识，它构成了该领域良好判断的规则。启发式还包括如何高效地解决问题、如何规划解决复杂问题的步骤、如何提高性能等知识。

**启发式程序设计**：启发式方法在问题解决中的应用。

**前向链接**：基于规则系统中的数据驱动搜索。

**强（一般）人工智能**：人工智能的一种形式，能够实现人类可能拥有的所有认知功能，本质上与真实的人类思维没有区别。

**强化学习**：机器学习的一个子领域，它涉及通过做和测量来最大化某种长期奖励的概念。强化学习与监督学习的不同之处在于，算法从不提供正确的输入 / 输出对。

**侵权责任**：指不法行为产生了向另一方支付损害赔偿的义务。

**情报阶段**：决策者审视现实，确定并定义问题的阶段。

**情感**：反映自己的感觉的固定的意见。

**情感分析**：使用大量文本数据源（以网络帖子形式的客户反馈）检测对特定产品和服务的有利和不利意见的技术。

**求和函数**：把所有输入加到一个特定神经元的机制。

**区间数据**：可以在区间尺度上测量的变量。

**趋势分析**：收集信息并试图在信息中找出一种模式或趋势。

**权威网页**：根据其他网页和目录的链接被确定为特别流行的网页。

**全球定位系统（GPS）**：使用卫星的无线设备，使用户能够以合理的精度检测设备所连接的事物（如汽车或人）在地球上的位置。

**确定性**：完全了解的业务情况，以便决策者确切地知道每个行动过程的结果。

**确定性因素**：一种在专家系统中表示不确定性的流行技术，在专家系统中，对事件（或事实或假

设）的信念是通过专家的独特评估来表达的。

**确定性因素理论**：一种旨在帮助专家系统将不确定性纳入知识表示（根据产生式规则）的理论。

**群件**：计算机化的技术和方法，目的是支持在群体中工作的人。

**群体决策**：人们一起做决定的情况。

**群体决策支持系统（GDSS）**：一种交互式的计算机系统，它能帮助一组决策者解决半结构化和非结构化问题。

**群体思维**：群体成员在会议上不断强化一个想法。

**群体支持系统（GSS）**：支持群体协同工作的信息系统，特别是决策支持系统。

**群体智能**：分散的、自组织的、自然的或人工的系统的集体行为。

### R

**RapidMiner**：一个流行的、开源的、免费的数据挖掘软件套件，它采用图形增强的用户界面、大量算法和各种数据可视化功能。

**ROC 曲线下区域**：一种二元分类模型的图形评估技术，其中真阳性率绘制在 $y$ 轴上，假阳性率绘制在 $x$ 轴上。

**染色体**：遗传算法的候选解。

**人工大脑**：人们制造出的一种机器，试图使其变得聪明、有创造力和自我意识。

**人工神经网络（ANN）**：一种试图建立像人脑一样工作的计算机的技术。这些机器具有同步存储器，可以处理模糊信息。有时简称为神经网络。参见神经计算。

**人工智能（AI）**：一种由机器执行人类智能的行为。

**认知极限**：人类大脑处理信息的极限。

**认知计算**：应用从认知科学中获得的知识，以模拟人类的思维过程，使计算机能够展示或支持决策和解决问题的能力。

**认知搜索**：新一代的搜索方法，使用人工智能（如高级索引、NLP 和机器学习）返回与用户更相关的结果。

**软件代理**：一种自治软件，它坚持完成（由其所有者）设计的任务。

**软件即服务（SaaS）**：供租用而不是出售的软件。

### S

**SAS Enterprise Miner**：由 SAS Institute 开发的综合性商业数据挖掘软件工具。

**SEMMA**：SAS 研究所提出的数据挖掘项目的替代过程。SEMMA 代表 Sample、Explore、Modify、Model 和 Assessment。

**SentiWordNet**：用于情感识别的 WordNet 的扩展。请参阅 WordNet。

**shopbot**：通过收集购物信息（搜索）并进行价格和性能比较来帮助在线购物的机器人。

**sigmoid（逻辑激活）函数**：0 到 1 范围内的 S 形传递函数。

**Siri**：来自苹果电脑的虚拟智能个人助理。

**Spark**：一个开源引擎，专门为处理大规模数据处理进行分析而开发。

**商务智能（BI）**：管理决策支持的概念框架。它结合了架构、数据库（或数据仓库）、分析工具和应用程序。

**商业网络**：有某种商业关系的一群人，例如卖方和买方、买方和买方、买方和供应商、同事和其他同事。

**熵**：一种度量数据集中不确定性或随机性程度的指标。如果一个子集中的所有数据只属于一个类，则该数据集中不存在不确定性或随机性，因此熵为零。

**设计阶段**：这个阶段包括发明、开发和分析可能的行动方案。

**社会分析**：监控、分析、测量和解释人、主题、想法和内容的数字互动和关系。

**社交机器人**：一种自主机器人，通过遵循其角色所附加的社交行为和规则，与人类或其他自主物理主体进行交互和通信。

**社交媒体**：人们用来互相分享意见、经验、见解、看法和各种媒体（包括照片、视频或音乐）的在线平台和工具。在虚拟社区和网络中，人们创建、共享和交换信息、思想和观点所需的社交技术。

**社交媒体分析**：一种系统化、科学化的方式来分析由基于网络的社交媒体、工具和技术创造的大量内容，以提高组织的竞争力。

**社交网络分析（SNA）**：对人、团体、组织、计算机和其他信息或知识处理实体之间的关系和信息流进行映射和测量。网络中的节点是人和组，而链接则显示节点之间的关系或流。

**射频识别（RFID）**：标签（带天线的集成电路）和

读取器（也称为询问器）之间的一种无线通信形式，用来唯一地识别一个物体。

**深度神经网络**：深度学习算法的一部分，在深度学习算法中，大量隐藏的神经元层被用来从非常大的训练数据集中捕捉复杂的关系。

**深度学习**：人工智能和机器学习家族的新成员。深度学习的目标与其他机器学习方法类似：用数学算法模拟人类的思维过程，从数据中学习（变量的表示及其相互关系）。

**神经（计算）网络**：一种计算机设计，旨在建立以人脑功能为模型的智能计算机。

**神经计算**：一种实验性的计算机设计，旨在建立以人脑功能为模型的智能计算机。见人工神经网络（ANN）。

**神经网络**：见人工神经网络。

**神经元**：生物或人工神经网络的细胞（即处理元件）。

**实践方法**：一种知识管理方法，侧重于建立必要的社会环境或实践社区，以促进默契的共享。

**实践共同体（COP）**：组织中具有共同专业兴趣的一群人，通常是自组织的，以在知识管理系统中管理知识。

**实时数据仓库**：当数据仓库可用时，通过数据仓库加载和提供数据的过程。

**实时专家系统**：为在线动态决策支持而设计的专家系统。它对响应时间有严格的限制；换句话说，系统总是在需要的时候产生响应。

**实现阶段**：指的是将推荐的解决方案付诸实施，而不一定要实现计算机系统的阶段。

**实用（按需）计算**：无限的计算能力和存储容量，如电、水和电话服务，可按需获得、使用和重新分配用于任何应用程序，并按使用付费计费。

**视觉识别**：将某种形式的计算机智能和决策添加到从机器传感器（如照相机）接收的数字化视觉信息中。

**视频会议**：一个地点的参与者可以在大屏幕或计算机上看到其他地点的参与者的虚拟会议。

**收入管理系统**：根据以前的需求历史、不同定价水平下的需求预测和其他考虑因素，为使收入最大化而做出最优价格决策的决策系统。

**树突**：向细胞提供输入的生物神经元的一部分。

**数据**：本身毫无意义的原始事实（如姓名、数字）。

**数据仓库（DW）**：一种物理存储库，其中关系数据被专门组织起来，以标准化格式提供企业范围内的已清洗数据。

**数据集成**：包含三个主要过程的集成，即数据访问、数据联合和变更捕获。当这三个过程被正确实现时，数据可以被访问，并且可以被ETL、分析工具和数据仓库环境访问。

**数据集市**：只存储相关数据的部门数据仓库。

**数据科学家**：致力于分析和解释复杂的数字数据以帮助企业进行决策的人。

**数据可视化**：数据和数据分析结果的图形、动画或视频表示。

**数据库**：被视为单一存储概念的文件集合。这些数据随后可供广大用户使用。

**数据库管理系统（DBMS）**：用于建立、更新和查询（如管理）数据库的软件。

**数据库中的知识发现（KDD）**：执行规则归纳或相关过程以从大型数据库中建立知识的机器学习过程。

**数据立方体**：二维、三维或高维对象，其中数据的每个维度表示感兴趣的度量。

**数据流挖掘**：从连续流数据记录中提取新模式和知识结构的过程。请参阅流分析。

**数据挖掘**：使用统计、数学、人工智能和机器学习技术从大型数据库中提取和识别有用信息及后续知识的过程。

**数据完整性**：数据质量的一部分，在任何操作（如传输、存储或检索）过程中，数据（作为一个整体）的准确性得到保证。

**数据质量（DQ）**：数据的整体质量，包括准确性、精确性、完整性和相关性。

**数学（定量）模型**：表示真实情况的符号和表达式的系统。

**数学规划**：一系列分析工具，旨在帮助解决管理问题，其中决策者必须在竞争活动中分配稀缺资源，以优化可测量的目标。

**数值数据**：表示特定变量数值的数据类型。数值变量的例子包括年龄、子女人数、家庭总收入、旅行距离和温度。

**私人代理**：只为一个人工作的代理。

**搜索引擎**：查找和列出符合某些用户选择条件的网站或网页（由URL指定）的程序。

**搜索引擎优化（SEO）**：影响电子商务网站或网站

在搜索引擎自然（无偿）搜索结果中的可见性的有意行为。

**算法**：分步骤的搜索，每一步都在改进，直到找到最佳解。

**随机森林**：Breiman（2000）首先对简单的装袋算法进行了改进，它使用数据的自举样本和随机选择的变量子集来构建多个决策树，然后通过简单的投票组合它们的输出。

**随机梯度增强**：2001 年由斯坦福大学的 Jerry Friedman 首次提出，这是一种流行的增强算法，它使用预测残差 / 误差来指导未来决策树的逐步发展。

**T**

**TensorFlow**：一个流行的开源深度学习框架，最初由 Google Brain Group 在 2011 年作为 Dist-Feedge 开发，并在 2015 年进一步发展为 TensorFlow。

**Theano**：这是蒙特利尔大学深度学习小组在 2007 年开发的一个 Python 库，用于定义、优化和评估 CPU 或 GPU 平台上涉及多维数组（即张量）的数学表达式。

**Torch**：一个开源的科学计算框架，用于使用 GPU 实现机器学习算法。

**拓扑学**：神经元在神经网络中的组织方式。

**提取**：从多个来源获取数据、综合数据、汇总数据、确定哪些数据与之相关并对其进行组织，从而实现有效集成的过程。

**停用词**：在处理自然语言数据（即文本）之前或之后过滤掉的词。

**同步（实时）**：同时发生。

**同质集成**：结合两个或多个相同类型模型（如决策树）的结果。

**头脑风暴**：产生创造性想法的过程。

**突变**：在潜在的解决方案中引起随机变化的遗传算子。

**突触**：神经网络中处理元素之间的连接（包含权值）。

**图灵测试**：当提问者询问一个人和一台机器，却无法确定哪台是机器时，则可认定计算机是智能的。

**图形处理单元（GPU）**：它是计算机的一部分，通常处理 / 呈现图形输出；现在，它也被用于有效处理深度学习算法。

**图形用户界面（GUI）**：一种交互式的、用户友好的界面，通过使用图标和类似的对象，用户可以控制与计算机的通信。

**推荐系统（代理）**：一种计算机系统，它可以根据用户显示的偏好向用户推荐新的项目。它可以是基于内容的，也可以使用协同过滤来建议符合用户偏好的项目。一个例子是 Amazon.com 的"购买这个商品的顾客也购买了"功能。

**推荐系统**：根据对个人偏好的了解，向个人推荐产品和服务的系统。

**推理机**：专家系统中实际执行推理功能的部分。

**W**

**Web 2.0**：高级互联网技术和应用程序的流行术语，包括博客、wiki、RSS 和社交书签。Web 2.0 与传统的万维网最显著的区别之一是，互联网用户与其他用户、内容提供商和企业之间的协作更加紧密。

**Web 分析**：业务分析活动在基于 Web 的流程（包括电子商务）中的应用。

**Web 服务**：一种架构，它允许从软件服务组装分布式应用程序并将它们联系在一起。

**Web 结构挖掘**：从 Web 文档中包含的链接开发有用信息。

**Web 内容挖掘**：从网页中提取有用信息。

**Web 爬虫**：一种应用程序，用于自动读取网站的内容。

**Web 使用挖掘**：从通过 Web 页面访问、事务等生成的数据中提取有用信息。

**Web 挖掘**：通过基于 Web 的工具从 Web 上发现和分析有趣和有用的信息。

**Weka**：一个流行的、免费的、开源的机器学习软件套件，用 Java 编写，在怀卡托大学开发。

**wiki**：网站中可用的服务器软件，允许用户使用任何 Web 浏览器自由创建和编辑 Web 页面内容。

**wikilog**：一种允许人们以对等身份参与的 Web 日志（blog）；任何人都可以添加、删除或更改内容。

**word2vec**：一种两层神经网络，它将一个大的文本语料库作为输入，并将语料库中的每个单词转换成任意大小（通常范围为 100～1000）的数字向量。

**WordNet**：普林斯顿大学创建的一个流行的通用词典。

维度建模：支持大容量查询访问的基于检索的系统。

文本分析：一个广泛的概念，包括信息检索（例如，搜索和识别给定一组关键词项的相关文档）以及信息提取、数据挖掘和 Web 挖掘。

文本挖掘：数据挖掘在非结构化或非结构化文本文档中的应用。它需要从非结构化文本中生成有意义的数值索引，然后使用各种数据挖掘算法处理这些索引。

文件管理系统（DMS）：允许流动、存储、检索和使用数字化文件的信息系统（如硬件、软件）。

文献挖掘：一个流行的文本挖掘的应用领域，其中使用半自动方法处理特定区域中的大量文献（文章、摘要、书籍摘要和评论），以便发现新的模式。

问题解决：从初始状态开始，通过问题空间进行搜索以确定所需目标的过程。

问题所有权：解决问题的权限。

无监督学习：一种训练人工神经网络的方法，在这种方法中，只向网络显示输入的刺激，它是自组织的。

物理集成：将多个系统无缝集成到一个功能系统中。

物联网（IoT）：通过互联网将物理世界中的各种设备相互连接并连接到计算系统的技术现象。

物联网生态系统：使组织能够使用物联网的所有组件，包括"事物"、连接、功能、过程、分析、数据和安全。

## X

系统动力学：考虑聚合值和趋势的宏观模拟模型。目标是研究一个系统的整体行为，而不是系统中每个参与者的行为。

系统架构：系统的逻辑和物理设计。

系统开发生命周期（SDLC）：有效构建大型信息系统的系统过程。

细胞核：神经元的中央处理部分。

狭义（弱）人工智能：一种人工智能的形式，专门设计用来关注一项狭义的任务，并且看起来非常聪明。

显性知识：处理客观、合理和技术资料（如数据、政策、程序、软件、文档）的知识。也被称为知识泄漏。

现实挖掘：基于位置的数据挖掘。

线性规划（LP）：一种数学建模技术，用于表示

和解决约束优化问题。

向下钻取：详细调查信息（例如，不仅查找总销售额，还查找按地区、按产品或按销售人员列出的销售额）。找到详细的来源。

小组工作：由多人完成的工作。

效率：产出与投入的比率。适当利用资源。做正确的事。

效应器：为机器人与环境交互而设计的设备。

协同过滤：从用户配置文件生成推荐的方法。它使用具有类似行为的其他用户的偏好来预测特定用户的偏好。

协同计划、预测和补充（CPFR）：供应商和零售商在其计划和需求预测中协作以优化供应链上的物料流的项目。

协作工作区：人们可以在同一时间或不同时间从任何地点一起工作。

协作中心：电子市场的中心控制点。单个协作中心（c-hub）代表一个电子市场所有者，可以承载多个协作空间（c-space），其中贸易伙伴使用 c-enabler 与 c-hub 交换数据。

心理模型：人类大脑在决策过程中进行有意义决策的机制或图像。

信息：以有意义的方式组织的数据。

信息过载：提供的信息过多，使得个人处理和理解任务非常困难。

信息融合：一种异质模型集合，它使用加权平均来组合不同类型的预测模型，其中权重由各个模型的预测准确度决定。

信息增益：ID3（一种流行的决策树算法）中使用的分裂机制。

虚拟（互联网）社区：一个有着相似兴趣的群体，成员通过互联网相互交流。

虚拟个人助理（VPA）：一种聊天机器人，通过搜索个人信息、回答问题和执行简单任务来帮助个人。最有名的是亚马逊的 Alexa。

虚拟会议：一种在线会议，其成员在不同的地点，可能在不同的国家。

虚拟世界：由计算机系统创造的人工世界，用户有沉浸的感觉。

虚拟团队：成员异地线上开会时的团队。

序列发现：随着时间的推移识别关联。

序列挖掘：一种模式发现方法，根据事物发生的

顺序来检查事物之间的关系，以识别随时间变化的关联。

**选择阶段**：做出实际决定并承诺遵循某一行动方针的阶段。

**选择原则**：在各种选择中做出选择的标准。

**学习**：一个自我完善的过程，在这个过程中，新知识是通过使用已知的知识而获得的。

**学习率**：神经网络学习的一个参数。它确定了必须抵消的现有差异部分。

**学习算法**：人工神经网络使用的训练过程。

**学习型组织**：一个能够从过去的经验中学习的组织，意味着组织记忆的存在，以及通过其人员来保存、代表和分享它的方法。

**循环神经网络（RNN）**：一种有记忆的神经网络，可以利用这种记忆来决定未来的输出。

**业务（或系统）分析师**：其工作是分析业务流程及其从信息技术中获得（或需要）的支持的个人。

## Y

**业务分析（BA）**：模型直接应用于业务数据。业务分析包括使用 DSS 工具（特别是模型）帮助决策者。另请参见商务智能。

**业务绩效管理（BPM）**：一种先进的绩效测量和分析方法，包括规划和战略。

**业务流程重组（BPR）**：一种在特定业务流程中引入基本变化的方法。BPR 通常由信息系统支持。

**依赖数据集市**：直接从数据仓库创建的子集。

**仪表板**：关键数据的可视化表示，供管理人员查看。它可以让高管在几秒内看到热点，并探索数据趋势。

**移动代理**：一种智能软件代理，可以跨不同的系统架构和平台，或从一个互联网站点移动到另一个，检索和发送信息。

**遗传算法**：一种以进化方式学习的软件程序，类似于生物系统进化的方式。

**异步的**：在不同的时间发生。

**异构集成**：结合了两种或多种不同类型模型的结果，如决策树、人工神经网络、逻辑回归、支持向量机等。

**隐藏层**：至少三层的人工神经网络的中间层。

**隐私权**：独处的权利和免受不合理的个人侵犯的权利。

**隐性知识**：通常在主观、认知和经验学习领域的知识。这是高度个人化的，很难形式化。

**应用程序服务提供商（ASP）**：向组织提供软件应用程序租用服务的软件供应商。

**影响图**：给定数学模型的图形表示。

**永久性分析**：一种分析实践，根据所有先前的观察结果，持续评估每个输入数据点（即观察点），以确定模式 / 异常。

**用户界面（UI）**：计算机系统的一个组成部分，允许系统与其用户之间进行双向通信。

**用户界面管理系统（UIMS）**：处理用户与系统之间所有交互的 DSS 组件。

**用户开发的 MSS**：由一个用户或一个部门的几个用户开发的 MSS，包括决策者和专业人员（即知识工人、财务分析师、税务分析师、工程师），他们建造或使用计算机来解决问题或提高生产力。

**优化**：确定问题的最佳可能解决方案的过程。

**有效性**：达到目标的程度。做正确的事。

**有序数据**：包含指定给对象或事件作为标签的代码的数据，这些标签也表示对象或事件之间的排列顺序。例如，信用评分变量通常可以分为（1）低、（2）中和（3）高。

**语料库**：语言学中为进行知识发现而准备的一套结构化的文本（现在通常以电子方式存储和处理）。

**语义 Web**：当前网络的一个扩展，在这个扩展中，信息被赋予了明确的含义，使计算机和人能够更好地协同工作。

**语义 Web 服务**：一种基于 XML 的技术，允许在 Web 服务中表示语义信息。

**语音分析**：一个不断发展的科学领域，它允许用户分析和提取现场和录音对话中的信息。

**语音合成**：计算机将文字转换成语音的技术。

**语音理解**：试图理解人类语言（即自然语言）的单词或短语的计算机系统。

**语音门户**：具有音频接口的网站，通常是门户。

**语音识别**：把人的语音翻译成计算机可以理解的单个单词和句子。

**预测**：利用过去的数据预测感兴趣变量的未来值。

**预测性分析**：一种用于预测（如需求、问题、机会）的业务分析方法，用于代替在数据发生时简单地报告数据。

预言：讲述未来的行为。

阈值：神经元输出触发下一级神经元的跨栏值。如果一个输出值小于阈值，它将不会被传递到下一级神经元。

元数据：关于数据的数据。在数据仓库中，元数据描述数据仓库的内容及其使用方式。

原型设计：在系统开发中的一种策略，在这种策略中，缩小的系统或系统的一部分在短时间内被构造出来，经过多次迭代测试和改进。

云计算：信息技术基础设施（硬件、软件、应用程序、平台），可作为服务提供，通常是虚拟资源。

运营计划：将组织的战略目标转化为一套定义明确的策略和计划、资源需求和预期结果的计划。

运营模式：代表管理运营层面问题的模式。

## Z

再生产：用遗传算法产生新一代的改进解。

在线工作区：参与者在不同时间工作时可以进行协作的地方。

增强现实：用户感知与周围环境和信息技术的结合。它为人们提供了与环境的真实互动体验。

增强智能：这是人工智能的另一种概念，侧重于人工智能的辅助作用，强调人工智能旨在增强人类智能，而不是取代人工智能。

战略地图：一个可视化的展示，描绘了所有四个平衡计分卡视角下的关键组织目标之间的关系。

战略对象：为一个组织规定有针对性的方向的广泛声明或一般行动方针。

战略模型：代表管理层战略层面（即执行层面）问题的模型。

战略目标：具有指定时间段的量化目标。

战略愿景：组织在未来应该是什么样子的一种图景或心理形象。

战略主题：用于简化战略地图构建的相关战略目标集合。

战术模型：表示管理的战术级（即中层）问题的模型。

支持：度量产品或服务在同一事务中同时出现的频率，即包含特定规则中提到的所有产品或服务的数据集中事务的比例。

支持向量机（SVM）：一类广义线性模型，它根据输入特征的线性组合值来实现分类或回归决策。

知识：通过教育或经验而获得的理解、意识或熟悉；任何已被学习、感知、发现、推断或理解的东西；使用信息的能力。在知识管理系统中，知识是活动中的信息。

知识仓库：知识管理系统中知识的实际存储位置。知识库在本质上类似于数据库，但通常是面向文本的。

知识工程：将知识集成到计算机系统中，以解决通常需要高水平人类专业知识的复杂问题的工程学科。

知识工程师：负责开发专家系统的技术方面的人工智能专家。知识工程师与领域专家密切合作，在知识库中获取专家的知识。

知识管理：对组织中的专业知识进行主动管理，包括收集、分类和传播知识。

知识管理系统（KMS）：通过确保知识从知道的人流向整个组织中需要知道的人，从而促进知识管理的系统；知识在这一过程中进化和增长。

知识规则：一个if-then规则的集合，表示对某个特定问题的深入知识。

知识获取：从各种来源，特别是从专家那里获取和形成知识的过程。

知识经济：现代的全球经济，它是由人们和组织所知道的而不是仅仅由资本和劳动力驱动的。以知识资产为基础的经济。

知识库：组织成模式的事实、规则和过程的集合。知识库是关于特定的兴趣领域的所有信息和知识的集合。

知识审计：识别一个组织拥有的知识、谁拥有知识以及它如何在企业中流动（或不流动）的过程。

知识提炼系统：一个能够分析自己的表现、学习并改进自己以供将来参考的系统。

知识泄漏：见显性知识。

职员助理：担任经理助理的人。

智慧城市：连接和控制许多智能事物的城市，包括交通、政府服务、紧急服务、医疗服务、教育系统、公用事业，可能还有住宅和公共建筑。

智能：推理和学习行为的程度，通常以任务或解决问题为导向。

智能传感器：具有附加微处理器处理能力的传感器，可能还有其他功能，通过处理收集的数据来最大限度地支持物联网。

智能代理：一种自主的小型计算机程序，根据存储的知识对变化的环境进行操作。

**智能工厂**：一个灵活的系统，可以通过更广泛的网络自我优化性能，并能自我适应和学习新的条件。

**智能家电**：智能家居中带有传感器或智能传感器的家电，可以从远处进行控制。

**智能家居**：家电、安全、娱乐和其他组件是自动化的、相互连接的（经常是无线的）和集中控制的（例如通过智能手机应用程序）的家庭。

**智能数据库**：具有人工智能功能的数据库管理系统，可帮助用户或设计者；通常包括专家系统和智能代理。

**置信度**：在关联规则中，在已存在该规则的 LHS 的事务列表中，找到该规则的 RHS 的条件概率。

**中间件**：连接不同计算机语言和平台的应用程序模块的软件。

**中间结果变量**：用于建模以确定中间结果的变量。

**众包**：将任务（工作）外包给一群人。

**轴突**：从生物神经元发出的连接（即终端）。

**专家**：在一个特定的（通常是狭窄的）领域里，具有很高水平的判断能力的人。

**专家定位系统**：一个交互式的计算机系统，帮助员工找到并与具有特定问题所需专业知识的同事联系，以便在几秒内解决特定的、关键的业务问题。

**专家系统**：将专家和文件化的知识转移到帮助非专家利用这些知识进行决策的机器上的计算机系统。

**专家系统框架**：一种便于相对容易地实现特定专家系统的计算机程序。类似于决策支持系统生成器。

**专利权**：对新发明授予专有使用权或版权的权利。

**专长**：强调人类专家表现的一组能力，包括广泛的领域知识、简化和改进问题解决方法的启发式规则、元知识和元认知，以及在熟练表现中提供巨大经济效益的集体行为形式。

**转换（传递）函数**：在神经网络中，在神经元启动前对输入进行求和与转换的函数。它显示了神经元内部激活水平与输出之间的关系。

**装袋算法**：最简单和最常见的集成方法；它从自举/重采样数据中建立多个预测模型（如决策树），并通过平均或投票组合预测值。

**状态报告**：提供项目状态最新信息（如订单、费用、生产数量）的报告。

**咨询环境**：非专家用来获取专家知识和建议的专家系统的一部分。它包括工作区、推理机、解释工具、推荐操作和用户界面。

**自动化**：特殊用途机器或系统无须人工干预就能完成任务的过程。

**自动驾驶汽车**：不需要司机的自动驾驶汽车，经过预先编程后可开往目的地；也称为机器人驱动汽车。

**自动决策系统（ADS）**：一种基于业务规则的系统，使用智能为重复性决策（如定价）推荐解决方案。

**自举**：一种抽样技术，从原始数据中抽取（替换）固定数量的实例进行训练，其余数据集用于测试。

**自然语言处理（NLP）**：允许人们用母语与计算机通信的技术。

**自主性**：自己做出决定的能力。

**自组织**：一种使用无监督学习的神经网络结构。

**组织代理**：代表业务流程或计算机应用程序执行任务的代理。

**组织记忆**：一个组织知道的东西。

**组织文化**：组织对某一问题（如技术、计算机、决策支持系统）的总体态度。

**组织学习**：获取知识并使其在企业范围内可用的过程。

**组织知识库**：组织的知识库。

**最佳解决方案**：问题的最佳可能解决方案。

**最佳实践**：在一个组织中，解决问题的最佳方法。它们通常存储在知识管理系统的知识库中。